ISBN 978-0-332-23250-8
PIBN 11015281

FB &c Ltd, Dalton House, 60 Windsor Avenue, London, SW19 2RR.
Company number 08720141. Registered in England and Wales.

For support please visit www.forgottenbooks.com

PARIS. — IMP. SIMON RAÇON ET COMP., RUE D'ERFURTH, 1.

MATÉRIAUX

POUR

L'ÉTUDE DES GLACIERS

PAR

DOLLFUS-AUSSET

Wenn wir im Suchen uns trennen,
Wird erst die Wahrheit erkannt.
SCHILLER.

TOME PREMIER

TROISIÈME PARTIE

AUTEURS

QUI ONT TRAITÉ DES HAUTES RÉGIONS DES ALPES ET DES GLACIERS ET DE QUELQUES QUESTIONS QUI S'Y RATTACHENT.

PARIS

F. SAVY, ÉDITEUR

LIBRAIRE DES SOCIÉTÉS GÉOLOGIQUE ET MÉTÉOROLOGIQUE DE FRANCE

24, RUE HAUTEFEUILLE

—

1868

[illegible]	17,1[illegible]	[illegible]	151	?	41	[illegible]			
Wologda	17,09	434	434	?	?	145	151	5	
Orenburg	16,74	425	425	?	?	141	?	11	»
Kiew	15,60	396	396	?	?	151	?	2	»
Kasan	15,39	390	390	?	?	166	?	4	»
Simferopol	14,85	376	376	?	?	149	?	5	»
Jekaterinburg	14,72	374	374	?	?	?	?	16	80 juin.
Orlow	14,57	370	370	?	?	139	?	14	»
Odessa	13,85	351	351	?	?	128	?	12	»
Lugan	13,75	349	349	?	?	?	?	13	»
Barnaul	11,72	297	297	21	45	160	?	13	»
Irkulsk	9,94	252	252	?	?	?	?	2 1/2	»
Sewastopol	7,67	194	194	72	51	57	51	1 1/2	»
Astrackan	4,08	105	105	18	24	35	26	7	»
Moyennes 32 stations	17,18	441	441						
Maxima	26,99	685	685						
Minima	4,08	105	105						
Différences	22,91	582	582						

(*) Les hauteurs de pluies et neiges dans les tableaux sont indiquées en pouces russes, qui correspondent aux pouces anglais. Pouce russe 25,399 millimètres.

D. A. HAUTEURS DES PLUIES ET NEIGES A GENÈVE ET AU SAINT-BERNARD.

MOYENNES DE 1851 A 1865 (15 ANNÉES).

Genève	»	»	821	125	168	245	285	»	»
Saint-Bernard	»	»	1072	221	274	251	325	»	»
Russie	»	»	441	»	»	»	»	»	»
Genève maxima	»	»	1044	229	165	201	451	»	Année 1855.
— minima	»	»	585	114	125	160	186	»	Année 1857.
Saint-Bernard maxima	»	»	1110	251	532	538	509	»	Année 1851.
— minima	»	»	585	61	164	185	177	»	Année 1858.

* D. A. Les altitudes des tableaux sont en *fuss* (pieds), probablement pieds de Paris, je les ai convertis en mètres (1 mètre = 3,0781 pieds de Paris.) — Les degrés de températures Réaumur, je les ai convertis en degrés centigrades.

ALTITUDES ET TEMPÉRATURES [1].

LOCALITÉS.	ALTITUDES.		TEMPÉRATURES CENTIGRADES.					NOMBRE D'ANNÉES OBSERVÉES.
	PIEDS.	MÈTRES.	HIVER.	PRINTEMPS.	ÉTÉ.	AUTOMNE.	ANNÉES.	
Caserne sur la montagne Kwinam (Caucase)	7750	2518	— 12,58	0,50	10,88	5,88	0,65	5 1/2
Alexandropol (Caucase Trans.)	4818	1561	— 7,25	5,75	18,15	8,58	8,25	5
Schuscha (Caucase Trans.)	3860	1222	1,25	7,50	18,25	9,00	9,00	1
Friwan (Caucase Trans.)	3167	1020	— 7,15	11,88	25,75	14,00	10,65	1 1/4
Aralych (au pied de l'Ararat)	2600	844	— 1,58	12,65	25,15	12,65	12,25	5
Kisslowodsk (Caucase)	2600	844	— 5,58	12,45	19,88	7,75	9,15	1
Schemachà (Caucase)	2390	776	— 2,88	12,45	25,00	12,00	11,58	1
Nertschinsk (Alpes Dauriennes)	2250	724	—27,00	— 2,15	16,00	— 4,00	— 4,25	14
Alagir (Caucase Trans.)	2000	650	— 2,85	6,15	18,58	11,58	8,58	1
Werchne Udinsk (Altaï)	1970	640	—19,00	1,25	18,58	— 0,75	0,0	4
Pjatigorsk (Caucase Cis.)	1850	601	— 5,00	13,75	20,75	8,65	10,0	1
Tiflis (Caucase Trans.)	1500	486	2,00	12,25	25,15	14,00	12,88	10 1/2
Irkutsk (Altaï)	1255	407	—18,50	0,88	16,58	— 0,75	— 0,50	15
Slatoustow (Ural)	1250	400	—15,65	— 0,15	14,88	0,25	— 0,15	19
Aleksandrowskaja Staniza (Cis. Caucasien)	1000	325	— 4,15	9,15	21,25	10,58	9,15	5
LOCALITÉS PEU ÉLEVÉES.								
Redut-Kale	10	3	6,58	12,65	22,75	16,58	14,50	7
Kutaiss	470	152	5,88	14,00	25,00	16,25	14,75	1

II. *Gèle et dégel de la Neva à Saint-Petersbourg*, 160 *années d'observations*.

Neva gèle octobre 25 fois, novembre 121 fois, décembre 14 fois. — **Neva dégèle mars 22 fois**, avril 138 fois.
En moyenne elle gèle le 15 novembre et reste couverte 147 jours. — En moyenne elle dégèle le 9/10 avril et reste découverte 218 jours.

III *Pluies et neiges en Russie* (*).

Jekaterinoslaw	19,50	495	495	18	144	154	»	5	»
Reval	18,44	468	468	?	?	173	»	6	»
Gorki (Gouvernement Mohilew)	18,28	464	464	?	?	198	?	12	»
Saint-Petersbourg	17,91	454	454	?	?	175	151	16	»
Helsingfors	17,88	454	454	?	?	?	?	4	»
Kursk	17,82	455	455	?	?	187	»	11	»
Slatoust	17,47	445	445	?	?	258	?	16	88 juillet.
Bogoslowsk	17,27	438	438	?	?	205	?	15	88 juillet.
Nertschinks	17,11	454	454	?	44	297	?	12	115 juillet.
Wologda	17,09	454	454	»	?	145	154	3	»
Orenburg	16,74	425	425	?	?	141	?	11	»
Kiew	15,60	396	396	?	?	151	?	2	»
Kasan	15,39	390	390	?	?	166	»	4	»
Simferopol	14,83	376	376	?	?	149	?	3	»
Jekaterinburg	14,72	374	374	?	?	?	?	16	80 juin.
Orlow	14,57	370	370	?	?	159	?	14	»
Odessa	13,85	351	351	?	?	128	?	12	»
Lugan	13,75	349	349	?	?	?	?	15	»
Barnaul	11,72	297	297	21	45	160	?	15	»
Irkulsk	9,94	252	252	?	?	?	»	2 1/2	»
Sewastopol	7,67	194	194	72	34	37	31	1 1/2	»
Astrackan	4,08	105	105	18	24	35	26	7	»
MOYENNES 32 STATIONS	17,48	444	444	(*) Les hauteurs de pluies et neiges dans les tableaux sont indiquées en pouces russes, qui correspondent aux pouces anglais. Pouce russe = 25,399 millimètres.					
MAXIMA	26,99	685	685						
MINIMA	4,08	105	105						
DIFFÉRENCES	22,91	582	582						

D. A. HAUTEURS DES PLUIES ET NEIGES A GENÈVE ET AU SAINT-BERNARD.

MOYENNES DE 1851 A 1863 (13 ANNÉES).

Genève	»	»	821	125	168	245	285	»	»
Saint-Bernard	»	»	1072	221	274	254	325	»	»
Russie	»	»	444	»	»	»	»	»	»
GENÈVE MAXIMA	»	»	1044	229	165	201	451	»	Année 1855.
— MINIMA	»	»	585	114	125	160	186	»	Année 1857.
SAINT-BERNARD MAXIMA	»	»	1410	251	552	338	509	»	Année 1851.
— MINIMA	»	»	585	61	164	183	177	»	Année 1858.

[1] D. A. Les altitudes des tableaux sont en *fuss* (pieds), probablement pieds de Paris, je les ai convertis en mètres (1 mètre = 3,0784 pieds de Paris.) — Les degrés de températures Réaumur, je les ai convertis en degrés centigrades.

ANDERSON (Eustace).
Voy. J. JAHRBUCH DES SCHWEIZER ALPEN-CLUB.

ANNÉE SCIENTIFIQUE ET INDUSTRIELLE, par **Figuier** (Louis)[1]. Neuvième année. In-16, 568 pages. Paris, Hachette et Cᵉ, 1865.

ANNUAIRE SCIENTIFIQUE, par **Dehérain**. In-16, 436 pages. Quatrième année 1865. Paris, Charpentier, Quai de l'Ecole, 28.

ACTES DE LA SOCIÉTÉ HELVÉTIQUE des sciences naturelles réunie à Genève le 21, 22, 23 août 1815, 49ᵐᵉ session. Compte rendu 1865. Genève, in-8°, 191 p.

B

BERGER (von Dʳ)[2] à Francfort-sur-le-Mein.
CHUTE DE PARCELLES DE NEIGES par ciel complétement serein, sans le moindre nuage ni vapeurs Mittheilungen von Dʳ **A. Petermann**, 1866, V, p. 200.
Mémoires en langue allemande.
...Le 23 décembre 1865, à 8 heures du matin, je partis de Deutz en chemin de fer dans la direction de Düsseldorf. Le ciel était complétement clair; à l'Est de très-faibles nuages A 8 h. 5 m. des parcelles de neiges cristallines de diverses grandeurs tombèrent dans le wagon à travers la glace (fenêtre, ouverte, en telle quantité que mes vêtements en étaient couverts. Cette chute dura à peu près 3 minutes. — A la première station où on a fait un arrêt, j ai soigneusement examiné le dessus des wagons, qui étaient complétement secs et aucun givre n'était deposé; c'est donc bien réellement de l'atmosphère que ces neiges cristallisées sont tombées par ciel complétement serein.

BÖHNER (August Nathanael Dʳ, Mittglied der schweizerischen naturforschenden Gesellschaft.

KOSMOS BIBEL DER NATUR.
T. 1ᵉʳ in-8°. p. 570, 1864. T. 2ᵉ, 1. Lieferung, 192 p., 1865. Illustrations nombreuses. Hanover. Carl Rümpler.
T. 1ᵉʳ EIN SONNENAUFGANG AUF DEN FIRNEN DER ALPEN.

Gott sprach : Es werde Licht!
Und es ward Licht.

Chromo-lithographie d'une admirable exécution, et d'une vérité de soleil levant en hautes régions.

DAS HOHE ALTER DER ERDE UND DES MENSCHENGESCHLECHTES.

Millionen Jahre sind vor
dem Ewigen nur ein Augenblick.

Bei der Ausgrabung des Kolosses Naemsens II in Memphis, im Jahr 1854, durchstach man 9 Fuss 4 Zoll abgelagerten Nillschlamm ehe man auf die Plattform kam, worauf

[1] Voyez **Figuier**.
[2] D. A. En très-hautes régions des Alpes, les guides ont fort souvent vu des parcelles de neiges cristallisées de formes superbes tomber sur leurs vêtements par ciel complétement serein. Il y a quelques années j'ai vu tomber à ma maison de campagne, près de Mulhouse, en hiver, un matin, de ces parcelles de neige cristallisée par ciel complétement serein et calme plat. J'ai exposé une feuille de papier noir en plein air, pour examiner les formes magiques de ces aiguilles cristallines de neiges, qui sont tombées en petite quantité pendant 20 minutes.

der Koloss steht. Ist nun diese Plattform um das Jahr 1361 vor Christus in der Mitte der Regierung des Raemses gebaut worden, so ist seitdem bis 1854, also in 3,215 Jahren in jedem Jahrhundert durchschnittlich 3 1/2 Zoll Nilschlamm abgelagert worden. Da nun die Schlammablagerungen des Nils wie sein Steigen und Fallen äusserst regelmässig und ruhig erfolgen, so ist diese Durchschnittsrechnung sehr wahrscheinlich. Ferner grub man, unter der Plattform noch 30 Fuss tiefer durch ältere Schlammschichten, ehe man auf einen Sandboden kam, unter welchen man keine weitere Schlammablagerung vermuthete. Diese 30 Fuss entsprechen nach obigen Verhältniss von 3 1/2 Zoll auf das Jahrhundert einen Zeitraum von 10,285 Jahr. Dieses wäre zusamen ein Zeitmesser von 13,500 Jahren. In der Tiefe von 39 Fuss fand man merkwürdiger Weise eine Scherbe von gebrannter Töpferarbeit, von der man nicht annehmen konnte, dass sie erst später in diese Tiefe gekommen sei. Diese Scherbe gibt daher das Zeugniss, dass vor 13,500 Jahren das Menschengeschlecht bereits auf einer Kulturstufe stand um aus Thon mit Hülfe des Feuers Geschirr zu verfertigen. Die Schättzungen von Girard vom Jahr 1799 geben ähnliche Zeitmassen für das Alter der Ablagerung des Nilschlammes.

In dem Missisipi-Delta bei New-Orleans fand man zehn Lagen von Waldungen übereinander begraben zum Theil mit Stämmen von zehn Fuss Durchmesser. Bei Voraussetzung, dass diese Baumschichten nach einander versunken seien, hat man das Alter der dort gen Bildung des angeschwemmten Landes mit Zugrundlegung der Jahrringe, der Bäume der verschiedenen Ablagerungen auf 57,000 Jahre berechnet. Unter der vierten Waldschichte von oben fand man Menschenreste und neben alten Thierknochen Streitäxte von Feuerstein. (Siehe: **Ehrenberg**, *Bericht in einer Sitzung der Berliner geographischen Gesellschaft*, 5 März 1859).

?1 **Wunderbau der Krystalle.**

Der Schnee krystallisirt in tausend Formen, aber jede derselben zeigt denselben Grundtypus des Sechswinkelsystems. Jeder dieser Krystalle hat 4 Axen, von denen die drei Nebenaxen die Mitte der Hauptaxte senkrecht durchschneidet, und unter sich sechs Winkel bilden, von denen jeder genau 60° beträgt. Durch das mannigfache Anschiessen von kleinen Eisnadeln an die Haupt- und Nebenaxen entstehen die zierlichen Gestalten, wie Tafel IV ein strenges Beispiel gibt, der jedoch den Reichthum der erscheinenden Formen bei weitem nicht erschöpfen. (la planche IV représente 80 formes de neige blanc, sur fond noir, bien faites.)

119. **Die Alpen.**

Durch die Eigenwärme der Erde schmilzt das Gletschereis beständig von unten her. Daher entspringt unter jedem Gletscher ein Bach der an seinem Ausfluss ein Eisthor bildet[1].

Die Felsenplatten auf den Gletscherfeldern schmelzen als gute Wärmeleiter das Eis ihrer Umgebung, während ihre Unterlage längere Zeit ungeschmolzen bleibt. Dadurch entstehen die sogenannten Gletschertische[2].

120. Wie sind die Hochgebirge entstanden?
123. Altersfolge der Schüttenbildung der Erde.
124. Schöpfungsperioden der Erdrinde.
125. Dritte bis siebente Schöpfungsperiode.
128. Die Schöpfung zur Zeit der ältesten Steinkohlenbildung.
129. Flora und Fauna der Triasperiode.
130. Landschaft aus der Schöpfung der Juragebilde.
131. Thierleben der Jurazeit.
134. Schöpfungszeit der Molasse

[1] D. A. Les glaciers ne fondent pas par leur partie en contact avec le sol qui les supporte.
[2] D. A. Les roches plates préservent la surface de glace qui les supporte des rayons solaires, l'ablation est faible, il se forme une table de glaciers; ou un cône graveleux, si c'est du sable qui couvre la surface.

135. Flora der Molassezeit.

136. Thierleben der Molasseperiode.

137. Lebensreichtum zur Zeit des Diluviums.

In Nord-Europa bis zum jetzigen Eismeer bevölkerten ganze Heerden von peltztragenden Mammuthen und von zweigehörnten Nashörnern die Wälder. Zu ihnen gesellen sich grosse Pferde, Elennthiere, Ochsen, Riesenhirsche und Rehe. Affen, Eichhörnchen und Singvögel beleben die Gipfel der Baüme. Biber, Schildkröten, Frösche, Schlangen und Eidechsen bewohnen die Sümpfe. Adler und Geier ziehen ihre Kreise in den Lüften. Die Höhlen und Felsenklüfte werden bewohnt von Bären und Hyänen. Alle Winkel der Erde und des Meers und die Lüfte wimmeln von neuem Leben.

Zahlreiche Reste dieser Thiere finden sich in dem aufgeschwemmten Boden in Deutschland, England, Italien, Spanien und Amerika. Die vorzüglichsten Fundorte aber sind die eisigen Einöden Sibiriens, wo jetzt nur ein dürftiges Thierleben gedeiht.

Das Tiefland Sibiriens war früher ein fruchtbares Land... Die Heerden des Mammuths wanderten im Sommer nach Norden, wie noch jetzt der Bisamstier in Amerika es thut, der von Mai bis September die reichen Weiden von Melville unter den 75° nördlicher Breite besucht und während der strengen Winterkälte wieder nach Süden zurückzieht. Die grossen sibirische Flüsse rissen oft ganze Waldstriche mit sich fort und bedeckten an ihrem Ausflusse das Eis des Meers mit ihrem Trümmern. Zahlreiche Leichen der gefallenen Thiere werden dort im Eise begraben, so dass jetzt die Brandung des Meeres ganze Schnitten von organischen Resten aus dem gefrornen Boden auswäscht. — Die Stosszähne des urweltlichen Mamuths werden als fossiles Elfenbein alljährlich zu vielen tausend Zentner ausgeführt. Man findet Zähne von 12 bis 15 Fuss Länge, 1 Fuss Dicke und 100 Pfund Schwere... Auf den Lächowinseln im Eismeer 76° nördliche Breite bilden die Knochen, Schädel und Zähne de Thiere, welche das Meer ausgeworfen hat, ganze Hügelreihen.

Im Jahre 1804 fand Prof. **Adams** am Ausfluss der Lena unter dem 70° nörd. Breite ein ganzes Mammuth mit Haut und Haaren. Das Thier war obgleich es mehrere tausend Jahre lang im Eise begraben gelegen haben mag, noch so wohl erhalten, dass die Jakuten mit dem Fleische desselben ihre Hunde fütterten.

138. Schöpfung des Menschen. — Wie eine zarte, treue Mutter mit freudestrahlenden Augen die Wiege und die Windeln ihres Kindes zubereitet, schon ehe es das Licht der Welt erblickt, so hat die ewige Liebe mit staunenswürdiger Weisheit und Umsicht im Laufe aller Schöpfungsperioden, welche der Erschaffung des Menschen vorausgegangen sind, die Lebensbedingungen hergestellt, welche zum Leben eines Gottebenbildlichen Wesens im Staube der Erde erforderlich sind. Wie eine wachsende Pflanze schon in der Anlage ihres Keimes und im ganzen Gesetze ihrer Entfaltung auf die kommende Blüthe hinweist, so ist die ganze Erdgeschichte in allen ihren Entwickelungstofen planmässig auf das Hervortreten der Menschheit angelegt als auf ihre Blüthenkrone und Frucht. Von den ältesten Schöpfungsperioden bis auf die Gegenwart werden alle Stoffe und Kräfte der Schöpfung unter tausend Stürmen und Umwälzungen zum Empfang des Menschen geordnet.

Alles, was dem physischen Leben des Menschen entgegenstand, muste im Laufe der Jahrtausend in Trümmern zerfallen, um den Boden eines höhern geschöpflichen Lebens zu bereiten, und Alles, was der Mensch zum Leben bedarf, musste allmälig immer vollständiger ins Dasein treten, bis die Zeit erfüllt war, wo Gott den Staub der Erde mit dem Hauch seines Geistes belebte, der seinen Schöpfer mit Bewustsein preist.

Die Pflanzenwelt reinigte die Luft um dem Licht der Sonne den freiern Zutritt zur Erde zu gewähren. Sie erreicht in der jüngsten Schöpfungszeit einen Reichthum, eine Fülle und Schönheit, wie sie keine Schöpfungsperiode aufzuweisen [illegible] Kein Gewächs der Urwelt ist aufgefunden worden, welches der Riesentanne [illegible]aliforniens gleichkäme. die eine Höhe über 300 Fuss und eine Dicke von 26 Fuss [illegible]urchmesser erlangt Die Schaftl alme und Schilfe der Steinkohlenperiode waren [illegible]icht hoher als die 60 Fuss hohen Bambusrohr der heutigen Tropenländer. Die [illegible]10,000 Arten von urweltlichen Pflanzen sind in der jetzigen Schöpfungszeit zu 200,000 Arten angewachsen. Unter diesen sind mehr als 450 Arten von Palmen, [illegible]usserordentlich viele Gewächse der hochsten Ordnung, Nahrungspflanzen für höhere Geschöpfe zahlreiche Obstarten... Gegen 300 Arten von Getreide, die zum Dienste und zur Nahrung des Menschen geschaffen sind.

[illegible]ch das Thierreich hat eine ausserordentliche Fulle und Schönheit erlangt. Anstatt der 25,000 Arten von ausgestorbenen Urwelt-Thieren leben jetzt über 150,000 Arten von Wesen auf der Erde und das Verhaltniss der hohern zu den niedriger organisirten Geschöpfen hat sich zu Gunsten der erstern bedeutend gehoben.

[illegible]lle Vorathskammern der Natur sind reichlich gefüllt. Steinkohlen und Metalle, die Mittel für den menschlichen Gewerbfleiss, liegen in unerschöpflicher Menge bereit. [illegible] entfaltet eine vorher nie dagewesene Lebensfulle und ein[illegible] dass sie in den mildern Himmelstrichen mit Recht ein [illegible] genannt werden kann.

Die Zeit [illegible] Schöpfung tritt ins' Leben. Das Wesen, welches mit [illegible] alten, mit Vernunft und Gewissen, mit der Fähigkeit [illegible] zur sittlichen Freiheit, mit Vollkommenheit [illegible] Vervollkommungsfähigkeit begabt ist, [illegible] seinen Zwecken dienstbar machen und [illegible] Lebensquell verkehren kann; das Wesen [illegible] Leben über alle andere Geschopfe der Erde [illegible] der Schöpfung mit einer un[illegible] — es erscheint in der irdischen Schoptung wie das [illegible] zum Preise des lebendigen Gottes. Eine [illegible] Brust Alle thierische Einseitigkeit [illegible] der Menschenwürde aufgelöst, um als ein lebendiges Organ des [illegible], als der Herzpuls der irdischen Schöpfung mit Selbstbew[illegible] seinen Schöpfer zu verherlichen.

Die Wiege dieses G[illegible] Geschopfes ist nicht eine besondere Schöpfungsperiode, nicht ein einzelner Winkel der Erde, nicht die Brut dieser oder jener Thiergattung, sondern die ganze ungetheilte Schöpfung; denn es vereinigt wie ein Brennpunkt die Strahlen der ewigen Weisheit und Liebe, die Kräfte und Anlagen der ganzen Schöpfung in seinem Innern[1].

Die Bibel der Natur gibt uns weder Philosopheme noch Träume der Menschen sondern unumstössliche Urkunden von dem Walten Gottes, welche allem gesunden Denken der Menschen zur Grundlage dienen müssen.

... Was die wissenschaftliche Forschung über das Vorkommen von menschlichen Resten in den geologischen Schichten der Urwelt gefunden hat und finden kann, ist sehr wenig. Das Erbtheil welches die Stammeltern des Menschengeschlechts ihren Nachkommen hinterlassen haben, besteht nicht in Todtengebeinen und vermoderten Reliquienkram sondern es ist geistiger Art. Es ist das Ebenbild Gottes im Menschengeiste, welches zwar getrübt und verdunkelt, aber nicht vernichtet werden kann. Wir finden dasselbe bei keiner Klasse von Thieren, sondern allein bei dem Menschen, welcher einzig in seiner Art in der ganzen irdischen Schöpfung dasteht

[1] Verkehrt ist die Meinung, welche das Ebenbild Gottes im Menschen aus der Einseitigkeit der [Thi]erheit, etwa von dem *Affengeschlecht*, ableiten will. Die Vernunft entsteht nicht aus der Unvernunft. Der Affe bleibt trotz der Aehnlichkeit seiner leiblichen Organisation mit der des Menschenleibes seit Jahrtausenden auf der einseitigen Stufe der Thierheit stehen während sich im Geiste des Menschen der ganze Kosmos spiegelt, und in dem Haupte der Menschheit, welches unser Urbild ist, die ganze Fülle der Gottheit sich verleiblichet.

Immerhin haben auch die Reste von menschlichen Leibe und von menschlichen Erzeugnissen, welche uns in den Schichten der Erde aufbewahrt worden sind. für die Wissenschaft einen hohen Werth.

....Der französischer Forscher **Boucher de Perthes** entdeckte im Jahr 1841 in einer Schichte des Diluviums bei Abbeville (Picardie) Æxte und Pfeilspitzen von Feuerstein. **Rigollot, Prestwich** und **Lyell** untersuchten den Fundort näher und bestätigten diese Thatsache. **Albert Gaudry** liess darauf in der Gegend lange Nachgrabungen anstellen und fand bei Saint-Acheul, 4 Meter unter der Oberfläche und einen Meter tief in der Diluvialschicht, die durchaus keine Spur zeigte, dass sie jemals aufgewühlt worden sei, 9 steinerne Æxte, mit fossilen Zähnen von Pferden und Rindern, die er im October 1859 der Akademie der Wissenschaften in Paris zur Untersuchung vorlegte. Diese Steinwaffen unterscheiden sich von den sogenannten keltischen Feuersteinwaffen dadurch, dass sie nicht wie diese geschliffen, sondern nur roh abgeschlagen sind.

März 1863 fand **de Perthes** 5 Meter tief in einer Schicht des Diluviums von schwarzem Thonsand die Hälfte einer menschlichen Kinnlade und in der Nähe eine Feuerstein-Axt; bald darauf einen Zahn von einem Mammuth und eine zweite, wohlerhaltene menschliche Kinnlade mit 6 Zähnen, welche im Vergleich zu der erstern, die tiefer lag, eine Fortbildung der Form anzudeuten schien. Eine Anzahl französicher und englischer Gelehrten überzeugte sich an Ort und Stelle, dass diese Reste in einer nie gestörten Schicht des Diluviums begraben waren.

Ausserdem hat man bei den Eisenbahnbauten in Frankreich mehrere Schädel und Knochen von Menschen neben Mamuthsknochen und dreiseitigen Steindolchen gefunden. In einem dieser Menschenschädel ist ein dreikantiges Loch, wahrscheinlich mit einem solchen Dolche gestossen.

Um die Wurzel eines Antilopenhornes aus der berühmten Knochenhöhle von Massard (Département de l'Ariége), sieht man deutliche Einschnitte, der mit der Steinaxt beim Abziehen der Haut des Thiers gemacht zu sein scheinen. Ähnliche Verletzungen kommen vor an einem Schädelstück des grossen irländischen Urhirsches.

Neben den Schädeln und Geweihen des Riesenhirsches hat man in den Torfmooren Irlands steinerne Æxte, rohgearbeitete Boote und Scherben von irdenen Geschirren unter Umständen gefunden, die deren Gleichzeitigkeit ausser Zweifel setzen. In der Grafschaft Corck wurde eine menschliche Leiche aus einem eilf Fuss tiefen Toorfmoor ausgegraben, die in ein Fell eingewickelt war, welches der Grösse nach dem Riesenhirsch angehörte. Auch am Missouri in Amerika fand man Skelette von Mastodonten, unter welchen menschliche Gebeine, steinerne Pfeilspitzen und Scherben von gebrannten Thongeschirren lagen.

In einer Knochenhöhle Belgiens hat man viele Menschenknochen von Individuen jeden Alters unter den Knochen von Bären, Hyänen und Hirschen gefunden.

In einer Höhle bei Hochdal, zwischen Düsseldorf und Elberfeld fand man im Jahr 1857, 15 Fuss unter der Oberfläche in einer 4 Fuss mächtigen Lehmablagerung ein Menschengerippe in wagrechter Lage, den Schädel nach vorn gerichtet. Die Knochen waren stellenweise mit schwarzen Dendriten, mit niedlichen zweigartigen Zeichnungen von einer Eisen-und Manganverbindung bedeckt. Die niedrige Stirn und die stark hervortretende Augenbraunbogen deuten auf einen rohen Menschenstamme, welcher der Bevölkerung Deutschlands vor den Kelten und Germanen voraus ging. Auch im Neanderthal bei Düsseldorf und in einer Knochenhöhle bei Lüttich hat man menschliche Schädel gefunden, die auf eine neue Urbevölkerung hinweisen.

Diese zahlreichen Thatsachen bezeugen, dass schon vor dem Eintritt des Diluviums und vor der letzten Erhebung der Alpen, zu einer Zeit wo in Deutschland und Frankreich unter tropischen Gewächsen, Mammuth, Elephanten, Nashörner, Krokodile, Bären, Löwen und Hyänen lebten, eine Menschenart vorhanden war, deren Schädelbildung den Ureinwohnern der heutigen Tropenländer sehr ähnlich ist. Ein wilder Menschenstamm, dem die Anwendung der Metalle unbekannt war, von dem die Geschichte nichts berichtet als das Dasein der steinernen Waffen, die er mit roher Hand zu seiner Vertheidigung oder zu Verfolgung seiner Beute bereitet.

C

CANDOLLE (Alphonse de).

Germination, sous des degrés divers de température constante. Mémoire lu dans la séance générale de la Société helvétique des sciences naturelles à Genève le 21 août 1865.

Archives des sciences physiques et naturelles. Novembre 1865, p. 243 à 282. 1 Tabl. L'expérience a duré du 7 mars au 11 avril, 35 jours... 10 espèces : *Collomia, lepidium, linum, maïs, melon nigella, sesamum, trifolium, celosia, sinapis alba.*

Germination à 0° (glace fondante.[1]. Le *sinapis alba* est la seule graine qui y a germé. Sur une trentaine cinq ont germé du 23 au 25 mars, constamment maintenus à la température de 0°... Il y a probablement des espèces alpines qui lèvent sous une température de 0°, surtout des espèces nivales, comme la *soldanelle*, par exemple. Sans doute les rayons solaires peuvent dans le cours naturel des choses amener, par moments, en dépit de l'eau, de la neige une température supérieure à 0°; mais on peut admettre, d'après l'exemple du *sinapis*, que certaines espèces germent toutes les fois que l'eau est en contact avec elles, même à 0°. D'un autre côté, d'après mes expériences, plusieurs ne germent pas sous une température aussi basse. Il reste encore à savoir si elles ne peuvent véritablement pas germer, ou, si elles demandent un temps tellement prolongé que d'ordinaire leur tissu passe à un état de putréfaction, qui atteindrait l'embryon. De 1°,5 à 2°,0 (moyenne 1°,75), le *sinapis alba* a germé le seizième jour, dans le même laps de temps qu'à 0° Aucune autre espèce n'a germé.

GERMINATIONS A DIVERSES TEMPÉRATURES MOYENNES CONSTANTES

TEMPÉRATURES...	0°,0	1°,9	3°,0	5°,7	9°,0	12°,5	17°
1. **Sinapis Alba**.	16 j.	16 j.	8 j. 1/2	4 j.	3 j. 1/2	1 j. 3/4	3 j. 1/2
2. **Linum**.	»	34 j.	17 j.	6 j.	5 j.	2 j. 3/4	3 j.
3. **Collomia**. . . .	»	»	»	14 j.	6 j. 3/4	6 j.	3 j. 1/2
4. **Trifolium**. . .	»	»	»	10 j.	6 j.	3 j.	2 j. 1/4
5. **Iberis**.	»	»	»	14 j.	6 j.	3 j. 1/2	4 j.
6. **Maïs**.	»	»	»	»	11 j.	6 j.	3 j. 3/4
7. **Nigella**.	»	»	»	27 j.	15 j.	9 j.	6 j.
8. **Sesamum**. . .	»	»	»	»	»	9 j.	3 j.
9. **Lepidium**. . .	»	30 j.	11 j.	3	3 j.	1 j. 3/4	1 j. 1/2
10. **Melon**.	»	»	»	»	»	»	9 j. 1/4

TEMPÉRATURES. .	20°,5	24°,5	28°,0	40°
1. —	18 h.	36 h.	3 j.	?
2.	36 h.	38 h.	2 j. 1/2	?
3.	?	?	?	?
4. —	42 h.	42 h.	3 j.	?
5. —	»	?	?	?
6. —	42 h.	23 h.	36 h.	?
7.	4 j. 1/4	?	?	?
8. —	34 h.	22 h.	22 h.	10 h. 1/2
9. —	38 h.	?	39 h.	?
10. —	?	44 h.	3 j.	94 h. ?

[1] D. A. — J'ai vu dans les Alpes des soldanelles en fleur passer à travers la neige qui les couvraient. Entre le sol et la neige il y avait un vide, les rayons solaires passaient à travers la neige et échauffaient le sol. A la température de zéro permanent (constant) toute germination cesse.

D

DELESSE et LANGEL.

REVUE DE GÉOLOGIE POUR LES ANNÉES 1862 ET 1863. T. III. in-8° Paris, 1865

DESOR (E.).

Voyez J. JAHRBUCH DES SCHWEIZER ALPEN-CLUB.

DESOR (E.)

GEBIRGSBAU DER ALPEN. Texte, cartes et clichés. — Wiesbaden. C. W. Kriedls Verlag. 1865.

DOVE (H. W.), professeur à Berlin.

MONATHS UND JAHRES ISOTHERMEN in der Polar Projection, nebst Darstellung ungewöhnlicher Winter durch Thermischen Isanomalen. 20 Karten

DOVE (H. W.), professeur à Berlin.

TABELLEN UND AMTLICH. NACHRICHTEN ÜBER DEN PREUSSISCHEN STAAT. Ergebnisse der in den Jahren 1848 bis 1857 angestellten Beobachtungen des meteorologischen Instituts. Berlin, 1 [illegible]. — [illegible]

DOVE (H. W.), professeur à Berlin.

DIE STÜRME DER GEMÆSSIGTEN ZONE mit besonderer Berücksichtigung der Stürme des Winters 1862-1863. In-8°. Berlin, 186[illegible].

E

ESCHER (von der Linth).

Voyez J JAHRBUCH DES SCHWEIZER ALPEN-CLUB.

ESPINE (Adolphe d') et **FAVRE** (Ernest).

OBSERVATIONS GÉOLOGIQUES ET PALÉONTOLOGIQUES SUR QUELQUES PARTIES DES ALPES DE LA SAVOIE ET DU CANTON DE SCHWITZ. Archives des sciences physiques et naturelles. T. XXII, Mars 1865, p 475, etc. Texte et plan.

F

FAVRE (Alphonse), professeur à l'Académie de Genève.

ORIGINE DES LACS ALPINS ET DES VALLÉES. Lettre adressée à sir **Roderick I. Murchisson**. Archives des sciences physiques et naturelles. Genève, t. XXII. Avril 1865, p. 274, etc.

...Je suis grand partisan de l'idée du transport par la glace des blocs erratiques à l'époque de l'ancienne extension des glaciers, et comme Suisse, je suis attaché à cette théorie qui mérite l'épithète de nationale. Je reconnais cependant qu'elle est accompagnée de certaines difficultés, mais je ne puis comprendre la ***nouvelle théorie d'après laquelle les lacs alpins auraient été creusés ou affouillés par les glaciers et celle qui explique l'origine des vallées alpines au moyen de l'érosion produite par l'action des glaciers*** [1].

Il est évident que les glaciers actuels usent les roches sur lesquelles ils se meuvent, puisqu'il les polissent. Mais cette action est si faible, que je ne vois pas comment on en conclut qu'elle a pu creuser des bassins lacustres, profonds de plusieurs centaines de pieds au-dessous du niveau moyen des vallées, même en supposant qu'elle s'est prolongée pendant un temps très-long. Je comprends encore moins comment cette action aurait pu creuser des vallées de plusieurs milliers de pieds de profondeur dans un massif rocheux grand comme les Alpes [2].

FAVRE (Alphonse), professeur à l'Académie de Genève.

Précis d'une histoire du terrain houiller des Alpes. Archives des sciences physiques et naturelles de Genève. T. XXII — Février 1865, p. 81 et suiv.

FELLENBERG (Edmund von), **ÆBY** (Professeur à Berne), **GERWER** (R.) pasteur à Grindelwald).

- **Das Hochgebirge von Grindelwald.** — Texte, panorama, clichés dans le texte, et carte à l'échelle 1 : 50,000, 1866.

FELLENBERG (Edmund von).

Voyez J. Jahrbuch des Schweizer Alpen-Club.

FIGUIER (Louis).

Année scientifique et industrielle. Neuvième année in-16, 568 pages, 1865. — Paris, Hachette et Cie.

Météréologie, p. 75 à 1.9.

1. **Les grands froids ou les froids historiques.** Températures les plus basses qui ont été observées sur le globe.

[1] Un grand nombre d'arguments contre ces théories ont été indiqués dans divers mémoires, tels que ceux de MM. **Ball** (*Philosophical Magazine*, 1863, t. XXV, 81); **Desor** (*Revue Suisse*, 1860); **Studer** (*Archives des sc. physiques et naturelles*, 1865, t. XIX, p. 8), etc.

Cette nouvelle théorie est soutenue par M. **Ramsay**, par M. **Tyndall**, par M. **de Mortillet.**

[2] D. A. Qu'il me soit permis de citer des observations glaciaires directes qui éclairent la question de la nouvelle théorie.

Les glaciers actuels disloquent, usent, moutonnent, polissent, strient les roches qui les supportent, aux altitudes, dans les Alpes, qui sont approximativement au-dessous de 2,600 mètres. Au-dessus de ces altitudes, ils sont adhérents au sol, gelés fortement dans toutes les saisons, et toutes les roches sont anguleuses. Ces faits positifs prouvent que la limite actuelle des roches moutonnées et polies n'est pas celle des anciens glaciers monstres. — Les matériaux erratiques transportés que nous voyons sur le Jura et dans les plaines de la Suisse à une grande distance des glaciers en activité actuels sont des limites de leur étendue à une certaine époque. Du temps des glaciers monstres, tous les pics et massifs des Alpes étaient couverts d'une calotte de glace d'une grande hauteur, le mouvement des glaciers existait comme aujourd'hui, mais ils ne *transportaient pas de matériaux sur leur dos*, il n'en tombait pas sur leur surface, ni sur les neiges qui les couvraient.

L'action des glaciers sur les surfaces qui les supportent *n'est pas faible, elle est forte.* Pour s'en convaincre, il suffit de laisser déposer dans un vase 10 litres d'eau sortant d'un glacier composé de plusieurs affluents, et on sera étonné de trouver que la boue de glacier fine (en poudre) est de quelques grammes par litre, et que le torrent charrie une grande quantité de sable et matériaux de différente grosseur. Les matériaux d'une certaine grosseur restent en place ou à peu de distance du torrent qui sort par la voûte du glacier, rehaussent le terrain et le glacier passe par-dessus comme un rouleau compresseur et les laisse en place. La boue de glacier, poudre fine, presque impalpable, reste en suspens dans le torrent et est charriée à de très-grandes distances. Dans les Vosges, la forêt Noire, le Jura et autres chaînes et massifs de montagne dont les points culminants ont une altitude où certes les glaciers n'étaient ni adhérents, ni gelés au sol à aucune époque, nous voyons que l'aspect général du massif est partout généralement ballonné, arrondi, et il est plus que probable, que ces formes proviennent de l'action des glaciers, et que des vallées ont été approfondies, élargies, mais pour le système général des Alpes, cela ne peut s'admettre qu'aux altitudes au-dessous de 2,600 mètres, où certes les glaciers ont fortement entammé le sol...

Le capitaine **Parry** a constaté à l'île Melville, non loin du Spitzberg — 48°.
Amérique du Nord. Fort de Félix et au fort Entreprise — 50°.
Nijné-Taguilsk, mines d'argent des princes Demidoff — 51°,5.
Nijné-Kolymsk — 54°,0.
Calix (Norvége) — 55° 0.
17 janvier 1834 au fort Reliance (63° latitude) — 57°,0.
Lakoutsk (Sibérie), 25 janvier 1829 — 58°,0.

2. Orages de Calcutta et de la Nouvelle-Calédonie.
3. Corps de foud. e.
4. Théorie de la formation des orages. — Spectre des éclairs.
5. Division des orages. — Orages du mois de mai et de juin 1864.
6. Aurores boréales.
7. Expériences nouvelles sur la radiation solaire et sur la force absorbante de la vapeur d'eau, par le P. **Secchi** à Rome, et M. **Tyndall**.
8. Echauffement comparatif du sol sur les montagnes et dans les plaines.
9. Limite des neiges temporaires persistantes.

...M. **Renou** vient de découvrir que, pour la théorie de la limite des neiges, qui, selon lui, est bien certainement liée au climat général de chaque contrée, le rapport serait le suivant : *Dans toutes les contrées de la terre la limite des neiges temporaires persistantes est l'altitude à laquelle la moitié la plus chaude de l'année a une température moyenne égale à zéro.*

Voici comment M **Renou** a vérifié cette loi intéressante. Il a rassemblé les observations qu'on a faites, en différents pays, sur la hauteur de la limite des neiges persistantes. Ensuite il a cherché à déterminer la température moyenne mensuelle des six mois les plus chauds de l'année, mai à octobre. Il a ainsi obtenu la température de la moitié la plus chaude de l'année, au niveau de la mer d'après l'observation directe. Or, si la loi est exacte, il faut retrouver les mêmes degrés du thermomètre, en partant de la limite des neiges dont la température est supposée égale à zéro, et calculant l'augmentation de température d'après la hauteur de cette limite jusqu'au niveau de la mer.

Conclusions.

Hauteur pour 1° d'augmentation de température : 160 mètres pendant les trois mois les plus chauds; 200 mètres pendant les trois mois les plus froids; 180 mètres moyenne de l'année.

Dans les Alpes, la hauteur moyenne de la limite des neiges persistantes est à 2,700 mèt. : divisant ce nombre par 160, on trouve 17°; c est le décroissement de la température depuis le niveau de la mer jusqu'à la limite des neiges, et comme 17 degrés représentent aussi la température moyenne des six mois les plus chauds de l'année au niveau de la mer Adriatique, on en conclut que la température moyenne de la même période est bien égale à zéro à la limite des neiges[1].

[1] D. A. Depuis un très-grand nombre d'années des observations météorologiques comparatives se font à Genève : 407 mèt. alt. et au Saint-Bernard 2,477 mèt. alt., différence des deux stations 2,070 mètres. Voyez t. VII, 1re partie de mes *Matériaux pour l'étude des glaciers.*

D. A. HAUTEUR POUR 1 DEGRÉ DE DIFFÉRENCE DE TEMPÉRATURE DE GENÈVE A SAINT-BERNARD COMPARÉS. — 1847 A 1862.

ANNÉES.	HIVER.	PRINTEMPS.	ÉTÉ.	AUTOMNE.	ANNUELLES.	EXTRÊMES MENSUELLES. Maxima.	Minima.
	m	m	m	m	m	m	m
1847.	198	176	175	228	194	295	165
1848.	255	180	188	189	205	528	169
1849.	265	179	179	211	208	526	160
1850.	227	176	178	188	192	277	166
1851.	209	174	172	186	208	445	162
1852.	330	178	165	205	219	593	151
1853.	210	170	175	197	183	296	148
1854.	250	177	174	195	195	270	162
1855.	206	164	168	194	185	251	160
1856.	254	177	166	195	195	254	161
1857.	220	179	162	205	191	246	158
1858.	282	178	165	199	190	406	161
1859.	206	172	162	205	185	255	159
1860.	189	157	167	204	177	205	155
1861.	201	161	176	205	188	224	153
1862.	228	178	166	188	190	525	154
MOYENNES.	238	175	171	199	194	309	159
MAXIMA.	330	180	188	228	219	593	169
MINIMA.	189	157	162	186	177	205	148
DIFFÉRENCES. . .	141	23	26	42	42	388	21

D. A. En comparant les chiffres et les moyennes de ce tableau avec ceux indiqués par la théorie de **M. Renou**, nous voyons qu'ils confirment qu'en hiver il faut toutes les années s'élever plus haut qu'en été par une différence de 1° de température. — Les moyennes de toutes les saisons. Genève au Saint-Bernard (différence d'altitude 2,070 mèt.), sont plus fortes que celles de M. **Renou**. Les extrêmes maxima qui toutes sont de l'été de 159 mèt. correspondent à celles indiquées de 160 mèt. par l'été. — Les moyennes de l'été diffèrent de 11 mèt. — celles de l'hiver de 38 mèt., et celles de l'année de 14 mèt. Ces différences proviennent sans aucun doute, des stations comparées. Au niveau de la mer, la température est, toutes choses égales, d'ailleurs plus élevée qu'à Genève... Voyez, pour éclaircir la question, les citations nombreuses des *Matériaux pour l'étude des glaciers*.

10. GLACIÈRES NATURELLES.

FININGER (L.).

Voyez J. JAHRBUCH DES SCHWEIZER ALPEN-CLUB.

FREY-GESSNER.

Voyez J. JAHRBUCH DES SCHWEIZER ALPEN-CLUB.

G

GAROLNE.

Voyez J. JAHRBUCH DES SCHWEIZER ALPEN-CLUB.

GAUTIER (Professeur).

RÉSULTATS DE LA PREMIÈRE ANNÉE (1864) DES OBSERVATIONS MÉTÉOROLOGIQUES, RÉCEMMENT INSTITUÉES EN SUISSE sous le rapport des températures et des quantités de pluie ou de neige, communiquées à la *Société de physique et d'histoire naturelle de Genève*, le 7 septembre 1865. — Archives des sciences physiques et naturelles. Octobre 1865.

Les observations se font à 7, 1, 9 Les moyennes sont les moyennes de ces trois observations.

TEMPÉRATURES 1864.

STATIONS.	ALTITUDES.	MAXIMA.	MINIMA.	AMPLITUDES.	MOYENNES.	HIVER.	PRINTEMPS.	ÉTÉ.	AUTOMNE.	EAU TOMBÉE.	
Genève	408	35,0	—11,9	44,9	9,7	0,25	9,94	18,10	9,41	648,5	
Zermatt (Valais)	1615	24,5	—21,4	45,9	5,01	—5,06	4,05	11,48	5,95	610,1	
Rigi-Kulm (Schwytz)	1784	19,0	—21,0	40,0	1,87	—4,27	0,61	8,18	2,64	1988,5	Décembre eau pas notée.
Grimsel (Berne)	1874	19,1	—26,0	45,1	1,51	—6,2	0,65	9,14	2,56	2156,1	
Simplon (Valais)	2008	19,2	—22,5	41,7	1,07	—6,11	0,28	8,85	1,28	815	
Bernardin (Grisons)	2070	17,0	—24,0	41,0	0,56	—6,51	—0,59	7,85	0,71	1921	
Saint-Gothard (Tessin)	2093	17,6	—26,0	43,6	—0,62	—6,76	—1,98	6,60	—0,55	1218,1	Mars et avril eau pas notée.
Julier (Grisons)	2244	18,1	—24,0	47,1	—0,91	—8,65	—1,92	6,90	—0,12	?	Eau irrégulièrement notée.
Saint-Bernard (Valais)	2478	16,4	—25,8	40,2	—1,44	—8,02	—2,55	5,69	—1,08	1577,8	

DIFFÉRENCE AVEC GENÈVE.

(Tableau composé par Dollfus-Ausset.)

Zermatt	1207	9,5	10,5	+ 1,0	5,64	1,80	5,89	6,62	5,46	—38,0
Rigi-Kulm	1376	14,0	10,1	— 3,[illegible]	7,45	4,02	9,33	9,62	6,77	+ 1340
Grimsel			14,1	+ 0,2	7,79	6,00	9,51	8,90	6,85	+ 1808
Simplon			10,6	— 3,2		5,86	9,66			[illegible]
Bernardin			12,1	— 3,9		6,26	10,35			
Saint-Gothard										
Julier										

Eaux tombées en hautes régions sont très-approximatives et trop faibles. Par suite des vents, la pluie et les neiges n'entrent que partiellement dans l'udomètre.

De 1800 à 2000ᵐ altitude il tombe la plus grande quantité de neiges dans les Alpes. — Aux altitudes supérieures, les neiges sont accumulées en grande partie dans les *cirques* et les dépressions

(Tableau composé par Dollfus Ausset.)

Zermatt . . .	»	(127)	(115)*	»	(212)*	(241)*	(206)*	(182)*	(221)*	»	Les moyennes diurnes générales 165° confirment les mêmes moyennes de nombreux tableaux de mes *Matériaux*.
Rigi-Kulm.	»	98	156	»	165	(544)*	147	145	205	»	A toutes les stations le maxima d'élévation est en hiver (décembre à février); le minima au printemps et en été. — L'automne se rapproche de la moyenne de l'année pour les températures et pour l'élévation.
Grimsel.	»	105	104	»	188	244	157	165	214	»	Les chiffres de saisons confirment les observations nombreuses citées dans les *Matériaux*.
Simplon.	»	116	151	»	194	275	166	175	197	»	
Bernardin.	»	104	157	»	185	265	158	162	191	»	
Saint-Gothard.	»	109	119	»	170	279	141	145	175	»	
Julier.	»	125	107	»	179	219	155	165	195	»	
Saint-Bernard.	»	125	99	»	195	276	169	167	197	»	

D. A. Moyennes générales des stations de **Rigi-Kulm** au **Saint-Bernard**. — **Zermatt** anormal non compris, — ni Rigi-Kulm hiver anormal.

MOYENNES GÉNÉRALES. .	»	111	122	»	185	254	156	150	195	»	Ce tableau ne comprend que les stations de hautes régions des Alpes.
MAXIMA.	»	125	151	»	194	275	169	175	214	»	
MINIMA.	»	98	99	»	170	21[illegible]	141	145	175	»	
DIFFÉRENCES.	»	27	52	»	24	54	28	30	41	»	

GAUTIER (Théophile).

EFFET DE NEIGE[1].

...La tempête augmentait. Chassée par le vent, la neige courait en blanches fumées rasant le sol, et ne s'arrêtant que lorsqu'elle était retenue par quelque obstacle, revers de tertre, mur de pierrailles, clôture de haie, talus de fossé. Là, elle s'entassait avec une prodigieuse vitesse, débordant en cascade de l'autre côté de la digue temporaire. D'autres fois elle s'engouffrait dans le tournant d'une trombe et remontait au ciel en tourbillons pour en retomber par masses, que l'orage dispersait aussitôt. Quelques minutes avaient suffi pour poudrer à blanc, sous la toile palpitante de la charrette, Isabelle, Sérafine et Léonarde, quoiqu'elles se fussent réfugiées tout au fond et abritées d'un rempart de paquets.

Ahuri par les flagellations de la neige et du vent, le cheval n'avançait qu'à grand'-peine. Il soufflait, ses flancs battaient, et ses sabots glissaient à chaque pas. Le Tyran le prit par le bridon, et, marchant à côté de lui, le soutint un peu de sa main vigoureuse. Le Pédant, Sigognac et Scapin poussaient à la roue. Léandre faisait claquer son fouet pour exciter la pauvre bête, car la frapper eût été cruauté pure. Quant au Matamore, il était resté quelque peu en arrière, car, il était si léger, vu sa maigreur phénoménale, que le vent l'empêchait d'avancer, quoiqu'il eût pris une pierre en chaque main et rempli ses poches de cailloux pour se lester.

Cette tempête neigeuse, loin de s'apaiser, faisait de plus en plus rage, et se roulait avec furie dans les amas de flocons blancs qu'elle agitait en mille remous comme l'écume des vagues. Elle devint si violente, que les comédiens furent contraints, bien qu'ils eussent grande hâte d'arriver au village, d'arrêter le chariot et de le tourner à l'opposite du vent. La pauvre rosse qui le traînait n'en pouvait plus; ses jambes se raidissaient; des frissons couraient sur sa peau fumante et baignée de sueur. Un effort de plus, et elle tombait morte; déjà une goutte de sang perlait dans ses naseaux largement dilatés par l'oppression de la poitrine, et des lueurs vitrées passaient sur le globe de l'œil.

Le terrible dans le sombre n'est pas difficile à concevoir. Les ténèbres logent aisément les épouvantes, mais l'horreur blanche se fait moins comprendre. Cependant, rien de plus sinistre que la position de nos pauvres comédiens, pâles de faim, bleus de froid, aveuglés de neige et perdus en pleine grande route au milieu de ce vertigineux tourbillon de grains glacés les enveloppant de toutes parts. Tous s'étaient blottis sous la toile de la bâche pour laisser passer la rafale, et se pressaient les uns contre les autres afin de profiter de leur chaleur mutuelle. Enfin l'ouragan tomba, et la neige, suspendue en l'air, put descendre moins tumultueusement sur le sol. Aussi loin que l'œil pouvait s'étendre, la campagne disparaissait sous un linceul argenté.

— Où donc est Matamore? dit Blazius; est-ce que par hasard le vent l'aurait emporté dans la lune?

— En effet, ajouta le Tyran, je ne le vois point. Il s'est peut-être blotti sous quelque décoration au fond de la voiture. Hohé! Matamore! secoue tes oreilles si tu dors, et réponds à l'appel.

Matamore n'eut garde de sonner mot. Aucune forme ne s'agita sous le monceau de vieilles toiles.

— Hohé! Matamore, beugla itérativement le Tyran de sa plus grosse voix tragique et d'un ton à réveiller dans leur grotte les sept dormants avec leur chien.

— Nous ne l'avons pas vu, dirent les comédiennes, et, comme les tourbillons de neige nous aveuglaient, nous ne nous sommes point autrement inquiétées de son absence, le pensant à quelques pas de la charrette.

[1] D. A. *Effet de neige dans la cristallisation au niveau des rails des chemins de fer, à lire au col du Théodule à 33[illegible]0ᵐ alt. par Dollfus-Ausset et Auguste Michel.* [illegible], extrait d'un feuilleton journal envoyé par l'ami **E. Collomb**, à la station en hautes régions. (*Se non è vero è ben trovato.*)

— Diantre ! fit Blazius, voilà qui est étrange ! pourvu qu'il ne lui soit point arrivé malheur.

— Sans doute, dit Sigognac, il se sera, pendant le plus fort de la tourmente, abrité derrière quelque tronc d'arbre, et il ne tardera pas à nous rejoindre.

On résolut d'attendre quelques minutes, lesquelles passées, on irait à sa recherche. Rien n'apparaissait sur le chemin, et de ce fond de blancheur, quoique le crépuscule tombât, une forme humaine se fût aisément détachée, même à une assez grande distance.

La nuit, qui descend si rapide aux journées de décembre, était venue, mais sans amener avec elle une obscurité complète. La réverbération de la neige combattait les ténèbres du ciel, et, par un renversement bizarre, il semblait que la clarté vînt de la terre. L'horizon s'accusait en ligne blanche et ne se perdait pas dans les fuites du lointain. Les arbres enfarinés se dessinaient comme les arborisations dont la gelée étame les vitres, et de temps en temps des flocons de neige, secoués d'une branche, tombaient, pareils aux larmes d'argent des draps mortuaires, sur la noire tenture de l'ombre. C'était un spectacle plein de tristesse ; un chien se mit à hurler au perdu comme pour donner une voix à la désolation du paysage et en exprimer les navrantes mélancolies. Parfois il semble que la nature, se lassant de son mutisme, confie ses peines secrètes aux plaintes du vent et aux lamentations de quelque animal.

On sait combien est lugubre dans le silence nocturne cet aboi désespéré qui finit en râle et que semble provoquer le passage de fantômes invisibles pour l'œil humain. L'instinct de la bête, en communication avec l'âme des choses, pressent le malheur et le déplore avant qu'il soit connu. Il y a dans ce hurlement mêlé de sanglots l'effroi de l'avenir, l'angoisse de la mort et l'effarement du surnaturel. Le plus ferme courage ne l'entend pas sans en être ému, et ce cri fait dresser le poil sur la chair comme ce petit souffle dont parle Job.

L'aboi, d'abord lointain, s'était rapproché, et l'on pouvait distinguer au milieu de la plaine, assis le derrière dans la neige, un grand chien noir qui, le museau levé vers le ciel, semblait se gargariser avec ce gémissement lamentable.

« Il doit être arrivé quelque chose à notre pauvre camarade ! s'écria le Tyran ; cette maudite bête hurle comme pour un mort. »

Les femmes, le cœur serré d'un pressentiment sinistre, firent avec dévotion le signe de la croix. La bonne Isabelle murmura un commencement de prière.

« Il faut l'aller chercher sans plus attendre, dit Blazius, avec la lanterne, dont la lumière lui servira de guide et d'étoile polaire s'il s'est égaré du droit chemin et vague à travers champs ; car en ces temps neigeux qui recouvrent les routes de blancs linceuls, il est facile d'errer. »

On battit le fusil, et le bout de chandelle allumé au ventre de la lanterne jeta bientôt à travers les minces vitres de corne une lueur assez vive pour être aperçue de loin.

Le Tyran, Blazius et Sigognac se mirent en quête. Scapin et Léandre restèrent pour garder la voiture et rassurer les femmes, que l'aventure commençait à inquiéter. Pour ajouter au lugubre de la scène, le chien noir hurlait toujours désespérément, et le vent roulait sur la campagne ses chariots aériens, avec de sourds murmures, comme s'il portait des esprits en voyage.

L'orage avait bouleversé la neige de façon à effacer toute trace ou du moins à en rendre l'empreinte incertaine. La nuit rendait d'ailleurs la recherche difficile, et quand Blazius approchait la lanterne du sol, il trouvait parfois le grand pied du Tyran moulé en creux dans la poussière blanche, mais non pas le Matamore, qui, fût-il venu jusque-là, n'eût marqué non plus que celui d'un oiseau.

Ils firent ainsi près d'un quart de lieue, élevant la lanterne pour attirer le regard du comédien perdu et criant de toute la force de leurs poumons : « Matamore, Matamore, Matamore ! »

A cet appel semblable à celui que les anciens adressaient aux défunts avant de quitter le lieu de sépulture, le silence seul répondait ou quelque oiseau peureux s'envolait en glapissant avec une brusque palpitation d'ailes pour s'aller perdre plus loin dans la nuit. Parfois un hibou offusqué de la lumière piaulait d'une façon lamentable. Enfin, Sigognac, qui avait la vue perçante, crut démêler à travers l'ombre, au pied d'un arbre, une figure d'un aspect fantasmatique, étrangement roide et sinistrement immobile. Il en avertit ses compagnons, qui se dirigèrent avec lui de ce côté en toute hâte.

C'était bien, en effet, le pauvre Matamore. Son dos s'appuyait contre l'arbre et ses longues jambes étendues sur le sol disparaissaient à demi sous l'amoncellement de la neige. Son immense rapière, qu'il ne quittait jamais, faisait avec son buste un angle bizarre, et qui eût été risible en toute autre circonstance. Il ne bougea pas plus qu'une souche à l'approche de ses camarades. Inquiété de cette fixité d'attitude, Blazius dirigea le rayon de la lanterne sur le visage de Matamore, et il faillit la laisser choir, tant ce qu'il vit lui causa d'épouvante.

Le masque ainsi éclairé n'offrait plus les couleurs de la vie. Il était d'un blanc de cire le nez pincé aux ailes par les doigts de la mort luisait comme un os de seiche ; la peau se tendait sur les tempes. Des flocons de neige s'étaient arrêtés aux sourcils et aux cils, et les yeux dilatés regardaient comme deux yeux de verre. A chaque bout des moustaches scintillait un glaçon dont le poids les faisait courber. Le cachet de l'éternel silence scellait ces lèvres d'où s'étaient envolées tant de joyeuses rodomontades, et la tête de mort sculptée par la maigreur apparaissait déjà à travers ce visage pâle, où l'habitude des grimaces avait creusé des plis horriblement comiques, que le cadavre même conservait, car c'est une misère du comédien, que chez lui le trépas ne puisse garder sa gravité.

Nourrissant encore quelqu espoir, le Tyran essaya de secouer la main de Matamore, mais le bras déjà roide retomba tout d'une pièce avec un bruit sec comme le bras de bois d'un automate dont on abandonne le fil. Le pauvre diable avait quitté le théâtre de la vie pour celui de l'autre monde. Cependant, ne pouvant admettre qu'il fût mort, le Tyran demanda à Blazius s'il n'avait pas sur lui sa gourde. Le Pédant ne se séparait jamais de ce précieux meuble. Il y restait encore quelques gouttes de vin, et il en introduisit le goulot entre les lèvres violettes du Matamore; mais les dents restèrent obstinément serrées, et la liqueur cordiale rejaillit en gouttes rouges par les coins de la bouche. Le souffle vital avait abandonné à jamais cette frêle argile, car la moindre respiration eût produit une fumée visible dans cet air froid.

« Ne tourmentez pas sa pauvre dépouille, dit Sigognac ; ne voyez-vous pas qu'il est mort !

— Hélas! oui, répondit Blazius, aussi mort que Chéops sous la grande pyramide Sans doute, étourdi par le chasse-neige et ne pouvant lutter contre la fureur de la tempête, il se sera arrêté près de cet arbre, et, comme il n'avait pas deux onces de chair sur les os, il aura bientôt eu les moelles gelées. Afin de produire de l'effet à Paris, il diminuait chaque jour sa ration, et il était efflanqué de jeûne plus qu'un lévrier après la chasse. Pauvre Matamore, te voilà désormais à l'abri des nasardes, croquignoles, coups de pied et de bâton à quoi t'obligeaient tes rôles! Personne ne te tira plus au nez. »

THÉOPHILE GAUTIER.

GERVAIS (Paul).

LA CAVERNE DE BIZE et les espèces animales dont les débris y sont associés à ceux de l'homme. Montpellier, 1864. Archives des sciences naturelles et physiques de Genève, T. XXII, mars 1865, p. 260, Académie des sciences de Paris, 5 décembre 1864, t. LIX, p. 945.

GERWER, Pfarrer in Grindelwald

Voyez J. JAHRBUCH DES SCHWEIZER ALPEN-CLUB.

GIRARD.

Voyez J. JAHRBUCH DES SCHWEIZER ALPEN-CLUB.

GRAD (Ch.).
LACS ET TOURBIÈRES DES VOSGES. *Annales des Vosges*, août 1865.

GRAD (M. A. Charles) à Türckheim (Haut-Rhin), membre de la Société de géographie.
ESQUISSE PHYSIQUE DES ILES SPITZBERGEN ET DU POLE ARCTIQUE, 1 vol. in-8°, 164 pages avec 1 carte des îles Spitzbergen. Paris 1866.
I. Coup d'œil d'ensemble sur le groupe des Spitzbergen.
II. Superficie et travaux géodésiques.
III. Ports et marées.
IV. Climat.
V. Magnétisme terrestre et aurores boréales.
VI. Glaciers des Spitzbergen comparés à ceux du Groenland et des Alpes.
VII. Description géognostique du Nord de l'Archipel et du Détroit de Hinlopen.
VIII. Flore des Spitzbergen comparée à celle des Alpes et des Vosges.
IX. Faune de la zône arctique.
X. Ancienne extension de la zône glaciaire.
XI. Courants et glaces de la mer Poloire.
...Dans le grand Océan, le capitaine **Boulton**, de l'*Arethusa* signale en janvier 1835, à l'ouest du cap Horn, entre 54°,48 et 56°,51 Sud et 148° à 71° Ouest, une flotte de montagnes de glace d'une extension linéaire de 2,500 milles, et quelques-unes s'élevaient à 250 mètres au-dessus de l'eau, ce qui suppose un diamètre de 1,000 mètres pour la masse totale, en tenant compte de la partie submergée.
...Voici, selon l'auteur de la rélation historique de la commission française du Nord, les noms appliqués à la glace suivant les formes sous lesquelles elle se présente :
Fild. Nappe de glace si étendue que du haut d'un navire on ne peut en distinguer les limites.
Floe. Nappe de même nature, petite.
Drift-ice. Blocs de glace flottante de différentes formes et de différentés grosseurs.
Brush-ice. Morceaux détachés de quelque grande masse.
Bay-ice. Glace récemment formée dans la mer.
Hammock. Protubérances qui s'élèvent par la pression et la jonction de plusieurs blocs à la surface d'un champ de glace.
Tongue. Pointe de glace qui s'étend horizontalement sous l'eau. C'est un écueil dangereux pour les navires.
Pack. Masse de glace flottante dont on ne peut du regard mesurer l'étendue.
Patch. Mêmes glaces de forme circulaire, moins considérable.
Stream. Enchaînement contenu de glaçons qui, dans leur developpement oblong, ressemblent au cours d'une rivière.
Sailing-ice. Masse de glace qui offre au navire une ouverture assez large pour qu'il puisse y pénétrer.
Land-ice. Blocs de glace attachés aux rivages.
Lane. Etroit canal entr'ouvert à travers de vastes champs de glace.
XII. Bibliographie.
Gerard de Veer. Diarium nauticum, seu vera descriptio trium navigationum admirandarum tribus continuis annis factarum a Hollandicis et Zelandicis navibus ad septentrionem est. Amsterdam, petit in-folio, 1598. — Trois navigations faites par les Hollandais et les Zélandais au Septentrion, Paris 1599. — Het Derde Deel van navigatie om den Noorden. Amsterdam 1605. — **Barentz** et **Hermskerk** dans les voyageurs anciens et modernes, t. IV, gr. in-8° Paris 1857. — **Frederic Martins**, journal d'un voyage aux Spitzbergen. Recueil de voyages au Nord, in-18, t. II. Amsterdam, 1715. — Les trois navigations de **Martin Forbisher**, pour chercher un passage à la Chine et au Japon par la mer Glaciale, en 1576 et 1578. — Relation de divers voyages et découvertes, dernièrement faites au Sud et au

Nord, vers le détroit de Magellan et encore à la Nouvelle-Zemble, au Groenland et aux Spitzbergen par **Jean Yarborough**, le capitaine **Jacques Tassmann** et **Frederic Martins** de Hombourg, en 1576, 1577 et 1578. Londres, in-4°, 2° édit., 1604-1611. — **Loewenigh**, Reise nach Spitzbergen. Leipzig, in-12, 1810. — **Cadet de Metz**. Précis des voyages entrepris pour se rendre par le Nord dans les Indes, etc. Paris in-8°, 1818. — **W. Scoresby**. An account of the artic region. Edinburgh, 2 vol in-8°, 1820. — **J. Franklin**. Narration of a Journey to the shores of the polart sea etc. London, in-4, 1823. — Archives du Nord, publiées à Saint-Pétersbourg, juillet 1824. — **Fédar Lütke**. Quatrième voyage, dans l'Océan glacial Sibérien, exécuté par ordre de l'empereur Alexandre Ier de 1821 à 1824. Saint-Pétersbourg (en russe), gr. in-4, 1828 — **Keilhau**. Reise i Oest-og Vest Finmarken samt til Beeren Eiland og Spitzbergen. Christiania, in-8°, 1831. — **Leopold de Buch**. Die Bären-Insel Berlin, in-8°. — Voyages de la commission scientifique du Nord, publiés par **P. Gaymard**. Cette importante collection comprend :

PREMIÈRE PARTIE.

X. Marmier. Langue et littérature islandaise, 1 vol.
Victor Lottin. Astronomie physique et magnétisme, 1 vol.
Eugène Robert Géologie, minéralogie et botanique, 1 vol
P. Gaymard. Histoire du voyage, Groenland et Island, 1 vol.

DEUXIÈME PARTIE.

Voyages en Scandinavie, en Laponie, au Spitzberg et aux Feroës, 16 vol. in-8°.
V. Lottin et **A. Bravais**. Astronomie, hydrographie, marées, météorologie, magnétisme terrestre, aurores boréales.
J. Durocher. Géologie et métallurgie.
Eugène Robert. Géologie et minéralogie.
Charles Martins. Botanique et géographie physique.
Xavier Marmier. Relation du voyage.
A voyage towards the North-pole. London, in-8°, 1843.
John Barrow. Voyages of discovery and research in the artic regions, from the year 1818 to the present time. London, in-8°, 1846. — **Baron de Wrangel**. Reise längst der Nord Küste von Sibierien. Saint-Petersburg. Madame **Léonie d'Aunet**. Voyage d'une femme au Spitzberg. Paris, in-16, 1855. — **M. de la Roquette**. Notice biographique sur l'amiral **Franklin**. Paris, in 8°, 1856. — **V. A. Malte-Brun**. Coup d'œil d'ensemble sur les expéditions arctiques entreprises à la recherche de **Franklin**, et sur les découvertes auxquelles elles ont donné lieu. Paris, in-8°, 1855. — **Bellot**, lieutenant. Journal d'un voyage aux Mers polaires. Paris, in-8°, 1856. — **Forbes**. Norway and its glaciers. Edinburgh, 1855. — Der hohe Norden im Natur und Menschen dargestellt. Wiesbaden, 1858. **John Richardson**. Potar regions, dans la nouvelle édition de l'*Encyclopedia Britanica*, vol. XVIII, p. 161. London. 1859. — **Mac Clintock**. The voyage of the Fox in the artic seas. Récit de la découverte du sort de **Franklin** et de ses compagnons. London, in-8°, 1859. — **Gilmann**. Artic explorations (*American Journal* de Sillemann), Janvier 1861. — **John Richardson**. Polar regions. Edimburgh, in-8°, 1861. — **Ch. Edmond**. Voyages dans les mers du Nord à bord de la corvette la *Reine-Hortense*. Paris, in-8°, 1863. — **F. de Lanoye**. La Mer polaire. Paris, in-12, 1863. — **A. Petermann**. Spitzbergen und die arktische central Region. Gotha, in-4°, 1865. — **Ch. Martins**. Du Spitzberg au Sahara ; étapes d'un naturaliste au Spitzberg, en Laponie, en Ecosse, en Suisse, en France, en Italie, en Orient et en Algérie. Paris, in-8°, 1865 — **Sherard Osborn** Stray leaves from

on arctic Journal, or eigthen month in the artic regions. Nouvelle édition. London, in-8°. 1865.

Collection du *Journal of the Geographical Society* of London. Sur la Nouvelle-Zemble, t. VIII, XI, XIII; sur les expéditions polaires, collection du Bulletin de la Société de géographie et des nouvelles annales des voyages; *Geographische Mittheilungen*, de **Petermann**, années 1861 à 1865. Zeitschrift für Erdkunde, t. I, II, III, VI de la première série, et t. I, II, V et X de la nouvelle série; les Proccedings of the Geographical Society of London année 1865, vol. 9, et la *Revue des Deux-Mondes* du 15 janvier 1866.— Schwedische Expedition nach Spitzbergen dans Mittheilungen über wichitige neue Erforschungen auf dem Gesammtgebiete der Geographie, von Dr **A. Petermann**, 1866, V. p. 180. — Ergänzungsheft, n° 16.

H

HAUSER (Landrath).

Voyez J. JAHRBUCH DES SCHWEIZER ALPEN-CLUB.

HELMHOLZ (H.) professeur à Heidelberg.

LA GLACE ET LES GLACIERS. Conférences scientifiques de Heidelberg. Traduit sur le texte allemand et avec l'approbation de M. **Helmholz** par **Peltz**.

Mémoire inséré dans la *Revue des cours scientifiques de la France et de l'étranger* n° 27, 2 juin 1866, p. 433 à 452. — Clichés nombreux dans le texte :

1. Glacier de l'Unteraar avec sa moraine médiane.
2. Carte de la mer de Glace de Chamonix
3. Coupe longitudinale de la mer de Glace de Chamonix.
4. Partie inférieure du glacier de Gorner, près Zermatt.
5. Surface de la mer de Glace près de Montanvert.
6. Glacier des bois.
7. Glacier de Gorner, près de Zermatt.
8. Moule en fonte servant à comprimer de la neige et de la glace.
9. Cylindre de glace sortant du moule.
10. Gateau de glace obtenu en comprimant le cylindre contre les plateaux d'une presse hydraulique.
11. Section transversale du moule de fonte dont le fond a été remplacé par une plaque percée d'une ouverture conique.
12. Formes successives du cylindre de glace sortant de l'ouverture conique.

Lettre de M. **Tyndall**, au sujet de la leçon de M. **Helmholz** sur la glace et les glaciers.

Cette lettre écrite en anglais par M. **Tyndall** était adressée au directeur du *Philosophical Magazine*.

Lettre de M. **Helmholz** à M. le rédacteur en chef de la *Revue des cours scientifiques*. Heidelberg, 29 mai 1866.

HOFMEISTER (Wilh.), Prof. in Heidelberg, in Verbindung mit **A. DE BARG** Prof. in Friburg (Brisgau). — **THILO IRMISCH**, — **N. PRINGSHEIM** — **J. SACHS**, Prof. in Bonn.

4 vol. in-8°. — A paru en 1866, t. IV, les autres à l'impression.

J

JACQUEL (abbé), curé à Coinches.

Essai d'un itinéraire historique et descriptif du canton de Gérardmer (Vosges). — Gérardmer. Schlucht. Lacs. Noir et Blanc, Hohneck, Rotabac, in-12, chez tous les libraires du département des Vosges.

JAHRBUCH DES SCHWEIZER ALPEN-CLUB.

In-8°, clichés, illustrations et cartes. Zweiter Jahrgang, 1865. Dalpsche Buchhandlung in Bern.

Inhaltsverzeichniss.

I. Chronik des Club von **Meyer-Bischoff**.

II. Fahrten im Clubgebiet.

1. Bericht über die Excursionen im Trift-Gebiet während des Sommers 1864, von **R. Lindt**.
2. Piz-Roseg (Graubündten, Engandin), von **J.-J. Weilenmann**.
3. Fünf Bergfahrten im Tödigebiet, unternommen im Sommer 1864 von Mittgliedern der Sektionen Glarus, Aarau und Basel.
   a. Erste Besteigung des Kammlistokes, 3,234ᵐ hoch. — Landrath **Hauser**.
   b. Besteigung des grossen Ruchi, 3,138ᵐ. **Neuburger**, **Garonne** und **Frell**.
   c. Besteigung der grossen Windgälle, 3,189ᵐ. **A. Raillard** und **L. Fininger** in Basel.
   d. Oberalpstock (Piz Tgietschen), 3,330ᵐ. **Meyer-Bischoff** in Basel.
   e. Düssi oder Hüfistock (Piz Valgronda), 3,262ᵐ. **Meyer-Bischoff** in Basel.
   f. Bächistock, 2,291ᵐ. Landrath **Hauser**.

III. Freie Fahrten.

1. Gletscherfahrt von der Grimsel nach Viesch, von **Gottlieb Studer**.
   a. Studerhorn, 3,632ᵐ. **Gottlieb Studer**.
   b. Wannehorn, 3,905ᵐ, **Gottlieb Studer**.
2. Ofenhorn, 3,270ᵐ. **Gottlieb Studer**.
3. Silvrettapass, 3,026ᵐ. **Melchior Ulrich**.
4. Piz Sol, 2,817ᵐ. **E. Frey-Gessner**.
5. Besteigung des Gross-Schreckhorns, 4,080ᵐ. **Edmund von Fellenberg**.

...Den 8. August 1842 betraten die Herrn **Desor**, **Escher von der Linth** und **Girard** mit den Führern **Leuthold**, **Banholzer**, **Fahner Brigger** und **Maduts** von der Strahleck aus zum ersten, und bis jetzt einzigen Male, den Gipfel des Gross-Lauteraarhorns, 4034ᵐ alt. des Südlichen der beiden durch einen scharfen Felsgrat verbundenen Gipfel des Schreckhorns.

1857 den 7. August versuchte Herr **Eustace Anderson** vom Alpine-Club, mit **Christian Almer** und **Peter Bohren** (Bohren-Peterli) von dem Firnplateau des Ober-Grindelwald Gletschers die Besteigung des Schreckhorns. Das erste Bivouac wurde im Gläckstein am Fusse des Wetterhorns bezogen, von wo aus ein bei sehr ungünstigen Wetter gemachter Versuch misslang. Regen, Föhn und Lawinen hinderten jedes weitere Vorrücken. Das zweite Bivouac wurde am Fusse des Lauteraar-Sattels und der untersten Felsabstürze des Schreckhorns bezogen und Tag's darauf nicht ohne bedeutende Schwierigkeiten der Gipfel des kleinen Schreckhorn, 3,497ᵐ zum ersten und bis jetzt einzigen Male betreten, da sich das Gross-Schreckhorn von dieser Seite als unzugänglich bewiesen hatte.

im Jahre 1801 war das Gross Schreckhorn, so von Norden und Süden cernirt, dass sich dem kräftigen Sturme Herr **Leslie Stephen's** den 14 August 1861 auf Gnade und Ungnade ergeben muste, unter der Führung von **Peter** und **Christian Michel** und **Ulrich Kaufmann.**

Zweite Besteigung des Gross-Schreckhorn, **Edmond von Fellenberg**, — **Aeby** (Profess.), — **Gerwer** (Pfarrer in Grindelwald). Führer, **Peter Michel**, — **Peter Inäbnit**, — **Peter Egger**. — Träger, **P. Gertsch** und **Christen Bohren.**

...Den 3 August 1864 um 11 Uhr Mittags brachen wir auf, 12 Uhr 30 Min. eine Halte in der Bäregg bis 1 Uhr 20 Min. — Um 4 1/2 Uhr am Rande des obern Eismeers... 7 Uhr 40 Min., Nachtlager auf einen ebenen mit Trümmer bedeckten Platz am Fusse einer kleinen Felswand.

4. August; ein prachtvoller, wolkenloser Tag bricht heran. Um 5 Uhr brechen wir auf... Doch allmälig wurden wir durch die Unstände und die Zunehmende Steilheit des Gehänges in ein Couloir gedrängt, in dessen kaminartigen Höhlung wir hartes Firneis fanden, und dessen Wanderungen eine sich weit in die Höhe ziehende Felsrippe bildetten. Nun fieng die Kletterei erst recht an. An den untersten Felsen dieser Eiskehle fand sich noch ein Exemplar *Androsace glacialis* (3,300m Alt. opp.), die letzte Phanérogamme, die wir trafen. Auf allen Vieren mit Arm und Bein und Brust und Knie den Schreckhorn-Gneiss liebvoll umarmend, glichen wir wohl eher in unserer Gesammtheit einem Reptil, ja ein Phantast hätte aus einiger Enfernung uns wohl für den Stollenwurm halten können, der an den Felsen des Schreckhorns herum krabbelt und sich von Firneis nährt... Hat man einen Zacken erreicht, so starrt weiter oben ein Zweiter in den dunkel azur blauen Himmel, jedoch ist diese Kletterei hier ungefährliches Turnen gegen die Felsen des Couloirs! « Hier sind wir mit **Stephen** auf den Grat gelangt! » ruft Michel, und zeigt uns eine leere Weinflasche, die zwischen zwei Platten noch unversehrt sich ihres Daseins freut... Der zweite Zacken ist erreicht und kein höherer erscheint mehr! Ah! da dicht vor uns und nur ein Geringes höher liegt der heissersehnte Gipfel, dort glänzt schon die alte Fahnenstange und gucken einzelne Steine des Steinmannlis aus dem Schnee hervor! Aber ein zwar ebenes, aber schrecklick schmales Grätchen, mit luftiger lockerer Schnee-Gwächle, verbindet uns mit dem Gipfel, sonst trennen uns bodenlose Abgründe. Auf diesen Anblick hin setzen wir uns lautlos neben einander nieder und schauen uns mit grossen Augen fragend an. « Wer geht da hinüber, Rittersmann oder Knapp? riefen wir mit dem Dichter aus. — Michel besann sich nicht lange, löste sich und Egger vom Seil ab : « Spisspeter, bleib du bei den Herrn, wir wollen grad ein wenig den Weg bahnen! » und leichten Fusses betraten die Kühnen den grausigen Grat. Die kleine Schneegewächte war noch gefroren und hielt fest, an einigen Stellen wurde sie mit dem Beil weggeschlagen, einige Schritte mehr und die Beiden *stehen auf dem Gipfel des Schreckhorns.*

Schnell hatte Michel das Fahnentuch entrollt, und an die alte Fahnenstange befestigt, beide warfen ihr Gepäck zu Boden und in einigen Minuten waren sie wieder an unserer Seite. « Es geht ganz gut, rief Michel. Die Gwächte ist zum Glück noch gefroren... Mit äusserster Vorsicht betraten wir das Grättli. Lose, kaum durch Eis zusamengebackene wenig Zoll Breite und auf der Ostseite mit einer 6 bis 8 Zoll dieken und 3 Schuh hohen Gwächte überbaute Gneistafeln, auf beiden Seiten die Tausende von Fuss tiefe Abgründe, das ist der Zugang zum Gipfel des Schreckhorns. Mit einem Arm die Gwächte umklammernd, mit einem Fuss sich in ihr einbohrend, mit dem Andern auf 2 bis 3 Zoll breiten, hervorragenden Steinen absetzend, so krochen wir loutlos vorwärts An zwei Stellen war die Gwächte abgefallen, und lockere Platten mit Eis bekrustet zwangen uns zum Kriechen und Reiten. Noch ein Stüchen Gwächte, noch 9 Stufen über eine ganz kleine Schneefläche, und wir Alle stehen jubelnd *auf der allerhöchsten Spitze des Schreckhorns.*

IV. Aufsätze.

1. Alpenpanorama von Höhenschwand, geologisch erläutert von **Alb. Müller**.
2. Alpenflora, von Dr **H. Christ**.
3. Geologie der berner Alpen, von **Bernard Studer**.
4. Beziehung des Föhns zur africanischen Wüste, von **E. Desor**.

....So viel ist einstweilen gewiss; es giebt einen warmen und trockenen Südwind, welcher mächtig in die Œkonomie der Alpengletscher eingreift; dies ist der Föhn. Dieser kann von nirgends anders wo herkommen als von der africanischen Wüste. Wenn dieser Wind heute ausbliebe, so würden unsere Alpen sich mit Schnee überladen und in Folge dessen die Gletscher wieder vorücken beginnen : Wenn der Föhn durch einen feuchten Wind ersetzt würde, welcher den Schneefall noch erhöhte, so dürfte leicht eine allgemeine Vergletscherung der Alpen eintreten, eine Eiszeit, wie sie damals herschte als die Wüste noch Meer war.

5. Les nouvelles routes des alpes suisses, par **E. Gucnod**.
6. Ortsbenennung in den schweizer Alpen, von **J. Coaz**.

V. Kleinere Mittheilungen

1. Flaecheninhalt der Gletscher der Schweiz, von **A. Kündig**.
2. Theobald's bundner Atlas, von **B. St.**
3. Gebirgszeichnungen, von **L. Rütimeyer**.
4. Notice sur le massif des Diablerets, von **G. A Kecila**.
5. Letztjährige Jungfraubesteigungen, von **R. Lindt**.
6. Piz Buin im Unterengadin.
7. Das Balhorn, 3,688m alt., **Hauser**.
8. Meteorologische Mittheilung, **Femser**.
9. Einrichtung der Clubhütte am Grunhorn.
10. Gletscherführer.

Artistische Beigaben.

Fiz Roseg, Farbendruck. Spitze des Galenstock
Spitze des Galenstock.
Oberalpstock.
Studerhorn.
Schreckhorn.
Gipfel des Schreckhorns.
Karte der neuen Alpenstrassen.
Urirothstock.
Profil-Zeichnungen von Berg-Gipfeln.
Die Diablerets.
Die Grünhornhütte.

Artistische Extrabeigaben.

Karte des Triftgebietes in 50,000.
Karte der Finsteraarhorngruppe. Panorama von Höhenschwand, Farbendruck.
Panorama von Studerhorn.
Panorama von Wanneborn.
Panorama der Winterberge.

JENZER.

Voyez dans les paragraphes Jahrbuch des schweizer Alpen-Club.

JAMIESON (Thomas L.), Esq. F. G. S.

Extrait de *Quarterly Journal*, of the Geological Society for August 1865, in-8°, 24 p., 1 carte

ON THE PARALLEL ROADS OF GLEN ROY AND THEIR PLACE IN THE HISTORY OF THE GLACIAL PERIOD.

1. General appearance of the Roads.
2. The different theories.
   a. General review of the theories.
   b. Marine theory.
   c. Agassiz's theory.
3. Place of the Parallel Roads in the history of the Glacial period.
   a. Relation of the period of rhief submergence. — Eskers and Osar.
   b. Relation to the 40-feet Raised Beach of Argyleshire and to the Raised Bearhes' of Norwag.
4. Height and horizontality of the Parallel Roads.
5. Difficulty as to a dam of ice.
6. Central Asia during the Glacial period. Its glacial lakes and inland seas.
7. Inteasity of glacial action in the West Highlands.
8. Recapitulation.

JAMIESON (Thomas F.), Esq. F. G S.

Extrait de *Quarterly Journal of the Geological Society* for August 1865, in-8°, 42 pages, 10 clichés dans le texte.

1. Introduction.
2. Preglacial traces
3. Period of Land-ice.
   a. Glaciation of the rocky surfaces.
   b. Bouder-earth or Glacier-mud.
4. Period of depression.
   a. Glacial-marine beds.
   b. Character of the fossils.
   c. Boulders of the brick-clays-floating ice.
   d. Stradfied beds at high levels.
   e. Cause of the submergence.
5. Emergence of the land and final retreat of the Glaciers.
   a. Valley-gravel.
   b. Moraines.
   c. Submarine forest-beds.
6. Second period of depression.
   a. Old estuarc beds and raised beaches
   b. First traces of man in Scotland.
7. Elevation of the land to its present position.
   a. Beds of peat and blown sand.
   b. Shell-mounds and chipped flints.
8. Conclusions and *résumé*.
9. Appendix, with lists of shells.

K

KOALLA (G.).

Voyez J. JAHRBUCH DES SCHWEIZER ALPEN-CLUB.

KIRSCHLEGER (F.), Prof. à Strasbourg.

ANNALES DE L'ASSOCIATION PHILOMATIQUE VOGESO-RHÉNANE, faisant suite à la *Flore d'Alsace*, 1re à 5me livraison, in-16, 1866.

KÜNDIG (A.).

Voyez J. JAHRBUCH DES SCHWEIZER ALPEN-CLUB.

L

LECHNER (Ernst), Pfarrer in Celerina-Saint-Moritz (Oberengadin).

PIZ LANGUARD UND DIE BERNINA-GRUPPE bei Pontresina (Oberengadin), petit in-8°, 121 p., 2 gravures et 1 carte, 1 : 100,000. — Einleitung. — Standort Pontresina. — Umgebung Pontresinas. — Piz Languard. — Rosegthal. — Morteratschgletscher. — Ersteigung des Piz Bernina. — Bernina-Pass.

LINDT (B.).

Voyez J. JAHRBUCH DES SCHWEIZER ALPEN-CLUB.

M

MARGOLLÉ (Élie).

LES PROFONDEURS DE L'OCÉAN. *Annuaire scientifique* publié par **P. P. Dehérain**. 4me année 1865, in-16, 456 pages. Paris, Charpentier. — *Sondages*. Atlantique du Nord, 3,600m. — Océan Indien, 5,932m. — Aux Açores, 5,000m.

MARIE DAVY (H.). Docteur médecin, docteur ès sciences, agrégé de l'Université, astronome, chef de la division de météorologie à l'Observatoire impérial de Paris.

MÉTÉOROLOGIE. — LES MOUVEMENTS DE L'ATMOSPHÈRE ET DES MERS, considérés au point de vue de la prévision du temps, in-8°, 408 pages — 24 cartes, tirées en couleurs et clichés nombreux. — Paris, Victor Masson et fils, 1866.

INTRODUCTION.

I. Champ d'études.
II. Atmosphère. Terre. Mer.
III. Températures du globe.
IV. Grands courants de l'atmosphère.
V. Mer et courants marins.
VI. Pressions barométriques.
VII. Vents réguliers.
VIII. Tempêtes tropicales.
IX. Tempêtes de l'Europe.
X. Nuages.
XI. Distribution des pluies.
XII. Orages.
XIII. Origine et marche des tempêtes.
XIV. Prévision du temps.
XV. Tempêtes magnétiques

PLANCHES.

1. Routes maritimes.
2. Traversée du transport le *Jura*.

3. Lignes isothermes.
4. Lignes isothères.
5. Lignes isochimènes.
6. Vents généraux à la surface du globe.
7. Courants marins.
8. Profondeurs de l'Atlantique Nord.
9. Alizés de l'Atlantique.
10. Route de l'ouragan 1848.
11. Carte météorologique du 15 novembre 1864.
12. Carte météorologique du 18 novembre 1864.
13. Carte météorologique du 26 novembre 1864
14. Carte météorologique du 3 décembre 1863.
15. Carte météorologique du 29 mars 1864
16. Carte des pluies sur les continents.
17. Carte des orages du 7 mai 1865.
18. Carte des orages du 9 mai 1865.
19. Carte des orages du 16 juillet 1865.
20. Carte synoptique du 1er octobre 1864.
21. Carte synoptique du 19 décembre 1864.
22. Carte synoptique du 31 juillet 1864.
23. Carte synoptique du 6 août 1864.
24. Carte magnétique du globe.

MARTINS (Charles). Professeur d'histoire naturelle à la Faculté de médecine de Montpellier. Directeur du Jardin des plantes de la même ville.

Du Spitzberg au Sahara. Etapes d'un naturaliste au Spitzberg, Laponie, Écosse, Suisse, France, Italie, Orient, Égypte et Algérie, in-8°, 659 p., 1866. — Paris. J.-B. Baillère et fils, rue Hautefeuille, 19.

Dédicace. — Préface de l'auteur. — Introduction. — Premiers travaux de géogpraphie botanique. — Statistique végétale. — Influences diverses qui déterminent la distri - bution des végétaux à la surface du globe. — Naturalisation et acclimatation des végétaux. — Apparition des espèces sur le globe.

...**Alphonse de Condolle** prouve en 1865 que le nombre des espèces de plantes, ne saurait être au-dessous de 400,000 à 500,000. En 1820, il les estimait seulement à 120,000.

SPITZBERG.

Températures mensuelles au Spitzberg (78° degrés de latitude) et à Paris.

MOIS.	MOYENNES SOUS 48°,50'.			EXTRÊMES ISOLÉS AU SPITZBERG.	
	PARIS.	SPITZBERG.	DIFFÉRENCES.	Maxima.	Minima.
	°	°	°	°	°
Décembre.	3,5	—15,0	18,5	»	»
Janvier.	2,3	—18,2	20,5	»	»
Février.	3,9	—17,1	21,0	»	»
Mars.	6,3	—15,6	21,9	»	»
Avril.	10,0	— 9,9	19,9	— 1,1	—17,8
Mai.	13,8	— 5,3	19,1	1,1	—18,9
Juin.	17,3	— 0,3	17,6	5,6	— 9,4
Juillet.	18,7	2,8	15,9	12,8	2,7
Août.	18,5	1,4	17,1	»	»
Septembre.	15,5	— 2,5	18,0	»	»
Octobre.	11,2	— 8,5	19,7	»	»
Novembre.	6,6	—14,5	21,1	»	»
HIVER.	3,23	—16,77	20,00	»	»
PRINTEMPS.	10,03	—10,27	20,30	»	»
ÉTÉ.	18,17	1,30	16,87	»	»
AUTOMNE.	11,10	— 8,50	19,60	»	»
ANNÉES.	10,63	— 8,56	19,19	»	»

Pour les températures du Spitzberg ont été utilisées les observations de **Phipps**, de **Parry**, de **Scoresby**, et celles de la commission scientifique du Nord au Spitzberg et en Laponie. Ces résultats étant sensiblement d'accord avec ceux que **Scoresby** a déduits de ses propres observations, les nombres méritent la confiance des savants — Les températures pour Paris sont calculées par **M. Renou**, et basées sur 45 ans d'observations (1816 à 1850) faites à l'Observatoire de Paris

Avril, **Scoresby** n'a pas vu en mer au-dessus de — 1°,1. Mai, la plus haute température, 1°,1. Six fois seulement le thermomètre s'éleva au-dessus de 0°. Juin souvent au-dessus de z'ro. **Scoresby** a observé 5°,6. en 1810 descendu à — 9°,4. Juillet, **Martins** ne l'a jamais vu au-dessus de 5° 7, ni s'abaisser au-dessous de 2°7, En mer 78° latitude thermomètre oscillait entre 1° 2 et 3°,0 — Maxima. De 1807 à 1818 (11 années), **Scoresby** n'a vu qu'une seule fois, le 29 juillet 1813 le thermomètre à 14°,5; **Parry** a 12°,8 le 19 juillet 1827, et **Ch. Martins** à 8°,2 en août 1858. La plus haute température a été notée par l'expédition suédoise, 16°,0, le 15 juillet 1861. — Minima. Nous n'avons pas de renseignements sur l'hiver, mais il est probable que le mercure y gèle et que le thermomètre se tient souvent entre — 20° et — 30°, car **Scoresby** a encore observé — 17°,8, le 18 avril 1850, et même — 18° 9, le 15 mai 1861.

CLIMAT DU SPITZBERG.

Il tombe de la neige dans tous les mois de l'année. Au mouillage de la baie de la Madelane, par 79° 34 lat., la corvette la *Recherche* en était couverte pendant les premiers jours d'août 1839. Dans le journal de **Scoresby**, il n'est pas de mois où elle ne soit indiquée. — Le temps est d'une inconstance remarquable. A un calme plat succèdent de violents coups de vent. Le ciel serein pendant quelques heures, se couvre de nuages, les brumes sont presque continuelles, et d'une épaisseur telle, que l'on ne distingue pas les objets à quelques pas de soi : ces brumes, humides, froides.

pénétrantes, mouillent souvent comme de la pluie. Aux approches de l'automne, les brumes augmentent, la pluie se change en neige, le soleil se levant de moins en moins au-dessus de l'horizon, sa clarté s'affaiblit encore. Le 23 août, l'astre se couche pour la première fois dans le Nord : cette première nuit n'est qu'un crépuscule prolongé, mais à partir de ce moment, la durée des jours diminue rapidement. Enfin, le 26 octobre, le soleil descend dans la mer pour ne plus reparaître. Pendant quelque temps encore le reflet d'une aurore qui n'annonce plus le jour, illumine le ciel aux environs de midi, mais ce crépuscule devient de plus en plus court, et de plus en plus pâle, jusqu'à ce qu'il s'éteigne complétement. La lune est alors le seul astre qui éclaire la terre, et sa lumière blafarde, réfléchie par les neiges, révèle la sombre tristesse de cette terre ensevelie sous la neige et de cette mer voilée par la brume, figée par la glace.

Du 26 octobre au 16 février, le soleil ne se montre plus. — Nuit complète, 113 jours. — Alternation, 128 jours. — Jours, soleil toujours à l'horizon, 124 jours.

AURORES BORÉALES.

Les aurores boréales fortes ou faibles, se montrent toutes les nuits pour l'observateur attentif. Tantôt ce sont de simples lueurs diffuses ou des plaques lumineuses, tantôt des rayons frémissants d'une éclatante blancheur, qui parcourent tout le firmament en partant de l'horizon, comme si un pinceau invisible se promenait sur la voûte céleste : quelquefois il s'arrête; les rayons inachevés n'atteignent pas le zénith, mais l'aurore se continue sur un autre point; un bouquet de rayons s'élance, s'élargit en éventail, puis pâlit et s'éteint. D'autres fois, de longues draperies dorées flottent au-dessus de la tête du spectateur, se replient sur elles-mêmes de mille manières, et ondulent comme si le vent les agitait. En apparence elles semblent peu élevées dans l'atmosphère, et l'on s'étonne de ne pas entendre le frôlement des replis qui glissent l'un sur l'autre. Le plus souvent un arc lumineux se dessine vers le Nord; un segment noir le sépare de l'horizon, et contraste par sa couleur foncée avec l'arc d'un blanc éclatant ou d'un rouge brillant qui lance les rayons, s'étend, se divise, et représente bientôt un éventail qui remplit le ciel boréal, monte peu à peu vers le zénith, où les rayons, en se réunissant, forment une couronne qui, à son tour, darde des jets lumineux dans tous les sens. Alors le ciel semble une coupole de feu; le bleu, le vert, le rouge, le jaune, le blanc se jouent dans les rayons palpitants de l'aurore. Mais ce brillant spectacle dure peu d'instants. La couronne cesse d'abord de lancer des jets lumineux, puis s'affaiblit peu à peu; une lueur diffuse remplit le ciel; çà et là quelques lumineuses semblables à de légers nuages s'étendent et se resserrent avec une incroyable rapidité, comme un cœur qui palpite. Bientôt ils pâlissent à leur tour, tout se confond et s'efface : l'aurore semble être à son agonie. Les étoiles, que sa lumière avait obscurcies, brillent d'un nouvel éclat, et la longue nuit polaire, sombre et profonde, règne de nouveau en souveraine sur les solitudes glacées de la terre et de l'Océan. Devant de tels phénomènes, le poëte, l'artiste, s'inclinent et avouent leur impuissance; le savant seul ne désespère pas : après avoir admiré ce spectacle, il l'étudie, l'analyse, le compare, le discute, et il arrive à prouver que ces aurores sont dues aux radiations électriques des pôles de la terre, aimant colossal dont le pôle boréal se trouve dans le Nord de l'Amérique septentrionale, non loin du pôle du froid de notre hémisphère, tandis que son pôle austral est en mer, au Sud de l'Australie, près de la terre Victoria, découverte par **James Ross**.

CONSTITUTION PHYSIQUE ET GÉOLOGIQUE DU SPITZBERG.

SPITZBERGEN (montagnes pointues) tel est le nom que les navigateurs hollandais donnèrent à ces îles qu'ils venaient de découvrir et d'explorer en 1671 ; et en effet de la mer on ne voit que des sommets aigus aussi loin que la vue peut porter. Ces montagnes ne sont pas très-élevées, leur altitude varie de 500m et 1,200m ; partout elles s'avancent jusqu'au bord de la mer, et il n'existe en général qu'une étroite bande de terre...

Toutes les vallées, dans le Nord comme dans le Sud du Spitzberg, sont comblées par des glaciers qui descendent jusqu'à la mer; le plus long que j'aie vu, avait 18 kilomètres de long sur 6 kilomètres de large; c'est celui de Bell-Sound (*Baie de la Cloche*). Celui du fond de Magdalena-bay. 1840m long, 580m large au bord de la mer. Suivant Scoresby, les deux plus grands glaciers sont ceux du Cap-Sud et un autre au Nord de Hornsound, qui tous deux ont 20 kilomètres de large au bord de la mer et une longueur inconnue[1].

Les sept glaciers qui bordent la côte au Nord de l'île du Prince-Charles ont chacun 4,000 mètres (4 kilom.) de large. Tous ces glaciers forment à leur extrémité inférieure de grands murs ou escarpements de glace qui s'élèvent verticalement au-dessus de l'eau à des hauteurs qui varient entre 30 et 120 mètres... En été, l'eau de la mer, au fond des baies, est toujours à une température un peu supérieure à 0° : le glacier fond en contact de cette eau, et quand la marée est basse, on aperçoit un intervalle entre la glace et la surface de l'eau. Le glacier n'étant plus soutenu s'écroule partiellement; des blocs immenses se détachent, tombent à la mer, disparaissent sous l'eau, reparaissent en tournant sur eux-mêmes, oscillent pendant quelques instants, jusqu'à ce qu'ils aient pris leur position d'équilibre. Ces blocs détachés des glaciers forment les glaces flottantes. Deux fois tous les jours, à la marée basse au fond de Bell-Sound et de Magdalena-bay, nous assistions à cet écroulement partiel de l'extrémité des glaciers. Un bruit comparable à celui du tonnerre accompagnait leur chute; la mer soulevée s'avançait sur le rivage, en formant un raz de marée; le golfe se couvrait de glaces flottantes qui, entraînées par le jusant, sortaient comme des flottes de la baie pour gagner la pleine mer, ou bien échouaient çà et là sur le rivage, dans les points où l'eau n'était pas profonde. Ces glaces flottantes n'avaient guère plus de 4 à 5 mètres de hauteur au-dessus de l'eau, car les quatre cinquièmes d'une glace flottante sont immergés dans l'eau. Les glaces flottantes de la baie de Baffin sont beaucoup plus élevées : elles dépassent quelquefois la mature des navires; mais dans cette baie, la température de la mer est au-dessous de zéro, le glacier ne fond pas au contact de l'eau, il descend dans le fond de la mer, et les portions qui s'en détachent sont plus hautes de toute la partie submergée qui, dans les baies du Spitzberg, est détruite par la fusion.

Au Spitzberg la pente des glaciers est faible, leur surface unie. On y voit des crevasses transversales, souvent larges et profondes comme dans les glaciers des Alpes. — La grotte azurée de l'Aveyron, du glacier des Bois (Chamonix), celle des glaciers de Grindelwald et autres, tant admirées des touristes, sont des miniatures, comparées aux cavernes ouvertes dans l'escarpement terminal des glaciers du Spitzberg. Un jour que j'avais pris des températures de la mer devant le glacier de Bell-Sound je proposai aux matelots qui m'accompagnaient d'entrer avec l'embarcation dans une de ces cavernes. Je leur exposai les chances que nous courions, ne voulant rien tenter sans leur assentiment. Ils furent unanimes pour accepter. Quand notre canot eut franchi l'entrée, nous nous trouvâmes dans une immense cathédrale gothique; de longs cylindres de glace à pointe conique descendaient de la voûte, les anfractuosités semblaient autant de chapelles dépendantes de la nef principale; de larges fentes partageaient les murs, et les intervalles pleins, simulant des arceaux, s'élançaient vers les cintres; des teintes azurées se jouaient sur la glace et se reflétaient dans l'eau. Les matelots, tous Bretons, étaient, comme moi, muets d'admiration. — Mais une contemplation trop prolongée eût été dangereuse; nous regagnâmes

[1] D. A. Les plus grands glaciers, dans les Alpes suisses, à leur pente terminale (terminus), ont une largeur de quelques cents mètres au maximum. Le glacier d'Aletsch, dont un des points culminants est la Jungfrau, a sa pente terminale dans une vallée étroite, et n'a pas 100m de largeur à la sortie du torrent la *Massa* de ce glacier qui est le plus grand de la Suisse.

bientôt l'étroite ouverture par laquelle nous avions pénétré dans ce temple de l'hiver, et rentrés à bord de la corvette, nous gardâmes le silence sur une escapade qui eût été justement blâmée. — Le soir, nous vîmes du rivage notre cathédrale du matin s'incliner lentement, puis se détacher du glacier, s'abîmer dans les flots, et reparaître émiettée en mille fragments de glace que la marée descendante entraîna vers la pleine mer.

FLORE DU SPITZBERG.

...Quand on aborde au Spitzberg, on aperçoit çà et là certaines places favorablement exposées où la neige a disparu. Ces îles de terre éparses au milieu des champs de névé qui les entourent, semblent d'abord complétement nues; mais en s'approchant on distingue de petites plantes microscopiques pressées contre le sol, couchées dans ses fissures, collées contre les talus tournés vers le midi, abritées par des pierres, ou perdues dans les petites mousses et les lichens gris qui tapissent les rochers. Les dépressions humides, couvertes de grandes mousses du plus beau vert, reposent l'œil attristé par la couleur noire des rochers cristallins gneissiques, et le blanc uniforme de la neige. Au pied des falaises habitées par des oiseaux marins, dont le guano active la végétation sur la terre qu'il échauffe, des *renoncules*, des *cochlearia*, des *graminées*, atteignent quelquefois une hauteur de plusieurs décimètres, et au milieu des éboulements de pierres s'élève un *pavot* à fleurs jaunes (*papaver nudicaule*) qui ne déparerait pas les corbeilles de nos jardins. Nulle part un arbuste ou un arbre : les derniers de tous, le bouleau blanc, le sorbier des oiseleurs et le pin sylvestre, s'arrêtent en Norwége, sous le 70° degré de latitude. Néanmoins quelques végétaux sont de consistance ligneuse : deux petites espèces de saules appliqués contre la terre.

On trouve au Spitzberg 93 phanérogames et 152 cryptogames; total 245 espèces de végétaux.

L'Islande, 65° latitude, renferme 402 espèces.

Liste des végétaux phanérogames au Spitzberg, 93 espèces.

Liste des végétaux au Faulhorn, 132 espèces.

Liste des végétaux du jardin de la mer de glace de Chamonix : 87 phanérogames, 16 mousses, 2 hépatiques, 23 lichens, total 128.

Liste des végétaux aux Grands-Mulets, 24 phanérogames, 26 mousses, 2 hépatiques et 28 lichens, total 80 espèces.

Cabane de Vincent, groupe du Mont-Rose. 3,158 mèt. alt., séjour des frères **Schlagintweit**, du 15 au 26 septembre 1851, 47 phanérogames.

PHANÉGORAMES AU COL DE SAINT-THÉODULE[1], station Dollfus-Ausset, 3,350 mèt. alt. 26 espèces.

1. *Androsace Pennina* (Gaud). Ch. M.
2. *Aretia glacialis* (ou pennina). D. A.
3. *Arnica glacialis*. D. A.
4. *Artemisia spicata*. D. A. et Ch. M.
5. *Avena subspicata* D. A.
6. *Cerastium latifolium*, variété glaciale. D. A.
7. *Chrysanthemum Alpinum*. D. A.
8. *Draba frigida*. D. A.
9. *Draba tomentosa*. Ch. M.

[1] D. A. MM. **Ch. Martins**, **Q. Sella** et **B. Gastaldi** ont visité cette station le 17 septembre 1852 et ont trouvé 13 phanérogames. **Dollfus Ausset** et **Auguste Michel** pendant un séjour de 15 jours, en 1864 et 1865, ont recolté plusieurs espèces de plus. — Au nom des espèces on a ajouté **Ch. M.** à celles que ces messieurs ont récoltées, et **D. A.** pour celles de 1864 et 1865.
En 1866 les observateurs en station compléteront les espèces manquantes.

10. *Draba Sclerophylla*. D. A.
11. *Draba Pyrenaica*. Ch. M.
12. *Erigeron uniflorus*. D. A. et Ch. M.
13. *Geum reptans*. D. A. et Ch. M.
14. *Iberis carpifolia*. D. A.
15. *Linaria Alpina*. D. A.
16. *Phyteuma pauciflora* (ou humile?). D. A.
17. *Poa laxa* (Haencke). Ch. M.
18. *Pyrethrum Alpinum* (Willd). Ch. M.
19. *Ranunculus glacialis*. D. A. et Ch. M.
20. *Ranunculus holicerus*. D. A.
21. *Saxifraga oppositifolia*. D. A. et Ch. M.
22. *Saxifraga bryoides*. D. A.
23. *Saxifraga planifolia*. D. A et Ch. M.
24. *Saxifraga striata* (ou bryoides?) D. A.
25. *Saxifraga muscoides* (Wulf). Ch. M.
26. *Thlaspi rotundifolium*. Ch. M.

FLORE DES PYRÉNÉES.

La végétation des Pyrénées ressemble beaucoup à celle des Alpes. **Zetterstedt** compte en tout 68 plantes alpines communes aux Pyrénées, aux Alpes et aux montagnes de la Scandinavie, et une seule, le *menziesa phyllodoce cærulea*, qui ne se trouve qu'en Scandinavie et dans les Pyrénées.

Ramond, après 35 ascensions faites au pic du midi de Bagnères en quinze années et comprises entre le 20 juillet et le 7 octobre, s'est appliqué à recueillir toutes les plantes du cône terminal dont la hauteur est de 16 mèt., le sommet à 2,877 mèt. au-dessus de la mer, et la superficie de quelques ares. Il y a observé 71 plantes phanérogames. La liste est bien complète. **Charles Desmoulins**, qui fit l'ascension le 17 octobre 1840, ne cite que le stellaria cerastoïdes, qui avait échappé aux yeux perçants de **Ramond**. Sur ces 72 plantes végétant entre 2,860 mèt. (Faulhorn) et 2,877 mèt. (pic du midi), il y en a 35 qui existent également sur le Faulhorn : 7 se trouvent à la fois sur le Pic du midi par 43° latitude et au-dessus de 2,860 mèt. et au Spitzberg sous le 78e degré au bord de la mer.

FAUNE DU SPITZBERG.

Mammifères terrestres. Ours blanc (*ursus maritimus*). — Renard bleu (*canis lagopus*). — Campagnol de la baie d'Hudson. Ce rongeur représente au Spitzberg le lemming de Norwège, si célèbre par ses migrations. — Renne sauvage ou le cerf du Nord (*cervus tarandus*).

Mammifères marins. Phoques ou chiens marins, 5 espèces. — Morse ou vache marine (*trichechus rosmarus*).

Cétacés. Dauphin blanc ou beluga (*delphinapterus leucas*). — Epaulard ou dauphin gladiateur (*phocæna orca*). — Narvals-licornes (*monodon monoceros*). — Hyperoodon à bec (*hyperoodon borealis*). — Sildhur ou rorqual du Nord (*balænoptera boops*), c'est le plus long des animaux, il en est qui mesurent 34 mètres de la tête à la queue. — Autres espèces de baleines : rorqual géant (*balænoptera gigas*). — Rorqual à museau pointu (*b. rostrata*). — Baleine franche (*b. mysticetus*).

Oiseaux.

[illegible] le nombre des oiseaux qui hantent le Spitzberg est incalculable, mais la liste des espèces est de 22 seulement, dont deux terrestres. Une seule espèce, le lagopède du Nord, n'émigre pas, tous les autres sont de passage.

Poissons et mollusques vertébrés.

Cap nord de la Laponie.

Températures moyennes de l'année: hiver — 8°,0; printemps — 5°,0; été, 6°,0; minima — 15°; maxima, 15°; ampl., 30°.

Hivernage scientifique en Laponie, 1838 et 1839. — **Lottin, Lilliehöök, Bravais, Siljestroem** s'établissent à *Bossekop*, 70° degré latitude, et organisent un observatoire astronomique et météorologique.

Flux et reflux de la mer. — Étoiles filantes. — Le 17 novembre, à midi, on n'aperçut que la partie supérieure du disque du soleil; le jour suivant il ne se leva plus. — Le 30 janvier les acclamations unanimes des habitants placés aux fenêtres ou sur les lieux élevés saluèrent le retour de l'astre si impatiemment attendu. A partir de cet instant le soleil se lève chaque jour de plus en plus, et finit par ne plus se coucher.

Série météorologique.

Températures.

1838. *Septembre.* Tous le mois au-dessus de 0°.

Octobre. 1er au 6 au-dessus de 0°. Le 7 le thermomètre descend à — 0°, et le 17, la nuit, à — 12°,0.

Novembre. Minima des extrêmes dans le mois — 21°,4.

Décembre. Au commencement du mois jamais au-dessus de — 10°,0; le 7 à minuit — 23°,5. Au milieu du mois il remonte de nouveau au-dessus de zéro et s'y maintient jusqu'au 22. Le 18, il s'était élevé jusqu'à 6°. La fin du mois ne fut pas rigoureuse.

Au milieu du mois, au-dessus de zéro jusqu'au 25.

1839. *Janvier.* A partir du 1er le froid recommença, sans être aussi intense que dans le mois précédent. Vers la fin du mois, le thermomètre oscilla de nouveau pendant quelques jours autour de zéro.

Oscillation autour de zéro.

Février. Généralement entre — 5° et — 12°.

Mars. Première semaine, il retomba à — 20°, pour remonter à zéro vers le milieu du mois, et redescendre de nouveau à — 19° dans les derniers jours.

Avril. L'air devint plus tiède, le dégel commença; le thermomètre se tenait à quelques degrés au-dessous de zéro, et malgré quelques recrudescences de froid, l'hiver pouvait être considéré comme fini, quoique le printemps n'eût pas encore secoué le linceul de neige sous lequel la terre était ensevelie.

Dégel commence.

Neiges. — Le 4 octobre, les plaines furent blanchies par la première neige et elle n'était pas entièrement fondue vers le milieu de mai. — Quand la température était à quelques degrés au-dessous de zéro, la neige tombait souvent d'une manière continue à gros flocons. Il n'en était pas de même quand la température était au-dessous de — 15°. On sait, en effet, que la neige est rare par les grands froids. Aussi, en Sibérie, où les hivers sont extrêmement rigoureux, la quantité de neige qui tombe est-elle moindre que dans les contrées où les hivers sont plus tempérés. Sur les Alpes de la Suisse, c'est vers la limite des arbres, à 2,000 mèt. environ, qu'ont lieu les accumulations de neiges les plus considérables; plus haut il en tombe moins. — C'est un fait à noter, que nos savants virent une neige abondante couvrir le sol malgré des températures de — 18 à — 20°,6. Ils virent aussi que, de toutes les formes cristallisées de la neige, celle en étoile était une des plus fréquentes. En résumant les observations de la Commission scientifique française 1838-1839, et celles d'autres observateurs, on trouve que la température moyenne de l'année est de 0°,49.

Pression atmosphérique. — Aurores boréales. — Magnétisme terrestre. — Mesures céphalométriques. Conclusions et espérances.

Voyage en Laponie, de la mer Glaciale au golfe de Bothnie.

Plantes des environs de Karesuando, lat. 68° 30′ N. long 20° 18′ E.

Colonisation végétale des îles Britanniques, des Shetland, Feroé et Islande.

VINGTIÈME RÉUNION DE L'ASSOCIATION BRITANNIQUE A EDIMBOURG, août 1850.

...Le 31 juillet, l'association était réunie dans la grande et belle salle de concert de la ville d'Édimbourg. **David Brewster**, l'habile physicien, dont le nom est mêlé à toutes les grandes découvertes de l'optique, depuis le commencement de ce siècle, lut un remarquable discours sur les progrès de l'Association, et ceux des sciences physiques et astronomiques de ces dernières années. Après avoir invoqué la protection de l'État pour les sciences positives, il termina par ces paroles remarquables : « Cette protection ne suffit pas. Ce ne serait pas contribuer d'une manière efficace *à la paix et au bonheur de la société*, que de laisser la science uniquement confinée dans la tribu des savants et des philosophes : une pareille concentration ne serait pas un bienfait : il faut que la science s'infiltre dans les dernières ramifications du corps social, alors seulement elle peut le nourrir et le fortifier. Si le crime est un poison, l'instruction est son antidote : la société échapperait en vain aux épidémies et à la famine, si *le démon de l'ignorance*, avec ses affreux acolytes, le vice et la débauche, s'insinuait dans toutes les classes du peuple, ébranlant les institutions et détruisant les bases de la famille et de la société. *L'État a donc un grand devoir à remplir : s'il s'arroge le droit de punir le crime, il contracte l'obligation de le prévenir de toutes ses forces ; s'il exige soumission aux lois, il doit apprendre au peuple à les lire et à les comprendre ; il doit lui enseigner les immortelles vérités qui formeront des citoyens amis de l'ordre, libres et heureux.* — C'est une grande question de savoir ce que deviendra notre état social, avec l'accroissement indéfini du pouvoir de l'homme sur le monde physique et du bien-être matériel, si ce double progrès n'est point accompagné d'une amélioration correspondante de sa nature morale et intellectuelle. Que les législateurs, que les chefs de nations songent donc sérieusement à l'établissement d'un système d'instruction nationale, qui éclaire les peuples sur leurs véritables intérêts, et détruise les illusions ou dissipe les préjugés qui les conduiraient à une perte certaine. »

GLACIERS DES ALPES.

Leur extension à une certaine époque. — Glaciers actuels. — Roches disloquées, moutonnées, polies et striées. — Moraines et matériaux erratiques des glaciers actuels. — Cailloux noyés par les glaciers actuels en activité. — Ancienne extension des glaciers du massif du mont Blanc. De Chamonix jusqu'à Genève [1].

Climat de l'époque glaciaire.

DEUX ASCENSIONS AU MONT BLANC

Ascension de **de Saussure**, août 1787.

Ascension de **Bravais, Martins, Lepileur**, août 1844. — Résultats scientifiques.

Campagnols de neige.

(*Arvicola nivalis*). Le 8 janvier 1832, **Hugi de Soleure**, visitant les glaciers du Grindelwald, prennant gîte dans la cabane du Stieregg ; après avoir enlevé la masse de neige dans laquelle la cabane était ensevelie, on trouve une vingtaine de campagnols qui prennent la fuite (preuve que le campagnol de neige ne s'engourdit pas l'hiver). — Il habite le Faulhorn, on l'a vu aux Grands-Mulets (Chamonix)[2].

CAUSES DU FROID SUR LES HAUTES MONTAGNES.

Causes du froid physiologique chez l'homme. — Conditions subjectives générales qui modifient la sensation du froid. — Cause physiologique de froid spéciale aux hautes montagnes.

RÉUNION DE LA SOCIÉTÉ HELVÉTIQUE DES SCIENCES NATURELLES en août 1863 à Samaden, dans la haute Engadine (Grisons).

[1] D. A. Époque qui n'était pas celle de leur plus grande extension.

[2] D. A. Les frères Blatter, en station au col du Saint-Théodule, 3,350 mèt. alt., en ont vu plusieurs en avril 1860 à la Cantine, construction en pierre où sont renfermés les provisions.

Mont Ventoux en Provence.

La Crau ou le Sahara français.

Vallée du Vernet (Pyrénées-Orientales).

Constitution géologique. — Moraines. — Terrain glaciaire. — Moraines terminales de Mont-Louis. — Fausses moraines des Escaldes. — Roches moutonnées et moraines de la vallée de Carol.

Tribune de Galilée à Florence.

Promenade botanique le long des côtes de l'Asie Mineure, de la Syrie et de l'Égypte.

Malte. — Syra. — Smyrne. — Bosphore de Constantinople. — Platane de Bujukdéré. — Rhodes. — Pompeiopolis. — Alexandrette. — Latakier. — Tripolis. — Beyrouth. — Jaffa. — Alexandrie. — Le Caire. — Les Pyramides. Nous gravîmes le talus, qui nous conduisit près de l'entrée du monument; de ce point, j'escaladai avec l'Arabe les puissantes assises qui le composent : ces assises ont plus d'un mètre d'épaisseur, et l'on se hisse péniblement de l'une à l'autre. Sommet 146 mèt. au-dessus du sol, 4 mèt. plus haut que la flèche de la cathédrale de Strasbourg, la plus élevée de l'Europe.

Jardin d'acclimatation de Hamma, près d'Alger.

La forêt de l'Edough, près de Bone. Sahara oriental de la province de Constantine. Région méditerranéenne. — Sous-région des hauts plateaux. — Région désertique. — Formes du désert. — Désert des plateaux ou la steppe saharienne. Désert d'érosion. — Désert de sable.

Les Oasis. On appelle oasis un assemblage de jardins et de cultures isolées dans le Sahara; le village ou les villages sont dans le centre ou au pourtour. Aux trois formes de désert que nous avons distinguées correspondent trois genres d'oasis dont l'existence se rattache à des conditions différentes. L'oasis des plateaux est arrosée par un cours d'eau ou une source abondante; celle des vallées d'érosion, par des puits naturels ou artificiels; celle du désert de sable n'est point arrosée...

Le dattier (*phœnix dactylifera*) est l'arbre nouricier du désert; c'est là seulement qu'il mûrit ses fruits : sans lui le Sahara serait inhabitable et inhabité. La poésie arabe en fait un être animé crée par Dieu le sixième jour, en même temps que l'homme. Pour exprimer à quelles conditions il prospère, l'imagination des Sahariens exagère le vrai, afin de le rendre plus palpable. « Ce roi des oasis, disent-ils, doit « plonger ses pieds dans l'eau et sa tête dans le feu du ciel. » La science consacre cette affirmation, car il faut une somme de chaleur de 5,100 degrés accumulés pendant huit mois pour que le dattier mûrisse parfaitement son fruit. (La chaleur n'étant utile à cet arbre qu'à partir de 18°, toute température inférieure à ce degré n'entre pas dans le calcul.) — Le climat du Sahara réalise ces conditions. La température moyenne de l'année doit être de 20° à 24° suivant les localités. Les chaleurs commencent en avril et ne cessent qu'en octobre. Pendant l'été le thermomètre atteint souvent à l'ombre 45° et même 52°, par exemple, le 15 août 1850 et le 7 juillet 1863 à Tougours. L'hiver est relativement froid. A Biskra, le thermomètre descend quelquefois à — 2° à — 3°. Dans l'Oued-Rir, nos officiers ont vu leur bidons, remplis d'eau, couverts le matin d'une mince couche de glace. J'ai constaté moi-même qu'en novembre et décembre 1863 le thermômètre à 1 mèt. au-dessus du sol, oscillait avant le lever du soleil autour de 6°, mais dans la journée il atteignait d'ordinaire 20° à l'ombre. Les dattiers supportent parfaitement un froid nocturne de — 6°,0 et une chaleur de 50°. Le sable du désert, qui rayonne beaucoup se refroidit plus que l'air ambiant et conserve à quelques décimètres de profondeur une certaine fraîcheur qui se communique aux racines des arbres.

Puits artésiens.

Le puits d'Ourlana est un des plus abondants de l'Oued-Rir, il fournit 3,270 litres par minute, et fait tourner immédiatement un moulin arabe. Il a été creusé en 1860 par le capitaine d'artillerie **Zickel**, chargé des forages dans le Sahara oriental et qui voulut bien diriger dans le désert notre petite caravane. Par ses soins, et ceux de ses deux prédécesseurs, quarante-cinq puits ont été ouverts en dix ans dans l'Oued-Rir et sur le plateau compris entre Biskra et le Chotte-Melra. La profondeur moyenne de trente-cinq d'entre eux, qui m'est connue, est de 74 mèt. Le plus profond, celui de Tair-Racou, a 162 mèt., le moins profond n'a que 6 mèt. Le débit moyen des puits est de 1,917 litres par minute; le plus abondant est celui de Sidi-Amrin dans l'Oued-Rir : il donne 4,800 litres par minutes. La température de l'eau de ces puits est élevée, mais non supérieure à la moyenne annuelle de l'air dans la région où ils surgissent. J'ai pris moi-même celle de treize d'entre eux, elle était en moyenne de 24°,2 variant de 23°,0 à 25°,3.

Diverses analyses faites montrent que ces eaux contiennent toujours par litre : 1 à 2 grammes sulfate de soude, 1 à 2 grammes sulfate de chaux, du chlorure de sodium, du magnésium, et du carbonate de chaux. Plusieurs de ces puits présentent une particularité qui pendant longtemps n'a trouvé que des incrédules parmi les naturalistes. Au moment du jaillissement des eaux des puits d'Aïn-Tala, dont la profondeur est de 44 mèt., le capitaine **Zickel** remarqua de petits poissons qui se débattaient dans le sable rejeté par l'orifice des puits. Nous en avons vu nous-même dans le canal d'écoulement de plusieurs puits et dans quelques fontaines artésiennes naturelles. Les plus grands n'excèdent pas 4 centimètres de largeur : ce sont des *malacoptérygiens* ressemblant à nos ablettes. Ils sont identiques avec une espèce (*cyprinodon cyanagaster*) décrite par M. le docteur **Guichenot**

Répartition des populations.

Conclusions générales.

MEYER-BISCHOFF.

Voyez J. Jahrbuch des Schweizer Alpen-Club.

METEOROLOGISCHE BEOBACHTUNGEN.

Der Schweizer Station.

Observations météorologiques aux stations suisses. — Publication mensuelle in-4. Résultats de 83 stations de 229 mèt. alt., à 2,478 mèt. alt.; Zurich, S. Höhr.

MÉTÉOROLOGIE.

Instructions pour les observateurs des stations météorologiques suisses. Voyez **Mousson** (Albert).

MITTHEILUNGEN

Aus **Justus Perthes**' geographischer Anstalt über wichtige neue Erforschungen auf dem Gesammtgebiete der Geographie von **A. Petermann**, XI Bände, 1865.

J. Payers' Gletscher und Alpenfahrten, 1865, p. 552.

Robert Schlagintweit. Physicalisch-geographische Schilderung von Hoch-Asien, p. 361-377.

MORTILLET (Gabriel de).

Matériaux pour l'histoire positive de l'homme... Bulletin mensuel des travaux et découvertes concernant l'anthropologie, les temps anté-historiques, époque quaternaire, in-8°. Seconde année. Paraissant tous les mois. Avril 1866. — Paris, rue de Vaugirard, 35.

Découverte récente d'un mammouth dans le sol gelé de la Sibérie arctique. Lettre de **Ch. E. De Baer**. Comptes rendus, Acad. scien. Séance du 16 avril 1866, vol. LXII, p. 867.

...C'est déjà en 1864 que ce mammouth a été trouvé, avec sa peau et ses poils, par un

Samoïède dans les environs de la baie du Tas, bras oriental du golfe de l'Obi. Ce n'est qu'à la fin de l'année 1865, que j'en ai reçu la nouvelle. Mais comme dans ces régions les corps des grandes bêtes se conservent longtemps, s'ils ne sont pas mis pleinement à découvert, et que ce mammouth, au moins en 1864, restait encore enchâssé dans les terres gelées, l'Académie de Saint-Pétersbourg, aidé par le gouvernement, a expédié au mois de février de cette année **M. Schmidt**, paléontologue renommé, pour examiner l'animal et sa position dans la localité.

MOUSSON (Albert), professeur à Zurich, président de la Commission météorologique suisse.

INSTRUCTIONS POUR LES OBSERVATEURS DES STATIONS MÉTÉOROLOGIQUES DE LA SUISSE, in-4, 16 pages texte, tableaux. Zurich, *Zürcher et Führer*, 1863.

INTRODUCTION.

Préceptes généraux. La lecture des instruments doit, dans toutes les stations, se faire uniformément à 7 h. matin, 1 h. après midi, 9 h. soir.

PSYCHOMÈTRE. Thermomètre boule sèche, et thermomètre boule mouillée, humide ou gelé. Gelé, ajouter au chiffre de température *g*.

BAROMÈTRE. Lecture de la colonne du mercure et du thermomètre.
Vents. Direction et intensité.
Aspect du ciel. Marche des nuages.
Caractère de la journée (annotation).
Condensations aqueuses.
Rosée. — Pluie. — Neige. — Grêle. — Grésil. — Brouillard. — Gelée blanche. — Givre. — Verglas. — Orage.

PLUVIOMÈTRE.

Remarques. — Hauteur de la neige. — Phénomènes périodiques. — Disparition de la couche de neige hivernale. — Premières neiges, etc.

Tab. I. Réduction du baromètre à zéro. De 0m,750 à 0m,540, pour les températures de 1° à 35°.

Tab. II. Tension de la vapeur d'eau contenue dans l'atmosphère et température à laquelle elle correspond (qui est la température du point de rosée) de 41mm,83 tension (35°,0) à 0mm,61 (— 25°,0). Pour calculer l'humidité relative on divise la tension par là tension de la température de l'air (soit température du thermomètre boule sèche).

Tab. III. 1 et 2. — Tableaux psychrométriques (boule mouillée). Chiffre de différence des degrés de température du non-gelée. Thermomètre, boule sèche et, boule mouillée, de 31° à 12°,5 pour des hauteurs barométriques de 0m,750 à 0m,540, les chiffres des colonnes verticales exprimant la tension. (Ces tableaux indiquent la tension de la vapeur d'eau contenue dans l'air ambiant, par la différence de thermètre, boule sèche et boule mouillée, suivant la hauteur du baromètre réduit à zéro.)

Tab. IV. — Tableau psychométrique (boule mouillée gelée). Chiffre de différence de température du thermomètre boule sèche et boule *mouillée gelée* de 0°,1 à 2°,9 pour des hauteurs barométriques de 0m750 à 0m,540.

Tab. V. 1 et 2. — Tableaux qui donnent directement l'humidité relative.

Tab. VI. — Équation du temps.

Les chiffres indiquent le nombre de *minutes* qu'il faut ajouter ou retrancher chaque jour au temps vrai donné par le cadran solaire, afin d'obtenir le temps moyen de la station [1].

[1] D. A. Ces quantités sont très-variables, ainsi que l'indique l'extrait du tableau pour les commencements, milieu et fin des mois.

Minutes à ajouter (+) ou à retrancher (—).

JOURS.	DÉCEMBRE.	JANVIER.	FÉVRIER.	MARS.	AVRIL.	MAI.	JUIN.	JUILLET.	AOUT.	SEPTEMBRE.	OCTOBRE.	NOVEMBRE.
1	—11	+ 4	+14	+13	+ 4	— 3	— 3	+ 3	+ 6	0	—10	—16
11	— 7	+ 8	+15	+10	+ 1	— 4	— 1	+ 5	+ 5	— 3	—13	—16
21	— 2	+12	+14	+ 7	— 1	— 4	+ 1	+ 6	+ 3	— 7	—15	—14
30	+ 3	+14	»	+ 4	— 3	— 3	+ 3	+ 6	+ 1	—10	—16	—11

MOUSSON (Albert). Professeur à Zuric.

Bericht über die Organisation meteorologischer Beobachtungen in der Schweiz, August 1864. in-8°, 119 pages, 1 carte.

Commission météorologique suisse :

Président : **Mousson** (Albert), professeur à Zurich.

Membres : **Wild** (prof. à Bern). — **Kopp** (prof. à Neuchâtel). — **Plantamour** (prof. à Genève). — **Dufour** (Ch.), prof. à Morges. — **Wolf** (prof. à Zurich). — **Mann** (Fr., prof. de Frauenfeld). — **Ferri** (prof. de Lugano).

Instruments de météorologie.

MM. **Hermann** et **Studer**, mécaniciens à Bern s'engagent de livrer les instruments d'observation, aux prix suivants :

Baromètre, 75 fr.
Psychomètre, 30 fr.
Pluviomètre, 25 fr.
Girouette, 25 fr.
Cadran solaire, 30 fr.

Nombre des stations suisses.

En août 1864, les observations régulières étaient organisées à 88 stations.

Instruction pour les observateurs.

Les observations sont journalières pendant toute l'année, elles sont faites à 7 matin, 1, 9 soir.

Baromètre. — Thermomètre sec. — Thermomètre mouillé ou gelé. — État du ciel. — Vents : direction et force. — Pluviomètre. — Annotations : pluie, neige, etc. — Éclairs, tonnerre et événements extraordinaires.

MURRY (Adolf M. D.).

Klima der Alpen unterhalb der Schneelinie dargestellt nach den ersten Befunden des grossen meteorologischen Beobachtungs-System in der Schweiz. Im Winter und im Sommer 1863, 1864. In-8°, p. 48 et tableaux. Göttingen, Adalb. Rete, 1865.

MÜLLER (Alb.).

Voyez J. Jahrbuch des Schweizer Alpen-Club.

N

NEUBURGER.

Voyez Jahrbuch des Schweizer Alpen-Club.

P

PETERSEN (Dr Th.).

Hauptmessungspunkte der österreichischen Hochalpen. Offenbacher Verein für Naturkunde.

Offenbach, 1865. Mittheilungen über wichtige Erforschungen auf dem gesammt gebiete der Geographie von Dr **A. Petermann**, 1866, V, p. 183.

D. A. Altitudes extrêmes[1], hauteur maxima et minima des pics des divers groupes massifs.

1. **Osteler-Gruppe** (22 pics).
   Orteler, 3,906 mètres.
   Corno dei tre Signori, 3,326 mètres.
2. **Adamella-Gruppe** (13 pics).
   Monte Adamello, 3,638.
   Cima di Santo Giacomo, 3,246 mètres.
3. **Œtzthaler-Gruppe** (28 pics).
   Wildspitze, 3,776 mètres.
   Texelspitze, 3,351.
4. **Stubaier-Gruppe** (8 pics).
   Wilder Pfaff, 3,509 mètres.
   Fernerkogel, 3,256 mètres.
5. **Zillerthaler-Gruppe** (10 pics).
   Hochpfeilerspitze, 3,531 mètres.
   Rauchkofel, 3,241 mètres.
6. **Tauern-Gruppe** (26 pics).
   Grossglockner, 3,796 mètres.
   Ankogel, 3,446 mètres.
5. **Marmolada-Gruppe** (9 pics).
   Marmolada, 3,495 mètres.
   Cimon della Pala, 3,244 mètres.

PLANTAMOUR (E.), directeur de l'Observatoire à Genève.

Recherches sur la distribution de la température a la surface de la Suisse, pendant l'hiver 1863 à 1864. (Brochure in-8°, de 44 pages et 1 tableau). Extrait : Archives sciences natur. et phys., t. XXII, avril 1865.

...Le but principal que l'auteur s'est proposé dans ce travail, est la comparaison de la température moyenne en décembre 1863, janvier et février 1864, dans toutes les stations suisses (au nombre de 76 en activité à cette époque)... Les moyennes des températures mensuelles en chaque station, par les trois observations de chaque jour (7, 1, 9). Cette moyenne s'écarte fort peu de la vraie moyenne, et la faible correction à y faire serait sensiblement la même pour toutes les stations. Pour mesure de l'amplitude thermométrique diurne, la différence entre la température observée à 1 h. après midi et à 7 h. du matin, différence plus faible, il est vrai que, l'excursion réelle dans les 24 heures, mais qui en diffère très-peu en hiver.

Recherche d'une formule générale pour les températures.

Influences locales sur les températures.

Influences de la chaîne des Alpes sur les températures.

Variabilité du décroissement de la température avec la hauteur.

PLANTAMOUR (E.), professeur à Genève.

Résumé météorologique de l'année 1864, pour Genève et le grand Saint-Bernard Archives des scien. phys. et nat. de Genève, t. XXIII, août 1865, p. 283-325.

[1] 1 Mètre = 3,0784 pieds de Paris.
3,1634 pieds de Vienne.
3,1862 pieds prussiens.
3,2809 pieds anglais.
3,3333 pieds russes.

D. A. L'auteur donne les altitudes de 116 pics des Alpes autrichiennes qui tous ont une hauteur qui dépasse 3,240 mètres. Extrêmes : maxima, 3,906 mètres. Minima, 3,244 mèt.

PIACHAUD (Dr), membre du Club alpin suisse.

ASCENSION AU MONT BLANC en 1864. *Bibliothèque universelle* et *Revue Suisse*, t. XXII, n° 89, mai 1865, p. 66 à 106.

Piachaud-Loppé (peintre).

Guides : *Jean Carrier*, 21me ascension. — *François Couttet* (dit Baguette), 19me ascension. — *Frédéric Payot*, 12me ascension. — *Alexandre Tournier*, 5me ascension. — *Florentin Folliguet*, porteur jusqu'aux Grands-Mulets.

...Le 27 juillet 1864 le soleil se leva radieux; et notre départ eut lieu à 8 h. du matin. En deux heures et demie de marche on atteint la *Pierre pointue*, où est établie une cantine... On passe à la *Pierre à l'échelle*. — Vers quatre heures, nous arrivons au pied du rocher des *Grands-Mulets*, contre le flanc duquel la cabane est placée à une vingtaine de mètres au-dessus du glacier approximativement 3,000 mèt. alt. La cabane a 2 mèt. 50 de largeur sur 7 mèt. de longueur. Sur les roches de cette station, la flore est bien maigre, et c'est avec peine que nous avons pu recueillir : *Aretia alpina*. — *Saxifraga offosifolia*. — *Saxifraga bryoides*. — *Draba sclerophylla*. — *Chrysanthemum alpinum*. Nous n'avons pas vu le *silene acaulis*.

28 juillet. — A deux heures et demie du matin nous quittons la cabane, et attachés à la corde, nous marchons sur les neiges qni couvrent le glacier. Rien de plus solennel que ce départ au milieu de la nuit : un sentiment de recueillement profond s'empare de chacun des membres de la caravane, le bruit de nos pas ne vient pas même troubler le froid silence qui règne autour de nous. C'est pendant ces premiers moments que j'ai éprouvé la vérité saisissante d'un passage tiré de la relation d'une ascension au Finsteraarhorn par **M. Ch. Dollfus**; il me revient à la mémoire, et je ne puis résister au désir de le transcrire ici textuellement : « *Le glacier rend sérieux et chasse des lèvres les plaisanteries profanes comme un essaim de frivolités; son grave silence commande bientôt le recueillement aux plus étourdis, aux plus superficiels. Je ne pouvais m'empêcher de songer que, dans le monde moral, le terrain de la vie où nous marchons a ses crevasses aussi, masquées sous l'avenir et qui s'ouvrent pour nous engloutir l'un après l'autre. Ici c'est un ami qui disparaît, à nos côtés un enfant : mais il faut continuer, avancer jusqu'au jour où la béante lacune de l'éternité, mystérieuse et muette, nous engloutit nous-mêmes pour ne nous rendre jamais.* »

...A 9 heures 1/2 nous posons le pied sur le point le plus élevé de l'arête qui constitue le sommet du mont Blanc.

PARTIE PHYSIOLOGIQUE.

...Ainsi donc, en résumé, je crois qu'il ne faut point attribuer à la diminution de pression atmosphérique seule les divers symptômes qui caractérisent le mal de montagne. Sans doute elle y entre pour une certaine part qu'il est bien difficile de calculer, mais il faut y joindre l'influence de divers autres modificateurs, parmi lesquels je citerai le froid, l'action du vent, la sécheresse de l'air et les efforts musculaires auxquels on est obligé de se livrer.

PRELL.

Voyez J. JAHRBUCH DES SCHWEIZER ALPEN-CLUB

R

RAILLARD (A.).

Voyez J. JAHRBUCH DES SCHWEIZER ALPEN-CLUB.

RAMOND.

BULLETIN TRIMESTRIEL DE LA SOCIÉTÉ RAMOND.

Explorations Pyrénéennes. — Ascensions aux hautes cimes et aux régions de difficile accès. — Observations météorologiques. — Recherches scientifiques et archéologiques. — Bulletins trimestriels, n° 1, janvier 1866. — N° 2, avril 1866, in-8°.

N° 1. Règlements de la société Ramond.
Camps on the Maladetta, par **Charles Packe**.
Pic Cotiellia, par le comte **Henri Russell-Killough**.
Notes et communications.
Les sommets vierges, par **Frédéric Soutras**.
Observations météorologiques, faites à Bagnères-de-Bigorre, 1864.
N° 2. **L. Ramond**, par le baron **Ramond**.
Cirque de Gavarnie, par **Henri Russell-Killough**.
Les Cagots des Pyrénées, par **E. Cordier**.
Le Prat Deou Rey, par **Emilien Frossard**.
Le puits de la Pindorle, par **Charles Parke**.
Marnes des Pyrénées, par **Masewell-Lyte**.
Notes et communications.
Végétaux phanérogames du pic du Midi de Bigorre.
Observations météorologiques faites à Bagnères-de-Bigorre, 1865.

RIVE (Auguste de la), président de la Société helvétique des sciences naturelles, réunie à Genève.

DISCOURS PRONONCÉ LE 21 AOUT 1865 A L'OUVERTURE DE LA QUARANTE-NEUVIÈME SESSION. Archives des sc. phys. et nat., t. XXIV, septembre 1865, p. 48 à 75.

Rivista delle Alpi, degli Apennini e Vulcani, C. T. Cimino, directeur.

Année 2° in-8°, page 289 à 446, 1 illustration. Turin et Florence. G. Casson et C°, 1866.

Visita alla caverna ossifera detta di Bossea nelle valle della Corsaglia (Mondovi), p. 289 à 290. **B. Gastaldi**, presidente del Club Alpino.

VALLÉES DE LANZO, par **Francesetti** (Louis), p. 349 à 370.

CAVERNA NEL MONDOLE detta la Chiaccioja (Alpi maritime), **Solino** (Francesco), 1865, p. 371 à 376.

GRAND-SAINT-PIERRE (Cogne). Tentative di ascensione et studie, **Baretti** (Martino), p. 384 à 392.

Proposition de **Carrel** pour faire un refuge solide vers l'épaule du mont Cervin (Matterhorn). 13 septembre 1865, p. 393 à 395.

...Je suis d'avis de faire *une grotte dans la roche vive*, précisement à travers la neige sous le signal **Tyndall**, soit l'épaule, longue et large d'environ 3 mèt. sur 2 mèt. de hauteur ; cela ne ferait que 18 mèt. cubes à creuser. L'ouverture extérieure, la porte, ne sera large que de 0m,80 et haute de 1m,80 avec porte en bois, avec fenêtre vitrée. J'évalue la dépense à 6 ou 700 francs.

.. Du Breuil au sommet il faut compter 12 heures :

Breuil au col.	4 heures.
Col à la tente actuelle.	1 —
Tente à la grotte à faire. . .	3 —
Grotte au sommet.	4 —
	12 heures.

...Est-on surpris par le mauvais temps, on pourrait y passer une semaine moyennant des provisions suffisantes.

La souscription pour creuser cette grotte a produit fr. 660. — Par 20 souscriptions, max. 100 fr., min. 10 fr. 1re liste septembre 1865.

PASSAGIO DEL COL-DU-TALEFRO, eseguita dal signor **Whymper** il 4 luglio 1865, p. 397 à 597.

Guides : *Christian Almer* et *Franz Biener*. L'altitude du col est à peu près de 11,800 pieds (3,696 mèt.).

D. A. ...On a escaladé le col, et on a consulté une carte typographique qui relatait l'altitude du col !...

Ascension au mont Cervin (Matterhorn), du côté italien, 17 juillet 1865, p. 401 à 405.
Par *Carrel* (Jean-Antoine) dit le *Bersaglier*, guide chef, *Bic* (J. Baptiste) dit *Bardolet*, *Gorret* (Amé), abbé, *Meynet* (J. Augustin).
Le 17 juillet les intrépides grimpeurs plantent le drapeau tricolore italien au point culminant du mont Cervin, et rentrent le lendemain dans la civilisation.

Ascensione alle Grandi Jorasses, par **Whympfer** (Edward), p. 406 à 409.
Guides : *Croz* (Michel) de Chamonix, — *Almer* (Christian) de Grindelwald, — *Biener* (Franz) de Zermatt, arrivent au point culminant le 24 juin 1865... D. A. Aucune observation citée.

Ascension a l'Aiguille verte, par **Whymper** (Edward).
Guides : *Almer* (Christian) de Grindelwald, *Biener* (Franz) de Zermatt.
Le 28 juin 1865 ils sont arrivés au sommet à 10 h. 15 m.
D. A. A huit heures du soir ils rentraient à Chamonix, salués par les canons de l'hôtel d'Angleterre...

Catastrofe del monte Cervino (Matterhorn), p. 411 à 422. **Whymper** (Edward). — **Douglas** (Francis, lord). — **Hudson.** — **Haddow.**
Guides : *Croz.* — *Taugwalter* père et son fils aîné. Porteurs : deux fils de *Taugwalter*.
D. A. Voyez, pour les détails, Matériaux, t. VI, p. 455 à 458.

Singulière ascension au mont Blanc, extrait du journal *le Siècle*, 30 septembre 1865.
...Dimanche dernier, une caravane de cinq femmes et six hommes (les premières, jeunes ouvrières de Chamounix ou chambrières dans nos divers hôtels, les seconds cavaliers obligeants de ces dames ou fiancés de ces demoiselles) se mettaient gaiment en route avec l'intention bien arrêtée d'aller déposer une carte de visite sur la calotte du *mont Blanc*.
Des précautions primordiales, peu ou point. Aucun de ces hommes n'était guide ; la plus folle insouciance avait procédé à l'excursion. On va voir ce que pouvait coûter cet oubli des plus simples lois de la prudence. Après deux journées de haltes successives au *châlet de la Pierre-Pointue* d'abord, à la cabane des *Grands-Mulets* ensuite, on atteignit le sommet ; poussées, traînées, portées à tour de rôle, ces dames arrivèrent tant bien que mal à la cime à midi du troisième jour, et grâce à une admirable température, purent se reposer une heure et demie environ sur la calotte.
Pas d'autre moyen que ce repos inerte pour se remettre et se réconforter d'un épuisement complet de forces ; les provisions de bouche étaient complètement épuisées, et les deux bouteilles de vin qui restaient avaient été un bien chétif cordial pour onze personnes. La descente de la cime aux Grands-Mulets prit cinq heures environ. Un voyageur arrivait à la même heure à la cabane pour tenter l'ascension le lendemain matin, M. **Holland** et son guide *Couttel Sylvain*, le propriétaire du pavillon de la Pierre-Pointue.
Ils prirent en pitié cette malheureuse caravane et réconfortèrent du mieux possible ces femmes expirant de fatigue et de faim, en leur abandonnant charitablement tout ce qu'ils pouvaient enlever à leur strict nécessaire. Avec un dernier effort il était facile d'atteindre le châlet de la Pierre-Pointue en traversant le glacier avant la nuit close ; on pouvait acheter le repos en passant la nuit dans la cabanne, mais le supplice de la faim était à envisager sérieusement, et l'avis général fut pour le départ.
Deux de ces hommes et la plus courageuse des jeunes filles, Caroline Balmat, âgée de dix-sept ans, suivirent une caravane qui descendait et arrivèrent au châlet à deux heures et demi du matin. Les huit autres personnes, quatre hommes et quatre

femmes, quittèrent la cabane à six heures du soir. M. **Holland** les fit suivre de l'œil par son guide le plus longtemps possible, et celui-ci revint bientôt annonçant qu'il avait entendu des cris de détresse. La caravane n'était pas même encore arrivée à la jonction du glacier, le plus redoutable passage avant la nuit close, et avait brûlé sa dernière bougie.

M. **Holland** envoya à la découverte deux de ses porteurs avec une couverture, une bougie dans une bouteille, faute d'autre lanterne, et ce dont il pouvait encore disposer de pain, viande, vin et cognac. Quand les jeunes gens chargés de ces petites provisions arrivèrent auprès des malheureuses ascensionistes, elles recouvrèrent un restant de forces pour leur arracher les cordiaux et le peu de nourriture qu'ils apportaient. A l'aide de la bougie, la caravane se remit en route et put avec les plus grandes difficultés et des périls de chaque instant, traverser le terrible passage de la jonction et sortir de la région des séracs.

On allait atteindre la fin du glacier lorsque la bougie expira. Aucune direction n'était plus possible; la nuit était calme, mais on ne pouvait échapper au froid et à l'engourdissement que par la marche continue, et il n'était plus possible de se hasarder sans lumière autour des crevasses béantes. « Autant mourir ici que plus loin, » dit l'une de ces malheureuses en se couchant sur la glace et refusant toute espèce de secours.

Enfin un des hommes de la troupe trouva, en sondant avec son bâton ferré, une crevasse aux trois quarts comblée par la neige, et émit l'idée de s'y blottir en masse pour échapper ainsi plus facilement à l'intensité du froid et attendre le jour. Il fallut se résigner à passer deux heures dans ce sépulcre de glace pour attendre les premières lueurs du crépuscule. Les angoisses et les souffrances de ces malheureux pendant ces deux heures peuvent être facilement laissées à l'interprétation de nos lecteurs.

On devinera sans peine quelles pouvaient être les tortures des diverses familles qui, suivant de Chamonix les évolutions de la caravane sur le glacier, n'avaient plus vu briller la moindre lueur à un moment donné. A sept heures du matin, ces naufragés du glacier atteignaient, dans un degré d'épuisement qu'il est aisé de conjecturer, le châlet de la Pierre-Pointue, où madame **Sylvain Couttet** les réconforta de son mieux.

Après un excellent déjeuner et deux heures de repos, la caravane se remit en route pour Chamonix, et retrouva, à la vue des toits du foyer, un peu d'énergie pour se ménager une entrée radieuse dans le bourg. Les familles de ces malheureux oublièrent, en les revoyant, leur épouvantable imprudence et les angoisses qu'elle avait causées, mais nous croyons avoir la certitude que ces ascensionnaires n'oublièrent pas de sitôt leurs revers et ne sont pas prêts à recommencer une excursion dans des conditions semblables.

Projet de construction d'une chapelle commémorative a Zermatt. Formation d'un comité et 1re souscription, p. 439 et 440.

Souscription au bénéfice de la famille de Michel Croz, guide, qui a péri dans la catastrophe du mont Cervin 1865. La souscription a produit au total 513 livres sterling. 19 sh. équivalent à 12,848 fr. 75.

Station météorologique Dollfus-Ausset au col du Saint-Théodule. Août 1865 à août 1866, p. 443.

Catastrophe sur les glaciers du Titlis.

Haeppener (touriste allemand), accompagné du guide *Infanger*, partent d'Engelberg, le 23 août 1865 pour faire une excursion sur les glaciers du *Titlis*. Ne rentrant pas le soir, le lendemain plusieurs personnes se mirent en route à la recherche des absents. Après de longues recherches, on trouva les malheureux, écrasés, gisant sur le penchant septentrional du Titlis, sur un glacier inaccessible (territoire d'Unterwalden).

RUTHNER (Dr Anton von), Vorstand des Österreichischen Alpenvereins.
BERG UND GLETSCHER-REISEN IN DEN ÖSTERREICHISCHEN HOCHALPEN. 1 vol. in-8°, p. 414. 6 Abbildungen in Farbendruck und eine Gebirgskarte, — Wien 1864. Carl Gerold's Sohn.

I. GRUPPE DES GROSSGLOCKNERS.
Ersteigung des Grossglockners, 12,011 Wiener Fuss (3,673 mètres).
Ersteigung des grossen Wirsbachhorns, 11,320 Wiener Fuss (3,578 mètres).
Pasterzengletscher. Total Länge des Gletschers von der hohen Riffel bis an ihr Ende, 32,500 Wiener Fuss (10,273 mètres).
Von Kaprun nach der Johannishütte auf der Pasterze.
Von der Johannishütte über die Bockarscharte und den hohen Gang nach Ferleiten.
Frühere Züge über das oberste Pesterzenkees und Uebergangspunkt auf dasselbe.
Aus dem Tauernhause Ferleiten auf den Kloben.
Auf den Brennkogel und durch das Gutthal nach Heiligenblut. Ersteigung des Johannisberges auf der Pasterze, 11,166 Wiener Fuss (3,527 mètres).

II. GRUPPE DES ANKOGELS UND HOCHALPENSPITZES.
Ersteigung des Ankogels bei Gastein, 10,291 Wiener Fuss (3,253 mètres).
Maltathal in Kärnthen, Ersteigung des Hochalpenspitzes, 10,586 Wiener Fuss (3,673 mètres).

III. GRUPPE DES GROSSVENEDIGERS.
Erste Ersteigung des Grossvenedigers, 11,622 Wiener Fuss (3,997 mètres), am 3. September 1845.

IV. GLOCKNER- UND VENEDIGER-GRUPPE.
Vom Fuscherbade nach Mittersill.
Von Mittersill nach Krimml.
Ueber den Krimmlertauern nach Steinhaus im Ahrenthal.
Vom Ahrenthal durch das Rheinthal nach Tefferecken.
Nach Saint-Jakob in Tefferecken, dann über das Joch zwischen dem Rothhorn und Luscahorn und durch die Mulitz nach Virgen.
Nach Windischmatrey, über das Matreyer-Kalser Thörl nach Kals und nach der Dorfer Alpe.
Ueber den Kalsertauern und durch das Stubachthal nach Uttendorf und zurück nach Bad Fusch.
Die Tauernhäuser.

RUTIMEYER (L.).
Voyez J. JAHRBUCH DES SCHWEIZER ALPEN-CLUB.

S

SANSON (André).
SEMAINES SCIENTIFIQUES. Première année, in-12, 514 pages. Cartes et clichés dans le texte. Paris 1866, Furne-Jouvet, éditeurs.

SONKLAR (Karl, Edlen von Innstädten).
DIE GEBIRGSGRUPPE DER HOHEN-TAUERN. Mit besonderer Rücksicht auf *Orographie*, *Gletscherkunde*, *Geologie* und *Meteorologie*. Nach eigenen Untersuchungen dargestellt. — 1 vol. gr. in-8°, 408 pages, 3 grandes cartes en chromo-lithographie. Wien 1866, Beck'sche Universitäts-Buchhandlung.

I. Orographie, Orométrie, Topographie.

1. Begriffsbestimmung.
2. Gliederung der Tauerngruppe.
3. Gliederung der Gruppen.
4. Thäler der Tauerngruppe.
5. Höhenmessungen im Tauerngebiete.
6. Salzathal.
7. Krimmler-Achenthal.
8. Obersulzbachthal.
9. Untersulzbachthal.
10. Habachthal.
11. Hollersbachthal.
12. Velber- und Ammerthal.
13. Stubachthal und Dorfer-Oed.
14. Radensbach- Mühlbach- und Diekersbachthal,
15. Kaprunerthal.
16. Fuscherthal.
17. Wolfsbach- und Rauriserthal.
18. Gasteinerthal.
19. Grossarlthal.
20. Maltein-und Lieserthal.
21. Möllthal.
22. Pasterzengletscher oder die Pasterze schlechthin, ist, mit Rücksicht auf seine Grösse, nicht blos das bedeutendste Eisgebilde der Tauerngruppe, sondern er nimmt selbst unter den Gletschern der östlichen Alpen (die Oetzthaler-Gruppe eingerechnet) und sogar unter den Gletschern des Welttheils einen hohen Rang ein... Unter de 26 grössten Gletschern Europa's ist er in Grösse der 13te.
23. Nebenthäler des Möllthals.
24. Linkseitigen Nebenthäler des Drauthales zwischen Sachsenburg und Lienz.
25. Iselbecken in Allgemeinen, dann das Isel- und Tauernthal.
26. Kalserthal.
27. Virgenthal.
28. Defereggenthal.
29. Drauthal vom Toblacherfeld bis Spittal, mit dem Villgratten-Burger, und Vilfernerthal.
30. Thal der Rienz, mit dem Gsieser-, Antholzer- und Wielenbachthal.
31. Tauferthal.
32. Centrale Hauptkamm.

Oestlichen Tauernkamm.	35 Gipfel.	21 Sattelpunkte.
Westlichen Tauernkamm.	25 —	15 —
Im ganzen..	60 —	36 —

	MITTLERE GIPFELHÖHE.	MITTLERE SATTELHÖHE.	MITTLERE KAMMHÖHE.
	in W. F.	in W. E.	in W. E.
Œstlicher Tauernkamm.	9600 [1]	8770	9190
Westlicher Tauernkamm. . . .	10130	9420	9775
Centralkamm, im Ganzen. . . .	9830	9095	9445

[1] D. A. 1 mètre = 3,1634 pieds de Vienne (Wiener Fuss).

II. Zusammenstellung der numerischen Elemente. Resultate.

33. Flächeninhalt.
34. Schichtenkarte des Tauerngebietes.
35. Register aller im Tauerngebiete bisher gemessenen absoluten Höhen, sofern sie nicht in den Thälern liegen.

Absolute Höhen der kulminirenden Gipfel.

Westlicher Centralkamm. Gross-Venediger. 11,622 Wiener Fuss (3,705 mètres).
Oestlicher Centralkamm. Gross-Glockner.. 12,008 Wiener Fuss (3,796 mètres).

36. Mittlere Gipfel- Sattel- und Kammhöhen.
37. Mittlere Gefäll der Thalwände.
38. Mittlere Thalhöhen und Thalgefälle; allgemeine Sockelhöhe und Volume des Gebirges.
39. Eisbedeckung des Tauerngebietes. Die Gletscherbedeckung des Tauerngebietes beträgt etwas über 7 1/2 geographische Quadratmeilen. Die Gesammtanzahl der Gletscher belaüft sich in der Tauerngruppe auf 254, von welchen 13 der ersten und 241 der zweiten Ordnung angehören.

	Længe in Wiener Fuss.	Area in Wiener Quadrat Fuss.
1. Ordnung. Paterzen-Gletscher. . .	32500 (10,274^m)	273,221,000
2. Ordnung. Wasserfall-Gletscher. .	15600 (4,931^m)	59,000,000

III. Geologie und Meteorologie der Tauern.

40. Geognostische Uebersicht.
41. Petrographie des Tauerngebietes.
42. Geotektonik des Tauerngebietes.
43. **Dyonis Sturs** Versuch einer Altersbestimmung der Gesteingruppen des Tauerngebietes.
44. Versuch einer Erklärung über die Entstehung der primitiven Gneiss- und Schieferformation.
45. Hebungen des Tauerngebietes.
46. Gebirgs- und Thalformen.
47. Hypsothermen im Alpengebiete.
48. Höhe der Schnelinien in den Alpen.
49. Gletscher des Diluviums.

Karten und Zeichnungen.

Tab. I. Uebersichtskarte der hohen Tauern.

D A. Carte en chromo-lithographie d'un admirable exécution sous tous les rapports, se trouve dans un cadre de 0^m,84 de largeur et 0^m,55 de hauteur. Elle est à l'échelle de à : 144,000. — Renferme 13 glaciers simples, et 241 glaciers composés de plusieurs affluents. Les altitudes des vallées, des crêtes et des glaciers sont indiquées. Répétons que la carte est d'une clarté extrême et d'une exécution admirable.

Tab. II. Gliederung der Hohen-Tauerngruppen, Kämme, Thäler, zu Capitel I, II, III, IV Carte et profils en noir dans un cadre de 0^m,84 largeur, 0^m,55 hauteur, à l'échelle de 1 : 96,000.

Tab. III, A. Geognotische Karte der Hohen-Tauern.
In Farbendruck
a Central Gneiss, Flaseriger und Schleferiger Gneiss
b. Granuelit.

c. Hornblendgneis.
d. Hornblendschiefer.
e. Chlorit Schiefer (grüne Schiefer).
f. Kalkglimmerschiefer.
g. Glimmerschiefer, Thonglimmerschiefer.
h. Kristallinischer Kalk.
i. Serpentin.
k. Radstädter Schiefer (Trias).
l. Radstädter Kalk (Trias).
m. Hallstädter Schichten (Trias).
n. Tertiaires conglomerat.
o. Dilumium.
p. Alluvium und Gletscher.
B. Geognotische Durchschnitte aus den Hohen-Tauern, 1 à 16. In Farbendruck.

SPEKE (John Hanning), capitaine de l'armée anglaise aux Indes.
Entdeckung der Nilquellen. Reisetagebuch. Aus dem Englischen übersetzt, 2 vol. in-8°. — Deux cartes, gravures et clichés. Leipzig, F. A. Brokhaus, 1864.

STUDER (Bernard), professeur à Berne.
Voyez J. Jahrbuch des Schweizer Alpen-Club.

STUDER (Gottlieb).
Voyez J. Jahrbuch des Schweizer Alpen-Club.

T

THEOBALD (G.), Professor an der Kantonschule in Chur.
Beitraege zur geologischen Karte der Schweiz. Herausgegeben von der geologischen Commission der Schweizer Naturforschenden Gesellschaft auf Kosten der Eidsgenossenschaft. — Zweite Lieferung. Geologische Beschreibung der in den Blättern X und XV des eidg. Atlasses ent. Gebirge : von Graubünden mit zwei kolorierten Karten und vielen Durchschnitten, in-4°, 361 pages, 1864. Berne, J. Dalp.

Geologische Profile aus Graubuendeen (Grisons).

T. I. 1. Illthal. — Scesalplana. — Prättigau.
2. Scesaplana. — Prättigau.
3. Chur. — Davos. — Scaletta. — Offenberg. — Scarl. — Sesvenna. — Etschthal.
T. II. 4. Madrisa. — Prättigau. — Cassana. — Todtenalp. — Unteres Davos. — Ducan. — Tuors. — Tisch. — Albula. Engadin.
5. Zernetz. — Ardez. — Fettan.
6. Samnaum. — Reschen.
7. Jamthaler Ferner — Tarasp. — Scarlthal. — Münsterthal.
T. III. 1. Fläscher Berg.
2. Rothspitze vom Wildhanstobel aus.
3. Tschingel von Gaunei aus.
4. Falkniss vom Glecktobel aus.
T. IV. 5. Tschingel bis Scesalplana.
6. Cavelljoch.
7. Rückseite der Scelsaplana bei Brand.
T. V. 8. Tschingel uud Ochsenberg auf der Nordwestseite.

9. Joch zwischen Gamperthon und Samina (Krütsch).
10. Nordseite der Falknisspitze.
T. VI. 11. Plassegger Pass.
12. Rechte Seite von Gafia
13. Madrisajoch von der Saaser Alp aus.
T. VII. 14. Selvretta.
15. Nordseite der Cotschna.
16. Dörfli Schafalp, westlicher Grat.
T. VIII. 17. Churer Joch und Gurgaletsch.
18. Parpaner Schwarzhorn von der Südseite, äusserster Hintergrund der Tschiertscher Alp.
19. Parpaner Weisshorn.
T. IX. 20. Passhöhe zwischen Weisshorn und Rothhorn, Parpaner Seite.
21. Derselbe Pass von der Ostseite, also in umgekehrter Ordnung.
22. Uebersicht der Rothhornkette.
23. Lenzer Alp. Abhang des Lenzer Horns.
T. X 24. Rechte Seite der Urdenalp.
25. Aufgerissene Schichten auf dem Carmenapass.
26. Plattenhorn gegen Carmena.
27. Rechte Thalseite von Urden an der Thalschwelle.
28. Südostseite des Eroser Weisshorns und Plattenhorns.
29. Südöstliche Seite der Küpfenfluh.
T. XI. 30. Felsencircus bei Küpfen.
31. Plessurbett zwischen Langwies und Erosa gegen Tschuggen.
32. Thalwand von Tschuggen nach der Mayenfelder Furka.
33. Nordseite der Meyenfelder Furka.
34. Südseite der Meyenfelder Furka.
T. XII. 35. Rechte Seite des Kammerthals von dem südlichen Dolomitkopf.
36. Unterhalb Schmelzboden
37. Kalkformation am Grubentobel.
38. Obere Thalwand im Schwabentobel am Silberberg.
39. Sertig westlich vom Wasserfall.
40. Linke Thalseite von Sertig.
T. XIII. 41. Schmittner Alpen, Grat zwischen Häfeli und Sandhubel.
41 (*bis*). Grat zunächst am Sandhubel.
42. Valbellahorn zum Kummerthal.
43. Landwasser nach dem Stulser Grat.
T. XIV. 44. Hintergrund des Monsteiner Thals.
45. Bühlenhorn nach dem Landwasser.
46. Hintergrund von Plazbi.
47. Piz Kesch von Val Eschina aus.
T. XV. 48. Guardaval von der Ostseite.
49. Schlucht oberhalb Guardaval nach Val Eschia hin.
50. An der Albulaalp nach Ponte.
51. Albula kleiner Rücken nicht weit von n° 48, linke Thalseite.
52. Albulapass an der Cruschetta.
T. XVI. 53. Bergünner Stöcke auf der Nordostseite.
54. Piz Toissa.
55. Linke Thalseite von Val Tuoi.
T. XVII. 56. Ardez und rechte Seite von Sampuoir.
57. Bad Tarasp zum Piz Pisog.
58. Vom Inn gegen den Piz Ayuz.
59. Val Uina, rechte Thalseite.

T. XVIII. 60. Querdurchschnitt von Scarl.
61. Piz Lat bei Saint-Maria im Münsterthal.
62. Piz Casanella und Lavirumpass von Val Federia aus.

U

ULRICH (Melchior).
Voyez J. JAHRBUCH DES SCHWEIZER ALPEN-CLUB.

V

VIVENOT (R. von).
UEBER DIE MESSUNG DER LUFTFEUCHTIGKEIT, zur richtigen Würdigung der Climate (aus der *Wiener medicinischen Wochenschrift* abgedruckt). Wien, 1864, Seidel und Sohn, in-16, 25 p.

W

WEILENMANN (J. J.).
Voyez J. JAHRBUCH DES SCHWEIZER ALPEN-CLUB.

WITTE (Carl), professeur à Halle
ALPINISCHES UND TRANSALPINISCHES. Neun Vorträge. Berlin, 1858, in-16, 482 p

Z

ZIEGLER (J. M.), à Winterthur (Suisse).
GEOGRAPHISCHER ATLAS ÜBER ALLE THEILE DER ERDE, bearbeitet nach der *Ritter'schen Lehre* und dem Andenken Dr **Carl Ritters** gewidmet. — 27 Blätter nebst Erläuterungen. Zweite Auflage. — J. Wurster et Ce à Winthenthur (Suisse).

ZIEGLER (J. M.).
HYPSOMETRISCHER ATLAS, mit Erläuterungen und Höhenverzeichnissen. 17 Blätter in Farbendruck. — J. Wurster et Ce à Winterthur (Suisse).

ZIEGLER (J. M.).
WANDKARTE DER SCHWEIZ. Masstab 1/200,000. 8 Blätter in Farbendruck. — J. Wurster et C. à Winterthur (Suisse).

ZIEGLER (J. M.).
DRITTE KARTE DER SCHWEIZ mit Register und Erläuterungen. Masstab 1/380,000. 4 Blätter in Farbendruck. — J. Wurster et Ce à Winterthur (Suisse).

ZIEGLER (J. M.).
HYPSOMETRISCHE KARTE DER SCHWEIZ mit Text und Register. Masstab 1/380,000. 4 Blätter in Farbendruck. — J. Wurster et Ce à Winterthur (Suisse), 1866.

ZIEGLER (J. M.).

Zur Hypsometrie der Schweiz und zur Orographie der Alpen. Erläuterungen für die hypsometrische Karte der Schweiz. 1866, in-8°, 59 p. — J. Wurster et Cᵉ, à Winterthur (Suisse).

D. A. Le texte des cartes hypsométriques et orographiques de la Suisse, sera lu avec grand intérêt par les géologues et glaciéristes.

I. Ueberblick.
II. Passhöhen und Seitenthäler.
III. Thal-ohlen und deren Gefälle.
IV. Abflachung des Flachlandes zwischen Aar und Limmat.
V. Charakterische südliche Thäler.
VI. Thäler in S. W. und S. O. der Schweizer Alpen.
VII. Massen-Verhältnisse.
VIII. Bernina und mont Blanc.
IX. Jura.
X. Die Seen.
See. — Spiegel über Meer. Tiefe. Culmination : Rechts, Mittel, Links. Depression[1].
XI. Vergleichung der hypsometrischen und geologischen Karte der Schweiz.
XII. Die atmosphärischen Einflüsse auf die äussere Form der Gebirge. Die Seen.
XIII. Erdbeben.
XIV. Verlängerung der Schweizer-Alpen nach Osten.
XV. Folgerungen.

ZIEGLER (J. M.).

Erläuterung zur neuen Karte der Schweiz sammt Register für diese und die Hypsometrie der Schweiz. — 4ᵉ édition, 131 pag Joh. Wurster et Cᵉ à Winterthur, 1866.

ZIEGLER (J. M.).

Sammlung absoluter Höhen der Schweiz und der angrenzenden Gegenden der Nachbarländer Joh. Wurster et Cᵉ à Wintherthur (Suisse)

ZUCHOLD (Ernest A.).

Bibliotheca Historiæ naturalis, oder systematisch geordnete Uebersicht der in Deutschland und dem Auslande auf dem Gebiete der gesammten Naturwissenschaften und der Mathematik neu erschienen en Bücher. Fünfzehnter Jahrgang. — Verlag von Van den Hoeck und Ruprecht in Göttingen.

D. A. Ce catalogue de toutes les publications scientifiques nouvelles paraît tous les six mois, et sera parcouru avec intérêt par les hommes qui s'occupent d'une spécialité physique du globe.

ZÜRCHER (F.), ancien officier de marine.

Les hautes régions de l'atmosphère. Extrait de : *Annuaire scientifique*, publié par **P. P. Dehérain**. Quatrième année, 1865. Paris, Charpentier, quai de l'École, 28.

I. Hypothèse sur la hauteur de l'atmosphère. — Ascensions aérostatiques. — Décroissement de température. — Vitesse de ce décroissement.

...Des observations en ballons remplis d'hydrogène, furent faites en 1803 et 1804, par **Robertson** à Hambourg et à Saint-Pétersbourg. — **Gay-Lussac** et **Biot** à Paris s'élevèrent en ballon à la même époque, 20 observations de thermomètre pendant un beau temps, donnèrent pour résultat que la température s'abaisse d'un degré pour 173 mètres d'élévation. — **Bixio** et **Barral** font des ascensions en juin et juillet 1850. — **Welsh** fait des ascensions à Londres en 1852. — **Glaisher**,

[1] D. A. Le lac de Brienz est le plus profond de tous les lacs de la Suisse. Alt. : 566 mèt. Profondeur moyenne 585 mèt. Extrêmes. Rive droite, 2,225 mèt. Rive gauche, 2,683 mètres.

le savant directeur du service météorologique de Grenich, entreprend en aréostat, en 1862 et 1863, de nouvelles explorations de l'atmosphère. Le ballon était guidé par un aréonaute très-habile, M. **Coxwell**, qui a déjà fait près de cinquante ascensions. Les voyageurs atteignent la hauteur de 10,000 mètres, qu'on ne pourra probablement pas dépasser à cause des accidents physiologiques qui se manifestent dans un air trop raréfié. A 5,800 mèt. M. **Glaisher** avait les mains et les lèvres bleues; à 6,400 mèt. il entendait les battements de son cœur, dont le nombre dépassait 100, et sa respiration était gênée. Le 5 septembre 1862, il perdit connaissance à 8,850 mètres, et ne revint à lui que lorsque le ballon redescendit au même niveau. M. **Coxwell** à 10,000 mèt. perdit l'usage des mains et ce n'est qu'à 7,000 mèt. qu'on put reprendre les observations. Des dernières observations relatives au décroissement de température [1] ressort une détermination plus nette que la loi qui la règle généralement lorsque le ciel est découvert. Sauf quelques corrections qu'on aura peut-être à faire après d'autres observations, on peut donner pour la quantité dont il faut s'élever verticalement, pour un abaissement de 1° dans la température, les nombres suivants :

Près du sol	76	mètres.
1,000 mètres.	160	—
2,000 mètres.	196	—
3,000 mètres.	210	—
4,000 mètres.	240	—
5,000 mètres.	290	—
6,000 mètres.	390	—
7,000 mètres.	480	—
8,000 mètres.	550	—
9,000 mètres.	580	—

II. Ascensions dans les montagnes. — Causes diverses du froid des hautes régions.

.. Les rayons solaires sont plus chauds (infiniment plus chauds) en hautes régions que dans la plaine .. Par un rayonnement nocturne le sol et les matières gelées, neiges et glaces, se refroidissent à des degrés de températures qui s'écartent beaucoup de celles de l'air ambiant.

D. A. L'auteur cite les observations faites par **Ch. Martins** au sommet du *Pic de Midi*, 2,877 mèt. alt., et d'autres à 3,930 mèt. alt. Voyez dans nos matériaux des citations, et un grand nombre d'observations que nous avons faites au Pavillon du glacier de l'Aar 2,400 mèt. alt., et au Théodule, 3,350 m., et au Saint-Bernard, 2,478 mèt. alt., et d'autres citations.

III. Distribution de la chaleur dans l'atmosphère. — Limite des neiges éternelles. — Propriétés curieuses de la glace. — Mouvement des glaciers.

D. A. *Wo Menschen schweigen müssen Stein und Gletscher reden.*
Wenn wir im suchen uns trennen, wird erst die Wahrheit erkannt.

Mes observations glaciaires de 1845 à 1865, 21 années de 1 à 2 mois de séjour dans les Alpes en hautes régions, et les observations au Théodule à 3,350 mèt. alt.: ne confirment pas les citations de ce chapitre...

A toutes les altitudes les *neiges sont temporaires*, plus ou moins persistantes suivant les altitudes et localités qu'elles occupent, et nullement éternelles...

Les neiges ne se transforment pas en glace de glacier pour s'ajouter à la surface des glaciers qui les supportent.

Aux altitudes au-dessus de 2,600 mèt. (dans les Alpes), les neiges persistantes, accumulées dans les cirques ou dépressions de terrain au contact avec la roche, peuvent se transformer dans le bas en embryon glaciaire.

Aux altitudes au-dessus de 2,600 métr., la glace des glaciers est adhérente au sol qui les supporte

[1] D. A. Voyez dans nos matériaux, les citations nombreuses, qui ne confirment pas ces chiffres du sol jusqu'à 4,000 mètres. — Les chiffres varient suivant les saisons.

(fortement gelée au sol) dans toutes les saisons ; au-dessous de cette altitude les glaciers d'une certaine épaisseur ne sont pas adhérents, ils usent, moutonnent, polissent et strient les roches qui les supportent. — Par suite de cette observation importante, les rochers moutonnés, polis et striés n'indiquent pas les limites en altitude des anciens *glaciers monstres*, et les blocs erratiques que l'on voit à une grande distance des glaciers actuels ne déterminent pas leur ancienne extension. Tous les pics et crêtes des Alpes étaient couverts de glace *à une très-grande hauteur*, il ne tombait pas de matériaux sur la surface des neiges et des glaciers, et ils ne pouvaient en transporter ni en déposer.

...Le lehm, le loes, le diluvium ou les alluvions, qui couvrent le globe, ne sont autre chose que de la boue de glacier (roches triturées par les glaciers) déposée par eux, fort souvent remaniées par les eaux...

Les glaciers progressent en raison de leur masse totale et locale. Les pentes n'ont pas d'influence sur le mouvement des glaciers, ils ne coulent pas comme de la lave. Ils augmentent en hauteur (épaisseur), largeur et longueur, lorsqu'ils sont protégés contre l'ablation (fonte de la surface) par une couverture de neige.

MATÉRIAUX

POUR

L'ÉTUDE DES GLACIERS

Deuxième liste supplémentaire, par ordre alphabétique, des auteurs qui ont traité des hautes régions des Alpes et des glaciers, et de quelques questions qui s'y rattachent, avec indication des recueils où se trouvent ces travaux (1864 à 1866).

A

AGASSIZ (Louis), professeur à Cambridge (Amérique).
Voyez G. GEOLOGICAL MAGAZINE.

AGASSIZ (Louis), professeur à Cambridge.
GEOLOGICAL SKETSCHES 1 vol. in-16, 311 pages. Clichés et portrait de l'auteur. — London, Trübner and C., 60, Paternoster Row.

PRÉFACE.
- I. America the Old World
- II. The Silurian Beach.
- III. The Fern Forests of the Carboniferous Period.
- IV. Mountains and their Origin.
- V. The Growth of Continents.
- VI. The geological Middle Age.
- VII. The tertiary Age, and its characteristic Animals.
- VIII. The Formation of Glaciers.
- IX. Internal Structure and Progression of Glaciers.
- X. External Appearence of Glaciers.

VIII. THE FORMATION OF GLACIERS.

THE long summer was over. For ages a tropical climate had prevailed over a great part of the earth, and animals whose home is now beneath the Equator roamed over the world from the far South to the very borders of the Arctics. The gigantic quadrupeds, the Mastodons, Elephants, Tigers, Lions, Hyenas, Bears, whose remains are found in Europe from its southern promontories to the northernmost limits of Siberia and Scandinavia, and in America from the Southern States to Greenland and the Melville Islands, may indeed be said to have possessed the earth in those days. But their reign was over. A sudden intense winter, that was also to last for ages, fell upon our globe; it spread over the very countries where these tropical animals had their homes, and so suddenly did it come upon them that they were embalmed beneath masses of snow and ice, without time even for the decay which follows death. The Elephant whose story was told at length in the preceding article was by no means a solitary specimen; upon further investigation it was found that the disinterment of these large tropical animals in Northern Russia and Asia was no unusual occurrence. Indeed, their frequent discoveries of this kind had given rise among the ignorant inhabitants to the singular superstition already alluded to, that gigantic moles lived under the earth, which crumbled away and turned to dust as soon as they came to the upper air. This tradition, no doubt, arose from the fact, that, when in digging they came upon the bodies of these animals, they often found them perfectly perserved under the frozen ground, but the moment they were exposed to head and light they decayed and fell to pieces at once. Admiral **Wrangel**, whose Arctic explorations have been so valuable to science, tells us that the remains of these animals are heaped up in such quantities in certain parts of Siberia that he and his men climbed over ridges and mounds consisting entirely of the bones of Elephants, Rhinoceroses, etc. From these facts it would seem that they roamed over all these northern regions in troop as large and numerous as the Buffalo herds tath wander over our Western prairies now. We are indebted to Russian naturalists, and especially tho **Rathke**, for the most minute investigations of these remains, in which even the texture of the hair, the skin, and flesh has benn subjected by him to microscopic examination as accurate as if made upon any living animal.

We have as yet no clew to the source of this great and sudden change of climate. Various suggestions have been made, — among others, that formerly the inclination of the earth's axis was greater, or that a submersion of the continents under water might have produced a decided increase of cold; but none of these explanations are satisfactory, and science has yet to find any cause wh ch accounts for all the phenomena connected with it. It seems, however, unquestionable, that since the opening of the Tertiary age a cosmic summer and winter have succeeded each other, during which a Tropical heat and an Arctic cold have alternately prevailed over a great portion of te present Temperate Zone. In the so-called drift (a superficial deposit subsequent to the Tertiaries, of the origin of which I shall speak presently) there are found far to the south of their present abode the remains of animals whose home now is in the Arctics or the coldest parts of the Temperate Zones. Among them are the Musk-Ox, the Reindeer, the Walrus, the Seal, and many kinds of Shells characteristic of the Artic regions. The northernmost part of Norway and Sweden is at this day the southern limit of the Reindeer in Europe, but their fossil remains are found in large quantities in the drift about the neighborhood of Paris, and quite recently they have been traced even to the foot of the Pyrenees, where their presence would, of course, indicate a climate similar to the one now prevailing in Northern Scandinavia. Side by side with the remains of the Reindeer are found those of the European Marmot, whose present home is in the mountains, about six thousand feet above the level of the sea. The occurrence of these animals in the superficial deposits of the plains of Central Europe, one of which is now confined to the high North, and the other to mountain-heights, certainly indicates an entire change of climatic conditions since the time of their existence. European Shells now confined to the Northern Ocean are found as fossils in Italy, — showing that, while the present Arctic climate prevailed in the Temperate Zone, that of the Temperate Zone extended much farther south to the regions we now call sub-tropical. In America there is abundant evidence of the same kind; throughout the recent marine deposits of the Temperate Zone, covering the low lands above tide-water on this continent, are found fossil Shells whose present home is on the shores of Greenland. It is not only in the Northern hemisphere that these remains occur, but in Africa and in South America, wherever there has been an opportunity for investigation, the drift is found to contain the traces of animals whose presence indicates a climate many degrees colder than that now prevailing there.

But these organic remains are not the only evidence of the geological winter. There are a number of phenomena indicating that during this period two vast caps of ice stretched from the Northern pole southward and from the Southern pole northward, extending in each case far toward the Equator, — and that ice-fields, such as now spread over the Arctics, covered a great part of the Temperate Zones, while the line of perpetual ice and snow in the tropical mountain-ranges descended far below its present limits. As the explanation of these facts has been drawn from the study of glacial action, I shall devote this and subsequent articles to some account of glaciers and of the phenomena connected with them.

The first essential condition for the formation of glaciers in moutain-ranges is the shape of their valleys. Glaciers are by no means in proportion to the height and extent of mountains. There are many mountain-chains as high or higher than the Alps, which can boast of but few and small glaciers, if, indeed, they have any. In the Andes, the Rocky Mountains, the Pyrenees, the Caucasus, the few glaciers remaining from the great ice-period are insignificant in size. The volcanic, cone-like shape of the Andes gives indeed, but little chance for the formation of glaciers, though their summits are capped with snow. The glaciers of the Rocky Mountains have been little explored, but it is known that they are by no means extensive. In the Pyrenees there is but one great glacier, though the height of these mountains is such, that, were the shape of their valleys favorable to the accumulation of snow, they might present beautiful glaciers. In the Tyrol, on the contrary, as well as in Norway and Sweden, we find glaciers almost as fine as those of Switzerland, in mountain-ranges much lower than either of the above-named chains. But they are of diversified forms, and have valleys widening upward on the slope of long crests. The glaciers on the Caucasus are very small in proportion to the height of the range; but on the northern side of the Himalaya there are large and beautiful ones, while the southern slope is almost destitute of them. Spitzbergen and Greenland are famous for their extensive glaciers, coming down to the sea-shore, where huge masses of ice, many hundred feet in thickness, break off and float away into the ocean as icebergs. At the Aletsch in Switzerland, where a little lake lies in a deep cup between the mountains, with the glacier coming down to its brink, we hahe these Arctic phenomena on a small scale; a miniature iceberg may often be seen to break off from the edge of the larger mass, and float out upon the surface of the water. Icebergs were first traced back to their true origin by the nature of the land-ice of which they are always composed, and which is quite distinct in structure and consistency from the marine ice produced by frozen sea-water, and called « ice-flow » by the Arctic explorers, as well as from the pond or river ice, resulting from the simple congelation of fresh water, the laminated structure of which is in striking contrast to the granular structure of glacier ice.

Water is changed to ice at a certain temperature under the same law of crystallization by which any inorganic bodies in a fluid state may assume a solid condition, taking the shape of perfectly regular crystals, which combine at certain angles with mathematical precision. The frost does not form a solid, continuous sheet of ice over an expanse of water, but produces crystals, little ice-blades, as it were, which shoot into each other at angles of thirty or sixty degrees, forming the closest net-work. Of course, under the process of alternate freezing and thawing, these crystals lose their regularity, and soon become merged in each other. But even then a mass of ice is not continuous or compact throughout, for it is rendered completely porous by air-bubbles, the presence of which is easily explained. Ice being in a measure transparent to heat, the water below any frozen surface is nearly as susceptible to the elevation of the temperature without as if it were in immediate contact with it. Such changes of temperature produce air-bubbles, which float upward against the lower surface of the ice and are stranded there. If next there may come a severe frost, new ice is then formed below the air-bubbles, and they are thus caught and imprisoned, a layer of air-bubbles between two layers of ice, and this process may be continued until we have a succession of such parallel layers, forming a body of ice more or less permeated with air. These air-bubbles have the power also of extending their own area, and thus rendering the whole mass still more porous; for, since the ice offers little or no obstacle to the passage of heat, such an air-bubble may easily become heated during the day; the moment it reaches a temperature above thirty-two degrees, it melts the ice around it, thus clearing a little space for itself, and rises through the water produced by the action of its own warmth. The spaces so formed are so many vertical tubes in the ice, filled with water, and having an air-bubble at the upper extremity.

Ice of this kind, resulting from the direct congelation of water, is easily recognized under all circumstances by its regular stratification, the alternate beds varying in thickness according to the intensity of the cold, and its continuance below the freezin-point during a longer or shorter period. Singly, these layers consist of irregular crystals confusedly blended together, as in large masses of crystalline rocks in which a crystalline structure prevails, though regular crystals occur but rarely. The appearance of stratification is the result of the circumstances under which the water congeals. The temperature varies much more rapidly in the atmosphere around the earth than in the waters upon its surface. When the atmosphere above any sheet of water sinks below the freezing-point, there stretches over its surface a stratum of cold air, determining by its intensity and duration the formation of the first stratum of ice. According to the alternations of temperature, this process goes on with varying activity until the sheet of ice is so thick that it becomes itself a shelter to the water below, and protects it, to a certain degree, from the cold without. Thus a given thickness of ice may cause a suspension of the freezing process, and the first ice-stratum may even be partially thawed before the cold is renewed with such intensity as to continue the thickening of the ice-sheet by the addition of fresh layers. The strata or beds of ice increase gradually in this manner, their separation being rendered still more distinct by the accumulation of air-bubbles, which, during a warm and clear day, may rise from a muddy bottom in great numbers. In consequence of these occasional collections of air-bubbles, the layers differ, not only in density and closeness, but also in color, the more compact strata being blue and transparent, while those containing a greater quantity of air-bubbles are opaque and whitish, like water beaten to froth.

A cake of pond-ice, such as is daily left in summer at our doors, if held against the light and turned in different directions, will exhibit all these phenomena very distinctly, and we may learn still more of its structure by watching its gradual melting. The process of decomposition is as different in fresh-water ice and in land or glacier-ice as that of their formation. Pond-ice, in contact with warm air, melts uniformly over its whole surface, the mass being thus gradually reduced from the exterior till it vanishes completely. If the process be slow, the temperature of the air-bubbles contained in it may be so raised as to form the vertical funnels or tubes alluded to above. By the anastomosing of these funnels, the whole mass may be reduced to a collection of angular pyramids, more or less closely united by cross-beams of ice, and it finally falls to pieces when the spaces in the interior have become so numerous as to render it completely cavernous. Such a breaking-up of the ice is always caused by the enlargement of the open spaces produced by the elevated temperature of the air-bubbles, these spaces being necessarily more or less parallel with one another, and vertical in their position, owing to the natural tendency of the air-bubbles to work their way upward till they reach the surface, where they escape. A sheet of ice, of this kind, floating upon water, dissolves in the same manner, melting wholly from the surface, if the process be sufficiently rapid, or falling to pieces, if the air-bubbles are gradually raised in their temperature sufficiently to render the whole mass cavernous and incoherent. If we now compare these facts with what is known of the structure of land-ice, we shall see that the mode of formation in the two cases differs essentially.

Land-ice, of which both the ice-fields of the Arctics and the glaciers consist, is produced by the slow and gradual transformation of snow into ice; and though the ice thus formed may eventually be as clear and transparent as the purest pond-or river-ice, its structure is nevertheless entirely distinct. We may compare these different processes during any moderately cold winter in the ponds and snow-meadows immediately about us. We need not join an Arctic exploring expedition, nor even undertake a more tempting trip to the Alps, in order to investigate these phenomena for ourselves, if we have any curiosity to do so. The first warm day after a thick fall of light, dry snow, such as occurs in the coldest of our winter weather, is sufficient to melt its surface. As this snow is porous, the water readily penetrates it, having also a tendency to sink by its own weight, so that the whole mass becomes more or less filled with moisture in the course of the day. During the lower temperature of the night, however, the water is frozen again, and the snow is now filled with new ice-particles. Let this process be continued long enough, and the mass of snow is changed to a kind of ice-gravel, or, if the grains adhere together, to something like what we call pudding-stone, allowing, of course, for the difference of material; the snow, which has been rendered cohesive by the process of partial melting and regelation, holding the iceglobules together, just as the loose materials of the pudding-stone are held together by the cement which unites them.

Within this mass, air is intercepted and heldinclosed between the particles of ice. The process by which snow-flakes or snow-crystals are transformed into grains of ice, more or less compact, is easily understood. It is the result of a partial thawing, under a temperature maintained very nearly at thirty-two degrees, falling sometimes a little below, and then rising a little above the freezing-point, and thus producing constant alternations of freezing and thawing in the same mass of snow. This process amounts to a kind of kneading of the snow, and when combined with the cohesion among the particles more closely held together in one snow-flake, it produces granular ice. Of course, the change takes place gradually, and is unequal in its progress at different depths in the same bed of recently fallen snow. It depends greatly on the amount of moisture infiltrating the mass, whether derived from the melting of its own surface, or from the accumulation of dew or the falling of rain or mist upon it. The amount of water retained within the mass will also be greatly affected by the bottom on which it rests and by the state of the atmosphere. Under a certain temperature, the snow may only be glazed at the surface by the formation of a thin icy crust, an outer membrane, as it were, protecting the mass below from a deeper transformation into ice; or it may be rapidly soaked throughout its whole bulk, the snow being thus changed into a kind of soft pulp, what we commonly call slosh, which, upon freezing, becomes at once compact ice; or, the water sinking rapidly, the lower layers only may be soaked, while the upper portion remains comparatively dry. But, under all these various circumstances, frost will transform the crystalline snow into more or less compact ice, the mass of which will be composed of an infinite number of aggregated snow-particles, very unequal in regularity of outline, and cemented by ice of another kind, derived from the freezing of the infiltrated moisture, the whole being interspersed with air. Let the temperature rise, and such a mass, rigid before, will resolve itself again into disconnected ice-particles, like grains more or less rounded. The process may be repeated till the whole mass is transformed into very compact, almost uniformly transparent and blue ice, broken only by the intervening air-bubbles. Such a mass of ice, when exposed to a temperature sufficiently high to dissolve it, does not melt from the surface and disappear by a gradual diminution of its bulk, like pond-ice, but crumbles into its original granular fragments, each one of which melts separately. This accounts for the sudden disappearance of icebergs, which, instead of slowly dissolving into the ocean, are often seen to fall to pieces and vanish at once.

Ice of this kind may be seen forming every winter on our sidewalks, on the edge of the little ditches which drain them, or on the summits of broad gate-posts when capped with snow. Of such ice glaciers are composed; but, in the glacier, another element comes in which we have not considered as yet, — that of immense pressure in consequence of the vast accumulations of snow within circumscribed spaces. We see the same effects produced on a small scale, when snow is transformed into a snowball between the hands. Every boy who balls a mass of snow in his hands illustrates one side of glacial phenomena. Loose snow, light and porous, and pure white from the amount of air contained in it, is in this way presently couverted into hard, compact, almost transparent ice This change will take place sooner, if the snow be damp at first, — but if dry, the action of the hand will presently produce moisture enough to complete the process. In this case, mere pressure produces the same effect which, in the cases we have been considering above, was brought about by alternate thawing and freezing, — only, that in the latter the ice is distinctly granular, instead of being uniform troughout, as when formed under pressure. In the glaciers we have the two processes combined. But the investigators of glacial phenomena have considered too exclusively one or the other : some of them attributing glacial motion wholly to the dilatation produced by the freezing of infiltrated moisture in the mass of snow; others accounting for it entirely by weight and pressure. There is yet a third class, who, disregarding the real properties of ice, would have us believe, that, because tar, for instance, is viscid when it moves, there-fore ice is viscid because it moves. We shall see hereafter that the phenomena exhibited in the onward movement of glaciers are far more diversified than has generally been supposed.

There is no chain of mountains in which the shape of the valleys is more favorable to the formation of glaciers than the Alps. Contracted at their lower extremity, these valleys widen upward, spreading into deep, broad, trough-like depressions. Take, for instance, the valley of Hassli, which is not more than half a mile wide where you enter it above Meyringen : it opens gradually upward, till, above the Grimsel, at the foot of the Finster-Aarhorn, it measures several miles across. These huge mountain-troughs form admirable cradles for the snow, which collects in immense quantities within them, and, as it moves slowly down from the upper ranges, is transformed into ice on its way, and compactly crowded into the narrower space below. At the lower extremity of the glacier the ice is pure, blue, and transparent, but, as we ascend, it appears less compact, more porous and granular, assuming gradually the character of snow, till in the higher regions the snow is as light, as shifting, and incoherent, as the sand of the desert. A snow-storm on a mountain-summit is very different from a snow-storm on the plain, on account of the different degrees of moisture in the atmosphere. At great heights, there is never dampness enough to allow the fine snow-crystals to coalesce and form what are called « snow-flakes. » I have even stood on the summit of the Jungfrau when a frozen cloud filled the air with ice-needles, while I could see the same cloud pouring down sheets of rain upon Lauterbrunnen below. I remember this spectacle as one of the most impressive I have witnessed in my long experience of Alpine scenery. The air immediately about me seemed filled with rainbow-dust, for the ice-needles glittered with a thousand hues under the decomposition of light upon them, while the dark strom in the valley below offered a strange contrast to the brilliancy of the upper region in which I stood. One wonders where even so much vapor as may be transformed into the finest snow should come from at such heights. But the warm winds, creeping up the sides of the valleys, the walls of which become heated during the middle of the day, come laden with moisture which is changed to a dry snow like dust as soon as it comes into contact with the intense cold above.

Currents of warm air affect the extent of te glaciers, and influence also the line of perpetual snow, which is by no means at the same level, even in neighboring localities. The size of glaciers, of course, determines to a great degree the height at which they terminate, simply because a small mass of ice will melt more rapidly, and at a lower temperature, than a larger one. Thus, the small glaciers, such as those of the Rothhorn or of Trift, above the Grimsel, terminate at a considerable height above the plain, while the Mer de Glace, fed from the great snow-caldrons of Mont Blanc, forces its way down to the bottom of the valley of Chamouni, and the glacier of Grindelwald, constantly renewed from the deep reservoirs where the Jungfrau hoards her vast supplies of snow, descends to about four thousand feet above the sea-level. But the glacier of the Aar, though alsa very large, comes to a pause at about six thousand feet above the level of the sea; for the south wind from the other side of the Alps, the warm sirocco of Italy, blows across it, and it consequently melts at a higher level than either the Mer de Glace or the Grindelwald. It is a curious fact, that in the valley of Hassli the temperature frequently rises instead of falling as you ascend; at the Grimsel, the temperature is at times higher than at Meyringen below, where the warmer winds are not felt so directly. The glacier of Aletsch, on the southern slope of the Jungfrau, and into which many other glaciers enter, terminates also at a considerable height, because it turns into the valley of the Rhone, through which the southern winds blow constantly.

Under ordinary conditions, vegetation fades in these mountains at the height of six thousand feet, but, in consequence of prevailing winds, and the sheltering influence of the mountain-walls, there is no uniformity in the limit of perpetual snow and ice. Where currents of warm air are very constant, glaciers do not occur at all, even where other circumstances are favorable to their formation. There are valleys in the Alps far above six thousand feet which have no glaciers, and where perpetual snow is seen only on their northern sides. These contrasts in temperature lead to the most wonderful contrasts in the aspect of the soil; summer and winter lie side by side, and bright flowers look out from the edge of snows that never melt. Where the warm winds prevail, there may be sheltered spots at a height of ten or eleven thousand feet, isolated nooks opening southward where the most exquisite flowers bloom in the midst of perpetual snow and ice; and occasionally I have seen a bright little flower with a cap of snow over it that seemed to be its shelter. The flowers give, indeed; a peculiar charm to these high Alpine regions. Occurring often in beds of the same kind, forming green, blue or yellow patches, they seem neem nestled close together in sheltered spots, or even in fissures and chasms of the rock, where they gather in dense quantities. Even in the sternest scenery of the Alps some sign of vegetation lingers; and I remember to have found a tuft of lichen growing on the only rock which pierced through the ice on the summit of the Jungfrau. It was a species then unknown to botanists, since described under the name of Umbelicarus Higinis. The absolute solitude, the intense stillness of the upper Alps is most impressive; no cattle, no pasturage, no bird, nor any sound of life, — and, indeed, even if there were, the rarity of the air in these high regions is such that sound is hardly transmissible. The deep repose, the purity of aspect of every object, the snow, brocken only by ridges angular rocks, produce an effect no less beautiful than solemm. Sometimes, in the midst of the wide expanse, one comes upon a patch of the so-called *red snow* of the Alps. At a distance, one would say that such a spot marked some terrible scene of blood, but, as you come nearer, the hues are so tender and dilicate. as they fade from deep red to rose, and so die into the pure colorless snow around, that the first impression is completely dispelled. This red snow is an organic growsh a plant springing up in such abundance that it colors extensive surfaces, just as the microscopic plants dye our pools with green in the spring. It is an *Alga* (*Protocoites nivalis*) well known in the Arctics, where it forms wide fields in the summer.

With the above facts before us concerning the materials of which glaciers are composed, we may now proceed to consider their structure more fully in connection with their movements and the effects they produce on the surface over which thei extend. It has already been stated that the ice of the glaciers has not the same appearance everywhere, but differs according to the level at which it stands. In consequence of this we distinguish three very distinct regions in these frozen fields, the uppermost of which, upon the sides of the steepest and highest slopes of the mountain-ridges, consists chiefly of layers of snow piled one above another by the successive snowfalls of the colder seasons, and which would remain in uniform superposition but for the change to which they are subjected in consequence of a gradual downward movement, causing the mass to descend by slow degrees, while new accumulations in the higher regions annually replace the snow which has been thus removed to an inferior level. We shall consider hereafter the process by which this change of position is brought about. For the present it is sufficient to state that such a transfer, by which a balance is preserved in the distribution of the snow, takes place in all glaciers, so that, instead of increasing indefinitely in the upper regions, where on account of the extreme cold there is little melting, they permanently preserve about the same thickness, being yearly reduced by their downward motion in a proportion equal to their annual increase by fresh additions of snow. Indeed, these reservoirs of snow maintain themselves at the same level, much as a stream, into which many rivulets empty, remains within its usual limits in consequence of the drainage of the average supply. Of course, very heavy rains or sudden thaws at certain seasons or in particular years may cause an occasional overflow of such a stream; and irregularities of the same kind are observed during certain years or at different periods of the same year in the accumulations of snow, in consequence of which the successive strata may vary in thickness. But in ordinary times layers from six to eight feet deep are regularly added annually to the accumulation of snow in the higher regions, — not taking into account, of course, the heavy drifts heaped up in particular localities, but estimating the uniform average increase over wide fields. This snow is gradually transformed into more or less compact ice, passing through an intermediate condition analogous to the slosh of our roads, and in that condition chiefly occupies the upper part of the extensive troughs into which these masses descend from the loftier heights. This region is called the region of the *névé*. It is properly the birthplace of the glaciers, for it is here that the transformation of the snow into ice begins. The *névé* ice, though varying in the degree of its compactness and solidity, is always very porous and whitish in color, resembling somewhat frozen slosh, while lower down in the region of the glacier proper the ice is close, solid, transparent, and of a bluish tint.

But besides the difference in solidity and in external appearance, there are also many other important changes taking place in the ice of these different regions, to which we shall return presently. Such modifications arise chiefly from the pressure to which it is subjected in its downward progress, and to the alterations, in consequence of this displacement, in the relative position of the snow- and ice-beds, as well as to the influence exerted by the form of the valleys themselves, not only upon the external aspect of the glaciers, but upon their internal structure also. The surface of a glacier varies greatly in character in these different regions. The uniform even surfaces of the upper snow-fields gradually pass into a more undulating outline, the pure white fields become strewn with dust and sand in the lower levels, while broken bits of stone and larger fragments of rock collect upon them, which assume a regular arrangement, and produce a variety of features most starling and incomprehensible at first sight, but more easily understood when studied in connection with the whole series of glacial phenomena. They are then seen to be the consequence of the general movement of the glacier, and of certain effets which the course of the seasons, the action of the sun, the rain, the reflected heat from the sides of the valley or the disintegration of its rocky walls, may produce upon the surface of the ice. In the next article we shall consider in detail all these phenomena, and trace them in their natural connection. Once familiar with these facts, it will not be difficult correctly to appreciate the movement of the glacier and the cause of its inequalities. We shall see, that, in consequence of the greater or less rapidity in the movement of certain portions of the mass, its centre progressing faster than its sides, and the upper, middle, and lower regions of the same glacier advancing at different rates, the strata which in the higher ranges of the snow-fields were evenly spread over wide expanses, become bent and folded to such a degree that the primitive stratification is nearly obliterated, while the internal mass of the ice has also assumed new features under these new circumstances. There is, indeed, as much difference between the newly formed beds of snow in the upper region and the condition of the ice at the lower end of a glacier as between a recent deposit of coral sand or a mud-bed in an estuary and the metamorphic limestone or clay slate twisted and broken as they are seen in the very chains of mountains from which which the glaciers descend. A geologist, familiar with all the changes to which a bed of rock may be subjecd from the time it was deposited in horizontal layers up to the time when it was raised by Plutonic agencies along the sides of a mountain-ridge, bent and distorted in a thousand directions, broken through the thickness of its mass, and tranversed by innumerable fissures which are themselves filled whith new materials, will best be able to understand how the stratification of snow may be modified by pressure and displacement so as finally to appear like a laminated mass full of cracks and crevices, in which the original stratification is recognized only by the practical student. I trust in my next article I shall be able to explain intelligibly to my readers even these extreme alterations in the condition of the primitive snow of the Alpine summits[1].

[1] D. A. **Dollfus-Ausset.** Un viel adage dit : *Souvent on est trahi par ceux que l'on a instruits. — Souvent ils font opposition.*

De 1843 à 1844, au Pavillon de l'Aar à 2,400 mèt. alt., j'ai fait mes premières armes glaciaires sous la direction de l'ami **Agassiz**. — C'est lui qui m'a enseigné à lire dans la nature.

Depuis cette époque jusqu'au jour du tracé de ces lignes (1er août 1866), soit pendant vingt-deux années consécutives, j'ai séjourné en hautes régions toutes les années pendant un mois et plus : au pavillon des glaciers de l'Aar, 2,490 mèt.; — au Faulhorn, 2,700 mèt.; — ascensions au Galenstock; — ascension au Rosenhorn; — col de la Strahleck; — col de l'Ewig-Schneehorn; — col du Lauteraar. — J'ai parcouru les Vosges, la Forêt-Noire, le Jura, les Pyrénées orientales et occidentales, les Sierra Quadarama, Morena et Nevada, le pic Veleta, l'Angleterre, l'Écosse, l'Irlande. — J'ai visité et exploré les glaciers : d'Aletsch et de Viesch (Valais), ceux du Grindelwald (Berne), de Rosenlaui, du Rhône et des glaciers des Grisons, et j'ai sejourné au col du Saint-Théodule (Valais) à 3,323 mèt. alt., en août 1864 et 1865, pendant quinze jours, et j'ai fini par organiser sur ce col, en août 1865, une station météorologique et glacière. — Le chalet en bas a été consolidé, entouré d'un mur en pierres sèches de 1 mètre d'épaisseur; on a placé doubles fenêtres et doubles portes. — Des instruments de météorologie conformes à ceux des huit stations fédérales suisses ont été exposés à l'air (et des supplémentaires). Les guides **Melchior Blatter**, son frère **Jakob**, et **Antoine Gorret** (de Valtournanche) ont appris à lire correctement les instruments pendant notre séjour et ont consenti à séjourner à la station pendant une année complète, d'août 1865 à 1866. — Des provisions de bois de chauffage pour toute l'année et des vivres en quantité ont été transportés dans le local.

Ces intelligents montagnards, avec grand vouloir faire et savoir faire, avec une persévérance stoïque, ont consciencieusement fait les observations suivant instruction. Les livres d'observations mensuelles, avec annotations nombreuses, me sont parvenus régulièrement d'août 1865 jusque fin juin, juillet et en août 1866; j'attends et compte me rendre moi-même au Théodule pour clore la campogne.

Aujourd'hui, 1er août 1866, après vingt-deux années d'observation, je suis assez osé, pour transmettre aux glaciéristes un résumé de mes recherches, qui ne sont pas d'accord avec leurs publications, et moins encore avec de certaines théories et conclusions qui en dérivent. Je les soumets, sauf erreur ou omission. — Nous cherchons la vérité, et franchement je dirai : *personne* ne l'a encore infailliblement trouvée, beaucoup de questions non résolues restent encore ouvertes au programme... Travailleurs, piochons, à l'œuvre. Le papa **Dollfus** se fait vieux, à soixante-dix ans le vouloir est encore vert, mais le pouvoir musculaire est fortement dans le décroît. — Les amis **Agassiz**, **Desor**, **Martins**, **Schimper**, **Collomb**, ont renoncé à Satan et à ses pompes, ils ne font plus d'ascensions, et ne sont plus attachés à la corde sur les neiges qui couvrent les glaciers en hautes régions. — Ce ne sont pas des raisons pour se retirer des affaires, on a droit au chapitre des discussions; je dirai plus, on doit soutenir sa manière

IX. INTERNAL STRUCTURE AND PROGRESSION OF GLACIERS.

It is not my intention, in these articles, to discuss a general theory of the glaciers upon physical and mechanical principles. My special studies, always limited to Natural History, have but indifferently fitted me for such a task, and quite recently the subject has been admirably treated from this point of view by Dr. **Tyndall**, in his charming volume entitled « *Glaciers of the Alps.* » I have worked upon the glaciers as an amateur, devoting my summer vacations, with friends desirous of sharing my leisure, to excursions in the Alps, for the sake of relaxation from the closer application of my professional studies, and have considered them especially in their connection with geological phenomena, with a view of obtaining, by means of a thorough acquaintance with glaciers as they exist now, some insight into the glacial phenomena of past times, the distribution of drift, the transportation of boulders, etc. It was, however, impossible to treat one series of facts without some reference to the other; but such explanations as I have given of the mechanism of the glacier, in connection with its structure, are presented in the language of the unprofessional observer, without any attempt at the technicalities of the physicist. I do not wonder, therefore, that those who have looked upon the glacier chiefly whith reference to the physical and mechanical principles involved in its structure and movement should have found my Natural Philosophy defective. I am satisfied

d'avoir vu, maintenir ses conclusions, jusqu'à preuve évidente de non admission, prouvée comme deux fois deux font quatre.

1° L'embryon glaciaire peut se former dans les Alpes suisses à une altitude au-dessus de 2,600 mèt. (petit glacier du Faulhorn, par exemple). — Par suite d'infiltration de l'eau de fusion de la neige qui le couvre, cet embryon prospère, grandit, si ces neiges persistent; mais si elles se fondent, et laissent la surface de glace à découvert, la chaleur et surtout les rayons solaires, très-ardents en hautes régions, le mettent à néant, à moins qu'il soit déjà d'une certaine épaisseur.

2° A toutes les altitudes dans les Alpes, et dans toutes les chaînes de montagnes, les neiges sont temporaires, plus ou moins persistantes, et nullement éternelles. — Ces neiges qui couvrent les glaciers ne se changent pas en glace (glace de névé, névé imbibé d'eau et gelé. — Grains agglomérés et gelés), pour s'ajouter à la surface des glaciers qui les supportent. — (Exceptionnellement et partiellement le cas de congélation de neiges imbibées d'eau peut se rencontrer, mais pour le système glaciaire, cet ajoutage est très-minime, on peut admettre nul.)

3° Aux altitudes au-dessus de 2,600 mètres dans les Alpes, le sol, couvert de neiges ou de glaciers est à une température au-dessous de zéro dans toutes les saisons. A ces altitudes tous les glaciers sont adhérents au sol, solidement gelés au sol, sur une certaine hauteur, cette partie en contact avec le sol est immobile. — Au-dessous de 2,600 mèt. les glaciers en contact avec le sol ne sont pas adhérents; ils usent, moutonnent, polissent, burinent et rayent les roches qui les supportent. Par suite de ces faits, les roches en place au-dessus de 2,600 mèt. alt., sont à arêtes vives et anguleuses, et au-dessous elles sont plus ou moins arrondies, et nous voyons des polis et des stries.

4° Les glaciers augmentent en volume dans tous les sens, en hauteur, largeur et longueur. — Cette augmentation est locale et générale suivant la masse.

5° Les neiges qui couvrent les glaciers à toutes les altitudes préservent leur surface complétement de toute ablation (fonte, diminution). — Dès que la neige disparaît de la surface des glaciers, l'air chaud et surtout les rayons solaires, ardents en hautes régions, fondent la surface à découvert, et cette fonte est fort souvent plus forte dans l'année que l'augmentation, et le glacier diminue, la hauteur locale est moindre. Lorsque le fait a lieu à la pente terminale on dit : Le glacier se retire; mieux vaut l'expression : A la pente terminale le glacier se fond par ablation dans l'année sur une longueur de tant de mètres. Les matériaux (moraines) qui couvrent les glaciers, s'ils ont une certaine épaisseur, et les interstices remplis de sable, formant couverture compacte, préservent la surface des glaces des rayons solaires directs, et l'ablation de la surface protégée est beaucoup moins forte que sur les surfaces découvertes. — (*Cônes graveleux, tables de glaciers, moraines élevées*).

6° Résumé. *Ancienne théorie glaciaire :* la *neige éternelle* qui couvre les glaciers se change en *névé* (neige grenue). Par suite des chaleurs et rayons solaires ardents, la surface de ces névés se fond; l'eau de fusion passe à travers et par suite de froids qui surviennent les parties imbibées d'eau se congèlent et forment la glace de névé qui s'ajoute au glacier,

Nouvelle théorie glaciaire : Voyez dans mes matériaux, *Glaciers en activité. — Formation des glaciers.*

with their agreement as to my correct observation of the facts, and am the less inclined to quarrel with the doubts thrown on my theory since I see that the most eminent physicists of the day do not differ from me more sharply than they do from each other. The facts will eventually test all our theories, and they form, after all, the only impartial jury to which we can appeal. In the mean while, I am not sorry that just at this moment, when recent investigations and publications have aroused new interest in the glaciers, the course of these articles brings me naturally to a discussion of the subject in its bearing upon geological questions. I shall, however, address myself especially, as I have done throughout these papers, to my unprofessional readers, who, while they admire the glaciers, may also vish to form a genaral idea of their structure and mode of action, as well as to know something of the important part they have played in the later geological history of our earth. It would, indeed, be out of place, were I to undertake here a discussion of the different views entertained by the various students who have investigated the glacier itself, among whom Dr. **Tyndall** is especially distinguished, or those of the more theoretical writers, among whom Mr. **Hopkins** occupies a prominent position.

Removed, as I am, from all possibility of renewing my own observations, begun in 1836 and ended in 1845, I will take this opportunity to call the attention of those particularly interested in the matter to one essential point with reference to which all other observers differ from me. I mean the stratification of the glacier, which I do not believe to be rightly understood, even at this moment. It may seem presumptuous to dissent absolutely from the statements of one who has seen so much and so well as Dr. **Tyndall**, on a question for the solution of which, from the physicist's point of view, his special studies have been a far better preparation than mine; and yet I feel confident that I was correct in describing the stratification of the glacier as a fundamental feature of its structure, and the so-called dirt-bands as the margins of the snow-strata successively deposited, and in no way originating in the ice-cascades. I shall endeavor to make this plain to my readers in the course of the present article. I believe, also, that renewed observations will satisfy dissenting observes that there really exists a net-work of capiltary fissures extending throughout the whole glacier, constantly closing and reopening, and constituting the channels by means of which water filtrates into its mass. This infiltration, also, has been denied, in consequence of the failure of some experiments in which an attempt was made to introduce colered fluids into the glacier. To this I can only answer, that I succeeded completely, myself, in the self-same experiments which a later investigator found impraticable, and that I see no reason why the failure of the latter attempt should cast a doubt upon the former. The explanation of the difference in the result may, perhaps, be found in the fact, that, as a sponge gorged with water can admit no more fluid than it already contains, so the glacier, under certain circumstances, and especially at noonday in summer, may be so soaked with water that all attempts to pour colored fluids into it would necessarily fail. I have stated, in my work upon glaciers, that my infiltration experiments were chiefly made at night; and I chose that time, because I knew the glacier would most readily admit an additinianal supply of liquid from without when the water formed during the day at its surface and rushing over it in myriad rills had ceased to flow.

While we admit a number of causes as affecting the motion of a glacier, — namely, the natural tendency of heavy bodies to slide down a sloping surface, the pressure to which the mass is subjected forcing it onward, the infiltration of moisture, its freezing and consequent expansion, — we must also remember that these various causes, by which the accumulated masses of snow and ice are brought down from higher to lower levels, are not all acting at all times with the same intensity, nor is their action always the same at every point of the moving mass. While the bulk of snow and ice moves from higher to lower levels, the whole mass of the snow, in consequence of its own downward tendency, is also under a strong vertical pressure, arising from its own incumbent weight, and that pressure is, of course, greater at its bottom than at its centre or surface. It is therefore plain, that, inasmuch as the snow can be compressed by its own weight, it will be more compact at the bottom of such an accumulation than at its surface, this cause acting most powerfully at the upper part of a glacier, where the snow has not yet been transformed into a more solid icy mass. To these two agencies, the downward tendency and the vertical pressure, must be added the pressure from behind, which is most effective where the mass is largest and the amount of motion in a given time greatest. In the glacier, the mass is, of course, largest in the centre, where the trough which holds it is deepest, and least on the margins, where the trough slopes upward and becomes more shallow. Consequently, the middle of a glacier always advances more rapidly than the sides.

Were the slope of the ground over which it passes, combined with the pressure to which the mass is subjected, the whole secret of the onward progress of a glacier, it is evident that the rate of advance would be gradually accelerated, reaching its maximum at its lower extremity, and losing its impetus by degrees on the higher levels, nearer the point where the descent begins. This, however, is not the case. The glacier of the Aar, for instance, is about ten miles in length; its rate of annual motion is greatest near the point of junction of the two great branches by which it is formed, diminishing farther down, and reaching a minimum at its lower extremity. But in the upper regions, near their origin, the progress of these branches is again gradually less.

Let us see whether the next cause of displacement, the infiltration of moisture, may not in some measure explain this retardation, at least of the lower part of the glacier. This agency, like that of the compression of the snow by its own weight and the pressure from behind, is most effective where the accumulation is largest. In the centre, where the body of the mass is greatest, it will imbibe the most moisture. But here a modifying influence comes in, not sufficiently considered by the investigators of glacial structure. We have already seen that snow and ice, at different degrees of compactness, are not equally permeable to moisture. Above the line at which the annual winter snow melts, there is, of course, little moisture; but below that point, as soon as the temperature rises in summer sufficiently to melt the surface, the water easily penetrates the mass, passing through it more readily where the snow is lightest and least compact, — in short, where it has not begun its transformation into ice. A summer's day sends countless rills of water trickling through such a mass of snow. If the snow be loose and porous throughout, the water will pass through its whole thickness, accumulating at the bottom, so that the lower portion of the mass will be damper, more completely soaked with water, than the upper part; if, on the contrary, in consequence of the process previously described, alternate melting and freezing combined with pressure, tha mass has assumed the character of icy snow, it does not admit moisture so readily, and still farther down, where the snow is actually transformed into pure compact ice, the amount of surface-water admitted into its structure will, of course, be greatly diminished. There may, however, be conditions under which even the looser snow is comparatively impervious to water; as, for instance, when rain falls upon a snow-field which has been long under a low temperature, and an ice-crust is formed upon its surface, preventing the water from penetrating below. Admitting, as I believe we must, that **the whater thus introduced into the snow and, ice is one of the most powerful agents to which its motion is due**, we must suppose that it has a twofold influence, since its action when fluid and when frozen would be different. When fluid, it would contribute to the advance of the mass in proportion to its quantity; but when frozen, its expansion would produce a displacement corresponding to the greater volume of ice as compared with water; add to this that while trickling through the mass it will loosen and displace the particles of already consolidated ice. I have already said that I did not intend to trespass on the ground of the physicist, and I will not enter here upon any discussion as to the probable action of the laws of hydrostatic pressure and

onnection. I will only state, that, so far as my own observation goes,
ie glacier is most rapid where the greatest amount of moisture is
mass, and that I believe there must be a direct relation between
am right in this, then the motion, so far as it is connected with
or with the dilatation caused by the freezing of that moisture, will
rapid where the glacier is most easily penetrated by water, namely,
névé and in the upper portion of the glacier-troughs, where the
ransformed into more or less porous ice. This cause also accounts, in
nother singular fact in the motion of the glacier : that, in its higher
haracter is more porous and the water entering at the surface sinks
m, there the bottom seems to move more rapidly than the superficial
hereas, at the lower end of the glacier, in the region of the compact
iltration of the water at the bottom is at its minimum, while the
iences at the surface admit of infiltration to a certain limited depth,
greater near the surface than toward the bottom. But, under all
plain that the various causes producing motion, gravitation, pressure,
er, frost, will combine to propel the mass at a greater rate along its
margins. For details concerning the facts of the case, I would refer
d « Système Glaciaire. »
sider the stratification of the glacier. I have stated, in my introductory
nsider this to be one of its primary and fundamental features, and I
a careful examination of the results obtained by my successors in the
nomena. (I still believe that the original stratification of the mass of
he glacier arises gives us the key to many facts of its internal struc-
features resulting from this connection are so exceedingly intricate
their relation is not easily explained. Nevertheless, I trust my readers
his Alpine excursion, where I shall try to smooth the asperities of the
much as possible.
t the very beginning of its formation, by the manner in which snow
retained through all its transformations, the stratification of a glacier,
, and at times almost obliterated, remains, notwithstanding, as
n is acquainted with all its phases, as is the stratified character of
to the skilful geologist, even though they may be readily mistaken for
the common observer. Indeed, even those secondary features, as the
stance, which we shall see to be intimately connected with snow-
eventually become so prominent as to be mistaken for the cause of the
ion, do nevertheless tend, when properly understood, to make the
cation more permanent, and to point out its primitive lines.
our latitude, we rarely have the accumulated layers of several suc-
s preserved one above another. We can, therefore, hardly imagine
ness the sequence of such beds is marked in the upper Alpine regions.
this distinction between the layers is the quality of the snow when
mmediate changes it undergoes after its deposit, then the falling of
it, and lastly and most efficient of all, the accumulation of dust upon
ho has not felt the violence of a storm in the high mountains, and
dust and sand carried along with the gusts of wind passing over a
d sweeping through the valley beyond, can hardly conceive that not
l aspect of a glacier, but its internal structure also, can be materially
cause. Not only are dust and sand thus transported in large quantities
ntain regions, but leaves are frequently found strewn upon the upper
pine-cones, and maple-seeds flying upward on their spread wings, are
ls of feet above and many miles beyond the forests where they grow.
on of sand and dust goes on all the year round, but the amount accu-

mulated over one and the same surface is greatest during the summer, when the largest expanse of rocky wall is bare of snow, and its loose soil dried by the heat so as to be easily dislodged. This summer deposit of loose inorganic materials, light enough to be transported by the wind, forms the main line of division between the snow of one year and the next, though only that of the last year is visible for its whole extent. Those of the preceding years, as we shall see hereafter, exhibit only their edges cropping out lower down one beyond another, being brought successively to lower levels by the onward motion of the glacier.

Other observers of the glacier, Professor **Forbes** and Dr. **Tyndall**, have noticed only the edges of these seams, and called them dirt-bands. Looking upon them as meeely superficial phenomena, they have given explanations of their appearance which I hold to be quite untenable. Indeed, to consider these successive lines of dirt on the glacier as limited only to its surface, and to explain them from that point of view, is much as if a geologist were to consider the lines presented by the strata on a cut through a sedimentary mass of rock as representing their whole extend, and to explain them as superficial deposit due to external causes.

A few more details may help to make this statement clearer to my readers. Let us imagine that a fresh layer of snow has fallen in these mountain regions, and that a deposit of dirt has been scattered over its surface, which, if any moisture arises from the melting of the snow or from the falling of rain or mist, will become more closely compacted with it. The next snow-storm deposits a fresh bed of snow, separated from the one below it by the sheet of dust jus described, and this bed may, in its turn, receive a like deposit. For greater ease and simplicity of explanation, I speak here as if each successive snow-layer were thus indicated; of course this is not literally true, because snow-storms in the winter may follow each other so fast that there is no time for such a collection of foreign materials upon each newly formed surface. But whenever such a fresh snowbed, or accumulation of beds, remains with its surface exposed for some time, such a deposit of dirt will inevitably be found upon it. This process may go on till we have a number of successive snow-layers divided from each other by thin sheets of dust. Of course, such seams, marking the stratification of snow, are as permanent and indelible as the seams of coarser materials alternating with the finest mud in a sedimentary rock.

The gradual progress of a glacier, which, though more rapid in summer than in winter, is never intermitted, changes the relation of these beds to each other. Their lower edge is annually cut off at a certain level, because the snow deposited every winter melts with the coming summer, up to a certain line, determined by the local climate of the place. But although the snow does not melt above this line, we have seen, in the preceding article, that it is prevented from accumulating indefinitely in the higher regions by its own tendency to move down to the lower valleys, and crowding itself between their walls, thus to force its way toward the outlet below. Now, as this movement is very gradual, it is evident that there must be a perceptible difference in the progress of the successive loyers, the lower and older ones getting the advance of the upper and more recent ones: that is, when the snow that has covered the face of the country during one winte melts away from the glacier up to the so-called snow-line, there will be seen cropping out below and beyond that line the layers of the preceding years, which are already partially transformed into ice, and have become a part of the frozen mass of the glacier with which they are moving onward and downward In the autumn, when the dust of a whole season has been accumulated upon the service of the preceding winter's snow, the extent of the layer which year after year will henceforth crop out lower down, as a dirt-band, may best be appreciated.

Beside the snow-layers and the sheets of dust alternating with them, there is still another feature of the horizontal and parallel structure of the mass in immediate connection with those above considered. I allude to the layers of pure compact ice occurring at different intervals between the snow-layers. In July, when the snow of the preceding winter melts up to the line of perpetual snow, the masses above, which are to withstand the summer heat and become part of the glacier forever, or at least until they melt away at the lower end, begin to undergo the changes through which all snow passes before it acquires the character of glacial ice. It thaws at the surface, is rained upon, or condenses moisture, thus becoming gradually soaked, and after assuming the granular character of *névé*-ice, it ends in being transformed into pure compact ice. Toward the end of August, or early in September, when the nights are already very cold in the Alps, but prior to the first permanent autumnal snof-falls, the surface of these masses becomes frozen to a greater or less depth, varying, of course, according to temperature. These layers of ice become numerous and are parallel to each other, like the layers of ce formed from slosh. Such crusts of ice I have myself observed again and again upon the glacier. This stratified snowy ice is now the bottom on which the first autumnal snow-falls accumulate. These sheets of ice may be formed not only annually before the winter snows set in, but may recur at intervals whenever water accumulating upon an extensive snow-surface, either in consequence of melting or of rain, is frozen under a sharp frost before another deposit of snow taks place. Or suppose a fresh layer of light porous snow to have accumulated above one, the surface of which has already been slightly glazed with frost; rain or dew, falling upon the upper one, will easily penetrate it; but when it reaches the lower one, it will be stopped by the film of ice already formed, and, under a sufficiently low temperature, it will be frozen between the two. This result may be frequently noticed in winter, on the plains, where sudden changes of temperature take place.

There is still a third cause, to which the same result may possibly be due, and to which I shall refer at greater length hereafter; but as it has not, like the preceding ones, been the subject of direct observation, it must be considered as hypothetical. The admirable experiments of Mr. Tyndall have shown that water may be generated in ice by pressure, and it is therefore possible that at a lower depth in the glacier, where the incumbent weight of the mass above is sufficient to produce water, the water thus accumulated may be frozen into ice-layers. But this depends so much upon the internal temperature of the glacier, about which we know little beyond a comparatively superficial depth, that it cannot at present afford a sound basis enven for conjecture.

There are, then, in the upper snow-fields three kinds of horizontal deposits: the beds of snow, the sheets of dust, and the layers of ice, alternating with each other. If, now, there were no modifying circumstances to change the outline and surface of the glacier, — if it moved on uninterruptedly through an open valley, the lower layers, forming the mass, getting by degrees the advance of the upper ones, our problem would be simple enough. We should then have a longitudinal mass of snow, enclosed between rocky walls, its surface crossed by straight transverse lines marking the annual additions to the glacier, as in the adjoining figure.

But that mass of snow, before it reaches the outlet of the valley, is to be compressed, contorted, folded, rent in a thousand directions. The beds of snow, which in the upper ranges of the mountain were spread out over broad, open surfaces, are to be crowded into comparatively circumscribed valleys, te force and press themselves through narrow passes, alternately melting and freezing, till they pass from the condition of snow into that ice, to undergo, in short, constant transformations, by which the primitive stratifications will be extensively modified. In the first place, the more rapid motion of the centre of the glacier, as compared with the margins, will draw the lines of stratification downward toward the middle faster than at the sides. Accurate measurements have shown that the axis of a glacier may move ten- or twen-fold more rapidly than its margins. This is not the place to introduce a detailed account of the experiments made to ascertain this result; but I would refer those who are interested in the matter to the measurements viven in my « Système Glaciaire, » where it will be seen that the middle may move at a rate of two hundred feet a year, while the margins may not advance more than fifteen or ten feet, or even less, in the same time. These observations of mine have the advantage over those of other observers, that, while they embrace the whole extent of the glacier, transversely as well as in its length, they cover a period of several successive years, instead of being limited to summer campaigns and a few winter observations. The consequence of this mode of progressing will be that the straight lines drawn transversely across the surface of the glacier above will be gradually changed to curved ones below. After a few years, such a line will appear on the surface of the glacier like a crescent, with the bow turned downward, within which, above, are other crescents, less and less sharply arched up to the last year's line, which may be again straight across the snow-field. (See the subjoined figure, which represents a part of the glacier of the Lauter-Aar.)

Thus the glacier records upon its surface its annual growth and progress, and registers also the inequality in the rate of advance between the axis and the sides.

But these are only surface phenomena. Let us see what will be the effect upon the internal structure. We must not forget, in considering the changes taking place within glaciers, the shape of the valleys which contain them. A glacier lies in a deep trough, and the tendency of the mass will be to sink towards its deeper part, and to fold inward and downward, if subjected to a strong lateral pressure, — that is, to dip toward the centre and slope upward along the sides, following the scoop of the trough. If, now, we examine the face of a transverse cut in the glacier, we find it traversed by a number of lines, vertical in some places, more or less oblique in others, and frequently these lines are joined together at the lower ends, forming loops, same of which are close and vertical, while others are quite open. These lines are due to the folding of the strata in consequence of the la'eral pressure they are subjected to when crowded into the lower course of the valleys, and the difference in their dip is due to the greater or less force of that pressure. The wood-cut on the next page represents a transverse cut across the Lauter-Aar and the Finster-Aar, the two principal tributaries to the great Aar glacier, and includes also a number of small lateral glaciers which join them. The beds on the left, which dip least, and are only folded gently downward, forming very open loops, are those of the Lauter-Aar, where the lateral pressure is comparatively slingt. Those which are almost vertical belong in part to the several small tributary glaciers, which have been crowded together and very strongly compressed, and partly to the Finster-Aar. The close uniform vertical lines in this wood-cut represent a different feature in the structure of the glacier, called blue bands, to which I shall refer presently. These loops or lines dipping into the internal mass of the glacier have been the subject of much discussion, and various theories have been recently proposed respecting them. I believe them to be caused, as I have said, by the snow-layers, originally deposited horizontally, but afterwards folded into a more or less vertical position, in consequence of the lateral pressure brought to bear upon them. The sheets of dust and of ice alternating with the snow-strata are of course subjected to the same action, and are contorted, bent, and folded by the same lateral pressure.

Dr. **Tyndall** has advanced the view that the lines of apparent stratification, and e pecially the dirt-bands across the surface of the glacier, are duo to ice-cascades : that is, the glacier, passing over a sharp angle, is cracked across transversely in consequence of the tension, and these rents, where the back of the glacier has been successively broken, when recompacted, cause the transverse lines, the dirt being collected in the furrow formed between the successive ridges. Unfortunately for his theory, the lines of stratification constantly occur in glaciers where no such icefalls are found. His principal observations upon this subject were made on the Glacier du Géant, where the ice-cascade is very remarkable. The lines may perhaps be rendered more distinct on the Glacier du Géant by the cascade, and necessarily must be so, if the rents coincide with the limit at which the annual snow-line is nearly straight accross the glacier. In the region of the Aar glacier, however, where my own investigations were made, all the tributaries ente-

[illegible] glaciers are ribbed across in this way, and most of them join the [illegible] slopes, without the slightest cascade.
[illegible] that these surface-phenomena of the glacier are not to be [illegible] under all conditions. During the first year of my sejourn on the [illegible] I was not aware that the stratification of its tributaries was so uni- [illegible] found it to be; the primitive lines of the strata are often so far [illegible] not perceptible, except under the most favorable circumstances. [illegible] has been washed clean by rain, and the light strikes upon it in the [illegible] lines become perfetly distinct, where, under different conditions, [illegible] discerned at all. After passing many summers on the same glacier, [illegible] year after year over the same localities, I can confidently state [illegible] lines of stratification exist throughout the great glacier of the Aar, [illegible] also. Of course, they are greatly modified in the lower part of [illegible] intimate fusion of its tributaries, and by the circumstance that their [illegible] independent, is merged in the movement of the main glacier em- [illegible] We have seen that not only does the centre of a glacier move more [illegible] sides, but that the deeper mass of the glacier also moves at a different [illegible] superficial portion. My own observations (for the details of which I [illegible] the reader to my « Système Glaciaire ») show that in the higher part [illegible] especially in the region of the *névé*, the bottom of the mass seems to [illegible] than the surface, while lower down, toward the terminus of the [illegible], on the contrary, moves faster than the bottom. The annexed wood- [illegible] longitudinal section of the glacier, in which this difference in the motion [illegible] lower portions of the mass is represented, the beds being almost [illegible] upper snow-fields, while their lower portion slopes more rapidly down- [illegible] region, and toward the lower end the upper portion takes the lead, [illegible] rapidly than the lower.

[illegible] results for the first time in two letters, dated Octobre 9th, 1842, [illegible] in a German periodical, the Jahrbuch of Leonhard and Bronn. The [illegible] introduced above, the transverse and longitudinal sections of the [illegible] that representing the concentric lines of stratification on the surface, [illegible] contained in those communications. These papers seem to have [illegible] contemporary investigators, and I may be permitted to translate here [illegible] one of them, since it sums up the results of the inequality of motion [illegible] glacier and its influence on the primitive stratification of the mass in as [illegible] correctly as I could give them to-day, twenty years later; — « Com- [illegible], it appears that the glacier may be represented as composed of con- [illegible] which arise from the parallel strata of the upper region by the following [illegible] primitively regular strata advance into gradually narrower and deeper [illegible] of which the margins are raised, while the middle is bent not [illegible], but, from its more rapid motion, forward also, so that they assume a [illegible] in the interior of the mass Lower down, the glacier is worn by the [illegible], and assumes the peculiar form characteristic of its lower course. » The [illegible] to another series of facts, which we shall examine in a future article, [illegible] that the heat of the walls in the lower part of its course melts the [illegible], so that, instead of following the trough-like shape of the valley, it [illegible] arching upward in the centre and sinking at the margins.
[illegible] thus long, and perhaps my readers may think tediously, upon this part [illegible] because the stratification of the glacier has been constantly questioned by [illegible] investigators of glacial phenomena, and has indeed been set aside as an [illegible] they consider the lines of stratification, the dirt-bands, and the seams [illegible] with the more porous snow, as disconnected surface-phenomena,

while I believe them all to be intimately connected together as primary essential features of the original mass.

There is another feature of glacial structure, intimately connected, by similarity of position and aspect, with the stratification, which has greatly perplexed the students of glacial phenomena. I allude to the so-called blue bands, or bands of infiltration, also designated as veined structure, ribboned or laminated structure, marginal structure, aud longitudinal structure. The difficulty lies, I believe, in the fact that two very distinct structures, that of the stratification and the blue bands, are frequently blended together in certain parts of the glacier in such a manner as to seem identical, while elsewhere the one is prominent and the other subordinate, and *vice versa*. According to their various opportunities of investigation, observers have either confounded the two, believing them to be the same, or some have overlooked the one and insisted upon the other as the pervailing feature, while that very feature has been absolutely denied again by others who have seen its fellow only, and taken that to be the prominent and important fact in this peculiar structural character of the ice.

We have already seen how the stratification of the glacier arises, accompanied by layers of dust and other material foreign to the giacier, and how blue bands of compact ice may be formed parallel to the surface of these strata. We have also seen how the horizontality of these strata may be modified by pressure till they assume a position within the mass of the glacier, varying from a slightly oblique inclination to a vertical one. Now, while the position of the strata becomes thus altered under pressure, other changes take place in the constitution of the ice itself.

Before attempting to explain how these changes take place, let us consider the fact, themselves. The mass of the glacier ice is traversed by thin bands of compact blue ices these bands being very numerous along the margins of the glacier, where they constitute what Dr. **Tyndall** calls marginal structure, and still more crowded allong the line upon which two glaciers unite, where he has called it longitudinal structure. In the latter case, where the extreme pressure resulting from the jenction of two glaciers has rendered the strata nearly vertical, these blue bands follow their trend so closely that it is almost impossible to distinguish one from the other. It will be seen, on referring to the wood-cut on page 253, where the close, uniform, vertical lines represent the true veined structure, that at several points of that section the lines of stratification run so nearly parallel with them, that, were the former not drawn more strongly, they could not be easily distinguished from the latter. Along the margins, also, in consequence of the retarded motion, the blue bands and the lines of stratification run nearly parallel with each other, both fallowing the sides of the trough in which they move.

Undoubtedly, in both these instances, we have two kinds of blue bands, namely: those formed primitively in a horizontal position, indicating seams of stratification, and those which have arisen subsequently in connection whit the movement of the whole mass, which I have occasionally called bands of infiltration, as they appeared to me to be formed by the infiltration and freezing of water. The fact that these blue bands are most numerous where two glaciers are crowded together into a common bed naturally suggests pressure as their cause. And since the beautiful experiments of Dr **Tyndall** have illustrated the internal liquefaction of ice by pressure, it becomes highly probable that his theory of the origin of these secondary blue bands is the true one. He suggests that layers of water may be formed in the glacier at right angles with the pressure, and pass into a state of solid ice upon the removal of that pressure, the pressure being of course relieved in proportion to the diminution in the body of the ice by compression. The number of blue bands diminishes as we recede from the source of the pressure, — few only being formed, usually at right angles with the surfaces of stratification, in the middle of a glacier, halfway between its sides. If they are caused by pressure, this diminution of their number toward the middle of the glacier would be

ie intensity of the pressure naturally fades as we recede from the

so alludes to another structure of the same kind, which he calls trans-
iere the blue bands extend in crescent-shaped curves, more or less
surface of the glacier. Where these do not coincide with the stra-
probably formed by vertical pressure in connection whith the unequal

before us, it seems to me plain that the primitive blue bands arise
ion of the snow in the very first formation of the glacier, while the
ds are formed subsequently, in consequence of the onward progress
he pressure to which it is subjected. The secondary blue bands inter-
stratification at every possible angle, and may therefore seem iden-
ification in some places, while in others they cut it at right angles. It
o my theory of glacial structure, that I have considered the so-called
uperficial feature when compared with the stratification. And in a
true; since, if my views are correct, the glacier exists and is in full
bre the secondary blue bands arise in it, whereas the stratification is
ryo condition, already established in the accumulated snow before it
nation into glacier-ice. In other words, the veined structure of the
mary structural feature of its whole mass, but the result of various
ing upon the constitution of the ice; the marginal structure resulting
of the sides of the valley to the onward movement of the glacier, the
ure arising from the pressure caused by two glaciers uniting in one
transverse structure being produced by vertical pressure, in conse-
it of the mass itself and the inereased rate af motion at the centre.
i, where the strata are still horizontal, the few blue bands observed
to the strata of snow, and therefore also perpendicular to the blue
ie sheets of dust alternating with them. Upon the sides of the glacier
ess parallel to the slopes of the valley; along the line of junction of
llow the vertical trend of the axis of the mass; while at intermediate
more or less oblique. Along the outcropping edges of the strata, on
glacier, they follow more or less the dip of the strata themselves;
are mo or less parallel with the dirt-bands. In conclusion, I would
investigators to examine the glaciers, with reference to the distri-
bands, after heavy rains and during foggy days, when the surface is
materials and decomposed fragments of ice resulting from the pro-
e sun.

ant facts, then, to be considered with reference to the motion of the
ws. First, that the rate of advance between the axis and the margins
in the ratio of about ten to one and even less; that is to say, when
ing at a rate of two hundred and fifty feet a year, the motion toward
gradually diminished to two hundred, one hundred and fifty, one
and so on, till nearest the margin it becomes almost inappreciable.
f motion is not the same throughout the length of the glacier, the
test about half-way down in the region of the *névé*, and diminishing
ove and below; thus the onward motion in the higher portion of a
xceed twenty to fifty feet a year, while it reaches its maximum of
and fifty feet annually in the *névé* region, and is retarded again
xtremity, where it is reduced to about one fourth of its maximum
glacier moves at different rates throughout the thickness of its mass;
xtremity of the glacier the bottom is retarded, and the surface portion
in the upper region the bottom seems to advance more rapidly. I

say *seems*, because upon this latter point there are no positive measurements, ans it is only inferred from general appearances, while the former statement has been demonstrated by accurate experiments. Remembering the form of the troughs in which the glaciers arise, that they have their source in expansive, open fields of snow and *névé*, and that these immense accumulations move gradually down into ever-narrowing channels, though at times widening again to contract anew, their surface wasting so little from external influences that they advance far below the line of perpetual snow without any sensible diminution in size, it is evident that an enormous pressure must have been brought to bear upon them before they could have been packed into the lower valleys through which they descend.

Physicists seem now to agree that pressure is the chief agency in the motion of glaciers. No doubt, all the facts point that way; but it now becomes a matter of philosophical interest to determine in what direction it acts most powerfully, and upon this point glacialists are by no means agreed. The latest couclusion seems to be, that the weight of the advancing mass is itself the efficient cause of the motion. But while this is probably true in the main, other elements tending to the same result, and generally overlooked by investigators, ought to be taken into consideration; and before leaving the subject, I would add a few words upon infiltration in this connection.

The weight of the glacier, as a whole, is about the same all they year round. If, therefore, pressure, resulting from that weight, be the all-controlling agency, its progress should be uniform during the whole year, or even greatest in winter, which is by no means the case. By a series of experiments, I have ascertained that the onward movement, whatever be its annual average, is accelerated in spring aud early summer. The average annual advance of the glacier being, at a given point, at the rate of about two hundred feet, its average summer advance, at the same point, will be at a rate of two hundred and fifty feet, while its average rate of movement in winter will be about one hundred and fifty feet. This can be accounted for only by the increased pressure due to the large accession of water trickling in spring and early summer into the interior through the network of capillary fissures pervading the whole mass. The unusually large infiltration of water at that season is owing to the melting of the winter snow. Careful experiments made on the glacier of the Aar, respecting the water thus accumulating on the surface, penetrating its mass, and finally discharged in part at its lower extremity, fully confirm this view. Here, then, is a powerful cause of pressure and consequent motion, quite distinct from the permanent weight of the mass itself, since it operates only at certain seasons of the year. In mid-winter, when the infiltration is reduced to a minimum, the motion is least. The water thus introduced into the glacier acts, as we have seen above, in various ways: by its weight, by loosening the particles of snow and ice through which it trickles, and by freezing and consequent expansion, at least within the limits and during the season at which the temperature of the glacier sinks below 32° Fahrenheit. The simple fact, that in the spring the glacier swells on an average to about five feet more than its usual level, shows how important this infiltration must be. I can therefore only wonder that other glacialists have given so little weight to this fact. It is admitted by all, that the waste of a glacier at its surface, in consequence of evaporation and melting, amounts to about nine or ten feet in a year. At this rate of diminution, a glacier, even one thousand feet in thickness, could not advance during a single century without being exhausted. The water supplied by infiltration no doubt repairs the loss to a great degree. Indeed, the lower part of the glacier must be chiefly maintained from this source, since the annual increase from the fresh accumulations of snow is felt only above the snow-line, below which the yearly snow melts away and disappears. In a complete the ory of the glaciers, the effect of so great an accession of plastic material cannot overlooked.

I now come to some points in the structure of the glacier, the consideration of which

d influence in settling the conflicting views respecting their
of **Faraday** concerning regelation, and the application of the
great English physicist to the theory of the glaciers, as first
ll in his admirable work, show that fragments of ice with
y reunited under pressure into a solid mass. It follows from
acier-ice, at a temperature of 32° Fahrenheit, may change its
tinuity during its motion, in virtue of the pressure to which it
nt is, that, when two pieces of ice with moistened surfaces are
ecome cemented together by the freezing of a film of water
n the ice is below 32° Fahrenheit, and therefore *dry*, no effect
ed. The freezing was also found to take place under water;
e, even when the water into which the ice was plunged was
r.

es cemented under these circumstances is fully established,
have confirmed it to the fullest exent. I question, however,
tion takes place *by the freezing of a film of water betwen the*
been able to detect any indication of the presence of such a
nclined to consider this result as akin to what takes place when
marl are pressed together and thus reunited. When exami-
l, or even of compact limestone, especially in large mountain
observed that the rock presents a network of minute fissures
hout producing a distinct solution of continuity, though gene-
s according to which it breaks under sudden shocks. The net-
pervading the glacier may fairly be compared to these rents
lifference, however, that in ice they are more permeable to

pillary fissures is formed has not been ascertained by direct
wever, the transformation of the snow and *névé* into compact
that the porous mass of snow, as it falls in the upper regions
oad caldrons in which the glaciers properly originate, cannot
process described in a former article, without retaining within
antities of air. This air is finally surrounded from all sides by
anules of *névé*, through the freezing of the water that pene-
bubbles of air are subject to the same compression as the
re flattened in proportion as the snow has been more fully
ice. As long as the transformation of snow into ice is not
perature to 32° Fahrenheit, accompanied with thawing, rehe condition of loose grains of *névé;* but when more compact,
pect of a mass composed of angular fragments, wedged and
separated by capillary fissures, the flattened air-bubbles tren-
in each fragment, but varying in their trend from one frag-
moreover, this important point to notice, — that, the older
composing granules; and where *névé* passes into porous ice,
re mixed with roundel *névé*-granules, the angular fragments
re numerous, and the *névé*-granules fewer, in proportion as
e most completely its transformation into compact glacier-ice.
ely that the dimensions and form of the *névé*-granules, the
ular fragments, the porosity of the ice, the arrangement of its
distribution and compression of the air-bubbles in contains,
s, mutually dependent. Whether the transformation of snow
pressure only, or, as I believe, quite as much the result of
eezings, these structural features can equally be produced, and
one another. It may be, moreover, that, when the glacier is

at a temperature below 32°, its motion produces extensive fissuration throughout the mass.

Now that water pervades this network of fissures in the glacier to a depth not yet ascertained, my experiments upon the glacier of the Aar have abundantly proved; and that the fissures themselves exist at a dept of two hundred and fifty feet I also know, from actual observation. All this can, of course, take place, even if the internal temperature of the glacier never should fall below 32° Fahrenheit; and it has actually been assumed that the temperature within the glacier does not fall below this point, and that, therefore, no phenomena, dependent upon a greater degree of cold, can take place beyond a very superficial depth, to which the cold outside may be supposed to penetrate. I have, however, observed facts which seem to me irreconcilable with this assumption In the first place, a thermometrograph indicating — 2° Centigrade (about 28° Fahrenheit) at a depth of a little over two metres, that is, about six feet and a half, has been recovered from the interior of the glacier of the Aar, while all my attemps to thaw out other instruments placed in the ice at a greater depth utterly failed, owing to the circumstance, that, after being left for some time in the glacier, they were invariably frozen up in newly formed waterice, entirely different in its structure from the surrounding glacier-ice. This freezing could not have taken place, did the mass of the glacier never fall bellow 32° Fahrenheit. And this is not the only evidence of hard frost in the interior of the glaciers. The innumerable large walls of water-ice, which may be seen intersecting their mass in every direction and to any depth thus far reached, show that water freezes in their interior. It cannot be objected, that this is merely the result of pressure; since the thin fluid seams, exhibited under pressure in the interesting experiments of Dr. **Tyndall**, and described in his work under the head of Crystallization and Internal Liquefaction, cannot be compared to the large, irregular masses of water-ice found in the interior of the glacier, to which I here allude.

In the absence of direct thermometric observations, from which the lowest internal temperature of the glacier could be determined with precision in all its parts, we are certainly justified in assuming that every particle of water-ice found in the glacier, the formation of which cannot be ascribed to the mere fact of pressure, is due to the influence of a temperature inferior to 32° Fahrenheit at the time of its consolidation. The fact that the temperature in winter has been proved by actual experiment to fall as low as 28° Fahrenheit, that is, four degrees below the freezing-point, at a depth of six feet below a thick covering of snow, though not absolutely conclusive as to the temperature at a greater depth, is certainly very significant.

Under these circumstances, it is not out of place to consider through wath channels the low temperature of the air surrounding the glacier may penetrate into the interior. The heavy cold air may of course sink from the surface into every large open space, such as the crevasses, large fissures, and *moulins* or mill-like holes to be described in a future article; it may also penetrate with the currents which ingulf themselves under the glacier, or it may enter through its terminal vault, or through the lateral openings between the walls of the valley and the ice. Indeed, if all the spaces in he mass of the glacier, not occupied by continuous ice, could be graphically represented, I believe it would be seen that cold air surrounds the glacier-ice itself in every direction, so that probably no masses of a greater thickness than that already known to be permeable to cold at the surface would escape this contact with the external temperature. If this be the case, it is evident that water may freeze in any part of the glacier.

To substantiate this position, which, if sustained, would prove that the dilatation of the mass of the glacier is an essential element of its motion, I may allude to several other wellknown facts. The loose snow of the upper regions is gradually transformed into compact ice. The experiments of Dr. **Tyndall** prove that this may be the result of pressure; but in the region of the *névé* it is evidently owing to the transformation of the snow-flakes into ice by repeated melting and freezing, for it takes place in the upper_

r, where pressure can have no such effect, as well as in its deeper
nted, also, that no one, familiar with the presence of the nu-
lel to the layers of snow in these upper regions of the glacier, can
l as the *névé*, are the result of frost. But be this as it may, the
porous ice of the upper region of the glacier and the compact
ıck seems to me evidence direct that at times the whole mass
y imparted to it by a temperature inferior to the freezing-point.
ıhrenheit, regelation renders the mass continuous, and that it
a temperature below this. In other words, the ice can break up
ıted fragments, such as the capillary fissures and the infiltration-
in my « Système Glaciaire » show tho exist, only when it is below
e contened that ice at 32° does break, and that therefore the
ier may break at that temperature, setting aside the contradic-
lation which such such an assumption involves, I would refer to
ments concerning the vacuous spots in the ice.

his startling investigations will remember that by sending a beam
he brought to view the primitive crystalline forms to which it
hat he insisted that these star-shaped figures are always in the
Without knowing what might be their origin, I had myself noticed
sented them in a diagram, part of which is reproduced in the
. I had considered them to be compressed air-bubbles; and though
esent circumstances, repeat the experiment of Dr. Tyndall upon
that the starshaped figures represented upon Pl. VII. Figs. 8 and
ciaire, » may refer to the same phenomenon as that observed by
hile I make this concession, I still maintain, that besides these
e exist compressed air-bubbles in the angular fragments of the
ı the preceding wod-cut; and that these bubbles are grouped in
me direction in one and the same fragment, and diverging under
fferent fragments. I have explained this fact concerning the posi-
air-bubbles, by assuming that ice, under various pressure, may
t presents in each fragment with every compressed air-bubble
direction, while their divergence in the different fragments is
he respective position of the fragments resulting from the move-
lacier. I have further assumed, that throughout the glacier the
l porous ice into compact ice is the result of successive freezing,
ıg, or at least with the resumption of a temperature of 32° Fahren-
the infiltration of liquid water, to which the effects of pressure
portance of which in this connection no one could have anticipated
ts of Dr. Tyndall. Of course, if the interior temperature of the
w 32°, the changes here alluded to could not take place. But if
erved by Dr. Tyndall are really identical with the spaces I have
ı *flattened air-bubbles*, I think the arrangement of these spaces
oves that it freezes in the interior of the glacier to the depth at
fragments have been observed; that is, at a depth of two hundred
eriments of Dr. Tyndall show that the vacuous spaces are pa-
crystallization, and as no crystallization of water can take place
temperature fall below 32°, it fallows that these vacuous spaces
large continuous fragments, presenting throughout the fragments
e hed been no frost within the mass, affecting the whole of such
nained in the same position.

idence, in my opinion, that at times the whole mass of the glacier
wn from the fact, already alluded to, that, while the surface of
ally from nine to ten feet of its thickness by evaporation and

melting, it swells, on the other hand, in the spring, to the amount of about five feet. Such a dilatation can hardly be the result of pressure and the packing of the snow and ice, since the difference in the bulk of the ice brought down, during one year, from a point above to that under observation, would not account for the swelling. It is more readily explained by the freezing of the water of infiltration during spring and early summer, when the infiltration is most copious and the winter cold has been accumulating for the longest time. This view of the case is sustained by **Élie de Beaumont**, who states his opinion upon this point as follows : —

« Pendant l'hiver, la température de la surface du glacier s'abaisse à un grand nombre de degrés au-dessous de zéro, et cette basse température pénètre, quoique avec un affaiblissement graduel, dans l'intérieur de la masse. Le glacier se fendille par l'effet de la contraction résultant de ce refroidissement. Les fentes restent d'abord vides, et concourent au refroidissement des glaciers en favorisant l'introduction de l'air froid extérieur; mais au printemps, lorsque les rayons du soleil échauffent la surface de la neige qui couvre le glacier, ils la ramènent d'abord à zéro, et ils produisent ensuite de l'eau à zéro qui tombe dans le glacier refroidi et fendillé. Cette eau s'y congèle à l'instant, en laissant dégager de la chaleur qui tend à ramener le glacier à zéro; et le phénomène se continue jusqu'à ce que la masse entière du glacier refroidi soit ramenée à la température de zéro[1]. »

But where direct observations are still so scanty, and the interpretations of the facts so conflicting, it is the part of wisdom to be circumspect in forming opinions. This much, however, I believe to be already settled : that any theory which ascribes the very complicated phenomena of the glacier to one cause must be defective and one-sided. It seems to me most probable, that, wile pressure has the larger share in producing the onward movement of the glacier, as well as in the transformation of the snow into ice, a careful analysis of all the facts will show that this pressure is owing partly to the weight of the mass itself, partly to the pushing on of the accumulated snow from behind, partly to its sliding along the surface upon which it rests, partly to the weight of water pervading the whole, partly to the softening of the rigid ice by the infiltration of water, and partly, also, to the dilatation of the mass, resulting from the freezing of this water. These causes, of course, modify the ice itself, while they contribute to the motion. Further investigations are required to ascertain in what proportion these different influences contribute to the general rusult, and at what time and under what circumstances they modify most directly the motion of the glacier.

That a glacier cannot be altogether compared to a river, although there is an unmistakable analogy between the flow of the one and the onward movement of the other, seems to me plain, — since the river, by the combination of its tributaries, goes on increasing in bulk in consequence of the incompressibility of water, while a glacier gradually thins out in consequence of the packing of its mass, however large and numerous may be its accessions The analogy fails also in one important point, that of the acceleration of speed with the steepness of the slope. The motion of the glacier bears no such direct relation to the inclination of its bed. And though in a glacier, as in a river, the axis of swiftest motions it trown alternately on one or the other side of the valley, according to its shape and slope, the very nature of ice makes it impossible that eddies

[1] « During the winter, the temperature at the surface of the glacier sinks a great many degrees below 32° Fahrenheit, and this low temperature penetrates, thoug at a gradually decreasing rate, into the interior of the mass. The glacier becomes fissured in consequence of the contraction resulting from this cooling process. The cracks remain open at first, and contribute to lower the temperature of the glacier by favoring the introduction of the cold air from without : but in the spring, when the rays of the sun raise the temperature of the snow covering the glacier, they first bring it back to 32° Fahrenheit, and presently produce water at 32°, which falls into the chilled and fissured mass of the glacier. There this water is instantly frozen, releasing heat which tends to bring back the glacier to the temperature of 32° ; and this process continues till the entire mass of the cooled glacier returns to the temperature of 32°. »

the glacier, and the impressive feature of whirlpools is altogether What have been called glacier-cascades bear only a remote resem- ades, as in the former the surface only is thrown into confusion by affecting the primitive structure[1]; and I reiterate my formerly ex- at even the stratification of the upper regions is still recognizable at glacier of the Rhone.

ture of the glacier has already led me beyond the limits I had pro- he present article. But I trust my readers will not be discouraged by of various theories concerning it, and will meet me again on the ill examine together some of its more picturesque features, its cre- nd cascades, its moraines, its boulders, etc., and endeavor also to urse and boundaries in earlier geological times[2].

XTERNAL APPEARANCE OF GLACIERS.

examined chiefly the internal structure of the glacier; let us look appearance, and at the variety of curious phenomena connected with n materials upon its surface, some of which seem quite inexplicable g the most striking of these are the large boulders elevated on co- ng sometimes ten feet or more above the level of the glacier, and those conical hills of sand which occur not infrequently on the larger e is at first quite at a loss to explain the presence of these pyramids ozen ice-field, and yet it has a very simple cause.

the many little rills arising on the surface of the ice in consequence ed, the voice of the waters is rarely still on the glacier during the t at night. On a summer's day, a thousand streams are born before gain at sunset; it is no uncommon thing to see a full cascade come the lower end of a glacier during the heat of the day, and vanish . Suppose one of these rivulets should fall into a deep, circular hole, on the glacier, and the nature of which I shall presently explain, trical opening narrows to a mere crack at a greater or less depth water will find its way through the crack and filter down into the ie dust and sand carried along with it will be caught there, and form om of the hole. As day after day, throughout the summer, the rivulet ies with it an additional supply of these light materials, until the filled and the sand is brough to a level with the surface of the ice. en, that, in consequence of evaporation, melting, and other disin- level of the glacier sinks annually at the rate of from five to ten feet, s. The natural consequence, of course, must be, that the sand is left surface of the ice, forming a mound which would constantly increase ion to the sinking of the surrounding ice, had it sufficient solidity to osition. But a heap of sand, if unsupported, must very soon subside and, indeed, these pyramids, which are often quite lofty, and yet crumble at a touch, prove, on nearer examination, to be perfectly ct, pyramids of ice with a thin sheet of sand spread over them. A

[1] of this statement I must, however, refer to my work on Glaciers, already is article, where it may be found with all the necessary details.
[2] yez mes annotations, p. 61 à 62.

word will explain how this transformation is brought about. As soon as the level of the glacier falls below the sand, thus depriving it of support, it sinks down and spreads slightly over the surrounding surface. In this condition it protects the ice immediately beneath it from the action of the sun. In proportion as the glacier wastes, this protected area rises above the general mass and becomes detached from it. The sand, of course, slides down over it, spreading toward its base, so as to cover a wider space below, and an evernarrowing one above, until it gradually assumes the pyramidal form in which we find it, covered with a thin coating of sand. Every stage of this process may occasionally be seen upon the same glacier, in a number of sand-piles raised to various heights above the surface of the ice, approaching the perfect pyramidal form, or falling to pieces after standing for a short time erect.

The phenomenon of the large boulders, supported on tall pillars of ice, is of a similar character. A mass of rock, having fallen on the surface of the glacier, protects the ice immediately beneath it from the action of the sun; and as the level of the glacier sinks all around it, in consequence of the unceasing waste of the surface, the rock is gradually left standing on an ice-pillar of considerable height. In proportion as the column rises, however, the rays of the sun reach its sides, striking obliquely upon them under the boulder, and wearing them away, until the column becomes at last too slight to sustain its burden, and the rock falls again upon the glacier; or, owing to the unequal action of the sun, stricking of course with most power on the southern side, the top of the pillar becomes slanting, and the boulder slides off. These ice-pillars, crowned with masses of rock, form a very picturesque feature in the scenery of the glacier, and are represented in many of the landscapes in which Swiss artists have endeavored to reproduce the grandeur and variety of Alpine views, especially in the masterly Aquarelles of Lory. The English reader will find them admirably well described and illustrated in Dr. Tyndall's work upon the glaciess. They are known throughout the Alps as « glacier-tables; » and many a time my fellow-travellers and I have spread our frugal meal on such a table, erected, as it seemed, especially for our convenience.

Another curious effect is that producee by small stones or pebbles, small enough to become heated through by the sun in summer. Such a heated pebble will of course melt the ice below it, and so wear a hole for itself into which it sinks. This process will continue as long as the sun reaches the pebble with force enough to heat it. Numbers of such deep, round holes, like organ-pipes, varying in size from the diameter of a minute pebble or a grain of coarse sand to that of an ordinary stone, are found on the glacier, and at the bottom of each is the pebble by which it was bored. The ice formed by the freezing of water collecting in such holes and in the fissures of the surface is a pure crystallized ice, very different in color from the ice of the great mass of the glacier produced by snow; and sometimes, after a rain and frost, the surface of a glacier looks like a mosaic-work, in consequence of such veins and cylinders or spots of clear ice with which it is inlaid.

Indeed, the aspect of the glacier changes constantly with the different conditions of the temperature. We may sea it, when, during a long dry season, it has collected upon its surface all sorts of light floating materials, as dust, sand, and the like, so that it looks dull and soiled, — or when a heavy rain has washed the surface clean from all impurities and left it bright and fresh. We may see it when the heat ant other disintegrating influences have acted upon the ice to a certain superficial depth, so that its surface is covered with a decomposed crust of broken, snowy ice, so permeated with air that it has a dead-white color, like pounded ice or glass. Those who see the glacier in this state miss the blue tint so often described as characteristic of its appearance in its lower portion, and as giving such a peculiar beauty to its caverns and vaults. But let them come again after a summer strom has swept away this loose sheet of broken, snowy ice above, and before the same process has had time to renew it, and they will find the compact, solid surface of the glacier of as pure a blue as if it reflected the sky above. We may see it in the early dawn, before the new ice of the preceding night begins to yield to the action of the sun, and the surface of the glacier is veined and inlaid with the water poured into its holes and fissures during the day, and transformed into pure, fresh ice during the night, — or when the noonday heat has wakened all its streams, and rivulets sometimes as large as rivers rush along its surface, find their way to the lower extremity of the glacier, or dashing down some gaping crevasse or open well, are lost beneath the ice.

It would seem, from the quantity of water that is sometimes ingulfed within these open breaks in the ice, that the glacier must occasionally be fissured to a very great depth. I remember once, when boring a hole in the glacier in order to let down a self-regulating thermometer into its interior, seeing an immense fissure suddenly rent open, in consequence, no doubt, of the shocks given to the ice by the blows of the instruments. The effect was like that of an earthquake, the mass seemed to rock beneath us, and it was difficult to keep our feet. One of these glacial rivers was flowing past the spot at the time, and it was instantly lost in the newly formed chasm. However deep and wide the fissure might be, such a stream of water, constantly poured into it, and daily renewed throughout the summer, must eventually fill it and overflow, unless it finds its way through the whole mass of the glacier to the bottom on which it rests; — it must have an outlet above or below. The fact that considerable rivulets (too broad to leap across, and too deep to wade through safely even with high boots) may entirely vanish in the glacier unquestionably shows one of two things, — that the whole mass must be soakcd with water like a wet sponge, or the cavities must reach the bottom of the glacier. Probably the two conditions are generally cambined.

In direct connection with the narrower fissures are tho sa-calied *moulins*, — the circular wells on the glacier already alluded to when speaking of the sand-hills. We will suppose that a transverse, narrow fissure has been formed across the glacier, and that one of the many rivulets flowing longitudinally along its surface empties into it. As the surface-water of the glacier producing these rivulets arises not only from the melting of the ice but also from the condensation of vapor, or even from rain-falls, and flows over the scattered dust-particles and fragments of rock, it has always a temperature slightly above 32°, so that such a rivulet is necessarily warmer than the icy edge of the fissure over which it precipitates itself. In consequence of its higher temperature it melts the edge gradually, wearing it backward, till the straight margin of the fissure at the spot over which the water falls is changed to a semicircle; and, as much of the water dashes in spray and foam against the other side, the same effect takes place there, by which a corresponding semicircle is formed exactly opposite the first. This goes on not only at the upper margin, but through the whole depth of the opening as far down as the water carries its higher temperature. In short, a semicircular groove is excavated on either side of the fissure for its whole depth along the line on which the rivulet holds its downward course. After a time, in consequence of the motion of the glacier, such a fissure may close again, and then the two semicircles thus brougtht together form at once one continuous circle, and we have one of the round deep opening on the glacier known as *moulins*, or wells, which may of course become perfectly dry il any accident turns the rivulet aside or dries up its source. The most common cause of the intermittence of such a waterfall is the formation of a crevasse higher up, across the water course which supplied it, and which now begins another excavation.

These wells are often very profound. I have lowered a line for more than seven hundred feet in one of them before striking bottom : and one is by no means sure even then of having sounded the whole depth, for it may often happen that the water meets with some obstacle which prevents its direct descent, and, turning aside, continues its deeper course at a different angle. Such a well may be like a crooked shaft in a mine, changing its direction from time to time. I found this to be the case in one into which I caused myself to be lowered in order to examine the internal structure of the glacier

For some time my descent was straight and direct, but at a depth of about fifty feet there was a landing-place, as it were, from which the opening continuet its farther course at quite a different angle. It is within these cylindrical openings in the ice that those accumulations of sand collect which form the pyramids described above.

One may often trace the gradual formation of these wells, because, as they require certain similar conditions, they are very apt to be found in various stages of completion along the same track where these conditions occur. Fissures, for instance, will often be produced along the same line, because, as the mass of the glacier moves on, its upper portions, as they advance, come successively in contact with inequalities of the bottom, in consequence of which the ice is strained beyond its power of resistance and cracks across. Rivulets are also likely to be renewed summer after summer over the same track, because certain conditions of the surface of the glacier, to which I have not yet alluded, and which favor the more rapid melting of the ice, remain unchanged year after year. Of course, the wells do not remein stationary any more than any other feature of the glacier. They move on with the advancing mass of ice, and we consequently find the older ones considerably lower down than the more recent ones. In ascending such a track as I have described, along which fissures and rivulets are likely to occur, we may meet first with a sand-pyramid; at a certain distance above that there may be a circular opening filled to its brim with the sand which has just reached the surface of the ice; a little above may be an open well with the rivulet still pouring intoit; or, higher up, we may meet an open fissure with the two semicircles opposite each other on the margins, but not yet united, as they will be presently by the closing of the fissure; or we may find near by another fissure, the edges of which are just beginning to wear in consequence of the action of the water. Thus, though we cannot trace the formation of such a cylindrical shaft in the glacier from the beginning to the end, we may, by combining the separate facts observed in a number, decipher their whole history.

In describing the surface of the glacier, I should not omit the shallow troughs, which I habe called « *meridian holes,* » from the accuracy with which they register the position of the sun. Here and there on the glacier there are patches of loose materials, dust, sand, pebbles, or gravel, accumulated by diminutive waterrills, and small enough to become heated during the day. They will, of course, be warmed first on their eastern side, then, still more powerfully, on their southern side, and in the afternoon with less force again on their western side, while the northern side will remain comparatively cool. Thus around more than half of their circumference they melt the ice in a semicircle, and the glacier is coverd with little crescent-shaped troughs of this description, with a steep wall on one side and a shallow one on the other, and a little heap of loose material in the bottom. They are the sun-dials of the glacier, recording the hour by the advance of the sun's rays upon them.

In recapitulating the results of my glacial experience, even in so condensed a form as that in which I inted to present them here, I shall be obliged to enter somewhat into personal narration, though at the risk of repeating what hat been already told by the companions of my excursions, some of whom wrote out in a more popular form the incidents of our daily life which could not be fitly introducet into my own record of scientific research. When I first began my investigations upon the glaciers, now more than twenty-five years ago, scarcely any measurements of their size or their motion had been made. One of my principal objects, therefore, was to ascertain the thickness of the mass of ice, generally supposed to be from eighty to a hundred feet, and oven less. The first yar I took with me a hundred feet of iron rods (no easy matter, where it had to be transported to the upper part of a glacier on men's backs); thinking to bore the glacier through and through. As well might I have tried to sound the ocean with a ten-fathom line. The following year I took two hundred feet of rods with me, and again I was foiled. Eventually I succeded in carrying up a thousand feet of line, and satisfied myself, after many attempts, that this was about the average thickness of the glacier of the Aar, on which I was working.

I mention these failures, because they give some idea of the discouragements and difficulties which meet the investigator in any new field of research; and the student must remember, for his consolation under such disappointments, that his failures are almost as important to the cause of science and to those who follow him in the same road as his successes. It is much to know what we *cannot* do in any given direction, — the first step, indeed, toward the accomplishment of what we can do.

A like disappointment awaited me in my first attempt to ascertain by direct measurement the rate of motion in the glacier. Early observers had asserted that the glacier moved, but there had been no accurate demonstration of the fact, and so uniform is its general appearance from year to year that even the fact of its motion was denied by many. It is true that the progress of boulders had been watched; a mass of rock which had stood a certain point on the glacier was found many feet below that point the following year; but the opponents of the theory insisted that it did not follow, because the mass of rock had moved, that therefore the mass of ice had moved with it. They believed that the boulder might have slid down for that distance. Neither did the occasional encroachment of the glaciers upon the valleys prove anything; it might be solely the effect of an unusual accumulation of snow in cold seasons. Here, then, was another question to be tested; and one of my first experiments was to plant stakes in the ice to ascertain whether they would change their position with reference to the sides of the valley or not. If the glacier moved, my stake must of course move with it; if it was stationary, my stakes would remain standing where I had placed them, and any advance of other objects upon the surface of the glacier would be proved to be due to their sliding, or to some motion of their own, and not to that of the mass of ice on which they rested. I found neither the one nor the other of my anticipated results; after a short time, all the stakes lay flat on the ice, and I learned nothing from my first series of experiments, except that the surface of the glacier is wasted annually for a depth of at least five feet, in consequence of which my rods had lost their support, and fallen down. Similar disappointment was experienced by my friend **Escher** upon the great glacier of Aletsch.

My failure, however, taught me to sink the next set of stakes ten or fifteen feet below the surface of the ice, instead of five; and the experiment was attended with happier results. A stake planted eighteen feet deep in the ice, and cut on a level with the surface of the glacier, in the summer of 1840, was found, on my return in the summer of 1841, to project seven feet, and in the beginning of September it showed ten feet above the surface. Before leaving the glacier, in September, 1841, I planted six stakes, at a certain distance from each other, in a straight line across the upper part of the glacier, taking car to have the position of all the stakes determined with reference to certain fixed points on the rocky walls of the valley. When I returned, the following year, all the stakes had advanced considerably, and the straight line had changed to a crescent, the central rods having moved forward much faster than those nearer the sides, so that not only was the advance of the glacier clearly demonstrated, but also the fact that its middle portion moved faster than its margins. This furnished the first accurate data on record concerning the average mevement of the glacier during the greater part of one year. In 1842 I caused a trigonometric survey of the whole glacier of the Aar to be made, and several lines across its whole width were staked and determined with reference to the sides of the valley[1]; for a number of successive years the survey was repeated, and furnished the numerous data concerning the motion of the glacier which I have

[1] All the trigonometrical measurements connected with my experiments were very ably conducted by Mr. **Wild**, now Professor at the Federal Polytechnic School in Zürich; they are recorded in the topographical survey and map of the glacier of the Aar, accompanying my « Système Glaciaire. »

published. I shall probably never have an opportunity of repeating these experiments, and examining anew the condition of the glacier of the Aar; but, as all the measurements were taken with reference to certain fixed points recorded upon the map mentioned in the note, it would be easy to renew them over the same locality, and to make a direct comparison with my first results after an interval of a quarter of a century. Such a comparison would be very valuable to science, as showing any change in the condition of the glacier, its rate of motion, etc., since the time my survey was made.

These observations not only determined the fact of the motion of the glacier itself, as well as the inequality of its motion in different parts, but explained also a variety of phenomena indirectly connected with it. Among these were the position and direction of the crevasses, those gaping fissures of unknown depths, sometimes a mile or more in length, and often measuring several hundred feet in width, the terror, not only of the ordinary traveller, but of the most experienced mountaineers. There is a variety of such crevasses upon the glacier, but the most numerous and dangerous are the transverse and lateral ones. The transverse ones were readily accounted for after the motion of the glacier was admitted; they must take place, whenever, in consequence of the advance of the glacier over inequalities or steeper parts of its bed, the tension of the mass was so great that the cohesion of the particles was overcome, and the ice consequently rent apart. This would be especially the case wherever some steep angle in the bottom over which it moved presented an obstacle to the even advance of the mass. But the position of he lateral ones was not so easily understood. They are especially apt to occur wherever a promontory of rock juts out into the glacier; and, when fresh, they usually slant obliquely upward, trending from the prominent wall toward the head of the glacier, while, when old, on the contrary, they turn downward, so that the crevasses around such a promontory are often arranged in the shape of a spread fan, diverging from it in different directions. When the movement of the glacier was fully understood, however, it became evident, that, in its effort to force itself around the promontory, the ice was violently torn apart, and that the rent must take place in a direction at right angles with that in which the mass was moving. If the mass be moving inward and downward, the direction of the rent must be obliquely upward. As now the mass continues to advance, the crevasses must advance with it; and, as it moves more rapidly toward the middle than on the margins, that end of the crevasse which is farthest removed from the projecting rock must move more rapidly also; the consequence is, that all the older laterat crevasses, after a certain time, point downward, while the fresh ones point upward.

Not only does the glacier collect a variety of foreign materials on its upper surface, but its sides as well as its lower surface are studded with boulders, stones, pebbles, sand, coarse and fine gravel, so that it forms in reality a gigantic rasp, with sides hundreds of feet deep, and a surface thousands of feet wide and many miles in length, grinding over the bottom and along the walls between which it moves, polishing, grooving, and scratching them as it passes onward. One who is familiar with the track of this mighty engine will recognize at once where the large boulders have hollowed out their deeper furrows, where small pebbles have drawn their finer marks, where the stones with angular edges have left their sharp scratches, where sand and gravel have rubbed and smoothed the rocky surface, and left it bright and polished as if it came from the hand of the marble-worker. These marks are not to be mistaken by any one who has carefully observed them; the scratches, furrows, grooves, are always rectilinear, trending in the direction in which the glacier is moving, and most distinct on that side of the surface-inequalities facing the direction of the moving mass, while the lee-side remains mostly untouched.

It may be asked, how it is known that the glacier carries this powerful apparatus on its sides and bottom, when they are hidden from sight. I answer, that we might determine the fact theoretically from certain known conditions respecting the conformation

ich I shall allude presently; but we need not resort to this kind of
have ocular demonstration of the truth. Here and there on the sides
ossible to penetrate between the walls and the ice to a great depth,
uch a gap to the very bottom of the valley; and everywhere do we
the ice fretted, as I have described it, with stones of every size, from
ulder, and also with sand gravel of all sorts from the coarsest grain
these materials, more or less firmly set in the ice, form the grating
in its onward movement down the Alpine valleys, it leaves every-
e traces of its passage.

the moraines, those walls of loose materials built by the glaciers
ir road. They have been divided into three classes, namely, lateral,
al moraines. Let us look first at the lateral ornes; and to understand
ine the conformation of the glacier below the *névé*, where it assumes
e compact ice. We have seen that the fields of snow, where the gla-
in, are level, and that lower down, where these masses of snow begin
he narrower valley, they follows its trough-like shape, sinking toward
ing upward against the sides, so that the surface of the glacier, about
vé, is slightly concave. But lower down in the glacier proper, where
sformed into ice, its surface becomes convex, for the following reason.
the valley, as they approach the plain, partake of its high temperature.
l by the sun during the day in summer, so that the margins of the
in contact with them. In consequence of this, there is always in the
lacier a broad depression between the ice and the rocky walls, while,
felt in the centre of the glacier, it there retains a higher level. The
is is a convex surface, arching upward toward the middle, sinking,
t is in these broad, marginal depressions that the lateral moraines
s of rock, stones, pebbles, dust, all the fragments, in short, which
om the rocky walls above, fall into them, and it is a part of the
ulated which gradually work their way downward between the ice
he whole side of the glacier becomes studded with them. It is evident,
ier runs in a northerly or southerly direction, both the walls will be
, one in the morning, the other in the afternoon, and in such a case
niform, or nearly so. But when the trend of the valley is from east to
to east, the northern side only will feel the full force of the sun;
only one side of the glacier will be convex in outline, while the other
on a level with the middle. The large masses of loose materials which
n the glacier and its rocky walls and upon its margins form the
hese move most slowly, as the marginal portions of the glacier ad-
ower rate than its centre.

aines arise in a different way, though they are directly connected
oraines. It often happens that two smaller glaciers unite, running
form a larger one. Suppose two glaciers to be moving along two
onverging toward each other, and running in an easterly or westerly
rtain point these two valleys open into a single valley, and here, of
ciers must meet, like two rivers rushing into a common bed. But as
solid, and not a fluid, there will be no indiscriminate mingling of
ll hold their course side by side. This being the case, the lateral moraine
e of the northernmost glacier, and that on the northern side of the
must meet in the centre of the combined glaciers. Such are the so-
ines formed by the junction of two lateral ones. Sometimes a glacier
umber of tributaries, and in that case we may see several such mo-
traight lines along its surface, all of which are called medial moraines
their origin midway between two combining glaciers. The glacier of

the Aar, represented in the woodcut opposite, affords a striking example of a large medial moraine. It is formed by the junction of the glaciers of the Lauter-Aar, on the righthand side of the wood-cut, and the Finster-Aar, on the left; and the union of their inner lateral moraines, in the centre of the diagram, forms the stony wall down the centre of the larger glacier, called its medial moraine. This moraine at some points is not less than sixty feet high. We have here an effect similar to that of the glacier-tables and the sand-pyramids. The wall protects the ice beneath it, and prevents it from sinking at the same rate as the surrounding surface, while its heated surface increases the melting of the adjacent surfaces of ice, thus forming longitudinal depression along the media moraines, in which the largest rivulets and the most conspicuous sand-pyramids, the deepest wells and the finest waterfalls, are usually met with. As the medial moraines rest upon that part of the glacier which moves fastest, they of course advance much more rapidly than the lateral moraines.

The terminal moraines consist of all the *débris* brought down by the glacier to its lower extremity. In consequence of the more rapid movement of the centre of the glacier, it always terminates in a semicircle at its lower end, where these materials collect, and the terminal moraines, of course, follow the outline of the glacier. The wood-cut below represents the terminal moraine of the glacier of Viesch.

Sometimes, when a number of cold summers have succeeded each other, preventing the glacier from melting in proportion to its advance, the accumulation of materials at its terminus becomes very considerable; and when, in consequence of a succession of warm summers, it gradually melts and retreats from the line it has been occupying, a large semicircular wall is left, spanning the valley from side to side, through which the stream issuing from the glacier may be seen cutting its way. It is important to notice that such terminal moraines may actually span the whole width of a valley, from side to side, and be interrupted only where watercourses of sufficient power break through them. To suppose that such transverse walls of loose materials could be thrown across a vallay by a river were to suppose that it couls build dams across its bed while it is flowing. Such transverse or crescent-shaped moraines are everywhere the work of glaciers.

All these moraines are the landmarks, so to speak, by which we trace the height and extent, as well as the progress and retreat, of glaciers in former times. Suppose, for instance, that a glacier were to disappear entirely. For ages it has been a gigantic ice-raft, receiving all sorts of materials on its surface as it travelled onward, and bearing them along with it, while the hard particles of rock set in its lower surface have been polishing and fashioning the whole surface over which it extended. As it now melts, it drops its various burdens on the ground; boulders are there milestones marking the different stages of its journey, the terminal and lateral moraines are the framework which it erected around itself at is moved forward, and which define its boundaries centuries after it has vanished, while the scratches and furrows it has left on the surface below show the direction of its motion.

All the materials which reach the bottom of the glacier, and are moving under its weigth, so far as they are not firmly set in the ice, must be pressed against one another, as well as against the rocky bottom, and will be rounded off, polished, and scratched, like the rock itself over which they pass. The pebbles or stones set fast in the ice will be thus polished and scratched, however, only over the surface exposed; but, as they may sometimes move in their socket, like a loosely mounted stone, the different surfaces may in turn undergo this process, and in the end all the loose materials under a glacier become more or less polished, scratched, and grooved. These marks exhibit also the peculiarity so characteristic of the grooves and scratches on the bed and walls of the valley; they are rectilinear, trending in the direction in which the superincumbent mass advances, though, of course, owing to the changes in the position of the pebbles or boulders, they may cross each other in every direction on their surface.

As the large materials are pressed onward with finer ones, that is, with the sand, gravel, and mud accumulated at the bottom of the glacier, the component parts of this underlying bed of *débris* will be mixed together without any reference to their size or weight. The softest mud and finest sand may be in immediate contact with the bottom of the valley, while larger rocks and pebbles may be held in the ice above; or their position may be reversed, and the coarser materials may rest below, while the finer ones are pressed between them or overlying them. In short, the whole accumulation of loose *débris* under the glacier, resulting from the trituration of all kinds of angular fragments reaching the lower surface of the ice, presents a sort of paste, in which coarser and lighter materials are impacted without reference to bulk or weight. Those fragments which are most polished, rounded, grooved, or scratched, have travelled longest under the glacier and are derived from the hardest rocks, which have resisted the general crushing and pounding for a longer time. The masses of rock on the upper surface of the glacier, on the contrary, are carried along on its back without undergoing anz such friction. Lying side by side, or one above another, without being subject to pressure from the ice, they retain, bot in the lateral and medial moraines, and even in the terminal moraines, their original size, their rough surfaces, and their angular form. Whenever, therefore, a glacier melts, it is evident that the lower materials will be found covered by the angular surface-materials now brought into immediate contact with the former in consequence of the disappearance of the intervening ice. The most careful observations and surveys have shown this everywhere to be the case; wherever a large tract of glacier has disappeared, the moraines, with their large angular boulders, are found resting upon this bottom layer of rounded materials, scattered through a paste of mud and sand.

We shall see hereafter how far we can follow these traces, and what they tell us of the past history of glaciers, and of the changes the climates of our globe have undergone.

B

BEHM (E.).

Geographisches Jahrbuch, unter Mitwirkung von **A. Auwers, J. J. Baeyer, Herm. Berghaus, E. Debes, H. W. Dove, A. Fabricius, A. Griesebach, G. A. von Klöden, Friedr. Müller, A. Petermann, K. von Scherzen, R. von Schlagintweit, L. K. Schmarda, F. R. Seligmann, E. von Sydow, C. Vogel.** — 1 vol. in-8°, 2 planches lithographiées, 1866. — Librairie de Justus Perthes à Gotha.

BOISSIER (Edmond).

Géographie botanique. Note sur quelques nouveaux faits. — Archives des sciences physiques et naturelles, t. XXV, n° 99. Genève, 25 mars 1866, p. 255 à 260.

...De nouveaux faits viennent de temps à autre nous montrer qu'il n'y a rien d'absolu dans les lois qui ont présidé à la distribution actuelle des végétaux à la surface de notre globe; il y a quelque intérêt à enregistrer ces faits et à réunir ainsi des matériaux qui aideront peut-être plus tard à expliquer la formation des différentes flores....

C

CALORIQUE. — Capacité calorifique des corps.

Remarques à l'occasion d'une note de **M. Clausius** sur la détermination de la désagrégation d'un corps et de la vraie capacité calorifique, par M. le comte **Paul de Saint-Robert**. Archives des sciences physiques et naturelles de Genève, t. XXV, n° 97, 20 janvier 1866, p. 34 à 41.

D. A. Ce mémoire est suivi d'une addition du rédacteur, page 41 à 43, que je transcris: « Les remarques de ce mémoire font allusion à une publication de M. **Macquorn Rankin** (*On thermodynamic and metamorphic functions, disgregation and real specific heat. Philosophical Magazine*, décembre 1865) provoquée également par le mémoire de M. **Clausius**. Voici la traduction des passages qui nous ont paru les plus intéressants et qui terminent la note de M. **Rankine**.

«...M. **Clausius** ne partage pas l'opinion que j'ai énoncée, qui consiste à admettre que la chaleur spécifique vraie d'une même substance peut être différente dans les trois états d'agrégation solide, liquide ou gazeux. Il attribue à un travail intérieur les différences de la chaleur spécifique à volume constant que l'on observe pour une même substance suivant qu'elle présente un de ces trois états.

« J'admets qu'il soit difficile de concevoir comment un changement d'état d'agrégation peut altérer la chaleur spécifique vraie. Mais il est aussi difficile de concevoir comment l'élévation de température de l'eau liquide, par exemple, peut être accompagné d'un travail intérieur capable d'expliquer l'excès de chaleur spécifique de l'eau à volume constant sur celle de la vapeur d'eau ou de la glace : ces trois quantités sont approximativement les suivantes :

Chaleur spécifique à volume constant		de la glace environ.	0,5
—	—	de l'eau liquide.	1,0
—	—	de la vapeur d'eau.	0,37

« Il me semble que la difficulté est diminuée, sinon écartée, par la supposition que dans certains cas la même substance à différents états d'agrégation, n'est pas *isomérique*, et peut ainsi avoir une chaleur spécifique vraie différente. Ainsi l'on peut supposer qu'un atome de glace ou de vapeur est composé de deux atomes d'eau liquide; exactement comme l'on présume qu'un atome d'ozone consiste en deux atomes d'oxygène ordinaire. Par suite un changement de chaleur spécifique deviendrait naturel.

« Je ne prétends pas toutefois donner cette hypothèse autrement que comme une simple conjecture, et je me borne pour le moment à considérer comme certain le fait que *le minimum de chaleur spécifique de la même substance à différents états d'agrégation est différent dans un grand nombre de cas, en laissant à des recherches ultérieures de trouver la relation entre le minimum de chaleur spécifique et de la chaleur spécifique vraie.* »

CLAUSIUS.

Voyez Calorique.

D

DEVILLE (H. Sainte-Claire).

Affinité de la chaleur. Archives des sciences physiques et naturelles de Genève, t. XXV, n° 99, 25 mars 1866, p. 261 à 283.

...La chaleur et l'affinité sont constamment en présence dans nos théories chimiques. ..

...Quand deux corps mis en présence changent d'état, c'est qu'ils se combinent.

...Lorsqu'un corps solide se dissout dans l'eau, il absorbe d'abord la quantité de chaleur nécessaire pour se fondre, puis une certaine quantité de chaleur qui va en croissant avec la proportion du dissolvant, et qui correspond à l'extension du corps dissous dans son menstrue.

DOUGHTY (C. M.), B. A. CANTAB.

ON THE JÖSTELDAL-BRAE GLACIERS IN NORWAY, with some general remarks in-8°, 14 pages, 1 illustration en chromolithographie. — London, Edward Stanford, 6, Charing Cross, 1866.

ON THE JŒSTEDAL-BRÆ GLACIERS IN NORWAY.

The Glaciers of the North of Europe are of very considerable interest, and have never been properly attended to. I propose in this place to describe the chief ice-streams which form the outlets of the Southern slope of the great Jöstedal-bræ[1]. The measurements wich appear in the tables were made by me with a theodolite, in the months of July and August, 1864.

It is, perhaps, most convenient to divide glaciers into two kinds: one consisting of a stream and reservoir, like those common in the Alps, and the other forming, as it were, a crust to a large tract of land, and having several streams or outflows, like that at present covering Greenland. The Norwegian glaciers, for the most part, are certainly of this nature, from the peculiar character of the countrys — a great Alpine boss, as it were, cut up into immense plateaux by the intersecting valley. On as many of these plateaux as reach the snow line, *the snow, which in constantly accumulating, becomes transformed into a compact icy mass*, traversed by crevasses, and by its weight and yielding constitution the entire mass gradually finds its way to lower levels, both squeezing out its surplus down the valleys as ordinary glacier-streams, and discharging from the cliffs in shoots of ice-blocks.

The southern slope of the Jöstedal-bræ is an excellent example. I will now proceed to the accounts of the several streams whose names are marked in the small chart appended.

The Bergsaet Glacier. — I have no measurements of this stream, it plunges down into the valley very steeply in a great sheet, and two smaller streams; one on either side, flow down near it: all of them were formerly united and continuous as a single flow, of which many traces exist further down the valley now in cultivation.

The Ni-gaard Glacier. — This is a beautiful ice-stream, which no traveller sees without admiring. One sees at the end of it an immense amphitheatre, down which it descends from the general ice-crust. It is about nine miles long and one broad, and seems to flow down in elegant curves; though, in reality, this is due to thessing-up of the surface by some submerged knees of the mountains, and it passes through a nearly straight channel. No stones or earth soil its glistening surface, but ice-blocks are discharged upon it from the general ice-crust, which appears capping the cliffs, and creeping down in every depression, and pouring out its water in picturesque threads down the rocks. The cascade-water soon percolates down to that which is circulating already in the glacier, and forms about a sixth part of the white turbid stream which runs away at the foot of the glacier. There are neither « tables, » nor « moulins, » or « dirt-heaps » to speak of. The surface varies much, swelling into great diagonal, almost longitudinal, billows below, rugged and cut into seracs above. My guide and I, with a rope, the spikes of the country, and an iron-tipped stick, were able to traverse it for about three miles. The veining of the ice can be seen almost everywhere, but it becomes rather contorted near the axis.

The following are the measurements made on this glacier, the motion calculated to twenty-four hours:

[1] The Jöstedal-bræ lies between the parallels 61° and 62°. It is a ridge of irregular shape, some sixty milles long and of inconsiderable breadth.

1. NIGAARD-BRÆ.

INTERVALS IN ELLS (NORWEGIAN) BY EYE-ESTIMATION.	NUMBER OF STAKE; LAND W.	CHARACTER OF SURFACE.	DIURNAL MOTION IN NORWEGIAN INCHES *.	REMARKS.
20	1	. . . . .	1.1	Errors of plummet not recorded (very slight.)
130	2	. . . . .	6.1	
125	3	. . . . .	8.4	
100	4	. . . . .	9.9	Inclination of surface not ascertained — 16°?
120	5	Cut by profound and long crevasses into a series of longitudinal ridges.	8.5	
140	6		11.0	
115	7		11.1	Foot of the glacier above the sea 1060 feet (Vibe). (318 mètres).
50	8		11.5	
110	9	. . . . .	12.4	
120	10	. . . . .	11.2	
100	11	. . . . .	11.7	
100	12	. . . . .	11.5	
100	13	Tolerably uniform.	11.1	
100	14	. . . . .	10.2	
120	15	. . . . .	9.8	
50	16	. . . . .	9.7	
130	17	. . . . .	9.0	
600	LAND E.			
Total. . 2330*				

* = 1550 yards = breadth of glacier. Average intervals, 100 ells (the irregularities occasioned by crevasses).—1 ell aune de Norwége = 0m,665. 1 pouce de Norwége = 0m,0252. 1 yard = 0m,9137.

The Lodal's Glacier. — The wild Jöstedal gorge is barred to the north by this massive stream of ice, which is compounded of three streams and bears two moraines, one of which is afterwards lost in the general accumulation of debris on the left side, while the other, spreading out, covers over the greater part of the imposing glacier-front. The western of the three streams plunges steeply down from the mountains rugged in the extreme : at first its scars become healed when it unites with the main flow, but waves and dirtbands accompany it to the end[1]. The famous rock called Lodal's Cloak separates the two eastern ice-streams, where they debouche from the general ice-crust. « Tables, » of course, rills, water-shafts, and « dirt-heaps, » are common; old lines of scars often determine the coarse of the rills. There are besides many ovoid patches in the ice, with a radial structure a few inches in diameter, and sometimes hollow and containing water in the middle. These, perhaps, are the last remains of old water-shafts nearly closed up by the yielding of the ice, or are extraneous blocks in which the structure has been produced by pressure. The sides of the glacier, as usual, are gigantic moutonnée principes, and the beds of snow which lie heaped up to a great height in their shade, conceal the edges of the ice and much of the lateral debris. The water from this glacier issues from a very fine arched cavern, about seventy feet wide and thirty high, when we saw it.

We made two daily measurements on this glacier without moving the stakes, and the results will be found side by side in the table : —

[1] The waves and bands are confined to this the western portion, which never apparently fuses with the rest of the stream, and has a system of veining distinct.

2. LODAL-BRÆ.

INTERVALS IN ELLS (NORWEGIAN) BY EYE-ESTIMATION AND BY PACING †.	NUMBER OF STAKE: LAND N. E.	DIURNAL MOTION IN NORWEGIAN INCHES.	DITTO, SECOND MEASUREMENT.	REMARKS.
150	1	.9	1.3	Error of plummet: 1st measurement, ·1 in (circum.).
170	2	1.8	2.6	
165	3	2.4	3.5	2nd ditto, ·1 in (circum.).
195	4	2.4	2.9	Inclination of axis at surface 6·5 (circum.).
135	5	2.6	3.2	
185	6	4.1	4.4	Length of the bræ (from the watershed) about 7 miles.
155	7	2.5	3.4	
195	8	2.8	2.9	
170	9	2.0	2.5	
170	10	9.1	1.3	Foot of the glacier above the sea 1710 feet (Vibe). (513 mètres.)
200	11 †			
140	12			
150	Land S. W.			
Total.. 2180 *				

* = 1450 yards, true icebreadth .·. prob. = 1190 yards circum. Average intervals, 150 ells.
† Stakes 11 and 12, which were not observed to alter their position, stood on the N. E. lateral snow-bed, probably over the (stationary) permanent accumulation.

The comparison shows an increase of motion on the second occasion, which is rather surprising; the warmth of the weather had gradually increased, which probably accounts for it. The glacier itself has a course of about seved miles from the watershed of its eastward tributaries, and about three-quarters of a mile broad at our line of measurement.

Retiring southwards we open upon the Gap of Trangedal, which contains *The Stegahalt Glacier*, a very wild and inaccessible mass of ice. It is reached, however, by a sharp climb through some Alpine thickets on the right, whence the dirtbands of the Lodal's Glacier are best seen. It is a very interesting glacier, not so wide as the others, but of greater lenght (some ten miles , and with an almost inappreciable inclination for most of the distance, but its back afterwards becomes broken quite across, and here its horrid gaping fissures plainly disclosed horizontal bedding, and other lines of a different character we saw distinctly cutting these at various angles, which must have been veins. Farther down, the great transverse slices at the surface are jammed together, healed and toned, and, gradually bulging out about the axis, soon gain the true appearance of waves. The ice then grows more crystalline, rapidly increases its inclination, and at last plunges into the valley almost precipitously with a fine fan of radial crevasses.

The table for this ice-stream is as follows : —

Glaciation has evidently much diminished in the north polar regions, as an examination of the plates published in the various voyages make nearly certain. See especially the *frontispiece* to Vol. II. in Dr. **Rinck's** large work on Greenland.

A great deal has been said of the *ploughing-out* powers of glaciers over loose materials. From what I saw in the Norwegian glaciers I should believe this action has been rather exaggerated ; the snout of the glacier ploughs out a little and rises over the rest.

As regards the *traces of former glaciation*, those imprinted on the rocks and stones are most important. If a glacial mass has moved over bare rock, it depends both upon the nature of the rock and the « arming » of the ice-mass, as well as its weight, what the effect on the surface of the stone shall be. It may be polished or scratched, or both or neither. The rocks in Jöstedal are everywhere *moutonnée* to the topmost heights, convexly and concavely too, with « Lee-» and « Shock- sides, » though not always correctly, for the shock side depends at least as much upon the bedding of the stone as on the « shock, » but scratches are by no means universal; indeed, it is sometimes very hard to find any, and on rock over which I was assured that ice in man's memory had moved, I have searched for them in vain. Nor when we searched for scratched stones in the moraines, and picked up hundreds of pebbles, could we find any; and neither my guide nor any other inhabitant had ever seen or heard of them. The rock seems tough, but is coarse-grained, and probably weathers freely. The smaller moraine pebbles are generally quite rounded, and seem to have been rolled about and sorted to some extent by the water — the wandering glacier streams. These streams are ever changing their courses, and working from side to side, as I saw myself in the course of my stay. In one place I discovered, with much surprise, a series of miniature longitudinal terraces which had been formed in this way, and every day's further observation brought additional evidence that this was everywhere going on; and I found myself at last, I believed, in a position to begin to account for a remarkable phenomenon which is such a prominent feature in Norway—the great terraces along all the valleys. I suppose that the combined cutting down and *erratic* energy of the streams have carved out these terraces out of the materials which lined them. This truth will, I suppose, be an important additional point of sight gained — a very important one of a combination of actions, which have produced these present appearances. (Elaborate examples may be seen in Dr. **Hitchcock's** « Surface Geology, » or in Professor **Dana's** « Manual. ») Probably, too, it will be found applicable in considering the erosion of estuaries, and even, in some cases, of terraces, in the solid rock.

Arctic marine shells are fouud in Norway up to 500 feet. It is maintained by the Norwegian geologists that there are *no grounds whatever* for the supposition that *any* part of the coast of their country is being elevated, but they believe Sweden to be rising on the south and east. They maintain that scores of Norwegian lakes have more than one outlet. None of the innumerable lakes have yet been properly examined with the lead, to ascertain the nature of these depressions.

The lowest night temperature on the surface of the ice during the month was 2° 2' Cent. The freezing point is probably never reached in the few weeks of summer. The mid-day temperature ranged from 8° 2 to 32° 3 Cent [1].

About twelve feet of snow lie on the glaciers in the winter, my guide informed me. The torrents are then fast frozen over, and about one-eighth of their summer volume. The deepest *crevasses* and *moulins* plumbed did not exceed sixty-five feet.

The margins and fronts of the glaciers are sometimes of great height, 200 to 300 feet. The convexity of the streams avout the axis is very noticeable. The ice is harder at the sides than nearer the axis. The structure of the ice at the end of the glaciers was an agglomeration of little blocks, bounded by mosslike cavities. The large torrent which

[1] D. A. 8°,2 à 32°,3 C. ?

rolls through Jöstedal has filled up several small lakes or ponds along its course, and formed a delta; its bed is constantly shifting, and some conspicuous terraces occasionally line its sides: some fine pot-holes may be seen in some places. The gorge is thirty-five miles long; it is very wild; only twenty-eight miles are permanently settled; there is no better way than a rough bridlepath over the *roches moutonnées;* it is so narrow and deep that the sun is not often seen in winter. *There is an immense moraine and some perfect terraces at the mouth.* Professor **Kjerulf** and Professor **Christie**, of Chistiania, gave me their kind assistance; and to my excellent guide, **Rasmus Rasmussen**, my ability to perform the measurements[1] is entirely due. The daily surface ablation of the glaciers appeared to be nine to twelve inches.

E

EVANS (John).

Voyez G. GEOLOGICAL MAGAZINE.

F

FARADAY.

Voyez **Helmholz** et **Tyndall**, REGEL DE LA GLACE (p. 101)

FAVRE (Alphonse).

Voyez GEOLOGICAL MAGAZINE.

FELLENBERG (Edmund von), ingénieur, géologue.

NEUES AUS OBER-WALLIS, — DEN BERNER ALPEN UND DEM SIMPLON-GEBIRGE. Als Erläuterungen zur der Karte von **R. Leuzinger**, t. II; Maastab 1 : 200,000 Mittheilungen aus **Justus Perthes'** Geographischer Anstalt, von Dr. **A. Petermann**, 1866, VI, p. 205 à 217.

Haut-Valais, — Alpes Bernoises, — Montagnes du Simplon. Texte. — Carte à l'échelle de 1 : 200,000.

I. Pics au-dessus de 4,000 mètr. alt.

(Ceux qui n'ont pas encore été escaladés sont marqués d'un astérique.)

1.	Finsteraarhorn	4,275 mètr.	(Glaciers de l'Aar).
2.	Aletschhorn	4,198 —	(Glaciers d'Aletsch).
3.	Jungfrau	4,167 —	(Claciers d'Aletsch).
4.	Mönch	4,104 —	(Alpes Bernoises).
5.	Schreckhorn (le grand)	4,080 —	(Glaciers de l'Aar).
6.	Viescherhorn (le grand)	4,048 —	*Almer Horn* (Alpes Bernoises).
7.	Grünhorn (le grand)	4,047 —	
8.	Lauteraarhorn (le grand)	4,043 —	(Hugi Hörner, Glaciers de l'Aar).
9.	*Lauteraarhorn (le second)	4,030 —	(Glaciers de l'Aar).
10.	*Viescherhorn (le second)	4,020 —	(Alpes Bernoises).

II. Pics au-dessus de 3,900 mètr. alt.

1.	*Gletscherhorn	3,982 mètr.	(Alpes Bernoises).
2.	Eiger	3,975 —	(Alpes Bernoises).

[1] The Norwegian measures are three per cent. greater than ours — a difference so slight that I allowed the tables to remain as they were. « Bræ » is the Norwegian for glacier.

3. *Ebnefluh. . . . . 3,964 mètr. (Alpes Bernoises).
4. Bietsch-Horn. . . . . 3,953 — (Alpes Bernoises).
5. *Agassiz-Horn.. . . . . 3,951 — (Glaciers de l'Aar).
6. Rothsattel (Jungfrau). . . . 3,946 — (Glaciers d'Aletsch).
7. *Trugberg.. . . . . 3,937 — (Glaciers d'Aletsch).
8. *Grünhorn (Klein). . . . . . 3,927 —
9. Wannehorn (Gross). . . . . 3,905 —

III. Pics au-dessus de 3,800 mètr. alt.

1. Mittaghorn. . . . . 3,887 mètr. (Alpes Bernoises).
2. Viescherhorn (Petit). . . . . 3,873 — (Alpes Bernoises).
3. *Kamm . . . . 3,870 —
4. *Grüneggborn. . . . . 3,869 —
5. *Schönbühlhorn. . . . . . . 3,864 —
6. *Schienhorn. . . . . 3,853 —
7. *Dreieckhorn. . . . . 3,822 —
8. Nesthorn. . . . . 3,820 —

IV. Pics au-dessus de 3,700 mètr. alt.

1. Breithorn. . . . . 3,795 mètr. (Vallée de Lœtsch).
2. *Pointe nord près de Lauinenthorn . 3,784 —
3. Breithorn à Lauterbrunnen. . . . . 3,774 — (Alpes Bernoises).
4. *Grosshorn. . . . . 3,763 — (Alpes Bernoises).
5. *Fusshörner (pointe la plus élevée).. 3,746 —
6. *Sattelhorn. . . . . 3,745 —
7. *Pic entre le Krantzberg et le Lauinenthor.. . . . . 3,718 —
8. *Wannehorn (petit).. . . . . 3,717 —
9. Mittelhorn . . . . 3,708 } Les trois Wetterhörner, Alpes Bernoises.
10. Wetterhorn (ou Hasle Jungfrau). . . 3,703 }
11. Rosenhorn.. . . . . 3,691 }

V. Pics au-dessus de 3,600 mètr. alt.

1. Rosenhorn.. . . . . 3,691 mètr.
2. Silberhorn.. . . . . 3,690 —
3. Balmhorn. . . . . 3,688 —
4. *Nässehorn. . . . . 3,686 —
5. *Ahnengrat (point le plus élevé). . . 3,681 —
6. Blümlis-Alphorn. . . . . 3,670 — (*Alpes Bernoises*).
7. *Krantzberg. . . . . 3,662 —
8. Weisse-Frau.. . . . . 3,661 —
9. Doldenhorn. . . . . 3,647 —
10. Berglistock.. . . . . 3,657 — (*Alpes Bernoises*).
11. Ober-Aarhorn. . . . . 3,643 — (Glaciers de l'Aar).
12. Altels.. . . . . 3,634 — (Valais).
13. Studer-Horn.. . . . . 3,632 — (Glaciers de l'Aar).

VI. Supplément de pics élevés de la carte.

1. Tschingelhorn. . . . . 3,580 mètr.
2. Hugi-Horn . . . . 3,517 — (*Glaciers de l'Aar*).
3. Grüner-Horn. . . . . — (*Glaciers de l'Aar*).
4. Schreckhorn (petit) . . . . — (*Glaciers de l'Aar*).

5.	*Galmi-Horn	3,500 mètr. (*Glaciers de l'Aar*).
6.	*Escher-Horn	
7.	*Scheuzer-Horn	
8.	*Zinkenstöcker	
9.	*Gespaltenhorn	3,452 —
10.	Rinderhorn	3,466 —
11.	Trois pics du Wildstrubel	3,247, 3,266, 3,258 mètr.
12.	Schild et Hockenhorn	3,297 mètr.
13.	Kastelhorn	3,300 —
14.	Hohgleifen	3,333 —
15.	Monte-Leone	3,565 — (*Valais*).
16.	Wasenhorn	3,270 —
17.	Schönhorn	3,202 —
18.	Mäderhorn	2,850 —
19.	Alpiengrat	3,280 —
20.	Bortelhorn	3,195 —
21.	Wannihorn	2,905 —
22.	Pizzo di Cervende	3,125 — (*Güschihorn*).
23.	Alberhorn	2,900 —
24.	Punta d'Arbola	3,270 — (*Ofenhorn*).
25.	Strahlgrat	2,982 —
26.	Hohsanderhorn	3,205 —
27.	Mittaghorn	3,182 —
28.	Blinnenhorn	3,382 —
29	Galmi	3,000 —
30.	Monte-Rotondo	3,053 —
31.	Muthhorn	3,103 —
32.	Basodine (*Sasodan*, *Gigelhorn*)	3,276 —
33.	Fletschhörner	3,537, 3,917, 4,025 mètr.
34.	Rauthhorn	3,200 mètr.
35.	Mattwaldhorn	3,270 —
36.	Steinhalthorn	3,189 —
37.	Furwanghorn	3,206 —
38.	Barrhörner	3,600 —
39.	Borterhorn	2,970 —
40.	Bella-Tola	3,090 —
41.	Les Becs de Bossons	3,160 —

Groupe (massif) de la Blümli-Alp (*Alpes Bernoises*).

Nous avons donné les noms suivants aux sept pics de la Blümlis-Alp. Blümlis-Alphorn, 3,670 mètr.; — Weisse-Frau, 3,661 mètr.; — Morgenhorn, 3,500 mètr.? — Œschienenhorn, 3,492 mètr.; — Œschinenrothhorn, 3,300 mètr.; — Blümlis-Alpstock, 3,220 mètr.; — Wilde-Frau, 3,262 mètr.

Cols ou passages d'une vallée à l'autre (*Gletscherjoch*).

De la vallée du Rhône dans l'Oberland Bernois par le massif de la chaîne des Alpes Bernoises.

1. Aeggishorn.
2. Col du Mönch, 3,560 mètr.
3. Col de l'Eiger (ou *Teufelssattel*, *col du Diable*), 3,610 mètr.
4. Col de la Jungfrau, 3,560 mètr.

5. Port de Lauinen (*Lauinenthor*), 3,600 mètr.
6. Col de Viesch (*Ochsenjoch, col du Bœuf*), 3,736 mètr.
7. Col du Finster-Aar.
8. Col de Studer (*Studerjoch*) (*Glacier de l'Aar*).
9. Strahlegg (des glaciers de l'Aar au glacier du Grindelwald inférieur).
10. Cols du Lauter Aar (du glacier de l'Aar au glacier de Grindelwald supérieur).
11. Col du Gauli (ou *Ewigschneehorn*). (Du glacier de l'Aar au glacier de Gauli).
12. Col de l'Ober-Aar (des glaciers de l'Aar au glacier de Viesch).
13. Col du Grünhorn.
14 Col de Lötschen.

De la vallée du Rhône dans la vallée de Loetsch et les vallées de l'Oberland Bernois.

1. Col de Beich (Baich, Col de Birch-Fluh), 3,585 mètr.
   De l'hôtel *Belle-Alpe* (glacier d'Aletsch) à travers le glacier supérieur d'Aletsch et les névés de Beich sur le col qui réunit le Breithorn de la vallée de Loetsch au Schienhorn, 3,585 mètr. et à travers le glacier de Distel descendre dans le Gletscherstaffel et à Kippel.
2. Elwerück. — De la vallée de Baltschied à travers le glacier de Jägi et le col d'Elwer dans la vallée de Loetsch.
3. Wetterlücke. — De la vallée de Loetsch (Gletscherstaffel) à travers la vallée de Pfaffer, par le glacier d'Innerthal ou glacier de Pfaffer sur le col, entre le Tschingelhorn et le Breithorn de Lauterbrunnen, 3,300 mètr. appr. : — Du col à travers le glacier de Breithorn, fortement crevassé, aux Alpes de Oberhorn et Steinberg dans la vallée de Lauterbrunnen.
4. Col du glacier du Tschingel. De l'Alpe de Steinberg, vallée de Lauterbrunnen à Gasteren et Kandersteg.
5. Col Peter ou de la vallée de Loetsch. Passage de la vallée de Loetsch à Lauterbrunnen.
6. Col de la Gamchi.
7. Col du Wildstrubel. Du Simmenthal à la route de la Gemmi.
8. Col de Strubelegg. De Engsligen par le glacier d'Amerten sur la hauteur du Wildstrubel. 3,258 alt., et descendre par le glacier de Lammeren à la route de la Gemmi.
9. De Leuk (Louèche), par le glacier de Räzli sur le glacier de la plaine morte, puis par le col de Dersena descendre à Sion.

Cols ou passages d'une vallée à l'autre.

Traversées faciles à pied et quelques-unes à cheval.

1. Passage de Rawyl. De la Lenk, vallée de Simmen à Sion (Valais). Chemin praticable pour les mulets.
2. Passage de la Gemmi. Des bains de Louèche à Thun. Chemin pour chevaux.
3. Passage de Loetschen, 2,681 mètr. De Kandersteg à Kippel dans la vallée de Loetsch.
4. De la vallée de Loetsch et la vallée de la Dala Plusieurs passages conduisent aux bains de Louèche.
5. Col de la Schneidschur. Des bains de Louèche à Ferden, par la vallée de la Dala monter au passage près Tonnent ou Mainghorn et descendre sur le glacier de Ferden à Ferden.
6. Col de Faldum. De Kippel aux bains de Louèche.
7. Col de Resti. De Ferden par la vallée de Dornbach au col, entre Resti-Rothorn, 2,975 mètr. et les Laucherspitzen, 2,865 mètr. aux bains de Louèche.

8. Col du Grimsel. Du Grimsel à Obergeschelen (Valais) ou par la Mayenwand au glacier du Rhône. Les deux praticables pour chevaux.
9. Col de la Furka. — De haut Valais à la route du Saint-Gothard. Route carrossable.

Passages des vallées du Rhône dans les vallées du Piémont et de la Lombardie.

1. Col du Kühlenboden. — De la vallée de Geren à All' Acqua, val Bedretto.
2. Col de Nufenen. — De All' Acqua à Ober-Gestelen (Valais).
3. Col de Gries. — De Ober-Gestelen (Valais) à Pommat (Piémont). Passage à cheval.
4. San-Giacomo. — De Bedretto à Frutwald, vallée de Formazza.
5. Criner, Furca. — De Andermatten (vallée de Formazza) au val Maggia.
6. Col d'Albrun (Alberberg). — De Imfeld à Binnen, à Pommat ou à Crempio (val Devero). Piémont.
7. Geisplad (2,475 mètr.). — De Imfeld, de Binnen, par la Meserenalp au lac de Geispfad et par le col, et descendre par l'Alpe Devero à Al Ponte (Piémont).
8. Col de Nulfelgiu. — Du lac de Lebendun à Morast (vallée de Formazza).
9. Col de Kriegsalp. — De Viesch par la vallée de Kriegsalp sur la hauteur et par la vallée de Devero et Antigorio à Domo d'Ossola. Les chevaux y passent.
10. Ritterpass (col des Chevaliers ou *del Boccareccio*). — De Viesch à Domo d'Ossola
11. Alpiengrat. — De Gondo à Hohmatten.
12. Route du Simplon. — Du Valais en Italie. Chaussée.
13. Passage du Bistenen. — De l'hospice du Simplon à Stalden ou à Viège (Valais).
14. Col du Mattwald. — Du Simplon dans la vallée de Saas (Valais).
15. Col de la vallée d'Augustbord, 2,900 mètr. — De Stalden dans la vallée de Turtmann.
16. Jungpass. — De Saint-Nicolas (Valais) dans da vallée de Turtmann.
17. Col de Barrgletsch. — De Saint-Nicolas à Semter, Blumattvoralp, et Zmeiden vallée de Turtmann.
18. Col de Zmeiden. — De Zmeiden à Vissoye, aval d'Anniviers.
19. Le passage de bœuf. — De Pletschen, vallée de Thurman à Saint-Luc et Vissogie dans la vallée d'Einfisch.
20. Col de la Forcletta, 2,000 mètr. — De la vallée de Turtmann à Ayer.
21 Col des Diablons.
22. Col des Bossons. — De Gremenz (Grimisauche) à Mage et Heremence.
23. Col de Lona, 2,720 mètr. — De Gremenz à Saint-Martin.

Points de vues et hôtels en hautes régions des Alpes du Valais.

1. Siedelhorn (Petit), 2,766 mètr. — De l'auberge du Grimsel (Alpes Bernoises) au pic en 2 1/2 heures.
2 Siedelhorn (Grand), 2,880 mètr. — Même localité.
3. Löffelhorn, 3,090 mèt. — De Münster (Valais) au pic en 6 heures.
4. Aggischhorn (Eggishorn), 2,941 mètr. alt — De Viesch au pic, 4 1/2 heures. Aux deux tiers du chemin, hôtel *Jungfrau*, très-confortable sous tous les rapports. On peut monter à cheval jusqu'à la distance d'un quart d'heure du pic.
5. Sparrenhorn au Bellhorn, 3,014 mètr. — Au confluent du glacier supérieur et grand glacier d'Aletsch, comme à l'Aggishorn, à deux tiers de la route, un hôtel confortable. Chemin praticable pour chevaux et mulets.
6. Maing ou Torrenthorn, 2,950 mètr. — Des bains de Louèche chemin pour chevaux jusqu'au sommet.
7. Bettlihorn, 2,945 mètr. — De Binn (Valais) en 5 heures.
8. Mattwaldhorn. — Zehntenhorn. — Weisse Egg. — Barrhorn. — Bec des Bossons,

Poulett-Scrope (G.).
ON THE ORIGINE OF HILLS AND VALLEYS (p. 241 à 243).

Geikie (A.).
TRACES OF PERMIAN VOLCANOS IN SCOTLAND. p. 245 à 248.

Daubeny (Dr).
ON THE ORIGIN OF VALLEYS, p. 278.

Talbot Aveline (W.).
THE LONGMYND AND ITS VALLEYS. p. 279

Ashe (T.).
A DENUDING AGENT, p. 279.

Mackintosh (D.).
DENUDATION, Reply to Mr. **G. Poulett-Scrope** and Mr **J. B. Jukes**, n° 25. July 1866.

Kyton (Miss).
ON AN ANCIENT COAST-LINE IN NORTH WALES. p. 289 à 291.

Bonney (Rev. T. G.)
ON TRACES OF GLACIERS IN THE ENGLISH LAKES. p. 291 à 293.

Nicolls (W. T.), lieut.-col
REMARKS ON SOME « SARSENS » OR ERRATIC BLOCKS of stone found in the gravel, in the Neighbourhood of Southampton. Hampshire. p. 296 à 298.

Doughty (C. M.).
ON THE JÖSTEDAL-BRAE GLACIERS IN NORWAY, p. 309.

Agassiz (L.), professeur.
GEOLOGICAL SKETCHES, p. 314. — Geological Sketches by **L. Agassiz**, in-8°, 335 pages. London, 1866, Trübner and C°. — America, the Old World. — The Silurian Beach. — The Fern Forests of the Carboniferous Period. — Mountains and their Origin — The Growth of Continents. — The Secondary and Tertiary Ages and their characteristic animals; which are followed by three chapters on a favourite study of the author, viz THE FORMATION, INTERNAL STRUCTURE, EXTERNAL APPEARANCE, AND PROGRESSION OF GLACIERS.

Kirk (John), Rev.
THE AGE OF MAN, geologically considered in its Bearing on the Truth of the Bible, p. 315 à 317.

Gill (J.)
PHÉNOMÈNE DU REGEL. *Philosophical Magazin*, Février 1866. Archives des sciences physiques et naturelles de Genève. t. XXVI. n° 102. 25 juin 1866, p. 134 à 137.
A l'explication du regel, donnée par **M. Tyndall**, il faudrait peut-être ajouter une espèce d'attraction capillaire, qui a lieu en général entre des surfaces en contact.

(N. A. Ajoutons attraction capillaire, et soudure par contact).

Greenwood (G., Col.) :
RAIN AND RIVERS. Deuxième édition. 1866, texte et 5 cartes coloriées. Londres, Longmans, Green and C°

HELMHOLTZ et **TYNDALL.**

REGEL DE LA GLACE[1]. — Populäre wissenschaftliche Vorträge, in-8°, Braunschweig, 1865. — Archives des sciences physiques et naturelles de Genève, t. 25, n° 98. 25 février 1866

...M. **Helmholtz** a entrepris la publication de lectures et de cours populaires sur divers sujets scientifiques. La première livraison de cet intéressant ouvrage contient entre autres une leçon sur la glace et les glaciers. L'éminent professeur de Heidelberg a adopté à peu près complétement les théories de M. **Tyndall**[2]. Cependant il ne partage pas sa manière de voir sur la cause du *regel* de la glace; il adopte la théorie de M. **Thomson**, basée sur le fait de l'abaissement du point de fusion de la glace soumise à une pression.

Nous allons donner la traduction d'un appendice à cette leçon, dans lequel M. **Helmholtz** discute la question du regel.

« La théorie du regel de la glace a été le sujet d'une controverse entre M. **Faraday** et M. **Tyndall** d'une part, et MM. **J.** et **W. Thomson** de l'autre. J'ai adopté la théorie de ces derniers dans le texte de mon cours, et je dois justifier ici ma manière de voir.

« Les expériences de M. **Faraday** montrent qu'une pression extrêmement petite, même celle qui résulte de la capillarité de la couche d'eau placée entre deux morceaux de glace, suffit pour produire le regel. M. **James Thomson** a déjà fait observer que dans les expériences de **Faraday** la pression entre les deux morceaux de glace n'était pas complétement éliminée. Mes propres expériences m'ont convaincu que la pression peut être très-faible. Seulement il est à remarquer que plus la pression est faible, plus il faut de temps pour que les deux morceaux de glace *se soudent l'un à l'autre*, et qu'alors le point qui les unit est très-mince et très-facile à rompre. Ces deux faits ressortent facilement de la théorie de M. **Thomson**. Avec une pression faible, la différence de température entre la glace et l'eau est très-petite, et la chaleur latente des couches d'eau en contact avec les parties comprimées de la glace est absorbée extrêmement lentement, en sorte qu'elles emploient nécessairement beaucoup de temps pour se geler. Nous devons aussi remarquer qu'en général les deux surfaces de glace en contact ne peuvent pas être considérées comme exactement superposables. Sous une pression faible, qui ne peut pas changer sensiblement leur forme, les surfaces de contact se réduisent pour ainsi dire à trois points :

« Concentré sur des surfaces de contact aussi petites, un effort même faible pourra toujours développer une pression notable, sous l'influence de laquelle une petite quantité de glace fond et se regèle, mais dans ce cas la jonction sera toujours mince.

« Sous une plus forte pression, qui peut modifier davantage et mouler l'une sur l'autre

[1] D. A. Voyez **D. Deville**. Affinité de la chaleur comme complément de ce mémoire. — **Gill J.** Phénomène du regel.

[2] **M. Helmholtz**, en s'occupant des causes du froid sur les hautes montagnes, insiste sur le fait signalé par **M. Ch. Martins** du refroidissement que l'air éprouve par sa dilatation. « Ainsi, dit-il, quand, par exemple, les vents du sud entraînent vers le nord l'air chaud de la Méditerranée (D. A. *et du continent d'Afrique*) et la forçant à passer par-dessus la grande muraille des Alpes, cet air, en raison de la moindre pression atmosphérique, se dilate de la moitié de son volume environ, et par suite il se refroidit considérablement. Ce refroidissement, pour une hauteur moyenne de 11,000 pieds est de 16 à 20° R. (3,573 mèt. 20 à 25° C.) suivant que l'air est humide ou sec. En même temps il abandonne la plus grande partie de son humidité sous forme de pluie ou de neige (D. A. *givre, rosée, ou condensation sur neiges et glaciers*). Quand cet air arrive ensuite dans les vallées et les plaines sur le versant nord des Alpes, il se condense, et se réchauffe de nouveau. Le même air qui est chaud des deux côtés de la montagne est très-froid sur les hauteurs, où il peut précipiter de la neige, tandis que dans la plaine nous trouvons la chaleur insupportable. »

la forme des morceaux de glace comprimés, il se produira une fusion plus considérable des parties qui étaient d'abord en contact; l'on obtiendra une plus grande différence de température entre la glace et l'eau, et par conséquent il se formera plus rapidement une jonction d'une plus grande largeur.

« Pour montrer la lenteur de l'action des petites différences de températures, j'ai disposé l'expérience suivante : On a rempli d'eau jusqu'à la moitié un ballon de verre dont le col était étiré. On a fait bouillir cette eau de manière à chasser l'air par la vapeur, et enfin, on a fermé à la lampe le col du ballon pendant l'ébullition. Après le refroidissement, le ballon est vide d'air et l'eau qu'il contient n'est plus soumise à la pression de l'atmosphère. Comme, dans ces conditions, de l'eau peut être refroidie notablement au-dessous de 0°, sans qu'elle congèle, tandis que, lorsque la congélation a commencé, elle continue à s'effectuer à 0°, on a eu soin de placer d'abord le ballon dans un mélange réfrigérant jusqu'à ce que l'eau se fût changée en glace. Puis on l'a laissée ensuite se fondre lentement jusqu'à la moitié, dans une salle à la température de 2°.

« Ensuite on a placé le ballon, dans lequel se trouvait encore un disque de glace, dans un mélange de glace et d'eau, dont il était complétement entouré. Au bout d'une heure environ le disque de glace était adhérent à la paroi de verre du ballon. On pouvait le détacher par une secousse, mais il regelait toujours de nouveau. On a laissé le ballon pendant huit jours dans le mélange à 0°. Il se forma pendant ce temps sur le fond, dans l'eau, des cristaux de glace, très-réguliers et aigus, qui se développaient très-lentement C'est peut-être la meilleure méthode pour obtenir de beaux cristaux de glace.

« Ainsi tandis que la glace extérieure, qui se trouvait sous la pression d'une atmosphère, se fondait lentement, l'eau intérieure dont le point de congélation plus élevé de 0°,0075 à cause du manque de pression, se cristallisait. La chaleur enlevée à l'eau devait traverser toute l'épaisseur des parois de verre du ballon, ce qui, joint à la très-petite différence de température, explique la lenteur de la congélation.

« La pression d'une atmosphère sur un millimètre carré s'élève à 10 grammes environ; par conséquent un morceau de glace pesant 10 grammes, et reposant sur un autre en le touchant par trois petites pointes dont les surfaces de contact, prises ensemble, s'élèvent à un millimètre carré, produit déjà sur ces pointes une pression d'une atmosphère, et la formation de la glace dans l'eau avoisinante peut avoir lieu beaucoup plus vite que ce n'était le cas dans le ballon, où une paroi de verre séparait la glace de l'eau. Même avec des morceaux de glace d'un poids beaucoup plus petit, le regel pourrait se produire dans l'espace d'une heure. A la vérité, plus les ponts nouvellement formés deviennent larges, plus la pression exercée sur le morceau de glace supérieure doit se répartir sur des surfaces plus grandes et devenir, par conséquent, plus faible; en sorte que les ponts de jonction, sous une pression aussi faible, ne peuvent augmenter que peu et lentement, et sont par suite facilement brisés lorsqu'on cherche à séparer les morceaux de glace.

« Quant aux expériences de **Faraday**, dans lesquelles deux morceaux de glace percés étaient suspendus à une tige de verre horizontale, sans que la pesanteur pût exercer une pression entre eux, il n'est pas douteux que l'attraction capillaire ne soit suffisante pour produire entre les morceaux une pression de quelques grammes, et ce qui a été dit plus haut montre que c'est là une pression capable de produire des ponts de jonction au bout d'un temps suffisant.

« Si, au contraire, on presse fortement l'un contre l'autre, avec les mains, deux des cylindres de glace déjà décrits, ils adhèrent si fortement l'un à l'autre au bout de quelques instants, qu'il faut un effort considérable pour parvenir à les briser de nouveau, et même quelquefois la force des mains n'est pas suffisante pour cela.

« Dans mes expériences j'ai trouvé généralement que la solidité et la rapidité de la soudure des morceaux de glace correspond si exactement à la pression employée, que je ne puis douter que la pression ne soit véritablement la cause suffisante de la soudure.

« Dans l'explication proposée par M. **Faraday**, suivant laquelle le regel résulterait d'une action de contact de la glace sur l'eau, je trouve une difficulté théorique. Lors de congélation de l'eau, une quantité très-notable de chaleur latente doit être mise en liberté, et l'on ne voit pas ce qu'elle devient.

« Finalement, si la glace, avant de se liquéfier, passait par un état intermédiaire de viscosité, un mélange de glace et d'eau qu'on laisserait pendant plusieurs jours à la température de 0° devrait en définitive prendre uniformément cet état dans toute sa masse, dès qu'elle aurait complétement et uniformément acquis cette température; or tel n'est jamais le cas.

« Quant à ce qu'on a appelé la plasticité de la glace, M **James Thomson** en a donné une explication qui ne suppose point la formation de ruptures dans l'intérieur de la glace. Dans le fait, il est clair que, lorsqu'une masse de glace subit de fortes pressions inégalement réparties dans son intérieur, une partie de la glace la plus comprimée doit fondre, et la chaleur nécessaire à cette liquéfaction lui est fournie par la glace moins comprimée et par l'eau en contact avec elle. Ainsi dans les parties comprimées la glace fondrait et dans les parties non comprimées l'eau gèlerait, de sorte que de cette manière la glace se déformerait successivement et céderait à la pression. Mais il est évident aussi que, par suite de la mauvaise conductibilité de la glace pour la chaleur, une pareille opération doit se produire avec une lenteur extraordinaire, si, comme c'est le cas dans les glaciers, les couches de glace comprimées et plus froides sont à une grande distance des couches moins comprimées et de l'eau qui doivent leur fournir de la chaleur pour la fusion.

« Pour éprouver cette théorie, j'ai placé dans un vase en verre un morceau de glace cylindrique d'environ un pouce de diamètre entre deux disques de glace de trois pouces de diamètre, et j'ai chargé le disque supérieur d'une pièce de bois, sur laquelle j'ai placé un poids de 20 livres. Ainsi la section du petit morceau de glace était soumise à une pression de plus d'une atmosphère. Tout le vase fut entouré de morceaux de glace et laissé pendant cinq jours dans une chambre dont la température était peu supérieure à 0°. Dans ces circonstances, la glace soumise à la pression dans le vase devait fondre, et l'on pouvait s'attendre à ce que le cylindre étroit, sur lequel la pression s'exerçait le plus fortement, se fondît principalement. Il se formait aussi un peu d'eau dans le vase, mais principalement aux dépens des grands disques de glace, qui, placés au-dessus et au-dessous, pouvaient recevoir, au travers des parois du vase, de la chaleur provenant du mélange extérieur de glace et d'eau. Il se produisit aussi un petit anneau de nouvelle glace autour des points de contact du petit morceau de glace avec le large disque placé au-dessous, ce qui montre que l'eau, qui s'était formée sous l'influence de la pression, s'était regelée là ou la pression cessait d'agir Néanmoins, dans ces conditions, il ne s'est manifesté aucun changement notable dans la forme de la pièce intermédiaire qui était le plus fortement comprimée.

« Ainsi, bien qu'il doive se produire des changements de forme des morceaux de glace au bout d'un temps très-long, conformément à l'explication de M. **Thomson**, c'est-à-dire parce que les parties les plus fortement comprimées se fondent et que la glace se reforme dans les places qui ne sont pas soumises à la pression, l'expérience montre toutefois que ces changements doivent se produire extraordinairement lentement, dans les parties où l'épaisseur du morceau de glace au travers duquel la chaleur est transmise est un peu considérable. Un changement de forme notable, par la fusion, dans une enceinte à une température uniforme de 0°, ne pourrait pas se produire sans une transmission de chaleur provenant du mélange extérieur de glace et d'eau non comprimée; c'est ce qui ne peut s'effectuer qu'avec une extrême lenteur, dans ce cas où les différences de températures sont très-petites et où la mauvaise conductibilité de la glace rend très-lente la propagation de la chaleur.

« Au contraire, les expériences sur la pression, qui ont été décrites plus haut, montrent que la formation de fissures et le déplacement relatif des surfaces des fissures rend possible un changement de forme, particulièrement dans la glace granuleuse; et la preuve que des changements se produisent de cette manière dans la glace des glaciers se trouve clairement dans la structure veinée, dans l'agrégation évidente des fragments granulaires, dans la manière dont les couches changent de position relative par le mouvement, etc. *Je ne doute donc point que* **M. Tyndall** *n'ait indiqué la cause essentielle et principale du mouvement des glaciers, lorsqu'il l'attribue à la formation de crevasses et au regel* [1].

« Je dois encore rappeler ici que le frottement, dans les grands glaciers doit engendrer une quantité de chaleur considérable ; en effet le calcul montre que, lorsqu'une masse de nevé descend du col du Géant jusqu'à la source de l'Aveyron, l'influence de la chaleur engendrée par le travail mécanique peut en fondre la quatorzième partie. Et comme le frottement doit être le plus grand dans les places où la glace est la plus comprimée, il doit sans doute aussi contribuer à faire disparaître les parties de la glace qui s'opposent le plus à la progression [2].

Finalement, je dois encore mentionner que la structure granuleuse de la glace est facile à reconnaître à l'aide de la lumière polarisée. Quand on comprime dans un moule de fer un morceau de glace limpide, de manière à le transformer en un disque de 5 millimètres d'épaisseur environ, sa transparence est encore assez grande pour qu'on puisse le soumettre à l'observation On voit à son intérieur, à l'aide de l'appareil de polarisation, une grande quantité de places et d'anneaux différemment colorés, et l'on reconnait aisément, par l'arrangement des couleurs, les limites des petits fragments de glace composant la plaque et dont les axes optiques sont disposés dans une foule de directions. L'apparence est essentiellement la même, soit au commencement, c'est-à-dire lorsque la plaque, venant d'être sortie du moule, les fissures ne se manifestent que comme des lignes blanchâtres, soit plus tard, lorsque les fentes se sont remplies d'eau par le commencement de la fusion.

« Pour expliquer la permanence de la cohésion du morceau de glace pendant cette déformation, il faut observer que les fentes, dans la glace granuleuse, forment seulement des crevasses dans le fragment et ne le traversent pas de part en part. C'est ce que l'on voit directement lorsqu'on comprime la glace. Les fentes se forment et s'étendent de différents côtés, comme les fissures que produit un fil métallique chaud dans un tube de verre. La glace présente en outre une certaine élasticité, comme on peut le reconnaître à la flexibilité de lames minces ; ainsi un bloc de glace fissuré pourra permettre le déplacement des deux côtés qui limitent la fente, même lorsque ses deux parties sont réunies par la partie du bloc qui n'est pas fendue. Quand la partie de la fente qui s'est formée la première a été refermée par le regel, la fente peut s'étendre finalement de l'autre côté, sans que jamais la continuité du bloc ait été complétement détruite. Il me parait ainsi douteux que dans la glace comprimée, *qui consiste évidemment en grains polyédriques entrelacés*, ou dans la glace des glaciers les fragments soient complétement isolés les uns des autres, avant qu'on cherche à les séparer, et qu'ils ne soient pas plutôt reliés par des ponts de glace faciles à briser, qui produiraient la solidité comparative de l'amas de cet assemblage évident de granules.

« Ces propriétés de la glace présentent aussi de l'intérêt au point de vue physique, parce qu'elles permettent de reconnaître mieux que par tout autre moyen connu, *le passage d'un corps cristallin à l'état granulaire, et les causes d'où dépend le changement de propriété qui en résulte. La plupart des corps de la nature ne présentent pas de structure cristalline régulière, tandis que nos vues théoriques se rapportent seulement à des corps cristallisés et parfaitement élastiques. C'est justement sous ce rapport que le passage de la glace granuleuse plastique me parait un exemple très-instructif.*

[1] D. A. La cause essentielle, principale et unique de la progression et du mouvement des glaciers, c'est l'élaboration, l'assimiliation de l'eau de fusion des neiges qui traversent les fissures capillaires, etc., etc. Voyez mes Matériaux pour l'étude des glaces.

[2] D. A. Les glaciers des Alpes sont adhérents au sol, dans toutes les saisons, solidement gelées à la roche qui les supporte, lorsque cette roche se trouve à 2,600 mèt. alt. et par conséquent n'ont aucune action sur cette base. Au-dessous de 2,600 mèt. ils ne sont pas adhérents, ils usent, moutonnent, polissent, ravent et strient les roches.

Cette publication de M. **Helmholtz** a déterminé M. **Tyndall** à faire connaître quelques expériences nouvelles sur le regel et quelques considérations à l'appui de son opinion. Nous extrayons les passages suivants de son travail[1].

« J'ai placé un petit morceau de glace dans de l'eau chaude, et au-dessous de lui j'ai glissé un second morceau de glace. Le fragment submergé était si petit que la pression verticale était presque nulle; néanmoins il se soudait à la surface inférieure du morceau de glace placé au-dessous de lui. Deux morceaux de glace ont été placés dans un vase rempli d'eau chaude; lorsqu'on les laissait se rapprocher l'un de l'autre, ils se regelaient dès qu'ils se touchaient. Les parties voisines du point de contact fondaient rapidement, mais les deux pièces restaient unies pendant un certain temps par un étroit pont de glace. Finalement le pont fondait aussi et les deux pièces se séparaient momentanément. Mais on sait que des corps que l'eau mouille et contre lesquels elle s'élève par attraction capillaire, se rapprochent les uns des autres lorsqu'ils flottent sur l'eau; c'est ce qui arrivait aux morceaux de glace, qui se ressoudaient alors immédiatement. Il se formait un nouveau pont, qui se fondait à son tour, puis les pièces se rejoignaient comme précédemment. Il se produisait ainsi une sorte de pulsation entre les deux morceaux de glace; ils se touchaient et se ressoudaient; il se formait un pont qui fondait et laissait des morceaux séparés par un intervalle; ils se rapprochaient, se soudaient de nouveau, et ainsi de suite. On a ainsi l'explication de ce fait curieux, que, lorsqu'on place plusieurs grands morceaux de glace dans l'eau chaude, le regel se maintient entre eux aussi longtemps qu'ils ne sont pas fondus. Les fragments ont à la fin à peine la centième partie de leur dimension primitive, et se soudent constamment les uns aux autres de la manière décrite, jusqu'à leur disparition complète. Ce qui se produit pour des fragments de glace dans un vase d'eau, se produit aussi pour les blocs de glace flottante sur le lac, Märjelen (glacier d'Aletsch dans les Alpes du canton du Valais), et probablement on observerait le même jeu du regel sur les banquises de l'Océan. Il y aurait là un intéressant sujet d'étude.

« Dans la théorie du professeur **James Thomson**, pour que le regel s'effectue, il faut que les morceaux de glace exercent une pression afin que la glace environnante puisse fournir la chaleur nécessaire à la liquéfaction de la partie comprimée; alors l'eau doit s'échapper et elle se regèle. Tout cela demande du temps; dans les expériences précédentes cependant, l'eau liquéfiée par la pression s'écoulait dans l'eau chaude environnante, et néanmoins les morceaux flottants se regelaient en un instant. Il n'est pas nécessaire que les surfaces qui se touchent soient plates, cas où l'on pourrait supposer qu'une couche d'eau à la température de 0° se trouve comprise entre elles. Les surfaces en contact peuvent être convexes, elles peuvent se toucher par des points seulement qui, entourés d'eau chaude, se dissolvent rapidement pendant qu'elles s'approchent les unes des autres, et pourtant elles se regèlent immédiatement dès qu'elles se touchent.

« J'ai trouvé, dit M. **Helmholtz**, que la solidité et la rapidité de la soudure des « morceaux de glace correspond si exactement à la pression employée, que je ne puis « douter que la pression ne soit véritablement la cause suffisante de la soudure. » Mais suivant l'explication de M. **Faraday**, la force et la rapidité du regel doivent se produire aussi proportionnellement à la pression. M **Helmholtz** fait remarquer avec raison que les surfaces appliquées l'une contre l'autre ne se superposent pas exactement, et qu'en général, elles ne se touchent en réalité que par un petit nombre de points sur lesquels la pression est concentrée. L'effet de la pression exercée sur deux morceaux de glace à la température de 0° ne consiste pas seulement à diminuer l'épaisseur de la couche liquide qui les sépare, mais aussi à aplatir les points comprimés, et à répandre ainsi la couche liquide sur un plus grand espace. Dans les deux théories, par conséquent, la force et la rapidité du regel doit croître avec la grandeur de la pression.

Quant à l'objection que nous avons mentionnée, M. **Helmholtz** l'expose en ces termes

[1] *Philosophical Magazine*, décembre 1865.

« Dans l'explication proposée par **M. Faraday**, suivant laquelle le regel résulterait « d'une action de contact de la glace sur l'eau, je trouve une difficulté théorique. Lors « de la congélation de l'eau, une quantité très-notable de chaleur doit être mise en « liberté, et l'on ne voit pas ce qu'elle devient. »

« Les partisans de l'explication de **M. Faraday** répondront que la chaleur mise en liberté est diffusée au travers de la glace environnante. Mais on leur répliquera, sans doute, que la glace, étant déjà à la température de 0°, ne peut pas recevoir plus de chaleur sans se fondre. Si cela était vrai dans toutes les circonstances la théorie de **M. Faraday** devrait incontestablement être abandonnée; mais l'essence même de son explication réside dans l'hypothèse que les portions intérieures d'une masse de glace exigent, pour passer à l'état liquide, une température plus élevée que celle qui suffit pour produire la fusion à la surface. Pour élucider le sujet, supposons qu'on fasse passer un rayon de chaleur solaire, ou un rayon de lumière électrique au travers d'une masse de glace. La substance se rompt, en formant de ces fleurs liquides à six pétales, que j'ai décrites ailleurs. Les fleurs se dilatent aussi longtemps que le rayon continue à agir; l'énergie de la portion de la chaleur absorbée est presque entièrement employée à augmenter les dimensions des fleurs formées durant les premières secondes pendant lesquelles elle a agi, et non pas à former de nouvelles fleurs. Maintenant, il résulte de la théorie de **M. Faraday** qu'avant que les fleurs apparussent à l'intérieur, la glace avait dû être élevée à une température supérieure à 0°, tandis qu'à la surface, la glace fond à cette température. Par conséquent, lorsque deux surfaces de glace à la température de 0° sont pressées l'une contre l'autre, et quand, par suite de cette action de contact admise par **M. Faraday**, la couche d'eau qui les séparait est congelée, la glace adjacente (qui est maintenant dans l'intérieur et non plus à la surface comme précédemment) se trouve dans une condition qui lui permet d'enlever, par conductibilité et sans se fondre, la petite quantité de chaleur mise en liberté. Si l'on accorde que cette action admise par **M. Faraday** est réelle, alors on conçoit sans difficulté que la chaleur rendue sensible par la congélation puisse se disperser.

« Lorsque l'année est avancée et lorsque la glace importée à Londres a été conservée pendant longtemps, on reconnait, en l'examinant attentivement, qu'il y a des parcelles liquides dans l'intérieur de la masse. J'ai enveloppé dans des feuilles d'étain de la glace contenant ainsi des parcelles d'eau, et je l'ai placée dans un mélange réfrigérant jusqu'à ce que les portions liquides fussent parfaitement congelées; j'ai sorti ensuite la glace du mélange réfrigérant, et je l'ai placée, recouverte de son enveloppe dans une salle obscure dont la température était légèrement supérieure à 0°; au bout de quelques heures les parcelles gelées étaient de nouveau liquides. La chaleur, qui avait suffi à fondre cette glace intérieure, avait passé au travers de la glace environnante moins fusible, sans diminuer en rien sa solidité. Or, si la température de fusion de ces parcelles de glace est 0° il faut que la température de fusion de la masse qui les environne soit supérieure à 0°, ce qui est conforme à l'explication de M **Faraday**. »

HULL (Edward).

GLACIAL VESTIGES OF THE LAKE DISTRICT. — Edinburgh, *New Philosophical Journal*, vol. XI.

K

KINAHAN (G. Henri). F. R. G. S. I.

ANCIENT SEA MARGINS in the Counties Clare and Galway. — Texte et 3 clichés. *Geological Magazine or Monthly Journal of Geology*. Vol. III, n 8, n° 26 August 1866, n° 26, p. 337 à 343.

KIRK (John), Rev.
Voy. G. Geological Magazine.

KJERULF (Theodor) and **TELLEF DAHLL**.
Geological Map of Southern Norway. — Christiania, 1866 Compte rendu dans *Geological Magazine*, vol. III, n° 8. 1 août 1866.

L

LEE (J. E.), F. S. A., F. G. S.
The Lake dwellings of Switzerland, and other parts of Europe; by Dr **Ferdinand Keller**, President of the Antiquaria Association of Zürich. — London, 1866. Green and C°, Paternoster Row.

M

MACKINTOSH (D.).
Voyez G. Geological Magazine.

MANGONOTTI (Ant.).
Terrain d'alluvion de la province de Vérone, et collines alluviales qui entourent le lac de Garde et formation de ce lac. *Archives des sciences physiques et naturelles de Genève*, t. XXV, n° 100. 25 avril 1866, p. 252 à 254.

D. A. L'auteur de ce mémoire dit : Les phénomènes glaciaires qui ont eu lieu dans cette région se sont bornés à transporter les vrais blocs erratiques L'accumulation des grands blocs tout près du village de Mori, appelée *Gli Slavini di Marco*, n'est pas le produit d'un transport de glacier, comme le suppose **M. de Mortillet**, mais elle est due au glissement des couches de la montagne, comme la montre le nature minéralogique des blocs, etc., etc.

MARTINS (Charles).
Retrait et ablation des glaciers de la vallée de Chamonix, constatés dans l'automne de 1865. Extrait des *Archives des sciences naturelles et physiques de Genèves*. t. XXVI, n° 103, 25 juillet 1866, p. 209 à 224.

I. Retraite et ablation de l'extrémité inférieure des glaciers de la vallée de Chamonix.

Il y a douze ans, le voyageur qui débouchait par la gorge des Montées pour entrer dans la vallée de Chamonix apercevait d'abord le *glacier de Taconnay*, suspendu entre la montagne de la Côte et celle des Fans, puis celui des *Bossons* dont les hautes pyramides de glace s'élevaient au-dessus de sa moraine latérale gauche et contrastaient par leur blancheur avec les noirs sapins dont le revers occidental de cette moraine est revêtu. Aujourd'hui tout est changé : le glacier des Bossons ne s'élève plus au-dessus de ses moraines latérales : ce sont elles qui le dominent et le dérobent aux yeux du voyageur cheminant au fond de la vallée. Il y a également douze ans le glacier dépassait inférieurement ses moraines latérales, s'avançait vers le fond de la vallée et menaçait les premières maisons du hameau des Bossons dont les habitants délibérèrent s'ils devaient les abandonner. En effet, en 1851, M. **Venance Payot**, naturaliste à Chamonix[1], **constatait que ce glacier avait avancé de 21 mètres en un mois, savoir du 18 mai au 18 juin, et cette progression plus ou moins rapide ne s'est arrêtée qu'en 1854.**

Ce qui est vrai du glacier des Bossons l'est également de tous les autres glaciers de la vallée. Tous ont reculé, tous ont diminué de puissance depuis cette époque. Chez tous on est obligé, pour arriver à l'escarpement terminal, de marcher péniblement sur les cailloux anguleux de la moraine profonde abandonnée par le glacier qui la recouvrait. Le torrent qui sort du glacier, au lieu de courir immédiatement dans les vertes prairies, se divise en plusieurs branches au milieu du lit de cailloux parmi lesquels il se fraye un passage. Ainsi la scène est changée : moins pittoresque pour l'artiste, elle est plus instructive pour le géologue qui voit à découvert la moraine profonde avec les moraines latérales qui la dominent et constate l'absence de la moraine terminale qui n'a pu se former, parce que le glacier pendant sa période de retrait n'a pas stationné assez longtemps à la même place pour y construire une digue formée par l'accumulation des blocs tombés de son escarpement terminal. Cette étude est du plus haut intérêt : elle permet de comparer les moraines d'un glacier actuel avec les anciennes moraines, si fréquentes dans toutes les vallées et jusque dans les plaines du pourtour de la chaîne des Alpes. Le géologue témoin des travaux du glacier actuel ne méconnaîtra pas ceux de l'ancien glacier dont le premier n'est plus qu'une faible réduction. D'un autre côté, les voyageurs qui visiteront à l'avenir la vallée de Chamonix pourront constater les oscillations des glaciers dans les temps historiques. **Le maximum d'extension est toujours indiqué par la moraine que le glacier laisse après lui** et quand ces moraines sont couvertes d'arbres, l'âge même de ces arbres estimé par le nombre de leurs couches annuelles permet d'apprécier le nombre minimum d'années depuis lequel le glacier s'est retiré.

N'ayant pas le loisir de mesurer moi-même le recul des glaciers, c'est-à-dire la distance qui séparait le point extrême atteint en 1854 du point où la glace s'arrêtait en septembre 1865, j'ai prié M. **Venance Payot** de le faire à ma place avec l'aide de l'un de mes anciens guides du mont Blanc, **Ambroise Couttet**. Voici les résultats qu'ils ont obtenus.

Le glacier des Bossons a reculé depuis douze ans de 332 mètres[2]. Loin de menacer le village des Bossons, il en est actuellement éloigné de plus de 500 mètres, et l'espace qui l'en sépare est couvert par les cailloux et les graviers de la moraine profonde. Les pyramides de glace qui dépassaient les moraines latérales ont disparu. Le glacier est réduit à une surface unie terminée en forme de langue et dominée des deux côtés par les deux moraines latérales qui s'élèvent en moyenne de 25 mètres au-dessus de la surface de la glace. M. **Payot** estime l'ablation totale du glacier à 80 mètres[3]. Les moraines forment deux talus fortement inclinés. Pour traverser le glacier on est obligé de descendre l'un de ces talus et de remonter sur l'autre quand on a quitté la glace. Il y a dix ans c'était le contraire. On montait du sommet de la moraine sur le glacier, et après l'avoir traversé on descendait de la glace sur la crête de la moraine opposée. Chacune d'elles est terminée actuellement par une arête bien marquée et leur section par un plan perpendiculaire à cette arête représenterait un triangle dont la base repose sur la pente de la montagne.

Le glacier des Bois, terminaison de la Mer de glace, a moins reculé que celui des Bossons, car on ne compte que 188 mètres[4] depuis le point extrême atteint en 1854 et la grotte de glace d'où s'échappe la

[1] *Guide du Botaniste au jardin de la Mer de glace de Chamonix*, p. 12. — 1854.

[2] D. A. Le glacier a diminué par suite de la fusion de la glace de 27 à 28 mètres en moyenne par année.

[3] D. A. Ablation de la surface à la pente terminale 6 à 7 mèt. en moyenne par année, parce qu'il n'a pas de matériaux (roches et sable) sur le dos, qui le protégent contre l'ablation.

[4] D. A. Moyenne par an 15 à 16 mètres.

torrent de l'Aveyron. A son extrémité inférieure, ce glacier contourné en forme de faucille et sa puissante moraine latérale droite décrit une courbe concentrique qui se termine près du hameau des Bois que le glacier menaçait il y a douze ans. La moraine près de ce hameau est donc à la fois latérale et terminale. Partout elle domine le glacier et au-dessous du Chapeau elle forme un talus adossé à la montagne d'une régularité telle qu'on croirait voir un long talus de déblais artificiels. Ce glacier, comme le savent tous les voyageurs qui ont visité Chamonix, fait cascade à son extrémité sur des rochers de protogine. La moitié droite de ces rochers est couverte par le glacier, mais la moitié gauche reste à découvert. La surface de la roche est nue, aplanie et moutonnée. Un grand nombre de filets d'eau s'échappent de la tranche du glacier qui s'arrête au haut de l'escarpement, et viennent grossir l'Aveyron. Ils sont figurés sur la carte de la mer de glace publiée en 1842 par **M. Forbes** et celle très-récente (1865) du capitaine d'état-major **Mieulet**.

C'est en montant à la Flégère, en face du glacier des Bois, que l'on embrasse le mieux cet ensemble et il est impossible de méconnaitre l'analogie, j'allais dire l'identité, qui existe entre la moraine terminale en forme de faucille du glacier des Bois et l'ancienne moraine du glacier qui remplissait jadis la vallée de Montjoie et se terminait aux bains de Saint-Gervais. Cette moraine descend du Prarion et elle est à la fois, comme celle du glacier des Bois, latérale droite et terminale. Comme celle du glacier des Bois, elle représente une faucille dont la pointe aboutirait à la promenade qui précède l'établissement des bains[1]. Tout est semblable sauf les dimensions. Deux torrents, le Nant-Fernet et le Giblou, qui se réunissent avant de se jeter dans l'Arve, ont profondément entamé cette moraine, surtout entre les villages de Mont-Paccard et de Montfort, bâtis eux-mêmes sur le terrain erratique. Cette coupe naturelle montre que les moraines sont composées de blocs anguleux, de cailloux, de sable mêlés confusément sans aucune trace de stratification. Sur la rive droite du Giblou, des blocs de dimension énorme ont protégé le terrain morainique sous-jacent contre l'action ravinante des eaux pluviales. Des pilastres dont ces blocs erratiques forment le chapiteau font saillie sur les parois de l'escarpement; quelques-uns en sont même complétement séparés. C'est un but de promenade pour les baigneurs de Saint-Gervais qui les connaissent sous le nom de cheminées des Fées.

Le troisième grand glacier de la vallée de Chamonix, celui d'**Argentières**, s'était avancé, il y a douze ans, d'une manière inquiétante : il s'approchait du village dont il n'était plus séparé que par un rideau de mélèzes. **Depuis 1854 il a reculé de 181 mètres**[2]. Charriant beaucoup de pierres et de blocs erratiques à sa surface, il a enseveli sous une masse de décombres les terrains qu'il a abandonnés depuis, et ses deux immenses moraines latérales réunies forment une moraine terminale plus basse et concentrique à l'escarpement terminal.

Mais de tous les glaciers de la vallée de Chamonix, celui qui a reculé le plus, c'est le **glacier du Tour**. On ne le voit plus en descendant du col de Balme, car il n'entre plus dans la vallée et a même presque disparu au fond du couloir dans lequel il descendait; **en douze ans il a reculé de 580 mètres**[3].

On voit que le retrait des quatre principaux glaciers de la vallée de Chamonix a été fort inégal et quoique les lois qui président à la progression et à la fusion de ces masses commencent à être bien connues, il serait difficile de se rendre compte exactement des différences qu'on observe entre le retrait de ces différents glaciers. La cause générale du phénomène, c'est le peu d'abondance des neiges tombées pendant les dix derniers hivers et la chaleur des étés : ces deux causes séparées ou réunies suffisent pour déterminer le retrait des glaciers. Leur avancement ou leur recul dépend en effet de l'équilibre qui s'établit entre la fusion et la progression du glacier. Mais, de même que les

[1] Voyez pour plus de détails l'ouvrage intitulé : *Du Spitzberg au Sahara*, p. 248.
[2] En moyenne 15 mètres par année.
[3] *Excursions et séjours dans les glaciers*, t. II, p. 186. — 1844.

rivières qui sortent d'un lac, ou les torrents issus d'un bassin de réception sont d'autan mieux alimentés que le lac ou le bassin de réception sont plus grands, de même l'alimen tation et par conséquent la progression d'un glacier dépendent, toutes choses égale d'ailleurs, de l'étendue des cirques de réception, c'est-à-dire de celle des champs d glace et de névé dont le glacier est pour ainsi dire l'émissaire, comme M. **Desor** en fait le premier la remarque[1]. Si maintenant on jette un coup d'œil sur cette carte de l chaîne du mont Blanc, publiée en 1865 par M. **Reilly**, on reconnait immédiatement qu le glacier des Bois correspond au plus grand bassin de réception, puis vient celui d'Ar gentières, après celui des Bossons et enfin celui du Tour. Cet ordre est précisé ment celui du retrait de ces glaciers : ceux des Bois et d'Argentières ont le moin reculé. Le glacier du Tour, dont le cirque est incomparablement moins étendu qu celui de tous les autres, a reculé trois fois plus que son voisin, celui d'Argentière et même celui des Bossons, quoique son extrémité inférieure soit bien plus élevé au-dessus de la mer que le pied de ce dernier, dont l'altitude est de 1,100 mètres L'extrémité inférieure du glacier du Tour étant dans un climat notablement plus froi que celui du village de Chamonix, cet exemple prouve que la chaleur de la vallée o aboutit le glacier n'a pas eu une action prépondérante sur son retrait : en effet, celui d Tour, le plus élevé de tous et dont j'avais fixé barométriquement à 1,554 mètres la hau teur au-dessus de la mer en 1837, a le plus reculé; mais aussi son cirque est-il beau coup plus petit que celui de chacun des autres, de là une alimentation moindre et u recul plus considérable.

II. Retrait et ablation de la partie supérieure des glaciers et en particulier de celui du Géant.

J'avais constaté le retrait et l'ablation des glaciers à leur extrémité inférieure, mai cela ne me suffisait pas, je voulais savoir quels changements s'étaient opérés dans leu région supérieure; pour cela, je résolus de remonter la Mer de glace et de m'élever jusqu'au col du Géant, par le glacier du même nom, véritable prolongement de la Mer de glace et par conséquent de sa terminaison le glacier des Bois.

Je partis de Chamonix le 4 septembre. Le Montanvert était encore dans l'ombre, mai le soleil, près de se lever, éclairait les mélèzes qui le couronnent ; ces arbres paraissaient lumineux, comme s'ils eussent été formés de filigrane; c'est un phénomène de disper sion de lumière que M. **Necker de Saussure** a le premier signalé dans une lettre à sir **David Brewster**[2]. La forêt de Montanvert se compose de sapins et de mélèzes; je constatai que le phénomène était plus brillant sur les mélèzes dont les feuilles sont plus fines et plus minces. Les arbres, élevés de 200 à 300 mètres au-dessus de ma tête, présentèrent le phénomène dans tout son éclat; mais il était encore visible sur des pieds distants de 50 mètres seulement. La fumée des charbonniers qui brûlaient du bois sur la montagne s'élevait en jets blancs, mais moins éclatants que les sapins Je revis le phénomène dans toute sa splendeur le 22 octobre, en traversant le Simplon. Il était deux heures et demie de l'après-midi; le soleil descendait derrière la pointe septentrionale du Fletschhorn (4011 mètres). Le vent enlevait de la cime des tourbillons de neige qui, éclairés par le soleil, semblaient une poussière d'argent lancée dans les airs et disparaissant à une certaine hauteur; chaque flocon de neige brillait comme une étincelle. Le village de Simplon étant à 1,480 mètres au-dessus de la mer, on voit que le phénomène se produit également avec une différence de niveau de 2,500 mètres et à une distance de plusieurs kilomètres.

[1] D. A. 43 mètres par année.

D. A. Les neiges qui couvrent les glaciers des Alpes à toutes les altitudes ne se transforment pas en glace de glacier à la surface qui les supporte et ne s'ajoutent pas au glacier. Ils le préservent de l'ablation, et leur eau de fusion est en grande partie assimilée au glacier.

[2] Tyndall, *The glaciers of the Alpes*, p. 178. — 1860.

Revenons à nos glaciers. Parti à midi de l'hôtel du Montanvert, je traversai rapidement les Ponts pour descendre sur l'ancienne moraine latérale gauche, correspondant à la plus grande épaisseur que le glacier ait atteint dans la période actuelle. Des herbes et des arbustes la recouvrent en partie, et, à 600 mètres environ de l'hôtel, près d'un énorme bloc anguleux, portant à sa partie supérieure une cuvette naturelle remplie d'eau, je reconnus que la surface actuelle du glacier était à environ 25 mètres au-dessous de ce bloc, et par conséquent de l'ancienne moraine maximum qui le supporte. Le rocher de l'Angle[1] était poli et strié sur une hauteur de 20 mètres environ. Les stries ascendantes formaient avec l'horizontale un angle de 20°. Je n'avais jamais vu les surfaces polies de ce rocher découvertes sur une aussi grande hauteur : elles prouvaient, comme l'ancienne moraine sur laquelle j'avais marché, que le niveau de la Mer de glace s'était abaissé de 20 à 25 mètres environ au-dessous du niveau *maximum* indiqué par la hauteur de l'ancienne moraine et la limite supérieure des stries sur le rocher. Ainsi donc, si *l'extrémité inférieure du glacier avait reculé de* 188 *mètres, son épaisseur avait diminué de* 20 *mètres*[2] au moins à la hauteur de 1,960 mètres au-dessus de la mer, où je me trouvais alors.

A partir du rocher de l'Angle, je mis le pied sur la glace, que je ne quittai plus. J'avançai ainsi jusqu'au point où le glacier de Talèfre se jette dans la Mer de glace, dont il est le plus puissant affluent. Les touristes qui se rendent au Jardin, îlot riche en plantes alpines, situé au milieu de ce glacier, quittaient jadis dans ce point la Mer de glace pour monter sur le Couvercle, base de l'aiguille du Moine, et éviter ainsi les crevasses du glacier de Talèfre; maintenant ce trajet est impossible; il faudrait une échelle de 25 mètres de haut pour s'élever du glacier sur le Couvercle, nouvelle preuve de l'abaissement ou, pour employer l'expression consacrée, de l'ablation. de la Mer de glace à son confluent avec le glacier de Talèfre. Pour atteindre le Jardin[3], on est obligé de faire un grand détour en passant près du bloc erratique appelé la pierre de Béranger, et en traversant ensuite le glacier de Talèfre à la hauteur de 2,670 mètres au-dessus de la mer. Après avoir reconnu le Couvercle, je me dirigeai vers le promontoire du Tacul, qui sépare le glacier du Géant de celui de Leschaux. *Le lac du Tacul*, dont parle déjà **de Saussure**[4], et qui est encore figuré sur la carte de M. **Forbes**, publiée en 1842, et celle du capitaine **Mieulliet**, portant la date de 1865, n'existait plus, et sa disparition est peut-être une conséquence de l'ablation extraordinaire du glacier, car la fonte des neiges et des glaces fournissait assez d'eau pour le remplir. Je traversai la moraine latérale droite du glacier du Géant et m'élevai sur le contre-fort occidental de la montagne du Tacul, pour aller coucher sous un gros bloc connu sous le nom de *pierre de Tacul*, qui sert d'abri aux chasseurs de chamois et aux chercheurs de cristaux. C'est un bloc de protogine, couvert de noirs lichens, qui s'est arrêté à mi-côté de la montagne et surplombe assez pour que trois hommes puissent se loger dessous : un mur en pierres sèches complète ce logement. Cette pierre se trouve à 100 mètres au-dessus du glacier et à 2,400 mètres environ au-dessus de la mer. Le sol environnant est criblé de trous de marmottes, et la végétation est celle qu'on observe à ces hauteurs : quelques pieds de Rhododendron ferrugineum, puis Chamæledon procumbens, Salix herbacea, Vaccinium myrtillus rabougri, Phyteuma hæmisphericum, Saxifraga bryoïdes, Silene acaulis, Senecio incanus, Cnicus spinosissimus, Alchemilla fissa, Gentiana nivalis, Juncus triglumis, etc.

Peu de points sont situés plus favorablement pour embrasser l'ensemble de la Mer de glace et de ses affluents. On découvre le mont Mallet, l'aiguille du Géant, l'aiguille et le glacier de la Noire, la Vierge, le Flambeau, le grand Regnon, l'aiguille de Blaitière, le Moine, l'aiguille Verte, les Droites et les Courtes qui dominent le Jardin. Le glacier

[1] Voyez pour toute l'ascension la carte du capitaine **Mieulliet**, 1865, à l'échelle de 1/40000.
[2] D. A. 1,40 par année.
[3] Voyez sur cette localité : *Du Spitzberg au Sahara*, p. 92.
[4] *Voyage dans les Alpes*, § 2027.

du Géant est sous les pieds du spectateur : il n'a point de moraine médiane et les couches paraboliques (*dirt-bands*) de la glace se dessinent admirablement entre les moraines latérales. Celles-ci sont au nombre de cinq à la pointe du Tacul sur la rive droite du glacier. Quatre sont des moraines latérales formées par les éboulements des montagnes de la rive droite du glacier du Géant. La cinquième est la moraine latérale gauche du glacier de Leschaux qui se réunit aux quatre autres, et devient ainsi une des moraines latérales droites du glacier principal.

De nouvelles preuves du retrait des glaciers se révélaient à moi. L'aiguille de Blaitière est en face du Tacul. De petits glaciers de second ordre descendent de cette aiguille, mais n'atteignent pas le glacier du Géant au-dessus duquel ils restent suspendus. On les nomme *glaciers d'envers de Blaitière*. Entre ces glaciers et la surface de celui du Géant on aperçoit une bande gazonnée d'un vert jaunâtre, large de 30 mètres environ. Au-dessus et au-dessous de cette bande, l'abrupt est poli, strié, dépourvu de toute saillie et de toute végétation. Cette bande gazonnée, où la terre végétale est restée, prouve qu'à une certaine époque le glacier du Géant s'était élevé jusqu'à son bord inférieur, tandis que les glaciers d'envers de Blaitière descendaient jusqu'au bord supérieur : elle-même n'a jamais été envahie par la glace. Cette bande nous montre donc quel a été l'écartement minimum du grand glacier et de ses satellites à l'époque de leur maximum de puissance et d'extension dans la période actuelle. Maintenant, au contraire, l'écart vertical entre la surface du glacier du Géant et l'extrémité inférieure des glaciers suspendus est de 150 mètres environ. La bande verte est plus rapprochée de la surface du glacier du Géant que de l'escarpement des glaciers d'envers de Blaitière, car ceux-ci alimentés par de petits bassins de réception ont reculé encore plus que le glacier du Géant ne s'est abaissé. Du haut de mon observatoire j'avais donc sous les yeux les parois d'une vallée usée, aplanie, frottée et striée par le glacier du Géant et ses affluents. L'abaissement de la surface et le retrait des petits glaciers satellites me permettaient de voir ces parois à nu. Involontairement mon souvenir me reportait aux grandes vallées des Alpes qui pendant la période glaciaire étaient occupées par des glaciers comme la vallée du Géant l'est actuellement. Leurs contre-forts sont également unis et usés ; pas un rocher ne fait saillie. Tout est uniformément aplani. C'est le caractère général de ces vallées. Mais je citerai comme des points où cet aplanissement est le plus frappant, dans le Valais, la rive gauche de la Dranse, en amont de Martigny, et celle du Rhône, en aval de cette ville : les parois qui dominent la rive droite du même fleuve, entre l'entrée du Loetsch-Thal et le village de Raron. Dans la vallée de Domo d'Ossola les escarpements de la rive gauche de la Tocce entre Vogogna et Ornovasco.

Je passai une bonne nuit sur mon lit de rhododendrons. Le froid était très-supportable, puisqu'à 4 heures 45 minutes du matin le thermomètre marquait 7°,5. Nous partîmes à 5 heures et trouvâmes les flaques d'eau gelées sur le glacier, effet dû au rayonnement de la glace et de l'eau dont la température s'était abaissée au-dessous de zéro. Nous suivions la moraine formée par les éboulements de l'aiguille de la Noire dont la roche se distingue par son mica noir, ses grands cristaux de feldspath blancs, et sa structure schisteuse ; s'éboulant facilement elle alimente une énorme moraine que l'on suit jusque sur la mer de glace. Au pied de cette aiguille, il y a évidemment dans la vallée du Géant une de ces dénivellations subites qui se remarquent à tous les rétrécissements des vallées alpines. Les cascades sont dans les défilés, c'est une loi qui ne souffre guère d'exception. Ici il n'y a point de torrent, mais un glacier, et c'est le glacier qui fait cascade, c'est-à-dire se divise, se déchire transversalement pour se recoller ensuite par un effet de la pression, quand la pente est moins forte et le fond plus uni. En juin, avant la fonte des neiges de l'hiver à la surface du glacier, on aurait pu passer sur les ponts qui recouvrent ces crevasses en suivant la rive gauche du glacier ; mais au commencement de septembre c'était impossible, d'autant plus que la quantité de neige tombée a été minime pendant les derniers hivers. Aussi toutes les crevasses, toutes les fentes étaient-elles béantes, et il fallut gagner les bases de l'aiguille Noire en descendant dans ces crevasses et en circutant sur les arêtes intermédiaires. Au pied de l'aiguille nous nous trouvâmes en présence d'un escarpement de roche polie et sans les points d'appui que nous offraient les tranches des feuillets brisés, nous n'aurions pu nous élever sur les bases de l'aiguille. Nous mesurions l'intervalle considérable qui séparait la glace du rocher qu'elle touchait à l'époque où elle arrondissait sa base et striait ses surfaces polies et usées. Le glacier béant était à cent mètres au-dessous d'une paroi verticale parfaitement unie, et nous avions à redouter les avalanches de pierres qui descendent habituellement des flancs de l'aiguille Noire. Ce trajet fut donc pénible et dangereux : nous dûmes remonter très-haut sur les flancs de l'aiguille Noire pour dépasser le niveau de la surface polie. En quittant le rocher, nous nous trouvâmes encore au milieu de séracs : nous descendions dans les petites vallées de glace et remontions sur les arêtes qui les séparent. *Couttet* taillait des pas avec la hache, tandis que *Simond* cherchait les passages les moins difficiles. A 9 heures 1/2 nous étions sur un névé peu crevassé, et des pentes douces se succédaient jusqu'au haut du col du Géant, mais plusieurs fois la neige avait manqué sous nos pas ; le glacier était traversé par des rimayes souvent larges et béantes, mais souvent aussi plus étroites et recouvertes d'une couche de névé d'une faible épaisseur. Nous nous attachâmes à une corde, car les pentes n'excédaient pas 20°, et la chute de l'un d'entre nous dans la crevasse n'aurait pas entraîné celle des autres comme dans le funeste accident du mont Cervin. A notre droite s'élevaient comme des écueils au milieu de la mer les rochers isolés appelés les Rognons et la Vierge. Nul doute qu'ils ne dépassent la surface de la glace beaucoup plus qu'il y a une dizaine d'années, car le névé fond et s'évapore même à ces hauteurs. D'immenses champs de neige s'étendaient jusqu'aux bases de l'aiguille du Midi, du mont Blanc, du Tacul et du mont Maudit. Nous apercevions la longue silhouette du col du Géant, dominée par les Aiguilles marbrées, et à 11 heures 35 minutes nous étions sur les rochers où de **Saussure**, en 1788, passa seize jours à 3,362 mètres au-dessus de la mer. De légères vapeurs s'élevaient du côté de l'Italie, mais dans les éclaircies je pus jouir de l'admirable spectacle qui attend le voyageur après cette pénible ascension. Là encore j'eus une preuve du retrait considérable des glaciers du mont Blanc ; celui de la *Brenva* que je voyais sous mes pieds est le pendant exact des *Bossons* qui descend sur l'autre versant : comme lui il s'avance au milieu des bois et des champs cultivés. Je voyais son extrémité inférieure s'allonger dans le val Veni sur la rive gauche de la Doria Baltea. Le torrent occupe seul le thalweg de la vallée et se fraye un passage entre la moraine du glacier et le contre-fort de la vallée sur lequel se trouve la chapelle de Notre-Dame de Guérison et où passe le chemin du col de la Seigne à Courmayeur. Les roches polies et striées, les blocs erratiques qui l'entourent montrent qu'à l'époque de sa plus grande extension ce glacier venait buter contre ce contre-fort de la montagne. Dans les temps historiques il a toujours laissé un libre passage au torrent qui descend du lac Combal. Quand je le vis pour la dernière fois en 1844, la glace accompagnait jusqu'au bout la grande moraine latérale droite couverte de mélèzes et figurée déjà par de **Saussure**[1] en 1781. Mon ami **Bartolomeo Gastaldi**[2] l'a revu dans le même état en 1852. Du haut du col du Géant je constatai que le glacier de la Brenva avait énormément reculé et j'estimai son retrait à 300 mètres environ. Une grande surface caillouteuse, extrémité de la moraine profonde, s'étendait en avant de l'escarpement terminal du glacier, et la moraine latérale droite dépassait cet escarpement et s'avançait semblable à un éperon le long de la Doire-Baltée. Je remarquai aussi que les abrupts presque verticaux du mont Maudit et du mont Blanc étaient complétement dépourvus de neige sur une hauteur qui n'est pas moindre de 1,400 mètres. Les observateurs futurs pourront constater s'il en est de même après les hivers où il tombe beaucoup de neige dans les Alpes. Je quittai le col à 1 heure 30 minutes, après m'être assuré que la température de l'air était à 4°,4, température très-supportable à cause de l'absence du vent et

[1] *Voyages dans les Alpes*, in-4°, t. IV, pl. III.
[2] *Appunti sulla geologia del Piemonte*, pl. V.

des brumes légères qui nous enveloppaient à chaque instant. A 8 heures et demie j'étais de retour à l'hôtel du Montanvert, satisfait d'avoir constaté dans les hautes régions l'ablation et le retrait si visibles sur l'extrémité inférieure des glaciers du mont Blanc. J'étais heureux d'avoir visité le col où de **Saussure** séjourna en 1788, et je me félicitais d'avoir réussi aux approches de la vieillesse dans une ascension qui me rappelait celles que je faisais il y a vingt ans sans me fatiguer autant, mais sans jouir davantage de ces aspects sublimes et pleins d'enseignements qu'on voudrait revoir sans cesse quand on en a compris une fois le charme intime et l'incomparable grandeur.

Charles Martins.

MARTINS (Charles).

TRACES ET TERRAINS GLACIERS AUX ENVIRONS DE BAVENO. Sur le lac Majeur. — Archives des sciences physiques et naturelles de Genève, t. XXVI, n° 103, 25 juillet 1866, p. 225 à 230.

L'immense glacier qui remplissait jadis la vallée de Domo d'Ossola, au pied méridional du Simplon, se composait de tous les affluents des Alpes pennines compris entre le mont Rose, le Simplon et le Gries[1]. Ces affluents descendaient par les vallées latérales d'Anzasca, d'Antrona, de Bugnanco, de Vedro, dans la vallée principale; par celles de Devera, et de Vigezzo, dans le val Formazza, qui en est le prolongement en ligne droite vers le nord. La Tocce les parcourt l'une et l'autre avant de se jeter dans le lac Majeur. C'est à Vogogna, en aval de Domo d'Ossola, que le dernier et le plus puissant des affluents, celui du val Anzasca, descendant de la partie orientale du mont Rose, se réunissait au glacier de la Tocce, comme nous l'appellerons désormais. Entre Vogogna et Ornovasco, on est frappé de l'abrasion de la grande paroi qui forme l'escarpement latéral gauche de la vallée. Pas une saillie pas une crête n'a échappé à l'usure produite par l'immense laminoir qui le polissait. En arrivant au lac Majeur par le golfe de Baveno, le glacier rencontrait la montagne granitique d'Orfano[2], isolée comme une borne gigantesque entre le lac Mergozzo et le golfe dont nous avons parlé. Placée au milieu de la vallée et formant un obstacle à la marche du glacier, celui-ci l'a moutonnée sur toute sa surface, et les stries dont ses surfaces polies sont couvertes prouvent assez que ces formes arrondies ne sont pas dues à une structure écailleuse du granit (*Schaalengranit* de **de Buch**). Les immenses carrières de granit blanc, ouvertes dans les flancs du *monte Orfano*, les pilastres, les colonnes, les entablements souvent de 10 mètres de long qu'on en tire journellement montrent que la masse entière compacte et homogène dans toutes ses parties n'a pas la fracture écailleuse que le célèbre géologue attribuait à tous les granits qui présentent une surface moutonnée. Ces formes sont l'œuvre du glacier. En arrivant au lac, on les retrouve sur le *monte Castello* qui domine Feriolo, sur le *monte Zucchero*, où l'on exploite le granit rose de Baveno; sur la montagne qui s'élève au-dessus du canal de communication, entre le golfe de Baveno et le lac de Mergozzo; sur le *monte Rosso* au pied duquel est situé le village de Suna, et enfin, sur le promontoire qui sépare les villes d'Intra et Pallanza. Non-seulement ces montagnes sont moutonnées, mais leur forme générale est celle que les glaciers impriment aux protubérances sur lesquelles ils passent : le côté en amont est à pente douce, le sommet arrondi, la partie en aval plus abrupte : c'est la *Stoss* et la *Lee Seite* des géologues scandinaves.

Le promontoire dont nous avons parlé, véritable *Abschwung* placé entre les deux grands glaciers qui descendaient par la vallée Levantine et celle de Domo d'Ossola, offre un grand escarpement de micaschiste vers le nord-est, du côté du lac. La pente douce qui descend vers le nord est une ancienne moraine couverte de gros blocs erratiques mise à nu du côté de l'est, derrière l'établissement horticole des frères **Rovelli**.

Les autres preuves du passage du glacier ne nous feront pas défaut. Un chemin débouchant entre Feriolo et Baveno, sur la route du Simplon, et aboutissant à la *masseria*

[1] Voyez la feuille XVI de la carte de l'état-major piémontais.
[2] Voyez la feuille XXIV de la carte de l'état-major piémontais.

ansporter les blocs de granit rose des deux carrières au lac ; ce chemin
[illegible] une ancienne moraine. De gros blocs erratiques de granit
[illegible], de quartz, de serpentine et de diorite, gisent de tous les
[illegible] dans la boue glaciaire des fragments de toutes grosseurs de
[illegible] formes usées et imparfaitement arrondies qui caractérisent les
s. Ceux de serpentine sont souvent manifestement rayés. En levant les
e le torrent de Selva Spesse di Baveno, qui débouche dans le lac à Oltre
son lit dans un terrain morainique, dont les lambeaux déchirés sont
te. Si l'on suit le sentier qui mène directement de Baveno aux carrières,
surface de micaschiste polie et striée dans le sens de la marche du
t, sauf les dimensions, la célèbre *Hellenplatte* de la Handeck (route du
t à 100 mètres environ sur le lac et correspond aux belles surfaces
bserve sur la rive orientale, aux environs du village de Fundo Tocce.
i eu le plaisir de les constater avec mon ami et ancien collaborateur le
tolomeo **Gastaldi**, de Turin. Continuant notre route sur Stresa,
que partout les hauteurs étaient semées de nombreux blocs erratiques,
n semblable à celles des blocs de l'ancienne moraine de Baveno. Il en
sa situation à une demi-heure de Stresa et ses énormes dimensions,
nalé aux géologues et même aux gens du monde qui s'intéressent tant
nomènes de la nature. Il est suspendu sur une pente très-inclinée au-
che orientale d'un petit torrent appelé Fiumetto qui débouche dans le
amont du palais de la duchesse de Gênes. Sa hauteur au-dessus du lac
environ, et sa masse noire est en partie cachée par le feuillage des
l'entourent et la végétation qui s'est établie sur sa surface supérieure. Il
icaschiste et lui-même est formé de schiste serpentineux compacte. Le
tre de la face supérieure est de 14m,50. Sa hauteur est de 10 mètres. Sa
surplombe la pente de la montagne et fait une saillie de 8m,30, dont
10m,70. On a utilisé cette saillie en construisant autour un mur en
our en faire un réduit où l'on conserve des fagots. Nous ne croyons pas
le volume de ce bloc à moins de 1,500 mètres cubes, ce qui le place au
gros qui aient été signalés.

limite supérieure de ces blocs erratiques? Des bords du lac, on voit
x d'ancienne moraine près de la crête visible de ce point; mais une
terone ou *Margozzolo*, dont le sommet s'élève à 1,491 mètres au-dessus
1 mètres au-dessus du lac Majeur, permet de fixer leur limite extrême.
lpe del Girardino, mais n'atteignent pas la chapelle de Sainte-Euphrosie
l'Alpe della Chiesa. Je ne crois pas m'éloigner beaucoup de la vérité en
te extrême à 850 mètres au-dessus du lac. Jusqu'à cette hauteur, on
ement des blocs innombrables et de toute grosseur, mais encore du véri-
orainique, savoir : un mélange de boue, de sable et de fragments de
ure très-diverse. A l'époque de sa plus grande extension[1], lorsque réuni
de Palanza avec l'affluent du Tessin, il poussait ses dernières moraines
ns de Somma et de Sesto Calende, le glacier de la Tocce avait au niveau
[illegible] puissance de 850 mètres.

facile de démontrer que le glacier de la Tocce a réellement passé sur le
our m'en assurer, j'ai examiné, avec mon ami le professeur **Gastaldi**,
les Borromées. Ce sont des couches de micaschistes inclinées vers le sud.
t, elles sont en grande partie couvertes de constructions; mais, partout
u, elles présentent des preuves d'abrasion. Ainsi, sur la pointe méridio-
elle Pescatore, sous les arcades tapissées de Bignonia radicans et de
d occidental de l'Isola Bella, on reconnaît la forme générale des mi-

ue d'une grande étendue, qui n'était pas le maximum.

caschistes que les glaciers ont moutonné. Mais c'est surtout à la pointe N. O. de l'Isola Madre, près d'une tour en briques, qu'on voit des surfaces nivelées et intactes sous le gazon qui les recouvre, et, pour achever la démonstration de gros blocs erratiques de diorite, de granit et d'amphibolite, gisent autour sur le rivage. A l'extrémité septentrionale du lac, près de Locarno, les petites îles del Conigli et de San Pancrazio, qui ne portent chacune qu'une seule construction. sont clairement moutonnées sur toute leur longueur et arrondies dans le sens de la marche du glacier du Tessin. Nous avons donc la preuve matérielle que le glacier a passé sur le lac et que son fond a nivelé la surface de ces îles.

Maintenant, si l'on me demande comment le glacier se comportait vis-à-vis de ce lac. s'il remplissait tout le creux ou passait au-dessus, je ne saurais, dans l'état actuel de nos connaissances, me faire une juste idée des relations mutuelles du lac et du glacier. Malgré les observations de MM. de **Mortillet**, **B. Gastaldi**, **Desor**, **Ramsay**, **Favre**, **Zollikofer**, **Omboni** et **Enrico Paglia**, les éléments rassemblés par ces auteurs ne me paraissent pas suffisants pour résoudre le problème et entrainer la conviction des géologues. Les études sur les terrains de transport et l'ancienne extension des glaciers datent d'hier, comment s'étonner qu'une foule de difficultés soient encore insolubles? Comment s'étonner que des faits restent sans explication et des objections sans réponse. L'avenir éclaircira tous ces doutes, et le passage des anciens glaciers dans les vallées occupées par des lacs sera aussi compréhensible que le fait même de leur ancienne extension est évident actuellement aux yeux de tous les savants contemporains.

Charles Martins.

MAW (Georges). F. G. S., etc.

ON WATERSHEDS. GEOLOGICAL MAGAZINE, vol. III, n° 8, n° 26, August 1866, n° 26, pag. 344 à 348. 1 cliché.

MAYR (J. G.).

ATLAS DER ALPENLÆNDER. Schweiz, Savoyen, Piemont, Sud-Bayern, Tirol, Salzburg, Erzherzogthum Œstreich, Steyermark, Illirien, Ober-Italien. etc. — 9 cartes, chacune de 22 3/4 pouces ch., haut. 31 pouces, rh. large et titres. Échelle 1 : 450,000.

I. Suisse, N. O., Jura, Vosges, Forêt-Noire, etc.
II. Suisse, N. E., Bavière, S., Tyrol, N.
III. Autriche, Salzburg et Steyermark.
IV. Suisse, S. O., Savoie, Piémont.
V. Suisse, S. E. (Grisons), Tyrol, S., Lombardie, Venise, etc.
VI. Steyermark, S., Illirien, Frioul, côtes de la mer, etc.
VII. France, S., Sardaigne, Nice, Gênes.
VIII. Provinces italiennes, Parme, Modène, Emilia, Toscane.
IX. Côtes marines d'Istrie, Croatie, Dalmatie et conflints italiennes, N.
X. Rome (supplément).
XI. Naples (supplément).

Prix de chaque carte collée sur toile, 2 thalers. — Librairie de Justus Perthes à Gotha.

MALTE-BRUN (V. A.), membre des Sociétés géographiques de Paris, Londres, Berlin, Vienne, de Russie, Darmstadt, Francfort-sur-le-Mein et de Genève

NOUVELLES ANNALES DES VOYAGES, DE LA GÉOGRAPHIE ET DE L'HISTOIRE.

Il paraît régulièrement le premier de chaque mois un cahier de 8 à 9 feuilles. — Les 12 cahiers réunis forment 4 beaux volumes in-8°, ornés de cartes, vues et plans.

Créés en 1808 par **Malte-Brun**, elles ont toujours continué à paraître sans interruption jusqu'à ce jour.

Paris, Arthus Bertrand, éditeur, rue Hautefeuille 21. Par an, pour les départements, 36 fr.

P

POULETT-SCROPE (G.).
Voyez Geological Magazine.

R

RAMBERT (Eugène).
Les Alpes suisses. — Première série, 1 vol. in-12, 302 pages. Paris, librairie de Suisse romande, rue de Seine, 33, 1866.

I. Les plaisirs des grimpeurs.
II. Linthal et les Clarides, trois jours d'excursion.
III. Le vallon de Queuroz.
IV. Les plantes alpines.
V. Accident du mont Cervin (Matterhorn).

S

SAINT-ROBERT (Paul, comte de).
Principes de Thermodynamique, Turin, 1865. *Archives des sciences physiques et naturelles de Genève*, n° 97. 20 janvier 1866 (pag. 77 à 81, et pag. 34 à 43[1]).
...M. **Clausius** dit : la chaleur ne peut passer d'elle-même d'une source plus froide à une source plus chaude. Cet axiome est rejeté par M. de **Saint-Robert**, qui lui substitue celui-ci : *Il est impossible de tirer du travail mécanique d'une source de chaleur, si on ne fait passer de la chaleur de cette source à une autre plus froide*[2].

SEARLES v. WOOD (jeune).
Voyez G. Geological Magazine.

SOCIÉTÉS GÉOLOGIQUES EN ANGLETERRE 1866.
Geologist's Association. — Kings' College, London, 1st. Tuesday in every month.
North London Naturalists Club. — Priory Schools, 198 Upper Street, Islington, n° 8 p. m. 1866.
Edinburgh Geological Society. — 5st. Andrew square, 1866. Summer Excursions.
Liverpool Geological Society. — Royal Institution; First Tuesday in each month. 7 p. m.
Dudley and Midland Geological Society.
Norwich Geological Society. — Museum 7,30 p m.
Severn Valley Naturalists' Field Club.
Malvern Naturalists' Field Club.

[1] D. A. Voyez, dans nos Matériaux, *Calorique*.
[2] D. A. *Cet axiome vérité est la cause du maintien et de la progression des glaciers. — L'eau de fusion (de fonte) des neiges qui courrent les glaciers passe à travers les fissures capillaires et réparations des cristaux de glace dont la masse des glaciers est composée, et étant assimilée (transformée, en partie à l'état solide) elle augmente le volume des glaciers en hauteur, longueur et largeur.*

NORTHUMBERLAND AND DURHAM NATURAL HISTORY SOCIETY. Newcastle-upon-Tyne, Tues. 8 p. m.

EXETER NATURALISTS' CLUB. Field Meetings.

SOUTH SHIELDS GEOLOGICAL CLUB. — Lecture Room of Working Men's Institute, K street, 8 p. m.

RICHMOND AND NORTH RIDING NATURALISTS' FIELD CLUB. — Monthly Meetings for 1866 of Museum à 8 o'clock.

BATH NATURAL HISTORY AND ANTIQUARIAN FIELD CLUB

MANCHESTER SCIENTIFIQUE STUDENTS' ASSOCIATION TEIGN NATURALISTS' FIELD CLUB

TYNES IDE NATURALIST' FIELD CLUB.

T

THOMSON.

Voyez **H. Helmholtz** et **Tyndall.** REGEL DE LA GLACE

TYNDALL.

Voyez **H. Helmholtz** et **Tyndall.** REGEL DE LA GLACE.

W

WOOD (V.). Searles Jun. F. G. S.

GEOLOGICAL MAGAZINE, VIII, n° 8, August 1, 1866, p. 348 à 354. 1 coupe et plans.

ON THE STRUCTURE OF THE VALLEYS OF THE BLACKWATER AND THE CROUCH, and of the E Essex gravel, and on the relation of this gravel to the denudation of the Weald.

MATERIAUX

POUR

L'ÉTUDE DES GLACIERS

Troisième liste supplémentaire, par ordre alphabétique, des auteurs qui ont traité des hautes régions des Alpes et des glaciers, et de quelques questions qui s'y rattachent, avec indication des recueils où se trouvent ces travaux (1864 à 1866).

A

Abhandlungen und Beobachtungen durch die ökonomische Gesellschaft in Bern gesammelt.
21 vol. 1760-1773. Mit Nachträgen bis 1798.

AEBY-FELLENBERG (Von) und **GERWER** (Pfarrer).
Hochgebirge von Grindelwald, mit Karte. Coblenz, 1865.

Alpenrosen.
Taschenbuch. 1811 à 1854.

AMES (E.).
Erste Besteigung des Laguinhorns und Allalinhorns. Juin 1865. *Alpine Club*

Am Stein.
Verzeichniss der Land- und Wassermollusken Graubündens. *Jahrbuch der Naturforschenden Gesellschaft in Graubünden*. III, VII, 1858 à 1862.

ANDERSON.
Erste Besteigung des Kleinen Schreckhorns (vorderen Schreckhorn), zwischen dem grossen Schreckhorn und dem Mettenberg, 1857. *Alpin Club*.

ANSELMIER (Ingénieur).
Topographische Karte des Cantons Zug. 1 : 25,000, 4 feuilles.

Anonymes.
Nouvelle catastrophe au mont Blanc. 13 octobre 1866.

Nous trouvons dans le journal *le Mont-Blanc*, paraissant à Annecy, le récit suivant de la catastrophe du 13 octobre que nous avons annoncée avant-hier :

« Un télégramme de Chamonix nous informait, dimanche matin, qu'une grande catastrophe venait de marquer l'ascension au mont Blanc faite la veille par un voyageu anglais, accompagné de trois guides; nous recevons, au moment de mettre sous presse, la saisissante relation d'un des témoins survivants de ce drame.

« Chamonix, le 14 octobre 1866.

« Mon cher directeur,

« Vous finissez à peine l'impression des nouveaux détails sur la mort tragique d **M. Samuel Young**, qu'il faut ajouter un nouveau feuillet au lugubre martyrologe du mont Blanc.

« Le capitaine anglais, **Henri Arkwright**, et sa jeune sœur de vingt ans, accompagnés d'un guide et de deux porteurs, avaient quitté Chamonix le 12 et donnaient dans la soirée de ce même jour la preuve de leur heureuse arrivée aux Grands-Mulets, en allumant, sur le plateau de la nouvelle cabane, une traînée de feux de Bengale qui trouai de rideau de brume. Les canons de l'Hôtel-Royal répondirent à ce signal joyeux.

« Le prince **Paskiewich**, qui avait fait l'ascension quelques jours avant et qui en avait rapporté les pieds gelés, ce qui le retient encore prisonnier à l'hôtel, s'écriait en voyant ces manifestations bruyantes : « Ah ! les malheureux ! qu'ils n'aillent pas plus haut ils s'y gèleront tout entiers! Hélas ! je n'aurais pas cru alors qu'il fût si vrai prophète

« La journée du lendemain, 13 octobre, s'annonçait fort belle; la couche givrée des précédentes matinées avait fait ce jour-là place à une rosée douce et abondante, et le thermomètre marquait 8 degrés au-dessus de zéro à neuf heures du matin.

« C'est à cette heure que madame **Arkwright** et une autre jeune sœur du capitaine restées à Chamonix, aperçurent à l'aide du télescope sur lequel elles n'avaient pas cess d'avoir les yeux, une caravane de quatre personnes liées ensemble par une corde et gra vissant assez lestement la dernière pente qui sépare le Petit-Plateau du Grand. Les ascen sionnistes composant cette caravane étaient : le capitaine, son guide et les deux porteurs mademoiselle **Arkwright** avait été laissée à la cabane des Grands-Mulets, qu'on avai quittée à six heures du matin.

« Un quart d'heure après, on apercevait au même point deux hommes suivant ave plus d'entrain la même direction; c'étaient, comme nous l'apprîmes dans la soirée, l guide **Sylvain Couttet**, le concessionnaire de la cabane des Grands-Mulets, et un jeun Allemand fixé à Chamonix, le sieur **Nicolas Winkart**.

« Les deux caravanes cessèrent bientôt d'être perceptibles dans la longueur de la tra versée du Grand-Plateau et ne reparurent que trois heures plus tard à la base de l *Calotte du Mont-Blanc*, dont on supposait qu'elles atteindraient la cime vers midi. Per sonne ne reparaissant une heure après aux contours ordinaires des *Rochers-Rouges*, o commençait à échanger des opinions plus ou moins sinistres sur les lenteurs inexplicable de cette traversée du *Corridor*. On savait que des bourrasques règnent souvent dans c régions malgré l'apparence du temps le plus calme dans la vallée, et les calculs faits su la marche agile des touristes devaient permettre de supposer leur arrivée au sommet cette heure.

« Vers une heure après midi, un observateur signala deux voyageurs descendant à l course et presque en ligne droite les pentes du Grand-Plateau. C'étaient bien les deu mêmes personnes qui avaient été aperçues le matin grimpant un peu en arrière de l première caravane, et il nous fut alors permis de supposer, vu la persistance de la tempé rature la plus douce, que le retour des premiers voyageurs aux Grands-Mulets avait p échapper aux observations des télescopes.

« Vers cinq heures du soir, de vagues rumeurs d'une horrible catastrophe se répandiren à Chamonix. On annonçait le retour du guide **Sylvain Couttet**, accompagnant made moiselle **Arkwright**. Voici le récit que ce guide nous fit, en pouvant à peine com mander à l'émotion et aux larmes qui entrecoupaient ses paroles :

« J'étais parti avec **Nicolas Winkart** trois quarts d'heure environ après la caravane du capitaine. Nous ne tardions pas à la rejoindre au Grand-Plateau. La neige était bonne, nous enfoncions à peine d'un décimètre, la température était très-douce; le capitaine me demanda en me voyant venir de loin :

« — Dans trois heures pourrons-nous arriver au sommet?

« — Je pense que oui, fut ma réponse.

« Ils prirent un peu l'avance pendant que nous nous arrêtions avec **Winkart** pour prendre quelque nourriture. Vingt minutes après nous les rejoignions; ils étaient engagés dans la pente rapide de l'ancien *passage Balmat*, qui, bien que moins sûre que l'autre, avait été assez souvent pratiquée cette année.

« M'adressant alors au porteur **Joseph Tournier** qui ouvrait la marche :

« Laissez-nous passer les premiers, lui dis-je ; il y a assez longtemps que vous faites la [illegible] peine.

« C'est à cette bonne inspiration de soulager un peu ses camarades que nous devons sans aucun doute notre salut, **Winkart** et moi.

« Nous marchions depuis dix minutes à côté de seracs menaçants, quand un craquement se fit entendre au-dessus de nos têtes, un peu à droite. Sans raisonner et par instinct, je m'écriai : « Marchons vite ! » et je m'élançai en avant. Quelqu'un s'écria derrière moi : « Pas de ce côté-là. » Je n'entendis plus rien ; le souffle de l'avalanche m'ébranlait déjà dans sa course furieuse. « Couchons-nous, » m'écriai-je encore, et au même instant, [illegible] j'enfonçai profondément mon pic dans la glace, et je me cramponnai au manche, à genoux, la tête baissée et tournée contre l'ouragan.

« L'épais nuage de neige tamisée que soulève l'avalanche nous entoura ; je sentis des [illegible] passer sur mon dos, des glaçons me fouetter le visage, et un bruit affreux de [illegible] m'étourdit comme un roulement de tonnerre.

« Ce ne fut qu'au bout de huit ou dix minutes que l'horizon s'éclaircit et que, toujours les mains crispées sur mon pic, j'aperçus à deux mètres derrière moi **Nicolas Winkart**, accroupi comme moi et arc-bouté sur son alpen-stock, fortement implanté dans la glace. La corde qui nous liait était intacte.

« Je ne vis plus rien après mon compagnon que les derniers nuages de neige au-dessus des blocs entassés de l'avalanche sur une étendue de plus de 200 mètres. Je criai de toutes [illegible] à plusieurs reprises ; pas de réponse. Je devins comme fou, j'éclatai en san-[illegible] je réitérai mes cris, même silence, un silence de mort !

« [illegible] mon pic presque disparu dans la glace ; je détachai la corde qui me liait à [illegible] ; et tous deux, avec toute l'énergie qui nous restait, la poitrine oppressée, la [illegible], nous nous mîmes à explorer dans tous les sens cette énorme montagne de [illegible].

« [illegible], à 50 mètres plus bas, j'aperçus un sac, puis un homme. C'était **François** [illegible], le second porteur, la figure horriblement mutilée et le crâne enfoncé à l'ar-[illegible] un bloc de glace. Sur la trace de ce débris humain je recommençai mes re-[illegible], la corde qui liait **Tournier** à ses compagnons était coupée à un mètre de [illegible] en avant et en arrière, les horribles mutilations de son corps me permettaient [illegible] trop clairement que ses compagnons avaient dû être entraînés par l'avalanche.

« [illegible] n'en continuâmes pas moins nos recherches pendant près de deux heures. [illegible] rien ne put s'apercevoir au milieu de ces décombres, hauts comme des [illegible], et sans autres instruments que mon *pic* et le bâton de **Winkart**.

« [illegible] le cadavre du pauvre **François Tournier**, nous le traînâmes jus-[illegible] Grand-Plateau, et, réunissant alors ce qui nous restait de forces, nous descendîmes en [illegible] la cabane des Grands-Mulets, où m'attendait une émotion des plus cruelles : l'annonce à miss Arkwright de la mort de son frère.

« La pauvre enfant était paisiblement occupée à dessiner.

« — Eh bien, Sylvain, me dit-elle, en me voyant arriver, tout va bien?

« — Pas trop, mademoiselle, dis-je, ne sachant par quel bout commencer.

« Mademoiselle me regarde, voit ma tête basse, mes yeux pleins de larmes ; elle se lève, vient à moi :

« — Qu'y a-t-il donc ? Dites-moi tout.

« Je ne pus que répondre :

« — *Faites courage!* Mademoiselle.

« Elle me comprit! Cette courageuse jeune fille se mit à genoux, pria pendant quelques minutes et se releva ensuite pâle, calme, l'œil sec.

« — Vous pouvez tout me dire maintenant, me dit-elle, je suis prête !

« Et je lui contai alors l'horrible malheur. J'ajoutai que j'allais descendre à Chamonix pour prévenir la population, demander du renfort et remonter pour retirer au moins les cadavres, si c'est possible. Elle insista pour m'accompagner. Elle devait à son tour aller préparer sa pauvre mère, restée à Chamonix avec son autre fille.

« Au bas de la montagne, près de la Cascade du Dard, la seconde sœur de miss **Arkwright** venait à nous souriante : ne me demandez pas les détails de la dernière scène de cette horrible journée, je n'aurais plus la force de vous les raconter.

« Ici s'arrête la narration du brave guide **Sylvain Couttet**, le même qui avait donné tant de preuves de dévouement et de sensibilité dans la catastrophe des frères **Young**.

« Dans la soirée, madame **Arkwright**, mère du capitaine, désira entendre quelques détails de la bouche de celui qui, le dernier, avait parlé à son malheureux fils. J'assistai à cette touchante entrevue. Sur la promesse que faisait **Sylvain Couttet** à la pauvre mère de recommencer le lendemain la recherche du cadavre de son fils, elle lui manifesta, en lui étreignant cordialement la main, toute la reconnaissance que lui inspirait son dévouement, et elle ajouta ces mots bien dignes d'une grande âme : « Je suis mère de douze enfants, voilà le premier que je perds ; je suis bien malheureuse d'avoir perdu ce bon **Henri**, mais je pense aussi à de plus malheureux que moi, aux familles de ces pauvres guides qui avaient tous femmes et enfants ! Mon Dieu, ayez pitié de nous tous ! » Et cette pauvre mère oubliait presque sa douleur en présence du désespoir de trois familles privées si fatalement de leur unique soutien.

« Le guide **Michel Simond**, âgé de quarante ans, est, en effet, père de quatre enfants.

« Le porteur **Joseph Tournier**, âgé de trente ans, est père de trois enfants, et le porteur **François Tournier**, âgé de vingt-cinq ans, est aussi père de deux enfants, la veuve d'un de ces malheureux n'est pas encore relevée de ses dernières couches.

« Une caravane de sauvetage s'est organisée depuis hier ; de nombreux guides et des meilleurs se sont volontairement présentés pour aller à la recherche des corps de **M. Arkwright** et de leurs malheureux collègues. Il reste, d'après le guide **Sylvain Couttet**, peu de chances de retrouver les trois autres cadavres sous la montagne de débris glacés qui les a entraînés et ensevelis. On a pensé à conduire le chien de **M. Arkwright**, et l'instinct de cet animal pourrait peut-être servir utilement les recherches des sauveteurs. Au moment où j'achève ces lignes, dimanche 14 octobre, à huit heures du matin, la caravane de sauvetage, composée de vingt-cinq personnes environ, part de Chamonix, escortée par une foule nombreuse qui tremble sur le sort de ces hommes intrépides. Dieu veuille qu'il n'y ait pas de nouveaux malheurs à déplorer ! Il fait froid sur ces cimes où ces hommes vont passer de longues heures, à 4,500 mètres. L'infatigable **Sylvain Couttet** a la conduite de la caravane. Il est muni d'une instruction précise pour faire au Grand-Plateau des signaux convenus pour demander au besoin de nouveaux renforts.

« Docteur **Ch. Depraz**. »

Télégramme.

Chamonix, 16 octobre, 3 h. 50 m. soir.

Le deuxième porteur à été retrouvé affreusement mutilé. La sépulture aura lieu demain. Une nouvelle caravane partira probablement avec le frère du capitaine **Arkwright**, attendu ce soir, pour chercher les autres victimes.

B

BACH (H.).
GEOGNOSTISCHE UEBERSICHTS-KARTE VON DEUTSCHLAND, SCHWEIZ, etc. — Gotha, 1856.

BACH (H.).
GEOLOGISCHE KARTE VON CENTRAL-EUROPA. — Stuttgart, 1859.

BALL (J.).
ERSTER ÜBERGANG ÜBER DAS SCHWARZTHOR VON ZERMATT NACH AYAS 1845. *Alpine Club*.

BALL.
STRAHLECK. P. P. G.

BALL.
PEAK, PASSES AND GLACIERS. — London, *Publications de l'Alpine Club anglais*.

BALL (John).
A GUIDE TO THE WESTERN ALPES. — London, 1863.

BÆDECKER.
DIE SCHWEIZ NEBST DEN ANGRENZENDEN THÄLERN VON OBER-ITALIEN, SAVOYEN UND TYROL. — 12e Auflage. Coblenz, 1866.

BARTH und **PFAANDLER.**
DIE STUBAIER GEBIRGS-GRUPPE. — Inspruck, 1865.

BARRY.
ACCENT TO THE SUMMIT OF MONT-BLANC. — London, 1834.

BENOIT (Emile).
GROTTE DE BEAUME (Jura). *Bulletin de la Société géologique de France*, 2e série, t. XXIII, feuilles 30-40 (9 avril — 4 juin 1866, p. 581 et pl. XI.

La Société d'émulation du Jura a fait faire dans la grotte de Beaume (près de Lons-le-Saunier) des fouilles qui ont amené la découverte importante de nombreux *ossements d'animaux éteints*. — Ces ossements sont enfouis dans des lits de sables et graviers nettement séparés d'une couche superficielle renfermant des débris de poteries très-anciennes et d'autres objets archéologiques. La relation de cette découverte fait l'objet d'une notice de **M. Luis Clos**, insérée dans le volume de 1865 de la Société.

Les figures 1, 2, 3 de la planche XI ci-jointe sont empruntées à la notice en question et montrent la forme et la position de la grotte, ainsi que la partie qui a été fouillée et qui se compose de trois couches, savoir :

1° A la base, sur le roc, une couche d'argile jaune de 1 mètr. épaisseur moyenne, qui n'a encore restitué aucun débris fossile.

2° Au milieu des lits de sables, graviers et cailloux roulés, inclinés, enchevêtrés, d'une épaisseur variable de 1 à 4 ou 5 mètres, renfermant de nombreux ossements d'animaux fossiles.

3° A la surface, une couche récente de 0m,25 d'épaisseur, formée de terre, poussière, feuilles et débris de végétaux renfermant des fragments de poteries, des haches en corne de cerf et d'autres objets archéologiques.

Les ossements de la couche du milieu sont très-fragiles et indéterminables, sauf les dents qui sont nombreuses. La Société d'émulation y a très-bien reconnu les genres *Ursus*, — *Hyena*, — *Felis*, — *Sus*. — *Equus*, — *Elephas*, — *Rhinoceros*, — *Cervus*, — *Bos*, etc. — Je place sous les yeux de la Société géologique une cinquantaine des dents les mieux conservées, qui m'ont été remises pour être communiquées aux hommes compétents. M. **Paul Gervais** y reconnaît les mêmes genres que la Société d'émulation et attribue à la découverte une très-grande importance scientifique. De nouvelles fouilles devant être faites dans la grotte, il lui a paru convenable de remettre à plus tard les déterminations spécifiques. Cependant on peut dès maintenant signaler les espèces suivantes : *Rhinoceros tichorhinus*, — *Machaïrodus latidens*. Il a surtout porté son attention sur cette dernière espèce, qui est représentée seulement par une canine inférieure crénelée, très-caractéristique du genre; c'est la troisième dent connue; elle a été trouvée une fois dans la caverne de Torquay en Angleterre, et une autre fois dans le diluvium des environs du Puy (Haute-Loire).

Les *Machaïrodus* constituent un genre voisin de celui des *Felis*, et la taille de ce grand chat du Jura aurait approché de celui du lion. Disons encore que la faune de la grotte de Beaume paraît offrir plusieurs *cerfs*, deux espèces de *cheval*, deux espèces d'*ours*, deux espèces de *bœuf*. Quelques fragments d'ivoire représentent seuls le genre *éléphant*, mais les nombreux ossements de l'*elephas primigenius* que l'on trouve dans cette partie du Jura font présumer qu'il s'agit ici de cette espèce.

Je n'ai aucune mission de faire une communication au sujet de la grotte de Beaume, mais je pense que la Société d'émulation du Jura ne me blâmera pas de divulguer son importante découverte et d'en prendre texte pour parler de la géologie locale.

Voici donc une grotte placée dans le massif du jurassique, au fond d'une vallée entre un abrupt de rochers et un grand talus d'éboulis, renfermant dans une sorte d'ossuaire la plus étrange collection d'animaux éteints, pêle-mêle dans un même dépôt graveleux. Le sujet est, comme on voit, fort intéressant.

Est-ce une faune tertiaire? Est-ce une faune quaternaire? Y a-t-il une faune quaternaire bien définie? Qu'est-ce que l'époque quaternaire et où commence-t-elle? Comment la vallée de Beaume a-t-elle été creusée? Comment la grotte a-t-elle été remplie? Comment s'est faite l'ablation des couches jurassiques qui manquent sur ce premier plateau du Jura, où il n'y a plus que l'*oolithe* inférieur? Il y a là des questions préalables qu'il faut vider avant de rien décider sur la question paléontologique de la grotte.

J'ai fait dans le temps des études minutieuses dans cette partie du Jura, et je trouve dans mes carnets de voyage une coupe géogologique qui va de la Bresse jusque bien au delà du premier plateau en traversant la vallée de Baume un peu au nord de la grotte, là où la vallée se ramifie et se termine en trois cirques (les géologues jurassiens rendent assez bien cette forme de cirque par l'expression de *coup-de-gouge*). Voici les altitudes : niveau moyen de la Bresse, 220 mètr.; fond de la vallée de Beaume, près de la grotte, 382 mètr. Altitude de la grotte, probablement 450 mètr. Crête de l'abrupt au-dessus de la grotte, 511 mètr. Le plateau dans lequel la vallée de Beaume est creusée à une altitude moyenne de 535 mètr.; il penche à l'ouest, mais avec diverses ondulations qui se traduisent en larges déclivités aboutissant aux échancrures de la falaise qui borde la Bresse, ainsi que la vallée de Beaume qui est parallèle à la falaise qu'elle coupe en un point.

La grotte de Beaume peut devenir célèbre; il y aura probablement des controverses. Heureusement les faits sont ici très-simples, largement accusés, se prêtant peu à l'équi-

nc espérer que la science étant une fois faite sur ce point, l'analogie
[illegible] jusque dans les contrées lointaines.
[illegible]

es couches jurassiques et creusement des vallées.

au du Jura, dans la région qui nous occupe, est formé par l'*oolithe* ·s couches presque horizontales ne supportent plus que de très-rares *ien*; il faut aller jusqu'au delà de la chaîne d'Euthe, dans la vallée de r l'*oxfordien* et le *corallien*, sous formes de buttes isolées, puis de ferment de petits lacs, dont le plus remarquable est celui de Chalin· les couches *oxfordiennes* et *coralliennes* qui couvraient cette vaste kilomètres de long sur 10 à 15 de large?

ont il y a bien d'autres exemples dans le Jura, est géologiquement très- faite même pendant la formation successive des divers terrains; elle ien des points, et notamment sur le plateau qui nous occupe, soit par ressive des formes orographiques, soit par la structure rudimentaire des bombements du sol sous-marin, soit par la facile érosion résultant mentaire de roches tantôt émergées, tantôt amenées sous l'action du celle des courants marins. On trouve dans le Jura des preuves posi- lis, qui sont surtout marqués dans le terrain jurassique à partir de lase ou, pendant les âges géologiques, des phénomènes énergiques de spersion dont il faut tenir compte, car il y a connexion entre l'*ablation rface et le creusement des vallées*[1] par rupture des couches et éva- ns de continuité. Par exemple, on voit bien que la vallée de Beaume a au *lias* en même temps que la vallée de Conliège, qui est voisine, en l'est faite l'ablation des couches qui manquent au-dessus des marnes aunier. Tous ces reliefs étaient achevés bien avant la fin de l'époque i les couches tertiaires de la Bresse butent horizontalement entre les redressées et entrecoupées de failles. C'est donc un point acquis, que était déjà creusée avant l'époque quaternaire.

Commencement de l'époque quaternaire.

grave. Pour mon compte, je crois que, quand on voudra bien ne pas *le plus important* du problème, on reconnaîtra que l'époque quater- ar l'*extension des anciens glaciers*.

otte de Beaume est certainement celle qui vivait dans le pays au com- ension des glaciers; on pourrait dire que c'est la dernière faune ter- froid et les intempéries, puis enfouie dans un dépôt quaternaire, le qui marque un début torrentiel dont il n'y avait pas eu d'exemple l en est ainsi, il est évident qu'il faudra placer ici la limite entre et l'époque quaternaire, et je présume que la faune de la grotte de type.

ec ce système. Dans la gangue sablonneuse et graveleuse des ossements ent étranger aux roches jurassiques du plateau[2]. La grande majorité ovient des couches de l'*oolithe*; les cailloux de *calcaire bleu* de l'oxfor- s et ceux provenant du *corallien* encore plus rares. (La disposition uches à ossements indique une action torrentielle tumultueuse, un nt le voisinage d'une cascade, car tous les matériaux viennent du

[1] des glaciers qui ont couvert le Jura et les contrées avoisinantes, etc...
[2] très-importante en faveur du système glaciaire.

plateau[1]. (Alors le fond de la vallée était nécessairement au niveau de la grotte, et c n'est peut-être que plus tard, sous l'action croissante des courants, qu'elle s'est creusé davantage jusque dans les marnes du lias, et que des éboulis ont garni les pentes a pied des abruptes, le gisement ossifère restant ainsi suspendu à un hauteur d'enviro 50 mèt. au-dessus du fond de la vallée. Il faut ajouter ici que les eaux qui ont pu couvri la Bresse pendant l'époque quaternaire n'ont jamais atteint le niveau de la grotte, c qu'il serait facile de penser par des faits auxquels la brièveté de cette note ne laisse pa de place.)

Glaciers du Jura.

On conteste encore l'ancienne extension des glaciers sur les grandes montagnes eur péennes et à plus forte raison l'existence d'anciens glaciers sur le Jura. Je crois que pou cette fois la question va se décider[2], car la grotte de Beaume vient implanter sa cu rieuse question paléontologique au milieu des dépôts erratiques du Jura, et il faudr bien au moins discuter les faits et aller sur le terrain.

On ne sait pas encore bien comment les glaciers ont commencé; quelques géologue admettent deux époques glaciaires, d'autres une seule[3]. Ce dernier avis me paraît l plus certain; mais il faut admettre, ce qui est très-naturel, d'ailleurs, que les glacier ont pu avoir un temps d'arrêt et quelques oscillations au sortir du massif des Alpes, d telle sorte, que l'action torrenticlle restant indépendante, des couches de graviers sables, limons et même de lignites, ont pu s'intercaler, avec une faune sensiblemen distincte, entre deux dépôts nettement glaciaires.

Dans le Jura, on n'a pas encore pu distinguer ces diverses phases de l'époque *glaciair* Quoi qu'il en soit, ce premier plateau du Jura, dans lequel est creusée la vallée d Beaume[4], est couvert de matériaux (remaniés) que je considère comme des dépôts gla ciaires, et cette localité est une de celles auxquelles je faisais allusion lorsque je disai (*Bulletin de la Société géologique*, 2e série, t. XX, p 334, 1858) qu'en dehors de la limit sinueuse des grands glaciers, passant par les chaînes de la rive droite de l'Ain (chaîn de l'Euthe) on trouvait des traces de petits glaciers isolés, permanents ou temporaire dont la vie n'a été souvent qu'une continuelle agonie.

Le grand massif du mont Jura, qui est au delà du cours de l'Ain, a été couvert de gla ciers contenus dans un immense bassin d'alimentation penchant à l'ouest dans la vallé de l'Ain, où sont de larges *moraines latérales et frontales*, arquées ou concentriques, plu ou moins démantelées par les torrents glaciaires et par le cours de l'Ain. Une de ce moraines entoure l'issue du lac de Chalin et vient s'appuyer contre la chaîne de l'Euth avec cette particularité remarquable[5], que les matériaux erratiques pris sur le flan oolithique de la chaîne s'intercalent en plusieurs endroits sans la masse erratique venu de l'est et presque uniformément formée de matériaux oxfordiens et coralliens, la carac téristique de tous ces dépôts étant comme d'ordinaire la boue, les blocs, les stries. Il a ici quelque chose d'analogue à ce qui existe sur le revers du haut Jura, où des maté riaux erratiques purement calcaires s'intercalent sous les dépôts alpins.

Or, s'il y a eu des glaciers sur le revers oriental de la chaîne de l'Euthe, il a pu en avoir sur le versant occidental, et le plateau qui fait suite leur a naturellement ser d'écoulement. — Il y a en effet de nombreux lambeaux d'erratiques jusque sur le bor

[1] D. A. Comme glaciériste j'ai placé entre parenthèses ce qui est contraire à ce que les glacie en activité me disent.

[2] D. A. Depuis plusieurs années déjà, la cause des glaciers est jugée. — Autrefois ils régnaier en souverains maîtres partout, aujourd'hui ils existent encore, mais leur circonscription e limitée. Sans avoir dégénéré, les glaciers en activité actuels ont les mêmes allures que leur ancêtres, ils usent, moutonnent, polissent et strient les roches qui les supportent, etc.

[3] D. A. J'admets deux époques glaciaires.

[4] D. A. Creusée en grande partie par les glaciers.

[5] D. A. Naturellement comme cela se voit partout.

nsistent en fragments calcaires de diverses grosseurs, plus ou moins
ovenant presque exclusivement des roches de l'oolithe inférieur, épars
fois calcaire, ocreuse, argileuse, fournie en grande partie par les
la décomposition spontanée des calcaires ferrugineux. Les striés se
illeurs, quelquefois même sur la roche en place. Une chose im-
c'est que ces dépôts de transport ne sont pas là où ils devraient
ût été exclusivement torrentiel. Il faut dire aussi que les cailloux
u'ils renferment sur certains points, ont pu être ainsi préparés par
avant l'époque quaternaire. Au pied de la falaise jurassique, ou devant
Lons-le-Saunier, Poligry, Arbois, les matériaux sont naturellement
de puissantes nappes de graviers lavés et arrangés de telle façon
e sont pas descendus jusque sur la Bresse pour y former des mo-
cependant à l'époque glaciaire qu'il faut rapporter la formation de
ses, qui se prolongent en traînées de plus en plus sableuses le long
Bresse.

ers, quelle qu'elle soit, n'a pas agi brusquement, ni par une progres-
chercher à creuser le mystère, on peut admettre qu'à l'époque ini-
sse a été plus ou moins inondée, tandis que les glaciers naissaient
ommités du Jura. Alors le premier gradin du Jura n'aurait-il pas
nimaux de la plaine et à ceux de la montagne? Cela ne veut pas dire
en bonne intelligence, au contraire : le carnage, le froid et les
joncher le sol des ossements de toute la collection des animaux vi-
contrée. Cela a duré plus ou moins de temps. L'action torrentielle
e temps que les glaciers, on conçoit que les matériaux meubles du
ements, aient été entraînés sur les déclivités et en particulier dans la
ne partie s'arrêtant dans la grotte alors déjà largement béante. Ainsi
et cet étrange assemblage d'animaux antagonistes dans un seul et
port, et cette existence d'anciens glaciers sur le Jura, encore con-

s, on peut donc dire que la géognosie domine ici la pantéologie, et
grotte, quelle qu'elle soit par les fouilles ultérieures, ne pourra être
entre la fin de l'époque tertiaire et le commencement de l'époque

un mot au sujet de la couche argileuse jaunâtre, dans laquelle on
cun fossile et qui est placée entre la roche et le dépôt caillouteux à
ue, dans toutes les grottes ouvertes dans les roches calcaires, les
oûte deposent des résidus argileux, ocreux, sablonneux. Mais ce n'est
gine de la couche en question. Il serait plus naturel de l'attribuer aux
s d'eaux troubles de l'époque quaternaire et au remaniement des
gineux résultant de la décomposition spontanée des roches d'oo-
bondants sur le plateau qui domine la grotte et visiblement déjà
le des dépôts glaciaires, car ceux-ci le recouvrent en bien des en-

rat ferrugineux qui sépare heureusement et nettement les ossements
s et autres objets archéologiques, il forme une couche si mince,
attribuer à une incrustation superficielle de la masse caillouteuse à
ntinuité des suintements de la voûte.
e la considération que la couche superficielle à poterie est encore en
r ces mêmes suintements de la voûte, par l'accumulation séculaire
uilles et menus débris de végétaux, on aura une explication complète

usent les roches qui les supportent, et il en résulte ce que nous appelons

et naturelle de la grotte de Beaume, qui offre un ensemble de particularités qu'on n'avait encore rencontré nulle part, résumant sur un point seul toutes les phases de la dernière époque géologique.

Benoit (Émile).

BERLEPSCH.

ALPINA. REISEJOURNAL FÜR ALPENWANDERER, 1856.

BERLEPSCH (H. A.).

DIE ALPEN IN NATUR- UND LEBENSBILDER. — *Leipzig*, 1862.

BERLEPSCH.

SCHWEIZERKUNDE. LAND, VOLK UND STAAT. — *Braunschweig*, 1864.

BERNOULLY (C. G.).

DIE GEFÆSSCRYPTOGAMEN DER SCHWEIZ. — *Basel*, 1857.

Bevölkerung der Schweiz.

HELVETISCHE KALENDER. 1782-1798. HELVETISCHE ALMANACH. — *Zurich*, 1799 à 1822.

HISTORISCH-GEOGRAPHISCH-STATISTISCHES GEMÆLDE DER SCHWEIZ, 19 vol. *Saint-Gallen* und *Bern*, 1835, etc.

BISSON frères (à Paris).

PHOTOGRAPHIES. SAVOIE ET SUISSE. Hautes régions. — *Paris*.

BONNEY.

OUTLINE SKETCHES OF THE HIGH-ALPS OF THE DAUPHINÉ. — *London*, 1865.

BOREL (Fr.).

PROMENADE AU MONTE-ROSA. — Neuchâtel, 1854.

BOURRIT (Fr.).

DESCRIPTION DES ALPES PENNINES ET RHÉTIENNES, 2 vol. — Genève, 1787.

DESCRIPTION DES COLS OU PASSAGES DES ALPES, 2 vol. — Genève, 1803.

BOURGIGNAT (R.).

MALACOLOGIE DU LAC DES QUATRE-CANTONS ET DE SES ENVIRONS. — Paris, 1862.

BRAUN (A.). Photographe à Dornach (Haut-Rhin).

PHOTAGRAPHIE ET STÉRÉOSCOPES, SUISSE, HAUTES RÉGIONS. — Dépôts dans les principales villes de la Suisse.

BRIDEL (Ph.), pasteur, collaborateur des *Mélanges et Étrennes helvétiques* et plus tard *Conservatoire suisse*, 1777-1831.

RELATIONS DE DIVERSES COURSES EN HAUTES RÉGIONS DES ALPES, 1797.

BROWN (J.).

LIST OF CREPUSCULAR LEPIDOPTEROUS INSECTS AND SOME BUCH OF THE SPECIES OF NOCTURNAL ONES KNOWN TO OCCUR IN SWITZERLAND. *Magaz. of nat. Hist.*, VIII, 1835.

BROWN (J.).

LIST OF DIURNAL LEPIDOPTERA KNOWN TO OCCUR IN SWITZERLAND. *Magaz. of nat. Hist.*, VIII, 1835.

BRUEGGER (C.).

BEITRAG ZUR RHÆTISCHEN LAUBMOOSFLORA. — *Jahrbuch der naturforschenden Gesellschaft Graubundens*, VII, 1862.

BRUEGGER (C.).
Bericht über 18 kleinste Leben (Algen) der rhætischen Alpen. *Jahrbuch der naturforschenden Gesellschaft Graubündens*, 1863.

BRUNNER (C.).
Geognostische Beschreibung der Gebirgsmasse des Stockhorns. — Mit Karte und Profilen. Voy. *Schweizer Denkschriften*, XI, 1850.

BRUNNER (C.).
Aperçu géologique des environs du lac de Lugano avec cartes. Voy. *Schweizer Denkschriften*, XII, 1852.

BRUTT und **FORBIGER**.
Besteigung des Aletschhorns, 1859.

BUCH (Léopold de).
Ueber einige geognostische Erscheinungen in der Umgebung des Luganer Sees. — *Abhandlungen der Berliner Academie*, 1827.

BUCH (L. de).
Carte géologique du terrain entre le lac d'Orta et celui de Lugano. — *Annuaire des sciences nat.*, XVIII, 1829.

BUCH (L. de).
Ueber die Lagerung von Melaphir und Granit in den Alpen von Mailand. — *Abhandlungen der Berliner Academie*, 1827.

BUNBURG.
Jungfraujoch. Peaks, Passes, Glaciers.

C

CADERAS.
Panorama vom Piz Mundaun bei Ilanz. — Chur, 1861.

CAMPELL.
Lötschsattel. — *Alpine Journal*.

CANDOLLE (A. de).
Hypsométrie des environs de Genève, ou Recueil complet des hauteurs dans un espace de 25 lieues autour de la ville de Genève. — Genève, 1839.

CÉRÉSOLE (Dr).
Tourbillons de neiges dans les Alpes. — *Jahrbuch des schweizer Alpen Club*, p. 544.

Morges, 9 janvier 1866. — Une grande quantité de neige était tombée les jours précédents sur les Alpes de Savoie et de Vaud... Le ciel était pur le matin et on ne voyait aucun nuage à l'horizon. Un vent de sud-ouest de toute violence s'était élevé pendant la nui et durait encore dans toute son impétuosité. Le lac en fureur lançait ses vagues à des hauteurs peu communes. L'air était saturé d'humidité et d'une grande transparence, comme cela arrive ordinairement dans ces cas; aussi la vue était-elle splendide et d'une clarté exceptionnelle. En contemplant ce tableau, je fus très-surpris de voir les arêtes de la plupart des montagnes d'en face (Savoie) être bordées d'une *auréole blanche*, mobile, demi-transparente, qui en se détachant sur le bleu du ciel prenait au soleil une teinte argentée et rose du plus bel effet. Sur les cols, comme par exemple entre la chaîne des

Diablerets et le Culand, cette bordure brillante était beaucoup plus forte que sur les sommets qui n'étaient que légèrement festonnés. Dans les passages resserrés, comme dans celui qui sépare les tours d'Ay et de Mayen, cette apparition prenait des proportions colossales et se transformait en énormes colonnes blanches sortant de la gorge en tourbillonnant en jets immenses, comme la poussière d'argent d'une gigantesque cascade ascendante. Ces panaches brillants étaient poussés par le vent avec une grande vitesse et atteignaient souvent la hauteur de 300 à 400 mètres. Arrivés sur l'autre versant de la montagne, ces tourbillons s'abattaient en décrivant de magnifiques paraboles...

Plus d'une fois déjà, par les fortes bises, j'avais observé de grands nuages de neige en poussière sur le massif du mont Blanc, à 18 lieues de distance.

Quant à moi, ce ne fut qu'à regret que je m'arrachai à cette contemplation et non sans avoir donné une pensée de sympathie aux braves *observateurs du Saint-Théodule*, dont la cabane avait certainement un rude assaut à soutenir ce jour-là.

D. A. ANNOTATIONS DES OBSERVATIONS AU THÉODULE.

8 janvier 1866. — Couvert, brouillard, neige toute la journée jusqu'à 9 heures du soir. — Découvert la nuit. — Vent fort et tourbillons de neige jour et nuit.

9 janvier. — Rayons solaires jusqu'à 1 heure puis couvert jusqu'au lendemain matin. — Vent fort, souvent violent jour et nuit. — Brouillard et neige de 4 heures du soir jusqu'au lendemain matin.

CHARPENTIER (J.).

FAUNA HELVETICA. MOLLUSQUES TERRESTRES ET FLUVIAUX. — Voy. *Denkschr. der Schw. nat. Ges.*, I, 1837

CHRIST (H.).

DIE FORMEN DER PINUS SYLVESTRIS DES ENGADINS. — *Regensb. Flora*, 1864, n° 10.

CHRIST (H.).

PFLANZENGEOGRAPHISCHE NOTIZEN UBER WALLIS.—*Verh. der naturf. Ges.* in Basel, II, I 1858

CHRIST (H.).

DIE ALPENFLORA. — *Jahrbuch des Schweizer Alpen Club*, II, 1865.

CHRIST (H.).

VERBREITUNG DER ALPINEN VEGETATION DER EUROPÆISCHEN ALPENKETTEN. — *Denkschrift der Schw. naturf. Ges.*, 1866.

CHRISTENER (C.).

BEITRÆGE ZUR KENNTNISS DER SHWEIZERISCHEN HIERACIEN — *Mitt. der naturf. Ges.*, n° 450-454, 1860.

CHRISTENER (C.).

DIE HIERACIEN DER SCHWEIZ. — Bern, 1863.

CICERI.

LITHOGRAPHIES DE SUISSE ET SAVOIE. D'après des photographies. Goupil et Cᵉ. Paris

CIMINO (G. T.).

Voy. **G. Giornale**.

CIVIALE.

PHOTOGRAPHIES, SUISSE ET SAVOIE.

CLISSOLD.

ASCENT OF MONT BLANC. — London, 1823.

COAZ (J.).
Das Silvrettagebirge (Silvrettapass, 3,026 mètr. alt.). — *Jahrbuch des Schweizer Alpen-Club*, 1866, p. 21 à 46.

COAZ.
Ersteigung des Pitz Volrhein. — *Jahrbuch der naturf. Ges. Graubündens*, I, 1856.

COAZ.
Topographischer Überblick über den Bernina Gebirgs-Stock und Ersteigung seiner höchsten Spitze. — *Jahrbuch der naturf. Ges. Graubündens*, I, 1856.

COAZ.
Höhenlage der Ortschaften und Pæsse im Canton Graubünden. — *Jahresbuch der naturf. Ges. in Gaubünden*, VI, 1861.

COLT (Mrs).
A Lady's tour round monte Rosa. — London, 1850.

COTTA (B.).
Geologische Briefe aus den Alpen. — Leipzig. 1850.

CULMANN.
Bericht an den schweizer Bundesrath über die Untersuchungen der schweizerischen Wildbæche, vorgenommen in den Jahren 1858, 1863. — Zürich, 1864.

D

DAVIES (J. Cl. Rev).
Erste Besteigung des Dom der Mischabelhörner, 1858. — *Alpine-Club*.

DE LA HARPE.
Voy. **H. Harpe**.

DE LA HARPE et RENEVIER.
Geologische Notizen über die Wattlænder-Alpen. — *Bulletin de la Société Vaudoise des Sciences naturelles*, n° 35, 1855; n° 36, 1855.
Dent du Midi, n° 45, 1859; Meuvran, n° 45, 1864.

DELCROS.
Notices sur les altitudes du mont Blanc et du monte Rosa. — *Annuaire météorologique de France*, 1851.

DELESSÉ.
Recherches sur l'origine des roches. — Paris, 1865, in-8°, Savy.

DENZLER (Ing.).
Höhenlage und Klima des Engadin. — *Zürcher Mittheilungen*, B. II, p. 268.

DENZLER (Ingénieur).
Die untere Schneegrenze von Bodensee bis zur Sentisspitze. — *Mitth. der naturf. Ges. in Zürich*, 1855.

DENZLER (Ingénieur).
Über die Erscheinungen und die Erkennung des Föhns. — *Mitth. der naturf. Ges. in Zürich*. September 1847.

DENZLER (Ing.).

DIE ABLENKUNG DES SENKLOTHS DURCH DIE GEBIRGE. — *Jahrbuch des Schweizer Alpen-Club*, III, 1866.

Die Formel für die Massen, deren Dichtigkeit die Hälfte derjenigen der Erde beträgt, heisst: Ablenkung in Sekunden: $= \frac{k}{259\ dd'}$ wo *k* den Kubikinhalt der Masse in Kubikmetern und *d* die Enfernung von ihrem Schwerpunkte in Metern bezeichnet. Die Ablenkung des Senkloths durch's Meer ist negativ, wegen seiner geringeren Dichtigkeit als die Steine und ihre Formel heisst; Ablenkung in Sekunden $= \frac{k}{128\ dd'}$ welcher Baily's erste Bestimmung der Erdichte zu Grunde gelegt war.

Ablenkung des Senkloths, in Hundertel Sekunden durch die Masse nachstehender Gebiete in Genf, Bern, Zürich, Mailand, Andrate.

Anmerkung. — Alle Massen sind bis auf das Niveau des Meeres in Rechnung gebracht.
Ce tableau comprend 117 localités (Gebiete) comparés avec Genève, Berne, Zurich, Milan, Andrate.

DENZLER (Ing).

UEBER DIE KLIMATISCHEN VERHÆLTNISSE AUF HOHEN BERGGIPFELN. — *Jahrbuch des schweizer Alpen-Club*, III, 1866, p. 525.

...Und doch giebt es ein wenig Kostspieliges, an vielen Orten der Schweiz und überall im Angesicht ferner Gebirge anwendbares Mittel, das zu einer fortlaufenden Reihe von Temperaturbeobachtungen auf Berggipfeln und in freier Luft führt. Dies ist die *terrestische Refraktion* oder die *Lichtbrechung* zwischen irdischen Gegenständen.

Im *Jahrbuch des Schweizer Alpen-Club* von 1864 ist Seite 418 angegeben: Dass das Verhältniss der Lichtbrechung zur Krümmung der Erde bei uns im Durchschnitt 152 zu 1,000 sei, und aus den Tabellen auf Seite 424 und 425 ist ersichtlich wie viel beide Verhältnisse zusammen auf eine gegebene Entfernung betragen. Endlich ist Seite 420 in der Anmerkung erwähnt, dass die *Veränderlichkeit* der irdischen Lichtbrechung oder der terrestrischen Refraktion zwischen die Verhältnisse von 1/14 und 1/16 falle, im Hochgebirge selbst aber gewöhnlich nur 1/20 der vereinigten Krümmung und Refraktion betrage, wie solche Seite 424 und Seite 425 gegeben ist. Berechnet man nach der Seite 420 in der Anmerkung gegebenen Aufschlüssen, zum Beispiele auf eine Entfernung von 95 kilomètres (20 Stunden), den Betrag der Krümmung und Refraktion in dem man das Quadrat von 96 (96 mal 96) = 9,216 successive durch 14, 15 und 16 theilt, so erhält man resp. 658, 614 und 576 Meter als Betrag der Krümmung und Refraktion deren Unterschied die Grösse der Veränderlichkeit zeigen, welche unter sehr verschiedenen Lufzuständen bei uns auf die gegebene Entfernung stattfindet. Sie beträgt vom mittleren Zustande aus resp. 44 oder 38, im ganzen 82 Meter. So verschieden hoch kann auf 96 Kilometer oder 20 Schweizer Stunden Entfernung am Berg erscheinen. Dieser Unterschied von 82 Meter beträgt 82 96000 oder 1/1170 der Entfernung daher genau 3 Bogenminuten. Misst man also den Höhenwinkel eines 20 Stunden entfernten Berges mit einem guten Theoliten, der die Höhenwinkel auf 5 Sekunden genau giebt, so bemerkt man damit schon eine Änderung von 5 180 oder 1/36 der jährlichen Verschiedenheit in der Lichtbrechung. Wenn nun, wie die Wissenschaft nachweist, *diese Verschiedenheit fast ausschliesslich von der Abnahme der Warme zwischen dem untern und dem obern Punkte herrührt* und diese Abnahme im Laufe des Jahres nur um wenige Grade des Thermometers warieren kann (wie vieljährige Beobachtungen in Genf und auf dem Saint-Bernhard zeigen) so folgt daraus, dass von einem Punkte in der Ebene die gleichzeitige Temperatur auf einem 20 Stunden entfernten hohen Berggipfel bis auf den Bruchtheil eines Grades genau mittelst eines Theoliten bestimmt werden kann, ohne dass man sich von der Stelle zu bewegen braucht...

D. A. Lire l'air ambiant des geants de nos sublimes Alpes sans sortir de chez soi, est un progrès hors ligne. — Ces lectures, nouveau système, sont-elles correctes et concordantes aux températures observées dans la localité, le thermomètre parfaitement gradué, tourne en fronde à l'ombre? Certes on est en droit de faire cette demande.

Par zénith outremer (clarté hors ligne), avec une lunette acromatique très-forte, on voit fort souvent très-distinctement les Alpes à des distances très-grandes. C'est dans de pareilles circonstances que l'on peut faire les observations suivantes, qui en météorologie et en physique du globe ont une grande importance, et mon intention est de les mettre en pratique en 1867.

1° *Direction et force du vent.* — La girouette suisse, adoptée par la Société de météorologie, est très-pratique; en augmentant les dimensions on la lira correctement à de très-grandes distances.

2° *Hauteur de la neige.* — Moyennant un très-bon théodolite on connaîtra l'augmentation ou la diminution.

3° *Marche, mouvement des glaciers.* — Une forte perche peinte en noir forée dans le glacier, une seconde sur roche en place. On verra la déviation dans l'alignement.

4° *Température de l'air à l'ombre.* — Généralement tous les corps se dilatent par la chaleur et se contractent par le froid. — Inventer un appareil qui par contraction ou dilatation agisse sur des perches bien voyantes?

DESOR (E.).
Orographie des Alpes. — Neufchâtel, 1862.

DESOR (E.).
Gebirgsbau der Alpen. — Wiesbaden, 1865.

DESOR (E.).
Géologie du glacier de l'Aar et des massifs environnants. Nouvelles excursions et séjours dans les glaciers. — Neufchâtel, 1845.

DESOR (E.).
Aperçu du phénomène erratique dans les Alpes. — *Jahrbuch des Schweizer Alpen-Club*, I, 1864.

DESOR (E.).
Die Beziehungen des Föhn's zur Afrikanischen Wüste. — *Jahrbuch des Schweizer Alpen-Club*, II, 1865.

DESOR.
De la physionomie des lacs suisses. — *Revue suisse*, 1860.

DESOR (E.).
Topographie du Wetterhorn et des massifs environnants. — *Revue suisse*, 1845.

DESOR (E.).
Ascension au Galenstock. — *Revue suisse*. 1854.

DESOR (E.).
Ascension à la Jungfrau. — *Bibl univ. de Genève*, 1841. En allemand, Solothurn. 1842

DESOR (E.).
Excursions et séjours de **M. Agassiz** sur la mer de glace du Lauter-Aar et Finster-Aar. — *Bibl. univ. Genève*, 1841.

DESOR (E.).
Journal d'une course faite aux glaciers du mont Rosa et du mont Cervin (Matterhorn). *Bibl. univ. de Genève*, 1840.

DESOR (E.).
Val d'Anniviers. — *Revue suisse*, t. XVIII.

DESOR (E.).
Sahara und Atlas. Vier Briefe an **J. Liebig**. mit 3 Tafeln. — Wiesbaden, 1865.

DESOR (E.).
DISPOSITIONS DES MASSIFS CRISTALLINES DES ALPES OU ZONES D'AFFLEUREMENTS. — *Bull. Soc. générale France*, avril 1865, p. 351. Planche et tableau.

DODSON (G. J.).
ÜBERGANG ÜBER DEN GLACIER DU TOUR UND GLACIER DU MIAGE, t. II, Peaks, Passes and Glaciers.

DU COMMUN.
EXCURSION AU MONT BLANC. — Genève, 1859.

DUFOUR (Général).
TOPOGRAPHISCHER ATLAS DER SCHWEIZ, in 1 : 100,000. 25 feuilles. 1844-1865.

DUFOUR (Général).
CARTE TOPOGRAPHIQUE DU CANTON DE GENÈVE, levée par ordre du gouvernement 1837 et 1838, 1 : 25,000.

DURHEIM (C.-J.).
DIE HÖHEN DER SCHWEIZ UND IHRE UMGEBUNG. — Bern, 1850.

E

EBEL (J. G.).
ANLEITUNG DIE SCHWEIZ ZU BEREISEN. 1 Auflage, 1793.

EBEL (J. G.).
SCHILDERUNG DER GEBIRGSVÖLKER DER SCHWEIZ, 2 vol. Leipzig, 1798-1802.

EBEL (J.-G.).
DIE BERGSTRASSEN DURCH DEN CANTON GRAUBÜNDEN NACH DEM COMER-SEE. Mit Zeichnungen von **J. J. Meyer.** — Zurich, 1826.

ELIOTT FORSTER (F. R. S).
VON DEM GRUTLI NACH DER GRIMSEL MIT EINER BESTEIGUNG DES URI-ROTHSTOCKS UND DES THIERBERGS IN DER TRIFT. T. II, Peaks, Passes and Glaciers.

ENDERLIN.
PIZ ZUPO — *Jahrbuch des Schweizer Alpen-Club*, 1865.

ENGELHARDT (Moritz).
MONTE ROSA UND MATTERNHORN GEBIRGE, 1856.

ENGELHARDT (M.).
NATURSCHILDERUNGEN AUS DEN HÖCHSTEN SCHWEIZER ALPEN, mit Atlas. 2 vol. Basel, 1880.

ESCHER (J. Conrad von der Linth).
BEITRÄGE ZUR GEBIRGSKUNDE DER SCHWEIZ. — Aus den hinterlassenen Manuscripten mitgetheilt von seinem Sohne. Serufthal. Lugnez, Livigno, Piora, 1816, in Fröbel und Heer, *Mittheilungen aus dem Gebiete der theoretischen Erdkunde*. — Zurich, 1834.

ESCHER (Ar. von der Linth).
ERLÄUTERUNG DER ANSICHTEN EINIGER CONTACTVERHÄLTNISSE ZWISCHEN KRYSTALLINISCHEN FELDSPATH GESTEINEN UND KALK IM BERNER OBERLANDE (Wetterhorn, Jungfrau, etc.) Voy *Schweizer Denkschriften*, III, 1839.

ESCHER (Ar. von der Linth).
KARTE DER VERBREITUNGSWEISE DER ALPENFINDLINGE (Blocs erratiques). — *Mittheilungen der naturf. Gesellsch. in Zürich*, n° 72, 1852.

ESCHER (A. von der Linth).
BEITRÄGE ZUR KENNTNISS DER TYROLER UND BAYERISCHEN ALPEN. — Leonhard. Voy. *Jahrbuch für Min.*, 1846.

ESCHER (A. von der Linth).
GEOGNOSTISCHE BEOBACHTUNGEN ÜBER EINIGE GEGENDEN DES VORALBERGS. Leonhard, Voy. *Jahrbuch für Min.*, 1846.

ESCHER (A. von der Linth).
GEBIRGSKUNDE DES CANTONS GLARUS, im *Gemälde der Schweiz, Canton Glarus*, 1846. Mit geologischer Karte des Cantons Glarus.

ESCHER (A. von der Linth).
DARSTELLUNG DER GEBIRGSARTEN IN VORALBERG. — Voy. *Denkschr. der Schweiz. naturf. Gesellschaft*, XIII, 1853.

ESCHER (Arnold) und **STUDER** (B.).
GEOLOGISCHE BESCHREIBUNG VON MITTELBÜNDEN. — Voy. *Schweizer Denkschr.*. III, 1839.

F

FAVRE (Alphonse).
MÉMOIRE SUR LES TERRAINS LIASIQUE ET KEUPÉRIEN DE LA SAVOIE. — *Mém. de la Soc. de Phys. et d'Hist. nat. de Genève*, XV, 1859. Avec profils.

FAVRE (Alph.).
EXPLICATION DE LA CARTE GÉOLOGIQUE DES PARTIES DE LA SAVOIE, DU PIÉMONT ET DE LA SUISSE VOISINE DU MONT BLANC. — Avec cartes géologiques à l'échelle de 1 : 150,000. Genève, 1862

FAVRE (Alphonse).
CARTE GÉOLOGIQUE DES PARTIES DE LA SAVOIE, DU PIÉMONT ET DE LA SUISSE VOISINE DU MONT BLANC. — Genève, 1862.

FAVRE (Alphonse).
CONSIDÉRATIONS GÉOLOGIQUES SUR LE MONT SALÈVE. — *Mém. de la Soc. de Phys. et d'Hist. nat. de Genève*, X, 1843.

FAVRE (Alphonse).
TERRAIN HOUILLER DES ALPES. — *Bull. Soc. géol. France*, 1864, p. 59.

FALCONIER (Hugh.).
ON THE ASSERTED OCCURENCE OF HUMAN BONES in the ancient fluviatile deposits of the Nilland Ganges; with comparative remarks on the alluvial formation of the two valleys. — *Journal the quaterly of the geological Society*. — London, 1865, p 373

FELLENBERG (Edmund von).
BREITHORN UND GROSS-GRÜNHORN. 3,774 mèt. à 4,047 mèt. — Voy. *Schweizer Alpen*. 1866 p. 295 à 328.

FELLENBERG (E. von).
ERSTEIGUNG DES WILDSTRUBELS. — *Berner Taschenbuch*, 1864.

FELLENBERG (E. von).
UEBER DEN ALTEN MARMOR VON GRINDELWALD. — *Jahrbuch des Schweizer Alpen-Club*, p. 538.

FELLENBERG (E. von).
ALETSCHHORN. — *Jahrbuch des Schweizer Alpen-Club*, 1865.

FELLENBERG (von).
SILBERHORN, SCHRECKHORN. — *Jahrbuch des Schweizer Alpen-Club*, 1865.

FIGUIER (Louis).
CHEMIN DE FER DU MONT CENIS. — *Merveilles du Monde*. — Paris, 1866 et *Presse scientifique*, par **Barral**, 1866, t. II, n° 12, p. 325. Clichés.

FIGUIER (Louis).
LA TERRE AVANT LE DÉLUGE. — 5me édition. Paris, Hachette et Ce. 25 vues idéales et 8 cartes géologiques coloriées.

FININGER (L.).
KLEINES SCHEERHORN, 3242 mèt. alt. — *Jahrbuch des Schweizer Alpen-Club*, 1866.
SCHRECKHORN. — *Jahrbuch des Schweizer Alpen-Club*, 1865.

FISCHER (L.).
VERZEICHNISS DER IN BERNS UMGEBUNG VORKOMMENDEN CRYPTOGAM PFLANZEN. — *Mitth. der naturf. Ges. in Bern*. n° 411, 1857.

FISCHER (L.). Prof.
NOTIZ UBER DEN ROTHEN SCHNEE. — *Jahrbuch des Schweizer Alpen-Club*, 1866.

FISCHER-OSTER (G. von).
UBER DIE VEGETATIONS-ZONEN UND TEMPERATUR-VERHÆLTNISSE IN DEN ALPEN. — *Mitth. der naturf. Gesellsch. in Bern*. 1848.

FOOT (F. J.).
ON A RECENT ERRATIC BLOCK. — *Journ. Roy. geol. Soc. of Ireland*. 1864-1865, p. 337.

FORSTER.
GLARNER-ALPEN. — *Peak, Passes and Glaciers*.

FORSTER.
URI-ROTHSTOCK. — *Peaks, Passes and Glaciers*. London.

FOURNET (J.), président de la commission.
COMMISSION HYDROMÉTRIQUE ET COMMISSION DES ORAGES DE LYON, 1865, 22e année, gr. in-8°. 243 p., texte et tableaux météorologiques nombreux.

TABLE DES MATIÈRES.

I. Renseignements historiques.
II. Aperçu généraux sur le bassin du Rhône.
III. Détails spéciaux sur quelques débordements.
IV. Détails hydrographiques divers.
V. Thermométrie des cours d'eau.
VI. Chimie des eaux.
VII. Chimie atmosphérique. — Tableaux météorologiques et tableaux de hauteurs d'eau. — Planches comprenant des courbes

OBSERVATIONS MÉTÉOROLOGIQUES A L'OBSERVATOIRE DE LYON

A 9 HEURES MATIN [1].

MOIS.	TEMPÉRATURES A L'OMBRE. Extrêmes. Maxima.	Minima.	Moyennes par moyennes extrêmes.	A 9 heures matin.	Différence.	Point de rosée. 9 heures matin.	Différence. Point de rosée et température.	Pluie ou neige. Nombre de jours.	Hauteur.	Évaporation.	Humidité relative a 9 heures matin.
									mm	mm	D. A.
1864.											
Décembre. .	10,0	— 0,9	1,2	0,4	— 0,8	— 1,8	— 2,2	5	6,60	8,2	85
1865.											
Janvier. . .	16,2	— 3,8	4,6	1,1	— 0,5	1,3	— 2,8	21	50,40	4,6	82
Février. . .	12,5	— 9,6	3,0	1,1	— 1,9	— 2,1	— 3,2	17	41,60	5,5	79
Mars. . . .	13,0	— 3,8	3,3	2 3	— 1,0	— 2,2	— 4,5	20	101,45	14,5	72
Avril. . . .	27,5	0,0	16,2	14,2	— 2,0	7,8	— 6,4	7	17,37	53,2	66
Mai.	33,5	8,6	20,0	18,6	— 1,4	10,5	— 8,1	14	71,80	83,3	59
Juin.	32,5	10,6	22,0	19,3	— 2,7	9,6	— 9,7	5	62,20	145,3	56
Juillet. . .	36,5	13,5	24,3	21,5	— 2,8	13,4	— 8,1	12	47,80	112,6	60
Aout. . . .	34,2	13,7	21,6	19,4	— 2,2	13,3	— 6,1	16	73,50	63,7	68
Septembre.	31,3	11,1	21,9	18,5	— 3,4	13,1	— 5,4	0	0,00	71,2	71
Octobrf. .	26,2	6,0	16,1	13,1	— 3,0	9,1	— 4,0	18	144,40	22,1	77
Novembre. .	20,0	0,0	8,8	8,2	— 0,6	4,4	— 3,8	6	41,60	21,3	77

[1] D. A. Une seule observation de températures directes à 9 heures matin. — L'humidité relative à 9 heures, je l'ai calculée d'après la tension du point de rosée et celle de la température, par les tableaux de M. **Regnault.** Le point de rosée à Lyon est observé sur surfaces métalliques directement.

OBSERVATIONS MÉTÉOROLOGIQUES A L'OBSERVATOIRE DE LYON

A 9 HEURES MATIN.

MOYENNES PAR SAISONS ET ANNÉES 1863.

SAISONS.	Températures à l'ombre. Extrêmes. Maxima.	Extrêmes. Minima.	Moyennes par moyennes extrêmes.	A 9 heures matin.	Différence.	Point de rosée. 9 heures matin.	Différence. Point de rosée et température.	Pluie ou neige. Nombre de jours.	Pluie ou neige. Hauteur.	Évaporation.	Humidité relative à 9 heures matin.
									mm	mm	
Hiver. . . .	16,2	— 9,6	2,93	1,87	— 1,06	— 0,87	— 2,74	43	90,00	18,3	82
Maxima. . .	16,2	— 9,6	12,40	16,2	+ 3,8	8,6	— 7,6	»	16,90	1,8	100
Minima. . .	— 9,6	»	— 7,90	— 9,6	— 1,7	— 12,5	— 2,9	»	0,00	0,0	61
Différence.	25,8	»	20,30	25,8	+ 5,5	21,1	— 4,7	»	16,00	1,8	39
Printemps.	33,5	- 3,8	13,17	11,70	— 1,47	5,37	— 6,33	41	190,55	151,0	68
Maxima. . .	33,5	»	26,10	33,5	+ 7,4	16,0	— 17,5	»	23,40	5,0	100
Minima. . .	— 3,8	»	— 0,6	— 3,8	— 3,2	— 10,5	— 6,7	»	0,00	0,0	35
Différence.	37,3	»	26,70	37,3	+ 10,6	26,5	— 10,8	»	23,40	5,0	65
Été.	36,5	10,6	22,65	20,07	— 2,56	12,10	— 7,97	35	185,50	321,6	61
Maxima. . .	36,5	»	28,75	36,5	+ 7,8	18,5	— 18,0	»	20,50	6,0	100
Minima. . .	10,6	»	17,90	10,6	— 7,3	4,0	— 6,6	»	0,00	0,0	39
Différence.	25,9	»	10,85	25,9	+ 15,1	14,5	— 11,4	»	20,50	7,0	61
Automne. .	31,3	0,0	15,60	13,27	— 2,33	8,87	— 4,40	24	186,00	117,6	75
Maxima. . .	31,3	»	24,75	30,8	+ 6,1	17,5	— 13,3	»	41,0	4,0	100
Minima. . .	0,0	»	1,90	0,0	— 1,9	— 1,0	— 1,0	»	0,00	0,0	31
Différence.	31,3	»	22,85	30,8	+ 8,0	18,5	— 12,3	»	41,00	4,0	69
Année. . . .	36,5	— 9,6	13,58	11,72	— 1,86	6,37	— 5,35	141	658,65	608,5	71
Maxima. . .	36,5	»	28,75	37,3	+ 8,6	18,5	— 19,8	»	41,0	7,0	100
Minima. . .	— 9,6	»	— 7,90	— 9,6	— 1,7	— 12,5	— 2,9	»	0,0	0,0	31
Différence.	46,1	»	36,65	46,9	+ 10,3	31,0	16,9	»	41,0	7,0	69

D. A. Dans les colonnes d'évaporation par suite de brouillard, en hiver et fin automne, il a des chiffres de hauteur d'évaporation précédés de — moins, qui veulent dire qu'au li[illegible] d'évaporation du liquide, il y a eu condensation. Ces chiffres de condensation et d'augmentati[illegible] se montent à 16mm,92 dans l'année et sont soustraits de la somme d'évaporation. Les jou[illegible] où l'eau était gelée, l'évaporation est marquée gelée, soit 0.0, et cependant la glace s'évapo[illegible] ou bien elle se condense. Pour se rendre compte exactement de l'évaporation et de la co[illegible] densation par rapport aux chutes de neiges et de pluies, on placera en plein air (au soleil) [illegible] vase contenant de l'eau, une surface donnée, et, par la pesée journalière, on détermine[illegible] l'augmentation ou la diminution du poids. — On pourra la calculer sur surface en millimètre[illegible]

Observations météorologiques à l'Observatoire de Lyon.

ANNOTATIONS MENSUELLES 1865.

1864.

Décembre.

Ciel pur : 0,0 (1 jour).
Brouillards : 1, 3 à 8, 13 au 31 (26 jours).
Pluies : 13, 15, 17, 22 (4 jours).
Gelées blanches : 7, 9, 30, 31 (4 jours).
Gelées à glace : 4 au 9, 24 au 31 (14 jours).
Tempêtes : 2, 3, 12 (3 jours).

1865.

Janvier.

Ciel pur : 0,0 (1 jour).
Brouillards : 1 au 6, 9, 10, 11, 17, 18, 25, 26, 28, 31 (15 jours).
Pluies : 7, 10, 15, 20, 21, 22, 23, 24, 26, 29 (10 jours).
Gelées blanches : 8, 9 (2 jours).
Gelées à glace : 7, 8, 20 (3 jours).
Tempêtes : 12, 13, 14 (3 jours).

Février.

Ciel pur : 15, 19 (2 jours).
Brouillards : 3, 9, 13, 16, 17, 18, 24, 25, 27 (10 jours).
Pluies : 1, 3, 4, 9, 10, 18, 19, 20, 23, 25, 26, 28 (12 jours).
Neiges : 10, 12, 14, 15, 21, 22 (6 jours).
Gelées blanches : 14, 15, 16 (3 jours).
Gelées à glace : 10, 11, 12, 13, 14, 15, 16, 21, 22, 23 (10 jours).
Giboulées : 21 (1 jour).
Tempêtes : 6, 10, 11, 16, 21 (5 jours).

Mars.

Ciel pur : 17, 18 (2 jours).
Brouillards : 2, 5 (2 jours).
Pluies : 1, 2, 3, 6, 8, 9, 10, 12, 20, 21, 25, 26, 27, 28, 31 (15 jours).
Neiges : 11, 14, 24 (3 jours).
Gelées à glace : 17, 18, 23, 24, 28, 29, 30, 31 (8 jours).
Giboulées : 24, 25 (2 jours).
Tempêtes : 6, 9, 10, 28 (4 jours).

Avril.

Ciel pur : 5, 6, 7, 8, 10, 21, 22, 23, 24, 25, 27, 28, 29 (13 jours).
Pluies : 1, 2, 4, 14, 15, 16, 30 (7 jours).

Mai.

Ciel pur : 17, 25, 27, 28, 29 (5 jours).
Pluies : 8, 12, 15, 16, 17, 18, 19, 20, 21, 22, 24, 31 (12 jours).
Grêle : 15 (1 jour).
Halos solaires : 3, 31 (2 jours).
Tonnerres : 11, 15, 21 (3 jours).
Tempêtes : 3, 9, 10 (3 jours).

Juin.

Ciel pur : 6, 9, 13, 14, 16, 18, 19, 20, 21, 22, 25, 26, 28 (13 jours).
Pluies : 1, 2, 3, 4, 30 (5 jours).
Halos solaires : 10, 25 (2 jours).
Tempêtes : 30 (1 jour).

Juillet.

Ciel pur : 3, 4, 5, 6, 15, 16, 17, 20, 30, 31 (10 jours).
Pluies : 9, 10, 12, 22, 24, 26, 27, 28, 29 (9 jours).
Tonnerres : 8 (1 jour).
Éclairs : 9, 17, 31 (3 jours).
Halos solaires : 22 (1 jour).

Août.

Ciel pur : 5, 6, 27, 28, 29 (5 jours).
Brouillards : 25 (1 jour).
Pluies : 1, 2, 3, 11, 14, 16, 17, 19, 20, 21, 24, 26, 30, 31 (14 jours).
Tonnerres : 15, 26 (2 jours).

Septembre.

Ciel pur : 6, 7, 11, 13 au 26, 30 (18 jours).
Pluies : 0,0 (aucune pluie).

Octobre.

Ciel pur : 1, 4 (2 jours).
Brouillards : 15, 20 (2 jours).
Pluies : 9, 10, 11, 13, 14, 19, 20, 21, 23, 24, 25, 26, 27, 28, 29, 30, 31 (17 jours).
Tonnerres : 22 (1 jour).

Novembre.

Ciel pur : 19 (1 jour).
Brouillards : 1, 2, 7, 8, 9, 13, 14, 15, 16, 17 au 22, 30 (15 jours).
Pluies : 4, 8, 9, 18, 22, 27, 28 (7 jours).
Grêle : 28 (1 jour).
Tempêtes : 10, 23, 28 (3 jours).

Observations météorologiques à l'observatoire de Lyon.

ANNOTATION PAR SAISONS. — 1865.

Hiver.

	NOMBRE DE JOURS.
Ciel pur	3
Brouillards	45
Pluies	26
Neiges	6
Giboulées	1
Gelées blanches	9
Gelées à glace	23
Tempêtes	11

Été.

	NOMBRE DE JOURS.
Ciel pur	28
Brouillards	0,0
Pluies	28
Tonnerres	3
Éclairs	3
Tempêtes	1

Printemps.

	NOMBRE DE JOURS.
Ciel pur	20
Brouillards	2
Pluies	34
Neiges	3
Giboulées	2
Gelées à glace	8
Tonnerres	3
Tempêtes	7

Automne.

	NOMBRE DE JOURS.
Ciel pur	18
Brouillards	13
Pluies	39
Grêle	1
Tonnerres	1
Tempêtes	[illegible]

ANNÉE 1865.

	NOMBRE DE JOURS.	POUR CENT.
Ciel pur	69	18,9
Brouillards	60	16,4
Pluies	126	34,5
Neiges	9	2,5
Giboulées	3	0,8
Grêle	1	0,2
Gelées blanches	9	2,6
Gelées à glace	31	8,5
Tonnerres	4	1,1
Tempêtes	22	6,0

HAUTEUR DU RHONE A LYON AU PONT MORAND ET A GENÈVE.

ANNÉE 1865.

MOIS.	RHONE A LYON.			RHONE A GENÈVE.				
							DIFFÉRENCE.	
	MAXIMA.	MINIMA.	MOYENNES.	MAXIMA.	MINIMA.	MOYENNES.	LYON.	GENÈVE.
	m	m	m	m	m	m	m	m
1864.								
Décembre.	1,45	0,62	1,60	»	»	»	»	»
1865.								
Janvier.	1,51	0,17	0,64	»	»	»	»	»
Février.	3,52	0,80	1,65	»	»	»	»	»
Mars.	2,50	0,94	1,47	»	»	»	»	»
Avril.	2,10	0,75	1,29	»	»	»	»	»
Mai.	2,55	0,85	1,54	»	»	»	»	»
Juin.	2,95	0,75	1,27	»	»	»	»	»
Juillet.	3,25	1,47	1,96	»	»	»	»	»
Aout.	2,55	1,18	1,51	»	»	»	»	»
Septembre.	1,18	0,76	0,98	»	»	»	»	»
Octobre.	2,40	0,53	0,89	»	»	»	»	»
Novembre.	1,12	0,26	0,62	»	»	»	»	»
—								
SAISONS.								
Hiver.	1,45	0,17	1,20	»	»	»	»	»
Printemps.	2,55	0,75	1,45	»	»	»	»	»
Été.	3,25	0,75	1,58	»	»	»	»	»
Automne.	2,40	0,26	0,85	»	»	»	»	»
Année.	1,45	0,26	1,28	»	»	»	»	»

Il ne dépend pas de nous qu'il tombe un millimètre d'eau de plus ou de moins sur le territoire d'un fleuve; mais il dépend de nous que les eaux basses soient moins basses et que les crues soient moins subites et moins nuisibles.

Lortet.

D. A. Hauteur du Rhône à Genève. Voyez *Archives des sciences physiques et naturelles*, publiées à Genève.

[illegible]-BUXTON
[illegible] — *Peaks, Passes and Glaciers*

[illegible]-BUXTON
[illegible] 18[illegible] : II *Peaks, Passes and Glaciers*.

FRANSCINI (S.).
La Svizzera italiana, 2 vol. — Lugano, 183[illegible].
Neue Statistik der Schweiz, 2 vol. — Bern, 184[illegible] à 1851

FRANSCINI (S.)
La Suisse géographique, industrielle et agricole — Berne, 1855

[illegible]
A Summer Tour in the Grisons and Italian Valleys of the [illegible] — London, [illegible]

[illegible] and [illegible]
[illegible] — *Jahrbuch des Schweizer Alpen-Club*, 1865

[illegible]
[illegible] — *Mitth. der Schweizer entomol. Gesellsch.* [illegible]
18[illegible].

[illegible] and [illegible] DE LA HARPE
[illegible] — *Mitth. der Schweizer entom. Gesellsch.* [illegible]

[illegible]
[illegible] Ober-Wallis — *Mitth. der Schweizer entom.* [illegible]
18[illegible].

[illegible]
[illegible] — *Entomologist's Annual for* 185[illegible]

[illegible] (J.)
[illegible] — *Mittheilungen der Schweizer entomol. Ges.* [illegible]
18[illegible].

FRÖBEL (J.)
Reise in die weniger bekannten Thäler der Penninischen Alpen. — Berlin, 1840.

G

GAROVAGLIO.
Catalogo dei muschi [illegible] raccolti nella Provincia di Como e la Valtellina —
1807.

GASTALDI.
Sulla [illegible] dei Bacini Lacustri per opera degli antichi Ghiacciai — *Mem. d.*
Ital. di Sc. nat. Milano, 186[illegible].

GAUDIN (J.).
Flora Helvetica, 7 vol. Zurich, 1828-1833
Synopsis Helvetica. — Zurich, 1836.

GAUDIN (J.).
TOPOGRAPHIA BOTANICA SEU LIBER MANUALIS VIATORIS BOTANOPHILI HELVETIAM PERAGRANTIS. — Vol. VII de *Flora Helvetica*. Zurich, 1833.

GAUDIN (J.).
AGROSTOGRAPHIA HELVETICA. — Genève, 1811.

GAUDIN (J.).
SYNOPSIS HIERACIORUM IN HELVETIA SPONTE NASCENTIUM. — *Meisner's Naturw. Anzeiger*, n° 6. 1820.

GEIKIE (Archibald F. R. S., etc.).
NOTES FOR A COMPARAISON OF THE GLACIATION OF THE WEST OF SCOTLAND, WITH THAT OF ARTIC NORWAY. — *Geological Magazine or Monthly Journal of Geology*, t. VIII, n° X. Octobre 1866, p. 456.

GERWER (Pfarrer in Grindelwald).
GROSSE-VIESCHERHORN VON GRINDELWALD. — *Jahrbuch des Schweizer Alpen-Club*, 1866, 269 à 292.

GERWER (Pfarrer in Grindelwald).
WINTERFAHRT AUF DAS FAULHORN.

Die ausserordentliche Milde des jüngst vergangenen Winters hat in den schweizerischen Alpen zu Besuchen auf Anhöhen und Bergen gelockt welche sonst um diese Zeit unter tiefem Schnee vergraben sind und dem Menschen den Zutritt verwehren. Einer der interressanten dieser Ausflüge war die am 27 Dezember 1865, durch Herrn Pfarrer Gerwer in Grindelwald bewerkstelligte Ersteigung des Faulhorns, aus welcher wir einige Angaben mittheilen wollen.

A. Roth.

Es war bis zum gennanten Tag wenig Schnee gefallen und die Temperatur der Art (0° bis 1°,3 c. vor Sonnen-Aufgang), dass Herr **Gerwer** und sein Führer **Gottlieb Imobhalt**, sich nicht besonders warm kleideten.

Um 9 Uhr Vormittags auf Spielmatten, als die Reisenden von der Sonne noch nicht beschienen waren, zeigte das Thermometer — 0°,7.

Um 10 Uhr auf der sogennanten rothen Egg, einer Höhe von etwa 2,000 Meter, im Schatten 1°,8, in der Sonne freihängend 8°,0. In der Sonne, in senkrechter Lage, zwischen Steinen 11°,0. Bei 200 Fuss über dem obersten Bussalpläger. 2,050 Meter hoch, traf man eine *frische blühende Viola*. An gleicher Stelle, um 12 Uhr im Schatten, 3°,6. Frei an der Sonne, 4°,6. Geschützt vom wind an der Sonne, 11°.6. Erst in der Gersteregg fand sich reichlicher Schnee vor, durchschnittlich 1 bis 2 Fuss, zuweilen bis 5 Fuss tief, der das weitere Ansteigen beschwerlich machte.

Um 1 Uhr 20 Min. wurde der Gipfel des Faulhorns erreicht. — Die Reisenden fanden den Platz vor dem Hauptgebäude durchaus Schneefrei. Am Nebenhaus eine 3-4 Fuss hohe Schneegewächte. Hinter dem Hause einen Haufen zusammengewehten, hartgefrornen Schnees. Den Gipfel grösstentheils Schneefrei und trocken[1].

Die Temperatur auf dem Gipfel (bei 2,683 Meter[2] Alt., am 27 Dezember), erlaubte unsern Reisenden die Röcke auszuziehen und sich gemüthlich wie im schönsten Sommer auf dem Boden zu lagern.

Das Thermometer im Schatten, 3°,6. In der Sonne frei, 7°. In der Sonne durch Steine geschützt, 12°,6. In der Sonne vor dem Hause, 13°,6. Dazu wehte ein ganz leichter Wind aus Sud-Sud-West. Die Aussicht war ausserordentlich schön, namentlich umspielte die Berge eine wunderbar durchsichtige Luft.

[1] Dans une course que j'ai faite au mois de mars au Faulhorn (époque qui est encore l'hiver à cette altitude: j'ai trouvé les mêmes circonstances de neiges à l'auberge et au cône du Faulhorn tels que M. Gerwer les a observées en janvier.
[2] D. A. Dans le texte 3,683 mètr., soit 1000 mètr. trop élevé. Faute à corriger.

Mit obigen Temperaturangaben contrastirt merkwürdig, dass am gleichen Tage die Meteorologische station Bern, Morgens 7 Uhr — 10°,6. 1 Uhr, 0°,7.

Station Grindelwald, 7 Uhr, 1°,2, 1 Uhr, 0°,8.

Die Wärme in der Höhe rührte offenbar vom Oberwind aus Sud-Sud-West her. Er mochte nicht bis zu den untern Luftschichten durchzudringen, welche von Nord und Nord-Ost beherscht waren, moderierte sie aber im Thale von Grindelwald bei 3,500 Fuss über Meer mehr als in Bern bei 1,600 Fuss.

A. Roth.

D. A. **Observations météorologiques et Glaciers.**

LE 27 DÉCEMBRE 1865.

Au Faulhorn (2685^m alt.), par **Gerwer** (Past.).
A Grindelwald (^{m} alt.), à la station météorologique.
A Berne (^{m} alt.), *idem.*
A Genève (408^m alt.), *idem.*
Au Saint-Bernard (2,478^m alt.), *idem.*
Au Théodule (3,450^m alt.), station **Dollfus-Ausset.**

HEURES.	GRINDELWALD. ^{m} alt.	FAULHORN. ^{m} alt.	BERNE. ^{m} alt.	GENÈVE. 40.^{m} alt.	SAINT-BERNARD. 2,478^m alt.	THÉODULE. 3,350^m alt.
7 m.	— 1,2	»	— 10,6	— 6.3 ?	— 5,8 ?	— 9,0
1 s.	0,8	3,6	— 0,6	— 3,0 ?	— 2,0 ?	— 6,2

Annotations du Théodule.

Toute la journée air découvert. Vent S. O. très-faible. Généralement calme. Rayons solaires toute la journée. Température à l'ombre de 6 h. matin à 6 h. soir de — 6,2 à — 9,6. — Au soleil, il faisait tellement chaud, que nous avons mis habit bas, et la neige s'est fondue partiellement. Nous avons eu la visite de trois hommes de Zermast.

10 h. matin,	température à l'ombre	— 7,3	au soleil	0,0
Midi	—	—	— 6,8	—	2,0
1 heure.	—	—	— 6,2	—	5,0
2 heures.	—	—	— 6,2	—	4,8

Diurne maxima — 6,2, minima — 10,0, moyennes diurnes (24 h.) — 8,17.

Faulhorn.

Toute la journee ciel découvert. Vent S. S. O. très-faible. Rayons solaires toute la journée.

1 heure, température à l'ombre 5°,6, au soleil 7°,6
— au soleil devant la maison 13°,6.

Saint-Bernard.

Moyennes 24 heures — 4°,19. Écart avec température normale + 1°,41.
Maxima — 2°,0, minima — 5°,8.

Toute la journée ciel couvert. S. O. faible.

Genève.

Moyennes 24 heures — 4°,59. Ecart avec température normale — 4°,51.
Maxima — 3°,0, minima - 6,3.

Toute la journee ciel couvert. S. O. 1.
Pendant les 6 jours du 22 au 27, la température a été en moyenne de 1°,61 plus élevée au Saint

Bernard qu'à Genève; du 22 au 26, le thermomètre s'élevant au-dessus de 0° et le maximum a atteint + 4°. Tandis que le thermomètre restait constamment au-dessous de 0° à Genève.

La comparaison de la température observée à Genève et au Saint-Bernard présente, à un très-haut degré l'anomalie qui a lieu quelquefois, savoir une *température plus élevée au Saint-Bernard qu'à Genève*. Cette anomalie s'est présentée dans cette période de 10 jours (du 1er au 10), pendant lesquels un brouillard épais régnait à Genève; tandis qu'au Saint-Bernard le ciel était parfaitement serein. Dans les jours précédents, le ciel était également clair au Saint-Bernard, et le plus souvent couvert à Genève, la couche de nuages étant très-basse, sans cependant atteindre le sol.

GILBERT et CHURCHILL.

Die Dolomitenberge, Deutsch von **Zwanziger**. — Klagenfurt, 1865.

GIORDANO (Felice).

Ascensione del monte Bianco (mont Blanc) partendo dal versante italiano, ed excursione nelle Alpi Pennine. — Turin, 1864.

Giornale delle Alpi, degli Apennini ed dei Volcani, von **G. T. Cimino**. — Turin, 1864.

GNIFETTI (Pfarrer von Anagna).

Notizie topographiche del monte Rosa ed ascensione. — Navarra, 2e éd. 1858.

GROVE.

Studerjoch. — *Alpine Journal.*

GUEMBEL.

Geognotische Beschreibung des bairischen Alpengebirges und seine Vorlande. Mit Atlas. — Gotha, 1861.

H

HAMEL.

Reisen auf den mont Blanc. — Basel, 1820.

HARDY (J. F.).

Lyskamm, 1861, t. II. *Peaks, Passes and Glaciers.*

HARDY (J. J. Rev.).

Col de Senadon nach der höhe des Col de Chermontane. t. II, *Peaks, Passes and Glaciers.*

HARPE (De la).

Faune Suisse. Lepidoptères. *Denksch. der Schweizer nat. Ges.*, XII, 1852.

HARTMANN (W.).

System der Erd- und Flussschnecken der Schweiz. — *Neue Alpina* von **Steinmüller**, I, 1821.

HARTMANN.

Helvetische Ichthyologie. — Zürich, 1827.

HAUSER.

Physiologische Erscheinungen bei Berg- und Gletscher-Fahrten. — *Jahrbuch des Schweizer Alpen-Club*, p. 546.

HAUSER.

Scène aus dem Familienleben der Gemsen. — *Jahrbuch des Schweizer Alpen-Club*, III — 1866, p. 567.

HAUSER.

Kammlistock. — *Jahrbuch des Schweizer Alpen-Club*, 1865.

HAUSER (C.).

Stockgron und die Ilemspforte (Porta da Gliems). *J. Sch. Alp.*, 1866, p. 154 à 161.

Cabanes de Alp Gliems (*sans indication d'altitude*).

1865. 23 juillet, 9 h. 30 min. matin, air. . . . . 13°,3.
10 h. matin. . . . . 13 ,4.

Stockgron Gipfel (*sans indication d'altitude*).

1865. 23 juillet 5 h. soir, air . . . . 5°.4.
5 h. 5 m., — . . . . 5°,3.

Clubhütte (*sans indication d'altitude*).

1865. 24 juillet 5 h. m. brouillard. . . . . 5°,8.
6 h. — — . . . . 6°,1.
7 h. — — . . . . 6°,0.
8 h. — — . . . . 5°,6.
9 h. — pluie battante. . . . . . 5°,3.

Thermométrographes exposés l'année passée : Minimum, — 16°,8. Maximum, 15°,5.

HAUSER (C.).

Pitz Tumbif, 3,250 mèt. alt. *J. Schw. Alp.*, 1866, p. 148 à 154.

Cabane dans les pâturages supérieurs de Tscheng, 1,979 mètr. alt.

1865. 19 juillet 4 h. matin, température. . . . . 11°,0.
Brigelserhorn, 3,060 mètr., 8 h. 30 m. matin, température. . . . . 7°,3.
9 h. matin, température . . . . 7°,0.
Tumbif Gipfel, 3,217 mètr. alt., 10 h. matin, température. . . . . . 7°,3.
10 h. 30 m. au soleil, par fort vent. . 7°,8.
11 h. à l'ombre. . . . . 6°,9.

Au niveau du Ferrerbach (*dans la vallée sans indication d'altitude*).

3 h. 45 min., air à l'ombre. . . . . 14°,3.
Ruisseau du glacier. . . . . 5°,5.

HAWKINS.

Partial ascent of Matterhorn (mont Cervin). — *Galtons' Vacation Tourist*, 1860.

HAWKINS.

Notizen über Exkursionen auf die Westseite des Mont Blanc mit Einschluss des Glaciers du Miage, dessen Firnreviere zum ersten Male betreten. — *Alpine-Club*, 1857.

HEER (O.)

Thierwelt des Cantons Glarus. — *Gemälde der Schweiz*, Canton Glarus, 1846.

HEER (O.).

Die Käfer der Schweiz. — *N. Denk. der Schw. natur. Ges*, II, IV, V. 1838, 1840, 1841.

HEER (Oswald).

Urwelt der Schweiz. — Zürich, 1869.

HEER (O.).
GEOGRAPHISCHE VERBREITUNG DER KÆFER IN DEN SCHWEIZER ALPEN, BESONDERS NACH IHREN HÖHENVERHÆLTNISSEN. — 1 Canton Glarus. 2 Rhätische Alpen. Pröbel und Heer, *Mitth. aus dem Gebiete der theor. Erdkunde.* — Zürich, 1834.

HEER (O.).
PIZ LINARD. — *Jahrb. des Schw. Alpen-Club*, 1866.

HEER (O.).
ÜBER DIE OBERSTEN GRENZEN DES THIERISCHEN UND PFLANZLICHEN LEBENS IN DEN SCHWEIZER ALPEN, XLVII, *Neujahrsb. der Naturforsch. Ges. in Zürich*, 1845.

HEER (O.).
DIE KIEFERN DER SCHWEIZ. — *Verhandl. der Schw naturf. Ges. in Luzern*, 1862.

HEER (O.).
DIE VEGETATIONSVERHÆLTNISSE DES SÜD-ÖSTLICHEN THEILS DES CANTONS GLARUS. Ein Versuch, die Pflanzengeographischen Erscheinungen der Alpen aus climatologischen und Bodenverhältnissen abzuleiten. — Fröbel und Heer's *Mitth. aus dem Gebiete der theor. Erdkunde.* Zürich, 1834.

HEER (O.).
DAS VERHÆLTNISS DER MONOCOLEDONEN ZU DEN DICOLEDONEN IN DEN ALPEN DER ÖSTLICHEN SCHWEIZ. — Même publication que ci-dessus.

HEGETSCHWEILER.
BEITRÆGE ZU EINER KRITISCHEN AUFZÆHLUNG DER SCHWEIZERPFLANZEN. — Zürich, 1831.

HEGETSCHWEILER
REISEN IN DEN GEBIRGSTOCK ZWISCHEN GLARUS UND GRAUBÜNDEN. Erste Versuche der Tödi-Besteigung. — Zürich, 1825.

HEGETSCHWEILER und HEER.
FLORA DER SCHWEIZ. — Zürich, 1840.
Helvetischer Almanach, 1799 à 1822. Taschenbuch.

HEIM (Albert).
UEBERGANG VON VAL GLIEMS AUF DEN FUNTAIGLAS-GLETSCHER UND ERSTEIGUNG DER LÜCKE ZWISCHEN BIFERTENSTOCK UND BÜNDNER TÖDI. — *J. Schw. Alp.*, 1866, p. 161 à 168.

HEUSSER.
DAS ERDBEBEN IM VISPER-THAL (vallée de Viège) VON 1855. — Zürich, 1856.

HEYDEN (von).
COLOPTERN DES ENGADINS. — *Jahrb. der naturf. Ges. Graubündens*, II, 1857-1860.

HINCHLIFF.
SUMMER MONTHS AMONG THE ALPS, WITH THE ASCENT OF MONTE ROSA. — London, 1857.

HINCHLIFF.
WILDSTRUBEL UND OLDENHORN. P. P. Gl.

HINCHLIFF.
TRIFTPASS. P. P. Gl.

HINCHLIFF (J. A.).
VON ZERMATT NACH DEM VAL D'ANNIVIERS ÜBER DEN TRIFT-PASS. — *Alpine Club*, 1857.

HIRZEL-ESCHER.

Wanderungen in weniger besuchten Alpengegenden der Schweiz. — *Rundreise um den monte Rosa*. — Zürich, 1829.

HIRZEL-ESCHER.

Reise nach einigen Gebirgstöcken des Cantons Schwyz und Glarus In dessen Wanderungen in weniger besuchten Alpengegenden der Schweiz. — Zurich, 1829.

HOCHSTETTER.

Schweizer Architektur. — Carlsruhe.

HOFFMANN (G.).

Panorama des Maderaner Thales im Canton Uri. Herausgegeben mit einem Führer in die dortigen Gebirge. — Basel, 1865.

HOFFMANN-BURCKHARDT (Albert).

Kilchlistock 3,113 mèt. alt. — *Jahrb. Schweizer Alpen-Club*, 1866, p 128 à 130.

HOFFMANN (Eduard) und **HOFFMANN-MERIAN.**

Stücklistock, 3,309 mètr. alt. — *J. Schw. Alp.*, 1866, p. 137 à 145.

HOFFMANN (G.).

Wanderungen in der Gletscherwelt. Urirothstock, Bristenstock, Scheerhorn, etc. — Zürich, 1843.

HOFFMANN (G.).

Besteigung der Windgelle und des Kalkstocks. *Alpenrosen*, 1853.

HOFFMANN.

Windgelle, Oberalpenstock, Kreutzlistock, Berg und Gletscherfahrten.

HŒPFNER.

Magazin für die Naturkunde Helvetiens, 4 vol. Zürich, 1787-1789.

HOWELLS.

Glærnish. *Alpine Journal*. — London.

HUDSON (Ch.).

Unglücksfall auf dem Col de Miage, t. II. — *Peaks, Passes and Glaciers*.

HORNBY.

Silberhorn. — *Alpine Journal*.

HUDSON and KENNEDY

Ascent of mont Blanc, by a new route and without guides. — London, 1856.

HUDSON (C. Rev.).

Erste Besteigung des mont Blanc von dem Col du Géant aus über den Grat, genannt la Bosse du Dromadaire. — *Alp. Club*, 1859.

HULL (Edward).

River-denudation of valleys. — *Geological Magazine*, vol. III, n° 10. October, 1866, p. 474.

HUGI (F. J.).

Naturhistorische Alpenreisen. Roththal, Strahleck, Rosenlauï, Urbach, Finsteraarhorn, Titlis, Tschingelgletscher, Lötschgletscher, etc. — Solothurn, 1830.

JACOMB (W. F.).
Col de Sonadon von Saint-Pierre nach der Höhe des Passes, t. II. —*Peaks, Passes and Glaciers.*

JACOMB (W. F.).
Col de Sonadon von der Höhe des Passes nach Valfelline und Prératen, t. II. — *Peaks, Passes and Glaciers.*

JACOMB (W. F.).
Col de la Valteline. Von Prératen nach Zermatt, t. II. — *Peaks, Passes and Glaciers,*

Jahrbuch des Schweizer Alpen-Club. Dritter Jahrgang, 1866. — Bern. Verlag der Expedition des Jahrbuchs des S. A. C., in-16, 580 p. Cartes topographiques, illustrations et clichés nombreux.

Inhaltsverzeichniss.

Text.

Illustrations.

D. A. Ces six illustrations se trouvent dans le livre du texte aux pages : 1, 40, 183, 211, 283.

1. Die Silvetta-Gebirgsgruppe nach Eidsgenössischen Aufnahmen Excursionskarte Schweizer Alpen-Club für das Jahr 1865.
   Échelle 1 : 50,000. Grandeur, 0m,38 × 0m,33. Chromo-lithographie par Wurs Handegger et Ce à Winterthur.
2. Karte der Gebirgsgruppe zwischen Lukmanier und la Greina nach Eidsgenössis Originalaufnahme. — Excursions-Karte des Schweizer-Alpen-Club für 186
   Echelle 1 : 50,000. Grandeur, 0m,38 × 0m,32. Chromolithographie par R. zinger à Berne.
3. Panorama des Silvretta-Passes, zwischen Prättigau, Engadin und Vorarll Long. 1m,33, haut. 0m,17. — Dessins d'après nature par Jules Jacot. Lithogra par Lips à Berne.
4. Panorama des Medelser-Gebietes. Aussicht gegen die Gallinario- und Me Gruppe. Long : 0m,90 haut. 0m,12. — Lithographie. Gezeichnet vom Brunni von Regierungsstatthalter Studer, lithographiert von Lips in Bern.
5. Panorama vom Basordino (Westliche Hälfte). Long. 0m,93, haut. 0m,17. Gezeic von Regierungsstatthalter Studer, lithographiert von Lips in Bern.

6. Ansicht des Silvretta-Gletschers von der Westseite. Aufgenommen vom Birchrücken von Müller-Wegmann und Zeller-Horner. Long. 0m,41, haut. 0m,17. Lithographié par Lips à Berne.
7. Piz Tumbif und Brigelserhorn. Gezeichnet unweit dem Kisten Grath von H. Zeller. Long. 0m,38, haut. 0m,13. Chromo-lithographie von J. G. Bach in Leipzig.
8. Gruppe des Piz Linard. Gezeichnet am Piz Mezzdi im Unter-Engadin von H. Zeller-Horner. Long. 0m,59, haut. 0m,19.

K

KASTHOFER.
Bemerkungen auf einer Alpenreise über Brünig, Bragel, Fluela, Malota, Splügen. — Bern, 1825.

KASTHOFER.
Bemerkungen auf einer Alpenreise über den Susten, Bernhardin und über die Ober-Alp, Furka und Grimsel. — Aarau, 1822.

KASTHOFER.
Bemerkungen über die Wælder und Alpen des bernischen Hochgebirges. — Aarau, 1818.

KASTHOFER.
Beitræge zur Beurtheilung der Colonisation der Alpenweiden. — Leipzig, 1827.

KASTHOFER (K.).
Bemerkungen auf einer Alpenreise über Susten, Furka und Grimsel. — Aarau, 1822.

KELLER (H.).
Reisekarte der Schweiz. 1re 1813. — Seule carte des touristes de la Suisse pendant dix années.

KELLER (Ferdinand, Pres. Antiq. Société Zürich).
Lake dwellings of Switzerland and other parts of Europe. Translated and arranged by *John Edward Lee* F S. A., F. G. S., etc. Illustrated by 97 plates and numerous woodcuts. London : Longmann, Green and Co, 1866.

KELLER (H).
Panorama der Schweizer Alpen, gezeichnet von Höhenschwand im Schwarzwald, 1803. (Geologisch coloriert im Jahrbuch des *Schw. Alp. Club.*, 1865.)

KENNEDY und WIGRAM (C.).
Besteigung der Dent-Blanche. 1862.

KENNEDI.
Bristenstock. — *Peak, Passes and Glaciers.*

KIESEWETTER (H. von).
Entomologische Excursion in das Wallis und nach dem Monte Rosa. — *Berliner entomolog. Zeitschrift*, 1861.

KILLIAS.
Kryptogamen Graubündens. — *Jahrb. der naturf. Ges. Graubündens*, IV, 1859; VI, 1861.

KOCH (J.).
Deutsche und Schweizer-Flora. — Frankfurt, 1838. *Taschenbuch*, Leipzig, 1844.

KOHL.
Alpenreisen. — 3 vol. Dresden und Leipzig, 1849-1851.

KŒNIG.
Reise in die Alpen. Mit naturhistorisched Beiträgen von **Kuhn**, **Meissner**, **Seringe**, **Studer** und **Tscharner**. — Bern, 1814.

KUTTER (W. R.).
Karte des Cantons Bern. Nach den eidsgenossischen Aufnahmen bearbeitet, 1 : 200.000. — Bern, 1865.

L

LANDOLT.
Bericht an den Schweizerischen Bundesrath über die Untersuchung der schweizerischen Hochgebirgswalderungen, vorgenommen in den Jahren 1858-1860. — Bern, 1862.

LANDOLT.
Die forstlichen Zustænde in den Alpen und im Jura. Auszug aus obigen Berichten. — Bern, 1863.

LARDY.
Mémoire sur les dévastations des forêts des Hautes-Alpes. — Zurich, 1842.

LARDY.
Essai sur la constitution géognostique du Saint-Gothard. — *Denksch. der Schweiz. naturf. Gesellsch.*

LAVIZZARI.
Altitudini dei luoghi principali del Ticino. — Locarno, 1860.

LAVIZZARI.
Escursioni nel Cantone Ticino — 5 vol. Lugano, 1859.

LECHNER.
Piz Languard und die Berninagruppe. Mit Karte. — Leipzig, 1860

LECHNER.
Das Thal Bergell in Graubünden. Mit Karte. — Leipzig, 1865.

LEONHARDI (G.).
Das Poschiavino Thal. Mit Karte. — Leipzig, 1859.

LEONHARDI (G.).
Das Veltlin. — Leipzig, 1860.

LESLIE-STEPHEN (Rev.).
Bietshorn (oder Grosse Nesthorn). Bestiegen zum ersten Mal 1859. — *Alpine-Club.*

LESLIE-STEPHEN (Rev.).
Rympfischhorn zum ersten Mal bestiegen, 1859. — *Alpine-Club.*

LESLIE-STEPHEN (Rev.).
GROSSES SCHRECKHORN. Erste Besteigung, 1861, t. II, *Peacks, Passes and Glaciers.*

LESLIE-STEPHEN (Rev.).
ÜBERGANG ÜBER DAS EIGERJOCH (oder den TEUFFELSATTEL) zwischen Mönch und Eiger, von der Wengern-Alp nach dem Ægishorn. August 1850. — *Peaks, Passes and Glaciers.*

LEUZINGER (R.).
EXCURSIONSKARTE — 1863-1864 Tödigebiet, 1 : 50,000; 1864-1865 Trifgebiet, 1 : 50,000, 1865 Gebirgsgruppe zwischen Lukmanier und la Greina, 1 : 50,000; 1865 Silvretta Gebirgsgruppe 1 : 50,000, von Wurster und Comp.

LEUZINGER (R.).
KARTE DES HOCHGEBIRGES VON GRINDELWALD, 1 : 50,000. — Bern, 1865.

LINDT (R.).
EXCURSIONEN DES SCHWEIZER ALPEN-CLUB IM TRIFTGEBIETE. — *Jahrb. Schw. Alpen-Club,* 1865.

LINDT (R.).
ERGÆNZUNGEN IM TRIFT-GEBIETE, nach den Berichten des Herrn Regent-St. **Studer** und der Herrn **A. E.** und **F. Hoffmann.** — *Jahrbuch des Schweizer Alpen-Club,* p. 105 à 106.

LORENTZ (G.).
EXCURSIONEN UM DEN ORTLES- UND ADAMELLA-STOCK. — *Petermann's Mittheilungen.* Gotha, 1865.

LORY.
CARTES ET COUPES GÉOLOGIQUES DU BRIANÇONNAIS (Hautes-Alpes). *Bull. Soc, géol. de France,* XX, 1863.

LORY.
SUR LES DÉPÔTS TERTIAIRES ET QUATERNAIRES DU BAS-DAUPHINÉ. — *Bull. Soc. géol. de France,* XX, 1863.

LUSSER.
BEOBACHTUNGEN ÜBER DEN FÖHNWIND. — *Meissners naturw. Anz. der Schw. natur. Gesellsch.,* III, n° 10, 1820.

LUSSER.
GEOGNOSTISCHE FORSCHUNG UND DARSTELLUNG DES ALPENDURCHSCHNITTES VOM SAINT-GOTTHARDT BIS ART AM ZUGERSEE. — *Denkschr. der Schweiz. Gesellsch.,* I, 1, 1829. Mit Profilen.

LUSSER.
NACHTRÆGLICHE BEMERKUNGEN ZU DER GEOGNOSTISCHEN DARSTELLUNG DES ALPENDURCHSCHNITTES VOM SAINT-GOTTHARDT BIS ART. Mit Profilen. — Voy. *Schw. Denkschr.,* VI., 1842

M

MACKINTOSCH F. G. S.
RESULT OF OBSERVATIONS ON THE CLIFFS, GORGES AND VALLEYS OF WALES. Lithog. de 12 specimens de vallées. *Geological Magazine,* vol. III, n° 9. Sept. 1866, p. 387.

MARCHAND (A.).
Über die Entwaldung der Gebirge. Denkschrift an die Direktion des Innern des Cantons Bern, 1849.

MARTINS (Ch.).
Le Spitzberg. Tableau d'un archipel à l'époque glaciaire. — *Bull. Soc. Géol. France*. Avril 1865, p. 339.

MATHEWS (W.).
Col de Lys. Der höchste Pass Europa's, zwischen dem Lyskamm und der Vincent Pyramide. In 13 Stunden vom Ryffelhôtel nach Saint-Jean de Gressoney.—*Peaks, Passes and Glaciers*.

MATHEWS (W.).
Col des Jumeaux (oder Zwillingspass), zwischen dem Lyskamm und den Zwillingen hindurch von Ryffel nach Saint-Jean de Gressonay, 1861, t. II. — *Peaks, Passes and Glaciers*.

MATHEWS (G. S. und W.).
Übergang über das hohe Firnplateau zwischen Lyskamm und monte Rosa von Zermatt nach Saint-Jean Gressoney. Zum ersten Mal, 1859. — *Alpine-Club*.

MATHEWS (G. S. und W.).
Übergang von Zinal nach Zermatt. Über die Höhen des Zinalgletschers nach dem Zermattfirn, zwischen der Pointe der Zinat und dem Gabelhorn, hinunter nach dem Hochwænggletscher und dem Ebihorn, 1859. — *Alpine-Club*.

MATHEWS (W.).
Die Gebirge des Bagne-Thales, mit Besteigungen des mont Velan, mont Avril, Combin, Graffeneire und Übergang über den Col du mont Rouge. Hier wurde nicht die allerhöchste Spitze der Graffeneire erreicht; übrigens ist es die erste Besteigung des Combin anno 1857. — *Alpine-Club*.

MAXWELL (H Crose).
Notes on the general glaciation of the rocks in the neighbourhood of Dublin. — *Journal of the Roy. Geol. Soc. of Ireland*, 1864-1865, p. 3, 1 table

MECHEL (C. de).
Relation d'un voyage a la cime du mont Blanc. — Bâle, 1790.

MEISSNER (F.).
Kleine Reisen in die Schweiz, 1801.

MEISSNER (F.).
Das Museum der Naturgeschichte Helvetiens, 1807-1820.

MEISSNER und Schinz.
Die Vögel der Schweiz. — Zürich, 1815.

MEISSNER (F.).
Verzeichniss der bis jetzt bekannt gewordenen schweizerischen Schmetterlinge. — *Meissner's naturw. Anz.*, Jahrg. I und II, 1817-1819.

METTAIS (H.).
Paris avant le déluge. — Paris, Librairie centrale.

MEYER (J. R.).
Reise auf den Jungfrau Gletscher (Aletsch Gletscher) 1811.

MEYER (R. und H.).
Reise auf die die Eisgebirge des Kanton Bern. — Arau, 1813.

MEYER-DUERR.
Verzeichniss der Schmetterlinge der Schweiz. Voy. *Denk. der Schw. naturf. Ges.*, XII, 1852.

MEYER-DUERR.
Ein Blick über die Schweizerischen Orthoptern-Fauna. — Zürich, 1860.

MICHAELIS.
Barometrische Höhenbestimmungen vorzüglich die Schweiz betreffend. — Fröbel und Herr, *Mittheilungen aus dem Gebiete der theoretischen Erdkunde*, 1834.

MICHAELIS.
Topographische Karte des Cantons Aargau, 1 : 50,000, 4 feuilles, 1845-1848.

MIEULET.
Massif du mont Blanc, 1 : 40,000. — Paris, 1865.

MILMANN und KENNEDY.
Bernina. — *Peaks, Passes and Glaciers.*

MOHL.
Pflanzengeographische Bemerkungen über das Zermatt-Thal. — *Botan. Zeitung*, 1863.

MOJSIOVICS.
Die alten Gletscher der Süd-Alpen. — *Mitth. des öster. Alpenvereins*, I, 1863.

MOORE.
Viescherhorn. — *Alpine-Journal.*

MORTILLET (G. de).
Terrain du versant italien des Alpes comparés a ceux du versant français. — *Bull. Soc. Géol. de France*, XIX, 1862.

MORTILLET (Gabriel de).
Carte des anciens Glaciers du versant italien des Alpes. — *Atti della Soc. ital. di sc. nat. in Milano*, 1861.

MORTILLET (G. de).
Époque quaternaire dans la vallée du Pô. — *Bull. Soc. géol. France.* Févr. 1865, p. 138 et 177. — **Dausse**, Observations sur cette communication, p. 151.

MORTILLET (G de).
Age de débris d'elephas primigenius trouvés près de Tenay (Ain). — *Bull. Soc. Geol. France.* Février 1865, p. 305.

MOUSSON (A.).
Ein Bild des Unter-Engadin. — *Züricher Neujahrsblatt von der naturf. Ges.*, 1850.

MUELLER (Alb.).
Alpenpanorama von Höhenschwand. — *Jahrbuch des Schweizer Alpen-Club*, 1865.

MUELLER (Alb.).
Über die Krystallinischen Gesteine in der Umgebung des Maderaner Thals. — *Verh. naturf. Ges. in Basel*, 1866.

MURCHISON (R.).
On the Geological Structure of the Alps, Apennines and Carpathians. — *Quart. Journ. of the Geolog. Soc.* London, 1849.

N

NÆGELI.
Die Cirsien der Schweiz. — *Verh. der Schw. naturf. Ges. in Luzern*, 1862.

O

OMBONI (G.).
I ghiacciai (glaciers) antichi e il terreno erratico di Lombardia. — *Atti della Soc. ital. de sc. nat. in Milano*, III, 1861.

OSTERWALD (J. F.).
Recueil des hauteurs des pays compris dans le cadre de la carte générale de la Suisse. — Neuchâtel, 1844-1847.

P

PAPON (J.).
Das Engadin. — Saint-Gallen, 1857.

PAPON (J.).
Eine Bergfahrt auf den Piz Languard. — *Saint-Gallen Blätter*, 1857.

PARLATORE (F.).
Voyage à la chaîne du mont Blanc. — Florence, 1850.

PAYOT.
Catalogue des fougères, prêles et lycopodiacés des environs du mont Blanc. — Genève 1860.

PITSCHNER.
Mont Blanc. — Genève, 1864.

R

RAMBERT.
Les Alpes suisses. 1re série. — Genève, 1866.

RAMBERT.
Les Clarides. — Genève, 1866.

RAMSAY,
The old Glaciers of Switzerland and Wales. — *Peaks, Passes and Glaciers*. London, 1859.

RAMSAY.
On the glacial origin of certain lakes in Switzerland, etc. — *Quart. Journal of the Geol. Soc. of Gr. Britain*. — August 1862.

RAMSAY.
On the erosion of Valleys and Lakes. — *Phil. Mag*. October 1864.

RAMSAY.
Sir Charles Lyell and the glacial theory of Lake Basins. — *Phil. Mag*., 1865.

REILLY (Ad.).
Map of the chain of mont Blanc, published under authority of the *Alpine-Club*, 1 : 80,000. — London, 1865.

RENEVIER (E.).
Géologie du massif de l'Oldenhorn et du col du Pillon. — *Bull. Soc. Géol. France*. Mars 1865, p. 313.

REY (W.).
Les Grisons et la haute Engadine. — Genève, 1850.

ROHRDORF (C) de Zurich.
Reise über die Grindelwald-ViescherGletscher und Ersteigung des Gletschers des Jungfrauberges. 1814.

RŒMER und SCHINZ.
Naturgeschichte der in der Schweiz einheimischen Sæugethiere. — Zürich, 1809.

ROSE (W.).
Uri Rothstock. — *Monatsb. der Ges. für Erdk. in Berlin*, V, 1847.

ROTH (A.).
Gletscherfahrten in den Berner Alpen. — Berlin, 1861.

ROTH (A.).
Finsteraarhornfahrt. — Berlin, 1863.

ROTH (A.) **und FELLENBERG** (von).
Doldenhorn und Weisse Frau. — Coblenz, 1863.

RUETTE (A. von).
Ausflug auf das Wildhorn. — *Berner Taschenbuch*, 1862.

RUETIMEYER (L.) **und HIS** (W.).
Crania Helvetica. Sammlung schweizerischer Schädelformen mit Atlass. — Basel und Genf. 1864,

RUETIMEYER (L.).
Über die Bevölkerung des rhætischen Gebietes. — *Verh. der Schw. naturf. Ges*., 1854.

RUETIMEYER.

UNTERSUCHUNGEN DER THIERRESTE AUS DEN PFAHLBAUTEN DER SCHWEIZ. — *Mitth. der* ▬ *Gesel. in Zürich*, 1860.

RUETIMEYER.

FAUNA DER PFAHLBAUTEN IN DER SCHWEIZ. — Basel, 1861.

RUETIMEYER (L.).

LITTERATUR ZUR KENNTNISS DER ALPEN. —*Jahrbuch des Schweizer Alpen-Club*, 3. ▬ gang, 1866, p. 373 à 411.

Allgemeine Landeskunde und Geschichte derselben.

GEOLOGIE.

Auf die Geologie der Schweiz im Ganzen bezügliche.
Alpenkette insgesammt.
Geologische Karten.

SPECIELLERE ARBEITEN.

KALKALPEN.

1. Œstliche. Zwischen Rhein und Reuss.
2. Westliche. Zwischen Reuss und Rhône.

KRISTALLINISCHE GEBIETE.

1. Œstliche Alpen. Graubünden.
2. Mittlere Alpen. Gotthardt, Grimsel, Tessin.
3. Westliche Alpen. Wallis.

GLETSCHER.

PHYSIKALISCHE GEOGRAPHIE.

METEOROLOGIE.

BEVÖLKERUNG.

THIERKUNDE.

Wirbelthiere.
Gliederthiere.
Weichthiere.

PFLANZENKUNDE.

PFLANZEN-KATALOGE.

Œstliche Schweiz.
Mittlere Schweiz.
Westliche Schweiz.
Einzelne Pflanzengruppen.

NATURHISTORISCHE REISEN.

ŒKONOMIE-TECHNICK.

HYPSOMETRIE UND KARTEN.

TOPOGRAPHISCHE KARTEN.

Panoramen.
Ansichten.

TOPOGRAPHIE-TOURISTIK.

SAMMELWERKE.

Reisehandbücher.

EINZELNE SCHILDERUNGEN.

Œstliche Alpen.
Graubünden.
Glarus.
Uri.
Berner-Alpen.
Wallis.
Mont Blanc und westliche Alpen.

(1) L'auteur de ce mémoire cite les publications des naturalistes qui ont traité des hautes régions des Alpes et des glaciers, et sur quelques questions qui s'y rattachent. Parmi ces citations il s'en trouve un grand nombre dont je n'avais pas connaissance, je les insère tels quels dans ma liste d'auteurs, sauf double emploi.

RUETIMEYER (L.)

SCHWEIZERISCHE NUMMULITENTERRAIN mit besonderen Berücksichtigung des Gebirges zwischen dem Thuner-See und der Emme. Mit Karten und Profilen. Voy *Schw. Denkschriften*, XI. 1850.

RUTHNER (A. von).

BERG UND GLETSCHER-REISEN IN DEN ŒSTERREICHISCHEN HOCHALPEN. — Wien, 18[illegible]

S

SALIS (F. von).

HÖHENMESSER — *Jahrb. Schw. Alpen-Club*, p. 535. Niveau à réflexion, par Gravet et Lenoir à Paris. Prix 25 fr.

SALIS (A. von) ingén. en chef.

MITTHEILUNGEN ÜBER DIE KORRECTION VON GEBIRGSWASSERN. — *Jahrb. Schw. Alpen-Club* III 1866.

SALIS (Ul. von).

FRAGMENTE ZUR ENTOMOLOGIE DER ALPEN Chamonix und Gross-Glockner — *Steinmullers Alpina*. II 1807.

SAMMLER (der)

Eine gemeinnützige Wochenschrift für Bündten, 1779 bis 1784, und der Neue Sammler. 1804-1809. — Herausgegeben von der Œconomischen Gesellschaft in Graubünden.

SAUSSURE (H. B. de).

VOYAGES DANS LES ALPES. — 4 vol. Neuchâtel et Genève 1779-1796

SCHLEICHER (I.)

CATALOGUS HELVETICARUM SPICILEGIUM. — Bern 1825-1830.

SCHATZMANN (R.)

SCHWEIZERISCHE ALPENWIRTHSCHAFT 1-5 Heft. — Aarau, 1859-1864

SCHAUBACH

DIE DEUTSCHEN ALPEN — *Handbuch für Tirol Œsterreich Steiermark*. 5 vol. 1845-1847. 2 Auflage Jena, 1865

SCHINZ (H. R.).
FAUNA HELVETICA. WIRBELTHIERE. — *N. Denkschr. der Schw. naturf. Gesellsch.*, I, 1837.

SCHLÆPFER.
VERSUCH EINER NATURHISTORISCHEN BESCHREIBUNG DES CANTONS APPENZELL. — Troyen, 1829.

SCHOCH, Apoth. in Wald. Zürich.
BESTEIGUNG DES VRENELIS-GRÆTTLI UND ERSTER ÜBERGANG ZUM RUCHEN. — *Jahrb. des Schw. Alpen-Club*, p. 550.

SCHLAGINTWEIT.
PFLANZENGEOGRAPHISCHE MITTHEILUNGEN ÜBER DEN MONTE ROSA. — Neue Untersuchungen über die physikalische Geographie und die Geologie der Alpen. I, 1854.

SCHLEICHER (J. C.).
CATALOGUS HUCUSQUE ABSOLUTUS OMNIUM PLANTARUM IN HELVETIA CIS- ET TRANSALPINA SPONTE NASCENTIUM. — Bex, 180* éd., II, 1807, III, 1815. Camberii, 1821. (Mit vielem Unsichern gemengt.)

SCHNEIDER (Xaver).
GESCHICHTE DER ENTLEBUCHER. — Luzern, 2 vol. 1781-1782.

SCHNYDLER (Xaver von Wartensee). Pfarrer von Schlüpfheim im Enthbuch.
ANZAHL VON SCHRIFTEN ÜBER DIESES THAL. — Geschichte der Entlebucher, 1781. — Beschreibung einzelner Berge des Entlibuch, 1783. — Karten von Æmter Schlüpfheim und Eschlimatt, und Vogtei Entlebuch. — Noch jetzt können diese Schriften und Karten dem *Schweizer Alpin-Club* ein schönes Bild ausdauernder und anspruchloser Thätigkeit sein.

SCHUEBLER.
DE DISTRIBUTIONE GEOGRAPHICA PLANTARUM HELVETIÆ. — Tübingen, 1823.

SCHUERMANN.
BRISTENSTOCK. — Luzern, 1862.

SCHÜTZ.
REISE VON LINTHAL ÜBER DIE LIMMERALP NACH BRIGELS. — Zürich, 1812.

SCHWEIZER (Ed.).
BREITHORN VON ZERMATT, 1861. *Peaks, Passes and Glaciers.*

SCHWENDENER.
PERIODISCHE ERSCHEINUNGEN DER NATUR, INSBESONDERE DER PFLANZENWELT. Nach den von der Schweizer naturf. Ges. veranlassten Beobachtungen. Zürich, 1856.

SECRETAN.
MYCOGRAPHIE SUISSE. 3 vol. — Genève, 1833.

SERINGE.
ESSAI D'UNE MONOGRAPHIE DES SAULES DE LA SUISSE. — Berne, 1815.

SILBER-GYSI.
MONTE DELLA DISGRAZIA. 3,680 mèt. alt. — *Schweiz. Alp.*, 1866, p. 220 à 268.

SIMLER (Th. Dr.).
KURZE BETRACHTUNGEN ÜBER DIE URSACHEN UND DAS ALTER DER EISZEIT. — *Jahrb. des Schweiz. Alp. Cl.*, III, 1866.

L'auteur cite les publications suivantes : **Adhémar**, *Révolutions de la mer, déluges périodiques*. 3me édit. trad. en allemand. Celles d'**Escher** de la Linth. — **Heer** (prof.). — **Morlot**. — **Meech**. — **Gümbel**. — **Schmidt** (prof.). — **Humboldt**. — **Léopold de Buch**. — **Dove**. — **Desor**...

SIMMLER.
Der Tödic-Rusein und die Excursion nach Ober-Sandalp. — Bern, 1862.

SIMMLER.
Der Hochkærpf. — Glarus, 1862.

SIMMLER.
Die Excursionen des Schweizer Alpen-Club im Tödigebiet, 1863.

SIRLEY (C.) und **KENNEDY.**
Besteigung des Piz Bernina. II vol. — *Peaks, Passes and Glaciers.*

SISMONDA (A).
Carta geologica di Savoia, Piemonte e Liguria. — 1862.

SISMONDA (A.).
Abhandlungen über die südliche Alpenkette. — Mem. de l'Académie de Turin. I, 1839 II, 1840, mit geolog. Karte. III, 1841, Karte von monte Rosa bis an den Luganer See. *Tarensia*, IX, 1848. Geologische Karte von Piemont, etc.

SONKLAR (K. von).
Die Gebirgsgruppe des Hochschwab in Steiermark. — Wien, 1859.

SONKLAR (K. von).
Die Gebirgsgruppe der Hohen-Tauern. — Wien, 1866.

SONKLAR (K. von).
Œtzthaler Gebirgsgruppe. Mit Atlas. — Gotha, 1860.

SOULIER.
Photographies. Suisse et Savoie.

STABILE.
Bulletin entomologique relatif aux coléoptères du monte Rosa. — *Verh. der schweiz. naturf. Ges.*, 1853.

STALDER (E. J.), Pfarrer im Entlibuch.
Fragmente über das Entlibuch, 1797-1798.
Versuch eines schweizerischen Idiotikons, 2 vol — Aarau, 1807-1811.

STALDER (F. J.).
Fragmente über Entlebuch. — Zürich. 2 vol. 1797-1798.
Versuch eines schweizerischen Idiotikon. — 2 vol. Arau, 1807-1811.
Die Landessprachen der Schweiz, oder Schweizerische Dialektologie. Arau, 1819.

STEINMÜLLER (J. R.).
Alpina. 1806 à 1827.

STEINMÜLLER (J. R.).
Alpina. — Eine Schrift der genauern Kenntniss der Alpen gewidmet, 4 vol. Winterthur, 1806-1809.

STEINMÜLLER.
Neue Alpina. — 2 vol Winterthur, 1806-1809.

STEPHENS.
Allalinhorn. — *Galton's Vacation Tourist*, 1860.

STEPHEN.
Schreckhorn. — Eigerjoch. — P. P. Gl.

STEPHEN.
Jungfraujoch. — Viescherjoch. — Blümlisalp. — *Alpine-Journal.*

STEUDEL.
Alpenschau mit Panorama von Ravensburg. 1864.

STEUDEL.
Panorama des Alpengebirges vom Schloss Waldburg bei Ravensburg, 1860.

STIERLIN.
Entomologische Excursion nach dem Engadin. — *Mitth. der schweiz. nat. Ges.*, 1865.

STUDER (B.) **und ESCHER** (von der Linth).
Carte géologique de la Suisse. — Winterthur, 1853.

STUDER (G.).
Mittheilungen über die Savoiische Alpen. — *Mitth. der naturf. Ges.* in Bern, 1861.

STUDER (G.).
Ruitor-Gletscher und seine Umgebungen. — *Mitth. der naturf. Ges.* in Bern, 1863.

STUDER (G.).
Besteigung der Dents-d'Oche. — *Berner Taschenbuch*, 1863.

STUDER (G.).
Besteigung des Rinderhorns. — Bern, 1855.

STUDER (G.).
Besteigung der Dent de Morcles. — *Berner Taschenbuch*, 1863

STUDER (G.).
Besteigung des Mont-Velan. — *Berner Taschenbuch*, 1856.

STUDER (G.).
Mont-Velan, Grand-Combin. — *Berg- und Gletscherfahrten.*

STUDER (G.).
Ausflug in die Graiischen-Alpen. — *Mitth. der Naturf. Gesel.* in Bern, 1861.

STUDER (G.).
Der Kammerstock. — *Berner Taschenbuch*, 1863.

STUDER (G.).
Topographische Mittheilungen aus dem Alpengebirge. — Ober-Hasle. — Strahleck. — Tschingelgletscher. — Grindelwald Eismeer. — Lustenhorn. — Steinhaushorn. — Jungfrau-Æggishorn. — Ober-Aarjoch. — Mährenhorn. — Titlis. — Mit Panorama. — Bern. 1843.

STUDER (G.).
PANORAMA VON BERN. Schilderung der in Berns Umgebung sichtbaren Gebirge. — Bern, 1850.

STUDER (G.).
EINIGE TAGE IN DEN HOCHALPEN VON BERN, URI UND BÜNDTEN. Juchlistock. — Gerstenhorn. — Badus. — Brunni — *Berner Taschenbuch*, 1854.

STUDER (G.) **und HOFMANN-BURCKHARDT** (Albert).
GWÆCHTEN-LIMMI. — *Jahrb. des Schweiz. Alpen-Club*, 1866, p. 106 à 127.

STUDER (Gottlieb).
PIZ BASODINO 3,276 mètr. alt. — *Schw. Alp.*, 1866, p. 183 à 210.

STUDER (G.).
RINDERHORN. — WILDHORN. — LAUTERAARJOCH. — *Berner Taschenbuch* 1862.

STUDER (Samuel).
VERZEICHNISS DER BIS JETZT IN DER SCHWEIZ ENTDECKTEN CONCHYLIEN. — *Meissner's naturw. Anzeiger*, nº 11-12, 1820.

STUDER (B.).
GESCHICHTE DER PHYSISCHEN GEOGRAPHIE DER SCHWEIZ (bis 1815). — Bern und Zürich, 1863.

STUDER (G.).
GEOLOGIE DER SCHWEIZ. — 2 vol. Bern und Zürich, 1851-1853.

STUDER (B.).
LEHRBUCH DER PHYSIKALISCHEN GEOGRAPHIE UND GEOLOGIE. — Bern, 1844-1847.

STUDER (B.).
APERÇU GÉNÉRAL DE LA STRUCTURE GÉOLOGIQUE DES ALPES. — Biblioth. univ. de Genève. (Aussi dans **E Desor**, *Nouvelles Excursions et séjours dans les Alpes.*) — Neuchâtel, 1845.

STUDER (B.).
REMARQUES SUR QUELQUES PARTIES DE LA CHAINE SEPTENTRIONALE DES ALPES (Glarus). — *Annales des sciences naturelles*, XI, 1827.

STUDER (B.).
ÜBER DAS GEOGNOSTISCHE ALTER DER KALKALPEN VON URI. — *Leonhard Neujahrb.*, 1863.

STUDER (B.).
GEOLOGIE DER WESTLICHEN SCHWEIZER ALPEN. — Heidelberg und Leipzig, 1834. Mit Karte und Atlas.

STUDER (B.).
GEBIRGSMASSE VON DAVOS. Mit Karte. — *Neue Schweiz. Denkschr.*, 1837.

STUDER (B.).
ZUR GEOLOGIE DER BERNER ALPEN. — *Jahrb. des Schw. Alpenclub*, II, 1865.

STUDER (B.).
VERSCHIEDENE AUFSÆTZE in **Leonhard's** *N. Jahrbuch für Mineralogie*. Matterhorn (Mont-Cervin), 1840. — Rosathäler, 1841, 1842, 1843, etc.

STUDER (B.).
Mémoire géologique sur la masse des montagnes entre la route du Simplon et celle du Saint-Gothardt. Avec carte. — *Mém. de la Soc. Géol. de France*, 2me série, V. 1846.

STUDER (B.).
Notices géognostiques sur quelques parties de la chaine du Stockhorn. *Annales des Scienc nat.*, XI, 1817. Avec carte.

STUDER (B.).
Bemerkungen zu einem Durchschnitt durch die Luzerner Alpen. Mit Profilen. **Leonhard**, *N. Jahrb. für Mineral.*, 1834.

STUDER (B.).
Mémoire sur la carte géologique des chaines calcaires et arénacées entre les lacs de Thoune et de Lucerne. Avec cartes. — *Mémoires de la Société géol. de France*, III, II, 1830.

STUDER (B.).
Origine des Lacs suisses. *Bibl. univ. de Genève*, 1864.

STUDER (G.).
Studerhorn. Wannehorn. *Jahrb. Schw. Alp.-Cl.*, 1865.

STRYIENSKI.
Carte topographique du canton de Fribourg. 1 : 50,000. 1855.

SULZFLUH.
Eine Excursion der Section Rhætia. — *Jahrb. Schw. Alp.-Club.* Chur, 1865.

T

TAYLOR, NODIER et **DE CAILLEUX.**
Voyages pittoresques et romantiques dans l'ancienne France.
Planches remarquables : 3. Gorge d'Alevard. — 4. La Grave en Oysans. — 5. Glacier de la Grave. — 9. Sommet du col de l'Echauda. — 15. Lac de l'Echauda. — 16. La Berarde. — 18. Vallée du bourg d'Oysans. — 26. Sommet de la Muzelle et l'Aiguille des Soriers. — 28. Glacier d'Alefroide en Vallouise. — 31. Mont Viso, vallée de Queyras. — 35. Pas de la Mort entre Queyras et Guillestre. — 36. Hospice du Lautaret. — 42. Glacier d'Oysans. Dessins par **Sabatier**. **Ciceri**, etc. — Dauphiné, 60 livraisons.

THEOBALD (G , prof.).
Medelser Gebirg. — *Jahrbuch des Schweizer Alpenclub*, 1866, p. 85 à 104.

THEOBALD (G., prof.).
Monographische Arbeiten über Graubünden und Umgebung. — *Jahresberichte der naturforschenden Gesellschaft Graubündens*, 1857 à 1861.
Piz, Minschun und Weisshorn ob Erosa, II, 1857.
Tarasp und Umgebungen, III, 1858.
Poschiavo und Samnaun, IV, 1859.
Piz Doan und Albigna im Bergell, V, 1860.
Prættigau, VI, 1861.

CIMA DA FLIX UND PIZ ERR, VII, 1862.
MÜNSTERTHAL, VIII, 1863.
SEPTIMER, IX, 1864.

THEOBALD (G., prof.).
UNTER ENGADIN. Geognostische Skizze. Voy. *Schw. Denksch.*, 1860.

THEOBALD (G., prof.).
GEOLOGISCHE ÜBERSICHT DER RHÆTISCHEN-ALPEN. TŒDIKETTE.
Gebirge welche zu der Centramalmasse des Saint-Gothardt gehören. — Andulagebirg. — Suretagebirg. — Oberhalb-Steinergebirg. — Granitgebirg der linken Innseite mit seinen Anhängen. — Languardgebirg. — Albigna. — Disgraziagebirg. — Kalkgebirg von Unter-Engadin und die damit verbundenen kristallinischen Gebirgstheile. — Thalsohle von Unter-Engadin und die nordöstlichen Grenzgebirge. — Zernetzer Gebiet. — Silvretta. — Plessargebirge. — Rhäticon. — *Jahrbuch des Schweizerischen Alpen-Club*, III, 1866.

THIOLY (F.).
ASCENSION AU FINSTER-AARHORN. 1865.

THIOLY (F.).
ASCENSION A LA DENT DU MIDI, 1864.

THIOLY (F.).
ASCENSION AU GRAND-COMBIN, 4,317 mètr. alt.— *Jahrb. Schw.*, 1866, p. 211 à 228.

THIOLY (F.).
ASCENSIONS AUX DENTS D'OCHE, 1863.

THOMAS.
CATALOGUE DES PLANTES SUISSES. — Lausanne, 1815; id. 1837. Strasbourg, 1844 (Kryptogamen).

THURMANN (J.).
ESSAI DE PHYTOSTATIQUE APPLIQUÉE A LA CHAINE DU JURA ET AUX CONTRÉES VOISINES. 2 vol. et cartes. — Berne, 1849.

TROG (J. G.).
VERZEICHNISS SCHWEIZERISCHER SCHWÆMME AUS DER UMGEGEND VON THUN. — *Mitth. der naturf. Ges.* in Bern. April, 1846. Febr. 1850.

TROTTER et **MACDONAL**.
MŒNCH. — ROTHTHALSATTEL. — JUNGFRAU. — *Alpine-Journal*.

TSCHARNER.
WANDERUNGEN DURCH DIE RHÆTISCHEN ALPEN. — Ein Beitrag zur Charakteristik dieses Theils des Schweizerischen Hochlandes und seiner Bewohner. 2 vol. Zürich, 1829-1831.

TSCHUDI (J. J.).
MONOGRAPHIE DER SCHWEIZER ESCHEN. — *Denkschr. der Schw. naturf. Ges*, I. 1837.

TSCUDI (Iv. von).
SCHWEIZERFÜHRER. — Reisetaschenbuch für die Schweiz, die benachbarten italienische Seen und Thäler, etc. 7. Auflage. Saint-Gallen, 1866.

TUCKETT

Alpine Peaks and Passes. — *Alpine-Club*, II. London, 1862.

TUCKETT

Besteigung der Grande Crivola, oder Pic de Cogne (in den Grajischen Alpen), 1859. — *Alpine-Club*.

TUCKETT (F.-F.).

Col de la Reuse de l'Arolla. Von Chermontane nach Prérayen. — *Peaks, Passes and Glaciers*.

TUCKETT.

Aletschhorn. Vom Ægishorn aus mit Nachtlager im Freien. 1859. — T. II. *Peaks, Passes and Glaciers*.

TYNDALL.

From Lauterbrunnen to the Ægishorn by the Lauinnenthor. — **Galton's** *Vacation Tourist*, 1860.

TYNDALL.

Glaciers of the Alpes. — (Tyndalls Excursionen.)
Mont Blanc. Erste Besteigung, 1857.
Mont Blanc. Zweite Besteigung, 1858. Langes Verweilen auf dem Gipfel.
Mont Blanc. Besteigung, 1858. Ohne Führer, blos mit seinem Beil bewafnet.
Finster-Aarhorn. Besteigung, 1858.
Strahleck, 1858.
Montanvert und Mer de glace. December, 1859.
Col du Géant. 1857. — Monte-Rosa, etc.

TYNDALL.

Mountaineering in 1861. (Bergfahrten *von* 1861). Erste Besteigung des Weisshorns im Wallis, und der erste Versuch zur Ersteigung des Matterhorns (Mont-Cervin).

U

ULRICH (M.).

Die Schweiz in Bildern, nach der natur gezeichnet. 90 Bl. in-fol. In Stahl gestochen von C. **Huber**. — Basel, Georg.

ULRICH (M.).

Piz Morteratsch. — Silvrettapass. — *Jahrb. des Schw. Alp.-Club.*, 1865.

ULRICH (M.).

Ersteigung des Glärnisch. Mit Karte. *Mitth. der nat. Ges.* in Zürich, 1855.

ULRICH (M.).

Die Klariden. *Neujahrsblatt der nat. Ges.* in Zürich, 1860.

ULRICH (M.).
Tœdi. — Glærnisch. — Clariden-Berg und Gletscherfahrten. — Zürich, 1860.

ULRICH (M.).
Vispertæler. Saasgrat. — Monte Rosa. Mit Karte, 1849.
Südtæler des Wallis. — Von Saas bis Bagne und der Monte Rosa, 1850.
Lœtschenthal. — Monte Leone. — Portiengrat. — Diablerets. 1851.
Geltengrat. — Hermence Thal. — Bagne Thal. — Einfisch Thal. — Weissthorpass. Mit Karte, 1853.

V

VIRIDET (M.):
Passage du Rothhorn. — Genève. 1835.

VIRIDET (M.).
Viège. — Saint-Nicolas. — Saas. — Genève, 1835.

VENETZ.
Mémoire sur les variations des températures dans les Alpes de la Suisse. — *Denkschr. der Schw. naturf. Ges.*, I, 2. 1833.

VENETZ.
Mémoire sur l'extension des anciens glaciers (Œuvre posthume). — *Denkschr. der Schw. naturf. Ges.*, XVIII, 1861.

VOLGER (O.).
Untersuchungen über das Phænomen der Erdbeben in der Schweiz. 3 vol. — Gotha, 1857-1858.

VOM RATH.
Geognostische mineralische Beobachtungen im Quellgebiete des Rheins. — *Zeitschr. de Deutschen geolog. Ges.*, 1862.

W

WAHLENBERG.
De vegetatione et climate in Helvetia septentrionali inter Arolam et Rhenum. — Zürich, 1813.
Eine imm^r noch classische von keinem neuern erreichte Arbeit deren jeder Satz einen genialen Gedanken, eine treffende Beobachtung enthält,

WEILENMANN (J. J.).
Der Piz Buin. 3,327 mètr. alt. — *Jahrb. Schw. Alp. Cl.*, 1866, p. 47.
Streifereien in Vorarlberg — *Jahrb. Schw. Alp.*, 1866, p. 329 à 370.

WEILENMANN.
Ersteigung des Piz Linard im Unter-Engadin. — Saint-Gallen, 1859

WEILEMANN.
Piz Tremoggia. — Piz Roseg. *Jahrb. des Schw. Alp. Cl.*, 1865.

WEILENMANN (S.).
Streifereien in den Walliser Alpen. — Turtmann. — Zinal. — Triftjoch. *Bericht der Saint-Gallischen naturw. Ges.*, 1865.

WEILENMANN,
Besteigung des Monte Rosa. — *Blätter für Kunst und Literatur*, 1855.

WELDEN (von).
Der Monte Rosa (mit den Reisen von Zumstein). Mit Karte. Wien, 1824.

WILD (Ing.).
Topographische Karte des Kantons Zürich. 32 feuilles. 1 : 25,000. 1852.

WILLS (M. A.).
Übergang über die Fenêtre de Saléna, von dem Col de Balme nach dem Val Ferret, über den Glacier du Tour und Glacier de Trient. — *Alpine-Club*, 1857.

WILLS.
Wetterhorn. — *Alpine-Club*, 1854.

WILLS (A.).
Le nid d'aigle et l'ascension au Wetterhorn. — Paris, 1864.

WINKWORTH (Steph.).
Col d'Argentière. Von Chamonix nach Saint-Pierre. T. II, *Peaks, Passes and Glaciers*.

WOLF (R.).
Biographien zur Culturgeschichte der Schweiz. — Zürich, 1858-1862.

WOLF (R.).
Schweizerische meteorologische Beobachtungen der Schweizer Stationen. — I. Jahrgang. Zürich, 1864.

WOLMERINGER (Eug.).
Nature et épaisseur du terrain d'alluvion de la vallée de l'Adour (Basses-Pyrenées). *Bull. Soc. géol. France*. Janvier 1865, p. 176.

WOOD (Jun. F. G. S.).
On the relation which the east Essex Gravel bears to the structure of the Weald Valley. — *Geological Magazine*, vol. III, n° 9. Sept. 1866. 398.

WURSTER und Comp.
Karte des Cantons Glarus. 1 : 50,000. — Winterthur, 1862.

WYSS (L. R.).
Reise in das Berner Oberland. 1816.

Z

ZELLER (H.).
Piz Tschierva. — *Jahrgang der nat. Ges. Graubündens*, I. 1856.

ZIEGLER.
Topographische Karte des Cantons Saint-Gallen und Appenzell. 16 feuilles. 1 : 25,000
— Winterthur, 1852-1855.

ZIEGLER.
Sammlung absoluter Hœhen der Schweiz und angrenzenden Gegenden. — Zürich, 1853.

MATÉRIAUX

POUR

L'ÉTUDE DES GLACIERS

Quatrième liste supplémentaire, par ordre alphabétique, des auteurs qui ont traité des hautes régions des Alpes et des glaciers et de quelques questions qui s'y rattachent, avec indication des recueils où se trouvent ces travaux (1864 à 1866).

A

AGASSIZ (L.).

Physical history of the valley of the Amazone. — *The Atlantic Monthly*, juillet and août 1866.

Annales de l'Association philomatique vogeso-rhénane faisant suite à la Flore d'Alsace. Voy. **M. Kirschleger** (Fr.), 4me liste supplémentaire des auteurs.

Annual of Scientific Discovery; or Year-Book of Facts in Science and Art. Exhibiting the most important Discoveries and Improvements... Meteorology, Mineralogy, Geology. Recent scientific publication, etc. — Edited by David A. Wells. A. M. vol. IX to XV. Boston, 1850 to 1865.

ARCHIAC (de), membre de l'Institut.

Introduction a l'étude de la paléontologie. Cours de paléontologie professé au Muséum d'histoire naturelle. — 2 vol. in-8 de 500 pages avec figures dans le texte, et cartes coloriées.

ARCHIAC (A. de).

Histoire des progrès de la géologie de 1830 à 1860. Publiée par la Société géologique de France sous les auspices de M. le ministre de l'instruction publique. — 8 vol. gr. in-8 en 9 parties. Paris, 1847-1860.

ARCHIAC (A. de).

Terrain quaternaire et ancienneté de l'homme. Leçons professées au Muséum, recueillies par **Eugène Trutat**. — 1 vol. in-8. Paris, 1863.

ARCHIAC (A. de).

Leçons sur la faune quaternaire, professées au Muséum. — 1 vol. in-8. Paris, 1864.

ARCHIAC (A. de).

GÉOLOGIE ET PALÉONTOLOGIE — 1 vol. in-8. 770 pag. 1856. Paris, F. Savy.

Première partie.

CHAPITRE I.

Géologie des Grecs avant Alexandre.
Géologie des Grecs pendant et après l'époque d'Alexandre.
Géologie des Romains.

CHAPITRE II.

Italie.

CHAPITRE III

Les Alpes et la Suisse.
Bavière. — Wurtemberg. — Cobourg. — Autriche. — Hongrie.
Pologne. — Silésie. — Bohême.
Centre et Nord de l'Allemagne.
Scandinavie.
Russie.

CHAPITRE IV.

Pays-Bas.

CHAPITRE V.

France.
Première période.
Deuxième période.
France sud.
France centrale.
France nord.
Paléontologie.
Cours et traités généraux.
Espagne.

CHAPITRE VI.

Iles Britaniques.
Angleterre. — Écosse. — Irlande.

CHAPITRE VII.

Amérique du Nord. — Amérique du Sud.

Deuxième partie.

CHAPITRE I.

Cosmogonie. — Géogénie.

CHAPITRE II.

Températures. — Mesure de la terre. — Densité de la terre.

CHAPITRE III.

Premier effet du refroidissement de la terre. — Classification géologique. — Définitions.

CHAPITRE IV.

Terrain primaire.

Description des roches. — Origine des caractères actuels des schistes cristallins. Paléontologie. — Distribution géographique.

CHAPITRE V.

Terrain de transition.

Système cambrien. — Silurien. — Devonien. — Carbonifère. — Permien.

CHAPITRE VI.

Formation triasique. — Jurassique. — Crétacée.

CHAPITRE VII.

Terrain tertiaire.

Angleterre. — Belgique. — Nord de la France.
Centre, Sud et Est de la France.
Suisse.
Europe méridionale et centrale.
Asie.
Afrique.
Amérique.
Roches ignées ou pyrogènes des époques tertiaires et quaternaires.

CHAPITRE VIII.

Terrain quaternaire.

1. Europe : Scandinavie. — Russie. — Nord de l'Allemagne. — Iles Britanniques. — Pays-Bas. — France. — *Dépôts erratiques des plaines et des vallées.*
2. Asie.
3. Amérique du Nord. Roches moutonnées, polies, striées et sillonnées du Nord, dépôts de sable, de blocs, de cailloux striés, et drift ancien, de la même région; aucun débris organique marin, d'eau douce ni terrestre. Dépôts marins et lacustres des États-Unis du Sud. Caractères généraux de la faune.
4. Amérique du Sud. — Dépôts erratiques de la Terre-de-Feu, de la Patagonie et des Iles voisines. — Dépôts marins ou plages anciennes soulevées de la côte occidentale. — Dépôts ou cavernes à ossements du Brésil.
5. Australie, Nouvelle-Hollande.
6. Nouvelle-Zélande.
7. Madagascar.

CHAPITRE IX.

Terrain moderne.

Phénomènes dont l'origine est au-dessous de la surface. — Volcans. — Gaz inflammable. — Naphte, bitume, salses, etc. — Eaux minérales et thermales. — Tremblements de terre et soulèvements. — Phénomènes dont l'origine est au-dessus de la surface. — Produits marins organiques. — Iles des Polypiers. — Organismes inférieurs. — Protophytes. — Protozoaires. — Produits inorganiques. — Dunes. — Deltas. — Tourbes. — Eau. — Glaciers. — Produits de l'industrie humaine.

Réflexions sur l'ancienneté de l'homme.

...Toutes les dates que les écrits, les traditions, ou les monuments nous ont transmises et qui semblent être quelque chose aux yeux de l'historien des peuples, n'ont pas la valeur d'un jour pour l'historien de la nature.

Dans la plupart des sondages qu'il fit exécuter en 1854 dans la plaine de Memphis, **L. Horner** rencontra des morceaux de briques cuites et de poterie jusque dans les parties les plus basses du sol traversé. Près de la statue colossale de Ramsès II, le Sésostris des Grecs, on ramena d'une profondeur de 39 pieds, et sans avoir quitté le limon du Nil, un fragment de poterie rouge sur ses deux faces et gris foncé à l'intérieur. En évaluant à 3 1/2 pouces par siècle l'épaisseur du sédiment déposé par le fleuve en ce point, l'auteur trouve que cette découverte fait remonter l'existence de l'homme dans le pays à 13,371 ans ou 11,517 ans avant J. C. et 7,625 ans avant la fondation de Memphis par Menès suivant M. **Lepsius** (*Philos. transact.*, vol. CXLVIII, part. I, p. 75, 1859).

Résumé général. — Force vitale — Force physique. — Épilogue.

ARCHIAC (A. de).

GÉOLOGIE ET PALÉONTOLOGIE. — 1 vol. in-8. 1866. F. Savy.

Phénomènes erratiques[1].

1. — *Dépôts erratiques de la Terre-de-Feu, de la Patagonie et des îles voisines.*

Les îles Falkland ou Malouines, formées par le terrain de transition sont, dit M. **Ch. Darwin**, couvertes d'une immense quantité de fragments de roches accumulés en forme de traînées, de courants ou de nappes, principalement vers le fond des vallées. Ces amas énormes, qui remontent aussi jusqu'au sommet des montagnes, sont composées de quartzites.

Dans la partie orientale de la Ferre-de-Feu, les couches tertiaires sont bordées de dépôts plus récents de 30 à 40 mètres d'épaisseur. A l'extrémité sud-est, les côtes sont occupées aussi par un dépôt non stratifié analogue à celui du détroit de Magellan. Celui de l'île de Navarin est semblable au *till* de l'Écosse et présente tous les caractères des accumulations de blocs et détritus de l'Angleterre et du Nord de l'Europe.

Le *gravier erratique* de la Patagonie est composé de terre et de sable, de petits cailloux de quartz et de divers porphyres. Il recouvre la plaine basse sur la rive nord du Colorado, sa limite extrême de ce côté où vient finir le limon des Pampas. De ce point au détroit de Magellan, les graviers quaternaires occupent une surface de 800 milles, en s'épaississant à mesure qu'on s'avance vers le pied des Cordillères d'où leurs éléments proviennent en grande partie.

En remontant le long du Pacifique, M. **Darwin** signale les terrasses de gravier de l'île de Chiloé qui fait face au continent, ses *blocs erratiques* nombreux qui sont des roches cristallines, provenant sans doute des Cordillères.

Dans cet hémisphère, à partir du 41e degré jusqu'au cap Horn, on retrouve donc les mêmes phénomènes et presque sur une aussi grande échelle que dans les parties septentrionales de l'ancien et du nouveau monde, et compris entre les mêmes limites géographiques. Cependant, malgré l'anologie de tous ces caractères on n'y a pas encore constaté les stries, les sillons et les surfaces polies qui, dans l'hémisphère nord, s'observent sous les dépôts erratiques marquant le commencement de l'époque, quaternaire. Peut-être est-ce au manque d'attention des voyageurs que cette circonstance négative doit être attribué.

2. — *Dépôts marins ou plages anciennes soulevées de la côte occidentale.*

Nous avons exposé ailleurs[2] avec quelques détails, d'après des recherches de **Basil Hall, d'Alcide d'Orbigny** et de M. **Darwin**, les preuves de soulèvements peu anciens des côtes, depuis l'île Chiloé jusqu'au Pérou, et nous avons vu qu'il existait des bancs de coquilles, émergés depuis un temps plus ou moins long du 45e degré 35″ jusqu'au 12e degré latitude S. On y observe, en outre, des traces d'érosion, des cavernes, d'anciennes plages, des dunes, des terrasses successives de gravier, et les coquilles marines d'espèces vivantes, trouvées jusqu'à 30 et 40 milles dans les terres témoignent du séjour de l'Océan à une époque peu reculée. D'après la seule considération du niveau auquel ces coquilles se rencontrent aujourd'hui, on peut juger que

1. D. A. Voyez t. III de nos matériaux pour l'*Étude des glaciers, phénomènes erratiques*
2. *Histoire des progrès de la géologie*, vol. II, p. 407 et 1058. 1849. — *Leçons sur la faune quaternaire*, p. 220. 1865.

le soulèvement a été de 106 mètres à Chiloé, de 190 et peut-être de 304 à la Conception, de 395 à Valparaiso et de 77 à Coquimbo. Plus au nord, on n'en a pas cité au-dessus de 90 mètres, et à Lima l'élévation n'a été que de 26 mètres. Les coquilles de ces dépôts sont non-seulement les mêmes que celles qui vivent sur la côte, mais en les comparant avec celles des dépôts de l'autre côté des Andes, on reconnait que l'ensemble des deux faunes avait les mêmes caractères que de nos jours. Du côté de l'Atlantique, les amas de coquilles s'observent depuis la Terre-de-Feu jusqu'à 1,180 milles au nord; du côté du Pacifique, sur une étendue de 2,075 milles.

3° *Dépôt du limon des Pampas.*

Le dépôt des Pampas est une terre argileuse, d'un rouge foncé, légèrement endurcie, renfermant parfois des lits horizontaux de concrétions marneuses, qui passent à une roche compacte, ou caverneuse, ou bien à un tuf calcaire (*tosca*). Sur quelques points un plus élevés de ces immenses plaines, à l'ouest et au sud de Buenós-Ayres, on remarque une immense quantité de petites coquilles d'eau saumâtre (*Potamomya* ou *Azara labiata*) dont l'espèce vit encore dans les vases de la Plata.

Des sondages ont fait connaître qu'au-dessous de la ville le limon de 63^m,64 d'épaisseur, reposait sur une argile verte tertiaire, et il s'étend vers le sud jusqu'au Rio-Colorado, l'espace de 400 milles géographiques.

Dans la baie de Bahia-Blanca, la coupe de Punta Alta montre, réunies dans la même couche de gravier, 20 espèces de coquilles marines, des Balanes et 2 polypiers qui tous vivent sur la côte voisine, puis 7 genres de mammifères éteints (*Megatherium Cuvieri*, *Megalonyx Jeffersoni*, *Mylodon Darwinii*, un autre grand édenté, *Scelidoterium lepto-cephalum*, *Toxodon platensis*, *Equus curvidens*, *Macrauchenia patagonica* et un grand *dasypoïde*). C'est donc une circonstance tout à fait analogue à ce que nous avons vu dans l'Amérique du Nord et en Europe, et l'un des caractères de la faune de cette époque.

Au nord de la Plata, de Buenos-Ayres, à Santa-Fé-Bajada et dans l'Entre-Rios, le même dépôt occupe partout la surface du sol et présente des restes de grands mammifères dans toute sa hauteur. Son étendue de ce côté est au moins égale à la surface de la France, si même elle n'est pas plus considérable.

Si, quittant ces basses plaines, nous remontons vers le nord jusqu'au plateau de la Bolivie, nous y retrouvons un limon semblable à 3,717 mètres d'altitude, autour de la Paz, sur les bords du lac de Titicaca et du Dasguadero. Des ossements de *mastodonte*, et d'autres grandes mammifères y ont été trouvés par M. Pentland et par M. de Sartiges, comme dans l'île de Taquère, située au milieu du lac à 3,950 mètr au-dessus de la mer. Aux environs de Santa-Cruz, dans la vallée de Tarija, gisement très-riche en débris de grands mammifères de même que sur le plateau de Cochabamba à 2,575 mètres, partout ce dépôt est horizontal.

4° *Mammifères du limon de Pampas.*

Par leur variété, leurs dimensions, l'étrangeté de leurs formes, aussi bien que par leur abondance les animaux vertébrés dont les restes sont épars dans ce dépôt impriment à sa faune un caractère particulier, l'un des plus curieux que nous offre la paléozoologie, et qu'ont surtout fait connaître les travaux de G. Cuvier, de Falconer, R. Owen et P. Gervais.

Ne pouvant, on le conçoit, reproduire ici les données même les plus générales que nous avons exposées sur ce sujet[1], nous présenterons au moins le tableau des espèces qui permettra au lecteur d'en apprécier l'intérêt.

CARNASSIERS. *Ursus bonariensis*. — *Felis indet* — *Canis. incertus* ou *Azarae.*

RONGEURS. *Hydrochaerus capybarae*. — *Kerodon antiquum*. — *Ctenomys Bonariensis*. — *C. priscus*.

[1] *Leçons sur la faune quaternaire*, p. 252, in 8. 1865.

PACHYDERMES. *Mastodon Andinium*. — *M. Humboldtii*. — *Equus neogæus* — *E. Devillei*. — *Macrauchenia Patagonica*. — *M. Boliviensis*.

RUMINANTS. *Toxodon Platensis*. — *T. angustidens*. — *T. Paranensis*. — *Nesodon imbricatus*. — *N. sullivani*. — *N. ovinus*. — *N. magnus*. — *Auchenia Weddelii* — *A. Castelnaudii*. — *A. intermedia*.

ÉDENTÉS. Déjà nous avons vu la faune quaternaire de l'Amérique du Nord réunissant aux types des grands pachydermes de l'ancien continent des types également gigantesques d'un ordre qui manque dans ce dernier. Les édentés nous ont offert dans les États-Unis du Sud et de l'Est les genres *Megatherium* — *Megalonyx*. — *Mylodon* que nous retrouvons aussi dans l'Amérique méridionale, mais associés à une multitude d'autres formes qui donnent à sa faune un *facies* local plus prononcé encore (*Megalonyx Jeffersoni*. — *Mylodon Darwinii*. — *M. robustus*. — *Lestodon armatus* — *L. myloides*. — *Scelidotherium Cuvieri*. — *Glossotherium*.

DASYPIDES. *Glyptodon clavipes*. — *G. reticulatus*. — *G. tuberculatus*. — *G. ornatus*. — *Hoplophorus* (*Glyptodon*) *euphractus* — *Euphractus sexcintus*. *Dasypus sexcintus*. *Schistopleurum typus, gemmatum*. — Les *Tatous* fossiles étaient herbivores ; les vivants à l'exception des *Tolypeutes* sont carnivores.

La prédominance des édentés est donc bien remarquable dans cette faune, qui renferme 25 genres dont plus de la moitié sont éteints, et 40 espèces dont 3 ou 4 à peine vivent encore dans le pays.

3° *Cavernes à ossements du Brésil*.

Ces cavernes sont situées entre les rivières des Velas et de la Paraopeba, dans la province de Minas-Geraes. Ouvertes dans des calcaires horizontaux ; leur sol est formé d'une terre rouge semblable à celle du plateau qui est élevé de 600 à 700 mètres au-dessus de la mer.

Après avoir examiné plus de 800 cavernes, M. Lund n'a trouvé d'ossements humains que dans six, et dans une seule ils étaient à côté de restes d'animaux, d'espèces soit éteintes, soit encore existantes. Ce fait quoique unique, le porte à admettre que l'homme remonte au delà des temps historiques. L'état de ces os était d'ailleurs le même que celui des animaux, tels que ceux du cheval, inconnu aux habitants avant la conquête. Les haches de pierres trouvées aussi dans ces cavernes sont identiques avec celles que l'on rencontre en Europe, mais l'auteur ne dit pas si elles sont grossièrement taillées comme celles des dépôts quaternaires, ou polies comme celles de la période anté-historique.

Les recherches de MM. Lund et Claussen on fait connaître, dans des cavernes du Brésil, 115 espèces de mammifères réparties dans 58 genres, c'est-à-dire plus qu'aucun pays n'en avait encore présenté, et distribués comme il suit :

	GENRES.	ESPÈCES.
Quadrumanes	4	6
Cheiroptères	3	7
Carnassiers	9	18
Rongeurs	15	32
Édentés	13	28
Pachydermes	9	10
Ruminants	4	7
Marsupiaux	1	7
	58	115

Les *quadrumanes* sont tous des singes de la famille *Cebidés*, propre encore au nouveau monde, de même que toutes les espèces fossiles trouvées en Europe et dans l'Inde sont des *pithécidés* propre à l'ancien continent.

Outre les mammifères, beaucoup d'oiseaux avaient laissé leurs débris dans ces cavertues, tels que les grandes *Autruches*, du sous-genre *Rhea*; un autre genr à l'Amérique, puis des *Perroquets*, *Engoulevents*, *Perdrix*, *Pirucuis*, *Choue* *reptiles ophidiens*, *sauriens* et *batraciens*, des *insectes myriapodes* et une m de *coquilles fluviales* et *terrestres*.

Quoiqu'il nous reste sans doute beaucoup à connaitre pour une étude comparat sante de cette faune et de celle des Pampas, on peut dire néanmoins d'une générale que dans 70 genres et plus de 150 espèces de mammifères fo l'Amérique du Sud, on retrouve des caractéres généraux de la faune actu avec des types infiniment plus variés et qui atteignent des dimensions l plus considérables. Un certain nombre d'espèces, appartenant exclusivem petits genres, surtout parmi les rongeurs, vivent encore. Les édentés qui fo trait dominant de cette faune sont tous éteints, et pour les autres ordres, le ont en général d'autant moins de représentants dans la nature actuelle q de plus grandes tailles.

I. Amérique du Nord.

Roches polies, striées et sillonnées du Nord; dépôts de sables, de cailloux striés ou drift ancien de la même région; aucun débris organique marin, d'e ni terrestre.

Les stries, les sillons, et les surfaces polies s'observent sur les granites, les sy les diorites des côtes nord et sud du lac Supérieur. Leur direction est N. en est de même sur le pourtour de ses îles. Depuis cette région jusqu'à chure du Saint-Laurent, dans les États de Michigan, de New-York, de Ver Massachusetts, du Maine et la Nouvelle-Écosse, comme sur les deux rives d les roches anciennes, cristallines ou sédimentaires, présentant les mêmes ca se sont recouvertes d'un dépôt de transport sablonneux, caillouteux, argil des blocs soit enveloppés dans la masse, soit isolés à leur surface. La dire nérale des stries et des sillons est N. O., S. E., et c'est aussi celle des tr sable, de blocs et de cailloux, à moins que les reliefs et accidents du sol lait dévier.

La limite sud de ce vaste dépôt s'observe vers le 39e degré de latitude et travers la Pennsylvanie, l'Ohio, l'Indiana, l'Illinois et l'Iowa. Sa limite nord connue. Ces amas détritiques couvrent toutes les plaines; ils s'élèvent mètres sur les flancs du mont Washington, à 600 mètres dans les Montagnes-Ve Leurs matériaux sont de grosseur variable. Les blocs n'excédent pas ordin 1 pied cube, mais il y en a de 1,000, et même de 20,000 pieds cub 40,000, dans les Montagnes-Vertes. Le drift ne renferme aucune preuve ture de son transport; il n'y a aucune trace d'organismes marins conta du phénomène; il ressemble par conséquent en cela au grand dépôt erra Nord de l'Europe. La grosseur de ses éléments diminue du N. au S., coup d'entre eux ont parcouru des espaces de 40, 60 et 100 milles. P recouvrent la surface des roches anciennes *polies*, *sillonées* et *striée* agent qui a précédé.

Si aux observations faites dans les États de l'Est, surtout par **Hitchcock**, **E** **H. D. Rogers**, nous ajoutons celles dirigées à l'Ouest du Mississipi par **Catlin**, et d'autres voyageurs, nous aurons la certitude que le *phéno quel ces effets sont dus s'est manifesté aussi dans toute cette partie de sphère Nord et pendant la même période glaciaire que celle à laquelle n rapporté les effets analogues en Europe.*

II. Asie.

Les grandes vallées de l'Asie occidentale, de l'Euphrate et du Tigre jusqu'au du golfe Persique, comme celles que parcourent plus à l'est, l'Indus, le le Gange et le Brahmapoutra, depuis leur sortie des montagnes, sont occupés par des dépôts de transport semblables à ceux de l'Europe, mais peu étudiés encore. — Au nord des cimes de l'Himalaya, entre 4.200 et 4.800 mètres d'altitude, vers la ligne de partage supérieur des eaux du Gange et du Schadge, *d'immenses accumulations de sable, de gravier, d'argiles et de blocs* sont remplis, suivant M. Strachey d'une multitude d'ossements de grands mammifères (chevaux, bœufs, cerfs, rhinocéros, éléphants).

III. Australie, Nouvelle-Hollande.

Comme partout ailleurs, les phénomènes physiques de l'époque quaternaire sont, dans les parties connues de l'Australie, des dépôts de matières meubles transportés au fond des vallées, des plages soulevées, des brèches osseuses et des cavernes dans lesquelles les ossements ont été accumulés. Des *phénomènes erratiques*, plus ou moins semblables à ceux de l'hémisphère du nord, et de la plaine méridionale de l'Amérique, ont été particulièrement observés sur les flancs et au pied des hautes chaînes centrales de la Nouvelle-Zélande. Il serait donc inutile de nous appesantir sur ces faits, tandis que la faune fossile de cette même région, qui offre un intérêt particulier doit nous arrêter un instant.

IV. Europe.

D. A. — Voyez les citations du volume, *Phénomènes erratiques de nos matériaux pour l'étude des glaciers*.

ARCHIAC (A. d') et **HAIMAC** (Jules).

Description des animaux fossiles du groupe nummulitique de l'Inde, précédé d'un résumé géologique et de la monographie des nummulites. — 2 vol. in-4 avec 36 pl. de fossiles. Paris, 1853-1854.

ASBOTH (Von).

Reise von Keszthely nach Vesprim. — Wien, 1805.

B

BECKER (Von).

Über Nassauische Gegenden. — 1786.

BEDHAR.

Reise nach hohen Norden. — 1819.

BEUDANT.

Voyage minéralogique et géologique en Hongrie. — 3 vol. in-4 et 1 vol., planches et cartes. 1822.

BOUCHER DE PERTHES.

Antiquités celtiques et antédiluviennes. — Paris, 1849.

BREDETZKY (Von).

Beyträge zur Topographie von Ungarn. — 3 vol. in-8.

BUCH (Léopold de).

Reise durch Norwegen und Lappland. — In-8, Berlin, 1808. Traduction française, par J. B. Eyriès. 2 vol. in-8. Paris, 1816.

..Le premier phénomène qui attire l'attention de l'illustre géologue est la présence des blocs de roches granitiques, épars sur les côtés de la Seeland, et employés pour le pavage de la ville de Copenhagen. Tous proviennent de Norwége ou de Smoland (Suède), comme ceux des plaines du Nord de l'Allemagne.

BUCHOLZ (von).

REISE AUF DIE KARPATISCHEN GEBIRGE. — *Ungarisches Magazin*, vol. IV. 1787.

BUCKLAND (W.).

RELIQUIAE DILUVIANAE OR OBSERVATIONS OF THE ORGANIC REMAINS, etc., in-4. 27 planches, cartes, vues et fossiles, 1823. — *Transact. philos.* 1822.

...Après avoir décrit la cavarne de Kirkdale, ouverte dans le coral-rag de la vallée de Pikering (Yorkshire), l'auteur y signale, enveloppé dans le limon qui en recouvrait le sol des ossements d'*hyène*, *tigres*, *ours*, *loups*, *renards*, *belettes*, *éléphants*, *souris*, *oiseaux de proie*, *passeraux*, *palmipèdes*, etc. Les ossements d'hyène, de beaucoup les plus nombreux, avaient appartenu à 200 ou 300 individus de tous les âges. Quatre des genres précédents : l'éléphant, le rhinocéros, l'hippopotame et l'hyène, dont les restes fossiles ont été signalés aussi dans une grande partie de l'hémisphère boréal, vivent principalement aujourd'hui au sud de l'équateur, et la seule région où ils soient tous quatre réunis est le sud de l'Afrique.

D. A. Extrait de *Géologie et paléontologie*, par d'**Archiac**, 1866.

BUFFON.

THÉORIE DE LA TERRE. — Époques de la nature, 1778.

C

CAMPER.

REISE NACH DEN VIELLAUEN DES NIEDERRHEINS, publié par de **Mark**.

CHRIST (D[r] à Bâle).

ÜBER DIE VERBREITUNG DER PFLANZEN IN DER ALPINER REGION DER EUROPÆISCHEN ALPENKETTE.

CLARKE (W. B. M. K.; F. G. S.).

NOTES ON THE GEOLOGY OF WESTERN AUSTRALIA. — *Geological Magazine or monthly Journal of Geology*, vol. III, n° 11, n° 29. 1er novembre 1866. p. 503 à 507.

COLLOMB (Édouard).

CARTE GÉOLOGIQUE DES ENVIRONS DE PARIS. — Paris, 1865. Cette carte est à l'échelle de 1 : 320,000, réduction au quart de la grande carte de l'état-major de 1 : 80,000.

La carte de M. **Collomb** dont Paris est à peu près le centre s'étend jusqu'à Evreux, Château-Landon et Châlons-sur-Marne.

...Nous apprenons avec plaisir que la rédaction d'un volume d'explication ayant pour titre : *Guide du géologue dans les environs de Paris*, a été confié à un savant ami M. **Collomb**, et que ce travail va bientôt paraître.

...Le terrain quaternaire dans le bassin de Paris se rencontre presque partout, sur les plateaux les plus élevés, comme au fond des vallées, c'est pour ainsi dire un manteau continu qui couvre tous les terrains sous-jacents, comme la terre végétale avec laquelle il est souvent difficile de le distinguer; il exigerait une carte spéciale pour être bien représenté.

Il est composé de matériaux de transport qui ne sont pas consolidés comme aux iologiques antérieures, mais qui sont restés à l'état mobile; ce *sont comme* *les pays, des sables, des graviers, des cailloux, des blocs*, qu'on désigne ıçant par le bas, sous le nom de *diluvium gris, diluvium rouge, loess*. Com-ıguer leur âge précis, leurs rapports avec le diluvium des autres con-*relations avec les anciens glaciers*. La question devient difficile à résoudre. s, les données paléontologiques sont celles qui paraissent devoir répandre le ur sur ce sujet. C'est ainsi qu'en étudiant l'époque de la disparition des siles, **M. Lartet** est arrivé à des résultats intéressants. Suivant cet habile ır, les espèces caractéristiques de la période quaternaire sont au nombre e sont : 1. *Ursus spelæus*. 2. *Hyena spelæa*. 3. *Felis spelæa*. 4. *Elephas* *is*. 5. *Rhinoceros ticaorhinus*. 6. *Megaceros hibernicus*. 7. *Cervus tarandus*. 9. *Urus*. — Il trouve que l'ours disparaît le premier, puis vient le tour ınt et du rhinocéros, ensuite la renne, enfin l'urus. Il en déduit quatre âges iques, portant les noms des espèces caractéristiques.

L'âge de l'ours.
L'âge de l'éléphant et du rhinocéros.
L'âge du renne.
L'âge de l'urus.

ppliquent, bien entendu au sol de la France; il n'est pas encore démontré ıent s'étendre partout. Il faut remarquer ensuite qu'ils sont complétement nts de la nature physique des dépôts, que ce soit dans les sables, dans les dans les cailloux ou dans les cavernes que l'on trouve ces mammifères, te, leur disparition successive n'en est pas influencée.
rchives des *Sciences physiques et naturelles de Genève*, t. XXVI, n° 104, août 1866

ri A. de).
E DES TOURISTES DANS NOS MONTAGNES RHÉNANES, ALSACE ET VOSGES. — 1 vol. in-18.

ri de).
-FÖRSTER (Guide des touristes dans la forêt Noire).

.). Professeur au Muséum d'histoire naturelle et membre de l'Académie

TEMPÉRATURE DE LA TERRE. Lu à l'*Académie des sciences*, le 4 juin, 9 et 1827.
atoire de Paris les annotations donneraient 28 mètres de profondeur pour nent d'un degré dans la température. Les autres résultats divers dans les ent entre 57 et 15 mètres de profondeur par 1° d'accroissement.
rrain houillier de Newcastle jusqu'à 482ᵐ,70 de profondeur totale ou 395ᵐ,70 du niveau de la mer, l'accroissement a été de 1° centigr. pour 32ᵐ,75. nouilles à 550 m. ou 433 au-dessous de la mer, résultats peu concordants. res localités peu éloignées on observe que la température croissait moins t à mesure que l'on se trouvait à de plus grandes profondeurs, où la pro-était pas continue et régulière comme on l'avait d'abord pensé. De près notations thermométriques prises par **M. Henwood** dans les mines de les et du Devonshire, l'auteur a aussi conclu que les lignes isothermales es ne sont pas parallèles à la surface du sol. La température diffère éga-ivant la nature des roches, suivant celle des filons; ainsi elle est plus s les schistes que dans les granites
e, **M. Reich** a aussi constaté dans les mines de l'Erzgebirge et des envi-eyberg, un accroissement de température, mais différent dans les unes et utres. Dans les mines de houille de la Virginie **M. W. B Rogers** a

trouvé comme MM. **Fox** et **Henwood**, que la proportion de l'accroissement était moindre à mesure qu'on s'enfonçait.

La température observée dans les puits des mines a donné des résultats également variés. Ainsi dans les puits de Monte-Massi, dans la province de Grossetto (en Toscane) poussés jusqu'à 348 mètres de profondeur, la roche a offert une température de 41°,7 celle de l'air étant 17°,2. Il y avait donc une différence de 25°,5 entre les deux extrémités et l'accroissement était de 1° par 13 mètres. Une dernière observation faite à 370 mètres avant l'écroulement du puits, avait donné 42°, la plus haute température qui ait été observée directement à l'intérieur de la terre.

Dans les mines de Valencia, près de Quanaxato, à 522 mètres de profondeur, mais à plus de 1,500 mètres au-dessus du niveau de la mer, la température de l'eau, au fond des travaux, était de 38°,8. Dans les mines de l'Oural, M. **Kupfer** a constaté aussi l'accroissement en déduisant une moyenne de 25,37 pour 1° Réaumur (31°,71° C.). Dans l'Inde les observations analogues d'**Everest** ont conduit aux mêmes conclusions.

Les sondages artésiens devaient, on le conçoit, être utilisés pour ce genre de recherches, et en se mettant à l'abri des causes d'erreurs qui ne sont pas aussi sérieuses que le croit M. **Bischoff**, on trouve encore de nombreuses preuves à l'appui de l'accroissement de température dans les lieux profonds ; nous citerons quelques exemples.

M. **Walferdin**, à qui l'on doit des instruments fort ingénieux et d'une grande précision pour ce genre d'observation, a trouvé dans le puits de Saint-André (Eure), à 263 mètres une température de 17°,95 donnant un accroissement de 1° par 30m,95. — Dans le puits de Grenelle, qui a atteint, au-dessous de la craie les argiles du Dault, la température de l'eau était 27°,6 à 548 mètres, ce qui s'accorde avec celle de 26,43 à 505 mètres. En se basant sur la température moyenne de Paris (10°,6), l'accroissement serait de 1° par 31m,9 et de 32m,3 en partant de la température constante des caves de l'Observatoire (11°,7) à la profondeur de 28 mètres. — D'un autre côté, le même savant, dans le forage de Troyes arrivé à 125 mètres dans les argiles du gault, comme au-dessous de Grenelle, a constaté une température de 15°,54 ou un accroissement de 1 pour 24 mètres, et M. **Girardin**, dans des sondages exécutés à Rouen a obtenu des accroissements de 1° pour 20m,15 et de 1° par 20m,5. De sorte que dans un bassin peu étendu, dont la constitution assez uniforme est bien connue, on est encore loin de posséder la loi d'accroissement de température ou la profondeur.

[L]e puits de Prégny, près de Genève, poussé à 221m,50 a donné un accroissement de 1° par 32m,35. — Celui de Gessingen près de Luxembourg à 337 mètres a donné 1° par 25m,5. — Celui de Mondorf (frontière de France et Luxembourg) foré dans le lias et arrêté dans le trias à 700 mètres a donné une température de 34° ou un accroissement de 1° par 29,60. — Celui de Neu-Salzwerk qui a traversé les mêmes couches en s'arrêtant dans les marnes irisées à 622 mètres ou à 46 mètr. au-dessous du niveau de la mer, a présenté une température de 31°,25 qui donne un accroissement sensiblement le même que le précédent, mais plus faible qu'au-dessous de Paris. — M. **Daubrée** a fait connaître les observations dirigées par M. le comte **Mendelslohe**, dans le forage de Neuffen, en Wurtemberg, à travers les couches jurassiques et le lias, jusqu'à 385 mètres. Des lectures thermométriques avaient été faites à 12 niveaux différents, et celle du fond a donné 38°,7. La moyenne de ces observations, qui sont presque toutes concordants, donne 1° d'accroissement pour 10m,5 de profondeur, c'est-à-dire trois fois la porportion ordinaire et supérieure même au chiffre donné par le puits de Monte-Massi (1° pour 13 mètres). Cet accroissement rapide est attribué au voisinage des basaltes qui auraient encore conservé une certaine quantité de chaleur première.

D. A. Extrait de *Géologie et Paléontologie*, par d'**Archiac**, p. 318, etc. 1866.

CUVIER et BRONGNIART (Alex.).

ESSAI SUR LA GÉOGRAPHIE MINÉRALOGIQUE DES ENVIRONS DE PARIS. — 1808.

D

DAUSSE.

ALLUVIONS DES TORRENTS SURTOUT DES GLACIERS DES ALPES [1].

...Toute plaine alluviale résulte d'un barrage liquide ou solide qui la terminait lors de sa formation.

Je suppose d'abord le barrage liquide. Il s'agit, par exemple, du Léman arrêtant le Rhône ou la Dranse. Le cours d'eau apporte sans cesse, surtout dans ses crues, du caillou, du gravier, du sable, du limon, des débris végétaux. En amont du lac, il nivelle tout cela en le déposant, et la plaine ainsi formée se dilate, s'élève, s'allonge peu à peu aux dépens du lac. Telle est l'alluvion ordinaire, présentant, en somme, des couches parallèles superposées et aussi peu déclives que le cours d'eau qui les a formées.

Mais, à la rencontre du lac, le phénomène change brusquement. Là, l'apport de l'affluent, arc-bouté par l'eau du lac, se dépose et progresse toujours en talus roide, le long duquel talus les apports successifs, les plus lourds du moins [2], coulent ou roulent d'abord au plus bas dans le lac, puis s'arrêtant et s'appuyant les uns sur les autres, complètent de bas en haut l'enveloppe du talus précédent et forment ainsi des couches parallèles de la forte inclinaison du talus.

Il va sans dire que les accidents ne manquent pas. Les principaux viennent de ce que le cours d'eau, quand il a poussé en avant son delta dans une direction, retombe forcément à droite ou à gauche [3]; en sorte que la ligne continuellement variable qui termine ce delta à fleur du lac, présente nombre de saillies contiguës, grandes, petites, et toutes ensemble formant une saillie considérable proportionnée à l'importance du cours d'eau et à l'abondance de ses apports. Il est surtout remarquable que cette ligne bouclée et variable qui termine le delta soit, en effet, toujours à fleur du lac, et par conséquent toujours horizontale et apparente; c'est l'arête fort nette qui résulte du brusque passage des dépôts presque de niveau aux dépôts en talus roide, et c'est ainsi un repèr naturel du niveau du lac.

Vienne donc, par une cause quelconque, l'abaissement, la débâcle du lac, l'arête dont il s'agit, c'est-à-dire le bord de la terrasse que présentera dès lors le delta précédemment formé, rappellera, signalera, précisera l'ancien niveau du lac.

Il est vrai qu'aussitôt le cours d'eau, suspendu sur la terrasse, s'y creuse violemment un sillon, lequel progresse au rebours du courant, creusement qui continue, avec une activité décroissante, jusqu'à ce qu'un nouvel état d'équilibre entre la résistance du lit encaissé et la force érosive se soit établi. Mais, à droite et à gauche de la gorge ou vallée que le cours d'eau s'ouvre ainsi dans son ancien dépôt, *quelque lambeau de l'arête ou bord de la terrasse émergée se maintient souvent, et suffit alors pour attester et conserver l'ancien niveau du lac.*

Aussi, quand on cherche bien vers l'issue de tous les affluents notables des lacs Alpins, en Suisse, en Savoie, en Italie, trouve-t-on, en effet, presque toujours quelques-uns de ces lambeaux, précieux et irrécusables témoins trop peu considérés jusqu'ici.

[1] Extrait du *Bulletin de la Société de géologie de France*, 2e série, t. XXIII. p. 449. — Séance, du 19 mars 1866.

[2] Les apports les plus ténus et les plus légers, à proportion que le lac est moins en repos, vont se déposer plus loin sur son fond en minces couches de niveau.

[3] Une autre sorte d'accident tient au tassement des dépôts. De là, de temps à autre, des affaissements et des glissements occasionnant autant de fois certaines seiches dans le lac.

On en trouve même d'ordinaire à plusieurs étages, parfois rapprochés, parfois écartés, et chacun d'eux dit quelque chose du grand phénomène hydraulique que j'ai en vue. Les arêtes qui terminent de vastes terrasses correspondent à des niveaux très-persistants du lac, celles des terrasses moindres, à des niveaux moins persistants. Conséquemment l'arête qui termine la magnifique terrasse de Thonon atteste à coup sûr que *le Léman a été longtemps plus haut qu'aujourd'hui d'environ 40 mètres*[1].

Si l'on en doutait, il n'y aurait qu'à examiner les déblais faits récemment dans les talus de la terrasse : au levant de la ville, pour agrandir le port; au couchant, pour ouvrir une route descendant à ce port. L'inclinaison des couches de l'alluvion viendrait littéralement doubler la démonstration.

Quelque élémentaire que soit cette théorie, le géologue, jusqu'à elle, aurait pu attribuer l'inclinaison des couches alluviales dont il s'agit à un soulèvement, et l'on voit à présent quelle serait son erreur. Mais est-il possible qu'une chose aussi simple, et qui a bien son intérêt, ne soit, que je sache, écrite nulle part, dans de Saussure nommément? On sait avec quel soin pourtant il s'est occupé du lac de Genève, entre autres, et de ses alentours. Il a même parlé avec détail du progrès du delta du Rhône dans ce lac (*Voyages*, § 11). Il a de plus prouvé l'abaissement de ce même lac par la considération surtout d'un certain sillon buriné, 20 pieds au-dessus des plus hautes eaux du Rhône actuel, sur la paroi presque à pic d'un roc calcaire qui se dresse entre Collonge et le Fort-l'Écluse (*Voyages*, § 213). Toutefois, ayant noté et expliqué comme il l'a fait, que les sillons de ce genre, qu'il a beaucoup recherchés, n'ont guère pu se conserver bien distincts, s'il avait pris garde au témoignage offert par la terrasse de Thonon, vraisemblablement il aurait dit au même endroit, sans manquer même de reconnaître, avec sa largeur ordinaire, que cette terrasse, quoique intrinsèquement peu résistante, n'en constitue pas moins, par sa masse et par la ténuité même de ses éléments, un monument beaucoup plus durable que n'importe quels sillons tracés par les courants d'eau.

Mais cette lacune que j'ose accuser, près d'un siècle après lui, dans un observateur aussi habile et aussi pénétrant que de Saussure, un modeste habitant d'Omegna, Antonio Nobili, devait la combler avant moi. Un jour, en effet, en se baignant dans le *lac d'Orta*[2], à l'embouchure d'un affluent, Nobili s'aperçut que le delta de cet affluent présentait brusquement de tous côtés vers le lac un talus roide, et il eut la sagacité d'en conclure que le lac affleurait jadis la belle terrasse, appelée l'Alto Piano, qui domine Omegna de plus de 70 mètres[3], par la raison que cette terrasse alluviale présente au lac, elle aussi, un talus roide, couronné par une arête de niveau fort bien conservée. J'ai déjà conté cela, et avec plus de détails, dans une autre occasion, à la Société géologique, ajoutant que, sous l'inspiration de Nobili, un éminent ingénieur, le commandeur Negretti, trouva ensuite un lambeau d'un autre Alto Piano contre le haut versant qui sépare les deux torrents débouchant dans le *lac Majeur* à Intra, et que le baromètre lui apprit que cet autre Alto Piano avait précisément l'altitude de celui d'Omegna; d'où suit cette importante conséquence, qui va bien à mon sujet, à savoir que le lac Majeur a été plus haut qu'aujourd'hui d'environ 250 mètres, et s'étendait alors sur les lacs de Varèze et de Lugano, comme sur celui d'Orta, et sur tous les versants inférieurs de ces divers lacs. Mais ici, dois-je ajouter, la preuve résultant de l'inclinaison des couches alluviales des talus est restée cachée, la bonne fortune qui m'est échue ailleurs, de fraîches et larges entailles à ces talus lacustres, ayant fait défaut.

Revenant au Léman, je dirai quelques mots des derniers versants de la Veveyse, qui débouche à Vevey, comme son nom l'indique. Dans Vevey même, les déblais faits pour

[1] A une certaine époque le *lac Léman* (lac de Genève) a été de 40 mèt. plus haut qu'aujourd'hui.

[2] On sait qu'Omegna est à l'issue du lac d'Orta, peu au-dessus de ses plus hautes eaux.

[3] A une certaine époque le *lac d'Orta* a été de 70 mèt. plus haut qu'aujourd'hui. — Le *lac Majeur* a été de 250 mèt. plus haut qu'aujourd'hui.

hemin de fer montraient à découvert, avant qu'on les eût gazonnés,
es très-inclinées, toutes pareilles à celles de Thonon. Encore aujour-
t la vallée, on rencontre, à droite et à gauche du torrent, plusieurs
ius élevée est à une grande hauteur au-dessus du lac actuel. Et si
arrage solide a pu donner lieu à sa formation, on ne trouve rien.
ie, pour cette terrasse aussi, le barrage a dû être le lac, qui, à cette
qu'un avec plusieurs autres, subsistants ou écoulés.

et en parcourant les abords, à partir de la Dranse, on voit des
t certains accidents de forme très-dignes d'attention. Sans entrer
létail des faits, ce que cette simple note toute d'occasion ne comporte
r avancer que les circonstances dont il s'agit et leurs analogues qui se
ment dans les vallées des autres affluents du Léman et des affluents
ins, indiquent que les débâcles de ces lacs, comme on pouvait le
étées, et que pour la plupart elles ne se sont pas faites d'un seul
bstacle est parti d'abord, les restes ont plus ou moins tardé, et ce
n certain laps de temps qu'une résistance à peu près fixe du nouveau
amené le lac abaissé à un nouvel état stable.

itendre, je suppose, et c'est ici mon principal dessein, que l'histoire
s lacs est écrite, avec plus de détail et de précision que nulle autre
et les divers accidents que nous offrent les lambeaux de terrasses
par ce motif de recommander la recherche et l'étude.

re à de grands abaissements du Léman, je pourrais invoquer les
tracent sur les hauts versants d'alentour, à une énorme altitude (de
es), un niveau et non pas une pente. Mais cela m'amènerait aux
j'ai touchés de la grande question glaciaire, ce qu'il convient de
spéciale.

eut bien dire, je crois, et tel sera ici mon dernier mot sur le sujet
: que l'abaissement des lacs est un fait général; que plus ancienne
n continent, plus la grande opération naturelle dont il s'agit est
vestiges sont effacés ou voilés, les plus anciens surtout; enfin que,
un continent est de vieille date, et moins conséquemment sa sur-
ar les agents atmosphériques et par la main de l'homme, plus les
e sont nombreuses, marquées, parlantes, conclusion que semblent
t mieux les derniers voyages faits au cœur de l'Afrique.

dire des barrages liquides s'appliquant en partie aux barrages so-
ourt sur le compte de ces derniers. Je considérerai seulement la
hères, entre deux Giffres, près de Sixt, en amont de l'étroite fente,
mée Tine, au fond de laquelle le torrent réuni coule aujourd'hui. La
tout de suite à penser que, là, ce n'est point la débâcle d'un lac qui
a Giffre, mais la commotion souterraine qui a produit la fente, en
n d'autres termes, que l'époque de la formation de la terrasse a été
notion. Telle est, je suppose, la cause décisive du relief actuel du
de la fente, tel le rapport chronologique de la fin du petit dépôt
r des Chères, à un certain cataclysme.

ute une branche de la science orographique, au sujet de laquelle, à
déjà eu l'honneur de lire une note à la Société géologique (le 19 dé-
ache évidemment à cet aperçu.

professeur à Neuchâtel (Suisse).

OQUE ANTÉHISTORIQUE[1].

nées, à la suite de découvertes fort intéressantes, on s'est beaucoup oc-
rimitive telle qu'elle existait antérieurement à l'histoire écrite. On a
dans l'étude des cavernes et de leurs débris, des tombeaux, des monu-

Extrait de la *Bibliothèque universelle* et *Revue suisse*, in-8. 13 pages. Lausanne, 1866.

Il y a vingt-neuf ans qu'en pareille occasion, le président de la Société helvétique des sciences naturelles, dans un discours qui fit sensation, traçait d'une main hardie, dans cette même enceinte, le tableau de la dernière grande crise géologique de notre sol, alors que de vastes glaciers, débouchant des Alpes, s'étendaient sur cette magnifique plaine, et venaient déposer sur les gradins de notre Jura, et jusqu'à son sommet, ces grands blocs d'origine alpine que l'on qualifie à tort d'erratiques ou d'adventifs — car leur course n'a rien de fortuit — et dont nous espérons vous faire voir aujourd'hui l'un des spécimens les plus remarquables[1].

Le phénomène de l'ancienne extension des glaciers était alors censé clore la série des âges géologiques. Il est en effet assez important pour qu'on se soit cru autorisé à en faire un jalon de premier ordre dans l'histoire de la terre, et, comme on le faisait coïncider avec un anéantissement complet de la création, on fut naturellement conduit à placer ici la séparation entre l'époque tertiaire et l'époque moderne, entre le règne des mammifères et le règne de l'homme.

Mais, entre le moment où le grand glacier du Rhône déposait chez nous la *Pierre à Bot* avec tant d'autres blocs arrachés à la chaîne du mont Blanc, et la date des plus anciens souvenirs historiques ou des plus lointaines traditions, il y a toute une période, pendant laquelle la nature a dû continuer la série de ses évolutions. Cette période, bien que rapprochée de nous au point de vue géologique, était à peine entrevue il y a quelques années, et aujourd'hui même nous n'en avons qu'une idée très-imparfaite. Il semble que, de la part de l'histoire comme de celle de la géologie, on ait cherché à éviter ce terrain, dans la crainte d'envahir le domaine d'autrui. Pour n'être pas encore de l'histoire, ce domaine n'en embrasse pas moins une partie des destinées de l'humanité, et ceux qui s'appliquent aux recherches historiques en dehors de systèmes préconçus sont d'accord avec nous qu'il convient d'appliquer ici d'autres méthodes que dans le domaine de l'histoire et de l'archéologie proprement dites.

Il y avait donc lieu de donner à ces études une consécration. C'est ce que vous avez fait en fondant la Société paléoethnologique, et en invitant tous ses membres à se réunir en congrès international.

C'est dans ce passé antéhistorique de notre Suisse, sur ce terrain encore presque vierge où l'histoire et la géologie se rencontrent, que je voudrais faire avec vous une rapide excursion. Si le tableau des époques géologiques avec leurs faunes et leurs flores spéciales est de nature à captiver notre esprit, à plus forte raison aimerons-nous à rechercher les lois du développement et de l'enchaînement des êtres organisés, lorsque notre propre race s'y trouve mêlée. En effet, ce n'est plus seulement le naturaliste, ce

ments mégalithiques, des palafittes ou cités lacustres, et de ces grossiers mais curieux essais de sculpture et de gravure exécutés par l'homme contemporain du mammouth.

Désireuse d'établir un lien entre les personnes qui s'occupent de ces recherches, l'association des naturalistes italiens réunis l'année dernière à la Spezzia a proposé la fondation d'une société spéciale sous le nom de Société paléoethnologique, qui se réunirait en congrès international dans les différents pays d'Europe. La première réunion de ce congrès a eu lieu cette année à Neuchâtel, sous la présidence de M. le professeur **Desor**, en même temps que la Société helvétique des sciences naturelles y tenait ses assises. Le second congrès paléoethnologique aura lieu à Paris, sous la présidence de M. **Ed. Lartet**, pendant l'Exposition universelle de 1867.

Les pages qui suivent sont extraites du discours d'ouverture prononcé par M. le professeur **E. Desor**, et dans lequel il a exposé l'état actuel de la question. Les séances du congrès ont été suivies avec un très-vif intérêt par les savants suisses et étrangers réunis à Neuchâtel.

[1] Vous jugerez en l'examinant de près, si les raisons qu'un éminent géologue vient tout récemment de faire valoir contre la théorie glaciaire peuvent se soutenir en présence d'un fait aussi significatif. — **Sartorius v. Waltershausen** : Untersuchungen über die Klimate der Gegenwart und der Vorwelt ; dans les Mémoires de la Société des sciences de Harlem, vol. XXIIIe, 1865. Voir la critique de cet ouvrage par M. **B. Studer**, Archives des sciences de la Bibliothèque universelle, septembre 1866.

D. A. L'extrait de cette critique se trouve dans la 4me liste d'auteurs de ce volume, Ier, 3 partie de nos matériaux pour l'étude des glaciers.

soit le philosophe et l'anthropologiste qui se trouvent sollicités. A mesure que le progrès ne s'accomplit plus seulement dans l'organisme, mais qu'il se réalise aussi dans l'ordre intellectuel ; que l'être humain, profitant des leçons de l'expérience, va éprouver le besoin de se mettre en relation, soit avec l'avenir en perpétuant le souvenir de son passage au moyen d'une pierre qu'il dressera ou d'un os qu'il taillera, soit avec le passé ou l'inconnu en façonnant, dans ses premiers moments de loisir, quelque image ou signe destiné à personnifier les forces de la nature qu'il redoute et qu'il adore, parce qu'il ne les domine ni ne les comprend.

Il ne saurait être question d'évaluer le chiffre même approximatif de la durée de cette période que l'on qualifie d'antéhistorique. Ce que nous savons, c'est qu'elle a été fort longue, puisque déjà on y distingue, outre les trois âges de la *pierre polie*, du *bronze* et du *fer* qui sont les plus voisins de nous, plusieurs autres époques plus anciennes, telles que l'âge des *kjøkkenmøddings*, l'*époque du renne* et celle du *mammouth*, auxquelles M. Lartet propose d'ajouter celles de l'*aurochs* et de l'*ours des cavernes*, la première, celle de l'aurochs, faisant suite à celle du renne, tandis que celle de l'ours des cavernes aurait précédé celle du mammouth. Toutes ces époques rentreraient dans l'âge de la pierre taillée et correspondraient à l'enfance de l'humanité. Nous n'avons que peu d'espoir, à raison de notre voisinage de l'un des grands centres glaciaires, les Alpes, de trouver en Suisse des traces de l'homme aux différentes époques antérieures aux constructions lacustres[1]. Notre tâche devra par conséquent se borner à rechercher dans la série des événements géologiques et climatologiques qui ont laissé leur empreinte sur notre sol, quels sont ceux qui rentrent dans la période de l'humanité primitive, et à y rattacher si possible, ne fût-ce que d'une manière indirecte, la venue de l'homme. Si nous réussissions jamais dans cette tâche, nous aurions en même temps fixé la limite entre la géologie et la paléoethnologie, pour autant qu'une pareille limite existe.

Quelque disposé que l'on soit à reculer les origines de l'humanité, il demeure évident que l'homme est de date relativement récente. Rien n'autorise à supposer qu'il ait existé à l'*époque éocène*, ni même à l'*époque miocène*, et quant à l'époque *pliocène*, sa présence y est au moins problématique. D'ailleurs les géologues sont loin d'être d'accord sur les limites de cette formation.

Nous arrivons ainsi à la *période quaternaire*. A défaut de soulèvement de montagne pouvant servir de point de repère, comme dans les époques géologiques antérieures, le *phénomène de l'ancienne extension des glaciers*, dont il existe tant de traces autour de nous, s'offre et s'impose en quelque sorte à notre attention comme un jalon de première importance.

On est ainsi conduit à se demander si l'homme lui est nécessairement postérieur, et s'il est vrai que cette grande perturbation dans l'économie terrestre fut nécessaire pour préparer le sol de notre planète, ou du moins ses régions tempérées, à recevoir le couronnement de la création, ou bien si, comme on l'a affirmé dans ces derniers temps, l'époque humaine remonte au delà, en sorte que l'homme aurait assisté à cette révolution climatérique, qu'il aurait vu le glacier râpant les pentes de notre Jura, franchissant nos cols et nos cluses, et poussant ses rameaux jusque dans les vals et les combes de nos montagnes.

Il est évident que si nous en étions encore à nous représenter le *phénomène glaciaire* comme une catastrophe subite, comme une crise violente, qui aurait enseveli toute la création dans un vaste linceul de glace — c'était l'idée qu'on s'en faisait il y a trente ans — nous n'aurions aucune chance de jamais découvrir chez nous des traces de l'*homme glaciaire*, et, à plus forte raison, de l'homme *antéglaciaire*. Mais les idées ont considérablement changé depuis lors. Les coups de théâtre que l'on se plaisait à faire intervenir dans la géologie ont fait place à des idées plus saines sur les changements qui sont sur-

[1] M. Fraas vient de découvrir en Wurtemberg, près de Schussenried, un gisement d'ossements de renne avec silex taillés de tous points semblables à ceux du Périgord.

venus dans l'économie de notre planète. Le phénomène glaciaire n'est plus pour nous [illegible] un accès de froid fiévreux qui vint troubler l'économie terrestre. C'est une vaste période, aux phases multiples et variées. Mon savant confrère M. **Heer**, dans son remarquable discours d'ouverture de la réunion de Zurich, nous a exposé les caractères zoologiques et botaniques de l'une de ces phases, pendant laquelle de nombreux débris de [illegible] plantes et d'animaux ont été entassés dans les *lignites d'Utznach. Ces lignites, intercalés [illegible] entre deux dépôts glaciaires, proclament que la faune et la flore de notre sol à celle [illegible] époque se composaient des mêmes espèces que celles de nos jours, avec un cachet tant soit [illegible] peu plus boréal, que l'on retrouve en remontant sur le flanc de nos montagnes.*

Nous nous demandons s'il y a lieu d'espérer de trouver quelque jour au milieu de cette [illegible] flore, qui est la nôtre, des débris de notre propre race, à côté d'une espèce particulière [illegible] d'éléphant (Elephas antiquus) qui est généralement considéré comme antérieur au mammouth, et d'un *rhinocéros* voisin de celui du diluvium (**Rh. Merkii**). Après les recherches qui ont été faites, nous osons à peine y compter.

Constatons encore qu'une autre espèce d'éléphant, le mammouth (Elephas primigenius), celui dont les débris se retrouvent sur tant d'autres points de l'Europe, et qui fut le compagnon de l'homme en Picardie, en Belgique et au pied des Pyrénées, n'est pas non plus étranger à notre sol. On en a recueilli des débris sur plusieurs points de la Suisse, et toujours dans des dépôts remaniés qui indiquent l'action des eaux sur une grande échelle, telle qu'elle a dû se produire après ou pendant la fonte des glaciers. Ainsi donc c'est dans les graviers diluviens qui recouvrent d'ordinaire les terrains glaciaires que nous aurions le plus de chances de trouver des silex taillés à côté des ossements du mammouth. Jusqu'ici nos recherches n'ont pas été couronnées de succès.

L'*époque du renne* n'est représentée chez nous que par quelques ossements de ce ruminant boréal dans les grottes du Salève. Quant à celle des *kokenmöddings* du nord de l'Europe, elle n'a pas encore été signalée en Suisse et il est peu probable qu'on l'y rencontre.

Si notre sol n'a pas encore fourni de débris de ces premiers âges de l'humanité, soit qu'ils n'y soient pas représentés, soit que nous n'ayons pas su les découvrir, il n'en est pas de même de l'*âge de la pierre polie* et des âges subséquents du *bronze* et du *fer*. Nos palafittes sont là pour témoigner de l'activité qui a régné sur les bords de nos lacs pendant les périodes qui ont immédiatement précédé les temps historiques. Les trésors qu'elles recèlent vous sont connus par les mémoires classiques de M. le docteur **Keller**, et par les publications de MM. **Troyon**, **Morlot**, **Forel**, **Rabut**, **Rochat** et tant d'autres, à côté desquelles votre président ose à peine mentionner les siennes propres.

Si c'est cette phase de la période antéhistorique que vous avez eue en vue en nous honorant de votre présence nous osons espérer que votre espoir ne sera pas trop déçu. Nous croyons pouvoir dire, sans manquer à la modestie qui nous est commandée, que le lac de Neuchâtel, que vous avez sous les yeux, ne le cède à aucun autre quant au nombre et à la richesse de ses stations. Ce qui le distingue en outre, c'est que, seul entre tous les lacs de la Suisse, il a le privilége de réunir des types bien déterminés des trois âges. Saint-Aubin et Concise pour l'*âge de la pierre*, Cortaillod et Auvernier pour l'*âge de bronze*, et la Tène, près de Marin, pour l'*âge helvète* ou *du fer*, sont aujourd'hui des stations bien connues de tous les amateurs d'antiquités lacustres. Il suffira pour vous en convaincre d'aller jeter un coup d'œil sur les magnifiques collections de M. le docteur **Clément** à Saint-Aubin et de M. le colonel **Schwab** à Bienne, dont celles de Neuchâtel ne sont que de pâles reflets.

Le nombre des stations qui sont échelonnées sur le pourtour de notre lac est aujourd'hui de plus de trente, et nous avons la conviction qu'il en reste encore un bon nombre à découvrir; preuve en soit le fait que, lorsqu'on exécute des travaux dans le lac, à des endroits qui ne laissent rien apercevoir à la surface, on a toute chance d'y découvrir des palafittes avec leurs antiquités, comme on l'a vu à Concise et au Landeron (sur le lac de Bienne).

Les stations les plus fréquentes sont celles de l'*âge de bronze*, et dans le nombre il y en a de très-vastes, entr'autres sur la rive méridionale du lac. Nous en connaissons, près d'Estavayer, qui ont plus d'un kilomètre de diamètre. Et quand on songe que ces palafittes n'étaient pas les seules habitations de l'époque, si même elles étaient autre chose que des magasins, il n'y a rien de bien exagéré dans la supposition que les bords de notre lac étaient, à cette époque reculée, peut-être aussi habités que de nos jours.

Mais il n'est guère probable qu'arrivée au degré de culture que supposent les antiquités des palafittes, la population de l'époque se soit contentée d'habitations lacustres.

La question des demeures terrestres se pose ici d'elle-même. Il est évident aussi que des gens qui cultivaient des céréales et des légumes aussi variés, qui entretenaient de nombreux troupeaux, ne pouvaient être limités aux seuls gîtes sur pilotis, du moins à l'époque de la pierre. Les ténevières de notre lac en particulier sont trop peu étendues pour avoir pu contenir de nombreux troupeaux, et s'il est vrai que l'on ait trouvé ailleurs (à Robenhausen) des preuves matérielles du séjour du bétail au milieu de la palafitte, il n'en est pas moins vrai qu'il devait exister d'autres abris pour la conservation des fourrages destinés à ce bétail.

On doit aussi admettre, en se fondant sur l'instinct humain, que les peuplades lacustres devaient posséder quelque part un coin de terre pour y déposer les morts ou leurs cendres, car il n'est guère probable qu'ils les aient jetés à l'eau.

Jusqu'ici nous n'avons pas, il est vrai, constaté encore la présence d'habitations de l'*âge de la pierre* dans notre voisinage. Mais il en existe à l'Ebersberg, au canton de Zurich, qui paraissent s'être maintenus pendant les deux âges de la pierre et du bronze.

Nous avons été longtemps dans la même ignorance à l'égard des constructions sur terre ferme de l'*âge de bronze*, ne possédant que quelques ustensiles que le hasard avait fait découvrir autour de nous.

C'est tout récemment que, grâce au zèle de M. le docteur **Clément**, nous avons pu recueillir quelques données plus précises sur les équivalents terrestres de cet âge. Permettez-moi de vous faire en peu de mots l'historique de cette intéressante découverte, qui pourra peut-être nous mettre sur la trace d'autres monuments ignorés de la même époque.

Notre Jura, vous le savez, est très-pierreux. C'est la conséquence, d'une part de la nature de ses roches qui sont des calcaires à la fois durs et fossiles et, de l'autre, des dépôts de gravier et de cailloux erratiques que les eaux et les anciens glaciers ont accumulés sur bon nombre de points. Il s'en suit que, lorsqu'on veut utiliser le sol, soit pour des cultures, soit pour des pâturages ou des prés de montagne, on est obligé, après avoir défriché le terrain, de le débarrasser des pierres qui l'encombrent et que l'on entasse sur le pourtour du pré ou du champ. Ces amas de pierres portent chez nous le nom de morgiers ou de murgiers, et leur présence est une preuve que le sol, quand même il serait en friche actuellement, a dû, à une certaine époque, être livré à la culture. Telle était aussi la manière dont on s'expliquait les petits tertres composés de cailloux qui couvrent le sol de la forêt de Seythe au-dessus de Saint-Aubin. Toutefois la forme et la disposition de ces tertres, qui n'ont souvent qu'un mètre de hauteur, sur un diamètre de trois ou quatre mètres, et le fait qu'ils se trouvent dans une forêt, tirent naître des doutes dans l'esprit de M. le docteur **Clément**. En effet, si ces tertres avaient été de vrais morgiers, il s'en suivrait que la forêt aurait été, à une certaine époque, livrée à la culture; or rien dans les anciens actes, ni dans la tradition locale n'autorisait à supposer que la forêt en question eût jamais eu une autre destination. Et s'il en était ainsi, les tertres devaient être autre chose que des morgiers. L'expérience seule pouvait décider. M. le docteur **Clément** commença aussitôt des fouilles. Il reconnut que les cailloux qui composaient ces amas n'étaient pas formés des débris de la roche en place (calcaire portlandien, comme sont les morgiers des environs), mais que c'étaient en majorité des galets erratiques, et que, de plus, ils portaient de nombreuses traces de feu. Bientôt il découvrit des charbons mêlés aux galets, et enfin, dans l'un des tertres, divers objets en bronze, entre autres des faucilles et un bracelet, ce dernier de tout point semblable à ceux de nos palafittes de l'âge de bronze. Nous aurions ainsi, dans ces soi-disant morgiers de la forêt du Seythe, des monuments contemporains de l'âge de bronze lacustre, si même ce ne sont pas les lieux d'incinération de ces mêmes habitants des palafittes. C'est à vous, messieurs, de nous dire quelles sont, parmi les antiquités soi-disant celtiques des autres pays, celles qui correspondent à ces objets de l'âge de bronze lacustre, et quels sont les monuments qui s'y rapportent. Nous nous croyons d'autant plus autorisés à vous poser la question, que nous avons le bonheur de posséder dans cette enceinte les savants les plus experts dans cette matière.

La même question se pose à l'égard du premier âge du fer, avec cette différence qu'ici la solution du problème nous est à peu près acquise. Bien qu'il n'existe chez nous que peu de traces de constructions terrestres contemporaines des palafittes de l'âge du fer, il n'en est pas moins certain qu'elles ont dû être nombreuses. Il est probable, en effet, que les douze villes et les quatre cents bourgs que les Helvètes brûlèrent avant d'émigrer en Gaule datent de cette époque. — Ce qui a plutôt lieu de nous étonner, c'est la présence, à une époque aussi tardive, d'une construction lacustre aussi vaste que la palafitte de Marin, que nous aurons, j'espère, le plaisir d'aller visiter ensemble. Comment se fait-il qu'aucune donnée historique, aucune légende concernant cet emplacement remarquable, qui pourtant paraît avoir continué jusque dans notre ère, ne soit pas parvenue jusqu'à nous? C'est là un problème digne à tous égards de vos méditations.

Si les monuments de l'âge du fer sont rares chez nous, les antiquités de l'époque helvète ou gauloise n'en sont pas moins éparses sur bien des points de notre territoire. Vous connaissez les objets trouvés à la Tiefenau près de Berne et décrits par M. de **Bonstetten**, et vous avez pu vous assurer qu'ils concordent de tous points avec ceux de la palafitte de la Tène.

M. **Quiquerez** en a recueilli un grand nombre dans le Jura bernois, et quant à notre canton, M. le docteur **Clément** mettra sous vos yeux une série d'objets fort remarquables qu'il a retirés d'un tumulus près de Voroux, consistant en brassards, pendeloques, boucles d'oreilles, épingles à cheveux, le tout d'un travail exquis et accompagné de quelques objets en fer. Si je n'ai pas mentionné d'emblée cette trouvaille importante, c'est que les objets ci-dessus, ainsi que d'autres fort semblables que M. **Troyon** a retirés de plusieurs tombeaux du canton de Vaud, ont un cachet perticulier qui rappelle les tombeaux de Hallstatt [1], ce qui semble indiquer qu'ils sont antérieurs à la palafitte de la Tène, représentant en quelque sorte le trait d'union entre les âges lacustres du bronze et du fer.

M. **Clément** vous dira en détail la position et le gisement de ces sépultures qui ne sont plus de simples buttes d'incinération comme celles de la forêt de Seythe, mais de vrais tumuli. Au lieu d'être épars à la surface d'un plateau, ils sont placés au sommet de nos crêtes (néocomiens et valangiens) de Marin, de manière à dominer le pays au loin. La plupart de ceux qu'on a fouillés jusqu'à présent étaient intacts. Leur position pourra ainsi devenir, dans une certaine mesure, un criterium de leur origine, quand on connaîtra le peuple auquel ils appartiennent.

Enfin, messieurs, nous sommes heureux de pouvoir mettre sous les yeux de ceux

[1] Le cimetière de Hallstadt, découvert il y a quelques années par M. **Ramsauer**, près des exploitations de sel situées au milieu des montagnes de la haute Autriche, comprend près d'un millier de tombes ayant appartenu probablement aux anciens propriétaires de mines, et dont bon nombre sont richement dotées. Au milieu des armes et des objets de parure de toute sorte, on y trouve, à côté de l'or, le fer associé au bronze des palafittes. En revanche l'argent et le plomb font défaut. M. **Morlot** en conclut que les sépultures doivent être antérieures au quatrième siècle avant notre ère, attendu, dit-il, que l'argent serait certainement parvenu aux propriétaires de Hallstadt, s'ils eussent été les contemporains de **Philippe de Macédoine**, car on sait que ce prince exploitait de riches mines d'argent, dont le monnayage fut largement imité en Hongrie et circula jusqu'en Suisse. Hallstadt est ainsi devenu un horizon chronologique précieux pour la détermination de l'âge de bien d'autres gîtes et sépultures, tant en Allemagne qu'en France, en Suisse, en Italie et jusque dans le nord scandinave.

ıe le côté anthropologique de ces études intéresse surtout, une série de
ı appartenant à chacune des trois époques. C'est pour la première fois,
rous voyez réunis sur une même table des crânes humains de nos trois

re lac n'avait fourni, en fait de *crânes lacustres*, que les deux exemplaires
nze de la station d'Auvernier, qui sont sous vos yeux; l'un très-complet
, l'autre incomplet, mais néanmoins caractéristique, est d'un adulte.
n mesure d'y ajouter un crâne presque complet de l'âge du fer de la
professeur **Ecker** a bien voulu examiner et monter, et sur lequel il
e plus amples détails.
erre n'était représenté jusqu'ici que par un seul crâne, celui de Meilen,
ı, qui a été décrit avec soin par MM. **Ruttimeyer** et **His**, et plus tard
mmes en mesure de vous en soumettre aujourd'hui un second, moins
vrai, mais tout à fait authentique. Nous en devons la communication à
l. **de Pourtalès** qui l'a recueilli au milieu des débris lacustres très-
ténevière de Greng au lac de Morat, qui est, vous le savez, une station
de l'âge de la pierre.
vous prononcer sur les caractères de ces différents crânes et leurs affinités
pes crâniologiques.
rant mon souhait de bienvenue, je déclare ouverte la première session
ethnologique.

E. **DESOR**.

ONS LACUSTRES DU LAC DE NEUCHATEL. — 3e éd. Neuchâtel, 1864.

OU CONSTRUCTIONS LACUSTRES DU LAC DE NEUCHATEL. — Paris, 1866.

).
ET SES ENVIRONS. — In-8, cartes et gravures. Strasbourg, 1866.

ouard).
OGIE. CAVERNES DE LA PROVINCE DE NAMUR (Belgique). *Académie royale de*
asse des sciences. Séance du 13 octobre 1866. — Extrait de l'*Institut*,
versel des sciences et des Sociétés savantes en France et à l'étranger,
35e année, n° 1722. 2 janvier 1867.
Dupont, qui a déjà fait connaître successivement les résultats des explo-
é chargé de faire dans les cavernes de la province de Namur, ayant résumé
d'ensemble toutes les observations concernant les hommes qui habitaient
esse pendant la période dite âge du Renne, ce travail a été l'objet de rap-
Omalius d'Halloy, **Van Beneden** et **Spring**, à la suite desquels
ar la classe que ce travail sera imprimé dans la collection des Mémoires
ie.
divisé en cinq chapitres. — Le premier contient une description départ des *ossements humains de l'âge du Renne* que l'auteur a recueillis.
ite de la place que les Hommes de cet âge devaient occuper dans la
umaines; l'auteur est d'avis qu'ils doivent être rattachés à la grande
Uralo-Altaïque par M. **Pruner-Bey**, et plus particulièrement au type
le chapitre suivant l'auteur passe en revue tous les produits qu'il a
dustrie de cet âge, tels que couteaux et grattoirs en silex, instruments
e en os, aiguilles en ivoire, poteries, objets de parure faits avec des
es naturés et des coquilles fossiles. On n'a pas trouvé de hache parmi

ces nombreux instruments, et on a fait la remarque que les silex qui ont aidé à faire les nombreux couteaux recueillis paraissent provenir de la Champagne plutôt que du Hainaut et de la Hesbaye.— Dans le quatrième chapitre consacré aux mœurs des hommes de cette époque, ou du moins de la peuplade qui habitait les cavernes des bords de la Lesse, l'auteur montre qu'elle ensevelissait ses morts et se nourrissait de la chair d'animaux sauvages, parmi lesquels figuraient principalement le cheval et le renne. — Dans le cinquième chapitre il montre les caractères qui les distinguent des hommes de l'âge dit de la pierre polie, qui leur ont succédé.

A propos des mœurs de ces peuplades, **M. Spring**, dans un rapport particulier fait sur ce travail, traite la question du *cannibalisme* et cherche à établir qu'il n'a malheureusement pas calomnié ces anciennes races, ainsi qu'on le lui a reproché, en soutenant qu'il résulte de faits qui paraissent très-probants qu'elles pratiquaient une hideuse coutume. Voici ce qu'il dit à cet égard :

« C'est en 1842 que j'avais rencontré, à Chauvaux, un *dépôt d'ossements* remontant aux temps préhistoriques et constituant, selon moi, les restes d'un repas de sauvages. Je rappelle la date parce que, au dire d'observateurs impartiaux, elle fait époque dans l'histoire des études, en si grande faveur aujourd'hui, relatives aux anciennes races. On possédait alors, il est vrai, les immortelles découvertes de **Schmerling** (1833), ainsi que les trouvailles faites par MM. **Tournal** et **Christol**, dans le midi de la France (1828), mais on les dédaignait. Il n'y avait pas d'apprenti-naturaliste, ayant lu **Cuvier**, qui ne souriait à la foi naïve du docteur liégeois et ne redisait, pour tout argument, l'histoire du fameux squelette de la Guadeloupe. On ignorait à cette époque les kokenmöddingers et bien moins encore il était question des habitations lacustres.

« J'avais rencontré, dans la brèche à ossements, du charbon végétal, des cendres, de l'argile calcinée et des os carbonisés. J'avais constaté que tous les os à moelle étaient brisés ou fendus, tandis que ceux qui ne récèlent pas de substance alimentaire étaient entiers. Quant aux espèces animales, il n'y en avait que de celles qui servaient et qui servent encore aujourd'hui de nourriture à l'homme.

« Eh bien, dans le même tas, pêle-mêle avec les os d'animaux, les surpassant en nombre et réunis avec eux dans une espèce de brèche stalagmitique, se trouvaient des *ossements humains*. Ceux qui n'avaient pas de moelle étaient entiers, et les os longs étaient tous *brisés :* en un mot, les *os humains* étaient traités exactement de la même manière que les *os de Bœuf, de Cerf, de Mouton, de Sanglier*. J'avais vu un *pariétal humain* fracturé par une hache de pierre restée enchâssée, avec lui, dans la stalagmite.

« Or, un *être humain assommé* près d'un foyer sur lequel on avait rôti des quartiers de bœuf, de cerf, de sanglier, etc., une quantité considérable d'*os humains* en partie calcinés, gisant pêle-mêle avec des restes d'animaux consommés et se trouvant dans des conditions identiques avec ces derniers, tous les os à moelle brisés et tous les autres entiers n'y avait-il pas là de quoi éveiller d'affreux soupçons ?

« Je me mis à fouiller en détail tout le dépôt et à examiner, un à un, les *restes humains*. Quel ne fut pas mon étonnement ? Dans ce nombre prodigieux d'ossements humains, il ne s'en était rencontré pas un seul, mais pas un qui offrît manifestement les caractères soit du sexe masculin, soit de l'âge avancé. Tous provenaient de jeunes femmes, d'adolescents ou d'enfants. Ce fut de plus fort en plus fort. J'avais affaire non pas à des *anthropophages* d'occasion ou de nécessité, mais à de vrais *cannibales*, mangeant de la *chair humaine* par goût, choisissant ce qu'il y avait de mieux, et soumettant peut-être leurs victimes à un engraissement préalable, comme font encore aujourd'hui les *Battas* à Sumatra, les *Orang-Tedongues* à Bornéo et d'autres *cannibales* raffinés.

Néanmoins, avant d'affirmer des coutumes aussi déplaisantes, j'ai voulu m'autoriser des traditions écrites. Moi aussi j'aurais préféré suivre le précepte : *De mortuis nil nisi bene*. Mais j'ai trouvé que toutes les peuplades primitives, et particulièrement celles qui habitaient le nord-ouest de l'Europe, nous étaient représentees comme des *anthropophages* et que, dans plusieurs contrées, ces horribles mœurs s'étaient conservées jusqu'à l'introduction du christianisme. **Strabon**, le géographe, dit des anciens Irlandais que plusieurs historiens font descendre de peuples envahisseurs venus des Gaules et du pays actuellement occupé par les Belges, qu'ils étaient, de son temps encore, des *cannibales* avides et qu'ils considéraient comme un acte louable de *manger le corps de leurs parents*. Et saint **Jérôme** raconte que, pendant son séjour dans les Gaules, il avait vu une peuplade qu'il appelle Scoti ou Attacoti, *se nourrir de chair humaine :* et, ajoute-t-il expressément, quoiqu'ils eussent à leur disposition des troupeaux de porcs et de bétail errant dans les forêts, ils préféraient couper les fesses aux petits garçons et les seins aux femmes (*abscindere puerorum nates et feminarum papillas*) et les manger comme la chose délicate par excellence (*Hieronymi opera*, pl. II, p. 75).

« Le fait de **Chauvaux** pourrait donc s'employer presque comme une illustration du texte de saint **Jérôme** ; je me croyais d'autant mieux à l'abri du reproche d'avoir médit des hommes que nos ancêtres, les Celtes et les Germains, sont venus exterminer dans des combats héroïques, chantés par leurs poëtes, qu'ils étaient antérieurs de plusieurs siècles à ceux dont le Père de l'Église a rapporté les mœurs, et moins en contact avec les races relativement civilisées.

« A l'objection qu'on a faite que, dans les pays *scandinaves* et en *Aquitaine*, on n'a pas rencontré les mêmes preuves et qu'en *Belgique* même les analogies feraient défaut, je répondrai d'abord que, dans les anciens temps comme aujourd'hui, le naturel des différents peuples d'une même contrée n'était pas le même. A côté de tribus qui guerroyaient et *mangeaient leurs ennemis*, vivaient des races pacifiques, laborieuses et destinées, comme de juste, à être bousculées et mangées par les autres.

« Au milieu des *Scandinaves* déjà civilisés vivait encore, du temps d'**Adam** de Brême, la *race des Jotunes ;* elle habitait des cavernes et des fissures de rochers, se vêtissait de peaux d'animaux sauvages, ignorait l'usage des métaux et, dans ses incursions, exterminait des populations entières. C'est comme de nos jours ; à Sumatra, les *Battas anthropophages* habitent la partie montagneuse et inaccessible de l'île, tandis que les plaines sont occupées par les *Orang-Malaios*, les *Réjangs*, les *Lampungs* et les *Achinèses*, tous peuples agriculteurs et lettrés. Pourquoi la forêt immense et les gorges abruptes des *Ardennes* n'auraient-elles pas prêté un refuge aux *anthropophages* de l'âge de Pierre, alors que les plaines de la France actuelle et le littoral de la mer du Nord étaient occupés déjà par des races plus douces, agricoles, hippophages et ichthyophages ?

« En général, on s'expose à des erreurs, selon moi, quand on transporte trop légèrement les faits d'une station à une autre. Aux *âges de pierre* il n'y avait pas de grands peuples, il n'y avait pas de nations. Le sol était foulé par des hordes sauvages, par des tribus nombreuses, dont les mœurs et les moyens d'existence différaient notablement. Les unes étaient nomades, les autres relativement sédentaires ; les unes possédaient le renne, les autres le cheval ; les unes avaient appris à polir leurs armes, tandis que les autres ignoraient cet art. Qu'on lise à ce sujet la description que **Procope** et **Jornandès**, le prêtre visigoth (*De rebus Geticis*), ont donnée des habitants des pays à renne de leur temps, c'est-à-dire de la *Scandja* et des plateaux de *Thulé* qui sont la Suède et la Norwége d'aujourd'hui, on y trouvera la solution de bien des difficultés, la clef de bien des énigmes que présentent les anciens restes enfouis dans les grottes et les cavernes de nos montagnes. On trouvera dans le second de ces auteurs, dont l'ouvrage est un extrait de la grande histoire, actuellement perdue, du peuple gothique, que **Cassiodore** avait composée à la cour du roi *Théodoric*, l'indication nominative d'environ trente peuplades, très-différentes de mœurs et de culture, ayant simultanément habité le territoire actuel de la Suède seule. »

Pour ce qui regarde le sol de la Belgique, le fait de **Chauvaux** n'est plus isolé depuis les découvertes de **M. Éd. Dupont**. Cet infatigable et savant explorateur a éprouvé une grande surprise, comme il dit, en voyant retirer, à *Chaleux*, *des ossements humains* du milieu des ossements d'animaux qu'il considère positivement comme des restes de repas faits par ces hommes de l'âge du renne. Il me fait même l'honneur de ne citer à cette occasion. Seulement il hésite à adopter mon interprétation et à croire à l'existence de cette hideuse coutume chez l'homme du renne de la Lesse, il préfère attendre des faits mieux prononcés, « entre autres la découverte des bâtons fendus en long et non en large comme l'étaient les siens.

« A part le *trou de Chaleux*, M. Dupont a trouvé des ossements humains dans des conditions semblables à celles de Chauveaux : dans la petite caverne située à plant Chaleux, puis dans le *trou Reuviau à Furfooz*, enfin dans les cavernes des Épines de la *Madeleine*. Je suis loin de lui faire un reproche de son scepticisme, pourvu qu'il me laisse ma foi. Je le remercie même de m'avoir fourni l'occasion de répondre aux doutes émis par des savants dont il a bien raison, sous tous les autres rapports, de suivre les inspirations.

E

ENGELHARDT Fréd., doct.

MÉMOIRE SUR LA FORMATION DE LA GLACE AU FOND DES EAUX (Grundeis des Allemands). — *Mémoires de la Société des sciences naturelles de Strasbourg*, t. VI, 1re livr.

ENGHARK Von

BESCHREIBUNG EINER REISE DURCH UNGARN, 1789.

F

FAUDEL.

DÉCOUVERTE D'OSSEMENTS HUMAINS FOSSILES dans le lehm alpin de la vallée du Rhin à Eguisheim près Colmar (Haut-Rhin). — *Académie des sciences*. Comptes rendus hebdomadaires des sciences, nº 17, 22 octobre 1866.

« Il n'est aucun doute possible sur la nature géologique du terrain qui renferme les fossiles dont nous allons parler.

Sa situation stratigraphique est exactement celle qui caractérise le *lehm d'Alsace* formant la partie supérieure des dépôts diluviens, et constituant, au pied des Vosges, les collines qui s'abaissent en pente douce vers la plaine.

Sa constitution physique ne diffère en rien de celle que tous les auteurs attribuent au *lehm* ; c'est un dépôt marno-sableux, fin, de couleur gris-jaunâtre, se réduisant facilement en poussière, lorsqu'il est sec, tachant les doigts, formé d'un mélange intime d'argile, de sable fin et de carbonate de chaux. Il renferme vers le haut quelques rares galets de quartzite, tous de petite dimension; du reste il est parfaitement homogène sans indice de stratification, se coupant aisément au couteau, mais tellement cohérent, qu'on y taille de vastes galeries qui se soutiennent sans aucune espèce de revêtement intérieur ni de supports en maçonnerie.

Je l'ai examiné dans toutes les galeries ainsi que dans les carrières exploitées vers le haut de la colline; il est partout le même. Il renferme assez abondamment ces concrétions calcaires mamelonnées qui sont particulières au lehm et qu'on appelle dans le pays Lupstein ou Puppelestein (pierres en forme de petites poupées). Enfin, j'y ai recueilli en grand nombre les coquilles fossiles caractéristiques du lehm : Helix-hispida, Lin (H. plebeia, Drap.) — Pupa muscorum, Drap. — Succinea oblonga, Drap. — S. elongata (Braun.).

Les ossements fossiles d'animaux recueillis à Eguisheim appartiennent pour la plupart à un cerf d'assez grande taille, dont je n'ai pu déterminer l'espèce. Ce sont : un métatarsien, deux portions de fémur, un bassin presque complet, une côte, de nombreux fragments d'une tête, et notamment un frontal presque entier, mesurant transversalement 18 centimètres entre la naissance des cornes qui malheureusement n'ont pas été trouvées.

Près de la ville de Türckheim, à deux lieues environ d'Eguisheim, dans une couche de lehm, analogue à celle qui nous occupe ici, on a découvert récemment des *molaires de cheval* de petite taille, et un *métatarsien* complet et parfaitement conservé, que M. Schimper, de Strasbourg, attribue au *bison*.

Tous ces os paraissent avoir perdu presque complétement leur matière organique : leur texture est crayeuse, leur couleur blanche ; ils happent fortement à la langue.

« Les *os humains* provenant du même dépôt consistent en un frontal et un pariétal droit, tous deux presque entiers, pouvant s'adapter en partie l'un à l'autre et appartenant au même crâne. Ils ont été trouvés ensemble et étaient complétement enclavés dans le lehm encore adhérent à leur surface. Ils happent à la langue, présentent la même coloration blanche que les ossements d'animaux et paraissent avoir subi des altérations identiques de texture et de composition. Leur développement, leur forme et l'ossification prononcée des sutures prouveraient qu'ils proviennent d'un sujet adulte et de taille moyenne.

Le pariétal ne présente rien de particulier, sinon qu'une portion de son bord antéro-supérieur avec la suture coronale correspondante a été détachée et est restée intimement soudée au frontal. Celui-ci possède également des dimensions normales moyennes : cependant il offre quelques particularités dignes d'être notées. Les arcades sourcilières sont assez saillantes. La dépression entre la bosse frontale et les saillies sourcilières est assez fortement accentuée. Les sinus frontaux sont très-vastes. Cette saillie des arcades sourcilières fait paraître le front plus déprimé qu'il ne l'est réellement : il ne m'a pas été possible de mesurer l'angle facial, qui peut être évalué approximativement à 65 degrés. Enfin, en réunissant les deux os, la forme générale du crâne, autant qu'il est permis d'en juger d'après des débris si incomplets paraît être allongée d'avant en arrière, un peu déprimé latéralement, et se rapporterait au type dolichocéphale.

Il est à remarquer que la saillie des arcades sourcilières et le développement des sinus frontaux ont également été observés sur les crânes de la caverne d'Engis près de Liége, de Neanderthal près de Düsseldorf, et sur l'un des crânes des tumulus de Borreby en Danemark.

Conclusions. — D'après l'ensemble des faits qui viennent d'être énoncés, on pourra sans doute admettre les propositions suivantes :

1° Le dépôt qui recouvre la colline de Bühl à Eguisheim est bien positivement le *lehm alpin* de la vallée du Rhin.

2° C'est de ce terrain en place, intact et non remanié, qu'ont été extraits les *ossements fossiles d'animaux*, ainsi que les *débris humains*.

3° Les uns et les autres ont subi les mêmes altérations de texture et de composition : ils se trouvent, sous tous les rapports, dans des conditions absolument identiques.

Si ces données sont exactes, on pourra en conclure que les os humains ainsi que les ossements d'animaux quaternaires qui les accompagnent, ont été ou bien enfouis ensemble sur place, dans le limon qui forme aujourd'hui le lehm, ou bien entraînés ensemble de plus loin par les courants diluviens. L'homme aurait donc vécu en Alsace, ou dans la vallée supérieure du Rhin, à l'époque où le lehm s'est déposé, et y aurait été contemporain du *cerf fossile*, du *bison*, du *mammouth* et autres animaux de l'époque quaternaire.

« Enfin, l'apparition de l'homme dans nos contrées aurait été antérieure à certains mouvements du sol survenus après le dépôt du diluvium, et qui ont achevé de donner au pays son relief actuel. En effet, des mouvements d'exhaussement comprenant toute la série diluvienne ont dû être admis par **M. J. Kœchlin-Schlumberger**, de Mulhouse, et par **M. Albert Müller**, de Bâle, pour expliquer l'altitude de certaines couches quaternaires du Sundgau et de la partie méridionale de la vallée du Rhin qui touche au Jura [1].) »

Il est incontestable qu'un fait isolé n'a qu'une valeur bien relative, surtout dans une question aussi difficile que celle de l'ancienneté de l'homme. Aussi est-ce avec une entière réserve que j'ai indiqué les déductions théoriques qui m'ont paru ressortir de cette observation. Mon principal but était de donner connaissance d'un fait nouveau pour la géologie de l'Alsace, et d'éveiller l'attention des observateurs sur les découvertes que le même terrain pourra fournir dans la suite. Je laisse à d'autres, plus autorisés, le soin d'apprécier ce fait à sa juste valeur, et d'en tirer des conséquences positives, s'il y a lieu. Toutes les pièces qui s'y rapportent ont été à cet effet déposées au Musée de la Société d'histoire naturelle de Colmar, et seront soumises avec empressement à l'examen des personnes que cette question pourrait intéresser.

FERBER.

ABHANDLUNGEN ÜBER DIE GEBIRGE IN UNGARN. 1780.

FICHTEL (Von).

MINERALISCHE BEITRÆGE SIEBENBÜRGENS. 1780.

BEMERKUNGEN ÜBER DIE KARPATHEN. 1791.

FIGUIER (Louis).

L'ANNÉE SCIENTIFIQUE ET INDUSTRIELLE. — 11e année, 1866. Paris, Hachette et Ce, boulevard Saint-Germain, 77.

Météorologie. — Inondations en 1816. — Pierre tombée du ciel en Algérie, le 25 août 1866. — Météoristes de Saint-Mesmin.

Histoire naturelle. — Éruption volcanique de l'île de Santorin, en 1866. — Ile volcanique nouvelle. — Tremblement de terre du 24 septembre 1866. — Un phénomène géologique à Venise. Carte géologique du bassin de Paris, par **Ed. Collomb**. — Encore un homme fossile. — Découverte d'un mammouth en Sibérie. — Un dessin d'ours antédiluvien. — Les fouilles de M. **Albert Gaudry**, en Grèce. — Animaux fossiles.

FISCHER (O. Rev. M. A., F. G. S.).

ON THE PROBABLE GLACIAL ORIGIN OF CERTAIN PHENOMENA OF DENUDATION. — *Geological Magazine or Montly Journal of Geology*, VIII, n° 11, 29, p. 483 à 487. Novembre, 1866.

FORSTER.

ANSICHTEN DES NIEDER-RHEINS. 1791.

FOURIER.

REMARQUES GÉNÉRALES SUR LES TEMPÉRATURES DU GLOBE TERRESTRE. — *Annales de chimie et de physique*, vol. XXVII, p. 136. 1824.

...L'action des rayons solaires, sous notre latitude, ne s'exercent pas à plus de 30 mètr. au-dessous de la surface.

...L'accroissement que l'on observe qnand on pénètre au delà est d'environ 1° par 32 mètres.

. Les variations diurnes cessent d'être sensibles à 2 ou 3 mètres de profondeur. On

[1] D. A. Le lehm d'Alsace c'est de la *boue de glacier* déposée directement par les glaciers, ou remaniés par les eaux. Ces dépôts se trouvent souvent à des hauteurs au-dessus de la plaine, donc les glaciéristes expliquent parfaitement leur présence, en démontrant qu'il est très-naturel qu'ils se trouvent là. MM. **Kœchlin** et **Müller** n'admettent pas encore une époque de grande extension de glaciers des Alpes, des Vosges, de la forêt Noire, et ont recours au soulèvement du sol. — C'est par cette raison que se trouvent imprimées en petits caractères et mis entre parenthèses les citations qui sont faites en 1868.

ne peut observer au-dessous que les variations annuelles qui disparaissent elles-mêmes à une plus grande profondeur.

FOURNET (J.), président de la Commission.

Commission hydrométrique et Commission des orages de Lyon. — 1865. 22e annee, 1865.

Jours de pluie à Lyon, 141 *jours*.

1864 Décembre	5		Juin	5
1865 Janvier	21		Juillet	12
Février	17		Août	16
Mars	20		Septembre	0
Avril	7		Octobre	18
Mai	14		Novembre	6

FRIDWALAZKY.

Mineralogia magni principatus Transylvaniæ. 1767.

G

GASTALDI (B.).

Nuovi Cenni sugli oggetti di alta anticbita. — Torino, 1862.

GRAD (Charles).

La mer Polaire. — Extrait de l'*Industriel Alsacien*, journal paraissant à Mulhouse. 33e année, n° 6 ; 13 janvier 1867, et suite.

L'existence d'une mer polaire libre de glaces se réduit à une question de météorologie. Un même point de notre globe passe dans la suite des siècles par des degrés de température variable selon sa position dans le mouvement qui est la cause de la précession des équinoxes. A l'époque actuelle on reconnaît dans l'hémisphère nord deux points de plus basse température moyenne appelés les *pôles de froid*, situés l'un dans l'Amérique boréale, l'autre au nord de la Sibérie. La température même du pôle n'a pas encore été déterminée par des observations directes, mais un illustre géomètre, enlevé à la science par une mort récente, **Jean Plana**, affirme l'absence de glace dans les mers polaires pendant une grande partie de l'année. Il a démontré dans son ouvrage sur le refroidissement des corps célestes, au moyen de l'analyse mathématique, l'accroissement de la chaleur solaire des cercles polaires aux pôles arctique et antarctique. Ces deux points jouissent d'une température moyenne un peu plus élevée que les cercles polaires par 66 degrés et demi de latitude. La forme des terres, l'étendue des mers; la direction des vents et des courants, les brumes persistantes de l'Océan glacial modifient profondément la loi de Plana; cependant la théorie du savant italien s'accorde avec les découvertes accomplies dans ces derniers temps par **Parry** et par **Kane** au pôle nord, et par **Ross** au pôle austral.

L'amiral **Parry** entreprit son voyage en 1827 avec l'intention d'aller au pôle en traîneau sur une calotte de glace solide, continue, qui, suivant le témoignage de **Phipps** et l'opinion de ses contemporains, devait recouvrir toute la zone polaire. Ce jeune et intrépide marin, après une navigation laborieuse, fit mouiller son navire dans la baie de Treurenburg, à l'entrée du détroit de Hinlopen, et prit le chemin du nord en compagnie du Dr **Beverly**, du lieutenant **Crozier** et de **John Ross**, ces deux derniers devenus célèbres, l'un par la catastrophe de **Franklin**, l'autre par ses voyages dans les mers polaires. Les voyageurs étaient montés sur deux embarcations, l'*Entreprise* et l'*Endeavour*, avec des vivres pour soixante-onze jours. Abordant à l'île Basse, ils y déposèrent des provisions pour le retour, puis ils s'engagèrent au milieu des glaces, flottantes.

La flotille trouva l'île Walden encore encombré de glaces. Elle passa de ce point à l'extrémité du groupe des Sept-Iles et trouva la banquise près de l'îlot de la Petite-Table, la plus septentrionale des terres européennes, et les provisions étant chargées sur de petits traîneaux montés sur des patins de Lapons, la caravane se mit en marche sur la banquise le 24 juin, à dix heures du soir. Au lieu de la surface unie supposée, **Parry** trouva des bancs de glace peu étendus, mais très-accidentés, couverts d'aspérités, hérissés de pointes, crevassés comme les glaciers des Alpes, interrompus par des flaques d'eau qu'il fallait traverser sur les deux embarcations. Le lendemain, après sept heures de marche, on n'avait gagné que 1,600 mètres vers le nord : à midi la latitude était de 81° 15′.

Le soleil ne se couchant pas, les traîneaux pouvaient aussi marcher le soir. Partout les bancs de glace peu étendus étaient séparés par des intervalles de mer libre qui forçaient à chaque instant de mettre les embarcations à l'eau, de les haler ensuite sur la glace. Le 26, au matin, une pluie abondante força les explorateurs de s'arrêter et de se réfugier dans les chaloupes sous une tente goudronnée. Cette pluie ajouta encore aux difficultés de la marche. Quand elle cessa, la surface de la banquise se montra parsemée d'un grand nombre de mares d'eau, la glace elle-même fut couverte de grands cristaux de forme allongée et serrés les uns contre les autres qui dessinaient une sorte de carrelage naturel, comme on en observe aux Spitzbergen sur des surfaces horizontales où l'eau imbibe lentement la neige. Tous ces cristaux ne sont pas réguliers, ils rappellent assez les formes prismatiques que présente le basalte après son retrait par refroidissement, ou encore celle de l'argile fendillée par la sécheresse.

Dans la soirée du 26, **Parry** se trouva arrêté par un autre contre-temps. Le vent qui soufflait du nord entraînait les glaces vers le sud, leur imprimant une impulsion telle, qu'il eût été dangereux de mettre les embarcations à l'eau. **Parry** ordonna une halte. Le thermomètre était à zéro, et l'on aperçut plusieurs oiseaux : des mouettes, des guillemots, des goëlands. Cependant le ciel restait sombre, une brume épaisse empêchait de reconnaître les objets à quelques mètres de distance.

Le vent tournant au sud, l'équipage se remit en route, mais il trouva, le 28 juin, un champ de glace tellement hérissé de bosses et de saillies que les traîneaux ne marchaient qu'avec beaucoup de peine et de lenteur; les embarcations étaient hissées au sommet des monticules de glace pour glisser ensuite sur la pente opposée. Quand le soleil reparut, les officiers constatèrent avec chagrin que la latitude était seulement de 81°23′ : ils avaient gagné à peine 11 kilomètres dans la direction du nord en quatre jours.

Le 30 juin, il neigeait. On rencontra ce jour-là des monticules si escarpés qu'il fallut frayer aux embarcations un passage avec la hache; en outre les mares d'eau douce étaient assez étendues, assez profondes pour les traverser en canot. Le vent fraîchissant, les glaces s'écartèrent, et on put s'avancer dans les embarcations de 5 milles (9,300 mètres) vers le nord dans un canal ouvert, mais sinueux. Des goëlands et quelques phoques voguaient sur les glaçons. La neige continua à tomber le 1er juillet, les glaces aussi s'avançaient avec une vitesse telle que **Parry** et ses compagnons eurent de la peine à quitter le glaçon où ils avaient passé la nuit. Après avoir traversé quelques-unes de ces masses flottantes, ils trouvèrent de nouveau une mer libre, puis une surface de glace plus unie que les précédentes, mais recouverte de neige où l'on enfonçait à chaque pas. « Nous étions toujours en avant, dit **Parry**, dans son journal, le lieutenant **Ross** et moi, pour reconnaître la route. Arrivés à l'extrémité du champ de glace ou à un endroit difficile, nous montions sur une éminence élevée de 5 à 6 mètres pour dominer les environs. Nulle expression ne peut donner une idée de la tristesse du spectacle étalé à nos yeux. Rien que la glace et le ciel; le ciel même nous était souvent caché par d'épais brouillards. Un glaçon d'une forme étrange, un oiseau qui passait, prenaient l'importance d'un événement. Lorsque de loin nous apercevions les deux chaloupes et nos hommes contournant un monticule avec les traîneaux, cette vue nous réjouissait, et dès que leur voix se faisait entendre, ces solitudes muettes semblaient moins

[illegible]

[illegible] Parry [illegible] en [illegible] soleil [illegible] Parry [illegible] Parry [illegible] la latitude [illegible] de Paris [illegible] découragement [illegible] ils n'avaient avancé que [illegible] kilomètres vers le nord [illegible] progresser [illegible] gagnant aux prix des plus grands efforts que la différence entre deux vitesses [illegible] et opposées. S'ils avaient avancé en ligne droite autant qu'ils l'avaient [illegible] des courants ou en revenant sur leurs pas, ils eussent atteint le pôle. [illegible] souffrait beaucoup d'une inflammation des yeux, et Ross avait eu une [illegible] en aidant à haler un bateau ; les deux marins ne pensaient plus au pôle [illegible] eût été satisfaite d'atteindre le 83e parallèle. Mais comment faire avec des [illegible] moitié épuisées, et pendant que le vent ne cessait de pousser les glaces [illegible] avec une vitesse accélérée. Renonçant à sa dernière illusion, Parry [illegible] ses hommes un jour de repos et leur annonça le retour. Les officiers favorisés par un temps serein, firent toutes les observations qui pouvaient intéresser la science à cette haute latitude. Des opérations de sondage ne donnèrent pas de fond avec une ligne de 915 mètres. L'inclinaison de l'aiguille magnétique était de 82°21'. Le thermomètre marquait 2°2' à l'ombre et 2°8' au soleil. **Parry** donna le signal du retour le 22 juillet au soir, et ses hardis pionniers abordèrent vingt jours plus tard aux Spitzbergen. Cette expédition démontrait la non-existence d'une calotte de glace solide dans la mer polaire au nord du Spitzbergen, les bancs de glaces brisés, accumulés, étaient entraînés vers le sud pendant qu'on se dirigeait au nord, au delà de ces glaces en mouvement la mer était libre, et **Parry** affirme qu'un « vaisseau aurait pu naviguer jusqu'au 82° parallèle presque sans toucher un morceau de glace. »

Dans sa navigation de la Nouvelle-Zélande vers le sud, **Cook** rencontra en 1773 les premiers glaçons par 42° 10' de latitude méridionale à la date du 12 décembre, et trois jours plus tard son vaisseau toucha un grand champ de glace s'étendant vers le sud-est. — « En général la glace était formée de blocs serrés les uns contre les autres, mais sur certains points le champ présentait des lacunes où la mer était libre. Les glaçons ne ressemblaient pas à ceux qu'on rencontre d'habitude dans les baies, à l'entrée des fleuves ou dans le voisinage des côtes; ils étaient analogues à la glace qu'on trouve sur certaines îles et dont ils paraissaient des fragments. — Nous faisions voile depuis quelque temps vers le nord-est, lorsque nous fûmes poussés dans une baie de la banquise et forcés de virer de bord pour aller au sud-ouest, pour laisser derrière nous le champ de glace et des glaçons isolés semblables à des îles d'une grande élévation. Nous suivîmes cette direction durant deux heures, puis le vent tournant à l'ouest, nous retournâmes au nord et sortîmes bientôt des glaces flottantes, non sans éprouver plusieurs fortes secousses de la part des plus gros blocs. Ces difficultés jointes à l'improbabilité de trouver terre plus au sud, et parce que lors même que de telles terres seraient trouvées, les glaces n'en permettraient pas l'exploration, m'engagèrent à retourner vers le nord. » Ce n'est pas une barrière de glace unie, impénétrable, qui arrête **Cook**, mais des bancs flottants avec des intervalles d'eau libre, et le grand navigateur n'en affirme pas moins « que personne ne s'approchera ni ne pourra s'approcher plus près du pôle austral. » — Longtemps après les voyages de **Cook**, **Bellinghausen**, **Balleny**, **Wilkes** et **Ross** virent des murs de glace sans issue, mais toutes les fois qu'ils longeaient ces barrières d'apparence impénétrable ils trouvèrent des eaux libres où la navigation était facile. **James C. Ross** pénétra plus au sud que n'avait fait aucun de ses prédécesseurs.

Ross rencontra le premier cordon de glaces flottantes le 1er janvier 1841 par 66°32' de latitude sud et 169°45' de longitude est de Greenwich. « La glace, dit cet illustre marin, ne parut pas si impénétrable que la faisaient pressentir des récits antérieurs, et bien que le vent nous poussât en droite ligne contre le champ de glace et rendît impossible le retour vers les eaux libres du nord, des sillons s'ouvrirent néanmoins dans cette masse vers 66°45' sud et 174°34' est. » Lorsque le bord extérieur formé comme d'habitude de glaces plus puissantes que les autres parties se fut ouvert, on trouva la glace beaucoup plus légère et moins compacte qu'elle n'avait semblé de loin. Elle offrait des fragments de glace unie du dernier hiver accompagnés de blocs de plus vieille date entassés les uns sur les autres. Le temps s'étant éclairci, **Ross** poursuivit sa marche à travers les glaces, suivant les canaux ouverts, s'ouvrant une voie dans la masse solide quand elle barrait le chemin. Le 6 janvier toutefois la glace fut si épaisse qu'il fallut s'arrêter et attendre dans une petite anse. Dans la soirée du 7, **Ross** s'avança un peu entre les blocs en mouvement. Le 8, par un calme profond, la glace s'ouvrit dans toutes les directions, puis le vent se leva et le navire traversa les glaces à pleines voiles vers l'eau libre au sud-est. « Nous éprouvâmes bien des secousses violentes en traversant les plus gros glaçons. Les brumes et la neige nous empêchaient de voir à quelque distance et de chercher notre chemin pendant que le vent croissant de violence nous poussait en avant avec impétuosité. Toutefois, le 3 janvier, à cinq heures du matin, le but de nos efforts fut atteint, et nous nous trouvâmes de nouveau dans une mer ouverte. »

La bande de glaces mouvantes que **Ross** venait de traverser avait une largeur de 130 milles marins. On ne voyait plus alors « un seul fragment de glace du haut des hunes » et le jour suivant apparut la *Terre de Victoria avec ses montagnes hautes comme le mont Blanc.* — L'île de la Possession où l'équipage débarqua d'abord était couverte de myriades de pingouins, de puissants dépôts de guano, et dans la mer environnante un grand nombre de baleines prenaient leurs ébats en toute sécurité; car aucun pêcheur n'avait encore pénétré à une si basse latitude. — Puis dans la suite de cette navigation « au milieu d'une mer complétement libre de montagnes de glaces et de glaces flottantes » **Ross** découvrit *deux volcans* hauts de 3000 à 4000 mètres qui vomissaient flammes et fumée en grande abondance. Un mur de glace à parois verticales reposant sans doute sur une ligne de côtes basses près de cette région volcanique arrêta la marche du vaisseau vers le sud.

L'année suivante, **Ross** reprit sa course vers le pôle antarctique, et traversa la barrière de glace sur une étendue de 500 milles marins de 61°45′ de latitude sud, et 146°30′ de longitude ouest, de Greenwich à 67°45′ sud, et 159°30′ ouest. Cette hardie traversée ne dura pas moins de quarante-six jours — du 18 décembre 1841 au 2 février 1842 — employés à percer les glaces avec un lourd navire à voiles, malgré des vents et des courants souvent contraires. Selon les préjugés en crédit, on devait trouver un froid croissant d'intensité, des glaces plus épaisses et plus serrées. Il n'en fut rien. « En dépit des circonstances défavorables où nous nous trouvions, dit **Ross**, la nouvelle année fut célébrée par tout le monde avec la confiance et la bonne humeur qui avaient facilité nos efforts durant nos précédents voyages dans cette zone. La glace, cette fois, était bien plus étendue vers le nord; mais bien que l'on ne pût distinguer la moindre lacune dans cette immense masse rigide, impénétrable d'apparence, une observation éveilla l'espoir de trouver une eau libre à une faible distance dans le sud; la glace se mouvait vers le nord toutes les fois que le vent du sud se levait. Évidemment l'espace qu'elle occupait d'abord et dont elle déviait, présentait une mer ouverte. » Cette attente ne fut pas trompée. Le 2 février 1842 *on naviguait sur une eau absolument libre*, et, malgré l'avancement de la saison, on pénétra en quelques semaines plus au sud que l'année précédente jusqu'à 78°9′30″ de latitude. Le vaisseau poursuivit le mur de glace vertical aperçu en 1841 à 10 degrés de longitude à l'orient du point où les glaces mouvantes l'avaient arrêté d'abord.

Ainsi, le pôle arctique ni le pôle austral n'a une calotte de glace unie, continue. Au pôle [illegible] au pôle nord la mer se dégage chaque année de son manteau de glace, [illegible] dans nos climats les arbres perdent leurs feuilles à l'approche de l'hiver. Les [illegible] se rapprochent de l'équateur lentement, mais d'une manière continue; toutes les fois qu'on a traversé le cordon de glaces en mouvement, on a trouvé derrière une mer [illegible] et ouverte. Ce fait est évident pour l'océan austral; **Parry** l'a constaté aussi au nord des Spitzbergen; mais comme dans l'hémisphère nord la prédominance des terres [illegible] profondément le climat et la température, il nous reste à voir si la mer est également libre dans le double bassin de l'océan Arctique.

Après un long hivernage dans le havre de Rensselaer, sur la côte occidentale du [illegible], **Morton**, le compagnon de **Kane**, fit dans le nord une excursion qui [illegible] avec raison parmi les plus belles dates des découvertes arctiques. Parti le [illegible] 1854 du brick l'Advance avec un Esquimau et un attelage de chiens, il passa en [illegible] dans la baie Peabody, où les glaces avaient arrêté **Kane** l'été précédent, en [illegible] du sombre défilé où s'élève le monument de Tennison, colonne de calcaire de [illegible] pieds d'élévation. Le rapprochement des montagnes de glace empêchait les voyageurs de distinguer devant eux, à plus d'une longueur de navire, les vieux glaçons qui [illegible] au-dessus des nouveaux en disloquant leur surface. On ne pouvait se [illegible] ces aspérités qu'en suivant d'étroits couloirs dans lesquels les chiens avaient peine à mouvoir le traîneau. Souvent même l'intervalle qui semblait séparer deux montagnes se terminait par une impasse impossible à franchir. Il fallait alors transporter le traîneau au-dessus des blocs les moins élevés, ou rétrograder en quête d'un chemin plus praticable. Parfois si une passe assez convenable apparaissait entre deux pics, les voyageurs s'y engageaient gaiement et arrivaient à une plus étroite; puis, trouvant le chemin complétement obstrué, ils étaient obligés de revenir en arrière pour tenter de nouvelles issues. Ces échecs, ces désappointements multipliés n'affaiblirent pas le courage de **Morton**, déterminé qu'il était à aller en avant. A la fin, une sorte de couloir long de 10 kilomètres le conduisit hors de ce labyrinthe glacé, mais il fut pendant six heures à diriger ses pas avec autant d'incertitude et de tâtonnements qu'un homme aveugle dans les rues d'une ville étrangère.

S'étant hissé le 16 juin sur un pic assez élevé, **Morton** aperçut au delà de quelques pointes de glace une grande plaine blanche qui s'avançait vers l'intérieur : c'était le *glacier de Humboldt*. Près de son extrémité nord, le glacier semblait couvert de pierres et de terre, et çà et là de larges rocs faisaient saillie à travers ses parois bleuâtres. Les deux explorateurs s'avancèrent le 20 vers la terminaison du glacier. Là, glaces, rochers et terres formaient un mélange chaotique; la neige glissait de la terre vers la glace, et toutes deux semblaient se confondre sur une distance de 15 kilomètres vers le nord, point où la ligne de terre surplombait le glacier d'environ 150 mètres. Plus loin, la glace devint faible et craquante; les chiens commencèrent à trembler, jusqu'au moment où le brouillard venant à se dissiper, les voyageurs aperçurent à leur grand étonnement, au milieu du canal de Kennedy, à moins de 3 kilomètres sur leur gauche, un chenal d'eau libre. Sans les oiseaux qui voletaient en grand nombre sur cette surface d'un bleu foncé, **Morton** dit qu'il n'en aurait pu croire ses yeux. Le lendemain la bande de glace qui portait les voyageurs entre la terre et le chenal ayant beaucoup diminué de largeur, ils virent la marée monter rapidement dans celui-ci. Des glaçons très-épais allaient aussi vite que le traîneau; de plus petits le dépassaient avec une marche d'au moins 40 nœuds. D'après les observations de **Morton**, la marée allant du nord au sud emportait peu de glace. Celle qui courait si vite au nord semblait être la glace brisée autour du cap et sur le bord de la banquise. Le thermomètre dans l'eau donnait 2°3. Après avoir contourné le cap marqué sur la carte du nom d'**André-Jackson**, les voyageurs trouvèrent un banc de glace unie à l'entrée d'une baie. Sur cette glace polie les chiens couraient à toute vitesse, et le traîneau faisait au moins 10 kilomètres à l'heure. La baie était bordée par des rochers escarpés au delà desquels on trouva un terrain se dirigeant en pente vers une banquise peu élevée. Un vol de cravants (*Anser bernicla*) descendait le long de cette basse terre, beaucoup de canards couvraient l'eau libre. Des hirondelles, des mouettes de plusieurs variétés, tournoyaient par centaines, et si familières qu'elles s'approchaient à quelques mètres des voyageurs. Jamais **Morton** n'avait vu autant d'oiseaux réunis, l'eau et les escarpements de la côte en étaient couverts. La verdure aussi était plus abondante que sur les bords du détroit de Smith.

Le voyage de **Morton** s'arrête au cap Constitution. Ce cap formait un escarpement rocheux infranchissable, et la mer se brisait à sa base blanche d'écume. **Morton** gravit les rochers jusqu'à une hauteur de 150 mètres. Il fixa là à son bâton le drapeau de l'*Antarctic* qui avait accompagné le commodore **Wilkes** dans ses lointaines explorations de l'hémisphère austral. Au delà du cap Constitution, la côte s'abaissait vers l'est, mais la rive occidentale du canal courait vers le nord. La mer formait un chenal où une frégate ou une flotte entière pourrait faire voile aisément. « En s'avançant vers le nord, le canal avait l'apparence d'un miroir bleu et non glacé; trois ou quatre petits blocs étaient tout ce qu'on pouvait voir à la surface de l'eau » aussi loin que l'œil pouvait atteindre. Vers le sud, depuis la limite de l'eau libre jusqu'au détroit de Smith, s'étendait une surface de glace solide qui couvrait complétement la mer sur une longueur de 180 kilomètres à vol d'oiseau.

« Les détails de Morton sur la mer libre, — dit le docteur Kane, concordent pleinement avec les observations de tout notre partie... Il m'est impossible, en rappelant les faits relatifs à cette découverte — la neige fondue sur les rochers, les troupes d'oiseaux marins, la végétation augmentant de plus en plus, l'élévation du thermomètre dans l'eau — de ne pas être frappé de la probabilité d'un climat plus doux vers le pôle. »

H

HALL (James).

EXPÉRIENCES DE PHYSIQUE APPLIQUÉES A LA GÉOLOGIE.—*Trans. of the roy. Soc. of Edinburgh.* Vol. III, pag. 94, 1794. — *Idem*, vol. V, p. 71, 1805. —*Idem*, v. VII, p. 97. 1815.

HALL (J.).

RÉVOLUTIONS DE LA TERRE.—*Trans. roy. Soc. of Edinburgh*, vol. VII, p. 139 et 171, 1815.

— L'auteur s'est aussi occupé du transport des blocs erratiques des Alpes. Il les suppose d'abord apportés des sommets des montagnes ou de la base des glaciers dans les vallées par les eaux, aidées de la glace qui les entravaient et au moyen d'un flot ou d'une vague pulsante; ensuite, le soulèvement des montagnes les aurait portés aux niveaux où on les observe aujourd'hui sur les flancs du Jura[1]. Cette explication était certainement très-plausible alors qu'on ne connaissait pas l'âge relatif de ce soulèvement. La seconde partie de ce travail est consacrée à la description des dépôts diluviens aux environs d'Edimbourg.

HARRY (G. Selley, F. G. S.).

THEORETICAL REMARKS ON THE GRAVEL AND DRIFT OF THE FENLANDS. — *Geological Magazine or Monthly Journal Geology*, vol. III, n° 9, 29, p. 495-501. Novembre, 1866.

HAUSMANN.

REISE DURCH SCANDINAVIEN. 1806-1807.

HEER (Oswald), professeur.

FORÊT FOSSILE D'ATANAKERDLUCK. Partie septentrionale du Groënland. — *Archives des sciences physiques et naturelles de Genève*, t. XXVII, n° 107. p. 242 à 250. 25 novembre 1866... **Ernest Favre.**

...Un grand gisement de plantes fossiles a été découvert, il y a quelques années, à *Atanakerdluk*, localité située sur la côte septentrionale du Groënland sous le 70me degré latitude nord.

Tout contribue à prouver que les plantes dont on a recueilli ces nombreux débris ont crû dans le pays même, et n'ont pas été amenées de contrées lointaines par les flots de l'Océan... Autre preuve : la roche qui contient ces débris renferme 79 pour 100 de *fer carbonaté*; or il est très-probable que c'est la végétation et une végétation fort abondante qui a réduit le fer à cet état.

[1] Rappelons ici que le mode de transport des blocs erratiques signalés vers le milieu du siècle dernier par Ardouino et par Bourguet, qui préoccupa de Saussure, du Luc, L. de Buch et tant d'autres savants, qui devait passionner encore si vivement les géologues cinquante ans plus tard, avait été réellement entrevu dès 1802 par Playfair, qui l'attribuait à l'extension d'anciens glaciers, traversant le lac de Genève et la grande vallée suisse, pour former un vaste plan incliné des sommets des Alpes à celles du Jura.

D. A. Extrait de *Géologie et de Paléontologie*, par A. d'Archiac, 1866, p. 245.

La *forêt d'Atanakerdluk* date très-probablement de la *période miocène* : car sur les 66 espèces jusqu'à présent reconnues, 18 appartiennent à la formation miocène du centre de l'Europe; 9 d'entre elles y étaient alors très-répandues et se rencontrent dans les deux étages de la molasse. Ce sont les suivantes : *Sequoia Langsdorfii*, — *Taxodium dubium*, — *Phragmites œnigensis*, — *Quercus drymeia*, — *Planera Ungeri*, — *Diospirus brachysepala*, — *Andromeda protogæa*, — *Rhamnus Eridani*, — *Juglans acuminata*, — Quelques espèces, au contraire, n'ont pas été observées dans la molasse supérieure. Telles sont les : *Sequoia Couttsiæ*, — *Osmunda Heerii*, — *Corylus Mac Quarrii*, — *Populus Zaddachi*.

La découverte de cette flore fossile est certainement un fait d'une haute importance. Elle prouve, en effet, que *la partie septentrionale du Groenland avait à cette époque une température beaucoup plus élevée qu'actuellement*. — Lorsque **M. Heer** déduisait de ses travaux sur la flore et la faune *miocène* de la Suisse que le climat de ce pays devait être presque tropical, plus d'un savant attaqua ses conclusions, disant qu'il était possible qu'à cette époque les plantes supportassent une température plus basse que leurs représentants vivants, d'espèces plus ou moins rapprochées. Cette objection, de peu de valeur devant la multiplicité des faits que produisait **M. Heer**, tombe complétement par suite de la découverte de la flore de Groenland.

La présence d'une grande forêt à 70° de latitude frappe vivement l'imagination, lorsqu'on réfléchit que toute végétation arborescente a disparu de ces contrées; mais notre étonnement croîtra encore si nous examinons quels sont les arbres qui couvraient ces pays de leur ombre. C'est à 10° ou 20° de latitude plus au sud que nous devons en chercher les représentants actuels : le *Sequoia*, genre qui vit maintenant en Californie, avait là deux de ses espèces (*Sequoia Langsdorfii*, — *S. Couttsiæ*). Un *Salisburea* y prospérait aussi, bien que le Japon renferme seul un représentant vivant de ce genre. Quatre espèces de chênes croissaient dans cette forêt : le *Quercus drymeia* à feuillage toujours vert, — *Q. Groenlandica;* dont les feuilles atteignent un demi-pied de longueur, — un autre chêne à grandes feuilles, le *Q. Clafseni*, et le *Q. atava* qui rappelle notre chêne commun. Là abondaient aussi les *platanes*, les *magnolia* (M. Inglefieldi); — les *noyers* (Juglans acuminata), — un prunier à feuilles moyennes vertes (*Prunus Scotti*), — un planera (*Pl. Ungeri*), etc. — Au milieu de ces arbres croissaient plusieurs espèces d'arbustes : le noisetier (*Corylus Mac Quarrii*, — le lierre (*Hedera Mac Glurii*), — les ronces (*Paliurus Columbi*, — *P. borealis*, — *Rhamnus Eridani*), — l'Andromède (*Andromeda protogæa*), — des fougères (*Pteris Rinkiana*, — *Osmunda Heerii*) tapissent le sol.

Tous ces genres sont encore représentés maintenant par des espèces très-voisines de cette flore. Parmi ces plantes s'en trouvent cependant quelques-unes à formes plus divergentes et dont les rapports avec les espèces actuelles sont plus au moins douteux ; tels sont : un *Zamites*, un *Mac Clintockia*, et le *Daphnogene Kanii*. Ce dernier était une plante verte, dont la feuille épaisse et coriace avait avec son pétiole environ 3 décimètres de longueur. La *Mac Clintockia* avec ses feuilles coriaces, plus ou moins lancéolées, entières ou denticulées, portant de 3 à 7 nervures, forme un genre tout à fait isolé, dont les 3 espèces décrites paraissent se rattacher à la famille des *Protéacées*. Le *Zamites Arcticus* avait les feuilles divisées en minces et petites lanières et ne dépassait pas la taille d'un arbuste. Comme ces plantes n'ont pas d'analogues vivants, nous ne pouvons connaître la température nécessaire à leur développement; des plantes vertes à feuilles épaisses et coriaces doivent toutefois appartenir à un climat assez méridional.

Si l'on trouve au 70° degré de latitude des *Sequoia*, des *Salisburea*, des *Quercus drymeia* et *Clafseni*, il est naturel de supposer que les *platanes*, les *hêtres*, les *pins*, les *noyers* devaient s'étendre bien plus au nord et parvenir même jusqu'au pôle. Ce qui autorise cette conclusion, c'est que sous le 78° degré de latitude la flore miocène renferme encore le *platane*, le *noisetier*, le *hêtre*, le *pin*, et le *Taxodium d'Atanakerdluk*. — Les morceaux de bois pétrifié que **Mac Clure** et ses compagnons rencontrèrent sous le 74e degré ne doivent donc plus nous étonner; ils sont une preuve de plus que *les forêts recouvraient alors ces vastes espaces qui ne sont maintenant que des plaines de glace.*

Il est tant de circonstances qui influent sur le développement des plantes, que la température du climat à cette époque est difficile à fixer. Le *Sequoia Langsdorfii* formait en grande partie la forêt d'Atanakerdluk ; des rameaux entiers en ont été retrouvés; chaque fragment de roches en renferme des empreintes. Il jouait dans la flore miocène un rôle important; on le retrouve au bord du Mackensie, dans les montagnes rocheuses; en Europe, l'Italie en a fourni des échantillons. Le *Sequoia sempervirens*, que l'on pourrait regarder comme son descendant, tant il a d'analogie avec lui, forme en Californie de grandes forêts et s'étend de Mexico jusqu'au 42e degré. Il entre dans la culture des jardins d'Europe : l'Italie, la Suisse, la France, l'Allemagne, Dublin (53e degré) en ont quelques exemplaires. Il demande en été 15 à 16° de chaleur pour vivre et 18° pour mûrir ses fruits. La température la plus basse qu'il puisse supporter est — 1° et la moyenne de l'année doit être environ 9°5. Tel était donc à peu près le climat du Groenland, en prenant cette moyenne comme limite inférieure : car les *Daphnogene*, les *Mac Clintockia*, les *Zamites* demandaient probablement une température plus élevée.

La moyenne actuelle de cette contrée étant de — 6°, 3, *le Groenland avait à l'époque miocène un climat de* 16° *centigrades plus chaud que le climat actuel.*

Ces évaluations concordent fort bien avec celles qu'avait données **M. Heer** : *Sur le climat et la végétation du pays tertiaire*. En revanche elles sont en opposition complète avec l'hypothèse du professeur **Sartorius de Walterhausen** qui cherche à expliquer la flore tertiaire par un climat purement marin. La moyenne de température qu'il fixe pour 70° de latitude est de 4°, 11 C.; le maximum 9° et le minimum — 0°,95. Mais **M. Sartorius** a oublié que la croissance des arbres exige pour l'été une température assez élevée, et que la température relativement chaude de l'hiver ne peut compenser le manque de chaleur de l'été ; ce climat ne permettrait pas même à des pins ou des noisetiers de se développer dans ces contrées boréales. Le climat des côtes septentrionales de la Norwége, qui sont pour leur latitude le pays le plus favorisé du monde, permet à peine au pin, au hêtre et au bouleau de se développer en petits buissons.

La richesse de cette flore miocène n'est point un fait isolé. Les flores d'Islande, du Canada, du Spitzberg, la flore miocène de l'Europe entière amènent toutes à la conclusion que ces pays avaient alors un climat plus méridional que le climat actuel. Une autre distribution des terres et des mers de l'hémisphère nord ne peut rendre compte de ces faits. Nous sommes là devant un grand problème dont la solution appartiendra probablement à l'astronomie.

Après les intéressantes considérations dont nous venons de donner l'analyse, **M. Heer** passe à la description des espèces recueillies à Atanakerdluk. Nous nous bornons à citer les noms :

Liste des plantes miocènes d'Atanakerdluk.

Cryptogames.

Fungi.

1. Sphæria arctica.
2. Sphæria annulifera.
3. Rhytisma (?) boreale.

Filices.

4. Pteris Rinkiana.
5. Pecopteris borealis, **Brongn**.

6. Pecopteris arctica, **Brongn**.
7 Osmunda Heerii, **Gaudin**.

Equisetaceæ.

8. Equisetum boreale.

Phanérogames.

Cycadeæ.

9. Zamites Arcticus, **Goepp**.

Cupressineæ.

10. Taxadium dubium, **Sternb**.

Abietineæ.

11. Pinus hyperborea.
12. Pinus sp.
13. Pinites Rinkianus, **Vaupel**.
14. Sequoia Langsdorfii, **Br**.
15. Sequoia Couttsiæ. **Heer**.

Taxineæ.

16. Taxites Orliki.
17. Salisburea borealis.

Gramineæ.

18. Phragmites œnigensis, **A. Br**.
19. Poacites sp.

Cyperaceæ.

20. Cyperites Zollikoferi, **Hr**. (?).

Irideæ.

21. Iridium Groenlandicum.

Salicineæ.

22. Populus Richardsoni.
23. P. Zaddachi, **Heer**.
24. P. Gaudini, **Heer**.
25. P. Arctica.
26. Salix Groenlandica
27. S. Rœana.

Betulaceæ.

28. Betula (?) calophylla.

Cupuliferæ.

29. Ostrya Walkeri.
30. Corylus Mac Quarrii, **E. Forbes**, sp.
31. Fagus Deucalionis, **Unger**.
32. F. castaneæfolia, **Unger**.
33. F. dentata, **Goepp** (?).
34. Quercus drymeia, **Unger**.
35. Q. Groenlandica.
37. Q. atava.

Ulmaceæ.

38. Planera Ungeri, **Ett**.

Moreæ.

39. Ficus (?) Groenlandica.

Plataneæ.

40. Platanus aceroïdes, **Gp**.

Laurineæ.

41. Daphnogene Kanii.

Proteaceæ.

42. Hakea (?) Arctica.
43. Mac Clintockia dentata.
44. Mac Clintockia Lyalli.
45. Mac Clintockia trinervis.

Ericaceæ.

46. Andromeda protogæa, **Ung.**

Ebenaceæ.

47. Diospyros brachysepala.

Gentianeæ.

48. Menganthes Arctica.

Cleaceæ.

49. Frascinus denticulata.

Rubiceæ.

50. Galium antiquum.

Magnoliceæ.

51. Magnolia Ingelfieldi.

Araliceæ.

52. Hedera Mac Clurii.

Myrtaceæ?

53. Callistemphyllum Moorii.

Büttnericeæ.

54. Pterospermites integrifolius.

Phamneæ?

55. Paliurus Colombi.
56. P. borealis.
57. Rhamnus Eridani, **Unger**.

Juglandeæ.

58. Juglans acuminata. **A. Br.**

Espèces dont le classement est incertain.

60. Phyllites Lirio dendroïdes.
61. P. membranaceus.
62. P. Lævigatus.
63. P. rubiformis.
64. Carpolithes sphærula.
65. C. lithospermoïdes.
66. C. bicarpellaris.

Ernest Favre.

HEER (Osswald), professeur à Zurich.

GÉOGRAPHIE BOTANIQUE DU CANTON DE ZURICH ET FLORE DES ALPES. Extrait des *Annales de l'Association philomathique Vogeso-Rhenane*, faisant suite à la *Flore d'Alsace*, de **Kirschleger**. — 6e livraison in-16, p. 245 à 248. Strasbourg, 1860.

Dans un discours de bienvenue, adressé aux naturalistes helvétiques réunis à Zurich, 1864, M. O. Heer a exposé de la manière la plus séduisante, l'histoire de la flore contemporaine de la Suisse et du canton de Zurich en particulier, histoire qui peut s'appliquer, en grande partie, à la flore rhénane.

L'auteur distingue trois flores :

1. Flore des plaines plus ou moins cultivées ;

b. Flore des Alpes et des montagnes supérieures ;

c. Espèces introduites, naturalisées, etc.

La flore des plaines s'élève dans le canton de Zurich à 829 espèces phanérogames; ce sont les mêmes qui sont répandues dans toute l'Europe moyenne, depuis l'*Oural* jusqu'à la *mer Atlantique*. Çà et là, il y a quelques plantes spéciales, qui forment une sorte de bouquet de fleurs brodé dans cette vaste trame de végétaux.

Les immigrants de l'époque qui suit celle de la fonte des glaciers inférieurs appartiennent à une période anté-historique.

La flore des *Alpes* est toute différente de celle des plaines. Beaucoup de ses enfants sont descendus vers les montagnes inférieures et dans les vallées et dans les marais. D'autre part, de nombreuses espèces, habitant primitivement les plaines, sont remontées avec l'homme vers les régions les plus hautes, notamment dans les champs cultivés, de 1500 à 2000 mètres, et dans les lieux vagues qui avoisinent les censes pastorales.

M. **Heer** énumère les espèces qui apparaissent souvent comme des colonies alpines sur des montagnes situées an sud de Zurich, et n'atteignant pas 1350 mètres d'altitude.

M. **Heer** parle plus ou moins longuement des *mauvaises* herbes introduites dans les cultures, notamment des céréales; il en compte 255 de ces cosmopolites.

L'auteur fait une observation d'un intérêt général pour les pays renfermant des lacs et étangs plus ou moins considérables. Le propriétaire riverain cherche à gagner du terrain au détriment du lac ou de l'étang. Les parties basses et riveraines, occupées par des mares et des sables humides, et nourrissant une flore lacustre et littorale, sont comblées; des murs s'élèvent sur les bords. Les plantes aborigènes disparaissent; des espèces rares, spéciales des bords du lac de Zurich sont peu à peu détruites; par exemple: Limosella aquatica, — Lysimachia punctata, — Zanichellia palustris, — Carex chordorrhiza, constatées encore il y a vingt ans, sont aujourd'hui introuvables. Ces défrichements lacustres réagissent sur la fréquence des poissons, qui ne trouvent plus des milieux favorables pour leurs frais. Les *insectes stercoraires* disparaissent aussi depuis que la stabulation des bestiaux a remplacé le pâturage.

M. **Heer** soulève une question de philosophie botanique assez grave. Les anciennes espèces natives diminuent devant les plantes immigrées ou introduites, par exemple; Erigeron Canad., — Oenothera biennis, — Oxalis stricta, — Stenactis annua, etc. Mais à côté de ce fait palpable ne peut-on pas admettre des espèces séniles, qui ont fait leur temps dans la création actuelle et qui tendent à disparaître du globe terrestre, vu que leur temps d'existence sur la terre est écoulé. *Le monde zoologique* offre des faits semblables de pertes d'espèces, existant encore au dix-huitième siècle et même au commencement du dix-neuvième.

Une découverte récente vient corroborer cette idée pour le monde végétal dans le canton de Zurich

Nous voulons parler des constructions lacustres sur pilotis (Pfahlbauten).

On a trouvé dans le fond du lac, entre les restes des pilotis, les débris de la végétation de cette époque lacustre. Ces débris, plus ou moins bien conservés, ont révélé aussi bien la nature des plantes cultivées que celle des arbres forestiers et des mauvaises herbes. Or, les arbres étaient les mêmes qu'aujourd'hui : chêne, hêtre, tilleul, coudrier, sapin, pin, if, framboisier, sureau, etc. Parmi les espèces perdues aujourd'hui dans le lac de Zurich, il faut citer le *Trapa natans*, qui n'existe plus que dans une petite anse du lac de Lucerne. Les restes des autres plantes trouvées dans le lac se rapportent tous à des espèces qui l'habitent encore aujourd'hui. Les plantes que l'on cultivait sur la terre ferme dans le voisinage des constructions lacustres sont encore les mêmes que de notre temps, à l'exception de l'avoine et du seigle. Les débris du froment d'été et d'hiver, du froment loculaire de l'épeautre et du panic, ont été parfaitement reconnus; on cultivait de préférence l'orge hexastique; l'orge ordinaire d'hiver et l'orge d'été ont aussi été constatés, mais moins fréquemment.

On a trouvé dans ces restes des pommes plus grandes que celles du pommier sauvage, ce qui fait supposer un commencement d'arboriculture. On y a trouvé aussi les traces évidentes de capsules et de graines de lin ; et parmi ces graines charbonnés du blé on a aussi rencontré des capsules de coquelicot.

Ces débris végétaux des constructions palustres se trouvent sous une couche de tourbe de l'épaisseur d'un mètre. Sous ces débris végétaux se trouvent des couches alluviales de sables, plus bas des houilles ardoisées, renfermant également des débris végétaux semblables à ceux qui appartiennent à la période des constructions lacustres, moins les espèces cultivées ; car **M. Heer** n'a trouvé nulle part encore des traces de l'industrie humaine dans ces schistes carbonifères, dont les restes végétaux peuvent être rapportés pour la plupart à des plantes de la plaine et des forêts inférieures.

M. Heer prétend que sous ces schistes carbonifères se trouvent des roches alpestres striées et polies ; il conclut qu'avant la formation de ces schistes houillers il existait en Suisse une première époque glaciaire, à laquelle succéda, sous l'influence de circonstances ayant fondu la glace, une période où la terre se couvrit d'une végétation arborescente (sapins, ifs, pins, mélèzes, bouleaux, chênes, érables, coudriers), et ce sont les restes et débris calcinés de ces arbres que nous rencontrons dans ces schistes houillers. Cette époque, qui a précédé la seconde période glaciaire, a probablement duré plusieurs milliers d'années. Un refroidissement général a amené la seconde période glaciaire.

Les glaciers descendent dans la plaine, et des masses de roches et de rocailles glaciaires recouvrent les schistes houillers. En Scandinavie et en Écosse, les géologues se sont aussi convaincus de l'existence d'une *double époque glaciaire*.

Les schistes carbonifères renferment en général des restes de plantes arborescentes des régions inférieures. Mais pendant la deuxième époque glaciaire les plantes alpestres et alpines sont descendues avec les rocs sur le dos des glaciers jusque dans les plaines ; de là l'apparition de ces plantes dans des régions assez basses, le long des fleuves. De même que l'on a trouvé dans ces mêmes régions basses des restes d'élan, de renne, de chamois, de marmotte.

M. Heer aborde encore deux autres questions ténébreuses : l'origine des plantes alpines actuelles et celles des plantes de la plaine étrangères aux Alpes.

La série des Alpes de l'Europe moyenne ne s'est produite que pendant l'époque dite pliocène, immédiatement avant la période diluviale. A l'époque miocène, lors des grands dépôts de grès en Suisse, les Alpes n'existaient pas encore, et l'Helvétie jouissait alors d'une température moyenne de l'année de 18° à 20°, avec une flore presque tropicale.

Comment les Alpes une fois soulevées ou élevées se sont-elles couvertes des plantes alpines actuelles ? Celles-ci ne peuvent pas être rattachées à celles de le végétation qui couvrait la Suisse lors de la formation molassique.

M. Heer est tout disposé à penser que c'est la flore arctique des Alpes scandinaves qui a été emmenée sur les glaciers et leurs débris, d'abord vers le Harz et les Sudètes, le Schwarzwald, les Vosges et puis vers les Alpes.

La flore arctique ou boréale constitue une sorte de ceinture sur les hautes montagnes de toute la terre. La flore alpine de la Suisse renferme 360 espèces, dont 158 appartiennent à la flore de la Laponie. (Dans nos Vosges à peu près 90 espèces sont également alpines et boréales.) Les régions boréales ont été comme la source d'où se sont échappées les espèces alpestres des régions montagneuses de l'Europe moyenne. Nous avons comparé la flore des Alpes scandinaves avec celles des hautes Vosges ; voici les espèces communes à ces deux régions : *Circæa alp.; Veronica serp. borealis, Veronica scutellata. — Pinguicula vulg. — Erioph. vaginatum, Nardus stricta. — Montia. aquatica. — Alchem. vulg. et Alpina. — Menyanth. trifol. — Campan. latifolia, cervicaria. — Ribes alp. — Gentiana lutea, pneumonanthe, campestris. — Sanicula Europæa. — Thysselin. pal. — Libanotis mont.* — *Oreoselinum.* — *Laserpit. latifol.* — *Parnassia pal.* — *Drosera rot. et longifol.* — *Sibbaldia proc.* — *Convall. vertic.* — *Junc. filiformis, J. squarrosus.* — *Rumex mont.* — *Scheuchzeria pal., Epilob. pal., Alpinum. Vaccinia* 4, *Andromeda poliifol.* — *Arbutus. uva ursi. Pyrola.* 4 spp. — *Chrysosplenia* 2. — *Saxifr. aizoon., stellaris, cespitosa, granulata.* — *Dianthus deltoïdes et superbus.* — *Silene rupestris.* — *Arenaria rubra.* — *Sed. telephium, annuum.* — *Mesp. cotoneaster.* — *Rubus saxat.* — *Geum rivale.* — *Comarum palustre.* — *Actæa spicata. Aconit. Lycoct. et Napellus. Trollius Europæus.* — *Bartsia alp.* — *Melampyr. alpestre.* — *Pedicul. silvat.* — *Geran. silvatic.* — *Malva moschata.* — *Orobus tuberosus et niger, Scorzonera humilis, Sonchus alp.* — *Hierac. alp., paludosum.* — *Hypochæris maculata. Serratula tinctoria.* — *Gnaph. dioicum, Norvegicum.* — *Tussilago alba.* — *Arnica mont.; Jasione montana.* — *Viola palustris, Orchis viridis, albida ; Satyr. repens.* — *Ophrys cordata. Calla palustris.* — *Carex canescens; filiformis, limosa.* — *Empetrum nigr.* — *Rhodiola rosea* (90 espèces).

Nous n'avons pas noté les espèces ubiquistes.

Il est donc plus que probable qu'à l'époque glaciaire la flore scandinave s'est répandue dans le nord de l'Allemagne, et de là jusqu'aux Alpes, les Vosges et le Schwarzwald, et probablement aussi jusqu'aux Pyrénées.

Il est encore probable que la Suisse orientale (les Grisons) a été spécialement dotée de quelques plantes scandinaves qui manquent à la Suisse occidentale, probablement par l'ouverture de la vallée de l'Inn vers le Danube. Il reste néanmoins environ 160 espèces alpines helvétiques qui ne se rencontrent pas dans les Alpes scandinaves. Ainsi les rhododendrons alpins manquent aux hautes montagnes de la Silésie et de la Bohême, et M. **Heer** pense que les rosages actuels sont le produit métamorphique d'une espèce de rhododendron qui existait en Helvétie à l'époque tertiaire. C'est là un des rares points de ralliement de la flore de l'époque miocène avec celle des temps actuels.

En résumé, il faut nous contenter de l'idée que la moitié des plantes alpines helvétiques actuelles sont d'origine scandinave, et que l'autre moitié a été plus ou moins produite par des métamorphoses d'une flore appartenant à une époque antérieure.

Quant aux espèces de plantes habitant les plaines, nos champs, nos prés, nos bois et forêts, nous pouvons, avec assez de certitude, faire dériver quelques espèces arborescentes de formes très-voisines, ayant vécu à l'époque miocène, notamment le coudrier, le hêtre, qui descendent probablement des Corylus Mac Quarrii, **Forbes** et Fagus Deucalionis, **Unger**.

M. **Heer** pense qu'après le retrait des glaciers (de la deuxième époque glaciaire), une foule d'espèces des régions inférieures nous sont arrivées d'Orient par une sorte de courant d'immigration.

Certains arbres utiles, le noyer par exemple, existaient en Suisse à l'époque miocène, sous une forme à peine différente de celle du noyer de nos jours, qui nous est venu des montagnes de la Perse, où l'espèce de l'époque miocène a persisté pour se répandre dans les temps historiques dans toute l'Europe tempérée. Ainsi une foule d'autres espèces de l'époque miocène, après des révolutions terrestres plus ou moins graves, sont représentées de nos jours sous une forme un peu différente, portant un cachet spécial. Cette grande question des créations végétales nouvelles, pour chaque nouvelle époque, a divisé longtemps les géologues et les paléontologues.

Aujourd'hui beaucoup de ces savants sont d'avis d'abandonner l'idée de cataclysmes complets, où toute vie organique aurait été complétement détruite, et où, à chaque nouvelle période géologique, une nouvelle création serait sortie du chaos.

De nos jours **Lyell**, **Owen**, **Darwin**, pensent qu'il n'y a pas eu de cataclysmes complets, mais une succession évolutive continue, avec quelques soubresauts, il est vrai; que les espèces d'une époque postérieure ont trouvé leurs congénères voisines dans une période immédiatement antérieure.

M. **Heer** oppose à cette idée, aujourd'hui très-répandue parmi les naturalistes, que les plantes découvertes dans les schistes houillers postérieurs à la première époque glaciaire sont encore les mêmes espèces que celles d'aujourd'hui, et pourtant que de milliers de siècles ont dû passer depuis la fin de la première époque glaciaire! Par conséquent, continue M. **Heer**, on est obligé d'attribuer à l'espèce actuelle une ténacité très-rebelle aux causes qui tiendraient à la modifier. En même temps M. **Heer** suppose que si des espèces de l'époque miocène se sont transmutées dans les formes actuelles, cette modification doit avoir eu lieu dans des temps géologiquement courts. M. **Heer** a choisi en allemand le mot : Umprägung der Arten, qu'il faut traduire par : acquisition d'un nouveau cachet pour les espèces, ou par anatypose, ce qui a une toute autre signification que la transmutation ou la métamorphose des espèces de **Darwin**. Certes, les conditions de l'acquisition d'un nouveau cachet sont très-obscures. Dépendent-elles seulement des causes extérieures qui auraient modifié le type le cachet primitif? Ou l'esprit créateur aurait-il, par un acte de sa toute-puissance, insufflé un nouveau type plastique?

L'on voit par ces questions nombreuses combien de grands problèmes sont encore à résoudre en géographie et en paléontologie botaniques. Nos progrès ont été immenses dans ces derniers temps, mais nos neveux auront longtemps à travailler avant d'arriver à des résultats complétement satisfaisants.

HEER (Oswald).

UEBER DIE LANDWIRTHSCHAFT DER UREINWOHNER UNSERES LANDES. — Zurich. 1859-1860.

HELLER (von).

RÖHRENBERGE. — **Möll's** *Annalen der Berg- und Hüttenkunde*. 1 vol.

HOLMANN.

ORIGINE DES CORPS MARINS ET DES AUTRES CORPS QUI SE RENCONTRENT DANS LA TERRE. — En allemand, 1771.

HUMBOLDT (Alex. de).

ESSAI GÉOGNOSTIQUE SUR LE GISEMENT DES ROCHES DANS LES DEUX HÉMISPHÈRES. — *Dictionnaire des sciences naturelles.*

Recherches d'**Alex. de Humboldt**, exécutées soit par lui seul, soit avec **Bonpland**, du mois de juin 1799 au mois de juin 1804.

Voyages aux régions équinoxiales. (*Journal de Physique.*)

D. A. Consultez pour les détails : *Géologie et paléontologie*, par d'**Archiac**, 1866, p. 276.

HUMBOLDT (Alexandre de).

UEBER DIE BASALT AM RHEIN. Berlin, 1790.

MINERALISCHE BEOBACHTUNGEN, etc. — Brunswick, 1790.

HUTTON (J.).

THÉORIE DE LA TERRE, ou Recherches des lois observables dans la composition, dissolution et la reformation des roches sur le globe. — *Trans. of the roy. Soc. of Edimburgh*, vol. 1, p. 209, 1788; 2e édit., 1795.

J

JACOB et HOFF.

DER THÜRINGERWALD. Für Reisende geschildert. — 2 vol. Gotha, 1807-1812.

JAHRBUCH DES ŒSTERREICHISCHEN ALPEN-VEREINES.

Redigirt von **Guido** (Dr Freiherrn von Sommaruga), Schriftführer des Vereins, — t. II, in-8, p. 469. Planches, cartes et vues. Wien, 1866. Karl Gerold's Sohn.

Aufsätze (Mémoires).

I. Auf Vermunt. **Vermunt** (Max).
II. Skizzen aus dem Stubaier Gebirge. **Ruthner** (Dr Anton von).
III. Die höchsten Berge in den Zillerthaler Alpen. **Sonklar** (Carl von, k. k. Oberst).
IV. Ein Beitrag zur Kenntniss der Venedigergruppe. Als Erläuterung der Karte derselben. **Keil** Franz).
V. Der Hochkönig und die Erbauung einer Steinhütte auf demselben im Herbste 1865. **Khuen** (Dr Josef, Director) und **Pirchl** (Johann, Verwalter der Mitterberger Kupfergewerkschaft).
VI. Das Tennengebirge. **Guido** (Dr Freiherrn von Sommaruga).
VII. Wanderungen durch die Salzburger Voralpen. **Wallmann** (Heinrich).
VIII. Erinnerungen an das Warscheneck und seine Umgebung. **Hauenschild**.
IX. Der Hochschwab und die angrenzenden Alpen. **Förster** (Johann).
X. Ueber den Orteler. **Mojsisovics** (Dr Edmund von).
XI. Der Monte Cristallo. **Grohmann** (Paul).
XII. Ein Nachtrag zu den « gemessenen Höhen der Provinz Belluno und Umgebung.» **Trinker** (Josef, k. k. Bergrath).
XIII. Gœthe in den Alpen. **Egger** (Alois).

Notizen (Notices).

Die Zimbaspitze. **Sternbach** (baron).
Die geologischen Verhältnisse des Zimba. **Douglass** (J. S.).
Aus dem Oetzthale. **Senn** (Franz, Curat).
Der Kulminationspunkt der Zillerthaler Alpen. **Grohmann** (P.).
Eine Ersteigung des Grossvenediger vom Gschlöss aus. **Pegger** (Egid.)
Eine Glocknerbesteigung von Kals aus. **Pegger** (Egid.).
Eine Ersteigung des Fuscher-Karkopf.
Der Stellkopf. **Rotky** (Karl).
Der Ankogel. **Gussenbauer** (Karl).
Der Eisenhut. **Schimonschek** (K.).
Das Kammerlinghorn. **Tetzer** (Dr Max).
Das Wetterloch auf dem Schafberg **Grimmer** (Wolfgang).
Weitere Beiträge zur Kenntniss der Kreidenlucke im kleinen Priel. **Hauenschild** (G.).
Aus den Ennsthaler Alpen. **Niedermayr** (Dr W.).
Das Hochthor. **Schleicher** (Wilhelm).
Touristische und topographische Notizen aus den Orteler Alpen. **Mojsisovics** (Dr Edm. von).
Eine Ersteigung des Mangert. **Pavich** (Alfons von).
Drei Pinzgauer Lieder. **Wallmann** (Heinrich).
Ueber Schreibung von Ortsnamen. **Mojsisovics** (Dr Edm. von).
Zur Erinnerung an Ernst-Adolf Schaubach. **Blauel** (Rector in Osterode).
Die Alpen in der Kunst. **Egger** (A.).
Führerwesen.
Literatur.

Verhandlungen des österr. Alpenvereines.

(4. Vereinsjahr.)

Zusammengestellt von **Hellwald** (Friedrich von), Schriftführer des Vereines. Versammlung am 16 Juin 1865.
Versammlung am 25 October 1865. **Sattler** (Hubert). Bilder aus der Schweiz. **Keil**

(Franz). Lechgau und Bregenzer Wald. **Sommaruga** (Dr. v.). Schafberg bei St. Wolfgang und Umgebung.

Versammlung am 22 November 1865. **Ficker** (Dr Adolf) über die Bevölkerung der österr. Alpenländer. **Stern** (Dr Alfred), eine Glocknerbesteigung von Kals aus.

Versammlung am 20 December 1865 **Ficker** (Dr Adolf), über die Bevölkerung der österr. Alpenländer (Fortsetzuug). **Barth** (Dr B. J.), über das Oetzthal.

Versammlung am 17 Jänner 1866

Versammlung am 21 Februar 1866. **Ficker** (Dr Adolf), über die Bevölkerung der österr. Alpenländer (Fortsetzung).

Versammlung am 21 März 1866. **Barth** (Dr B. J.), über Dalmatien. **Sommaruga** (Dr v.), die Durchforschung des Wetterloches auf dem Schafberg durch **Grömmer** (W.).

Jahresversammlung am 25 April 1866. **Ruthner** (Dr Ant. v.), Jahresbericht. **Hellwald** (Fried. v.), Rechenschaftbericht. **Senn** (Curat. Franz), über seine Wegbauten im Oetzthale.

Verzeichnisse der Mitglieder.

Bevollmächtigte des A. V.

Ausschuss des vierten Vereinsjahres.

Bibliothek, Geschenke, Tauschverbindungen.

Ausschuss des fünften Vereinsjahres.

Verzeichniss der Beilagen (Planches, cartes, 2 vues).

Der Gipfel des Orteler. Gemalt von **Dorn** (J.), Farbendruck (mit 4 Steinen), ausgeführt von **Grefe** (C.), bei Reiffenstein und Rösch in Wien.

Uebersicht der Alpeiner Gletscher-Gruppe, von **Pfaundler** (L.). Druck von Köke (F.) in Wien.

Karte der Venediger-Gruppe, von **Keil** (Franz). In Schichtentönen ausgeführt von **Köke** (F.).

Das Tennengebirge von der Nähe von Bischofshofen gesehen. Farbendruck (mit 4 Steinen) ausgeführt von **Grefe** (C.), bei Reiffenstein et Rösch.

Contourenpanoramen aus den Orteler Alpen. Gezeichnet von **Tucket** (F. F.), Lithographie von Köke (F.).

Der Monte Cristallo. Gemalt von **Ender** (Thomas, k. k. Rath). Farbendruck (mit 4 Steinen) ausgeführt von **Grefe** (C.), bei Reiffenstein und Rösch.

JAMESON,

TRAVAUX NOMBREUX SCIENTIFIQUES. — *Mem. of Wernerian Soc.*, vol. II, p. 221. 1814.

Description minéralogique de l'Écosse, in-4. — Edinburgh, 1814.

Voyages à travers l'Écosse, dans les îles Orkney et dans les îles occidentales, 2 v. in-8 — Edinburgh, 1821.

— *Minéralogie des collines de Pentland.* — *Mem. of the Warnerian Society.* — Vol. II, p. 178. 1814.

Conglomérates et brèches. Id.

Porphyres et brèches. Id.

JUSTI (Gottlob de).

HISTOIRE DU GLOBE. — En allemand. 1771.

K

KELLER (Ferd.), docteur.

DIE KELTISCHE PFAHLBAUTEN IN DEN SCHWEIZER SEEN. — Zürich, 1854, 1858, 1860.

KIRSCHLEGER (F.), professeur à Strasbourg.

ANNALES DE L'ASSOCIATION PHILOMATHIQUE VOGÉSO-RHÉNANE faisant suite à la *Flore d'Alsace*. — 6e livraison. — In-16, p. 241 à 286. Strasbourg, 1866, Grande-Rue, n° 126.

1. La Géographie botanique du canton de Zurich, par **Heer** (Oswald).
   Voyez **H. Heer**, quatrième liste supplémentaire d'auteurs.
2. La végétation du Spitzberg, comparée à celle des Alpes et des Pyrénées, par **Martins** (Charles).
   Voyez **M. Martins**, quatrième liste supplémentaire d'auteurs.
3. Die Vegetation der hohen und der vulkanischen Eifel (Géographie botanique de l'Eifel), par **Wirtgen** (F., Dr).
   (Extrait des deux livraisons : *Verhandlungen des naturhistorischen Vereins für die Preuss. Rheinlande*, 1865).
4. Excursions à Niederbrunnen et environs, les 20-22 mai 1866.
5. Guides pratiques des touristes dans nos montagnes rhénanes.
   a. Alsace et Vosges, guide pratique et illustré par **Comty** (Henri A. de). 1 v. in-18.
   b. Schwarzwaldführer (Guide des touristes dans la Forêt-Noire), **Schnar**. 1 vol. in-12, 4 cartes et un panorama du Feldberg.
6. Le Hohwald et ses environs, par **Didier** (Paul), in-8, cartes et gravures. — Strasbourg, 1866.
7. Une excursion au Hohwald, les 28-30 juillet 1866.
8. Ueber die Verbreitung der Pflanzen in der Alpiner Region der Europæischen Alpenkette, von **Christ** (Dr zu Basel).
9. Publications nouvelles. Mémoires de la Société des sciences naturelles de Strasbourg, t. VI, 1re livraison.
   Mémoire sur la formation de la glace au fond des eaux (*Grundeis* des Allemands), par **Engelhardt** (Fréd.), Dr ès sciences, directeur des forges de Niederbronn.

KLENCK (Auguste), professeur à Mulhouse (Haut-Rhin).

RAPPORT SUR LES HABITATIONS LACUSTRES et particulièrement sur celles du lac de Pfæffikon; présenté au nom du Comité d'histoire et de statistique. Séance de la Société industrielle du 31 octobre 1866. *Bulletin de la Société industrielle de Mulhouse*, novembre, 1866. Mulhouse, L. L. Bader, éditeur.

Sollen Steine sprechen,
Wo die Menschen schweigen.

J. Staub.

Introduction. — Age de la pierre. — Age de bronze. — Age de fer. — Lac de Pfæffikon (canton de Zurich). — Céréales. — Fruits. — Plantes textiles. — Fruits comestibles des forêts. — Autres graines et fruits qui ont pu servir d'aliments.

...On a trouvé à Robenhausen des *cordes* et des *câbles* faits avec l'écorce de différents arbres, et des *cordons*, qu'on croit être de chanvre ou de lin; les plus gros sont formés de 4 bouts tordus et les autres de 2.

...Les archéologues qui désirent étudier plus à fond l'intéressante question des habitations lacustres et l'histoire des âges de la pierre, du bronze et du fer, pourront lire avec intérêt et fruit les ouvrages suivants :

Troyon (F.). Habitations lacustres des temps anciens et modernes. Texte et planches. — Lausanne, 1860.

Keller (Ferd., Dr). Die Keltischen Pfahlbauten in den Schweizer Seen. — Zürich, 1854, 1858, 1860.

Zahn (A.) und **Uhlmann** (Joh.). Die Pfahlbau-Alterthümmer von Moosedorf. 1857.

Heer (Oswald). Ueber die Landwirthschaft der Ureinwohner unseres Landes. — Zürich, 1859-1860.

Boucher de Perthes. Antiquités celtiques et antédiluviennes. — Paris, 1849.

Wylie (W. M.). On lake-dwellings of the early periods.

Rütimeyer (Dr). Untersuchung der Thierreste aus den Pfahlbauten der Schweiz. — Zürich, 1860.

Staub (J.). Pfahlbauten in den Schweizer Seen. — Zürich, 1864.

Desor (E.). Les constructions lacustres du lac de Neuchâtel. 3e édition. — Neuchâtel, 1864.

Muston (Dr). Recherches anthropologiques sur le pays de Montbéliard. — Montbéliard, 1866.

Morlot. Études géologico-archéologiques en Danemark et en Suisse. 1860.

Marchant (L., Dr). Notice sur divers instruments de l'époque des constructions lacustres trouvées dans la Saône. — Dijon, 1866.

Gastaldi (B.). Nuovi Cenni sugli oggetti di alta antichità. — Torino, 1862.

Stoppani. Atti della Società de Scienze naturali. Vol. V.

Pigorini et Strobel. Die Terramara-Lager der Emilia.

Lartet et Christy. Reliquiæ aquitanicæ. Contributions à l'archéologie et à la paléontologie du Périgord et des provinces voisines.

Lubbock (John). L'homme avant l'histoire, étudié d'après les monuments et les costumes retrouvés dans les différents pays de l'Europe. Traduit par **Barbier** (E.). — Paris, 1867.

Le Hon (H.). L'homme fossile en Europe, son industrie, ses œuvres d'art. — Bruxelles et Paris, 1867.

Desor (E.). Les Palafites, ou constructions lacustres du lac de Neuchâtel. — Paris, 1866.

Klenck (Auguste). Habitations lacustres et particulièrement celles du lac de Pfæffikon, — Rapport présenté au nom du Comité d'histoire et de statistique dans la séance de la Société industrielle de Mulhouse, du 31 octobre 1866. — *Bulletin de la Société industrielle de Mulhouse*, novembre, 1866, p. 489-515.

La plupart des revues de la Suisse et de la France renferment de fort intéressants articles et des études quelquefois fort complètes sur cette question qui a préoccupé très-sérieusement les diverses sociétés savantes de la Suisse. Nous citerons spécialement :

Suisse: *Journal de la Société vaudoise d'utilité publique*, 1839-1842.
Gemälde der Schweiz, 1847.
Revue archéologique, 1854.
Indicateur d'histoire et d'antiquités suisses, 1858-1859.
Revue universelle des arts, 1856.
Antiquités helvétiennes, 1856.
Bibliothèque universelle de Genève, 1857.
Bulletin de la Société vaudoise des sciences naturelles, 1860.
Mémoires de la Société des sciences naturelles de Neuchâtel.

France: *Revue des Deux-Mondes*, 15 décembre 1855. — 15 février 1862.
Magasin pittoresque, 1853, p. 36 à 170.

Enfin les innombrables débris découverts dans les différentes stations lacustres (la seule station de Concise au lac Neuchâtel en a fourni 25,000) ont enrichi les collections publiques et privées. Les amateurs trouveront les choses les plus intéressantes dans le Musée cantonal de Lausanne, — à la Bibliothèque d'Yverdon, — à la Société des antiquaires de Zurich, — aux Musées de Neuchâtel et de Fribourg. — Dans les collections particulières, mais néanmoins très riches de MM. **Forel**, à Morges, — Dr **Clement**, à Saint-Aubin, — **Rey** et **de Vevey**, à Estavayer, E. **Desor**, à Neuchâtel, — **Jahn**, à Berne, — Dr **Uhlmann**, à Münchenbuchsee. — **Troyon**, à Lausanne, — **Schwab**, à Bienne, — **Rochat**, à Yverdon, etc.

Paléanthropologie.

Dupont (Édouard). Observations concernant les hommes qui habitaient les bords de la Lesse (Belgique) pendant la période, dite *âge du Renne*.

Académie royale de Belgique, classe des sciences. Séance de 13 octobre 1866. — Voyez **Dupont** (Édouard), dans la liste d'auteurs de nos matériaux, t. I, 3me partie

L

LARTET et **CHRISTY**.

RELIQUIÆ AQUILANICÆ. — Contributions à l'archéologie et à la paléontologie du Périgord et des provinces voisines.

LEHON (H.).

L'HOMME FOSSILE EN EUROPE. Son industrie, ses mœurs, ses œuvres d'art. — Bruxelles et Paris, 1867.

LOGAN (W.).

PREMIÈRE APPARITION DE LA VIE SUR LA TERRE. Faune primordiale dans les roches primaires du Canada. — *Canadian naturaliste et geologiste*, p. 49, 1859. — *Geology of Canada*, p. 49, 1863. — *Quart. Journal geol. Soc. of London*, vol. XXI, p. 51, pl. 6 et 7. 1865. — *The intellectual Observer*, p. 208. Mai, 1865.

LUBBOCK (John).

L'HOMME AVANT L'HISTOIRE, d'après les monuments historiques et les costumes retrouvés dans les différents pays d'Europe. Traduit par **Barbier** (E.). — Paris, 1867.

M

MARCHANT (L., D^r^).

NOTICE SUR DIVERS INSTRUMENTS DE L'ÉPOQUE DES CONSTRUCTIONS LACUSTRES TROUVÉS DANS LA SAÔNE. — Dijon, 1866.

MARTINS (Charles), professeur à Montpellier.

LA VÉGÉTATION DU SPITZBERG, COMPARÉE A CELLE DES ALPES ET DES PYRÉNÉES. Mémoires de l'Académie des sciences et lettres de Montpellier, 1863. Extrait des *Annales de l'Association philomathique vogéso-rhénane* faisant suite à la *Flore d'Alsace*, de **F. Kirschleger**. 6me livraison, p. 248 à 250. — Strasbourg, 1866.

Ce travail a la plus grande analogie avec celui de M. **Oswald Heer**. M. **Martins** commence par la topographie et le climat de ces îles boréales, situées sous le 78° degré L. N., un peu réchauffées par le Gulfstream, à température moyenne de l'année de 8° centigrade au-dessous de zéro (— 8°).

Les vallées de ces îles sont comblées par de puissants glaciers, qui descendent jusqu'à la mer; aussi ces îles sont-elles l'image fidèle de l'époque géologique qui a immédiatement précédé celle où nous vivons, c'est-à-dire l'*époque glaciaire*. Pendant cette période un manteau de glace couvrait le nord de l'Europe, toutes les vallées des chaînes de montagnes, telles que les Vosges, le Jura, les Alpes, etc., étaient occupées par des glaciers qui s'étendaient plus ou moins dans les plaines voisines. La végétation du Spitzberg est intéressante en ce sens qu'elle nous montre les plantes qui peuvent se développer pendant le court été avec une température estivale de 1° à 2° au-dessus de zéro (+ 2°).

Nous nous bornerons, dans le court résumé du beau travail de M. Martins, à en signaler les faits principaux et les conclusions.

M. Martins énumère 93 espèces phanérogames observées au Spitzberg, dont 69 existent aussi en Scandinavie et 28 même en France. Quelques espèces maritimes de France se sont égarées jusqu'à ces régions septentrionales, par exemple : *Arenaria peploïdes*.

Parmi les espèces de nos prairies on retrouve au Spitzberg : la *Cardamine des prés* le *pissenlit* ordinaire, la *fétuque ovine*, — notre *dorine* à feuilles alternes s'y rencontre également Dans les marais tourbeux on retrouve notre *camarine* (Empetr. nigr.) — et le *Saxifraga hirculus* des tourbières jurassiques. D'autres plantes jurassiques s'y retrouvent encore, par exemple ; *Arabis alpina*, — *Arenaria ciliata et biflora*, — *Dryas octopetala*. —*Saxifr. aizoides et cespitosa*, et parmi les plantes vosgiennes, *Potentilla maculata*. Puis il y a encore quelques espèces habitant les Alpes helvétiques.

M Martins cherche à montrer dans son mémoire que sur 100 espèces alpines, 21 se trouvent aussi en Laponie et 8 au Spitzberg, et M. Martins se trouve en parfaite conformité d'opinion avec M. Heer sur l'origine d'un grand nombre de plantes alpines; c'est sur des blocs de pierre roulant sur la calotte de glace qui s'étendait sur l'Asie, l'Europe et l'Amérique jusqu'au 45° de latitude que ces plantes scandinaves se sont propagées de proche en proche vers le sud. Lorsqu'une température plus élevée a amené la fusion et le retrait des glaciers, ces plantes, surprises par la chaleur, ont disparu presque toutes des plaines de l'Europe ; mais elles se sont maintenues dans les montagnes, telles que les *Sudètes*, le *Harz*, le *Schwarzwald*, les *Vosges* et surtout dans les *Alpes*, où, sur 360 espèces alpines, on en compte 158 qui se retrouvent dans les montagnes scandinaves.

M. Martins, parlant de quelques localités alpines de 1900 à 2200 mètres d'altitude, cherche à démontrer la thèse que nous venons de transcrire.

M. Lecoq, dans une exposition très-brillante sur l'origine des plantes alpines du plateau central de la France (Auvergne), faite le 5 avril 1866, à la Sorbonne, lors de la réunion des délégués des Sociétés scientifiques de la France, ne veut pas admettre l'influence glaciaire, comme le font MM. Heer et Martins. L'existence de quelques plantes scandinaves dans les montagnes d'Auvergne et des Pyrénées s'explique par les oiseaux voyageurs qui du nord se dirigent vers le sud (notamment les *Anates* et *Anséros*), et qui entre leurs doigts et dans leur duvet ont amené en France les graines de ces plantes boréales.

Les vents nord-est ont aussi pu coopérer à cette dispersion. Les glaciéristes traiteront d'arriérée l'opinion de M. Lecoq. Toutefois, il faut reconnaître que M Lecoq a fait son exposition, devant un auditoire très-sympathique, de la manière la plus spirituelle et la plus attachante. Il n'y avait pas lieu de faire suivre le discours de M. Lecoq d'une discussion contradictoire.

MARTINS (Charles), professeur à Montpellier.

RETRAIT ET ABLATION DES GLACIERS DE LA VALLÉE DE CHAMONIX. — Constatés dans l'automne de 1865. — *Archives des sciences physiques et naturelles de Genève*. Juillet 1866.

1. Retrait et ablation de l'extrémité inférieure des glaciers de la vallée de Chamonix.

Il y a douze ans (1853), le voyageur qui débouchait par la gorge des Montées pour entrer dans la vallée de Chamonix apercevait d'abord le *glacier de Taconnay*, suspendu entre la montagne de la Côte et celle des Fans, puis celui des *Bossons* dont les hautes pyramides de glace s'élevaient au-dessus de sa moraine latérale gauche et contrastaient par leur blancheur avec les noirs sapins dont le revers occidental de cette moraine est revêtu. — Aujourd'hui tout est changé : le *glacier des Bossons* ne s'élève plus au-dessus de ses moraines latérales : ce sont elles qui le dominent et le dérobent aux yeux du voyageur cheminant au fond de la vallée. Il y a également douze ans le glacier dépassait inférieurement ses moraines latérales, s'avançait vers le fond de la vallée et menaçait les premières maisons du hameau des Bossons dont les habitants délibérèrent s'ils devaient les abandonner. En effet, en 1851, M. **Venance Payot**, naturaliste à Chamonix [1], constatait que ce glacier avait avancé de 31 mètres en un mois, savoir du 18 mai au 18 juin (1 mètre par 24 heures), et cette progression plus ou moins rapide ne s'est arrêté qu'en 1854 [2].

Ce qui est vrai du *glacier des Bossons* l'est également de tous les autres glaciers de la vallée. Tous ont reculé, tous ont diminué de puissance depuis cette époque. Chez tous on est obligé, pour arriver à l'escarpement terminal, de marcher péniblement sur les cailloux anguleux de la moraine profonde abandonnée par le glacier qui la recouvrait. Le torrent qui sort du glacier, au lieu de courir immédiatement dans les vertes prairies, se divise en plusieurs branches au milieu du lit de cailloux parmi lesquels il se fraye un passage. Ainsi la scène est changée : moins pittoresque pour l'artiste, elle est plus instructive pour le géologue qui voit à découvert la moraine profonde avec les moraines latérales qui la dominent et constate l'absence de la moraine terminale qui n'a pu se former, parce que le glacier pendant sa période de retrait n'a pas stationné assez longtemps à la même place pour y construire une digue formée par l'accumulation des blocs tombés de son escarpement terminal. Cette étude est du plus haut intérêt : elle permet de comparer les moraines d'un glacier actuel avec les anciennes moraines, si fréquentes dans toutes les vallées et jusque dans les plaines du pourtour de la chaîne des Alpes. Le géologue témoin des travaux du glacier actuel ne méconnaîtra pas ceux de l'ancien glacier dont le premier n'est plus qu'une faible réduction. D'un autre côté, les voyageurs qui visiteront à l'avenir la vallée de Chamonix pourront constater les oscillations des glaciers dans les temps historiques. — Le maximum d'extension est toujours indiqué par la moraine que le glacier laisse après lui et quand ces moraines sont couvertes d'arbres, l'âge même de ces arbres estimé par le nombre de leurs couches annuelles permet d'apprécier le nombre mininum d'années depuis lequel le glacier s'est retiré.

N'ayant pas le loisir de mesurer moi-même le recul des glaciers, c'est-à-dire la distance qui séparait le point extrême atteint en 1851 du point où la glace s'arrêtait en septembre 1868, j'ai prié M. **Venance Payot** de le faire à ma place avec l'aide de l'un de mes anciens guides du mont Blanc, **Ambroise Couttet**. Voici les résultats qu'ils ont obtenus.

Le *glacier des Bossons* a diminué à sa pente terminale depuis douze ans de 332 mètres (27m,66 par an) [3]. Loin de menacer le village des Bossons, il en est actuellement éloigné de plus de 500 mètres, et l'espace qui l'en sépare est couvert par les cailloux et les graviers de la moraine profonde. Les pyramides de glace qui dépassaient les moraines latérales ont disparu. Le glacier est réduit à une surface unie terminée en forme de langue et dominée des deux côtés par les deux moraines latérales qui s'élèvent en moyenne de 25 mètres au-dessus de la surface de la glace. M. **Payot** estime l'ablation totale du glacier à 80 mètres (6m,66 par an). Les moraines forment deux talus fortement inclinés. Pour traverser le glacier on est obligé de descendre l'un de ces talus et de remonter sur l'autre quand on a quitté la glace. Il y a dix ans c'était le contraire.

[1] Guide du Botaniste au jardin de la mer de glace de Chamonix, page 12. — 1854.

[2] D. A. Le *glacier des Bossons* en 1851 a avancé de 31 mètres en un mois, du 18 mai au 18 juin (1 mètre en 24 heures).

[3] D. A. Le *glacier des Bossons* a diminué à sa pente terminale depuis douze ans de 332 mètres (27m,66 par an). — Ablation 80 mètres en 12 ans (6m,66 par an).

On montait le sommet de la moraine sur le glacier, et après l'avoir traversé on descendait de la glace sur la crête de la moraine opposée. Chacune d'elle est terminée actuellement par une arête bien marquée et leur section par un plan perpendiculaire à cette arête représenterait un triangle dont la base repose sur la pente de la montagne.

Le *glacier des Bois*, terminaison de la Mer de glace, a moins reculé que celui des Bossons, car on ne compte que 188 mètres (17 mètres par an) depuis le point extrême atteint en 1854 et la grotte de glace d'où s'échappe le torrent de l'Aveyron [1]. A son extrémité inférieure ce glacier se contourne en forme de faucille et sa puissante moraine latérale droite décrit une courbe concentrique qui se termine près du hameau des Bois que le glacier menaçait il y a douze ans. La moraine près de ce hameau est donc à la fois latérale et terminale. Partout elle domine le glacier et au-dessus du Chapeau elle forme un talus adossé à la montagne d'une régularité telle qu'on croirait voir un long talus de déblais artificiels. Ce glacier, comme le savent tous les voyageurs qui ont visité Chamonix, fait escade à son extrémité sur des rochers de protogine. La moitié droite de ces rochers est ouverte par le glacier, mais la moitié gauche reste à découvert. La surface de la roche est nue, aplanie et moutonnée. Un grand nombre de filets d'eau s'échappent de la tranche du glacier qui s'arrête au haut de l'escarpement, et viennent grossir l'Aveyron. Ils sont figurés sur la carte de la Mer de glace publiée en 1842 par M. Forbes et celle très-récente (1865) du capitaine d'état-major Mieulet.

C'est en montant à la Flégère, en face du glacier des Bois, que l'on embrasse le mieux cet ensemble et il est impossible de méconnaître l'analogie, j'allais dire l'identité, qui existe entre la moraine terminale en forme de faucille du glacier des Bois et l'ancienne moraine du glacier qui remplissait jadis la vallée de Montjoie et se terminait aux bains de Saint-Gervais. Cette moraine descend du Prarion et elle est à la fois, comme celle du glacier des Bois, latérale droite et terminale. Comme celle du glacier des Bois, elle représente une faucille dont la pointe aboutirait à la promenade qui précède l'établissement des bains. Tout est semblable sauf les dimensions. Deux torrents, le Nant-Fernet et le Giblou, qui se réunissent avant de se jeter dans l'Arve, ont profondément entamé cette moraine, surtout entre les villages de Mont-Paccard et et de Montfort, bâtis eux-mêmes sur le terrain erratique. Cette coupe naturelle montre que les *moraines sont composées de blocs anguleux, de cailloux, de sables mêlés confusément sans aucune trace de stratification*. Sur la rive droite du Giblou, des blocs de dimension énorme ont protégé le terrain morainique sous-jacent contre l'action ravinante des eaux pluviales. Des pilastres dont ces blocs erratiques forment le chapiteau font saillie sur les parois de l'escarpement; quelques-uns en sont même complétement séparés. C'est un but de promenade pour les baigneurs de Saint-Gervais qui les connaissent sous le nom de cheminées des Fées.

Le troisième *grand glacier* de la vallée de Chamonix, celui d'*Argentières*, s'était avancé, il y a douze ans, d'une manière inquiétante : il s'approchait du village dont il n'était plus séparé que par un rideau de mélèzes. Depuis 1854 il a reculé de 181 mètres (16m,5 par an) [2]. Charriant beaucoup de pierres et de blocs erratiques à sa surface, il a enseveli sous une masse de décombres les terrains qu'il a abandonnés depuis, et ses deux immenses moraines latérales réunies forment une moraine terminale plus basse et concentrique à l'escarpement terminal.

Mais, de tous les glaciers de la vallée de Chamonix, celui qui a reculé le plus, c'est le *glacier du Tour*. On ne le voit plus en descendant du col de Balme, car il n'entre plus

[1] Le *glacier des Bois* a diminué, à sa pente terminale, de 1854 à 1865 (11 années), de 188 mètres (17 mètres par an).
[2] Le *glacier d'Argentières* a diminué, à sa pente terminale, de 1854 à 1865 (11 années), de 181 mètres (16m,5 par an).

dans la vallée et a même presque disparu au fond du couloir dans lequel il descendait[1] : en douze ans il a reculé de 520 mètres (43m,3 par an).

On voit que le retrait des quatre principaux glaciers de la vallée de Chamonix a été fort inégal et quoique les lois qui président à la progression et à la fusion de ces masses commencent à être bien connues, il serait difficile de se rendre compte exactement des différences qu'on observe entre le retrait de ces différents glaciers. *La cause générale du phénomène, c'est le peu d'abondance des neiges tombées pendant les dix derniers hivers et la chaleur des étés :* ces deux causes séparées ou réunies suffisent pour déterminer le retrait des glaciers. Leur avancement ou leur recul dépend en effet de l'équilibre qui s'établit entre la fusion et la progression du glacier. Mais de même que les rivières qui sortent d'un lac, ou les torrents issus d'un bassin de réception sont d'autant mieux alimentés que le lac ou le bassin de réception sont plus grands, de même l'alimentation et par conséquent la progression d'un glacier dépendent, toutes choses égales d'ailleurs, de l'étendue des cirques de réception, c'est-à-dire de celle des champs de glace et de névé dont le glacier est pour ainsi dire l'émissaire, comme M. **Desor** en a fait le premier la remarque. Si maintenant on jette un coup d'œil sur la carte de la chaîne du Mont-Blanc, publiée en 1865 par **Reilly**, on reconnaît immédiatement que le *glacier des Bois* correspond au plus grand bassin de réception, puis vient celui d'*Argentières*, après celui des *Bossons* et enfin celui du *Tour*. Cet ordre est précisément celui du retrait de ces glaciers : ceux *des Bois* et d'*Argentières* ont le moins reculé. *Le glacier du Tour*, dont le cirque est incomparablement moins étendu que celui de tous les autres, a reculé trois fois plus que son voisin, celui d'*Argentières*, et même celui des *Bossons*, quoique son extrémité inférieure soit plus élevée au-dessus de la mer que le pied de ce dernier dont l'altitude est de 1,100 mètres. L'extrémité inférieure du *glacier du Tour* étant dans un climat notablement plus froid que celui du village de Chamonix, cet exemple prouve que la chaleur de la vallée où aboutit le glacier n'a pas eu une action prépondérante sur son retrait : en effet, celui *du Tour*, le plus élevé de tous et dont j'avais fixé barométriquement à 1,554 mètres la hauteur au-dessus de la mer en 1837, a le plus reculé ; mais aussi son cirque est-il beaucoup plus petit que celui de chacun des autres, de là une alimentation moindre et un recul plus considérable[2].

II. Retrait et ablation de la partie supérieure des glaciers et en particulier de celui du Géant.

J'avais constaté le retrait et l'ablation des glaciers à leur extrémité inférieure, mais cela ne me suffisait pas, je voulais savoir quels changements s'étaient opérés dans leur région supérieure ; pour cela, je résolus de remonter la Mer de glace et de m'élever jusqu'au *col du Géant* par le glacier de même nom, véritable prolongement de la Mer de glace, et par conséquent de sa terminaison le *glacier des Bois*.

Je partis de Chamonix le 4 septembre 1865. Le Montanvert était encore dans l'ombre, mais le soleil, près de se lever, éclairait les mélèzes qui le couronnent ; *ces arbres paraissaient lumineux*, comme s'ils eussent été formés de filigrane ; c'est un phénomène de dispersion de lumière que M. **Necker de Saussure** a le premier signalé dans une lettre à **sir David Brewster**[3]. La forêt du Montanvert se compose de sapins et de mélèzes ; je constatai que le phénomène était plus brillant sur les mélèzes dont les feuilles sont plus fines et plus minces. Les arbres, élevés de 200 à 300 mètres au-dessus de ma tête, présentèrent le phénomène dans tout son éclat ; mais il était encore invisible sur des

[1] *Excursions et séjours dans les glaciers*, t. II, p. 186. — 1844.
[2] Le *glacier du Tour* a diminué à sa pente terminale de 520 mètres (43m,3 par an).
[3] Tyndall, *The glaciers of the Alps*, p. 178. — 1860.

pieds distants de 50 mètres seulement. La fumée des charbonniers qui brûlaient du bois sur la montagne s'élevait en jets blancs, mais moins éclatants que les sapins. Je revis le phénomène dans toute sa splendeur le 22 octobre, en traversant le Simplon. Il était deux heures et demie de l'après-midi; le soleil descendait derrière la pointe septentrionale du Fletschhorn (4,011 mètres). Le vent enlevait de la cime des tourbillons de neige qui, éclairés par le soleil, semblaient une poussière d'argent lancée dans les airs et disparaissant à une certaine hauteur; chaque flocon de neige brillait comme une étincelle. Le village de Simplon étant à 1,480 mètres au-dessus de la mer, on voit que le phénomène se produit également avec une différence de niveau de 2,500 mètres et à une distance de plusieurs kilomètres.

Revenons à nos glaciers. Parti à midi de l'hôtel du Montanvert, je traversai rapidement les *Ponts* pour descendre sur l'ancienne moraine latérale gauche, correspondant à la plus grande épaisseur que le glacier ait atteint dans la période actuelle. Des herbes et des arbustes la recouvrent en partie, et à 600 mètres environ de l'hôtel, près d'un énorme blocs anguleux, portant à sa partie supérieure une cuvette natuelle remplie d'eau, je reconnus que la surface actuelle du glacier était à environ 25 mètres au-dessus de ce bloc, et par conséquent de l'ancienne moraine maximum qui le supporte. Le rocher de l'*Angle*[1] était *poli* et *strié* sur une hauteur de 20 mètres environ. Les stries ascendantes formaient avec l'horizontale un angle de 20°. Je n'avais jamais vu les surfaces polies de ce rocher découvertes sur une aussi grande hauteur : elles prouvaient, comme l'ancienne moraine sur laquelle j'avais marché, que le niveau de la Mer de glace s'était abaissé de 20 à 25 mètres environ au-dessus du niveau maximum indiqué par la hauteur de l'ancienne moraine et le limite supérieure des stries sur le rocher. Ainsi donc, si l'extrémité inférieure du glacier avait reculé de 188 mètres, son épaisseur avait diminué de 20 mètres au moins à la hauteur de 1900 mètres au-dessus de la mer, où je me trouvais alors (1m,66 par an)[2].

A partir du rocher de l'Angle, je mis le pied sur la glace, que je ne quittai plus. J'avançai ainsi jusqu'au point où le *glacier de Talèfre* se jette dans la mer de glace, dont il est le plus puissant affluent. Les touristes qui se rendent au *Jardin*, îlot riche en plantes alpines, situé au milieu de ce glacier, quittaient jadis dans ce point la Mer de glace pour monter sur le Couvercle, base de l'*aiguille du Moine*, et éviter ainsi les crevasses du *glacier du Talèfre;* maintenant ce trajet est impossible ; il faudrait une échelle de 25 mètres de haut pour s'élever du glacier sur le Couvercle, nouvelle preuve de l'abaissement ou, pour employer l'expression consacrée de l'ablation, de la Mer de glace à son confluent avec le glacier de Talèfre. Pour atteindre le *Jardin*, on est obligé de faire un grand détour en passant près du *bloc erratique, appelé la pierre de Béranger*, et en traversant ensuite le *glacier de Talèfre* à la hauteur de 2,670 mètres au-dessus de la mer. Après avoir reconnu le *Couvercle*, je me dirigeai vers le promontoire du Tacul, qui sépare le glacier du Géant de celui de Leschaux. Le *lac du Tacul*, dont parle déjà de Saussure[3], et qui est encore figuré sur la carte de M. Forbes, publiée en 1842, et celle du capitaine Mieullet, portant la date de 1865, n'existait plus, et sa disparition est peut-être une conséquence de l'ablation extraordinaire du glacier, car la fonte des neiges et des glaces fournissait assez d'eau pour le remplir. Je traversai la moraine latérale droite du *glacier du Géant* et m'élevai sur le contrefort occidental de la montagne du Tacul, pour aller coucher sous un gros bloc connu sous le nom de *pierre de Tacul*, qui sert d'abri aux chasseurs de chamois et aux chercheurs de cristaux. C'est un bloc de protogine, couvert de noirs lichens, qui s'est arrêté à mi-côte de la montagne et surplombe assez pour que trois hommes puissent

[1] Voyez pour toute l'ascension la carte du capitaine Mieullet, 1866, à l'échelle de 1/40000.

[2] Ablation à la Mer de glace en aval du col du Géant à une altitude de 1900 mètres, 20 mètres en 12 années (1m,66 par an).

[3] *Voyages dans les Alpes*, § 2027.

se loger dessous : un mur en pierres sèches complète ce logement. Cette pier e se trouve à 100 mètres au-dessus du glacier et à 2,400 mètres environ au-dessus de la mer. Le sol environnant est criblé de trous de marmottes et la végétation est celle qu'on observe à ces hauteurs : quelques pieds de *Rhododendron ferruginæum*, puis *Chamæledon procumbens*, — *Salix herbacea*, — *Vaccinium myrtillus rabougri*, — *Phyteuma hemisphericum*, — *Saxifraga bryoïdes*, — *Silene acaulis*, — *Senecio incanus*, — *Cnicus spinosissimus*, — *Alchemilla fissa*, — *Gentiana nivalis*, — *Juncus triglumis*, etc.

Peu de points sont situés plus favorablement pour embrasser l'ensemble de la Mer de glace et de ses affluents. On découvre le mont *Mallet*, — l'*aiguille du Géant* — l'*aiguille* et le *glacier de la Noire*, — la *Vierge*, — le *Flambeau*, — le grand *Regnon*, — l'*aiguille de Blaitière*, — le *Moine*, — l'*aiguille Verte*, — les *Droites* et les *Courtes* qui dominent le Jardin.

Le glacier du Géant est sous les pieds du spectateur : il n'a point de moraine médiane et les couches paraboliques (*dirt-bands*) de la glace se dessinent admirablement entre les moraines latérales. Celles-ci sont au nombre de cinq à la pointe du Tacul sur la rive droite du glacier. Quatre sont des moraines latérales formées par les éboulements des montagnes de la rive droite du glacier du Géant. La cinquième est la moraine latérale gauche du *glacier de Leschaux* qui se réunit aux quatre autres, et devient ainsi une des moraines latérales droites du glacier principal.

De nouvelles preuves du retrait des glaciers se révélaient à moi. L'*aiguille de Blaitière* est en face du Tacul. De petits glaciers de second ordre descendent de cette aiguille, mais n'atteignent pas le glacier du Géant, au-dessus duquel ils restent suspendus. On les nomme *glaciers d'envers de Blaitière*. Entre ces glaciers et la surface de celui du Géant on aperçoit une bande gazonnée d'un vert jaunâtre, large de 30 mètres environ. Au-dessus et au-dessous de cette bande, l'abrupt est poli, strié, dépourvu de toute saillie et de toute végétation. Cette bande gazonnée, où la terre végétale est restée, prouve qu'à une certaine époque le glacier du Géant s'était élevé jusqu'à son bord inférieur, tandis que les glaciers d'envers de Blaitière descendaient jusqu'au bord supérieur : elle-même n'a jamais été envahie par la glace. Cette bande nous montre donc quel a été l'écartement minimum du grand glacier et de ses satellites à l'époque de leur maximum de puissance et d'extension dans la période actuelle. Maintenant, au contraire, l'écart vertical entre la surface du glacier du Géant et l'extrémité inférieure des glaciers suspendus est de 150 mètres environ. Le bande verte est plus rapprochée de la surface du glacier du Géant que de l'escarpement des glaciers d'envers de Blaitière, car ceux-ci alimentés par de petits bassins de réception ont reculé encore plus que le glacier du Géant ne s'est abaissé. Du haut de mon observatoire j'avais donc sous les yeux les *parois d'une vallée usée, aplanie, frottée et striée par le glacier du Géant et ses affluents*. L'abaissement de la surface et le retrait des petits glaciers satellites me permettaient de voir ces parois à nu. Involontairement mon souvenir me reportait aux grandes vallées des Alpes qui pendant la période glaciaire étaient occupées par des glaciers comme la vallée du Géant l'est actuellement. Leurs contre-forts sont également *unis et usés;* pas un rocher ne fait saillie. Tout est uniformément aplani. C'est le caractère général de ces vallées. Mais je citerai comme des points où cet aplanissement est le plus frappant, dans le Valais : la rive gauche de la Dranse, en amont de Martigny, et celle du Rhône, en aval de cette ville : les parois qui dominent la rive droite du même fleuve, entre l'entrée du Loetsch-Thal et le village de Raron. Dans la vallée de Domo-d'Ossola les escarpements de la rive gauche de la Tocce entre Vogogna et Ornovasco

Je passai une bonne nuit sur mon lit de rhododendrons. Le froid était très-supportable, puisqu'à 4 heures 45 minutes du matin le thermomètre marquait 7°,5[1]. Nous partîmes à 5 heures et trouvâmes les flaques d'eau gelées sur le glacier, effet du rayon-

[1] Rayonnement nocturne de la glace du glacier du Géant, à 2,400 mètres et 5 septembre 1865 à 4 heures 40 m. matin, air ambiant, 7°,5. Les flaques d'eau sur le glacier étaient gelées.

issement de la glace et de l'eau dont la température s'était abaissée au-dessous de zero. Nous suivions la moraine formée par les éboulements de l'*aiguille de la Noire* dont la roche se distingue par son mica noir, ses grands cristaux de feldspath blancs, et sa structure schisteuse; s'éboulant facilement, elle alimente une énorme moraine que l'on suit jusque sur la Mer de glace. Au pied de cette aiguille, il y a évidemment dans la vallée du Géant une de ces dénivellations subites qui se remarquent à tous les rétrécissements des vallées alpines. Les cascades sont dans les défilés, c'est une loi qui ne souffre guère d'exception. Ici il n'y a point de torrent, mais un glacier, et c'est le glacier qui fait cascade, c'est-à-dire se divise, se déchire transversalement pour se recoller ensuite par un effet de la pression quand la pente est moins forte et le fond plus uni. En juin, avant la fonte des neiges de l'hiver à la surface du glacier, on aurait pu passer sûr les pouts qui recouvreut ces crevasses en suivant la rive gauche du glacier; mais au commencement de septembre c'était impossible, d'autant plus que la quantité de neige tombée a été minime pendant les derniers hivers. Aussi toutes les crevasses toutes les fentes étaient-elles béantes, et il fallut gagner les bases de l'*aiguille Noire* en descendant dans ces crevasses et en circulant sur les arêtes intermédiaires. Au pied de l'aiguille nous nous trouvâmes en présence d'un escarpement de *roche polie* et sans les points d'appui que nous offraient les tranches des feuillets brisés, nous n'aurions pu nous élever sur les bases de l'aiguille. Nous mesurions l'intervalle considérable qui séparait la glace du rocher qu'elle touchait à l'époque où elle arrondissait sa base et striait ses surfaces polies et usées. La glacier béant était à cent mètres au-dessus d'une paroi verticale parfaitement unie, et nous avions à redouter les avalanches de pierres qui descendent habituellement des flancs de l'aiguille Noire. Ce trajet fut donc pénible et dangereux : nous dûmes remonter très-haut sur les flancs de l'aiguille Noire pour dépasser le niveau de la surface polie. En quittant le rocher, nous nous trouvâmes encore au milieu de séracs : nous descendions dans les petites vallées de glace et remontions sur les arêtes qui les séparent. **Couttet** taillait des pas avec la hache, tandis que **Simond** cherchait les passages les moins difficiles. A 9 heures et demie nous étions sur un névé peu crevassé, et des pentes douces se succédaient jusqu'au haut du *col du Géant*, mais plusieurs fois la neige avait manqué sous nos pas ; le glacier était traversé par des *rimayes* souvent larges et béantes, mais souvent aussi plus étroites et recouvertes d'une couche de névé d'une faible épaisseur. Nous nous attachâmes à une corde, car les pentes n'excédaient pas 20°, et la chute de l'un d'entre nous dans une crevasse n'aurait pas entraîné celle des autres comme dans le funeste accident du mont Cervin. A notre droite s'élevaient comme des écueils au milieu de la mer les rochers isolés appelés *les Rognons* et *la Vierge*. Nul doute qu'ils ne dépassent la surface de la glace beaucoup plus qu'il y a une dizaine d'années, car le névé fond et s'évapore même à ces hauteurs [1]. D'immenses champs de neige s'étendaient jusqu'aux bases de l'aiguille du Midi, du mont Blanc, du Tacul et du mont Maudit. Nous apercevions la longue silhouette du col de Géant, dominée par les Aiguilles marbrées, et à 11 heures 35 minutes nous étions sur les rochers où **de Saussure,** en 1788, passa seize jours à 3,362 mètres au-dessus de la mer. De légères vapeurs s'élevaient du côté de l'Italie, mais dans les éclaircies je pus jouir de l'admirable spectacle qui attend le voyageur après cette pénible ascension. Là encore j'eus une preuve du retrait considérable des glaciers du mont Blanc; celui de la *Brenva* que je voyais sous mes pieds est le pendant exact des *Bossons* qui descend sur l'autre versant : comme lui il s'avance au milieu des bois et des champs cultivés. Je voyais son extrémité inférieure s'allonger dans le val Veni sur la rive gauche de la Doria Baltea. Le torrent occupe seul le thalweg de la vallée et se fraye un passage entre la moraine du glacier et le contre-fort de la vallée sur le-

[1] D. A. A toutes les altitudes dans les Alpes, sous l'influence de certaines circonstances météorologiques, les matières gelées, neiges, névés, glaciers, se ramollissent et se fondent. La condensation de l'humidité de l'air ambiant sur les surfaces est bien plus forte que l'évaporation.

quel se trouve la *chapelle de Notre-Dame de Guérison* et où passe le chemin du *col de la Seigne à Courmayeur*. Les *roches polies et striées*, *les blocs erratiques* qui l'entourent montrent qu'à l'époque de sa plus grande extension ce glacier venait buter contre ce contre-fort de la montagne. Dans les temps historiques il a toujours laissé un libre passage au torrent qui descend du *lac Combal*. Quand je le vis pour la dernière fois en 1844, la glace accompagnait jusqu'au bout la grande moraine latérale droite couverte de mélèzes et figurée déjà par **de Saussure** [1] en 1781. Mon ami **Bartolomeo Gastaldi** [2] l'a revu dans le même état en 1852. Du haut du col du Géant je constatai que le *glacier de la Brenva* avait énormément reculé, et j'estimai son retrait à 300 mètres environ. Une grande surface caillouteuse, extrémité de la moraine profonde, s'étendait en avant de l'escarpement terminal du glacier, et la moraine latérale droite dépassait cet escarpement et s'avançait semblable à un éperon le long de la Doire-Baltée. Je remarquai aussi que les abrupts presque verticaux du *mont Maudit* et du *mont Blanc* étaient complétement dépourvus de neige sur une hauteur qui n'est pas moindre de 1,400 mètres. Les obsevateurs futurs pourront constater s'il en est de même après les hivers où il tombe beaucoup de neige dans les Alpes. Je quittai le col à 1 heure 30 minutes, après m'être assuré que la température de l'air était de 4°,4, température très-supportable à cause de l'absence du vent et des brumes légères qui nous enveloppaient à chaque instant. A 8 heures et demie j'étais de retour à l'hôtel de Montanvert, satisfait d'avoir constaté dans les hautes régions l'ablation et le retrait si visibles sur l'extrémité inférieure des glaciers du mont Blanc. J'étais heureux d'avoir visité le col où **de Saussure** séjourna en 1788, et je me félicitais d'avoir réussi aux approches de la vieillesse dans une ascension qui me rappelait celles que je faisais il y a vingt ans sans me fatiguer autant, mais sans jouir davantage de ces aspects sublimes et pleins d'enseignements qu'on voudrait revoir sans cesse quand on en a compris une fois le charme intime et l'incomparable grandeur.

Charles MARTINS.

MARTINS (Charles), professeur à Montpellier.

NOTE SUR LES TRACES ET LES TERRAINS GLACIAIRES AUX ENVIRONS DE BAVENO SUR LE LAC MAJEUR — *Archives des sciences physiques et naturelles de Genève*, juillet 1866.

L'immense glacier qui remplissait jadis la *vallée de Domo d'Ossola*, au pied méridional du Simplon, se composait de tous les affluents des Alpes pennines compris entre le *mont Rose*, le *Simplon* et le *Gries* [3]. Ces affluents descendaient par les vallées latérales d'Anzasca, d'Antrona, de Bugnaco, de Vedro, dans la vallé principale ; par celles de Devera, et de Vigezzo, dans le val Formazza, qui en est le prolongement en ligne droite vers le nord. La Tocce les parcourt l'une et l'autre avant de se jeter dans le lac Majeur. C'est à Vogogna, en aval de Domo d'Ossola, que le dernier et le plus puissant des affluents, celui du val d'Anzasca, descendant de la partie orientale du mont Rose, se réunissait au glacier de la Tocce, comme nous l'appellerons désormais. Entre Vogogna et Ornovasco, on est frappé de l'abraision de la grande paroi qui forme l'escarpement latéral gauche de la vallée. Pas une saillie, pas une crête n'a échappé à l'usure produite par l'immense laminoir qui le polissait. En arrivant au lac Majeur par le golfe de Baveno, le glacier rencontrait la montagne granitique d'Orfano, isolée comme une borne gigantesque entre le lac Mergozzo et le golfe dont nous avons parlé. Placée au milieu de la vallée et formant un obstacle à la marche du glacier, celui-ci l'a moutonnée sur toute sa surface, et les stries dont ses surfaces polies sont couvertes prouvent assez que ces formes arrondies ne sont pas dues à une structure écailleuse du granit

[1] *Voyages dans les Alpes*, in-4°, t. IV, pl. III.
[2] *Appunti sulla geologia del Piemonte*, pl. V.
[3] Voyez la feuille XVI de la carte de l'état-major piémontais.

(*Schaalengranit* de de Buch). Les immenses carrières du granit blanc, ouvertes dans les flancs du monte Orfano, les pilastres, les colonnes, les entablements souvent de 10 mètres de long qu'on en tire journellement montrent que la masse entière compacte et homogène dans toutes ses parties n'a pas la fracture écailleuse que le célèbre géologue attribuait à tous les granits qui présentent une surface moutonnée. Ces formes sont l'œuvre du glacier. En arrivant au lac, on les retrouve sur le *monte Castello* qui domine Feriolo, sur le *monte Zucchero*, où l'on exploite le granit rose de Baveno; sur la montagne qui s'élève au-dessus du canal de communication, entre le golfe de Baveno et le lac de Mergozzo; sur le *monte Rosso*, au pied duquel est situé le village de Suna, et enfin, sur le promontoire qui sépare les villes d'Intra et Pallanza. Non-seulement ces montagnes sont moutonnées, mais leur forme générale est celle que les glaciers impriment aux protubérances sur lesquels ils passent : le côté en amont est à pente douce, le sommet arrondi, la partie en aval plus abrupte : c'est la *Stoss* et la *lee Seite* des géologues scandinaves.

Le promontoire dont nous avons parlé, véritable *Abschwung* placé entre les deux grands glaciers qui descendaient par la vallée Levantine et celle de Domo d'Ossola, offre un grand escarpement de micaschiste vers le nord-est, du côté du lac. La pente douce qui descend vers le nord est une ancienne moraine couverte de gros blocs erratiques mise à nu du côté de l'est, derrière l'établissement horticole des frères Rovelli.

Les autres preuves du passage du glacier ne nous feront pas défaut. Un chemin débouchant entre Feriolo et Baveno, sur la route du Simplon et aboutissant à la *masseria Righetti*, sert à transporter les blocs de granit rose des deux carrières au lac; ce chemin est entièrement creusé dans une ancienne moraine. De gros blocs erratiques de granit blanc et rose, de micaschiste, de quartz, de serpentine et de diorite, gisent de tous les côtés, et on voit enchâssés dans la boue glaciaire des fragments de toutes grosseurs de ces roches présentant ces formes usées et imparfaitement arrondies qui caractérisent les cailloux glaciaires. Ceux de serpentine sont souvent *manifestement rayés*. En levant les yeux, on voit que le torrent de Selva Spesse di Baveno, qui débouche dans le lac à Oltre-Fiume, a creusé son lit dans un terrain morainique, dont les lambeaux déchirés sont visibles de la route. Si l'on suit le sentier qui mène directement de Baveno aux carrières, on traverse une surface de micaschiste polie et striée dans le sens de la marche du glacier, rappelant, sauf les dimensions, la célèbre *Hellenplatte de la Handeck*. Elle est à 100 mètres environ sur le lac et correspond aux belles surfaces polies que l'on observe sur la rive orientale, aux environs du village de Fundo-Tocce. Tous ces faits, j'ai eu le plaisir de les constater avec mon ami et ancien collaborateur le professeur Bartolomeo Gastaldi, de Turin. Continuant notre route sur Stresa, nous reconnûmes que partout les hauteurs étaient semées de nombreux blocs erratiques, d'une composition semblable à celle des blocs de l'ancienne moraine de Baveno. Il en est un qui, vu sa situation à une demi-heure de Stresa et ses énormes dimensions, mérite d'être signalé aux géologues et même aux gens du monde qui s'intéressent tant soit peu aux phénomènes de la nature. Il est suspendu sur une pente très-inclinée au-dessus de la branche orientale d'un petit torrent appelé Fiumetto qui débouche dans le lac à Stresa, en amont du palais de la duchesse de Gênes. Sa hauteur au-dessus du lac est de [illegible] mètres environ, et sa masse noire est en partie cachée par le feuillage des châtaigniers qui l'entourent et la végétation qui s'est établie sur sa surface supérieure. Il repose sur du micaschiste et lui-même est formé de schiste serpentineux compacte. Le plus grand diamètre de la face supérieure est de 14m,50. Sa hauteur est de 10 mètres. Sa face inférieure surplombe la pente de la montagne et fait une saillie de [illegible]m,30, dont la largeur est de 10m,70. On a utilisé cette saillie en construisant autour un mur en pierres sèches pour en faire un réduit où l'on conserve des fagots. Nous ne croyons pas pouvoir estimer le volume de ce bloc à moins de 1,500 mètres cubes, ce qui le place au nombre des plus gros qui aient été signalés.

Quelle est la limite supérieure de ces blocs erratiques? Des bords du lac, on voi des lambeaux d'anciennes moraines près de la crête visible de ce point; mais une cion au *Metterone* ou *Margozzolo*, dont le sommet s'élève à 1491 mètres au-dessus mer et 1281 mètres au-dessus du lac Majeur, permet de fixer leur limite extrêm dépassent l'*Alpe del Girardino*, mais n'atteignent pas la chapelle de Sainte-Euphr encore moins l'*Alpe del Girardino*. Je ne crois pas m'éloigner beaucoup de la vér fixant leur limite extrême à 850 mètres au-dessus du lac. Jusqu'à cette hauteu trouve non-seulement des blocs innombrables et de toute grosseur, mais encore du vé terrain morainique, savoir : un mélange de boue, de sable et de fragments de gr et de nature très-diverses. A l'époque de sa plus grande extension, lorsque réu promontoire de Palanza avec l'affluent du Tessin, il poussait ses dernières mo jusqu'aux environs de Somma et de Sesto Calende, le *glacier de la Tocce* avait au des îles Borromées une puissance de 850 mètres.

En effet, il est facile de démontrer que le *glacier de la Tocce* a réellement pass le milieu du lac. Pour m'en assurer, j'ai examiné, avec mon ami le professeur **taldi**, les rochers des îles Borromées. Ce sont des couches de micaschistes incliné le sud. Malheureusement, elles sont en grande partie couvertes de constructions; partout où elles sont à nu, elles présentent des preuves d'abrasion. Ainsi, sur la méridionale de l'*Isola delle Pescatore*, sous les arcades tapissées de *Bignonia ra* et de *lierre* sur le bord occidental de l'*Isola Bella*, on reconnait la forme généra micaschistes que les glaciers ont moutonné. Mais c'est surtout à la pointe N. l'*Isola Madre*, près d'une tour en briques qu'on voit des surfaces nivelées et ii sous le gazon qui les recouvre, et, pour achever la démonstration, de gros blocs tiques de diorite, de granit et d'amphibolite, gisent autour sur le rivage. A l'ext septentrionale du lac, près de *Locarno*, les petites îles del Conigli et de San Pan qui ne portent chacune qu'une seule construction, sont clairement moutonné toute leur longueur et arrondies dans le sens de la marche du glacier du Tessin avons donc la preuve matérielle que le glacier a passé sur le lac et que son fond a la surface de ces îles.

Maintenant, si l'on me demande comment le glacier se comportait vis-à-vis de s'il remplissait tout le creux ou passait au-dessus, je ne saurais, dans l'état act nos connaissances, me faire une juste idée des relations mutuelles du lac et du g Malgré les observations de MM. de **Mortillet** — **B. Gastaldi** — **Desor** — **Ra** — **Favre** — **Zollikoferli** — **Omboni** et **Enrico Saglia**, les éléments rass par ces auteurs ne me paraissent pas suffisants pour résoudre le problème et ent la conviction des géologues. Les études sur les terrains de transport et l'ancienne sion des glaciers datent d'hier, comment s'étonner qu'une foule de difficultés encore insolubles? Comment s'étonner que des faits restent sans explication et d jections sans réponse. L'avenir éclaicira tous ces doutes, et le passage des ancien ciers dans les vallées occupées par des lacs sera aussi compréhensible que le fait de leur ancienne extension est évident actuellement aux yeux de tous les savant temporains.

Charles MARTIN

MIEULLET (Capitaine).

CARTE DE LA VALLÉE DE CHAMONIX ET DES GLACIERS QU'ELLE RENFERME. — Échell 1-40,000. 1865.

MITTHEILUNGEN DER KAIS. RUSSISCHEN GEOGR. GESELLSCHAFT.

Redigirt von Baron v. **Osten-Sacken**. — Bd. I in-8, p. 685, mit 3 Karten. n° 1-3, Saint-Petersburg, 1865-1866.

MOJSISOVICS (Edm. v.) et **GROHMANN** (Paul).

VERHANDLUNGEN DES ÖSTERREICHISCHEN ALPEN-VEREINES. — 1 vol. avec illustrations et panoramas.

MOJSISOVICS (Edm. v.) et **GROHMANN** (Paul).

VERHANDLUNGEN DES ÖSTERREICHISCHEN ALPEN-VEREINES. — 1 Heft.

MORLOT.

ÉTUDES GÉOLOGICO-ARCHÉOLOGIQUES EN DANEMARK ET EN SUISSE. 1860.

MÜHRY (A.).

EINIGE BEMERKUNGEN ÜBER DIE BEFUNDE DES GROSSEN METEOROLOGISCHEN BEOBACHTUNGS-SYSTEMS IN DEN SCHWEIZER-ALPEN IM ZWEITEN JAHRGANG, WINTER UND SOMMER 1864–1865. — *Zeitschrift der österr. Gesellschaft für Meteorologie*. Vol. I. 1866.

1° Die damalige Passat-Stellung über Europe in Winter 1864, 1865.
2° Abweichungen von vorigem Jahrgange.
3° Neue Ergebnisse zu den Befunden des ersten Jahrganges.

MUSTON (Dr).

RECHERCHES ANTHROPOLOGIQUES SUR LE PAYS DE MONTBÉLIARD. — Montbéliard, 1866.

N

NAUMANN.

BEITRÆGE ZUR KENNTNISS NORWEGENS. 1821-1822.

P

PALLAS.

RUSSIE ET LA SIBÉRIE.

...Vers l'est on découvrit, en 1771, sous le méridien Jakoutsk, par 64° lat. N. sur les bords du Viloui, l'un des affluents de la Lena, un *cadavre entier de rhinocéros* avec sa chair, sa peau et ses poils. Il était enveloppé dans un sable mélangé de gravier. On sait que sous cette latitude, le sol ne dégèle que jusqu'à quelques pieds de la surface pendant les trois mois de l'été sans quoi les parties molles n'auraient pu être conservées ainsi depuis le phénomène qui, venant sans doute du sud ou des pentes de l'Altaï, a dû entraîner ces animaux dans les parties basses des plaines de la Sibérie et jusqu'au bord de la mer Glaciale.

Le nord de l'Asie, dit ailleurs Pallas, *renferme une si grande quantité de grands mammifères* que depuis le Tanaïs jusqu'à la pointe du continent la plus voisine de l'Amérique, il n'y a pas, dans cet espace immense, un fleuve sur les bords ou dans le lit duquel on n'ait trouvé et où l'on ne trouve encore fréquemment des *os d'éléphants* et de plusieurs autres animaux qui n'appartiennent pas à ces climats. Remarquons encore que dans toute cette étendue et sous les diverses latitudes depuis l'Oural à l'ouest, l'Altaï au sud et jusqu'aux plages de la mer Glaciale, *toute la Sibérie est en quelque sorte jonchée de ces débris*. De la présence des poils très-abondants, surtout aux pieds et à la tête, **Pallas** conclut que ces animaux pouvaient habiter sous un climat moins chaud que les rhinocéros de nos jours, et la découverte d'*éléphants fossiles* offrant aussi des particularités analogues est venue plus tard appuyer cette idée.

PERNHARDT (Markus).

PANORAMA DES GROSSGLOCKNER.

Von der höchsten Spitze aufgenommen. 12,018 Wiener Fuss. 3 feuilles de 2 pieds de longueur et 18 pouces de hauteur. Chromolithographie de **Conrad Grefe** à Vienne (Autriche).

PIGORINI et **STROBEL**.

DIE TERRAMARA. — LAGER DER EMILIA.

PYRAMIDES DE RITTEN.

...Non loin de Bozen, ville commerçante, située au centre du Tyrol, s'élève, vers le nord, la montagne de Ritten, dont les merveilles pittoresques attirent chaque année de nombreux touristes. Les ***pyramides de Ritten*** ne sont pas une des curiosités les moins intéressantes de cette contrée: ce sont ***d'immenses colonnes de terre*** dont le faîte porte d'énormes pierres.

Les pluies abondantes, surtout de celles que l'on appelle battantes, enlèvent la terre détrempée que ne protégent pas des débris de rochers. Les parties recouvertes de pierres sont à l'abri de la pluie et, dégagées de ce qui les environne, forment ainsi des colonnes de terre connues sous le nom de ***pyramides de Ritten***, et qui dressent leur svelte élégance vers le ciel, jusqu'à ce qu'un nouvel orage vienne les saper par la base, les abattre et en élever d'autres. — Image frappante des choses d'ici bas !

Ces pyramides sont placées des deux côtés d'une étroite vallée et à travers elles, le ***Finsterbach*** roule ses eaux torrentueuses. A l'horizon se détachent les crêtes élevées de la ***Seiseralp*** et du ***Schlern*** dont les formes gracieuses complètent le tableau.

Extrait de l'***Illustration, Journal universel***, vol. XLIV, n° 1121, samedi, 20 août 1861. Texte et illustration, p. 128.

D. A. Les pyramides de terre surmontées de roches se voient dans diverses localités des Alpes suisses. — Un groupe de ces pyramides très-caractéristiques se trouve dans la vallée, vis à-vis le village de ***Stalden*** (Valais), route de Viège à Zermatt.

R

RASP.

SPECIMEN HISTORIÆ NATURALIS. 1771.

RASPE.

ON SOME GERMAN VOLCANO. — London, 1776.

REISS (von).

BEOBACHTUNGEN ÜBER EINIGE HESSISCHE GEBIRGSGEGENDE. — Berlin, 1790

RIGSBY.

DÉPOTS DE TRANSPORT ET BLOCS ERRATIQUES. —*Transaction Geol. Soc. of London*, 1re série, vol. VI.

...Une action énergique, semblable à celle d'un violent cours d'eau se dirigeant des régions polaires, vers le sud, auraient entraîné des blocs de diverses roches primitives sur les formations secondaires et de transaction qui composent le bassin du lac Huron (Amérique du Nord). — On observe en outre, dans cette même région des traces de dénudations diluviennes semblables à celles d'Europe, l'excavation d vallées, la séparation des îles de la terre ferme, la formation de pointes isolées, des crêtes rocheuses, et la destruction des plus hautes sommités du pays. Tout y accuse une cause différente de celles qui agissent actuellement, et que peut seule expliquer une grande débâcle venant du nord, et accumulant d'immenses dépôts de sable et de gravier trouvés à divers niveaux sur les rives et les îles du lac.

Ces roches transportées sont complétement étrangères à celles des pays qu'elles recouvrent, et sont presque exclusivement plus anciennes. Ce sont des granites, des gneiss, des micaschistes, des diorites, des porphyres, des syénites, des amygdaloïdes venues du nord, or on sait qu'elles existent en place. Il en est de même entre le lac Erié et lac Huron. Ailleurs sont des terrasses semblables à celles d'Écosse ; et suivant **M. Croke**[1], les sommets des montagnes de la nouvelle Angleterre, composées de schistes, sont couronnés de *blocs erratiques* de granite. **M. Meade** a décrit aussi, à 200 milles au nord de New-York, des *surfaces considérables couvertes* de blocs de quartz, et d'autres roches primitives provenant des montagnes plus ou moins éloignées. Ces faits ont donc pu suggérer à **M. Buckland** l'idée d'un phénomène, dû à des eaux diluviennes, s'était produit à la même époque dans le nord du nouveau continent comme de l'ancien, ce que toutes les découvertes ultérieures ont pleinement confirmé.

D. A. Extrait de *Géologie et Paléontologie*, par **A. d'Archiac**, 1 vol. in-8, p. 279 et suiv. 1866. Voyez comme supplément dans nos matériaux, t. IX, *Terrain erratique de l'Amérique du Nord.*

RUTIMEYER (Dr).

Untersuchungen der Thierreste aus den Pfahlbauten der Schweiz. — Zürich, 1860.

S

SARTORIUS.

Die Basalten von Eisennach. 1823.

SCHLAGINTWEIT (H. von).

Die thermischen Verhältnisse der tiefsten Gletscher-Ende im Himalaya und in Tibet. — *Sitzungs-Berichte der kgl. Bayer. Akademie der Wiss. zu München.* 1866. 1 Heft, S. 290-293.

SCHLAGINTWEIT (H. von).

Ueber die mittlere Temperatur des Jahres und der Jahreszeiten Charakter der Isothermen in Indien und Hoch-Asien.

Monats und Jahresmittel der Beobachtungs-Stationen. Tabellen der auch auf den Tafeln dargestellten Höhen-Isothermen und der Temperaturabnahme, und Bemerkungen uber den allgemeinen Typus der thermischen Verhältnisse in den genannten Gebirgsregionen.

2. Theil : Himalaya, Tibet und Turkistan. Mit 5 Tafeln. Monatsbericht der kgl. Preuss. Akademie der Wissenschaften zu Berlin. S. 465-480. August, 1865.

SCHLAGINTWEIT (H. von).

Klimatologische Bilder aus Indien und Hoch-Asien. — 2. Theil : Hoch-Asien. Mit 1 Karte und 1 Profil. 1865.

[1] *Journal de Silliman*, vol. V, n° 2.

SCHLAGINTWEIT (H. A. and R. de).

RESULTS OF A SCIENTIFIC MISSION TO INDIA AND HIGH-ASIEN, undertaken between the years 1854 and 1858. — Vol. IV in-4, 607 p. Atlas de 10 planches. — Leipsic, 1866. Brockhaus.

SCOPOLI.

CRISTALLO TALLOGRAPHIA HUNGARICA. 1776.

SIMONY (Fr.).

PHYSIOGNOMISCHER ATLAS DER ŒSTERREICHISCHEN ALPEN.

Sechs sehr schöne in Farbendruck ausgeführte Bilder, von welchen fünf nach de Natur gezeichnet. Grösse 17/23 Zoll Rh. 1. Alpenvorland.— 2. Das todte Gebirge.— 3. Venedigergruppe. — 4. Obervinschgau.— 5. Vedretta Marmolota.— 6. Die Gletscherregion. Mit Text, in Mappe. — Gotha. Justus Perthes.

SORET (J. L.).

ANCIENNE EXTENSION DES GLACIERS. — Observations relatives à la publication de M. **Sartorius de Walterhausen**. *Archives des sciences physiques et naturelles de Genève*. T. XXXI, n° 105. 25 septembre 1866.

M. le professeur **Studer** dans son excellente critique de M. **Sartorius de Walterhausen** soutient des idées qui en général sont aussi les nôtres, et que par conséquent nous n'aurons garde d'attaquer. — Toutefois nous allons peut-être un peu plus loin que lui. Non-seulement nous ne nous bornerons pas à ne pas regarder comme incompatible avec les lois de la physique terrestre, l'hypothèse que les glaciers aient eu autrefois un beaucoup plus grand développement, et qu'ils aient jadis recouvert toutes les contrées où l'on rencontre des blocs erratiques; mais encore nous ne voyons rien d'impossible à ce que cette extension se soit produite dans des conditions climamétriques très-analogues à celles de l'époque actuelle. En d'autres termes, il n'est point démontré pour nous qu'on doive rejeter la théorie à laquelle **de Charpentier** s'était arrêté, et que M. **de la Rive** a plusieurs fois défendue; nous ne croyons pas que pour expliquer l'ancien développement des glaciers, il faille forcément admettre ou un soulèvement considérable des Alpes et des contrées voisines, ou des influences cosmiques, ou telle autre hypothèse entraînant une modification profonde du climat.

Comme M. **Studer** l'a fait remarquer, l'extension jusqu'au bord de la mer des glaciers du Chili prouve que les conditions climatériques actuelles du globe permettent, dans certaines circonstances, un développement de ce phénomène bien plus considérable qu'en Europe. Il aurait pu ajouter que les faits analogues observés dans la Nouvelle-Zélande[1] tendent à montrer que le cas est général pour tout l'hémisphère du Sud.

Néanmoins M. **Studer** a fait à cette théorie deux objections qui ne nous paraissent pas irréfutables. Il prend comme exemple le glacier du Rhône, et en supposant qu'il s'élevait autrefois, dans le haut Valais, jusqu'à l'altitude la plus élevée à laquelle on rencontre des roches polies et striées, c'est-à-dire à 2,000 mèt. au-dessus du fond de la vallée, il trouve que la pente ne serait pas suffisante pour expliquer la progression de ce glacier jusqu'au Jura.

Mais M. **Dollfus-Ausset**[2] a fait remarquer que les glaciers actuels n'exercent aucune action sur les rochers qu'à une altitude inférieure à celle des neiges persistantes[*] : au-dessous de 2,600 mèt. environ, ils polissent les rochers qui les enserrent : au-dessus ils cessent de les user, parce qu'ils adhérent aux parois de la vallée par congélation.

[1] Voyez Archives, 1865. T. XXIV, p. 112.

[2] Matériaux pour l'étude des glaciers, *passim*. — Archives, 1866, n° 98. 25 février 1866, p. 171.

[*] D. A. Le Mémoire de M. **Soret** dit : limite des *neiges éternelles*. — Cette dénomination *éternelle* (qui n'aura pas de fin) ne saurait s'appliquer aux neiges. — En hautes régions dans les Alpes à toutes les altitudes les neiges sont plus au moins persistantes.

Si ce fait est exact, et loin de le contester, nous devons dire que toutes les observations que nous avons eu l'occasion de faire m'ont paru le confirmer; la limite supérieure à laquelle on trouve des roches moutonnées et striées ne peut pas être considérée comme étant la limite supérieure que les anciens glaciers ont atteinte; rien n'empêche de supposer qu'ils se soient élevés beaucoup plus haut, et qu'ainsi la pente ait été suffisante pour expliquer leur mouvement.

La seconde objection repose sur le fait que même dans les années les plus froides de l'époque actuelle, la température moyenne annuelle ou estivale de la vallée du lac de Genève, par exemple, est supérieure à celle de localités où se trouvent les glaciers les plus bas, tels que ceux du Grindelwald. — Or, nous ne voyons pas que ce soit là une condition nécessaire : sans doute, l'altitude de l'extrémité inférieure des glaciers est influencée par la température moyenne de l'année; mais elle dépend aussi d'autres circonstances, et particulièrement de l'étendue et de la puissance de champs de neiges qui couvrent les glaciers*.

Il suffit pour s'en convaincre, de jeter un coup d'œil sur une carte de Chamonix, par exemple : les glaciers de Blaitière, des Pèlerins, des Bossons, des Taconnaz, tous à la même exposition sur des pentes à peu près semblables, descendent à des altitudes très-différentes. Plus les cirques de névé (neige grenue) sont considérables, plus les glaciers qui en proviennent s'abaissent dans la vallée. — Par conséquent, si à l'époque glaciaire, par une raison ou une autre, la superficie supérieure à la limite des neiges persistantes était plus étendue qu'actuellement, ou les couches de névés plus épaisses, les glaciers devraient forcément atteindre un niveau plus bas, même en supposant que la température annuelle ou estivale soit restée la même**.

Il ne nous semble point inadmissible que les causes suivantes fournissent une explication suffisante à l'ancienne extension des glaciers :

1° Il est pour nous incontestable que le niveau général des montagnes s'abaisse continuellement. Les intempéries, le gel et le dégel provoquent constamment des chutes de roches et de débris: les glaciers et les cours d'eau entraînent toujours des matériaux des hauteurs dans les plaines; des masses immenses de terrain, de dépôts erratiques directes non remaniés et d'autres déplacés, de gravier, de sable, d'argile[1] formant des couches épaisses dans toute la Suisse, dans les plaines du Rhin, du Rhône et d'autres rivières, ont incontestablement pris leur origine dans les Alpes. — Sans aller aussi loin que M. Tyn-

* D. A. Le mémoire dit : champs de neiges qui alimentent les glaciers. J'ai remplacé cette expression par : qui couvrent les glaciers. — Les neiges qui couvrent les glaciers à toutes les altitudes (sans exception), protégent les surfaces de glace, qu'elles couvrent complétement, de toute ablation. — Ces neiges ne se changent pas en glace pour s'ajouter à leur surface, à aucune altitude. Ces neiges agissent en vrais protecteurs de glaciers ; ils les protégent, l'abritent contre les rayons solaires et les températures élevées de l'air ambiant, et en se fondant partiellement, cette eau de fusion pénètre dans la glacière, et est élaborée dans les fissures capillaires.

** D. A. Certes, lors de la grande extension des glaciers, les couches de neiges qui couvraient leurs surfaces avaient une étendue extraordinaire, comparativement à ce que nous voyons aujourd'hui, et j'admets que pendant un grand nombre d'années (nombre de siècles) probablement la neige persistait sur leur surface à toutes les altitudes. — Par conséquent aucune ablation de surface, aucune diminution de la masse. — L'eau de fusion de ces neiges dans les saisons tempérées ou chaudes s'infiltrait dans les glaciers, tel que cela se fait de nos jours, elle était élaborée par les fissures capillaires, assimilée aux glaciers, pour les faire prospérer, grandir en longueur et hauteur, et ils n'éprouvaient aucune perte quelconque, ils ne faisaient que prospérer et grandir.

En ajoutant toujours et ne retranchant jamais, la masse en toutes choses augmente promptement. — Le plus grand ennemi des glaciers a été de tout temps l'ablation par fusion à la surface. Supprimez les causes de diminution par des chutes de neige extraordinaires qui persistent sur toute l'étendue des glaciers en activité actuellement dans les Alpes, et ils envahiront le terrain qu'ils ont laissé à découvert depuis un grand nombre d'années... Je dis ils n'éprouveront aucune perte, parce que l'influence du sol qui supporte les glaciers à toutes les altitudes n'amène aucune fusion à la partie en contact. — En hiver il ne sort pas d'eau de fonte des glaciers par la pente terminale...

[1] D. A. D'alluvion, soit boue des glaciers.

dall, suivant lequel ce seraient les glaciers qui auraient creusé les vallées[1], on ne peut nier que, depuis des siècles, il ne se fasse un travail d'abaissement et de nivellement de montagnes. (*Reportons par la pensée toutes ces masses de débris sur les montagnes, forcément l'altitude générale de ces dernières sera considérablement plus grande*[2]. *La superficie recouverte de neige sera beaucoup plus étendue qu'elle ne l'est actuellement et les glaciers prendront une extension beaucoup plus considérable.*)

2° Si la hauteur générale des montagnes était plus grande à l'époque glaciaire, il devait en résulter un plus grande précipitation aqueuse. Car comme l'ont fait observer M. **Martins** et M. **Helmholtz**, l'air entraîné par le vent doit subir une dilatation d'autant plus grande, et par suite un refroidissement d'autant plus fort pour passer par-dessus les montagnes, que la hauteur de ces dernières est plus considérable. Donc l'élévation générale du niveau entraîne une plus grande abondance dans la chute des neiges.

3° Le fait même, que de plus vastes étendues étaient couvertes de neige, devait modifier les climats des contrées voisines. Au contact des glaciers l'air ne peut se réchauffer comme au contact d'un sol que le rayonnement solaire porte à une température très-supérieure à 0°.

Encore aujourd'hui nous observons fréquemment que les cimes des Alpes sont enveloppées de nuages; il est facile de concevoir que ce phénomène devait être beaucoup plus fréquent et beaucoup plus développé, lorsque l'étendue des nuages était plus considérable, de sorte que les nuages interceptaient plus fréquemment la radiation solaire, et qu'ainsi la fusion et l'ablation des glaciers était notablement moins rapide.

Ces causes, on le remarquera, sont générales et s'appliquent à toutes les montagnes, aussi bien aux Alpes, qu'à l'Himalaya ou aux Cordillères. Elles expliqueraient donc, d'une manière générale aussi, l'ancienne extension des glaciers qui a laissé à peu près partout des traces évidentes. A côté de ces causes, d'autres influences locales ont pu agir aussi[3] : nous n'avons aucune objection à admettre avec M. **Escher de la Linth** que le soulèvement du Sahara ait pu beaucoup contribuer au retrait des glaciers d'Europe; on peut présumer que les contrées voisines des Alpes étaient plus boisées qu'elles ne le sont actuellement, le climat ait été plus humide ; on peut supposer que des courants marins aient pu amener du pôle une plus grande masse de ces glaces flottantes qui paraissent exercer une si grande influence météorologique.

L'observation de M. **Dollfus**, que les glaciers ne moutonnent et ne polissent pas les roches à une hauteur supérieure à la limite des neiges persistantes, nous paraît conduire à un argument assez fort, *en faveur de l'idée qu'à l'époque glaciaire les conditions climatériques n'étaient pas très-différentes de ce qu'elles sont aujourd'hui.* C'est là le point sur lequel nous voulions surtout attirer l'attention.

Les glaciers n'arrondissent les roches que jusqu'à une certaine altitude, parce qu'au-dessus ils adhèrent au sol par congélation. Cette limite, que les glaciers tracent eux-mêmes d'une manière durable sur le roc, dépend uniquement des conditions climatériques : plus la température sera basse, plus cette limite sera basse aussi, et *vice versa.* Or l'altitude la plus élevée à laquelle on observe des roches moutonnées polies et striées

[1] D. A. L'action des glaciers sur les surfaces qui les supportent aux altitudes au-dessous de 2,600 métr. est très-considérable, et certes bien des vallées ont été par les glaciers en partie élargies. Au-dessus de 2,600 mètres les glaciers adhérents aux roches n'ont pas eu d'action sur le sol.

[2] Plusieurs travaux de M. le professeur **A. Favre** montrent que certain nombre de couches géologiques, qui devaient autrefois se trouver dans les Alpes, ont disparu sur des étendues considérables.

[3] D. A. A une certaine époque d'extension des Alpes ; qui n'était pas celle de leur plus grande extension. — Cette époque pouvait être avant ou après l'extension maxima.

Les glaces flottantes existent comme locomotives de transports du terrain erratique de certaines contrées ; mais généralement ils agissent directement, et n'ont pas besoin d'intermédiaire pour déposer les matériaux qu'ils ont porté sur leur dos.

par les anciens glaciers se rapproche beaucoup de la limite actuelle des neiges persistantes; il faut par conséquent en conclure qu'à l'époque glaciaire, la température était à peu près la même qu'aujourd'hui, ou tout au moins, que les glaciers atteignaient encore au minimum la hauteur à laquelle s'élèvent les roches polies, à une époque où le climat était sensiblement le même que de nos jours.

Il nous paraît donc important d'étudier avec soin le fait signalé par M. **Dollfus**: d'observer si l'absence de stries et d'usure sur les roches, au-dessus d'une certaine altitude, se manifeste pour la partie profonde du glacier, comme pour ses bords, où il est en contact avec l'atmosphère[1], de déterminer exactement l'altitude à laquelle les glaciers actuels cessent d'agir sur le sol dans les différentes localités et de comparer cette altitude avec celle à laquelle on observe des traces de l'action des anciens glaciers dans des expositions analogues. On arrivera peut-être ainsi à des données assez précises sur la température qui caractérise l'époque glaciaire.

J. L. Soret, septembre, 1866.

STOPANI.

ATTI DELLA SOCIETA DE SCIENZE NATURALI. — Vol. V.

STUDER (B.), professeur de géologie à Berne.

ANALYSE ET CRITIQUE DU MÉMOIRE. Recherches sur les climats de l'époque actuelle et des époques anciennes, particulièrement au point de vue des phénomènes glaciaires, par M. **Sartorius de Waltershausen** (professeur de géologie à Gœttingue).

Untersuchungen über die Klimate der Gegenwart und der Vorwelt, mit besonderer Berücksichtigung der Gletschererscheinungen in der Diluvial-Zeit. — Haarlem, 1865[2].

On éprouve dans l'étude de la géologie, comme dans celle de la météorologie, le désavantage de ne pouvoir appliquer l'observation directe à la source même d'où les phénomènes tirent leur origine. Ce n'est que dans des limites très-restreintes que les théories relatives à ces deux sciences peuvent être soumises à l'épreuve de l'expérience; le plus souvent même cela est impossible. La configuration actuelle de la surface de la terre est le résultat de révolutions d'une ancienneté indéterminée, et nous ne pouvons juger de ce qu'elles ont pu être que d'après les traces encore visibles qu'elles ont laissées. De même les vents qui nous apportent la pluie ou la sécheresse, la chaleur ou le froid, prennent le plus souvent naissance dans des contrées reculées et inconnues; leurs variations dans nos climats n'ont pu jusqu'ici être ramenées à aucune règle fixe. Il en résulte qu'en géologie, les théories tantôt neptuniennes, tantôt plutoniennes, ont régné tour à tour, et qu'en météorologie chaque année, pour ainsi dire, nous amène de nouvelles théories de la grêle ou des ouragans. L'incertitude se double lorsque ces deux sciences doivent se réunir pour l'explication d'un fait tel que celui de la *distribution des blocs erratiques*. Pour se rendre compte de leur transport des hautes Alpes dans les parties basses de la Suisse, et même sur les hauteurs du Jura, on a d'abord eu recours à l'hypothèse des courants d'eau; tantôt on a supposé de puissants cataclysmes provenant ou de l'écoulement d'une mer, ou de l'irruption des lacs alpins, ou de la fonte subite de

[1] D. A. Dans les Alpes, aux altitudes entre 2,550 et 2,650 métr. (moyenne 2,600 métr.) suivant l'exposition, les glaciers sont adhérents au sol dans toutes les saisons, solidement gelés au sol qui les supporte, peu importe l'inclinaison de la pente sur laquelle ils se trouvent, peu importe l'épaisseur du glacier, au bord lorsque la glace n'a souvent pas plus de quelques centimètres d'épaisseur, et sous une grande épaisseur de glace, pourvu que la roche qui les supporte soit aux altitudes citées.

[2] Extrait des archives des sciences de la bibliothèque universelle de Genève, t. XXXV. Septembre, 1866.

D. A. Voyez dans cette quatrième liste d'auteurs M. **Soret** (J. L.), *Ancienne extension des glaciers*, qui renferme les observations relatives au mémoire de M. **Sartorius de Waltershausen**.

glaciers et de champs de neige ; tantôt on a mis en avant l'action lente et continue de courants entraînant jusqu'aux mers ou aux lacs voisins des glaces flottantes, chargées de blocs et de débris de roche qui auraient été engloutis ou qui auraient été charriés sur les rives opposées à leur point de départ. Depuis trente ans environ une autre opinion a pris faveur : elle consiste à supposer que les glaciers se sont développés et étendus de deux côtés des Alpes, jusqu'à une hauteur de plusieurs milliers de pieds au-dessus du sol des vallées de manière à couvrir une partie considérable de la Lombardie et du Piémont, la France jusqu'au delà de Lyon et de Grenoble et la totalité de la Suisse jusque sur les flancs du Jura. Les blocs, tantôt isolés, tantôt entassés dans des moraines, auraient été emportés par le mouvement de progression des glaciers vers les parties plus basses où ils se seraient déposés après le retrait des glaces. Les auteurs mêmes qui ont proposé cette explication, **Venetz**, **de Charpentier**, **Agassiz** et leurs nombreux amis ont rassemblé avec beaucoup d'activité les faits confirmant cette hypothèse; ils l'ont défendue et soutenue contre les objections qui surgissaient de toute part, et finalement cette théorie, tantôt limitée aux contrées voisines des Alpes, tantôt étendue à tous les pays où l'on observe des phénomènes semblables, est maintenant adoptée par les auteurs des meilleurs traités modernes de géologie (**Naumann**, **Lyell**, **Dana**) et par le grand public scientifique; ses adversaires restent muets et leur nombre diminue tous les jours.

En 1860, la Société de Haarlem, qui a beaucoup contribué à l'avancement des sciences naturelles par les questions, très-bien choisies, qu'elle soumet chaque année à un concours, a attiré de nouveau l'attention sur la théorie des glaciers, particulièrement au point de vue des conditions et des influences climatériques. Elle avait posé la question en ces termes :

« D'après la plupart des géologues, une des dernières périodes géologiques aurait été « caractérisée par d'énormes masses de glace couvrant de vastes superficies dans plu- « sieurs pays, et formant d'énormes glaciers. La Société demande : quelle a dû être « l'influence de ces masses de glace, si elles ont réellement existé, sur la faune et la « flore des différents pays, et sur la température de l'atmosphère. »

Le célèbre professeur de géologie à Gœttingue, M. le baron **Sartorius de Waltershausen**, a entrepris de répondre à cette question. Ses voyages en Islande et dans la presqu'île Scandinave, ses recherches répétées et fructueuses dans les hautes Alpes de la Suisse, lui avaient acquis une connaissance vaste et solide de tous les faits relatifs à ce sujet. Son travail, auquel il n'avait pu consacrer que quelques mois, a reçu un prix au printemps de 1861 ; mais la Société accéda au vœu de l'auteur qui désirait pouvoir remanier complétement son œuvre avant de la livrer au public, en sorte qu'elle n'a été publiée que vers la fin de l'année dernière.

Ce travail, qui comprend 383 pages in-4°, débute par une exposition très-claire de l'origine, de la structure, du mouvement des glaciers, ainsi que des théories proposées pour en rendre compte. L'auteur adopte en général les vues de **M. Forbes** et de M. **Tyndall**, auxquelles il ajoute des considérations originales tirées de ses propres observations sur les glaciers et sur les courants de lave. — Dans ce qu'il dit au sujet des bandes bleues, le mot de stratification (Schichtung), qui pourrait donner une idée fausse de leur origine, aurait pu être avantageusement remplacée par l'expression de structure lamellaire (Schieferung). Nous ferons aussi observer que l'explication du mouvement des glaciers par la pesanteur, contrairement à la théorie de **Scheuchzer**, n'a pas été donnée pour la première fois par **de Saussure**, qui lui-même cite **Gruner**, mais par **Altmann** de Berne et après lui par **Gruner**. De même ce n'est pas **Rendu**, mais **Bordier**, Genevois contemporain de **de Saussure**, qui a le premier comparé les glaciers à une masse visqueuse.

M. Sartorius considère les moraines et les roches moutonnées, polies et striées comme des preuves d'une ancienne extension des glaciers ; toutefois il limite cette extension aux vallées intérieures des Alpes, et à une petite hauteur au-dessous du sol actuel.

Selon lui, le glacier du Rhône, par exemple, ne s'étendait pas au delà de Münster, où il s'unissait avec des glaciers provenant des vallées latérales, et par l'intermédiaire de ces derniers, qui se réunissaient à leur tour à des glaciers débouchant plus bas, des blocs provenant de la partie supérieure de la vallée du Rhône, pouvaient se trouver transportés successivement jusque dans le bas Valais; mais la pente n'aurait pas été suffisante pour que le glacier du Rhône pût s'avancer jusque-là.— Cette explication ne peut guère satisfaire, car, s'il n'y avait pas un glacier s'avançant dans la vallée principale, les blocs charriés par les glaciers des vallées latérales devaient s'entasser au débouché de ces vallées. L'auteur d'ailleurs paraît n'avoir pas remarqué les formes généralement arrondies et moutonnées, qui dans le voisinage de Brieg persistent jusqu'à une hauteur de 2,000 mètres au-dessus du fond de la vallée et contrastent d'une manière frappante avec les rochers déchiquetés d'une altitude plus grande. Cette hauteur considérable que doit avoir atteint l'ancien glacier, correspond à une pente de 1° 27' qui paraît suffisante pour que sous l'influence de la pesanteur une masse plastique ait pu progresser jusqu'à Martigny. Et si l'on demande une pente plus considérable, on peut s'étonner que l'auteur qui, dans la suite, fait osciller le sol de toute manière, n'ait pas eu recours à un soulèvement des montagnes du haut Valais suffisant pour produire la pente exigée.

L'ouvrage contient ensuite un aperçu sur les blocs erratiques des plaines suisses et du Jura, ainsi que sur les calcaires polis et striés de cette dernière chaîne de montagnes. Mais il n'examine pas encore la relation de ces phénomènes avec ceux qui leur sont analogues dans les Alpes, pas plus que l'explication de leur origine. Puis l'auteur nous conduit dans le Nord et donne une excellente description des *blocs scandinaves* et de leur distribution depuis l'Angleterre jusqu'en Russie, en passant par l'Allemagne du Nord. Il attache une importance particulière au fait que l'on retrouve ces blocs dans les îles, et il décrit les *surfaces polies et striées* qui ont été observées en *Islande et en Scandinavie*, soit par lui-même soit par d'autres savants.

Parmi ces divers chapitres préliminaires qui précèdent l'explication du problème erratique, l'un des plus intéressants traite des lacs de la Suisse. Ces lacs ont eu autrefois une extension plus grande qu'aujourd'hui; c'est là un fait qui n'est pas contesté. Mais l'auteur attribue à l'ancienne surface des lacs une étendue extraordinaire : il considère comme ayant été jadis réunis des lacs, qui, à la suite de soulèvements et d'affaissements se trouvent maintenant à des niveaux très-différents ou qui sont séparés par des massifs de montagnes; par exemple, le lac de Bienne et celui des Rousses, dont la différence de niveau est de 641m; le lac de Garde et celui d'Orta, dont les altitudes diffèrent de 301m; le lac de Brienz et celui de Lucerne, qui sont séparés par le large massif du Brünig s'élevant à 598m au-dessus de la surface du dernier de ces lacs. De cette manière l'auteur associe les lacs alpins et jurassiens en six groupes principaux auxquels il assigne les niveaux moyens suivants :

Groupe de la Savoie	226	mètr.
— du Léman	411	—
— jurassique	435	—
— des Quatre-Cantons	485	—
— du nord de la Suisse	417	—
— de Lombardie	205	—
Niveau moyen	437	mètr.

Les changements de niveau qui ont amené la subdivision de ces groupes ont eu lieu, suivant l'auteur, pendant l'époque diluvienne, et ils doivent avoir déterminé des modifications essentielles dans la position des couches des montagnes, entre autres l'inclinaison des couches de la molasse et les perturbations de position des dépôts diluviens. — Les géologues suisses cependant ne trouvent aucun rapport direct entre les bassins de lacs et l'inclinaison des couches de molasse, et, quant aux terrains diluviens stratifiés, leurs couches sont horizontales.

Cette réunion des lacs est même encore poussée plus loin : « Si les lacs intérieurs de « la Suisse, dit M. **Sartorius**, ont été en communication par groupes pendant et « après l'époque diluvienne, il n'y a qu'un pas à faire pour admettre que ces « différents groupes ont été une fois réunis de manière à former un grand bras « de mer. » Et il appuie la probabilité de cette hypothèse, qui exigerait évidemment une configuration du pays totalement différente de celle que l'on voit aujourd'hui, par une comparaison avec les lacs intérieurs de la Scandinavie, de l'Asie et de l'Amérique, qu'il considère tous comme les restes de mers anciennes; ce qui ne s'expliquerait également que par la supposition d'énormes changements de niveau dans le sol.

Vient ensuite une exposition rapide des anciennes hypothèses mises en avant pour rendre compte de phénomènes diluviens, principalement de celles de grands courants d'eau et des glaciers. L'explication proposée par **Wrède**, puis par **Venturi**, soutenue plus tard par **Breislack**, **Murchison**, **Lyell** et d'autres, et qui consiste à admettre que les blocs erratiques ont été portés sur des glaces flottantes depuis les Alpes jusqu'au Jura, n'est pas mentionnée ici par l'auteur, sans doute parce qu'il voulait la traiter plus tard d'une manière beaucoup plus complète que ses prédécesseurs. C'est une erreur qui lui fait dire que **Escher**, le père, avait proposé, avant **Venetz**, l'hypothèse des glaciers. — Il ne s'étend pas sur la théorie des grands courants d'eau qui lui paraît suffisamment renversée, et avant d'insister davantage sur la théorie des glaciers, il juge nécessaire de développer d'une manière générale les conditions calorifiques influant essentiellement sur le climat. Il consacre à cette exposition une série de chapitres que nous croyons pouvoir compter au nombre des travaux les plus importants et les mieux traités qui aient paru jusqu'ici sur ce sujet. Du reste ces considérations étaient directement exigées par la question posée par la Société de Haarlem.

Les conditions du climat d'un lieu sont :

1° Son altitude au-dessus du niveau de la mer.
2° Sa latitude géographique.
3° La répartition des terres et des mers.
4° L'état hygrométrique et hydrométrique.
5° Les vents et les courants marins.
6° La chaleur terrestre intérieure.

Dans la période actuelle et dans les époques géologiques qui l'ont immédiatement précédée, la dernière de ces conditions peut être considérée comme sans effet : c'est du soleil que la terre reçoit une quantité de chaleur constante, mais dépendant toutefois de la position de notre globe dans l'orbite terrestre. La chaleur solaire se répartit très-inégalement sur la surface de la terre, suivant que les cinq premières conditions mentionnées ci-dessus ont plus ou moins d'efficacité. Si la surface est complétement couverte d'eau, c'est-à-dire pour un climat marin parfait, les conditions 1 et 3 sont éliminées, et le climat dépend surtout de la latitude. Si la surface est entièrement occupée par des terres, c'est-à-dire par un climat continental parfait, la troisième condition est exclue, tandis que les autres facteurs et particulièrement le premier ont une grande influence. Si la surface est formée en partie de terres et en partie de mers, on a des climats mixtes qui se rapprochent plus ou moins des climats marins ou des climats continentaux.

L'ouvrage que nous analysons contient des tables et des formules déduites de l'ensemble des observations et donnant l'abaissement de la température pour des altitudes croissantes, ainsi que la hauteur de la ligne des neiges, pour un climat marin moyen aux différentes latitudes de l'hémisphère nord et de l'hémisphère sud. Il renferme encore des formules calculées d'après les méthodes les plus certaines, en prenant pour base les températures des lieux dont le climat se rapproche le plus du climat marin parfait et qui donnent la température moyenne au niveau de la mer pour toutes les latitudes, ainsi que la différence du mois le plus chaud et du mois le plus froid. On en déduit in-versement la latitude pour la température moyenne de 0°, et l'on arrive à trouver que pour un climat marin parfait dans l'hémisphère nord, au pôle même, la température moyenne est encore de + 1°,05 C., tandis que dans l'hémisphère sud, l'isotherme de 0° est à la latitude de 65° 33'. — On remarquera que ces résultats s'écartent beaucoup de ceux de M. Dove, d'après lequel l'isotherme de 0° dans l'hémisphère boréal, passe par le nord de l'Islande et la côte sud de la baie d'Hudson.

Les mêmes données calculées pour un climat continental conduisent à ce résultat, qu'à la latitude du 33° 24' la température moyenne est la même pour la climat marin et pour le climat continental. Plus au nord, la température moyenne du climat continental est plus basse; au contraire, à une latitude plus faible, la température moyenne devient plus chaude que pour le climat marin. L'isotherme de 0° passerait à la latitude de 54° 32' nord, à peu près sur les frontières de l'Angleterre et de l'Écosse et dans le voisinage de Kœnigsberg.

Ces chiffres mettent en évidence l'influence considérable de la répartition des terres et des mers, abstraction faite des différences d'altitude.

L'auteur cherche ensuite à calculer par une intégration, d'après la température moyenne pour chaque latitude, la quantité totale de chaleur que la terre reçoit du soleil. Il obtient ainsi pour l'hémisphère nord, supposé entièrement occupé par des mers, une température moyenne de 18°,5 et de 17°,92 si on le suppose complétement recouvert de terres. La coïncidence de ces deux valeurs n'était point attendue par l'auteur, et elle lui paraît devoir être attribuée à une détermination erronée des températures moyennes des continents. La moyenne de ces deux valeurs 18°,21, est la température moyenne à la latitude de 35° 26'.

Au moyen d'une nouvelle détermination de coefficients dans les formules de la température moyenne, et par une intégration, on trouve que la latitude à partir de laquelle, dans le climat continental, la terre produit un refroidissement au nord et un réchauffement au sud, est à 54° 52'[1].

La plus grande différence de température des deux hémisphères, aura lieu si l'on suppose que l'hémisphère nord soit couvert de terres à partir de l'équateur jusqu'à la latitude du 54° 52', et couvert des mers à partir de cette latitude jusqu'au pôle, tandis que la disposition contraire aurait lieu dans l'hémisphère sud. Dans cette hypothèse, on trouve pour la température moyenne de l'hémisphère nord 20°,755 C. et pour l'hémisphère sud 15°,667. Mais si l'on calcule ces valeurs pour la répartition réelle des terres et des mers, on trouve 17°,435 pour l'hémisphère nord et 15°,801 pour l'hémisphère sud. De cette différence de la chaleur moyenne il résulte qu'à la latitude de 45°, la limite des neiges persistantes est de 508m,7 plus basse dans l'hémisphère sud que dans l'hémisphère nord. Ainsi la répartition des terres et des mers n'est point sans influence sur les phénomènes glaciaires; mais dans les conditions les plus favorables, elle ne suffit pas à expliquer une extension des glaciers aussi considérable que celle que l'on admet dans l'époque diluvienne.

La considération de l'abaissement successif de la température depuis les temps géologiques anciens, ne conduit à aucun fait essentiellement différent. On peut supposer qu'à la fin de l'époque silurienne, l'influence de la chaleur interne de la terre sur la surface s'élevait à 4° C. environ. L'atmosphère était plus humide et sans doute un peu plus épaisse que maintenant; le ciel constamment ou pour la plupart du temps couvert de nuages empêchait le rayonnement de la chaleur. Les froides nuits d'hiver étaient pour ainsi dire complétement supprimées, mais les rayons directs du soleil n'arrivaient pas à la surface de la terre, en sorte que la différence entre le mois le plus chaud et le mois le plus froid était considérablement moindre qu'à présent. De plus, aussi longtemps que la terre a été totalement ou en grande partie couverte d'eau, les vents dominants de-

[1] Nous n'avons pas bien saisi d'où provient la différence entre ce chiffre et celui qui est donné plus haut.

vaient être des vents chauds soufflant de la mer et déterminant un courant ininterrom[illegible] de chaleur de l'équateur aux pôles. La forte évaporation sous les tropiques emportait [illegible] la chaleur qui, après la précipitation des pluies, était mise en liberté dans les contré[illegible] polaires, et devait ainsi élever un peu leur température moyenne annuelle. Enfin [illegible] courants marins, tant que la chaleur intérieure de la terre a contribué à leur produ[illegible] tion, exerçaient, sur les climats des régions tempérées et surtout des régions polair[illegible] une influence beaucoup plus considérable que de nos jours.

Maintenant si l'on suppose que les temps pendant lesquels les différentes formatio[illegible] géologiques se sont successivement déposées soient proportionnels à la puissance de [illegible] dernières; si l'on suppose de plus que l'influence de la chaleur intérieure de la terre [illegible] diminué d'après une fonction de ces temps, tandis que la différence de température [illegible] mois le plus chaud et du mois le plus froid aurait augmenté proportionnellement à [illegible] temps : on peut obtenir pour un climat marin parfait des tables contenant pour [illegible] différentes latitudes de 10 en 10 degrés, et pour le milieu de la formation, d'une part, température moyenne T, et d'autre part, la différence *t* des températures du mois plus chaud et du mois le plus froid. De ces tables nous extrayons les données suivant[illegible] qui sont celles qui tiennent de plus près à la question qui nous occupe :

LATITUDE.	FORMATION TERTIAIRE.		FORMATION DILUVIENNE.		ÉPOQUE ACTUELLE.	
	T	*t*	T	*t*	T	*t*
30°	20°,14	6°,05	19°,76	6°,12	19°,82	7°,42
40	16 ,01	7 ,57	15 ,64	7 ,50	15 ,47	7 ,52
50	11 ,61	8 ,52	11 ,31	8 ,65	11 ,22	8 ,70

Le climat était donc un peu plus doux à l'époque diluvienne que maintenant, rien [illegible] peut faire supposer qu'une grande partie des deux hémisphères ait été couverte [illegible] glaces, et il n'y a aucune raison d'admettre que pendant l'époque diluvienne, l'influence des continents sur le climat ait été plus grande que de nos jours, plutôt que le contraire. Si donc nous sommes forcés d'admettre qu'à l'époque diluvienne certaines contrées de la terre ont été couvertes de glaces ou de glaciers aujourd'hui disparus, ce phénomène ne peut pas être attribué à des causes générales, mais seulement à des causes locales n'exerçant leur influence que sur des espaces relativement peu étendus.

Après ces développements préliminaires, M. **Sartorius** passe à l'exposition des hypothèses à l'aide desquelles **de Charpentier** et M. **Agassiz** ont cru pouvoir expliquer la grande extension des glaciers et le transport des blocs erratiques. **De Charpentier**, qui avait d'abord supposé une plus grande élévation des contrées alpines, abandonna plus tard cette idée, et pour expliquer l'extension des glaciers jusqu'au Jura, il crut qu'il suffirait d'admettre une longue série d'années froides et neigeuses déterminée peut-être par les vapeurs aqueuses s'élevant des fissures de la terre après le soulèvement des Alpes. M. **Agassiz**, d'autre part, peut-être encore sous l'influence de l'école de **Schelling** et d'**Oken**, admit que la terre s'était à plusieurs reprises, même avant le soulèvement des Alpes, généralement recouverte d'une calotte de glace, et qu'à ces moments-là elle perdait, pour ainsi dire, sa vitalité, et que toute la vie organique disparaissait; puis qu'ensuite, après le soulève-ment des Alpes et un nouveau réchauffement de la terre, les blocs de pierres auraient glissé le long des pentes de glace inclinées jusqu'à ce que celles-ci se fussent réduite aux glaciers qui existent encore aujourd'hui. Il n'est pas difficile à l'auteur de démontr[illegible] que ces deux théories opposées l'une à l'autre, ne sont pas soutenables dans la suppo[illegible] tion que les conditions calorifiques que lui-même a établies, doivent être considé[illegible] comme des lois naturelles ne souffrant aucune exception. L'hypothèse d'**Agassiz** est [illegible] compatible avec les principes d'une saine physique et avec les vues de la géologie [illegible] derne. Il était plus difficile de contester la dernière explication de **Charpentier**. Po[illegible]

[illegible] grande majorité des géologues, l'excessive extension des glaciers diluviens n'est plus [illegible] une hypothèse, mais un fait prouvé par les investigations les plus consciencieuses, quoiqu'ils se résignent à ne pouvoir indiquer d'une manière satisfaisante la cause de cet [illegible] extraordinaire, et quoique **Charpentier** lui-même, encore dans les dernières années de sa vie, ne pût réprimer un sentiment de malaise sur sa propre hypothèse de glaciers couvrant toute la Suisse.

Il y a dans la critique de M. **Sartorius** deux assertions que nous devons contester. La première, c'est que les débris anguleux soient relativement rares et présentent constamment des traces d'érosion; le contraire est expréssement indiqué par tous les auteurs qui ont traité des blocs erratiques. La seconde, c'est que des espèces de roches provenant [illegible] divers lieux d'origine, par exemple des vallées de la Savoie et du Valais, soient mélangées les unes aux autres sur des surfaces étendues. D'autres objections encore nous [illegible] de peu d'importance. Ainsi nous ne pouvons accorder que l'angle formé par [illegible] Valais à Martigny ait pu arrêter le glacier du Rhône dans son mouvement vers le lac [illegible], puisque les glaciers actuels suivent tous les contours des vallées qu'ils remplissent. De même on ne doit pas forcément admettre que le glacier aurait dû se fondre en avançant sur le lac, et nous ne voyons pas ce qui aurait empêché les glaçons séparés de se réunir en une couche continue. Il n'est point nécessaire, pour cela, de supposer que l'eau dût être gelée jusqu'au fond : nos petits lacs alpins, les rivières du nord de l'Allemagne, les mers polaires, restent liquides au-dessous de la surface de glace qui les recouvre en hiver.

Nous accorderons toutefois sans restriction, que, dans les conditions actuelles de température, il est impossible de supposer qu'une suite d'années froides et humides, pareilles aux années de 1812 à 1818, se prolongeant un temps indéterminé, ait pu suffire à amener les glaciers jusque sur le Jura en passant par-dessus nos lacs, et à couvrir de glace toutes les vallées des Alpes, ainsi que les régions de collines ou de plaines qui les avoisinent. La pente est à peine suffisante pour qu'on puisse admettre une semblable extension. Si par exemple on suppose que le glacier diluvien du Rhône ait eu près de Brieg la hauteur atteinte par les rochers arrondis les plus élevés du flanc nord de la vallée (et l'on remarquera que ces rochers pourraient avoir été arrondis par des glaciers latéraux, tandis que le glacier principal aurait eu un niveau plus bas), on trouve que, de ces rochers jusqu'au lac de Genève, la pente n'aurait été que de 1° 9′. Jusqu'à [illegible] la pente aurait été de 0° 47′ seulement; cependant on voit des blocs près Bullet à [illegible] au-dessus d'Yverdon, c'est-à-dire à 1,500ᵐ seulement au-dessous des limites supérieures du glacier à Brieg. De plus, pour que le glacier ne fût pas fondu avant d'atteindre ce point, il faudrait que pendant cette série d'années froides et humides la température moyenne annuelle et la température moyenne estivale au bord du lac de Genève eussent été au moins aussi basses qu'à Grindelwald. Or la température moyenne annuelle de Grindelwald est de 4°,95 d'après les tables de M. **Sartorius** ou de 5°,94 d'après M. **Mieschof**; et à la température d'été (d'après les observations faites à Beatenberg, à une altitude de 71ᵐ supérieure) est de 13°,80; tandis qu'à Genève même, dans l'année [illegible] qui a été la plus froide, la température moyenne de l'année a été de 8°,86, et celle de l'été de 15°,72.

M. **Sartorius** n'admet pas non plus l'idée de M. **Escher** que le soulèvement du [illegible] du Sahara, qui doit y prendre son origine, ait pu être la cause du retrait des glaciers diluviens, parce que même le passage d'un climat marin parfait à un climat continental parfait, ne pourrait jamais produire une différence de température capable de rendre suffisamment compte de l'existence des glaciers à l'époque diluvienne et de leur disparition postérieure.

[illegible] l'hypothèse récemment émise par M. **Frankland**, que la température plus élevée des mers équatoriales à l'époque diluvienne aurait produit une évaporation plus considérable et de plus fortes chutes de neige, est considérée par l'auteur comme incompatible avec les lois de la physique terrestre, parce que cette élévation de température, qu'il n'y a aucune raison d'admettre, n'aurait pas pu s'étendre seulement aux mers.

Malgré la confiance de M. Sartorius dans la certitude des lois calorifiques qu'il a établies, l'extension des glaciers du Chili jusqu'au bord de la mer, dans l'hémisphère sud, à la même latitude que le monte Rosa, oblige l'auteur à avouer qu'il peut sans doute y avoir des circonstances entraînant des exceptions capitales à ces lois. Mais on remarquera que des circonstances pareilles à celles qui abaissent actuellement la température du Chili, ou même plus défavorables encore, peuvent avoir autrefois agi sur l'Europe. L'imagination a beau jeu avec les facteurs qui influent sur le climat, tels que la distribution des terres et des mers, l'altitude, les courants marins ou aériens! — L'auteur, en admettant que dans les époques géologiques anciennes les surfaces couvertes d'eau étaient plus grandes encore que de nos jours, fait une supposition purement gratuite, car les continents peuvent aussi bien s'être enfoncés que s'être soulevés. — En faisant abstraction dans les calculs de plusieurs facteurs, secondaires il est vrai, mais qui cependant ont une grande influence, comme c'est souvent le cas en météorologie, on peut arriver à des résultats s'écartant beaucoup des valeurs moyennes. C'est ainsi que l'auteur trouve d'après vingt-huit déterminations que l'altitude moyenne de l'extrémité inférieure des glaciers des Alpes en Suisse et en Savoie est de 1524^m; en faisant entrer dans ce calcul un plus grand nombre des glaciers, on aurait facilement pu élever ce chiffre à 2000^m; et cependant à Grindelwald le glacier descend à 1063^m, ou même 983^m d'après des déterminations plus précises : or quand des valeurs s'écartent de la moyenne d'un tiers ou d'une moitié, les conséquences basées sur cette moyenne même ne peuvent guère inspirer de confiance.

Après s'être efforcé de prouver l'insuffisance des hypothèses proposées jusqu'ici pour rendre compte de la distribution des blocs erratiques, l'auteur expose sa propre manière de voir, et cette partie de son travail peut en être considérée comme le point capital, la clef de voûte en quelque sorte. L'idée fondamentale qu'il adopte, est l'hypothèse émise par Gruner d'abord, souvent reprise depuis lors, et qui consiste à supposer une mer, un lac intérieur ou un golfe, qui se serait étendu le long de la base septentrionale des Alpes jusqu'à Linz, et au nord jusqu'à Ratisbonne, en pénétrant dans les vallées transversales de la Suisse comme les fiords de la presqu'île scandinave. A l'origine il y aurait eu un bras de mer en communication avec la mer Méditerranée; ce bras de mer, coupé plus tard près de Chambéry, se serait transformé en un lac d'eau douce. Les glaciers diluviens se seraient étendus jusqu'aux bords des fiords de ce lac, et auraient produit au-dessus de l'eau dans les saisons froides, des couches de glace qui se seraient disloquées pendant le dégel. Les glaces flottantes ainsi formées auraient transporté les rochers ainsi que des masses de terres et de limon jusqu'aux bords opposés de la nappe d'eau. — Une aussi grande extension des glaciers et le recouvrement du lac par une couche de glace supposent cependant un grand abaissement de la température moyenne annuelle ou estivale, et pour l'expliquer l'auteur revient à la première hypothèse de Charpentier; il suppose que tout le massif des Alpes et les contrées environnantes étaient alors à une altitude suffisante pour que cette condition fût remplie. En prenant comme point de départ la hauteur moyenne de 1,524^m pour l'extrémité inférieure des glaciers actuels, et en la réduisant pour la latitude moyenne des Alpes, ce qui donne le chiffre de 1,518^m; puis en se servant des valeurs précédemment obtenues pour l'abaissement de la température avec l'altitude, on trouve 3°,75 pour la température moyenne à cette hauteur qui devait être celle du lac intérieur. — Un autre calcul donne 1,587^m pour l'altitude du lac, 2°,5 pour la température moyenne, 11°,0, pour la température du mois le plus chaud, et — 5°,75, pour celle du mois le plus froid. — Vers le nord ce lac intérieur était borné par les pentes du Jura, lequel en plus d'un endroit s'élevait à peine à une hauteur de 330^m au-dessus; plus loin au nord-est, là où le Jura s'aplanit, le lac se continuait probablement par des marais. Mais comme les moraines et les surfaces polies et striées des glaciers diluviens se trouvent maintenant en moyenne, à une altitude de 390m, et comme à l'époque diluvienne la chaleur interne de la terre élevait la température moyenne de 0°,19 au-dessus de la température actuelle, elles seraient descendues de 29m plus bas, dans des conditions climatériques semblables à celles où nous sommes. Il résulte de là que la contrée où se trouvent les Alpes a dû subir depuis l'époque diluvienne un abaissement de 1,518m — 361 = 1,157. Ces soulèvements et ces abaissements se sont probablement effectués avec une extrême lenteur, et ont eu une durée indéterminée. Ils se sont aussi produits très-inégalement, de sorte que quelques montagnes se sont moins abaissées que les contrées environnantes. L'auteur explique par là les hauteurs différentes auxquelles se rencontrent les blocs sur le Jura. — Les plus hauts indiquent l'ancien niveau le plus élevé du lac intérieur : le sol, qui les porte, le Salève ou le Chasseron par exemple, est resté immobile, ou s'est moins abaissé que le reste de la contrée. — Du côté de Bâle ce lac se vidait dans un autre, placé à environ 975m au-dessous et remplissant la vallée qui s'étend entre les Vosges et les montagnes de la forêt Noire; et d'autre part, le grand lac intérieur se déversait dans le lac du Bourget. Ces deux lacs, situés à des hauteurs différentes, avaient certains rapports de position avec les lacs Ontario et Érié, séparés par le Niagara. C'est dans la suite, pendant l'abaissement, lorsque le grand lac s'était déjà divisé en bassins plus petits, correspondant aux lacs actuels, que paraissent s'être formés les digues de blocs et de limon que l'on remarque sur la rive nord de beaucoup de ces lacs : ce ne sont pas des moraines, mais des dépôts de graviers charriés par les glaces flottantes.

Les deux chapitres suivants sont consacrés aux phénomènes diluviens du versant sud des Alpes et du nord de l'Europe. L'explication que l'auteur en donne repose sur les mêmes principes. Nous croyons devoir laisser aux géologues de ces pays le soin d'en faire la critique.

Avant de discuter la théorie que **M. Sartorius** propose pour expliquer le phénomène erratique suisse, nous devons d'abord lui rendre un hommage bien mérité pour le talent dont il a fait preuve dans cet ouvrage; depuis les travaux d'**Hopkins** peut-être, les conditions climatériques de l'époque diluvienne n'avaient pas été embrassées d'une manière aussi générale, ni traitées avec toutes les prérogatives que suppose l'emploi des hautes mathématiques. Cependant nous nous permettrons de hasarder un doute, et de nous demander s'il n'aurait pas mieux valu que l'auteur n'employât pas sa facilité de calcul à des problèmes, dont les données sont encore trop peu certaines pour que l'on puisse espérer d'en trouver une bonne solution, à l'aide des méthodes analytiques, usitées en astronomie et dans quelques branches de la physique. — Cette restriction faite, nous ne pouvons méconnaître que cette théorie, qui sans doute n'est pas nouvelle, mais qui est mieux présentée qu'elle ne l'avait jamais été, écarte beaucoup des difficultés que l'hypothèse maintenant la plus généralement adoptée en Suisse et ailleurs ne surmonte que difficilement, quand elle ne les passe pas complétement sous silence, ou qu'elle n'en laisse pas la solution à l'avenir. — Nous ne voulons pas dire cependant, comme **M. Sartorius** le répète souvent, que la théorie des glaciers soit impossible et qu'elle se heurte contre des lois physiques bien établies. Impossible est un mot qu'il vaudrait peut-être mieux ne jamais employer dans des sciences qui reposent sur une base empirique. Il est impossible que la somme des trois angles d'un triangle ne soit pas égale à deux droits; mais il est seulement très-invraisemblable que le soleil s'arrête dans sa marche diurne ou que les métaux puissent être changés en or. Bien des faits, tels que le changement de durée de la révolution d'un corps planétaire, la connaissance des substances dont les corps célestes sont composés, la production de la glace de fond la chute des aérolithes qui avaient autrefois été traités d'impossibilités physiques, ont été plus tard reconnus non-seulement comme possibles, mais encore comme réels. On peut même dire que beaucoup de physiciens déclareraient que la grêle est une chose impossible, si l'observation ne démontrait constamment le contraire. De même, quoique les recherches que nous analysons paraissent montrer d'une manière convaincante que l'extension de nos glaciers jusqu'au Jura n'est pas compatible avec les lois régulières des conditions climatériques de la Suisse, elles ne prouvent pas cependant l'impossibilité de cette extension. Il peut y avoir eu des anomalies plus grandes que celles que nous observons maintenant à la suite d'années froides ou chaudes, humides ou sèches, et dont nous ne pouvons pas toujours nous rendre compte. Les continents et les mers ont pu être autrement répartis sur le globe; des soulèvements et des abaissements, des causes cosmiques, des influences plus ou moins improbables peut-être, mais qui ne sont pas impossibles, peuvent avoir déterminé un abaissement de la température, dépassant même celui qu'on observe actuellement au Chili. — Les partisans de la théorie des glaciers préfèrent, s'ils sont prudents, ne pas pénétrer dans les champs des hypothèses. Que toute la contrée des Alpes ait été couverte de glaces à l'époque diluvienne est pour eux, comme nous l'avons dit plus haut, plutôt un fait qu'une théorie, ils reconnaissent que cette supposition rend mieux compte des faits observés que toutes celles qui ont été proposées jusqu'ici; mais ils sont prêts à l'abandonner, si l'on vient à en proposer une autre qui réponde mieux au problème. Ils se trouvent à peu près dans la position où étaient les astronomes à l'époque où **Newton** avait énoncé le principe de la gravitation universelle; eux aussi, et **Newton** lui-même, devaient reconnaître comme bien fondées et parfois irréfutables, plusieurs objections des cartésiens; et pourtant ils abandonnèrent la question aux spéculations des théoriciens et se bornèrent à remplir leur tache pratique, c'est-à-dire à établir par des observations précises les faits sur l'explication desquels on discutait.

Revenons maintenant à la théorie que **M. Sartorius** a développée avec tant de talent. En l'examinant, non pas au point de vue des principes théoriques sur lesquels elle repose, mais relativement aux faits existants, on se heurte à des difficultés telles que, si on pouvait les peser en regard des faits contraires à la théorie des glaciers, on ne saurait prévoir de quel côté pencherait la balance.

Commençons par la molasse, à laquelle l'auteur même consacre une attention spéciale. Nous admettons volontiers que sa formation s'explique par ce bras de mer supposé, qui, partant de la Méditerranée, s'étendait le long des Alpes jusqu'en Autriche, quoique cette supposition ne se concilie guère avec le fait que la masse inférieure de la molasse contient seulement des êtres organisés d'eau douce ou terrestres (à l'exception du gisement très-limité de fossiles d'eau saumâtre près de Ralligen, et que les coquilles marines ne se rencontrent que dans les couches supérieures de cette formation. Nous sommes cependant portés à croire, que la molasse d'eau douce, si fortement développée soit au-dessus soit au-dessous des dépôts marins, provient en partie des deltas formés par les cours d'eau alpins et en partie de dépôts dus à des marais. Je voudrais ne pas m'opposer non plus à la manière de voir de mes amis de Zurich qui considèrent la formation nommée *Nagelfluh celluleux de l'Utliberg* comme formant la transition entre la période tertiaire et l'époque diluvienne. Je pourrais même accorder comme possible que la plus grande partie de la molasse en stratification horizontale ou peu inclinée, ait été déposée seulement après le redressement et le plissement des couches de la molasse et du Nagelfluh contiguës aux Alpes, dont la position résulte d'une pression latérale provenant de ces montagnes. Mais c'est dans les couches les plus récentes de la molasse horizontale que l'on rencontre les calcaires d'Œningen, dont les restes organiques conservent le type méridional des fossiles répandus dans les couches les plus basses de la molasse d'eau douce de Lausanne, et dont par conséquent le dépôt a dû s'effectuer en tout cas avant la grande extension des glaciers et la distribution des blocs erratiques. Ainsi ces derniers phénomènes n'ont aucune connexion avec l'ensemble de la formation des molasses, et les fossiles de cette période ne peuvent être considérés comme démontrant l'existence d'une mer ou d'un lac d'eau douce à l'époque diluvienne. Mais passons sur ces faits et allons plus loin.

Suivant **M. Sartorius**, après le dépôt des molasses les plus récentes, le massif des Alpes avec le lac environnant, avec le Jura et même avec une partie des pays voisins, s'éleva à une hauteur de 1,587^m ou 1,600^m en nombre rond. On pourrait même dire que, pour atteindre le but, ce chiffre est trop faible de 400ᵐ environ. En effet, l'auteur calcule l'abaissement de la température pour des altitudes croissantes d'après des observations faites sur quelques pics ou quelques arêtes isolées, ou pendant des ascensions aérostatiques, sans tenir compte de l'échauffement considérable que le contact de plateaux étendus produit sur la température. Dans la haute Engadine, pays qu'on peut le mieux comparer à ces contrées dont on suppose le soulèvement, il n'y a que le glacier de Morteratsch qui descende à 1,908ᵐ ; tous les autres s'avancent beaucoup moins bas, aucun n'atteint les lacs qui sont à une altitude de 1790ᵐ.

Ce soulèvement de l'ensemble du pays et l'affaissement qui lui a succédé, mais qui d'après l'auteur s'est inégalement produit pour les différentes montagnes, devraient avoir entraîné des perturbations dans la position des couches ; cependant dans tous les alentours des Alpes, comme dans leurs vallées intérieures, à part quelques exceptions très-limitées et même douteuses, les masses diluviennes stratifiées, antérieures ou contemporaines au phénomène erratique, sont toujours horizontales, et elles s'étendent souvent par-dessus des couches de molasse très-inclinées ou verticales.

Si, pour écarter cette objection, nous admettons que ces oscillations du sol aient affecté également une grande partie du continent, sans avoir été accompagnées, ni d'un dérangement des couches, ni de compression latérale, il faudra toutefois supposer qu'elles se soient produites avec une extrême lenteur. Il a fallu un long espace de temps pour que le sol s'élevât à une hauteur suffisante pour que les glaciers aient pu atteindre les lacs et y amener des glaçons. Cette altitude a dû persister jusqu'à ce que les glaces flottantes aient charrié les masses erratiques que nous rencontrons à une grande distance des Alpes. En effet, il ne s'agit pas seulement ici des gros blocs qui les premiers frappent les regards : une grande partie des environs de Zurich, de Berne, de Lausanne, la superficie de plusieurs collines telle que le Belpberg, le Längenberg et d'autres, sont recouvertes d'une masse de plus de 20ᵐ de puissance formée de débris glaciaires, principalement d'argile et de sables mélangés de cailloux ou de blocs arrondis. Sur de vastes étendues, cette masse repose immédiatement sur la molasse ; ailleurs elle en est séparée par des dépôts de gravier stratifié. Il a fallu ensuite un espace de temps du même ordre que le premier, pour que le sol s'affaissât jusqu'à son niveau actuel. — Si l'on admettait que ces variations de niveau pussent être comparées au soulèvement actuel de la Scandinavie, on trouverait pour la première période d'élévation une durée de 200,000 années ; le lac aurait recouvert d'abord la molasse ; puis les graviers et les dépôts glaciaires pendant un temps peut-être triple. Est-il croyable que durant cette longue période, pendant laquelle l'eau du lac devait être troublée par les sables des cours d'eau glaciaires, il ne se soit fait aucun dépôt stratifié analogue à ceux d'Œningen, ni au contact immédiat de la molasse où il aurait dû spécialement s'en former, ni plus tard alternativement avec les dépôts glaciaires ? Est-il croyable qu'il ne se soit conservé aucun reste de coquilles d'eau douce, ou de plantes aquatiques, et que lors du retrait de l'eau il ne soit resté aucune terrasse, aucune trace d'anciennes rives, marquant la place de l'ancien niveau de la surface du lac, comme il y en a sur les côtes des lacs américains ? Pas un vestige de tout cela, de Genève jusqu'à Linz, des Alpes jusqu'à Ratisbonne ! La seule formation de cette époque qui se trouve tantôt au-dessus, tantôt au-dessous des dépôts glaciaires, est un gravier grossier de roches alpines, analogue à celui que déposent les torrents ou les cours d'eau non navigables. C'est d'autant plus frappant, que tous ces caractères qui font défaut dans la formation diluvienne, se retrouvent dans la molasse que nous considérons aussi comme provenant d'une mer ou d'un lac intérieur.

Les digues en aval des lacs actuels ou anciens, comme celle de Bremgarten de Berne et en d'autres lieux assez éloignés des Alpes, ne peuvent pas être considérées sans difficulté comme des dépôts provenant de glaces flottantes échouées. En effet, ces dépôts devraient nécessairement avoir eu lieu dans les derniers temps de l'abaissement de la contrée, lorsque les lacs s'étaient déjà retirés dans leurs limites actuelles. Or il est incompatible avec les conditions thermiques admises par l'auteur que l'extrémité des glaciers aient pu alors atteindre les lacs et y jeter des glaçons, car, lorsque ces lacs avaient pris à peu près leurs limites actuelles, les glaciers devaient avoir abandonné depuis longtemps leurs rives supérieures.

Une objection à la théorie des glaces flottantes qui a été souvent répétée, mais jamais réfutée, repose sur le fait que les blocs erratiques ne se trouvent que dans certaines localités correspondant aux grandes vallées latérales : leur mélange ne se produit jamais comme le suppose M. **Sartorius**. Jamais on ne voit de grands blocs de poudingue de Valorsine, de grès anthracifère, d'euphotide avec diallage, d'éclogite et d'arkésine, à l'Est de la ligne de Berne-Berthoud-Hutwyl ; jamais le verrucano de Glaris ne se trouve à l'ouest des collines d'Albis-Uetliberg-Brugg. Même sur le Jura, il n'y a point à cette règle d'exception qui soit bien établie. Je ne connais à l'ouest de Berne, et encore moins sur le Jura, aucun bloc provenant de la vallée de l'Aar ; il n'y a pas de bloc originaire de la vallée du Rhône à l'est d'Olten, et point de bloc de Glaris ou des Grisons à l'ouest de la Reuss. Et cependant dans l'hypothèse des glaces flottantes, les vents soufflant tantôt de l'est, tantôt de l'ouest, auraient facilement transporté ces blocs le long du Jura, d'une extrémité à l'autre de la Suisse. L'auteur même admet que le frottement de ces glaces a poli et strié les rochers du Jura. Quand on réfléchit que ce lac intérieur pouvait été comparé avec notre mer polaire au point de vue des conditions climatériques, et que dans l'océan Atlantique les glaces flottantes sont entraînées au sud jusque près des Açores, on devrait s'attendre à ce que le granit du mont Blanc et du Valais se retrouvât jusqu'à Linz et à Ratisbonne.

Dans la théorie des glaciers, comme dans celle de M. **Sartorius**, l'étude des faits paléontologiques conduit toujours à des difficultés particulières. Les couches les plus récentes de molasse, à Œningen, qui contiennent des palmiers, des camphriers et des cannelliers, font supposer, d'après M. **Heer**, un climat subtropical, tandis que les restes organiques caractéristiques des plus anciennes couches diluviennes, telles que ceux des *lignites d'Utznach de Durnten* et d'autres lieux consistent en plantes qui vivent encore dans la contrée. M. **Heer** estime, d'après les plantes qu'on rencontre dans la molasse d'eau douce inférieure de Lausanne, que le climat correspondant à leur végétation était caractérisé par une température moyenne de 20°,5 et que cette température, jusqu'à l'époque des dépôts d'Œningen était tombée à 18°,02 ; il admet que la température moyenne, lors de la formation des lignites d'Utznach, était de 8°,75 ; celle de l'époque glaciaire 5°,37 ; celle de l'époque actuelle 9°,37. Il est impossible de supposer que ces températures si différentes se soient succédé brusquement et qu'il se soit instantanément développé une flore correspondante ; et cependant il n'y a pas de traces de passage entre la flore d'Œningen et celle d'Utznach, et les restes de la flore que l'on peut supposer avoir existé à l'époque glaciaire ne paraissent pas s'être conservés. Pour nous naturalistes suisses, qui pouvons en quelques heures nous transporter des hauteurs du Saint-Gothard jusqu'aux îles Borromées, c'est une idée naturelle d'attribuer la différence des flores à la différence des altitudes des lieux où elles se trouvent. M. **Sartorius** adopte la même idée, et rien ne pourra attirer plus de partisans à sa théorie des énormes oscillations du sol, que la facilité avec laquelle il parvient à expliquer ces changements mystérieux du monde organique se succédant à des époques aussi rapprochées. On remarquera cependant qu'il est plus facile de rapporter à des conditions d'altitude un abaissement qu'un accroissement de la température, car il y a toujours un maximum au niveau de la mer pour chaque latitude. Les températures élevées, que M. **Heer** croit pouvoir assigner à l'époque de la molasse, paraissent à M. **Sartorius** incompatibles avec les lois de la distribution géographique de la chaleur. En effet, elles conduisent à admettre qu'en Suisse, même pour un climat marin parfait, à l'époque de la molasse inférieure la température moyenne était seulement de 15°,2 ; celle du mois le plus chaud de 16°,9, et celle du mois le plus froid de 9°,4. Mais, par comparaison avec la végétation du sud de l'Angleterre, il estime que ces températures sont suffisantes pour permettre le développement d'une flore telle que celle de la molasse de Lausanne. Si l'on suppose que la contrée a été soulevée de 130 à 200^m jusqu'à l'époque d'Œningen, on explique une certaine diminution de la température moyenne et la disparition de quelques espèces végétales. Le climat d'Utznach résulterait d'une élévation ultérieure à 520^m, et peut-être la flore correspondante existait-elle déjà sur les hauteurs voisines à l'époque d'Œningen. Ensuite le pays s'élevant encore jusqu'à 1600^m, les glaciers atteignirent les bords du lac intérieur. les banquises flottantes, chargées de débris pierreux, quittant l'une des rives, échouèrent sur les côtes opposées. et il en résulta une flore analogue à celle de la haute Engadine; flore dont les restes toutefois paraissent perdus pour nous. Enfin l'abaissement du sol nous apporta le climat actuel et la végétation qui nous entoure.

Cette solution du problème climatérique amène à se demander s'il ne serait pas possible d'expliquer d'une manière analogue les phénomènes erratiques, sans qu'il fût nécessaire d'admettre l'existence du lac intérieur diluvien et les glaces flottantes. L'auteur et tous les défenseurs de la théorie des glaces flottantes se voient forcés de faire descendre les glaciers jusqu'aux bords des lacs; pour en rendre compte, ils modifient à leur gré la configuration du sol, et ils imaginent des soulèvements et des abaissements convenables. Il suffirait de faire un pas de plus sur la même voie pour faire descendre les glaciers plus avant dans les vallées et pour leur faire atteindre les limites les plus reculées des blocs erratiques. Les phénomènes des contrées avoisinant les Alpes se trouveraient ainsi expliqués d'une manière aussi satisfaisante que le sont les phénomènes du nord par la théorie des glaces flottantes qui, pour ces dernières localités, paraît présenter la solution la plus satisfaisante. La répugnance que l'on a à admettre ces changements de niveau du sol paraît résider surtout dans le fait que l'on ne retrouve pas dans les dépôts diluviens les plissements, les redressements, les contournements, les renversements de couches que nous observons dans nos montagnes. Dans nos ouvrages élémentaires on considère toujours les soulèvements continentaux de la presqu'île Scandinave et du Chili comme formant la base de la théorie du soulèvement des montagnes, bien que les premiers ne soient accompagnés d'aucun dérangement dans la position des couches. Mais il est facile de comprendre que dans des élévations générales de cette nature, où la force soulevante agit sur tout l'ensemble du pays et également dans les deux sens. les choses se passent autrement que là où des vapeurs ou des masses plutoniques font irruption au travers des fissures de la terre, et exercent sur le sol voisin une compression latérale. Et même, dans le premier cas, si le soulèvement n'est pas absolument égal, l'inclinaison des couches sera la plupart du temps si faible, qu'elle échappera à l'observation.

P. S. Sur le point de livrer cet article à l'impression, je reçois de M. **Heer** une notice qui vient de paraître dans le journal de la Société des Sciences naturelles de Zurich [1]. M. **Heer** a reçu, par l'entremise de ses amis en Angleterre, une collection de plantes fossiles des environs de l'île Disco, sur la côte occidentale du Groënland, à 70° de latitude boréale. Il s'est convaincu, d'après l'état de conservation de ces restes de végétaux, que leur accumulation n'est pas due à des courants venus de pays lointains; mais que ces plantes ont végété dans le pays même, et que, la plupart consistant en restes d'arbres y ont formé de grandes forêts. Les espèces de ces plantes fossiles indiquent avec certitude une flore miocène et ne laissent aucun doute que, du temps de leur croissance, certaines parties du Groënland jouissaient d'un climat beaucoup plus doux que celui qui y règne actuellement. M. **Heer** estime à 16 degrés C. cet abaissement de la température moyenne. La température moyenne actuelle au 70me degré du Groënland est d'environ — 6°,5; mais elle s'accroît vers l'Est, et sous l'influence favorable du Gulfstream et d'autres agents, elle monte sur les côtes de la Laponie jusqu'à + 0°,40, ce qui reste toujours de 9° au-dessous de la température exigée pour la flore miocène du Groënland. M. **Sartorius**, d'après ses calculs, trouve pour le 70me degré de latitude une température

[1] D. A. La notice de M. **Heer**, a pour titre : *Forêt fossile d'Atanakerdluk. Partie septentrionale du Groenland*. Voy. M. **Heer** dans cette quatrième liste d'auteurs.

moyenne de + 4°,11 C., pour le mois le plus chaud de 9°,17, et pour le mois le plus froid de — 0°,95. Ce climat correspondrait à peu près à celui de Reikiavig en Islande ; le mois le plus froid a, il est vrai, un degré de moins, mais l'été est plus chaud ; le mois le plus chaud ayant 4° de plus que dans le climat miocène du Groënland : et quelle différence cependant entre les bouleaux rares et rabougris de l'Islande actuelle et les nombreux hêtres, noyers, platanes, chênes, etc., que nous présente la flore miocène du Groënland! Ce résultat mérite d'autant plus d'attirer notre attention, qu'il n'est pas isolé : des conséquences analogues résultent de l'examen des flores miocènes du Spitzberg, près du 79° de latitude boréale, et de Banksland à 74° 27′ de latitude.

Tous ces faits, dit M. **Heer**, nous démontrent l'impossibilité de concevoir une répartition de la mer et des continents de l'hémisphère boréal, d'où résulterait un climat tel que l'exigerait l'explication de ce phénomène. Nous nous trouvons en face d'un problème que l'astronomie peut-être résoudra plus tard.

B. Studer.

T

TROYON (F.).

Habitations lacustres des temps anciens et modernes. — Texte et planches. Lausanne, 1860.

W

WYLIE (W. M.).

On lake-dwellings of the early periods.

Z

ZAHN (A.) und **UHLMANN** (Joh.).

Die Pfahlbau-Alterthümer von Moosedorf. — 1857.

MATÉRIAUX

POUR

L'ÉTUDE DES GLACIERS

Cinquième liste supplémentaire, par ordre alphabétique, des auteurs qui ont traité des hautes régions des Alpes et des glaciers, et de quelques questions qui s'y rattachent, avec indication des recueils où se trouvent ces travaux (1864 à 1867).

A

AGASSIZ (Louis), professeur à Cambridge (Amérique).

GLACIAL PHENOMENA IN MAINE[1].

Three or four years ago I began a series of papers in the « *Atlantic Monthly* » which, though they appeared as separate geological sketches, had, nevertheless, a certain sequence. These contributions have been unavoidably interrupted for more than two years; and, in taking up the thread again, my readers will excuse me if I recall to them the point at which we parted, by a rapid review of the subject then under discussion. — There were two sets of facts which first awakened the attention of geologists to the ancient *extension of glaciers*, though at first no investigator connected them with the agency of ice. The first was the presence of *boulders* in Central Europe and England, which had their birthplace far to the north of their actual position; the second was the presence of similar detached *boulders* scattered over the plain of Switzerland, and on the slopes of the Jura, which, on the contrary, had travelled from the south northward, and had their origin in the Alps. Before they attracted the attention of scientific men, these dislodged masses were so generally recognized as strangers to the soil, that in Germany, among the common people, they went by the name of Fündlinge (homeless children). They are indeed the wandering Bohemians among rocks.

The first interpretation of these phenomena, which very naturally suggested itself, when they began to be systematically studied, was that of their transportation by water. It was supposed that irruptions of the northern oceans had swept the huge masses of Scandinavian rock over adjoining countries, and that large lakes within the Alps had

[1] Phénomènes glaciaires dans l'Amérique du Nord par [illegible] à [illegible] latitude. Extrait de Atlantic Monthly. February and March 1867. — Boston. Ticknor and Fields, 1867.

broken their natural barriers, and poured down into the plains, carrying with them *débris* of all sorts, and scattering them over the lowlands. But soon it was found that this theory did not agree with the facts; that the valleys of the Alps, for instance, had sent out boulders, not only northward, but southward and westward also, and that their distribution was often so regular, and their position so isolated, on high elevations, as to preclude the idea that immense tidal waves, freshets, or floods had so arranged them. Nature is so good a teacher that, the moment we touch one set of facts, we are instinctively, and almost unconsciously, led to connect them with other phenomena, and so to find their true relations. The *boulders of the plains soon began to be compared with the boulders of the higher valleys;* ice itself was found to be a moving agent; and it was presently ascertained that the transportation of loose materials by existing glaciers, and their mode of distributing them, corresponded exactly with the socalled *erratic phenomena* of Central Europe and England. With these results were soon associated a great number of correlative facts; — the accumulation of loose materials under the glacier, and upon its sides, as well as upon its surface, the trituration of the former until they were ground to a homogeneous paste, and the regular arrangement of the latter as they successively fell upon the glacier, and were borne along upon its back, *retaining all the sharpness of their angles,* because they were subjected to no pressure; the characteristic markings, *furrowing, grooving, scratching,* and *polishing* of the surfaces over which the glacier passed, as well as of the pebbles and stones held fast in its mass, and coming into sharp contact with the rocks beneath; the accumulation of loose materials pushed along by the advancing ice, or carried on its edges, and forming ridges or walls at its terminus and on its sides. The study of these combined results of *glacial action* now became part of the subject, and were sought for by geologists wherever the *erratic phenomena* were investigated. Out of these comparisons has gradually grown a belief that, as the Alpine glaciers were formerly more extensive, so did the northern ice-fields, now confined to the Arctic regions, once stretch farther south. I suppose there are few geologists now who would not readily give their assent to the glacial theory, expressed in this general form.

But while the wider distribution of *glacial phenomena* from mountainous centres in ancient times is now generally admitted, the theory in its more universal application, involving, that is, the existence of an *ice-sheet* many thousands of feet in thickness moving across whole continents, over open, level plains as well as along enclosed valleys, still meets with many opponents, the stanchest of whom stand high as geological authorities. If not openly said, it is whispered, that, after all, this great *ice-period* is a mere fancy, worthy at best of a place among the tales of the Arabian Nights; *that no moraines have ever been noticed in North America;* and that what has been ascribed to the agency of *terrestrial glaciers,* upon this continent, is simply the work of ice-bergs stranding against a coast which has subsequently been raised, so that the boulders first deposited by the floating ice along the shores now lie inland at a great distance from the sea. According to this suggestion all the *erratic phenomena* in North America, the extensive sheets of *drift,* the continuous and prominent ridges of *drift materials, the larger scattered boulders, the scratched, polished, and grooved surfaces,* are the work of floating ice, poured forth, then as now, from the Arctic regions. If this be so, we should expect to find all these so-called traces of glacial action running from the coast inward.

Let us see now how this agrees with the facts. I will not recapitulate the substance of my last article on this subject, « *The Ice-Period in America.* » It gave a general summary of the *glacial phenomena* on this continent, as compared with those of Europe, stating at the same time my reasons for believing that immense masses of ice would move over an open plain nearly as rapidly as in a slanting valley, and from the same causes as those which determine the advance of the *Swiss glaciers down the Alpine valleys.* This article appeared in June, 1864. I had intended to follow it with one upon the appearances of the *drift* in this country; and in September I went to Maine in order to examine the *drift phenomena* on the islands and coast of that State, and compare them with those of the Massachusetts shore. It was my purpose to go directly to *Mount Desert*, but the loss of a carpet-bag detained me at *Bangor*. What seemed at first a vexatious annoyance proved in the end to be a fortunate chance; for, while waiting at Bangor, I fell in with a friend, who, when he heard the object of my journey, proposed to me to pass the intervening day or two in a drive with him northward along the « horsebacks, » in the direction of *Mount Katahdin*. I desired nothing better; for a previous glimpse of one horseback, in the neighborhood of Aurora, had already shown me their *morainic character*, and they therefore were immediately connected with my present investigation. It would give me, besides, an opportunity of carrying out my survey on a much larger plan. As I had already satisfied myself, in this and previous journeys from *Portland to Bangor*, tha the *traces of glacial action occurred over all that region*, this excursion would enable me to follow them to a considerable distance northward, while on my return I could trackthem down to the coast in continuous connection. I dwell upon the character of this investigation, because, numerous as have been the local observations of this kind, I am not aware that extensive tracts of land have been systematically surveyed, compass in hand, with the view of ascertaining the continuity of these marks in definite directions. I gladly accepted my friend's offer; and tho this incident I owe some of the pleasantest days I have ever spent in travelling, and the knowledge of some important, and I believe novel, facts in glacial phenomena, an account of which will be found in the present article.

It was late in September, just at the turn of the leaf; the woods were in all their golden and crimson glory, with here and there a purple beech, or a background of dark-green pines. Familiar as we all are with the brilliancy of the autumnal foliage in the neighborhood of our towns, one must see it in the unbroken forest, covering the country with rainbow hues as far as the eye can reach, in order to appreciate fully its wonderful beauty. A few words on this change of color, which is as constant as any other botanical character (each kind of tree having its special tints peculiar to itself, and not reproduced by other kinds), may not be amiss. Indeed, not only does every species have its appointed range of color, but each individual tree has its history told more or less distinctly in the ripening of the foliage. A weaker or a younger limb may have put on its autumn garb, and be almost ready to drop its leaves, while the rest of the tree is untouched. A single scarlet maple or red oak often gives us the most beautiful arrangement of tints, from the green of midsummer, through every shade of orange and red; in the same vay one leaf may ripen unequally, its green surface being barred or spotted with crimson or gold for days before the whole leaf turns. These differences give ample opportunity for studying the ripening process. In attempting to determine the cause of these changes, it ought not to be forgotten that they occur locally, and also make their appearance on particular trees much earlier than upon others; so early, indeed, as to show clearly the fallacy of the prevalent idea that they are caused by frost. The temperature remains ten or fifteen degrees above the freezing-point for a month and more after a good many of our trees have assumed their bright autumnal hues. The process is no doubt akin to that of ripening in fruits; especially in such fleshy fruits as turn from green to yellow, purple, or red, like apples, peaches, plums, cherries, and others. The change in color coincides with changes in the constitutive chemical elements of the plant; and this comparison between the ripening of foliage and fruit seems the more natural, when we remember that fruits are but a modification of leaves, assuming higher functions and special adaptations in the flower, so as to produce what we call a fruit. The ripening process by which the leaves take on their final colors is as constant and special as in the fruits. The cherries do not assume their various shades of red, deepening sometimes into black, or the plums their purples, or the peaches their velvety-rose tints, or the apples their greens, russets, browns, and reds, with more unvarying accuracy than the different kinds of maples and oaks, or the beeches, birches, and ashes, take on their characteristic tints. The inequality in the ripening of the foliage alluded to above has also its counterpart in the fruits. Here and there a single apple or peach or pear ripens prematurely, while all the rest of the fruit remains green, or a separate branch brings its harvest to maturity in advance of all the surrounding branches. No doubt the brilliancy of the change in the United States, as compared with other countries, is partly due to the dryness of the climate; and indeed it has been observed that certain European flowers take on deeper hues when transplanted to America. But I believe the cause lies rather in the special character of certain American plants and trees. The Virginia creeper, for instance, which is much cultivated now in France and Germany, turns to as brilliant a scarlet in a European garden as in its native woods.

But let us return to our horsebacks. At the very beginning of our journey, we followed one of them for a considerable distance after leaving Bangor, on our way to Oldtown, besides which we saw a number of similar ridges running parallel with it [1]. The name is somewhat descriptive, for they are shaped not unlike saddles with sloping sides and flattened summits. They consist of loose materials of various sizes, usually without marked evidence of a regular internal arrangement, though occasionally traces of imperfect stratification are perceptible. Sometimes they follow horizontally, though not with an absolutely even level, the trend of a rocky ledge; again, they themselves seem to have built the foundation of their own superstructure, being composed of the same homogeneous elements which cover the extensive flats over which they run with as great regularity as upon a more solid basis. The longest of these horsebacks — and they sometimes stretch, as I have said, for many miles — trend mainly from north to south, though their course is somewhat winding, seldom following a perfectly straight line. They are unquestionably of a *morainic nature*, and yet they are not *moraines* in the ordinary sense of the term, but rather *ridges of glacial drift* heaped up in this singular form, as if they had been crowded together by some lateral pressure. Had they been accumulated and carried along upon the *edge of a glacier*, they could not be found in their present position. They differ also from *moraines proper* in their rounded materials, containing many *scratched and polished pebbles*, while moraines are built chiefly of *angular fragments of rocks*. Neither can they have been accumulated by currents of water; for they occur in positions where any flood passing over the country, far from producing such an arrangement, must have swept them away, or at least have scattered them and destroyed their ridgelike character. They are, indeed, identical with the *bottom glacial drift*, that is, with the materials collected beneath the present glaciers, and ground to a homogeneous paste by their pressure and onward movement. I would call such accumulations *ground moraines*, that is, *moraines formed completely under the glacier*, and resting immediately upon the rock or soil beneath. Of course, masses of drift below a great sheet of ice, moving steadily in the same direction over uneven, rocky surfaces, cannot preserve the same thickness throughout. Here and there the incumbent weight will press more heavily in one direction than in another, thus crowding the loose materials together, rolling them into ridges following mainly the direction of the movement. Occasionally such uneven pressure may drive these materials up, from either side, along the summit of a rocky ledge, or heap them at any height upon its slope. We have seen that the horsebacks, though uneven and winding, usually run from north to south; but occasionally also they trend from east to west. This is the case where a *morainic accumulation* of loose materials may have been pushed forward, along the margin, in front of an extensive sheet of ice moving southward, and then left unchanged by the subsequent retreat northward of the whole mass. I conceive that such horsebacks, running

[1] Those who wish to follow the localities indicated in this article should consult **M. F. Walling's** map of the State of Maine, published by J. Chace, Jr., Portland.

distinct than are those of the great ice-sheet in which all lesser glaciers were once merged, over the whole region. And not here alone. I have tracked its footsteps on its southern march from the Katahdin Iron Works to Bangor, and thence to the sea-shore. Every natural surface of rock is scored by its writing, and *even the tops of the mountains attest, by their rounded and polished summits, that they formed no obstacle to its advance*. It has been assumed by some geologists, and especially by Sir **Charles Lyell**, that the *ice-period* was initiated by the spread of *local glaciers* from special centres. The particular character of the more extensive *glacial phenomena* satisfies me, on the contrary, that they must have preceded in course of time all mere *local glaciers*, and that the latter are but the remnants of the great ice-sheet lingering longer in higher and more protected valleys. From the evidence we have of its thickness and extent, such a mass of ice advancing over the country would have swept away all evidences of *local glaciers, all morainic accumulations previously formed*. I therefore infer that the local phenomena were the latest in time, and consequent upon the shrinking of the larger continuous ice-sheet. It is my belief that the *ice-period* set in, as our winters now do, — only upon a gigantic scale, — by snowfalls, and that it faded as do our winters, leaving local patches of ice wherever the temperature was favorable tho their preservation.

I may say, without exaggeration, *that glacial phenomena extend over the whole length and breadth of the State of Maine*, wherever there is no obvious cause for their disappearance. One word of explanation, that this assertion of their omnipresence may not seem overdrawn to those who follow me over the same ground, expecting, perhaps, to find the glacial writing at every stepe along the roadside, and to see the *polished surfaces* as shining and slippery as a metallic plate or a marble slab. In the first place, all kinds of rock do not admit the same degree of polish. Coarse and friable sandstone cannot be polished under any circumstances. Only the finer granitic rocks retain the striæ and the polished surfaces very distinctly, in this region; and even upon these they are frequently hidden by the accumulation of soil, or occasionally obliterated by decay where the rock is not hard enough to resist the atmospheric influences. The loose materials themselves, which have served as emery to grind down, polish, and groove the surface of the soil, may eventually become a screen to cover it from observation. The skill of the geoligist consists in tracing these marks from spot to spot over surfaces where they were once continuous. When I say that I followed the glaciel marks, compass in hand, from north to south, *over a line a hundred miles in length*, I do not mean that I never lost sight of them for that distance; but simply that one set of lines, which always ran due north and south, unless deflected, as we shall see, by some local cause, usually explicable on the spot, might be traced at intervals over all the rocky surfaces. If they disappeared under a stream on its northern shore, they reappeared on the southern side: if hidden for a time by some mass of vegetation, they were found again farther on; and thus — allowing for natural and inevitable interruptions — it may be correctly said that they are continuous over the whole country. *The glaciated surfaces* — to express in one word the combined action of glaciers on the rocks over which they move — present the most varied outlines, sometimes flat, sometimes bulging, with inclined slopes. But whether more or less prominent, they are always rounded, dome-shaped, and the larger furrows, like the smaller striæ and grooves, are invariably straight. Never do we find winding, branching furrows determined by the inequalities in the hardness of the rock, or by preexisting fissures, as is the case wherever rocks are worn by water, or rather by sand and pebbles set in motion by water.

While upon the subject of *glacial phenomena in general*, and in order not to interrupt too frequently the account of my own journey, I may here enumerate some of the localities in the State of Maine where *glacial marks are most distinct*. They are so numerous, that I must limit myself to those where the traces are most remarkable. To the east of Portland there are a number of ledges where they are well preserved, and they exist also upon some rocky surfaces in the islands of the bay. Rocky ledges occur frequently between Yarmouth and Lewiston, *the surface of which is polished and scratched from north tho south*. These ledges are partly covered by morainic accumulations. West of Lewiston, along the Little Androscoggin, there is a coarse clay slate distinctly scratched in the same way. To the east of Lewiston, along Lake Winthrop, there are surfaces of clay slate intersected by greenstone dikes exhibiting also the characteristic markings; and an *immense median moraine* in the same locality cannot escape notice. A few miles to the west of West Waterville a *terminal or front moraine* is thrown across the neck of the lake, forming a barrier to which this sheet of water owes its existence. Half-way between Waterville and West Waterville are fine *polished and striated surfaces*. At Clinton, as also between Etna and Newport, the marks are very distinct. In all these localities the lines run due north and south. To the west of Bangor the country is rolling and rather flat. Here the roches moutonnées are numerous, with *polished surfaces*, upon which the scratches and grooves are very distinct, but bearing generally north-northwest, over beds of slaty rock striking northeast. These rocks are partially covered by drift, in which scratched pebbles are not rare, though it contains but few large boulders. In the immediate neighborhood of Bangor, and especially near Pushaw Lake, the roches moutonnées are very extensive, and, from their character, particularly instructive. These rolling hills are formed by thin upturned clay-slate beds, standing edgewise, in a vertical position, and striking east-northeast. Scratches, grooves, and furrows of every dimension, sometimes very distinct, sometimes fainter, but always rectilinear and always running due north, traverse the edges of these beds at right angles with the surfaces of stratification and the trend of the beds. It is evident that here there can be no confounding of the glacial marks with structural lines, or cracks in the strata, — for these would not run at right angles with the structure of the rock itself; or with furrows made by water, — for these would have followed the strata instead of crossing them; or with any displacement of the beds moving upon one another, — a suggestion which has sometimes been made to explain the appearance of these marks upon horizontal surfaces. Nor is there any trace of the angular ledges which must have resulted from the tilting of these stratified rocks. The whole region is levelled and smoothed down to an undulating plain.

While investigating the facts in this locality, I could not but recall the criticism of the « greatest geologist of the age[1] » upon the glacial theory, then in its infancy; and the ridicule thrown upon the idea that the polished and scratched rocks of the valley of Hasli had been fashioned by ice. He considered these appearances as the natural effects of the shrinking of melted masses under the process of cooling, which might produce some displacement or movement of successive layers one upon another, leading to marks of different kinds belonging to the structure of the rock itself, and not due to any external action. Had the strata in this instance been vertical in their position, like those of which the roches moutonnées on Pushaw Lake consist, instead of slanting but slightly, like those of the valley of Hasli, such an interpretation could not have been admitted for a moment, and the doctrine of a former greater extension of glaciers would perhaps have been recognized twenty-five years earlier by scientific men.

From Bangor eastward to Eastport, I have made but a hasty survey, — not in the present journey, which included only the country between the Katahdin Iron Works and Mount Desert, but on a former occasion, I then noticed, that, at intervals, between Bangor and Calais and over the whole track from Calais to Eastport, *numerous polished surfaces* are visible, with distinct scractches and furrows pointing due north. I may say, therefore, from my own personal observation, that the State of Maine, for nearly its whole width, that is, over four degrees of longitude, and *between latitude 44° and 45°, bears all the characteristic indications of glacial action on its surface*. But while many of these phenomena are perfectly simple and clear to one intimately acquainted with the

[1] Leopold von Buch.

effects produced by moving masses of ice. I have noticed near Bangor, and more especially in the neighborhood of Waterville, facts not so readily explained, though I believe I have found their true solution. Ordinarily all the glacial marks in a given locality run in one direction, and have certainly been produced simultaneously by one and the same agent, however opinions may differ as to the nature of that agent. But on Ledge Hill, five and a half miles from Bangor, faint striæ may be seen pointing due north, while upon the same slab are other lines pointing northwest, forming an angle of forty-five degrees with the first. I believe that here we have two successive sets of lines, the later ones having partially obliterated the first. The height of the ridge may have determined a change in the course of the ice, when it had diminished in thickness, and no longer acted with the same undeviating force. At Waterville the facts are still more perplexing. On the road to Benton, near the house of **G. W. Drummond**, are slaty rocks striking northeast, upon the surface of which are again two sets of marks, — one consisting of large, distinct scratches and furrows trending due north, while the others are finer, less distinct, and point east-northeast. On the road to Winslow, near the house of **Henry Gichell**, the same two systems of scratches may be seen on flat slabs of rock along roadside from the formation of the land in this region, I am inclined to believe the second agent — namely, that to which the scratches bearing east should be ascribed — to have been icebergs. There is high land two or three miles beyond these rocky surfaces, in Benton township, and the flat over which the Sebasticook River flows extends to these heights. The ice is likely to have remained longer upon the higher ground, and when the lower tracts were inundated by the melting of the general sheet of ice, the water, as it rose, may have floated off the remaining bergs, and drifted them across the normal primary scratches bearing due north.

On our return from the Katahdin Iron Works our road lay through Brownville, Orneville, Bradford, Hudson, and then along the shore of Pushaw Lake, to Bangor. Throughout this whole tract *scratched and polished surfaces and roches moutonnées* are frequent. But the most instructive localities of all, in reference to glacial phenomena, are to be found near the slate quarries of Brownville. Here again, as in the roches moutonnées at Pushaw Lake, the marks run at right angles with the trend and dip of the beds. To explain fully the significance of the facts in this region I must say something of its general formation. Pleasant River runs through a wide, open valley, the direction of which is very nearly from north to south. The finely laminated clay beds in which the slate quarries are excavated are tilted to an angle of seventy degrees and more, that is, standing almost vertically; and their trend is across the valley from east to west, at right angles with it. More favorable circumstances for the study of *glacial erosion* could hardly be found. On comparing the marks and polished surfaces which pass at right angles over the edges of these upturned slate beds in the bottom of the valley as well as upon its sides they are found to have exactly the same direction, due north, as the valley itself, so that evidently the agent which produced them must have been instrumental in shaping this trough as it moved down the valley, before it could follow its fitted itself the lay of te land, it would have path unimpeded by any inequalities of surface. Had it been a fluid mass, it would have followed the vertical edges of the strata, working its way in between them, instead of cutting them all to one evenly rounded surface, as it has done. And indeed it would seem as if this place were meant to facilitate the task of the investigator. It presents the data for an immediate comparison between the action of water and that of ice, the limit of the former being distinctly visible in the narrow furrow at the bottom of the valley in which the river has cut its bed. This furrow is sunk somewhat below the general undulating level of the slate beds, and upon its surface there is no trace of rectilinear lines and grooves, but simply the usual irregular, winding marks arising from the action of running water, and following all the structural inequalities. The valley as a whole is a rather shallow depression, sinking a little more sharply toward the centre, and rising gradually east and west of the river-banks. The whole rock surface, with the exception of the river-bed, is *glaciated*, and it is impossible to overlook the fact that the same agent which has fashioned the bottom of the valley up to the adjoining hills has also *ground and scratched*, at right angles with their structure, the upturned beds trending across it.

The absence of angular ledges in a region exclusively composed of uplifted slaty rocks is very remarkable. Facts like these show that a careful survey may furnish the means of actually measuring the extent of denudation or abrasion resulting from the grinding power of glaciers. They may even settle the question as to the origin of lake-basins now under discussion among geologists. The extensive excavations made by the quarrying operations in these rocks give the most admirable chances for investigation. These slates are themselves of admirable quality, and very extensively used as roofing-slates. About a mile to the west of the quarries, near Merrill, there are large *morainic accumulations* of loose materials of the kind I have called *bottom or ground moraines*, though here they are not exactly in the form of horsebacks. Immediately above the quarries at Brownville, where the drift has been recently removed to facilitate the quarrying, there are good sections where these *bottom moraines*, trending in the direction of the hills to the east of the valley, may be easily studied. They rest immediately upon the edges of the upturned beds, the whole mass being a mixture of the most heterogeneous rocky materials uniformly mixed. Nowhere in this neighborhood have I seen anything like a distinct *lateral moraine*; but near the church, an unmistakable *terminal moraine*, across which the river has cut its bed, spans the valley. The exhibition of *glacial phenomena* is so complete here, that it seems superfluous to follow similar facts through localities where, owing to the character of the rocks and the lay of the land, they are less distinct. As, however, the extent over which the same set of phenomena may be traced forms an important part of the inquiry, I may indicate a few other points at which similar appearances occur. On the summit of the hill half-way between Brownville and Milo, near the Sebec River, the scratches and furrows are distinctly seen trending due north and south. They recur, after crossing the ferry, on the brow of another hill farther to the south. Between Orneville and North Bradford there are extensive flats, on which the rocks, wherever they are not decomposed, exhibit even and *polished surfaces* traversed by rectilinear grooves and furrows, trending mainly from north to south, though here and there diverging to the west, and even forming occasionally an angle of from twenty to twenty-five degrees with the main set of lines Farther south, as the land begins to rise again, all the marks point once more uniformly northward. To the north and south of the town of Hudson, and especially near the post-office, the scratches are very distinct, bearing due north across slaty rocks, which trend east-north-east. The views from the high lands over all this region are very beautiful. O'Lammon, the Peaked Mountains, and the Union River Mountains limit the horizon in the east; Dix's Mountain rises in the distance on the west; while the Katahdin Mountains are still visible far to the north.

On returning to Bangor, I proceeded at once, according to my original intention, to Mount Desert; but before giving an account of the *glacial phenomena* on that island, I must say a few words of the physical features of the country between Bangor and the sea. This region is intersected by three distinct ranges of hills, without counting the low range between Brewer and Holden. The first divides the valley of the Penobscot from that of Union River, passing through the townships of Clifton, Holden, and Dedham; the second separates the valley of the Union River from the Coast Range, the third is the Coast Range itself, of which Mount Desert and the elevated islands on either side of it form a part; for all these islands, so broken and picturesque in their outlines, must be looked upon as the higher summits of a partly submerged mountainous ridge. These chains do not run exactly parallel with the coast, their trend being more to the north than that of the shore itself, so that the ridges extending from east to west, accross the country, are not exactly at right angles with the normal direction of the glacier marks, though nearly so. It is this formation of the surface of the land which makes the glacial phenomena so interesting between Bangor and the sea, especially where one can connect them with like traces farther north. The road from Bangor to Mount Desert passes in succession over all these ridges, ascending to the heights and descending into the intervening depressions; thus rising three times from the bottom of a valley over the ridge intervening between it and the next valley, before reaching the southern coast of the large shore islands[1]. Over all the elevations and in all the valley bottoms one may trace, in unbroken continuity, and almost at right angles with the direction of the mountains and of the valleys, the same set of lines or glacial marks that we have already traced to the north of Bangor, running due north and south until they disappear under the arm of the sea which separates Mount Desert from the coast. They reappear on the north shore of the island itself, passing over its higher summits to lose themselves finally under the level of the ocean. Not only are the characteristic marks to be followed along the entire length of the road, but the whole surface of the country is *moutonnée;* namely, worn into those rounded, knoll-like surfaces so frequently alluded to in this and previous articles, and so well known in Switzerland as due to glacial action. Bald Mountain is a striking example of this kind of hill.

This region is literally strewn with *huge boulders*, sometimes *forty or fifty feet high*. For the most part they seem to belong to the neighboring hills, and have not travelled a great distance. There are many of these boulders, howevet, which add their testimony to show that the path of the great ice-plough has been from north to south. This is especially the case with the granite rock of Dedham, so well characterized by its large feldspar crystals, detached masses of which are frequently found to the south of that locality, but never to the north of it. Occasional boulders of a much more northern origin are not wanting. Another link in the evidence is that, wherever the marks are preserved on any abruptly rising ground, they occur on its northern side and do not appear on the southern one. Evidently the abrading agent advanced from the north, pushed up and over the face presented to it, while the southern face was comparatively protected, the rigid mass no doubt often bridging the opposite declivity without even touching it. I suppose these facts, which perhaps seem insignificant in themselves, must be far less expressive to the general observer than to one who has seen this whole set of phenomena in active operation. To me they have been for many years so familiar in the Alpine valley, and their aspect in those regions is so identical with the facts above described, that, paradoxical as the statement may seem, the presence of the ice is now an unimportant element to me in the study of glacial phenomena. It is no more essential to the investigator, who has once seen its connection with the facts, than is the flesh wich once clothed it to the anatomist who studies the skeleton of a fossil animal. In the face of these facts it seems preposterous to assume that the loose materials and boulders scattered over this interval should have been stranded by icebergs driven inward from the sea-shore by currents or tidal waves. The whole movement, whatever its cause, was unquestionably in the opposite direction. The testimony of the loose materials and *erratic boulders* is the same all over the United States. They are always of northern birth. I have never seen a single fragment of rock from any more southern locality resting upon glaciated surfaces to the north of them, though I have searched for them from the Atlantic coast to Iowa.

The picturesque island of Mount Desert lies on the southern shore of Maine, in Hancock County, and is separated from the mainland by a narrow arm of the sea. Much higher in the centre than on the margin, its mountains seem, as one draws near, to rise abruptly from the sea. It is cleft through the middle by a deep fiord, known as Somes Sound, dividing the southern half of the island into two unequal portions; and

[1] Compare Chace's map of Maine.

its shores are indented by countless bays and coves, which add greatly to its beauty. We entered the island on the northwestern side from Trenton, and proceeded at once to Bar Harbor, on the eastern side, a favorite resort in summer on account of its broken, varied shore, and of the neighborhood of Green Mountain, with its exquisite lake, sunk in a cup-like depression half-way up the mountain-side, and its magnificent view from the summit. At the very entrance to ths island, on passing over the toll-bridge of Trenton, there is an excellent locality for glacial tracks. *The striæ* are admirably well preserved on some ledges at the Mount Desert end of the bridge. The trend of these marks is north-northeast, instead of due north as in most localities; and here is one of the instances where this slight deflection of the lines is evidently due to the lay of the land. The island is not only highest towards the centre, but narrows at its northern end as it sinks toward the shore, from which it is separated on either side by two deep fiords running up into the coast of Maine, and known as Frenchman's Bay on the east, and Union Bay on the west. It is evident that the mass of ice passing from the mainland over this arm of the sea sunk eastward and westward into these two gorges, acquiring, no doubt, additional thickness thereby, and, in consequence of this change in its normal course, was slightly deflected from its usual direction in working its way up against the shore of Mount Desert. This is shown by the fact that the *glacial marks* on the northwest shore bear, as I have already said, slightly to the east, while those on the north-east shore bear slightly to the west. On approaching the centre of the island the marks converge towards each other, and regain their primitive direction due north and south, on its more elevated positions. I have often observed in Switzerland like instances, when from some local cause the direction of the movement was slightly deflected to the right and left, converging again at some little distance. In the valley of Hasli, between the Hospice of the Grimsel and Guttanen, are several knolls which afford examples in point. On the upper side of these knolls, facing the higher part of the valley, from which large glaciers formerly came down, marks are carried directly up the slope on to the back of the knoll, while on either side they fall away slightly to the right and left, converging again to meet and continue their straight course over the lower slope; showing that, though such knolls, entirely buried beneath the mass of the ice, are no obstacle to its advance, the inequalities of the bottom do affect in a slight degree the direction of the movement, and render the striæ less even than over a level surface. Of course, where the ice is very thick, bottom inequalities will make little impression upon the onward movement of the whole mass; but in proportion as the ice grows less, it adapts itself to the depressions and knolls of the surface, in consequence of which the *glacial marks* lose the uniformity of their trend.

The morning following my arrival at Bar Harbor I spent in examining the *glacial phenomena* in its immediate neighborhood. At Bar Harbor itself, the marks bear north and north-north-west. A mile farthar south they are all in a north-northwesterly direction. The cove of the Spouting-Horn, however, — a deep recess in the rock, where the surf acts with wonderful force, — is engraved on both sides with lines running due north. On the same side of the island, considerably to the south of Bar Harbor, there is a striking sea-wall composed of coarse materials, thrown up in a line along the shore formed, no doubt, by some unusually severe storm, coinciding whith high-water. It resembles the well-known sea-wall of Chelsea Beach. Behind this wall stretches on extensive marsh, formerly a part of the sea. Somewhat beyond it, on the shore, are two very distinct *polished and grooved surfaces*, with the lines rugning due north. On the afternoon of the same day, I ascended Green Mountain. Along the lower part of the road the marks run northwest, then north-northwest, converging more and more toward their normal course, until, after passing the first summit, and thence upward, they lose entirely the slanting direction impressed upon them by the deflection of the ice about Frenchman's Bay, and run due north again. All the way up the last slope of the mountain, wherever the rock is exposed, may be seen well-engraved flat surfaces of rose-colored protogyne, on which the scratches and grooves sometimes run for twenty feet without any perceptible interruption. On the very summit is a quartz dike cut to the same level with the general outline of the knoll, on which the marks are very distinct. I arrived on the extreme point, where the southern descent is so abrupt that the mountain seems to plunge into the ocean, just at sunset. The sea as far as the eye could reach was still glowing whith color; amethyst clouds floated over the numerous islands to the southwest; while on the other side in the gathering shadows lay the little lake midway on the mountain slope, and, below, the many inlets, coves, and islands of Frenchman's Bay.

On the following day, we crossed to the opposite side of the island, skirting Somes Sound, and the next morning entered the Sound in a small schooner. A stiff breeze from the north, which obliged us to tack constantly, and made our progress very slow, prevented us from exploring this singular inlet for its whole length; but short as it was, our sail gave me ample opportunity for observing the ***glacial phenomena along its shores***. At the mouth of the Sound, before entering the narrows, there are several concentric ***termonal moraines*** on both sides of the fiord. No doubt they once stretched across it, and have been broken through by the sea. On either side, to the right and left, in ascending the Sound. are little valleys running down to the water; and evidently they have all had their ***local glaciers***, for there are ***terminal moraines*** at the mouth of each one. These facts only confirmed my anticipations. I had seen, on passing the head of the fiord, in our drive of the previous day, that it must from its formation afford an admirable locality for ***glacial remains***, unless they had been swept away by the sea. The mall town of Somesville is beautifully situated at the head of the Sound. Approaching it from the east, I observed that the ***glacial marks*** which had been pointing due north began to point west-northwest, while on the western side of the settlement they pointed east-northeast. Evidently there is an action here similar to that by which the marks are deflected on the northern shore of the island about Frenchman's Bay and Union Bay. The mass of ice coming from the north had been gradually sinking into the fiord from opposite sides. Near Somesville church the marks run again due north.

The extensive surfaces of ***polished and scratched rocks*** in this locality recall the celebrated ***Helle-Platten of the valley of Hasli***. From Southwest Harbor we followed the shore to Bass Harbor and Seal Cove. There are frequent indications of ***glacial action*** along this road, and one or two points of special interest. At Bass Harbor there is a arge dike of green trap running at right angles with the tide current. Though regularly overflod at high-water, the action of the sea has not affected the glacial characters, which are peculiarly distinct at this spot. Not only is the surface of the dike itself deeply secored with ***striæ*** and furrows running due north, but, being of a softer quality than the granitic rock which it intersects, it has been cut to a little lower level, and the vertical walls of the fissure are ***polished***, ***scratched***, and ***grooved*** in the same way. I met here with one of those incidents showing the character of the working-class in America which always strike a European with astonishment. There was a blacksmith's shop near this dike, and being extremely anxious to obtain a specimen from it on account of the clerness of its glacial characters, I requested the head workman, who had been watching my observations with a good deal of interest, to break me off a piece. It was not an easy task, for there were no angles, the dike being sunk below the surrounding surface and perfectly smooth. After a time, and not without some hard work, a wedge was driven in, and with the help of a crow-bar two or three very satisfactory specimens were pried out. I naturally wished to pay the man for his labor, but he refused to take anything, saying that he saw I was a geologist traveling for the sake of investigation. He added, that he suscribed for one or two papers and magazines : perhaps he should meet with some of the published results of my journey one of these days, and that would be the best reward for the little help he had given. Seeing his interest in the object of my researches, I explained to him the significance of this dike, showed him the direction of the marks pointing straight to the north, and evidently entirely independent of tidal action, since they ran at right angles with it. As I bade him good by, hed said, « Henceforth this dike shall be my compass; I shall know when the wind blows due north. » The locality was, indeed, especially interesting from several points of view. It is one of the few instances I have seen in which a dike, being composed of a softer paste than the adjoining rock, has yielded more readily to the ice-plough, and is cut to a lower level, thus forming a broad, flat furrow, the upright walls of which are scored as deeply as the horizontal surface of the dike. Another most important fact is, that the tide daily flows across these marks. Evidently, then, they have not been made by water, since water has no power to erase them, or to obscure them by other lines of the same kind. A mile and a half to the south of Bass Harbor there is a ledge facing north, on which the *glacial characters* also point to the north. At Seal Cove, however, on the southwestern shore, the marks have again a north-northwesterly direction South of Seal Cove all the surface inequalities are *moutonnées*, the *striæ* running north-west. We returned to Trenton bridge by the western shore, having thus skirted the whole island.

Before closing these remarks I wish to allude, in passing, to some other facts connected with this investigation, which I could not easily notice at an earlier time without interrupting my narrative. East and South of Bangor the there are considerable deposits of faintly laminated clays, used for the manufacture of bricks, in which *striated pebbles* and pathes of sand are sparsely interspread. I take it for granted that the clays are *morainic materials* remodelled by the floods arising from the melting of the great glaciers, and the pebbles and sands the droppings of icebergs floating upon these waters. This is the more probable, since accumulations of irregularly stratified sand are always found in the vicinity of such masses of sifted clays, containing *scratched pebbles*. I have seen similar deposits in the Western States, for instance, near Milwaukee and Chicago.

Between Bangor and Mount Desert the usual evidence of *glaciation* is very extensive. I would mention as particularly interesting the hills south of Holden and the hills about Dedham. On the route along Union Bay there are also extensive *polished surfaces*, especially in the vicinity of Bucksport. Near Ellswerth they are beautifully preserved, and all the eminences are *moutonnées*. At Ellsworth Falls, on both sides of the bridge, there are *splendid polished surfaces*, with scratches and furrows pointing due north. Between Ellsworth and Trenton, and westward of that meridian, in the direction of Bucksport, there are several *longitudinal moraines* parallel to one another, running from north to south, composed of large, *angular boulders*, resting upon *ground moraines* made up of rounded, *scratched pebbles* and sand mixed with clay. Such a superposition is utterly incompatible with the idea of currents passing over these tracks. Two miles west of Ellsworth a similar *longitudinal moraine* runs over the top of the hill, and about one mile farther west there is another, chiefly composed of the coarse Dedham granite. The bottom deposit, upon which these *moraines rest*, consists of fine sand and loam with *scratched pebbles* Seven or eight miles west of West Ellsworth the hills, consisting of clay slates on edge, trending from east to west, are abraded, and upon the *polished surfaces* of their levelled edges rest two other *longitudinal moraines*, with angular boulders of Dedham granite, running from north to south, and resting upon an extensive *ground moraine* containing many smaller *rounded* and *striaded boulders*. Ten miles west of Ellsworth there is still another *longitudinal moraines;* but the larges of all these *parallel moraines* is about three miles farther west, that is, about thirteen miles west of Ellsworth. Half a mile south of Bucksport the clay slates are nearly vertical, and their upturned edges are evenly *polished and scratched*. These surfaces are partially covered with the mud of the Penobscot River. Similar facts may be traced all the way between Bucksport and Bangor. Everywhere the scratches point due north.

The coast range east and west of Somes Sound is divided into a series of hills by transverse valleys, in most of which there are small lakes formed by *transverse moraines* at their southern extremity. Beginning east, and not counting the less-prominent peaks, we have, first, Newport Mountain; next, Kebo and Green Mountains; the, Jordan Mountain, Bobbey Mountain, Hadlock or Pond Mountain, and Westcot Mountain, all to the east of Somes Sound; then follow Dog Mountain, Defile Mountain, Beach Hill, and West Mountain, all on the west side of Somes Sound. Denning's Pond, which I have examined more in detail, lies between Dog Mountain and Defile Mountain. The road along the lake follows the eastern or left *lateral moraines* of the glacier which once filled its basin, and the lake itself is hemmed in by a crescent-shaped *terminal moraines* at its southern extremity. The lakes, eleven in number, intervening between the other mountains, are likewise bordered by *moraines*. We have thus satisfactory evidence that at an early period of the retreat of the great ice-field covering this continent, when it no longer moved over the highest summits of the land, *local glaciers* were left in the gorges facing the sea.

We have thus traced the glaciated surfaces over the whole width of the State of Maine, and over a part of its lenght, in a narrow track some hundred miles in extent, from the Katadhin Iron Works to the southern shore of Mount Desert, where they are lost in the ocean. I have, however, suppressed a great amount of evidence which could not easily be presented without maps and sections. I may have an opportunity of publishing what has been omitted on some future occasion. Over this whole region, the *glacial characters* run due north and south, never deflected except by local causes, ascending, in undeviating rectilinear course, all the elevations, and descending into all the depressions. How is it possible to suppose that *floating icebergs* would advance over such an uneven country with this steadfast, straightforward march? Instead of ascending the hills, they would be caught between them in the intervening depressions, or, if the land were completely submerged, floated over them. The advocates of the *iceberg theory* forget also that an amount of floating ice, so much larger than is now annually spreading over the Northern Atlantic, implies a far lower temperature; and with it we have the conditions necessary to cover the mainland with glaciers, instead of simply increasing the field of icebergs. Equally impossible is it to suppose that anything so unstable as water has produced such straight and continuous lines.

Assuming, then, that these phenomena were produced by ice, let me add, in conclusion, that the *glacial traces* over the State of Maine, and especially between Bangor and the seacoast, afford means of estimating approximately the thickness of the icesheet which once moved over the whole land, as well as its limitations during a later period, when it had begun to wane. In order to advance across a hilly country and over mountainous ridges rising to a height of twelve and fifteen hundred feet in the southern part of the State, and to a much higher level in its northern portion, the ice must have been several times thicker than the height of the inequalities over which it passed; otherwise it would have become encased between these elevations, which would have acted as walls to enclose it. We are therefore justified in supposing that the *ice-fields*, when they poured from the nort over New England to the sea, had a thickness of at least five or six thousand feet. On a future occasion I shall give an account of the *drift phenomena along our Atlantic coast*, showing also that at that period the *ice-fields* were not bounded by our present shore line, but extended considerably beyond it, over surfaces now occupied by the ocean. At later time, during the shrinking and gradual disappearance of the ice-sheet, the ice, no doubt, retreated within the shore-islands. The aspect of the coast of New England must then have been very similar to that of Greenland in its colder portions Mount Desert itself must have been a miniature Spitzbergen, and colossal icebergs floated off from Somes Sound into the Atlantic Ocean, as they do now-a-days from Magdelena Bay.

Agassiz (Louis).

D. A. Mesures linéaires *foot* (pied anglais) = 0m,30479449, Mile = 1609m,3149.

B

BECQUEREL (Membre de l'Institut de France)

DISTRIBUTION DE LA CHALEUR ET SES VARIATIONS DANS LE TERRAIN DU JARDIN DES PLANTES A PARIS. — Séance du 4 mars 1867.

On est convenu de prendre pour point de départ de l'accroissement de température au-dessous du sol *la couche invariable*, celle dont la température est la même que la moyenne du lieu, et qui n'éprouve aucune variation dans le cours de l'année. *Cette couche, qui est d'autant plus profonde que l'on s'éloigne de l'équateur*, se trouve dans nos latitudes moyennes à environ 24 mètres au-dessous du sol.

...**Arago** a admis que la température des caves de l'Observatoire de Paris, situées à 28 mètres au-dessous du sol, et qui est de 11°,70, n'ayant éprouvé aucun changement depuis trois quarts de siècles (75 années) représentait celle de la couche invariable.

...Le thermomètre électrique permet d'étudier avec précision la distribution de la chaleur au-dessous du sol. — On a creusé à cet effet au Jardin des Plantes, il y a quatre ans, un puits foré dans lequel on a descendu un câble thermométrique, composé lui-même de plusieurs autres, et renfermé dans un mât de bois évidé à l'intérieur et goudronné. Les câbles partiels ont permis d'observer sans interruption la température des différentes couches de terre de 5 mètres en 5 mètres, depuis le sol jusqu'à 36 mètres au-dessous. Le puits a été rempli en partie de béton pour éviter le contact de mât et par suite du câble avec les eaux provenant des infiltrations. La température est donnée avec certitude et ne peut être en erreur de 1/10 (0°,1) degré.

1° A 1 mètre au-dessous du sol, la température moyenne va en augmentant de l'hiver à l'été, comme dans l'air; la différence entre le maximum et le minimum est de 6°,02 tandis que pour l'air elle est de 18°,17.

2° A 6 mètres, les variations suivent une marche inverse, le maximum ayant lieu en hiver, la différence est d'environ 1°.

3° A 11 mètres la variation qui n'est que de 0°,3 indique que le maximnm est en hiver et le minimum entre le printemps et l'été.

4° A 16 mètres la marche de la température est comme dans l'air, l'amplitude de la variation est de 0°,25.

5° Enfin à 26 mètres la marche est encore la même, la variation est de 0°,53. Or de 31 à 36 mètres la température croissant de 0°,12, etc., à chacune de ces stations, ayant été constante pendant les années 1864, 1865, 1866, on croit pouvoir en conclure que l'accroissement de température est de 1° par 41 mètres, au lieu de 1° par 30 mètres comme on l'admet en moyenne.

M. **Becquerel** fait remarquer que cet état a eu lieu pendant trois années consécutives, et qu'il lui semble prouver que, *dans certaines localités au-dessous du sol, des couches sont en relation avec l'air*, dont elles partagent les vicissitudes, quoique à un degré beaucoup moindre. Il suppose que cette relation pouvait dépendre des *infiltrations d'eau* lesquelles apporteraient une perturbation dans la distribution de la chaleur.

Pour vérifier cette conjecture, il a prié M. **Delesse** qui vient de publier une carte hydrologique du département de la Seine, de vouloir bien lui donner son opinion à cet égard. Voici la note que cet ingénieur lui a remise, et qui montre que *les observations de températures* sont d'accord avec le régime des eaux infiltrées dans le bassin parisien.

...La carte hydrologique montre qu'à la profondeur de 16 mètres, on pénètre déjà dans la nappe d'eau souterraine qui alimente les puits ordinaires du Jardin des plantes. Cette nappe s'écoule sans cesse vers la Seine et reçoit directement les eaux atmosphériques, en sorte qu'elle doit participer à leur variation de température.

A la profondeur de 26 mètres, on atteint une deuxième nappe d'eau qui prend naissance sur l'argile plastique. C'est une nappe puissante, parce qu'elle repose sur des couches complétement imperméables; elle est alimentée par les eaux atmosphériques; elle l'est aussi pour les eaux coulant à la surface du sol, dans les endroits où affleure l'argile plastique, elle l'est principalement par les eaux de la Bièvre qui s'infiltre dans le vallon d'Arcueil.

...Je ne prétends nullement, dit M. **Becquerel**, appliquer à d'autres localités les faits que je viens d'exposer, ni les généraliser. On sait, du reste, que la température au-dessous du sol est modifiée plus ou moins par d'autres causes, telles que la nature des terrains, leur épaisseur, la proximité de roches d'origine ignée, l'orientation du sol, la végétation qui le couvre, etc.

C

COLLOMB (Édouard).

CARTE GÉOLOGIQUE DES ENVIRONS DE PARIS [1].

M. **Collomb** a bien voulu nous envoyer la belle carte géologique des environs de Paris qu'il vient de publier, et il y joint une note qu'on lira avec intérêt.

Ce n'était pas facile de résumer graphiquement tous les travaux qui depuis tant d'années ont été faits par de nombreux géologues, souvent en désaccord, et qui, à propos des terrains du bassin de Paris, se sont livrés à de longues et vives discussions. Il est vrai que celles-ci n'avaient quelquefois pour but que de fixer la position d'une couche de quelques centimètres d'épaisseur. Mais à l'examen de petites couches se rattachent souvent de grandes questions, et aucune discussion n'a été inutile. Au contraire, toutes ont contribué à faire connaître les détails des environs de Paris, qui étaient déjà une terre classique pour la géologie, et l'étude de couches minces, celle, par exemple des alternances des couches d'eau douce et des couches marines, a été fertile en résultats curieux.

Il y avait donc de l'intérêt à posséder une représentation de la composition géologique de cette région figurée naguère par **Cuvier** et **Brongniart**, par M. **Raulin**, etc. La carte de M. **Collomb**, dont Paris est à peu près le centre, s'étend jusqu'à *Beauvais*, à *Evreux*, à *Château-Landon* et à *Châlons-sur-Marne*, et comprend en tout ou en partie des départements dont les cartes géologiques ont été publiées à une grande échelle. M. **Collomb** a par conséquent résumé d'une manière heureuse les observations de ses devanciers en les complétant, les discutant et les accordant les unes avec les autres. Nous apprenons avec plaisir que la rédaction d'un volume d'explications ayant pour titre: Guide du géologue dans les environs de Paris, a été confiée à un savant ami de M. **Collomb**, et que ce travail va bientôt paraître. Il contiendra des coupes de terrains, des listes de fossiles et des directions pour les courses, de manière à faciliter l'étude du bassin de Paris à ceux qui ne sont pas encore au courant de cette branche de la science. La carte et le volume se compléteront l'un l'autre. Disons encore que M. **Collomb**, dont le talent de dessin est connu, a été fort bien secondé dans l'exécution chromolithique de la carte par MM. **Avril**; il y a de l'harmonie dans les couleurs et de la netteté dans les contours. Mais laissons l'auteur nous donner les renseignements suivants sur son travail.

A. F.

[1] Extrait des Archives des sciences de la Bibliothèque universelle. — Août 1866.

Paris, 21 juillet 1866.

La carte géologique des environs de Paris que j'ai l'honneur de vous envoyer est à l'échelle de $\frac{1}{320000}$, c'est une réduction au quart de la grande carte de l'état-major au $\frac{1}{80000}$; les détails topographiques, orographiques, hydrographiques y sont suffisamment indiqués pour qu'on puisse embrasser d'un coup d'œil l'ensemble du bassin de Paris.

Cette carte a exigé pour sa construction un long travail préparatoire ; il fallait d'abord consulter tous les documents antérieurs depuis d'**Homalius d'Halloy**, **Cuvier**, **Brongniart**, etc., jusqu'à nos jours. Les auteurs qui se sont occupés des terrains qui y figurent sont tous cités scrupuleusement en tête de la carte. Il a fallu ensuite explorer et relever des coupes dans toutes les localités intéressantes. On serait tenté de croire qu'après un si grand nombre de travaux les terrains des environs de Paris sont suffisamment connus, et qu'il n'y a plus à y revenir, ce serait une erreur; dans un certain nombre de localités de ce bassin, il y a encore doute, il y a discussion, aussi trouvera-t-on sur ma carte un grand nombre de points d'interrogation (?) accompagnant la lettre indicatrice des terrains. Ces doutes proviennent du nombre considérable de dépôts d'eau douce qui sont intercalés dans les dépôts marins. A partir de la série tertiaire la plus inférieure jusqu'au sommet de l'échelle, on trouve des terrains lacustres ou fluviatiles attenant à des terrains franchement marins. Lorsque ces dépôts lacustres ont un certain développement, il est facile de les faire figurer sur une carte, mais parfois ils sont réduits à l'épaisseur de quelques centimètres. En sens contraire, on trouve souvent de minces bancs de coquilles marines au milieu de puissantes marnes d'eau douce.

Il résulte de ces doutes que je n'ai pas jugé à propos de tracer une limite dans la légende, qui, au fond, est une coupe théorique des terrains pour distinguer les deux principales divisions du terrain tertiaire, l'éocène et le miocène ; où finit l'*éocène*, où commence le *miocène* dans nos environs? La question est à l'étude depuis plus de vingt-cinq ans et n'est pas encore résolue; quelques espèces du grès de Beauchamp, par exemple, remontent la série et se retrouvent dans les sables de Fontainebleau. D'un autre côté, si l'on en croit les auteurs allemands, nous n'aurions pas du tout de miocène dans le bassin de Paris, l'éocène finirait aux sables de Beauchamp, puis l'oligocène comprendrait tous les dépôts, depuis le calcaire de Saint-Ouen jusqu'aux calcaires et aux meulières supérieures de la Beauce, le vrai miocène ne commencerait qu'aux faluns de la Touraine qui manquent ici. Cette opinion, qui n'a pas encore pénétré dans l'enseignement en Franee, y fait cependant des progrès, je ne serais pas éloigné de croire que les paléontologistes qui connaissent le mieux le pays ne l'adoptassent tôt ou tard.

Les divisions que nous établissons dans le terrain tertiaire et dans d'autres pour faciliter nos études, n'existent peut-être pas dans la nature ; le phénomène de la vie à la surface de la terre depuis qu'elle existe, n'est pas nécessairement lié aux phénomènes physiques qui s'y sont succédés, et ne les a certainement pas suivis pas à pas; la durée des espèces est jusqu'à un certain point indépendante des révolutions qui se sont passées de leurs temps et sous leurs yeux. Une espèce apparaît, elle peuple une région, une aire de la surface, elle arrive à son maximum de développement, puis elle disparait peu à peu et finit par s'éteindre tout à fait; telle espèce a traversé un grand nombre de couches sédimentaires, elle a vécu longtemps; telle autre s'est cantonnée dans d'étroites limites, son existence a été plus courte; on peut même remarquer en passant que ce sont les invertébrés les plus inférieurs qui ont vécu le plus longtemps, on en trouve qui ont traversé tous les âges géologiques, tandis que les vertébrés supérieurs, les mammifères ont une existence bien plus limitée. Il faut donc reconnaître ici qu'il y a indépendance entre ces phénomènes vitaux et ceux qui résultent des phénomènes physiques qui se succèdent et façonnent notre croûte terrestre. La solidarité n'est pas complète entre le règne organique et le règne inorganique, l'un ne marche pas nécessairement à la suite de l'autre.

Quand nous établissons nos divisions en *terrain éocène* et *terrain miocène*, par

époque antérieure à l'argile caillouteuse, et M. Prestwich pensant qu'elles appartiennent à la série inférieure des dépôts quaternaires. L'auteur divise les témoignages propres à éclaircir cette question en deux chapitres : — ceux qui ont rapport à la physique et ceux qui ont rapport à la paléontologie. Les sections obtenues à Ilford, Grays, Thurrock, Crayford et Erith, montrent la même succession de dépôts. Dans toutes ces localités on rencontre au fond les argiles plastiques d'eau douce et les graviers qui recèlent les Mollusques et les Mammifères, et qui sont remarquables par l'horizontalité de leurs couches et la disposition unie de leurs parties constituantes. Leur partie supérieure, qui a subi des érosions, est recouverte par un dépôt, — le *trail* de M. Fisher — de nature très-confuse, renfermant des pierres souvent arc-boutées entre elles, suivant leur grand axe et jamais disposées d'après les effets d'un courant d'eau. Il contient aussi des pierres et des débris qui ne peuvent avoir été amenés à leur position actuelle que par *la glace*. Il est aussi remarquable pour la distorsion de ses couches que les dépôts inférieurs le sont pour leur horizontalité. Sur son sommet inégal repose la surface du sol qui constitue le système des cours d'eau de la contrée Ces trois dépôts indiquent trois époques : la première, celle des argiles plastiques, dans laquelle l'eau était dépourvue de glaces flottantes ; ensuite celle du *trail*, qui est probablement un flot glaciaire formé sous un *climat glacial ;* et, en dernier lieu, le *flot pluvial* formé sous un climat tempéré. La date de l'excavation de la vallée de la Tamise étant incertaine, et aussi le fait de la mer, à argile caillouteuse, qui s'y est étendue n'étant pas prouvé, il est possible que le *trail*, ou *flot glaciaire*, soit l'équivalent sous-aérien de l'argile caillouteuse, et qu'en conséquence l'argile plastique soit *pré-glaciaire* Les indices paléontologiques sont aussi de très-grande importance pour décider de leur âge. La présence de l'*Elephas priscus* et du Rhinoceros megarhinus indique la corrélation de cette série de dépôts avec ceux de l'*époque pré-glaciaire* sur la côte de Norfolk et avec ceux des terrains pliocènes étrangers. Le *Rhinoceros tichorinus* et *lepthorhinus*, d'un autre côté, impliquent des dépôts appartenant sûrement à une époque *post-glaciaire*. Les couches considérées sont aussi non moins remarquables par l'absence de quelques Mammifères de l'époque pleistocène, comme par la présence de certains autres. Le *Trogonthère pré-glacial*, le *Rhinoceros etruscus*, l'*Elephas meridionalis*, le *Sorex moschatus* et le *Cervus dicranios* manquent d'une part, et le groupe entier des Mammifères arctiques *post-glaciaires* d'autre part, et surtout, parmi ces derniers, le *Renne*. D'après ces prémisses, il résulte que les couches en question, en tant que fournissant des débris qui paraissent, sous un rapport, particuliers au sol forestier du Norfolk et au terrain pliocène de France et d'Italie, et, d'autre part, aux *dépôts post-glaciaires*, occupent une position intermédiaire, pour l'âge, entre ces deux époques, étant plus modernes que la première et plus anciennes que la dernière. Pour ces raisons l'auteur propose de faire entrer ce groupe de dépôts dans la liste des *dépôts pliocènes*, comme suit : 1° sol forestier de Norfolk — climat tempéré ; — 2° couches d'argiles plastiques inférieures de la vallée de la Tamise — climat tempéré ; — 3° *dépôt glaciaire* — climat rigoureux ; — 4° *dépôts post-glaciaires* — climat rigoureux, mais passant graduellement au climat tempéré. G.

F

FAUDEL (docteur et secrétaire de la Société d'histoire naturelle de Colmar).

NOTE SUR LA DÉCOUVERTE D'OSSEMENTS FOSSILES HUMAINS à Eguisheim, près Colmar (Haut-Rhin)[1].

[1] Extraits du Bulletin de la *Société d'histoire naturelle de Colmar*, 1865-1866. — Suivie d'une illustration locale.

Sir **Charles Lyell**, dans son ouvrage sur l'Ancienneté de l'homme prouvée par la géologie (*chapitre XVI*), ne mentionne, d'une manière circonstanciée, que deux découvertes de restes humains dans le dépôt alluvien post-pliocène appelé Lehm en Alsace et Lœss dans une partie de l'Allemagne.

La première est relative à une portion de squelette humain trouvée en 1823, par **M. Ami Boué**, près de la ville de Lahr, grand-duché de Bade, sur la rive droite du Rhin. D'après un examen scrupuleux de la localité, il a été reconnu que le terrain, qui renfermait ces os, était bien le *Lœss rhénan normal* et en place, parfaitement intact et présentant ses coquilles fossiles caractéristiques. On connaît le sort de cette découverte : elle fut soumise à **Cuvier** qui, tout en y reconnaissant des restes humains, exprima l'opinion qu'ils étaient modernes et provenaient d'un cimetière : la précieuse collection fut alors négligée et elle est perdue aujourd'hui.

Le second fait est celui d'une mâchoire inférieure avec ses dents, trouvée près de Mæstricht, sur la rive droite de la Meuse, lors du creusement du canal de Mæstricht à Hocht, dans les années 1815 et 1823. La coupe observée traversait une terrasse de gravier recouvert de *Lœss* : elle avait 18 mètres de profondeur, dont 6 mètres dans le Lœss et les 12 mètres inférieurs dans le gravier stratifié. On rencontra dans les déblais une quantité considérable d'*ossements d'éléphants, de bœufs, de daims et d'autres mammifères*; la plupart provenaient du gravier; quelques défenses et dents d'éléphants furent extraites du Lœss; quant à la *mâchoire humaine*, qui est conservée au Muséum de l'Université de Leyde, elle fut trouvée à 5m,70 de profondeur, au contact du *Lœss* et du gravier sous-jacent, dans une couche non remaniée de limon sableux reposant sur le gravier[1].

Dans le Lehm d'Alsace, on a trouvé, à différentes époques et dans plusieurs localités, des ossements fossiles d'animaux, parfois en assez grand nombre, mais il ne paraît pas qu'on y ait jamais rencontré de restes humains. Il n'en est question (du moins à ma connaissance), dans aucun écrit des géologues qui se sont occupés de cette région.

La découverte qui vient d'être faite, près de Colmar, serait donc nouvelle pour l'histoire géologique de notre province. A ce seul titre déjà, et indépendamment des conséquences théoriques qu'on pourra peut-être en déduire, j'ai pensé qu'il serait intéressant et même utile d'en présenter la relation aussi complète que possible. J'indiquerai donc successivement :

La topographie de la localité,
L'historique de la découverte,
La constitution géologique du terrain,
La nature des divers ossements fossiles qui y ont été rencontrés.

Topographie. — En se rendant de la gare du chemin de fer à Eguisheim, et en arrivant aux premières maisons de ce bourg, on voit à gauche une colline couverte de vignes, qui s'étend du nord au sud sur une longueur d'un demi-kilomètre environ et dont la hauteur ne dépasse pas une quarantaine de mètres. Cette colline, appelée Bühl, se relie vers la montagne avec les couches tertiaires appuyées contre la falaise de grès vosgien qui domine Eguisheim ; du côté opposé, elle s'abaisse en pente douce et se perd dans le plan horizontal que forment les alluvions de la plaine d'Alsace. Sa charpente est constituée par un grès calcaire tertiaire Étage Tongrien, d'Orb., exploité comme pierre à bâtir et dont les strates plongent vers la plaine sous un angle de 15 à 20 degrés.

La roche tertiaire est entièrement recouverte de *Lehm* : ce dépôt, très-faible au sommet de la colline, va en s'épaississant sur ses flancs, surtout vers son extrémité N. E où il acquiert une puissance assez considérable[2], puis ils s'étale horizontement sur le

[1] **Lyell**, *l'Ancienneté de l'homme prouvée par la géologie*, 1864, ch. XVI, p. 357.
[2] Un puits, creusé dans la cour de M. **Ley**, a été poussé jusqu'à 25 mètres sans qu'on ait obtenu d'eau. On est toujours resté dans le *Lehm*, et on n'a rencontré ni la roche tertiaire ni le gravier qui, à quelques pas de là, dans la propriété de M. le Dr **Jaeger**, se trouve

gravier alluvien avec une épaisseur de 2 à mètres qu'il conserve jusque vers Colmar. Des galeries, plus ou moins étendues, ont été pratiquées dans le Lehm, aux endroits où cette couche présentait un développement suffisant. Il paraît que ces galeries, par leur fraîcheur l'imperméabilité de leurs parois et peut-être la nature du terrain, sont très-favorables à la conservation de la bière : de plus, leur établissement est relativement peu coûteux, parce que le Lehm s'entaille très-facilement et se soutient sans aucune maçonnerie. Aussi voit-on, depuis quelques années, les brasseurs de l'Alsace utiliser avec empressement toutes les localités qui paraissent convenir à des installations de ce genre.

Une cave a aussi été creusée, à ciel ouvert, dans la propriété de M. le Dr **Jaenger**, située au pied de la colline, au point où le Lehm devient horizontal et n'a plus que 3 mètres d'épaisseur.

C'est à ces divers travaux que nous devons la découverte des ossements qui font l'objet de cette note.

Historique. — Dans le courant du mois de novembre 1865, je reçus, par l'entremise de MM. **Schelbaum**, architecte, et **Wertz**, agent-voyer à Colmar, un certain nombre d'*ossements fossiles d'animaux divers*, trouvés dans le Lehm de la colline de Bühl à Eguisheim. Ces messieurs voulurent bien éveiller l'attention des ouvriers à ce sujet et leur recommander de conserver soigneusement tout ce qu'ils pourraient rencontrer dans la suite des travaux.

Ces recommandations eurent un résultat favorable; car, peu de jours après, il m'arriva un nouvel envoi d'ossements, parmi lesquels je ne fus pas peu surpris de reconnaître *deux os humains*, un frontal et un pariétal droit appartenant au même crâne. Cette découverte me paraissant du plus haut intérêt, je me rendis dès le lendemain sur les lieux, accompagné de M. **Schelbaum** et de M. **Giorgino**, pharmacien à Colmar. Notre premier soin fut d'examiner l'endroit où les os humains avaient été trouvés. Le chef ouvrier nous fit voir le point d'où il les avait extraits lui-même la veille : cet homme n'avait évidemment aucun intérêt à nous tromper : il ne s'était donné la peine de recueillir ces objets, très-insignifiants selon lui, que pour se conformer aux instructions de l'architecte sous les ordres duquel il était placé.

Ce point se trouvait en plein Lehm, au fond d'une tranchée de 5 mètres, formant l'entrée de la cave de M. **Ley**, et à 2m.50 de profondeur verticale. Le Lehm y était d'aspect normal, intact et en place, exempt de tout corps étranger, sans aucune trace de fissures ou d'infiltrations venues du haut; il offrait une homogénéité parfaite jusqu'à son contact avec la terre végétale dont il était nettement séparé.

Nous suivîmes la galerie Ley dans un parcours de plus de 50 mètres et nous constatâmes que partout le Lehm présentait les mêmes caractères.

Le long des parois latérales de cette galerie, on remarque une ligne régulière, s'élevant à mesure qu'on pénètre plus avant et suivant à peu près la pente de la colline : elle est due à un changement de coloration du Lehm qui, de gris qu'il est au-dessous, devient jaunâtre au niveau de cette ligne, tout en ne formant qu'une seule et même couche homogène et non interrompue. Ces différences de coloration par bandes ou par zones plus ou moins régulières se voient partout où l'on peut observer une coupe assez étendue dans notre Lehm : elles proviennent de modifications survenues sur place et n'impliquent aucune différence d'âge ou de formation de ce dépôt, comme l'a fort bien démontré M. **Kœchlin-Schlumberger**[1].

---

5 mètres à peine de la surface du sol. Il y a donc là une vaste excavation remplie de Lehm : provient-elle d'une faille ou d'une dénudation par les courants diluviens? Je ne sais : toujours est-il que de semblables poches de Lehm se rencontrent parfois dans nos environs.

[1] J. **Kœchlin-Schlumberger**. *Observations critiques sur un Mémoire* de M. **Gras**, intitulé : « Comparaison chronologique des terrains quaternaires de l'Alsace avec ceux de la vallée du Rhône dans le Dauphiné. » (Bull. Soc. géol. de France, 2e série, tome XVI, p. 297.)

Idem. Réplique aux observations de M. **Gras** concernant le terrain quaternaire de l'Alsace. (Bull. Soc. géol., 2e série, tome XVII, p. 82.)

[illegible] alors les endroits où avaient été trouvés les os d'animaux; une portion [illegible] *rine de cerf* avait été retirée de la galerie Ley à environ 25 mètres [illegible] A l'entrée de la cave de **M. Nico**, nous remarquâmes un bout d'os faisant saillie dans la tranchée [illegible] 5 mètres environ de profondeur verticale et à 6 mètres [illegible] ayant fait abattre la paroi de Lehm qui l'englobait, nous en [illegible] nous-mêmes les fragments de *fémur* et d'un *bassin de Bœuf*.

[illegible] nous racontèrent que quelques années auparavant, lorsqu'on entailla la [illegible] chemin vicinal d'Ernsheim à Herrlisheim qui en longe la base, [illegible] quantité considérable d'os dont quelques-uns de très-grande [illegible] tous rejetés dans les déblais.

[illegible] avril 1860 [illegible] dans la propriété de **M. le Dr Jaenger**, [illegible] un fragment [illegible] *long indéterminable* en une portion de *mâchoire* [illegible] immédiatement, ces os ont été [illegible] gravier entremêlé de Lehm et [illegible] provenant de roches granitiques [illegible] formant [illegible] Lehm et le dépôt caillouteux, est [illegible] en *débris d'Éléphants*.

[illegible] Ernsheim ne nous a révélé [illegible] ni instruments de pierre [illegible] trace d'une industrie primitive. Je ne mentionnerai [illegible] une *hachette en serpentine polie* qui a été trouvée [illegible] **M. Bulliot**, [illegible] notre ville en fouillant le sol de l'une des tours des [illegible] et qui est déposée dans la collection archéologique alsacienne du Musée de Colmar.

[illegible] géologique du terrain. — Il n'est aucun doute possible sur la nature géologique du terrain en question.

[illegible] stratigraphique est entièrement celle qui caractérise le Lehm d'Alsace, [illegible] la partie supérieure des dépôts diluviens et constituant, au pied des Vosges, des [illegible] s'abaissent en pente douce vers la plaine.

[illegible] physique ne diffère en rien de celle que tous les auteurs attribuent au [illegible] dépôt marno-sableux fin, de couleur gris-jaunâtre, se réduisant facilement [illegible] lorsqu'il est sec, tachant les doigts, formé d'un mélange intime d'argile [illegible] et de carbonate de chaux. Il renferme vers le haut quelques rares galets [illegible] de petite dimension [illegible] reste il est parfaitement homogène, sans [illegible] se coupant aisément au couteau, mais tellement cohérent qu'on y [illegible] qui se maintiennent sans aucune espèce de revêtement intérieur [illegible]

[illegible] ce dépôt dans toutes les galeries ainsi que dans les carrières exploitées [illegible] il est partout le même.

[illegible] abondamment en certains points, ces concrétions calcaires en forme [illegible] qui sont particulières au Lehm et qu'on appelle dans le pays [illegible] *Puppelstein* pierres en forme de petites poupées.

[illegible] en grand nombre les coquilles fossiles caractéristiques du Lehm :

Helix hispida Lin. *plebeia*. Drap.
Pupa [illegible] Drap.
[illegible] Drap. [illegible] elongata, Braun

[illegible] composition chimique, on verra que les analyses qui en ont été faites se

Parmi les nombreux ouvrages où ce sujet est traité, il suffira de citer les suivants :
Daubrée Description géologique du département du Bas-Rhin, p. 218.
Koechlin-Schlumberger Observations critiques [illegible] p. 70.
Voltz [illegible] des deux départements du Rhin, p. 12.
Lyell Manuel de géologie élémentaire 1856 [illegible]

rapprochent en tous points de celles du Lehm typique données par M. **Koechlin-Schlumberger**, dans les mémoires cités plus haut.

Ossements fossiles. — Les ossements fossiles d'animaux recueillis dans le Lehm d'Eguisheim sont : un *métatarsien d'un cheval* de petite taille; 3 *molaires*, *une partie de bassin et de fragments de fémurs*, paraissant appartenir à une espèce de bœuf, également de petite dimension; un *frontal* presque entier d'un *grand cerf* dont je n'ai pu déterminer l'espèce, mesurant transversalement 18 centimètres entre la naissance des cornes qui malheureusement n'ont pas été retrouvées.

A la base du dépôt, on a rencontré une belle *molaire d'Elephas primigenus*, un fragment d'os long indéterminable et la moitié supérieure d'un *métacarpien de bœuf.*

Près de la ville de Türckheim, à 2 lieues environ d'Eguisheim, dans une couche de Lehm analogue par sa situation à celle qui nous occupe ici, on a découvert récemment des *molaires de cheval* avec un grand *métacarpien* entier et parfaitement conservé, que M. le professeur **Schimper** de Strasbourg attribue au Bison.

Tous ces os paraissent avoir perdu presque entièrement leur matière organique; leur texture est crayeuse, leur couleur blanche; ils happent fortement à la langue.

Les *os humains* provenant du même dépôt, consistent, comme je l'ai dit, en un frontal et un pariétal droit, les deux presque entiers, pouvant s'adapter en partie l'un à l'autre et appartenant au même crâne. Ils ont été recueillis ensemble et étaient complétement enclavés dans le Lehm qu'on voit encore adhérent à leur surface. Ils happent à la langue, présentent la même coloration blanche que les ossements d'animaux et paraissent avoir subi des altérations identiques de texture et de composition.

Leur développement, leur forme et l'ossification prononcée des sutures, prouveraient qu'ils proviennent d'un sujet adulte et de taille moyenne.

Le pariétal ne présente rien de particulier, sinon qu'une portion de son bord antéro-supérieur avec la suture coronale correspondante a été détachée et est restée intimement soudée au *frontal*. Celui-ci possède également des dimensions normales moyennes : cependant il offre quelques particularités dignes d'être notées :

Les arcades sourcilières sont assez saillantes.

La dépression entre la bosse frontale et les saillies sourcilières est assez fortement accentuée.

Les sinus frontaux sont très-vastes.

Cette saillie des arcades sourcilières fait paraître le front plus déprimé qu'il ne l'est réellement : il ne m'a pas été possible de mesurer l'angle facial qui a été évalué à 75° environ. Enfin, en réunissant les deux os, la forme générale du crâne, autant qu'il est permis d'en juger d'après des débris aussi incomplets, paraît être allongée d'avant en arrière, un peu déprimée latéralement et se rapporterait au type dolichocéphale.

Il est à remarquer que la saillie des arcades sourcilières et le développement des sinus frontaux ont également été observés à des degrés divers sur les crânes de la caverne d'Engis près de Liége, de Neanderthal près de Düsseldorf et sur l'un des crânes des tumulus de Borreby en Danemark figurés tous trois dans l'ouvrage déjà cité de **Lyell** (ch. v). Ces mêmes caractères existaient aussi sur un *crâne* ramassé dans le sable diluvien d'Ingelheim et présenté aux naturalistes allemands réunis à Giessen en 1864[1].

Conclusions. — D'après l'ensemble des faits qui viennent d'être développés, on pourra sans doute admettre la réalité des propositions suivantes :

1° Le dépôt qui recouvre la colline de Bühl à Eguisheim est bien positivement le Lehm alpin de la vallée du Rhin.

2° C'est de ce terrain parfaitement en place, intact et non remanié qu'ont été extraits les *ossements fossiles d'animaux ainsi que les débris humains.*

3° Les uns et les autres ont subi les mêmes altérations de texture et de composition : ils se trouvent, sous tous les rapports, dans des conditions absolument identiques.

[1] Voy. **Meunier**. Revue scientifique, *Opinion nationale* du 6 novembre 1866.

Si ces données sont exactes, on pourra en conclure que les *os humains* ainsi que les *ossements d'animaux quaternaires* qui les accompagnent, ont été, ou bien enfouis ensemble sur place dans le limon qui forme aujourd'hui le Lehm ou bien entraînés en même temps de plus loin par les courants diluviens.

L'homme aurait donc vécu en Alsace, ou dans la vallée supérieure du Rhin, à l'époque ou le Lehm s'est déposé, et y aurait été contemporain du *Cerf fossile*, du *Bison*, du *Mammouth et autres animaux de l'époque quaternaire*.

(?Enfin, l'apparition de l'homme dans notre contrée aurait été antérieure à certains?
?mouvements du sol survenus après le dépôt du diluvium et qui ont achevé de donner?
?au pays son relief actuel. En effet, des mouvements d'exhaussement comprenant toute?
?la série diluvienne, ont dû être admis par M. **Kœchlin-Schlumberger** et par M. le?
?professeur **Alb. Müller**, de Bâle, pour expliquer l'attitude de certaines couches quater-?
?naires du Sundgau et de la partie méridionale de la vallée du Rhin qui touche au Jura[1].?)

Sir **Ch. Lyell** émet du reste une opinion analogue, lorsqu'il dit à propos des ossements de Lahr (l'Ancienneté de l'homme, ch. XVI, p. 356, note) : « Mais si les idées que « j'ai énoncées dans ce chapitre sont fondées, quelques-uns des grands mouvements « continentaux d'élévation et d'abaissement qui arrivèrent immédiatement après le re- « trait des grands glaciers des Alpes, furent d'une date postérieure à l'enfouissement de « ces os dans l'ancien limon du Rhin. »

Il est incontestable qu'un fait isolé n'a qu'une valeur bien relative, surtout dans une question aussi difficile que celle de l'ancienneté de l'homme. Aussi, est-ce avec une entière réserve que j'ai indiqué les déductions théoriques qui m'ont paru ressortir de mon observation.

Mon principal but était de donner connaissance d'un fait nouveau pour la géologie de l'Alsace et d'éveiller l'attention des observateurs sur les découvertes que le même terrain pourra fournir dans la suite.

Si je me suis arrêté à quelques descriptions trop minutieuses et si j'ai insisté sur certains détails qui sembleront peut être superflus, c'est parce que les localités changent rapidement d'aspect et qu'il est ordinairement difficile de compléter plus tard une observation qui n'a pas été recueillie avec toute la précision voulue.

Je laisse à d'autres plus autorisés le soin d'apprécier ce fait à sa juste valeur et d'en tirer des conséquences positives s'il y a lieu : toutes les pièces qui s'y rapportent ont été déposées à cet effet au Musée de la Société d'histoire naturelle de Colmar et seront soumises avec empressement à l'examen des personnes que ce sujet pourra intéresser.

Mon ami, M. **Scheurer-Kestner, de Thann**, a bien voulu compléter l'étude de cette question, en l'examinant au point de vue de la chimie. Il a exécuté à cet effet un nombre considérable d'analyses comparatives qui comprennent :

- Le *Lehm d'Eguisheim* et les *ossements fossiles* qui y ont été rencontrés;
- Des *crânes humains* provenant de tombes antiques de divers âges et d'inhumations modernes, tous recueillis dans le département du Haut-Rhin;
- Des *os fossiles d'animaux* de divers terrains de nos environs.

J'ai recueilli moi-même une partie de ces échantillons : les autres ont été tirés des collections de notre Société et présentent une entière garantie, relativement à l'authenticité de leur provenance.

Les résultats de ces recherches sont des plus intéressants, quelques-uns tout à fait nouveaux et inattendus. Je ne voudrais pas, en les exposant ici, empiéter sur le mé-

[1] **Kœchlin-Schlumberger**. Observations critiques, etc., p. 361.
Idem. Réplique aux observations de M. **Gras**, etc., p. 92.
Dr **Albert Müller**. *Verhandlungen der naturforschenden Gesellschaft in Basel*, t. II, 348.
A. D. Messieurs **Kœchelin-Schlumberger** et **Albert Müller** n'admettent pas l'ancienne extension des glaciers monstres;... Pour les glaciéristes, *Lehm* et *boue de glacier* sont synonymes, par suite de cette explication un paragraphe de ce mémoire est entre parenthèses et les lignes marquées de ?

Le grand travail de MM. **Girardin** et **Preisser** publié en 1842, a conduit aux résultats suivants[1] :

1° Dans tous les terrains, les os, au bout d'une période de temps plus ou moins longue, éprouvent des modifications profondes dans leur constitution chimique. Leurs principes changent de rapport : les uns augmentent, les autres diminuent en quantité ; certain disparaissent, et quelquefois aussi de nouveaux viennent s'ajouter à ceux qui préexistaient ;

2° Les os résistent d'autant plus longtemps toutefois, qu'ils sont placés dans des terrains plus secs, et qu'ils sont soustraits plus complétement à l'action de l'air et de l'eau... Les os fossiles des terrains secondaires sont fort souvent beaucoup moins modifiés dans leur constitution, que les ossements fossiles des terrains plus modernes ;

5° L'altération porte principalement sur la matière organique ou le tissu cellulaire conversible en gélatine. La proportion est toujours inférieure à celle qui existe dans les os récents ; mais cette proportion est elle-même variable. Parfois la matière organique manque complétement...

7° La silice et l'alumine qu'on trouve dans beaucoup d'os fossiles ou anciennement enfouis, et parfois en très-fortes quantités, sont, pour ainsi dire, étrangères à la constitution des os, et viennent manifestement du sol.

Telles sont les conséquences que MM. **Girardin** et **Preisser** ont tirées de leur travail[2].

Examen chimique du Lehm.

Le divers échantillons du *Lehm d'Eguisheim* m'ont été remis par mon ami M. le docteur **Faudel**.

Ils appartiennent par leurs caractères physiques au *Lehm* gris déterminé par M. **Kœchlin-Schlumberger**.

C'est un dépôt argilo-calcaire gris-jaunâtre, au toucher talcqueux, composé par un mélange de calcaire et de sable quartzeux avec un peu d'argile ; il se tasse très-facilement et forme des amas compactes. Les échantillons que j'ai eus sous les yeux étaient tous exempts de cailloux roulés ; ils avaient l'aspect d'une poudre assez finement broyée et légèrement humide, à la température ordinaire. L'analyse qualitative donne :

Acide carbonique ;
Chaux ;
Oxyde ferrique ;
Traces d'alumine ;
Chlore ;
Traces d'acide sulfurique,
Magnésie ;
Silice ;
Eau hygroscopique :
Eau combinée.

..Dans une analyse du *Lehm du Kaiserstuhl*, M. **Schill**[3] indique aussi le chlorure de calcium et en quantités bien plus considérables que celles que j'ai trouvées dans l'échantillon le plus riche du Lehm d'Eguisheim. M. **Kœchlin-Schlumberger**, au contraire, a tenté vainement de le découvrir, par des essais faits *ad hoc*, soit dans l...

[1] Comptes rendus de l'Académie des sciences, XV, 725, 1842.

[2] D. A. Bulletin de la Société chimique, 1866, p. 245.
A la suite M. **Scheurer-Kestner** donne une analyse des recherches de **Zalesky**, 1866, — **Fremy**, — **Delesse**, 1861, — **Lartet**, — **Elie de Beaumont**, — **Lassaigne**.

[3] Cité par M. **Kœchlin-Schlumberger** Geognostisch-Mineralogische Beschreibung des Kaiserstuhlgebirges, Stuttgart, 1854, p. 93.

Lehm gris de Bartenheim soit dans celui du Kaiserstuhl. L'essai de la présence du chlorure de calcium est une opération trop facile pour qu'une erreur puisse avoir lieu sous ce rapport.

Les analyses de M. **Schill** et les miennes prouvent qu'on peut trouver des échantillons de Lehm renfermant ce corps.

La conservation d'une substance aussi soluble et déliquescente, dans un dépôt, prouve l'imperméabilité du terrain aux infiltrations aqueuses provenant de la surface.

L'analyse quantitative a donné pour la *composition du Lehm d'Eguisheim :*

Humidité perdue à 100°	1,8
Eau perdue au rouge	6,9
Acide carbonique	15,2
Silice	55,7
Chaux	16,1
Oxyde ferrique avec peu d'alumine	7,0
Chlore	0,2
Magnésie	0,9
Acide sulfurique	traces.
	99,8
Perte	0,2
	100,0

Pour faire cette analyse, le Lehm pesé a été dissous dans l'acide chlorhydrique bouillant : — le résidu insoluble était composé de sable à grains quartzeux. La chaux a été précipitée par l'oxalate d'ammoniaque et dosée à l'état de sulfate; le fer et l'alumine, précipités par l'ammoniaque dans la dissolution précédente, enfin la magnésie, par le phosphate d'ammoniaque et dosé à l'état de pyrophosphate.

On peut représenter les nombres précédents comme suit :

Eau hygroscopique	1,85
Eau perdue au rouge	6,91
Carbonate de chaux	28,19
Carbonate de magnésie	1,86
Oxydes ferrique et aluminique	7,00
Silice	53,74
Chlorure de calcium	0,31
Acide sulfurique	traces.
	99,84
Perte	16
	100,00

Pour déterminer l'eau perdue au rouge, j'ai eu soin de restituer par le carbonate d'ammoniaque l'acide carbonique qui pouvait avoir été chassé par la chaleur.

Cette analyse présente beaucoup d'analogie avec celle de M. **Schill**, ainsi qu'avec celle du Lehm gris faite par M. **Kœchlin-Schlumberger**[1]. On peut en juger par la comparaison suivante :

	M. Schill.	M. Kœchlin-Schl.	Eguisheim.
Perte au feu		0,046	0,0691
Résidu siliceux		0,5615	0,5374

1. **Kœchlin-Schlumberger**. Observations critiques, etc. Bulletin de la Soc. géol., 2e série XVI, p. 317, février 1859.

Carbonate terreux.	0,31	0,322	0,3050
Oxydes de fer et d'alumine.		0,0505	0,070
		0,0800	0,0815

Les analyses de M. **Kœchlin-Schlumberger** ne font pas mention de la magnésie, mais j'ai constaté la présence de ce corps dans tous les échantillons du Lehm gris d'Eguisheim que j'ai eus à ma disposition; du reste, les analyses de **M. Kœchlin** laissent une perte de 2 pour 100 qui dépasse celles qui pourraient provenir des manipulations chimiques.

Examen chimique des ossements.

1. Fragment d'un pariétal humain trouvé dans le Lehm d'Eguisheim. — Analyse.
2. Pariétal provenant d'une tombe très-antique.
3. Crâne trouvé à Colmar, au couvent des Unterlinden, remontant à 2 ou 3 siècles
4. Crânes de l'époque mérovingienne.
5. Ossements fossiles de Cerf et de Cheval.
6. Ossements de Mammouth
7. Ours (Ursus spelæus) d'une caverne à ossements de Sentheim (Haut-Rhin).
8. Composition de la substance animale des ossements.
9. Composition en parties minérales et animales.
10. Résumé

Nous pouvons tirer de ces recherches les conclusions suivantes :

a. Les ossements fossiles trouvés dans le *Lehm d'Eguisheim* renferment généralement une notable quantité de matière organique. — La conservation de la matière organique doit être attribuée principalement à l'impénétrabilité du terrain et à sa compacité.

b. La présence du *chlorure de calcium*, qui a été constatée dans certaines couches est une preuve de la résistance qu'offre le terrain aux infiltrations aqueuses.

c. Les fossiles du Lehm sont peu incrustés; leur surface seule est recouverte d'une légère couche siliceuse; la composition chimique et les proportions relatives des parties minérales ont peu varié.

d. Un certain nombre de ces fossiles renferment, outre l'*osséine* avec ses caractères distinctifs, une autre substance animale provenant probablement d'une modification chimique de l'osséine. En effet, la perte qu'éprouvent ces ossements à la calcination dépasse souvent de plus du double celle qui devrait résulter de la combustion de l'osséine. Cette substance particulière est soluble dans les liqueurs acides.

e. Il est impossible d'établir l'âge d'un ossement par l'examen de sa composition chimique, mais la comparaison permet d'affirmer si deux ossements, trouvés dans le même terrain, sont contemporains ou non. L'examen de la partie animale, au point de vue de l'osséine ordinaire et de l'osséine modifiée, et la détermination des proportions relatives de ces deux éléments donnent à l'étude comparative une base plus large et un élément de certitude de plus.

f. Je ne prétends nullement que l'*osséine modifiée* se trouve dans tous les os fossiles ou que ceux-ci seuls en contiennent; mais les ossements du Lehm en renferment en quantités très-appréciables et qui ne peuvent pas être négligées dans une analyse. Un os renfermant les deux substances animales dans des proportions telles que l'osséine modifiée dépasse de moitié l'osséine ordinaire, doit toujours avoir séjourné, pendant très-long temps dans un terrain peu accessible aux variations de température et d'humidité, l'osséine modifiée est légèrement soluble dans l'eau. C'est donc un caractère positif d'ancienneté.

g. Enfin, le pariétal trouvé à Eguisheim présentant la même composition que les os

ments d'animaux provenant du même terrain et ayant appartenu à des sujets des races éteintes, *la contemporanéité de l'être humain et de ces races doit être accepté comme démontrée au point de vue chimique.*

Scheurer-Kestner.

G

GRAD (Charles), ingénieur.

UN SÉJOUR AU COL SAINT-THÉODULE (Valais). 3,333 mèt. alt. [1].

Élevons-nous d'un coup d'aile à 3,333 mètres au-dessus du niveau des mers. C'est la hauteur du col de *Saint-Théodule* qui conduit de la vallée de Zermatt en Piémont. Il y a là entre le massif du *monte Rosa* et le *Cervin* une crête rocheuse que le vent balaye toujours et presque toujours dépourvue de neige. De puissants glaciers étreignent cette arête qui émerge du sein des brumes comme un écueil de l'Océan polaire. Sur ses bords se dresse une redoute en pierres sèches solidement assise avec les meurtrières tournées vers le Valais, formant avec un second travail de même nature une série de défenses élevées par les gens du Val-Tournanche contre les incursions des Valaisans, à une époque où ce passage était plus fréquenté. On voit auprès de la redoute supérieure deux cabanes entourées comme elle de pierres juxtaposées. C'est la station ou l'observatoire météorologique de **M. Dollfus-Ausset.**

Un observatoire bâti au milieu des neiges persistantes, plus haut qu'aucune habitation humaine de l'Europe. L'aspect de cet édifice est chétif et de peu d'apparence. Construit en bois, il est en outre revêtu d'un mur en pierres d'un mètre d'épaisseur. On y entre par une porte basse ouverte sur le Cervin. L'intérieur forme une seule pièce, dortoir, arsenal et cuisine, bazar sans pareil où se trouvent confondus une bibliothèque, des armes, des ustensiles, des instruments de toute nature. Plusieurs hommes — les frères **Melchior** et **Jacob Blatter**, de Meyringen, et **J. Antoine Gorret** de Val-Tournanche ont habité durant treize mois consécutifs ce site glaçant afin de déterminer sous les auspices de M. **Dollfus-Ausset** les phénomènes qui président à la formation des glaciers. J'ai passé plusieurs jours avec ces courageux observateurs lors de nos courses sur les glaciers du monte Rosa, et j'ai pu constater à loisir la précision et le zèle intelligent qu'ils ont porté à leurs observations.

Le temps fut magnifique quand j'arrivai au Théodule. Mon premier soin, après avoir pris domicile à la station, fut de reconnaître les environs du col avec mes guides. L'arête dénudée dont la station occupe le bord se dirige en droite ligne vers le *grand Cervin* (*Matterhorn*), sur une longueur de mille pas, avec une largeur variable de 10 à 100. Au fond même de la dépression la vue ne s'étend pas loin. Elle est bornée de toutes parts par un blanc linceul de neige. Mais sitôt qu'on s'est élevé sur la crête voisine, un immense panorama se déploie comme par enchantement. Au premier plan paraît le *petit mont Cervin* sous forme d'une pyramide de neige tronquée, suivie par le *Breithorn* qui figure de ce côté un cône mince Sa silhouette masque le *monte Rosa*, mais le *Wachthor* et la *Cermée di Jazzi* se dessinent nettement à l'horizon lointain; en arrière la crête déchiquetée de *Saas* dont nous nommons tous les sommets : le *Struhlhorn*, le *Rimfischhorn*, le *Feehorn*, le *Tætelgrat*, le *Legerhorn*, le dôme de *Mischabel*, le *Balbain*, le *Graben*, piton extrême de ce rameau. Bien que la plupart des montagnes du versant d'Italie soient masquées, l'œil peut suivre derrière l'*aiguille du Théodule*, le développement de la ligne de faîte entre la vallée *Tournanche* et le *val d'Ayas* ou *Challant*, jusque vers la dépression où elle fléchit

[1] D. A. Extrait d'un travail sur le *monte Rosa*, que M. **Grad** va publier prochainement dans les *Annales des Voyages*, de **Malte-Brun**.

vers la vallée d'Aoste. Malgré la diversité des formes et leur aspect grandiose, ces cimes n'obtiennent qu'un regard, l'attention du spectateur est invinciblement fixée sur le *Cervin* Voici des heures que nous marchons et le Cervin est toujours en face de nous et à égale distance. Il paraît plus élevé vu de la plate-forme de Théodule que dans le fond de la vallée. Il semble grandi de toute la hauteur qui sépare le Théodule de Zermatt. Par son isolement, par sa forme élancée, étrange, par la roideur de ses parois où la neige ne s'attache pas, cette dent aiguë se distingue de tous les sommets environnants. Le *grand Cervin* est sans égal dans les Alpes.

Le *Furkengrat* qui s'étend de la station au pied du Cervin borde d'un côté le passage et de l'autre le glacier supérieur de Théodule Dans la partie dénudée la roche dominante consiste en micachiste plus ou moins disloqué, renfermant des grains de quartz. Une coupure étroite et profonde sépare la crête de l'aiguille de Théodule. De l'autre côté du col, une rampe ondulée monte en pente douce vers le *petit mont Cervin*. Sur la crête dénudée, le soleil fait éclore quelques plantes phanérogames vigoureuses et d'une floraison magnifique. Le nombre d'espèces recueilli est de vingt-quatre, ainsi désignées par M. **A. Michel** et par le curé **Rüden**, de Zermatt[1]. *Androsace Pennina.* — *Aretia glacialis.* — *Arnica glacialis.* — *Artemisia spicata.* — *Avena subspicata.* — *Cerastium latifolium.* — *Chrysanthenum Alpinum.* — *Draba frigida.* — *D. sclerophylla.* — *D. Pyrenaïca.* — *D. tomentosa.* — *Erigeron aniflorus.* — *Geum reptans.* — *Iberis cæpifolia.* — *Linaria Alpina.* — *Phyteuma pauciflora.* — *Pyrethrum alpinum.* — *Ranonculus glacialis.* — *Saxifraga oppositifolia.* — *S. bryoïdes.* — *S. planifolia.* — *S. muscoïdes.* — *S. striata.* — *Thlaspi rosundifolium.*

Telle est la flore du Théodule. Éclose au sein des glaces, elle a beaucoup d'analogie avec la végétation des terres arctiques, elle est surtout pauvre comme elle. La faune est moins variée encore. Il n'y a plus de mammifères à ces hauteurs sauf le campagnol des neiges, une sorte de rat qui s'introduit à la station. Le chamois, la marmotte et le renard ne s'élèvent pas jusque-là. Le sol est trop âpre, trop froid pour nourrir les animaux supérieurs : je dirais presque que les êtres animés n'y passent pas si je n'y avais vu quelques *alouettes* et quelques *corneilles* des Alpes. Les *corneilles* habitaient le col et se nourrissaient des débris de la cuisine. Quant aux alouettes, on les rencontre à toutes les altitudes. Ces petits oiseaux muets volent de glaçon en glaçon et animent à peine une solitude où la neige ou la pluie est presque toujours le seul mouvement qui frappe les yeux. Ajoutons que les fissures et la surface des glaciers sont fréquentées par un insecte de la famille des thysanoures, le *Desoria saltans*, d'une petitesse extrême, mais souvent en nombre infini. On s'étonne de voir cet insecte s'introduire avec une agilité remarquable dans la glace en apparence la plus compacte, à tel point que lorsqu'on en détachait un fragment, ils y circulaient comme des globules de sang dans leurs canaux : preuve nouvelle de l'existence des *fissures capillaires* dans la glace glaciaire la plus transparente. Le Desoria a un peu plus que la taille de la puce commune, il saute comme elle quand on le tracasse, mais là se borne toute la ressemblance avec ce parasite.

Nous nous étions préparés à faire l'ascension au *Breithorn* le 24 juillet. Malheureusement le temps changea dans la nuit et le ciel fut tout à fait affreux à l'heure où nous comptions partir. Cet état se maintint tout le jour. J'employai mes loisirs forcés à retoucher un croquis du Cervin pris la veille du haut du *Furkengrat*, à rédiger quelques notes, à feuilleter la bibliothèque de la station, pendant que mes compagnons sortaient bravement toutes les deux heures pour noter avec une régularité mathématique, l'état de l'atmosphère. Le soir je sortis. J'aurais désiré voir au sommet de ce site élevé le *grand Cervin* éclairé par la pâle lumière du zodiaque. Mais rien n'était visible. Rien ne paraissait au milieu de la nuit que les déchirements des vents dans l'ombre. Il n'y avait

[1] D.-A. **A. Michel** (professeur), qui a séjourné au col avec **Dollfus-Ausset**, du 1er au 15 août 1864, et en août 1865.

que rafales et sifflements stridents, que tourbillons chassant des nuages brisés et rasant à grand bruit les crêtes invisibles. Quelques jours auparavant, à la même heure, j'avais contemplé sur l'*arête du Gorner* une nature immobile reposant dans le calme de la mort. Ici semblait s'accomplir par contraste la violente agonie d'un monde. **Dante** y est venu entendre le râlement de ses damnés.

A l'intérieur de la station nul ne se souciait cependant de ce trouble du dehors. Si terrible que fût la tourmente, notre petit nid restait paisible à l'abri de ses fortes parois de pierres. Tout le monde était serré autour de la table. Un bon feu de mélèze odorant flambait dans le poêle, et aux clartés blafardes de la lampe qui jetait des ombres mouvantes le long des murs, les gens du Théodule jouaient leur rams quotidien pendant que le brave **Melchior Blatter** nous racontait pour la dixième fois ses expéditions alpestres. Chasseur de Chamois et guide aux hautes régions depuis plus de vingt ans, il avait foulé avec son frère **Jacob** à peu près toutes les cimes de l'Oberland bernois, la *Jungfrau*, le *Schreckhorn*, le *Finsteraarhorn*, le *Wetterhorn*. Durant dix années, il a suivi les expériences de M. **Dollfus-Ausset** au glacier de l'Aar, lors des réunions du Pavillon, véritables congrès de la science où des physiciens et des géologues de tous les pays d'Europe venaient discuter sur place les phénomènes glaciaires. Sous l'inspiration de son infatigable patron, **Blatter** prit l'habitude d'emporter quelques instruments à chacune de ses ascensions, notant avec un soin scrupuleux la température et les principaux accidents météorologiques observés à des hauteurs très-rarement visitées par des observateurs savants. Aussi, quand M. **Dollfus-Ausset**, après son premier séjour au col de Théodule, résolut d'établir un observatoire sur ce point, il fut heureux de confier ses expériences aux frères **Blatter**, associant ainsi deux *simples guides* des montagnes à une œuvre qui a doté la science d'une série d'observations météorologiques sans précédents.

La station de Théodule se trouve admirablement située pour un observatoire glaciaire. M. de **Saussure** qui y a dressé sa tente à deux reprises, regrette de n'avoir pas connu plus tôt ce passage. Les dernières observations de M. **Dollfus-Ausset** dépassent en étendue celles faites par l'illustre genevois au col du Géant, sur le massif du mont Blanc; elles couronnent avec éclat ses longues études sur les *glaciers des Alpes*, des *Pyrénées* et de la *Sierra-Nevada*, en Espagne; sur les phénomènes erratiques du *Jura* et des *Vosges*. Malgré son âge avancé, notre vénérable ami se sent encore attiré vers les hautes cimes pour y continuer ses travaux avec une énergie qui fait pâlir celle des jeunes hommes et dont l'indomptable persévérance nous rappelle le chant sublime de Longfellow: Excelsior, la marche en avant, progressive, toujours plus haute. Issu de cette forte race industrielle dont l'Alsace s'honore, M. **Dollfuss-Ausset** a publié avant ses études glaciaires un *ouvrage important sur la coloration des étoffes*. Il a écrit aussi ses Passe-temps équestres, comme délassement du fastidieux calcul des séries météorologiques. Ce petit livre original présente en regard d'un traité d'équitation où l'auteur révèle les qualités d'un sportsman accompli, un recueil de pensées et d'aphorismes où l'on retrouve des réminiscences de **Pascal** et de **la Bruyère**. Mais son œuvre capitale, ce sont les Matériaux pour servir à l'étude des glaciers, vaste recueil qui ne compte pas moins de dix volumes, fruit d'un quart de siècle de travaux. Dans cette importante étude, M. **Dollfus-Ausset** ne s'est pas contenté d'exposer ses observations personnelles, il y a également réuni tout ce que les publications antérieures nous ont légué d'essentiel sur la constitution, l'origine, le régime, la marche, l'action et l'influence des glaciers. Deux livres entiers sont consacrés à la littérature glaciaire, déjà très-considérable. Les autres se rattachent à diverses questions de physique terrestre et de météorologie, à la géologie, à l'étude de glaciers en activité, aux formations erratiques, à l'exploration des hautes régions des Alpes. Enfin, un dernier volume encore inédit doit résumer l'ensemble et donner, comme l'auteur dit dans un langage pittoresque, les réponses faites par les glaciers à ses interrogations.

Lors de nos courses sur les glaciers du versant italien du monte Rosa, j'ai fait une visite au *gouffre des Bousserailles* dans la partie haute du Val-Tournanche. C'est un site admirable, inconnu des touristes, intéressant à la fois comme accident géologique et et comme paysage. Figurez-vous un bassin circulaire compris entre deux défilés que forment les contre-forts du *Cervin* et du *Brechthorn* au-dessus des villages de Crepino et des Crez. Relativement large, le défilé supérieur étale des *parois striées, polies, moutonnées :* on y voit de belles cannelures tracées par un ancien glacier. Celui d'en bas au contraire est tellement étroit, que les deux montagnes de serpenterie se touchent en plusieurs points sur lesquels le torrent s'est lentement frayé un chemin. Le fond du bassin entre ces deux brides rocheuses est plat, revêtu de prairies, avec un chalet et des troupeaux, au bord d'un cours d'eau issu des glaciers environnants.

Je connais les patois du Piémont, mais si j'ai bien compris l'étymologie des Busserailles, ce nom veut dire quelque chose comme l'eau tonnante, le tonnerre des eaux, ni plus ni moins que la signification indienne de Niagara. Eau tonnante? on y croit à se méprendre comme à un tonnerre qui s'éloigne. Les gens de la vallée sont tellement habitués à l'entendre qu'ils n'y font même pas attention. Ils furent très-étonnés lorsque, vers la fin de l'an passé — 1865 — quelques hommes courageux qui s'étaient décidés à interroger le gouffre de plus près y découvrirent une immense grotte. Pour explorer cette curieuse excavation, le guide **Joseph Maquignaz** dut s'y faire descendre à l'aide d'une longue corde, mais sa découverte l'intéressa au point qu'il revint les jours suivants avec ses frères, afin d'établir des galeries et des ponts dans l'intérieur de l'abîme. Grâce à ces travaux, on peut visiter sans danger tous les détails du gouffre. Il forme une succession de grottes dirigées dans le sens de la vallée, mesurant 44 mètres depuis l'issue de l'eau au midi jusqu'à la porte d'entrée. De cette porte au centre de la grande grotte, que M. le chanoine **Carrel** appelle la *Grotte des Géants*[1], il y a 24 mètres, plus 36 mètres depuis ce point jusqu'à l'extrémité septentrionale du gouffre, ce qui donne une longueur totale de 104 mètres en ligne droite à toutes les grottes réunies. La hauteur entre la sortie du torrent et le point culminant des berges collatérales est de 35 mètres. La largeur varie beaucoup. Quant à l'ouverture intérieure, elle mesure 4 à 5 mètres de large sur 8 de haut et ressemble à la tête d'une ogive. Au plafond le gouffre est si étroit que la lumière y pénètre à peine par de petites lucarnes. Les grottes sont arrondies en coupoles. La plus grande de toutes, la *Grotte des Géants*, est remarquable par sa régularité. Mais, en général, les parois du gouffre sont très-accidentées, leur surface est moutonnée et conchoïde, polie sans stries et sans brillant parce que l'eau l'a façonnée. Cependant l'action des glaciers est manifeste en dehors sur les versants de la vallée par des *Karrenfelder*, qui s'élèvent à plus de 100 mètres sur leurs pentes. J'ai vu près de l'entrée de la caverne plusieurs chaudières creusées comme elle dans la serpenterie et polies par du sable que l'eau mettait en mouvement. A l'entrée du gouffre il y a une cascade, il y en a une autre vers le centre. La première tombe d'une hauteur de quinze mètres dans une *Marmite de Géant ;* l'élévation de la seconde est bien moindre. Entre les deux cascades le torrent forme un bassin agité comme une mer houleuse ; il se tord et se replie en bouillonnant dans les grottes collatérales. Le bruit des chutes, les flots d'écume brisés, les colonnes de vapeur qui s'élèvent au-dessus des cascades en reflétant les couleurs du prisme, les formes fantastiques du gouffre, ces contrastes d'ombre et de lumière constituent un ensemble saisissant et pittoresque.

Peu après la découverte du gouffre un peintre anglais en a fait un plan détaillé dont M. le chanoine **Carrel**, d'Aoste, a eu la gracieuse attention de nous communiquer des copies photographiques.

Des escarpements vertigineux étreignent le défilé des Busserailles. Pour avoir une vue plus étendue il faut remonter vers Breil, sur les pentes méridionales du mont Cervin. Là, comme à Zermatt, le Cervin domine la scène avec une audace superbe. Mais

[1] C. **Carrel**. *Le gouffre des Busserailles à Val-Tournanche*. In-8. Torino, 1866.

l'aspect du pic a changé, il n'a pas la forme aiguë qui apparait sur le versant suisse. La pyramide a plus d'ampleur en face du Piémont, la pente générale semble moins raide, et, au lieu de s'élancer d'un seul jet jusqu'au sommet, on voit comme une seconde montagne affaissée contre le pic principal sans en atteindre la hauteur. Tel qu'il est, cependant, même du côté de l'Italie, le front du *grand Cervin* était réputé inaccessible alors que les cimes du mont Rosa avaient toutes été gravies. Personne n'avait essayé l'ascension, tant cette entreprise paraissait vaine. Ce ne fut qu'à une date très-récente qu'un homme se présenta pour tenter cet impossible, et cet homme n'est pas un montagnard, c'est un savant, un professeur de physique, un homme de cabinet. En 1860 et en 1861, M. **Tyndall** essaya à deux reprises de gravir le *Cervin* sans pouvoir réussir. L'insuccès de ses tentatives, loin de l'arrêter, irrite son ardeur. Il revient à deux ans d'intervalles muni de crampons, d'échelles, de cordes faites avec les matériaux les plus résistants et les moins lourds. Pendant trois semaines il se prépare à la lutte, brûlant, comme il le dit avec l'énergique précision du physicien, brûlant sous l'oxygène des hautes montagnes la graisse accumulée dans ses membres pendant dix mois, au milieu de l'atmosphère épaisse du laboratoire. Une ascension au mont Blanc, des courses au Galenstock, au Weishorn, avaient rendu ses muscles durs comme l'acier et élastiques comme un ressort, car il voulait avoir la certitude d'accomplir tout ce qui est possible à l'homme. Persistance jusqu'à l'entêtement héroïque, voilà bien un caractère de la race britannique.

Donc, au mois d'août 1863, M. **Tyndall** reparaît sur les pentes du *Cervin*. Il monte le premier jour avec deux guides et deux porteurs le long de l'arête qui regarde la vallée de Tournanche, jusqu'au point où, peu auparavant, un autre grimpeur audacieux, M. **Whimper**, faillit périr. Vers le coucher du soleil le guide **Carrel** bâtit sur des blocs détachés une sorte de plate-forme pour y établir la tente, car l'arête n'offrait pas un mètre carré de surface horizontale. Le brouillard vint bientôt du fond de la vallée, suspendant à tous les promontoires se draperies humides. On passa une nuit paisible. Lorsque au point du jour la petite troupe se disposa à se remettre en marche, la pyramide se dressait dans l'air serein avec des parois d'apparence verticale. Sur les montagnes relativement arrondies comme le mont Blanc, on s'élève peu à peu sur les glaciers et le névé; mais toute autre est la difficulté d'escalader un obélisque tellement aigu que la neige ne se maintient pas sur ses parois. Le seul moyen de monter est alors de gravir une des arêtes qui dessine le profil du pic. M. **Tyndall** s'arrêta à ce parti. Toutefois, l'arête qu'il suivit avec ses compagnons n'est pas découpée régulièrement. Les masses de roches désagrégées formaient des tours, des murs, des bastions énormes qu'il fallait prendre d'assaut un à un. Soudain une paroi perpendiculaire barre le chemin sans issue, à droite et à gauche des précipices s'ouvrent à pic avec des profondeurs vertigineuses. On s'arrête, on ne sait que faire. Après des recherches inutiles, un des guides propose une tentative désespérée. Il a vu quelques corniches et des rebords dans la paroi; s'il est possible d'y fixer une corde, le passage sera franchi. On s'attache à la corde. Le premier guide s'élève en mettant les doigts dans une fissure, où il parvient aussi à introduire ses souliers ferrés en s'appuyant sur l'épaule de son compagnon. Tous deux atteignent ainsi une première corniche. On y fixe la corde. Par un effort violent la petite troupe grimpe, adhérant au rocher vertical et s'y cramponnant d'une main crispée, avec l'énergie que donne la vue de la mort certaine à la moindre faiblesse. M. **Tyndall** monte au delà de cette épouvantable muraille sur une pente plus douce. Déjà l'un des sommets se montre. On l'a atteint et la dernière cime paraît. Le guide **Benen** crie : « *Victoire!* » Mais le Cervin n'est pas vaincu. L'arête qui relie la cime inférieure à la cime la plus haute qui surplombe Zermatt est tranchante comme le faîte d'un toit et elle aboutit à un dernier mur vertical. Ce mur s'abîme dans le vide à 4000 pieds de profondeur. M. **Tyndall** et ses compagnons s'assirent l'œil morne, le front baissé, pour tenir conseil. Il fallut redescendre.

Aucune tentative nouvelle ne fut entreprise en 1864, mais l'an passé, le 16 juillet, **Jean**

Antoine Carrel qui avait accompagné M. **Tyndall** lors de sa dernière ascension, réussit à gravir la *dernière cime du Cervin* avec l'abbé **Gorret**[1] et deux autres guides de Val-Tournanche. Plus heureux que leurs prédécesseurs, ces hommes audacieux franchirent en une heure l'arête de l'Epaule où M. **Tyndall** dut s'arrêter. Tournant ensuite à gauche dans la direction d'une entaille qu'ils voyaient dans l'arête du nord, ils s'avancèrent un peu vers l'ouest. Mais ce passage était dangereux par la chute de glaçons et de pierres qui se détachent souvent; **Carrel** revint sur ses pas et s'avança à droite jusqu'à la base du mamelon terminal. La petite troupe se glissa ensuite le long d'une galerie horizontale, mais étroite et très-inclinée, d'une étendue de 250 mètres. Au bout de la galerie se présenta un couloir profond avec des parois verticales. **Carrel** et le guide **Bich** s'y firent descendre à l'aide d'une corde soutenue par leurs compagnons. Un quart d'heure plus tard, à deux heures de l'après-midi, ils plantèrent le drapeau italien sur la plus *haute cime du Cervin*. La descente fut aussi heureuse que l'ascension. Mais quand vint la nuit, un orage terrible éclata autour de la montagne, comme si le Cervin indigné eût voulu châtier ces audacieux qui avaient posé le pied sur son front inviolé.

Il était vaincu cependant, le géant, il avait cédé sous l'effort; il a dû reconnaître, le dernier, qu'il n'y a plus dans les Hautes-Alpes de cime inaccessible. Quel que fût le résultat de ces ascensions, le Cervin ne restait pas moins à peu près inconnu scientifiquement. Cette lacune a été remplie en juillet 1866, pendant mon séjour au Théodule, par M. **Felice Giordano**, inspecteur au corps royal des mines d'Italie. Avant de gravir le Cervin, M. **Giordano** vint au Théodule demander qu'on notât à la station les observations barométriques et thermométriques bi-horaires correspondantes de celles qu'il comptait faire au Cervin. L'intrépide géologue tenta ensuite l'ascension en partant de Breil avec deux porteurs et les trois guides **Antoine Carrel**, **Bich** et **Maynet** qui avaient accompagné l'abbé **Gorret** l'année précédente. L'ascension se fit sans difficultés nouvelles jusqu'à quelques mètres au bas de l'arête de l'Epaule, en un point appelé la Cravatte par les grimpeurs. Mais là le mauvais temps, la neige, le brouillard arrêtèrent M. **Giordano** pendant toute une semaine, du 22 au 28 juillet. Pendant sept jours entiers, il attendit que la disparition de la neige et de la glace lui permît de franchir la tranchante arête de l'Epaule à 200 mètres seulement du sommet. En vain; le soleil ne parvenait pas à dissiper les brumes, et des neiges nouvelles s'ajoutaient aux neiges anciennes. Les ascensionnistes étaient noyés dans un flot de nuages. Par moments le vent déchirait ces nuages en lambeaux, les uns montaient verticalement vers le zénith, d'autres étaient emportés horizontalement vers le col du Théodule, des courants contraires se disputaient alors ces flots tourmentés, ils les roulaient en immenses spirales blanches, et des trouées s'y ouvraient, à travers lesquelles on voyait les pâturages du Breil dorés par quelques rayons fugitifs. Quand venait la nuit plus calme, un silence glaçant succédait au conflit des tourbillons, et rien ne le troublait que par intervalles le retentissement des pierres et des rochers, descendant avec une vitesse terrible sur les flancs de la montagne. Un télégramme de Florence, parti au Cervin, appela subitement M. **Giordano** sur le théâtre de la guerre qui régnait alors en Vénétie. Cette tentative interrompue ne fut pas néanmoins sans résultat. Le savant ingénieur, outre ses observations météorologiques du plus haut intérêt, a réussi à déterminer l'altitude des principaux points du Cervin, et nous a communiqué, dès son retour, une coupe géologique du pic. Selon cette coupe, la montagne qui s'élève au-dessus des glaciers environnants comme une pyramide pentagonale surplombant du côté de Zermatt, présente successivement du sommet vers la base : des micaschistes souvent ferrugineux, alternant avec des quartzites et *portant des traces de foudre* jusqu'à l'arête de l'Epaule, passant à un grain plus fin vers la grotte de la Cravatte où l'on voit aussi des schistes calqueux; au bas de la Cravatte, des gneiss alternant avec des bancs quartzeux et du micaschiste jusqu'à la

[1] D. A. L'abbé **Gorret** est le fils d'**Antoine Gorret** qui a été en station au Théodule avec les frères **Blatter** pendant une année.

première tente par 3,858 mètres d'altitude ; sous ces couches on voit un banc énorme de roche granitoïde, une sorte de protogine blanc, verdâtre, comme celui du mont Blanc, d'origine métamorphique, depuis le col du Lion jusqu'à 3,000 mètres d'altitude. Au-dessus de ce banc et sous les micaschistes, il y a aussi un petit lit de calcaire. Enfin tout l'intervalle compris entre l'altitude de 3,000 mètres et Breil présente une succession continue de micaschiste et de schistes calqueux de diverses couleurs *. La disposition des couches et l'ensemble a celle de la dent d'Hérens qui s'élève à quelque distance du Cervin. Je n'insisterai du reste pas plus sur la constitution de ce pic étonnant, ne voulant pas anticiper sur la description que m'a promis de faire, pour les Annales des voyages, M. **Giordano**, qui organise en ce moment, à Paris, au nom de son gouvernement, la section d'Italie à l'Exposition universelle.

...La persistance du mauvais temps nous fit quitter le Théodule plus tôt que nous eussions désiré. Un matin, la violence du vent s'étant abaissé, nous serrâmes la main aux observateurs persévérants de la station et nous engageâmes sur le glacier au milieu des brumes. Pas un rayon ne traversait les brouillards d'une teinte lactée, rien n'était visible à quelques pas de distance, un givre glacé nous fouettait le visage et nous avancions à grand'peine. La surface du glacier supérieur de Théodule forme une plaine à peu près unie. Ses crevasses étaient toutes recouvertes de neige légèrement durcie, dans laquelle nous enfoncions jusqu'aux genoux presque à chaque pas, à cause de l'heure avancée du jour. Nous marchions attachés à une longue corde à la file, comme des cygnes à la promenade. Malgré les brouillards, la traversée se fit sans accident, si ce n'est qu'à plusieurs reprises j'ai senti mes pieds passer dans le vide, grâce à l'attention de mon guide qui tenait à me faire sentir l'émotion de quelques chutes dans les fentes du glacier, émotion très-innocente, puisque la corde nous préservait d'un engloutissement. Les crevasses sont toutefois peu nombreuses et surtout peu larges, parce que la partie supérieure du glacier de Saint-Théodule n'est que faiblement inclinée. Aucune moraine médiane n'interrompt l'uniformité du glacier, la moraine latérale même occupe seulement une bande étroite le long des parois verticales, qui forment le mur d'enceinte de cette longue plage de glace. A mesure que nous descendions, la neige et le grésil se changèrent en pluie qui à son tour se trouva dissipée par le soleil quand nous passâmes au *lac Noir* par le *glacier de Turke*. Cette direction fut différente de celle que nous avions suivie quelques jours auparavant. En montant, nous avions traversé d'abord le *torrent de Furge*, puis la forêt de mélèzes du promontoire de Auf-Platten, laissant à gauche le *glacier inférieur de Théodule*, pour gravir ensuite une large moraine et traverser en ligne droite la partie supérieure du même glacier.

Au retour, près d'une tache de neige, tassée à surface parfaitement unie, **Moser** me demanda : Est-ce que monsieur consentirait à une partie de traîneau ?

— Très-volontiers.

— En ce cas soyez le traîneau, moi je ferai le cheval.

Il se jeta sur son indéfinissable à très-amples dimensions. Je fis comme lui. Le guide passa mes jambes sous ses bras et ssssst... nous voilà en bas, ayant fait en deux minutes une demi-heure de chemin.

Charles Grad.

GRAD (Charles), Ingénieur.

LES COURANTS ET LES GLACES DE LA MER POLAIRE[1].

L'existence d'une mer polaire libre de glace se réduit à une question de météorologie. Un même point du globe passe dans la suite des siècles par des degrés de températures variables selon sa position dans le mouvement qui produit la précession des équinoxes.

* D. A. M. de **Saussure**, qui ne fit pas l'ascension du Cervin, en donne une description géologique à peu près semblable. — Voir **Dollfus-Ausset** : Matériaux pour l'étude des glaciers, t. II, p. 134.

[1] Extrait du Bulletin de la Société d'histoire naturelle de Colmar. Séance du 7 nov. 1866.

Actuellement on admet dans l'hémisphère septentrional deux points de plus basse température moyenne, ce sont les pôles de froid, situés, l'un dans l'Amérique boréale, l'autre au nord de la Sibérie. La température même du pôle n'a pas encore été déterminée par des observations directes, mais un illustre géomètre, enlevé à la science par une mort récente, affirme l'absence des glaces dans la mer Polaire pendant une partie de l'année. Dans son mémoire sur le refroidissement des corps célestes, **Jean Plana** démontre en effet par l'analyse mathématique l'accroissement d'intensité de la chaleur solaire des cercles polaires aux pôles arctique et antarctique. Ces deux points jouissent d'une température moyenne un peu plus élevée que les cercles polaires par 66° 1,2 de latitude. La forme des terres, l'étendue des mers, la direction des vents et des courants, les brumes persistantes de l'océan glacial modifient profondément la loi de **Plana**; cependant l'expérience acquise s'accorde avec sa théorie, comme le prouvent les découvertes de **Parry** et de **Kane** au nord celles de **Ross** vers le pôle austral.

Edward Parry entreprit son voyage en 1827 dans la pensée d'aller au pôle en traîneau sur une calotte de glace solide, continue, qui, suivant le témoignage de **Phipps** et l'opinion de ses contemporains, devait recouvrir toute la zone polaire. Ce jeune et intrépide marin, après une navigation laborieuse, fit mouiller son navire dans la baie de Treurenburg, à l'entrée du détroit de Hinlopen, et prit le chemin du nord en compagnie du docteur **Beverly**, du lieutenant **Crozier** et de **John Ross**, ces deux derniers devenus célèbres, l'un par la catastrophe de **Franklin**, l'autre par ses voyages dans les mers polaires. Les voyageurs étaient montés sur deux embarcations l'Enterprise et l'Endeavour, avec des vivres pour soixante-onze jours. Abordant à l'île Basse, ils y déposèrent des provisions pour le retour, puis ils s'engagèrent au milieu des glaces flottantes.

La flotille trouva l'*Ile Walden* encore encombrée de glaces. Elle passa de ce point à l'extrémité du groupe des *Sept-Iles* et trouva la banquise près de l'*Ilot de la Petite-Table*, la plus septentrionale des terres européennes, et les provisions étant chargées sur de petits traîneaux montés sur des pàtins de Lapons, la caravane se mit en marche sur la banquise le 24 juin, à dix heures du soir. Au lieu de la surface unie supposée, **Parry** trouva des bancs de glace peu étendus, mais très-accidentés, couverts d'aspérités, hérissés de pointes, crevassés comme les glaciers des Alpes, interrompus par des flaqu[illegible] d'eau qu'il fallait traverser sur les deux embarcations. Le lendemain, après sept he[illegible] de marche, on n'avait gagné que 1600 mètres vers le nord : à midi la latitude ét[illegible] 81° 15'. Le soleil ne se couchant pas, les traîneaux pouvaient aussi marcher [illegible] Partout les bancs de glace peu étendus étaient séparés par des intervalles de [illegible] qui forçaient à chaque instant de mettre les embarcations à l'eau, de les h[illegible] ensuite sur la glace. Le 26 au matin, une pluie abondante força les explorateurs d[illegible] arrêter et de se réfugier dans les chaloupes sous une tente goudronnée. Cette plui[illegible] outa encore aux difficultés de la marche. Quand elle cessa, la surface de la banquis[illegible] montra parsemée d'un grand nombre de mares d'eau. la glace elle même fut c[illegible]verte de grands cristaux de forme allongée et serrés les uns contre les autres qui de[illegible]naient une sorte de carrelage naturel, comme on en observe aux Spitzbergen sur des surfaces horizontales où l'eau imbibe lentement la neige. Tous ces cristaux ne sont pas réguliers : ils rappellent assez les formes prismatiques que présente le basalte après son retrait par refroidissement, ou encore celle de l'argile fendillée par la sécheresse.

Dans la soirée du 26 **Parry** se trouva arrêté par un autre co[illegible]re-temps. Le vent qui soufflait du nord entraînait les glaces vers le sud, leur imprim[illegible]t une impulsion telle, qu'il eût été dangereux de mettre les embarcations à l'eau : **P[illegible]y** ordonna une halte. Le thermomètre était à zéro, et l'on aperçut plusieurs oiseaux : [illegible] mouettes, des guillemots, des goëlands. Cependant le ciel restait sombre, une brume [illegible] empêchait de reconnaître les objets à quelques mètres de distance. Le vent to[illegible]
l'équipage se remit en route, mais il trouva le 28 juin un champ de glac[illegible]
hérissé de bosses et de saillies que les traîneaux ne marchaient qu'avec beaucoup de

[illegible] et de lenteur; les embarcations étaient hissées au sommet des monticules de glace pour glisser ensuite sur la pente opposée. Quand le soleil reparut, les officiers constatèrent avec chagrin que la latitude était seulement de 81° 23′ : ils avaient gagné à peine 11 kilomètres dans la direction du nord en quatre jours.

Le 30 juin, il neigeait. On rencontra ce jour-là des monticules si escarpés qu'il fallut frayer aux embarcations un passage avec la hache; en outre les mares d'eau douce étaient assez étendues, assez profondes pour les traverser en canot. Le vent fraîchissant, les glaces s'écartèrent, et on put s'avancer dans les embarcations de 5 milles [illegible],300 mètres) vers le nord dans un canal ouvert, mais sinueux. Des goëlands et quel[illegible] phoques voguaient sur les glaçons. La neige continua à tomber le 1er juillet, les [illegible] s'avançaient avec une vitesse telle que Parry et ses compagnons eurent de la [illegible] à quitter le glaçon où ils avaient passé la nuit. Après avoir traversé quelques-[illegible] de ces masses flottantes, ils trouvèrent de nouveau une mer libre, puis une surface [illegible] glace plus unie que les précédentes, mais recouverte de neige où l'on enfonçait à [illegible] pas. « Nous étions toujours en avant, dit Parry, dans son journal, le lieutenant [illegible] et moi, pour reconnaître la route. Arrivés à l'extrémité d'un champ de glace ou [illegible] endroit difficile, nous montions sur une éminence élevée de 5 à 6 mètres pour do[illegible] les environs. Nulle expression ne peut donner une idée de la tristesse du spectacle [illegible] nos yeux. Rien que la glace et le ciel; le ciel même nous était souvent caché [illegible] [illegible]is brouillards. Un glaçon d'une forme étrange, un oiseau qui passait, prenaient l'i[illegible]nce d'un événement. Lorsque de loin, nous apercevions les deux chaloupes et nos [illegible]nes contournant un monticule avec des traîneaux, cette vue nous réjouissait, et dès [illegible]eur voix se faisait entendre, ces solitudes muettes semblaient moins terribles. Quand [illegible] hommes nous avaient rejoints, nous retournions avec eux aux chaloupes pour les ai[illegible] à les faire avancer, les officiers s'attelaient avec les matelots. Il fallait procéder ainsi [illegible] fois sur dix et même au début, nous étions obligés de faire trois voyages pour [illegible]ter tout notre matériel, c'est-à-dire de refaire cinq fois le même chemin. Le [illegible]t, à midi, le thermomètre marquait 1° 7 à l'ombre et 8° 3 au soleil malgré une [illegible] épaisse, mais nous étions tellement éblouis par la réflexion de la lumière que [illegible] fûmes obligés de nous arrêter. Sous l'influence de la chaleur, la neige s'était [illegible]ie, et tout le monde dut s'atteler à une des embarcations, pour la faire avancer. [illegible] fondue avait produit de grandes flaques d'eau, sans profondeur, à travers les[illegible] il fallait traîner les chaloupes tellement, que nous n'avancions pas de cent mètres [illegible]eure. »

[illegible] des difficultés telles, la lenteur de la marche vers le nord n'a rien d'étonnant [illegible] des glaces ne s'améliorait pas, et le mauvais temps restait en permanence. C'est à [illegible] si le 22 juillet on avait atteint la latitude de 82° 7′, la température de l'air était à [illegible], et l'on vit un goëland de l'espèce découverte par Ross à Arlaguak dans l'Amé[illegible] boréale. Parry, debout sur un petit monticule pendant une éclaircie du ciel, ne [illegible] rien au nord que des amas de glaces brisées. Il commençait à craindre de ne pas [illegible]contrer cette banquise unie et continue au moyen de laquelle il avait espéré atteindre [illegible] pôle. Cependant il ne perdit pas courage. Le 13, après onze heures d'efforts, on avait [illegible]ement gagné trois milles, soit 5,550 mètres. Une pluie abondante et non interrompue, [illegible] que Parry n'en avait jamais vue dans la zone arctique, tomba durant vingt et une [illegible] consécutives. Le 17, le temps s'éclaircit, et le thermomètre s'éleva à 4°,4 à l'ombre et 10° au soleil, la plus haute température observée pendant le voyage. La glace était si morcelée que tous les 30 ou 40 mètres les chaloupes étaient placées en guise de pont pour passer d'un glaçon à l'autre. A midi, l'observation du soleil donna une latitude de [illegible]. La fatigue commençait à paralyser l'équipage qui estima délicieuse la chair d'un petit phoque tué ce jour-là et dont la vue et l'odeur eussent été trouvées repoussantes en toute autre circonstance. Malgré les voiles verts et les besicles à verres violets, les yeux de plusieurs membres de l'expédition étaient affectés par l'éclat et la réverbération des rayons du soleil réfléchis par la neige.

En dépit de ces fatigues et de ces obstacles, **Parry** s'avançait toujours. Le 20 juillet, toutefois, en prenant à midi la hauteur du soleil, il reconnut avec désespoir qu'on n'avait pas encore dépassé 82° 37′; la petite caravane avait avancé seulement de 12 kilomètres, tandis que son commandant était sûr d'avoir parcouru 22 kilomètres vers le nord. Ce résultat était désolant. Aussi **Parry** n'en dit rien à ses compagnons. La glace était toujours morcelée, les fragments si minces qu'ils n'auraient pu supporter le poids des chaloupes avec les provisions qu'elles contenaient; un de ces blocs s'étant brisé, les embarcations faillirent même s'enfoncer sous la glace. **Parry**, après avoir pris la hauteur du soleil, constata une seconde fois qu'il se trouvait seulement à 2 1/4 milles de la station de la veille, tandis qu'il devait en être à 4 1/4 milles. Le 24 juillet, la latitude était de 82° 40′, la longitude 17° est de Paris. Les officiers constatèrent avec découragement qu'on avait perdu 24 kilomètres depuis le 22, et qu'à partir du 21 juillet ils n'avaient avancé que de 2 kilomètres vers le nord. Ils marchaient sur un sol mouvant qui dérivait au midi, tandis qu'ils progressaient péniblement vers le nord, ne gagnant au prix des plus grands efforts que la différence entre deux vitesses contraires et opposées. S'ils avaient avancé en ligne droite autant qu'ils l'avaient fait en décrivant des circuits ou en revenant sur leurs pas, ils eussent atteint le pôle. **Parry** souffrait beaucoup d'une inflammation des yeux et **Ross** avait eu une forte contusion en aidant à hâler un bateau; les deux marins ne pensaient plus au pôle, leur ambition eût été satisfaite d'atteindre le 83° parallèle. Mais comment faire avec des provisions à moitié épuisées, et pendant que le vent ne cessait de pousser les glaces vers le sud avec une vitesse accélérée? Renonçant à sa dernière illusion, **Parry** accorda à ses hommes un jour de repos et leur annonça le retour. Les officiers, favorisés par un temps serein, firent toutes les observations qui pouvaient intéresser la science à cette haute latitude. Des opérations de sondage ne donnèrent pas de fond avec une ligne de 915 mètres. L'inclinaison de l'aiguille magnétique était de 82°21′. Le thermomètre marquait 2°,2 à l'ombre et 9°,8 au soleil. **Parry** donna le signal du retour le 22 juillet au soir, et ses hardis pionniers abordèrent vingt jours plus tard aux Spitzbergen. Cette expédition démontrait la non-*existence d'une calotte de glace solide dans la mer Polaire;* au nord des Spitzbergen, les bancs de glaces brisés, accumulés, étaient entraînés vers le sud pendant qu'on se dirigeait au nord; *au delà de ces glaces en mouvement la mer était libre, et* **Parry** *affirme « qu'un « vaisseau aurait pu naviguer jusqu'au 83° parallèle presque sans toucher un morceau de glace. »*

Dans sa navigation de la Nouvelle-Zélande vers le sud, **Cook** rencontra, en 1773, les premiers glaçons par 62° 10′ de latitude méridionale à la date du 12 décembre, et trois jours plus tard son vaisseau toucha un grand champ de glace s'étendant vers le sud-est. « En général, la glace était formée de blocs serrés les uns contre les autres, mais sur certains points le champ présentait des lacunes où la mer était libre. Les glaçons ne ressemblaient pas à ceux qu'on rencontre d'habitude dans les baies, à l'entrée des fleuves ou dans le voisinage des côtes; ils étaient analogues à la glace qu'on trouv[e] sur certaines îles et dont ils paraissaient des fragments. Nous faisions voile depuis que[l-] que temps vers le nord-est lorsque nous fûmes poussés dans une baie de la banquise, forcés de virer de bord pour aller au sud-ouest pour laisser derrière nous le champ [de] glace et des glaçons isolés semblables à des îles d'une grande élévation. Nous suivîmes cette direction durant deux jours, puis, le vent tournant à l'ouest, nous retournâmes [au] nord et sortîmes bientôt des glaces flottantes, non sans éprouver plusieurs fortes secousses de la part des plus gros blocs. Ces difficultés, jointes à l'improbabilité de trouver [des terres] plus au sud, et parce que, lors même que de telles terres seraient trouvées, les glac[es] n'en permettraient pas l'exploration, m'engagèrent à retourner vers le nord. » Ce n'[est] pas une barrière de glace unie, impénétrable, qui arrête **Cook**, mais des bancs flo[t-] tants avec des intervalles d'eau libre, et le grand navigateur n'en affirme pas moi[ns] « que personne ne s'approchera ni ne pourra s'approcher plus près du pôle austral. » Longtemps après les voyages de **Cook**, **Bellinghausen**, **Bolleny**, **Wilkes**

, virent des murs de glace sans issue, mais toutes les fois qu'ils longeaient ces
res d'apparence inpénétrable, *ils trouvèrent des eaux libres* où la navigation était
James C. Ross pénétra plus au sud que n'en avait fait aucun de ses pré-
eurs.
ss rencontra le pr.mier cordon de glaces flottantes, le 1er janvier 1841, par
' de latitude sud et 169° 45' de longitude est de Greenwich. « La glace, dit cet
e marin, ne parut pas si impénétrable que le faisaient pressentir des récits anté-
, et bien que le vent nous poussât en droite ligne contre le champ de glace et rendît
sible le retour vers les eaux libres du nord, des sillons s'ouvrirent néanmoins dans
masse vers 66° 45' sud et 174° 34' Est. » Lorsque le bord extérieur, formé comme
tude de glaces plus puissantes que les autres parties, se fut ouvert, on trouva
e beaucoup plus légère et moins compacte qu'elle n'avait semblé de loin. Elle
des fragments de glace unie du dernier hiver accompagnés de blocs de plus vieille
ntassés les uns sur les autres. Le temps s'étant éclairci, **Ross** poursuivit sa
e à travers les glaces, suivant les canaux ouverts, s'ouvrant une voie dans la masse
quand elle barrait le chemin. Le 6 janvier, toutefois, la glace fut si épaisse qu'il
s'arrêter et attendre dans une petite anse. Dans la soirée du 7, **Ross** s'avança un
tre les blocs en mouvement. Le 8, par un calme profond, la glace s'ouvrit dans
les directions, puis le vent se leva et le navire traversa les glaces à pleine voile
'eau libre au sud-est. « Nous éprouvâmes bien des secousses violentes en traversant
us gros glaçons. Les brumes et la neige nous empêchaient de voir à quelque
ce et de chercher notre chemin pendant que le vent croissant de violence nous
ait en avant avec impétuosité. Toutefois, le 3 janvier, à cinq heures du matin, le
e nos efforts fut atteint et nous nous trouvâmes de nouveau *dans une mer ouverte.* »
bande de glace mouvante que **Ross** venait de traverser avait une largeur de
milles marins. *On ne voyait plus alors « un seul fragment de glace du haut des*
: » et le jour suivant apparut la *Terre de Victoria* avec ses montagnes hautes comme
nt Blanc. *L'île de la Possession*, où l'équipage débarqua d'abord, était couverte de
des de pingouins, de puissants dépôts de guano, et dans la mer environnante un
l nombre de baleines prenaient leurs ébats en toute sécurité, car aucun pêcheur
it encore pénétré à une si basse latitude. Puis, dans la suite de cette navigation,
milieu d'une mer complétement libre de montagnes de glaces et de glaces flot-
t, » **Ross** découvrit *deux volcans* hauts de 3,000 à 4,000 mètres, qui vomissaient
es et fumée en grande abondance. Un mur de glace à parois verticales, reposant
doute sur une ligne de côtes basses près de cette région volcanique, arrêta la marche
isseau vers le sud.
nnée suivante, **Ross** reprit sa course vers le pôle antarctique et traversa la bar-
de glace sur une étendue de 500 milles marins, de 61° 45' de latitude sud et
30' de longitude ouest, de Greenwich à 67° 45' sud et 159° 30' ouest. Cette hardie
rsée ne dura pas moins de quarante-six jours — du 18 décembre 1841 au 2 fé-
1842 — employés à percer les glaces avec un lourd navire à voiles, malgré des
et des courants souvent contraires. Selon les préjugés en crédit, on devait trouver
oid croissant d'intensité, des glaces plus épaisses et plus serrées. Il n'en fut rien.
dépit des circonstances défavorables où nous nous trouvions, dit **Ross**, la nouvelle
e fut célébrée par tout le monde avec la confiance et la bonne humeur qui avaient
té nos efforts durant nos précédents voyages dans cette zone. La glace, cette fois,
bien plus étendue vers le nord; mais bien que l'on ne pût distinguer la moindre
e dans cette immense masse rigide, impénétrable d'apparence, une observation
la l'espoir de trouver une eau libre à une faible distance dans le sud; la glace se
vait vers le nord toutes les fois que le vent du sud se levait. Évidemment l'espace
lle occupait d'abord, et dont elle déviait, présentait une mer ouverte. » Cette attente
ut pas trompée. Le 2 février 1842, on *naviguait sur une eau absolument libre*, et
gré l'avancement de la saison, on pénétra en quelques semaines plus au sud que

l'année précédente, jusqu'à 78° 0' 30" de latitude. Le vaisseau poursuivit le mur de glace vertical aperçu en 1841 à 10 degrés de longitude à l'orient du point où les glaces mouvantes l'avaient arrêté d'abord.

Ainsi, le pôle arctique ni le pôle austral n'a une calotte de glace unie, continue. Au pôle sud et au pôle nord la mer se dégage chaque année de son manteau de glace, comme dans nos climats les arbres perdent leurs feuilles à l'approche de l'hiver. Les glaces se rapprochent de l'équateur lentement, mais d'une manière continue; toutes les fois qu'on a traversé le cordon de glaces en mouvement, *on a trouvé derrière une mer libre et ouverte.* Ce fait est évident pour l'océan Austral; **Parry** l'a constaté aussi au nord des Spitzbergen; mais comme dans l'hémisphère nord la prédominance des terres modifie profondément le climat et la température, il nous reste à voir si la mer est également libre dans le double bassin de l'océan Arctique.

Après un long hivernage dans le *havre de Reusselær*, sur la côte occidentale du Groenland, **Morton**, le compagnon de **Kane**, fit dans le nord une excursion qui compte avec raison parmi les plus belles dates des découvertes arctiques. Parti le 4 juin 1854 du brick l'Advance avec un Esquimau et un attelage de chiens, il passa en traîneau dans la baie *Peabody* où les glaces avaient arrêté **Kane** l'été précédent, en face du sombre défilé où s'élève le *monument de Tennison*, colonne de calcaire de 125 mètres d'élévation. Le rapprochement des montagnes de glace empêchait les voyageurs de distinguer devant eux, à plus d'une longueur de navire, les vieux glaçons qui faisaient saillie au-dessus des nouveaux en disloquant leur surface. On ne pouvait se glisser entre ces aspérités qu'en suivant d'étroits couloirs dans lesquels les chiens avaient peine à mouvoir le traîneau. Souvent même l'intervalle qui semblait séparer deux montagnes, se terminait par une impasse impossible à franchir. Il fallait alors transporter le traîneau au-dessus des blocs les moins élevés, ou rétrograder en quête d'un chemin plus praticable. Parfois, si une passe assez convenable apparaissait entre deux pics, les voyageurs s'y engageaient gaiement et arrivaient à une plus étroite; puis, trouvant le chemin complétement obstrué, ils étaient obligés de revenir en arrière pour chercher de nouvelles issues. Ces échecs, ces désappointements n'affaiblirent pas le courage de **Morton**, déterminé qu'il était à aller en avant. A la fin, une sorte de couloir, long de 10 kilomètres, le conduisit hors de ce labyrinthe glacé, mais il fut pendant six heures à diriger ses pas avec autant d'incertitude et de tâtonnements qu'un homme aveugle dans une ville étrangère.

S'étant hissé, le 16 juin, sur un pic assez élevé, **Morton** aperçut au delà de quelques pointes de glace une grande plaine blanche qui s'avançait vers l'intérieur : c'était le **glacier de Humboldt**. Près de son extrémité nord, le glacier semblait couvert de pierres et de terre, et çà et là de larges rocs faisaient saillie à travers des parois bleuâtres. Les deux explorateurs s'avancèrent le 20 vers la *terminaison du glacier*. Là, glaces, roches et terre formaient un mélange chaotique; la neige glissait de la terre vers la glace, et toutes deux semblaient se confondre sur une distance de 15 kilomètres vers le nord, point où la ligne de terre surplombait le glacier d'environ 130 mètres. Plus loin, la glace devint faible et craquante; les chiens commencèrent à trembler, jusqu'au moment où le brouillard venant à se dissiper, les voyageurs aperçurent, à leur grand étonnement, au milieu du canal de Kennedy, à moins de 3 kilomètres sur leur gauche, un *chenal d'eau libre*. Sans les oiseaux qui voletaient en grand nombre sur cette surface d'un bleu foncé, **Morton** dit qu'il n'en aurait pu croire ses yeux. Le lendemain, la bande de glace qui portait les voyageurs entre la terre et le chenal ayant beaucoup diminué de largeur, ils virent la marée monter rapidement dans celui-ci. Des glaçons très-épais allaient aussi vite que le traîneau; de plus petits le dépassaient avec une marche d'au moins 40 nœuds. D'après les observations de **Morton**, la marée allant du nord au sud emportait peu de glace. Celle qui courait si vite au nord semblait être la glace brisée autour du cap et sur le bord de la banquise. Le thermomètre dans l'eau indiquait 2°,2. Après avoir contourné le cap, marqué sur la carte du nom d'*André Jackson*, les voyageurs trouvèrent un banc de glace unie à l'entrée d'une baie. Sur cette

es chiens couraient à toute vitesse, et le traîneau faisait au moins 10 kilo-
ieure. La baie était bordée par des rochers escarpés au delà desquels on
rrain se dirigeant en pente vers une banquise peu élevée. Un vol de cra-
bernicla) descendait le long de cette basse terre, beaucoup de canards
eau libre. Des hirondelles, des mouettes de plusieurs variétés, tournoyaient
s, et si familières qu'elles s'approchaient à quelques mètres des voyageurs.
ton n'avait vu autant d'oiseaux réunis : l'eau et les escarpements des côtes
ouverts. La verdure aussi était plus abondante que sur les bords du détroit

de **Morton** s'arrête au *cap Constitution*. Ce cap formait un escarpement
ole, et la mer se brisait à sa base, blanche d'écume. **Morton** gravit les ro-
à une hauteur de 150 mètres. Il fixa là à son bâton le drapeau de l'Antarctic
ompagné le commodore **Wilkes** dans ses lointaines explorations de l'hé-
stral. Au delà du cap Constitution, la côte s'abaissait vers l'est, mais la rive
lu canal courait vers le nord. La mer formait un chenal où une frégate ou
tière pourrait faire voile aisément. « En s'avançant vers le nord, le canal
ence d'un miroir bleu non glacé : *trois ou quatre petits blocs étaient tout ce
t voir à la surface de l'eau* » aussi loin que l'œil pouvait atteindre. Vers le
la limite de l'eau libre jusqu'au *détroit de Smith*, s'étendait une surface de
qui couvrait complétement la mer sur une longueur de 180 kilomètres à

ils de **Morton** sur la *mer libre*, dit le docteur **Kane**, concordent pleine-
s observations de tout notre parti... Il m'est impossible, en rappelant les
à cette découverte — la neige fondue sur les rochers, les troupes d'oiseaux
végétation augmentant de plus en plus, l'élévation du thermomètre dans
ne pas être frappé de la probabilité d'un climat plus doux vers le pôle. »
ure de ces faits, sinon que, même sous les plus hautes latitudes, les glaces
ne surface relativement restreinte? L'acceptation d'une banquise solide, con-
ux pôles, est fausse. La double navigation de **Ross** dans l'Océan austral et
tes de **Parry** et de **Kane** dans la zone arctique concourent à démontrer
de la théorie de **Plana** sur la température de la double zone polaire. La
des glaces flottantes provient de la débâcle annuelle des glaces polaires qui,
se détachent et se dirigent sur l'équateur. Celles des mers australes s'étendent
lus loin que celles du nord. Elles s'avancent dans le triple bassin de la mer des
tlantique et du grand Océan à une latitude correspondante aux côtes de la
elquefois même jusqu'au cap de Bonne-Espérance; dans l'hémisphère sep-
lles parcourent une longueur égale sur un seul côté, c'est sous le méridien
d. Les glaces, de provenance antarctique, sont de grande dimension. En
Hopkins a rencontré entre le cap et l'île de Tristan da Cunha une flottille de
t l'un s'élevait à 100 mètres au-dessus des eaux. Un autre marin anglais, le
mith, trouva en novembre 1830, entre le Cap et l'Australie, de 44° 30' sud
ous une latitude correspondante à celle de Marseille, et de 87° à 100° de lon-
ntale, une chaîne de glaçons à surface complétement plane, dont l'un dé-
mètres de hauteur sur une longueur d'un mille. Dans le grand Océan enfin,
Boulton, de l'*Arethusa*, signale en janvier 1833, à l'ouest du cap Horn,
' et 56° 51' sud et 14 ,° à 71° ouest une flotte de montagnes de glace d'une
néaire de 2,500 milles, et quelques-unes s'élevaient à 250 mètres au-dessus
qui suppose un diamètre de 1000 mètres pour la masse totale, en tenant
a partie immergée.
de l'océan Arctique atteignent rarement d'aussi fortes dimensions, si ce n'est
de Baffin et sur les côtes du Groenland. Mais si les dimensions se rétrécis-
riété des formes défie toute comparaison : tantôt c'est une table régulière,
le sucre; tantôt une île véritable avec ses anses, ses baies, ses promontoires;

une autre fois, c'est une immense tente de laquelle il semble qu'on s'attend à voir sortir un habitant qui vous souhaite la bienvenue de l'entrée d'un souterrain ouvert par de vastes galeries, ou bien encore une caverne précédée par de splendides travaux d'art. Les contes de notre enfance, les souvenirs des Mille et une Nuits reviennent, sans notre appel, et le Sésame, ouvre-toi, cherche à pénétrer les sombres profondeurs où se prépare un mystérieux travail. De temps en temps une sourde détonation annonce le résultat de la décomposition amenée par la chaleur; un roulement saccadé se fait entendre semblable au bruit du tonnerre dans un orage d'automne, et nous voyons la tête d'un iceberg* se détacher du tronc, glisser en mugissant et se précipiter dans l'onde au milieu des nuages d'écume qui jaillissent à une grande hauteur. Le monstre oscille plusieurs fois, comme pour se raffermir sur sa base, ou peut-être en signe de salut aux autres icebergs; car qui peut traduire le mystérieux langage de la nature? Une longue houle va dire à plusieurs milles de distance son entrée dans le monde : quelques minutes encore, et, naguère partie dépendante d'un des plus gros blocs, il est lui-même maintenant membre de cette famille de géants. O hommes, que vous êtes petits dans le monde, que vos chefs-d'œuvre sont grêles et mesquins près des travaux du grand maître qui s'appelle la Nature. »

La grande extension des glaces australes tient à la régularité du courant polaire antarctique. Essentiellement mobiles, les molécules aqueuses de notre globe sont animées d'un mouvement général dû à la rotation de la terre autour de son axe, d'Orient en Occident assez constant dans le courant équatorial. La pression inégale de l'atmosphère aux divers points de l'océan, d'où résultent des différences de niveau et l'inégalité de température entre les mers tropicales et les mers polaires, à laquelle correspondent des différences de densité sont autant de causes qui troublent l'équilibre des eaux de l'Océan, et donnent naissance à divers mouvements tendant tous à le rétablir sans y parvenir jamais. Ces mouvements généraux sont modifiés par une foule d'accidents locaux, surtout par l'extension et la figure extérieure des terres. Aucune cause accidentelle n'influe d'une manière sensible sur le mouvement du courant austral, aussi ses glaces se dirigent sur l'équateur suivant des spirales régulières jusqu'à une latitude à peu près uniforme. Mais dans l'hémisphère nord la prédominance de terres agit bien autrement. Les côtes septentrionales de l'ancien et du nouveau continent s'arrêtent entre 70° et 80° de latitude formant un bassin circulaire ouvert largement entre l'Amérique et l'Europe, mais que l'île allongée du Groenland sépare en deux parties inégales. Ces terres déchiquetées, le groupe insulaire de l'Amérique arctique découpé par d'étroits canaux modifient profondément l'état thermique des diverses parties de la zone boréale et réagissent sur la direction des courants glaciaires. Ceux-ci très-froids et d'autant plus rapides sur les côtes du Groenland et dans la mer de Baffin, provoquent dans l'Atlantique un mouvement équivalent et contraire qui permet aux eaux tièdes du Gulf-Stream d'atteindre le voisinage du pôle. Issu des flots du grand courant équatorial mêlé aux eaux chaudes de l'Orénoque et du Mississipi, le Gulf-Stream se précipite sur les récifs de Bahama, s'étend jusqu'au nord de la Sibérie en passant sur les Spitzbergen et la Nouvelle-Zemble. Étroit à sa naissance, mais profond et rapide, il s'écoule d'abord le long de la Floride avec une vitesse de 8 kilomètres à l'heure et suit une direction parallèle à la côte d'Amérique jusqu'à la hauteur du cap Hatteras. Sa température beaucoup plus élevée que celle des eaux qu'il traverse, varie à peine d'un demi-degré pour des centaines de lieues : au delà du 40° parallèle où l'atmosphère se refroidit parfois jusqu'au-dessous de zéro, ce courant se maintient à une température élevée. A la rencontre des eaux froides du courant polaire vers le cap Hatteras, le Gulf-Stream dévie vers le littoral de l'Europe, s'élargit en formant une courbe dont la concavité regarde la mer de Baffin : c'est la limite qu'atteignent, sans jamais la franchir, les glaces flottantes que le courant du détroit de Davis pousse vers le sud. En même temps il se divise en deux branches, dont

* D. A. Eisberg (montagne de glace).

se butte contre les côtes de la Manche, se rend dans le golfe de Gascogne qu'elle contourne, se relève ensuite le long des côtes d'Espagne et du Portugal, suit la côte d'Afrique et va alors, au-delà des îles du cap Vert, rejoindre le courant équinoxial. Une autre branche passe entre la Norwége et l'Angleterre, baigne les îles de l'Ours et de Jan-Mayen, les côtes occidentales des Spitzbergen, celles de la Nouvelle-Zemble, pénètre ensuite dans le bassin polaire pour former au nord de la Sibérie la fameuse *Polinja* découverte par **Hedenström** depuis soixante ans. Cette branche septentrionale du Gulf-Stream est peu connue bien que ce soit surtout dans le nord qu'il exerce son action bienfaisante. Le commandant **Maury** en fait à peine mention dans son livre classique sur la Géographie physique des mers, mais on peut suivre dans tout son développement ce « beau fleuve » de l'Atlantique, sur une excellente carte des régions polaires de M. **Petermann**.

Ce qui caractérise les grands courants maritimes, c'est leur influence régulière et permanente sur la température des contrées qu'ils baignent, influence plus constante que celle des courants de l'atmosphère. Dans l'intérieur de la France la gelée, le froid peuvent différer beaucoup en deux années consécutives, la pluie et la sécheresse varient d'une année à l'autre; mais jamais la mer n'est prise de glace sur les côtes de Norwége où passe le Gulf-Stream, tandis que sous l'action du courant polaire la mer gèle chaque année sur le littoral du Groenland, à latitude égale. L'influence des deux courants contraires d'inégale température est remarquable surtout sur la presqu'île d'Aliaska, en [illegible]. Cette péninsule est touchée au nord par le courant froid du pôle sorti du détroit de Behring, et le courant chaud du Japon baigne ses côtes méridionales. Ici les forêts s'avancent jusqu'au bord de la mer, exubérantes, formées d'essences variées, le colibri y prend ses ébats comme sous le ciel des tropiques jusqu'au 61° parallèle. Sur les côtes où passe le courant polaire il n'y a plus d'arbres ni de fleurs, une plage dénudée et sauvage s'étend droit au sud, habitée par des bandes de phoques qui s'avancent jusqu'à [illegible] de latitude à cent lieues plus bas que les oiseaux des tropiques. Si des rivages de l'océan Pacifique nous revenons dans l'Atlantique, nous voyons d'une part le courant polaire charrier des glaces sur la côte d'Amérique jusqu'à la latitude de Malte, de l'autre le Gulf-Stream écarte ces glaces non-seulement des côtes de France et d'Angleterre, mais jamais un seul bloc ne frise le cap Nord à l'extrémité septentrionale de la Norwége. Les glaçons qui descendent près de Terre-Neuve ne sont pas isolés, ils viennent par flottes nombreuses, ils refroidissent toute cette côte dont la végétation et la faune sont celles des terres polaires. On chasse là l'ours arctique sous le parallèle de Paris : au Finmark l'apparition d'un ours est marquée comme un événement extraordinaire, bien qu'à l'île Cherrie, à une distance de 60 milles, ils soient assez nombreux pour lui imposer leur nom. Le froid du courant polaire frappe la côte orientale d'Amérique comme une malédiction. En face de l'Angleterre, les tristes Esquimaux du Labrador, dépourvus de toutes ressources végétales, sont réduits à se nourrir de poissons, et l'extrémité méridionale du Groenland étale un ciel sombre, des falaises rocheuses sans cesse heurtées par les glaçons flottants, sous la latitude de Stockholm. Grâce aux flots tièdes du Gulf-Stream, l'agriculture s'élève en Norwége à une hauteur qu'elle n'atteint sur aucun autre point du monde.

Le courant chaud du golfe ne s'arrête pas au cap Nord. A plus de 350 kilomètres du promontoire, la baie de Kola, ne se couvre jamais de glace selon **Middendorff**, tandis que la mer Blanche, le golfe de Bothnie, même la mer d'Azow à 23 degrés plus au sud, gèlent chaque année. La Nouvelle-Zemble présente ensuite les contrastes climatériques de la presqu'île d'Aliaska; son climat est plus doux sur le bord occidental que sur les côtes de l'Est, et il y a moins de glace au nord qu'au midi. A la baie Basse, par 73° 57', le thermomètre ne descend pas au-dessous de — 32° centigrades, tandis qu'à trois degrés plus sud la température s'abaisse à — 40°. Cette différence provient du passage du Gulf-Stream, au nord de l'île, pendant qu'un courant froid la suit au sud et à l'est. Le froid permanent de la mer de Kara lui a valu l'épithète de *Glacière*, aussi elle ne se dégage presque jamais. Recourbée en croissant, la Nouvelle-Zemble forme une puissante digue qui arrête les glaces charriées par l'Iénisseï et l'Obi et les empêche de pénétrer dans le bassin polaire. Entre cette île et les Spitzbergen, *Keilhau a vu la pluie tomber a l'île de l'Ours à Noel, et l'hiver y est si doux que la neige persiste quelques jours à peine. Une longue expérience montre également les côtes méridionales des Spitzbergen presque toujours dépourvues de glace.*

Ici pourtant les meilleures cartes indiquent une puissante barrière de glace qui doit s'étendre des Spitzbergen et de la Nouvelle-Zemble à la côte de Sibérie. Cette barrière n'existe pas. Malgré ce froid glacial de la mer de Kara, la mer à l'est du pays de Taimyr et au nord de l'archipel de la Nouvelle-Sibérie *est toujours ouverte et libre de glace.* « Au nord des îles par 76° de latitude, dit **Hedenström**, *on trouve un Océan qui ne gèle jamais, même en mars je n'y ai vu que peu de glace flottante.* » La Polynia se rapproche de la côte vers le cap Yakan et cette mer constamment navigable se trouve précisément sous le méridien de la partie la plus froide de la Sibérie que peut représenter une ligne passant de Yakoutsk à Oust-Yansk, une contrée soumise à des variations de température extrêmes. L'amiral **Anjou** affirme aussi avoir toujours vu les glaçons emportés vers l'est au nord des îles de la Nouvelle-Sibérie, malgré des variations temporaires dans la direction des courants signalés par **Wrangel**. Toutes ces côtes comme celle des Spitzbergen sont couvertes de bois flottés appartenant à des essences d'Amérique; ils n'ont pu être charriés si loin de leur lieu d'origine que par le Gulf-Stream.

Les baleiniers hollandais prétendent aussi avoir atteint le pôle nord à plusieurs reprises, et **Buache** a publié dans les *Mémoires de l'Académie royale* de 1754 la carte itinéraire d'un voyage de **David Melguer** du Japon au Portugal par le détroit de Behring et l'océan Arctique en 1660. Sans insister sur la réalité de ces navigations, je ferai observer que les tribus Tchoukchtes du nord de la Sibérie attestent *l'existence d'une contrée plus chaude vers le pôle.* « Un vieux prêtre russe que j'ai connu à Irkoutsk, dit **M. A. de Wrangel**, et qui a longtemps vécu chez les Tchoukchtes, m'a assuré que, selon la tradition, des bateaux et des hommes partis d'une île plus chaude située au nord, sont venus sur leurs côtes. Les courants et les vents du nord-est amènent au rivage beaucoup d'arbres flottés d'espèces inconnues. Un grand nombre de baleines viennent aussi de cette direction. Chaque printemps d'innombrables bandes d'oiseaux prennent leur vol vers le nord et reviennent en automne pour aller au midi. Des Tchoukchtes, qui se sont avancés loin de leurs côtes, prétendent avoir vu *une terre et une chaîne de montagnes s'étendant aussi loin que l'œil pouvait atteindre.* »

L'extension du Gulf-Stream adoucit beaucoup le climat polaire. **Parry** regrette de n'avoir « pas vu venir la banquise continue, » mais les fragments de glace diminuaient de grandeur à mesure qu'il avançait sur son icefield et « n'avaient pas la moitié de l'épaisseur de ceux de l'île Melville » Au nord de l'archipel de l'Amérique arctique **Penny** et ses officiers trouvèrent la mer polaire navigable au nord du canal de Wellington. Quatre ans plus tard **Kane** annonce à son tour *une mer ouverte et libre de glace dans le canal Kennedy*, à l'ouest du Groenland. Ces observations réunies montrent donc que *dans la proximité des pôles la mer est navigable sinon toujours, du moins pendant une grande partie de l'année.* La bande de glace qui s'avance vers l'équateur, loin d'être continue, consiste en fragments plus ou moins considérables, séparés par des espaces d'eau libre, qui peuvent être traversés sans trop de peine, puisque **J. C. Ross** les a franchis deux fois près du pôle antarctique.

NOTA. — Pour les sources et de plus amples détails, voyez notre Esquisse physique des îles Spitzbergen et du pôle arctique, 1 vol. in-8. Paris, 1866, par **Ch. Grad.**

M

MARCOU (Jules), professeur.

GÉOLOGIE DE LA VALLÉE DE L'AMAZONE. — Lettre de M. **Agassiz** (Louis) adressée à M. **Marcou**[1].

Cambridge (États-Unis), 4 novembre 1866.

...Tout le grand bassin de la vallée de l'Amazone est occupé par une espèce de *löss*, dans lequel on distingue trois étages. Le plus bas se compose d'une argile laminée de peu d'épaisseur sur laquelle repose le dépôt le plus considérable, composé de sable plus ou moins grossier et souvent cimenté par de l'oxyde de fer en une roche assez dure, sur les érosions de laquelle repose un *lehm* ocracé. Ce sont ces terrains qui ont été décrits par **Humboldt** comme du vieux grès rouge dans la vallée de l'Orénoque, et que **Martius** a pris pour du trias. Il n'y a que cela dans toute la vallée jusqu'au Pérou et sur toute la largeur du bassin. Je l'ai suivi jusqu'au confluent du Rio-Branco avec le Rio-Negro, en sorte que je suis certain de l'identité de ces dépôts avec ceux dont parle **Humboldt**. Il n'y a que très-peu d'*alluvions* dans le bassin de l'Amazone, seulement sur quelques îles basses.

C'est dans ce *löss*, épais parfois de plusieurs centaines de pieds (anglais) et qui atteint jusqu'à mille pieds près de Monte-Alegre, que l'Amazone a creusé son cours et les innombrables réseaux de lits anastomosés par lequels ses larges eaux s'écoulent.

Les dénudations, dans toute la vallée, ont été immenses, et sur les côtes la mer empiète chaque jour sur ces dépôts. Déjà l'océan en a enlevé une bande de deux à trois cents milles de largeur.

Comme votre Carte géologique de la terre est tout à fait erronée à ce sujet, je vous serais fort obligé si vous vouliez bien me dire à qui vous avez emprunté vos renseignements, afin que je ne mette pas à votre charge des erreurs qui ne proviennent pas de vous. Je pense que ce que vous coloriez comme *trias* vient de **Martius**; c'est comme le reste du *löss*. Il n'y a pas trace des terrains tertiaires; mais la craie longe les bords méridionaux du bassin, dans la province de Céara et sur les bords du haut Purus J'ai des ossements de *Mosasaurus* et des poissons très-semblables à ceux de Maestricht de cette dernière localité, qui m'ont été donnés par M. **Chandless**, géographe anglais, qui, dans ce moment, fait un relevé du bassin du Purus.

Louis Agassiz.

M. **Marcou** dit que l'erreur dont parle M. **Agassiz** vient de lui et non de M. **Martius**. « Dans ses notes, le célèbre botaniste bavarois avait placé cette grande formation de grès rouges qu'il nomme *Brasilianischer Sandstein* entre la craie des Andes et le terrain tertiaire. Or, comme ce savant n'avait pas reconnu le terrain crétacé dans le vaste empire du Brésil, et qu'aucun autre naturaliste ne l'y avait encore trouvé. ainsi que le remarque **Léopold de Buch** dans ses Pétrifications recueillies en Amérique par **Humboldt** et **Degenhart** (p. 20), je n'avais aucun moyen stratigraphique pour connaître l'âge de cette grande formation des grès rouges du Brésil. Les fossiles faisaient alors et font encore aujourd'hui complétement défaut; de sorte que je n'avais que la lithologie à ma disposition pour pouvoir donner une opinion, et encore la lithologie descriptive, car je n'avais pas vu moi-même le pays ni les échantillons.

[1] Extrait du *Bulletin de la Société géologique de France*, 2e série, t. XXIV, p. 12. — Séance du 3 décembre 1866.

« J'ai hésité longtemps pour savoir où je placerais ces grès brésiliens et de l'Orénoque; ce qui m'a décidé à les rapporter au trias ou plutôt au nouveau grès rouge (*Dyas* et *Trias*, c'est le voisinage du terrain carbonifère de Bolivie sur le haut Amazone. Là, dans la province de Matto-Grosso, au Fort-do-Principe-de-Beira, ils recouvrent le terrain carbonifère; et comme **Alcide d'Orbigny**, dans sa belle carte géologique de la Bolivie, donne non loin de là, près de Santa-Cruz de la Sierra, de Cochabamba et de Chuquisaca, le terrain triasique, composé de grès rouges sans fossiles reposant sur le terrain carbonifère, j'ai pensé que le grès rouge brésilien, qui n'est séparé du grès rouge bolivien que par la vallée des Moxos, était du même âge, et appartenait au terrain du nouveau grès rouge.

« D'ailleurs, il ne serait pas impossible que l'on confondît encore actuellement sous le nom de *Brasilianischer Sandstein* plusieurs formations distinctes; et tout en admettant que les grès rouges de la vallée principale de l'Amazone et de l'Orénoque sont du terrain quaternaire, et même du quaternaire ou *löss glaciaire*, comme le pense mon savant ami **M. Agassiz**, il pourrait bien se faire que les grès rouges qui se trouvent dans l'intérieur et les parties les plus élevées du plateau brésilien, comme entre Goyaz et Cuyaba, fussent de l'époque du nouveau grès rouge.

« D'après **M. Agassiz**, il n'y aurait pas de traces des terrains tertiaires dans la vallée de l'Amazone, ce qui modifie aussi beaucoup ma Carte géologique de la terre, ainsi que celle de **Martius**, publiée par Haidinger et Fœtterle sous le titre de *Golpe de vista geologico do Brazil e de algumas outras partes contraes da America do Sul*, 1854. »

MARCOU (Jules), professeur.

DIVERS ARMES, OUTILS ET TRACES DE L'HOMME AMÉRICAIN[1].

M. Marcou montre un *marteau en pierre avec le manche*, qu'il a obtenu des Indiens Comanches, dans le nord du Texas. Ce marteau est en quartz; il pèse environ deux kilogrammes, et est entouré par un nerf de bison, enveloppé lui-même et retenu sur une rainure médiane au moyen d'une large bande de peau de bison, qui a été cousue lorsqu'elle était encore fraîche, afin qu'elle pût, en se séchant, fortement serrer le nerf et le marteau, et constituer pour ainsi dire un fourreau ou gaine ayant les formes exactes du manche et de la pierre, en ne laissant ainsi à découvert que les deux extrémités ou tête de marteau.

Marteau de pierre emmanché des Indiens Kioways, tribu des Comanches du Texas, qui vivent sur les bords de la rivière Canadienne, 1853[2].

Ce marteau est surtout intéressant en ce qu'il explique comment devaient s'emmancher les nombreux marteaux en pierre que l'on rencontre dans les anciennes exploitations de cuivre et d'argent natifs du lac Supérieur, ainsi que les haches en pierre des anciens Indiens Aztecs, et dont **M. Marcou** met sous les yeux de la Société un certain nombre d'exemplaires, recueillis par lui dans ses voyages au lac Supérieur et dans le Nouveau-Mexique.

Marteau de pierre, leptynite, dont se servaient les Indiens Chippeways, pour exploiter les mines de cuivre et d'argent natif au lac Supérieur, avant l'arrivée des Européens[3].

M. Marcou a eu la rare occasion de rencontrer sur les bords du Rio-Colorado de Californie, au Nord de l'affluent le Bill-William-Fork, une nation indienne qui en était encore à l'âge de pierre. C'était en février 1854, et cette tribu porte le nom de Mohavie.

[1] Extrait du *Bulletin de la Société géologique de France*, 2e série, t. XXIII, p. 374. — Séance du 19 février 1866.
[2] Cliché.
[3] Cliché.

Il n'y avait parmi eux absolument aucun instrument en métal ; la seule pièce qu'ils possédaient était une médaille en cuivre de saint Ignace de Loyola, qui probablement provenait des anciennes missions espagnoles de la Californie. Ce géologue voyageur montre plusieurs instruments, comme tête de flèche en silex, casse-tête en bois coupé et taillé seulement avec des haches en silex, etc. Un fort bâti depuis au milieu de ces Indiens Mohavies a eu pour résultat de les faire passer subitement de l'âge de la pierre à celui des bateaux à vapeur et des pistolets-revolvers, en sautant par-dessus les âges de bronze et de fer ; et malheureusement ce changement brusque leur a été fatal, et, comme presque toutes les tribus indiennes, celle-ci disparaît rapidement devant une civilisation qui semble ne pas être faite pour l'homme rouge.

Au pied de la *Sierra-Madre*, sur le versant occidental, M. **Marcou** dit que les Indiens du Pueblo-de-Zuni, anciens restes de ces tribus aztecs, qui ont occupé tous les hauts plateaux du Nouveau Mexique, ont une tradition d'un déluge qui se rapproche plus de ce que les géologues regardent comme devant s'être passé lorsqu'il s'est produit des cataclysmes, qu'aucune autre de celles connues jusqu'à présent. Quoique placé au centre du continent, et à une distance de quatre à cinq cents lieues de la mer du Sud, et n'ayant aucune idée de ce qu'est la mer, ils racontent qu'une nuit l'eau venant de l'occident, c'est-à-dire du Pacifique, a rempli toutes les vallées, s'est élevée successivement en recouvrant leur village ; que beaucoup d'Indiens ont été noyés ; mais qu'un certain nombre ont pu se sauver et atteindre un plateau ou *mesa*, qui est à 300 mètres plus haut que le fond de la vallée, et que l'eau s'est arrêtée avant d'atteindre le sommet de ce plateau ; qu'alors ces Indiens échappés à ce déluge ont bâti là leur *pueblo*, dont on voit encore des traces maintenant ; et que, pour faire retirer les eaux et apaiser le malin esprit qui les avait amenées, il avait fallu jeter dans l'eau une jeune fille et un jeune homme, qui ont été changés en pierre, et dont ils montrent les restes dans deux ou trois espèces de colonnes irrégulières, isolées, à moitié distance entre la *mesa* et le fond de la vallée ; ces colonnes ne sont que des restes de roches dénudées, comme on en rencontre souvent autour des plateaux qui ont été soumis à de grandes dénudations. La hauteur de Zuni au-dessus du niveau de la mer est de 6130 pieds anglais. Cette tradition originale est tellement différente de la tradition biblique que les Espagnols ont dû leur apporter, qu'il a fallu qu'elle soit bien fortement enracinée chez ces populations primitives pour résister à trois ou quatre siècles de démonstrations du déluge des missionnaires.

Enfin, M. **Marcou** termine en appelant l'attention de la Société sur l'existence de débris d'*ossements humains*, de *têtes de flèches* et de *haches en silex*, trouvés à Natchez (Mississipi), dans le comté de Gasconade (Missouri) et à Big-bone-lick, dans le Kentucky, au-dessous ou avec des débris de *Mastodontes*, des *Mégalonix*, des *Hipparions et autres mammifères éteints*. Il ajoute que le musée de l'Université d'Amherst, dans le Massachussets, possède une si grande collection d'empreintes de pattes, recueillies dans le nouveau grès rouge, dyas et trias, de la vallée du Connecticut, en grande partie par les soins de feu **E. Hitchcock**, qu'après avoir visité cette collection, il a été tellement étonné et frappé de la grande quantité de vertébrés qui ont dû vivre à cette époque si reculée, que si **M. Hitchcock** lui avait présenté une plaque avec des empreintes de pieds de *quadrumanes*, il n'en aurait pas été très-surpris. Enfin, dit-il, il y a les célèbres *empreintes de pieds humains* trouvées dans les environs de Saint-Louis, au Missouri, et qui ont été attribuées à l'industrie des Indiens, qui se seraient amusés à les creuser dans les roches carbonifères. Sans nier que les Indiens ont travaillé à faire ces empreintes, il dit qu'il est possible que ce fût déjà des empreintes de mammifères, peut-être même de quadrumanes, et que la ressemblance de ces empreintes avec celles que les Indiens faisaient avec leurs pieds en marchant dans le limon, a pu leur donner l'idée de les travailler pour les adapter exactement à la forme de leurs pieds. Quoi qu'il en soit, M. **Marcou**, sans y attacher lui-même une certaine importance, mais uniquement dans le but d'éveiller l'attention à ce sujet, dit, qu'étant à Saint-Louis en 1863, il a trouvé dans le numéro d'un journal paraissant dans l'intérieur de l'Etat du Missouri, que l'on annonçait avoir trouvé des *empreintes de pas d'homme* dans l'intérieur de strates, que des carriers venaient d'ouvrir dans des pierres carbonifères. Les guérillas qui inondaient alors le pays l'ont empêché d'aller voir ce qu'il pouvait y avoir de vrai ou de faux dans ces faits divers, qu'il ne rappelle qu'à titre de point d'interrogation pour l'avenir.

Jules Marcou.

MARCOU (Jules), professeur [1].

UNE ASCENSION DANS LES MONTAGNES ROCHEUSES.

Pour atteindre les montagnes Rocheuses, il faut traverser pendant des jours, des semaines et des mois, ces immenses prairies ou plaines du *Far-West* des pionniers, qui ne présentent aux regards fatigués du voyageur qu'une répétition sans fin de prairies coupées çà et là par les ravins des ruisseaux et des rivières, et qui, par des pentes insensibles, vous conduisent des bords du Mississipi et du golfe du Mexique au centre du continent américain.

A mesure que l'on approche des montagnes Rocheuses, ce caractère de prairies ondulées (*rolling-prairies*) se modifie pour faire place à des plateaux appelés *llaños* par les Mexicains et *table-lands* par les Américains. Enfin, à dix-huit ou quinze lieues de distance, on aperçoit dans le lointain les montagnes Rocheuses.

C'était le 26 septembre 1853 que, pour la première fois, je voyais enfin se développer devant moi une des chaînes principales de cette espèce d'épine dorsale gigantesque de l'Amérique du Nord. Je quittais la vallée du *Rio-Gallinas* pour entrer dans celle du *Rio-Pecos*, par le 35e degré de latitude, et au moment de passer la ligne de faîte entre les deux vallées, j'aperçus à l'ouest les *Rocky-mountains* des environs de Santa-Fé et d'Albuquerque, dans le Nouveau-Mexique.

La première vue des célèbres montagnes m'a rappelé les *montagnes des Vosges* ou de la *Forêt-Noire* vues des plaines de l'Alsace ou de la Souabe. Ce sont des lignes bosselées et arrondies, avec des échancrures assez profondes, espèces de ballons qui, dans certaines parties, comme du côté d'Albuquerque, font place à des dos ou croupes allongées, et qui ressemblent singulièrement à ce que l'on voit de la plaine suisse, quand on regarde les *montagnes du Jura* du côté de Soleure et d'Aarau. Comme on s'est élevé d'une manière insensible jusqu'à près de 6000 pieds anglais [2], et que les sommets des *montagnes Rocheuses* ne dépassent pas 13,200 à 14,000 pieds au-dessus du niveau de la mer, on est un peu désappointé de ne pas trouver un plus grand contraste entre les plateaux environnants et les montagnes elles-mêmes. On a une vue qui rappelle un peu les *Alpes de la Bernina*, depuis Samaden et Pontresina, dans la Haute-Engadine, au lieu de voir tout à coup, se dressant devant soi, les chaînes du *mont Blanc* ou du *mon Rosa*, vues des plaines de la vallée du Pô.

Après plusieurs journées de marche, nous atteignîmes *Albuquerque*, en passant par le *cañon Blanco*, *Galisteo* et *San-Domingo*, contournant la *Sierra-de-Sandia*, afin de trouver le passage le moins élevé entre la vallée du *Rio-Pecos* et celle du *Rio-Grande del Norte;* car notre but n'était pas d'escalader les montagnes les plus abruptes, mais bien au contraire, de trouver les passes les plus basses et les plus faciles pour l'établissement d'un chemin de fer qui doit réunir un jour la vallée du Mississipi avec les côtes de l'océan Pacifique.

Aussitôt arrivé à *Albuquerque*, où l'expédition dont je faisais partie, et qui était commandée par le lieutenant **A. W. Whipple**, du corps des ingénieurs-géographes de l'armée des États-Unis, devait rester cinq semaines pour se reposer des fatigues passées et prendre de nouvelles forces pour continuer sa route jusqu'à la mer du Sud, je cherchai à organiser une exploration et une ascension aux *montagnes Rocheuses* environnantes qui portent le nom de *Sierra-de-Sandia* ou *montagnes d'Albuquerque*.

[1] *Société de géographie de Paris* (séance publique). Extrait de la *Revue scientifique de la France et de l'étranger*, 4e année, n° 22, 27 avril 1867.
[2] Toutes les mesures dans ce mémoire sont anglaises.

Le Nouveau-Mexique n'est habité que le long du *Rio-Grande;* et souvent même, seulement à deux milles du fleuve, il n'y a plus que le désert. Il y a bien aussi quelques villages ou *ranchos* dans plusieurs gorges des montagnes Rocheuses et le long du Rio-Pecos; mais, en général, on peut dire que les habitations du Nouveau-Mexique ne sont qu'une véritable *oasis* au milieu des déserts du nouveau monde. C'est une espèce de simple *halte*, un lieu de refuge, comme Murzuk, entre la Méditerranée et le lac de Tsad. Aussi y a-t-il ici, comme dans le Sahara africain, les forbans du désert, dont l'audace n'est égalée que par leur bravoure, leur férocité et leur amour du pillage. Qui ne connaît les célèbres tribus des Comanches, des Apaches et des Navajos ? Le capitaine **Mayne Reid** et **Gabriel Ferry** les ont dépeints dans des romans aussi populaires que ceux de **Fenimore Cooper**. Ces hardis Indiens sont la terreur, non-seulement des pionniers et des Nouveaux-Mexicains, mais aussi des habitants du Texas, du Cohahuila, du Chihuahua, de Durango, de la Sonora et de l'Arizonie. Ils tiennent toutes ces vastes régions sous la menace continuelle du pillage et des massacres; et si, poussés à bout par des expéditions militaires, ils consentent à conclure la paix avec les blancs, ce n'est jamais qu'une trêve, qu'ils se réservent de rompre à la première occasion favorable de pillage ou de vengeance. Aussi la sécurité des routes n'existe pas; souvent même le Nouveau-Mexicain ne peut sortir de sa maison pour visiter son champ ou son troupeau, et l'on en a vu de tués sur le seuil de leur porte. Aussi chaque maison est-elle une petite forteresse; et chez les riches habitants, lorsqu'on vous introduit dans un salon, ce n'est pas sans un certain étonnement que vous trouvez sur les tables et sur les guéridons, au lieu d'albums, des pistolets revolvers chargés et amorcés.

Dans les moments de trêve, on peut parcourir le pays sans une escorte. Cependant il est toujours indispensable d'être armé jusqu'aux dents, car, en outre des Indiens Apaches ou Navajos, il y a une certaine portion de la population blanche, mexicaine ou américaine même, avec laquelle il faut toujours se tenir sur ses gardes. C'était précisément pendant une de ces trop courtes trêves que nous arrivions à *Albuquerque*. Il y avait bien déjà des menaces de proférées par les Indiens; et le général **Garland**, qui commandait le Nouveau-Mexique, était occupé à rassembler des troupes pour se tenir prêt à tout événement. Cependant le commandant de place, **J. H. Carleton**, major du 1er régiment de dragons, me dit que je pouvais entreprendre en toute sécurité une ascension aux montagnes Rocheuses à l'Est d'Albuquerque, à condition toutefois d'aller au nombre de six personnes au moins et d'être tous bien armés. Plusieurs des officiers de la garnison, qui, depuis des mois et des années, voyaient à l'horizon les sommets bleuâtres des montagnes sans les avoir jamais escaladés, voulaient aussi se joindre à nous; la chasse de l'ours gris les tentait d'ailleurs, et l'un d'eux, le chirurgien-major **Abadie**, ornithologiste habile, désirait augmenter sa collection d'oiseaux rares du Mexique. Cependant, lorsqu'il fallut partir, chacun vint successivement dans notre tente pour s'excuser, et il ne resta que le botaniste de notre expédition et moi pour faire l'excursion.

Albuquerque est située sur la rive gauche du Rio-Grande del Norte, à une altitude de 5028 pieds au-dessus du niveau de la mer. La vallée du *Rio-Grande* s'élargit à partir de San-Felipe, où elle est réduite au lit même du fleuve, et à Albuquerque elle a 12 milles de largeur. C'est une plaine sablonneuse, avec des dunes de sables comme dans les Landes; cependant le sous-sol est très-productif, et une partie de la vallée est bien cultivée au moyen de l'irrigation par des canaux distributeurs nommés *acéquias*. Sans irrigation, il n'y a pas de culture possible dans le Nouveau-Mexique; et là où s'arrêtent les *acéquias* ou canaux, là commence le désert, et ce désert si étrange du centre de l'Amérique du Nord, où toutes les plantes sont des buissons épineux (*cactées*) ou gluants (*Larrea mexicana*), avec de grandes armoises. Tout repousse : on dirait que la nature a voulu s'y fortifier pour défendre son domaine contre l'envahissement de l'homme. La sécheresse, les sables, la stérilité, ne lui ont pas suffi; des plantes à odeurs repoussantes comme la créosote, ou des chevaux de frise à pointes aiguës, longues et innombrables, comme les *Cereus giganteus*, *Echinocactus Wislizeni*, *Opuntia*, *Bigelovii* ou « *chuq* », ou ces *yuccas* à feuilles si fortement armées, que les habitants les appellent « des baïonnettes espagnoles », ou enfin des *agaves*, dont les Indiens fabriquent une eau-de-vie qu'ils nomment *mezcal*.

Le 8 octobre 1853, à midi, nous quittons Albuquerque pour opérer notre ascension. J'ai pour compagnon de voyage mon ami le docteur **John M. Bigelow**, savant botaniste, qui depuis plusieurs années explorait le Texas, les environs del Paso et de Copper-Mines, mais qui n'avait pas encore eu l'occasion de s'élever sur de hautes montagnes, et qui, naturellement, était des plus désireux de voir enfin une flore alpestre américaine. Nous avons avec nous quatre domestiques, une voiture suspendue, appelée *caratella* dans le pays, attelée de quatre mules, dans laquelle le docteur et moi prenons place, et un fourgon à six mules pour renfermer nos provisions, nos effets de campement et les collections.

Après avoir traversé la plaine d'Albuquerque, nous entrons dans le *Cañon-de-Carnuei*, formé de chaque côté par des rochers granitiques; puis nous venons camper sur un tertre, à côté d'une belle eau claire et courante, qui présente ce singulier phénomène, si commun dans les déserts de l'Amérique, d'une rivière coulant là où les rochers en resserrent le lit, puis, en amont et en aval de nous, à quelques centaines de pieds de distance, l'eau disparaît complétement dans le sable. Notre camp est situé dans la partie la plus resserrée de la gorge du *cañon* qui conduit d'Albuquerque à *San-Antonio*, au pied d'une espèce de falaise de roches calcaires qui s'élève presque à pic, comme une énorme muraille de plus de trois cents pieds de hauteur.

Le *village de Tigeras* est tout à côté, à moins d'un mille de distance; mais j'ai préféré dresser notre tente dans la gorge même, afin d'être plus à portée pour étudier la constitution géologique, qui présente ici les points de contact entre le granite syénitique rose, qui forme le massif central des montagnes Rocheuses, des trapps ou roches feldspathiques vertes, des serpentines et des quartzites, et enfin une belle série de couches de calcaires bien stratifiés, remplis de fossiles, qui indiquent pour l'âge de ces assises les calcaires carbonifères que l'on trouve toujours au-dessous de la houille. Cette découverte était importante pour nos recherches, car cela me fit tout de suite espérer qu'il pourrait y avoir des gisements de charbon de terre dans le voisinage, et effectivement, le lendemain matin, en me rendant à Tigeras, je reconnus par-dessus les calcaires carbonifères, des schistes noirs houillers, dans lesquels on rencontre ordinairement la houille, et j'appris qu'à peu de distance, plus au sud, en suivant ces schistes noirs dans la Sierra-de-Manzana, on avait découvert une *couche de houille grasse*. Et si la houille est un bienfait pour les pays où on la rencontre, c'est surtout là au milieu des déserts, où le bois n'existe pas ou du moins est d'une très-grande rareté. Par un hasard singulier et dû entièrement à une combinaison de l'altitude avec la distribution géognostique, il n'y a presque de forêts dans tout le Nouveau-Mexique que sur le terrain carbonifère.

Quoique nous ne nous soyons pas élevés de plus de mille pieds depuis notre départ d'Albuquerque, la nuit est froide; un vent violent, qui descend des cimes environnantes, balaye avec force le fond du *cañon* où nous sommes campés, et l'on a de la glace dans les baquets dans lesquels nous donnons à boire à nos mulets. La végétation est formée surtout d'arbrisseaux, de genévriers de Virginie, et l'on commence à rencontrer des pins.

Dès le point du jour du 9 nous sommes sur pied, et nous faisons chacun notre exploration des environs. Je grimpe la falaise calcaire, où je recueille des pétrifications bien conservées, mais qui ne se détachent qu'avec peine de la matrice calcaire qui les renferme. A une heure, nous partons pour nous élever aussi haut que nous pouvons sur le revers oriental de la Sierra-de-Sandia, afin d'entreprendre le lendemain l'ascension au sommet. Nous traversons Tigeras, dont les maisons de boue (*adobes*), comme toutes celles du Nouveau-Mexique, sont placées dans un vallon admirablement caché au milieu des montagnes, et qui est formé par des terrains de couleur rouge appartenant au trias, formation qui, là comme en Lorraine et en Franche-Comté, renferme du sel gemme et du plâtre ou gypse blanc amorphe ou cristallisé, et dont quelques-uns des cristaux sont assez grands et se coupent en feuillets assez minces pour permettre aux habitants de s'en servir comme verres à vitres pour leurs fenêtres.

La route s'élève assez rapidement, et l'on atteint le village de *San-Antonio*, qui, d'après nos mesures, est à 6,408 pieds d'élévation au-dessus du niveau de la mer, et à 17 milles de distance à l'est d'Albuquerque. Déjà à un mille avant d'arriver à San-Antonio, on voit çà et là, à côté du chemin, des piles ou monceaux de cailloux surmontés d'une petite croix de bois, et, selon l'habitude mexicaine, tous les passants ajoutent une pierre à la pile. Ces monuments funéraires primitifs indiquent qu'un meurtre a été commis en cet endroit; et comme leur nombre va tellement en se multipliant, que lorsqu'on arrive vers les premières maisons du village, ils se touchent presque tous et forment une ligne non interrompue, comme des grains de chapelet, de chaque côté de la route, on en conclut que les habitants de San-Antonio respectent peu la vie d'autrui. Et effectivement ce village n'est habité que par des *outlaws-hommes* (hors la loi) de tout le territoire du Nouveau-Mexique; c'est là que se réfugient tous les meurtriers, les voleurs et tous ceux qui ont à craindre la justice. Les ravins et gorges des montagnes du voisinage leur servent d'abris contre les recherches; après un certain temps, la justice les oublie, et ils viennent alors s'établir dans le village, qui, on le pense bien, n'est habité que par l'écume de la population mexicaine : et dans un pays où le sens moral est tellement faussé et atrophié, que les honnêtes gens sont on ne peut plus clair-semés, on comprendra qu'il faut avoir une conscience bien lourdement chargée pour sentir le besoin de se réfugier à San-Antonio. Aussi le juge d'Albuquerque nous avait bien prévenus qu'il ne fallait pas nous y arrêter, et, suivant ses instructions, nous l'avons traversé rapidement, non cependant sans apercevoir des habitants qui, enveloppés dans leurs longues couvertures (*sarape*), à raies noires et blanches, leurs *sombreros* enfoncés sur leurs yeux noirs, et leurs physionomies inquiètes et sauvages, présentaient un ensemble qui n'était rien moins qu'attrayant.

Peu après avoir passé le village de San-Antonio, nous quittons la route qui va à *Galisteo*, et prenons à gauche. Nous entrons alors dans une magnifique forêt de sapins et de pins qui atteignent de quatre-vingts à cent vingt pieds de hauteur. L'écorce de ces arbres est généralement d'une couleur rouge brun. Ils appartiennent au célèbre pin de Douglas (*Abies* ou *Pinus Douglasii*), qui s'étend sans interruption depuis ici jusqu'à la Californie, l'Orégon et l'île de Vancouver; au pin jaune (*Pinus Engelmanni*) : à l'*Abies balsamea*; au *Pinus edulis*, dont les Mexicains mangent la graine, qu'ils nomment *piñones*; et enfin au *Pinus flexilis*, ou pin blanc des montagnes Rocheuses.

Cette forêt, qui n'a que trois milles de largeur, s'étend comme une bande ou ceinture aux deux tiers de la hauteur des montagnes Rocheuses; et comme c'est la première forêt que l'on trouve depuis les célèbres *Cross-Timbers* du Texas, après avoir traversé trois cents lieues de prairies, elle a une très-grande valeur pour les rares habitants de ces solitudes. Aussi l'exploite-t-on pour fabriquer des poutres, des planches et des lambris; et sur l'indication qu'on nous a donnée qu'un petit groupe de cinq ou six pionniers américains était occupé à cette exploitation, nous nous dirigeons vers leur établissement (*settlement*), qui se nomme *Antonitto*, et où nous arrivons vers les cinq heures de l'après-midi.

La position est bien choisie pour y établir notre dernier camp avant de faire l'ascension aux sommets de la *Sierra-de-Sandia* : nous sommes placés au milieu de ces magnifiques *pins de Douglas*, un des plus beaux arbres de l'Amérique, ce pays si riche en arbres forestiers; un ruisseau d'eau transparente comme du cristal coule près de notre tente, et il y a du fourrage en abondance pour les mulets.

La hauteur d'*Antonitto* au-dessus de la mer est de 7,500 pieds, et comme le plus haut point de la *Sierra-de Sandia* n'est que de 13,200 pieds, nous n'avons plus qu'à nous élever de moins de 6,000 pieds pour atteindre la cime. Nous sommes entourés de plusieurs cabines, ou *log houses*, des plus primitives, où habitent les hardis bûcherons américains. La plus grande est occupée par un vieillard nommé Ellenwood, qui a joint une petite exploitation agricole à son commerce de bois; le maïs mûrit très-bien à cette grande hauteur, ainsi que les melons, les courges et les pêches. Nous avons le temps, avant la nuit, d'explorer un peu les environs du camp qui est placé sur les grès rouges du trias, et dont la flore est déjà beaucoup plus riche que celle des prairies des bords de la Canadienne, et surtout bien différente. En dehors des arbres forestiers cités précédemment, voici les plantes qui nous frappent le plus : d'abord deux plantes grasses de la famille des Cerei, le Cereus Fendleri et le Cereus viridiflorus; l'Opuntia Missouriensis var. albispina est aussi assez commun; puis un assez grand nombre de plantes herbacées, dont plusieurs sont encore en fleur malgré la saison avancée, puisque nous sommes en octobre. Ainsi on recueille : Ranunculus affinis, Thalictrum Fendleri, Geranium cespitosum, Astragalus humistratus, Spiræa opulifolia, Fragaria vesca, Rosa foliolosa, Jamesia Americana, Deweya acaulis, Aster Bigelovii, Erigeron macranthum et Senecio Bigelovii. Le docteur Bigelow est enchanté de ses découvertes botaniques; il me dit que c'est la meilleure herborisation qu'il ait encore faite depuis que nous avons quitté les bords du Mississipi à Napoléon (*Arkansas*).

Notre arrivée a mis en émoi ces pauvres bûcherons, ou *lumbermen*, comme on les appelle en Amérique, et aussitôt la nuit venue, ils accourent tous autour du grand feu qui brûle devant notre tente. C'est la première fois qu'ils voient au milieu d'eux une aussi nombreuse société, aussi nous pressent-ils de questions. Presque tous sont d'anciens soldats de l'armée américaine dont ils portent encore une partie de l'uniforme, et ils n'ont guère qu'un désir, c'est de sortir du Nouveau-Mexique. Aussi, lorsqu'ils apprennent que nous allons en Californie, nous prient-ils de les prendre à notre service. L'un d'eux, enfant de la vieille Helvétie, dont il me parle les larmes aux yeux, car j'ai logé dans l'auberge tenue par son père à Neuneck, dans le canton de Berne, il y a sept années, m'apprend qu'il n'avait pris du service dans l'armée des États-Unis que parce qu'on lui avait promis que son régiment allait tenir garnison en Californie; au lieu de cela, on l'avait conduit au Texas. Et je me doutais déjà qu'il était un déserteur, ce que j'appris plus tard. Attendri par son récit, je l'ai fait attacher comme chef de muletiers (*arrieros*) à notre escorte d'infanterie, et il a été un des meilleurs serviteurs de notre expédition. A nos questions pour monter sur les crêtes des montagnes, nous ne pouvons obtenir que de faibles renseignements; sur ces six pionniers, un seul, le vieux Ellenwood, y est allé en chassant. Quoique très-asthmatique et âgé de près de soixante-dix ans, ce vieillard s'offre de nous y conduire le lendemain. Nous acceptons avec empressement; seulement il faudra lui fournir un de nos mulets, pour s'approcher autant qu'on pourra des sommets : qu'à cela ne tienne, nous promettons le mulet, un déjeuner et un dîner aussi bons que le permettront nos provisions, et même le docteur Bigelow poussa la complaisance jusqu'à lui donner une consultation par écrit sur l'état de son asthme.

Cette soirée est la plus belle que nous ayons passée depuis que nous avons entrepris notre grand voyage d'exploration des contrées à l'ouest du Mississipi. Par une clairière dans le bois de pins, on voit une grande étendue du ciel étoilé et si pur des hautes régions des Cordillères; la lumière zodiacale étend son cône blanc et brillant sur plus de la moitié de notre zénith, bien que le soleil ait disparu sur l'horizon depuis plus d'une heure. Si l'on regarde seulement cinq minutes une même partie du ciel, on est certain de voir au moins une étoile filante, car nous sommes ici sur les hauts plateaux mexicains, c'est-à-dire le pays par excellence des *étoiles filantes* et des *aérolithes*. Les masses de fer météorite y sont si communes, que les forgerons s'en servent dans l'Arizonie (*Tucson*) et dans le Chihuahua *hacienda de Concepcion*) pour leurs travaux. Ce sont des enclumes qui, disent-ils, leur sont tombés du ciel.

Nos mulets, joints aux ponys des bûcherons, broutent à côté de nous, et une troupe de loups appelés *coyotes* hurlent comme des chacals dans le voisinage de notre troupeau : joignez à cela les reflets des feux du bivouac sur les figures aussi rudes que diverses des douze hommes qui forment ce groupe d'êtres humains perdus dans les contre-forts des montagnes Rocheuses, et vous aurez un tableau assez vrai de cette réunion pittoresque d'aventuriers et de naturalistes. Petit à petit les hommes disparaissent, et ce n'est qu'à regret que je vais m'étendre sur mes peaux de bison pour chercher à mon tour le repos et des forces pour le lendemain.

10 octobre. — La nuit n'a pas été aussi froide que la précédente, quoique nous nous soyons élevés de 2000 pieds depuis hier. **Ellenwood** vient nous joindre au point du jour, et nous nous mettons en route. Deux domestiques, avec deux mulets pour porter des provisions et des vêtements, nous suivent. Nous nous engageons d'abord dans une gorge où coule un ruisseau, au milieu de pins ayant quatre-vingts à cent dix pieds de hauteur. Puis on s'élève sur des collines à pentes assez roides de calcaires carbonifères; et, en suivant la crête des collines, on finit par sortir d'abord de la forêt, puis de la ligne limite de la végétation forestière, où quelques pins rabougris, de l'espèce du *Pinus flexilis*, persistent encore à croître dans les fentes des rochers, à une hauteur de 13.100 pieds. Enfin, les derniers quatre-vingts à cent pieds sont entièrement dénudés, il n'y a plus que des plantes herbacées et quelques buissons chétifs.

Aussitôt qu'on est sorti de la forêt, chacun prend de son côté, comme bon lui semble, pour atteindre le sommet. Pour moi, je suis trop absorbé par des découvertes de fossiles dans les roches calcaires qui forment entièrement le versant oriental et les crêtes de la *Sierra-de-Sandia*, pour m'occuper de l'ascension. Je trouve effectivement, à une hauteur de 13,000 pieds au-dessus du niveau de la mer, un grand nombre de *pétrifications d'êtres marins*, dont quelques-uns me sont très-familiers et que j'avais souvent rencontrés dans l'Arkansas, en Pensylvanie, dans le Yorkshire, en Angleterre, et à Tournai, en Belgique, où ils remplissent les couches immédiatement au-dessous de la houille. Deux de ces médailles de la création me frappent surtout d'étonnement : l'une, nommée *Productus cora*, a été trouvée pour la première fois et décrite par le savant naturaliste voyageur, mon ami feu **Alcide d'Orbigny**, qui l'avait déjà rencontrée à une grande hauteur au-dessus du niveau de la mer, sur les bords du lac *Titicaca*, en Bolivie : c'est une coquille fossile très-commune en Europe; on l'a recueillie aussi dans les hautes passes du Tibet et jusqu'en Australie, véritable être cosmopolite des mers de l'époque carbonifère. L'autre espèce, encore plus fréquente, est le *Productus semireticulatus*, qui, on peut le dire, a dû pulluler d'un pôle à l'autre dans les deux hémisphères, pendant tout le temps que se sont déposées ces riches couches de houille, aujourd'hui si appréciées, et même un peu gaspillées, du moins dans l'Europe occidentale. Je trouve aussi des coraux pétrifiés, et une énorme *Orthoceras*, animal marin très-allongé qui devait être armé de suçoirs, et que certains naturalistes regardent comme l'aïeul des célèbres pieuvres des îles de la Manche.

J'atteins le sommet à une heure de l'après-midi, et après encore plus de deux heures de recherches pour les fossiles et aussi pour faire la section complète du sommet, couche par couche, afin d'avoir la structure anatomique de toute la montagne, je m'arrête, et jette enfin un regard sur le magnifique panorama qui s'étale à nos pieds. Habitué dès mon enfance au spectacle des régions alpines de la Suisse et de la Savoie, je suis cependant plus fortement saisi par l'aspect général de l'immense horizon qui se développe devant moi, que je ne l'ai jamais été des sommets du Reculet, de la Dôle, du Weissenstein ou du Rigi. L'atmosphère est si pure, que tout est inondé de lumière; il n'y a presque pas d'ombre, nulle part on ne voit même une simple trace de vapeur. C'est que dans ce pays il ne pleut presque jamais, à peine douze ou quinze fois pendant toute une année. Aussi rien n'égale la netteté des contours, et les reliefs se détachent avec une clarté et une fermeté qui donnent à tout le paysage un aspect lumineux et de transparence qu'il est bien rare de rencontrer.

Notre horizon s'étend dans certaines directions, surtout du côté du Sud, jusqu'à 100 milles de distance. A l'Ouest, on a d'abord à ses pieds la belle vallée du Rio-Grande del Norte, et presque en face de nous la ville d'Albuquerque, où nous distinguons avec une lunette le groupe des tentes blanches du camp de l'expédition du lieutenant Whipple. Plus loin la vallée du Rio-Puerco, séparée de celle du Rio-Grande par une ligne de collines de grès et de sables blancs, recouverts dans certaines parties par des coulées de laves volcaniques. Puis, droit devant nous, un magnifique volcan éteint, qui porte le nom de *mont Taylor* ou *Sierra-de-San-Mateo*, dont l'altitude est de 10,000 pieds, et dont les laves ont coulé et s'étendent dans toutes les vallées environnantes, comme de longs serpents noirs partant d'une tête de Méduse. L'horizon est borné de ce côté par une ligne horizontale d'un plateau qui forme le contre-fort de la *Sierra-Madre*, et qui se termine vers le nord par une descente abrupte, avec un cône isolé à son extrémité.

Au sud, nous avons la *Sierra-de-Manzana*, qui fait suite, sans aucune espèce d'interruption, à la *Sierra-de-Sandia*, mais qui est est moins élevée que cette dernière, car elle n'atteint que 10,000 à 11,000 pieds, et qui, comme elle, est couronnée par des couches calcaires de l'époque carbonifère. Dans le sud-sud-est, on voit, sur le plateau qui s'étend au pied de la *Sierra-de-Manzana*, six petits lacs qui, dit-on, sont tous salés et portent le nom de *Salinas*. C'est dans ce pays, encore très-peu connu géographiquement, que se trouvent les célèbres ruines de la *Gran-Quivira*, ville légendaire, des plus prospères pendant le seizième siècle, et qui un beau jour a été complétement détruite et les habitants tous massacrés par les Indiens Apaches-Muscaleros. Depuis lors ils en défendent l'approche aux blancs, qui, à tort ou à raison, s'imaginent que ces ruines renferment de grands trésors enfouis.

A l'est, nous voyons la route que nous avons suivie pour nous rendre de la vallée de la rivière Canadienne dans celle du Rio-Pecos, savoir : le cañon Blanco, los Estores et le Tucumcari. La ligne si parfaitement horizontale du célèbre *llaño-Estacado*, qu'on dirait un immense plan tangent au globe terrestre, ferme de ce côté l'horizon.

Tandis qu'au nord nous avons d'abord à nos pieds les Cerritos, chaîne de volcans éteints, qui s'étendent entre Galisteo et San-Domingo, et qui nous apparaissent comme des entonnoirs renversés; puis les Placeres, ou montagnes de l'or (*Gold-mountains*), qui se détachent un peu de la Sierra-de-Sandia, et dont le nom indique suffisamment le caractère de roches entièrement cristallines et éruptives. Enfin, les montagnes Rocheuses des environs de Santa-Fé et la Sierra-de-Jemez se dressent devant nous, en se poursuivant vers le nord-est pour pénétrer dans l'État de Colorado.

Les montagnes de Santa-Fé paraissent plus élevées que celles où nous sommes de près de 1000 pieds; de sorte qu'en admettant 13,200 pieds pour le point culminant de la Sierra-de-Sandia, d'après nos mesures barométriques d'Albuquerque et un relevé trigonométrique exécuté dans la plaine d'Albuquerque les montagnes qui sont derrière Santa-Fé atteignent 14,000 pieds. La végétation forestière s'y arrête d'ailleurs à près de 1000 pieds avant d'atteindre le sommet, et de plus on y voit çà et là, *dans les ravins les plus élevés, de grandes taches blanches de neige; il n'y a pas de glaciers.*

S'il nous a été facile d'atteindre le sommet en nous élevant sur le versant oriental de la *Sierra-de-Sandia*, c'est que toute cette partie de la montagne est formée de roches stratifiées régulièrement, et qui, quoique fortement relevées et plongeant sous un angle de 30 degrés, présentent cependant des pentes relativement assez douces; tandis que sur le versant occidental, ce sont de véritables murs à pic, avec des ravins resserrés, ou *barrancas*, tout à fait impraticables. Notre guide, le vieux **Ellenwood**, en me montrant un de ces cañons les plus profonds et les plus sombres, me dit qu'il a failli y périr à la poursuite d'un ours gris, et que ce n'est qu'au bout de deux jours d'efforts surhumains qu'il a pu en sortir. Cette partie occidentale est entièrement granitique, et les arêtes des montagnes sont aiguës, déchiquetées et dentelées en pics, comme dans le centre des Alpes.

A cette grande hauteur, la vie est plus active que je ne m'y attendais. Les arbres se sont arrêtés, ainsi que je l'ai dit auparavant, à cent pieds du sommet. Cependant, dans quelques encoignures de rochers bien exposés au midi, on trouve encore, même au sommet, quelques pieds rabougris du *Pinus flexilis* ou pin blanc des montagnes Rocheuses. Les cactées, ces plantes grasses si communes et si caractéristiques de la flore du Nouveau-Mexique, ont des représentants jusque sur les plus hautes cimes, où nous recueillons le Mamillaria vivipara var. Nova-Mexicana, l'Opuntia missouriensis var. trichophora, et enfin l'Opuntia sphærocarpa. Il y a ici aussi un Sedum, le Sedum Wrightii, genre bien rarement représenté dans l'Amérique du Nord. Enfin, la flore me rappelle tout à fait celle des sommets des Alpes dans le voisinage des glaciers. Ainsi, nous voyons : Draba aurea, Viola Canadensis, Geranium Richardsonii, Oxytropis Uralensis, Potentilla Pensylvanica var. Hippiana, Berberis aquifolium var. repens, Thaspium montanum, Actinella acaulis, Eriogonum rotundifolium, etc. — Je trouve même trois échantillons d'un Helix, mollusque terrestre si commun en France et en Suisse, et qui ne se trouve qu'assez rarement en Amérique Notre guide **Ellenwood**, ancien trappeur qui depuis cinq années chasse dans tout ce massif de la Sierra-de-Sandia, nous dit qu'il a vu sur ces sommets l'ours gris (*Ursus ferox*), l'ours noir américain (*Ursus Americanus*), le loup des prairies ou coyote (*Canis latrans*), le cerf à queue noire (*Cervus macrotis var, Columbianus*), l'antilope (*Antilocapra Americana*), et le mouflon d'Amérique (*Ovis montana*), véritables chamois et bouquetins des montagnes du centre de l'Amérique du Nord.

Le guide et les domestiques, impatientés de nous voir toujours chercher des plantes et des pierres, nous abandonnent et retournent au camp. Pour le docteur **Bigelow** et moi, ce n'est qu'avec peine que nous nous arrachons à nos recherches, car nous avons obtenu tous deux une de ces très-rares occasions que les naturalistes voyageurs recherchent tant, c'est-à-dire d'être les premiers explorateurs d'un groupe de hautes montagnes au centre d'un continent, et toutes les minutes nous sont précieuses, car nous savons bien que nous ne recommencerons jamais une pareille ascension. Aussi ce n'est que quand le jour baisse que nous descendons lentement les pentes, et lorsque nous atteignons la forêt de pins, la nuit est arrivée. Nous nous en tirons cependant assez bien, malgré quelques chutes ; et enfin nos domestiques inquiets viennent à notre recherche avec des torches de pin allumées, et nous ramènent au camp, où nous arrivons à sept heures du soir, fatigués, cela est vrai, mais heureux de la réussite de notre ascension.

Le lendemain, nous mettons nos notes au courant, nous arrangeons nos collections, et dans l'après-midi nous levons le camp pour descendre du côté de Galisteo, et aller explorer les *Sources du Rio-Pecos*, dans la partie des montagnes Rocheuses qui sont au levant de Santa-Fé. En quittant le vieux **Ellenwood** et ses pionniers les bûcherons, je ne puis m'empêcher de leur exprimer des craintes sur leur sécurité, dans un endroit aussi isolé et aussi exposé aux incursions des Indiens. Quelques semaines après, mes appréhensions s'étaient malheureusement réalisées : les Indiens Apaches-Muscaleros, unis aux Indiens Utas, avaient de nouveau déterré le *tomahawk de guerre* et massacré sans pitié tous les habitants des établissements isolés du Nouveau-Mexique. **Ellenwood** et ses compagnons étaient tombés parmi les premières victimes ; et une compagnie de dragons forte de soixante hommes que l'on avait envoyée à leur secours, en retournant à Taos, avait été surprise dans une embuscade et presque entièrement détruite.

Après avoir passé une dizaine de jours aux environs de Galisteo, Pecos et Santa-Fé, nous rentrons enfin sains et saufs à Albuquerque, auprès de notre ami le lieutenant **Whipple**.

Qu'on me permette d'ajouter que le docteur **Bigelow** et moi, nous venions de planter les premiers jalons de la science, et d'accomplir une de ces explorations dont les résultats sont les points de départ pour nos connaissances de l'histoire naturelle du Nouveau-Mexique. Avant le docteur **Bigelow**, plusieurs botanistes, **James**, **Wislizenus** et **Fendler** avaient parcouru la vallée du Rio-del-Norte et les environs de Santa-Fé, mais aucun d'eux ne s'était élevé aussi haut, et n'avait tenté même l'ascension aux montagnes Rocheuses ; aussi la moitié des plantes de la récolte du docteur **Bigelow** se composent d'espèces nouvelles. Quant à la géologie du Nouveau-Mexique, on n'en connaissait pas le premier mot, et je suis le premier géologue qui ait abordé le centre du continent de l'Amérique du Nord. A cette occasion, je ne puis m'empêcher de rappeler que c'est à un autre Français qu'est dû l'honneur de la découverte des montagnes Rocheuses. Cent dix ans avant que j'aille avec mon marteau interroger et chercher à dévoiler les secrets de l'âge, de l'origine et de la nature de ces montagnes, **M. de la Vérendrye** découvrait, le 1er janvier 1743, les Montagnes-de-roche, comme les nomment encore aujourd'hui les Canadiens vayageurs de la baie d'Hudson.

Jules Marcou.

MARCOU (Jules), professeur.

LETTRES SUR LES ROCHES DU JURA ET LEUR DISTRIBUTION GÉOGRAPHIQUE DANS LES DEUX HÉMISPHÈRES. — 1 vol. in-8, 364 pages et deux cartes coloriées.

1. Carte de la distribution des animaux marins d'après **Edouard Forbes**. — Mars 1854.
2. Carte du globe à l'époque jurassique, montrant la distribution des terres et des mers. — (Le Jura dans ces deux hémisphères). — Paris, Friedrich Klincksick, rue de Lille, 11, 1860.

MARCOU (Jules), professeur.

GEOLOGY OF NORTH-AMERICA with two reports on the prairies of Arkansans and Texas, the Rocky Mountains of New-Mexico, and the Sierra-Nevada of California originally made for the United-States government. With three geological maps and seven plates of fossili. — In-4, Zurich, 1858.

MARCOU (Jules), professeur.

UEBER DIE GEOLOGIE DER VEREINIGTEN-STAATEN UND DER BRITISCHEN PROVINZEN VON NORD-AMERIKA. — In-4. Gotha. 1855. 1 carte géologique coloriée.

MARCOU (Jules), professeur.

SUR LE NÉOCOMIEN DANS LE JURA et son rôle dans la série stratigraphique. — In-8. Genève, 1859. 1 planche.

MARCOU (Jules), pofesseur.

DYAS ET TRIAS, ou le nouveau grès rouge en Europe, dans l'Amérique du Nord et dans l'Inde. — In-8. Genève, 1859.

MARCOU (Jules), professeur.

CARTE GÉOLOGIQUE DE LA TERRE. — En 8 grandes feuilles, in-plano, chromolith. avec des tables d'explications et des autorités principales consultées pour colorier la carte. — Winterthur...

MARCOU (Jules), professeur.

ATLAS DE GÉOGRAPHIE ANTÉ-DILUVIENNE, représentant les distributions des terres et des mers aux principales époques géologiques; avec texte. — In-folio. Winterthur.

MARTINS (Ch.).

GLACIER DU FAULHORN [1].

Au pied du cône terminal qui couronne la montagne du Faulhorn, dans le canton de Berne, le voyageur, pressé d'atteindre le sommet désiré, remarque rarement un petit glacier, situé sur sa droite; car de loin il ressemble à une de ces flaques de neige qui, dans les hautes Alpes, résisteut aux chaleurs de l'été. Ayant habité l'auberge du Faulhorn avec mon ami **M. Bravais**, depuis le 10 juillet jusqu'au 8 août 1841, j'ai pu étudier à loisir ce glacier en miniature que j'ai revu dans les premiers jours du mois de septembre de la même année. **M. Bravais**, seul, l'a observé de nouveau en juillet et en août 1842.

Comme tous les autres glaciers de ce groupe de montagnes, celui-ci se distingue par sa petitesse. Il se compose en entier de glace spongieuse à la surface, et compacte à quelques centimètres de profondeur. Les grands glaciers des Alpes, au contraire, sont formés de glace compacte dans leur partie la plus déclive; mais, à une certaine hau-

[1] Extrait des *Annales des sciences géologiques*, publiées par **M. Rivière**. 1842.

teur au-dessus du niveau de la mer, (leur surface est souvent couverte) d'une neige grenue, pulvérulente, que l'on a désignée sous le nom de névé (*Firn*). M. **Hugi** avait fixé à 2,170 mètres la limite inférieure des neiges (qui couvrent les glaciers) *[1]. Plus tard il a reconnu lui-même que ce chiffre était à la fois trop faible et trop absolu. Cette limite oscille et varie comme celle des neiges persistantes; ainsi MM. **Agassiz** et **Desor**[2] l'ont trouvée à 2,000 mètres sur le glacier du Finster-Aar et du Lauter-Aar, mais ils ont observé du névé à la hauteur indiquée par M. **Hugi**, et même à 500 mètres au-dessous.

Les plus hautes sommités du groupe dans le Faulhorn, ne s'élevant que de 100 à 200 mètres tout au plus au-dessus de la ligne limite des neiges persistantes (2,708 mètr.), il en résulte qu'on ne trouve, dans les intervalles qui les séparent, que de petits glaciers, dont le plus grand, le *Blau-Gletscher*, n'a pas plus de 2 kilomètres de longueur.

Le sommet du petit glacier du Faulhorn est situé à 2,603 mètres au-dessus de la mer, ou à 80 mètres au-dessous du sommet[3]. Sa forme est celle d'un triangle isocèle. La base du triangle est formée par l'extrémité libre du glacier; l'angle compris entre les deux côtés égaux en est le sommet. La perpendiculaire abaissée du sommet de ce triangle sur sa base coïncide, par conséquent, avec l'axe du glacier. Elle est dirigée du S. S. O. au N. N. E. La rive du N. O. est dominée par le cône terminal; celle du S. E. par l'extrémité du plateau de Gassen, où ce glacier se termine supérieurement en diminuant successivement d'épaisseur. Il occupe donc une dépression triangulaire qui n'est que le commencement d'un couloir à pente très-rapide plongeant vers le Tschingelfeld. Les eaux qui s'écoulent du glacier vont se rendre dans le Giessbach, et avec lui dans le lac de Brienz. Quoique d'un aspect fort variable, la surface du glacier était (dans les saisons où il ne porte plus de neiges sur le dos) en général assez unie et seulement légèrement bosselée. Sa pente faisait, avec l'horizon, un angle de 5° 45′; celle de son escarpement terminal était de 42° 30′ à 50° 0′. Au N. O., au S. E. et au S. O., il se confondait avec des flaques de neige; l'une s'élevait le long des flancs du cône terminal, l'autre couvrait un escarpement limité supérieurement par le plateau de Giessen ainsi qu'une partie de ce plateau lui-même.

I. Climat du glacier.

Depuis son origine, qui remonte à 1832, l'auberge du Faulhorn a été un véritable observatoire météorologique. M. **Kaemtz** y a séjourné du 11 septembre au 5 octobre 1832, et du 11 août au 19 octobre 1833. En 1841, nous y avons fait, M. **Bravais** et moi, avec l'aide de M. **Wachsmuth**, qui dirige l'établissement, une série barométrique et thermométrique du 16 juillet au 4 septembre. Enfin, MM. **Peltier** et **Bravais** y ont observé du 26 juillet au 18 août 1842. Je puis donc donner des renseignements exacts sur le climat de ce petit glacier[4] Au niveau du glacier, la température moyenne de l'année est de — 2°20 C.; celle de l'été + 3°42. En hiver, la moyenne doit être peu différente de — 9°, ce qui suppose des froids accidentels de — 20° à — 25°; mais elle a moins d'influence sur le glacier; car, à partir du commencement d'octobre, il est enseveli sous une couche profonde de neige qui ne disparaît quelquefois qu'au commencement d'août *. En été, il neige encore quatre ou cinq fois par mois, mais l'épaisseur de la couche dépasse rarement quelques centimètres. Sous cette couche, le glacier est à l'abri des influences météorologiques. Mais si des vents violents de S. O. ou de N. O. viennent balayer

* D. A. Les observations entre parenthèses sont des rectifications que j'ai intercalées.
[1] *Naturhistorische-Alpenreised* p. 334.
[2] *Bibliothèque universelle de Genève*, avril 1841.
[3] Voy. *Ergebnisse der trigonometrischen Vermessungen in der Schweiz*, p. 227.
[4] Il suffit de tenir compte de la différence de niveau qui existe entre le glacier et le sommet où l'auberge est placée. J'ai adopté un décroissement de 1° C. pour 180 mètres, qui est celui de juillet et d'août déduit par **Kaemtz** des observations comparées de Genève et du Saint-Bernard. (Voy. *Vorlesungen über Meteorologie*, p. 244.)
* D. A. Dans certaines années la neige qui couvre ce petit glacier persiste toute l'année.

la neige qui le couvre, alors, en hiver comme en été, il n'est plus protégé contre les grands froids ni contre les chaleurs *. Celles-ci agissent avec d'autant plus d'efficacité que, dans cette saison, les rayons du soleil tombent sur le glacier depuis le moment de son lever jusqu'à cinq heures après midi. Pendant les étés de 1841 et 1842, les températures extrêmes observées ont été — 4°88 et 15°72 à l'ombre; et au soleil 15°80.

La glace, comme on le sait, émet des vapeurs d'autant plus abondantes que l'air est plus sec et plus chaud. Aussi, les indications hygrométiques ont-elles une grande importance. L'humidité relative des étés de 1832, 1833 et 1841 a été en moyenne de 75,9, ou, en d'autres termes, l'air contenait en moyenne 76 pour 100 de la quantité de vapeur d'eau nécessaire pour le saturer. L'air est rarement calme au sommet du Faulhorn, et on sait que son agitation favorise aussi l'évaporation **.

Parmi les causes qui peuvent influer sur la fusion du glacier, je négligerai complétement la chaleur du sol sur lequel il repose ***; car M. Bischoff a fait voir[1], en s'appuyant sur des expériences, qu'un glacier ne saurait fondre sous l'influence de la chaleur du sol quand la température moyenne de la terre qu'il recouvre est égale à zéro. Or, il a montré que dans les Alpes on trouve déjà cette moyenne à 2,002 mètres au-dessus de la mer, et, par conséquent, à 600 mètres au-dessous de notre glacier. Étant d'ailleurs flanqué de deux grandes masses de neige qui se confondent avec lui et s'étendent à une grande distance, il faudrait, avant d'agir sur sa face inférieure, que le sol échauffé fondît d'abord cette couche de neige; or, celle-ci ne disparaît jamais entièrement, même vers la fin de l'été. Le glacier est donc à l'abri de cette cause de fusion. L'influence de la chaleur centrale peut aussi être négligée sans inconvénient; en effet, M. Élie de Beaumont[2] a prouvé, par le calcul, que le flux de la chaleur intérieure du globe ne pouvait fondre qu'une quantité de glace très-minime, en comparaison de celle dont la fusion est le résultat des agents atmosphériques. Pour que l'énumération de toutes les causes fût complète, il faudrait aussi connaître le rayonnement de la glace comparé à celui du sol; nous n'avons fait aucune expérience à ce sujet, et je ne saurais tenir compte de cet élément dont l'importance réclame l'attention des géologues et des physiciens.

II. Influence des agents météorologiques sur le glacier pendant l'été.

1° Changement dans le sens horizontal. — Pour constater les variations que le glacier éprouvait dans le sens horizontal, il fallait le mesurer. Cette opération présentait quelques difficultés, car ses limites n'étaient pas nettement définies, puisqu'il se confondait latéralement et en haut avec des flaques de neige qui le recouvraient en partie. J'étais donc obligé de sonder la neige avec soin pour reconnaître la glace sous-jacente. Ces mesures, exécutées à trois époques différentes avec un décamètre, m'ont donné les résultats suivants :

DATES.	LONGUEUR DE LA BASE.	LONGUEUR DE L'AXE.
20 juillet	61m,3	32m,3
2 août.	66 ,5	37 ,7
5 septembre.	72 ,5	36 ,5

Ces chiffres font voir que la largeur du glacier a progressivement augmenté pendant le cours de l'été. Ce fait, si bizarre en apparence, s'explique aisément. En effet, à mesure que les flaques de neige environnantes fondaient ou s'évaporaient, elles découvraient une plus grande partie de la surface du glacier. Nous verrons en outre, à la fin de ce

* D. A. Le vent n'enlève pas la neige de la surface du glacier, c'est le contraire qui a lieu il l'accumule.

** D. A. Elle favorise de même la condensation qui est généralement plus forte que l'évaporation

*** D. A. A une altitude au-dessus de 2,500 à 2,600 mètres, les glaciers sont adhérents au sol gelés au sol, dans toutes les saisons.

[1] *Die Wærmelehre des Innern unseres Weltkærpers*, p. 102.

[2] *Annales des sciences géologiques*, juillet 1842, ou tome I, p. 553.

mémoire, que pendant l'été les parties déclives des flaques de neige se convertissent en glace. Or, celles qui flanquaient ce glacier étaient précisément dans ce cas, puisqu'elles s'élevaient à partir du glacier sur deux pentes assez rapides. Une inspection superficielle n'aurait point conduit à ce résultat, car en apparence le glacier s'était rétréci. Ainsi, il me parut beaucoup plus étroit au commencement de septembre qu'au milieu de juillet, parce que les flaques de neige qui le continuent latéralement avaient fondu considérablement. Quant à la diminution de la longueur de l'axe du glacier, du 2 août au 5 septembre, elle tient à la fonte et à la démolition de son extrémité inférieure.

Pour apprécier la fusion de cette extrémité inférieure, c'est-à-dire pour savoir de combien le glacier reculait * dans le courant de l'été, j'ai eu recours à un procédé qui donnerait les résultats les plus erronés si on le mettait en usage sur un des grands glaciers de la Suisse. Sur celui-ci, j'ai pu l'employer sans erreur sensible. Le 20 juillet, une grosse pierre fut placée à 3m,50 de l'extrémité inférieure; le 5 septembre, elle n'en était plus distante que de 2 mètres. Or, au moyen d'alignements, on s'est assuré que le déplacement de ces pierres dans le sens horizontal, du sommet vers la base du glacier, avait été d'un décimètre au plus en 18 jours. Ainsi donc, en tenant compte de ce déplacement, je trouve qu'en moyenne le glacier avait reculé de 1m,84 en 46 jours, ou de 4 millimètres par jour, sous l'influence d'une température moyenne de 4°,61.

2° Changements dans le sens vertical. — Tout le monde connaît une opinion très-accréditée parmi les montagnards suisses, et suivant laquelle le glacier rejette tous les corps qui pénètrent dans son intérieur. Cette opinion avait été acceptée par les savants, car le fait était incontestable. En effet, d'un côté on voyait des pierres, des morceaux de bois, des cadavres; en un mot, tous les corps d'une certaine dimension qui tombaient ou qu'on ensevelissait dans le glacier remonter en apparence à la surface, et de l'autre, la glace des glaciers était toujours à l'intérieur d'une pureté proverbiale. Plusieurs hypothèses ingénieuses avaient été émises pour expliquer cette prétendue ascension des pierres; on avait été jusqu'à douer les glaciers de véritables propriétés vitales, et on assimilait l'expulsion des pierres à celles des corps étrangers introduits dans l'économie vivante. **MM. Toussaint de Charpentier**[1] et **Kaemtz**[2] furent les premiers qui soupçonnèrent que la fusion superficielle du glacier jouait un rôle important dans ce phénomène. Pour arriver à un résultat positif, je cherchai à résoudre ce problème par l'expérience directe et constatai qu'en été la surface supérieure des glaciers s'abaissait, considérablement, par suite d'une fusion ** et d'une évaporation superficielles.

Voici les expériences qui m'ont conduit à ce résultat. Le 21 juillet, à une heure, je creusai dans le glacier un puits de 15 centimètres de profondeur. Une pierre fut placée au fond, puis recouverte avec la glace concassée qui avait été retirée du trou. Le 25 juillet, à cinq heures du soir, ou 96 heures après, la pierre était à nu et à 3 centimètres seulement au-dessous de la surface du glacier. Cette première expérience ne prouvait absolument rien, sinon le fait de l'apparition assez prompte à la surface des glaciers d'un corps logé dans leur épaisseur.

Pour m'assurer si en effet la pierre remontait contre son propre poids, je choisis, le 28 juillet, sur les rochers voisins deux points A et B fixes et bien visibles d'un côté du glacier à l'autre. Cela fait, je creusai dans la direction de la droite A B qui joignait ces deux points, un puits dans le glacier. Il avait 26 centimètres de profondeur. Une pierre fut logée au fond du trou. La surface supérieure de cette pierre était à 20 centimètres au-dessous de celle du glacier, puis une perche, surmontée d'un voyant et glissant sur un jalon, fut placée sur la pierre. Pendant que **M. Bravais** visait, j'abaissais et j'élevais

* Diminuait par suite de force et ablation.

[1] **Gilbert's** *Annalen der Physik*, t. XLIII, p. 388. 1813.

[2] Einige Bemerkungen über die Gletscher (**Schweiger's** *Journal für Chemie und Physik* t. LVII, p. 249. 1833).

** D. A. Par ablation.

successivement le voyant jusqu'à ce que son bord supérieur coïncidât avec la ligne A B qui joignait les deux repères choisis sur les rives du glacier. Pendant l'opération, je m'assurai de la verticalité de la perche au moyen du fil à plomb. Le bord supérieur du voyant était à 2m,80 au-dessus de la pierre. Le trou dans lequel il s'était amassé 5 centimètres d'eau provenant de l'intérieur du glacier fut rempli avec la glace concassée qui en avait été extraite.

Le 1er août suivant, la surface supérieure de la pierre était à découvert et à 4 centimètres au-dessous de la surface du glacier. Mais pour que le bord supérieur du voyant coïncidât avec la ligne A B qui joignait les deux repères, il fallut l'élever, au-dessus de la pierre, de 2 centimètres de plus que dans la première expérience. Ainsi donc, quoique la pierre se trouvât à 4 centimètres au lieu de 20 au-dessous de la surface du glacier, son niveau *absolu* avait *baissé*, puisque, loin de raccourcir la perche pour abaisser le voyant de 16 centimètres, comme il aurait fallu le faire si la pierre était réellement *remontée*, il fallut l'allonger de 2 centimètres[1]. Ainsi donc, c'est le niveau du glacier qui avait baissé de 18 centimètres en cinq jours.

Le 7 août, la pierre était à la surface du glacier, mais pour que le bord supérieur du voyant coïncidât de nouveau avec la ligne droite qui joignait les deux repères, il fallut l'élever de 0m,255 plus que la première fois. Ainsi, depuis le 26 juillet, le niveau absolu de la pierre avait baissé de 0m,235 et la surface du glacier de 495 millimètres, abaissement qui suppose une fusion moyenne de 38,1 millimètres de glace par jour.

Durant cet intervalle de 13 jours, nous avions noté jour et nuit, de deux heures en deux heures, les indications du thermomètre; je puis donc savoir quelle quantité de chaleur le glacier a reçue. La somme des degrés thermométriques supérieurs à zéro, diminuée de la somme des degrés inférieurs à zéro a été de 540 degrés. Pendant 25 heures sur 288, le glacier a été soumis à des températures inférieures à zéro. La moyenne thermométrique a été de 3°48. Les extrêmes ont été à l'ombre 11°3 et — 2°8. Au soleil, le thermomètre ne s'est jamais élevé au-dessus de 15.

L'expérience suivante est encore plus frappante, parce que sa durée embrasse un intervalle de temps plus considérable. Le 8 août 1841, je creusai dans la glace un puits de 70 centimètres de profondeur. Il s'était rempli d'eau aux deux tiers par infiltration. La face supérieure de la pierre placée au fond du trou était à 66 centimètres au-dessous de la surface du glacier et à 3m,81 au-dessous du voyant dont le bord supérieur coïncidait avec la ligne A B qui joignait les deux repères Ayant mesuré directement la hauteur du voyant au-dessus de la surface du glacier, je trouvai 3m,14, mesure qui s'accordait, à un centimètre près, avec les précédentes. Le trou fut ensuite rempli de glace comme à l'ordinaire. Le 5 septembre au matin, savoir 28 jours après, la pierre était à la surface du glacier et à 1m,11 au-dessous du voyant ; son niveau absolu avait donc baissé de 29 centimètres; celui de la surface du glacier s'était abaissé de 99 centimètres ou en moyenne de 35mm4 par jour[2].

On voit que la fusion diurne a été moins considérable dans cette période que dans la précédente, et, cependant, la température moyenne du 8 au 4 septembre a été de 5°17 : mais, par compensation, il était tombé beaucoup plus de neige, les brumes avaient été plus fréquentes et l'air plus calme que dans la première période.

En résumé, pendant l'été de 1841, savoir du 26 juillet au 4 septembre, avec une température moyenne de 4°61 et une humidité relative de 76 pour 100, la fusion diurne moyenne a été de 37 millimètres, et la surface du glacier s'est abaissée pendant la même période de 1m,540 en estimant à 55 millimètres la fusion des demi-journées très-chaudes du 7 et du 8 août.

3° Conséquences de l'ablation des glaciers. — Quand on examine un glacier à q[illegible]

[1] Le niveau absolu de la pierre n'avait probablement baissé de deux centimètres que par [illegible] de son affaissement dans le trou.

[2] Les principaux résultats de ces expériences ont déjà été publiés dans le journal l'In[illegible] 10 février 1842.

ques jours d'intervalle, on trouve tout changé à sa surface. Si elle était unie, elle est devenue bosselée; des flaques d'eau, des rigoles, des cavités se sont formées de toutes parts. Ces effets sont dus à la fonte et à l'évaporation et condensation superficielles. Un autre phénomène qui depuis longtemps aurait pu faire apprécier la quantité de l'ablation, ce sont les tables des glaciers. Afin de suivre leur mode de formation, je posai sur le glacier deux grosses pierres : l'une avait la forme d'un parallélipipède aplati, et environ 4 décimètres de côté; l'autre était à peu près cubique. C'était le 20 juillet au soir, Le 26, chacune de ces pierres était déjà élevée sur des piédestaux de glace qui dépassaient le niveau général. Celui de la pierre cubique avait 4 décimètres de hauteur et formait derrière la pierre au N. O., un cône dont la hauteur pouvait servir à estimer l'ablation du glacier. Le 2 août, le piédestal de la pierre plate s'élevait aussi vers le N. O. de 4 décimètres au-dessus de la surface moyenne du glacier, tandis que, vers le S. E., il se confondait avec le niveau général. Cette orientation des piédestaux s'explique facilement : en effet, il est évident que la partie nord, n'étant point exposée au soleil, doit fondre beaucoup moins que l'autre; il y a plus : dès cinq heures du soir, l'ombre du cône terminal se projetait sur les deux blocs. On voit aussi que, par sa plus grande épaisseur, le bloc cubique protégeait plus efficacement la glace sous-jacente contre les rayons du soleil, puisqu'en six jours son piédestal avait déjà 4 décimètres de hauteur, tandis que celui de la pierre plate n'avait la même hauteur vers le nord que sept jours plus tard.

Il est un autre phénomène dont l'ablation des glaciers rend parfaitement raison. Tous les géologues qui ont parcouru les hautes Alpes savent qu'il n'y a point de moraines à la surface du névé, ou du moins que les blocs enfouis dans son épaisseur ne viennent pas se montrer à la surface. Mais à la limite qui le sépare du glacier proprement dit, ces blocs poussés par une force inconnue semblent surgir de la glace. Au Spitzberg, dans Magdalena-Bay, par 79° 34' lat. N., j'ai vu des blocs erratiques enchâssés dans les parois latérales des deux glaciers principaux de la baie[1]. Ces deux faits s'expliquent très-bien par les expériences que nous venons de rapporter. En effet, le névé ne doit son apparence grenue qu'à la continuité du froid qui s'oppose à la fusion totale de la neige dont la surface seule se couvre quelquefois d'une légère couche de glace[2]. Comment les blocs pourraient-ils apparaître si la surface du glacier ne fond pas et ne descend pas jusqu'à leur niveau? A Magdalena-Bay, où je séjournai du 1er au 12 août 1839, le thermomètre se tint en moyenne à 2°97 et ne s'éleva qu'une seule fois à 5°7. De plus, l'air était toujours chargé de brumes, saturé d'humidité, et à deux reprises il tomba plusieurs centimètres de neige. Comment, avec de pareilles circonstances météorologiques, la surface des glaciers pourrait-elle fondre ou s'évaporer, et laisser à découvert les blocs enfouis dans leur épaisseur? A mesure que le glacier se démolit, ces blocs tombent à la mer avec les masses de glace dans lesquelles ils sont enchâssés; mais, en vertu de son poids spécifique, la pierre occupe ordinairement la partie submergée du glaçon flottant, et se dérobe ainsi aux regards du navigateur *.

III. Parallèle entre la fusion de la glace et celle de la neige.

Pour obtenir quelques données exactes sur la fusion relative de la glace et de la neige, j'avais planté, le 26 juillet 1841, un piquet dans une masse de neige compacte adossée à l'escarpement terminal du glacier. La longueur de la partie enfoncée était de 40 centimètres. Chaque jour, la partie saillante devenait plus longue, et l'on aurait pu penser que la neige avait aussi la propriété d'expulser les corps qu'on y enfouit. Le 6 août, le

[1] Voy. Observations sur les glaciers du Spitzberg, *Bibliothèque universelle*, juillet 1840, et *Bulletin de la Société géologique de France*, mai 1840.

[2] Voy. à ce sujet l'ascension à la Jungfrau, par MM. **Agassiz**, **Forbes** et **Desor**, *Bibliothèque universelle*, novembre 1841.

* D. — 1. Pour observer l'ablation des surfaces d'un glacier découvert, ou des neiges tassées qui le couvrent, il suffit de forer un trou et d'y placer une perche marquée au centimètre.

piquet était incliné et soutenu seulement par les bords d'un petit trou conique de 2 à 3 centimètres de profondeur; le 7 août, le piquet était couché sur la neige, et la petite cavité n'existait plus. Ainsi donc, pendant cette période de treize jours, une température moyenne de 3°48 avait fait disparaître une couche de glace de 495 millimètres d'épaisseur et seulement 400 millimètres de neige. La fusion moyenne diurne de la neige était donc de 30mm8, tandis que celle de la glace était de 38mm1.

L'année suivante, M. **A. Bravais** a varié cette expérience. Au commencement d'août 1842, le glacier était encore couvert d'une épaisse couche de vieille neige datant de l'hiver précédent; le 11 août au soir, il enterra deux pierres dans cette neige, l'une à 98, l'autre à 74 centimètres de profondeur, de façon à ce qu'elles reposassent sur la surface du glacier; leur position fut déterminée au moyen de deux repères et d'un jalon surmonté d'un voyant, comme dans les expériences de 1841. En six jours, le niveau de la neige avait baissé de 42 centimètres au-dessus de la première pierre et de 34 centimètres au-dessus de la seconde. Ainsi, en moyenne, la chaleur atmosphérique avait fondu 38 centimètres de neige en six jours, ce qui suppose une fusion moyenne de 63mm3 par jour. La position absolue des pierres n'avait changé ni dans le sens horizontal ni dans le sens vertical. Cette expérience prouve d'abord un fait important, c'est que le niveau absolu du glacier ne change point lorsqu'il est recouvert d'une couche de neige[1]; ensuite, si l'on tient compte des températures, elle indique aussi que la neige fond moins rapidement que la glace[*]. En effet, il résulte des observations météorologiques de **Bravais**, qui lisait le thermomètre dix à douze fois dans les vingt-quatre heures, que la moyenne température de l'espace compris entre le 11 et le 16 août a été de 7°18. Cette température moyenne est plus que double de celle que nous avons observée du 26 juillet au 7 août 1841; aussi, la quantité de neige fondue en un jour est-elle du double environ[**]. Si l'on admet la même proportionalité pour la glace, il est probable qu'en mesurant comparativement on eût observé une fusion de glace diurne de 80 millimètres environ Cette fusion n'aurait rien d'extraordinaire, car cette même année 1842, et sur un glacier aussi élevé que celui du Faulhorn, M. **Agassiz** a observé une ablation moyenne de 77mm,3 par jour[2]. Toutefois, ces expériences sont encore trop peu nombreuses pour pouvoir en déduire le rapport de la fusibilité de la glace comparée à celle de la neige; cependant elles sembleraient indiquer que la glace (celle des glaciers au moins) disparaît plus rapidement que la neige : cette supposition n'est point contraire aux lois de la physique. En effet, 1° la neige est un corps plus mauvais conducteur de la chaleur que la glace, en raison de l'énorme quantité d'air qu'elle contient dans ses interstices : par conséquent, la chaleur pénètre plus difficilement dans son épaisseur; 2° la neige rayonne davantage par les pointes dont elle est hérissée. Or, dans les nuits sereines, et tant que le soleil ne la frappe pas directement[3], le refroidissement par rayonnement est considérable dans les hautes Alpes, nous nous en sommes assurés par expérience. Aussi voit-on que les flaques de neige fondent, surtout à leur périphérie et en dessous, par l'effet de la chaleur que leur communique le sol environnant, échauffé par les rayons solaires. Il se forme ainsi une voûte de neige au-dessus du sol échauffé de proche en proche; cette voûte s'opposant au rayonnement nocturne de ce sol lui conserve sa chaleur acquise, qui s'ajoute à celle qu'il recevra, pendant le jour, du soleil et de l'atmosphère. C'est, au contraire, la partie supérieure des glaciers qui fond sous l influence

[1] D. A. *Voy.* les citations qui ne confirment pas que le niveau absolu de glacier ne change point lorsqu'il est couvert d'une couche de neige.

[*] D. A. L'ablation des neiges anciennes tassées, et la surface de glace des glaciers découverts est généralement la même à toutes les altitudes.

[**] L'ablation de surfaces de neiges ou de glaces de glaciers est en raison des rayons solaires, des températures observées à l'ombre à des vents chauds ou froids.

[2] *Comptes rendus de l'Académie des sciences*, 10 octobre 1842, p. 737.

[3] *Voy.* Sur le rayonnement nocturne, par M. **Arago**, *Annuaire du Bureau des longitudes pour* 1828, p. 149.

des agents météorologiques[1] *. 3° Les glaciers occupant les parties les plus déclives sont de véritables bassins de réception où affluent sans cesse toutes les eaux et toutes celles qui proviennent de la fusion des neiges environnantes; ces eaux coulant à leur surface, et pénétrant toute leur masse, doivent hâter singulièrement la fusion. Au contraire, les flaques de neige qui persistent pendant tout l'été, étendues sur les pentes ou logées dans des couloirs étroits, ne reçoivent pas les eaux des parties environnantes. Quand elles sont placées de manière à en être profondément pénétrées, elles se convertissent en glaciers, comme nous le verrons plus bas.

Un autre fait que tout le monde peut vérifier dans les Alpes prouve que l'ablation superficielle de la glace est plus rapide que celle de la neige. Dans la plupart des montagnes schisteuses, de petits fragments de schiste noir salissent la surface des glaciers : celui du Faulhorn se distinguait ainsi à première vue de la neige environnante. Le Blau-Gletscher (glacier bleu), situé entre le Schwarzhorn et le Wildgerst, dans le groupe du Faulhorn, doit son nom à cette particularité, et non à la couleur azurée de ses crevasses, * comme je le croyais avant de l'avoir vu. Si on examine de près la surface des neiges environnantes on voit qu'elle est couverte d'un nombre tout aussi grand de petits fragments de schiste que la surface du glacier, mais ceux-ci sont enfoncés plus ou moins profondément dans la neige et ne peuvent être aperçus de loin. Ces différences s'expliquent facilement par l'ablation inégale de la neige et de la glace. Placés sur la neige, ces corps absorbent la chaleur en vertu de leur couleur foncée et de leur conductibilité plus grande : ils fondent la neige sous-jacente et s'enfoncent au-dessous du niveau général de la flaque de neige, dont l'ablation superficielle n'est pas assez rapide pour qu'ils se trouvent toujours ramenés à la surface. Il n'en est pas de même du glacier : son ablation superficielle est tellement prompte, que les fragments sont ramenés incessamment à la surface. A l'extrémité orientale du Blau-Gletscher j'observais, le 27 juillet, avec MM. L. Bravais et Cassen, une flaque de neige très-blanche; le 3 septembre, la moitié de cette flaque de neige était convertie en glace et se distinguait de loin par un aspect bleuâtre, comme celui du glacier lui-même : cet aspect était dû à l'innombrable quantité de fragments de schiste qui couvraient sa surface. Souvent on voit dans les Alpes de gros blocs gisant sur la neige, mais ils ne sont pas élevés sur des piédestaux; je n'en ai vu qu'un seul ainsi placé, c'était à la surface d'une avalanche énorme occupant le fond d'un couloir, non loin du glacier de Hinterhein. Les piédestaux étant un des effets les plus immédiats de l'ablation superficielle, leur rareté sur la neige est un argument de plus à ajouter à tous ceux qui démontrent que son ablation est peu sensible. Si elle était rapide, on ne comprendrait pas comment la neige rouge (*Haematococcus nivalis*) pourrait végéter sur une surface qui fond et se renouvelle incessamment. Or cette végétation, inconnue sur les glaciers, est très-commune à la surface des vieilles neiges des hautes Alpes et du Spitzberg.

Tout ce que je viens de dire sur l'ablation superficielle relative de la neige et de la glace ne préjuge rien pour leur fusion, leur évaporation et condensation absolues. Je ne prétends point dire qu'à volume égal, la glace disparaisse plus vite que la neige; je crois seulement que le niveau de la surface d'un glacier baisse plus rapidement que celui d'une flaque de vieille neige datant de l'hiver ou du printemps. Ainsi, je pense que les

[1] L'échauffement du sol à la surface est très-notable dans les hautes Alpes. Quoique sa température descende au-dessous de celle de l'air pendant la nuit, cependant sa moyenne est bien plus élevée que celle de l'air. Ainsi, en calculant 80 observations comparatives inédites faites de deux heures en deux heures au sommet du Faulhorn, du 11 au 17 août 1842, par M. Bravais, je trouve 6°,67 pour la moyenne de l'air, et 9°,51 pour celle du sol. La moyenne température du sol, depuis 6 heures du matin jusqu'à 6 heures du soir, a été de 13°,51. Le ciel, pendant cette période, était tantôt serein, tantôt couvert et brumeux. Il y a eu un orage et de la pluie.

* Les rayons solaires ont une très-grande action sur l'ablation (fonte) des neiges et des glaciers. Dans certaines circonstances de vents chauds et de rayons solaires ardents, l'ablation à toutes les altitudes, dans les Alpes et aux glaciers de l'Aar, à 2,000 mètres alt., et aux glaciers du Théodule à 3,333 mètres alt.; l'ablation en 24 heures peut atteindre 80 à 100 millimètres.

glaciers diminuent surtout en vertu d'une ablation superficielle; les neiges, sous l'influence d'un sol échauffé qui, en les fondant à la circonférence, rétrécit sans cesse leur étendue*. A la surface des glaciers, c'est la fusion qui joue le plus grand rôle. Je restreins même cette proposition aux hautes Alpes et à des élévations égales ou supérieures à 2,500 mètres; car plus bas, et dans les plaines, les conditions climatériques ne sont plus les mêmes, et les phénomènes peuvent être singulièrement modifiés. Quant à la part exacte que l'on doit faire à la fusion et à l'évaporation et à l'augmentation par condensation, il faudrait, pour les déterminer, recourir à des expériences longues et délicates.

IV. Remarques diverses sur le glacier du Faulhorn.

La glace n'était pas homogène dans toute l'étendue du glacier. Ainsi, le 26 juillet, les quatre cinquièmes supérieurs se composaient d'une glace beaucoup plus dure et plus compacte que le cinquième inférieur, qui semblait de formation plus récente. Une fente étroite séparait ces deux parties. Une masse de neige était adossée à son extrémité inférieure. Une crevasse séparait la neige de la glace, et cette crevasse s'élargissait à mesure que la masse de neige minée par les eaux du glacier s'affaissait sur elle-même. Examinée sur les quatre cinquièmes supérieurs du glacier, la glace avait une consistance qui allait en croissant avec la profondeur. Elle était pénétrée d'eau, surtout à la surface, où elle ne formait plus qu'un mélange d'eau et de glace semi-liquide, contenant une multitude de bulles d'air de 2 à 3 millimètres de diamètre.

Pendant le jour, le glacier était couvert de petites flaques d'eau d'où se dégageaient sans cesse des bulles d'air qui produisaient une crépitation analogue à celle que l'on entend quand on presse un poumon sain entre les mains. Ces bulles étaient quelquefois si nombreuses, que l'eau paraissait couverte d'écume. Leur dégagement continuel s'explique aisément : l'eau déplaçant l'air qui remplit les interstices de cette neige congelée, les vésicules aériennes s'élèvent avec d'autant plus de facilité que la pression atmosphérique est beaucoup moindre que dans la plaine. En effet, la pression barométrique moyenne au niveau du glacier n'est que de 560 millimètres, plus faible par conséquent de 202 millimètres qu'au bord de la mer, sous le même parallèle.

Au commencement d'août, la fusion superficielle du glacier devint très-active; sa surface était inégale et hérissée de cônes irréguliers. Pendant le jour, un ruisseau coulait le long du bord méridional, il s'était creusé un lit profond de plusieurs décimètres : des filets d'eau sillonnaient la glace dans tous les sens, et alimentaient de larges flaques. Pour donner une idée de l'influence de la température sur la fusion, je citerai les observations suivantes: Le 8 août, à 2 heures du matin, le thermomètre était à 6°8; à 4 heures il marquait 7°2, et à 8 heures, 10°6. Le ciel était pur, et cependant tout était encore immobile sur le glacier. A 10 heures, la température s'éleva à 11°3 à l'ombre, et 14°9 au soleil; le thermomètre, placé sur le duvet de cygne de l'actinomètre de **M. Pouillet**, marquait 70°7; aussi, vers 11 heures, le ruisseau coulait à pleins bords, et de tous le côtés de petits filets d'eau couraient en murmurant à la surface du glacier. Le soir, vers 7 heures, tout rentra dans l'immobilité.

Le 29 juillet, j'aperçus pour la première fois deux crevasses qui s'étaient formées dans la masse de neige adjacente à l'angle N. O. du glacier, et se dirigeaient parallèlement à son bord inférieur Elles étaient placées l'une à la suite de l'autre, la seconde un peu au-dessus de la première. La somme de leurs longueurs ne dépassait pas 30 mètres; leur largeur était de 0m,5; leur profondeur de 1 mètre à 1m,5. Leurs parois étaient formées de neige; vers le fond, cette neige devenait dure, compacte, et prenait une teinte azurée. Le 1er, ces crevasses s'étaient notablement élargies, par suite de l'affaissement et du glissement de la masse de neige inférieure sur la pente rapide du couloir dont le glacier occupe le sommet.

* D. A. Les neiges se tassent, la densité d'un volume donné augmente, et ces neiges peuvent arriver à 0°,500 de densité et plus. Voyez les citations dans nos matériaux pour l'étude des glaciers

V. De la formation des glaciers.

De Saussure[1], le premier, et, depuis lui, presque tous les auteurs se sont accordés à dire que les glaciers se formaient par la congélation de la neige pénétrée d'eau. Pendant mon séjour sur le Faulhorn, j'ai assisté, pour ainsi dire, à la formation de plusieurs petits glaciers. Nous avons vu que celui qui se trouve au pied du cône terminal était placé de manière à recevoir les eaux provenant de la fonte des flaques de neige environnantes. Ces eaux l'alimentaient, pour ainsi dire, comme les affluents d'une rivière contribuent à maintenir son niveau dans de certaines limites. Le 30 juillet, MM. **Bravais** et **Canson** découvrirent, à l'est du glacier triangulaire, un autre petit glacier en voie de formation. Il occupait la partie supérieure d'un couloir qui allait, en se rétrécissant, aboutir à Tschingelfeld, à plus de 600 mètres au-dessous de son point d'origine. A l'ouest, ce glacier était dominé par un plateau chargé d'une masse de neige de 3 à 4 mètres d'épaisseur, dont les eaux s'écoulaient vers lui. La forme du glacier était celle d'un parallélogramme dont la base avait 17^m,6 de long. En haut, en bas et au S. E., il se continuait sans interruption avec la couche de neige qui remplissait le couloir. Au N. O., il s'appuyait contre des rochers. Son inclinaison était de 35° 30′; celle de la neige au-dessous de lui était de 50 degrés. Le glacier, ou plutôt toute la partie de cette masse de neige qui s'était convertie en glace, occupait la dépression la plus profonde du couloir, où les eaux provenant de la fonte des masses de neige supérieures devaient nécessairement se réunir et séjourner le plus longtemps. Dans cette partie, l'inclinaison de la pente était moindre que dans le reste de la flaque de neige, qui reposait partout sur un terrain à surface bombée. La glace était dure, compacte et sale à sa superficie. Ayant sondé au-dessus et à côté du glacier, je rencontrai partout la roche au-dessous de la neige, à 1 mètre et 1^m,5 de profondeur. Mais au-dessous du glacier, dans le point où la pente avait 50°, je trouvai de la glace à 4 décimètres sous la neige. Ainsi, à cause de la forte inclinaison de la pente, l'eau n'avait point encore entièrement pénétré toute l'épaisseur de la neige: mais le 8 août, cette neige était pénétrée d'eau jusqu'à la surface, et convertie en glace encore peu solide.

S'il m'était resté le moindre doute sur le mode de formation de cette glace, un amas de neige que le hasard semblait avoir placé tout exprès auprès de ce glacier naissant, m'aurait convaincu que la neige ne peut se convertir en glace, qu'après avoir été pénétrée par les eaux provenant de la fusion des flaques situées au-dessus d'elle. En effet, il y avait dans une échancrure de la montagne, ouverte seulement vers le N. N. O., mais fermée et dominée par un plateau dans tous les autres azimuths, une masse de neige de 2 mètres d'épaisseur. La disposition du terrain était telle que les eaux provenant de flaques de neige situées au-dessus s'écoulaient toutes vers le S.; elle n'en recevait pas le plus mince filet, et de tous côtés elle était abritée des rayons du soleil. Aussi cette neige n'était-elle point convertie en glace. Partout j'enfonçai sans peine mon bâton à 2 mètres de profondeur, et, de plus, *elle ne fondait pas par la base*. Après les chaudes journées qui précédèrent le 8 août, elle était dans le même état que neuf jours auparavant; pas une goutte d'eau ne s'échappait de son pied. La neige était appliquée immédiatement sur le sol, sans en être séparée par un intervalle, comme on l'observe ordinairement.

Ainsi, en résumé, les glaciers se forment par l'imbibition de la neige qui se pénètre de l'eau provenant des parties supérieures et se congèle ensuite, lorsque la température s'abaisse au-dessous de zéro pendant le jour et plus souvent pendant la nuit[2]. En re-

[1] *Voyages dans les Alpes*, § 526.

[2] Sur les 46 jours compris dans notre série météorologique, il y en a 14 où le thermomètre est descendu au-dessous de zéro. Ce nombre est certainement trop faible, puisque, pendant 20 jours, on n'a pas observé pendant la nuit.

montant au Faulhorn, dans les premiers jours de septembre, j'en ai recueilli des preuves nombreuses et convaincantes. Ainsi, la moitié de la flaque de neige couchée au pied oriental du *Blau-Gletscher*, du côté de la vallée de Rosenlaui, était changée en glace, parce qu'elle recevait l'eau provenant de la fusion des neiges supérieures. L'autre moitié qui n'était pas dans le même cas, était restée à l'état de neige. Sur le flanc du Simelihorn, tourné vers le N. E., il y avait une flaque de neige d'une inclinaison très forte que nous avions gravie plusieurs fois; à mon retour, sa portion la plus déclive était transformée en glace. Peu à peu, la neige avait été pénétrée jusqu'à sa surface par les eaux résultant de la fusion des parties supérieures et s'était convertie en glace. La même transformation avait eu lieu sur une flaque de neige située au-dessous du signal élevé sur le plateau de Gassen pour guider les voyageurs. On voit donc que les glaciers se forment et augmentent par la congélation de l'eau qui pénètre dans leur masse. *Ils croissent par intussusception, suivant l'heureuse expression employée par M.* **Élie de Beaumont**[1], *et non par une simple addition de couches de neige nouvelles qui se transforment en glace lorsqu'elles sont pénétrées par les eaux résultant de la fusion des neiges environnantes*[*]. Si les glaciers ne réparaient pas ainsi chaque année les pertes que leur font éprouver la fonte et l'évaporation superficielles, ils ne tarderaient pas à disparaître complétement jusqu'à la limite du névé, mais leur progression d'un côté et leur nutrition par *intussusception* de l'autre remplacent toutes ces pertes et maintiennent un certain équilibre entre leur diminution et leur accroissement annuels.

VI. Description du glacier bleu (*Blau-Gletscher*).

Parmi les glaciers qu'on observe dans le goupe du Faulhorn, le *Blau-Gletscher* est le seul qui soit connu et figuré sur les cartes[2]. Il occupe un col qui sépare les sommets du Schwarzhorn et du Wildgerst, dont le premier s'élève à 2,898 mètres, le second à 2,888 mètres au-dessus de la mer. L'extrémité occidentale du glacier se trouve au haut d'un couloir étroit et sombre appelé Iluenbthal[3]. Elle verse ses eaux dans le Hagel-See[4], une des sources du Giessbach. L'autre extrémité occupe la partie supérieure du Zwischbachtal[5] et alimente le principal affluent du Reichenbach. J'ai visité deux fois ce petit glacier, le 27 juillet et le 3 septembre, et j'ai déterminé, à l'aide du baromètre, la hauteur de ses différents points au-dessus du niveau de la mer. Son extrémité occidentale se confond avec des flaques de neige qui occupent le Iluenlithal[6]. Celles-ci ne fondent jamais, parce que ce couloir est tourné vers le nord et dominé au sud par des escarpements verticaux d'une hauteur prodigieuse. Elles entourent le Hagel-See, petit lac solitaire, qui n'a point dégelé entièrement pendant l'été de 1841. Sa hauteur, au-dessus du niveau de la mer, est de 2,338 mètres. Son écoulement est souterrain; les eaux se font jour à travers un massif assez épais. A leur sortie, elles avaient une température de 0°8, celle de l'air étant 3°4. C'est la source principale du Giessbach qui, de cascade en cascade, va se jeter dans le lac de Brienz. A partir du Hagel-See, on monte sur ce glacier par une pente assez abrupte, mais sans crevasses. Le 27 juillet, il était recouvert d'une neige blanche et granulée à la surface brune et dense au-dessous, dans laquelle le bâton ferré n'enfonçait pas au delà de 2 décimètres. Dans une crevasse, nous vîmes que

[1] Remarques relatives à l'influence du froid extérieur sur la formation des glaciers, *Annales des Sciences géologiques*, t. I, p. 533, juillet 1842.

[*] D. A. Parfaitement d'accord. Les neiges qui couvrent les glaciers à toutes les altitudes ne se transforment pas en glace pour s'ajouter aux surfaces des glaciers qui les supportent. Très-exceptionnellement le cas de cette transposition peut arriver. Elles protégent la surface des glaciers qui les supportent entre toute ablation.

[2] Voy. *Nouvelle description de l'Oberland bernois*. Berne, 1838, 4e carte.

[3] La vallée des Poulets, parce qu'on y trouve beaucoup de perdrix de neige (*Tetrao Lagopus*).

[4] Le lac de la Grêle.

[5] Vallon entre deux ruisseaux.

[6] D. A. Vallon des Poulets.

la neige était compacte et azurée. Après une demi-heure de marche sur le glacier, nous arrivâmes à son point culminant. Il est en forme de dos d'âne et se trouve au pied de la dernière sommité du Schwarzhorn [1], à 2,609 mètres au-dessus de la mer. On voit que le sommet de ce glacier est à peu près de niveau avec celui sur lequel nous avons fait nos expériences.

En redescendant du côté oriental, on trouve une pente beaucoup plus roide. Les crevasses se multiplient, elles ont de 1 à 3 mètres de largeur. Ici la glace est à nu, et le grand nombre de petits débris schisteux qui la recouvrent lui donnent de loin un aspect bleuâtre. Sur la rive gauche se trouve une petite moraine latérale de 80 mètres de long sur 2 à 3 mètres de haut; elle provient des éboulements du Wildgerst. La partie la plus déclive offre une pente de 30°; elle se termine à une grande flaque de neige dont nous avons déjà parlé. Le versant oriental du glacier est composé en entier de glace dure, compacte et remplie de bulles d'air. Son extrémité inférieure est à 2,500 mètres au-dessus de la mer. La température de l'eau qui s'échappait au-dessous de la flaque de neige qui semble prolonger le glacier, était de 0°7. Ce glacier forme, pour ainsi dire, la transition entre les petites masses semblables à celles que nous avons étudiées au pied du Faulhorn, et les grandes glaciers de la chaîne principale des Alpes.

...En vertu d'une loi maintenant bien constatée, les glaciers descendent d'autant plus bas que les montagnes d'où ils proviennent sont plus élevées.

MARTINS (Ch.).

GLACIER DU FAULHORN. — Nouvelles observations, 1844 *.

Depuis qu'il est démontré, aux yeux d'un grand nombre de géologues, que les glaciers des Alpes n'ont pas toujours été limités aux hautes vallées où nous les voyons relégués aujourd'hui, on a senti la nécessité de les étudier avec plus de soin. Adversaires et partisans de l'ancienne extension des glaciers ont également compris que l'analyse de leurs phénomènes, considérés en eux-mêmes, et en rapport avec le climat et le relief du sol, jetterait une vive lumière sur cette grande controverse géologique. Jusqu'ici les observations ont porté sur ces vastes mers de glace, qui descendent des plus hautes sommités des Alpes. L'étendue de ces glaciers, la variété d'aspect qu'ils présentent, la profondeur de leurs crevasses, la hauteur de leurs aiguilles entassées dans un désordre chaotique, la grandeur de leurs moraines, les climats divers qui s'échelonnent depuis leur terminaison jusqu'à leur origine, ouvrent un vaste champ aux recherches des naturalistes. Cependant quelques inconvénients viennent se joindre à ces avantages. Les grandes glaciers sont complexes, et formés de la réunion de plusieurs affluents qui se mêlent et se confondent. Leur source se perd dans les champs de névé des hautes sommités, tandis que leur extrémité inférieure aboutit à une fertile vallée. Il y a plus : quelques-unes de leurs parties restent inaccessibles au montagnard le plus intrépide : leur progression incessante et la fusion inégale de leurs différentes zones altitudinales, les affaissements et les redressements inégaux dus aux pressions latérales, rendent souvent leur structure originelle entièrement méconnaissable. Dans presque tous les cas la présence de vastes moraines médianes, qui les recouvrent d'une couche de sable et de pierres d'épaisseur inégale, dérobent à l'observateur la vue d'une portion considérable de leur étendue, et compliquent tous les phénomènes qui se passent à leur surface : aussi ne saurait-on admirer assez la sagacité des observateurs qui ont su les démêler.

J'ai abordé un sujet plus facile. Au pied du cône terminal du Faulhorn, montagne du canton de Berne, se trouve un petit *glacier isolé* **, sans affluents, sans aiguilles, le plus souvent sans crevasses, sans moraines médianes ou latérales, et même sans progression apparente. L'œil peut l'embrasser d'un seul regard, et en quelques minutes on le parcourt dans toute son étendue. Semblable au physiologiste qui assiste aux développe-

[1] Pic noir.

* D. A. Extrait du *Bulletin de la Société géologique de France*, 3e série, t. II. — Texte et planche.

** D. A. *Glacier simple*.

ments du fœtus pour y découvrir l'origine et la structure des appareils compliqués qui constituent l'organisme adulte, je suis attentivement depuis trois ans les développements et les transformations de ce *glacier embryonnaire*.

Au-dessus de 2,600 mètres, *partout où la neige s'accumule dans une dépression abritée des rayons du soleil, il se forme un petit glacier temporaire ou permanent.* Il faut et il suffit que l'eau provenant de la fusion des neiges environnantes s'infiltre dans cette masse de neige, et que les chaleurs de l'été ne la fassent pas disparaître. Cette neige imbibée d'eau se transforme en glace *, lorsque la température se maintient pendant quelque temps au-dessous de zéro. Un petit glacier de ce genre avoisine le cône terminal du Faulhorn; le sommet de ce cône est à 2,683 mètres au-dessus de la mer, et la surface supérieure du glacier se trouve moyenne à 70 mètres au-dessous de ce sommet. La forme du glacier est celle d'une pyramide triangulaire, couchée sur deux de ses faces dans un couloir incliné d'environ 15 degrés. L'escarpement terminal représente une autre face, et la surface du glacier est la quatrième. Cette dernière face a la forme d'un triangle isocèle H. L'arête supérieure de l'escarpement terminal AB est la base de ce triangle; l'angle ASB, compris entre les deux côtés égaux, en est le sommet. La hauteur du triangle est mesurée par la perpendiculaire que je nommerai la *longueur* du glacier.

I. Accroissement du glacier**.

II. Ablation du glacier.

Depuis 1841, nous avons fait, M. **Bravais** et moi, un assez grand nombre d'expériences pour mesurer l'ablation, c'est-à-dire l'abaissement diurne du niveau du glacier, résultant de la fonte de la surface supérieure sous l'influence de circonstances météorologiques bien déterminées. Quelques-uns de ces résultats se trouvent déjà dans le premier mémoire; mais j'ai pensé qu'il serait utile de les réunir tous ici en tenant compte des chutes de neige et de pluie, ce que je n'avais pas fait dans le travail en question.

Année 1841. — Du 21 juillet, 1 heure du soir, au 25 juillet, 5 heures du soir, l'ablation observée a été de. . . . . 90^{mm}.

Mais, dans cet intervalle, il est tombé 27 millimètres de neige, ce qui donne pour la valeur de l'ablation totale. 117^{mm}.

D'où ablation diurne. . . . . 28^{mm},1.

Circonstances météorologiques. Température moyenne de l'air au niveau du glacier. . . . . 2°.85.

Maximum 10°,6; minimum — 2°,7.

Humidité relative moyenne. 79 p. 100.

Pression moyenne de l'atmosphère. . . . . 557^{mm},6.

Le 21 juillet, à 5 heures du soir, pluie de 1^{mm},5.

Le 23 juillet, à 7 heures du matin, et dans la nuit du 23 au 24, chutes de neige, dont le total a été de 27 millimètres, qui, en fondant, ont fourni 6^{mm},5 d'eau.

Déclinaison moyenne du soleil. 20°6′ B.

Année 1841. — Du 20 juillet, 10 heures du matin, au 1er août à midi, l'ablation observée a été de. . . . . 160^{mm}.

Mais dans cet intervalle il est tombé 24 millimètres de neige, ce qui donne pour l'ablation totale. . . . . 184^{mm}.

D'où ablation moyenne diurne. 30^{mm},1.

Circonstances météorologiques. Température moyenne. . . . . 2°,53.

Maximum 9°,8; minimum — 0°,8.

* A. D. Ce paragraphe, *Accroissement du glacier*, a été imprimé en 1844, il y a 25 années depuis cette époque. Cette théorie d'accroissement n'étant plus une vérité, je ne transcrits que le titre.

** D. A. Se transforme en glace d'une certaine épaisseur au contact avec le sol qui, à cette altitude, se maintient sous la neige au-dessous de zéro (— 0°) dans toutes les saisons.

Humidité relative moyenne. . . . . 79 p. 100.
Pression moyenne de l'atmosphère. . . . . 556mm,4.
Le 28 juillet, à 4 heures du soir, il est tombé 20 millimètres de neige qui ont fourni 3 millimètres d'eau.
Les 27, 29 et 30 juillet, très-faibles chutes de neige et de grésil, dont le total peut être évalué à 4 millimètres.
Dans la nuit du 31 juillet au 1er août, petite pluie par une température de 3° à 4°, et qui n'a pu fondre qu'une quantité de neige inappréciable.
Déclinaison moyenne du soleil. . . . . 18°45' B.
Année 1841. — Du 1er août midi au 7 août 6 heures du soir. En estimant à 10 millimètres, d'après les expériences de 1841, 1842 et 1844, l'abaissement du niveau dû au tassement du glacier, l'ablation observée a été de. . . . . 303mm.
Mais les chutes de neige et de grésil qui ont eu lieu dans cet intervalle, ayant formé une couche de 5 millimètres environ d'épaisseur, l'ablation totale a été de . 310mm.
D'où ablation moyenne diurne. . . . . 40mm,6.
Circonstances météorologiques. Température moyenne. . . . . 4°,08.
Maximum 13°,3, minimum — 2°,8.
Humidité relative moyenne. . . . . 79 p. 100.
Pression moyenne de l'atmosphère. . . . . 558mm,8.
Le 3 août, vers 7 heures du soir, chute de 1 à 2 millimètres de pluie. Le 4 août, de 1 heure à 9 heures du soir, 5 millimètres de pluie. Ces deux pluies ne peuvent avoir fondu qu'une quantité de neige inappréciable.
Le 1er août à 4 heures, neige et grésil assez abondants.
Le 3 août à 10 heures, neige fondante.
Le 6 août à 2 heures, orage et grêle.
Déclinaison moyenne du soleil. . . . . 17°12'B.
Année 1842.— Du 11 août, 7 heures du soir, au 17 août, 11 h. 30 m. du matin. 380mm.
Ablation moyenne diurne. . . . . 66mm,7.
Circonstances météorologiques. Température moyenne. . . . . 7°,0.
Maximum, 11°,9; minimum, 2°,5.
Humidité relative moyenne.. . . . . 81 p. 100.
Pression moyenne de l'air. . . . . 564mm,4.
Le 15 août au soir, il est tombé 15 millimètres de pluie par une température de 3° à 4°. Cette pluie a été précédée d'une petite averse de grésil qui a fondu en deux ou trois heures de temps.
Le 16 au soir, il est aussi tombé un peu de grésil.
Déclinaison moyenne du soleil.. . . . . 14°24'B.
Année 1844. — Du 20 septembre midi au 28 septembre midi.
Ablation totale. . . . . 243mm.
Ablation moyenne diurne. . . . . 30mm,4.
Circonstances météorologiques. Température moyenne. . . . . 4°,07
Maximum, 11°,2; minimum, 0°,1.
Humidité relative moyenne. . . . . 78 p. 100.
Pression moyenne de l'atmosphère. . . . . 558mm,1.
Le 22 septembre, 2 à 3 millimètres de pluie dans la journée.
Le 23 septembre matin dans la nuit du 23 au 24 un peu de grésil.
Le 25 septembre, vers 2 heures du soir, très-petite chute de neige.
Déclinaison moyenne du soleil. . . . . 0°36' A.
Le tableau suivant présente d'une manière synoptique les plus importants de ces résultats en y ajoutant la quantité de glace fondue correspondant à 1° centigrade de température. C'est le coefficient d'ablation des glaciers.

RÉSULTAT DES EXPÉRIENCES SUR L'ABLATION DU GLACIER DU FAULHORN *.

ANNÉE.	DURÉE DE L'EXPÉRIENCE.	ABLATION			TEMPÉRATURE. MOYENNE.	DÉCLINAISON MOYENNE DU SOLEIL.
		TOTALE.	DIURNE.	POUR 1° C.		
		mm	mm	mm		
1841	Du 21 au 25 juillet. . .	117	28,1	10,0	2°,83	20° 6' B.
1841	Du 21 juillet au 1er août.	184	30,1	11,9	2 ,53	18 45 B.
1841	Du 1er au 7 août.. . . .	310	49,6	12,1	4 ,08	17 12 B.
1842	Du 11 au 17 août.. . .	380	66,7	9,5	7 ,00	15 24 B.
1844	Du 20 au 28 septembre.	243	30,4	7,5	4 ,07	0 36 A.

Les expériences de 1841 ont été faites sur la glace compacte du glacier, qui, pendant cet été, n'était point caché sous la couche de neige dense et grenue qui le recouvrait en 1842 et 1844. Si l'on compare entre eux les chiffres contenus dans la cinquième colonne, on voit que le coefficient d'ablation 11,3 de la glace compacte est plus considérable que celui de la vieille neige 8,3, c'est-à-dire qu'à température moyenne égale celle-ci fond plus vite que l'autre. J'avais déjà énoncé cette proposition dans mon premier travail.

En comparant la fusion diurne de la surface supérieure du glacier avec la température moyenne de la période pendant laquelle cette fusion a été observée, nous pouvons estimer approximativement la différence d'accroissement que le glacier du Faulhorn présentera pendant les années chaudes ou froides. Supposons un été dont la température moyenne soit supérieure de 1° à la moyenne générale de l'été; l'ablation se faisant du milieu de juin au commencement d'octobre pendant un intervalle de cent jours environ, et l'ablation diurne moyenne pour 1° étant de 10mm,5, l'ablation totale du glacier pendant l'été sera d'un mètre plus forte que dans l'année moyenne. Nous supposons d'ailleurs que toutes les autres circonstances, et notamment les chutes de neige, sont les mêmes.

La méthode que nous avons employée, M. **Bravais** et moi, pour mesurer l'ablation des glaciers, a été de la part de M. **Forbes**[1] l'objet de quelques observations critiques. Néanmoins, dans une autre partie de son livre, ce physicien s'appuie sur nos résultats[2], en s'applaudissant que les expériences que nous avons faites en 1841 sur le glacier du Faulhorn confirment celles qu'il a entreprises pendant l'été de 1842 sur la mer de glace de Chamonix.

Suivant M. **Forbes**[3], l'abaissement du niveau d'un glacier est dû à plusieurs causes indépendantes l'une de l'autre : 1° l'ablation superficielle de la glace; 2° l'affaissement de la masse totale dû aux ruisseaux qui minent le glacier en dessous; (3° celui qui résulte de la fusion de la glace, en contact avec le sol sous l'influence de la chaleur centrale)[4]; 4° l'étirement, et par suite l'amincissement du glacier dans sa zone moyenne, l'extrémité inférieure se mouvant avec plus de rapidité que les parties supérieures. M. **Forbes** prétend que, dans notre méthode, nous n'avons pu mesurer que la somme de ces effets, et non pas l'ablation seulement. Voyons si ces reproches sont fondés. Nous creusions dans la glace un trou vertical, MN, de 0m,3 à 1m,0 de profondeur. Au fond nous logions une pierre, dont la forme était celle d'un parallélipipède assez régulier. Sur cette pierre

* D. A. La température de l'air ambiant, observée à l'ombre, n'est pas le seul agent à consulter dans l'ablation des surfaces de glace. Les *vents chauds* et surtout les *rayons solaires* jouent un grand rôle dans ces observations. Voyez dans nos Matériaux : *Glaciers en activité.*

[1] *Travels through the Alps of Savoy, with observations on the phenomena of glaciers.* Edinburgh, 1843, p. 153.

[2] Page 362.

[3] Page 153.

[4] D. A. Dans toutes les saisons et à toutes les altitudes, le sol n'a pas d'influence sur le glacier qu'il supporte, exceptionnellement sur les bords ou rives du glacier, à de certaines exposition

nous placions un jalon vertical JN surmonté d'un voyant, qu'on abaissait ou qu'on élevait jusqu'à ce que son bord supérieur coïncidât avec une ligne visuelle PQ, menée entre deux pointes de rochers situées sur l'une et l'autre rive du glacier. Nous connaissions donc exactement la différence de niveau qui existait, au commencement de l'expérience, entre la surface supérieure R de la pierre et la ligne visuelle invariable PQ. Au bout de huit à dix jours, le jalon était replacé sur la pierre. Il est évident que si la masse du glacier s'était affaissée dans l'intervalle, le niveau absolu de la pierre devait être plus bas. C'est ce qui est arrivé dans la première expérience du 26 juillet au 1er août 1841, et dans celle du 20 au 28 septembre 1844. Dans la première, le niveau absolu de la pierre avait baissé de 0m,02, et de 0m,01 dans la seconde. En août 1842, le niveau n'avait pas varié sensiblement. Ainsi l'effet dû à l'affaissement de la masse totale était mesuré par l'abaissement de la pierre. Quant à l'ablation de la surface du glacier, elle se trouvait égale à la différence des profondeurs auxquelles la pierre se trouvait enfouie au commencement et à la fin de l'expérience. Supposons, en effet, que la pierre ait été enterrée à 0m,50 de profondeur; si, huit ou dix jours après, elle n'est plus qu'à 0m,05 de profondeur, l'ablation de la surface sera de 0m,45, même dans le cas où la masse du glacier se serait plus ou moins affaissée. Supposons maintenant que le niveau absolu de la pierre ait baissé de 0m,02, alors l'affaissement du glacier sera mesuré par cette quantité. M. **Forbes** a donc tort de dire[1] que, dans notre méthode, nous ne mesurons que la dépression géométrique de la surface du glacier, et par conséquent la somme des effets dus à l'affaissement, à l'ablation, à l'étirement, etc. Notre pierre est un point de repère inférieur qui nous permet de distinguer les effets produits par l'affaissement du glacier de ceux qui sont dus à la fusion superficielle. La critique de M. **Forbes** n'est applicable qu'à deux expériences, pendant la durée desquelles je me suis absenté du Faulhorn après avoir enterré la pierre dans le glacier. A mon retour, je l'ai trouvée à la surface, et j'ai conclu l'ablation du glacier de son abaissement au-dessous du niveau de la ligne visuelle; mais j'étais en droit de le faire, car nos mesures m'avaient appris que l'affaissement d'un glacier tel que celui du Faulhorn se réduit à fort peu de chose. On ne s'en étonnera pas si l'on réfléchit que ce petit glacier est parfaitement encaissé sur les côtés, et qu'il fond très-peu par sa surface inférieure à cause de sa grande élévation au-dessus du niveau de la mer[2].

En lisant l'ouvrage de M. **Forbes**, un lecteur peu attentif ne doutera pas un instant qu'après avoir rejeté comme inexacte la méthode de M. **Escher** et la mienne, l'auteur n'en ait employé ou du moins n'en propose une troisième, pure de tous les défauts qu'il reproche à celles de ses prédécesseurs. Tous les savants qui ont rendu compte de l'ouvrage de M. **Forbes**, et en particulier les rédacteurs de la *Revue d'Edimbourg*, l'ont ainsi compris[3]. Cependant il n'en est rien. Dans toutes ses opérations, le célèbre physicien n'a jamais mesuré que la somme des effets qui peuvent produire l'abaissement du niveau d'un glacier, et commis la faute qu'il nous a reprochée si légèrement. Examinons successivement les deux méthodes qu'il a mises en usage.

La première[4] consiste à forer dans la glace un puits cylindrique vertical de 6 décimètres de profondeur. Il place son théodolite au-dessus de ce puits, de façon que le centre de l'instrument soit dans le prolongement de l'axe du trou; puis mettant la lunette horizontalement, il vise à la paroi verticale d'un rocher placé sur la rive voisine du glacier. Il fait faire une marque sur le rocher au point où aboutit le rayon visuel, et détermine ainsi un repère qui est de niveau avec le centre du théodolite. Quelques jours après[5], il se replace sur le glacier au-dessus du même trou, qui a progressé suivant une

[1] *Travels*, etc., p. 155.
[2] D. A. Dans les Alpes, à une altitude de 2,000 mèt., les glaciers sont adhérents, fortement gelés au sol dans toutes les saisons. Le glacier du Faulhorn, je l'ai trouvé adhérent en mars, en juillet, en août.
[3] *Edinburgh Review*, July 1844, p. 148.
[4] *Travels*, p. 130.
[5] Page 155.

certaine pente dans l'intervalle de deux observations. Il dirige de nouveau sa lunette horizontalement vers le même rocher. Le rayon visuel aboutissant alors à un point situé au-dessous du repère marqué la première fois, il fait faire une seconde marque à ce nouveau point, et la différence de niveau des deux marques est la mesure du changement de niveau du glacier. Évidemment, M. **Forbes** ne mesure ainsi que la somme des effets dus à l'affaissement du glacier, à l'ablation de la surface, et à sa progression sur un plan incliné. Parmi les causes qui font baisser le niveau d'un point déterminé du glacier, il n'énumère point cette dernière, et cette omission nous porte à croire qu'il l'a tout à fait oubliée; elle est cependant bien réelle. Imaginons en effet une pierre placée à la surface d'un glacier, qui ne fonde, ne s'évapore ni ne s'affaisse. Comme le glacier descend sur un plan incliné, le niveau absolu de cette pierre baissera par le seul fait de la progression du glacier. Sur celui du Faulhorn j'étais à l'abri de cette cause d'erreur, parce que sa progression était insensible entre les périodes d'observation. Elle ne l'était pas sur la mer de glace de Chamonix. En effet, M. **Forbes** trouve les nombres suivants pour l'abaissement et la progression du point du glacier où il avait placé son théodolite, et qu'il désigne par A.

PROGRESSION ET ABAISSEMENT SUCCESSIF DU POINT A SUR LA MER DE GLACE DE CHAMONIX PRÈS DE L'ANGLE[1].

ANNÉE 1842.	PROGRESSION.	ABAISSEMENT.
Du 26 juin au 28 juillet.	11m,6	3m,3
Du 28 juillet au 16 septembre	9m,16	4m,1

Ainsi donc, pendant que le point A s'abaissait de 7m,4, il parcourait, en descendant sur un plan incliné, un espace de 28m,5; or, au point A, l'inclinaison moyenne du glacier est de 1°45'. Le point A s'est donc abaissé de 3m,55 par suite de la progression seulement en supposant que la pente du fond soit parallèle à celle de la surface[2]; cette quantité retranchée des 7m,4 observés, diminue de 52 p. 100 la somme des effets que M. **Forbes** s'était proposé de mesurer. Je dirai plus : c'est que M. **Forbes** ne pouvait pas faire cette correction d'une manière exacte dans le cas même où il l'aurait voulu. En effet, rien ne nous prouve que le point A soit descendu le long d'une pente parallèle à celle de la surface du glacier; il doit descendre plutôt suivant la pente générale du terrain au-dessous du glacier; mais cette pente étant inconnue, la correction qu'elle nécessite est impossible à faire rigoureusement[3].

[1] *Voy.* les tableaux des p. 139 et 155 de l'ouvrage de M. **Forbes**.

[2] Page 117.

[3] Un géomètre anglais, M. **Hopkins**, s'est efforcé d'appliquer l'analyse aux phénomènes des glaciers. Nous lui devons une formule comprenant tous les éléments actuellement connus qui peuvent concourir à déterminer l'abaissement absolu suivant une même verticale de la surface supérieure d'un glacier[1]. Cette formule est la suivante :

$$D = \Delta + \delta - \varepsilon h - a \text{ tang. } \alpha + a \text{ tang. } \beta.$$

Dans cette formule :

D est la différence de niveau dans une même verticale pour un point de glacier, au commencement et à la fin d'une période de temps quelconque. Nous supposerons cette période de [illegible] heures. D se compte de haut en bas; il est par conséquent positif quand le glacier s'abaisse.

Δ est l'ablation diurne mesurée sur la verticale.

δ l'affaissement diurne par suite de la fonte du fond.

[1] On the motion of glaciers. Transactions of the Cambridge philosophical Society, vol. VIII, part. I, p. 67.

La seconde méthode employée par M. **Forbes** pour estimer le changement de niveau de la mer de glace n'est pas plus exacte que la précédente. Il avait choisi sur la terre, près du pavillon du Montanvert, une station qu'il désigne par D. De cette station il mesurait la progression de plusieurs points du glacier. En même temps il prenait l'angle de dépression de ces points : ainsi, par exemple, le 20 septembre[1] l'angle de dépression du point D_2 situé sur le glacier était de 22° 0'. Quelques jours après, le théodolite étant toujours à la station D, il faisait placer verticalement un jalon muni d'un voyant mobile sur la glace, dans la cavité qui servait de repère au point D_2. Il abaissait de nouveau sa lunette de 22° au-dessous de l'horizon dans le nouvel azimut du point D_2, et un aide faisait glisser le voyant jusqu'à ce qu'il se trouvât sur le prolongement de l'axe optique de la lunette. La distance verticale entre le voyant ainsi placé et la surface de la glace indiquait la quantité dont le niveau du glacier s'était abaissée. Mais cette méthode comme l'autre ne mesure que la somme des effets produits par les différentes causes qui peuvent faire varier le niveau du glacier. De plus, elle peut être entachée, comme la première, de toutes les erreurs dépendantes du niveau de l'instrument et du changement de la collimation de la lunette. Dans notre méthode, nous étions à l'abri de toutes ces causes d'erreur, qui ne sont nullement négligeables pour un instrument soumis à des transports continuels à travers les montagnes.

M. **Forbes** semble avoir compris lui-même que ses deux méthodes ne lui donnent que la somme des effets dus à l'affaissement, au tassement, à la progression et à la fusion du glacier; car il dit p. 154 : « La seule méthode rigoureuse pour mesurer la fonte superficielle consisterait à creuser de trous horizontaux dans dans la paroi d'une grande crevasse, et à mesurer leur distance à la surface du glacier [2]. » Or c'est implicite-

ε est la différence de deux effets inverses considérés dans l'unité d'épaisseur, savoir : d'un côté, la turgescence, due, selon quelques auteurs, à l'infiltration et à la congélation de l'eau, et qui tend à élever le niveau du glacier; de l'autre, le tassement de la masse, qui tend à l'abaisser.
h est l'épaisseur ou la puissance du glacier.
a la progression en 24 heures du point considéré, mesurée sur une horizontale.
α l'angle que forme la surface supérieure du glacier avec l'horizontale.
β l'angle que forme la pente du sol sur lequel repose le glacier, avec cette même horizontale.
a tang. β est donc la fraction du changement de niveau, dû à l'effet de la progression diurne, suivant la pente de la surface inférieure.
a tang. α la fraction du changement de niveau, dû à la pente de la surface supérieure du glacier, lorsque l'observateur vient se replacer sous la même verticale.
La formule de M. **Hopkins** exprime l'abaissement d'un point du glacier, en supposant que le glacier soit descendu sur une pente parallèle à celle du fond. Cette correction correspond à la quantité négative.

$$a\,(\text{tang.}\ \alpha - \text{tang.}\ \beta).$$

Dans toutes ses expériences, M. **Forbes** ne se replace point sous la même verticale, mais bien au-dessus du même trou. En réalité, il mesure la somme des effets exprimés par les termes contenus dans le second terme de l'équation suivante :

$$D' = \Delta + \delta - \varepsilon\,h + a\ \text{tang.}\ \beta.$$

Dans nos expériences, au contraire, nous mesurions Δ par la différence entre la profondeur à laquelle la pierre se trouvait au-dessous de la surface du glacier dans la première et dans la seconde expérience. La progression du glacier du Faulhorn étant insensible, la quantité a (tang. α — tang. β) est nulle. Enfin, l'abaissemnt de la pierre au-dessous de la ligne visuelle qui joignait les repères fixes que nous avions choisis nous donnait la quantité $\delta - \varepsilon\,h$. Pour le glacier de Faulhorn, la formule se réduit donc à

$$D = \Delta + \delta - \varepsilon\,h.$$

Nous n'avons pu isoler l'une de l'autre les quantités δ et ε h. Cette dernière même n'a été introduite dans la formule par M. **Hopkins** que pour représenter la turgescence et le tassement possible du glacier; mais la réalité de ces hypothèses n'a pas encore été vérifiée par l'expérience directe.

[1] Page 155.

[2] A. La seule méthode rigoureuse, donnant des résultats mathématiquement exacts est très-simple. Forez avec un perçoir de glace, dans la partie supérieure du glacier, un trou d'une cer-

ment ce que nous avons fait, M. **Bravais** et moi, avant que M. **Forbes** eût entrepris ses expériences et publié son livre : seulement, les trous dans la glace, dont la grandeur et la forme seraient altérées par la fusion, étaient remplacés par une pierre, sorte de repère inférieur qui ne change ni de grandeur ni de forme, et que nous rapportions à une ligne visuelle invariable.

III. Courbes noires paraboliques de la surface du glacier *.

Quand on s'élève à 100 ou 150 mètres au-dessus de la surface d'un grand glacier, on y aperçoit des lignes noires formant des courbes paraboliques dont le sommet, dirigé vers l'extrémité inférieure du glacier, coïncide sensiblement avec l'axe de la surface supérieure. Les deux branches de chacune de ces courbes viennent se terminer sur les bords du glacier. Ces lignes noires (dirt bands, des Anglais) ont été signalées et décrites par MM. **Agassiz**, **Desor** et **Forbes**. Constamment sur les grands glaciers, la convexité de ces courbes est tournée en bas. Il en était autrement sur le glacier du Faulhorn. En l'examinant du milieu de la hauteur du cône qui le domine, je comptai quatre courbes paraboliques sensiblement équidistantes, dont les branches venaient se perdre sur les bords de l'escarpement terminal, tandis que les sommets tournés vers le haut du glacier se trouvaient sur la droite qui mesure sa longueur. La surface triangulaire du glacier paraissait donc composée de quatre demi-ovales inscrits les uns dans les autres. Examinées de près, ces courbes se présentaient sous la forme de petites arêtes peu saillantes, couvertes de poussière noire et composées d'une glace plus dure que celle qui les entourait. Avec la hache, je fis un grand nombre de coupes verticales perpendiculaires à la direction de ces arêtes, et je reconnus qu'elles se prolongeaient, dans l'intérieur de la masse, sous forme de lames de glace bleue et compacte, tandis que celle qui les entourait était plus blanche et plus grenue. Ces lames, un peu concaves vers le ciel dans le sens perpendiculaire à l'axe du glacier et diversement inclinées sur cet axe dans le sens longitudinal, sont, pour ainsi dire, le squelette du glacier, qui paraissait formé en grande partie de quatre grandes écailles superposées, mais de grandeur inégale, dont la base était tournée vers l'escarpement, le sommet vers le haut du glacier.

En parcourant le glacier, il était facile de voir que ces quatre grandes écailles étaient séparées l'une de l'autre par une foule d'autres lames beaucoup plus minces, moins apparentes, invisibles de loin, mais dont la structure et la disposition étaient les mêmes que celles des écailles principales. Toutes ces écailles plongeaient vers l'escarpement terminal du glacier, et leur inclinaison était d'autant plus forte qu'on se rapprochait davantage de cet escarpement. Ainsi, vers le haut du glacier, leur inclinaison était de 6° à 8°, et de 20° à 35° vers le tiers inférieur. Ces écailles étaient séparées entre elles par des couches de glace blanche et peu compacte. Près de l'extrémité inférieure de la surface supérieure du glacier, on apercevait un grand nombre d'arêtes noires, irrégulières, non paraboliques, mais sensiblement parallèles au bord de l'escarpement. Leur inclinaison était de 45°. Chacune d'elles représentait la tranche d'une ancienne écaille réduite à une bande étroite. Tous ces débris d'écailles accumulés vers l'escarpement s'étaient affaissés les uns sur les autres ; de là une inclinaison beaucoup plus forte que celle des quatre écailles à bords paraboliques dont nous avons parlé.

taine profondeur (je fais forer ce trou à 3 mètres de profondeur), placez-y une perche (un peu en bois) marquée au centimètre de bas en haut. Le bas de la perche touchant le fond du trou, introduisez de menus matériaux dans le trou entre la perche et la glace pour que le [illegible] reste fixe, et observez l'ablation. Par cette méthode on reconnaît l'ablation positive qui n'est [illegible] influencée par l'accroissement ou la progression (marches) du glacier.

* D. A. Les bandes de saletés (dirt bands, des Anglais), je ne les ai jamais étudiées... Qu'il [illegible] soit permis d'avertir les glaciéristes que fort souvent j'ai observé sur la surface des glaci[illegible] des bandes de saletés en lignes ondulées et que sur les surfaces de terrains dans la plaine, [illegible] places publiques macadamisées à surface unie, d'une certaine étendue, le même fait se [illegible]

Les trois croquis de la planche rendront cette description plus intelligible. La *fig.* 1 représente la surface du glacier vu de haut en bas en 1844; en *a*, *b*, *c*, *d*, on voit l'affleurement des couches qui composent le glacier et forment les courbes paraboliques. La *fig.* 3 est une coupe longitudinale par un plan vertical coïncidant avec la ligne SE; elle montre l'inclinaison croissante des couches à mesure qu'elles sont plus rapprochées de l'escarpement. *f*, *g*, *h*, *i*, *k* sont d'anciennes écailles réduites à une bande étroite. *a*, *b*, *c*, *d* sont les grandes écailles désignées par les mêmes lettres dans la *fig.* 1. J'ai indiqué par des lignes ponctuées le parcours probable de ces couches dans l'intérieur du glacier. Leur extrémité inférieure vient affleurer sur l'escarpement EF. Si l'on fait une coupe vers le milieu du glacier par un plan vertical perpendiculaire à l'axe, on voit que les écailles sont légèrement concaves dans le sens de la largeur du glacier. Ainsi donc sa masse se compose de cinq grandes couches de glace concaves vers le haut et séparées par un grand nombre de couches analogues, mais plus minces, parallèles aux premières. L'une de leurs extrémités forme les courbes noires de la surface supérieure; l'autre extrémité est indiquée par les lignes sensiblement horizontales de l'escarpement.

M. **Agassiz** a étudié ces courbes sur le glacier de l'Unter-Aar[1]. M. **Forbes** sur la mer de glace de Chamonix[2]. Il les a retrouvées sur les glaciers de Macugnaga et d'Adalcin, où elles étaient nettement dessinées[3]. Je les ai vues moi-même de la manière la plus distincte sur le glacier inférieur de Grindelwald, entre la Stierregg et le Zæsenberg. Sur tous ces glaciers, leur convexité est tournée vers la partie inférieure du glacier, et ces courbes sont d'autant plus allongées qu'elles se rapprochent davantage de cette extrémité[4]. La vue de ces lignes fit naître dans l'esprit de M. **Forbes** le premier germe de sa théorie sur la progression des glaciers. Voici cette théorie en peu de mots[5]: Le glacier se meut plus vite au milieu que sur les bords; son mouvement est donc comparable à celui d'une masse semi-liquide. Les parois du canal dans lequel elle coule retardent sa progression sur les côtés; si elle charrie à la surface de l'écume ou des impuretés, celles-ci formeront des anses dont la convexité est tournée vers le bas de la pente. Donc la forme parabolique de ces courbes est due à la progression inégale des diverses portions du glacier, et prouve sa viscosité. M. **Agassiz** n'assimile nullement la marche d'un glacier à l'écoulement d'un liquide; toutefois il attribue aussi la courbure des lignes noires à la progression plus rapide du centre de la masse.

Je suis loin de nier qu'il n'en soit ainsi sur les grands glaciers; mais sur celui du Faulhorn, la convexité des courbes noires étant tournée vers le *haut* du glacier en sens inverse de sa progression, il faut chercher ailleurs les causes de la forme parabolique de ces courbes. Nous la trouverons dans le mode de fusion des principales couches qui composent la masse du glacier; celui du Faulhorn, avons-nous dit, est dirigé du S. S O. au N. N. E. Sa rive occidentale est dominée par le cône du Faulhorn; sa rive orientale, par les parties élevées du plateau de Gassen, qui plongent vers le Tschingelfeld; son extrémité supérieure par ce plateau lui-même. L'escarpement tourné vers le N. N. E., suspendu au-dessus d'un abîme, n'est frappé directement par les rayons du soleil que pendant quelques heures par jour, et seulement en été. En outre, son orientation est telle qu'il ne saurait recevoir la chaleur réfléchie par les rochers voisins. Ainsi donc, les écailles de glace qui composent le glacier ne sauraient fondre beaucoup pendant l'été par leur tranche inférieure qui vient aboutir à l'escarpement. Il n'en est pas de même de la tranche supérieure de ces écailles, dont nous allons examiner la fusion. Reportons-nous, pour simplifier l'explication, au commencement de l'été, et représentons-nous l'écaille la plus superficielle au moment où la couche de neige molle qui recouvrait le glacier vient de dispa-

1 *Excursion et séjours dans les glaciers*, par **Desor**, p. 491.
2 *Travels*, etc., p. 162.
3 *Ibid.*, p. 345, esquisses topographiques, VIII et IX.
4 Voy. la carte de la mer de glace de Chamonix, par M. **Forbes**.
5 *Travels*, etc., p. 175.

raître. Cette écaille est alors en contact avec le sol dans toute la périphérie du glacier, et ne tarde pas à fondre sous la triple influence de la chaleur de l'air, du soleil, et principalement du sol, qui agit à la fois par sa conductibilité et pour sa chaleur rayonnante[1]. Cette fusion a un double effet : 1° elle diminue l'épaisseur de la couche, c'est la fonte superficielle; 2° elle rétrécit l'étendue de la couche, c'est la fusion périphérique. La couche, fondant ainsi par son extrémité supérieure et par ses côtés, se rétrécit, diminue d'étendue, et semble reculer vers l'escarpement terminal sur lequel elle reste constamment appuyée. Bientôt l'écaille n'est plus en contact avec le sol, mais elle continue à fondre sous l'influence de l'air du soleil et de la chaleur réfléchie par les sommités et les rochers qui entourent le glacier. Cette fusion se propageant de la partie supérieure vers l'extrémité inférieure du glacier, et des parties latérales vers l'axe, il en résulte la forme parabolique que nous avons mentionnée. Plus on se rapproche de l'escarpement, moins la fusion latérale est efficace et moins aussi les bords de l'écaille s'éloignent des rives du glacier. Il y a plus : les côtés des écailles sont beaucoup plus éloignés de la rive occidentale du glacier que de la rive orientale. Cette différence s'explique aisément : en effet, tandis que le bord occidental de l'écaille fondait et reculait rapidement sous l'influence de la chaleur réfléchie par le versant méridional du cône terminal de la montagne, la partie orientale diminuait fort peu, car elle ne reçoit que la chaleur qui lui est renvoyée par le talus peu élevé du plateau de Gassen.

En se rétrécissant, en reculant pour ainsi dire vers l'escarpement et vers le milieu du glacier, l'écaille dont nous parlons a mis à découvert celle qui lui est sous-jacente; à son tour, celle-ci fond sous l'influence des causes que nous avons énumérées. Elle se rétrécit et se retire comme la précédente. Ces fusions successives de couches du glacier continuent ainsi pendant les chaleurs de l'été : de là ces écailles imbriquées sensiblement équidistantes qui composent le glacier. Les plus superficielles sont les plus anciennes, et aussi les plus petites en étendue; elle se montrent sous forme de lambeaux irréguliers, accumulés près de l'escarpement terminal. La fusion des écailles est encore favorisée par une poussière noire qui recouvre leur tranche, soit que cette poussière y ait été accumulée par les vents, soit qu'elle ait été déposée sur l'écaille à l'époque où celle-ci formait la partie supérieure du glacier, et qu'elle fasse partie intégrante de la glace qui la compose.

A toutes ces causes de fusion, il faut encore en ajouter une autre : c'est l'action directe des rayons solaires, qui tendent à diviser la surface du glacier en lames parallèles dirigées vers le midi et dans le plan de l'équateur. Nous en avons eu la preuve, M. **Bravais** et moi. En descendant du mont Blanc le 1er septembre 1844, nous traversions le glacier des Bossons entre les Grands-Mulets et la pierre de l'Échelle, à environ 2,800 mètres au-dessus du niveau de la mer. Une couche de neige, tombée quinze jours auparavant, recouvrait le glacier. A la surface, cette neige était divisée en lames séparées par des sillons de 1 à 2 centimètres de profondeur. Toutes ces lames étaient dans le plan de l'équateur, et dirigées vers le midi. C'est le soleil qui, en fondant les parties de la neige les plus fusibles, la divise ainsi en lames équatoriales. La même chose a lieu pour les couches du glacier dont la tranche est dirigée vers le midi.

Je ne prétends point étendre ces explications aux grands glaciers, tels que celui de l'Unter-Aar, de Grindelwald, ou de la mer de glace de Chamonix. Toutefois, je ne puis m'empêcher de faire remarquer que la fusion explique tout aussi bien la forme parabolique des tranches de couches que la progression plus rapide du centre de ces grands glaciers. En effet, dans un glacier ayant 10 ou 15 kilomètres de long, il est évident

[1] Pour donner une idée de l'échauffement relatif du sol à la surface et de l'air dans les hautes Alpes, je me bornerai aux faits suivants : du 11 au 17 août 1842, la moyenne de l'air fut de 6°67; maximum, 11°1; minimum, 2°1. Sol, à la surface, 9°51; maximum, 27°5; minimum, 1°9. Du 21 au 28 septembre 1844, la température moyenne de l'air a été de 4°06; le maximum, 1°78, le minimum, 0°5. La température moyenne du sol, du 21 au 28, à la surface, a été de 6°71; maximum, 39°8, minimum, 3°3. A 0m,25 de profondeur, moyenne 5°16.

que la fusion d'une couche commence d'abord par sa partie la plus déclive, où le climat est beaucoup plus chaud et le printemps plus hâtif; c'est donc par là que les couches superficielles commenceront à fondre. Plus on descendra des régions supérieures vers les régions inférieures d'un glacier, plus aussi l'excès de la fusion des parties latérales sur celle de la portion médiane des écailles sera considérable. Près de son origine, le glacier n'est entouré que de champs de névé et de cimes couvertes de neige, l'air s'échauffe peu, et les nuages se tiennent habituellement à ces hauteurs : aussi les écailles fondent peu, la fusion de leurs bords ne l'emporte guère sur celle de la partie moyenne, et les courbes noires sont à peine convexes. Dans les régions inférieures du glacier il n'en est pas de même; la fusion très-active, au milieu, l'est encore plus sur les bords, où la chaleur réfléchie par les parois de rochers voisins ou les hauteurs environnantes fond incessamment les parties latérales de l'écaille. Ces excès de la fusion latérale sur la fusion moyenne s'accumulent d'année en année; de là la forme de plus en plus allongée des courbes paraboliques à mesure que l'on descend le long d'un glacier. M. **Forbes** les a parfaitement figurées sur sa carte de la mer de glace de Chamonix. Je ne prétends pas nier que la courbure de ces lignes noires ne soit un effet complexe de l'inégale fusion et de la différence de progression du milieu et des bords, mais je pense que la première de ces deux causes ne saurait être négligée, puisqu'elle peut à elle seule donner lieu aux courbes dont nous parlons, comme le prouve l'exemple du glacier du Faulhorn.

IV. — Stratification du glacier *.

L'accroissement du glacier et la formation des courbes paraboliques qu'on observe à sa surface nous ont conduit à parler plusieurs fois de sa structure stratifiée. Il est temps de prouver que ce glacier se compose en effet de couches superposées, distinctes et séparées. Pour bien comprendre cette structure, il faut se reporter à l'origine d'un glacier sans névé. Je vais d'abord exposer cette formation comme je la conçois; les preuves viendront après.

Pendant l'automne, l'hiver et le printemps, de nombreuses chutes de neige ont lieu sur le Faulhorn. Les couches qui en résultent diffèrent généralement entre elles par leur épaisseur et par la forme, la consistance et la grosseur des flocons ou du grésil qui les composent. De là une densité très-variable qui se trouve encore modifiée par le tassement de la couche elle-même et la pression des couches subséquentes. Arrive le printemps : la fusion de la neige commence; mais c'est d'abord sur les sommets et les plateaux exposés au soleil que cette fusion a lieu. L'épaisseur de la neige, que le vent accumule toujours dans les bas-fonds, est moins considérable sur les reliefs du terrain, et l'eau résultant de cette fusion atteint bientôt le sol. Dès que celui-ci est en partie à découvert, la neige restante fond principalement en dessous et sur les bords. L'eau résultant de cette fusion coule vers les parties les plus déclives, où se trouvent de grandes masses de neige, et pénètre d'abord la couche la plus inférieure qui est en contact avec le sol, puis successivement, et en remontant de proche en proche, toutes les autres jusqu'à la plus superficielle. Si la masse de neige n'est pas fondue par les chaleurs de l'été, ces couches, pénétrées d'eau, gèlent pendant les périodes de froid et forment le noyau d'un petit glacier.

Je passe à l'énumération des preuves sur lesquelles repose cette théorie de la formation des glaciers sans névé. J'ai dit que les chutes de neige forment des couches distinctes, sinon à l'œil, du moins par quelques-unes de leurs propriétés; j'ajoute que deux ou trois couches différentes peuvent correspondre à une seule chute de neige.

* D. A. La neige ne se change pas en glace pour s'ajouter à la surface du glacier qui la supporte. A aucune altitude cet ajoutage ne se fait. Très-exceptionnellement et partiellement le cas peut arriver.

Pour vérifier le fait directement, il faudrait se trouver au Faulhorn en hiver, ou au moins au printemps; mais si, pendant l'été, on s'élève dans les Alpes, on retrouve, à de grandes hauteurs, le printemps des montagnes moins élevées. Au grand plateau du mont Blanc, à 3,910 mètres au-dessus de la mer, on voyait partout que les assises de neige étaient parfaitement distinctes, et quelquefois séparées l'une de l'autre par une couche mince de poussière et d'impuretés.

Cette stratification est surtout évidente dans certaines crevasses et sur les seracs[1], qui sont tous composés de couches de neige faciles à compter et d'une épaisseur très-variable. Non-seulement ces couches sont distinctes, mais leur couleur, leur densité, sont très-différentes, et quelques-unes sont complétement converties en glace vive. **De Saussure**[2], **Agassiz**[3], et tous les voyageurs qui ont étudié les hautes régions des Alpes de la Suisse ont été frappés de cette disposition remarquable.

J'ai dit ensuite que la fusion de la neige commençait sur les sommets et les plateaux exposés au soleil : l'expérience journalière prouve qu'il doit en être ainsi. J'ajouterai néanmoins qu'en été, on trouve des calottes de glace résultant de la congélation de l'eau fondue à des hauteurs supérieures à 4,000 mètres, mais toujours dans les endroits saillants et découverts. Sur le mont Blanc, j'ai observé ces calottes de glace au dôme du Gouté, au-dessus des Roches-Rouges et sur l'aiguille de Saussure (aiguille sans nom), celle qui avoisine le sommet de la montagne. Sur le Schreckhorn, M. **Desor** a fait des observations analogues[4]. La même chose se passe au printemps, et même en hiver, à des hauteurs inférieures à 3,000 mètres.

Dès qu'une portion du sol est à découvert, c'est sur les bords et par sa partie inférieure que la neige continue à fondre. Tout le monde peut s'en assurer au bord des flaques de neige qui persistent en été dans les Alpes. Il se forme alors, à leur périphérie, des voûtes sous lesquelles on trouve quelquefois des touffes de Saxifrage étoilée et de Soldanelle en fleur. L'eau résultant de la fusion de ces neiges coule vers les bassins de réception et s'infiltre dans les masses de neige qui y sont accumulées. Cette infiltration se fait successivement de bas en haut. Je crois l'avoir établi dans mon premier mémoire sur le glacier du Faulhorn[5]. Mais cette année, nous avons pu voir, M. **Bravais** et moi, comment s'opère cette infiltration horizontale de la neige. Sur le bord oriental du glacier il y avait deux couches visibles; l'inférieure dépassait la supérieure, s'élevait sur une pente couverte de fragments de roche, et se raccordait avec elle sous un angle très-aigu. La supérieure n'était pas en contact avec le sol : aussi était-elle encore à l'état de neige; l'inférieure, au contraire, était pénétrée d'eau et changée en glace; elle se prolongeait vers le milieu du glacier, au-dessous de la supérieure, sous la forme d'une lame épaisse de glace compacte. Je donnerai plus bas un autre exemple d'infiltration horizontale dont nous avons été témoins au grand plateau du mont Blanc.

V. — Structure rubanée de la glace.

M. **Zumstein** reconnut le premier, en 1820, dans une crevasse où il passa la nuit non loin de la cime du mont Rose, que la glace des glaciers se composait de bandes alternativement bleues et blanches[6]. Cette structure est plus ou moins apparente sur tous les glaciers, excepté à leur extrémité inférieure, où la glace est souvent homogène. Les bandes blanches sont formées de glace peu compacte, remplie de petites bulles d'air sen-

[1] **De Saussure** donne ce nom à des masses de neige compacte cubiques ou pyramidales qu'on trouve sur les glaciers supérieurs, et qui ont quelquefois 20 mètres d'élévation et plus.

[2] *Voyages dans les Alpes*, § 1975 et 1981.

[3] *Excursions et séjours dans les glaciers*, p. 567.

[4] *Excursions*, p. 554.

[5] *Annales des sciences géologiques*, octobre 1842, p. 845, et *Bulletin de la Société géologique*, 1842, p. 142.

[6] **Von Walden**, *Der Monte Rosa*, p. 129.

siblement sphériques. La glace bleue est plus dure et contient peu ou point de bulles d'air : de là les différences de couleur et de densité de ces deux espèces de glace. Pour étudier ces bandes bleues, je fis avec une hache un grand nombre de coupes verticales dans le glacier : les unes étaient parallèles, les autres perpendiculaires à son axe. On se rappelle que la tranche de chacune des grandes écailles qui entraient dans la composition du glacier formait une courbe parabolique dont la convexité était tournée vers le haut du glacier, tandis que les deux branches venaient aboutir aux extrémités de l'escarpement, près duquel elles étaient sensiblement parallèles aux bords du glacier. Chacune de ces écailles était composée de glace compacte. Ainsi, en faisant une coupe verticale perpendiculaire à l'une de ces courbes, je mettais à nu une de ces bandes bleues, qui, dans le cas actuel, n'était autre chose que l'écaille elle-même : or, les écailles dont se compose le glacier étant légèrement convexes vers le ciel, dans le sens transversal, et d'autant plus inclinées qu'elles se rapprochent davantage de l'escarpement terminal, les bandes bleues affectaient et devaient affecter une direction et une inclinaison variées. Sur les bords du glacier elles étaient sensiblement horizontales ou inclinées vers son axe sous des angles moindres de 25°. C'est ce que l'on constatait très-bien sur toutes les coupes verticales et perpendiculaires à l'axe du glacier. Des coupes verticales parallèles à l'axe montraient que vers le sommet du glacier les bandes venaient se raccorder avec la surface sur un angle très-aigu ; mais à mesure qu'on se rapprochait de l'escarpement, leur inclinaison augmentait avec celle des couches, et atteignait enfin 40° et 45°. L'épaisseur de ces bandes était en général de 4 à 5 centimètres.

Entre les affleurements des grandes écailles, il y avait, à la surface du glacier, de petites saillies séparées par des sillons étroits et peu profonds. Ces saillies étaient sensiblement parallèles au bord des grandes écailles, c'est-à-dire longitudinales sur les bords du glacier, transversales au milieu. Quand on faisait des coupes verticales perpendiculaires à la direction de ces sillons, on trouvait aussi des bandes bleues ou plutôt des veines bleues ; car elles étaient beaucoup plus nombreuses, plus étroites et plus irrégulières que les bandes. J'en ai compté souvent vingt à trente dans une coupe de 60 centimètres de long sur 11 de haut ; mais elles devenaient d'autant plus rares qu'on remontait davantage vers le sommet du glacier, où la surface était composée de neige grenue encore imparfaitement gelée. Quelques-unes avaient à peine 2 ou 2 millimètres de large, et celles qui atteignaient une largeur de plusieurs centimètres étaient évidemment composées de la réunion de plusieurs petites veines isolées, car on y remarquait des lames de neige très-minces qui séparaient la bande de glace en plusieurs veines distinctes ; en outre, elles se croisaient dans leur direction de manière à former une espèce de treillis ou de réseau. Ainsi donc il y a, sur le petit glacier du Faulhorn, deux genres de bandes : les grandes bandes parallèles qui constituent les écailles principales, puis les petites veines bleues dont je viens de parler. Les veines se distinguent aussi des bandes par leur moindre densité et par leur couleur : elles sont plutôt grisâtres que bleues, et ne contrastent pas aussi fortement avec la neige qui les entoure. Toutes ces circonstances leur assignent une origine différente de celle des bandes bleues qui correspondent aux grandes écailles du glacier.

Les auteurs ne sont pas d'accord sur le mode de formation des grandes bandes bleues. Je pense qu'elles sont dues à une infiltration plus parfaite de certaines couches de neige. Nous avons vu que toutes les couches du glacier sont successivement pénétrées horizontalement par l'eau qui coule sur les pentes voisines. Mais toutes ne le sont pas aussi complétement l'une que l'autre. La densité, la grandeur et la disposition des espaces capillaires, la nature de la surface qui la première est en contact avec l'eau, peuvent produire à cet égard de grandes différences. En voici la preuve. Dans la première ascension que je fis au mont Blanc avec MM. **Bravais** et **Lepileur**, le 31 juillet 1844, le mauvais temps nous força à dresser notre tente au grand plateau, à 900 mètres au-dessous du sommet, et à redescendre le lendemain. Une seconde tentative ne fut pas plus heureuse ; enfin, le 28 août, nous atteignîmes pour la troisième fois le grand plateau.

Notre tente y était depuis un mois. Durant cet intervalle, d'abondantes chutes de neige avaient eu lieu; car, autour de la tente, la neige s'élevait à 0m,8 du côté de l'est, et à 1m,5 du côté de l'ouest. Notre premier soin fut de la déblayer. On fit donc dans la neige des coupes verticales dont la plus élevée était tournée vers l'est; elle ne présentait pas des couches distinctes. Au bout de trois jours, nous remarquâmes sur cette coupe de petites bandes horizontales de glace bleuâtre de 1 centimètre d'épaisseur. Ces bandes étaient composées de lames parallèles très-minces. Elles pénétraient horizontalement de 2 à 5 centimètres dans la masse et étaient séparées par des intervalles où la neige se trouvait dans son état naturel. Ainsi donc la chaleur du soleil, qui faisait monter quelquefois à 8° au-dessus de zéro le thermomètre exposé à ses rayons, avait fondu légèrement la tranche de certaines couches qui s'étaient infiltrées d'eau, tandis que les autres n'avaient pas été pénétrées. Un autre fait démontrait cette grande influence du mode d'agrégation des particules. Parmi les blocs de neige détachés des abords de la tente et gisant autour d'elle, quelques-uns s'étaient couverts d'un mince vernis de glace sur toute la surface exposée au soleil. La neige du grand plateau, au contraire, ne fondait nulle part; nous nous en sommes assurés expérimentalement[1].

Ces observations prouvent d'abord que les couches d'une même paroi verticale de neige ne s'infiltrent pas d'eau avec une égale facilité, mais qu'il existe des couches de plus facile infiltration, et en second lieu, que cette infiltration se fait très-bien dans le sens horizontal. La même chose se passe dans les glaciers sans névé. Certaines couches s'infiltrent complétement d'eau; tout l'air que la neige contenait dans ses interstices se dégage; de là l'origine des bandes bleues. D'autres s'infiltrent beaucoup moins et restent remplies de nombreuses bulles d'air; ce sont les bandes blanches. Je ne serais pas éloigné de croire que les couches bleues sont celles qui se sont trouvées près de la surface pendant l'un des étés de la vie du glacier. Elles se sont alors infiltrées à la fois horizontalement par les bords du glacier et verticalement par suite de la fusion superficielle. C'est pendant l'infiltration verticale que les bulles d'air se dégagent le plus facilement. Dans les beaux jours d'été, lorsque le glacier est couvert de petites flaques d'eau, on voit une foule de bulles d'air s'élever sans cesse à leur surface en produisant un bruit particulier analogue à la crépitation d'un poumon sain qu'on presse entre les mains[2]. A la suite d'une nuit sereine, M. **Bravais** a vu, le 18 août 1842, vers 5 heures du matin, l glacier du Faulhorn couvert d'une croûte de glace compacte et d'un vert bleuâtre, qu réfléchissait très-bien les teintes du crépuscule.

Les veines réticulées que j'ai observées au-dessous des petites stries superficielles d la surface du glacier me paraissent être un nouvel argument en faveur de la théorie d l'infiltration. Il était évident, en les examinant, que l'eau avait pénétré de haut en bas à travers les interstices de la neige, et produit le réseau irrégulier dont nous avons parlé.

Les faits que nous avons observés sur le glacier du Faulhorn ne sont pas favorables à l'hypothèse de M. **Forbes** sur la formation des bandes bleues. La progression d'un glacier étant plus rapide au centre que sur les bords, ce physicien suppose que la glac est une substance plastique, semi-fluide, qui coule comme un liquide visqueux dont l marche serait retardée par son adhérence aux parois du canal qui le contient[3]. Sur cett hypothèse M. **Forbes** en élève une deuxième : c'est que la différence de mouvement d milieu et des bords du glacier donne lieu à des surfaces de séparation, à des vides qu s'infiltrent d'eau[4]. Cette eau, selon lui, gèlerait pendant l'hiver et formerait les band bleues. Aucune de ces suppositions n'est applicable au glacier du Faulhorn La progre

[1] A 2 décimètres de profondeur, la température du névé était, en moyenne, de — 10 Dans les nuits sereines, elle descendait toujours à — 18° ou — 20°, et nous nous sommes assur que, pendant les quatre jours que nous avons séjourné au grand plateau, l'ablation superficiel avait été complétement nulle.

[2] Voy. *Annales des sciences géologiques*, octobre 1842, p. 843, et **Desor**, *Excursions*, etc., p. 31

[3] *Travels through the Alps*, p. 368.

[4] *Ibid.*, p. 377.

sion de ce glacier est tellement lente, même dans sa partie centrale, qu'elle est inappréciable dans l'espace de huit jours. Il ne saurait donc y avoir une différence sensible entre la vitesse de ses bords et celle de son centre. Cependant il contient dans sa masse des bandes bleues de 4 à 5 centim. de largeur, qui, suivant M. **Forbes**, seraient des surfaces de séparation de parties qui se meuvent avec une vitesse inégale. M. **Forbes** considère en outre comme une conséquence nécessaire de sa théorie que les bandes bleues doivent devenir horizontales à mesure qu'elles s'approchent de l'extrémité inférieure du glacier[1]. Sur le nôtre, c'est le contraire, car c'est près de l'escarpement qu'elles ont l'inclinaison la plus forte.

En terminant ces remarques, je crois nécessaire de répéter encore que je ne prétends pas établir une similitude parfaite entre les glaciers sans névé des basses montagnes et les grands glaciers des hautes Alpes. Néanmoins, dans les uns et les autres, l'affleurement des couches sur l'escarpement terminal forme des lignes horizontales, la surface supérieure présente des courbes noires paraboliques, et l'intérieur de la masse offre des bandes bleues. Il est par conséquent probable que cette structure doit avoir une explication commune aux deux genres de glaciers, sauf les modifications qui doivent résulter de leur grandeur, de leur inclinaison et de leur progression relatives.

Résumé général*.

1° De 1841 à 1844, le glacier du Faulhorn s'est accru dans le rapport de 1 à 8 par l'addition de nouvelles couches de neige qui se sont infiltrées d'eau, puis congelées ensuite[2].

2° L'ablation diurne moyenne, pendant l'été, a été de 41^{mm},0 avec une température moyenne de 4°,10 C. L'ablation moyenne pour 1° est de 10^{mm},2.

3° La méthode employée pour mesurer l'ablation du glacier permet de tenir compte des effets dus au tassement et à l'affaissement de la masse.

4° Les couches noires paraboliques de la surface présentent leur convexité tournée vers le haut du glacier, contrairement à ce qu'on observe sur les mers de glace.

5° Ces couches sont les affleurements des écailles de glace compacte qui forment le squelette du glacier.

6° La forme parabolique est due au mode de fusion de ces écailles, et ne saurait être attribuée à la marche plus rapide du centre comparée à celle des bords.

7° Le glacier du Faulhorn est composé de couches stratifiées dont l'inclinaison augmente à mesure qu'on se rapproche de l'escarpement.

8° Les grandes bandes bleues correspondent à ces couches, qui se sont infiltrées d'eau plus complétement que les autres.

9° Elles ne sauraient être dues à la progression inégale des différentes parties du glacier, puisque cette progression est insensible.

10° Outre les bandes bleues, il y avait aussi des veines bleues anastomosées entre elles, et formant un treillis assez compliqué.

11° La plupart de ces observations doivent être applicables aux grands glaciers, avec les modifications résultant de leur origine, de leur progression, de leur longueur, etc.

MARTINS (Charles), professeur à Montpellier.

LES GLACIERS ACTUELS ET LA PÉRIODE GLACIAIRE[3].

[1] Théorie de la structure veinée de la glace, *Bibliothèque universelle*, juin 1844.

[2] Cet énorme accroissement du glacier du Faulhorn est dû aux neiges qui couvraient le sol autour du glacier, et qui ont subi la transformation en embryons glaciaires naissants sur la surface de l'ancien glacier, aux neiges de ciel ajoutées comme glace au glacier.

[3] Extrait de la *Revue des Deux Mondes*, XXXII° année, seconde période. T. 67°. 15 janv. 1867. — 2° livr. p. 407 à 432.

* D. A. Ce résumé général a été fait de 1841 à 1844. — Dans l'espace de vingt-trois années (1844 à 1867), de nombreuses observations ne confirment pas ces conclusions.

I. — GLACIERS ACTUELS.

Il est une étude qui date de vingt-cinq ans à peine : c'est celle des *glaciers*, de leurs phénomènes, de leur rôle dans la nature, de leur ancienne extension au delà des chaînes de montagnes et des régions polaires où ils sont confinés actuellement. — En 1847, nous avons publié dans la Revue un article où nous exposions les résultats de travaux dont les plus anciens à cette époque ne remontaient pas à dix ans; ils étaient déjà nombreux et suffisants pour montrer le rôle considérable que les glaciers ont joué dans l'histoire de la terre, lorsque, dépassant leurs limites actuelles, ils se sont avancés dans les plaines de l'Europe, de l'Asie et de l'Amérique. Les changements qu'ils ont amenés dans le relief et la configuration du sol étaient d'autant plus intéressants à constater, que *leur extension est le dernier grand phénomène cosmique dont notre globe ait été le théâtre.*

L'importance que les anciens glaciers prenaient en géologie ramena l'attention des savants vers les glaciers actuels. Considérés jadis comme limités aux Alpes et aux Pyrénées, méconnus dans les régions polaires, où les navigateurs les appelaient des montagnes de glace (ice bergs), sans soupçonner leur analogie avec les glaciers de la Suisse et de la Savoie, ils avaient à peine fixé l'attention des géologues et des physiciens. L'historien des Alpes, **de Saussure**, ne les avait pas étudiés spécialement, et s'était borné à l'observation sans recourir à l'expérience. **Venetz** et **Charpentier**, après avoir reconnu qu'ils étaient jadis descendus dans les vallées habitées de la Suisse, les observèrent avec plus de soin; mais l'étude expérimentale des glaciers date des mémorables séjours de MM. **Agassiz**, **Desor** et **Vogt** sur le glacier de l'Aar, de 1840 à 1845, de ceux de M. **James Forbes** sur la mer de glace de Chamonix et des travaux de leurs continuateurs, MM. **Dollfus-Ausset**, **Hopkins**, **Tyndall**, **Ed. Collomb**, **John Ball**, etc. Ce sont les résultats de ces recherches que je vais essayer d'exposer dans la première partie de cette étude; la seconde sera consacrée à l'ancienne extension des glaciers. Ces recherches s'enchaînent étroitement entre elles, car c'est la connaissance des glaciers alpins et de l'action qu'ils exercent sur les vallées dans lesquelles ils se meuvent qui nous permettra de retrouver leurs traces loin des montagnes où ils sont confinés maintenant. Appliquant à cette étude le principe fécond des causes actuelles, inauguré par **Constant Prévost** et si heureusement développé par sir **Charles Lyell**, *nous constaterons que les glaciers gigantesques de la période de froid étaient identiques dans leurs phénomènes et dans leurs effets aux glaciers actuels*. Sauf les dimensions, rien n'a changé. Le concours de toutes les sciences physiques et naturelles est nécessaire à l'intelligence de ces phénomènes. Je ferai tous mes efforts pour être compris du lecteur qui aborde ce sujet pour la première fois; mais j'ose engager les personnes qu'il intéresse plus spécialement à relire l'article du 1er mars 1847, car je ne saurais le reproduire en entier, et je dois me borner à choisir les faits les plus importants et à rappeler les définitions les plus essentielles à l'intelligence du sujet.

I. — Distribution géographique des glaciers.

Les glaciers sont des fleuves de glace, émissaires des champs de neiges persistantes qui couronnent les hautes montagnes ou assiègent les pôles; ils sont semblables à deux des plus grands fleuves du monde, le Nil et le Saint-Laurent, qui prennent leur source dans de vastes lacs intérieurs dont ils versent les eaux dans la mer. La longueur et l'extension des glaciers varient suivant la latitude. Dans les zones chaudes ou tempérées du globe, ils n'existent que dans les grandes chaînes des montagnes, et sont relégués dans les hautes vallées qui aboutissent aux cirques et aux cols voisins des sommets les plus élevés. Tel sont les glaciers des Alpes, des Pyrénées, du Caucase, de l'Himalaya, du Thibet et des Cordillères. Dans les pays froids, la Norwége, la Laponie, la Nouvelle-Zélande ou la Terre-de-Feu, des montagnes relativement peu élevées sont chargées de glaciers. Enfin les terres les plus rapprochées de l'un et de l'autre pôle, le Spitzberg, le Groënland, l'Amérique boréale, qui entourent le pôle nord, les terres Adelie, Victoria et Graham, que les navigateurs ont signalées autour du pôle sud, dorment ensevelies, pour ainsi dire, sous un manteau de glaces : non-seulement elles remplissent les vallées, mais elles recouvrent encore les plateaux et s'étendent dans les plaines jusqu'au bord de la mer.

Réservoirs d'eau inépuisables, les glaciers des montagnes sont la source des plus grands fleuves de l'Europe et de l'Asie, tels que le Rhin, le Rhône, le Pô, la Garonne, le Gange, l'Indus, etc. Loin de tarir pendant l'été comme les rivières alimentées par des sources, ces fleuves roulent des eaux d'autant plus abondantes que la chaleur est plus forte et partant la fusion de la glace plus rapide. Les glaciers permanents des deux pôles et les glaces flottantes qu'ils versent dans l'Océan jouent un rôle plus important encore : ils sont les régulateurs de la météorologie terrestre. Sous l'influence des chaleurs de la zone torride, des courants aériens s'élèvent et se propagent en s'abaissant peu à peu jusqu'aux deux pôles; c'est le courant tropical. Refroidi au contact des glaces persistantes qui les assiégent, ce fleuve aérien revient sous le nom de contre-courant polaire rafraîchir les régions tempérées des deux hémisphères. L'étude des glaciers forme donc un des chapitres les plus intéressants de la géographie physique : de là les nombreuses études dont ils ont été l'objet de la part des voyageurs, des géologues et des physiciens.

Nous avons dit que la grandeur de ces fleuves de glace variait prodigieusement. Dans les montagnes des zones tempérées, elle est proportionnelle à la hauteur et à la configuration des massifs, dans les régions arctiques à la nature du climat, dans les unes et dans les autres à l'abondance des chutes de neige pendant la saison froide et à la température de l'air pendant l'été.

On distingue deux variétés de glaciers. Sur les contre-forts peu élevés parallèles aux grands massifs alpins et sur la chaîne centrale des Pyrénées, on aperçoit de petits glaciers, nichés dans des cavités tournées vers le nord, qui ont à peine la superficie de nos places publiques. Je citerai, comme un exemple connu de beaucoup de touristes, le petit glacier qui se trouve à 70 mètres au-dessous du sommet du Faulhorn dans le canton de Berne, à quelques minutes de l'hôtel d'où l'on jouit d'une si belle vue sur les Alpes bernoises. En septembre 1841, la surface de ce glacier, élevé de 2,610 mètres au-dessus de la mer, n'était que de 1,300 mètres carrés; de Saussure a désigné ces petits amas de glace sous le nom de glaciers de second ordre.

Dans les Pyrénées, moins élevées que les Alpes et situées sous une latitude plus méridionale, les glaciers n'atteignent pas les vallées et restent suspendus aux flancs des plus hautes montagnes. Les plus grands sont ceux du Vignemale, de Crabrioules, du mont Perdu et de la Maledetta : ils rentrent dans la catégorie des glaciers de second ordre. Dans la grande chaîne des Alpes on trouve la mer de glace de Chamonix, qui a 12 kilomètres de long. Le glacier d'Aletsch débouche dans le Valais près de Viége après un parcours de 24 kilomètres; celui de l'Aar dans les Alpes bernoises en a 8, sur une largeur maximum de 1,450 mètres. Des mesures très-approximatives de la puissance du glacier de l'Aar ont permis à M. Desor d'en évaluer le volume à 2 milliards 400 millions de mètres cubes de glace; le volume de celui d'Aletsch serait de 22 à 24 milliards. L'extrémité inférieure des quatre glaciers des Alpes qui descendent le plus bas, savoir celui de Grindelwald inférieur, des Bossons, d'Aletsch et de la Brenva, est à 1,200 mètres au-dessous du niveau de la mer.

Dans l'Himalaya, l'élévation des massifs compense l'influence de la latitude (30° latitude nord), et d'immenses glaciers descendent jusqu'à 3,000 mètres au-dessus de la mer. Le capitaine Montgomerie a mesuré le glacier de Baltoro dans la vallée de Brabaldo; il a [illegible] kilomètres de long sur une largeur de 2 à 4 kilomètres. Le glacier de Biafo est un fleuve de glaces de 103 kilomètres de long. Dans l'Himalaya occidental, le capitaine **Godwin Austen** a parcouru le glacier qui descend du Mootaghz et donne naissance au puissant affluent de l'Indus appelé Shiggar : il a 58 kilomètres de long comme celui de Baltoro. Ces dimensions n'ont rien de surprenant, si l'on réfléchit que le col le plus voisin par lequel les voyageurs passent à Yarkand, dans la petite Boukharie, est à 5,400 mètres au-dessus de la mer, et que le pic de Karakorum, le sommet culminant du massif, s'élève à 8,460 mètres, c'est-à-dire 2,650 mètres plus haut que le mont Blanc. Auprès de ces fleuves de glace, ceux des Alpes sont des ruisseaux, et les sommets qui les dominent de modestes montagnes En Asie, tout est colossal; l'Europe est une miniature.

Les montagnes du Caucase en sont une nouvelle preuve : elles commencent à être connues par les voyages de **Parrot**, **Kholenati**, **Abich**, **Meyer** et **Ruprecht**. L'élévation de leurs sommets égale celle des Alpes : l'Ebrus la surpasse, il a 5,420 mètres d'élévation, le Kasbeck 4,677 mètres, le Didi-gwerdi 3,560. De puissants glaciers s'avancent jusque dans les vallées cultivées et habitées du pays. Néanmoins ils descenden moins bas qu'en Suisse et en Savoie. La hauteur moyenne au-dessus de la mer de l'extrémité inférieure de huit glaciers des montagnes du Caucase est, d'après les mesures d **MM. Kholenati** et **Ruprecht**, de 2,185 mètres. Ces glaciers présentent tous les accidents de ceux des Alpes, et donnent naissance à de grands fleuves, tels que le Wilbat-do, le Samu, le Sulak, dont les noms même sont inconnus en Europe.

La chaîne de montagnes qui forme l'arête de la péninsule scandinave est peu élevée; mais, le climat étant froid et humide, de grands glaciers descendent vers la côte norvégienne. Le plus long de tous paraît être celui de Lodal, sous le 61° degré de latitude. a 9 kilomètres de long sur 700 ou 800 mètres de large, et s'arrête à 580 mètres au-dessus de la mer. L'escarpement terminal de celui de Nygaard n'est qu'à 340 mètres d'altitude; il provient d'une montagne dont la hauteur ne dépasse pas 1,040 mètres. Même sous le 70° degré, au fond du golfe de Jöckul, les glaciers s'arrêtent avant de toucher le bord de la mer; mais en Islande (lat. 64°) et dans l'île de Jean Mayen (lat. 7, long. 10° O.) ils atteignent le niveau de l'Océan Glacial[1]. Enfin au Spitzberg (lat. 7° à 81°) toutes les vallées sont comblées par des glaciers qui non-seulement descende jusqu'à la côte, mais s'avancent au delà du rivage jusqu'à ce que l'extrémité qui surplombe la mer, n'étant plus soutenue à la marée basse, s'écroule dans les flots : l'escarpement de ces masses agglomérées, tourné vers le large, forme un mur de glace ayant jusqu'à 10 kilomètres de front. L'un d'eux, celui de Bellsound, que j'ai étudié en 18, avait, d'après les mesures des officiers de la *Recherche*, 18 kilomètres de long sur 5 kilomètres de large. Les montagnes du Spitzberg, dont l'altitude varie de 500 à 1,200 mètres, sont pour ainsi dire enterrées dans la glace; leurs pointes seules restent visibles et ont mérité à l'île le nom que les Hollandais lui ont donné. Ces glaciers sont les émissaires d'un réservoir immense qui occupe tout le centre de l'île : aussi le Spitzberg réalise-t-il la conception d'un pays de montagnes entièrement envahi par les glaciers. Les sommets les plus élevés percent seuls le manteau de glace sous lequel la contrée tout entière est ensevelie. Toutefois entre les vallées qui débouchent dans la mer et dans les parties pla, il existe des espaces où la neige disparaît pendant l'été et où croissent quelques humbles plantes, enfants perdus de la flore continentale. Il en est de même au Groënland; mais celui-ci, ayant seulement un vaste plateau intérieur sans hautes montagnes, nous fournit l'exemple d'un pays peu accidenté où les conditions climatériques suffisent pour qu'il soit recouvert tout entier d'un manteau de glace.

Quinze grands glaciers, émissaires du réservoir central, ont été observés par les navigateurs de la baie de Baffin le long de la côte du Groënland. Chacun d'eux, si l'on remonte à son origine, a environ 400 mètres de long, et surplombe la mer de 50 mètres au moins; mais comme le glacier plonge dans la mer, souvent très-profonde, il en résulte que la hauteur totale de l'escarpement est de 350 à 450 mètres. Ce sont ces escarpements

[1] Voyez, sur l'île Jean Mayen, la *Revue* du 15 août 1865.

qui démolis par les vagues, donnent naissance à ces énormes glaces flottantes de la baie de Baffin, dont la hauteur surpasse souvent celle de la mâture des navires. Au Spitzberg au contraire, la température de la mer réchauffée par le gulf-stream étant supérieure à zéro pendant l'été, le glacier fond au contact de l'eau, et l'escarpement du glacier se réduit à la portion qui s'élève au-dessus de la mer : aussi les glaces flottantes, n'ayant que 4 ou 5 mètres de hauteur, dépassent-elles à peine le bastingage des navires. Les plus grands glaciers du Groënland sont ceux de la baie de Melville, par 76° de latitude, et le plus grand du monde entier, le glacier de Humboldt, se trouve dans le détroit de Smith, au nord de la baie de Baffin; il s'étend le long de la mer du 79° au 80° de latitude, sur une longueur de 111 kilomètres. C'est auprès de ce glacier que le docteur **Kane**, commandant le brick américain *Advance*, séjourna pendant les deux hivers de 1854 et 1855[1]. Il en décrit l'escarpement terminal comme un escalier gigantesque de 90 mètres de haut. Les premières marches s'appuyaient sur le rivage, sur la mer et sur des îles voisines de la terre. A la fin d'avril, ce glacier semblait déjà en mouvement; sa surface était parcourue par des filets d'eau, résultat de la fusion; ces filets, se réunissant entre eux, formaient des ruisseaux, puis de petites rivières qui tombaient en cascades dans la mer; en même temps des masses de glace se détachaient et s'écroulaient; les unes s'entassaient sur les gradins dont nous avons parlé, les autres se précipitaient dans les flots, et formaient de longs convois de glaces flottantes qui dérivaient lentement vers l'Océan polaire.

Des glaciers semblables, quoique moins grands, existent çà et là dans cet archipel de grandes îles et de promontoires découpés qui s'étend de la baie de Baffin au détroit de Behring, c'est-à-dire de l'océan Atlantique à l'océan Pacifique. Dans la baie de Kotzebue, au nord-ouest du détroit de Behring, **Seemann**, naturaliste de l'*Hérald*, observa en 1850 un glacier qui présentait une particularité bien remarquable. Au-dessus de l'escarpement terminal du glacier, les marins anglais virent avec surprise une masse argileuse épaisse de 1 à 7 mètres reposant immédiatement sur la glace : elle était surmontée d'une couche de tourbe portant une végétation luxuriante d'arbrisseaux, tels que des saules, des bruyères et des plantes herbacées appartenant aux genres Carex, Polygonum, Senecio, etc., entremêlées de mousses et de lichens. Cette tourbière recouvrant un glacier est une date géologique. Elle montre déjà que cette glace date de plusieurs siècles; mais il y a plus : dans les parties éboulées de la terre argileuse, **Seemann** et ses compagnons recueillirent de grands ossements d'éléphant, de cheval, d'élan, de renne et de bœuf musqué[2]. Une des défenses de l'éléphant avait 4 mètres de long et pesait 79 kilogrammes. Il ne faut pas oublier que cet éléphant ou mammouth est un animal fossile, une espèce perdue qui ne se trouve plus vivante dans l'hémisphère boréal. Ainsi donc cette glace était contemporaine de l'éléphant et même antérieure à lui; ce glacier appartient non pas à l'époque actuelle, mais à celle où les glaces du nord et celles de nos montagnes s'étendaient sur une grande partie de l'Europe et de l'Amérique : c'est un glacier fossile. Les eaux, résultat de la fusion des neiges, ont déposé à la surface de ce glacier la couche d'argile — qui n'est probablement autre chose que la boue impalpable qui résulte du broiement des roches par la glace — et charrié en même temps des ossements d'éléphants, de rennes et de bœufs musqués qui avaient péri dans le voisinage. Quelques mousses se sont établies sur cette argile toujours humide; avec le temps, elles se sont converties en tourbe, sur laquelle ont paru plus tard les végétaux amis du sol spongieux des tourbières. Protégée par cette couche de terre, la glace n'a jamais fondu, même superficiellement, et s'est conservée comme les rochers les plus réfractaires aux influences atmosphériques.

Traversons le détroit de Behring et passons en Asie. Nous trouvons des glaciers dans les montagnes du Kamtchatka, mais il n'en existe pas un seul tout le long de la côte

[1] Voyez la *Revue* du 15 janvier 1866.
[2] **Seemann**, *Botany of the voyage of* **H. M. S. Herald**, 1852.

sibérienne baignée par la mer Glaciale. Le fait constaté par un savant voyageur russe, **Middendorff** [1], est assez difficile à expliquer. L'absence de montagnes, la disparition de la neige pendant l'été relativement chaud de ces contrées, la sécheresse de l'air, telles sont les causes que l'on peut invoquer; mais l'ensemble seul de ces influences explique l'absence des glaciers, car dans l'Altaï, chaîne située sous le 50e degré, l'air est sec et des glaciers s'y maintiennent : on en retrouve aussi à la Nouvelle-Zemble, grande île située au nord de la Sibérie, sous le 75e degré de latitude.

Nous venons de donner une idée de la distribution des glaciers arctiques; ils forment autour du pôle boréal une calotte interrompue seulement dans le nord du continent asiatique. Le pôle sud est également entouré de glaciers, mais dans cette région la mer domine; les terres sont rares, ce sont des îles ou des fragments de continents incomplètement connus. L'on sait néanmoins, par les voyages de **Weddel**, de **d'Urville** et de **James Ross**, que les terres voisines de ce pôle sont couvertes de glaciers qui descendent jusqu'à la mer et y versent des glaces flottantes dont les dimensions sont égales à celles de la baie de Baffin. Plus au nord, des glaciers existent à la Terre-de-Feu et le long du détroit de Magellan. Dans le sud du Chili, par le 46e degré de latitude, l'illustre naturaliste **Charles Darwin** en a vu qui descendaient jusqu'au rivage. Ces glaciers armoricains sont peu connus. Cependant un peintre allemand, célèbre par ses vues du nouveau monde, **Rugendas**, a admirablement reproduit les glaciers de Cerro da Tolosa, entre Sant-Iago et Mendoza. Situés par 33° 45′ de latitude sud et à 3,900 mètres au-dessus de la mer, ils occupent de larges ravins qui découpent les sommets volcaniques de la Cordillère. J'ai reçu aussi de **M. d'Acosta** une roche polie et striée par un des glaciers situés dans la Sierra-Santa-Marta (république de la Nouvelle-Grenade), à 12° au nord de l'équateur.

Grâce aux explorations des Drs **Haast** et **Hector** et au séjour du Dr **Hochstetter**, géologue de la commission scientifique embarquée à bord de la frégate autrichienne la *Novara*, nous pouvons donner plus de détails sur les glaciers de la Nouvelle-Zélande. Cet archipel se compose de deux îles comprises entre le 34e et le 47e degré de latitude sud. Une chaîne de hautes montagnes longe la côte occidentale de l'île la plus australe du 42e au 44e degré; elle présente des sommets, tels que le mont Cook, le mont Tyndall, le mont Arrewsmith, qui s'élèvent de 3,000 à 4,400 mètres au-dessus de la mer. Ces montagnes sont couvertes de neiges persistantes, et des glaciers semblables à ceux des Alpes descendent en moyenne jusqu'à 1,210 mètres au-dessus de la mer. Ainsi le glacier de la Clyde, qui a 4 kilomètres de long, s'arrête à 1,250 mètres d'altitude; son escarpement terminal mesure 40 mètres de haut. Le glacier de Tasman à 16 kilomètres de long sur 2,500 mètres de large. Quoique plus rapprochés de l'équateur, ces glaciers, moins longs que ceux des Alpes, descendent cependant aussi bas. A leur extrémité inférieure, ils sont entourés d'une végétation toute spéciale. Des hêtres (Fagus fusca), des espèces de conifères des genres Podocarpus, Dammara, Phyllocladus et Dacridium et des arbrisseaux appartenant aux groupes Coriaria, Panax et Aralia croissent au contact de la glace; mais à quelques centaines de mètres au-dessous, on trouve des forêts à physionomie tropicale, composées de palmiers, de fougères arborescentes, de Dracaena, de Metrosidores, et de même que nous voyons le chanvre et le lin prospérer dans le voisinage des glaciers de la Suisse, de même le lin de la Nouvelle-Zélande (Phormium tenax) végète vigoureusement près des glaciers de nos antipodes. Deux grandes espèces de perroquets [2] troublent seuls de leurs cris perçants le silence de ces régions inhabitées, où naissent les rivières torrentielles de ces îles. A défaut d'observations directes, cette végétation dénote un climat tempéré, humide, des étés d'une chaleur modérée suivis d hivers sans gelées dans les plaines et sur les plateaux peu élevés. Ce climat, analogue à celui de l'Angleterre, est favorable à l'accroissement des glaciers. Les neiges abondantes qui tombent en hiver ré-

[1] *Sibirische Reisen*, t. IV, p. 459.

[2] Nestor notabilis et N. Esslingii.

nt largement les pertes subies pendant l'été. La distribution géographique des gla-
s nous étant connue, passons à l'étude des phénomènes qu'ils présentent.

II. — **Progression des glaciers.**

'ai comparé les glaciers à des fleuves de glace; en effet, ces masses, qui semblent
nblème de l'immobilité, sont animées d'un mouvement de progression pareil à celui
nos cours d'eau. Les montagnards des Alpes avaient remarqué depuis longtemps que
blocs de pierre qui recouvrent leur surface ne restaient pas à la même place, mais
ls étaient transportés vers la plaine sur le dos du glacier. **De Saussure**, **Char-
ntier**, l'évêque **Rendu**, ont noté des faits de ce genre. La science réclamait des
ures précises; elles furent faites successivement sur le glacier de l'Aar par
Agassiz et **Desor**, sur la mer de glace de Chamonix par MM. **J. D. Forbes** et
Tyndall. On s'assura que les glaciers progressaient comme une rivière qui coule
tant plus vite qu'elle est plus profonde, et dont le courant est plus rapide au milieu
sur les bords, à la surface qu'au fond. Quelques chiffres fixeront les idées. En un
au niveau du pavillon de M. **Agassiz**, le glacier de l'Aar avance en moyenne de
mètres au milieu, de 33 mètres sur les bords. Vers l'extrémité inférieure, la vitesse
rogression se ralentit au point de n'être plus que de 39 mètres; elle s'accélère un
vers le haut, où le glacier parcourt annuellement un espace de 75 mètres. La mer
lace de Chamonix, en face du Montanvert, progresse annuellement de 147 mètres
ron. Le mouvement est plus rapide dans la saison chaude que dans la saison froide
tteint son maximum au commencement de l'été. En août 1846, je me suis assuré
: **M. Otz**, sur le même glacier de l'Aar, à l'aide d'un théodolite placé sur un rocher
une règle divisée fixée au milieu du glacier, que cette progression ne se faisait pas
saccades; elle était uniforme et de 173 millimètres en vingt-quatre heures. Sur la
de glace de Chamonix, en face de Tré-le-Porte, **M. Tyndall** a constaté un avance-
it de 508 millimètres par jour.

côté de ces preuves géométriques, il existe des preuves indirectes de la progression
glaciers qui ne sont pas moins probantes. En 1788, **de Saussure** séjourna seize
's sur le Col-du-Géant à 3,360 mètres au-dessus de la mer pour étudier la météoro-
e des régions supérieures de l'atmosphère : il redescendit le 19 juillet avec son fils à
rmayeur; mais les guides revinrent directement à Chamonix, et l'un d'eux, le nommé
ttet, laissa au pied de l'Aiguille-Noire une grande échelle désormais inutile. En
2, **M. Forbes** trouva des fragments de cette échelle sur la mer de glace en face
cascades du glacier appelé les Moulins. Dans l'espace de quarante-quatre ans, ces
ments, descendus depuis la base de l'Aiguille-Noire, avaient parcouru 4,050 mètres
urés sur la carte du capitaine **Mieulet**, ou 94 mètres par an. Le 18 août 1845, je
ivai moi-même sur la moraine venant de cette aiguille, au-dessous du glacier de
rpoua, le pied gauche de cette échelle percé de deux trous correspondant aux deux
niers échelons. D'après mon calcul, ce fragment avait parcouru une longueur de
0 mètres en cinquante-sept ans, ou 87 mètres par an. On voit qu'il existe entre ces
ltats l'accord le plus satisfaisant qu'on puisse espérer dans des calculs de ce genre.
oici un autre fait presque contemporain. Le 29 juillet 1836, un voyageur partait du
tanvert avec le guide *Devouassou* pour aller au Jardin, îlot couvert de plantes au
eu du glacier de Talèfre. Le guide portait un havre-sac appartenant à l'hôtel du
tanvert et contenant du vin, du pain et du fromage. Après avoir passé le rocher dit
Couvercle, le guide marchait sur le bord du glacier de Talèfre, dont les crevasses étaient
vertes de neige : tout à coup les deux pieds lui manquent à la fois, et il tombe dans
de ces crevasses sous les yeux du voyageur stupéfait : celui-ci l'appelle vainement, le
it perdu et retourne au Montanvert. Le guide n'était qu'étourdi, et après s'être dé-

barrassé de son havre-sac, il fit avec son couteau des trous dans les parois de glace et parvint à remonter à la surface. Le 23 juillet 1846, M. **Forbes** retrouva le havre-sac déchiré, mais contenant encore un mouchoir et un fragment de bouteille, au-dessous du point où le glacier de Talèfre se réunit à la mer de glace. Ce havre-sac fut reconnu par plusieurs guides qui l'avaient porté et par son ancien propriétaire. En dix ans, ce sac, abandonné au fond d'une crevasse, était descendu avec la cascade du glacier de Talèfre, et avait apparu 546 mètres plus bas à la surface, par suite de la fonte superficielle du glacier.

Les catastrophes dont les Alpes sont quelquefois le théâtre fournissent aussi à la science des faits qu'elle ne saurait négliger. Le 18 août 1820, le Dr **Hamel** et deux Anglais partent de Chamonix pour faire l'ascension au mont Blanc. Le temps n'était pas favorable, on attendit pendant vingt-quatre heures aux rochers des Grands-Mulets. Malgré l'avis des guides, le docteur insista pour partir. On arrive au grand plateau, et prenant le chemin plus court, mais plus dangereux, que **de Saussure** avait suivi, on s'élève le long de l'escarpement vers le sommet. Le vent était violent. Tout à coup un craquement épouvantable se fait entendre, une avalanche se détache et entraîne cinq guides; trois disparaissent dans une crevasse, et la neige qui descendait avec eux, tombant en cascade dans le gouffre, les ensevelit vivants au fond de l'abîme. Deux seulement, arrêtés miraculeusement au bord de la rimaye se dégagent. Tout secours était inutile, et les survivants redescendirent désespérés à Chamonix. Quarante ans après, le 15 août 1861, on retrouva encore engagés dans la glace au pied du glacier des Bossons quelques ossements, un chapeau de feutre et une lanterne écrasée. Deux survivants du désastre, vieillards octogénaires, reconnurent à la couleur des cheveux et à d'autres indices quels étaient les deux guides dont les os avaient ainsi revu la lumière. On peut estimer à 3,500 mètres environ la différence du niveau des deux points où les guides ont péri et où leurs restes ont été retrouvés. L'avenir sera témoin d'une démonstration moins tragique et tout aussi probante. Quand nous quittâmes le grand plateau du mont Blanc le 1er septembre 1844, mon ami **Auguste Bravais** et moi[1] nous laissâmes enfoncés dans la neige les deux montants et la traverse de la tente qui nous avait abrités, ainsi que les longues chevilles de bois qui maintenaient la toile. Un jour sans doute, vers 1880, un touriste verra ces montants gisant à la surface du glacier des Bossons, et quelque vieux guide se rappellera que trente-six ans auparavant, de jeunes Français avaient dressé leur tente sur le grand plateau, à 4,000 mètres au-dessus de la mer, pour se livrer à une série d'observations météorologiques, comme jadis **de Saussure** avait séjourné sur le col du Géant[2].

III. — Théories de la progression des glaciers.

La progression des glaciers étant un fait incontestable, voyons comment elle peut s'expliquer. Plusieurs théories avaient été proposées : soumises à l'épreuve expérimentale, elles durent être successivement abandonnées. Une seule survécut, et régna quelque temps sans partage : c'est celle de M. **J. Forbes** que les Anglais appellent théorie de la viscosité (viscous theory).

« La glace, disait M. **Forbes**, n'est point une matière dure, rigide, incompressible; c'est un corps plastique, comparable à du miel, de la mélasse, du goudron ou de la poix semi-liquide. En effet, le glacier ne se moule-t-il pas dans le lit du rocher qui l'enserre? Que ce lit se rétrécisse, le glacier se contracte, s'étire et franchit le détroit. Presque tous les grands glaciers de la Suisse offrent des exemples de ces rétrécissements. A Cha-

[1] **Ch. Martins.**
[2] Voyez la *Revue des Deux-Mondes* du 15 mars 1865.

le glacier de Talèfre passe à travers un étroit défilé compris entre la montagne
ıvercle et le promontoire de l'aiguille de Talèfre, qui aboutit à la pierre de Bé-
[1]. Le défilé n'a que 600 mètres d'ouverture ; mais au-dessus la largeur du gla-
t de 4,200 mètres. Il faut donc que la glace soit plastique pour qu'elle puisse pas-
ravers cette étroite filière dans laquelle son diamètre se réduit au septième de ce
tait auparavant. Le glacier du Géant franchit une écluse semblable entre le petit
ı et l'Aiguille-Noire. Le glacier du mont Dolent s'épanonit pour ainsi dire dans le
rret en débouchant d'un couloir étroit qui semble lui fermer l'accès de la vallée.
ier inférieur de Grindelwald contourne le promontoire de la Stieregg, celui de
t se moule sur les flancs du Riffelberg : ainsi donc les glaciers se comportent
les substances plastiques et semi-fluides dont nous avons parlé. » M. **Forbes**
ıit un autre argument.

ıd on contemple d'une certaine hauteur un glacier peu tourmenté et dont la sur-
est pas couverte de débris tombés des montagnes voisines, on aperçoit sur la
es lignes noires formant des couches paraboliques ou ogivales dont la convexité
rnée en aval. Ces lignes, que les Anglais désignent sous le nom de bandes sales
ınds), sont très-visibles sur la mer de glace de Chamonix, le glacier inférieur de
lwald et presque tous les grands glaciers de la Suisse. M. **Forbes** considère ces
comme analogues à celles que l'on remarque sur de la poix liquide lorsqu'elle
entement, ou même sur les ruisseaux de nos villes lorsque leur cours est ralenti
obstacle ; on voit alors les impuretés qui les recouvrent former des anses ou
s paraboliques semblables à celles qu'on observe sur les glaciers. M. **Forbes**
ouver une éclatante confirmation de sa théorie lorsqu'il revit ces bandes sur l'ex-
é des coulées de lave du Vésuve, et en effet je les ai vues, comme lui, en 1852,
ent dessinées sur une coulée de lave qui descendit pendant l'année 1819 du côté
ıpéi.

ces faits sont vrais, mais l'explication donnée par M. **Forbes** ne l'est pas. En
• la constitution moléculaire de la glace n'est pas homogène comme celle d'un corps
ıx tel que le goudron et la mélasse, dont les particules sont unies les unes aux
: la glace des glaciers est fissurée et se compose de fragments de glace enchevê-
s uns dans les autres, mais séparés par des espaces capillaires remplis d'eau ;
corps visqueux a une densité uniforme dans toutes ses parties. La glace des gla-
e compose de bandes alternatives de glace blanche remplie de bulles d'air et de
bleue plus dense parce qu'elle en est presque entièrement dépourvue. La struc-
ı la glace des glaciers est donc fort différente de celle des corps visqueux. Voyons
corps, quand ils coulent dans un canal comparable au couloir où se meut le gla-
comportent comme celui-ci. La pente de ces couloirs n'est pas uniforme : elle
souvent et presque toujours brusquement ; dans ce cas, le glacier se crevasse,
a partie inférieure ne se sépare pas de la partie supérieure, la masse reste tou-
ontinue. Si au contraire on fait couler un corps visqueux sur un plan dont l'incli-
change subitement, la partie inférieure coulera *plus* vite que la supérieure et
parera. Il y a plus : si les glaciers étaient des masses visqueuses, ils descendraient
ıt *plus rapidement* que la pente est plus forte. Or, l'expérience prouve le con-
Ainsi M. Desor a trouvé que le petit glacier du Grünberg, affluent de celui de
descend sur une pente de 30 à 50° avec une vitesse de 22 mètres par an,
que celui de l'Aar, dont la pente moyenne est de 4 degrés seulement, avance
nètres en une année. En 1846, du 13 au 31 août, ce petit glacier avait progressé
s mes mesures de 2m,22, tandis que le glacier de l'Aar avait marché de 2m,04
même espace de temps. Ces faits étaient inconciliables avec la *théorie de la vis-*
M. **Hopkins** s'en aperçut le premier en appliquant le calcul à la marche des
; mais il était réservé à un physicien anglais, déjà célèbre, quoique jeune en-

[1] es les belles cartes du mont Blanc du capitaine **Mieulet** ou de M. **Reilly**.

core, M. **John Tyndall**, de perfectionner la théorie du mouvement des glaciers par ses observations et par ses expériences.

La glace des glaciers n'est point visqueuse ni semi-liquide ; mais elle est compressible et plastique. Nous savons tous, en nous rappelant nos souvenirs d'enfance, que nous pouvions faire des balles avec de la neige, qui n'est que de la glace divisée : nous nous souvenons aussi que ces pelotes devenaient d'autant plus petites que nous les comprimions davantage. Pourquoi ces flocons de neige pouvaient-ils s'agglutiner de manière à former un corps solide? pourquoi ce corps solide pouvait-il se comprimer, diminuer de volume et se modeler de manière à prendre la forme d'une boule, d'un homme, d'une maison? Un grand physicien, **Faraday**, s'est emparé du fait dévoilé par le jeu d'enfant et lui a donné la valeur d'une expérience scientifique. Si dans de l'eau à zéro ou au-dessus de zéro vous mettez en contact des fragments de glace et que vous les serriez l'un contre l'autre, ils s'agglutineront de nouveau, et si la pression est celle d'une machine hydraulique, c'est-à-dire équivalente à 40 ou 50 atmosphères, vous obtiendrez un morceau de glace compacte d'un très-petit volume comparé à celui de l'ensemble des fragments isolés ; c'est ce phénomène que Faraday a désigné sous le nom de *regélation*, que nous traduirons en français par le mot *regel*. M. Tyndall a varié cette expérience : il remplit de fragments de glace un cylindre creux en fonte et comprime fortement cette glace au moyen d'un cylindre plein qui entre exactement dans le premier ; il obtient ainsi un cylindre de glace grisâtre, très-dure et très-compacte. Si l'on met ce cylindre dans un moule creux ayant la forme d'une lentille et qu'on le comprime de nouveau, il prendra la forme lenticulaire, et successivement on peut donner au même morceau toutes les formes imaginables, même celle d'une statue. La glace réduite en fragments est donc compressible, ductible, malléable, et se transforme par la pression en un solide à texture homogène. — Ces expériences, répétées avec succès en France par M. Tresca, nous expliquent à la fois les pelotes de neige des enfants et la conversion de la neige en glace sous l'influence de la pression des parties supérieures des glaciers ; elles nous font également comprendre la progression de ceux-ci. Pressé par le poids des parties supérieures, le glacier marche ou plutôt est poussé en avant. Sa masse plastique se moule sur la vallée qui la contient : arrivée à un rétrécissement, elle force le passage en s'étirant dans la filière, sous l'influence de la pression : en face d'un obstacle, elle se redresse, et la rapidité de la progression est en raison non pas seulement de la pente, mais de la masse, du poids des parties supérieures qui la favorisent et des obstacles qui la contrarient. Près d'un promontoire, elle est ralentie, et le glacier le contourne non pas d'une seule pièce, mais en se tordant pour ainsi dire sur lui-même, de façon que la portion riveraine reste en arrière tandis que celle du milieu continue d'avancer.

Ce mode de progression nous explique la formation des crevasses qu'on observe toujours au pied des promontoires. En effet, considérons deux points du glacier, l'un situé près du rocher encaissant et un autre vers le milieu : ces deux points sont unis entre eux par une bande de glace continue ; mais, le second point marchant plus vite que le premier, il en résulte une tension, et quand cette tension dépasse le degré d'élasticité de la glace, il y a rupture. C'est une crevasse qui se forme, et elle est, comme l'indiquent les lois de la mécanique, perpendiculaire à la ligne qui joint les deux points que nous avons considérés. Cette formation des crevasses est encore en opposition formelle avec la théorie de M. **Forbes**, qui assimile un glacier à un corps visqueux ; un tel corps en contournant un promontoire ralentit sa marche, mais il ne se forme pas de solution de continuité dans sa masse, qui ne se crevasse ni ne se déchire.

Le phénomène du regel nous rend compte d'un autre fait matériel dont personne [illegible] s'était avisé de chercher l'explication et qui pourtant aurait dû exciter la surprise [illegible] provoquer les investigations des esprits réfléchis. Quand un glacier arrive à un point [illegible] la vallée où la pente devient subitement plus forte qu'elle ne l'était auparavant, alors [illegible] se précipite sur cette pente, se divise en prismes, en lames, en aiguilles, en cubes [illegible] parés par de profondes crevasses. Ce sont ces cascades de glace qui font l'admiration [illegible]

lacier des Bois au-dessous du Montanvert, au glacier de Talèfre avant sa
a mer de glace, sur le glacier du Géant, entre l'Aiguille-Noire et celle de
elui de Grindelwald inférieur, au-dessous de la Stieregg. Mais du moment
franchi cette dénivellation, du moment que la pente est moins forte, la
ınt unie, les crevasses moins nombreuses, et le glacier, infranchissable
ur dans les points où il forme cascade, est abordé sans crainte par les plus
'face presque unie que les touristes traversent en allant du Montanvert au
même qui était décomposée en aiguilles sur les glaciers du Géant et de
le même glace se déchirera, se divisera, se crevassera de nouveau sur le
nt incliné du glacier des Bois, au pied duquel jaillit la source de l'Arvei-
nte faible, la pression des parties supérieures ressoude et recolle les par-
t divisées et séparées sur une pente plus rapide.

nt s'opère ce recollement de la glace divisée en petits fragments dans l'ex-
ndall, ou séparée en énormes cubes, en aiguilles, en prismes, en pyra-
urs mètres de haut dans la nature? Pour comprendre l'effet de la pres-
e des glaciers, il faut d'abord savoir et expliquer ce qui se passe lorsque
de l'eau pure dans un appareil semblable à celui que **M. Tyndall** a
a glace. Supposons cette eau à une température voisine de zéro : l'expé-
ue la pression abaissera son point de congélation, c'est-à-dire que plus
forte, plus le degré auquel l'eau se congèlera sera abaissé au-dessous
l'explication de ce phénomène, prévu théoriquement par **Carnot** et
entalement par sir **William Thompson** (*professeur de physique à*
le monde sait que la glace occupe un volume plus grand que celui de
donné naissance. C'est ainsi qu'une bouteille et même une bombe rem-
tent lorsque celle-ci se congèle. Or la pression augmente la quantité de
cessaire à la dilatation, c'est-à-dire à l'écartement des molécules de
e de l'état liquide à l'état solide. Ce mouvement ou, si l'on veut, la force
st contenue dans l'eau elle-même sous forme de chaleur, donc, soumise
forte ou faible, cette glace empruntera à l'eau même une quantité de
ande que si elle ne supportait aucune pression extérieure, c'est-à-dire
cée sous le vide de la machine pneumatique, car sous une pression forte
vail nécessaire pour écarter les molécules sera plus considérable. Par
empérature de l'eau comprimée doit être plus basse au moment où elle
celle de l'eau qui n'est soumise à aucune pression [1]. Le calcul donne
centigrade ou 0°,0075 *d'abaissement de la température* pour une atmo-
ion.

érience de **M. Tyndall** prouve la vérité de cette conclusion théorique ;
me de glace à zéro bien compacte et parfaitement transparente entre
 buis. A mesure qu'il comprime le prisme, des lames d'eau se forment à
glace fond parce que sous cette pression la température intérieure du
plus assez basse pour que l'eau reste à l'état de glace, elle repasse à l'état

otz (*professeur à Heidelberg*), l'un des plus grands physiciens et des pre-
gistes de l'Allemagne, a fait l'expérience inverse, *experimentum crucis*,
les anciens. Une grande cornue de verre est remplie d'eau à moitié : on
u, l'eau bout, et sa vapeur chasse l'air contenu dans la cornue. Pendant
ferme le col de cette cornue à la flamme d'une lampe d'émailleur. L'es-
de l'eau étant entièrement vide, celle-ci se trouve soustraite à la pression
. Quand la cornue est complétement refroidie, on la place dans de la glace
milieu d'une chambre dont la température n'est qu'à peu de degrés au-

de sur l'équivalence de la chaleur et du travail mécanique dans la Revue du

dessus de zéro. La glace extérieure fond lentement, mais au bout de quelques heures on trouve la surface de l'eau intérieure couverte d'une lame de glace adhérente aux bords du vase. Cela doit arriver ainsi. *En effet, son point de congélation est à* + 0°,0075, tandis que celui de la glace extérieure fondante est à *zéro*, parce que celle-ci est soumise à la pression atmosphérique, tandis que l'eau contenue dans la cornue étant soustraite à cette pression gèle à *une température un peu supérieure à zéro.* La pression abaisse donc le degré de congélation de l'eau pure ; voilà un point parfaitement établi. *Mais un glacier n'est pas de l'eau pure, c'est un mélange d'eau et de glace.* Quand on comprime un pareil mélange dans un cylindre de fonte, la température s'abaisse comme dans le cas précédent ; seulement, en passant à l'état de glace, l'eau n'emprunte plus la chaleur nécessaire pour écarter ses molécules uniquement à elle-même, elle l'emprunte encore à la glace avec laquelle elle est mélangée. Cette chaleur fond une portion de cette glace et devient latente, comme on disait autrefois ; mais la glace refroidie par cet emprunt congèle à son tour la lame d'eau qui la sépare d'un morceau de glace voisin, et les deux morceaux se soudent d'autant plus intimement que la pression est plus forte. Cette explication est due à M. **James Thomson** (professeur à Belfast) et frère du célèbre physicien que nous avons nommé plus haut.

Un glacier, l'observation l'a prouvé, n'est qu'un mélange d'eau et de glace dont la température ne peut jamais s'élever au-dessus de zéro. Le raisonnement aurait pu le faire prévoir. En effet, d'un côté, les températures extérieures supérieures à zéro ne peuvent y pénétrer, car elles deviennent latentes en fondant la surface de la glace ou la neige qui la recouvre. L'eau résultat de cette fusion, s'infiltrant dans les fissures du glacier, finit par imbiber la masse tout entière. Les températures de l'hiver ne pénètrent pas davantage dans le glacier, parce que la neige qui le recouvre dans cette saison est mauvaise conductrice de la chaleur, et d'ailleurs le frottement du glacier contre les parois du couloir dans lequel il se meut, engendre encore une quantité de chaleur suffisante pour contre-balancer les froids de l'hiver.

Tous ces phénomènes n'auraient pas lieu, si le glacier n'était qu'un amas de neige sèche, pulvérulente et à température au-dessous de zéro, comme celle qui tombe dans les hautes régions et dans les pays du Nord. Les enfants russes et suédois savent très-bien qu'on ne peut pas peloter la neige farineuse de leur hiver, mais il a fallu le génie des grands physiciens auxquels on doit la théorie de la transformation des forces pour en donner la raison, et les expériences de **Faraday**, **Tyndall**, et **W. Thomson** pour nous expliquer à la fois le *regel de la glace des glaciers et leur progression.*

IV. — Structure des glaciers.

La composition de la glace de glacier n'est point homogène ; cette glace, on l'a vu, est tantôt spongieuse, légère, remplie de bulles d'air et d'une couleur d'un blanc mat, tantôt plus dure, plus compacte et d'un bleu céleste. Ces bandes bleues au milieu de la glace blanche ont donné lieu à des discussions longues et passionnées qui ne sont pas près de finir. MM. **Agassiz**, **Forbes**, **Desor**, **Tyndall**, **J. Ball**, **We[illegible]** **W. Thomson**, y ont pris part successivement. Elles avaient à peine commencé [illegible] 1841 entre MM. **Agassiz**, **Forbes**, que j'essayai de me rendre compte de la structure intime d'un glacier. Je ne m'adressai pas aux grands glaciers de l'Oberland bernois [illegible] la haute Savoie. J'imitai les anatomistes. Quand ils veulent connaître la structure intime d'un organe complexe, ils ne l'étudient pas sur un animal adulte, où l'organe a acquis un développement qui masque les tissus élémentaires dont il se compose ; ils l'examinent d'abord sur l'animal contenu dans le sein de la mère, sur l'embryon, où l'organe naissant se présente dans toute sa simplicité. Mais où trouver un embryon de glacier ? Ces glaciers embryonnaires existent : ce sont de petits glaciers rudimentaires cachés dans les hauteurs de la chaîne secondaire des Alpes. J'ai déjà nommé celui qui se trouve à 2,610 mètres au-dessus de la mer *au pied du cône terminal de la montagne du Faulhorn, dans le canton de Berne*. La grandeur de ce petit glacier varie, comme celle de tous les autres, suivant l'état météorologique des diverses saisons. De 1841 à 1846, années pendant lesquelles je l'ai observé, il avait en moyenne 58 mètres de long sur 138 mètres de large au bord de l'escarpement terminal, dont la hauteur a oscillé entre 10 et 20 mètres. Logé dans une dépression tournée vers le nord-nord-est, sa surface avait la forme d'un triangle dont le bord de l'escarpement était la base. Je pouvais, sur ce petit glacier, embrasser d'un seul coup d'œil l'ensemble et le détail des transformations qui s'opéraient à la superficie et dans l'intérieur de la masse. Comme il ne présente ni changements de pente, ni étranglements, et par conséquent ni crevasses, ni cascades, les phénomènes s'y montraient dans toute leur simplicité, exempts des complications qui rendent leur analyse si difficile sur les grands glaciers de la Suisse et de la Savoie.

A la surface, j'observai d'abord quatre de ces lignes paraboliques (dirt bands des Anglais) dont nous avons déjà parlé ; la convexité de ces courbes était tournée non pas vers le bas du glacier, mais vers le haut. La courbure de ces ogives n'est donc pas uniquement due, comme le suppose M. **Forbes**, à la progression du glacier. La fusion de la glace, plus active sur les bords que vers le milieu, explique parfaitement la convexité de ces courbes et leur direction vers le haut du glacier en sens contraire de sa marche[1]. M. **Tyndall** considère ces courbes paraboliques comme une conséquence de la dislocation du glacier, lorsque celui-ci fait cascade sur une plus forte pente où il se crevasse et se déchire ; mais le petit glacier du Faulhorn marche sur une faible pente parfaitement uniforme : ces cascades glaciaires ne sauraient donc être la cause des courbes paraboliques ou bandes noires que l'on remarque sur les parties moins inclinées qui succèdent à de fortes pentes Presque tous les grands glaciers des Alpes présentant en un point quelconque de leurs parcours les dénivellations subites qui produisent les cascades, et ces courbes étant surtout visibles sur la partie inférieure des glaciers, il est clair qu'elles succèdent bien souvent à ces cascades. Cependant il y a des exemples contraires. Ainsi le glacier de Lanteraar, principal affluent du glacier inférieur de l'Aar, descend sur une pente douce du sol compris entre le Schreckhorn et le Berglistock, et présente néanmoins de nombreuses courbes paraboliques[2].

La formation de ces courbes s'explique très-simplement. (*Un glacier n'est en définitive que l'accumulation des différentes couches de neige de l'hiver de chaque année, qui se superposent et se convertissent en nevé, puis en glace, par suite de la fusion, de l'infiltration de l'eau et de la pression des parties supérieures. Les courbes paraboliques sont les bords de ces couches, qui forment comme autant d'écailles superposées et fondent à mesure qu'elles descendent* [*].) Les bords en paraissent noirs, parce qu'elles sont couvertes des impuretés amassées pendant tout le temps que leur surface a été exposée à l'air : cela se voyait avec la dernière évidence sur le petit glacier du Faulhorn, et je suis heureux d'être d'accord sur ce point avec M. **Forbes** et mon ami M. **John Ball**, président de l'Alpine Club de Londres, si digne de cet honneur par les courses aventureuses et les études qu'il a faites sur les glaciers et la végétation de la Suisse.

Si l'on me demande comment il se fait que ces courbes paraboliques apparaissent ou réapparaissent après les cascades dans lesquelles le glacier a été crevassé et déchiré si profondément, je répondrai que je vois dans cette réapparition une des plus belles conséquences du regel de la glace démontré par MM. **Faraday** et **Tyndall**. En effet, après la cascade les crevasses se referment, les cubes ou seracs se ressoudent, les pyramides se rejoignent, et la masse du glacier se reconstitue comme auparavant. Alors les

[1] Voyez, pour plus de détails, *Nouvelles observations sur le glacier du Faulhorn*, Bulletin de la Société géologique de France, 2e série, t. II, p 225, 1845.

[2] Voyez les planches C et III de l'atlas des nouvelles études sur les Glaciers, de M. **Agassiz**.

[*] D. A. Ces conclusions, entre parenthèses et imprimées en italique, ne sont pas confirmées par mes observations nombreuses et positives.

couches dont il se compose réapparaissent, et leurs bords, échelonnés les uns au-dessus des autres, prennent la forme d'ogives d'autant plus allongées qu'on les observe plus bas : une fusion plus rapide se joint à la progression et les étire, pour ainsi dire, à mesure qu'elles descendent dans les régions plus chaudes que celles où elles ont pris naissance.

Les bandes bleues qui traversent la glace blanche et aérifère du glacier sont tantôt verticales, tantôt inclinées, tantôt horizontales. Ces bandes bleues étaient des couches de neige qui, par suite de circonstances très-variées, ont été pénétrées par l'eau due à la fonte de la couche elle-même ou des couches voisines. L'eau chasse l'air, puis gèle et convertit la glace blanche en glace bleue. J'ai vu sur ce glacier du Faulhorn, que j'observais tous les jours, une couche de glace blanche dans laquelle l'eau coulant sur les rochers voisins s'infiltrait sans cesse, tandis que cette eau ne pouvait pas pénétrer dans la couche située immédiatement au-dessus, qui n'était pas en contact avec le sol. Sous mes yeux, la couche inférieure est devenue de la glace bleue, la supérieure est restée à l'état de glace blanche. Voici une autre preuve. Lorsque j'abordai pour la troisième fois le grand plateau du mont Blanc, avec mes amis MM. Bravais et Lepileur, nous avions, en déblayant notre tente, rejeté à la pelle la neige récente qui l'obstruait[1]. Cette neige formait des blocs assez volumineux gisant sur le nevé. Au bout de trois jours, j'aperçus de petites bandes bleues horizontales de 1 centimètre d'épaisseur qui entraient de 2 à 5 centimètres dans la neige. Le soleil avait fondu légèrement la tranche de certaines couches qui s'étaient infiltrées d'eau, tandis que les autres n'en avaient pas été pénétrées. Les bandes bleues sont donc des couches de plus facile infiltration. Sur le petit glacier du Faulhorn, elles étaient parallèles aux couches stratifiées qui correspondent aux dirt bands, c'est-à-dire presque horizontales sur les bords et vers le haut du glacier; mais elles se rapprochaient de la verticale à mesure qu'elles se trouvaient plus près de l'escarpement terminal. Quand on songe qu'un grand glacier est une masse tourmentée, déformée, gauchie dans sa progression, on comprend que les observateurs aient trouvé des bandes bleues avec toutes les inclinaisons imaginables.

Ici se termine l'exposé des recherches les plus importantes qui se sont faites depuis vingt ans environ sur la structure et la progression des glaciers actuels. En Angleterre, elles ont excité un grand intérêt, d'abord parce que le nombre des voyageurs qui aiment, parcourent ou étudient les glaciers, est infiniment plus grand qu'en France et en Allemagne, ensuite parce que les belles expériences de MM. Faraday, Tyndall et Thomson ont montré comment, dans son étroit laboratoire, le physicien peut reproduire, contrôler et expliquer les phénomènes qui s'accomplissent sous nos yeux dans le grand laboratoire de la nature.

V. Oscillations des glaciers dans les temps historiques.

Un glacier, étant un fleuve de glace, avancerait sans cesse dans la vallée où il aboutit, si la fusion de son extrémité inférieure ne compensait les effets de la progression. Pour que le glacier ne marche pas et reste immobile à la même place, il faut nécessairement que la progression et la fusion se contre-balancent mutuellement. Ainsi, pour fixer les idées, si le glacier progresse de 80 mètres par an, il faut que 80 mètres de l'extrémité disparaissent par la fusion pendant la belle saison. Quand la progression l'emporte sur la fusion, le glacier avance ; quand c'est l'inverse, il recule : c'est ce qu'on appelle l'oscillation annuelle des glaciers. Sur le petit glacier du Faulhorn, ces effets étaient parfaitement appréciables; en 1841, il avait 36 mètres de long sur 72 de large,

[1] Voyez le récit de cette ascension, *Revue des Deux Mondes*, du 15 mars 1865.

en 1842, 60 sur 148. En 1844, il avait crû de 17 mètres en longueur et de 20 en largeur, et son escarpement terminal s'était élevé de 10 à 20 mètres : il avait donc augmenté de volume pendant ces trois années; mais quand je le revis, après l'été très-sec et très-chaud de 1846, il n'avait plus que 50 mètres de long sur 157 mètres de large. En 1852, M. **Mogard** en estima la longueur à 91 mètres et la largeur à 154, mesures qui dénotent un nouvel accroissement.

Les *glaciers de Chamonix* présentent actuellement un exemple de retrait des plus remarquables. Depuis 1846, ils n'avaient cessé de progresser, et en 1854 ils s'avançaient dans la vallée d'une manière inquiétante. Les habitants du hameau des Bossons, menacés par les progrès du glacier du même nom, délibérèrent s'ils abandonneraient leurs maisons ; mais à partir de 1854 des étés chauds et surtout des hivers sans neige ont amené un retrait considérable. Ainsi le glacier des Bossons a reculé depuis douze ans de 332 mètres. Loin de toucher au village, il en est actuellement éloigné de plus de 300 mètres. Au lieu d'être hérissé de ces pyramides de glace d'une blancheur éblouissante qui se détachaient sur la noire verdure des sapins et excitaient l'enthousiasme des voyageurs dès leur entrée dans la vallée de Chamonix, le glacier des Bossons n'est plus qu'une langue de glace unie et enterrée entre les deux moraines latérales qu'il dominait autrefois. Pour le peintre, l'effet pittoresque est amoindri, mais le savant s'en réjouit, car l'aspect d'un sol caché si longtemps sous la glace et maintenant à découvert éclaircit tous ses doutes sur la physionomie du terrain qui supporte un glacier : celui des Bois, terminaison de la mer de glace, a reculé de 188 mètres, et la grotte de l'Arveiron est loin de la place où on l'admirait en 1854 ; celui d'Argentières est en retrait de 181 mètres, et celui du Tour de 520 mètres.

Pendant que l'extrémité inférieure du glacier disparait par la fusion, une épaisseur considérable de la surface tout entière est également enlevée par la même cause : c'est ce qu'on nomme l'*ablation du glacier;* elle commence en mai pour finir en septembre, et varie suivant la température et le degré d'humidité de l'air, la force et la direction du vent, les chutes de pluie, de neige et de grésil. Des expériences sur le petit glacier du Faulhorn m'ont prouvé que l'ablation de la glace compacte avait été pendant l'été de 1841, du 26 juillet au 4 septembre, de 1m,54. La température moyenne de l'air pendant cette période fut de 4°,6, et l'humidité relative de 76 pour 100[1]. D'une manière générale, j'ai trouvé qu'une augmentation d'un degré dans la température pendant les mois de juillet et d'août correspondait à une fusion de 10 millimètres de glace dans les vingt-quatre heures. En 1845, du 21 juillet au 24 septembre, MM. **Agassiz** et **Desor** ont constaté que l'ablation du glacier de l'Aar, au milieu de sa longueur, avait été de 1m,94, et un géomètre suisse, M. **Otz**, a calculé que, l'ablation de tout le glacier de l'Aar étant d'un centimètre par jour environ, la quantité d'eau fournie par cette ablation s'élevait à un million quarante mille mètres cubes d'eau en vingt-quatre heures.

L'ablation explique un phénomène qui avait frappé l'esprit des montagnards : ils avaient remarqué que des pierres surgissaient pour ainsi dire à la surface du glacier, comme si celui-ci les rejetait de son sein : ce sont simplement des pierres tombées sur le glacier des montagnes voisines et enterrées sous la neige en hiver. (*Pendant la belle saison, cette neige se convertit en glace et descend vers la plaine en vertu de la progression du glacier : arrivée dans des régions plus chaudes, la glace fond et la pierre apparaît*[2].) Si la fusion continue et que la pierre soit volumineuse, elle protége la glace qu'elle recouvre contre l'action du soleil, et tandis que la glace découverte fond rapidement tout autour, celle qui est cachée sous le bloc fond beaucoup moins, et bientôt celui-ci se trouve élevé au sommet d'un piédestal de glace. Ces blocs perchés sont connus des voyageurs sous le nom de *tables de glaciers*.

[1] Cette expression veut dire que l'air contenait 76 pour 100 de la quantité de vapeur d'eau nécessaire pour le saturer à la température moyenne de 4°,6.
[2] D. A. Cette explication, imprimée en italique et entre parenthèses, n'est nullement confirmée.

Désireux de savoir quelle était l'ablation qui correspondait au retrait du glacier des Bois dont j'ai parlé, je me rendis à Montanvert le 4 septembre 1865, et je constatai que le glacier avait baissé de 20 à 25 mètres environ : continuant ma route sur la mer de glace, j'arrivai au point où le glacier du Talèfre se jette dans la mer de glace, dont il est le plus puissant affluent ; là, j'eus une preuve encore plus convaincante de cette diminution d'épaisseur. Les touristes qui se rendent au Jardin, îlot riche en plantes alpines, situé au milieu de ce glacier, quittaient jadis en cet endroit la mer de glace pour monter sur le rocher du Couvercle, base de l'Aiguille-du-Moine, et contourner ainsi la cascade du glacier de Talèfre. Maintenant ce trajet est impossible, il faudrait une échelle de 25 mètres de haut pour s'élever du glacier sur le Couvercle, parce que le phénomène de l'ablation a peu à peu abaissé le niveau du glacier de 25 mètres au-dessous du rocher en question. Après avoir passé la nuit sous un bloc appelé Pierre-du-Tacul, je montai par le glacier du Géant sur le col du même nom, situé à 3,362 mètres au-dessus de la mer, et illustré par le séjour que **de Saussure** y fit en 1788 pour étudier les phénomènes météorologiques des hautes régions. De cet observatoire élevé, je voyais à mes pieds le glacier de la Brenva, un des plus considérables du revers méridional du mont Blanc. Il avait reculé comme les glaciers de l'autre versant, laissant à découvert une grande surface caillouteuse d'une longueur de 300 mètres environ.

En 1767, quand **de Saussure** vit pour la première fois le glacier de la Brenva, il avait à peu près les dimensions actuelles ; la Doire coulait loin de son extrémité. Il n'en était pas de même en 1818 : le glacier avait traversé la rivière et s'était élevé sur la montagne située de l'autre côté de la vallée ; là se trouvait une chapelle miraculeuse, appelée Notre-Dame de Guérison, élevée de 100 mètres environ au-dessus de la Doire : le glacier ne la respecta pas, et la détruisit de fond en comble. En 1842, M. **Forbes**[1] constata que le glacier franchissait encore la rivière, sur laquelle il formait comme un pont, et touchait la base du mont Chétif, qui porte la chapelle de Notre-Dame de Guérison. En 1846, le même voyageur le revit ; il avait avancé de 31 mètres, s'était élevé le long de la montagne, menaçant d'envahir le sentier qui mène du col de la Seigne à Courmayeur, et la chapelle n'était plus qu'à 30 mètres au-dessus du glacier. Une magnifique aquarelle de M **Hogard** prouve qu'en 1849 il dépassait encore la rivière. Depuis cette époque, les renseignements font défaut ; mais il est probable que le mouvement de retrait date de 1855, comme celui des glaciers de Chamonix.

Sans être astreint à des intervalles égaux, cet avancement et ce retrait des glaciers affectent cependant une certaine périodicité. Suivant **Venetz**, ceux du mont Blanc et du mont Rose étaient très-petits en 1811 ; de 1812 à 1817, ils s'avancèrent prodigieusement et atteignirent leur maximum d'extension dans la période comprise entre le commencement du siècle et l'époque présente. De 1821 à 1824, ils reculèrent ; ils avancèrent de nouveau de 1826 à 1830, restèrent stationnaires jusqu'en 1833 pour progresser en nouveau de 1836 et 1837. Le mouvement de retrait de 1839 à 1842 fut suivi d'une extension qui, interrompue par quelques arrêts, continua jusqu'en 1854. Quelquefois un glacier marche en une seule année avec une rapidité tout à fait exceptionnelle. Ainsi après les années pluvieuses de 1815 à 1817, le glacier de Distel, dans la vallée de Saas en Valais, s'avança de 15 mètres en un an ; celui de Lys, sur le revers méridional du mont Rose, de 48 mètres ; celui de Zermatt a progressé de 22 mètres en 1853.

Mais le glacier le plus célèbre sous ce rapport est le Vernagtferner, au sommet de la vallée d'Oetz dans le Tyrol autrichien. Dans l'été de 1843, il se réunissait en s'avançant au petit glacier de Rofen, dont il est aujourd'hui séparé par un promontoire. Tous deux, formant une seule masse, descendaient rapidement dans la vallée. Les habitants s'effrayèrent ; ils savaient par la tradition qu'en 1600, 1667 et 1772 ce glacier avait marché avec la même rapidité et barré le cours d'un ruisseau qui s'était transformé en lac : ce lac avait ensuite rompu sa digue de glace et s'était précipité dans la vallée en

[1] *Travels through the Alps of Savoy*, p. 204.

y causant de grands ravages. Les autorités d'Inspruck, averties par la rumeur publique, nommèrent une commission qui constata qu'elle était la vitesse de progression du glacier. En 1842, elle fut de 200 mètres en 67 jours, ou de 2m,98 par jour, puis elle se ralentit pendant les années 1843 et 1844 ; mais dans l'été de 1845 elle était de 9m,92 par jour. C'était un véritable glissement de la masse tout entière. L'eau s'ouvrit un passage sous la glace le 14 juin, et depuis cette époque jusqu'en juin 1848 le lac se remplissait et se vidait à peu près deux fois par an. Ce glacier a dû, comme tous les autres, entrer en 1851 dans sa période de retrait ; mais il n'est peut-être pas revenu à son état antérieur, car après l'envahissement de 1667 il mit trente-quatre ans à rentrer dans ses limites habituelles.

On aurait tort de croire que tous les glaciers d'une même vallée doivent toujours avancer ou reculer simultanément. Une orientation différente, le nombre et la grandeur relatifs des affluents et des cirques où ils aboutissent, l'absence ou la présence de grandes moraines superficielles, peuvent déterminer la progression d'un glacier et le retrait d'un autre pendant les mêmes années. Ainsi M. **de Billy** a constaté que le glacier de Zermatt, après avoir progressé depuis soixante ans et envahi des prairies et des pâturages, commençait à peine son mouvement de retrait dans l'automne de 1860, tandis que le glacier de Findelen, distant de 4 kilomètres seulement du premier, reculait sans cesse depuis 1844. M. **de Billy** rend parfaitement compte de ces différences. Le glacier du Zermatt est tourné vers le nord, à l'abri des rayons solaires, couvert de puissantes moraines qui en affaiblissent l'effet, et alimenté par le concours de six puissants affluents, dont deux, le Gorner et le Grenzgletscher, aboutissent à de vastes cirques remplis de neige. Le glacier de Findelen au contraire est dirigé vers l'ouest, exposé aux rayons du soleil et dépourvu de moraines ; en outre, il aboutit seul à un vaste cirque, et ses deux affluents en sont complétement dépourvus : moins alimenté, moins abrité, il recule tandis que l'autre avance. Le glacier de Zmutt, voisin de ceux dont nous venons de parler, couvert de débris, encaissé dans de hautes montagnes, est presque toujours stationnaire ou en voie de progression, quelles que soient les allures des autres glaciers des Alpes.

Rien, excepté les rochers les plus durs, ne peut résister à un glacier en marche. M. **Ed. Collomb** fut témoin, en septembre 1848, des ravages causés par le glacier d'Aletsch, le plus long de la Suisse, dans une forêt de sapins qui bordait sa rive gauche sur une longueur de quatre kilomètres. « Attaqué par les racines, l'arbre, dit-il, tombe et se trouve entraîné par le mouvement du glacier. Ceux qui sont pris entre la glace et la roche encaissante sont promptement déchirés, ceux qui tombent sur le glacier sont portés par lui, mais ils ne tardent pas à être entraînés dans l'intérieur. Au talus terminal, on les voit sortir de dessous la masse, les uns à moitié engagés dans la glace, d'autres complétement libres; ceux-ci sont expulsés et précipités dans le torrent. Tous sont entièrement dépouillés de leur écorce et déchirés ; il ne reste que le tronc principal et les grosses branches, pliées et contournées. » M. **Collomb** estime que les sapins entraînés en septembre 1848 par le glacier d'Aletsch étaient âgés de 200 ans. La même année, le glacier de l'Aar avait envahi, à l'extrémité de sa rive gauche, le flanc d'une montagne appelée *Brandlamm* et atteint des pins cembro qui y croissaient. MM. **Collomb** et **Dollfus-Ausset** s'assurèrent, en comptant le nombre de couches annuelles, que ces arbres avaient 220 ans. On pouvait donc affirmer que ce glacier, depuis plus de deux siècles, ne s'était jamais avancé aussi loin. Quand un glacier arrive sur une prairie, il relève le gazon sous forme de rouleau ; une maison est déchaussée et broyée : aussi la tradition a-t-elle conservé en Suisse le souvenir de chalets et de hameaux qui sont maintenant sous la glace ; mais la légende s'en est mêlée, et des faits vrais ou vraisemblables ont été défigurés par des additions qui relèguent ces traditions dans le domaine du merveilleux.

Les oscillations des glaciers nous montrent que la progression et la fusion sont dans un état d'équilibre instable. Le glacier diminue par la fusion de son extrémité et l'ablation de sa surface pendant la belle saison. (*En hiver, il répare ses pertes par l'addition des couches de neige nouvelles qui se transforment en glace par une suite de fusions et de congélations successives**.) En été, l'eau qui pénètre le glacier ajoute également à sa masse et contre-balance les effets de la fonte superficielle. Toutes ces actions complexes sont sous la dépendance des influences météorologiques dont l'état du glacier est la résultante finale. Qu'un seul des éléments varie dans le cours de l'année, et la résultante en sera affectée. Les physiciens ne sont pas encore en état de démêler au milieu des causes si diverses celles dont l'action est prépondérante pour les isoler de celles qui sont neutralisées par des influences contraires ; mais les géologues constatent dans la période la plus récente de l'histoire du globe une époque où cet équilibre entre la fusion et la progression fut rompu sous l'influence d'un changement permanent et prolongé dans le climat des deux hémisphères. Alors les glaciers des montagnes descendirent dans les plaines; les glaciers arctiques envahissant la moitié septentrionale de l'Europe et de l'Amérique, une calotte de glace continue assiégea le pôle : c'est l'époque de l'ancienne extension des glaciers ou la période glaciaire. Elle fera le sujet d'une étude qui se rattache étroitement à celle que nous venons d achever.

II. DE L'ANCIENNE EXTENSION DES GLACIERS PENDANT LA PÉRIODE GLACIAIRE.

Notions préliminaires.

La connaissance d'une *période glaciaire* embrassant les deux hémisphères du globe et postérieure à l'apparition de l'homme sur la terre, est une des plus belles conquêtes de la géologie moderne. Malgré des preuves nombreuses et variées accumulées depuis trente ans, cette vérité n'est point encore parvenue à obtenir l'assentiment universel. On compte toujours quelques incrédules et beaucoup d'indifférents : il ne faut pas s'en étonner. L'esprit humain ne se familiarise point aisément avec des faits nouveaux ou des idées opposées à une longue tradition. Les savants n'échappent pas à cette loi de notre organisation intellectuelle. Mal venues auprès des princes de la science, dont elles troublaient la quiétude en ébranlant leur empire, ces nouveautés rencontraient chez le peuple scientifique des ennemis non moins redoutables : la paresse d'esprit, qui répugne à l'effort, et l'ignorance absolue des effets d'un nouvel agent différant de l'eau, de l'air et du feu, qu'on connaissait seuls auparavant, cependant la vérité poursuivait son œuvre en silence, les faits se multipliaient, les preuves se fortifiaient, et à l'avénement d'une génération nouvelle dont l'intelligence n'était pas obscurcie par les erreurs et les préjugés du passé, la vérité apparut aux yeux de tous si claire, si lumineuse, que ses adversaires eux-mêmes prétendirent ne l'avoir jamais méconnue. Quand on est jeune, on se raidit contre les obstacles qu'elle rencontre à chaque pas, on s'étonne des résistances; mais plus tard on les comprend, et on se résigne à ces lenteurs nécessaires. Toute vérité, les années nous l'apprennent, si évidente qu'elle soit aux yeux de ses premiers adeptes, ne saurait se passer, pour être généralement acceptée, d'un élément indispensable : cet élément, c'est le temps. Dans la question dont il s'agit, ce puissant ouvrier a fait son œuvre, et l'ancienne extension des glaciers, repoussée d'abord comme une chimère, n'a plus de contradicteurs parmi les géologues progressifs, tandis que des systèmes contemporains embrassant dans leur vaste synthèse le globe tout entier s'écroulent sous nos yeux. Dédaignées avant d'être oubliées, ces théories ambitieuses n'obtiennent pas même les honneurs de la réfutation. Ce mépris est injuste, car ces grandes conceptions, œuvres de puissants esprits, ont provoqué les observations et nécessité les recherches qui ont fondé sur leurs ruines les bases de la géologie positive.

* D. A. Italique entre parenthèses n'est nullement confirmé.

Comment a-t-on pu constater l'ancienne extension des glaciers? La recherche est aussi simple que logique. En dehors du domaine actuel des glaciers alpins, on a reconnu certaines modifications dans le relief et la configuration du sol exactement semblables à celles que les glaciers de la Suisse et de la Savoie produisent constamment sous nos yeux. On en a conclu que les glaciers s'étendaient jadis au delà des étroites limites entre lesquelles ils oscillent depuis les temps historiques. Commençons donc par étudier le travail d'un glacier en activité. — D'abord, en descendant dans sa vallée, le *glacier polit, strie et arrondit les roches qu'il recouvre* ou qui l'enserrent latéralement : il agit comme un grand polissoir. L'émeri qui grave les stries, creuse les cannelures et use les roches, ce sont les pierres tombées des montagnes voisines. Parvenus sous le glacier qui les écrase, ou logés entre ses côtés et les parois encaissantes qui les broient, ces débris se réduisent en petits fragments, en sable, même en *boue impalpable*, semblable à l'émeri qu'on emploie dans les arts. Les roches striées, polies et arrondies par cet émeri, sont souvent désignées sous le nom de roches moutonnées ; leur forme justifie ce nom, que de Saussure leur a donné. Les stries, les cannelures sont toujours dans le sens de la marche du glacier, c'est-à-dire sensiblement parallèles à l'axe de la vallée. Les blocs, les cailloux qui composent la partie grossière de l'émeri dont nous parlons, pressés entre les parois rocheuses et le glacier qui les entraîne et les déplace, présente également des traces d'usure, de frottement et des raies irrégulières qui se croisent dans tous les sens : ce sont les cailloux frottés ou rayés.

Définissons maintenant les *moraines*. Sous l'influence des agents atmosphériques, la pluie, la neige, la chaleur, la gelée, le dégel, et des actions chimiques de l'oxygène et de l'acide carbonique, presque toutes les roches se décomposent, se désagrègent et s'écroulent. Les sommets sont des ruines. Ces débris, souvent énormes, tombent sur les bords du glacier. Si celui-ci était immobile, ils s'y entasseraient sans aucun ordre ; mais la progression amène dans la distribution de ces matériaux une certaine régularité. Les blocs, formant de véritables convois, se disposent sur le glacier en longues traînées parallèles à ses rives, ou s'accumulent au pied du talus terminal sous forme de grandes digues transversales : ce sont les *moraines*. Les unes, superficielles, c'est-à-dire étendues à la surface du glacier, se divisent en *latérales* ou *médianes*, suivant qu'elles sont sur les côtés ou au milieu du fleuve de glace Les dernières enfin, concentriques à son escarpement terminal, reposent sur le sol à l'extrémité du glacier : on les appelle *moraines terminales* ou *frontales*. Tous les matériaux qui composent les moraines étalées à la surface du glacier, sable, cailloux, fragments ou blocs erratiques gigantesques, étant transportés doucement, sans secousse, par le mouvement insensible du glacier, *conservent leurs arêtes tranchantes, leurs angles vifs**, et ne présentent jamais les raies et les traces d'usure et de frottement qu'on observe sur les débris qui ont cheminé entre le glacier et les parois ou le fond de la vallée. Les cailloux frottés et rayés caractérisent donc les moraines profondes du glacier ; les fragments et les blocs erratiques, anguleux, les moraines superficielles. Quand un glacier se fond et se retire, il laisse à découvert les cailloux rayés, le sable et la boue de la moraine profonde recouverts par des fragments anguleux accompagnant les blocs erratiques des moraines superficielles et de la moraine frontale. Les roches encaissantes seront *polies, striées et moutonnées.* Si dans une vallée loin d'un glacier en activité nous trouvons tous ces signes ou presque tous ces signes réunis, nous en conclurons invinciblement que jadis le glacier occupait l'emplacement où ils se rencontrent.

Pendant quelque temps, on a confondu les traces laissées par l'eau avec les effets produits par la glace. Cette confusion n'existe plus, l'observation en a fait justice. *Tous*

* D. A. Exceptionnellement, et en petite quantité, nous trouvons, à la surface des grands glaciers à faible pente, des galets arrondis, qui ont été déplacés par les ruisseaux qui coulent à leur surface dans les journées d'été très-chaudes. Au glacier de l'Aar inférieur j'ai observé ce phénomène.

les cailloux roulés par les torrents les plus impétueux sont arrondis, lisses, polis, mais jamais rayés ; de plus ils ne dépassent pas en volume quelques mètres cubes. Les roches sur lesquelles le torrent a passé ne sont ni *striées, ni moutonnées ;* elles sont creusées de cavités conoïdes ou de canaux irréguliers, sinueux et anastomosés entre eux, dont le fond et les arêtes ne présentent aucune trace de burinage. *L'eau polit les rochers, mais ne les raie pas.*

VI. Preuves de l'ancienne extension des glaciers alpins.

On possède maintenant les éléments des connaissances nécessaires pour affirmer l'ancienne présence des glaciers, lorsque les traces qu'ils ont laissées après eux sont nombreuses et variées. Dans les grandes chaînes de montagnes où ils existent encore, on retrouve partout, même autour et au-dessus d'eux, les traces de leur ancienne extension. Un observateur qui de la mer de glace de Chamonix ou du glacier de l'Aar regarde les roches de la vallée polies et striées par l'action de la glace, ne tarde pas à reconnaître que ces roches polies s'élèvent très-haut sur les parois de la vallée, souvent à plusieurs centaines de mètres au-dessus de sa tête [1]. Il en conclut logiquement que le glacier était jadis plus épais, plus puissant qu'il ne l'est aujourd'hui ; mais, s'il était plus épais, il devait s'étendre plus loin et sortir des limites entre lesquelles il oscille depuis les temps historiques. Les preuves de cette ancienne extension sont de la dernière évidence. Au lieu de s'arrêter au point où finit le glacier actuel, les moraines latérales se prolongent souvent fort au delà. Près de Chamonix, c'est un prolongement de la moraine latérale droite du glacier des Bois actuellement couvert de forêts qui porte le village de Lavangi et l'énorme bloc erratique connu sous le nom de Pierre-de-Lisboli. Du haut de cette moraine latérale, on reconnaissait jadis dans la vallée une ancienne moraine terminale à la place même où se trouve le village de Chamonix, mais des constructions récentes ont fait disparaître les ondulations du terrain. Plus loin, au hameau de Mont-Cuar, j'ai signalé une seconde moraine frontale couverte de blocs erratiques, dont le plus gros, appelé Pierre-Belle, a 24^m,7 de longueur, 9 mètres de large et 12 de haut. Encore plus loin, en face du hameau des Ouches, trois monticules de schiste serpentineux, arrondis, polis et striés, recouverts de gros blocs erratiques de protogine, espèce de granite caractéristique du mont Blanc, montrent que le glacier s'étendait jusque-là, et la limite supérieure des roches polies et des blocs erratiques prouve que son épaisseur était de 720 mètres environ. Je ne poursuivrai pas plus loin les traces que l'ancien glacier, qui suivait le cours de l'Aar, a laissées sur son passage : il a fait l'objet principal d'un article que j'ai publié, il y a vingt ans, dans la *Revue* [2].

Si j'ai rappelé ces faits, c'est seulement parce que la vallée de Chamonix est probablement la mieux connue du plus grand nombre des lecteurs. J'ose les prier de vouloir bien s'élever avec moi à 1,890 mètres au-dessus de la mer, au pied du glacier inférieur de l'Aar, non loin de l'hospice de la Grimsel, dans le canton de Berne. Le talus terminal du glacier est devant nous, une digue semi-circulaire l'entoure en forme de circonvallation. A chaque instant, des pierres, des blocs roulent du haut de l'escarpement et s'ajoutent à ceux dont l'accumulation forme la moraine frontale. Quelques-uns de ces blocs portent de grands numéros marqués en rouge; ce sont ceux qui ont permis à M. **Agassiz** et à ses successeurs de mesurer la progression du glacier. Jadis espacés à

[1] A 310 mètres au-dessus de la partie supérieure du glacier de l'Aar. Voyez la planche A des *Nouvelles études sur les glaciers* de M. Agassiz.

D. A. Les roches des rives du glacier de l'Aar sont moutonnées, polies et striées partiellement jusqu'à une altitude de 2,600 à 2,700^m suivant l'orientation. Au-dessus de ces altitudes tous les glaciers de la Suisse sont adhérents, gelés au sol qui les supporte dans toutes les saisons et sont à arêtes vives.

[2] 1er mars 1847.

surface, ces blocs ont atteint peu à peu l'extrémité, et sont tombés à côté de ceux qui les avaient précédés. Devant la moraine, quelques chalets s'abritent au pied d'un monticule composé de roches moutonnées, et à partir de ce point jusqu'à l'hospice du Grimsel les roches du fond de la vallée, comme celles qui en forment les parois, sont *arrondies, lisses, polies et striées*. Le glacier occupait donc jadis ce couloir. Autour de l'hospice, le phénomène n'est pas moins marqué, et en descendant vers le Rœderichs-boden le *poli et les stries* sont si remarquables qu'on s'étonne que depuis longtemps les géologues n'en aient pas été frappés ; mais, on l'a souvent répété, c'est en vain que l'œil physique reçoit des impressions, si l'intelligence et la réflexion ne les fécondent pas. Ces roches, dont le langage est si clair pour nous aujourd'hui, furent muets pour **de Saussure, de Buch, Escher de la Linth** (père) et tant d'autres géologues éminents. Plus bas, la vallée se rétrécit, et le voyageur arrive à une surface tellement polie qu'on a dû y creuser des pas et y enfoncer des tiges en fer pour faciliter le passage des hommes et des mulets ; c'est la *Hellenplatte* (ou surface luisante), ainsi nommée parce qu'elle réfléchit comme un miroir les rayons du soleil. Néanmoins *des stries fines, gravées sur le granite et les veines de quartz qui le traversent, nous dévoilent l'action qui a poli cette roche :* c'est encore le glacier. Bientôt le voyageur rencontre le *chalet de la Handeck*. Après avoir admiré la cascade de l'Aar et les majestueux sapins qui l'entourent, il est frappé de la forme des rochers : tous sans exception sont arrondis en forme de coupole. Ces dômes échelonnés sur la pente contrastent par leur forme avec les escarpements de la vallée : ce sont des roches moutonnées, les plus belles, les mieux caractérisées qui existent en Suisse. Au-dessus de la Handeck, la vallée s'élargit, et le village de *Guttanen* occupe le centre d'une petite plaine cultivée. Plus loin elle se resserre de nouveau, et le glacier, forcé de franchir ce défilé, a usé et aplani ses parois, qui semblent les murs verticaux polis par la main de l'homme. De fines stries et des cannelures horizontales prouvent que l'émeri interposé se composait tantôt d'un limon impalpable, tantôt de cailloux plus ou moins volumineux qui, pressés entre le glacier et la roche encaissante, ont laissé sur ses parois les traces de leur passage. Après avoir traversé les vertes prairies d'Im-Grund, le voyageur arrive à un monticule calcaire appelé le Kirchet. La surface de cette éminence est entièrement parsemée de blocs d'un granite blanc, entassés souvent les uns sur les autres de la façon la plus bizarre : c'est la moraine frontale du glacier dont nous avons suivi les traces jusqu'ici. Dans sa période de retrait, il a fait une longue station sur le monticule du Kirchet, et a déposé ses blocs, comme il les dépose encore aujourd'hui, au pied de son escarpement terminal. Cependant le glacier de l'Aar s'est étendu encore plus loin, et sa limite extrême est autour de la ville de Berne ; c'est là qu'il a édifié ses dernières moraines. Quand on détruisit les remparts de l'antique cité, on s'aperçut avec étonnement que ces moraines avaient été utilisées, et entraient presque sans remaniement dans le système des fortifications de la ville.

Que le lecteur se transporte maintenant au sommet d'une vallée quelconque des Alpes, à la source des rivières et des fleuves : le Rhône, l'Arve, le Rhin, l'Aar, la Reuss, la Linth, l'Inn, le Tessin, les deux Doires, l'Adda et l'Adige ; qu'il descende la vallée, et partout il trouvera les traces du glacier qui l'occupait. Suivant la configuration de cette vallée ou la nature des roches qui l'encaissent, ces traces sont plus ou moins accusées, mais elles existent toujours, et en les poursuivant avec persévérance les géologues ont acquis la certitude qu'à une certaine époque toute la chaîne des Alpes était envahie par les glaciers, comme le sont encore aujourd'hui les montagnes du Spitzberg. C'est **Jean de Charpentier** qui le premier osa l'affirmer, et depuis sa mort cette vérité, si hardie au moment où il la promulguait, est devenue l'une des mieux établies de la géologie. Les anciens glaciers ne se sont pas bornés à remplir les vallées ; ils ont débouché dans la plaine et ont envahi tout le pourtour des Alpes*. Nous allons les passer rapide-

* D. A. Le pourtour des Alpes et infiniment plus loin. Du temps de leur plus grande extension jusqu'à la mer.

ment en revue; mais, pour mettre de l'ordre dans notre exposition, nous parlerons d'abord des anciens glaciers du revers septentrional de cette grande chaîne, savoir: ceux de la Suisse, de la Savoie et du Dauphiné.

VII. Anciens glaciers du revers septentrional des Alpes.

Tout à fait au nord, nous trouvons d'abord *les glaciers du Rhin*. Descendant à la fois des hauteurs du *Saint-Gothard* et du *Piz Val-Rhein*, où sont actuellement les deux sources du Rhin antérieur et du Rhin postérieur, les deux branches se réunissaient à Reichenau, dans les Grisons. La masse, produit de ces deux affluents, s'avançait alors vers Sargantz; mais là elle se bifurquait: la partie principale continuait directement sa route jusqu'au lac de Constance, tandis que l'autre se déversait dans la vallée occupée par le lac de Wallenstadt, où elle rencontrait le *glacier de la Linth*, qui la rejetait vers le nord. Embrassant le canton d'Appenzell, occupé lui-même par les glaciers du groupe de *l'Altmann et du Sentis*, les deux branches se rejoignaient aux limites occidentales de ce canton et comblaient tout le bassin du lac de Constance, couvrant d'une immense nappe de glace les cantons de Saint-Gall, de Thurgovie, la partie nord du canton de Zurich et les districts voisins du Tyrol, de la Bavière et du duché de Bade. Le glacier du Rhin s'arrêtait vers l'est à la chaîne wurtembergeoise connue sous le nom Rauhalp, mais se prolongeait, à l'époque de sa plus grande extension, dans la vallée du Rhin, où il donnait la main aux glaciers qui occupaient alors les vallées des *Vosges* et de la *Forêt Noire*.

On me demandera sans doute comment on peut limiter ainsi le domaine d'un glacier et s'assurer qu'il a réellement stationné sur le terrain qu'on examine. On y parvient en étudiant les roches erratiques que le fleuve solide a charriées jadis et laissées sur le sol après son retrait. L'origine de ces roches, le lieu où elles sont en place, comme on dit en géologie, démontre d'où venait l'agent qui les a transportées. Ainsi le bassin erratique du Rhin est caractérisé par des granites porphyroïdes, originaires des montagnes de Trons, dans la vallée du Rhin antérieur, canton des Grisons. Il faut y ajouter des granites verts du *Juliers*, montagne où aboutit la vallée d'Oberhalbstein, qui elle-même débouche près de Coire dans celle du Rhin, enfin les gneiss bruns de la vallée de Montafun, située dans le *Vorarlberg*, au-dessus de Feldkirch. Ces roches avec leurs caractères minéralogiques propres n'existant que dans les montagnes nommées ci-dessus, leur présence à l'état erratique prouve que le glacier du Rhin les a amenées jadis sur les rives du lac de Constance.

Le second ancien glacier est celui de la *Linth*: originaire des montagnes du canton de Glaris, il a recouvert la partie méridionale du canton de Zurich, sans dépasser beaucoup la ville du même nom, sous laquelle et autour de laquelle on trouve des moraines frontales parfaitement caractérisées. L'Uetliberg et la rangée longitudinale des collines qui s'étend entre la Sihl et le lac, sont un reste de l'ancienne moraine latérale gauche de ce glacier[1]. Au sud du glacier de la Linth, nous en trouvons un autre plus considérable: c'est celui de la *Reuss*. Descendu des hauteurs du *Saint-Gothard* à travers la vallée qui porte partout les traces les plus manifestes de son passage, il s'est étendu à la surface des cantons d'Uri, de Schwitz, de Zug, de Lucerne et d'Argovie, comprenant dans son domaine les nombreux lacs de cette région, celui des Quatre-Cantons, de Zug, de Sempach, de Baldeck et d'Halwyl. Ces trois derniers lui doivent même l'existence, car ce sont des *moraines terminales* qui, en barrant le passage des eaux, ont donné naissance à ces petits réservoirs. Au sud de cet ancien bassin erratique se trouve un espace quadrangulaire appartenant aux cantons de Lucerne et de Berne, arrosé par les deux Emmes et

[1] Voyez sur cet ancien glacier, Oswald Heer, *Die Urwelt der Schweiz*, p. 525.

et qui n'a pas été recouvert par la grande nappe sous laquelle le reste de la Suisse était enseveli. Nous rejoignons maintenant *l'ancien glacier* de l'Aar dont nous avons déjà parlé, et dont les *dernières moraines* sont à Berne et aux environs [1].

Le bassin erratique du Rhône est le mieux caractérisé et le plus anciennement connu : il est aussi le plus vaste de la Suisse, car il s'étend depuis Belley, dans le département de l'Ain, jusqu'à Olten non loin d'Aarau, dans le canton de Soleure, et remplit tout l'intervalle compris entre les Alpes et le Jura. C'est au pied de Galenstock, entre le Grimsel et la Furca, que nous retrouvons ce qui reste de plus grand des glaciers qui ont recouvert la Suisse [1]. En avant de sa moraine terminale actuelle, on compte quatre anciennes moraines semi-circulaires, coupées par les cours d'eau qui forment la source du Rhône. Ces moraines sont la preuve des oscillations du glacier dans la période historique. La dernière, éloignée actuellement de plus de 500 mètres du glacier, correspond à l'année 1817. A cette époque, il touchait au monticule composé de roches moutonnées, qui abrite l'auberge et les maisons qui l'entourent. Dépassant ces limites, l'ancien glacier descendait dans le Valais, longue vallée rectiligne bordée d'un côté par la chaîne des Alpes bernoises, de l'autre par les Alpes lépontines et pennines. Les cols de ces deux chaînes atteignent ou dépassent tous 2,200 mètres, et les sommets 3,000 mètres ; c'est dire que ces deux chaînes sont chargées de glaciers. Tous étaient les affluents de celui du Rhône : leur nombre total ne s'élevait pas à moins de 66, et parmi eux il y en avait de considérables. Sur la rive gauche, nous trouvons d'abord celui de la vallée d'Eginen, qui se termine au Gries et au col de Nufenen, puis ceux de Binnen, de la coupure du Simplon, de la vallée de Viége, formée elle-même par la réunion des vallées secondaires de Zermatt et de Saas. La première était le lit d'un fleuve de glace qui aboutissait au pied du mont Rose. Les glaciers actuels de Zermatt, de Zmutt et de Findelen en sont les restes : réunis en une seule masse, ils apportaient à celui du Rhône le contingent des roches serpentineuses de ce groupe de montagnes. Au sommet de la vallée de Saas, le Saasgrat est formé d'une roche verte très-dure, qui ne se trouve nulle part ailleurs dans les Alpes helvétiques : c'est l'Euphotide ou gabbro. Les fragments de cette roche étaient entraînés par le glacier de Saas, puis versés par celui de Viége dans la vallée du Rhône, et s'ajoutaient à la moraine latérale gauche du glacier du même nom. On trouve cette roche à l'état erratique jusqu'au delà de Genève, *et, partout où elle se rencontre en Suisse, elle nous apprend que nous sommes sur un sol couvert jadis par le glacier du Rhône*. Le val d'Anniviers et la vallée d'Erin, qui débouchent dans le Valais en face de Sierre et de Sion, charriaient un granite talqueux jaunâtre appelé arkesine, dont les blocs, de dimension souvent considérable, se retrouvent jusqu'aux environs de Neuchâtel. Cette roche compose tout le massif de la Dent-Blanche, qui s'élève à 4,000 mètres au-dessus de la mer.

La dernière grande vallée latérale s'ouvre en face de Martigny, c'est celle de la vallée de la Dranse, formée par la réunion de trois vallées secondaires, celle de Bagnes, celle d'Entremont, qui conduit au col du mont Saint-Bernard, et le val Ferret. Par la vallée de Bagnes descendaient des fragments de *gneiss chloriteux*, et par le Val Ferret d'énormes blocs de protogine, granite caractéristique du mont Blanc. La grande majorité de ces blocs monstrueux semés sur le versant oriental du Jura, qui, les premiers, ont excité l'étonnement des géologues, impuissants alors à expliquer leur présence, appartiennent à cette roche. Les blocs de protogine se déversaient également dans la vallée du Rhône par le col de la Forclaz, situé au-dessus de Martigny. Une autre roche des plus caractéristiques se joignait à la protogine : c'est le *poudingue de Vallorsine*, qui débouchait par le col de Salvan au-dessus de la cascade de Pissevache.

[1] D. A. Les moraines à Berne et aux environs nous disent que l'ancien glacier de l'Aar a déposé et laissé ces matériaux à une certaine époque, qui, en place, n'était pas celle de sa plus grande extension.

[1] Voyez *Excursions-Karte des Schweizer Alpen-Club*, 1864-1865.

Sur sa rive droite, le glacier du Rhône recevait des Alpes bernoises des affluents moins puissants et des roches d'une composition minéralogique moins caractéristique, provenant des massifs du Grimsel, de la Jungfrau et de la Gemmi, qui, par leur versant septentrional, alimentaient l'ancien glacier de l'Aar. Ces roches erratiques sont communes aux bassins de deux anciens glaciers, celui de l'Aar et celui du Rhône, qui se côtoyaient dans la partie occidentale du canton de Berne : elles ne sauraient donc servir à les distinguer. Je citerai néanmoins comme affluents de la rive droite les grands glaciers de Viége et d'Aletsch, ceux du Loetrchthal, de la Gemmi et des Diablerets, qui contribuaient considérablement à augmenter la puissance et l'étendue de l'ancien glacier du Rhône.

Nous connaissons maintenant l'origine des principales roches erratiques dispersées dans la plaine suisse ; elles ne sont point semées au hasard ; celles qui proviennent des Alpes pennines ne se trouvent pas sur la rive droite, ni celles des Alpes bernoises sur la rive gauche. Les moraines restent distinctes comme sur les glaciers actuels. Chaque convoi de matériaux suit le bord où il s'est déposé ; seulement ils s'étalent lorsque le glacier s'épanouit dans la plaine, comme nous voyons les moraines latérale et médiane du glacier de l'Aar s'étaler vers son extrémité, se réunir et recouvrir la glace d'une couche composée de menus débris et de roches gigantesques[1]. Déjà en 18[illegible]42, M. **Arnold Guyot** jalonnait les principales directions suivies par les roches erratiques du Valais ; mais le glacier du Rhône a encore laissé d'autres traces de son passage. Partout dans le haut Valais les roches sont moutonnées, polies et striées, comme celles qui bordent les glaciers actuels. Aux rétrécissements, à celui de Viége par exemple, ces formes sont plus accusées parce que le glacier a dû faire effort pour traverser le défilé. Au-dessous de Brigg, la vallée s'élargit ; cependant les parois sont unies et usées, pas un rocher ne fait saillie, tout est uniformément aplani. Des blocs erratiques forment deux longues bandes à une grande hauteur au-dessus du fond de la rivière : ceux qui se trouvaient sur le milieu du glacier se sont déposés dans la vallée ; mais la plupart, enfouis dans les alluvions du Rhône, sont cachés aux yeux de l'observateur. Les monticules qui font saillie çà et là, tels que ceux de Tourbillon, de Valéria et de Majoria, près de Sion, ont tous été arrondis et striés par la glace qui les recouvrait ; ils sont semés de blocs erratiques, dont l'un, masse calcaire très-volumineuse, située près de la poudrière, a été figuré par M. **de Charpentier**.

A Martigny, le glacier tournait à angle droit. Recevant le puissant affluent du Saint-Bernard et du mont Blanc, il a exercé une pression prodigieuse sur la montagne située en face de lui, c'est celle qui porte les ruines du château de La Bâtie. Les parois de cette montagne, au-dessus du cours de la Dranse, près de son embouchure dans le Rhône, sont dressées comme un mur colossal qui supporterait les vignes situées plus haut. Le glacier, continuant sa marche, recevait les *psammites ou grès de Fouly*, caractéristiques de la moraine latérale droite : il avait dans ce point une épaisseur de 970 mètres. Passant ensuite entre la dent de Morcles et celle du Midi, puis forçant la cluse étroite de Saint-Maurice, il a poli et strié partout le calcaire noir qui compose ces montagnes et déposé aux alentours de Bex d'énormes blocs erratiques ; c'est au milieu de ces blocs qu'habitait **Jean de Charpentier**, directeur des salines de Bex ; c'est lui qui les a décrits. Sur sa rive droite, près du village de Bévieux, le glacier a déposé des blocs calcaires provenant des contre-forts de la dent de Morcles et des Diablerets ; l'un d'eux, le plus gros que **de Charpentier** connût, auquel il donna le nom de *Bloc-Monstre*, repose sur une colline de gypse, appelée le Montet. Ce bloc a 17 mètres de long, 16 de large et 20 de haut ; son volume est de 5,522 mètres cubes. La *Pierre-Bessa*, située à 130 mètres au-dessus du Bloc-Monstre, mesure 1,428 mètres cubes. En face du Montet, sur la rive gauche du Rhône, et à 130 mètres au-dessus du fleuve, nous trouvons près du village de Monthey une portion remarquable de la moraine latérale gauche du glacier rhodanien

[1] **Agassiz**, *Nouvelles études sur les glaciers*. Atlas, pl. III.

C'est une bande de 3 kilomètres de long sur 100 à 250 mètres de large, jetée en écharpe sur les flancs calcaires de la montagne : elle se compose uniquement de blocs de *protogine* à grands cristaux de feldspath, originaires de l'épaule septentrionale du mont Blanc, qui borde le val Ferret. Quelques-uns sont monstrueux. Le plus gros de tous, la *Pierre-des-Marmettes*, a 20 mètres de long, 10 de large et autant de haut ; son volume est donc de 2,076 mètres cubes. Ce bloc, offert à **Jean de Charpentier** par le gouvernement du Valais, porte un petit pavillon entouré d'un jardin où l'on jouit d'une belle vue sur la vallée environnante. Un autre bloc, la *Pierre-à-Dzo*, formant un polyèdre irrégulier, est perché sur un bloc plus petit que lui et retenu sur la pente de la montagne par un fragment plus petit encore, que le poids de la *Pierre-à-Dzo* a séparé en deux. La *Pierre-de-Mourguets*, non moins curieuse, s'est fendue horizontalement en portant à faux sur une autre, et l'angle supérieur, détaché par le choc, gît sur le sol à côté de la masse principale, dont la longueur est de 21 mètres. Ces blocs de granite, de toutes les formes, de toutes les dimensions, avec leurs angles vifs et leurs arêtes tranchantes, souvent entassés bizarrement les uns au-dessus des autres, au milieu d'un beau bois de châtaigniers, méritent l'attention de l'artiste comme celle du savant. Malheureusement le chemin de fer passe de l'autre côté du Rhône, et le voyageur, emporté par la vapeur, ignore les beautés pittoresques que le nom d'une station ne recommande pas à sa curiosité.

Parvenu à l'extrémité orientale du lac de Genève, près de Villeneuve, le glacier du Rhône s'épanouissait en éventail dans la basse Suisse, qu'il a couverte de fragments erratiques arrachés aux montagnes valaisannes ; mais il a laissé d'autres traces de son passage. Les collines du Jorat, au-dessus de Lausanne et de Vevey, se composent d'un poudding (*gompholite*, nagelfluh des géologues suisses), formé par l'agglutination de cailloux de nature variée. Sur la route de Vevey à Fribourg, on peut voir cette *nagelfluh* striée par l'ancien glacier du Rhône et couverte de débris erratiques : les granites du Valais, les grès *grisâtres et rouges de Fouly*, les *poudingues de Vallorsine*, les *euphotides de Saas* s'y trouvent mêlés aux *gypses de Bex*, qui ne sauraient y avoir été transportés par des eaux courantes, car ils se seraient fondus dans le trajet. Les tranchées du chemin de fer de Villeneuve à Genève, le long de la rive occidentale du Lac Léman, nous montrent partout des coupes de moraines, et en nous dirigeant vers le nord nous continuons à marcher sur des débris alpins. Nous arrivons ainsi jusqu'aux premières pentes du Jura. Les vignobles des coteaux qui bordent le lac de Neufchâtel, comme ceux qui entourent l'extrémité du lac Léman, entre Lausanne et Vevey, sont plantés dans ce terrain de transport. C'est sur un sol déposé par la glace que mûrissent les raisins qui donnent ces vins de la *côte* et de Neufchâtel si estimés de nos voisins. En France, on a remarqué que les grands crus de tout le Médoc et en particulier ceux de Château-Lafitte et de Château-Ichem, ceux du Rhône (Ermitage, Saint-Peray, Château-Neuf du pape), ceux du Languedoc (Saint-George, Lunel), mûrissaient sur des terrains recouverts de cailloux quartzeux. En Suisse, il en est de *même*, car la silice est l'élément qui domine dans ces débris empruntés aux roches cristallines des Alpes. La glace et l'eau ont formé les terrains cultivables de la Suisse, c'est à ces deux agents qu'elle doit sa fertilité ; mais dans ce travail préparatoire de la nature, c'est la glace qui l'emporte : elle réunit sur un même point des roches de nature variée, où la plante trouve tous les éléments nécessaires à sa nutrition. Au contraire les cailloux des alluvions aqueuses sont d'une nature minéralogique plus uniforme, parce que les roches les plus dures sont les seules qui viennent de loin. Dans le trajet, l'eau use ou dissout tous les éléments friables ou solubles des roches, le glacier, il est vrai, en broie également une partie et les transforme comme l'eau en boue fertilisante ; mais il charrie les autres sans les détruire et les dépose intacts dans les plaines. Le soc de la charrue ou le fer de la pioche remue facilement ce terrain meuble, véritable manteau étendu sur les calcaires ou les grès souvent stériles qui forment la charpente de la contrée.

Dans les vignobles de Vaud et de Neufchâtel l'observateur rencontre çà et là un bloc erratique. Beaucoup ont été employés à construire les murs de soutènement des terrasses du vignoble, qui sont entièrement formés de roches alpines.

Au-dessus de la région des vignes, dans les bois, les blocs deviennent très-communs, quelques-uns sont énormes et ont reçu des noms qui les distinguent. Près de la ville de Neufchâtel, c'est la *Pierre-à-Bot*, à 271 mètres au-dessus du lac, élevé lui-même de 435 mètres au-dessus de la mer. La forme de la Pierre-à-Bot est celle d'une pyramide posée sur sa base, mais inclinée à l'horizon : elle a 16 mètres de long, 6 de large et 13 de haut, par conséquent un volume de 1,372 mètres cubes ; c'est un granite à grains fins des environs de Martigny. Sur la montagne de Chaumont, les blocs les plus élevés sont à 305 mètres au-dessus du lac; sur les flancs du Chasseron, situé au nord-ouest d'Iverdun, on en rencontre à 970 mètres près du village de Bulelt. A partir de ce point culminant, la limite des blocs s'abaisse vers le sud du côté de Genève, vers le nord dans la direction de Soleure : ils ne se sont pas arrêtés sur le flanc oriental du Jura, mais ils ont pénétré dans les vallées qui s'ouvrent vers la plaine suisse, la gorge de la Reuss, le Val-Travers, le Val-Saint-Imier et même la vallée de la Chaux-de-Fonds, près de Pierre-Pertuis. On les rencontre encore, rares il est vrai, au delà de Pontarlier et d'Ornans, dans le département du Doubs. Partout ces blocs sont accompagnés de menus débris erratiques, au milieu desquels on trouve des cailloux rayés ; ils recouvrent souvent des surfaces admirablement polies et striées : on en remarque près de l'observatoire de la ville de Neufchâtel, au pied de la colline de Chamblon, non loin d'Iverdun, aux environs de Saint-Cergues, dans la combe du lac de Joux, et en France dans la vallée de Chezery au nord-est de Bellegarde. Sur les pentes uniformes du Jura, qui se prolongent le long de la rive occidentale du lac Léman, comme sur les montagnes accidentées de la Savoie, qui se dressent sur la rive orientale, ces blocs forment, suivant M. **Alphonse Favre**, une ligne continue à la hauteur moyenne de 820 mètres au-dessus du lac, et souvent ils montent plus haut ; M. **Benoît** les a vus à 1,000 mètres environ sur les flancs du mont Colombier, près de Bellegarde, dans le département de l'Ain, et déjà en 1842 M. **Itier** signalait ceux qui se trouvent à la même hauteur sur le pâté de montagnes que domine l'abbaye de Porfes. Depuis, on a poursuivi ces débris erratiques jusqu'aux environs de Belley, où ils sont encore à 600 mètres au-dessus du lac de Genève.

Tandis que le glacier édifiait sa moraine terminale la mieux dessinée sur les flancs du Jura, la partie comprise entre les Alpes et cette dernière chaîne était elle-même couverte de moraines superficielles composées en partie de gros blocs granitiques. Quand le glacier s'est retiré, ces blocs sont descendus à mesure que la glace fondait et se sont déposés dans la plaine aux points correspondants verticalement à ceux où ils se trouvaient sur le glacier : ils sont innombrables ; je me contenterai de citer les deux *Pierres-de-Niton* dans le lac de Genève, près de la ville, à peu de distance des Eaux-Vives : elles font saillie au-dessus de l'eau, et l'une d'elles est creusée d'une cuvette rectangulaire, indice probable du rôle que ces pierres jouaient dans les sacrifices du culte païen ou druidique. A l'autre extrémité du glacier, nous trouvons sur les limites des cantons de Berne et de Soleure le *groupe de Steinhof*, près du village de Rietwiel ; il occupe un petit plateau élevé de 580 mètres au-dessus de la mer. L'un des blocs, de forme cubique, a 15 mètres de long, 14 mètres de large et 10 mètres de haut ; il est profondément enfoncé dans le sol, néanmoins le volume de la partie apparente est encore de 2,100 mètres cubes. Ce bloc et ses acolytes sont originaires de la vallée de Binnen dans le haut Valais, et ils ont parcouru au moins 230 kilomètres pour arriver de leur point de départ à leur gisement actuel.

Plus d'un savant s'était arrêté devant ces sphinx de granite, cherchant à deviner l'énigme qu'ils proposaient à leur sagacité. Un géologue écossoiss, **John Playfair**, voyageant en Suisse pendant l'été de 1815, comprit le premier que des glaciers pouvaient seuls avoir transporté ces masses sans arrondir leurs angles et sans émousser leurs arêtes. Son explication passa inaperçue, et la science officielle continua de professer que des courants diluviens, aussi fantastiques que le déluge mosaïque qui en a inspiré l'idée,

vallée de l'Isère, celle de la Côte-Saint-André, enfin déposé entre la Côte et Beaurepaire une grande *moraine terminale*, qui porte les villages de Faramans, de Pajay, de Beaufort et de Thodure, près de Vienne en Dauphiné. Ce glacier n'a pas transporté ces blocs monstrueux qui caractérisent les anciens glaciers helvétiques ou italiens: les eaux, résultat de la fusion de cette immense nappe de glace, ont remanié les moraines. Les actions aqueuses et glaciaires se mêlent et se confondent. Le géologue hésite souvent en présence de dépôts qui portent l'empreinte de l'un et de l'autre agent. Ces doutes l'accompagnent quand il remonte la vallée de la Durance, dans laquelle descendait le dernier glacier du versant septentrional des Alpes; les terrasses qui bordent la rivière ont été évidemment, sinon déposées, du moins modelées par les eaux : de là leurs formes régulières comme celles d'un ouvrage de fortification; mais, arrivé au village de Château-Arnoux, on est à l'extrémité de deux *moraines latérales* évidentes qui se prolongent des deux côtés de la Durance jusqu'à Sisteron. Pour achever la démonstration, on y trouve des *cailloux rayés* et on remarque sur la route des *roches polies* et *striées*, que les travaux de rectification ont mises à découvert. La ville de Sisteron elle-même est entourée de *moraines*; la plus remarquable par le nombre et le volume des blocs qui la couronnent s'élève au nord de la ville, sur la route de Gap, avant la rivière du Buech, qui coule elle-même dans une vallée barrée par une grande *moraine latérale*, découverte par M. **Lorry** près du village de Veynes. Ce sont les matériaux accumulés dans les terrasses de la vallée de la Durance qui ont fourni les innombrables cailloux qui recouvrent la Crau [1]. A cette époque, la Durance se jetait non pas dans le Rhône, mais directement dans la mer : elle traversait le pertuis de Lamanon, près de Salon, et la Crau n'est qu'un immense cône de déjection, comme ceux dont M. **Surrel** a si bien décrit le mode de formation dans son remarquable ouvrage sur les torrents des Hautes-Alpes.

VIII. Anciens glaciers du versant méridional des Alpes.

Nous ne décrirons pas les anciens glaciers du versant méridional des Alpes avec les détails que nous avons donnés sur ceux du versant septentrional : ils ont laissé les mêmes traces et produit les mêmes effets; nous nous bornerons à une esquisse générale où nous signalerons quelques points spéciaux, résultats de nos propres observations combinées avec celles de MM. **Bartolomeo Gastaldi**, **Gabriel de Mortillet**, **T. Zollikoffer**, **Giovanni Ombini**, **Enrico Paglia** et de l'abbé **Stoppani**.

A chacun des principaux cours d'eau du versant italien des Alpes correspondait un glacier, qui s'est étendu dans la plaine. Le premier est celui de la *Dora-Riparia*, dans la vallée de Suze. Dès qu'il a dépassé les lacs du mont Cenis et qu'il commence à descendre sur le versant italien, le voyageur se voit entouré de *roches moutonnées*, dont le *poli* et les *stries rectilignes* ne lui laissent pas de doute sur l'agent qui les a tracées; arrivé dans la vallée de Suze, il reconnaît le *terrain erratique* dans toutes les tranchées du chemin de fer. La *moraine terminale* de l'ancien glacier de la Dora-Riparia forme un arc de cercle entre Rivoli et Pianezza. Près de ce village se trouve un espace appelé Regione alle pietre, à cause du grand nombre de *blocs erratiques* dont il est semé, et au milieu même du bourg se dresse un *rocher de serpentine*, appelé il Rocco. C'est un des plus grands blocs erratiques connus : il a 25 mètres de long sur 14 mètres de large et 12 mètres de haut; au sommet se trouve une chapelle qui est loin d'en couvrir toute la superficie. On conçoit qu'en le voyant un géologue piémontais l'ait considéré comme une roche en place; pour le convaincre du contraire, M. **Gastaldi** a dû fouiller les caves et sonder les puits des maisons voisines. Les uns et les autres étaient creusés dans des terrains meubles; en haut le terrain glaciaire, au-dessous les cailloux roulés du dilu-

[1] Voyez sur la Crau l'ouvrage intitulé : *du Spitzberg au Sahara*, p. 427.

vium. Près du petit lac d'Avigliana, on voit des roches *serpentineuses poliès et striées* qui portent encore les blocs qui les ont usées.

La Dora Baltea, qui se jette dans le Pô, près de Chivasso, prend sa source dans les glaciers du revers méridional du *mont Blanc;* ses affluents sortent des vallées qui aboutissent au *mont Rose* ou qui s'enfoncent dans le massif des *montagnes de Cogne*. Le glacier qui descendait par la vallée d'Aoste provenait donc de ces trois massifs : c'est le pendant du glacier du Rhône; mais au lieu d'arriver comme celui-ci dans une grande vallée où d'autres glaciers, tels que ceux de l'Isère, de l'Arve, de l'Aar, etc., descendaient avec lui, au lieu d'être arrêté dans sa marche par un barrage tel que la chaîne du Jura, le glacier de la vallée d'Aoste, débouchant à Ivrée dans les plaines du Piémont, s'est étalé librement sur un sol nivelé par les eaux. Aussi, au lieu de la forme irrégulière et tourmentée du glacier du Rhône, forcé de se rejeter à gauche vers Genève, à droite vers Soleure, le glacier de la vallée d'Aoste forme-t-il un magnifique amphithéâtre dont le grand diamètre est marqué, à ses deux extrémités, par les villes d'Ivrée et de Caluso. Sa *moraine latérale* gauche appelée *la Serra*, s'adossant aux Alpes, où elle porte le village d'Andrate, s'élève à 650 mètres au-dessus de la Doire; elle descend en se divisant jusqu'à Cavaglia, près du lac de Viverone. C'est incontestablement l'ancienne *moraine latérale*, formée uniquement par *l'accumulation de blocs erratiques* et de fragments, la plus élevée, la plus régulière et la mieux caractérisée des Alpes. La *moraine latérale droite*, moins régulière, s'étend de Brosso jusqu'au lac de Candia près de Caluso. Enfin la *moraine terminale* décrit un arc de cercle entre les deux lacs. La Doire traverse l'amphithéâtre morainique en suivant son grand axe. Les collines serpentineuses voisines d'Ivrée sont entièrement *polies* et *striées*. Partout sur la *moraine frontale* on recueille des *cailloux rayés de serpentine*, mêlés à ceux d'autres roches *amphiboliques* et de *micaschistes*, trop friables pour avoir conservé les raies comme les roches dures et inaltérables dont nous venons de parler[1].

En jetant les yeux sur une carte de la Lombardie, il est impossible de ne pas être frappé par la vue de cette série de lacs parallèles entre eux et dirigés du nord au sud, dont la tête pénètre dans les chaînes secondaires des Alpes, tandis que l'extrémité méridionale s'effile dans la plaine : ce sont, en allant de l'ouest à l'est, les lacs d'Orta, Majeur, de Lugano, de Côme, d'Iseo et de Garde. Tous ces lacs ont un caractère commun : leur extrémité inférieure est circonscrite par une série de *moraines concentriques déposées jadis par le glacier* qui descendait dans la vallée où leurs bassins ont été creusés. Chacun d'eux a pour affluent principal un torrent ou une rivière qui le traverse dans toute sa longueur. Quelquefois la rivière a pu se frayer un chemin à travers les digues concentriques formées par les *moraines frontales :* c'est ainsi que le Tessin, sortant du lac Majeur à Sesto Calende, circule entre les *moraines* qui dominent cette ville. L'Adda, ne pouvant franchir celles qui entourent la ville de Côme, s'échappe par le bout du lac qui aboutit à celle de Lecco. L'Oglio traverse le lac d'Iseo, et le Mincio sort du lac de Garde près de Peschiera; mais la plupart de ces lacs sont barrés par des *moraines en arc de cercle* qui empêchent tout écoulement en aval; alors le réservoir se décharge en amont ou sur les côtés. Ainsi le lac d'Orta se déverse par sa partie supérieure près d'Omegna, et ses eaux vont se réunir à celles de la Toce, qui se jette dans le lac Majeur, près de Baveno. Les lacs de Varese et de Lugano, également barrés en aval, envoient leurs eaux au lac Majeur : il en est de même des petits lacs de Commabio et de Monate, dont les déversoirs, coulant du sud au nord, débouchent, le premier dans le lac de Varese, le second dans le lac Majeur. Les eaux des petits lacs de la Brianza s'écoulent dans celui de Lecco. Ces lacs, spécialement caractérisés par un écoulement anormal en amont, se rencontrent toujours dans le domaine des anciens glaciers : ils ont été désignés sous le nom de *lacs morainiques*. Nous les retrouverons dans les Vosges et dans les Pyrénées.

[1] Voyez, pour plus de détails, *Essai sur les terrains superficiels de la vallée du Pô*, par MM. Ch. Martins et B. Gastaldi (*Bulletin de la Société géologique de France*, 1850. 2e série, t. II, p. 587).

Le grand glacier dont les *moraines terminales* circonscrivent l'extrémité méridio
du lac Majeur, descendait des Alpes pennines comprises entre le *mont Rose*, le S
plon et le *Gries*, dont les vallées débouchent dans celle de Domo d'Ossola. Tous
affluents réunis arrivaient au lac Majeur, *usant et polissant* les contre-forts de la vall
Les montagnes granitiques voisines de Baveno faisaient saillie à l'entrée du golfe
même nom ; le glacier, en passant par-dessus, les a *striées* et *arrondies*. Partout d'énorm
blocs erratiques provenant des Alpes sont semés sur les flancs des montagnes. Il en est
un, composé de *schiste serpentineux*, qui se voit au-dessus du palais de la duchesse d
Gênes, à Stresa; j'en estime le volume à 1,500 mètres cubes. Sur le Motterone, au-
dessus des îles Borromées, ces blocs s'élèvent à 850 mètres au-dessus du lac Majeur
c'était l'épaisseur du glacier en ce point. Là il se séparait en deux branches; l'une
occidentale, contournant le massif du Motterone, a poussé ses dernières moraines
au delà du lac d'Orta, qu'elles barrent complétement; l'autre, plus considérable
rejoignait sur le promontoire de Pallanza le puissant glacier du Tessin, descendu
par la vallée Levantine des sommets du Saint-Gothard. Les deux glaciers réunis on
couvert tout le pays occupé par les lacs Majeur, Varese et de Lugano. Deux chemins
de fer, celui de Sesto Calende à Milan et celui d'Arona à Novarre, sont creusés dans
le *terrain erratique*. De nombreux villages, Sessona, Golasecca, Somma et Crema
sont construits sur cette *moraine* qui sert de champ de manœuvres à l'armée italienne; mais à partir de Gallarate on n'est plus dans le domaine du glacier. Sur le
chemin de fer d'Arona à Novarre, on en sort un peu avant d'arriver à Ollegio. Cette
immense *moraine* rejoignait près de Porlezza et de Côme celle du *glacier de l'Adda*, qui,
des hauteurs du Splugen, descendait par la vallée de Chiavenna pour se réunir, à l'extrémité septentrionale du lac de Côme, à l'immense glacier qui remplissait la Valteline.
Tous deux confondus ont occupé le bassin du lac et poussé leurs dernières moraines
jusque près de Monza. Sur le lac de Côme, la nappe de glace avait 700 mètres d'épaisseur; en effet, sur le Monte San Primo, élevé de 1,595 mètres au-dessus de la branche
orientale, sir **Henri de la Bèche** signalait, il y a déjà longtemps, un bloc appelé il
Sasso di Lentina, long de 18 mètres, large de 12, haut de 8, et élevé de 700 mètres au-
dessus du niveau du lac.

Un glacier relativement petit débouchait par le val Camonica, entre Bergame et
Brescia, mais celui qui correspond au lac de Garde rivalise avec ceux des grands lacs
lombards. Toutes les collines aux environs de Peschiera sont des *moraines*. Formant une
ligne de défense pour la Vénétie, elles ont été le théâtre des sanglants combats, et arro-
sées de sang français, allemand et italien. Lonato, Castiglione, San Martino, Solferino
sont situés sur la *moraine*. Ces collines, composées de *matériaux erratiques*, rompent
seules l'uniformité de la plaine lombarde, et c'est toujours là que se livreront les ba-
tailles dont la possession de la Vénétie sera l'enjeu. Avant la bataille de Solferino, les
Autrichiens occupaient le revers oriental de la *moraine*, et les Français durent les dé-
loger de ces hauteurs, champ de manœuvres habituel de l'armée du quadrilatère. En se
retirant sur Vérone, les vaincus traversèrent l'amphithéâtre *morainique* dans toute sa
largeur.

La dernière grande moraine terminale que nous ayons à signaler est celle du glacier
qui descendait des Alpes carniques par la vallée du Tagliamento : elle occupait un district
étendu situé au nord de la ville d'Udine. Plus à l'est, les montagnes sont trop basses pour
avoir engendré ces puissantes nappes de glace qui envahirent jadis la grande plaine
comprise entre les Alpes cottiennes et la mer Adriatique.

Les études sur les phénomènes glaciaires dans le nord de l'Italie ont soulevé plusieurs
questions, et d'abord celle-ci : l'existence des nombreux lacs du versant méridional et du
versant septentrional des Alpes se rattache-t-elle à la présence des *moraines*? Il est
certain que ces lacs n'auraient ni la même forme ni la même étendue, si les moraines
qui les côtoient, et surtout celles qui les circonscrivent à leur extrémité inférieure
n'avaient pas été édifiées pendant la période glaciaire; mais la plupart de ces lacs n'

existeraient pas moins, leur profondeur le prouve : ils sont le résultat de grandes fractures produites par la dislocation des couches solides du globe. Ainsi le fond du lac Majeur est au-dessous du niveau de la mer, car ce lac, élevé de 197 mètres au-dessus de la Méditerrannée, a jusqu'à 854 mètres de profondeur. Le lac de Côme, élevé de 218 mètres au-dessus de la mer, a une profondeur de 605 mètres, et celui d'Iseo, dont l'altitude est de 197 mètres, a 340 mètres de fond. Mais comment les anciens glaciers ont-ils traversé ces bassins lacustres? Ces bassins étaient-ils vides ou remplis par les masses de cailloux charriés par les rivières et les torrents qui se jetaient dans leur sein? Le glacier a-t-il creusé de nouveau ces lacs comblés par l'apport des eaux, ou bien remplissait-il tout le creux de la dépression, hypothèse qui, sur le lac Majeur, assignerait au glacier de la Toce, près des îles Borromées, une puissance de 1,250 mètres? ou bien encore le glacier surplombait-il le lac comme ceux du Spitzberg surplombent la mer? Quelques-uns, MM. de **Mortillet**, **Gastaldi**, **Ombini**, **Ramsay**, **Lory**, pensent que les glaciers ont creusé les lacs ou du moins leurs bassins, comblés préalablement par l'apport des eaux diluviennes : ils soutiennent la théorie de l'affouillement glaciaire, MM. **Murchison**, **Desor**, **Alphonse Favre**, **Benoît**, **J. Ball**, la combattent. Il m'est impossible de reproduire ici toutes les raisons données de part et d'autre. Il y a dans les rapports du *terrain erratique* avec les lacs et les nappes de cailloux roulés de l'un et de l'autre versant alpin des particularités singulières et inexpliquées jusqu'ici : elles seront éclaircies à leur tour par une hypothèse ou par l'autre. La tâche du vulgarisateur est de présenter au public les faits bien constatés et les théories généralement admises par les savants, mais son devoir est de lui épargner les doutes, les incertitudes et les discussions qui forment pour ainsi dire l'avant-garde de la science et préparent la conquête de la vérité.

Dans cet exposé de l'ancienne extension des glaciers alpins, nous avons toujours, pour ne pas compliquer le sujet, parlé comme s'il n'y avait eu qu'une seule époque glaciaire : il y en a eu réellement deux. Une première, plus étendue, c'est celle pendant laquelle les glaciers du Rhône et de l'Isère ont dépassé le Jura et se sont étendus jusqu'à Lyon. A la même époque, le glacier du Rhin atteignait les Vosges. Les *moraines*, les *gros blocs erratiques* appartiennent à la seconde époque. C'est le professeur **Oswald Heer**, botaniste et géologue de Zurich, qui a le mieux établi l'existence de ces deux époques. Voici les faits : près d'Utznach et de Dürnten, à l'extrémité du lac de Zurich, à Mœrschweil, dans le canton de Saint-Gall, et à Unterwetzikon, dans celui de Zurich, se trouvent des *bancs de lignite* ou *bois fossile*. M. **Heer** a reconnu que ces lignites avaient été formées par des essences actuellement existantes en Suisse, le sapin, le pin sylvestre, l'if, le mélèze, le bouleau, le chêne, l'érable-sycomore, accompagnés de plantes marécageuses également communes dans les environs encore aujourd'hui; mais le plus extraordinaire, c'est que ces lignites sont accompagnés d'ossements et de dents d'éléphant (Elephas antiquus, forme très-rapprochée de l'éléphant d'Afrique). Un squelette presque complet de rhinocéros (Rhinoceros Merkii, voisin du rhinocéros à deux cornes du Cap), a été exhumé à Dürnten, avec un bœuf (Bos primigenius). On a trouvé de plus des dents de l'ours des cavernes (Ursus spelæus). Ces animaux, tous disparus, vivaient donc au milieu d'une végétation semblable à la végétation que nous connaissons et par conséquent sous un climat peu différent du climat actuel; mais ces animaux et ces plantes ont été précédés d'une époque glaciaire. En effet, les lignites comme les ossements reposent sur un *lit de cailloux erratiques* provenant des Alpes, dont quelques-uns sont manifestement *rayés*. Les traces de ce terrain glaciaire ancien ont été retrouvées aux environs de Nyon dans le canton de Vaud, à Thonon dans la haute Savoie, par les géologues suisses, et en Dauphiné par M. **Scipion Gras**.

Ainsi donc à une époque dont l'imagination n'ose fixer ni l'éloignement ni la durée, des chênes, des pins, des sapins, des mélèzes croissaient en Suisse; mais des animaux disparus aujourd'hui parcouraient ces forêts. Cette époque si semblable à la nôtre est intercalée entre deux périodes glaciaires. En effet, si nous demandons maintenant à

M. Heer et à ceux qui ont étudié ces curieuses localités quels sont [illegible]
couvrent ces lignites et ces ossements, ils nous apprendront quelles [illegible]
géologiques qui ont succédé à la première période glaciaire. On trouve [illegible]
seur de *cailloux roulés stratifiés*, c'est-à-dire disposés par [illegible]
riaux ne sont pas de même volume, tantôt sable, tantôt cailloux de [illegible]
C'est ce que l'on nomme un terrain diluvien ou diluvium, déposé par [illegible]
rantes. Sur ce diluvium reposent les *moraines et les gros blocs erratiques* [illegible]
par les glaciers pendant la seconde période. Si la Suisse et la Savoie [illegible]
exemples semblables, on ne serait pas en droit d'affirmer l'existence de [illegible]
glaciaires; mais nous verrons ces deux périodes se dessiner d'une manière [illegible]
irrécusable dans les Iles-Britanniques et dans le nord de l'Amérique. [illegible]
qu'elles ont existé partout; mais partout aussi c'est la seconde qui a laissé [illegible]
plus nombreuses, les plus manifestes, c'est celle que les géologues ont [illegible]
rement étudiée.

IX. — Anciens glaciers des Pyrénées.

Nous savons déjà que les glaciers actuels des Pyrénées restent [illegible]
des montagnes et ne descendent point dans les vallées : ce sont des [illegible]
ordre [1], ils n'ont pas moins à une certaine époque envahi toute la [illegible]
situation méridionale des Pyrénées et la moindre hauteur des cimes [illegible]
parée à celles des Alpes, quelques-uns de ces glaciers ont débouché dans la [illegible]
qu'on a pénétré dans les vallées pyrénéennes, les traces glaciaires se [illegible]
côtés. Je me bornerai à signaler aux lecteurs les localités les plus [illegible]
que les roches *moutonnées*, *polies* et *striées* du col de Venasque et de la [illegible]
sur la route de l'hospice à la Maladetta — celles des environs du Lac-Bleu, [illegible]
serpentineux polis et lustrés à l'entrée de la gorge de Scia, les roches [illegible]
amont du chaos de Gavarnie, au-dessus de Gèdre, aux alentours du [illegible]
de Cauterets — les *surfaces striées* qu'on laisse à gauche de la route [illegible]
aux Eaux-Chaudes et entre ces thermes et la belle grotte traversée par [illegible]
blocs erratiques ne manquent nulle part, mais les *moraines* les plus [illegible]
d'abord celle qui a barré le lac d'Oo, une autre qui s'étend de Garin à [illegible]
bouché de la vallée d'Oo. Les anciennes moraines latérales du [illegible]
dans la vallée de Grip, au sommet de celle de Campan, sont aussi [illegible]
celles des Alpes le plus souvent citées. Toutes les promenades aux [illegible]
Bonnes ont été découpées dans des *moraines*, et on peut y reconnaître les [illegible]
tiques les plus communes des Pyrénées : les *granites blancs* de la chaîne [illegible]
calcaires noirs et les *ophites*. Dans la plupart de ces *moraines*, on trouve, [illegible]
avec soin, des *cailloux rayés* ou *frottés*. Tous les signes caractéristiques de [illegible]
glaciers se rencontrent donc réunis dans les Pyrénées. Le plus [illegible]
qui, partant des cirques de Gavarnie et de Troumouse, descendait vers Luz, [illegible]
vait l'affluent de Baréges, puis à Pierrefitte, où il était rejoint par celui de [illegible]
au pied du pic de Viscos. De là les deux glaciers réunis s'avançaient dans la [illegible]
d'Argelez et arrivaient à Lourdes. Les innombrables *blocs erratiques*, [illegible]
tagne de Beout et en face sur le pic de Geer, montent jusqu'à une hauteur de [illegible]
au-dessus du gave de Pau. La limite supérieure de ces blocs nous démontre [illegible]
cier avait cette épaisseur lorsqu'il débouchait de la vallée d'Argeles dans la plaine sou-
pyrénéenne. Aussi s'est-il étendu plus loin et a-t-il laissé aux environs de Lourdes [illegible]
grand nombre de *blocs* et de *moraines*, témoins des longues stations qu'il a faites en [illegible]
retirant. Le chemin de fer de Lourdes à Tarbes coupe dans l'espace de 4 kilomètres [illegible]
moraines terminales, dont la dernière est située immédiatement après le village d'Ad[illegible]

[1] D. A. Glaciers simples sans autres affluents.

Les tranchées de la voie ferrée de Lourdes à Pau sont coupées dans le *terrain erratique* jusqu'au village de Peyrouse. Le lac de Lourdes, qui rappelle sous tant de points de vue les jolies lacs de l'Écosse, est un *lac morainique :* son écoulement se fait en amont, et ses eaux se versent dans le gave de Pau, près de Birens. Les alentours du lac sont couverts de *blocs erratiques* de granite énormes. Les plus gros de ces blocs se trouvent entre le lac et le village de Poueyferré. J'en ai mesuré un avec mon ami M. **Édouard Collomb**, qui avait 9m50 de long, 7m40 de large et 3m60 de haut. Beaucoup de ces blocs sont dans des positions très-pittoresques; c'est dans les terres incultes envahies par les fougères et les ajoncs, au milieu des bois de chênes et de châtaigniers, qu'il faut les chercher, et la vue de ces beaux blocs nous a fait souvent regretter que la colonie de paysagistes établie près de la forêt de Fontainebleau ne détachât pas un de ses membres pour peindre ces groupes pittoresques. **Calame** donnait jadis rendez-vous à ses élèves au milieu des *blocs erratiques du Kirchet*, près de Meyringen; ceux des environs de Lourdes n'ont rien à leur envier, et la vue des Pyrénées dans le lointain forme un fond de paysage plus grandiose que les contre-forts trop rapprochés de la vallée de Hasli. Les principales roches à l'état erratique autour de Lourdes sont les *granites blancs*, les *quartzites rougeâtres*, les *schistes maclifères*, les *ophites vertes* et les *calcaires noirs*, souvent *usés* et *rayés*. Le géologue qui voudrait d'autres preuves du long séjour que le glacier a fait sur ces collines aujourd'hui si riantes, n'a qu'à visiter la *Grotte-Miraculeuse*, à 2 kilomètres de Lourdes. Sur la route, il verra des rochers calcaires exploités en carrières, *arrondis*, *polis* et *striés* partout où les ouvriers ont mis la surface à découvert. L'église qui surmonte la grotte est elle-même construite sur une *roche moutonnée* et placée devant une *moraine* composée en grande partie de *boue glaciaire* dans laquelle les *cailloux rayés* ne sont pas rares. Nous nous sommes assurés, M. **Collomb** et moi, que la limite extrême du glacier de Lourdes passait par les villages de Peyrouse, Loubajac, Adé, Juloz et Arcizac-ès-Angles. Au delà, la plaine est nivelée comme la surface d'un lac, et s'étend jusqu'au plateau de Lannemezan, dont l'origine et la nature géologique sont encore à l'état de problème.

Les autres anciens glaciers des Pyrénées ne paraissent pas être sortis des vallées pour déboucher dans la plaine. Les accumulations de *matériaux erratiques* que l'on trouve à l'issue de ces vallées ne portent pas des signes assez caractéristiques de leur origine glaciaire pour qu'on puisse affirmer dès aujourd'hui qu'elles ne sont pas uniquement l'œuvre des eaux diluviennes. Ces terrains réclament de nouvelles études. La **Société Ramond**, fondée pour l'exploration des Pyrénées, compte parmi ses membres des géologues assez autorisés pour dissiper les doutes qui planent encore sur l'agent qui a transporté ces innombrables débris empruntés à la chaîne pyrénéenne.

On a signalé des preuves de l'ancienne extension des glaciers sur l'autre versant des Pyrénées, dans les vallées d'Essera et de Carol, aux alentours de la forteresse de Mont-Louis; mais la topographie complète de ces *domaines erratiques* est encore à faire. Nous savons seulement, par le regrettable géologue espagnol **Casiano de Prado**, que les dernières traces se trouvent dans les montagnes de Galice. Au sud de cette chaîne, on n'en rencontre plus. Malgré les explorations des deux géologues très-compétents, MM. **Schimper** et **Collomb**, nous resterons dans le doute au sujet de la *Sierra Nevada* de Grenade. Les terrains de transport qu'ils y ont aperçus pourraient bien être l'œuvre des eaux, et eux-mêmes hésitent à leur attribuer une autre origine*. En Afrique,

* D. A. L'ami **Schimper**, mon fils **Gustave** et moi accompagné de mon guide, chef des Alpes, *Hans Jaun*, avons exploré la Sierra Nevada. Nous avions pris gîte pendant trois jours dans une espèce de cabane en pierre, sur un plateau (col) 2,400 mèt. alt., dominé par le pic *Veleto*. J'ai rapporté une surface de roche parfaitement *polie* et *striée*, que j'ai détaché à peu de distance de notre campement. En descendant de la station à Grenada nous avons vu des *blocs erratiques* et des *galets rayés*. Nous avons surtout été surpris de voir des hauteurs de lehm (boue de glacier), sur les rives de la vallée d'une hauteur très-grande, plus de 100 mèt. d'élévation. De Malaga à Grenada par le chemin de mulet, on ne voit pas de *moraines*, ni de *blocs erratiques*. Ce n'est qu'après la fonte des neiges que le glacier a diminué fortement; laissant alors

la chaine de l'Atlas et les montagnes de la Kabylie, où les érosions aqueuses ont joué un rôle si considérable, ne présentent aucune trace de *terrain erratique*. C'est donc en Espagne, sous le 42e degré, que nous poserons en Europe la dernière limite de l'ancienne extension des glaciers autour des massifs montagneux. Cette limite se rapprocherait évidemment de l'équateur, si l'Espagne ou l'Italie méridionale avait des montagnes plus élevées et des massifs plus considérables.

X. Anciens glaciers des Vosges et du Jura.

Les cirques élevés des Alpes et des Pyrénées recèlent encore les restes et pour ainsi dire les embryons de ces immenses glaciers qui ont jadis couvert les plaines environnantes. Il n'en est pas de même des Vosges, dont les sommets les plus élevés, le Hoheneck, le Drumont, le Belchenberg, le ballon d'Alsace, celui de Guebviller, ne s'élèvent pas même à 1,500 mètres au-dessus de la mer : aussi actuellement les neiges disparaissent-elles complétement en été dans la chaîne des Vosges, qui ne compte pas un seul glacier en activité; mais, pendant la période de froid, les vallées qui descendent des points culminants étaient occupées par des glaciers permanents de plusieurs kilomètres d'étendue. Comme ceux des Alpes, ils ont *poli* et *strié* les durs *granites* des Vosges et édifié des *moraines* à leur extrémité[1]. Dès 1838, elles avaient été signalées par le colonel du génie **Félix Leblanc**, puis décrites par MM. **Renoir**, **Hogard** et **Éd. Collomb**. Ces *moraines* sont d'autant plus frappantes, qu'elles ont précisément les dimensions de celles que les glaciers actuels construisent de nos jours. En effet, les anciens glaciers des Vosges n'étaient pas plus grands que ceux de la Suisse ne le sont aujourd'hui. Quand le géologue se trouve en présence d'une *moraine* de 600 mètres de haut, telle que la Serra, près d'Ivrée, ou au milieu d'une contrée couverte tout entière de débris erratiques, telle que les environs de Varese, en Piémont, ou ceux de Peschiera, en Vénétie, son imagination est effrayée et sa raison hésite. Rien de semblable dans les Vosges. Tous les effets du glacier sont sous nos yeux comme nous les retrouvons en Suisse, la glace seule a disparu. Ainsi un glacier descendait jadis des hauteurs du Hoheneck dans la vallée de Saint-Amarin; il avait 15 kilomètres de long. Dans son trajet, il a déposé des débris en amont de tous les monticules qui font saillie dans la vallée ; *poli* et *strié* les roches schisteuses où elle a été creusée; et édifié à son extrémité *trois moraines terminales*, couvertes de *blocs erratiques*, au milieu desquels s'élèvent les belles manufactures de Wasserlingen. Deux longues *moraines latérales* accompagnaient ce glacier dans tout son parcours. Les limites de ce glacier et celles des affluents sont si évidentes que **M. Éd. Collomb**[2] a pu restaurer l'ancien glacier de Saint-Amarin, comme un habile architecte restaure un temple antique à l'aide des fondations que ses fouilles mettent à découvert et des pans de l'édifice qui subsistent encore. Un autre glacier descendait dans la vallée Giromagny, et ses dernières *moraines* portent la ville de même nom; mais le plus intéressant est celui de la vallée de Gerardmer. Descendu également des hauteurs du Hoheneck, il a déposé ses *moraines terminales* près de Rainbrice, au-dessus du Tholy[3]. Ces *moraines* forment un triple barrage qui ferme entièrement la vallée. Les eaux des parties supérieures, arrêtées dans leurs cours, entretiennent des marais tourbeux qui occupent le fond du bassin. Une seconde *moraine*, précédée également en amont d'une tourbière, se trouve près de la scierie du Belliard, et plus haut une troisième *moraine* a créé le lac de Gerardmer. La *digue morainique* le barrant complétement, le lac

les roches à découvert.— Une confirmation de ces chutes de neige hors lignes en quantité est encore confirmé aujourd'hui, à de faibles distances de notre gîte, 2,400 mèt. alt.; se trouvaient des plaques (amas) de neige, plusieurs d'une superficie de plusieurs hectares d'une hauteur de 2 à 3 mètres.

[1] D. A. A leur extrémité, à une certaine époque qui n'est pas celle de leur grande extension.

[2] *Preuves de l'existence d'anciens glaciers dans la vallée des Vosges*, pl. I.

[3] Voyez la feuille 85 de la carte de l'état-major.

se déverse par son extrémité supérieure, près du village de Gerardmer, dans une gorge appelée la Gauche-de-Vologne. Ce lac présente donc ce caractère des *lacs morainiques* que nous avons déjà signalé chez ceux d'Orta, de Varese, de Lourdes, etc. Plus haut, on rencontre de nouveau une *moraine* précédée d'une tourbière, et on arrive au joli lac de Longemer, dont l'origine est la même que celle du lac de Gerardmer. Son écoulement se fait par l'aval, mais ses eaux vont rejoindre celles de Gerardmer dans la Gauche-de-Vologne. Le lac de Retournemer n'est pas morainique, il est contenu dans une cuvette de granite porphyroïde. Si, traversant le Fachepremont, le voyageur entre dans l'étroit vallon de Chayoux, il trouvera le petit lac de Lispach également barré par une *moraine*, à laquelle en succède une série d'autres échelonnées d'amont en aval, jusque dans le voisinage de la Bresse. Dans les vallées de la Moselle et de la Moselotte, sur la route de Remiremont à Saint-Amarin, on reconnaît également de nombreuses *moraines* depuis Rupt jusqu'à Bussang. Au-dessus de Maxenchamp, on visite avec intérêt le petit *lac morainique* de Fondromé et de belles *roches polies* près du tissage des Maix.

Nous croyons en avoir dit assez pour éveiller chez le lecteur le désir d'étudier le phénomène erratique dans la contrée où il est le plus facile à embrasser dans son ensemble, et à visiter dans ses détails, sans fatigue et sans difficultés, au milieu des sites les plus admirables et dans le voisinage de villes ou de stations thermales, telles que Luxeuil, Remiremont, Thann, Bussang et Plombières. Pour guides, le voyageur aura les ouvrages si bien illustrés de MM. **Hogard** et **Collomb**, et pour terme de comparaison les glaciers des Alpes que la vapeur a mis à quelques heures de leurs anciens voisins de la chaîne des Vosges. Situé en face d'elle, le Schwarzwald ou *forêt Noire recèle aussi des traces d'anciens glaciers*, mais moins évidentes que celles que nous venons d'indiquer.

La chaîne du Jura, dont les points les plus élevés, le Chasseral, la Dôle, le Grand-Colombier de Gex et le Reculet, sont compris entre 1,617 et 1,720 mètres, a eu ses propres glaciers pendant la période de froid. Les traces en sont peu visibles, et cela pour deux raisons bien simples. 1° Le Jura ayant été envahi par les immenses glaciers du Rhône et de l'Isère, ceux-ci ont laissé leur empreinte à la surface du sol, et le géologue est embarrassé pour distinguer la *roche polie* et *striée* par le glacier alpin de celle qui le serait par un petit glacier jurassique; 2° la chaîne est entièrement calcaire : il en résulte que les blocs et les cailloux glaciaires le sont aussi, et la nature de la roche en place est souvent identique à celle des matériaux erratiques qu'elle supporte. Dans les Alpes, les Pyrénées et les Vosges, il en est rarement ainsi. Les *moraines*, composées de roches cristallines, reposent sur des schistes, des calcaires, du terrain crétacé ou de la molasse, et le contraste de ces roches disparates facilite singulièrement le diagnostic des *moraines* qui se distinguent à première vue des éboulements et des autres accumulations de terrain de transport avec lesquels on pourrait les confondre.

XI. Anciens glaciers des autres chaînes de montagnes.

C'est en vain que de savants géologues ont cherché les traces d'anciens glaciers dans les montagnes de l'Auvergne et dans celles des Cévennes. Peut-être ces chaînes n'en ont-elles jamais recélé à cause de leur situation plus méridionale et du peu d'élévation qu'elles présentent. Cependant, en Auvergne, le Puy de Sancy a 1,886 mètres d'altitude, le Plomb du Cantal 1,856. Dans les Cévennes et la Lozère, le Crucidas s'élève à 1,718 mètres, le mont Lozère à 1,690 et l'Aigoual à 1,564 mètres ; mais dans les deux pays le granite, qui fournit partout les *blocs erratiques* les plus volumineux et les plus durables, se décompose si facilement que, si jamais des blocs de cette roche ont été transportés par d'anciens glaciers, ils se sont désagrégés et ont disparu depuis longtemps. En Auvergne, un autre phénomène, probablement postérieure à l'extension des glaciers, les éruptions des pays volcaniques vomissant des cendres, des rapilli et des bombes, les coulées de laves épanchées dans les vallées ont détruit et masqué le *phénomène erratique*.

Toutes les parties du globe étudiées sous ce point de vue offrent des preuves de l'ancienne extension des glaciers dans les montagnes assez hautes pour en présenter encore quelques restes. Je rappellerai seulement les *chaînes du Caucase, de l'Himalaya, des Cordillères*, de la *Nouvelle-Zélande*, énumérées déjà dans l'article précédent. Partout dans ces montagnes on a constaté que les glaciers ont eu jadis plus d'étendue que dans la période actuelle.

Sur les côtes de la partie méridionale du Chili, par 43 degrés de latitude sud, d'innombrables *blocs granitiques* originaires des Cordillères bordent la côte, où Charles Darwin les a observés le premier ; ils sont communs autour du lac Llanquihue, siége d'une colonie allemande très-florissante. Le Dr Fonck, médecin de cette colonie, les a trouvés surtout abondants à l'entrée du golfe étroit de Reloncavi et en face de toutes les vallées qui descendent de la Cordillère[1].

Le fait le plus récent et le plus extraordinaire en ce genre a été signalé dernièrement par le professeur Agassiz[2] au Brésil. Les collines de Tijuca, élevées de 500 mètres au-dessus de la mer et situées à 11 kilomètres de Rio Janeiro, sont couvertes de *blocs erratiques* aussi bien caractérisés que ceux de la Nouvelle-Angleterre. L'état de désagrégation de toutes les roches du Brésil, granite, gneiss, micaschiste, schiste argileux, rend l'étude du phénomène glaciaire fort difficile : on ne trouve pas de *roches polies ou striées*, et la couche meuble, résultat de leur décomposition, masque ou simule le terrain erratique transporté par les glaciers.

Nous venons d'exposer succinctement, mais complétement, l'état de nos connaissances actuelles sur l'ancienne extension des glaciers dans les chaînes de montagnes et les plaines qui les environnent. Dans une dernière étude, on traitera de l'extension des glaces polaires en Europe et en Amérique et des modifications de la flore et de la faune du globe pendant cette période. Nous verrons que l'homme existait pendant ou même avant la seconde période glaciaire. Enfin, nous indiquerons les hypothèses proposées pour les expliquer toutes deux. Nous n'en adopterons aucune : elles prouvent une fois de plus combien la science est riche de faits et pauvre d'explications. Les questions de cause et d'origine feront éternellement le désespoir de la curiosité humaine. Un point d'interrogation, telle est l'invariable conclusion de ce genre de recherches.

III.

LES GLACIERS POLAIRES, LA FLORE ET LA FAUNE PENDANT LA PÉRIODE GLACIAIRE.

Les pôles terrestres sont entourés de deux calottes de glaces éternelles qui se prolongent plus ou moins loin vers le sud suivant les différents méridiens, et sont formées par l'ensemble des glaciers polaires. Quand ceux des chaînes de montagnes situées dans l'intérieur des continents descendaient dans les plaines environnantes, les deux calottes polaires ne restaient pas immobiles, elles s'avançaient vers l'équateur, envahissant d'immenses surfaces appartenant aux deux hémisphères du globe. Notre tableau de la période glaciaire ne serait donc pas complet, si nous ne parlions pas de cette extension des calottes polaires, phénomène plus grandiose et plus important dans ses conséquences que ceux dont nous nous sommes occupés jusqu'ici.

[1] Petermann's *Geographische Mittheilungen*, 1866, p. 469.
[2] *Annual Report of the trustees of the Museum of comparative Zoology at Harvard College*, 1865. Boston, 1866.

Autour du pôle boréal, toute la presqu'île scandinave (le Danemark y compris), du Cap Nord à Copenhague, la Finlande et la Russie orientale depuis le Niémen jusqu'à la mer Blanche, l'Écosse, l'Irlande tout entière, le nord de l'Angleterre jusqu'au canal de Bristol, étaient ensevelis sous ce froid linceul. Dans l'Amérique septentrionale, le Labrador, le Canada et les États-Unis jusqu'à la latitude de New-York (40° 42'), qui est celle de Madrid, formaient une mer de glace d'où émergeaient à peine quelque rares sommets. Pour le nord de l'Asie, les documents nous font défaut. Le pôle sud étant environné de tous côtés par la mer, la calotte de glace n'a pu s'établir sur la terre, c'est la mer ellemême qui devait être constamment gelée.

XII. La période glaciaire en Scandinavie.

Étudions d'abord le phénomène en Scandinavie et en Finlande, où il a frappé depuis longtemps les observateurs par sa grandeur et sa généralité. A l'époque du maximum d'extension, la Norvége, la Suède, la Finlande et la Russie orientale jusqu'au lac Ladoga étaient un fond de glacier. Aussi toutes les roches dures, sans exception, y sont-elles *moutonnées*, *polies* et *striées*. Le côté choqué par le glacier et arrondi par lui (stoss-side des géologues scandinaves) est tourné en général vers le nord, le côté escarpé (lee-side), épargné par l'action burinante, regarde le midi. En Finlande, pays ondulé, mais peu accidenté, la direction des *stries* est du nord-ouest au sud-est[1]. En Scandinavie, l'arête de montagnes qui forme l'axe de cette grande presqu'île divisait la calotte de glace en deux branches, l'une orientale, l'autre occidentale : aussi en Suède les *stries* sont-elles dirigées du nord-ouest au sud-est comme en Finlande, en Norvége du nord-est au sud-ouest ; dans les deux pays, elles descendent des montagnes vers la mer. Ai-je besoin d'ajouter que ces directions ne sont pas absolues, et qu'elles souffrent de nombreuses exceptions, dues à la configuration des grandes vallées et à la pression mutuelle des glaciers les uns contre les autres? Pour s'en assurer, il suffit de jeter un coup d'œil sur la carte d'une partie du golfe de Hardanger (*Hardangerfird*), au sud de la Norvége, que M. Sexe (de Christiania) a récemment publiée[2]. La direction des stries est celle des vallées et des fiords qui se jettent dans le golfe principal sous des angles divers : de là, sur la carte de M. Sexe, des systèmes de flèches qui se croisent, et sont même quelquefois dirigés en sens inverse l'un de l'autre.

Lorsque l'eau du fiord est transparente et tranquille, on voit les stries se prolonger au-dessous de la surface liquide. Tantôt elles plongent, tantôt elles émergent sous des inclinaisons variables pour chaque point. Sur les parois des rochers, on les reconnaît encore à de grandes hauteurs : ainsi dans le Soerfiord elles sont très-visibles à 470 mètres au-dessus de la mer. Ce même fiord ayant en cet endroit 375 mètres de profondeur, il en résulte que l'épaisseur du glacier était de 850 mètres, si, comme ceux du Groenland, il descendait sans se fondre dans une mer dont la température était inférieure à zéro. Ce chiffre ne doit pas nous affrayer ; M. Rink[3] a vu dans le pays que nous venons de nommer des glaciers de 630 mètres de puissance. Si au contraire la température de la mer était supérieure à zéro, comme elle l'est sur les côtés du Spitzberg pendant l'été, alors l'ancien glacier du Hardangerfiord fondait au contact de l'eau, et ne conservait qu'une épaisseur de 470 mètres. Au Spitzberg, il existe des glaciers dont l'escarpement terminal s'élève à 120 mètres au-dessus de l'eau qu'ils surplombent.

Tous les naturalistes voyageurs ont retrouvé ces *stries glaciaires* sur le large plateau qui sépare la Suède de la Norvége, et dont la hauteur moyenne est de 1,000 mètres en-

[1] *Nordenskioeld*, *Beitrag zur Kenntniss der Schrammen in Finnland*, 1863.
[2] Cette carte, qui fait partie de l'ouvrage intitulé *Traces d'une époque glaciaire dans les environs du Hardangerfiord*, contient l'indication des stries qui sont figurées par des flèches. — Christiania 1866.
[3] *Description du Groenland*, t. Ier, p. 14.

viron au-dessus de la mer. On les observe jusqu'à cette altitude partout où la roche est à nu et non décomposée par l'action séculaire des agents atmosphériques. Sur quelques points, des raies ont été signalées à des hauteurs supérieures à 1,000 mètres; **M. Siljestroem** en a trouvé sur les flancs du Sneehaetten à 1,234 mètres, **M. Keilhau** à 1,800 mètres, sur le plateau entre Halingdaler et Hardanger. Ces faits concourent à prouver qu'à l'époque glaciaire une calotte continue recouvrait le grand plateau scandinave. L'envahissement des glaciers se compliquait encore d'un autre phénomène, celui des oscillations du sol. Déjà en 1731 l'astronome suédois **Celsius** et le grand naturaliste **Linné** traçaient une marque coïncidant avec le niveau de la mer sur un rocher de l'île de Loeffgrund, située en face de Teflle, dans le golfe de Bothnie. Treize ans plus tard, la marque était à $0^{m},18$ au-dessus du niveau de l'eau, ce qui indiquerait un soulèvement lent de la côte de $1^{m},385$ par siècle sur ce point du littoral suédois[1]. L'académie de Stockholm, poursuivant les observations de ses illustres membres **Celsius** et **Linné**, s'est assurée que ce mouvement ascensionnel se continuait de nos jours ; il remonte fort loin dans la série des siècles. En effet, on trouve le long de la côte suédoise dans l'intérieur des terres, des monticules à base elliptique dont le grand axe est parallèle au rivage. Ils sont de forme arrondie et se composent en entier de sable, de gravier, de cailloux et de coquilles brisées. A la surface de ces monticules gisent de *gros blocs erratiques* d'une structure minéralogique différente de celle des roches de la contrée voisine. En suédois, on donne à ces collines le nom d'*osars*, nom que les géologues ont adopté. Le plus célèbre de ces osars est celui d'Upsal, qui porte le château dans lequel Christine de Suède fit son abdication; tous sont des bancs de sable émergés par le soulèvement de la côte. Les coquilles qu'on y trouve vivent dans les eaux du golfe de Bothnie et plus souvent encore dans les mers arctiques. Les *blocs erratiques* y ont été déposés par des glaces flottantes. Le niveau actuel du littoral suédois est donc le résultat d'un exhaussement postérieur à la période de froid.

Mais pendant la première époque glaciaire la côte était probablement plus relevée qu'elle ne l'est de nos jours : en effet, tous les terrains de transport récents, quelle qu'en soit la date, sont supérieurs aux *roches striées* ou reposent sur elles. Le polissage des rochers a donc précédé tous les phénomènes glaciaires et aqueux de la péninsule. Les osars, les argiles coquillières (skalenschicht) émergés recouvrent partout des *roches polies et striées*. Sur beaucoup de points du rivage, nous l'avons déjà dit, les *stries* se prolongent sous l'eau à de grandes profondeurs, et la direction qu'elles suivent, la même généralement sur des provinces entières, prouve qu'une nappe de glace d'une grande épaisseur enveloppait toute la Scandinavie. La direction du nord-ouest au sud-est des *stries glaciaires* en Finlande, continuation de celles de la Suède, démontre également qu'un grand glacier descendu des montagnes de la Scandinavie s'étendait sur les deux pays. Le golfe de Bothnie, si peu profond de nos jours, était probablement à sec, comme il finira par l'être de nouveau, si le soulèvement de la côte suédoise continue encore pendant quelques centaines de siècles. Durant la première époque glaciaire, la Scandinavie n'était donc point une presqu'île, c'était une région continentale unie à la Finlande et au Danemark.

En Norvége, sur la côte occidentale de la presqu'île scandinave, le mouvement ascensionnel de la côte s'est arrêté, mais tout annonce qu'il a eu lieu antérieurement. Déjà en 1824 un illustre géologue français, **Alexandre Brongniard**, détachait des balanes adhérentes aux rochers gneissiques d'Udevalla, près de Gothembourg, à 63 mètres au-dessus de la mer. — En 1846, M. **Désor** trouvait près de Christiania des *serpules* fixées sur une roche *polie* et *striée*, à 55 mètres d'altitude. Un grand nombre d'autres observateurs, **Keilhau, Eugène Robert, Daubrée, Bravais, Chambers, Vogt** et **Sexe**, ont signalé tout le long du littoral, à partir de Christiania jusqu'à

[1] Voyez, dans la *Revue* du 1er janvier 1865, le travail de M. **Élisée Reclus** sur *les Oscillations du sol terrestre*.

[illegible]merfest, des traces non équivoques d'anciennes oscillations de la côte norvégienne. Ces traces sont de deux sortes. Quand la côte est rocheuse, on voit des érosions échelonnées les unes au-dessus des autres et en apparence parfaitement horizontales. Dans ces érosions, on trouve des galets, des coquilles brisées, des cavités creusées par les eaux. [illegible] un mot toutes les traces d'un ancien rivage de la mer. Bravais a prouvé le premier que ces lignes, en apparence horizontales et par conséquent parallèles entre elles dans l'espace que l'œil peut embrasser, ne sont ni horizontales ni équidistantes lorsqu'on en mesure l'écartement vertical sur des points suffisamment éloignés, preuve géométrique que c'est le littoral qui se soulève et non la mer qui se retire. Quand la côte n'est pas rocheuse, des terrasses sablonneuses, régulières comme des ouvrages de fortification, s'élèvent en retrait les unes au-dessus des autres. Ces terrasses sont d'*anciennes moraines*; mais les formes régulières qu'elles affectent et les coquilles marines qu'on y [illegible] montrent qu'elles ont été déposées sous les eaux, ou bien remaniées par elles lorsque la côte s'est enfoncée de nouveau. La zoologie, d'accord avec la géologie, nous prouve que le littoral était immergé à la fin de la *première période glaciaire* ou immédiatement après. Les coquilles des osars suédois comme celles des terrasses norvégiennes indiquent une mer plus froide, un climat plus rigoureux. Ainsi dans le dépôt d'Udevalla, près de Gothembourg, et dans d'autres qui s'élèvent jusqu'à 200 et même 250 mètres au-dessus de la mer, on trouve des coquilles parfaitement conservées, qui pour la plupart n'existent plus dans les profondeurs des mers voisines, où elles ne sauraient vivre, mais se voient seulement dans les eaux glaciales qui baignent les côtes de l'Islande, du Spitzberg et du Groënland[1]. Nul doute sur leur identité, car elles ont été comparées par deux naturalistes suédois, MM. **Lovén** et **Torell**, aux échantillons apportés par eux-mêmes du Spitzberg. Il y a plus : il existe encore dans les profondeurs des lacs suédois de Wennern et de Wettern des animaux vivants, des crustacés, dont l'espèce date de l'époque glaciaire[2]. Alors ces lacs communiquaient avec le golfe de Bothnie, et celui-ci avec la mer polaire. Quand les eaux de ces bassins, isolés de la mer par l'exhaussement de la péninsule, ont perdu peu à peu le sel qu'elles tenaient en dissolution, les générations successives de ces crustacés se sont accoutumées d'abord à l'eau saumâtre, puis à l'eau douce. Animaux à la fois fossiles et vivants, ils sont restés oubliés, pour ainsi dire, dans les grandes profondeurs de ces lacs, et se sont propagés pendant une longue série de siècles, depuis la période de froid jusqu'à nos jours.

Étudions maintenant la seconde époque glaciaire telle qu'elle s'est produite en Scandinavie. Depuis longtemps, on avait signalé comme des curiosités naturelles les *nombreux blocs épars* dans les plaines sablonneuses de l'Allemagne septentrionale et de la Russie d'Europe. On ignorait d'où provenaient ces blocs, on ne comprenait pas comment ils avaient pu être transportés. Ces masses imposantes avaient frappé l'imagination superstitieuse des peuples, et jouaient un grand rôle dans les cérémonies mystérieuses du culte druidique. Le bloc le plus méridional de l'Allemagne, par 51° 10' de latitude, signale la place où Gustave-Adolphe tomba victorieux sur le champ de bataille de Lützen, près de Leipzig. La statue équestre de Pierre le Grand à Pétersbourg, par **Falconnet**, représente le fondateur de cette capitale sur un cheval qui gravit un rocher escarpé : ce rocher est un *bloc erratique* de la Finlande ; il gisait dans un marais, à 6 kilomètres de la ville, et fut amené avec des peines infinies sur la place Isaac, où il figure aujourd'hui. Enfin la vasque gigantesque qui se trouve devant le musée de Berlin, n'est que la moitié d'un bloc erratique dont l'autre moitié gît encore non loin de la ville de Fürstenwalde, éloignée de 45 kilomètres à l'est de la capitale. Tous ces *blocs* ont été transportés par des glaces flottantes pendant la période glaciaire. Fidèles à la méthode qui consiste à expliquer les phénomènes géologiques par ceux dont nous sommes témoins à l'époque ac-

[1] Exemples : *Pecten islandicus*, *Arca glacialis*, *Mya udevallensis*, *Terebratella spitzbergensis*, *Tellina arctica*, *Tritonium gracile*, *Trichotropis borealis*, *Pilidium probum*, *Scalaria Eschrichtii*, *Margarita undulata*, etc.

[2] *Mysis relicta*, *Gammarus loricatus*, *Idothea entomon*, *Pontoporeia affinis*.

tuelle, examinons d'abord ce qui se passe aujourd'hui sous les yeux des navigateurs dans les mers arctiques.

Les glaciers polaires qui aboutissent à la mer, au Spitzberg et au Groënland sont démolis par leur propre poids ou par le flot : ils s'écroulent partiellement dans la mer, et leurs débris forment de grands convois entraînés par les marées et les courants ; ce sont les *glaces flottantes* ou *icebergs*. Le plus souvent elles sont composées d'une glace blanche à la surface, mais du plus beau bleu dans les parties creusées par l'action incessante des vagues qui les ballottent ; ces glaces portent souvent aussi à la surface ou enchâssés dans leur masse les débris tombés des montagnes qui dominaient le glacier dont elles faisaient partie. Au Groënland, *c'est quelquefois une portion considérable du glacier lui-même qui se détache, emportant avec elle les moraines qui la recouvrent.* Les anciens navigateurs, **Franklin, Ross, Parry**, avaient déjà signalé ces glaces flottantes chargées de pierres et de blocs. **Kane**[1], comprenant l'importance géologique qu'elles présentaient, les a observées avec plus de soin. Ces icebergs sont souvent énormes, et l'un d'eux, en face la baie de Dunera, dans la mer de Baffin, avait [illegible] mètres de haut, un autre 280 mètres de long sur 40 de haut. **Kane**, tenant compte de la partie plongée sous l'eau, dont le volume est huit fois celui de la partie émergée, estime le poids de ce dernier à 1 milliard 220 millions quintaux métriques. Le même navigateur a débarqué sur plusieurs de ces glaces flottantes et y a recueilli les *échantillons des blocs qu'elles transportaient :* c'étaient des quartz, des gneiss, des syénites, des diorites et des schistes argileux, par conséquent la même diversité de roches qu'on observe dans les *moraines* composées des glaciers actuels. Une autre glace flottante, rencontrée par **Kane**, était évidemment une portion latérale de glacier détachée de la masse principale, car sur une de ses faces on observait l'impression des saillies de la montagne avec laquelle elle était en contact, et à la surface l'extrémité de la *moraine latérale* qu'elle avait entraînée avec elle en se séparant. La glace flottante navigue ainsi chargée de débris, entraînée par les courants, ballottée par les marées et poussée par le vent ; dans les parages où l'eau est moins froide, elle commence à fondre ; le centre de gravité de l'iceberg se déplace, la masse oscille, se balance, prend une position différente de celle qu'elle avait auparavant, ou même chavire entièrement, au grand danger des bâtiments qui naviguent dans ses eaux. Alors les gros blocs de roche tombent au fond de la mer, tandis que les petits fragments restent incrustés dans la glace. Arrivée dans les latitudes plus tempérées, celle-ci fond de plus en plus, et les blocs, les graviers dont elle est chargée disparaissent successivement dans les profondeurs de la mer. C'est ainsi que les légions de ces icebergs qui descendent le long de la baie de Baffin couvrent de blocs et de fragments détachés des montagnes polaires le fond de l'Atlantique jusqu'à la latitude des Açores (40° 30'), au sud de laquelle on n'en rencontre plus. Ces convois naviguent dans un espace compris en latitude du 80e au 40e degré et en longitude du 70e au 40e. Même à leur limite méridionale, les glaces flottantes ont encore des dimensions considérables. **Couthouy** a vu des icebergs échoués sur les atterrages de Terre-Neuve par 200 et 250 mètres de profondeur.

Le voyage de l'une de ces glaces flottantes du fond de la baie de Baffin jusqu'au milieu de l'Atlantique dure plusieurs années. En voici la preuve. Le 15 mai 1854, le navire *Resolute*, un de ceux qui avaient été envoyés à la recherche de sir **John Franklin**[2], était pour la seconde fois pris dans les glaces au milieu du détroit de Barrow par [illegible] 40' de latitude et 104° 50' de longitude ouest du méridien de Paris. Sur l'ordre de l'amiral, sir **Edward Belcher**, l'équipage, qui avait déjà passé deux hivers dans les régions arctiques, fut autorisé à abandonner le navire pour rallier, en voyageant sur la glace, le *North-Star*, navire stationnaire à l'île Beechey. On croyait le *Resolute* per-

[1] *The Grinnel expedition in search of sir* **John Franklin**, *a personal narrative, by* [illegible] *Kent Kane.* M. D. U. S. N., 1854.

[2] Voyez la *Revue* du 15 janvier 1866.

à jamais, lorsqu'on apprit l'année suivante qu'il était arrivé aux États-Unis, et ne tarderait pas à revenir en Angleterre. Voici ce qui s'était passé : un baleinier américain de New-London, le *George-Henri*, commandé par le capitaine **Buddington**, naviguait en septembre 1855 dans le détroit de Davis, près du cap Walsingham, par 67 degrés de latitude. Il était entouré d'énormes glaces flottantes. L'une d'elles entraînait un corps noir qu'il était difficile de distinguer. Le capitaine **Buddington** soupçonna que ce pouvait être un navire, et après huit jours d'efforts il parvint à l'aborder : c'était le *Resolute* encore en assez bon état. Un certain nombre d'hommes furent mis à bord, et le *Resolute*, naviguant de conserve avec le George-Henri, touchait à New-York, fut acheté 300,000 francs par le gouvernement américain, qui le renvoya complétement réparé en Angleterre, où il a repris sa place dans la marine de l'État[1]. Le *Resolute* passait parmi les matelots anglais pour être un navire heureux (a happy ship), et sa dernière aventure a mis le sceau à sa réputation : entraîné par les glaces, il avait parcouru seul 1,800 kilomètres en seize mois.

On voit par cet exemple que les glaces flottantes des régions les plus reculées des mers arctiques charrient lentement vers le sud les blocs provenant des rochers de l'Amérique boréale, et les laissent tomber au fond de la mer jusqu'à la latitude des Açores, ou bien les déposent sur les côtes du Labrador, de Terre-Neuve et du Canada jusqu'à la hauteur de la ville d'Halifax. Que l'Océan se déplace un jour, comme cela est probable, que ce fond de mer devienne un continent pareil à nos continents actuels, qui sont aussi d'anciens fonds de mer émergés, et l'être intelligent, égal ou supérieur à l'homme, son successeur probable dans sa royauté terrestre, verra d'innombrables *blocs erratiques* originaires de l'Amérique boréale gisant à la surface du continent habité par lui. Ce spectacle, nous l'avons dans les plaines de la Russie, de l'Allemagne septentrionale, sur les côtes orientales de l'Angleterre et septentrionale du Finistère. En effet, les changements de niveau de la presqu'île scandinave nous enseignent qu'à l'époque glaciaire la distribution des terres et des mers n'était pas ce qu'elle est de nos jours. La côte ne s'élève ou ne s'abaisse pas seule ; le fond de la mer voisine participe à ce mouvement. Ainsi la profondeur du golfe de Bothnie diminue en même temps que la côte suédoise s'élève, et on peut prévoir le temps où les îles d'Aland uniront la Suède à la Finlande. Les *blocs erratiques* déposés jadis par les glaces flottantes sur les osars suédois formés sous les eaux, mais émergés depuis, nous prouvent que le littoral était enfoncé dans la mer à l'époque de la dispersion de ces blocs. Les anciens glaciers de la Scandinavie et de la Finlande aboutissaient donc à une Baltique dont les rivages se trouvaient à un niveau inférieur à celui qu'ils occupent aujourd'hui. En Allemagne, cette mer s'étendait jusqu'au pied des montagnes de la Bohême, en Pologne jusqu'aux Carpathes, en Russie jusqu'à l'Oural. Une portion de la côte orientale de l'Angleterre et du bord septentrional du Finistère étaient également sous l'eau. Dans la Russie d'Europe, les *blocs erratiques* couvrent une surface limitée par une courbe qui part de Kœnigsberg pour aboutir à Archangel. Elle a été tracée d'une main sûre par MM. **Murchison, de Verneuil et Keyserling**, qui partout, sur les bords de la Dwina et ailleurs, ont retrouvé des coquilles arctiques de cette mer glaciale. Les blocs de la Finlande sont originaires des Alpes laponnes, ceux des plaines de la Prusse et de la Pologne proviennent de la Suède, et ceux de la côte orientale d'Angleterre, de la Norvége, formant ainsi un immense éventail dont les rayons viennent aboutir à l'axe de la presqu'île scandinave. Ces blocs sont d'autant moins gros qu'ils sont plus éloignés de leur point de départ, parce que les glaces flottantes, diminuant de volume en fondant à mesure qu'elles s'avancent vers le sud, ne transportent plus à la fin de leurs parcours que de petits blocs ou de menus débris, tels que des cailloux ou des fragments de médiocre grosseur. Seuls, comme on le voit, les phénomènes glaciaires nous rendent compte du transport de ces

[1] Voyez pour les détails *The Eventfull voyage of the Resolute* 1852-53-54, by George **Mac Dougall**, Master, 1857.

blocs, dont l'origine étrangère était avérée longtemps avant qu'on pût expliquer comment ils étaient venus.

XIII. La période glaciaire dans les Iles-Britanniques.

On l'a vu, les Iles-Britanniques, depuis le nord de l'Écosse jusqu'à la latitude de Londres, sont couvertes d'un *terrain de transport glaciaire*. Les Anglais le désignent sous le nom de drift. La grande presqu'île des Cornouailles et la côte qui fait face à la France, comprenant les comtés de Cornwall, Devon, Somerset, Glocester, Wilts, Dorset, Hants, Sussex, Surrey et Kent, sont les seules où les terrains ne soient pas revêtus de ce manteau dont tous les matériaux sont étrangers au sol sur lequel ils reposent. Comme en Scandinavie, le phénomène se complique de l'exhaussement et de l'affaissement ou mieux de la subsidence du sol, pour employer un mot anglais dont la langue géologique réclame la naturalisation. Les mers qui baignent l'Angleterre sont peu profondes. Déjà, en 1834, **Henri de la Bèche** traçait une carte, améliorée depuis par **Lyell**, pour montrer le changement énorme qui se produirait, si la terre et le fond de la mer des Iles-Britanniques s'exhaussaient de 180 mètres seulement. Alors cet archipel formerait un grand continent uni à la France et à l'Allemagne, mais séparé de la Scandinavie par un étroit chenal.

Cet état de choses n'est point une pure fiction. La séparation de l'Angleterre et de la France date d'hier, géologiquement parlant. **Constant Prevost** et **M. d'Archiac** l'ont parfaitement démontré, le premier en signalant la concordance qui existe entre les couches de craie des deux rives de la Manche, le second en prouvant l'identité des nappes de cailloux roulés qui recouvrent la craie. A cette époque, la végétation continentale a envahi une première fois la plus grande partie des Iles-Britanniques. Des forêts semblables à celles de la Germanie couvrirent les coteaux de l'Angleterre. Les couches de lignite appelées forest-bed ou forêt sous-marine de Crommer, reconnues le long des côtés de Norfolk sur une longueur de 64 kilomètres, sont les restes de cette végétation primitive. Dans des circonstances favorables, à la marée basse et à la suite de grands coups de vent, on voit encore des troncs d'arbres debout, dont les racines plongent dans le sol ancien. Quelques-uns ont de 60 à 90 centimètres de diamètre, ce sont des pins, des sapins[1], des ifs, des chênes, des bouleaux, le prunellier commun[2], et des débris de plantes aquatiques, telles que le trèfle d'eau[3] et les nénuphars blancs et jaunes. Parmi ces arbres, l'un, le pin sylvestre, ne croît spontanément qu'en Écosse ; l'autre, le sapin, est complétement étranger à la flore actuelle d'Angleterre. Les plantes aquatiques prouvent que ces forêts étaient marécageuses. Ces *lignites* correspondent à celles de Dürnten, d'Uttznach et de l'Unterwetzikon en Suisse, dont nous avons parlé dans notre dernière étude : elles forment ce qu'on appelle un horizon géologique, c'est-à-dire un ensemble de dépôts contemporains malgré la grande distance qui les sépare, un point de repère certain pour juger l'âge relatif des terrains situés au-dessus et au-dessous de cet horizon. Au milieu de ces lignites, MM. **Gunn** et **King** ont recueilli les ossements d'animaux appartenant à une faune semblable à celle de la Suisse à la même époque ; c'étaient le *mammouth*, deux *espèces d'éléphants*, un *rhinocéros*, un *hippopotame*, de grands *cerfs*, le *renne*, un *bœuf*, le *loup commun*, le *sanglier* et le *castor*[4].

Continuant l'examen de la falaise dont les couches de *lignite* forment la base, on voit sur une épaisseur variant de 6 à 24 mètres des couches irrégulières dans lesquelles on

[1] *Pinus sylvestris, Abies excelsa.*
[2] *Prunus Spinosa.*
[3] *Menyantes trifoliata.*
[4] *Elephas primigenius, E. antiquus, E. meridionalis; Rhinoceros etruscus; Hippopotamus major, Sus crofa, Canis lupus, Equus fossilis, Bos priscus, Megaceros hibernicus; Cervus capreolus, C. elephas, C. tarandus, C. Sedgwickii, Castor europæus.*

a recueilli des *ossements de grands animaux marins*, tels que le *morse*, le *narval*, des *vertèbres de grandes baleines* et des *coquilles de mollusques*, les uns marins, les autres habitant des eaux douces. Ces couches sont donc fluvio-marines, c'est-à-dire semblables à celles qui se déposent à l'embouchure des fleuves. Au-dessus se trouve un banc d'argile rempli de *cailloux anguleux* (boulder clay), souvent *frottés* ou *rayés*, et accompagnés des *blocs erratiques* de syénite, de granite et de porphyre provenant des montagues de la Norwége : c'est évidemment un *dépôt glaciaire ;* il est recouvert de couches de terrain de transport d'origine aqueuse, puis de sable et de gravier, et enfin de terre végétale. Cette coupe des falaises de la côte de Norfolk est pleine d'enseignements : elle nous apprend qu'à une certaine époque le sol de l'Angleterre et le fond de la mer, soulevés de 180 mètres au moins, faisaient partie du continent européen : c'est l'époque où le pays fut envahi par les plantes et les animaux de la terre ferme en général et de l'Allemagne en particulier. A cette période d'exhaussement succède une période de subsidence. Les portions immergées ou émergées s'affaissent simultanément, lentement, insensiblement, et au bout d'un nombre de siècles que l'imagination n'ose supputer, l'Angleterre, l'Écosse et l'Irlande redeviennent des îles : elles s'enfoncent dans la mer plus profondément que dans l'état actuel des choses. *L'argile à cailloux rayés* et à *blocs erratiques* originaires de la Scandinavie, puis les couches fluvio-marines se sont déposées à cette époque dans le sein de la mer. La hauteur à laquelle on trouve dans les montagnes des dépôts stratifiés contenant des coquilles marines prouve que la subsidence a dû être en moyenne de 450 mètres environ dans les Iles-Britanniques. Les montagnes de l'Écosse, du pays de Galles, du Cumberland et de l'Irlande étaient alors seules exondées, et les Iles-Britanniques se réduisaient à un archipel composé de quatre grandes îles et de beaucoup de petites[1]. Cette immersion correspond à la *première époque de la période glaciaire*. Des légions de masses flottantes détachées des glaciers du Groënland et de la Norwége venaient échouer sur les côtes de ces îles et y apportaient les débris et les blocs tombés des montagnes boréales. La mer refroidie nourrissait les mêmes coquilles que celles des régions arctiques. La flore et la faune terrestre avaient complétement disparu, sauf quelques végétaux et quelques animaux insensibles au froid et réfugiés sur les sommets qui s'élevaient encore au-dessus de la surface des eaux.

Les preuves d'une submersion pendant la première époque glaciaire ne sont pas moins évidentes en Écosse qu'en Angleterre. Sur les côtes occidentales du premier des deux royaumes, on reconnaît deux dépôts superficiels : 1° un dépôt inférieur composé d'argile compacte non stratifiée contenant des *blocs erratiques anguleux*, mais rarement des coquilles ou d'autres restes organiques, ce dépôt est connu en Écosse sous le nom de till; 2° une couche d'argile lamellaire (laminated clay) recouverte de sable et de gravier, et renfermant des coquilles marines abondantes, surtout dans l'argile lamellaire. Ce dépôt, fort développé dans le bassin de la Clyde, près de Glasgow, a été particulièrement étudié par **Edward Forbes** et **M. Smith de Jordanhill**[2]; ils y ont trouvé un mélange de coquilles marines existant encore dans les mers voisines[3] et de coquilles arctiques[4], indice d'une mer plus froide et d'un climat plus rigoureux : les dernières, rares ou inconnues dans les mers de l'Écosse, vivent encore dans celles du Labrador, du Groënland ou du Spitzberg, en un mot dans les régions polaires. La plupart de ces mollusques occupent une aire très-étendue dans les profondeurs des mers du nord, et se

[1] Voyez Ch. Lyell, *l'Ancienneté de l'Homme*, fig. 40, p. 299.

[2] *Researches in newer pliocene and post-tertiary Geology*, 1862.

[3] Exemples : *Astarte multicostata, A. scotica ; Balanus costatus, B. crenatus ; Buccinum ciliatum, B. undatum ; Cardium edule, suecicum ; Corbula nucleus ; Cyprina islandica ; Dentalium dentale ; Fusus antiquus, F. carinatus, F. propinquus ; Littorina littoralis ; Mya arenaria, M. Truncata ; Mytilus edulis ; Natica clausa, N. Groenlandica ; Nautilus Beccarii ; Ostrea edulis ; Pecten maximus ; Saxicava rugosa ; Solen Silica ; Trichotropis borealis, Trochus magus, T. tumidus ; Venus pullastra.*

[4] Exemples : *Astarte borealis, A. compressa, A. crebicostata, A. elliptica, A. udevallensis ; Balanus udevallensis, Leda truncata, Mya udevallensis, Pecten islandicus, Tellina calcarea*, etc.

retrouvent depuis les côtes d'Angleterre jusqu'à celles de l'Amérique boréale. J'ai vu moi-même ces coquilles, qui se sont admirablement conservées, dans l'argile exploitée pour la poterie à Paiseley, près de Glasgow.

M. **Jamieson** [1] a fait des observations analogues sur les côtes orientales de l'Écosse, principalement dans le comté d'Aberdeen, entre les estuaires de Forth et de Moray. Cinquante-quatre espèces ont été trouvées dans douze localités de ce district; quelques-unes, comme celles d'*Annochie*, sont presque au niveau, et même au-dessous de la mer, d'autres, telles que celles découvertes à *Gamrie*, sont à 50 mètres, et celles d'*Aikhénaries* à 90 mètres d'altitude. Ces cinquante-quatre espèces se retrouvent toutes dans les mers arctiques, trente-deux vivent encore sur les côtes des Iles-Britanniques, vingt seulement ont été même pêchées au sud de l'Angleterre. Ces chiffres suffisent pour affirmer que cette faune malacologique avait un caractère essentiellement boréal; et que la mer d'Écosse, où ces espèces prospéraient alors, était plus froide que de nos jours. Les *blocs erratiques* d'origine étrangère ne sont pas rares dans l'argile qui renferme ces coquilles : à Paiseley, M. **Jeffreys** en a observé de 2 mètres de long, souvent rayés et *usés* à la surface. D'autres dépôts se rencontrent jusqu'à la hauteur de 150 mètres au-dessus de la mer, mais ils sont souvent dépourvus de fossiles, et peut-être faut-il les considérer comme des accumulations de débris stratifiés au fond de petits lacs glaciaires étagés dans les montagnes.

Après cette première époque de froid pendant laquelle les glaces flottantes du nord venaient déposer leur chargement de *blocs erratiques*, la côte s'est de nouveau soulevée, les îles se sont réunies les unes aux autres, et une végétation s'est établie sur ces terres émergées. Une coupe étudiée près de Blair-Drummont, dans le golfe du Forth, par M. **Jamieson**, montre en effet de bas en haut la succession suivante de terrains : 1° à la base, le grès rouge, qui forme le squelette de la contrée; 2° au-dessus, un terrain *glaciaire de cailloux anguleux;* 3° un lit de tourbe contenant des restes d'arbres; 4° une couche d'argile ou boue d'estuaire (*carse clay*) renfermant des ossements de baleine, et au-dessus une seconde couche de tourbe avec des souches de chêne et les restes d'une route construite avec des troncs d'arbres placés de champ les uns à côté des autres. Il est donc bien évident qu'après la première *période glaciaire marine* la côte s'est soulevée, des arbres et des tourbières s'y sont établis, puis la côte s'est enfoncée de nouveau sous la mer. Une *baleine* est venue s'échouer sur la tourbière immergée, enfin le littoral s'est définitivement exhaussé; des chênes y ont végété, une nouvelle tourbière leur a succédé, et des hommes ont construit pour la traverser un chemin formé de troncs d'arbres. Tout prouve qu'à cette époque les terres se sont de nouveau élevées fort au-dessus de leur niveau actuel. Ainsi pour la seconde fois les Iles-Britanniques étaient unies au continent. Les terres étant plus hautes et par conséquent plus froides, les glaciers descendirent des montagnes et comblèrent les vallées que la mer avait abandonnées; c'est la *seconde époque glaciaire*, celle *des glaciers terrestres*, par opposition à l'époque des glaces flottantes que nous venons de décrier. Sir **James Hall**, **Buckland**, **Louis Agassiz**, **Charles Maclaren**, **Robert Chambers** et **Thomas Jamieson** ont successivement trouvé dans les vallées de l'Écosse, jusqu'à la hauteur de 900 mètres, les *roches polies et striées et les cailloux rayés*, *indices certains d'anciens glaciers*. Aux environs mêmes d'Édimbourg, sur les Pentland-Hill et Arthurseat, on reconnaît les *traces de l'ancien glacier qui descendait dans le Firth of Forth*. Les moraines sont rares et mal dessinées, mais les *blocs erratiques* viennent souvent de fort loin. Ainsi M. **Maclaren** a signalé, dès 1839, sur la *Hare-Hill* (colline du lièvre), un *bloc erratique* de micaschiste pesant 10,000 kilog., et originaire de la partie des Grampians voisine des lacs Earn ou Venachers, éloignés de 80 kilomètres du gisement actuel [2].

[1] *On the history of the last geological changes in Scotland*, 1865.
[2] Voyez sur ce sujet Ch. Maclaren, *Geology of Fife*, 1839. — *On grooved and striated rocks in the middle region of Scotland*, 1849, — et Ch. Martins, *On the marks of glacial action on the rocks in the environs of Edinburgh*, 1851.

Les glaciers ont laissé en Écosse une autre trace de leur passage qui depuis longtemps avait frappé l'imagination du peuple et excité l'étonnement des savants. Dans l'Écosse occidentale, non loin de Ben Nevis, le sommet le plus élevé des Grampians, et de l'embouchure du canal calédonien qui unit la mer de Nord à l'Océan Atlantique, se trouve la vallée de la Roy (*Glen-Roy*). Sur presque toute sa longueur, c'est-à-dire sur un parcours de 16 kilomètres, on peut suivre sur ses contre-forts trois terrasses ou banquettes parallèles rigoureusement horizontales et se correspondant parfaitement des deux côtés de la vallée. De loin, elles sont très-visibles; de près, on trouve une surface caillouteuse de 3 à 18 mètres de large, et dont la pente est moins raide que celle de la montagne qui la porte. La plus basse de ces terrasses est à 225 mètres au-dessus du niveau de la mer, la seconde à 63 mètres plus haut, la troisième à 25 mètres au-dessus de la seconde. Toutes aboutissent vers l'extrémité de la vallée au col qui la sépare de la suivante.

Aux yeux des montagnards écossais, ces terrasses étaient des routes de chasse tracées par **Fingal** pour poursuivre plus aisément avec ses compagnons les daims et les cerfs. Cette explication satisfaisait leur imagination; les savants, qui en ont moins, ne s'en contentèrent pas, et successivement le Dr **Macculoch**, sir **Thomas Lauderdick**, **Charles Darwin**, mesurèrent, nivelèrent et décrivirent ces terrasses, qu'ils désignaient sous le nom de parallel roads (routes parallèles). Peines inutiles, aucune de leurs interprétations n'était satisfaisante. Ces terrasses étaient évidemment d'anciens rivages de lacs écoulés; mais comment expliquer l'existence de ces niveaux successifs? L'absence totale de coquilles, l'intégrité de ces banquettes, la présence de petits deltas bien dessinés, excluaient l'idée qu'elles représentassent d'anciens rivages de la mer formés aux époques de subsidence de l'Écosse et émergés depuis. En 1840, **Buckland** et **Agassiz** visitèrent Glen-Roy, et reconnurent que des barrages temporaires pouvaient seuls rendre compte de ces singulières lignes de niveau. Les glaciers venant successivement fermer l'une ou l'autre issue de la vallée, le ruisseau qui la parcourt formait un lac qui s'écoulait par le col auquel la terrasse aboutit. **Agassiz** reconnut les *roches polies* et *striées* et les *anciennes moraines* qu'il avait appris à distinguer dans les Alpes, et depuis M. **Jamieson** a donné une carte et des détails [1] confirmant complétement les vues de l'illustre naturaliste suisse. M. **Jamieson** reporte la formation de ces terrasses à la formation de la *seconde période* glaciaire; elle est due à une *oscillation des glaciers* descendant du Ben Nevis et des montagnes environnantes. Ces glaciers ont barré tour à tour la vallée de Glen-Roy et les vallées voisines. Les eaux, arrêtées dans leur écoulement, ont formé des lacs à différents niveaux, déterminés pour chacun d'eux par la hauteur du col qui fermait l'extrémité de la vallée opposée à celle barrée par le glacier. L'intégrité des terrasses prouve aussi que depuis leur formation l'Écosse n'a jamais été immergée dans la mer à la profondeur de 245 mètres, élévation actuelle de la ligne inférieure au-dessus du niveau de l'Atlantique.

Les montagnes du pays de Galles présentent des *traces d'anciens glaciers* aussi évidentes que celles de l'Écosse : elles ressemblent à celles des Vosges. En effet, l'analogie des deux chaînes de montagnes est frappante : élévation médiocre des sommets, prédominance des roches schisteuses et granitiques, vallées longues et étroites, tourbières et lacs nombreux, tout se ressemble. C'est notamment autour du Snowdon, le sommet le plus élevé de ces montagnes (1,088 mètres), que ces *glaciers ont rayonné* [2]. Ils sont descendus dans les vallées de Llanberies et de Nant Gwinant, où ils ont laissé comme trace de leur passage des *roches moutonnées, polies et striées* jusqu'à la hauteur de 800 mètres, de nombreux *blocs erratiques épars* et des *moraines frontales* parfaitement caractérisées. A l'époque de la plus grande extension, ils atteignaient Caernarvon, et couvraient l'île

[1] *On the parallel roads of Glen-Roy*, 1863.
[2] **Ramsay**, *The old glaciers of Switzerland and North Wales*, 1860; et Schimper, *Rapport sur un voyage scientifique en Angleterre* (*Archives des missions scientifiques*, t. III, p. 131, 1866).

d'Anglesea. Comme en Écosse, le pays de Galles offre des preuves de changements considérables postérieurs à la première période glaciaire. Le professeur Ramsay, M. Prestwich et sir Charles Lyell ont trouvé des coquilles marines arctiques reposant sur des *roches polies* et *striées* à des hauteurs comprises entre 300 et 440 mètres au-dessus de la mer. Nous ne parlerons pas des *traces d'anciens glaciers* constatées en Angleterre au sud des régions que nous venons d'examiner : elles existent dans les montagnes du Cumberland, en Irlande, dans les comtés de Kerry et de Killarney et dans les îles de l'Écosse.

Les côtes de France comprises entre Saint-Brieuc et l'embouchure de la Loire sont bordées d'une ceinture de forêts sous-marines correspondant à celle du comté de Norfolk : on en suit le prolongement dans les marais tourbeux du littoral. On y a reconnu des essences encore vivantes actuellement, mais l'étude des terrains sur lesquels elles ont végété et celle des matériaux qui les recouvrent sont encore à faire. Rien de plus probable que la découverte d'un *terrain glaciaire marin* correspondant à celui des côtes orientales de l'Angleterre. Ce soulèvement des côtes de France, contemporain de celui de l'Angleterre, achève la démonstration de l'union des Iles-Britanniques avec le continent. Pendant cette période, l'Irlande touchait aux Asturies, dont dix plantes[1] se sont maintenues dans le sud de l'île : aucune d'elles n'est originaire du nord de l'Europe, leur patrie est dans le golfe de Biscaye. Le reste de la végétation de l'Angleterre se rapporte à trois types : le type boréal, qui comprend les plantes alpines et polaires amenées avec les *blocs erratiques* par les glaces flottantes pendant la première époque de froid, et qui se sont maintenues sur les sommets et dans les marais tourbeux de l'Écosse ; le type armoricain, répandu principalement dans le comté de Cornouailles et les côtes du Devonshire, dont la végétation ressemble beaucoup à celle de la Bretagne et renferme quelques-unes de ces espèces méridionales qui remonte encore actuellement des embouchures de l'Adour et de la Bidassoa jusqu'à celles de la Loire et au delà ; enfin le type germanique, qui domine dans les Iles-Britanniques. Les plantes de l'Allemagne occupèrent la plus grande partie de l'Angleterre, de l'Écosse et de l'Irlande, comme depuis les Saxons envahirent la terre des Angles pour se substituer à eux. Avec les siècles, le type germanique est devenu tellement prédominant que la plupart des botanistes anglais le désignent sous le nom de type britannique. La géographie botanique confirme donc pleinement les données de la géologie. Les indications de la zoologie déduites de la distribution des animaux vivants dans les Iles-Britanniques concordent également avec celles de la botanique et de la paléontologie. Cet accord est pour le naturaliste un signe certain qu'il marche sur un terrain solide, étayé par des faits nombreux qui se vérifient réciproquement. C'est là le caractère de la certitude dans les sciences naturelles. Lorsque plusieurs d'entre elles concourent à l'établissement d'une vérité, cette vérité s'impose invinciblement à la conscience de tous. De même en géométrie les propositions nouvelles se vérifient en nous ramenant aux théorèmes fondamentaux qui servent de base à la science des nombres et de l'étendue.

Après qu'elles eurent été peuplées de végétaux et d'animaux, les Iles-Britanniques s'affaissèrent de nouveau et s'abaissèrent à un niveau inférieur à celui qu'elles présentent actuellement, puis elles se soulevèrent encore pour la dernière fois. Les terrasses littorales peu élevées (sea margins) qui bordent ses côtes et celles de l'Écosse sont les témoins de ce dernier soulèvement.

Ainsi, en résumé, depuis le dépôt du cray de Norwich, et pendant la durée de toute la *période glaciaire* comprenant l'époque des *glaces flottantes* et celle des *glaciers terrestres*, les Iles-Britanniques ont subi cinq changements de niveau. Ai-je besoin d'ajouter que tous ces soulèvements et tous ces affaissements se sont opérés dans un espace de temps où les siècles sont des unités, sans qu'il soit possible d'articuler un chiffre ?

[1] *Saxifraga umbrosa, S. elegans, S. geum, S. hirsuta, S. hirta, S. affinis; Erica Makai, E. mediterranea, Daboecia polifolia, Arbutus unedo.*

tam ? Néanmoins on peut essayer de fixer une date en cherchant une limite inférieure, un minimum de temps. Je suppose que les côtes de l'Angleterre aient oscillé comme celles de la Suède, qui montent *aujourd'hui à raison d'un mètre environ par siècle*. En estimant la première subsidence à 420 mètres, elle aurait mis 42,000 ans à s'effectuer, autant pour revenir à l'état actuel, ce qui fait 84,000 ans pour la durée de l'oscillation totale pendant *l'époque glaciaire* marine. Admettons maintenant un soulèvement de 180 mètres seulement, nécessaires pour que les Iles-Britanniques soient réunies à l'Europe pendant la seconde période continentale, celle des *glaciers terrestres :* nous aurons pour la durée totale de l'oscillation 36,000 ans, et en somme 120,000 ans pour la durée des deux oscillations. Ce chiffre est un minimum. En effet, l'amplitude des oscillations est réduite autant que possible, car nous amoindrissons le second soulèvement et l'abaissement qui lui correspond, nous ne comptons point les intervalles de repos, et nous négligeons la dernière oscillation qui a précédé l'état actuel. Du reste en géologie, tout nous l'enseigne, on peut user du temps à discrétion, et quand on a voulu estimer une période quelconque, on a toujours trouvé qu'elle était trop courte, sans pouvoir en estimer exactement la durée. Des changements aussi considérables que ceux dont nous venons de parler s'opèrent sous nos yeux sans que nous en ayons conscience : la croûte terrestre oscille comme l'enveloppe d'un aérostat avant qu'il soit complétement rempli de gaz ; mais nous ne nous en apercevons pas. Nous ne vivons qu'un jour, et les traditions historiques les plus anciennes représentent à peine une semaine dans les siècles géologiques : de même les distances mesurées sur la terre ne sont que des points, comparées à celles qui séparent les étoiles fixes de l'astre bienfaisant dont nous recevons la lumière, la chaleur et la vie.

XIV. La période glaciaire dans le nord de l'Amérique.

Imaginons un instant que le climat de l'Amérique du Nord jusqu'à la latitude de New-York (latitude 40° 42') soit celui du Groënland, l'Amérique se couvrira d'une *calotte de glace* émettant des prolongements qui aboutiront à la mer. *Cette calotte de glace et ces glaciers* ne seront pas immobiles, mais descendront sur les pentes les plus faibles, *arrondissant, polissant, striant les roches dures*, et transportant au loin des *blocs erratiques*. Pendant cette longue période, l'Amérique, pas plus que la Scandinavie, les Iles-Britanniques et le Groënland lui-même, n'est restée immobile. Comme tous ces pays, elle s'est élevée au-dessus de la mer et s'est affaissée au-dessous. Des terrains de transport ont couvert de vastes surfaces continentales, puis se sont enfoncés dans l'Océan ; d'autres, formés au sein des eaux marines, ont émergé. De là une complication des *phénomènes glaciaires* qui n'existe pas dans l'intérieur des continents, dans les Alpes, dans les Pyrénées ou dans les Vosges, mais qui apparaît dès qu'il s'agit d'un pays voisin de la mer ou entouré par elle. Aussi retrouverons-nous en Amérique la plupart des phénomènes que nous avons déjà observés en Scandinavie. La grande différence entre les deux pays, c'est que l'axe de la Scandinavie est formé par une chaîne de montagnes élevées, point de départ et d'appui des *anciens glaciers*. Rien de semblable dans le nord de l'Amérique : ni les chaînes du Vermont ni les montagnes Blanches ne sont des centres *d'irradiation* : elles sont sillonnées de *stries rectilignes* dont l'orientation n'est point influencée par le relief et la direction des montagnes, mais reste constante dans une même contrée. Ainsi M. **Desor** constate que dans la Nouvelle-Angleterre et dans le Haut-Canada les *stries* courent en général du nord-ouest au sud-est. Aux chutes de Niagara, le calcaire silurien porte des *stries orientées* du nord au sud. Sur les bords des lacs Michigan et Supérieur, la direction est du nord-est au sud-ouest, en sorte que, vu dans son ensemble, le *système des stries* de l'Amérique du Nord forme un immense éventail dont les branches convergent vers le nord : on les trouve à la fois dans les plaines, dans les vallées les plus étroites et sur les montagnes jusqu'à la hauteur de

1,500 mètres. Peu de sommets, le mont Washington, le mont la Fayette par exemple, dépassent cette altitude, et ce sont les seuls dans la Nouvelle-Angleterre qui n'aient pas été recouverts par la glace. Un certain nombre de géologues attribuent ces *stries* à des glaces flottantes. Les deux chefs incontestés de la géologie en Angleterre, sir **Roderick Murchison** et sir **Charles Lyell**, si souvent divisés sur les questions fondamentales de la science, sont d'accord pour affirmer avec M. **Redfield** que ces *stries* ont été burinées par des glaces flottantes entraînées par de violents courants et poussées sur des roches recouvertes de galets, ou portant elles-mêmes des cailloux incrustés dans leur face inférieure; mais quand je revois les grandes plaques du calcaire de Trenton détachées sur les bords du lac Champlain, les granites du West-Point, les grès houillers de Boston, les poudingues de Roxburg, dont je dois les magnifiques échantillons à l'amitié de M. **Desor**, je ne puis partager cette opinion. De même qu'un amateur de gravures reconnaît le coup de burin d'un artiste célèbre, de même sur ces *surfaces unies et polies*, je reconnais les *stries rectilignes*, parallèles entre elles, que les glaciers actuels gravent devant nous sur les rochers de la Suisse. Un mouvement continu, agissant toujours dans la même direction, a pu seul *buriner* ces lignes droites. J'ai étudié d'un autre côté les glaces flottantes sur les côtes du Spitzberg, je les ai vues osciller, tourner sur elles-mêmes, s'échouer à la marée basse, redevenir libres à la marée montante, je les ai vues entraînées lentement par les courants ou poussées par le vent, et il me semble impossible que de pareils agents aient pu tracer des *stries* qui conservent invariablement, quel que soit le relief du sol, la même direction sur une vaste étendue de pays. Je reconnais dans ces *stries* l'action ferme et sûre des glaciers, et me joins à MM. **Hitchkock**, **Agassiz** et **Desor** pour affirmer dans ces stries l'œuvre des glaciers terrestres qui recouvraient jadis l'Amérique du Nord. A cet argument j'en ajoute un autre qui m'est fourni par les géologues que je viens de nommer. Puisqu'on trouve dans le New-Hampshire des *stries* à 1,500 pieds sur le mont Washington, il faudrait supposer, dans l'hypothèse que les *stries* ont été burinées par des glaces flottantes, une subsidence du continent américain jusqu'à la profondeur de 1,500 mètres; or, on ne rencontre des dépôts de coquilles marines que jusqu'à la hauteur de 180 mètres au-dessus de la mer, hauteur qui nous indique la limite extrême de l'immersion du continent. Des *osars* ou bancs de sable émergés comme ceux de la Suède témoignent aussi de l'oscillation du continent américain; comme ceux de la Suède, ils sont couronnés de *blocs*. L'opinion populaire, les prenant pour des chaussées artificielles élevées par des indigènes, leur a donné le nom d'Indian ridges.[1]

Les *roches moutonnées*, *polies et striées* sont également recouvertes de *blocs erratiques* souvent disposés en lignes parallèles, comme sur les glaciers actuels, et d'un terrain de transport grossier (coarse drift) qui monte dans les montagnes du Vermont jusqu'à 720 mètres; ce drift correspond aux matériaux meubles qui composent les *moraines des glaciers*, et comme elles il contient des *cailloux rayés* souvent empâtés dans la *boue glaciaire*. Les vallées sont occupées par un terrain meuble stratifié et des argiles remplies de coquilles marines dont l'espèce vit encore aujourd'hui sur les côtes d'Amérique. Ces dépôts correspondent à ceux de la Suède et de l'Angleterre, et ne dépassent pas, comme je l'ai dit, la hauteur de 200 mètres environ. Au-dessus de ces dépôts, on trouve quelquefois encore des sables et des graviers, terrain très-commun autour du fleuve Saint-Laurent et appelé pour cela terrain laurencien par M. **Desor**. Je n'insisterai pas davantage sur la *période glaciaire dans l'Amérique du Nord*. J'ai hâte de résumer l'état de nos connaissances sur le changement que la *période glaciaire* a amené dans la distribution des végétaux et des animaux, et de fixer, autant que faire se peut, la date géologique de la présence de l'homme sur le continent européen.

XV. De la flore et la faune pendant la période glaciaire.

Quand on se représente en imagination l'époque du froid, il semble que toute vie [illegible] gétale et animale devait être éteinte dans la moitié de l'hémisphère nord de notre globe. L'Europe jusqu'au 52e degré de latitude disparaissait sous un *immense glacier*. Une mer chargée de *glaces flottantes* couvrait l'Allemagne et la Russie jusqu'au 50e parallèle. Les vallées de Carpathes, des Alpes, des Vosges, des Pyrénées, du Caucase, étaient occupées par des *glaciers* qui s'étendaient souvent dans les plaines environnantes. Le Liban avait les siens, et peut-être la Sierra Nevada de Grenade n'en était pas dépourvue[1]. En Amérique, le *manteau de glace* descendait jusqu'à la latitude de New-York, qui est celle de Madrid. Néanmoins la vie persistait sur la terre en s'accommodant au nouveau milieu qui l'entourait. La paléontologie le prouve, et la géographie physique confirme ces données. Pour nous faire une idée de la végétation et du règne animal à cette époque, étudions les pays qui en sont réellement encore à la *période glaciaire*, dont ils réunissent toutes les conditions : le Spitzberg, le Groënland et l'Amérique boréale. La flore du Spitzberg est bien pauvre, cependant elle compte 93 espèces de plantes phanérogames et 250 cryptogames. Le règne animal présente plus de variété, et chaque forme est représentée par un grand nombre d'individus. — On y trouve 8 mammifères, dont 4 terrestres et 4 aquatiques, 7 cétacés, 22 espèces d'oiseaux, 10 espèces de poissons, 6 espèces de crustacés, 23 insectes et 15 mollusques. Le Groënland renferme 6 mammifères terrestres, 77 espèces d'oiseaux, 14 mollusques, 155 insectes et 298 espèces de plantes phanérogames. Le nom même de cette région, Groënland (terre verte), ne nous dit-il pas que de grandes surfaces sont couvertes pendant l'été de plantes verdoyantes? Même dans l'Amérique boréale, sous le 74e degré de latitude, il y a encore 9 mammifères terrestres, 31 espèces d'oiseaux et 83 espèces de plantes phanérogames, dont 58 se trouvent également au Spitzberg. Ainsi flore et faune peu variées, pauvres en espèces, riches en individus, tel est le caractère des deux règnes dans les régions arctiques; c'était aussi celui de la faune et de la flore de l'Europe moyenne pendant la *période glaciaire*.

Examinons maintenant quelles modifications *l'ancienne extension des glaciers* dans les Alpes, les Pyrénées, les Vosges, a dû exercer sur le climat et la végétation des plaines environnantes. Actuellement encore les *glaciers* sont une cause de refroidissement pour les vallées dans lesquels ils descendent ; néanmoins ces vallées sont habitables toute l'année : je me contenterai de nommer celles de Chamonix, de Grindelwald, de la Haute-Engadine, de Zermatt, et toutes les vallées latérales du Valais. Le blé, le seigle ou l'orge mûrissent au contact de la glace ; on cultive dans son voisinage presque tous les légumes du nord de la France, les pommes de terre, le chou, les raves, les carottes, etc. Les prairies sont d'une beauté incomparable, et nourrissent les animaux les plus utiles à l'homme, le cheval, le bœuf, le mouton et la chèvre. Une foule d'arbres forestiers, le pin sylvestre et le pin cembro, le sapin, la sapinette, le mélèze, le hêtre, l'érable, l'aune, etc., acquièrent avec les années des dimensions colossales. Tous les voyageurs qui visitent la Suisse sont émerveillés du nombre de plantes qui croissent sur les rives même des *glaciers*, tous admirent la variété et la vivacité de couleur des fleurs qui s'y épanouissent. On avait remarqué depuis longtemps que beaucoup de ces plantes étaient des plantes arctiques ou boréales. Ainsi, pour ne citer qu'un exemple, la flore phanérogamique du cône terminal du Faulhorn, dans l'Oberland bernois, dont la pointe est à 2,683 mètres d'altitude, se compose de 132 espèces, dont 40 existent également en Laponie et 11 au Spitzberg[2]. Dans les Pyrénées, le sommet du pic du Midi de Bigorre s'élève à 2, 877 mètres au-dessus de la mer. Ramond y a observé 72 espèces phanérogames dans un espace de quelques ares seulement; sur ce nombre, 14 sont lapones et 15 vivent encore au Spitzberg[3]. C'est pendant la *période glaciaire* que ces plantes se sont

[1] D. A. Dans la Sierra Nevada, sur la partie culminante de Mulahasen j'ai reconnu des glaciers en activité.

[2] *Ranunculus glacialis*, *Cardamine bellidifolia*, *Silene acaulis*, *Arenaria biflora*, *Dryas octopetala*, *Erigeron uniflorus*, *Saxifraga oppositifolia*, *S. aizoides*, *Polygonum viviparum*, *Oxyria digyna* et *Trisetum subspicatum*.

[3] Voyez sur ce sujet la *Revue* du 15 juillet 1864 et le livre intitulé *Du Spitzberg au Sahara*, p. 85.

avancées de proche en proche depuis la Laponie à travers les montagnes de la Scandinavie, de l'Allemagne et des Vosges, où elles ont laissé des types qui se sont propagés jusqu'à nos jours. Les tourbières des Alpes de la Bavière et du Jura se composent presque exclusivement de plantes lapones. Il y a plus, des espèces scandinaves se sont maintenues après *l'époque glaciaire* dans les vallées humides et froides du canton de Zurich malgré le réchauffement du climat. En résumé, M. **Heer** compte aujourd'hui en Suisse 360 espèces alpines, dont 158 se retrouvent dans le nord de l'Europe ; 42 habitent les plaines du canton de Zurich. Ainsi donc la moitié des plantes dites alpines, c'est-à-dire propres aux hautes régions des Alpes et des Pyrénées, sont des plantes boréales ; elles se sont avancées du nord vers le sud pendant la période du froid ; puis, le climat s'étant radouci après le retrait des glaciers, elles ont disparu presque toutes dans les plaines, mais se sont réfugiées sur les montagnes, où elles retrouvaient le climat des régions arctiques, leur patrie originelle.

Nous avons déjà vu qu'après la *première époque glaciaire* une végétation semblable à celle qui le couvre aujourd'hui s'était établie dans le bassin du lac de Zurich, tandis que les animaux, *éléphants, rhinocéros, bœufs, ours des cavernes*, qui habitaient ces forêts marécageuses, ont complétement disparu. C'est donc pendant la *seconde époque glaciaire* que la flore scandinave a envahi les parties basses de la Suisse. A la même époque, les *blocs erratiques* des Alpes ont aussi transporté et naturalisé sur quelques sommets du Jura le rosage ferrugineux[1] et sur les anciennes *moraines* des environs de Zurich et des Alpes[2], associé à un épilobe[3], comme il l'est encore sur les *moraines des glaciers* actuels. Nous avons aussi parlé des deux invasions végétales de l'Angleterre, la première venant du nord pendant la *première époque glaciaire*, la seconde de la France et de l'Allemagne pendant et après la *seconde*; nous n'y reviendrons pas.

Les dépôts de coquilles émergés par le soulèvement des côtes de la Scandinavie, de l'Écosse ou du pays de Galles, ont dévoilé la caractère boréal de la Faune malacologique des mers pendant la première époque glaciaire. Toutefois on a constaté dans l'Amérique du Nord que les coquilles des terrains supérieurs au drift *glaciaire* se retrouvaient encore dans les eaux qui baignent les côtes du Canada et des États-Unis : il ne faut pas s'en étonner. Le climat de ces pays ne s'est pas radouci comme celui de l'Europe depuis la *période glaciaire*. A latitude égale, dans la partie septentrionale des États-Unis les hivers sont beaucoup plus rudes que sur les points correspondants en Europe. Au nord du cap Cod, la mer n'est plus réchauffée par les eaux tièdes du Gulf-Stream, mais au contraire elle est refroidie par le courant glacial de la baie de Baffin. La mer a conservé sensiblement la même température ; comment s'étonner que sa faune soit restée la même?

La vie n'a donc pas cessé sur notre globe pendant la longue période de froid qu'il a traversée : elle s'est manifestée sous d'autres formes; quelques espèces ont péri, d'autres se sont maintenues. Des invasions végétales ont repeuplé les contrées jadis couvertes de glace; certains animaux, le *renne*, le *bœuf musqué*, le *glouton*, ont émigré vers le nord; les *hippopotames*, les *éléphants*, ont péri ; mais deux d'entre eux, le *mammouth* ou *éléphant velu*, et le *rhinocéros* à narines cloisonnées, se trouvent encore ensevelis en chair et en os dans la terre glacée du nord de la Sibérie. Ces animaux étaient si nombreux que le commerce de l'ivoire alimenté par leurs défenses s'élève annuellement à 30,000 kilogrammes. **Middendorf** a vu dans la presqu'île de Taimyr un mammouth enfoui dans les alluvions fluvio-marines; il pense que le climat de ces contrées n'a [illegible] changé et que les cadavres de ces animaux, entraînés du sud au nord par les rivières bordées de la Sibérie, ont été charriés avec les glaces et recouverts par les terrains d'alluvion des fleuves et de la mer. **Brandt**, au contraire, s'appuyant sur ce fait que beaucoup de ces pachydermes ont été trouvés debout, noyés dans la vase, en conclut qu'ils ont péri là où ils ont vécu, en s'enfonçant dans le sol boueux déposé par les fleuves sibériens. Il ajoute que le climat devait être plus doux et la végétation de la Sibérie

[1] *Rhododendron ferrugineum*. [2] *Linum alpinum*. — [3] *Epilobium Fleischerianum*.

plus riche en essences forestières et en plantes herbacées qu'elle ne l'est actuellement, car ces animaux n'auraient pas pu subsister dans une zone dépourvue de bois et pauvre en plantes herbacées. Les deux opinions sont en présence ; l'avenir décidera.

L'académie de Saint-Pétersbourg comprend toute l'importance de cette question ; elle a pris les mesures nécessaires pour que la découverte d'un *nouveau mammouth*, trouvé en chair et en os, ne soit pas perdue pour la science, et lui fournisse toutes les lumières que réclame l'histoire de ces animaux éteints, mais contemporains de l'homme dans une grande partie de l'Europe pendant la longue période que nous venons d'esquisser.

XVI. De l'existence de l'homme pendant la période glaciaire.

C'était un article de foi dans l'ancienne géologie que la création de l'homme avait clos l'ère des révolutions dont notre globe a été le théâtre. Il n'y a point eu de révolutions du globe. Les changements prodigieux que nous constatons à la surface de la terre se sont opérés et s'opèrent encore avec une lenteur extrême. Le temps remplace la force. *L'homme existait pendant la période glaciaire ;* nous n'en conclurons pas qu'il ait apparu à cette époque pour la première fois. Dans l'état présent de nos connaissances, nul ne peut dire quand ni comment cette apparition a eu lieu. L'homme a-t-il été créé séparément, comme l'enseigne la tradition, ou bien n'est-il que l'évolution suprême et définitive du règne organique ? La science pose ces problèmes sans les résoudre. L'orgueil humain se complaît dans l'une ou dans l'autre de ces deux hypothèses. Cependant la géologie nous apprend que les types supérieurs du règne animal ont toujours été en se perfectionnant depuis les temps les plus anciens jusqu'aux plus modernes, et si nous devons juger de l'avenir par le passé, le roi du monde organisé qui doit succéder à celui qui nous entoure sera un être semblable à l'homme, mais plus parfait, plus intelligent que lui. Les religions sémitiques ont eu cette intuition, et les anges sont des conceptions dont l'histoire naturelle n'autorise pas à nier la réalisation future. Nous savons aussi pertinemment que l'homme n'est point le dernier-né de la création. Depuis sa venue, l'aspect de la nature a changé bien des fois sans qu'il en ait eu conscience. Être d'un jour, il ne voit la fin de rien, et la physique du globe qui s'efforce d'enregistrer ces changements à mesure qu'ils se produisent ne date que d'hier : elle n'a point d'archives comme celles de l'histoire des sociétés humaines.

Je ne traiterai pas d'une manière générale la question de l'antiquité de l'homme. Les travaux de M. Littré [1], les ouvrages de M. Lyell [2], celui de sir John Lubbock [3], la publication périodique de M. Mortillet [4], renferment les documents les plus importants sur ce sujet. Mon seul but est de montrer que l'homme était contemporain de la *seconde époque glaciaire*. Nous avons parlé des *osars* de la Suède, ce sont des bancs de sable émergés couverts de *blocs erratiques* que les glaces flottantes ont déposés à leur surface pendant la longue période où les *glaciers* venaient aboutir au rivage. La côte était alors enfoncée dans la mer, mais en se relevant lentement elle a mis à sec les bancs de sable sous-marins de *l'époque glaciaire*. Dans le courant de l'année 1819, en creusant un canal de communication entre le lac Malear, près de Stockholm et la Baltique, on traversa près du village de Soedertelje un *osar* couvert d'arbres séculaires. Les déblais de la tranchée mirent à découvert dans le sein même du monticule, et à 18 mètres au-dessous de sa surface, la charpente en bois d'une hutte renfermant un cercle de pierres, foyer rustique dans lequel se trouvaient des bûches en partie carbonisées. En dehors de la hutte, on découvrit des branches de pin coupées et préparées pour alimenter le feu. Quelques débris d'embarcations dont les parties étaient assemblées par

[1] Voyez, dans la *Revue* du 1er mars 1858, l'*Étude de l'histoire primitive* de M. Littré.
[2] *L'Ancienneté de l'Homme prouvée par la géologie*, traduction de M. Chaper, 1864.
[3] *L'Homme avant l'histoire*, traduit de l'Anglais par M. Ed. Barbier, 1867.
[4] *Matériaux pour servir à l'histoire positive et philosophique de l'homme*, 1865-1867.

des chevilles en bois furent trouvés non loin de là également dans un osar[1]. Les conséquences de ces faits sont évidentes. Quand un pêcheur habitait cette cabane, la côte suédoise était émergée. Ensuite elle s'est enfoncée; une épaisseur de 18 mètres de graviers, de sables et de coquilles s'est accumulée sur la cabane, et des *glaces flottantes* venant échouer à la surface y ont déposé les *blocs erratiques* dont l'osar est chargé. Ainsi donc le littoral de la Suède était peuplé avant la *seconde époque glaciaire*, celle de la dispersion des *blocs erratiques* dans les plaines de l'Allémagne et de la Russie. Depuis, cette côte s'est lentement soulevée à un niveau égal à celui qu'elle avait à l'époque où la cabane était habitée, car les débris exhumés étaient au niveau de la mer actuelle. L'époque où la cabane était habitée se trouve donc comprise entre les deux *époques glaciaires* et correspond à celle où la Suisse portait une riche végétation arborescente qui nous est révélée par les dépôts de *lignites* d'Utznach et d'Unterwetzikon. Il est encore possible que le pêcheur de Soedertelje fût antérieur à la *première époque glaciaire*, lorsque la côte était plus relevée qu'elle ne l'est aujourd'hui : alors il eût été contemporain de la forêt sous-marine de Crommer en Angleterre, qui l'a précédée ; enfin il a pu exister pendant la durée de la *première époque glaciaire*, comme les Esquimaux du Groënland septentrional, qui vivent au milieu des *glaces éternelles du pôle*. Toutes ces hypothèses sont discutables, mais une chose est certaine, c'est que ce pêcheur habitait sa cabane avant la subsidence de la côte suédoise et avant la dispersion des *blocs erratiques par les glaces flottantes*.

Passons à d'autres exemples choisis dans l'intérieur des continents. En 1823, un géologue distingué, M. **Ami Boué**, découvrait dans le Rhin, au pied des montagnes de la forêt Noire, près de la petite ville de Lahr, des *ossements humains* enfouis sous une couche de loess ou lehm, ayant 28 mètres d'épaisseur. Or le loess du Rhin *est de la boue glaciaire* renfermant des coquilles terrestres dont les analogues vivants ne se trouvent plus que dans les Alpes. **Cuvier** régnait alors en géologie ; il reconnut les ossements comme *ossements humains*, mais, cette découverte étant contraire à ses idées sur la chronologie paléontologique, il déclara que ces os devaient provenir d'un cimetière récent. M. **Boué** n'insista pas, et le fait fut oublié. Depuis des *restes humains* ont été découverts également dans le *lehm à Eguisheim*, près de Colmar. Ils étaient accompagnés d'une *molaire d'éléphant*, d'un os de *bœuf fossile* et d'une *tête de cerf*. D'autres preuves sont nécessaires : tous les géologues ne considèrent pas le *lehm* de la vallée du Rhin comme de la *boue glaciaire* ; on peut soupçonner d'ailleurs que le terrain a été remanié et que ces os n'appartiennent pas aux dépôts qui les renferment. Voici un fait décisif constaté l'automne dernier par MM. **Desor, Escher de la Linth** et **Schimperheim**. Dans le bassin du lac de Constance, près de Schussenried, au nord de Ravensburg, sur la route de Friedrichshafen à Ulm, on se trouve en face d'un terrain accidenté composé de graviers et de matériaux transportés formant des collines qui sont le point de partage des eaux du Rhin et du Danube : ce sont les *moraines de l'ancien glacier du Rhin*, caractérisées par des *roches alpines, la boue de glacier et des cailloux rayés*. Un meunier, en élargissant la canal de son moulin, a rencontré des *silex taillés* de main d'homme avec de nombreux débris de *bois de renne*, des *os de glouton*, de *renard bleu*, d'un *grand ours*, celui des cavernes, et d'un *petit bœuf* (probablement le bœuf musqué), animaux relégués tous actuellement dans les régions arctiques. Ces débris, reposant sur le *terrain glaciaire*, étaient recouverts de 2 ou 3 mètres du *tuf* déposé par les eaux, de $1^{m},30$ de tourbe, puis de terre végétale. Le sauvage qui a taillé ces silex était donc sinon contemporain, du moins bien rapproché de *l'époque glaciaire*, car les animaux qui l'entouraient n'auraient pu vivre sous un climat tempéré comme celui qui règne maintenant sur les bords du lac de Constance.

En Angleterre, on n'a pas encore trouvé, que je sache, des *instruments en silex* ou

[1] Voyez, pour plus de détails, Charles Lyell, *On the proofs gradual rising of the land in certain parts of Sweden*, 1835.

des *ossements humains sous les moraines des glaciers terrestres* ou de la seconde époque; mais dans la vallée de l'Ouse, près de Bedford, MM. **Wyatt** et **Lyell** ont recueilli des *silex taillés* accompagnés d'*ossements d'éléphants*, de *rhinocéros*, d'*hippopotames*, dans le terrain qui a immédiatement succédé à l'argile de la *première époque glaciaire*, argile dans lequel on trouve empâtés des *blocs et des cailloux rayés* (boulder clay). M. **John Frère** a fait les mêmes observations à Hoxne, près de Diss, dans le comté de Sulfolk. Ainsi en Angleterre comme en Suède l'homme existait avant la *seconde* et après la *première époque glaciaire*.

Nous avons déjà montré que l'homme primitif pouvait, à cette époque, vivre dans le le voisinage des *glaciers*, comme les montagnes de Chamonix et des vallées latérales du Valais : il habitait des cavernes. Les plus remarquables sont celles du Périgord. MM. **Lartet**, **Christy** et d'autres observateurs y ont trouvé non-seulement des *silex taillés*, mais une foule d'instruments. des *harpons*, des *flèches*, des *couteaux*, des *aiguilles*, des *grattoirs* en corne et en *os travaillés*, et des *manches d'instruments sculptés* avec art dans des merrains de renne. Ces os appartenaient à tous les animaux perdus que nous avons déjà énumérés comme ayant succédé à la *première période glaciaire en Suisse* et en Angleterre, l'*éléphant*, le *rhinocéros*, le *renne*, le *bœuf musqué*, l'*ours* et la *hyène* des cavernes, les uns élevés depuis longtemps, les autres confinés dans les régions polaires. Ces instruments, dira-t-on, ces *harpons*, peuvent avoir été faits avec des ossements d'animaux fossiles par les sauvages qui se cachaient alors dans les cavernes du Périgord. Je réponds que ces os sont souvent fendus en long, comme les Lapons les fendent encore aujourd'hui pour en extraire la moelle; ils présentent des traces d'incisions faites pour détacher la chair ou la peau. Les sceptiques n'ont pas été convaincus; mais voilà que sur des *palmes* et des *bois de renne* on a reconnu des portraits de ces animaux vivants, admirablement ressemblants; sur une lame d'ivoire, on remarque le profil de *deux éléphants* avec leurs défenses recourbées et le corps recouverts de longs poils comme ceux qu'on a trouvés ensevelis en chair et en os dans la terre gelée du nord de la Sibérie; enfin sur un fragment d'ardoise M. **Garrigou** a vu et reproduit par la photographie le profil d'un *ours* au front bombé comme celui des cavernes. Le doute n'était plus permis, et il est actuellement prouvé qu'à l'époque où les *glaciers des Pyrénées* touchaient aux plaines environnantes, des sauvages semblables aux Esquimaux habitaient les cavernes du Périgord et du pied des Pyrénées, vivaient de la chasse des *éléphants*, des *rhinocéros*, de la *hyène* et de *l'ours des cavernes*, se fabriquaient des vêtements avec leurs peaux et des instruments avec leurs os et leurs cornes. Les animaux polaires, mammifères et oiseaux, s'étaient avancés comme les plantes jusqu'aux Pyrénées, dont le climat était analogue à celui des régions où ils se sont maintenus jusqu'au temps présent. Ainsi non-seulement nous sommes sûrs que l'homme existait pendant la *seconde époque glaciaire*, mais nous savons quels étaient les animaux dont il se nourrissait, et nous avons sous les yeux des preuves de son industrie et quelques essais de dessin et de sculpture où l'on reconnait déjà les germes de talents qu'une civilisation plus avancée n'eût point laissés dans l'état rudimentaire où ils sont restés. L'art ancien et moderne était contenu virtuellement dans ces premières ébauches des contemporains d'une faune, d'une flore et d'un climat qui ne sont plus.

Depuis que M. **Boucher de Perthes** a signalé comme œuvres de l'industrie humaine les *silex taillés* qu'il a découverts dans le *diluvium ou terrain déposé* par les eaux dans la vallée de la Somme, on en a retrouvé de semblables dans les terrains analogues de presque toute l'Europe. Ces instruments, œuvres de peuplades grossières encore bien rapprochées de l'état sauvage, caractérisent l'âge de pierre de la civilisation humaine. Pour dire si ces hommes étaient antérieurs ou postérieurs à ceux qui ont précédé la seconde époque glaciaire ou s'ils étaient leurs contemporains, il faudrait savoir si dans chaque localité ces terrains de transport sont antérieurs, postérieurs ou intermédiaires aux *deux époques glaciaires*. Lorsque l'on est loin des *anciennes moraines*, la discussion est difficile; néanmoins l'analogie semble démontrer que toutes ces peuplades étaient en Europe pendant une même période géologique intercalée entre les *deux époques glaciaires*, et dont la durée comprend certainement des centaines et peut-être des milliers de siècles. **Lyell** n'hésite pas à prédire que l'on retrouvera des traces de l'existence de l'homme jusqu'à l'époque miocène, qui comprend les terrains tertiaires moyens. Bornons-nous à constater qu'il a certainement précédé la dernière période de froid, et l'a traversée en se nourrissant des animaux qui avaient survécu comme lui à la profonde modification du climat européen, cause de *l'ancienne extension des glaciers*.

Avant la *première époque glaciaire*, la température de l'Europe était très-supérieure à celle dont ce continent jouit aujourd'hui. Jusque dans l'extrême nord, on reconnaît dans les terrains tertiaires supérieurs des plantes et des animaux qui indiquent un climat chaud. Les *lignites* de l'Islande, examinés par **MM. Heer** et **Steenstrup**, sont formés par les bois des tulipiers, des platanes, des noyers, d'une espèce de vigne et d'un cyprès, le Sequoia sempervirens, arbre délicat encore vivant en Californie. Dans les grès qui accompagnent les houilles du Spitzberg, **M. Heer** a reconnu des feuilles de cyprès, de hêtres, de peupliers, d'aunes, de noisetiers. Ainsi donc, avant d'être couverte de *glaciers*, cette île portait une végétation semblable à la nôtre : mêmes découvertes au Groënland [1]. L'Europe méridionale avait un climat sub-tropical ; les arbres du midi de la France étaient ceux des Açores, de Ténériffe et des parties tempérées de l'Amérique septentrionale. Un grand nombre de ces arbres n'ont pu résister aux rigueurs de la *période glaciaire*, ils ont disparu, mais on en retrouve les restes dans les couches les plus récentes du val d'Arno ou des environs d'Aix en Provence. Dans cette dernière localité, **M. de Saporta** a reconnu des feuilles de palmiers [2], de bananiers [3], de dragonniers [4], de thuyas [5], de canneliers [6] et d'acacias [7], genres inconnus en Europe, mêlés à des chênes, des ormeaux, des bouleaux et des peupliers, les uns très-semblables aux nôtres, les autres identiques à ceux qui nous entourent. Quelques-unes de ces espèces exotiques ont résisté aux hivers de la *période glaciaire*. La plus remarquable est le palmier nain (Chamœrops humilis), le seul palmier qui croisse spontanément en Europe ; il a persisté à Villefranche près de Nice, à Barcelone, dans l'île de Capraia, en Sardaigne, à Naples et en Sicile : c'est l'unique représentant du groupe des monocotylédones arborescentes, si communes dans les pays chauds, qui ait survécu à la période glaciaire. Un grand nombre d'animaux ont également péri pendant cette époque : je citerai le lion, la panthère, le serval, le lynx, le chacal, le renard doré, la genette de Barbarie, vivants encore dans le nord de l'Afrique, éteints dans le midi de la France, où l'on ne trouve que leurs os ensevelis dans le limon des nombreuses cavernes de la région méditerranéenne de notre pays. Première apparition de l'homme, modification profonde de la faune et de la flore européenne, disparition de certaines espèces, naissance ou envahissement par migration de la plupart de celles qui nous entourent, telle est en résumé l'influence de la période de froid sur les manifestations de la vie à la surface du globe.

XVII. Causes de la période glaciaire.

Nous venons de voir que les fossiles des terrains tertiaires supérieurs accusent partout un climat beaucoup plus chaud que celui qui règne maintenant en Europe, mais ces terrains sont souvent séparés des *dépôts glaciaires* par plusieurs formations géologiques plus récentes ; mais dans la partie orientale de l'Angleterre l'étude du terrain qui a précédé immédiatement la *période glaciaire* a permis de savoir quel était le climat auquel elle a directement succédé. Ce terrain se trouve dans les comtés de Norfolk, Suffolk et

[1] *Die fossile Flora der Polarländer*, 1867. — [2] *Flabellaria Lamanonis*. — [3] *Musophyllum speciosum*. — [4] *Dracænites narbonensis*. — [5] *Callitris Brongniartii* et *Widdringtonia brachyphylla*. — [6] *Cinnamomum camphoræfolium*, *C. Aquense*, *C. sertianum*, *C. lanceolatum*. — [7] *Acacia julibrizoides*, *Mimosa deperdita*.

d'Essex, où la forêt sous-marine de Crommer a déjà appelé notre attention : il se compose de lits coquilliers et sableux. Dans le pays, ces couches se nomment crag, et les géologues ont adopté ce mot. On distingue trois étages dans le crag : 1° un étage inférieur appelé crag corallin, 2° un étage moyen désigné sous le nom de crag rouge, 3° un étage supérieur nommé crag de Norwich, du nom de la ville près de laquelle il est situé. Ces trois étages contiennent 442 espèces de coquilles qui ont été étudiées avec le plus grand soin par **M. Searles Wood** ; les unes appartiennent à des mollusques encore vivants, les autres à des espèces éteintes. Celles-ci diminuent de nombre à mesure qu'on s'élève dans les trois étages, ou, en d'autres termes, à mesure qu'on se rapproche de la période actuelle ; mais en même temps le nombre des espèces méridionales encore vivantes dans l'océan Atlantique diminue également. Ainsi dans le *crag inférieur ou corallin* il y a 27 espèces méridionales, dans le *crag rouge* 16, et dans le *crag supérieur* ou de *Norwich* il n'y en a plus. Évidemment le climat s'est refroidi peu à peu, car ces dépôts représentent une longue série d'années. A ce refroidissement lent et graduel a succédé la période de froid, caractérisée par *des dépôts glaciaires* et des coquilles arctiques. Essayons de nous faire une idée du climat de cette période. On est tenté de se figurer que plus le climat sera rigoureux, plus les *glaciers* acquerront de puissance et de développement : c'est une erreur. Pourvu que les hivers soient longs et humides afin que les réservoirs se remplissent de neige, peu importe que le froid soit intense ou modéré ; il suffit que le thermomètre se tienne en général au-dessous de zéro, que la neige s'accumule et ne fonde pas à mesure qu'elle tombe. Il est beaucoup plus essentiel que l'été ne soit pas trop chaud, et ne fasse pas disparaître la neige tombée pendant l'hiver. Néanmoins un certain degré de chaleur est nécessaire : *il faut que pendant l'été le thermomètre s'élève au-dessus de zéro*, sans quoi la neige resterait à l'état pulvérulent, et ne passerait point à celui de névé en fondant et en regelant ensuite. Le névé de son côté ne s'infiltrerait pas d'eau et ne se changerait point en glace[1]. **M. Henri Lecoq**[2] a eu le mérite de montrer le premier le rôle important que la chaleur et l'humidité jouent dans la *formation des glaciers*, l'humidité pour engendrer la neige, la chaleur pour la fondre partiellement sans la faire disparaître totalement. La Nouvelle-Zélande, avec ses hivers humides sans être rigoureux, ses étés modérés où un ciel habituellement couvert éteint et absorbe les rayons solaires, réalise le climat le plus favorable à la *formation des glaciers :* aussi sont-ils nombreux et étendus dans les montagnes de la plus méridionale des deux îles. Toutefois il ne faut rien exagérer. Les pays couverts de glaciers, le Spitzberg, le Groënland, l'Amérique boréale, représentants actuels de la *période glaciaire*, sont des contrées où le climat est d'une rigueur extrême, et où la moyenne de l'été ne dépasse pas quelques degrés au-dessus de zéro. Rarement le thermomètre y atteint 10 degrés, et dans les chaleurs extraordinaires et exceptionnelles il marque 15 degrés centigrades. Il est donc probable que le climat de *l'époque glaciaire* était rigoureux. Rappelons-nous aussi que beaucoup de mollusques vivant alors dans les mers de l'Angleterre et de la Suède méridionale ne se retrouvent plus qu'au delà du cercle polaire, et que les côtes étaient assiégées de *glaces flottantes* comme aujourd'hui celles du Labrador, de Terre-Neuve et du Canada. Le *climat glaciaire* devait par conséquent être au moins aussi rigoureux que celui de ces dernières contrées, dont la moyenne annuelle est comprise entre zéro et 5 degrés au-dessus de zéro. Appliquons ces données à l'extension des glaciers du mont Blanc.

En Suisse, pendant les années à étés pluvieux de 1812 à 1818, le glacier du Rhône avait tellement avancé que deux géomètres, **MM. Pichard** et **Charles Secrétan**, calculèrent qu'ils auraient mis 774 ans pour arriver du fond du Valais jusqu'à Soleure. Moins de huit siècles, c'est une minute sur le cadran de la géologie ! J'ai fait un autre

[1] D. A. Les neiges qui couvrent les glaciers à toutes les altitudes dans les Alpes ne se changent pas en glace pour s'ajouter aux surfaces des glaciers qu'ils couvrent.

[2] *Des Glaciers et des Climats, ou des Causes atmosphériques en géologie*, 1847.

raisonnement : supposons que l'hiver de la plaine suisse reste tel qu'il est, mais que l'été soit moins chaud, de façon que la température moyenne de Genève soit de 5 degrés au lieu de 9°,10, comme maintenant. La limite des neiges persistantes sera également abaissée et ne dépassera pas 1,950 mètres au-dessus de la mer. Les glaciers de Chamonix descendront au-dessous de cette nouvelle limite d'une quantité proportionnelle égale à celle qui existe entre la limite actuelle (2,700 mètres) et leur extrémité inférieure. Or aujourd'hui le *pied de ces glaciers* est à 1,150 mètres d'altitude : avec un climat de 4 degrés plus froid, il sera à 750 mètres plus bas, c'est-à-dire à 400 mètres, et par conséquent au niveau de la plaine suisse. Ajoutons que ces immenses glaciers, ayant pour bassins d'alimentation tous les cirques, toutes les vallées, toutes les gorges situées au-dessus de 750 mètres, descendront plus bas, toutes choses égales d'ailleurs, que les glaciers actuels, dont les bassins d'alimentation sont tous à des hauteurs supérieures à 1,150 mètres.

En résumé, on comprend qu'un froid sibérien n'est pas nécessaire pour amener l'ancienne extension des glaciers, car cette moyenne de 5 degrés que nous demandons pour que les *glaciers* de l'Arve et du Rhône atteignent de nouveau Genève est celle des grandes villes telles qu'Upsal, Christiania, Stockholm, en Europe, et East-Port aux États-Unis. Nous avons donc à chercher l'explication d'un abaissement de température continu et prolongé, mais portant principalement sur les chaleurs du printemps, de l'été et de l'automne.

Les théories proposées pour expliquer *l'ancienne extension des glaciers* se rangent sous deux chefs principaux : les théories locales s'appliquant à certains pays en particulier, les théories générales embrassant le globe tout entier. Examinons d'abord quelques-unes des premières. Pour les *glaciers* de chaines de montagnes telles que les Alpes et les Pyrénées, on a supposé qu'elles étaient jadis beaucoup plus hautes qu'aujourd'hui; cela est incontestable : quand on considère la quantité prodigieuse de débris que les eaux, la glace et les éboulements ont arrachés aux montagnes pour les répandre ensuite dans les plaines, on a la conscience que ces massifs déchirés sont des ruines, dont le couronnement a disparu depuis longtemps. D'un autre côté, les *phénomènes glaciaires* de la Scandinavie, de l'Angleterre et de l'Amérique nous démontrent que la croûte terrestre n'est point fixe : elle s'abaisse et s'élève. Cet effet, combiné avec le précédent, ajoutait encore à la hauteur des sommets : mais des pays peu accidentés, l'Amérique du Nord par exemple, ont été couverts de glaciers, et les dépôts coquilliers nous apprennent que l'oscillation de la côte n'a pas dépassé 180 mètres, nombre insignifiant et incapable d'expliquer la *formation des glaciers* dans les contrées où ils n'existent plus. Au contraire tout nous enseigne que, sauf les sommets des montagnes qui se sont dégradés et ont diminué de hauteur avec le temps, le relief du sol sur lequel les *glaciers* se mouvaient n'a pas changé. Les *stries* sont toujours parallèles à la vallée; elles se relèvent toujours en amont des rétrécissements, les *roches moutonnées* ont conservé leurs formes *arrondies*, et les *blocs erratiques* sont restés suspendus sur les pentes ou perchés sur des piédestaux, là où le *glacier* les a déposés.

Pour expliquer l'ancienne extension des glaciers de la Suisse, M. **Arnold Escher de la Linth** a proposé une hypothèse qui a justement fixé l'attention des savants. Le vent, dit-il, qui fait disparaître les neiges en Suisse au printemps, est un vent du sud-est très-chaud appelé le fœhn (*Favonius* des anciens). Quand le *fœhn* souffle, la neige fond avec une rapidité extraordinaire, et même se vaporise en partie sans passer par l'état liquide. Tant que le fœhn n'a pas soufflé, les Alpes restent blanches : dès qu'il a régné pendant quelques jours, les flancs des montagnes se dégarnissent; mais souvent aussi les fleuves qui descendent des hauteurs de Saint-Gothard — le Rhin, le Rhône et le Tessin — s'enflent, débordent et inondent la plaine. On admet généralement que le *fœhn* est engendré par le désert brûlant du Sahara : mais le Sahara est un fond de mer

[1] E. Plantamour, *Du climat de Genève*, 1863.

rès-récemment émergé, ses sables contiennent des coquilles vivant encore dans la Méditerranée, ses lacs sont salés, le sol lui-même est imprégné de sels. Quand cette mer occupait tout le nord de l'Afrique, conclut M. **Escher**, l'air ne s'échauffait pas à sa surface comme à celle des déserts de sable; la colonne d'air ascendant qui engendre le föhn ne s'élevait pas au-dessus de cette mer refroidie par les eaux de la Méditerranée avec laquelle elle communiquait. Le *fœhn* n'existait pas, les Alpes restaient chargées de neige, les glaciers ne fondaient plus à leur extrémité, l'été était moins chaud, l'hiver plus froid et rien ne contrariait plus *l'ancienne extension des glaciers* Le défaut de cette hypothèse est d'être uniquement applicable aux Alpes, tout au plus aux Vosges, et nullement aux autres chaînes de montagnes. Il en est de même de celle que l'on a conçue pour se rendre compte de l'extension des *glaciers* en Angleterre et en Scandinavie. L'Europe occidentale doit son climat tempéré à un grand courant d'eau chaude, le Gulf-Stream, qui, sortant du golfe du Mexique et traversant l'Atlantique, vient baigner les côtes océaniennes de l'Europe, depuis le Portugal jusqu'au Spitzberg. Supprimez le courant, et le climat de l'Europe occidentale sera complétement changé. Or l'hydrographie, la géologie, la botanique, s'accordent pour nous apprendre que les Açores, Madère, les Canaries sont les restes d'un grand continent qui jadis unissait l'Europe à l'Amérique du Nord. Supposez ce continent exondé, le Gulf-Stream est arrêté, n'atteint plus les parages septentrionaux de l'Europe, et un climat plus froid amène l'extension des glaciers. On oublie que ce climat avec un ciel plus serein aurait des hivers plus froids, des étés plus chauds et un air plus sec, moins de neige dans la saison rigoureuse et par conséquent point de glaciers. D'ailleurs cette hypothèse locale est sujette aux mêmes difficultés que celle de M. **Escher** : les *anciens glaciers* des Carpathes, du Caucase, du Liban, du Chili, de la Nouvelle-Zélande, restent inexpliqués.

Tout tend à prouver que la *période glaciaire* est un phénomène cosmique commun aux deux hémisphères : dans l'un et l'autre, il est le dernier grand changement que nous puissions constater, et rien n'indique qu'il ne s'est pas produit simultanément autour de l'un et de l'autre pôle. Une cause générale peut donc être seule invoquée, mais aucune ne satisfait les esprits positifs, car toutes sont encore à l'état de pures hypothèses. On a dit que le soleil ne pouvait pas sans cesse nous réchauffer sans perdre de sa chaleur, et que ce refroidissement a dû avoir pour conséquence une époque de froid ; mais, si cela était, d'où vient que la terre s'est réchauffée depuis cette époque ? d'où vient que le climat des deux hémisphères s'est amélioré ? Ce n'est pas la cause du froid de la période glaciaire, dit fort judicieusement M. **Édouard Collomb**, c'est celle du réchauffement consécutif à cette époque qu'il s'agit de déterminer. En effet, la terre à l'origine était un globe incandescent circulant dans l'espace ; son refroidissement lent, mais continu, fait comprendre pourquoi la température des climats terrestres a été continuellement en diminuant, et la *période glaciaire* n'est que la suite et la conséquence de ce refroidissement séculaire. Si nous supposons que la chaleur du soleil puisse s'accroître, alors tout s'explique. Cette chaleur supplémentaire compensera le refroidissement continu de notre globe, et une période de réchauffement celle où nous vivons, suivra l'époque de froid que nos sauvages ancêtres ont traversée. La théorie dynamique de M. **Mayer**[1] rend compte de la constance de la chaleur solaire et montre qu'elle peut même s'accroître considérablement. La voici réduite à sa plus grande simplicité. Tout le monde sait que la terre circule autour du soleil non-seulement avec les huit grandes et les quatre-vingt-onze petites planètes connues, mais avec une foule de corps de moindre volume appelés astéroïdes. Ce sont ces astéroïdes qui, en traversant notre atmosphère, nous apparaissent comme des étoiles filantes et prennent le nom d'*aérolithes* quand elles tombent à la surface de la terre : le nombre en est infini. Or les astronomes pensent que ces astéroïdes tendent sans cesse à se rapprocher du soleil; toutefois, la masse du soleil étant trois cent vingt mille fois plus grande que celle de la

[1] *Dynamik des Himmels*, p. 10.

terre, son attraction est vingt-sept fois plus forte. Un grand nombre de ces astéroïdes doivent donc pleuvoir sur le soleil ; ils s'y précipitent avec une telle vitesse que le choc d'un de ces corps engendre au minimum une chaleur égale à celle produite par la combustion d'un bloc de houille quatre mille fois plus gros que l'astéroïde. Cette chaleur s'ajoutant à celle du soleil, en entretient la constance; mais si ces astéroïdes, inégalement répandus dans l'espace, viennent à tomber plus fréquemment sur le soleil, la chaleur de l'astre s'accroîtra, et par suite la température de la terre augmentera dans la même proportion. L'amélioration des climats terrestres après la période de froid se trouverait ainsi expliquée. Quel que soit le degré de probabilité qu'on accorde à ces hypothèses, elles n'en sont pas moins des suppositions qu'un fait ou un calcul peut renverser demain.

On a dit encore : Notre planète a pu traverser des masses cosmiques plus ou moins denses et capables d'arrêter les rayons du soleil; de là un refroidissement général à la surface du globe. Or quelle preuve avons-nous que la terre ait réellement traversé deux de ces groupes à des époques séparées par un long intervalle de temps, et que le trajet ait duré assez longtemps pour amener l'extension des glaciers? Nous sommes encore en pleine hypothèse.

Un astronome anglais, M. **James Croll**, vient de proposer une nouvelle explication. Les orbites que les planètes décrivent autour du soleil ne sont pas immuables, elles sont soumises à un changement séculaire. Avec le temps, l'excentricité de l'orbite terrestre augmente ou diminue, c'est-à-dire que l'ellipse décrite par la terre autour du soleil s'allonge d'abord notablement pour se rapprocher ensuite de la forme circulaire. Actuellement cette différence entre le diamètre de ce cercle et le grand axe de l'ellipse décrite par la terre est très-faible; elle équivaut à la somme de 800 rayons terrestres environ. Appliquant les formules de M. **Le Verrier**, M. Croll trouve par le calcul que cette excentricité était, il y a 2,000 siècles, de 3,000 rayons terrestres. Alors les conditions climatériques de notre globe durent être profondément altérées et devenir complétement différentes dans les deux hémisphères. Voyons d'abord l'hémisphère nord. Si avec une grande excentricité la terre était comme maintenant à sa distance maximum du soleil pendant l'été, ses étés étaient certainement moins chauds que les étés actuels; mais, la terre se trouvant en hiver à sa *moindre* distance du soleil, les hivers étaient plus doux : en d'autres termes, les saisons extrêmes se trouvaient égalisées. Dans l'hémisphère sud, les effets de cette grande excentricité étaient diamétralement opposés. Les hivers étaient plus froids et les étés plus chauds, en un mot le climat devenait plus extrême. Quel était l'effet de ces changements pour favoriser ou arrêter *l'extension des glaciers*? Il serait difficile de le dire; toutefois la géologie nous enseigne que le phénomène glaciaire s'est produit simultanément dans les deux hémisphères; or on a peine à concevoir que des perturbations climatériques opposées aient produit des effets identiques : c'est pourtant une conséquence forcée de l'hypothèse proposée par M. Croll. Peut-être cet astronome aura-t-il été séduit par les apparences de Mars. L'orbite de cette planète est plus excentrique que celle de la terre, et son axe est plus incliné sur le plan de l'écliptique : or celui des deux pôles de Mars qui pendant son hiver n'est pas éclairé par le soleil se couvre d'une calotte blanche qui disparaît lorsqu'il est de nouveau frappé par les rayons solaires. Les astronomes sont d'accord pour considérer les calottes qui couvrent alternativement les deux pôles de cette planète comme des nappes de neige ou de *glace* semblables à celles dont les nôtres sont entourés. Ainsi l'hiver des pôles de Mars ressemblerait à celui des contrées septentrionales de l'Europe, où la neige couvre la terre pendant l'hiver et disparaît en été.

Je pourrais faire connaître aux lecteurs quelques autres explications moins plausibles que les précédentes; mais, simple naturaliste, je me trouve mal à l'aise au milieu de ces hypothèses contradictoires qui échappent au contrôle direct de l'observation et de l'expérience. *L'ancienne extension des glaciers est un fait;* la découverte des causes qui l'ont produite sera l'honneur des futures générations scientifiques. Notre tâche est assembler pour nos successeurs les matériaux qui rendront la solution possible. Nous ne verrons pas l'achèvement de l'édifice que nous avons fondé. Cette certitude ne doit pas nous décourager. Les sciences physiques et naturelles sont une école salutaire pour modérer les impatiences de la curiosité humaine : elles apprennent à accumuler longuement des faits bien observés sans en connaître ni même sans en chercher l'explication. Un jour arrive où le nombre des éléments est suffisant, le dossier est complet, et le jugement se déduit naturellement de la considération de l'ensemble des documents. Il en sera de même pour les causes de *l'époque glaciaire*; la physique du globe ; l'astronomie ou la géologie donneront plus tard le mot d'une énigme dont la solution n'a été cherchée que depuis peu d'années. Enfants du siècle qui va poser le problème, résignons-nous au doute, ne préjugeons pas de l'avenir. Nous savons par expérience que les siècles sont des unités dans les nombres qui expriment le temps nécessaire à l'établissement des grandes vérités dont les sciences positives s'enrichiront un jour.

Ch. Martins.

(I)

OMBONI (Giovanni). Professeur de sciences naturelles.

I. Ghiacciaj antichi e il Terreno erratico di Lombardia [1]. — Mémoire lu le 28 avril 1861 dans la réunion de la *Société des sciences naturelles* à Milan. Extrait du t. III des actes de la Société. — Brochure in-8. 70 pages et 3 planches.

Auteurs qui ont écrit sur le terrain erratique de l'Italie.

Martins (Ch.) et **Gastaldi**. — Essai sur les terrains superficiels de la vallée du Pô aux environs de Turin, comparés à ceux de la Suisse. (*Bulletin de la Société géologique de France*, 20 mai 1850.)

Mortillet (G.). — Note géologique sur Palazzola et le lac d'Iseo en Lombardie (*Bull. Soc. géol. de France*, 4 juillet 1859.)

Breislack. — Descripzione geologica della provincia di Milano. 1822.

Curioni. — Stato geologico della Lombardia, nelle notizie naturali e civili su la Lombardia raccolte da **Carlo Cattaneo**. Milano, 1844.

Balsamo. — Nell' opera Milano e il suo territorio. (Donata ai membri del Congresso scientifico di Milano, nel 1844.)

Villa. — Memoria geologica sulla Brianza. Milano, 1844.

Zollikofer. — Géologie des environs de Sesto Calende. (*Bull. de la Société vaudoise des sciences naturelles*, 1844.)

Collegno. — Elementi di geologia pratica e teorica. Torino, 1847.

Curioni. — Nota di alcune osservazione fatta sulla distribuzione dei massi erratici,

nale dell' Instituto lombardo di scienze, lettere ed arti. Nuova serie, t. II. — Adunanza del 23 gennajo 1851.)

Zollikofer. — Sur l'ancien glacier et le terrain erratique de l'Adda. (*Bull. Société vaudoise des sciences nat*. 1853.)

Villa. — Osservazioni geognostiche fatte in alcuni colli del Bergamasco e del Bresciano. (*Giornale dell' Ingegnere Architetto*, anno V.)

Omboni. — Sol terreno erratico di Lombardia. (*Atti della Soc. it. de sc. nat.* t. II. 1859-1860.)

[1] *Les glaciers anciens et le terrain erratique de la Lombardie.*

Paglia. — Sulle colline di terreno erratico interno all' estremita meridionale del lago di Garda. (*Atti Soc. ital. di sc.*, t. II, 1859-1860.)

Mortillet (G.). — Carte des anciens glaciers du versant méridional des Alpes. (*Atti Soc. it sc. nat.* T. III, 1861. — *Bull. de Genève*, 20 janvier 1861.)

Lombardini. — Proposta di studj su i terreni, sulle sorgenti e sulle acque potabili della pianura milanese. (*Memoria letta nella seduta del 9 agosto 1858 del Regio Instituto Lombardo, etc. — Giornale dell' ingegnere*, anno VI.)

Glaciers en activités (actuels)[1].
Limites des anciens glaciers de la Lombardie.
Bassin du Tessin.
Saint-Gothard et vallée Leventine.
Bassin du lac Majeur, de Locarno à Pallanza et Laveno.
Monte Rosa et glacier de Macugnana.
Vallée de Macagnana et de Anzasca.
Simplon et val de Vedro.
Vallées Formozza et Antigorio.
Vallée de la Tore. De Domo d'Ossola au lac Majeur.
Anciens glaciers de la vallée de la Tore.
Bassin du lac Orta.
Partie méridionale du lac Majeur.
Val Cuvia. — Val Gana. — Varèse.
Bassin de l'Adda.
Bassin de Bormio.
Vallée Furvo ou de Sainte-Catherine.
De Bormio à la Stelvio.
De Bormio à Tirano.
Vallée de Puschiavo.
De Triano à Sondrio.
Vallée Malenco.
De Sondrio à Colico.
Vallée du Masino.
Anciens glaciers de la Valteline.
Vallée de Chiavenna. Du Splügen au lac de Como.
Lac de Côme. — Lac de Lugano.
Anciens glaciers du bassin du lac de Côme.
Brianza (pays entre l'Adda et le Lambro).
Lecco (terrain erratique).
Bassin de Còmo.
Triangle d'Erba, Como et Montorfano.
Triangle de Como, Fino et Cantu.
De Como à Malnate, près Varèse.
Varèse (terrain erratique).
Alluvions anciennes des lacs lombards.
Climat de l'époque glaciaire.
Conclusions.

Planche I. Glaciers des Alpes de la Lombardie à l'époque quaternaire.

Planche II. 1. Moraines d'un glacier composé de trois affluents.
2. Bloc erratique monstre de l'Alpe de Pravolta sur le mont Saint-Primo à 700 mèt au-dessus du lac de Como.
3. Bloc erratique monstre à Frascarlo près Varèse.
4. Grande moraine sur les montagnes de Gavirate, vue du lac de Varèse.

[1] D. A. Traduction en français des divers chapitres de la brochure.

5. Grande moraine sur les montagnes de Gavirate, vue d'Arona sur le lac Majeur.
Planche III. Carte de la distribution des roches alpines dans le terrain erratique de la Lombardie occidentale, pendant l'époque quaternaire.

OSBORN (Sherard).
STRAY LEAVES FROM AN ARCTIC JOURNAL, or eighteen month in the arctic regions. — Nouvelle édition in-8. London, 1865.

OUTHIER.
JOURNAL D'UN VOYAGE AU NORD DE 1736 A 1737. — In-8. Amsterdam, 1746.

P

PARRY (Edward).
AN ATTEMPT TO REACH THE NORTH-POLE. — London, 1829.

PAYER (Julius).
DIE ADAMELLO-PRESANELLA-ALPES. — 1 carte, 1 vue en chromo-lithographie et 6 profils. Justus Perthes, libraire à Gotha.
DIE ORTLER-ALPEN (Sulden-Gebiet und Monte Cevedale). — 1 carte et 1 vue en lithochromie. Justus Perthes, libraire à Gotha.

PETERMANN (A. Dr).
SPITZBERGEN UND DIE ARKTISCHE CENTRAL-REGION.
Eine Reihe von Aufsätzen und Karten als Beitrag zur Geographie und Erforschung der Polar-Regionen. — Texte et cartes. Justus Perthes, libraire à Gotha.

PETERMANN (A.).
SPITZBERGEN UND DIE ARKTISCHE CENTRAL REGION. — In-4. Gotha, 1865.

PETERMANN et **HASSENSTEIN.**
INNER AFRIKA, Nach dem Stande der geographischen Kenntniss in den Jahren 1861 bis 1863. — 29 feuilles de texte et 11 cartes. Justus Perthes, libraire à Gotha.

PHILIPPS.
VOYAGE TOWARDS THE NORTH-POLE. — London, 1773.

PINKERTON (J.).
A GENERAL COLLECTION OF THE BEST AND MOST INTERESTING VOYAGES AND TRAVELS. — In-4, t. Ier. London, 1808.

PREYER (W.) et **ZIRKELL** (F.).
REISE NACH ISLAND IM SOMMER 1860 (avec des appendices scientifiques). — In-8. Leipzig, 1862.

PRÉVOST (abbé).
HISTOIRE GÉNÉRALE DES VOYAGES. — In-4, t. XV. 1759.

Q

QUENNERSTEDT (A.).
NÅGRA ANTECKNINGAR OM SPETZBERGENS DAGGDJUR OCH FOGLAR. — In-8. Lund, 1861.

R

RAILLET (M.).

ORIGINE DE LA GRÊLE. — Paris, in-12, 48 p. E. Lacroix.

RESTE.

HISTOIRE DES PÊCHES DANS LES MERS DU NORD, traduit du hollandais. — 3 vol. in-8 Paris, 1741.

RICHARDSON (John).

POLAR REGIONS (dans la nouvelle édition de l'*Encyclopedia Britannica*, vol. XVIII. p. 161). — London. 1859.

RICHARDSON (John).

POLAR REGIONS. — In-8. Edinburgh, 1861.

ROQUETTE (de la).

NOTICE BIOGRAPHIQUE SUR L'AMIRAL FRANKLIN. — In-8. Paris, 1856.

ROSETTI (F.), professeur à l'Université de Padoue.

ANNALES DE CHIMIE ET DE PHYSIQUE. — Quatrième série, avril, 1867, t. X. p. 461 à 475. Extrait par M. **Feltz**.

Sur le maximum de densité et la dilatation de l'eau distillée.

...Toutes nos connaissances sur ce sujet se résument à peu près dans les conclusions suivantes, tirées par M. **Despretz** de ses nombreuses expériences :

1° L'eau de mer et toutes les solutions aqueuses ont un maximum de densité.

2° Le maximum de densité s'abaisse plus rapidement que le point de congélation.

3° L'abaissement de point de congélation au-dessous de zéro et celui du maximum de densité au-dessous de + 4 degrés, sont sensiblement proportionnels aux quantités de matières étrangères ajoutées à l'eau.

Cette dernière loi n'a pour ainsi dire été qu'entrevue par M. **Despretz**; la démonstration reste encore à donner.

Densité maximum de l'eau distillée par :

	°
Hællstrom	4,10
Despretz	4,00
Kopp	4,08
Pierre	3,92
Rosetti	4,07

Les nombres obtenus par les quatre observateurs cités sont tellement voisins, [qu'on] peut les regarder comme l'expression exacte du maximum de densité de l'eau. Cet accord ne subsiste plus pour les valeurs de la densité de l'eau aux différ[entes] températures. Voici, par exemple, la densité de l'eau à 0° d'après ces obs[erva]teurs, celle de l'eau au maximum de densité étant prise pour unité.

	VOLUME A ZÉRO.	DENSITÉ A ZÉRO.
Hællstrom	1,0001082	0,999892
Despretz	1,0001369	0,999862
Kopp	1,0001232	0,999877
Pierre	1,0001192	0,99988098927
Rosetti	1,0001340	0,9998660

DENSITÉ 0° = 1.	VOLUME 0° = 1.	DENSITÉ 4°,07 = 1.	VOLUME 4°,07 = 1.
1,0000000	1,0000000	0,9998660	1,0001340
1,0000331	0,9999669	0,9998990	1,0001010
1,0000608	0,9999392	0,9999267	1,0000733
1,0000822	0,9999178	0,9999482	1,0000518
1,0001010	0,9998990	0,9999669	1,0000331
1,0001153	0,9998847	0,9999814	1,0000186
1,0001258	0,9998742	0,9999917	1,0000083
1,0001315	0,9998685	0,9999973	1,0000027
1,0001338	0,9998662	0,9999998	1,0000002
1,0001340	0,9998660	1,0000000	1,0000000
1,0001325	0,9998675	0,9999982	1,0000018
1,0001280	0,9998720	0,9999939	1,0000061
1,0001190	0,0998810	0,9999850	1,0000150
1,0001070	0,9998930	0,9999727	1,0000273
1,0000916	0,9999084	0,9999572	1,0000428
1,0000720	0,9999279	0,9999380	1,0000620
1,0000492	0,9999508	0,9999150	1,0000850
1,0000248	0,9999751	0,9998910	1,0001090
2,0000000	1,0000000	0,9998660	1,0001340
0,99996	1,00004	0,99982	1,00018
0,99988	1,00012	0,99975	1,00025
0,99978	1,00022	0,99965	1,00035
0,99968	1,00032	0,99955	1,00045
0,99956	1,00044	0,99944	1,00056
0,99943	1,00057	0,99930	1,00070
0,99929	1,00071	0,99916	1,00084
0,99913	1,00087	0,99901	1,00099
0,99897	1,00103	0,99884	1,00116
0,99879	1,00121	0,99866	1,00135
0,99860	1,00145	0,99847	1,00155
0,99839.	1,00161	0,99826	1,00175
0,99819	1,00182	0,99805	1,00197
0,99797	1,00204	0,99782	1,00220
0,99774	1,00227	0,99759	1,00242
0,99751	1,00250	0,99735	1,00266
0,99726	1,00275	0,99711	1,00290
0,99699	1,00302	0,99686	1,00315
0,99673	1,00329	0,99659	1,00342
0,99645	1,00356	0,99632	1,00370
0,99617	1,00384	0,99604	1,00399
0,99588	1,00413	0,99575	1,00428
0,99558	1,00444	0,99545	1,00457
0,99528	1,00474	0,99515	1,00487
0,99497	1,00505	0,99485	1,00519
0,99465	1,00538	0,99453	1,00551
9,99432	1,00585	0,99420	1,00584
0,99398	1,00606	0,99385	1,00619
0,99362	1,00642	0,99350	1,00655
0,99326	1,00679	0,99314	1,00691
0,99287	1,00717	0,99276	1,00732
0,99250	1,00755	0,99238	1,00770

étéorographe est un appareil destiné à enregistrer tous les phénomènes météoro-
s, au moyen de courbes graphiques tracées sur des tableaux dont le mouvement
lé par une horloge. Il a deux faces principales qui servent à des enregistrements
nts.

Première face.

face est surmontée d'une horloge et contient un tableau qui enregistre les indi-
du baromètre, du thermomètre sec, du thermomètre humide, et qui donne de
heure de la pluie. Ce tableau fait sa course en deux jours et demi, et présente
es courbes très-développées, sur lesquelles on peut apprécier les détails des phé-
es, surtout pendant les bourrasques.

mètre. — Le baromètre est à balance à bras égaux; le tube est suspendu à un des
u balancier et flotte librement dans le mercure. A l'autre bras est suspendu un
poids. Le tube est en fer forgé, de forme exactement cylindrique à l'intérieur. Il
ouble section; la partie supérieure qui forme la chambre barométrique a 0m,060 de
re, la canne a 0m020. Un cylindre en bois ou manchon fixé à la partie inférieure
anne plonge dans la cuvette et supporte la plus grande partie du poids de l'in-
nt; on réalise ainsi les conditions hydrostatiques qui permettent de faire équi-
la pression atmosphérique. Un second levier, placé près de la partie inférieure du
l'empêche de dévier de la direction verticale. L'axe de rotation du balancier est
à ses deux extrémités, de prolongements sur lesquels s'appliquent deux parallélo-
es de Watt qui portent les crayons traceurs des courbes. Ces crayons sont sup-
par des ressorts soutenus par la barre horizontale du parallélogramme.

courbes du baromètre sont dessinées sur les deux tableaux à la fois et l'échelle
iron de 4mm5 pour 1 millimètre; mais on peut la faire varier à volonté en chan-
le diamètre du flotteur.

momètre et *Psychromètre.* — Le psychromètre se compose de deux thermomètres
ure : le thermomètre sec donne la température de l'air, l'autre est enveloppé
mousseline constamment humectée d'eau, et sert à constater l'humidité de l'air.
ux thermomètres sont ouverts à leur extrémité supérieure et portent au fond de
servoir cylindrique un fil de platine, soudé au verre. qui met le mercure infé-
lu réservoir en communication avec le courant électrique. Deux fils de platine
tés par un châssis, qui est mobile verticalement, entrent dans le tube capillaire
ermomètres, et vont plonger au moment voulu dans la colonne mercurielle pour
rquer la hauteur sur le tableau.

ais donner à ce sujet quelques détails sur le fonctionnement de l'appareil
rloge, à chaque quart d'heure, met en mouvement, au moyen du rouage de la
ie, un chariot qui porte un télégraphe Morse. Ce mouvement est produit par un
rique placé sur l'arbre de la deuxième roue qui fait un tour à chaque quart
e; cet excentrique met en mouvement un long levier triangulaire. Ce levier porte
point de sa longueur une poulie sur laquelle est fixé le bout d'un fil d'acier dont
extrémité est accrochée au châssis des thermomètres; il en résulte que les mou-
ts du chariot et des châssis sont solidaires; seulement celui du chariot est amplifié
bras de levier plus long. Le chariot entraîné laisse donc descendre le châssis. Au
t où le fil de platine touche la colonne mercurielle du thermomètre sec, le courant
it dans l'électro du chariot; l'armature attirée marque sur le tableau un point qui
commencement d'une ligne représentant la hauteur du thermomètre Le chariot
uant sa marche, le second fil de platine touche à la colonne du thermomètre
é; alors le courant s'établit dans le relais translateur, qui est placé au-dessous du
, et qui interrompt le circuit de l'électro. Alors le crayon se détache et la ligne
En revenant sur ses pas le chariot reproduit les fermetures et ouvertures du cir-
sens inverse, et on obtient un autre point, qui marque la fin de la ligne. Ainsi
ne double série de points qui sont rangés sur deux courbes, dont l'une représente

la marche du thermomètre sec, et l'autre celle du thermomètre mouillé. Les indications s'obtenant à chaque quart d'heure, on a des courbes qui s'éloignent très-peu de la continuité, et qui sont suffisantes pour l'observation des phénomènes météorologiques ordinaires.

La solidarité du chariot et du châssis est établie par le simple moyen d'un fil d'acier, ce qui suffit pour la petite distance qui sépare généralement le psychromètre et la machine; dans le cas où la distance est assez grande, on se sert d'un mouvement d'horlogerie synchrone à celui de l'horloge, et à cet effet des cames et un interrupteur sont fixés sur l'horloge elle-même.

Pluie. — L'heure de la pluie est marquée sur ce même tableau au moyen d'un levier mû par un électro. Le mouvement de l'électro est produit par une petite roue à augets qu'on place sous une gouttière en quelque point du bâtiment, et qui, en tournant, ouvre et ferme le circuit d'une pile.

La quantité de pluie est mesurée dans un réservoir placé dans le soubassement de l'appareil. L'eau recueillie par un entonnoir placé sur les combles arrive dans ce réservoir par un tube et soulève un flotteur qui porte une règle munie d'un index qui parcourt une règle graduée.

La règle fixée sur le flotteur porte une chaine qui s'enroule sur une poulie circulaire garnie d'un disque en papier; la rotation de la poulie est proportionnelle à la hauteur de la pluie. Un crayon fixé à un support se meut dans le même temps le long du rayon de la roue en parcourant 5mm par jour environ, de sorte que chaque jour se trouve marquée sur la roue la quantité correspondante de pluie à une place différente.

Le réservoir a 0m19 de diamètre, l'entonnoir a 0m38; la surface de l'entonnoir est ainsi quadruple de celle du réservoir; par suite, la hauteur de la pluie est quadruplée, et on dispose d'une force motrice assez puissante pour vaincre le frottement du crayon.

Deuxième face.

Sur le tableau de cette face se trouvent enregistrées *la force et la direction du vent* ainsi que les indications du *thermographe métallique;* de plus celles qui sont relatives au *baromètre* et à la *pluie* y sont répétées. Ce tableau fait sa course en dix jours, et son principal avantage est de présenter un résumé des variations de ces éléments, ce qui permet d'en faire une comparaison plus facile.

Direction du vent. — La direction du vent est enregistrée par quatre télégraphes. Elle est obtenue au moyen d'une girouette à la proue de laquelle on donne une forme angulaire afin de diminuer les oscillations. Au pied de la girouette, et placée à l'air libre, est une rose de quatre secteurs métalliques garnis de platine, contre laquelle vient s'appuyer une languette fixée sur l'arbre de la girouette.

L'appareil est muni de quatre télégraphes dont les électros sont respectivement en communication avec les quatre secteurs; chacun des quatre télégraphes, en faisant osciller son levier selon la direction dans laquelle la girouette ferme le circuit, donne l'un des quatre vents principaux. Les vents intermédiaires aux quatre principaux s'obtiennent par la combinaison des deux voisins. Cette combinaison se produit soit par l'oscillation de la girouette, soit par l'indication simultanée de deux télégraphes.

L'expérience a prouvé que dans la pratique ce système satisfait aux besoins de la science météorologique actuelle.

L'oscillation de la tige qui porte le crayon se produit à chaque tour du moulinet [illegible] mesure la vitesse du vent, et dont nous allons parler.

Vitesse du vent. — La vitesse du vent est donnée par le *moulinet de Robinson* à [illegible] hémisphériques : elle est enregistrée de la manière suivante par l'électricité. Le moulinet porte sur son arbre un excentrique à l'aide duquel il interrompt le circuit électrique [illegible] la pile. L'appareil porte trois compteurs qui sont mis en mouvement par le courant

ourant passe par le compteur central, quelle que soit la direction du vent, et à chaque tour du moulinet la roue à échappement du compteur avance d'une dent par l'action du courant électrique. Ce compteur donne donc le nombre des tours du moulinet, quelle que soit la direction du vent. Cette vitesse se traduit en kilomètres par la proportion calculée des bras du moulinet, dont un tour correspond à une vitesse de vent égale à 10 mètres. Le deuxième cadran du compteur marque les kilomètres, que l'on note chaque jour à midi.

L'enregistrement de la vitesse du vent à chaque heure sur le tableau s'obtient de la manière suivante :

La troisième roue du compteur porte une poulie, qui tient par une dent à une roue à rochet fixée sur le même arbre. A cette poulie est attachée une chaîne qui s'enroule sur une longueur plus ou moins grande, selon le chemin parcouru par la roue et selon la vitesse du vent. La chaîne se relie, au moyen de poulies de renvoi, à un crayon fixé sur un parallélogramme qui trace sa course sur le tableau. Le crayon entraîné par la chaîne trace sur le tableau une ligne plus ou moins longue selon la portion de chaîne enroulée sur la poulie. Au bout d'une heure, un excentrique fixé sur l'arbre principal de la sonnerie de l'horloge détache la poulie de la roue du compteur, et ainsi elle reste folle. Alors un contre-poids attaché au parallélogramme ramène le crayon au point de départ. Toutes les lignes partent ainsi du même axe comme des ordonnées.

Le compteur central devant remonter le contre-poids est lui-même animé par un poids ; les deux autres sont sans aucun poids et sont mis en mouvement par la simple oscillation de l'armature. Ils sont destinés à étudier les vents des directions spéciales, par exemple le sud et le nord séparément, ou tout autre, au gré de l'observateur, ce qui a beaucoup d'intérêt dans certaines localités.

Thermographe. — Cet appareil est formé d'un fil de cuivre exposé à l'extérieur ; les dilatations et contractions de ce fil agissent sur un levier de l'appareil et font tracer des courbes qui donnent les variations de la température d'une manière sommaire. Dans les conditions présentes, très-défavorables d'ailleurs, le fil thermométrique a 16 mètres de longueur ; il est en fonction au moyen de doubles leviers avec une poutre en sapin de 8 mètres, dont la dilatation très-petite est négligeable, et qui est placée sur le comble. Il est ainsi exposé directement au soleil, ce qui occasionne les variations considérables qu'on remarque sur le tableau. Dans les observatoires, le fil doit être fixé à l'ombre et abrité des rayons directs ; ce système donne alors les variations de température à 1/4 de degré près.

En général cet instrument se trouve donner indirectement l'état du ciel ; car dans les jours couverts et pluvieux, les variations de température sont très-faibles, et si le fil est exposé au soleil, on pourra même voir les variations énormes de température que subissent les corps frappés directement par ses rayons. Les indications du baromètre et l'heure de la pluie sont répétées à l'aide des mécanismes décrits dans le premier tableau.

Remarques.

Les conditions d'installation au Palais de l'Exposition sont aussi défavorables que possible pour obtenir un fonctionnement régulier de l'appareil. Malgré les facilités de toute espèce qu'a données la Commission impériale et malgré des dépenses considérables, le local n'a pu être installé dans les conditions voulues. Néanmoins, et même dans ces conditions, l'appareil fonctionne assez bien.

Du reste, un appareil semblable fonctionne depuis sept ans à l'Observatoire du Collége-Romain, et un atlas des registres obtenus est exposé.

La pile qui produit l'électricité est la **pile Daniell**, modifiée considérablement et montée avec du sable. Sa constance est remarquable, et pendant un an elle fonctionne sans autre soin que d'y ajouter chaque mois un peu d'eau et de sulfate de cuivre. Cette pile est en activité depuis trois ans à l'Observatoire du Collége-Romain.

L'horloge et les rouages des compteurs ont été faits par M. [illegible], de Paris; les autres parties ont été construites par M. Eras. [illegible], de Rome. L'[illegible] est du travail de M. Pietrocola, de Rome. Le tube du baromètre est une pièce du type assez difficile à faire, car il est sans aucune soudure, et est travaillé comme les canons de fusil, c'est-à-dire tourné à l'intérieur et à l'extérieur; il sort des ateliers de MM. [illegible], constructeurs d'armes à Rome. Toutes les barres et vergues carrées de l'appareil sont des tubes creux, qui réunissent solidité et légèreté.

Tous les savants sont d'accord sur ce point, que la météorologie ne peut avancer qu'au moyen de machines qui enregistrent automatiquement tous les phénomènes. La construction d'un appareil complet comme celui qui vient d'être décrit est assez dispendieuse, mais ses parties essentielles pourraient s'obtenir à un prix relativement très-modéré, si on avait à en construire un grand nombre. La question de la marche des tempêtes sur le continent serait bientôt résolue par ces moyens.

L'auteur s'est encore occupé de rendre pratique pour les marins l'enregistrement des indications du baromètre, en employant un *anéroïde enregistreur* construit par M. Hipp, avec une horloge et une pile qui peuvent supporter sans inconvénient les oscillations de la mer.

Secchi (P. S. J.).

SEEMANN (B.).

On the Anthropology of the western Eskimo-Land. Dans le *Journal of the Anthropological Society*. 3 vol. 1860.

SONREL.

Études sur les mouvements généraux de l'atmosphère. — *Annuaire de la Société météorologique de France*, t. XV. 1867. Deuxième partie. Bulletin des séances, juin 1867, pages 8 à 76. 7 planches.

Introduction. — Historique. — La région méditerranéenne. — Travaux faits sur cette région.

I. Sa description générale.
II. Influence du passage des bourrasques sur les roses de vents.
III. Les vents sur le bassin méditerranéen pendant l'année météorologique 1865. — Leur comparaison avec les mouvements généraux de l'atmosphère en Europe.
IV. Des vents en général dans la Méditerranée. — Conclusions relatives aux courants atmosphériques de cette mer, tirées d'après les considérations précédentes.
V. Pluies.
VI. Isobares. — Relations entre les lignes isobares moyennes et le passage des bourrasques.

STEINMETZ (Andrew).

A manual of weathercasts; comprising storm prognostics on lans and sea, with an explanation of the method in use of the Meteorological Office. Adapted for all countries. — In-12, 210 p. London, Routledge and Sons. 1866.

STUDER (Bernard), professeur.

Recherches sur les climats de l'époque actuelle et des époques anciennes, particulièrement au point de vue des phénomènes glaciaires de la période diluvienne, par **M. Sartorius de Waltershausen**. — (*Untersuchungen über die Klimate der Gegenwart und der Vorwelt, mit besonderer Berücksichtigung der Gletschererscheinungen in der Diluvial-Zeit*. Haarlem, 1865.) — *Arch. des sciences physiques et naturelles de Genève*, t. XXVI, n° 105. 25 septembre 1866.

Analyse de ce mémoire par M. B. Studer, professeur.

On éprouve dans l'étude de la géologie comme dans celle de la météorologie, le désavantage de ne pouvoir appliquer l'observation directe à la source même d'où les phénomènes tirent leur origine. Ce n'est que dans des limites très-restreintes que les théories relatives à ces deux sciences peuvent être soumises à l'épreuve de l'expérience; le plus souvent même cela est impossible. La configuration actuelle de la surface de la terre est le résultat de révolutions d'une ancienneté indéterminée, que nous ne pouvons juger de ce qu'elles ont pu être que d'après les traces encore visibles qu'elles ont laissées. De même les vents qui nous apportent la pluie ou la sécheresse, la chaleur ou le froid, prennent le plus souvent naissance dans des contrées reculées et inconnues; leurs variations dans nos climats n'ont pu jusqu'ici être ramenées à aucune règle fixe. Il en résulte qu'en géologie, les théories tantôt neptuniennes, tantôt plutoniennes, ont régné tour à tour, et qu'en météorologie chaque année pour ainsi dire nous amène de nouvelles théories de la grêle et des ouragans. L'incertitude se double lorsque ces deux sciences doivent se réunir pour l'explication d'un fait tel que celui de la *distribution des blocs erratiques*. Pour se rendre compte de leur transport des hautes Alpes dans les parties basses de la Suisse, et même sur les hauteurs du Jura, on a d'abord eu recours à l'hypothèse des courants d'eau; tantôt on a supposé de puissants cataclysmes provenant ou de l'écoulement d'une mer, ou de l'irruption des lacs alpins, ou de la fonte subite de glaciers et de champs de neige; tantôt on a mis en avant l'action lente et continue de courants entraînant jusqu'aux mers ou aux lacs voisins des glaces flottantes, chargées de blocs et de débris de roche qui auraient été engloutis ou qui auraient été charriés sur les rives opposées à leur point de départ. Depuis trente ans environ une autre opinion a pris faveur : elle consiste à supposer que les glaciers se sont développés et étendus de deux côtés des Alpes, jusqu'à une hauteur de plusieurs milliers de pieds au-dessus du sol des vallées de manière à couvrir une partie considérable de la Lombardie et du Piémont, la France jusqu'au delà de Lyon et Grenoble et la totalité de la Suisse jusque sur les flancs du Jura. Les blocs tantôt isolés, tantôt entassés dans les moraines, auraient été emportés par le mouvement de progression des glaciers vers les parties plus basses où ils se seraient déposés après le retrait des glaces. Les auteurs même qui ont proposé cette explication, **Venetz, de Charpentier, Agassiz**, et leurs nombreux amis ont rassemblé avec beaucoup d'activité les faits confirmant cette hypothèse; ils l'ont défendue et soutenue contre les objections qui surgissaient de toute part, et finalement cette théorie, tantôt limitée aux contrées voisines des Alpes, tantôt étendue à tous les pays où l'on observe des phénomènes semblables, est maintenant adoptée par les auteurs des meilleurs traités modernes de géologie (**Naumann, Lyell, Dana**) et par le grand public scientifique; *ses adversaires restent muets et leur nombre diminue tous les jours.*

En 1860, la Société de Haarlem, qui a beaucoup contribué à l'avancement des sciences naturelles par les questions très-bien choisies qu'elle soumet chaque année à un concours, a attiré de nouveau l'attention sur la théorie des glaciers, particulièrement au point de vue des conditions et des influences climatériques. Elle avait posé la question en ces termes :

« D'après la plupart des géologues, une des dernières périodes géologiques aurait été caractérisée par d'énormes masses de glace couvrant de vastes superficies dans plusieurs pays, et formant d'énormes glaciers. La Société demande : quelle a dû être l'influence de ces masses de glaces, si elles ont réellement existé, sur la faune et la flore des différents pays, et sur la température de l'atmosphère. »

Le célèbre professeur de géologie à Göttingue, M. le baron **Sartorius de Waltershausen**, a entrepris de répondre à cette question. Ses voyages en Islande et dans la presqu'île Scandinave, ses recherches répétées et fructueuses dans les hautes Alpes de la Suisse, lui avaient acquis une connaissance vaste et solide de tous les faits relatifs à ce sujet. Son travail auquel il n'avait pu consacrer que quelques mois, a reçu un prix au printemps de 1861; mais la Société accéda au vœu de l'auteur qui désirait pouvoir remanier complétement son œuvre avant de la livrer au public, en sorte qu'elle n'a été publiée que vers la fin de l'année dernière.

Ce travail, qui comprend 383 pages in-4°, débute par une exposition succincte de l'origine, de la structure, et du mouvement des glaciers, ainsi que des théories proposées pour en rendre compte. L'auteur adopte en général les vues de M. Forbes et de M. Tyndall, auxquelles il ajoute des considérations originales tirées de ses propres observations sur les glaciers et sur les courants de lave. — Dans ce qu'il dit au sujet des bandes bleues, le mot de *stratification* (Schichtung), qui pourrait donner une idée fausse de leur origine, aurait pu être avantageusement remplacée par l'expression de *structure lamellaire* (Schieferung). Nous ferons aussi observer que l'explication du mouvement des glaciers par la pesanteur, contrairement à la théorie de [illegible], n'a pas été donnée pour la première fois par de Saussure, qui lui-même cite Gruner, mais par Altmann de Berne et après lui par Gruner. De même ce n'est pas Rendu, mais Bordier (Genevois) contemporain de de Saussure, qui a le premier comparé les glaciers à une masse visqueuse.

M. Sartorius considère les moraines et les roches moutonnées, polies et striées, comme des preuves d'une ancienne extension des glaciers; toutefois il limite cette extension aux vallées intérieures des Alpes, et à une petite hauteur au-dessus du niveau actuel. Selon lui, le glacier du Rhône, par exemple, ne s'étendait pas au delà de Münster, où il s'unissait avec des glaciers provenant des vallées latérales, et par l'intermédiaire de ces derniers, qui se réunissaient à leur tour à des glaciers débouchant plus bas, des blocs provenant de la partie supérieure de la vallée du Rhône, pouvaient se trouver transportés successivement jusque dans le bas Valais; mais la pente n'aurait pas été suffisante pour que le glacier du Rhône pût s'avancer jusque-là. — Cette explication ne peut guère satisfaire, car, s'il n'y avait pas un glacier s'avançant dans la vallée principale, les blocs charriés par les glaciers des vallées latérales devaient s'arrêter au débouché de ces vallées. L'auteur d'ailleurs paraît n'avoir pas remarqué les formes généralement arrondies et moutonnées, qui dans le voisinage de Brieg persistent jusqu'à une hauteur de 2,000 mètres au-dessus du fond de la vallée et contrastent d'une manière frappante avec les rochers déchiquetés d'une altitude plus grande. Cette hauteur considérable que doit avoir atteint l'ancien glacier, correspond à une pente de 1°27' qui paraît suffisante pour que sous l'influence de la pesanteur une masse plastique ait pu progresser jusqu'à Martigny. Et si l'on demande une pente plus considérable, on peut s'étonner que l'auteur qui, dans la suite, fait osciller le sol de toute manière, n'ait pas eu recours à un soulèvement des montagnes du haut Valais suffisant pour produire le pente exigée.

L'ouvrage contient ensuite un aperçu sur les blocs erratiques des plaines suisses et du Jura, ainsi que sur les calcaires polis et striés de cette dernière chaîne de montagnes. Mais il n'examine pas encore la relation de ces phénomènes avec ceux qui leur sont analogues dans les Alpes, pas plus que l'explication de leur origine. Puis l'auteur nous conduit dans le Nord et donne une excellente description des blocs scandinaves et de leur distribution depuis l'Angleterre jusqu'en Russie, en passant par l'Allemagne du Nord. Il attache une importance particulière au fait que l'on retrouve ces blocs dans les îles, et il décrit les surfaces polies et striées qui ont été observées en Islande et en Scandinavie, soit par lui-même soit par d'autres savants.

Parmi ces divers chapitres préliminaires qui précèdent l'explication du problème erratique, l'un des plus intéressants traite des lacs de la Suisse. Ces lacs ont eu autrefois une extension plus grande qu'aujourd'hui; c'est là un fait qui n'est pas contesté. Mais l'auteur attribue à l'ancienne surface des lacs une étendue extraordinaire: il considère comme ayant été jadis réunis des lacs qui, à la suite de soulèvements et d'affaissements, se trouvent maintenant à des niveaux très-différents ou qui sont séparés par des masses de montagnes; par exemple, le lac de Bienne et celui des Rousses, dont la différence de niveau est de 641 mètres; le lac de Garde et celui d'Orta, dont les altitudes diffèrent de 301 mètres; le lac de Brientz et celui de Lucerne, qui sont séparés par le large [illegible] du Brunig s'élevant à 598 mètres au-dessus de la surface du dernier de ces lacs. De manière l'auteur associe les lacs alpins et jurassiens en six groupes principaux auxquels il assigne les niveaux moyens suivants :

Groupe de la Savoie	226^m
» du Léman	414
» jurassique	435
» des Quatre-Cantons	485
» du nord de la Suisse	417
» de Lombardie	205
Niveau moyen	437^m

Les changements de niveau qui ont amené la subdivision de ces groupes ont eu lieu, suivant l'auteur, pendant l'époque diluvienne, et ils doivent avoir déterminé des modifications essentielles dans la position des couches des montagnes, entre autres l'inclinaison des couches de la molasse et les perturbations de position des dépôts diluviens.

Les géologues suisses cependant ne trouvent aucun rapport direct entre les bassins de lacs et l'inclinaison des couches de molasse, et, quant aux terrains diluviens stratifiés, leurs couches sont horizontales.

Cette réunion des lacs est même encore poussée plus loin : « Si les lacs intérieurs de « la Suisse, dit **M. Sartorius**, ont été en communication par groupes pendant et « après l'époque diluvienne, il n'y a qu'un pas à faire pour admettre que ces différents « groupes ont été une fois réunis de manière à former un grand bras de mer. » Et il appuie la probabilité de cette hypothèse, qui exigerait évidemment une configuration du pays totalement différente de celle que l'on voit aujourd'hui, par une comparaison avec les lacs intérieurs de la Scandinavie, de l'Asie et de l'Amérique, qu'il considère tous comme les restes des mers anciennes ; ce qui ne s'expliquerait également que par la supposition d'énormes changements de niveau dans le sol.

Vient ensuite une exposition rapide des anciennes hypothèses mises en avant pour rendre compte des phénomènes diluviens, principalement de celles de grands courants d'eau et des glaciers. L'explication proposée par **Wrède**, puis par **Venturi**, soutenue plus tard par **Breislack**, **Murchison**, **Lyell** et d'autres, et qui consiste à admettre que les blocs erratiques ont été portés sur des glaces flottantes depuis les Alpes jusqu'au Jura, n'est pas mentionnée ici par l'auteur, sans doute parce qu'il voulait la traiter plus tard d'une manière beaucoup plus complète que ses prédécesseurs. C'est une erreur qui lui fait dire que **Escher** le père avait proposé, avant **Venetz**, l'hypothèse des glaciers. — Il ne s'étend pas sur la théorie des grands courants d'eau qui lui paraît suffisamment renversée, et avant d'insister davantage sur la théorie des glaciers, il juge nécessaire de développer d'une manière générale les conditions calorifiques influant essentiellement sur le climat. Il consacre à cette exposition une série de chapitres que nous croyons pouvoir compter au nombre des travaux les plus importants et les mieux traités qui aient paru jusqu'ici sur ce sujet. Du reste ces considérations étaient directement exigées par la question posée par la Société de Haarlem.

Les conditions du climat d'un lieu sont :

1° Son altitude au-dessus du niveau de la mer.

2° Sa latitude géographique.

3° La répartition des terres et des mers.

4° L'état hygrométrique et hydrométrique.

5° Les vents et les courants marins.

6° La chaleur terrestre intérieure.

Dans la période actuelle et dans les époques géologiques qui l'ont immédiatement précédée, la dernière de ces conditions peut être considérée comme sans effet : c'est du soleil que la terre reçoit une quantité de chaleur constante, mais dépendant toutefois de la position de notre globe dans l'orbite terrestre. La chaleur solaire se répartit très-inégalement sur la surface de la terre, suivant que les cinq premières conditions men-tionnées ci-dessus ont plus ou moins d'efficacité. Si la surface est complètement cou-verte d'eau, c'est-à-dire pour un climat marin parfait, les conditions 1 et 2 [illegible], et le climat dépend surtout de la latitude. Si la surface est entièrement occupée par des terres, c'est-à-dire pour un climat continental parfait, la troisième condition est nulle, tandis que les autres facteurs et particulièrement le premier ont une grande influence. Si la surface est formée en partie de terres et en partie de mers, on a des climats mixtes qui se rapprochent plus ou moins des climats marins ou des climats continen-taux.

L'ouvrage que nous analysons contient des tables et des formules déduites de l'en-semble des observations et donnant l'abaissement de la température pour des latitudes croissantes, ainsi que la hauteur de la ligne des neiges, pour un climat marin et [illegible] différentes latitudes de l'hémisphère nord et de l'hémisphère sud. Il [illegible] des formules calculées d'après les méthodes les plus certaines, en prenant pour bases les températures des lieux dont le climat se rapproche le plus du climat marin parfait et qui donnent la température moyenne au niveau de la mer pour toutes les latitudes, ainsi que la différence du mois le plus chaud et du mois le plus froid. On en déduit in-versement la latitude pour la température moyenne de 0°, et l'on arrive à trouver que pour un climat marin parfait dans l'hémisphère nord, au pôle même, la température moyenne est encore de + 1°05 C., tandis que dans l'hémisphère sud, l'isotherme de 0° est à la latitude de 65° 33'. — On remarquera que ces résultats s'écartent beaucoup de ceux de M. **Dove**, d'après lequel l'isotherme de 0° dans l'hémisphère boréal, passe par le nord de l'Islande et la côte sud de la baie d'Hudson.

Les mêmes données calculées pour un climat continental conduisent à ce résultat, qu'à la latitude de 33° 24' la température moyenne est la même pour le climat marin et le climat continental. Plus au nord, la température moyenne du climat continental est plus basse ; au contraire, à une latitude plus faible, la température moyenne devient plus chaude que pour le climat marin. L'isotherme de 0° passerait à la latitude de [illegible] nord, à peu près sur les frontières de l'Angleterre et de l'Écosse et dans le voisinage de Königsberg.

Ces chiffres mettent en évidence l'influence considérable de la répartition des terres et des mers, abstraction faite des différences d'altitude.

L'auteur cherche ensuite à calculer par une intégration, d'après la température moyenne pour chaque latitude, la quantité totale de chaleur que la terre reçoit du soleil. Il obtient ainsi pour l'hémisphère nord, supposé entièrement occupé par des mers, une température moyenne de 18°5 et de 17°92 si on le suppose complétement recouvert de terre. La coïncidence de ces deux valeurs n'était point attendue par l'auteur, et elle lui paraît devoir être attribuée à une détermination erronée des températures moyennes des continents. La moyenne de ces deux valeurs 18°,21, est la température moyenne à la latitude de 35°26'.

Au moyen d'une nouvelle détermination de coefficients dans les formules de la tem-pérature moyenne, et par une intégration, on trouve que la latitude à partir de laquelle dans le climat continental, la terre produit un refroidissement au nord et un réchauffe-ment au sud, est à 51° 52'[1].

La plus grande différence de température des deux hémisphères, aura lieu si l'on suppose que l'hémisphère nord soit couvert de terres à partir de l'équateur jusqu'à la latitude de 51° 52', et couvert de mers à partir de cette latitude jusqu'au pôle, tandis que la disposition contraire aurait lieu dans l'hémisphère sud. Dans cette hypothèse, on trouve que la température moyenne de l'hémisphère nord 20°755 C. et pour l'hémi-sphère sud 13°667. Mais si l'on calcule ces valeurs pour la répartition réelle des ter-

[1] Nous n'avons pas bien saisi d'où provient la différence entre ce chiffre et celui que donné plus haut.

on trouve 17°435 pour l'hémisphère nord et 15°801 pour l'hémisphère sud. différence de la chaleur moyenne il résulte qu'à la latitude de 45°, la limite es éternelles est de 508m,7 plus basse dans l'hémisphère sud que dans l'hémiord. Ainsi la répartition des terres et des mers n'est point sans influence sur les nes glaciaires; mais dans les conditions les plus favorables, elle ne suffit pas à r une extension des glaciers aussi considérable que celle que l'on admet dans diluvienne.

sidération de l'abaissement successif de la température depuis les temps géolociens, ne conduit à aucun fait essentiellement différent. On peut supposer qu'à l'époque silurienne, l'influence de la chaleur interne de la terre sur la surface à 4° C. environ. L'atmosphère était plus humide et sans doute un peu plus que maintenant; le ciel constamment ou pour la plupart du temps couvert de empêchait le rayonnement de la chaleur. Les froides nuits d'hiver étaient pour complètement supprimées, mais les rayons directs du soleil n'arrivaient pas à ce de la terre, en sorte que la différence entre le mois le plus chaud et le plus froid était considérablement moindre qu'à présent. De plus, aussi ps que la terre a été totalement ou en grande partie couverte d'eau dominants devaient être des vents chauds soufflant de la mer et déterminant ant ininterrompu de chaleur de l'équateur aux pôles. La forte évaporation sous iques emportait de la chaleur qui, après la précipitation des pluies, était mise en dans les contrées polaires et devait ainsi élever un peu leur température e annuelle. Enfin les courants marins, tant que la chaleur intérieure de la terre bué à leur production, exerçaient, sur les climats des régions tempérées et surrégions polaires, une influence beaucoup plus considérable que de nos jours.

enant, si l'on suppose que les temps pendant lesquels les différentes formations ues se sont successivement déposées soient proportionnels à la puissance de ces s; si l'on suppose de plus que l'influence de la chaleur intérieure de la terre ait d'après une fonction de ces temps, tandis que la différence de température du plus chaud et du mois le plus froid aurait augmenté proportionnellement à ces on peut obtenir pour un climat marin parfait des tables contenant pour les es latitudes de 10 en 10 degrés, et pour le milieu de la formation, d'une part, rature moyenne T, et d'autre part, la différence *t* des températures du mois haud et du mois le plus froid. De ces tables nous extrayons les données suiui sont celles qui tiennent de plus près à la question qui nous occupe:

de.	Formation tertiaire.		Formation diluvienne.		Époque actuelle.	
	T	*t*	T	*t*	T	*t*
	20°,14	6°,05	19°,70	6°,12	19°,82	7°,42
	16,01	7,37	15,64	7,50	15,47	7,52
	11,61	8,52	11,31	8,65	11,22	8,70

mat était donc un peu plus doux à l'époque diluvienne que maintenant, rien ne re supposer qu'une grande partie des deux hémisphères ait été couverte de glace, a aucune raison d'admettre que pendant l'époque diluvienne, l'influence des its sur le climat ait été plus grande que de nos jours, plutôt que le contraire. nous sommes forcés d'admettre qu'à l'époque diluvienne certaines contrées de ont été couvertes de glaces ou de glaciers aujourd'hui disparus, ce phénomène être attribué à des causes générales, mais seulement à des causes locales n'exerr influence que sur des espaces relativement peu étendus.

ces développements préliminaires, M. **Sartorius** passe à l'exposition des hypol'aide desquelles **de Charpentier** et M. **Agassiz** ont cru pouvoir expliquer le extension des glaciers et le transport des blocs erratiques. **De Charpentier**, qui avait d'abord supposé une plus grande élévation des contrées alpines, abandonna plus tard cette idée, et pour expliquer l'extension des glaciers jusqu'au Jura, il crut qu'il suffirait d'admettre une longue série d'années froides et neigeuses déterminée peut-être par les vapeurs aqueuses s'élevant des fissures de la terre après le soulèvement des Alpes. M. **Agassiz**, d'autre part, peut-être encore sous l'influence de l'école de **Schelling** et **d'Oken**, admit que la terre s'était à plusieurs reprises, même avant le soulèvement des Alpes, généralement recouverte d'une calotte de glace, et qu'à ces moments-là elle perdait, pour ainsi dire, sa vitalité, et que toute la vie organique disparaissait; puis qu'ensuite, après le soulèvement des Alpes et un nouveau réchauffement de la terre, les blocs de pierre auraient glissé le long des pentes de glace inclinées jusqu'à ce que celles-ci se fussent réduites aux glaciers qui existent encore aujourd'hui. Il n'est pas difficile à l'auteur de démontrer que ces deux théories opposées l'une à l'autre, ne sont pas soutenables dans la supposition que les conditions calorifiques que lui-même a établies doivent être considérées comme des lois naturelles ne souffrant aucune exception. L'hypothèse d'**Agassiz** est incompatible avec les principes d'une saine physique et avec les vues de la géologie moderne. Il était plus difficile de contester la dernière explication de **Charpentier**. Pour la grande majorité des géologues, l'excessive extension des glaciers diluviens n'est plus une hypothèse, mais un fait prouvé par les investigations les plus consciencieuses, quoiqu'ils se résignent à ne pouvoir indiquer d'une manière satisfaisante la cause de cet accroissement extraordinaire, et quoique **Charpentier** lui-même, encore dans les dernières années de sa vie, ne put réprimer un sentiment de malaise sur sa propre hypothèse de glaciers couvrant la Suisse.

Il y a dans la critique de M. **Sartorius** deux assertions que nous devons contester. La première, c'est que les débris anguleux soient relativement rares et présentent constamment des traces d'érosion ; le contraire est expressément indiqué par tous les auteurs qui ont traité des blocs erratiques. La seconde, c'est que des espèces de roches provenant de divers lieux d'origine, par exemple des vallées de la Savoie et du Valais, soient mélangées les uns aux autres sur des surfaces étendues. D'autres objections encore nous paraissent de peu d'importance. Ainsi nous ne pouvons accorder que l'angle formé par le Valais à Martigny ait pu arrêter le glacier du Rhône dans son mouvement vers le lac de Genève, puisque les glaciers actuels suivent tous les contours des vallées qu'ils remplissent. De même on ne doit pas forcément admettre que le glacier aurait dû se fondre en avançant sur le lac, et nous ne voyons pas ce qui aurait empêché les glaçons séparés de se réunir en une couche continue. Il n'est point nécessaire, pour cela, de supposer que l'eau dût être gelée jusqu'au fond : nos petits lacs alpins, les rivières du nord de l'Allemagne, les mers polaires, restent liquides au-dessous de la surface de glace qui les recouvre en hiver.

Nous accorderons toutefois sans restriction, que, dans les conditions actuelles de température, il est impossible de supposer qu'une suite d'années froides et humides, pareilles aux années 1812 à 1818, se prolongeant un temps indéterminé, ait pu suffire à amener les glaciers jusque sur le Jura en passant par-dessus nos lacs, et à couvrir de glace toutes les vallées des Alpes, ainsi que les régions de collines ou de plaines qui les avoisinent. La pente est à peine suffisante pour qu'on puisse admettre une semblable extension. Si par exemple on suppose que le glacier diluvien du Rhône ait eu près de Brieg la hauteur atteinte par les rochers arrondis les plus élevés du flanc nord de la vallée (et l'on remarquera que ces rochers pourraient avoir été arrondis par des glaciers latéraux, tandis que le glacier principal aurait eu un niveau plus bas), on trouve que, depuis ces rochers jusqu'au lac de Genève, la pente n'aurait été que de 1° 9'. Jusqu'à Yverdon la pente aurait été de 0° 47' seulement ; cependant on voit des blocs près Bullet à 700 mètres au-dessus d'Yverdon, c'est-à-dire à 1,300 mètres seulement au-dessous des limites supérieures du glacier à Brieg. De plus, pour que le glacier ne fût pas fondu avant d'atteindre ce point, il faudrait que pendant cette série d'années froides et humides la température moyenne annuelle et la température moyenne estivale au bord du lac de nève eussent été au moins aussi basses qu'à Grindelwald. Or la température moyenne nuelle de Grindelwald est de 4°95 d'après les tables de **M. Sartorius**, ou de 5°94 près **M. Bischof**; et la température d'été (d'après les observations faites à Beatenrg, à une altitude de 76 mètres supérieure) est de 13°80; tandis qu'à Genève me, dans l'année 1816 qui a été la plus froide, la température moyenne de l'année a de 8°86, et celle de l'été de 15°72.

M. Sartorius n'admet pas non plus l'idée de **M. Escher** que le soulèvement du hara et le *fœhn*, qui doit y prendre son origine, ait pu être la cause du retrait des glares diluviens, parce que même le passage d'un climat marin parfait à un climat conental parfait, ne pourrait jamais produire une différence de température capable de ndre suffisamment compte de l'existence des glaciers à l'époque diluvienne et de leur parution postérieure.

Enfin l'hypothèse récemment émise par **M. Frankland**, que la température plus vée des mers équatoriales à l'époque diluvienne aurait produit une évaporation plus nsidérable et de plus fortes chutes de neige, est considérée par l'auteur comme inmpatible avec les lois de la physique terrestre, parce que cette élévation de températe, qu'il n'y a aucune raison d'admettre, n'aurait pas pu s'étendre seulement aux rs.

Malgré la confiance de **M. Sartorius** dans la certitude des lois calorifiques qu'il a blies, l'extension des glaciers du Chili jusqu'au bord de la mer, dans l'hémisphère , à la même latitude que le monte Rosa, oblige l'auteur à avouer qu'il peut sans ute y avoir des circonstances entraînant des exceptions capitales à ces lois. Mais on marquera que des circonstances pareilles à celles qui abaissent actuellement la temrature du Chili, ou même plus défavorables encore, peuvent avoir autrefois agi sur urope. L'imagination a beau jeu avec les facteurs qui influent sur le climat, tels que distribution des terres et des mers, l'altitude, les courants marins ou aériens! — 'auteur, en admettant que dans les époques géologiques anciennes les surfaces couées d'eau étaient plus grandes encore que de nos jours, fait une supposition purent gratuite, car les continents peuvent aussi bien s'être enfoncés que s'être soulevés. En faisant abstraction dans les calculs de plusieurs facteurs, secondaires il est vrai, s qui cependant ont une grande influence, comme c'est souvent le cas en météoroe, on peut arriver à des résultats s'écartant beaucoup des valeurs moyennes. C'est i que l'auteur trouve d'après vingt-huit déterminations que l'altitude moyenne de rémité inférieure des glaciers des Alpes en Suisse et en Savoie est de 1524 mètres, aisant entrer dans ce calcul un plus grand nombre de glaciers, on aurait facilement élever ce chiffre à 2,000 mètres; et cependant à Grindelwald le glacier descend à 3 mètres, ou même 983 mètres d'après des déterminations plus précises: or quand valeurs s'écartent de la moyenne d'un tiers ou d'une moitié, les conséquences basées cette moyenne même ne *peuvent guère inspirer de confiance*.

près s'être efforcé de prouver l'insuffisance des hypothèses proposées jusqu'ici pour ire compte de la distribution des blocs erratiques, l'auteur expose sa propre mae de voir, et cette partie de son travail peut en être considérée comme le point capila clef de voûte en quelque sorte. L'idée fondamentale qu'il adopte, est l'hypothèse se par **Gruner** d'abord, souvent reprise depuis lors, et qui consiste à supposer une , un lac intérieur ou un golfe, qui se serait étendu le long de la base septentrionale Alpes jusqu'à Linz, et au nord jusqu'à Ratisbonne, en pénétrant dans les vallées sversales de la Suisse comme les fiords de la presqu'île scandinave. A l'origine il y it eu un bras de mer en communication avec la mer Méditerranée; ce bras de mer, é plus tard près de Chambéry, se serait transformé en un lac d'eau douce. Les glar diluviens se seraient étendus jusqu'aux bords des fiords de ce lac, et auraient proau-dessus de l'eau dans les saisons froides, des couches de glace qui se seraient quées pendant le dégel. Les glaces flottantes ainsi formées auraient transporté les ers ainsi que des masses de terres et de limon jusqu'aux bords opposés de la nappe d'eau. — Une aussi grande extension des glaciers et le recouvrement [illegible] couche de glace supposent cependant un grand abaissement de la [illegible] annuelle ou estivale, et pour l'expliquer l'auteur revient à la [illegible] **Charpentier** : il suppose que tout le massif des Alpes et les [illegible] étaient alors à une altitude suffisante pour que cette condition fût remplie. [illegible] comme point de départ la hauteur moyenne de 1524 mètres pour [illegible] des glaciers actuels, et en la réduisant pour la latitude moyenne des Alpes, [illegible] le chiffre de 1,518 mètres; puis en se servant des valeurs précédemment [illegible] l'abaissement de la température avec l'altitude, on trouve 3°75 pour la [illegible] moyenne à cette hauteur qui devait être celle du lac intérieur. — [illegible] 1,587 mètres pour l'altitude du lac, 2°5 pour la température moyenne, [illegible] température du mois le plus chaud, et 5°75, pour celle du mois le plus [illegible] le nord ce lac intérieur était borné par les pentes du Jura, lequel en [illegible] s'élevait à peine à une hauteur de 330 mètres au-dessus; plus loin au [illegible] le Jura s'aplanit, le lac se continuait probablement par des marais. [illegible] moraines et les surfaces polies et striées des glaciers diluviens se trouvent [illegible] moyenne, à une altitude de 390 mètres, et comme à l'époque diluvienne la [illegible] terne de la terre élevait la température moyenne de 0°19 au-dessus de la [illegible] actuelle, elles seraient descendues de 29 mètres plus bas, dans des conditions [illegible] riques semblables à celles où nous sommes. Il résulte de là, que la contrée où [illegible] les Alpes a dû subir depuis l'époque diluvienne un abaissement de 1518ᵐ — [illegible]. Ces soulèvements et ces abaissements se sont probablement effectués avec [illegible] lenteur, et ont eu une durée indéterminée. Ils se sont aussi produits [illegible], de sorte que quelques montagnes se sont moins abaissées que les contrées [illegible]. L'auteur explique par là les hauteurs différentes auxquelles se rencontrent les [illegible] le Jura. — Les plus hauts indiquent l'ancien niveau le plus élevé du lac [illegible]: le sol, qui les porte, la Salève ou le Chasseron par exemple, est resté immobile, [illegible] moins abaissé que le reste de la contrée. — Du côté de Bâle ce lac se vidait [illegible] autre, placé à environ 975 mètres au-dessous et remplissant la vallée qui s'étend entre les Vosges et les montagnes de la Forêt-Noire; et d'autre part le grand lac [illegible] déversait dans le lac du Bourget. Ces deux lacs, situés à des hauteurs différentes, [illegible] certains rapports de positions avec les lacs Ontario et Érié, séparés par le Niagara. [illegible] dans la suite, pendant l'abaissement, lorsque le grand lac s'était déjà divisé en [illegible] plus petits, correspondant aux lacs actuels, que paraissent s'être formés les [illegible] de blocs et de limon que l'on remarque sur la rive Nord de beaucoup de ces lacs : ce ne sont pas des moraines, mais des dépôts de graviers charriés par les glaces flottantes.

Les deux chapitres suivants sont consacrés aux phénomènes diluviens du versant [illegible] des Alpes et du Nord de l'Europe. L'explication que l'auteur en donne repose sur les mêmes principes. Nous croyons devoir laisser aux géologues de ces pays le soin d'en faire la critique

Avant de discuter la théorie que M. **Sartorius** propose pour expliquer le [illegible] erratique suisse, nous devons d'abord lui rendre un hommage bien mérité pour le talent dont il a fait preuve dans cet ouvrage; depuis les travaux d'**Hopkins** peut-être, les conditions climatériques de l'époque diluvienne n'avaient pas été embrassées d'une manière aussi générale, ni traitées avec toutes les prérogatives que suppose l'emploi des hautes mathématiques. Cependant nous nous permettrons de hasarder un doute, et de nous demander s'il n'aurait pas mieux valu que l'auteur n'employât pas sa facilité de calcul à des problèmes, dont les données sont encore trop peu certaines pour que l'on puisse espérer d'en trouver une bonne solution, à l'aide des méthodes analytiques, [illegible] tées en astronomie et dans quelques branches de la physique. — Cette restriction [illegible], nous ne pouvons méconnaître que cette théorie, qui sans doute n'est pas nouvelle, mais qui est mieux présentée qu'elle ne l'avait jamais été, écarte beaucoup de difficultés que l'hypothèse maintenant la plus généralement adoptée en Suisse et ailleurs, ne [illegible] que difficilement, quand elle ne les passe pas complétement sous silence, ou qu'elle n'en laisse pas la solution à l'avenir. — Nous ne voulons pas dire cependant, comme M. **Sartorius** le répète souvent, que la théorie des glaciers soit impossible et qu'elle se heurte contre des lois physiques bien établies. Impossible est un mot qu'il vaudrait peut-être mieux ne jamais employer dans des sciences qui reposent sur une base empirique. Il est impossible que la somme des trois angles d'un triangle ne soit pas égale à deux droits; mais il est seulement très-invraisemblable que le soleil s'arrête dans sa marche diurne ou que les métaux puissent être changés en or. Bien des faits, tels que le changement de durée de la révolution d'un corps planétaire, la connaissance des substances dont les corps célestes sont composées, la production de la glace de fond, la chute des aérolithes qui avaient été autrefois traités d'impossibilités physiques, ont été plus tard reconnus non-seulement comme possibles, mais encore comme réels. On peut même dire que beaucoup de physiciens déclareraient que la grêle est une chose impossible, si l'observation ne démontrait constamment le contraire. De même, quoique les recherches que nous analysons paraissent montrer d'une manière convaincante que l'extension de nos glaciers jusqu'au Jura n'est pas compatible avec les lois régulières des conditions climatériques de la Suisse, elles ne prouvent pas cependant l'impossibilité de cette extension. Il peut y avoir eu des anomalies plus grandes que celles que nous observons maintenant à la suite d'années froides ou chaudes, humides ou sèches, et dont nous ne pouvons pas toujours nous rendre compte. Les continents et les mers ont pu être autrement répartis sur le globe ; des soulèvements et des abaissements, des causes cosmiques, des influences plus ou moins improbables peut-être, mais qui ne sont pas impossibles, peuvent avoir déterminé un abaissement de la température, dépassant même celui qu'on observe actuellement au Chili. — Les partisans de la théorie des glaciers préfèrent, s'ils sont prudents, ne pas pénétrer dans les champs des hypothèses. Que toute la contrée des Alpes ait été couverte de glaces à l'époque diluvienne est pour eux, comme nous l'avons dit plus haut, plutôt un fait qu'une théorie; ils reconnaissent que cette supposition rend mieux compte des faits observés que toutes celles qui ont été proposées jusqu'ici ; mais ils sont prêts à l'abandonner, si l'on vient à en proposer une autre qui réponde mieux au problème. Ils se trouvent à peu près dans la position où étaient les astronomes à l'époque où **Newton** avait énoncé le principe de la gravitation universelle ; eux aussi, et **Newton** lui-même, devaient reconnaître comme bien fondées et parfois irréfutables, plusieurs objections des Cartésiens ; et pourtant ils abandonnèrent la question aux spéculations des théoriciens et se bornèrent à remplir leur tâche pratique, c'est-à-dire à établir par des observations précises les faits sur l'explication desquels on discutait.

Revenons maintenant à la théorie que M. **Sartorius** a développée avec tant de talent. En l'examinant, non pas au point de vue des principes théoriques sur lesquels elle repose, mais relativement aux faits existants, on se heurte à des difficultés telles que, si on pouvait les peser en regard des faits contraires à la théorie des glaciers, on ne saurait prévoir de quel côté pencherait la balance.

Commençons par la molasse, à laquelle l'auteur même consacre une attention spéciale. Nous admettons volontiers que sa formation s'explique par ce bras de mer supposé, qui, partant de la Méditerranée, s'étendait le long des Alpes jusqu'en Autriche, quoique cette supposition ne se concilie guère avec le fait que la masse inférieure de la molasse contient seulement des êtres organisés d'eau douce ou terrestres (à l'exception du gisement très-limité des fossiles d'eau saumâtre près de Ralligen), et que les coquilles marines ne se rencontrent que dans les couches supérieures de cette formation. Nous sommes cependant portés à croire, que la molasse d'eau douce, si fortement développée soit au-dessus soit au-dessous des dépôts marins, provient en partie des deltas formés par les cours d'eau alpins et en partie de dépôts dus à des marais. Je voudrais ne pas m'opposer non plus à la manière de voir de mes amis de Zurich qui considèrent la formation nommée *Nagelfluh celluleux de l'Utliberg* comme formant la transition entre la période tertiaire et l'époque diluvienne. Je pourrais même accorder comme possible que la plus grande partie de la molasse en stratification horizontale ou peu inclinée, ait été déposée seulement après le redressement et le plissement des couches de la molasse et du Nagelfluh contiguës aux Alpes, dont la position résulte d'une pression latérale provenant de ces montagnes. Mais c'est dans les couches les plus récentes de la molasse horizontale que l'on rencontre les calcaires d'Œningen, dont les restes organiques conservent le type méridional des fossiles répandus dans les couches les plus basses de la molasse d'eau douce de Lausanne, et dont par conséquent le dépôt a dû s'effectuer en tout cas avant la grande extension des glaciers et la distribution des blocs erratiques. Ainsi ces derniers phénomènes n'ont aucune connexion avec l'ensemble de la formation des molasses, et les fossiles de cette période ne peuvent être considérés comme démontrant l'existence d'une mer ou d'un lac d'eau douce à l'époque diluvienne. Mais passons sur ces faits et allons plus loin.

Suivant M. **Sartorius**, après le dépôt des molasses les plus récentes, le massif des Alpes avec le lac environnant, avec le Jura et même avec une partie des pays voisins, s'éleva à une hauteur de 1,587 mètres ou 1,600 mètres en nombre rond. On pourrait même dire que, pour atteindre le but, ce chiffre est trop faible de 400 mètres environ. En effet, l'auteur calcule l'abaissement de la température pour des altitudes croissantes d'après des observations faites sur quelques pics ou quelques arêtes isolées, ou pendant des ascensions aérostatiques, sans tenir compte de l'échauffement considérable que le contact de plateaux étendus produit sur la température. Dans la haute Engadine, pays qu'on peut le mieux comparer à ces contrées dont on suppose le soulèvement, il n'y a que le glacier de Morteratsch qui descende à 1,908 mètres; tous les autres s'avancent beaucoup moins bas, aucun n'atteint les lacs qui sont à une altitude de 1,790 mètres.

Ce soulèvement de l'ensemble du pays et l'affaissement qui lui a succédé, mais qui, d'après l'auteur, s'est inégalement produit pour les différentes montagnes, devrait avoir entraîné des perturbations dans la position des couches; cependant dans tous les alentours des Alpes, comme dans leurs vallées intérieures, à quelques exceptions très-limitées et même douteuses, les masses diluviennes stratifiées, antérieures ou contemporaines au phénomène erratique, sont toujours horizontales, et elles s'étendent souvent par-dessus des couches de molasse très-inclinées ou verticales.

Si, pour écarter cette objection, nous admettons que ces oscillations du sol aient affecté également une grande partie du continent, sans avoir été accompagnées, ni d'un dérangement des couches, ni de compression latérale, il faudra toutefois supposer qu'elles se soient produites avec une extrême lenteur. Il a fallu un long espace de temps pour que le sol s'élevât à une hauteur suffisante pour que les glaciers aient pu atteindre les lacs et y amener des glaçons. Cette altitude a dû persister jusqu'à ce que les glaces flottantes aient charrié les masses erratiques que nous rencontrons à une grande distance des Alpes. En effet, il ne s'agit pas seulement ici des gros blocs qui les premiers frappent les regards : une grande partie des environs de Zurich, de Berne, de Lausanne, la superficie de plusieurs collines telle que le Balpberg, le Längenberg et d'autres, sont recouvertes d'une masse de plus de 20 mètres de puissance formée de débris glaciaires, principalement d'argile et de sable mélangés de cailloux ou de blocs arrondis. Sur [illegible] vastes étendues, cette masse repose immédiatement sur la molasse; ailleurs elle en [illegible] séparée par des dépôts de gravier stratifié. Il a fallu ensuite un espace de temps [illegible] même ordre que le premier, pour que le sol s'affaissât jusqu'à son niveau actuel. — [illegible] l'on admettait que ces variations de niveau pussent être comparées au soulèvement actuel de la Scandinavie, on trouverait pour la première période d'élévation une durée [illegible] 200,000 années; le lac aurait recouvert d'abord la molasse, puis les graviers et les dépôts glaciaires, pendant un temps peut-être triple. Est-il croyable que durant cette longue période, pendant laquelle l'eau du lac devait être troublée par les sables des cours d'eau glaciaires, il ne se soit fait aucun dépôt stratifié analogue à ceux d'Œningen, ni au contact immédiat de la molasse où il aurait dû spécialement s'en former [illegible] ni plus tard alternativement avec les dépôts glaciaires? Est-il croyable qu'il ne se soit conservé aucun reste de coquilles d'eau douce, ou de plantes aquatiques, et que lors du retrait de l'eau il ne soit resté aucune terrasse, aucune trace d'anciennes rives, marquant la place de l'ancien niveau de la surface du lac, comme il y en a sur les côtes des lacs américains? Pas un vestige de tout cela, de Genève jusqu'à Lintz, des Alpes jusqu'à Ratisbonne! La seule formation de cette époque qui se trouve tantôt au-dessus, tantôt au-dessous des dépôts glaciaires, est un gravier grossier de roches alpines, analogue à celui que déposent les torrents ou les cours d'eau non navigables. C'est d'autant plus frappant, que tous ces caractères qui font défaut dans la formation diluvienne, se retrouvent dans la molasse que nous considérons aussi comme provenant d'une mer ou d'un lac intérieur.

Les digues en aval des lacs actuels ou anciens, comme celle de Bremgarten, de Berne et en d'autres lieux assez éloignés des Alpes, ne peuvent pas être considérées sans difficulté comme des dépôts provenant de glaces flottantes échouées. En effet, ces dépôts devraient nécessairement avoir eu lieu dans les derniers temps de l'abaissement de la contrée, lorsque les lacs s'étaient déjà retirés dans leurs limites actuelles. Or il est incompatible avec les conditions thermiques admises par l'auteur que l'extrémité des glaciers ait pu alors atteindre encore les lacs et y jeter des glaçons, car, lorsque ces lacs avaient pris à peu près leurs limites actuelles, les glaciers devaient avoir abandonné depuis longtemps leurs rives supérieures.

Une objection à la théorie des glaces flottantes qui a été souvent répétée, mais jamais réfutée, repose sur le fait que les blocs erratiques ne se trouvent que dans certaines localités correspondant aux grandes vallées latérales : leur mélange ne se produit jamais comme le suppose M. **Sartorius**. Jamais on ne voit de grands blocs de poudingue de Valorsine, de grès anthracifère, d'euphotide avec diallage, d'éclogite et d'arkésine, à l'est de la ligne de Berne-Berthoud-Hutwyll ; jamais le verrucano de Glaris ne se trouve à l'ouest des collines d'Albis-Uetliberg-Brugg. Même sur le Jura, il n'y a point à cette règle d'exception qui soit bien établie. Je ne connais à l'ouest de Berne, et encore moins sur le Jura, aucun bloc provenant de la vallée de l'Aar ; il n'y a pas de bloc originaire de la vallée du Rhône à l'est d'Olten, et point de bloc de Glaris ou des Grisons à l'ouest de la Reuss. Et cependant dans l'hypothèse des glaces flottantes, les vents soufflant tantôt de l'est tantôt de l'ouest, auraient facilement transporté ces blocs le long du Jura, d'une extrémité à l'autre de la Suisse. L'auteur même admet que le frottement de ces glaces a poli et strié les rochers du Jura. Quand on réfléchit que ce lac intérieur pouvait être comparé avec notre mer polaire au point de vue des conditions climatériques, et que dans l'océan Atlantique les glaces flottantes sont entraînées au sud jusque près des Açores, on devrait s'attendre à ce que le granit du mont Blanc et du Valais se retrouvât jusqu'à Lintz et à Ratisbonne.

Dans la théorie des glaciers, comme dans celle de M. **Sartorius**, l'étude des faits paléontologiques conduit toujours à des difficultés particulières. Les couches les plus récentes de molasse, à Œningen, qui contiennent des palmiers, des camphriers et des canneliers, font supposer, d'après M. **Heer**, un climat subtropical, tandis que les restes organiques caractéristiques des plus anciennes couches diluviennes, telles que ceux des lignites d'Utznach, de Durnten et d'autres lieux consistent en plantes qui vivent encore dans la contrée. M. **Heer** estime, d'après les plantes qu'on rencontre dans la molasse d'eau douce inférieure de Lausanne, que le climat correspondant à leur végétation était caractérisé par une température moyenne de 20°5, et que cette température, jusqu'à l'époque des dépôts d'Œningen était tombée à 18°62; il admet que la température moyenne, lors de la formation des lignites d'Utznach, était de 8°75 celle de l'époque glaciaire 5°37; celle de l'époque actuelle 9°37. Il est impossible de supposer que ces températures si différentes se soient succédé brusquement et qu'il se soit instantanément développé une flore correspondante; et cependant il n'y a pas de traces de passage entre la flore d'Œningen et celle d'Utznach, et les restes de la flore que l'on peut supposer avoir avoir existé à l'époque glaciaire ne paraissent pas s'être conservés. Pour nous naturalistes suisses, qui pouvons en quelques heures nous transporter des hauteurs du Saint-Gothard jusqu'aux îles Borromées, c'est une idée naturelle d'attribuer la différence des flores à la différence des altitudes des lieux où elles se trouvent. M. **Sartorius** adopte la même idée, et rien ne pourra attirer plus de partisans à sa théorie des énormes oscillations du sol, que la facilité avec laquelle il parvient à expliquer ces changements mystérieux du monde organique se succédant à des époques aussi rapprochées. On remarquera cependant qu'il est plus facile de rapporter à des conditions d'altitude un abaissement qu'un accroissement de la température, car il y a toujours un maximum au niveau de la mer pour chaque latitude. Les températures élevées, que M. **Heer** croit pouvoir assigner à l'époque de la molasse, paraissent à M. **Sartorius** incompatibles avec les lois de la distribution géographique de la chaleur. En effet, elles conduisent à admettre qu'en Suisse, même pour un climat marin parfait, à l'époque de la molasse inférieure la température moyenne était seulement de 13°2; celle du mois le plus chaud de 16°9, et celle du mois le plus froid de 9°4. Mais, par comparaison avec la végétation du sud de l'Angleterre, il estime que ces températures sont suffisantes pour permettre le développement d'une flore telle que celle de la molasse de Lausanne. Si l'on suppose que la contrée a été soulevée de 130 à 200 mètres jusqu'à l'époque d'Œningen, on explique une certaine diminution de la température moyenne et la disparition de quelques espèces végétales. Le climat d'Utznach résulterait d'une élévation ultérieure à 520 mètres, et peut-être la flore correspondante existait-elle déjà sur les hauteurs voisines à l'époque d'Œningen. Ensuite le pays s'élevant encore jusqu'à 1,600 mètres, les glaciers atteignirent les bords du lac intérieur, les banquises flottantes, chargées de débris pierreux, quittant l'une des rives, échouèrent sur les côtes opposées, et il en résulta une flore analogue à celle de la haute Engadine; flore dont les restes toutefois paraissent perdus pour nous. Enfin l'abaissement du sol nous apporta le climat actuel et la végétation qui nous entoure.

Cette solution du problème climatérique amène à se demander s'il ne serait pas possible d'expliquer d'une manière analogue les phénomènes erratiques, sans qu'il fût nécessaire d'admettre l'existence du lac intérieur diluvien et des glaces flottantes. L'auteur et tous les défenseurs de la théorie des glaces flottantes se voient forcés de faire descendre les glaciers jusqu'aux bords des lacs; pour en rendre compte, ils modifient à leur gré la configuration du sol et ils imaginent des soulèvements et des abaissements convenables. Il suffirait de faire un pas de plus sur la même voie pour faire descendre les glaciers plus avant dans les vallées et pour leur faire atteindre les limites les plus reculées des blocs erratiques. Les phénomènes des contrées avoisinant les Alpes se trouveraient ainsi expliqués d'une manière aussi satisfaisante que le sont les phénomènes du Nord par la théorie des glaces flottantes qui, pour ces dernières localités, paraît présenter la solution la plus satisfaisante. La répugnance que l'on a à admettre ces changements de niveau du sol paraît résider surtout dans le fait que l'on ne retrouve pas dans les dépôts diluviens les plissements, les redressements, les contournements, les renversements de couches que nous observons dans nos montagnes. Dans nos ouvrages élémentaires on considère toujours les soulèvements continentaux de la presqu'île Scandinave et du Chili comme formant la base de la théorie du soulèvement des montagnes, bien que les premiers ne soient accompagnés d'aucun dérangement dans la position des couches. Mais il est facile de comprendre que dans des élévations générales de cette nature, où la force soulevante agit sur tout l'ensemble du pays et également dans les deux sens, les choses se passent autrement que là où les vapeurs ou masses plutoniques font irruption au travers des fissures de la terre, et exercent sur le sol voisin une compression latérale. Et même, dans le premier cas, si le soulèvement n'est pas absolument égal, l'inclinaison des couches sera la plupart du temps si faible qu'elle échappera à l'observation.

P. S. Sur le point de livrer cet article à l'impression, je reçois de M. **Heer** une tice qui vient de paraître dans le journal de la Société des sciences naturelles de Zurich.

. **Heer** a reçu, par l'entremise de ses amis en Angleterre, une collection de plantes fossiles des environs de l'île Disco, sur la côte occidentale du Groënland, à 70° de latitude boréale. Il s'est convaincu, d'après l'état de conservation de ces restes de végétaux, que leur accumulation n'est pas due à des courants venus de pays lointains; mais que ces plantes ont végété dans le pays même, et que, la plupart consistant en restes d'arbres y ont formé de grandes forêts. Les espèces de ces plantes fossiles indiquent avec certitude une flore miocène et ne laissent aucun doute que, du temps de leur croissance, certaines parties du Groënland jouissaient d'un climat beaucoup plus doux que celui qui y règne actuellement. M. **Heer** estime à 16 degrés C. cet abaissement de la température moyenne. La température moyenne actuelle au 70me degré du Groënland est d'environ — 6°3; mais elle s'accroît vers l'est, et sous l'influence favorable du Gulf-Stream et d'autres agents, elle monte sur les côtes de la Laponie jusqu'à + 0°49, ce qui reste toujours de 9 degrés au dessous de la température exigée pour la flore miocène du Groënland. M. **Sartorius**, d'après ses calculs, trouve pour le 70me degré de latitude une température moyenne de + 4°11 C., pour le mois le plus chaud de 9°17, et pour le mois le plus froid de — 0°,95. Ce climat correspondrait à peu près à celui de Reikiavig en Islande; le mois le plus froid a, il est vrai, un degré de moins, mais l'été est plus chaud; le mois le plus chaud ayant 4 degrés de plus que dans le climat miocène du Groënland : et quelle différence cependant entre les bouleaux rares et rabougris de l'Islande actuelle et les nombreux hêtres, noyers, platanes, chênes, etc., que nous présente la flore miocène du Groënland ! Ce résultat mérite d'autant plus d'attirer notre attention, qu'il n'est pas isolé : des conséquences analogues résultent de l'examen des flores miocènes du Spitzberg, près du 79° du latitude boréale, et de Banksland à 74°27′ de latitude.

Tous ces faits, dit M. **Heer**, nous démontrent l'impossibilité de concevoir une répartition de la mer et des continents de l'hémisphère boréal, d'où résulterait un climat tel que l'exigerait l'explication de ce phénomène. Nous nous trouvons en face d'un problème que l'astronomie peut-être résoudra plus tard.

B. Studer.

ANCIENNE EXTENSION DES GLACIERS.

(Observation relative au mémoire de M. **Studer**, par M. **J. Sorel.**

M. le professeur **Studer**, dans son excellente critique de l'ouvrage de M. **Sartorius de Waltershausen**, publiée dans les Archives des Sciences physiques et naturelles[1], soutient des idées qui en général sont aussi les nôtres, et que par conséquent nous n'aurons garde d'attaquer. Toutefois nous allons peut-être un peu plus loin que lui. Non-seulement nous ne nous bornons pas à ne point regarder comme incompatible avec les lois de la physique terrestre, l'hypothèse que les glaciers aient eu autrefois un beaucoup plus grand développement et qu'ils aient jadis recouvert toutes les contrées où l'on rencontre des blocs erratiques; mais encore nous ne voyons rien d'impossible à ce que cette extension se soit produite dans des conditions climatériques très-analogues à celles de l'époque actuelle. En d'autres termes, il n'est point démontré pour nous qu'on doive rejeter la théorie à laquelle **de Charpentier** s'était arrêté, et que M. **de la Rive** a plusieurs fois défendue; nous ne croyons pas que, pour expliquer l'ancien développement des glaciers, il faille forcément admettre, ou un soulèvement considérable des Alpes et des contrées voisines, ou des influences cosmiques, ou telle autre hypothèse entraînant une modification profonde du climat.

Comme M. **Studer** l'a fait remarquer, l'extension jusqu'au bord de la mer des glaciers du Chili prouve que les conditions climatériques actuelles du globe permettent, dans certaines circonstances, un développement de ce phénomène bien plus considé-

[1] *Archives*, septembre 1866.

rable qu'en Europe. Il aurait pu ajouter que les faits analogues observés dans la Nouvelle-Zélande[1] tendent à montrer que le cas est général pour tout l'hémisphère du Sud.

Néanmoins M. **Studer** fait à cette théorie deux objections qui ne nous paraissent pas irréfutables. Il prend comme exemple le glacier du Rhône, et en supposant qu'il s'élevait autrefois, dans le haut du Valais, jusqu'à l'altitude la plus élevée à laquelle on rencontre des roches polies et striées, c'est-à-dire à 2,000 mètres au-dessus du fond de la vallée, il trouve que la pente ne serait pas suffisante pour expliquer la progression de ce glacier jusqu'au Jura. — Mais M. **Dolfus-Ausset**[2] a fait remarquer que les glaciers actuels n'exercent une action sur les rochers qu'à une altitude inférieure à celle de la limite des neiges persistantes : au-dessous de 2,600 mètres environ, ils polissent les rochers qui les enserrent; au-dessus, ils cessent de les user, parce qu'ils adhèrent aux parois de la vallée par congélation. Si ce fait est exact, et loin de le contester, nous devons dire que toutes les observations que nous avons eu l'occasion de faire nous ont paru le confirmer; si ce fait est exact, la limite supérieure à laquelle on trouve des roches moutonnées et striées, ne peut pas être considérée comme étant la limite supérieure que les anciens glaciers ont atteinte; rien n'empêche de supposer qu'ils se soient élevés beaucoup plus haut, et qu'ainsi la pente ait été suffisante pour expliquer leur mouvement.

La seconde objection repose sur le fait que même dans les années les plus froides de l'époque actuelle, la température moyenne annuelle ou estivale de la vallée du lac de Genève, par exemple, est supérieure à celle des localités où se trouvent les glaciers les plus bas, tels que ceux de Grindelwald. Or nous ne voyons pas que ce soit là une condition nécessaire : sans doute, l'altitude de l'extrémité inférieure des glaciers est influencée par la température moyenne de l'année; mais elle dépend aussi d'autres circonstances, et particulièrement de l'étendue et de la puissance des champs de neige qui alimentent les glaciers *. Il suffit, pour s'en convaincre, de jeter un coup d'œil sur une carte de la vallée de Chamonix, par exemple : les glaciers de Blaitière, des Pèlerins, des Bossons, de Tacnonaz, tous à la même exposition, sur des pentes à peu près semblables, descendent à des altitudes très-différentes. Plus les cirques de névé sont considérables, plus les glaciers, qui en proviennent, s'abaissent dans la vallée. Par conséquent, si à l'époque glaciaire, pour une raison ou pour une autre, la superficie supérieure à la limite des neiges éternelles ** était plus étendue qu'actuellement, ou les couches de névé plus épaisses, les glaciers devaient forcément atteindre un niveau plus bas, même en supposant que la température annuelle ou estivale soit restée la même.

Il ne nous semble point admissible que les causes suivantes fournissent une explication suffisante à l'ancienne extension des glaciers :

1° Il est pour nous incontestable que le niveau général des montagnes s'abaisse continuellement. Les intempéries, le gel et le dégel provoquent constamment des chutes de roches et débris : les glaciers et les cours d'eau entraînent toujours des matériaux des hauteurs dans la plaine. Des masses immenses de terrain, de dépôts erratiques ou d'alluvion, de graviers, de sables, d'argile, formant des couches épaisses dans toute la Suisse, dans les plaines du Rhin, du Rhône et d'autres rivières, ont incontestablement pris leur origine dans les Alpes. Sans aller aussi loin que M. **Tyndall**, suivant lequel ce serait les glaciers qui auraient creusé les vallées[3], on ne peut nier que, depuis des siècles, il ne se fasse un travail d'abaissement et de nivellement des montagnes. Reportons-nous par la pensée toutes ces masses de débris sur les montagnes, forcément l'altitude géné-

[1] Voyez *Archives*, 1866, t. XXIV, p. 112.
[2] Matériaux pour l'étude des glaciers, passim. — *Archives*, 1866, t. XXV, p. 171.
* D. A. Les neiges qui couvrent les glaciers les préservent de l'ablation (forte à leur surface); elles ne s'ajoutent aux glaciers à aucune altitude, et leur eau de fusion est élaborée par le glacier.
** Neiges persistantes.
[3] Voyez *Archives*, 1863, t. XVI. p. 142.

rale de ces dernières sera considérablement plus grande [1], la superficie recouverte de neige sera beaucoup plus étendue qu'elle ne l'est actuellement et les glaciers prendront une extension beaucoup plus considérable.

2° Si la hauteur générale des montagnes était plus grande à l'époque glaciaire [2], il devait en résulter une plus grande précipitation aqueuse, car, comme l'ont fait remarquer M. **Martins** et M. **Hemholtz**, l'air entraîné par le vent doit subir une dilatation d'autant plus grande, et par suite un refroidissement d'autant plus fort pour passer par-dessus les montagnes, que la hauteur de ces dernières est plus considérable. Donc l'élévation générale de niveau entraîne une plus grande abondance dans la chute des neiges.

3° Le fait même que de plus vastes étendues étaient couvertes de neige devait modifier les climats des contrées voisines. Au contact des glaces l'air ne peut se réchauffer comme au contact d'un sol que le rayonnement solaire porte à une température très-supérieure à 0°. Encore aujourd'hui nous observons fréquemment que les cimes des Alpes sont enveloppées de nuages; il est facile de concevoir que ce phénomène devait être beaucoup plus fréquent et beaucoup plus développé, lorsque l'étendue des neiges était plus considérable, de sorte que les nuages interceptaient plus fréquemment la radiation solaire, et qu'ainsi la fusion et l'ablation des glaciers était notablement moins rapide.

Ces causes, on le remarquera, sont générales et s'appliquent à toutes les montagnes, aussi bien aux Alpes qu'à l'Himalaya ou aux Cordillères. Elles expliqueraient donc, d'une manière générale aussi, l'ancienne extension des glaciers qui a laissé à peu près partout des traces évidentes. A côté de ces causes, d'autres influences locales ont pu agir aussi : nous n'avons aucune objection à admettre avec M. **Escher** que le soulèvement du Sahara ait pu beaucoup contribuer au retrait des glaciers d'Europe ; on peut présumer que les contrées voisines des Alpes étant plus boisées qu'elles ne le sont actuellement, le climat ait été plus humide; on peut supposer que des courants marins aient pu amener du pôle une plus grande masse de ces glaces flottantes qui paraissent exercer une si grande influence météorologique.

L'observation de M. **Dolfus** que les glaciers ne polissent et ne moutonnent pas les roches à une hauteur supérieure à la limite des neiges éternelles, nous paraît conduire à un argument assez fort, en faveur de l'idée qu'à l'époque glaciaire les conditions climatériques n'étaient pas très-différentes de ce qu'elles sont aujourd'hui. C'est là le point sur lequel nous voulions surtout attirer l'attention. — Les glaciers n'arrondissent les roches que jusqu'à une certaine altitude, parce qu'au-dessus ils adhèrent au sol par congélation. Cette limite, que les glaciers tracent eux-mêmes d'une manière durable sur le roc dépend uniquement des conditions climatériques : plus la température sera basse, plus cette limite sera basse aussi, et *vice versâ*. Or l'altitude la plus élevée à laquelle on observe des roches moutonnées par les anciens glaciers se rapproche beaucoup de la limite actuelle des neiges persistantes ; il faut par conséquent en conclure qu'à l'époque glaciaire la température était à peu près la même qu'aujourd'hui, ou tout au moins, que les glaciers atteignaient encore au minimum la hauteur à laquelle s'élèvent les roches polies, à une époque où le climat était sensiblement le même que de nos jours.

Il nous paraît donc important d'étudier avec soin le fait signalé par M. **Dolfus** : d'observer si l'absence de stries et d'usure sur les roches, au-dessus d'une certaine alti-

[1] Plusieurs travaux de M. le professeur **A. Favre** montrent qu'un certain nombre de couches géologiques, qui devaient autrefois se trouver dans les Alpes, ont disparu sur des étendues considérables.

[2] D. A. Les roches polies dans les Alpes ne dépassent pas 2,600 mètres d'altitude; au-dessus les glaciers qui recouvrent ces roches sont adhérents, gelés à leurs surfaces. Par suite de cette observation capitale, la limite des neiges persistantes du temps de la plus grande extension des glaciers des Alpes a certes atteint une grande hauteur.

tude, se manifeste pour la partie profonde du glacier, comme pour ses bords où il est en contact avec l'atmosphère ; de déterminer exactement l'altitude à laquelle les glaciers actuels cessent d'agir sur le sol dans les différentes localités et de comparer cette altitude avec celle à laquelle on observe des traces de l'action des anciens glaciers dans des expositions analogues. On arrivera peut-être ainsi à des données assez précises sur la température qui caractérisait l'époque glaciaire.

Soret.

SYMINGTON.

PEN AND PENCIL SKETCHES OF FAROE AND ICELAND. — In-8. London, 1862.

T

THEOBOLD (G.). Professeur à Coire.

GÉOLOGIE DU NORD ET EST DU CANTON DES GRISONS. — Voyez auteurs : *Géologie de la Suisse*.

THIRIAT (X.).

L'AGRICULTURE DANS LES MONTAGNES DES VOSGES. — Broch. in-8. Paris, V. Masson, 1866.

...Météorologie. — Région montagneuses des Vosges. — Nature du sol — Terrains d'alluvion anciens et modernes.

TIKHMENIEF,

NOTICE HISTORIQUE SUR LA COMPAGNIE DE L'AMÉRIQUE RUSSE (en russe). — 2 vol. in-8. Saint-Pétersbourg, 1863.

TORELL (Otto).

FAUNE DES MOLLUSQUES DES SPITZBERGEN, avec un aperçu de la nature de la zone arctique. 1859. (En suédois.)

TSCHUDI (J. J. von).

REISE DURCH DIE ANDES VON SUD-AMERIKA. Von Cordova nach Cobja im Jahr 1858.— 1 carte par **Petermann** (A. Dr), etc. Clichés. — Justus Perthes, libraire à Gotha.

V

VIBE (A.).

KÜSTEN UND MEER NORWEGENS. — 1 carte par **Petermann** (A. Dr), et deux vues en chromolithographie de **Hermatz**. — Justus Perthes, libraire à Gotha.

VIVENOT (Jux. Rudolph Edler von).

BEITRÆGE ZUR KENNTNISS DER KLIMATISCHEN EVAPORATIONSKRAFT und deren Beziehung zu Temperatur, Feuchtigkeit, Luftströmungen und Niederschlägen. — 103 p., 8 tabl. lith. Erlangen. F. Enke.

W

WAGNER (M. Dr).

Beitræge zu einer physisch-geographischen Skizze des Isthmus von Panama. — 1 carte par **Petermann** (A. Dr). Justus Perthes, libraire, à Gotha.

WILLOUGHBY.

Voyage a la Nouvelle-Zemble. 1600.

WINKLER (G.).

Island, seine Bewohner, Landsbildung und volcanische Natur. — In-8. Braunschweig, 1862.

WRANGEL (Baron de).

Reise længst der Nord-Küste von Sibirien. — Saint-Pétersbourg.

MATÉRIAUX

POUR

L'ÉTUDE DES GLACIERS

Sixième liste supplémentaire, par ordre alphabétique, des auteurs qui ont traité des hautes régions des Alpes et des glaciers, et de quelques questions qui s'y rattachent, avec indication des recueils où se trouvent ces travaux (1864 à 1867).

A

AGASSIZ (Louis), professeur à Cambridge.

GEOLOGICAL SKETCHES.

America the Old World. — The Silurian Beach. — The Fern. — Forest of the Carboniferan-Period. — Mountains and their Origin. — The Growth of Continent. — The Geological Middle-age. — The tertiary-age and its caracteristic Animals. — *The formation of Glaciers. — Internal structure and Progression of Glaciers. — External appearance of Glaciers.* — 1 vol. Trübner and C°, 60, Paternoster-Row. London 1867. — Portrait et illustrations nombreuses.

AUNET (Madame Léonie de).

VOYAGE D'UNE FEMME AU SPITZBERG. — In-16. Paris, 1855.

AUSTEN (Godwin).

GLACIERS OF THE MUSTAKL RANGE (Himalaya). — *Journal of the geographical Society of London*, vol. XXXIV, p. 19 à 56 et une carte. 1865.

B

BAER (Ch. F. de).

DÉCOUVERTE RÉCENTE D'UN MAMMOUTH DANS LE SOL GELÉ DE LA SIBÉRIE ARCTIQUE. — *Annales des sciences naturelles*, V° série, p. 312.

BARROW (A.).
CHRONOLOGICAL HISTORY OF NORTH EASTERN VOYAGES IN THE ARCTIC REGIONS. — In-8. Londres, 1818. Traduction française par **Defauconpret**.

BARROW (John).
VOYAGES OF DISCOVERY AND RESEARCH IN THE ARCTIC REGIONS from the year 1818 to the present time. — London, 1846.

BARTH (H. D^r^).
REISE DURCH KLEIN-ASIEN, von Trapezunt nach Skutari, im Herbst 1858. — Cartes, plans et clichés par **Petermann** (A. D^r^). Justus Perthes, libraire à Gotha.

BEECHEY (W.).
A VOYAGE TOWARDS THE NORT-POLE. — In-8. London, 1843.

BELLOT (lieutenant).
JOURNAL D'UN VOYAGE AUX MERS POLAIRES. — In-8, 1856.

BERNARD (J. Fréd.).
RECUEIL DE VOYAGES AU NORD. — 8 vol. in-12, de 1715 à 1727. Amsterdam.

BONNEY (T. G. Rev. M. A. F. G. S.).
TRACES OF GLACIAL ACTION NEAR LLANDUDNO. — *Geological Magazine or Monthly Journal of Geology*. Vol. IV, n° 7. July 1, 1867, pag. 289 à 293. Pl. XII. 3 illustrations. London. Trübner et C.

BOUCHER DE PERTHES.
DE LA CRÉATION. Essai sur l'origine et la progression des êtres. — 5 vol. in-8. Paris, 1867.

BROWN (J.).
A SEQUEL TO THE NORTH-WEST PASSAGE. — In-8. London, 1862.

BUCH (Leopold de).
DIE BAREN INSEL. — In-8. Berlin.

BURNEY.
A CHRONOLOGICAL HISTORY OF NORTH-EASTERN VOYAGES OF DISCOVERY, etc. — In-8. London, 1819.

C

CADET DE METZ.
PRÉCIS DES VOYAGES ENTREPRIS POUR SE RENDRE PAR LE NORD DANS LES INDES. — In-8. Paris, 1828.

CLINTOCK (Mac).
THE VOYAGE OF THE ARCTIC SEAS. Récit de la découverte du sort de Franklin et de ses compagnons. — In-8. London, 1859.

COLLIN (A.).
ATMIDOMÉTRIE. Recherches expérimentales sur l'évaporation. — In-8, 88 p., 19 tableaux. Orléans, Herluison, 1866.

COMMISSION HYDROMÉTRIQUE DE LA SUISSE.
Bulletin de la Société nationale de Neuchâtel, t. VII, p. 435.

Parcours des fleuves et rivières sur le territoire suisse, et des superficies des lacs par lesquels passent ces eaux.

Bassin du Rhin.	35,9 kilom. car.
— du Rhône.	7,9 —
— du Tessin.	6,5 —
— de l'Inn.	1,9 —
Rhin jusqu'à Bâle.	319 kilom.
Rhône jusqu'à Genève.	233 —
Tessin jusqu'au lago Maggiore. . . .	70 —
Inn du lac de Sils jusqu'à Martinsbruck.	87 —

CYBULZ (Ignaz), K. K. Artillerie-Hauptmann, etc.

Handbuch der Terrain-Formenlehre. Mit einem Anhange über Elementar-Unterricht im Terrain-Zeichnen nach plastischem Unterrichts-Material — 1 vol. in-8, 199 p 140 clichés. Wien, 1862. Wilhelm Braunmüller.

Einleitung.

I. Auffassung der Terrainformen.
II. Betrachtung der Formbildung im Allgemeinen.
III. Geologische Vorbegriffe.
IV. Einfluss der Atmosphäre und Temperatur.
V. Umbildung der Formen durch den mechanischen Einfluss des Wassers.
VI. Topographie.

1. Hochgebirge.
2. Alpengebirge.
3. Mittelgebirge und Bergland.
4. Hochland.
5. Flachland.
6. Ebenen.

D

DELBOS (Joseph) et **KŒCHLIN-SCHLUMBERGER** (Joseph).

Description géologique et minéralogique du département du Haut-Rhin. — 2 vol. in-8, 484 et 547 pages. Atlas, carte géologique du département du Haut-Rhin, par **Joseph Kœchlin-Schlumberger**, completée et publiée par **Joseph Delbos**, 1866. Échelle 1 : 200,000. 2 planches de coupes géologiques. — Mulhouse, Émile Perrin, libraire-éditeur, 1866 et 1867.

...Phénomène erratique.

D. A. MM. **Delbos** et **Kœchlin-Schlumberger** disent, t II, p. 166 : « M. « **Collomb** a fait du phénomène erratique des Vosges du Haut-Rhin une étude « approfondie dont il a publié les résultats dans un ouvrage important (*Preuves* « *l'existence d'anciens glaciers dans les vallées des Vosges*), » et ils ajoutent : « Nous « empruntons à cet ouvrage une grande partie des détails et des descriptions que « nous donnons dans cet article, t. II, p. 166 à 181 en y ajoutant des réflexions et « des observations qui nous sont personnelles... »

DESBOROUGH-COOLEY.

Histoire générale des voyages. Traduit de l'anglais par **Joanne** et **Old-Nick**. 2e série in-12. Paris, 1840.

DOUGHTY (C. M.).

On the Föristal-Brae glaciers in Norway. — London. Stanford, 8.

E

EDLUND (E.). Professeur à Stockholm.

Die Eisbildung in den Meeren, Landseen und Flüssen[1]. (La formation de la glace dans la mer, dans les lacs et rivières.)

Die Eisbildung oder der Übergang des Wassers aus der flüssigen in die feste Form wird zwar alljährlich von Millionen beobachtet und es möchte daher wohl Mancher meinen, dass alle Umstände, welche mit diesem einfachen Phänomen im Zusammenhange stehen, schon längst von der Physik entwickelt und erklärt worden wären. Wenn man aber die Übersicht der Verhandlungen der Schwedischen Akademie der Wissenschaften seit 1862 durchblättert, so findet man darin mehrere Abhandlungen des Professors **Edlund** über diesen Gegenstand, und wenn die Neugierdie, zu erfahren, was ein gelehrter Mann über eine so gewöhnliche Sache Merkwürdiges zu sagen haben kann, uns anlockt, diese Aufsätze näher anzusehen, so werden wir finden, dass die *Eisbildung* in dem Haushalte der Natur eine sehr wichtige, bisher wenig studierte Rolle spielt. In der That brauchten wir uns mit unseren Fragen über diesen Gegenstand nur an irgend einen alten wettergebräunten Fischer in den Scheren Norwegens, des Kattegatt oder Alands zu wenden, um zu erfahren, dass im Winter draussen auf dem Meere etwas Ungewöhnliches und dem Landbewohner gänzlich Unbekanntes vorgeht. Es würden uns da viele wunderbare, vielleicht auch selten geglaubte Erzählungen aufgetischt werden von Fischerbooten, die an einem sonnenwarmen Wintertage plötzlich mitten in einem zuvor eisfrein Fjord eingesperrt wurden, von plötzlich übereisten Booten und Fischergerätheu, von grossen Steinen, die von dem Eise aus dem Boden des Meeres aufgehoben und an das Ufer geführt wurden, etc. Vielleicht haben auch gerade dergleichen Erzählungen den Professeur **Edlund** zu allererst auf den Gedanken gebracht, diese Thatsachen näher zu untersuchen. Da ergab sich denn, dass die *Eisbildung in salzigem und süssem Wasser* auf wesentlich verschiedene Weise geschieht : *während das Eis in Flüssen und Landsee'n sich gewöhnlich zuerst auf der Oberfläche des Wassers bildet, bildet es sich dagegen im Meere beinahe immer zuerst auf dem Meeresboden*.

Die Ursache dieser Erscheinung liegt in mehreren Verschiedenheiten der Eigenschaften des süssen und des salzigen Wassers.

Abweichend von allen anderen bekannten Stoffen hat das süsse Wasser die merkwürdige Eigenschaft, dass es in einer Temperatur von ungefähr + 4° C. ein geringeres Volumen besitzt als in jeder anderen; daher ist denn Wasser, welches bis + 4° C. abgekühlt ist, schwerer als Wasser, das sowohl einen höheren als einen geringeren Wärmegrad besitzt. Ein solches Maximum der Dichtigkeit ist dagegen bei dem salzigen Wasser nicht vorhanden, sondern je mehr dieses abgekühlt wird, um so schwerer wird es. Hierzu kommt, dass das süsse Wasser beinahe immer allmählich zu Eis gefriert, das salzige dagegen gewöhnlich plötzlich. Legt man nämlich ein Thermometer in ein Gefäss mit süssem Wasser, welches langsam abgekühlt wird, so sinkt das Thermoter bis 0°, hierauf beginnt die Eisbildung und die Temperatur verbleibt unverändert, bis alles Wasser in Eis übergegangen ist. Nur wenn das Wassergefäss ganz still steht und sorgfältig gegen Staub geschützt wird, kann die Wassermasse bedeutend unter den gewöhnlichen Gefrierpunkt abgekühlt werden, ohne dass sich Eis bildet[2], doch

[1] **Poggendorf's** *Annalen*. Band. CXXI, S. 513 à 555. — **Petermann's** *Geog. Mittheilungen*. 1867. Heft VII. S. 241 à 243.

[2] D. A. Par suite du rayonnement nocturne à toutes les altitudes, l'eau dans un vase en verre exposé à l'air libre peut descendre jusqu'à — 4° à — 8° C. et rester à l'état liquide.—L'auteur dit

die allergeringste Erschütterung, das kleinste in die Flussigkeit geworfene Sand- oder Eiskorn bewickt eine plötzliche Eisbildung in dem überkälteten Wasser und die Temperatur der Flüssigkeit steigt auf 0° in Folge der bei der Eisbildung frei werdenden Wärme. Eben so ist es mit salzigem Wasser, nur mit dem Unterschiede, dass es erst bei einer niedrigeren Temperature in Eis übergeht und dass man dasselbe ohne sonderliche Vorsichtsmassregeln bedeutend unter seinen gewöhnlichen Gefrierpunkt abkühlen kann. Wenn dann die überkältete Flüssigkeit plötzlich umgeschüttelt oder ein Stückchen Eis hinein geworfen wird, so erfolgt die Eisbildung plötzlich, während die Temperatur der Flüssigkeit auf den eigentlichen Gefrierpunkt steigt.

Mit gehöriger Berücksichtigung dieser Thatsachen kann man die Erscheinungen, welche mit der Eisbildung im Zusammenhange stehen, gar leicht erklären. Während des Herbstes und Winters wird natürlich die oberste Wasserschicht auf den Flüssen, See'n und Meeren abgekühlt. Das kalte Wasser sinkt als das schwerere zu Boden und wärmeres steigt statt desselben empor, um ebenfalls abgekühlt zu werden und wiederum zu sinken. Diese Cirkulation dauert in den Flüssen und Landsee'n so lange, bis die ganze Wassermasse eine Temperatur von + 4° angenommen hat, dann aber verbleibt das noch mehr abgekühlte Wasser als das leichtere auf der Oberfläche, bildet für das unter, wärmere Wasser eine schützende Decke und geht endlich in Eis über. Daher geschieht die Eisbildung auf den Landsee'n und Flüssen fast immer an der Oberfläche. Anders verhält es sich dagegen an den Küsten des Meeres. Da das salzige Wasser kein über dem Gefrierpunkte belegenes Dichtigkeits-Maximum hat, so setzt sich die Abkühlung im Meere so lange fort, bis die ganze Wassermasse die Temperatur angenommen hat, in welcher das salzige Wasser in Eis übergeht, und wenn das Meer von keinem Sturme erregt wird oder keine in das Wasser gemischten Schneepartikel die Eisbildung befördern, so kann diese Abkühlung noch weiter fortgesetzt werden, ohne dass eine Eisbildung erfolgt. Da tritt denn auf dem Meeresgrund eine überkältete Wasserschicht auf, in welcher eine gewaltsamere Erschütterung oder einige anders woher dorthin geführte Eisstücke, einige Ruderschläge oder ein in das Wasser hinabgesenktes Fischnetz u. dgl. m. eine plötzliche Eisbildung veranlassen kann, die, nachdem sie ein Mal begonnen hat, sich schnell durch die ganze überkältete Wasserschicht fortpflanzt. Es kann sich daher eine zuvor ganz eisfreie Meeresbucht selbst bei mildem Wetter plötzlich mit einer dichten Schicht von aus dem Meeresboden emporgestiegenen Eispartikeln bedecken, welche, falls die Kälte scharf ist, binnen einigen Stunden so stark zusammenfriert, dass das neu gebildete Eis Menschen und Pferde trägt.

Der Professor **Edlund** hat sich gleichwohl nicht mit der theoretischen Entwickelung der Frage begnügt, er hat sich auch die Bestätigung der Erfahrung für die Resultate der Theorie verschaffen wollen und hat zu diesem Zweck Cirkulare mit Erkundigungen über die *Eisbildung* im Meere an sachkundige Küstenbewohner in Schweden, Norwegen und Finnland ausgetheilt.

Nach den auf solche Weise gewonnenen Aufklärungen kommen dergleichen von der Bildung des *Grundeises* abhängige Gefrierphänomene besonders bei Aaland, in dem südlichen Theile der Ostsee, im Kattegatt und in den südlichen Scheren Norwegens vor. An mehreren Orten haben die Fischer eine eigene sehr passende Benennung — fliessendes Eis — für die überkältete Wasserschicht, die sich zu Anfang des Winters auf dem Meeresgrunde bildet. Jeder Gegenstand, der mit derselben in Berührung kommt, wird plötzlich von einer Eiskruste überzogen, Netze, die 40 bis 50 Fuss unter die Wasserfläche hinabgesenkt worden waren, werden so mit Eis bedeckt, dass sie an die Oberfläche des Wassers herauf kommen. Eine von den befragten Personen äussert : « Wenn ein Fisch zu« fällig in eine überkältete Wasserschicht geräth, so ist es gerade so, wie wenn man ein « Licht in geschmolzenen Talg steckt : es setzt sich Eis rund um ihn an. » In ruhigem

que la moindre agitation provoque la congélation. Fort souvent cette agitation doit être forte et continue : il me souvient d'en avoir fait l'expérience au niveau des rails en hiver. — Au pavillon de l'Aar, au Faulhorn, à la Sierra-Nevada (Espagne) et au col du Saint-Théodule.

ster und starkem Sturme kann das Meer oft mehrere Wochen lang eisfrei bleiben. ch ersterem aber ist ein Sturm von einigen Stunden hinreichend, um selbst dann, nn eine mildere Temperatur eingetreten ist, eine Meeresbucht mit einer dicken, vom eresgrund emporgestiegenen Decke von kleinen runden, tellerförmigen Eisstücken zu erziehen, welche schnell zu einer zusammenhängenden Eisdecke zusammenfrieren. rdurch sind viele Unglücksfälle veranlasst worden, in dem Fischerboote, die auf der enen Meeresfläche hinaus ruderten, plötzlich gefesselt wurden von solchen kleinen stücken, die so dicht über einander lagen, dass man trotz der drohenden Lebensge- r nicht im Stande gewesen ist, das Boot nur bis an das kaum einige tausend Ellen fernte Ufer zu schaffen. Manches Segelfahrzeug ist während seines Kreuzens auf einem ben Fjord dermaassen *übereist* worden, dass es sich genöthigt gesehen hat, seine se abzubrechen und in der Nähe einen Winterhafen zu suchen.

Auch in fliessenden süssen Gewässern bildet sich bisweilen eine überkältete Wasser- icht, die nicht auf der Oberfläche bleibt, sondern von dem Strome auf den Boden des sses hinabgetrieben wird. An den Stellen, wo der Fluss stärker fliesst und die Bewe- ng des Wassers wegen der Unebenheiten in dem Flussbette weniger regelmässig ist, at diese Wasserschicht in Eis über, das sich auf dem Boden des Flusses in so grossen ssen ablagert, dass es, wenn es an die Oberfläche herauf steigt, grosse Steine, Ver- mmungen und Brückenkasten mit sich hinweg trägt. Bisweilen wird das ganze Fluss- tt durch eine solche Grundeisbildung gesperrt. So wurde im J. 1720 der Wasserfall i Trollhättan in der Göta-Elf neun Tage lang von Grundeis so vollständig verstopft, dass e grosse Überschwemmung eintrat, und im Motala-Strome sollen starke Überschwem- ungen sehr oft von einer solche Ursache veranlasst werden.

Wahrscheinlich treten diese *Gefrier-Phänomene* wegen der stärkeren Kälte und des grösse- n Salzgehaltes des Wassers in den Polar-Gegenden noch bei weitem mehr ausgeprägt auf. dem ist es bekannt, dass an den Küsten von Grönland und Labrador dem Segler grosse sberge begegnen. Ein solcher Eisberg enthält oft mehrere hundert Millionen Kubikfuss s und würde eine Höhe von 1000 Fuss haben, wenn er an das Land geschafft würde. Zwar t man die erste Ursache der Entstehung dieser Eisberge in den *ungeheueren Gletschern* suchen, welche sich an den Grönländischen Küsten ins Meer herabschieben, doch bilden ' von den Gletschern sich ablösenden Eisblöcke nur den Samen oder den Kern der entlichen Eisberge, welche dadurch entstehen. dass ein solcher Eisblock mit seinem eren Theile in Berührung mit einer Wasserscht kommt, die bis unter den Gefrier- nkt abgekühlt ist und die bei der Berührung mit wirklichem Eise in eine feste Form rgeht. Der Eisfelsen wird auf solche Weise, während er umher treibt, immer grösser ! wächst endlich heran zu dem ungeheuren Eisberge, der im Atlantischen Ocean noch t gegen Süden den Segler in Schrecken setzt. Auch auf Spitzbergen kommen *unge- re Gletscher* vor, Eisberge aber, deren Grösse sich nur einigermaassen vergleichen e mit denjenigen, die uns an den Küsten von Grönland begegnen, trifft man dort t an. Die Ursache davon liegt auf der Hand. Die Küsten von Spitzbergen werden lich von dem in einer Breite von 80° immer noch merklich warmen Golfstrom und t, wie die Küsten Grönlands, von einem aus dem Norden kommenden kalten Wasser- me bespült. Daher trifft man selten auf eine überkältete Wasserschicht in den ren, welche die Küsten von Spitzbergen umgeben, und der von den *Gletschern* bgeworfene Eissamen findet dort kein passendes Erdreich zu weiterer Ausbil- g.

- A Comme complément de cet intéressant et instructif mémoire : Au Saint-Bernard à mèt. alt. le lac se couvre de glace généralement du 15 au 30 octobre, et du 15 au taillet. Au Grimsel 1880 mètr. alt. Généralement la surface du lac ne se couvre pas de e comme au Saint-Bernard. Fin octobre ou en novembre, par suite de fortes chutes de ge, qui se succèdent à faibles intervalles, et qui tombent sur la surface de l'eau, elles ersistent et finissent par arriver à la hauteur de celle qui couvre le sol, fin juin s sont fondues et la surface d'eau est libre.

EDMOND (Ch.).
VOYAGE DANS LES MERS DU NORD, à bord de la corvette *la Reine-Hortense*. — In-8. Paris, 1863.

EICHWALD (Ed. von).
BEITRAG ZUR GESCHICHTE DER GEOGNOSIE UND PALEONTOLOGIE IN RUSSLAND. — Broch. in-8. 71 p Moskau, 1866.

ELLIS (Henri).
VOYAGE A LA BAIE D'HUDSON, fait en 1746 et 1747 pour la découverte d'un passage au Nord-Ouest, avec un abrégé de l'histoire naturelle du pays, précédé d'un détail historique des tentatives faites pour trouver un passage aux Indes orientales. — In-8. Leyde, 1750.

F

FALSAN (Albert) et **LOCARD** (Arnould), membres de la Société impériale d'agriculture, sciences et arts utiles de Lyon et de la Société géologique de France.
MONOGRAPHIE GÉOLOGIQUE DU MONT-D'OR LYONNAIS ET DE SES DÉPENDANCES. — 1 vol. in-8, 400 pages. 5 grands tableaux et plusieurs cartes géologiques. Ouvrage couronné par l'Académie de Lyon. — Paris, F Savy, éditeur, rue Hautefeuille, 24.

Table des matières.

PREMIÈRE PARTIE. — Considérations générales.

DEUXIÈME PARTIE. — Terrains métamorphiques et éruptifs. — Terrains sédimentaires.

CHAPITRE Ier.
Terrains triasiques.

CHAPITRE II.
Couches de jonction.

CHAPITRE III.
Terrains jurassiques.

CHAPITRE IV.
Terrains tertiaires.

Tableaux et cartes.

Tableau des principaux cours d'eau du Mont-d'Or lyonnais.

Tableau de la récapitulation générale des classes d'animaux et des végétaux fossiles actuellement connus dans les terrains du Mont-d'Or lyonnais et de ses dépendances (1866).

Tableau de la récapitulation générale des genres d'animaux et de végétaux fossiles actuellement connus dans les terrains du Mont-d'Or lyonnais et de ses dépendances (1866).

Tableau synoptique des étages géologiques du Mont-d'Or lyonnais. Leur composition, leur stratification, leurs emplois divers, leurs fossiles caractéristiques et leurs localités.

Carte indiquant la marche normale des orages dans les environs de Lyon, par J. **Fournet**.

nographie géologique du mont d'Or lyonnais et de ses dépendances. — Age de pierre, instruments en pierre et en os taillés, trouvés au mont d'Or lyonnais.
issements de marnes de l'étage liasien (mont d'Or lyonnais), 1852-1853-1854.
rte géologique du mont d'Or lyonnais et de ses dépendances, 1865.
upe géologique du mont d'Or lyonnais et ses dépendances, 1865.

FAVRE (Alphonse), professeur à Genève.

PPORT SUR LES TRAVAUX DE LA SOCIÉTÉ DE PHYSIQUE ET D'HISTOIRE NATURELLE DE GENÈVE de juin 1866 à mai 1867. Lu à la Société dans la séance du 6 juin 1867. (Extrait des *Mémoires de la Société physique et naturelle de Genève*, 1867, t. XIX, 1re partie.

D'après M. le professeur **De la Rive** (2 août), la coïncidence de nombreux *blocs lace flottant* dans l'Océan et du froid et de l'humidité qui ont régné en 1866, est une rmation de l'idée qu'il avait avancé il y a quelques années (*Mémoires de la Société*, 1860, t. XV, p. 481). Il est probable que ce mauvais temps et la quantité considé de neiges tombées dans les régions élevées des Alpes[1] produiront bientôt une sion des glaciers relativement considérable[2]. On sait que les glaciers ont subi is un certain nombre d'années une diminution très-notable. Le *glacier des Bossons*, amonix, en particulier, est d'environ 470 mètres moins étendu en longueur qu'il it en 1817, d'après une mesure que j'ai prise dans le courant de juillet. Mais il it que l'eau n'est pas tombée dans les hautes Alpes toujours à l'état de neige, car professeur **Plantamour** nous a fait remarquer (4 octobre) qu'au mois de sepre il est tombé en cinq jours au grand Saint-Bernard (2487 mètr. alt.) 220 millies d'eau sous forme de pluie.

le professeur **Wartmann** a présenté (21 février) une mémoire sur la *constitution culaire de la glace* dans le voisinage de son point de fusion. Les valeurs numériques nées au coefficient de contraction, à la pesanteur spécifique, à la chaleur latente de n, et à la chaleur spécifique de la glace présentent des différences qu'on ne saurait buer aux erreurs d'observation et qui proviennent probablement de ce que la glace une substance hétérogène, comme l'a dit M. **Tyndall**. Une des causes de cette ogénéité provient de ce que la glace au-dessous de zéro peut renfermer de l'eau. **Wartmann** s'en est assuré par divers expériences, entre autres (22 mars) en souant à une température de — 22° C. des vases de verre remplis d'eau et réunis par un e capillaire. En général, dans ces expériences, le liquide gèle à — 8° C. sauf dans ce capillaire, et l'auteur croit qu'il est excessivement probable que les globules logés dans les cavités capillaires de la glace formée naturellement, demeurent liquides à une température d'environ — 7° C.

même professeur décrit une expérience relative au regel de la glace qu'il a faite son cours académique; on y voit l'eau s'élever à l'extérieur d'un appareil et se ler[3].

1. A. Mon guide chef, *Melchior Blatter*, m'écrit : « Le 9 juin 1867 en passant au Grimsel, j'ai onné de voir le sol couvert uniformément de 1m,30 de hauteur de neige tassée; de mémoire mme, la neige n'a pas persisté si longtemps. »

2. A. Les neiges qui couvrent les glaciers à toutes les altitudes ne se convertissent pas en pour s'ajouter à leur surface. Elles protégent le glacier d'ablation et favorisent sa ession.

3. A. Il y a quelques années, en janvier j'avais exposé deux verres à boire ordinaires rem- l'eau sur une table en plein air à ma campagne de Riedisheim (près Mulhouse). Pen- la nuit l'air était calme, le zénith découvert. Dès le lever du soleil j'ai observé la tempé- e de l'air ambiant en tournant un thermomètre en fronde — 6° C. Minimum de la nuit au momètre à alcool abrité — 6°. L'eau des verres était liquide. En y plongeant la boule du momètre, j'ai lu — 8° C. Avec une spatule en bois j'ai agité l'eau de l'un des verres, et non ussitôt, mais après une agitation de quelques secondes, l'eau est devenue cristalline et montée à 0°. Puis j'ai placé sur le sol une planche prise dans une chambre dont l'air était 8° et en versant par petites quantités de cette eau à — 8° sur la planche, elle s'est gelée en

Conservation des blocs erratiques.

J'ai entretenu la Société des démarches faites auprès du gouvernement [illegible] par M. **Soret** et moi pour la *conservation des blocs erratiques sur les terrains [illegible]*, et appartenant à l'État. Dans le territoire français des environs de Genève, ces démarches ont reçu le plus bienveillant accueil de la part des autorités, et j'ajouterai, que, [illegible]rement (13 mai), j'ai présenté à la Société géologique de France un rapport sur cette question, dans lequel M. **Soret** et moi nous demandions que les 79 blocs erratiques désignés par nous dans la vallée de l'Arve reçussent une marque spéciale par ordre de M. le préfet de la Haute-Savoie et qu'ils devinssent une propriété de l'État au [illegible] rang parmi les monuments nationaux. Je n'ai aucun doute que ce résultat ne soit obtenu. S'il en est ainsi, nous continuerons ce travail. Nous espérons conserver à nos descendants une partie des éléments du grand problème qui a si vivement agité cette société scientifique surtout en Suisse, au temps de **de Saussure**, **[illegible]**, **de Charpentier**, **Léopold de Buch**, **Agassiz**, etc.

On sait que depuis quelques années[1] ces blocs sont exploités avec une activité extraordinaire, et qui, si on ne cherche à restreindre cette destruction, il ne restera bientôt aucun vestige de cette partie du grand phénomène erratique. Nous voudrions que quelques efforts fussent faits en Suisse et dans le reste des Alpes[2], pour arriver au but que nous nous proposons et que nous atteindrons, j'espère, dans les environs de Genève.

Ancienne extension des glaciers.

M. **Soret**, dans d'autres occasions, a cherché à assigner une cause à l'ancienne extension des glaciers; il a fait observer (6 septembre) que les glaciers actuels ne présentent ni *stries*, ni *sillons*, ni *roches moutonnées*, ni *roches polies*, à une certaine altitude, parce que à cette hauteur la *glace des glaciers* adhère à la roche sur laquelle elle repose; la limite supérieure de l'action glaciaire doit être déterminée par la température. Or si l'on trouve, en étudiant les traces des anciens glaciers, que *la limite supérieure de leur action striante est à peu près la même que celle des glaciers actuels, on pourra en conclure que la température n'a pas sensiblement varié.* M. **Soret** est d'accord avec d'autres savants pour ne pas chercher la cause de l'ancienne extension des glaciers dans les phénomènes cosmiques extraordinaires, mais dans les causes actuelles[3].

touchant sa surface. C'est une confirmation de gouttes d'eau à très-basse température, à l'état de globules d'eau, tombant sur le sol, sur des dalles, des surfaces de bois, ou sur des [illegible] dont la température est au-dessus de zéro, et qui se gèlent au moment du contact et forment ce qu'on appelle le *verglas*.

[1] D. A. Depuis un trop grand nombre d'années.

[2] D. A. Et généralement partout dans le terrain erratique déposé par les glaciers monstres. Autrefois on signalait la présence de blocs anguleux dans les contrées diverses du globe. — Aujourd'hui, j'ai l'intime persuasion, et je suis assez osé pour dire, qu'il est très-rare; je dirai plus, impossible! de trouver des contrées sur le globe qui ont été préservées de glaciers.

[3] D. A. Parfaitement d'accord. La manière de voir de M. **Soret** et ses conclusions sont sans réplique... Vérité, toute vérité, rien que vérité pour les persévérants glaciéristes qui sont indépendants, et assez osés, pour publier ce qu'ils ont observé et d'éclairer les questions par des faits qui se produisent sous nos yeux, et que chacun peut vérifier.

Citons à cette occasion (*Matériaux pour l'étude des glaciers*, t. III, p. 1 et 2) :

De Charpentier. C 79. La personne que j'ai entendue pour la première fois émettre l'hypothèse que les *débris erratiques* ont été transportés par des glaciers, est un bon et intelligent montagnard, nommé **J. P. Perraudin**, passionné chasseur de chamois, du hameau de [illegible] dans la vallée de Bagnes.

Revenant en 1815 des beaux glaciers du fond de cette vallée, désirant me rendre le lendemain par la montagne de Mille au grand Saint-Bernard, je passai la nuit dans sa chaumière. La conversation, durant la soirée, roula sur les particularités de sa contrée et principalement sur les glaciers qu'il avait beaucoup parcouru et qu'il connaissait fort bien. **J. P. Perraudin** me dit : « *Les glaciers de nos montagnes ont eu jadis une bien plus grande extension qu'aujourd'hui*

[F]ELLENBERG (Edmund von).

NEUES AUS OBER-WALLIS, DEN BERNER-ALPEN UND DEN SIMPLON-GEBIRGE. Als Erläuterungen zu der Karte von **R. Lenzinger**. — Mittheilungen aus **Justus Perthes** geographischen Anstalt. 1866. Tafel II, p. 205-217. 1 Mappe lithogr. in-fol. obl.

[F]ORBES.

NORWAY AND ITS GLACIERS. — Edinburgh, 1855.

[F]ORBISHER (Martin).

LES TROIS NAVIGATIONS POUR CHERCHER UN PASSAGE A LA CHINE ET AU JAPON PAR LA MER GLACIALE, EN 1576, 1577, 1578.

[F]ORSTER (J. T.).

HISTORY OF THE VOYAGE AND DISCOVERIES MADE IN THE NORTH. — Traduit de l'allemand. In-4°. Londres, 1786.

[F]RANKLIN (J).

NARRATIVE OF A JOURNEY TO THE POLAR SEA, etc. — In-4. London, 1823.

Toute notre vallée, jusqu'à une grande hauteur au-dessus de la Drane (torrent de la vallée) a été occupée par un vaste glacier qui se prolongeait jusqu'à Martigny, comme le prouvent les blocs de roches qu'on trouve dans les environs de cette ville et qui sont trop gros pour que l'eau ait pu les y amener. »

Quoique le brave **Perraudin** ne fit aller son glacier que jusqu'à Martigny, probablement [p]arce que lui-même n'avait peut-être guère été plus loin, et quoique je fusse bien de son avis [r]elativement à l'impossibilité du transport des blocs erratiques par le moyen de l'eau, je trou[v]ais néanmoins *son hypothèse si extraordinaire, si extravagante* même, que je ne jugeai pas qu'elle [v]alût la peine d'être méditée et prise en considération.

...J'ai rencontré encore dans d'autres parties de la Suisse des montagnards qui croient éga[le]ment à une plus grande extension des glaciers dans les temps anciens et qui leur attribuent [au]ssi le transport des blocs erratiques. Lorsqu'en 1834, je passai par la vallée du Hasli et par [la va]llée de Lungern, pour assister à Lucerne à la réunion de la Société helvétique des sciences [n]aturelles, je joignis sur la route du Brünig un bûcheron de Meiringen. Je liai conversation [av]ec lui, et nous fîmes un bout de chemin ensemble. Me voyant examiner un gros bloc de granit [d]u Grimsel, il me dit : « *Il y a beaucoup de ces pierres par ici, mais elles viennent de loin; elles viennent toutes du Grimsel, car c'est du Geisberger (nom du granit en allemand-suisse) et les montagnes des environs n'en sont pas.* » Sur ma demande, comment il croyait que ces pierres avaient [pu] arriver jusqu'ici, il me répondit sans hésiter; « *Le glacier du Grimsel les a amenées et déposées des deux côtés de la vallée; car ce glacier s'est étendu jadis jusqu'à la ville de Berne; en effet, continua-t-il, l'eau n'aurait pu les déposer à une aussi grande hauteur au-dessus du sol de la vallée sans combler les lacs (ceux de Brienz et de Thun).* » — Ce brave homme ne se doutait certes [gu]ère que je portais dans ma poche une mémoire en faveur de son hypothèse, destiné à être lu [à] la Société helvétique des sciences naturelles. Et grand fut son étonnement lorsqu'il vit le [p]laisir que me causait son explication géologique et lorsqu'il reçut de quoi boire au souvenir [de] l'ancien glacier du Grimsel et à la conservation des blocs du Brünig...

D. A. **De Charpentier**, en 1815, a appris d'un simple montagnard que les *blocs erratiques* [o]nt été déposés par les glaciers. — En 1829, M. **Venetz** lui confirma cette vérité. Et ce ne fut [q]u'en 1834 que le savant directeur des salines de Bex communiqua le fait à la Société d'histoire [n]aturelle suisse. Il a fallu à M. **de Charpentier** dix-neuf années de méditation pour signaler [e]t soutenir une vérité. — De 1834 il s'est encore passé 7 années jusqu'à l'apparition de sa pu[b]lication : *Essai sur les glaciers et sur le terrain erratique du bassin du Rhône*, 1 vol. in-8 avec [c]artes et vignettes. Lausanne, 1841.

Total de la prévision de **Perraudin** à la confirmation de **de Charpentier**, lu à la Société [h]elvétique, 19 ans, et à la publication en volume de ces vérités, 26 années. — Certes à cette [é]poque les publications ne marchaient pas à grande vitesse. Depuis un grand nombre d'années [le]s *tartines glaciaires* et les *antiglaciaires* (transport par courants d'eau monstres, et mis en [p]lace par soulèvement du sol), sont nombreuses comme les étoiles au firmament. Ajoutons [q]ue depuis un grand nombre d'années, le transport du terrain erratique sur le dos des glaciers [m]ême est admis à toutes les altitudes, et à toutes les distances des glaciers en activité ou [é]teints. Dans les publications, suisses, anglaises, allemandes, etc., on ne signale plus le transport [pa]r les courants monstres, et peu à peu les glaces flottantes seront remplacées par des glaciers [q]ui traversaient les mers comme ils traversaient les lacs d'une grande étendue.

La France possède un assez grand nombre des glaciéristes. La Suisse, l'Allemagne, l'An-

G

GARRIGOU (F.) et **FILHOL** (H.).

AGE DE LA PIERRE POLIE DANS LES CAVERNES DES PYRÉNÉES ARIÉGEOISES. — In-4. 83 p. 9 planches. Paris, 1866. J. B. Baillière et fils.

GAYMARD (P.).

VOYAGE DE LA COMMISSION SCIENTIFIQUE DU NORD.— Cette importante collection comprend

PREMIÈRE PARTIE.

Histoire de l'Islande, par **Marmier** (X.). 1 vol.

Astronomie, physique et magnétisme, par **Lottin** (Victor) 1 vol.

Géologie, minéralogie et botanique, par **Robert** (Eugène). 1 vol.

Zoologie, médecine et statistique, par **Robert** (Eugène).

gleterre, les États-Unis et d'autres pays ont formé des *Alpines-Clubs*. En France absence -

Quelles sont les limites en étendue et en hauteur des anciens glaciers suisses?

Ancien système. — La hauteur des anciens glaciers suisses est indiquée par les surfaces de roches *moutonnées, polies* et *striées*. Maximum de hauteur, 2,600 mètres.

Étendue jusqu'à la disparition des moraines et blocs erratiques déposés par les glaciers monstres.

Formation et progression des glaciers. — La neige qui couvre les glaciers est persistante généralement au-dessus de 2,600 mèt. Elle se change en névé, puis en glace bulleuse, *glace de névé*, et en s'ajoutant à la surface de glace, les glaciers augmentent de puissance.

Nouveau système en 1867. — Les glaciers dans les Alpes sont adhérents au sol (solidement gelé à la surface qui les supporte) au-dessus de 2,600 mètr. alt. dans toutes les saisons. Au-dessous ces glaciers ne sont pas adhérents au sol, ils *usent, polissent, strient les roches*.

La hauteur des anciens glaciers monstres n'est pas indiquée par les surfaces usées et polies, jusqu'à 2,600 mètr., ils sont gelés au sol. Par suite de cette observation positive (observation des plus importantes, que j'ai signalée fort souvent dans mes matériaux pour l'étude des glaciers et qui n'avait été observée par aucun glaciériste), nous pouvons élever la surface des glaciers monstres à une très-grande hauteur, dépassant tous les pics.

Par suite de cette vérité incontestable (facile à vérifier) de la congélation au sol des glaciers aux altitudes citées, l'étendue doit avoir été infiniment plus grande que ne la suppose l'ancien système, qui limite cette étendue aux localités où on ne trouve plus de blocs erratiques, ni de matériaux caractéristiques sous forme de moraines ou accumulations positives déposées par les glaciers.

Pourquoi ces matériaux sont-ils absents à de grandes distances?

Parce que du temps des glaciers monstres, tous les pics et toutes les crêtes des Alpes, des Pyrénées, des Vosges, de la Forêt Noire, du Jura, des Sierra-Nevada, Morena et Quadarama (en Espagne) etc., des chaînes de montagnes du globe de toutes les parties du monde, étaient couvertes des glaciers ; et que par conséquent il ne pouvait pas se détacher de roches pour tomber sur la surface de glaciers, ils ne pouvaient charrier que des matériaux arrachés à leur base, qui formaient moraine profonde arrondie, se déposant sous forme de nappes, ou par accumulation de boue de glacier, *lehm* ou *loess*, etc. Voyez *Matériaux pour l'étude des glaciers, annotations nombreuses et monographie des glaciers.*

Les neiges à toutes les altitudes dans les Alpes, suivant les circonstances atmosphériques de température et d'état hygrométique de l'air, tombent sous forme cristalline plus ou moins type étoilé généralement par le froid, et en flocons par température modérée en plus ou moins grande abondance dans un temps donné, dans toutes les saisons à une altitude au-dessus de 1,800 mètr., même en été. Ces neiges à aucune altitude ne sont éternelles, elles sont plus ou moins persistantes et souvent très-temporelles. Elles se tassent ; leur forme cristalline change, elles arrivent à un aspect de grains de sucre raffiné, en très-hautes régions, et en gros grains (névé, gros grains), dans les régions plus basses. Ces neiges protégent la surface des glaciers qu'elles couvrent à toutes les altitudes, *mais ne se transforment pas en glace pour s'ajouter à la surface du glacier qu'elles couvrent.*

Très-exceptionellement et partiellement, le cas peut se produire. Cette observation positive est une nouvelle vérité acquise pour moi, etc.

Ces deux observations importantes hors ligne, je les signale spécialement le 1er août 1867. Espérons qu'elles ne resteront pas longtemps sans être confirmées par ceux qui veulent voir et par ceux qui sont assez osés pour publier ce qu'ils ont vu et observé...

DEUXIÈME PARTIE.

Voyage en Scandinavie, en Laponie, au Spitzberg et au Ferroës. 16 vol. in-8,
Astronomie, hydrographie, marées, par **Lottin** (V.) et **Bravais** (A.).
Météorologie, par **Lottin** et **Bravais**.
Magnétisme terrestre, par **Lottin, Bravais, de la Roche Poncie**.
Aurores boréales, par **Lottin** et **Bravais**.
Géologie et métallurgie, par **Durocher** (J.).
Botanique, géographie et physique, par **Martins** (Charles).
Relation du voyage, par **Marmier** (Xavier).

GÉOLOGIE DE LA SUISSE*.

BEITRÆGE ZUR GEOLOGISCHEN KARTE DER SCHWEIZ. — Herausgegeben von der geologischen Commission der *Schweizer Naturforschenden Gesellschaft*. (Matériaux pour la carte géologique de la Suisse, publiés par la commission géologique de la Société helvétique des sciences naturelles, aux frais de la Confédération.)

Ire LIVRAISON. — Canton de Bâle et des contrées limitrophes, par **Alb. Müller** (Dr). In-4. 70 p. 2 planches. Neuchâtel, 1862.

IV. Époque quaternaire (Quaternaire Bildung).

A. Diluvinm.

...Les matériaux de diluvium atteignent à Bâle et dans ses environs une hauteur de 30 mètres et plus. Bâle est bâtie sur ce diluvium. — Au sud de Bâle, sur les hauteurs à l'est et ouest, le diluvium s'élève jusqu'à 100 mèt. de la vallée du Rhin. Matériaux provenant des *Alpes*, du *Jura* et de la *Forêt Noire*. Dans ce diluvium on a trouvé des ossements d'*elephas primigenius* — de *cerfs géants* — *ours des cavernes* — *hyène des cavernes* — *Rhinoceros tichorhinus* **.

Dépôts glaciaires (*Glacialablagerungen*). — Sur la chaîne du Jura, à l'est d'Olten on voit des blocs de diverses grandeurs de roches alpines qui d'après l'opinion générale ont été déposés par des glaciers alpins qui s'étendaient au nord (et peut-être aussi par des glaces flottantes). Un bloc superbe de gneiss chlorite (*Chloritgneiss*) se trouve au nord de Rickenbach. On voit des blocs isolés dans les vallées hautes. Plusieurs se trouvent dans la vallée de Schoenthal, près Langenbruck (Jura), granit ou gneiss. A Dürstel un bloc de serpentine. Au Stock en amont d'Eptingen un bloc de schiste (*Glimmer Schiefer*), 1 mèt. long., 0m,70 large. — Un bloc de gneiss chlorite (*Chloritgneiss*) avec grenats ou Muschelkalkrücken de la Hohen Stelle, etc. L'auteur ajoute : la présence de ces blocs à de telles altitudes prouve qu'après leur départ il s'est fait des soulèvements considérables dans le Jura***.

IIe LIVRAISON. — Nord et est du canton des Grisons, par **Théobald** (G.), professeur à Coire. In-4, 372 pages. 18 planches. Plans et coupes. Berne, 1864.

Sable, *lehm*, etc., se trouvent partout où les glaciers ont passé, et à diverses alti-

* D. A. Publication en allemand. — Les citations glaciaires je les ai traduites en français.

** D. A. L'auteur ajoute : La grande hauteur de ces dépôts, sur notre sol, et plus encore dans la chaîne des montagnes environnantes, nous autorise à en conclure que des soulèvements et changements de niveaux de terrains ont eu lieu après l'époque diluvienne. Cette manière de voir de notre part est plus conforme à la vérité que d'attribuer ces dépôts de hauteur hors ligne transportés par des glaciers ou des courants diluviens. (*Die grosse Höhe dieser Ablagerungen, schon auf unsern Hochflächen, noch mehr aber in den hohen Ketten, nöthigt uns zur Annahme von beträchtlichen Hebungen, noch am Schluss der Diluvialperiode. Es ist dies immerhin wahrscheinlicher, als die Annahme, dass die früheren Gletscher oder gar die Fluthen der Diluvialperiode eine so grosse Höhe erreicht hätten.*)

*** D. A. Les loess et lehms (*alluvions-diluvium*), et les blocs étrangers à la localité, ont été déposés par les glaciers. Inutile d'avoir recours aux soulèvements (aux miracles) pour signaler leur présence à toutes les altitudes.

tudes. Il en est de même des *blocs erratiques* que l'on voit jusqu'à une altitude de 2,000 mètres. On en trouve en aval du lac de Constance (Bodensee).

IIIe Livraison. — Sud et est du canton des Grisons, par **Théobald** (G.), professeur à Coire. In-4. 359 pages. 8 planches. Berne, 1866.

IVe Livraison. — Jura du canton d'Argovie et le nord du canton de Zurich, par **Mœsch** (Casimir), directeur du musée zoologique du Polytechnikum fédéral suisse. In-4. [illegible] p. 10 planches. Berne, 1867.

Ve Livraison. — Pilate, par **Kaufmann** (François-Joseph). In-4. 169 p., 1 carte, 10 planches. Berne, 1867.

GEORGE (H. B.).

The Oberland and its glaciers explored and illustrated with ice-axe and camera; with 24 photographic illustrations by Ernest Edwards, and a map of the Oberland. — London. Bennet, 4. 249 p.

GERARD DE VEER.

Diarium nauticum, seu vera descriptio trium navigationum admirandarum tribus continuis annis factarum a Hollandicis et Zelandicis navibus ad septentrionem, etc. — Amsterdam, petit in-folio, 1598. Traduction française de cette description : Trois navigations faites par les Hollandais et les Zélandais au Septentrion. Paris, 1599.

GILMAN.

Artic explorations (*American Journal* de Sillemann). — Janvier, 1861.

GIORDANO (Félix). Inspecteur au corps royal des mines.

Ascension au mont Cervin (Matterhorn). — Breuil (village piémontais à la base du col du Saint-Théodule [1]).

22 juillet. 3 h. 30 m. matin. — Départ pour le *Cervin* (Matterhorn). — Cette année la neige était plus abondante que l'année dernière et au lieu de monter par le *col du Lion*, l'on monte directement par le glacier jusqu'à l'est du dit col.

Arrivé à midi à l'endroit de la *tente* où l'on couchait jadis, je voulais aller coucher à la *Cravatte*, où l'on passait jadis la nuit, mais l'état de la neige que l'on rencontre plus haut nous en a empêchée, et j'ai pris gîte avec mes guides dans un point intermédiaire, tout à fait sur la crête du contre-fort.

10 h. matin. — Baromètre 496^{mm}10 correction + 10°,0 [2] (494^{mm},34 réduit à 0°). — Air au vent du nord. 2°,8 (différence avec Théodule — 1°,2).

Midi. — Baromètre 480^m,50 correction + 8°,0 (479,88 réduit à 0°). — Air 2,5 (différence au Théodule — 4°,5).

2 h. 30 soir. — Baromètre 480^{mm},80 correction + 0° (?) (480,18 réduit à 0°). — Air [illegible] (différence avec Théodule — 5°.4).

5 heures soir. — Baromètre 473^{mm},60 correction + 2°,5 (473^{mm},37 réduit à 0°). — Air 0° (différence avec Théodule — 3°,3).

6 h. soir. — Baromètre 472^{mm},80 correction 0,5 (472,84 réduit à 0°). — Air — [illegible]

tation hauteur l de Lyon, [illegible]0^m alt.

tation l'endroit l'ancienne tente couchait hymper, [illegible]58^m alt.

tation a crête où couché, [illegible]63^m alt.

[1] Monsieur **Giordano** est parti du Breuil, le 22 juillet 1866 à 3 h. 30 matin dans l'intention de faire l'ascension au mont Cervin (Matterhorn) et de séjourner à des stations intermédiaires pour faire des observations météorologiques, glaciaires et d'altitudes. Muni d'instruments de précision, accompagné de guides intelligents, et d'un matériel et provisions, l'ingénieur et ses guides sont rentrés au Breuil dans la nuit du 28 juillet.

D. A. Je transcris les observations telles qu'elles m'ont été communiquées par M. Ch. [illegible] ingénieur, demeurant à Türkheim (Haut-Rhin), et telles qu'il les a reçues de son ami M. Giordano.

[2] Le baromètre n'a besoin d'aucune correction par rapport à celui qui est à la station [illegible] *Aussel* au col du Saint-Théodule. Cette station est à 3,333 mètres alt.

(Différence avec Théodule + 1°,2. La température est plus élevée à 3963m qu'à 3553m.)

Hygromètre. Boule sèche. . . . . — 1,0
Boule mouillée gelée. . . . — 3,8
Différence. 2,8

(Tension 2mm,71. — Point de rosée 6°,8. — Humidité relative 63.)

Théodule. Tension, 2mm,65. — Point de rosée — 7°.2. — Humidité relative, 50.

23 juillet. — Toute la nuit du 22 au 23, vent N. modéré. — Minimum de nuit, thermomètre abrité, exposition sud, — 6°,0. (Théodule minimum de nuit, — 2°,0. Différence 4°, pour en une différence d'altitude de 30m; soit pour 1° de différence 158m.)

Le matin brumeux en partie.

6 matin. — Température de l'air, — 2°,0. (Différence avec Théodule, 3°,0.)

Dans la matinée nous montons jusqu'à la Cravatte et prenons gîte dans une espèce de cavité naturelle, tournée au midi, *où j'ai couché cinq nuits.*

Station à la Cravatte, 4,134m alt.

Le temps se gâte dans la journée, et vers le soir, O, et N.-O. Mauvais temps toute la nuit du 23 au 24.

3 h. 30 m. soir. Baromètre 462mm,2; corr. + 1 (461mm,46 réduit à 0°). — Air 0,5. (Différence avec Théodule, 6°, pour 800m de différence d'altitude, soit 133m pour 1° de différence.)

24 juillet. Même station. — Mauvais temps toute la journée., N.-O., neige fine par moments, qui a fini par couvrir toute la montagne. Il n'est guère possible de sortir de notre refuge. Ce même jour un orage très-fort a traversé toute la vallée du Pô, depuis les Alpes jusqu'au delà de Ferrare dans le sens N.-O. et S.-E. avec grêle énorme. Il n'a pas été possible de mesurer la neige tombée au Cervin parce qu'elle est transportée et blottie par le vent furieux.

Minimum de nuit — 5°,0. (Minimum au Théodule — 1°,4. Différence 3°,6 pour 800m. Pour 1°,220m.)

10 h. matin. Baromètre 461mm,10, corr. — 2°,5 (461mm,30 réduit à 0°). Air — 3°,0. (Différence avec Théodule 8°,5; pour 1°,90m.)

Midi. Ébullition de l'eau 188,22 Fahrenheit (86°,78 centigr.).

3 h. soir, Baromètre 461mm,10; corr. + 0,3 (461,07 baromètre à 0°). Air 0°. (Différence avec Théodule 3°,7; pour 1°,216m).

7 h. soir. Très-mauvais temps. Air — 3°,0. (Différence avec Théodule 3°,7; pour 1°,216m).

Maximum de la journée à l'ombre d'un grand rocher + 3°,0. (Différence avec maximum Théodule 2°,8; pour 1°,290m.)

25 juillet minimum de nuit du 24 au 25 — 7°,5. (Différence avec Théodule 3°,5 pour 1°,228m.)

6 h. matin. Lutte de vent N. à N.-O., neige en poussière partant du sommet du pic et tombant en nuages au sud.

Toute la montagne était blanchie, impossible de bouger. Cependant deux guides se décident à descendre jusqu'à la première tente où les porteurs avaient apporté des provisions. Je commençais à manquer de vin et d'aliments.

6 h. matin. Baromètre 459mm,2; corr. — 5° (459,57 à 0°). Air — 5°.5. (Différence avec Théodule 3°,1; pour 1°,285m.)

9 h. matin. Baromètre 460mm,0; corr. — 4° (460,20 à 0°). Air — 3,0. (Différence avec Théodule 2°,5; pour 1°,320m.)

Midi. Baromètre 460mm,0; corr. + 1° (459,93 à 0°). Air 0°. (Différence avec Théodule 2°.0; 1° pour 400m.)

3 h. soir. Baromètre 460mm,70; corr. + 1,0 (460mm,63 à 0°). Air 0,8. (Différence avec Théodule 3°,3; 1° pour 242m.)

26 juillet. Nuit du 25 au 26 calme mais froid. Tout est gelé autour de nous, même

dans la tente. Minimum de nuit — 9,0°. (Différence avec Théodule 3°,2. 1° pour 250m.)

Matinée magnifique. Tout est gelé sur la montagne. Vers midi les guides reviennent avec des couvertures et quelques provisions. Le trajet paraît avoir été très-difficile. En attendant que la neige ne fonde, l'on ne peut rien faire.

9 h. matin. Baromètre 462mm,10; corr. — 6,0 (462mm.54 à 0°). Air — 6,0. (Différence avec Théodule 4°,7; 1° pour 170m.)

Midi. Baromètre 463,0; corr. — 0,5 (463mm,03 à 0°). Air 0°. (Différence avec Théodule, aucune. Même température aux deux stations.)

Un thermomètre placé au soleil sur roche monte jusqu'à + 28°*.

3 h. soir. Baromètre 463mm,50; corr. — 0,3 (463mm,53 à 0°). Air 0°. (Différence avec Théodule 5°,4; 1° pour 148m.)

7 h. soir. Baromètre 463mm,00; corr. — 3°,0 (463,22 à 0°).

27 juillet. Belle nuit avec lune. Minimum — 6,0. (Différence avec Théodule 2,4; 1° pour 335m.)

Le matin beau temps; mais le baromètre en baisse. Gros nuages sur toute la Suisse. Malgré l'état de la montagne j'ai décidé de tenter l'ascension au dernier pic. Nous partons à 8 heures. Dans une heure nous sommes à la pointe, dite l'Épaule, où **Tyndall** avait laissé un signal. De là au pied du pic s'étend une arête très-mince et fort ondulee, couverte de neige récente accumulée par le vent et tranchante comme un biseau; c'est une grande difficulté. Nous marchons avec précaution et arrivons au pied du pic, mais la quantité de neige frolle qui le couvre empêche complétement de le monter, c'est l'avis de tous les guides. Le mauvais temps des jours précédents avait couvert la montagne de neige. Il eût fallu quelques jours de beau temps pour la fondre; mais au contraire le temps tournait au mauvais. Ces circonstances aggravantes rendaient impossible l'exploitation de la crête, et d'une partie du versant nord du côté de Zermatt qui était encore plus impraticable que le versant O. et S. Nous n'étions qu'à 200 mètres sous le sommet, lorsqu'il fallut battre en retraite sans espoir de remonter. Nous avons encore couché *à la Cravatte*, pour voir si le temps se mettrait au beau vers le soir, des porteurs venant d'y arriver avec de nouvelles provisions; mais le temps se gâta encore.

6 h. matin. Baromètre 460mm,50; corr. — 4,5 (460mm,83 à 0°). Air — 4°,0. (Différence avec Théodule 3°,0; pour 1°,268m.)

10 h. matin. Baromètre 553mm,10; corr. — 5°,0 (553mm,46 à 0). Air — 5°,0.

Station à l'Épaule, 4,259m alt.

3 h. 30 soir. Baromètre 460mm,70; corr. 1°,5 (460mm,80 à 0°). Air 2°,0. (Différence avec Théodule 5°; pour 1°,160m.)

Station à la Cravatte, 4,134m alt.

5 h. soir. Baromètre 460mm,20; corr. — 0,5 (460mm,23 à 0°). L'eau bout à 187°,6 Fahrenheit. Air maximum de la journée sur la roche à l'ombre, + 8,0.

28 juillet. Nuit calme et brouillard. Minimum de nuit — 8,0. (Théodule, minimum différence 5,2; pour 1°,152m.)

Le matin froid et brouillard.

8 h. matin. Baromètre 458mm,90; corr. — 5,0 (459,29 à 0°). Air — 5,0. (Différence avec Théodule 6°,5; pour 1°,123m.)

Nous partons à 8 h 30 pour descendre. Arrivé sur la crête du contre-fort, bise et neiges qui nous incommodent. Toute la journée, plus ou moins mauvais, avec neige fine par N.-O. Nous arrivons cependant à l'hôtel du *Breuil* en très-bon état.

Station à l'endroit de l'ancienne tente, 3,858m alt.

1 h. soir. Baromètre 477mm,1 contre 0,8 (477mm,17 à 0°). Air 0°. (Différence avec Théodule 2°,2; pour 1°,739m.)

Station au Saint-Théodule, 3,333m alt.

29 juillet. Mauvais temps N.-O fort dans la matinée. Je suis monté au Théodule pour prendre les observations des jours précédents, et comparer mon thermomètre avec celui de l'observatoire. Je trouve que mon baromètre alpin, celui que j'ai porté sur

* D. A. Cette température de + 28° au soleil, a été observée bien certainement, sur roche, par calme, rayons solaires ardents, et boule du thermomètre influencée par rayonnement. Exposé sur une planche élevée au-dessus du sol, la lecture n'eût pas atteint ce maximum.

le Cervin, *marque exactement comme celui du Théodule*, de manière qu'il n'y a pas de correction.

L'ébullition de l'eau s'y produit, à 4 h. 30 soir, à 192°,20 Fahrenheit. Baromètre, station **Dollfus-Ausset**, 507,90.

30 juillet. *Retour à Turin et Florence.* Le temps a été de plus en plus mauvais.

J'ajouterai ici derrière un croquis de la *coupe géologique du pic du mont Cervin*, avec l'altitude des différents points, sauf le pic. — L'endroit au j'ai couché cinq nuits (*la Cravatte*) est exactement à 800 mèt. au-dessous de la station du Saint-Théodule, soit 4,134 mètr. alt. C'est là que j'ai fait commencer un *espèce de maisonnette en pierre*, devant servir de refuge pour d'autres ascensions. Le club de Turin doit donner pour cela une subvention.

Altitudes. — Je dois faire remarquer que l'altitude de l'observatoire du Théodule est marqué dans les registres de M. **Dollfus-Ausset** à **3,350** mètres. Une série d'observations que j'ai faites l'année dernière, combinées avec d'autres de cette année, le tout rapporté à celles de M. **Carrel** (abbé), faites à l'observatoire d'Aoste me donnent un chiffre un peu inférieur à **3,334** mèt. qui est à peu près celui donné par les livres anciens. En effet une série assez bonne d'observations de juillet 1865, faites à l'hôtel du *Breuil*, 2me étage, me donne hôtel *Breuil* sur Aoste observatoire : moyenne 1,530 mètr. *Hôtel* 2,130 mètr. alt.

L'observatoire d'Aoste est suivant M. l'abbé **Carrel** exactement placé à 600 mètr. alt. Quelques observations de cette année me donnent :

Breuil. Hôtel, 2me étage, altitude au-dessus de la mer.	2130 mèt.
Observatoire du Saint-Théodule, au-dessus de l'hôtel du Breuil. . .	1205 —
	3335 mèt.
Hauteur du Saint-Théodule au-dessus d'Aoste.	2731m,5
Aoste au-dessus de la mer.	600
	3331m,5
Moyenne des deux citations.	3,333 mèt.[1]

Section géologique et minéralogique du mont Cervin (Matterhorn).

ALTITUDES.	STATIONS.	
4259 mètr.	Épaule. . . .	Micaschiste souvent ferugineux alternant avec des quartzites à grains fins. Traces de foudre.
4134 —	Cravatte. . . .	Micaschiste et schiste talqueux tendres avec quartzites.
3963 —	2me tente. . .	Comme à la Cravate, alternant avec des bans quartzeux.
3858 —	1re tente. . .	Gneiss et micaschiste.
3601 —	Col du Lyon. .	Banc énorme de 600 mètr. de roches granitoïdes qui est une protogine blanche verdâtre semblable à celle du mont Blanc, d'origine métamorphique.
3000 —		Succession continue de micaschiste et de schiste talqueux de différentes couleurs, de blanc au vert. Ces couches semblent correspondre à celles du *mont Pileur*, allant du Théodule au pied du pic Cervin.
2130 —		Breuil. Hôtel, 2me étage.

Giordano (Félix).

GARRIGOU (Dr Félix).

Étude comparative des alluvions quaternaires anciennes et des cavernes a ossements des Pyrénées et de l'ouest de l'Europe au point de vue géologique, paléontologique et anthropologique. — In-8, 56 p. Paris, J. B. Baillière, rue Hautefeuille. 1865.

[1] D. A. En admettant comme mathématiquement exacte la hauteur de la station Saint-Théodule à 3,333 mètr. la différence avec 3,350 mètr. des tableaux est de 17 mètr., soit 1/2 pour 100.

H

HAAST (Julius P. H. D., F. L. S., F. G. S., etc. Provincial geologist *).

REPPORT ON THE HEADWATERS RAKAIA, with twenty illustrations and two appendices, Christchurch printed, under the authority of the provincial governement of the province of Canterbury, at the Press office, Cashel-street, by **James Edward Fitzgerald**, official printer for the time being to the said Governement. — Geological Survey Office, Christchurch, June 20*th* 1866.

...The meteorological observations take regulary at *Hokitika* assisted me in conjunction with those of the *Christchurch station*, not only in verifying many calculations of altitudes made during my previous journeys, but also in calculating other new ones with a greater degree of accuracy than those formerly obtained. This was principally the case with the altitude of our *alpine passes*, where the reading of the barometer seems to be more affected by the *West Coast* climate than by that of the *East Coast*. Thus by making use of the observations of bath stations it is evident that a more correct result can be obtained in calculating the heigh's in the dividing range, than from only those of either coast alone, when there is often a great difference in the readings, of which I gave some instances in my Report addressed to the Secretary for Public Works, november 18th 1865.

...I shall beginn my notes with the western termination proper of the *Canterbury Plains*, which may be considered to extend to *Fighting Hill* a *roche moutonnée* streching to the gorge of the *Rakaia*.

After having crossed the *Acheron* and ascended the *alluvial-terraces* deposited upon *moraine and lacustrine deposits*, we arrive at the *moraines* lying across the eastern end of *Lake-Coleridge*, a true lake bassin, of the formation and physical features of wich I shall speak in the sequel.

The new road to *Browning-Pass* leads across these *moraines* and along the hills on the Southern side of *Lake-Coleridge*, where well — defined **glaciers shelves** give evidence that here — about 2,000 feet (610 mèt.) above the bed of the *Rakaia* the whole valley was filled with **enormous ice masses**.

At some spots **fiften of these glaciers shelves** were visible, one above the other, with a fall of from 10 to 12 deg. towards the East.

Instead of following the new road tho the ferry ner *Goat-Hill* I descended about 450 feet (137 mètres) by the dray-raod, which leads to the stations of Messrs **Palmer** and **Neave**, on the *banks* of the *Rakaia* proper. A section in the banks of the river is exhibed in a terrace, about 100 feet (30m,50), consisting of *fluvial beds*, often worked by the power of running water into grotesque shapes. The valley of the *Rakaia* opens here considerably, and is at the junction about two miles (3 1/4 kilomètres), broad, through which the river meanders in many branches.

Two interresting *roches moutonnées* lie here in front of the landcape, of which one *Woolsked-Hill*, lies between the junction of the *Wilberforce branch* with the *Rakaia*, w[illegible] the other, *Double-Hill*, is situaded in the centre of the valley, and derives, with[illegible] doubt, its existence from the union in post-pliocene times of the two *glacier branc[illegible]* comin from the *Rakaia* and *Mathias-valleys*. Another interesting view is towards [illegible] deep valley between *Mount-Hutt* and *Palmer-range* where a smaler branch of t[illegible] **huge-glacier** descended towards the *Canterbury-Plains*, through the Northern bra[illegible] of the *Ashburton*. This valley is about 1,200 feet (360 mèt.) above the *Rakaia*, and has ve[illegible] well developped *terraces*. From some rocks exposed on its face it is called *Redcli[illegible]*

* D. A. L'infatigable et persévérant observateur, M. **Haast**, possède le vouloir voir et savoir voir. Le compte rendu de ses explorations sera lu avec le plus grand intérêt par les glaciéristes.

Gully, which colour is the effect of rubefaction of tertiary limestones beds. As I intended to visit this spot at a future period by ascending the northern branch of the *Ashburton*, requested Mr **Francis**, manager of the *Double-Hill station*, to obtain some specimens for me from that locality, to which he kindly complied. The specimens sent to me consist of a fine semi-crystalline limestone, very valuable for lime-burning.

It is not possible to obtain a view from that point towards the head of the *Rakaia*, as the *Arrowsmith-rouge* deflects its course, so that this splendid mountain chain, forms the background of the landscape.

The *Wilberforce*, which we had to cross near its junction with *Rakaia*, was a little swollen from a previoas North-West storm, but being here divided into several branches we forded it easly horseback.

I devoted the next day to examining the isolated *Woolsked-Hill*, previously alluded to, a true *roche moutonnée*, showing in mang spots the **striae** and **flutings** accompagning **glacier action**. It consist in its southern portion of very hard dioritic or siliceous sandstones, changing into conglomerates, which, by their hardness, offered great resistance to the **ice-masses**. But still more instructives is the succession of *beds lying above them*. going North along the banks of the *Wilberforce*. which here rushes against the nearly perpendicular rocks, they soon disappear, and large *fluviatile deposits*, forming walls often 150 to 200 feet (45 à 60 mèt.) high, the caracter of which is well exposed in the vertical cliffs, are washed by the river.

These beds are roughly stratified, and alternate with small layers of fine grey or yellow silt, **the product of the triturating power of glaciers**. On the summit of this hill we observe a *well-defined river bed* with terraces leading along it in a South-East direction. Thus we have ample evidence that *when the great post-pliocene Rakaia glacier retracted, a lake was formed, in wich the Woolshed-Hill, among others Stoodfout as an island*. This lake, in the course of ages, was partly drained by the formation of the lower *Rahaia-gorge*, and partly filled by the *debris* brought down by the river which again, as its sources retreated more towards West and its volume diminished, lowered its bed the present level.

The old river channel which has been formed on older *deltaic-deposit* and *lacustrine-beds*, now lying 100 feet (30 mètr.) above its present *river bed* on an isolated hill, is thus a very curious and instructive instance of the former history of our alpine rivers. Approaching more towards *Mount Algidas*, the high mountain between the two main branches of the *Rakaia*, palaeozoic rocks make again their appearance, rising about 400 feet (122 mètr) above the rivers; upon them no *alluvial beds* are observed, and **huge angular** *blocks, true erratics*, often perched, on the steep sides give evidence that they were left behind when the *glacier retreated*.

On travelling up the river, these *older contorted strata* soon disappear again under *well stratified alluvium*, which reposes towards the North upon *tertiary strata*, consisting of argillaceous sandstones, sometimes replete with pieces of *broken shells*. Although always in a fragmentary state, I succeded nevertheless in finding some characteristic pieces of *Pecten* and *Cuculaea*. showing that they belong to our lower tertiary series. Below them again we meet lose quartz sandstones with hardea ferruginous bends changing into clayey beds, sometimes without any apparent stratification and full of nodules of clay ironstone, and sometimes smali concretions of iron pyrites.

Those beds rise the more we approch the Southern base of *Mount-Algidas*, till they have a dip of 68 deg. towards East, and overlie lignitiferous strata, of which only a small portion is exposed near M. **Neave's** home station. If ve cross over here from the *Wilberforce* tho the valley of the *Rakaia* proper, we again meet *morainic accumulations* reposing on these strata. The occurence of this tertiary outlier is of great interest : it shews us not only that in the tertiary period some of the large valleys existed in the lower portion of our Alps, which, when submerhed, were filled with extensive tertiary strata, bot that afterwards, in the *ice periode*, which succeeded the rising of the land, these extensive tertiary beds were mostly removed and still deeper *and wider valleys were excavated by the* **huge ice-masses.** This is particulary conspicuous when looking the angle of the mountain slopes on both sides, which somme distance above the altitude of ther **glacier shelves** are much steeper, and shew at a glance that they *have been cut down by the action of the ice during the epoch in which the glaciers had their greatest extension.* Only at some favourable spots have smoll remnants of these tertiary strata been preserved. It is evident that these beds and all those more extensive ones lying to the West and East of the *Rakaia-gorge*, reposing upon the trachytes which cross from the *Malvern-Hills* to the Eastern base of *Mount-Hutt*, have been deposited simultaneously after the formation of the great line of fracture, from which first quartzose trachytic matter was emitted, between and after the deposition of the tertiary strata, by sheets of basic *pyroxenic lava.*

I may here allude to another tertiary outlier in the gorge of the *Acheron*, five miles (8 kilomètres) above its junction with the *Rakaia*, the existence of which is revealed in the nearly vertical bancs of that river. *Doleritic lava* has here issued from a secondary focus, ascending and flowing over tertiary beds visible for about 300 feet (90 mètres). These doleritic rocks, immediately above them, have an *earthy character* and a tendency to globular structure, they are greenisch black, and have imbedded in them many small crystals of angite copper-coloured mica (*rubellan*) and small grains of titaniferous magnetic iron.

At a distance of about 200 feet (60 mètres) from the tertiary strata the rock becomes of a harder and finer texture and is filled with a great quantity of large crystals of augite. The hill it self, which, by its hardness, *has well resisted the* **ice action,** has assumed the form of a true *roche moutonnée.*

Although the occurence of this *volcanic rocks* was in this locality : of great interest to me, the examination of the tertiary beds thus preserved were still more instructive : they consisted originally, in descending order, of clay-marks, with some bands of limestones, oyster-beds and shales, with a few smal seams of brown coal, and below them blueish claywarls. Close to the dolorites the clay-marls are changed into porcelain jasper-like beds; the calcerous strata have become impregnated with cilica, and resemble chertose rocks, with occasional concretions of chaledony. The shales have become hardened and taken a distinct slaty structure, covered with an efflorescense of sulphur : the oyster-beds have also become hardened and partly silicified, the original structure of the shells being still preserved. The brown coal it self has undergone most remarkable changes, either by assuming a dirty yellow or brown colour, and shewing a prefect woody structure (*silicified*), or exhibiting all the characteristics from a *pitch coal* to a true *anthracite.* The seams are very small, generaly only a few inches thick and therefore of no pratical value.

Thus we recognise with pleasure that the changes to which volcanic rock have given rise in the Northern Hemisphere as, for instance, at the *Meissner in Hessia*, are the same as occur in the distant antipodian *New-Zealand.*

Having decided to ascent, first, the principal branch of the *Rakaia* to which has been preserved the original name, I followed the track leading from **M. Neave's** home station along the base of *Mount-Algidas* to the *Mathias-branche.* This river, containing much less water than the *Rakaia*, has advanced with its fan considerably towards the main stream. At the same time, a very large shingle cone of the *Chimaera-creek*, several miles in extent in each direction, preserving the base of *Mount-Algidas* from the encroachment of the *Rakaia* has given existence to extensive *swamps*, which are impassable for man and horses. Similar *swampy tracts* exist in nearly all our rivers, below the junction of an important branch. The main river itself at its junction with the *Mathias*, flows in a narrow channel than usual along the Northern base of *Double-Hill*, but being bounded also in its northern side by rocks, which rise in an isolated hill to an altitude of 30 to 40 feet (9 à 12 mètres) above the river, another instance that running water, when lowering its bed, will more easily cut through the solid rock than remove the beds of single deposited during the raising of its bed in a anterior epoch.

Magnificent weather had set in, and the rivers fell very low, so that the crossing of the *Mathias* could easily be accomplished, even on foot. At the junction of this river with the *Rakaia* lies another long low spur, having all the characteristics of a *roche moutonnée*, washed by a water-course formed mostly by the drainage from the *Rugged-Range*. Good sections are exposed in numerous localities. The same dioritic sandstone, clayslates, indurated shales, of which the *Alps* all along their eastern flank are mostly composed, but without any limestone, are also observable. *Fragus Solandri*, the white birch of the settlers, which was hitherto, the prevailling tree, now begins to occur more in groves, and sub-alpine shrubs and trees belonging principally to the Compositæ — Scrophularineæ — Rubinaceæ — Ericeæ, and Coniferæ, are mixed with that handsome sub-alpine tree, giving to the landcape a park-like appearance, the effect of its fine shape and foliage being heightened by the various tints, from pald greyah green to dark brown, by which it is surrounded. This lower vegetation is succeeded by alpine meadows, studded with flowers ower which the rugged weathered rocks, forming gigantic peaks, rise in wild majesty.

A large flat continues for about six milles (9 à 10 kilomètres) on the Northern side of the river, presenting good travelling ground, formerly closely covered with Wild-irishman (*Discania Toomatoo*). This scrub is fast disappearing before the castle-fermer, who prepares the ground for the use of his herds by buring that the use of his herds by buring that noxious and spinous vegetation. Before us the splendid *Arrowsmith range* rose every moment more and more conspicuously, forming the back-ground of the valley with its splendid peaks and needles. The ranges of the Northern side of the river began also to assume a more alpine character; the fagus vegetation became still intermired with sub-alpine pines and shrubs, whilst above them the alpine meadows began to descend lower. Deep gorges on the mountain sides led towards **glaciers of the second ordre**[1] crowing the high rugged summits, and here, again, the contrast between the broad level valley and the alpine ranges rising abruptly from it, struck me forcibly as one of the great characteristics of the Southern-Alps.

We passed the valley by which the *Cameron* enters the main valley, bounded on both sides by *roches moutonnées*, and which forms a remarkable break through the eastern ranges, as it unites the valley of the *Rakaia* with those of the *Ashburton* and *Rangitata*. Seven miles (11 kilomètres), above the junction of the *Mathias* the river sets against its Northern banks, which are covered with dense vegetation, and rise nearly perpendicularly above the water for a considerable altitude. It was, therefore, necessary to cross to the other side, and although the river was low, it was not a pleasant task, owing to its rapid fall an the larges *boulders* in its bed. The semi-opaque, milky colour of the water, in conjunction with the low state of the river, showed at once that it is derived from large **glaciers**, whilst its temperature 46°6 (8°11 centigr.) the air being 61°8 (16°50 centigr) proved that we were not many miles distant from that source.

Our road lag now on the Southern side across a grassy flat, mostly overgrown with the same dense vegetation met with on the banks of all our river-flats, namely, the spiny Wild-irishmann, and the bagowet-like spaniard (Aciphylla Lyallii). We crossed some considerable water-courses, mosly from **glaciers of second ordre**, *which enter the valley from the Arrowsmith-range*.

Arrived at the point which projects most into the river bed from that range, a very remarkable view opens before the traveller. The valley, still more than a mile (1600 mètres) streches for six miles (10 kilomètres) towards the West, and is entirerly covered by *olluvial accumulations;* often consisting af *large blocks*, overswhich the river rushes with fury, frequently divided into several branches. The aspect of such a valley is bleak

[1] D. A. Glaciers simples.

and cold in the extreme, for at a few miles distances it is not possible to distinguish the turbid water of the meandering river from its banks, and the whole forms one dark grey mass ascending towards the head of the valley. There, instead of finding as usual, a **large glacier filling the whole valley**, I obseved a true *roche moutonnée*, reaching half-way across from the Southern side, whilst from the Northern side and opposite to it **a glacier of considerable dimensions** crossed the remaining portion of the valley, abutting apparently against the almost vertical Northern side of this rounded hill. But I may observe that West of this *roche moutonnée* there is another **glacier** and the hill a torrent rushes down, washing the Southern flanks of the former, and thus prevents it from abutting directly against the hill. **High how snovy ranges** in fantastic forms rose above, but owing to their distance and the considerable widt of the valley they did not impress the mind with their truly gigantic dimensions, with which I became subsequently better acquainted. The flans forest ceases here, at an altitude of about 2500 feet (760 mètres), and dense sub-alpine forest vegetation covers the lower regions.

The course of the river compelled us again to cross, opposite *mont Thannon* to the Northern side, and, although I selected the best ford, the *boulders* were so large and the rush of water was se strong that the horses could only stand against it with difficulty.

We camped the evening of the 13*th* March about a mile below the junction of the *Witcombe-Pass* stream, at the edge of the sub-alpine forest, where small grass flats offered feed for the horses, and where at the foot of an **avalanche channel**, formed last winter, a great quantity of firewood was easily procured without the truble of cutting it.

The dimensions of the valley and surrounding objets are so great that the **large glacier** *crossing it, and covered entirely with debris*, seemed, at a fen miles distance, more like a small shingle fan, partly destroyed on its lower end, *than a* **huge mass of** ice, the dimension of which only become apparent when you are standing close to, or on the mountain-range above it.

Wednesday, March 14 — I started at day break, accompanied by one of my men, to ascend *Whitcombe-Pass*. The Pass stream contains a grood deal of water where it enters the bed of *Rakaia* on a large fan, but looses itself by degrees in the shingle befor reaching the main river, so that we crossed it dry-footed, following along the edge of the main river to its right hand bank. From here the remarkable oppening througt the Southern-Alps is clearly defined, with the of *Mount-Whitcombe* on its Western side, raising its bold **snow cowered summit** above the lower ranges in front. After passing accross a shingle terrace for a few hunderd yards (yard = 0^{m},914), we reached a spot where the valley assumes a gorge-like character, and we were compelled either to travel along the sides, through dense scrub, or keep to the bed of the river, which had now become a true mountain torrent, with large *boulders* forming its banks.

Numerous sections gave me an insight into the geological structure of these ranges, but without oppering any new data, as the strata were similar to those so often observed and described all along the Eastern base of the central chain proper. Dioritic sandstones, slates, conglomerates, and indurated shales follow each other in endless succession, so as to indicate clearly the changes on the *palaeozoic sea-bottom* on which they were deposited. Not the least sign of fossil remains or tracks of animals could be detected. These strata, forming huge foldings, belong also to the unauriferous series, covering, for many thousand feet, the auriferous rocks on the Western slopes of the same range.

After a mile (1600 mètres) we had to cross a torrent descending from a **glacier of second ordre** (*petit glacier simple*), which was hanging on the mountain side like a *gigantic icicle*. Here we had the first view of the saddle, which, apparently, was situated only a few hundred feet above us, and seen from that point of observation, seemed to consist of a shingle wall, not more than 100 feet (30 mètres) high. After another mile

here, rising in a magnificent rocky pyramid.

Having examined this glacier, which I named the **Ross-Glacier**, and taken some altitude observations, we crossed the foaming torrent issuing from it to accomplish which requires steady nerves. We had then to ascend the hill side and to wind our way through dense alpine vegetation which was growing luxuriantly amoungst great rocks, mostly the remains of a *former moraine extendig* so far. Owing to the aspect of the valley, and being accessible to more moisture from the West than other similar ones in the Alps which are protected by the lafty ranges in front, many shrubs and annual and perennial herbaceous plants, already in seed in other localities, were here still in full bloom, and I was able to collect many interresting specimens, of which several are new to science. After half a mile of this slow and tiresome travelling through vegetation so dense that it often allowed us literally to walk on the top of the branches, we descended again to the river bed, and an equal distance climbing ower *huge boulders* brought us to the shingle wall which stretches accross the valley, and along which the river flows on the eastern side, issuing from the central chain near the summit of the Pass. Even Alpine shrubs desappear here, and ascending the saddle a close grown carpet-like turf, is found to cower the hill sides, except where shingle slips or rocks occur. This turf, notwithstanding the lateness of the season, was studded with innumerable flowers, mostly belonging to the orders Ranunculacae, Compositæ, and Umbelliferæ. Amongs the latter a small but very handsome new *Aciphylla*, was conspicuous, remarkable from the contrast of its bright green leaves with a red line in the centre, red spines and black seed. A *Nestor Notabilis*, the fine green parrot of our Alps, came screaming down from its lofty height to have a look at tho intruders, and was shot — a very welcome addition to our cellection. I may here observe that the maori name, *khea*, is very characteristic, as it conveys an exact of the lourd shrill call of this remarkable bird, which seems to be fearless in the presence of man, of which I had many striking instances during my journeys.

Having ascended about 200 feet (60 mètres) on a steep gradient, the terrace becomes more level, and the torrent, running non neary parallel to the ridge, becomes again visible. On the Eastern side the central chain is also **covered with large snow fields**, and is here crowned by a pyramidal peak, which I named **Mount-Martins**, and from which a **glacier** descends to within fifty or sixty feet (15 à 18 mètres) of the saddle. Thus the southern side of the pass is formed by the bed of the outlet of this *glacier reposing upon moraine accumulation*, and in looking at the mountain-slopes on both sidels of the valley, *clear evidence is presented of the former extension of the* **Ice-streams**. Having examined and fixed the altitude and position of this **glacier**, I visited some *lagoons* which were situated South of the shingle-bed of the *Whitcombe-Pass* stream on some lower greound, and which were bounded still further towards the North by what appeared to be *morainic accumulations* reposing upon the Eastern side of *Mount-Whitcombe*.

A rich vegetation grew round these waterholes, and among the flowers a magnificent large *Ranunculus*, with yellow blossoms was conspicuous.

A further accent of about 40 feet (12 mètres) over *enormous blocks of rocks*, lying in a narrow channel, formed by two *taluses of debris*, brought us on the summet of the pass. The barometer at one o'clock read 23.94, thermometer 54,2 deg. It was a magnificent day, only a few Cirro-cumule rose in the North, disappearing soon amongst the wooded ranges which formed the horizon towards West-Coast.

A considerable sized torrent descends on the Western side of the pass into a shingle valley, which, for about eight miles (12 kilomètres), is nearly straight, with occasional grassy flats on its banks. On both sides the mountain chain rose majestically above the valley mostly covered with **snow fields**, from wich **numerous glaciers** descend, the outlets of which swell the body of this, the most important of the sources of the *Hokitika river*. The contrast is very striking between these rugged alpine ranges and the quiet outlines of the West Coats mountains 4000 to 5000 feet high (1 200 à 1500 mètres alt.) heavily timbered to their summits, which closes the horizon, and through which the river forces its way in a succession of deep gorges. The stupendous mass of *Mount-Whitcombe* rises here so steeply above the pass that only **very little snow** can cling to its sides, making it appear still higher and wilder. It consist of hard siliceous sandstone, alternating with dark clay slates, having a fall of 78 deg. towards South, and striking across the pass. The reading of the barometer at that time in *Hokitika*, as I afterwards ascertained, differed only from that at *Christchurch* by 0,01 inche, and a double set of observations gave me, as mean result for the summit of the pass, 4312 feet (1314^{m},27) above the sea level.

On skirting the *wall of debris* on the Western side of the pass, I came after having descended about 30 feet (10 mètres) to the **terminal face of a glacier** *considerable dimensions* descending from the North-Eastern flanks of *Mount-Whitcombe*, and filling a deep cauldron-like valley.

When examining the other alpine passes of the Province I observed that invariably a **glacier descended on each side**, going in opposite direction and although on the ranges above, some of them **true glaciers lie**. Now several thousand feet above the watershed, the **glacier shelves** *and remains of lateral moraines, with which the surrounding mountain sides are covered, shew at once that much larger glaliers existed formerly in those localities*. These **extensive ice-masses** have, without doubt, planed the central range on both slopes in opposite directions, till the ridge has been worn down to its present form. Here, on *Whitcombe-Pass*, this instructive phenomenon is still visible, as the **Sale glacier** reaches now across the valley and of the **Martius-Glacier** would only advance a few hundred yards (quelques cents mètres), the *moraines* of both, and perhaps the **ice-masses**, would meet on the summit of the pass, although descending in different directions. Dr **Hector** made some observation in the *Otago-Alps*, and thus we observe how nature, to obtain gigantic ends, uses very simple, but effectual means, for their accomplishement. In fact, no more simple method could be devised to grind down part of an inaccessible mountain chain than these **ice-ploughs**, or **perhaps**, better styled **ice-planes**, working in opposite directions, which thus open a passage through an otherwise impassable barrier, and allow commerce and civilization to unite the shores of this rich and beautiful island.

Although not pertaining to my vocation, I may be allowed to offer a few observations on this pass, in a pratical point of view, with regard to forming a road accross it.

The gradient from the junction of *Whitcombe-Pass stream* to the summit it so fair that there would be no engineering difficulty in construction a dray road, althoug it would entail great expense. The road, for the first two and a half miles, would have to be kept mostly on the eastern side to avoid the *glacier torrents*, the beds of which, consisting principally of *gigantic blocks*, are shifting continually. The road would therefore have to be blasted out of the rocky shelves which, for that distance, form mostly the Eastern side of the stream. Arrived at the summit of the sadle, another, and serious difficulty presents itself in the *lateral moraine* of the **Sale glacier**, which is constantly shifting, *owing to the motion of the ice*, and it would therefore be necessary to work along the Western base of *Mount-Martius*, which consists here of a succession of shingle-slips and *enormos bloks* piled loosely together. The descent towards the West-Coast is more rapide, particularly for the first 300 to 400 feet. For them miles (16 kilomètres) the open bed of the *Hoktika torrent* would not present many difficulties, except from the **accumulation of snow and avalanches**. The two parties who previously travelled across this pass, under the leadership of Messrs. **Whitcombe** and **Harman** respectively, have made us acquainted with the great difficulties which exist in following this road across the woody West-Coats, so that I need not allude to it any further.

I spent the next day in arranging my collection and notes, and the following being wet I was only able to continue my researches on the *17th* March. When I started on horseback to visit the **glacier** *stretching accross the valley*. It was a beautiful day, the atmosphere clear and pure after the rain, and the aroma on the wite flowering *Carmichaelia odorata* and the splendid *Senecio cassinioides* was so strong that the whole air was filled by it; the latter was, in many localites, so thikly covered with yellow blossoms that scarcely any leaves could be detected.

Shortly before arriving at the *glacier*, we came upon a herd of about 25 head of cattle feeding on the mountain sides, and their sleek forms and unexpected appearance in this solitary spot, reminded me of many a simular scene I had observed in the *Alps of Switzerland.*

We were able to ride to within 300 yards (100 mètres) of the **glacial cave**, but then raging torrent issuing from it set against the raky banks so that it was impossible to proceed any further. I therefore ascended the mountain side, was formed by *ice-worn rooks, and soon stood in front of this remarkable* **glacier**, over which the wild stupendous mountains rose in sublimity and grandeur. I shall leave its description to another portion of my narrative, when giving an account of my ascent of *Main-Knob*, the *remarkable roche moutonnée lying between the two* **glaciers**. The **glacier** itself is near its *terminal face* 150 feet (50 mètres) high, entirely covered with debris. Its principal outlet flows from an **ice-cavern** close to the mountain side. Large stones were continually falling down from the summit of the **ice** into the foaming waters below.

My next object being to try if I could not pass along the Southern base of the **glacier**, we led our horses along the present bed of the river, consisting often of very large blocks of rocke in search of a ford, but had to return nearly a mile before I could find a spot where the horses were able to plunge through the swift and muddy water rushing over the large rocks, which offered very bad footing.

With the least freshet in the river it is impossible to cross so near the **glacier** as this, and the most serious consequenses might follow such an attempt.

Arrived at the southern *terminal face of the glacier*, I observed here also several minor streams below tho **ice**, which rose in a nearly perpendicular wall, washed by another **glacier torrent** of considerable size.

This latter was confined, on the other side, by the rocky walls of Main-Knob, forming a narrow gorge. I tried in vain to pass allong, but, partly owing to the slippery nature of the *ice* against which the turbulent waters were flowing, partly to the huge blocks of rock **falling from the top of the glacier**, and the almost continous shower of smaler *débris*, I had to give up the attempt to reach the upper part of the valley by skirtings this, which I have named the **Ramsay-Glacier**, two barometric observations taken at this altitude, above the sea-level 3354 feet (1022^{m},28). This **Glacier** is therefore, next to those at the head of the *Pukaki-system*, the lowest on the eastern side of the central range of this Province.

On returning from this tripp I observed a *hut*, the roof and walls of which were formed of thatch, built by M. **Harman's** survey party last yeard, before crossing over to the *West-Coats* by *Whitcombe-Pass*, and as an inspection shewed me that it was in a habitable state, we broke camp that evening and took possession of it, as it offered facilities for the better preservation and preparation of our collection which began to augment already considerably.

The magnificent weather continued to favour us, and when I started next day, the *18th* March, to reach if possible, the upper port of the valley by ascending and crossing *Mein-Knob*, no cloud was visible on the deep azure sky, and the atmosphère was so clear that every detail on the slopes of the **snow-covered giants** around was distinctly visible. Travelling across a river-bed near a **glacier** with horses is always tedious, not only from the *large boulders* forming it, but also from the numerous *dry channels* by which it is furrowed. We forded the first or **Ramsay-Glacier-branch** easily opposite our camp, and found that the other, issuing from the upper, on **Lyell-Glacier**, kept for a long distance, under the Southern banks of the valley, so that we had to travel to within half's mile from the hill question before we reached a spot where the water was flowing between two single banks. But when I tried to cros, the water was so rapid and the *boulders* were so large that I had to give up the attenpt and redescending the torrent seck a ford lower down. I found at last a good crossing place, although with *rocky banks* on the other side, with a small shingle flat adjoining, offering dry footing for the horses, which we could not take any further. We proceded on foot, partly through the water, partly ovec the rocks, or througt the dense scrub on the montains sides. Another impediment, in the form of a wild mountain torrent, presented itself in our track, coming from the North-Western slopes of the *Arrowsmith-range*, but after following it for about 200 yards (200 mètres) I found a tolerable crossing place.

Mein-Knob is covered on its Eastern slopes to within 300 feet (100 mètres) of the summit with a dense alpine vegetation, the branches, as usual, growing downwards, being impenetrable, at least to ascend through without cutting à track, which would have caused much delay. I therefore selected the Northern slopes, opposite the terminal face of the **Ramsey-Glacier**, which consist in their lower portion of a great talus of loose debris, near the summit of steep, rocky cliffs, over which we climbed. Approaching the summit, the rocks disappear under a densely grown grass-like carpet of alpine vegetation, studded with flowers, but in many places of a very treacherous nature. The approches to the summit are formed by *gigantic bloks*, with the interstices between them grown over, so that when walking the foot often falls through the covering of plants. At some spots small caves were formed by these **erratic blocks** perched in every possible position, and **deposited when the glacier retreaced** and separated into two branches. Some well-defined *striæ and flutings* were occasionali preserved on the face of the rocks, which had the smooth, rounded outlines so peculiar to *glacialized countries*, although generally crumbling away and splitting into *polyedrical blocks*, the result of numerous joints running in various directions.

The summit is about half a mile broad, and covered by a succession of bosses, amongst which, at different elevations, lie several small lagoons. The view from here is magnificent in the extreme, and can fairly rival that in any part of our *Southern-Alps*. To the West a large valley opens, about three quarters of a mile broad, in which a **glacier of considerable dimensions** is situated. This **glacier**, which I named the **Lyell-Glacier**, reaching nearly to the Western base of the hill on which I was standing, *is entirerly cowered in its lower portion with debris*, but higher up it shews its structure in many *seracs* by peculiar green and bluish hues. Round the **glacier** rose peak upon peak, sending down their **ice-streams**. Amongst them the rocky pyramide of *Mount-Tyndall* was conspicuous, enveloped in wast **snow-fields**. It was with pleasure that, althrough standing on the opposite side, I recognised some of the other peaks which I observed first when at the head of the various branches of the *Rangitata*. I thus obtained such data as will enable me to fix, with some degree of accuracy, the position and orographical features of that portion of the central chain.

Although this view towards west was magnificent, that towards North could claim my admiration no less. A high dome-shapel mountain, *covered with snow and ice*, which I named *Mount-Kinkel*, lies between the **two glaciers**, separated from my station by a deep gorge, in which the outlet of te *Lyell* rushes down against the **Ramsay-Glacier**. The latter strives, but in-effectually, to bar the way of the torrent, the waters continually undermining and destroying the *ice*. Another majestic mountain range lies between *Mount-Kinkel* and *Mont-Whitcombe;* turrets, pinnacles, and minarets rise all along the serrated edges, and the rocky face is, in most instances, *so steep that no snow can lie upon it*. *Mount-Whitcombe*, which when seen from the pass, appears like rocky-pyamrid, extends considerably in breath, its outlines rugged in the extreme, can scarcely be surpassed by any other mountain. The **Ramsay-Glacier** descends in three branches in deep valleys between the mountains, *augmented everywhere by tributaris de-*

scending from the mountains around, on which lay **large snow fields** wherever the ground is not too precipitous[1]. *The trunk glacier is also covered by moraine debris in the centre, below junction of the two main branches.* The distance between the two glaciers is about half a mile. The main valley, in which lies the **Ramsay-Glacier**, has a cauldron-like appearance in its Northern portion, *Mount-Whitcombe* rising steeply above it. **A small but beautiful glacier** descends also from *Mount-Arrowsmith*, from which flows the torrent we had cross on our way up.

For several hours I was occupied taking the necessary bearings, and making a sketch of the glorius, scenary before me, a copy of which I append to this Report, but which conveys a very inadequate impression of its real beauty. It was only towards evening that I reluctantly turned away from the panorama, which for diversity of sceneri and its wild alpine character, is second to none in *New-Zealand*.

Animal life was very scarce, and the only living creature I observed was à *Pukeko* (*Porphyrio melanotus*) the swamp-hen of the settlers, standing near of the lagoons. This is the first time that I met this bird so high up amongst the mountains. But what struck me more than anything else as singular was a clearly defined *track*, about one foot wide, which ran over the hills in various directions, generally leading from one lagoon to another. When crossing the grass of dwarf plants, which formed a dense mattel carpet, this *track* was worn down, though not always to the ground, so as to entirely destroy the vegetation. It was too broad, yet not deep enough for sheep or cattle, which moreover, could never by any possibility have reached this spot surrounded by impenetrable scrub *snow-covered mountains*, and raging torrents. My companion, who examined them closely, following them in all directions, while I was busy skeching, and who is well acquinned with the *tracks* of sheep on mountains, was also quite satisfied that they could not have been caused by those animals. Similar marks were observed by Dr **Hector** on the *Pigeon-range* and elsewhere on the *West-Coats*. I also met with some but not so clearly defined ones on *Mount-Brewster* above the subalpine vegetation. Dr **Hector** thought they were formed by the *kakapo*, whilst I attribued them to the *khea* (*Nestor notabilis*), but after having conversed with that eminent geologist I inclined to his opinion. Still, considering that no *kakapos* are found on this, seide of the range, or I should have heard their call in the neight, and that the *green alpine parrot* is very rare, I really do not see how either of these birds could have formed them, and we must leave the solution of this curious problem to future investigation.

For botanical purpose I returned to the foot of the hill through the bush, a herculean task, particulary for one who is of portly dimensions, as we hed often literally to lie flat on the ground and crawe through, or to walk on the tops of the branches. But a rich barvest rewarded me, as I collected amongst other several beautiful *Olearis*, cowered with fragrant flowers, one of which, at least, is new to science.

It was nearly dark when we reached the *hut*, a pleasant spot in the solitude of that interesting region. The water in the river when we crossed it towards sunset had risen considerably, and became much more opaque, a usual result after a warm, sunny day among the Alps.

The following day I devoted to the geological examination of the surrounding mountains, and to collecting specimens of natural history.

Tuesday, the 20th March we returned, and at noon on the following day camped on the right hand bank of the *Mathias*, near its juncion.

When rounding the spur of the *Arrowsmith-range* the contrast, looking East and

[1] D. A. Le **Ramsay-Glacier** descend en trois branches dans des vallées profondes entre les montagnes, et prend plus de développement par suite de tributaires, qui sont couverts de neiges, dans les emplacements où le sol n'est pas trop abrupt. Ce glacier est par conséquent un glacier composé de plusieurs affluents et couvert de matériaux (moraines) qui protégent sa surface contre les rayons solaires directs; l'ablation est faible, et il se conserve plus longtemps.

West, is very striking between the rugged character of the Alps and the singulary rounded outlines of the eastern rangs. In the foreground and centre of the valley stands the characteristic *Double-Hill*, above it appear the sugarloaf shaped hils which surround *Lake-Coleridge*, and over all the long, flat Thirteen-mile bush range bounds the horizon.

Having observe l lately at the *Francis-Joseph-Glacier*, on the Western side of our Alps, *how ice perceptibly rounds and moulds the rocks in its way, not much imagination was required to fill again the whole valley with a sea of ice, planing and furrowing these hills on a more gigantic scale.* I may here observe that 1500 feet above *Meins-Knob*, which, according to my calculation, lies 4437 feet (1352m,24) above the sea, or 1083 feet (330m,10) above the terminal face, of the **Ramsay-Glacier**, *numerous glaciers* **shelves and lateral moraines** *occur on the southern side of the mountain, which slope down so regulary towards the East that I could take their angle, which I found to be 6 deg. in the average. Thus it appears that the valley was here filled with* **ice** *at an altitude of nearly 6000 feet (2000 mètres) above the sea, and yet this was certainly not during the greatest extension of the* **post-pliocene glaciers** *judging from other phenomena observed every where in still higher regions.*

Thursday, March 22nd. — I started to examine the sources of the *Mathias* the most important tributary of the *Rakaia* above the jonction of the *Wilberforce*. Having passed over the fan of the *Chimæra*, a small creek flowing in a deep rocky valley from the *Rolleston-range*, we hed to ascend another similar fan, belonging to the *Camperdown-creek*. It is remarkable *what enormous masses of debris* these two creeks, now so insignificant, have brought down with them, forcing the *Mathias* to keep close to its western bank. These fans, of which that of the *Chimæra* is by far the largest rise to about 300 feet above the river, and are more than two miles across. Beyond the *Camperdown-fan*, following a cattle-track, we came upon a large flat, lying about ten feet above the present water-course of the river, still partly covered by its primitive vegetation, a dense thicket of Wild-irishman and Spaniards, through which had to force our way. On both sides on the valley **very remarkable glaciers shelves** occur, in fact the whole in exceedingly worn down, and *numerous roche moutonnée like hillocks* lean, in many localities, against the higher ranges. Six miles from the junction of the river with the *Wilberforce* its present shingle-bed narrows considerably and a **moraine** *40 feet high, crosses the valley*, through wich the river has broken a passage, exposing, on the eastern side, its peculiar derived from the central chain, lie indiscriminately one over the other, and an examination showed that the interstices between them, were filled with *debris*, also derived from near its summits. Thus the same phenomenon which I observed in some of the smaller tributaries of the *Waitaki* and *Ramgitata* occurs also here, pointing either to a tempory halt of the **retreating glacier** *or to an advance of the present since the great* **ice period**. The natural features of the country under consideration would, in many instances, at least point towards the adoption of the latter hypothesis. Behind this *moraine* the valley widens again considerably, as in other rivers under similar conditions, and is filled with a large shingle flat from side to side. The valley which hitherto kept a N.-W. and S.-E. direction takes a sharp turn about eight miles above the junction, and comes from the North. Here an important *tributary*, in two branches, joints it from the West. The stream now begins to flow between narrow banks, confined more and more as we ascend by large shingle-fams coming from both sides of the **rugged snow-clad mountains**. Fagus forest, which hitherto had prevailed on the lower side of the valley, ceases here, where the river-bed attains an altitude of 2400 feet (731 mètres), and dense sub-alpine vegetation, with its various tinted foliage, clothes the mountain side.

The view from the junction of this Western tributary is excedingly, grand-mountains of various forms rise higher and higher the more the eye penetrates towards the head of the valley, *until they are covered from sommit to foot with one shet of* **snow**, *pierced* *by turrets and rocky pinnacles*. For two miles more we kept along the Eastern side of the valley, travelling mostly on the sloppes of huge shingle-fans, and camped under the shelter of a dense group of *Phyllocladus alpinus* and *Dracophyllum longifolium*, the N.-W. winds blowing down the valley with great fury. « '*Here aguain the power of* « **larger snow-fields** *to condense and alosorb clouds could well been seen; dense* « *cumuli kept perpetually crossing the range, but soon opened and disappeared as they* « *descended the* **snow-fields**, *and only small cirro-cumuli, continued their hurried* « *course towards the east, which also dissappeared after a few miles more, the deep* « *blue sky above us 'being perfectly cloudless. Thus these lofty alpine chains perform* « *a most beneficial task, and, instead of being useless, are the principal cause of the* « *fine dry climate we enjoy on the eastern side of the Province*'. »

Next morning we statert with the dawn, hoping to reach if possible, the head of the valley. For about two miles we were able to take the horses along with us, although the river-bed was exceedingly rough, but then, owing to the *large boulders*, and having to cross and re-cross continually, we were obliged to leave theme behind and proceed on foot. Four miles from our camp the valley assumes all the caracteristics of a gorge, in wich the river leaps incessantly over huge blocks. After an other mile of perpetual climbing over such *boulders* and along *talusses of debris* the valley received an important addition from the west, containing nearly as much water as the main river above. This torrent which we had to cross near its junction, flows in a deep narrow gorge, having the appearance of a deep cleft, which has rent the chain from top to bottom. This valley drains a considerable portion of the central chain south of the sources of the *Mathias*. Another important valley opens opposite, comming from the *Cascade range*, but it does not contain so much water as the western tributary. The higher we ascended, the more the valley narrowed and assumed a rugged appeerence: at the same time, the vegetation became strictly alpine, and many of the plants were still in full bloom, filling the air with a delicious fragrancy. A mile below the **glacier** *a* **large avalanche** *lay across the river bed, forming a* **snow bridge** *side to side*, through which the water had formed tunnel. Two very *prominent peaks* rose conspicuously above us, of which the South-Westerly one *Mount Tancred sends a* **glacier** *down to the valley;* its terminal face I ascertained to be 3788 feet (1158 mètres) above the sea. The surface of this **glacier** is *very little so leid by moraine accumulation*, and the bright blüe **ice** was glitenning in it numerous *fissures* and *seracs*. Another majestic peak, *Mount-Carus*, lies in the north-eastern direction behind the former, but owing to the great steepness of its seides the *snow-fields* on it are of much smaller dimensions. Another **glacier** descends from the ridge connecting the two peaks in a deep gorge, and terminates a quarter of a mil, above the **glacier** previously described. I could not reach it, but determined its altitude by means of the pocket level from an adjacent ridge, which I ascended as my last topographical station.

Thus, also here, the same great character of our *Southern Alps* is developed in all its principal features, and no practicable pass exists there to the western side.

A col, of an altitude of about 6000 feet (1830 mètres), leads south of *Mount-Carus* into the headwaters of *Moa-creek*, a tributary of the *Wilberforce*, and from there by another low saddle into the course of the *Stewart*, the most important brauch of the *Wilberforce*, and of which I shall speak in the sequel, when I have the same mountains again before me.

The rocks at the head of the *Mathias* have undergone more metamorphic action than those at *Whitcombe-Pass;* the slates assume the character of true clayslates and are very silky; felstones and cherts are abundant; some of the slates are serpentinous, others

* D. A. Les observations et conclusions entre les deux astérisques (') imprimées en italique, sont parfaitement bien faites et confirment mes observations nombreuses de la station du Pavillon de l'Aar 2700 mètr. alt., du Faulhorn 2700 mètr. et du Théodule 3333 mètr. alt.

green, coloured by chlorite. I found also some blocks of finegrained diabasic greenstone in the river-bed close tho the **glacier**.

The general strike of the rocks is north-north-west, to south-south-east, with a dip of 80 deg. to the east-north-east, but very often the strata stand perpendicular or lean over in the opposite direction.

Three miles below the **glacier** on the western side of the valley, I observed in a talus of debris large blocks of indurated shales, full of impressions of fucoids, formed by minute crystals of sulphuret of iron. They lie in all directions, crossing each other frequently, some are two inches broad and more than a foot long, and if the rock were less crumbling, still larger specimens could be obtained. But I was unable, notwithstanding the most careful search, to find any sign of animal life amongst them, or in the other slates which cropped out in that locality, and we must therefore assume that the conditions of the strata deposited in shallow water were either unfavourable for the preservation of animal exuviæ, or that animal life could not exist in those palæozoic seas, but it would be certainly premature to adopt the latter hypothesis.

Returning on the *24th* March to the junction of the *Mathias*, I devoted two days to the examination of the slopes of the *Mount-Rolleston* and *Mount-Algidas ranges*, and in preserving and putting in order my collections. I arrived on the *27th* March at *Goat-Hill* accomodation house, where I had my horses, shod and deposited the collections, which had already augmented so that formed a horse load.

The valley of the *Wilberforce* presents features similar to the valley of the *Rakaia*. Two *roches moutonnées* stand here also in the centre of the valley, *Goat-Hill* on the right, and *Scott-Hill* on the left, the river flowing between them. Both are joined to the high ranges forming the valley, by a succession of faus often very large. Those low hills are also very much *ice-worn*, and have loping shelves on their sides on which, and on the summit, are perched *erratic blocks*, derived from the central chain. The annexed sections, n° 3 and n° 5, shew the peculiar characteristic features of these valleys.

The view up the valley of the river *Harper*, the most important branch of the *Wilberforce*, is very peculiar, as numerous sugarloaf-like mountains are seen on both sides, of wich *Mount-Gargarus*, *Mount-Ida*, and *Sugarloaf-Hill* are the most conspicuous. *Goat-Hill* lies about 150 feet (50 mètres) above the river, and is about half a mile broad and two miles long, gradually narrowing and disappearing towards north under the fan of Boulder-Stream gully, which is of considerable dimensions.

Wednesday, March *28th*, we started up the *Wilberforce*, and kept along the western base of *Goat-Hill* on the large *alluvial deposits* brought down by the *Boulder-stream* and *Kakapo-creek*. The *Wilberforce* setling against these *alluvial beds* has washed away a considerable portion of them, and formed perpedicular cliffs in some places 60 to 80 feet (20 à 40^{m}) high. Before reaching the junction of the *Kakapo*. I observed the remains of a *large moraine* crossing the valley and cropping out of the lower portion of the shingle-fan of that creek. Every-where else it is either concealed under those large *alluvial deposits*. or has been destroyed by the main river, showing that here also, as in the bed of the Mathias, the *huge post-pliocene glaciers*, when retreating to their present position, either remained stationary for some time half-way between the junction of the main branches of the Rakaia and the present glacier sources, or advanced once more before they ultimately took up their present position.

Having crossed these morainic accumulations and the deposits of another small creek called the Kiwi, the present shingle-bed of the river widens considerably, and the road which has been cleared of the large boulders and shrubs, leads over grassy flats to the bed of Moa creek, the most important tributary below the Cascade range. Although quite dry when we crossed, there was ample evidence in the numerous wide flood-channels and the large drift-trees strewn over the whole bed, which was abaut a mile wide, that in spring or after heavy rain a great amount of water must descend by it from the high ranges which are situated about six miles to the west of the main valley. Magnificent *fagus* forest clothes the lower sides of the mountains which, in the Cascade range rise to a great height, and are exceedingly ice-worn, whils numerous water-falls, from whence the range derives its name, appear like so many silver ribbous on the bare rocks, and give a great charm to this part of the road.

Ten miles above Goat Hill the Wilberforce divides itself into three branches, and the principal one, which I named the Stewart, turns to the west. Another minor one joins the main valley opposite, having its glacier sources in the cluster of ice-clad mountains, where lie also the sources of the Waimakariri and of the Awoca, the main branch of the Harper. Between the junction of the eastern creek (Sebastopol creek) and the Wilberforce, Sebastopol rock is situated; it is remarkably ice-vorn, showing that the large ice-masses from the three valleys, uniting here into one stupendous trunk glacier, were so gorged that for 2000 feet (610 mètr.) above the present river-bed the pressure on the surrounding mountain sides was enormous.

The fagus forest, which at the junction of the Moa creek was growing still luxuriantly 1000 feet (305 mètr.) above the valley, ceases at the base of Cascade point, at an altitude of 2360 feet (719 mètr.) and the usual sub-alpine vegetation begins to cover the hill side with its rich and variegated foliage.

We camped on a large flat on the northern banks of the Stewart, enclosed on both sides by the shingle brought down by two tributaries, with some lower ground at the base of the mountains, where a chain of deep lagoons is situated.

For nearly two miles the walley is more than a mile broad, and in this distance it is joined by three important branches, all coming from **true glaciers** of the central chain.

The Cascade range exhibits the same *roche moutonnée* character on its nothern slopes, which are exceedingly steep, and under which the main river flows, bounded by perpendicular rocks. It is cut in a numberless succession of **glacier shelves** *having smoothly* **polished** *rocky walls between them*,

I started on the morning of Thursday, the 29*th* March, to follow the main branch and, after having crossed the northern one, which comes from the western slopes of *Mount-Park, a bold peak covered with* **glaciers**, the main river turns towards S. S. W., and the valley narrows considerably, althrough still a quarter of a mile broad. Whilst the mountains on the left bank at every step assume more gigantic dimensions, those on the Cascade point range dwindle down to a ridge only a few hundred feet high, suggesting to the inexperienced that here a pass might exist, leading across the central range. In fact, we soon came upon a camping ground, where a party of diggs, bound for the *West-Coast*, had pitched their tents, and who, to warn others from a similar mistake, had planted a stick in front, macked with the words *No „pass here*." One mile above the junction of the western branch the valley turns towards S. W., and the hills on the right hand bank of the stream become remarkably low, and consist of *stratified alluvium*, as seen in a huge slip of 200 feet (60 mètr.) high, reachting to within 100 feet (30 mètr.) of the summit of the ridge.

A traveller crossing that low ridge would descend into the valley of *Moa-creek*, and it is evident that when the **great glacier** retreated, Cascade range stood as a gigantic **ice-worn hill** in the centre of a large valley, till the river had formed a wall of shingle between it and the central chain, in which afterwards the *Stewart* and *Moa* re-excavated their present channels. Two miles above the turn, the *Stewart*, the bed of which had narrowed considerably and become exceedingly rough, the turbid waters falling very rapidly over large blocks, has a west and east direction, and another smaller tributary joins it from the south.

A quarter of a mile of laborious walking brought us to a **glacier** nearly 200 yards broad, which descends into two branches from a high dome-shaped mountain, which I named *Mount-Collet*, its terminal face is 3584 feet (1174^{m},77) above the sea. The main **glacier** descends on the southwestern side of that magnificent mountain in a deep gorge, a low **ice-worn hill** separating it from the other branch near the junction. **Enormous avalanches** had fallen from the ranges on both sides near the terminal face, and covered it for a considerable distance with its masses, so as almost entirely to conceal the **glacier**. As it was so late in the season, and as the *new snow-fall* might be shortly expected, a great portion of these **avalanches** will probably remain until next summer.

The collector I had with me during the day to obtain some *quail* (Coturnix Novæ Islandiæ) on the large flats near the junction of the *Stewart* with the *Wilberforce* but in vain, although I was assured that only two years ago they were plentiful in that locality. There is no doubt that very soon this handsome bird will almost antirely disappear from this Province-Destroyed or driven away by cats gone wild, cattle, sheep, and dogs, and the constant grass-fires lit by the stockmen preparing the ground for their herds and flocks.

The following evening we reached the so-called *Greenlaw's-hut*, situated a mile below the Southern foot of *Browning-Pass*, having followed the stock-road along the Western bank of the *Wilberforce*, which oppered fair travelling, ground, except at a few spots where it was destroyed at the crossings of alpine torrents by heavy freshets. The hut, which, since the retourn of the road party to *Christchurch*, had been frequently used by passing travellers, was infested by numberless rats, which allowed us little rest during the night. Rain from S.-W. fell during the day and part of the night, but towards morning it cleared up, and frost set in.

We started early on the following day to ascend the pass, as I wished to get another set of observations, and to examine the geological features of the ranges.

When I passed here about the end of last October on my return from the *West-Coast*, all the ranges were *covered with a uniform sheet of* **snow**; and I was therefore doubly interested to see this portion of our Alps in autum, when they are moost free from it. The Southern face of the pass was, with the exeption of a large **snow-hole** in the Gap and a few minor ones in shady spots, *entirely free from* **snow**, but large **snow-field** appeared on the surrounding mountains flanking it. From the Southern one the *Twin-Peaks*, the small **Hall-Glacier** descended, the outlet of which, after a few hundred yards rapid descent, precipitates itself over the vertical cliffs in a picturesque fall. *No real* **glacier** descends from *Mount Harmann* towards the pass, but some are to be found on its higher continuation towards the North.

It was a cold morning and the whole country was still with *hoar frost* when we arrived at the foot of the pass having followed the bridle-track which leads to the terrace by which the shingle-slip is reached. Here the road ceases, and we accended the *shingle-slip* about 600 feet, climbing along the vegetation on its Eastern side till we came to the buttresses of rocks, between which the talus narrows very much numerous tracks of sheep showed that this road had been very much used lately; and in many spots the alpine vegetation, consisting almost entirely of herbaceous plants, had been eaten down to the ground. Here we reached the zig-zag-track which is cut up the Eastern rocky spar, and althoug steep and staircase-like in some spots it is nevertheless well laid out, and a great assistance to travellers.

About 9 h. 30 m. a. m. we reached the summit of the pass by this tracke, and I looked around me with great interest. How different the view now to what it was last spring, when the *whole surface was covered with a* **deep sheet of snow**, hiding nearly all the remarkable physical features of this depression in the central chain. The **snow** had entirely disappared, except a few large patches in deep hollows on the hill-sides, and a *picturesque lake* lay at our feet, surrounded by hills mostly covered with a deep green alpine turf, thicklystudded with flowers. Over them rose majestically the rugged forms of *Mount-Harman* and *Twin-Peaks* with their **snow-fields** and **ice-masses** glittering in the morning sun, which had just vanquished and dispersed the fog luing over them. But what struck me most was the difference of altitude at present between the *lake* at the end of last October. I took some observations of its altitude on level portion near the centre; and again immediately afterwards, after ascending the gentle slopes to the gap. It became apparent that not only was the lake, much more *deeply covered with* **snow** than I had anticipated, but also the slope down to its shore was much steeper. In fact, when I compared the results of the two sets of observations, which showed, in October, a difference of 98 feet (29m,87) only, and now it was 146 feet (44m,50) between the two points, I found there must have been 48 feet (14m,60) of **snow** ying on the lake at the former date, the end of October last[1]. The observations at the gap were taken each time in exactly the same place, under a rock, which, in October, was projecting out of the **snow**.

Another remarkable feature, leading to some important conclusions on the formation of this pass, is the *delta* at the outlet of the *lake*, to which I shall refer in the following pages. The water of the lake was perfectely clear, and had in general a stony bottom; a few *grebes* (Podiceps rufipectus) were swimming upon it, and give life to the otherwise solitary and tranquil scenery.

Large *stone pyramids* lead along the ridge and over the smal flat, near the *water, fall* of the **Hall-Glacier**, to the hill on the opposite side, where the road crosses descending afterwards to the bed of the *Arahura*.

On the steep slopes to the *lake* a rich and varied flora is observed: early in the morning flowers and leaves are generally *covered with a thin coating of ice*, which gives them a strange appearance, but this soon disappears when the sun breaks through the mist; and these plants, some in full bloom, others budding and which look so delicate, prove their hardy nature by their bright and uninjured appearance. They were principally *Composites*, *umbelliferous*, and in a minor degree, *ranunculaceous* plants which formed this interesting vegetation. Among the first named were those which formed a thick carpet of flowers, of which *Celmisia sessiflora* and *Raoulia grandiflora* were conspicuous, also *Celmisia petiolata* and *Haastii* and another large one belongig to the some genus which is, I think, unknown to science; there were, besides, *Senecio Lyallii*, with a profusion of flowers, and the magnificent *Ranunculus Lyallii*, with its enormous orbicular leaves. Of umbelliferous plants the dwarf *Ligusticum aromaticum* was to be seen growing in a thicke green mat, the pigmy flowers almost hidden amongst the leaves. There were, in most localities, several tiny species of *Pozoa* with kidney-shaped leaves; but over all rose conspicuous the large *Ligusticum piliferum*, remarkable for its deeply cut leaves and its red, grooved stem. The new *Aciphylla* (Spaniard) first observed on *Whitcombe-Pass*, grew here also abundantly, as well as the tralg alpine *Aciphylla Munroi*. Several new or rare alpine species of *Euphrasia*, *Senecio*, *Ranunculus*, and many others, gave, in some spots, quite a gay appearance to the turf. On the small shingle reaches one of the wooic *Haastias*, and, as I think, a new species, is very abundant, to gether with the gai *Ranunculus sericophyllus*, then in full flower.

When walking along the edge of the *lake* or ascending the mountain slopes around in different directions, I was struck with the diversity of the flowers; but what impressed me most was the fact that, although winter was rapidly approaching, many of them were just making there appearance, principally round the **large snow-holes** still lying in many places. When I visited *Mount-Torlesse* two years ago, in the beginning of January, most of the alpine plants were already past flowering, at a corresponding altitude 5000 feet (1525 mètr.) consequently, here they were three months later. Looking for the causes of the remarkable difference, it is naturel that one of the principal will be the greater mean elevation of the country compared to the isolated ridge of *Mount-*

D. A. La différence de niveau du lac de 14m,60, n'est pas une raison pour conclure que cette augmentation de hauteur doit être attribuée à la neige qui couvre le lac. — Le niveau du lac par suite de chutes de neiges a haussé, l'écoulement de l'eau ne se faisait plus à la même altitude.

Torless, rising from the *Canterbury-plains*. The neighbourhood of the latter mountain to the *East-Coats* is another point of importance. But these causes would not suffice were it not that the depression in the central chain is a principal point of attraction for the moisture comming from the *West-Coats*, and which is there *condensed* and *precipitated* principally. I have to refer you to my Report of November 18, 1865, in which I have treated of this interesting subject. At the same time I was much struck by the fact that the ranges on both sides, althoug only about 8000 to 9000 feet high (2438 mètr. à 2743 mètr.), were covered with **perpetual snow** and **glaciers**[1], clearly proving that, owing to the enormous amount of moisture deposited from clouds almost continually passing throug this opening, the line of **persistant snow** must lie here much lower than in many other portions of our Alps.

Even the vegetation close to and the Alpine passes differs, in many respects, to that of other alpine valleys which do not lead to any pass. Thus, for instance, a large arborasceous *Draco-phyllum* (the Neue of the Maories), resembling, in some respects, the smaler *Dracophyllum Menziesii* of the *West-Coaste of Otago*, is only found on the lower passes, or, as here, near its approaches, indication that a larger amount of moisture is necessary for its luxuriant growth, than our Alps usually supploy.

At 11 o' clock I found the temperature of the lake to be 46°,2 Fahr. (7°,9 C.) whilst the air was only 37°,1 Fahr. (2°,8 C.) — a remarkable fact, considering its altitude.

Following the Western shore of the lake to its, outlet, we passed over some swanpy ground, and at one spot a **large snow-field** was still lying, under-washed by the water, compelling us to ascend and cross over it. I was greatly astonished to find that a *large delta* existed at the outlet of the lake, over which the little creek, which we could step across, ran towards the West, cutting into it in adwanciug. This *delta*, combined with other peculiar features, proves that some very important physical changes in recent times have taken place in this part of the country. Looking at the Southern face of the pass it becomes at once evident, that besides the small waterfall issuing from the **Hall-Glacier**, another **eroding power** from the summit of the pass was here at work; and in crossing from the South to the North-shore of the lake even a casual observer must see that the water hat once its outlet 20 feet (6 mèt.) above its present level. At the time the *delta* of the present outlet clearly indicates that in geologically recent times an important *tributary* entered there, gradually advancing into the *lake*. It is difficult to conceive how those changes were brought about by which the level of the water was not only considerably lowered, so that it could no longer flow towards the *East-Coast*, but also that the *delta* mostly formed under water became dry, and served, in its turn, for the bed of the much smaller outlet. The only possible explanation is that a former important *tributary* to the *lake*, descending from *Mount-Harman*, immediately below the present outlet, has, by the **eroding power** of the impetuous torrent, cut its channel lower, uniting with the stream descending from Twin-Peaks. Thus the principal supply to the *lake* from *Mount-Harman* has been cut off. This new channel is situated below the highest lewel of the *lake*, which was obliged to flow in the opposite direction, when the outlet by the *Hall-strèam* no langer existed, the more so as the new channel was continually cut lower by the same fluviatile action.

Signes of the **great-glaciation** of that part of the country are everywhere discovered in descending the down-like hills lying round the lake on the road to *Hokitika*; not only are all the rocks *smooth* and *rounded*, but **erratic blocks** and numerous *lagoons* are also not missing. I followed the well selected track across these hills, descending far down the other side for the geological examination, till I came to the place where I obtained good sections **free from snow** during my first journey.

[1] D. A. Perpétuel doit être remplacé par persistante. — L'altitude des neiges persistantes 2438 à 2743 mètr. en moyenne à 2600 mètr. correspond aux neiges persistantes dans les Alpes suisses.

I returned afterwards to the Western slopes of the rounded hills until I came to the place where in ascending the saddle on my previous journey I had first observed **M. Greenlaw's camp** in the *Wilberforce*. It is difficult to describe my astonishment when I looked down a fright-ful gorge with nearly verticsl *rocky walls* about 800 feet high. It was on the **snow** which filled up this precipice that we had ascended five mouths previously. In estimating the altitude of the slope when we thus travelled up from the gully at 300 feet. I think I rather over than under estimated it; this would leave 500 feet as the **depth of snow** in the gorge. Only in a few localities were some large **snow-holes** or remains of **avalanches** still lying on the sides of the mountains or in the bed of the torrent, otherwise the whole was **free from snow**. Such a statement seems so exaggerated that I vouch once more for its accuracy, and I give it as an instance of the enormous masses of **snow** which accumulate in our Alps, and the power of the sun, combined with the force of the atmospherilies (warm rain, wind, etc.), to melt in a short time. This point, from which the rugged, rocky sides of the wild-looking *Twin-Peaks* rise, is 5321 feet (1621m,85) above the level of the sea.

The rocks exposed so well on the pass consist, on the Southern face, of true dark blue clayslates, alternating with felstones aud dioritic sandstones, and have an average dip of 75 deg. towards W. by N. In a direction further North they become more metamorphic; the slates are partly siliceous, partly micaceous, the minute scales of mica being visible only with a magnifying glass, and siliceous beds often resembling quartzites, take the place of the felstones and dioritic sandstones, the strike and dip are in the same direction, the latter nerrly vertical.

Two miles lower down the *Arahura*, formely called, erroneously, the *Taipo*, the slaty rocks became still more micaceous and silky, crossed by numerous quartz-veins containing gold. Thus also here the same sequence of the shata is observable, the rocks becoming of greater age and more metamorphic the more we advance from East to West, till we reach the Gneiss-Granites, forming the lowest Western slopes of our Southern-Alps, and the low isolated *granite hillocks* lying immediately in front of them.

I have, hitherto, not alluded to the fauna of our Alps, whichs very interesting in many respects, and I may be allowed to offer a few remarks on the subject, as we mee with some very remarkable specimens on the pass and mountains around.

The sub-alpine vegetation along the river sides with animal life, which, with the exception of a few small *mammalia*, belongs exclusively to the second class of vertebrate animals, „*Aves*" or *Brids*.

Here the gay mottled *Thrush* (Turnagra crassirostris), with its merry song, the sable-feathered New-Zealand *Crow* (Callaeas Wilsoni), having only melancholy notes, the fearless *Weka* (Ocydromus australis), and the noisy *Kaka* (Nestor meridionalis), besides many singing birds, keep up a loud concert from dawn to nightfall. Some of these birds, as, for instance, the *Kokorimako* (Anthornis-melamura), may be considered a distinct variety, as they are smaller, and their plumage differs slightly in colour from those of lower regions. The *Kaka*, which inhabits the highest limits of the dense sub-alpine shrub vegetation, shews also a remarkable change : the markings of the back and wings resemble some what those of the *Nestor notabilis*, and its pinions are more pointed, so as to enable it to fly at great heights, and soar like the latter, mor, over, its notes are somewhat different from those of the common *Kaka Paradis ducks* (Casarca-variegata), were numaous in pairs or families. I observed as many as eleven of them together in the large open riverbeds; and the slate-coloured *Mountain-duck* (Hymenolaimus-malacorhynchus) whith a brownish hue, sometimes distinguished only with difficulty from the *boulders* on which they often sit neer the edge of the torrents, are still very abundant in those regions.

On reaching the alpine meadows intersected by *talusse of debris*, and with the weatherad rocky pinacles towering above them, we leave this gay concert, and other animal life, suited to the solitude of the grand scenery disturbed only by the roaring of the moutain torrents and the **fall of avalanches**, makes its appearance. Here, near the line of **persistant snow**, is the haunt of the *Khea* (Nestor notabilis), soaring down from the lofty nest with its strange shriek. This handsome bird is only so noisy when it see man, who, it concludes without doubt, to be an intruder in its domain, at other times its notes are nore plaintive and less noisy, resembling sometimes the mewing of a cat, or the crying of a child. I must confess that several times when climbing alone amongst the rocky mountains, far away from the camp and any human being, I have been startled by its strange whining sound. It seems that the presence of man drives this bird further among the recesses of the mountains, for although two of my companions searched all over the undulating ridges of *Browning-Pass*, and ascended the slopes of the ranges on both side **to the line of persistant snow**, they saw no sign of this *Nestor*. Last spring a large specimen came down, when we were crossing that region, and perched close to us on a rock which projected out of the **snow**.

Another very interesting inhabitant of this district is a large greenish-brown *Wren* with a drab-coloured breast (Certhiparus?) which lives exclusively amongst the large *talusses of debris* high on the mountains sides. This bird, instead of flying away when frightened or when thrown at with stones, or even when shot at, hides itself among the angular debris of wich these huge taluses are composed. We tried several times, in vain, by removing some of the block ane arrounding it to catch one of them alive. It reminded me strongly of the habits and movements of the lizards wich live in the same region in similar localities...

...We returned on April the first to *Goat-Hill*, where we arrived late at eight, after having ascended during the day the Eastern tributary below *Sebastopol-Rock* and opposite the junction of the *river stewart*...

We left on the *4th* april, intending to reach the sources of the main branche of the *Haper*, and followed the wide river-bed along the oppening, which discloses here, on the right bank between *Mount-Gargarus* and **the low glacialised hils** to the West of it, rocks of the same character as those observed previously in the same horizon. They form, in some localities, *banks* 12 to 15 feet high covered with *morainic accumulations and fluviatile deposits*; in some places where the upper surface is exposed they exhibit **striae** *and* **rounded forms** *peculiar to* **glacialised countries**.

Before us rose the bleak *Craigieburn range*, consisting almost entirely from summit to bottom of one continuous *mass of debris*. In front, and apparently closing up the valley, rise some very interesting *conical hills* and other *roches moutonnées*, jutting out from the stony slopes of the *Cragieburn range*. They are most covered with a luxuriant vegetation, and some are so perfect in form that they have been mistaken for *volcanic cones* by the settlers.

Advancing towards the junction of the Eastern branch of the *Harper* with the *Avoca*, which is the principal one, a large *oppening* is visible leading along the Western slopes of the *Cragieburn-range* towards the *Canterburc Plains*, which is filled a number with of *huge roches moutonnées*.

I shall return to a consideration of the remarkable features of that interesting region when treating of the formation of the *rock-basin* in which *Lake-Coleridge* is situaded.

At this junction of the two main branches, the *Avoca* deviates from the South-Westerly direction, which the united waters Kept below it, and from here to its **glacial sources** runs nearly North and South (magnetic) The second branch, the *Harper*, it reaches the main valley through a *gorge in* **ice-worn rocks**, in a large straight valley and has a *col at its termination*, leading from the water-shei of the *Rakaia* by the sources of the *Cass* in to the *Waimakariri*. Magnificent *Fagus ferets* covers most of the valley and hill sides of the *Avoca*, above the junction the river winding considerably between the picturesque ranges. This combined with the splendid peaks on both sides, makes it one of the most beautiful valleys in our Alps.

We camped at the edge of the forest, and I left **Fuller** here to prepare a quantity of *bird-skins* shot during the preceding day, and to collect fresh specimens in the bush, whils I continued my journey next morning, accompagned by my two other men.

The river sets from side to side, and the succession of grassy flats lying between the shingle reaches, and on which small groves of *birch-trees* were growing, gave the whole landscape a park-like appearance.

The valley, which to here had been half a mile broad, is contracted ho half that width, and from four miles above the junction of the main branches it is joined on both sides by numeros large *tributaries*.

Unlike all other simular valleys in our Alps, the *Avoca* is sinuos to its very source; so that new scenery appears at every mile, and only four miles from its source are the high *serrated mountains* of the central chain visible.

It thus presents us with a great diversity of views, very unlike those of our large alpine valleys, which are often so straight that from the junction of the principal branches that portion of the *Southern Alps* **with its glaciers** whence their sources are derived, are well discernible.

We camped twelve miles above the junction of the *Harper* with the *Avoca*, at an altitude of 3194 feet (963^m,5) above the see.

For the last three miles the river bed had already become verry narrow, and assumed the character of a mountain torrent, flowing *over great boulders*, so that crossing it was not without difficulties. Here also the beech forest (the so-called white birch of the settlers) was growing luxuriantly along the bankes, and for several hundred feet on the mountain sides. Small patches of gras on the banks and between the rocks offered some scanty food for the horses; it consisted of alpine grasses and the *Angelica Gingidium*, a large Anise, of which horses and cattle are very fond.

In ascending the valley next day, I observed that the *Fagus forest* grew to about 3800 feet (1158 mètr.) or 1370 and 1440 feet (417 à 439 mètr.) higher than in the valleys of *Rakaia* proper and the *Wilberforce* respectively. As the aspect is nearly the same, at least as far as the *Wilberforce* is concerned, it is difficult to account for such a great difference, except that the narrowness of the valley under consideration may act as a tunnel, trough which the warm air of the *East-Coats* ascend more easily than in the large valleys. I observed here growing on the grass flats along the river, some shrubby *Veronicas*, as for instance, *Veronica lycopodioïdes* and *cupressoïdes*, plants which are common in the smaller branches of the *Waimakariri* and near *Porter-Pass*, but which I never observed in the other branches of the *Rakaia*. During the night rain from the S.-W. set in which increased towards morning; the barometer fell rapidly, and all seemed to point to a breaking up of the fine weather which had hitherto prevailed. Fearing that the river would rise so as to prevent our crossing, I started early with one of my men to ascend to its sources.

A quarter of a mile above our camp the forest reaches to the waters edge, and the river turns sharply towards E. N. E. After another quarter of a mile, travelling over *great-blocks* or through dense forest, we reached the junction of a large *tributary*, joining the main valley, through a magnificent gorge, and flowing West and East. Above that junction the valley opened, changing again its direction, aud we ascended rapidly along the banks of what had now become a true mountain torrent, falling in a succession of cascades over *enormous rocks*, and flowing in a Sout-East direction. After half a mile the forest began to open rapidly, and the fall of the water became much less. *An enormous shingle* cone reached into the valley, over which we continued cour road.

On the spot where this extends furthest into the valley, one of the most remarkable views in our Alps lay before us. A large valley, more than a quarter of a mile broad, opens immediately in front, over which were scattered small groups of trees, surrounded by patches of grass while for a mile higher up, the surface of the valley was covered with shingle furrowed with flood-channels at that time all dry. *A large wall of debris* about

300 feet high crosses from side to side half a mile further. **Numerous fine water-falls** descend from both sides and the water brought down by them soon disappear in the shingle. The Fagus forest ends here, and *bold craggi mountains, cowered with* **persistant snow**, *and with* **smal glaciers** on their flanks, sourround this remarkable valley.

The effect of this alpine scenery was greatly heightened by the occasional opening, from gusts of wind, of the veil thrown over it by the falling rain.

True alpine herbaceous plants were growing in small patches between the dry water courses, but they soon partly disappeared under the **snow** *which commenced to fall instead of rain*. The *wall of detritus consisted of* **moraine accumulations**, partly covered on its Western-side by a huge shingle-faw.

On descending from its summit about 30 feet another similar wide valley was reached in which no streams of water were visible, but large and deep dry channels shewed that it is often present here in great volume. Passing along, the rise of the valley became very rapid, and in half a mile it narows to a were channel, bounded on both sides by *great talusses of debris*, in which some water was flowing over the *huge blocks* of which it consisted *some remains of* **large avalanches** were lying on both sides; and climbing over very rough ground we came, at an altitude of 4749 feet (1447m,50) toa **small glacier** forming the source of the river. Its direction, as well as I could see, was N. 20° E. showing that it lies on the Southern-slopes of the high mountains on the opposite side of which lie the Southern or main source of the *Waimakariri*.

It was impossible, owing to the *heavy fall of* **snow**, to see fifty yards ahead, and I had therefore to return without being able to get a view of the summits of the surrending mountains. *The ground was here covered already with several inches of* **snow**, and the temperature of the air to 33° Fahr. (0,5° C.) so that we felt it exceedingly cold, as we were wet through from the continuous rain lower down.

Returning towards our camp, I followed the right hand side of the valley, where opposite the *hight talus of debris* previously alluded to, a large dry channel narrowed and deepened considerably, but did not contain any water. *The banks consisted of enormous blocks, and showed a morainic arrangement*. After a few hundred yards of very rapid descent, small water-courses reach this channel from the western side, and begin to fill it. We followed it until we were stopped a little below the junction of large Western source branch by the main stream, which comes down as a roaring torrent in a succession of cascades on our left side, and over which we had to cross to reach the Eastern-bank, where our camp was situated.

If we seek for the causes of these remarkable physical features, the *former extension of the* **present glacier** at the head of the main valley will alone offer us a satisfactory explanation. Thus in returning from the *terminal face of that* **glacier three large moraines** across the valley are clearly defined, behind which the surface is nearly level, and covered with loose shingle, through wich the water can percolate. The last of these **moraines** lies immediatly above the junction of the Western main tributary, and amongst the *huge blocs* forming in the large mountain torrent of the main valley makes its first and sudden appearence.

Thus we have here a very instructive instance of the manner in which, **after the retreat of glaciers** in similar valleys *with stepp gradients the* **moraines** *left blochend* by them arranged by the torrent or conceabed by the *debris* brought down by the main course of the tributary...

HAAST (Julius).

West coats of Canterbury, Lecture delivered to the members of the Mechanic's Institute. 25 September 1865. — *Christchurch Ward and Reeves*. 1865.

D. A. Les observations importantes de M. **Haast**, que je transcris n'ont pas encore parues dans la librairie, et l'impression des deux dernières pages sont des épreuves d'impression qui prouvent que ce mémoire n'est pas achevé.

...You have heard and read so much about these *goldfieds*, which are at present worked, that I schall speak only of that part of the *West-Coast* which is less known, namely, the country South of the *Hokitika*, which I followed down as far as the *Waiau*, ascending that river to its sources. Mr **George Turner**, at my request, has been kind enough to paint a large panoramic view from my small water-colour sketch, teaken near the mouth of the *Hokitika*.

...This panorama was sketchad by me on the first of July, after **heavy snowfalls** had taken place in the bigher regions so that all the higher mountains above 4000 feet (1220 mètr.) were covered with a *uniforme white sheet*. In fact, the views, with the exception of the more Southerly-part of the central Alps, which you observe at the extreme right of the picture, are only the summits of the out-running spurs and may well be compared with the mountains ranges bounding the *Canterbury-plains* to the West, as for instance *Mount-Torlesse* and *Mounth-Hutt*. Behind these ranges 5000 to 7000 feet high (1524 à 2133 mètr.) the central chaine, where all the principal sources of the *West-Coats* rivers lie, is concealed, although we can point out easily the valleys in which they runi towards the coast....

...The wooded mountains which strech at the left side of the highest alpine summits to the sea, are situated between the *Totara* and *Wanganui*. They are about 2000 to 3000 feet (610 à 915 mètr.) high, wooded to the summit, and form a very interesting feature in the Landscape.

Above them rise, conspicuously the highest summits of the *Southern-Alps*, — *Mount-Beaumont*, — *Mount de la Bèche*, — *Mount-Haidinger*, — *Mount-Cook*, — *Mount-Stokes*, and the *Moorhouse ranges*. In very clear weather other **snowy mountains** show above the horizon of the sea, but often so faint that they very often may easily be mistaken for white for clouds...

This and all similar headlands sixty miles South, were formed by **the retreat of former huge glaciers**, which, in the era immediately perceding the present one, reached here the sea. When retreating, they heaped up in their former channel the *debris* which had, in the alpine-ranges, fallen upon them, consisting of **angular blocks**, often of enormous dimensions, and silt. If anything will give to a geologist an insight *into the power which* **glaciers** *have of destroying gigantic mountains, and of carraying their debris away into lower regions, a journey to that part of the West-Coats, will easilly effect this object*. At the same time the mineralogical character of the *rocks* themselves, of which these large cliffs are partly composed, schows clearly that by far the greater part has been derived from the very summits of the central chain. They been identical with those composing the **moraines of the large glaciers** on the Eastern-sides, without any signe of plutonic or typical metamorphic rocks amongst them, which appear only at the Western-base of the *Southern-Alps*. And that the sea had already destryoed a great deal of these bluffs is well exhibited by the *enormous blocks* which often far from the shore, were lying in the surf; while others are ready to tumble from the looser matter in which they lie imbedded, and of which these cliffs are mostly composed. *One of these* **erratic blocks**, consisting of folded clay states, with innumerable quartz layers between the folds, is about thirty to forty feet in diameter (10 à 12 mètres), covered on its summits with a rich vegetation, *and may justly be compared to the celebrated* **Pierre à bot**, *in the Jura*.....

...The northern banks of the *Okarita-lake are formed by* **moraines** belonging to the *Waitaki-system*, and the Southern ones by still larges one, belonging to the *Waiau*, where the contrast of rich forest vegetation, rocky precipices formed of huge blocks, and the deep green, and still waters is very striking. Over the *low-terraced hillocks appear the high* **snowy-ranges**, where the sources of the river *Whatarora* are situaded: You see there the deep valley of that river pierce the ranges far more than any other river in this region, its main sourćes comming from *Mount-Tyndall*, which is not visible from here. Crossing these ranges, youd drop upon the **great Godley-Glacier**, by which you would reach *lake-Tekapo* and the *Mackenzie-country*. **The next deep valley** is that of the *West-Coats Waitaki*, a river of smaler dimensions than the *Whataroa*. The lover **snowy-ranges** in the foreground conceal the higher peaks lyind behind. The next high summit is *Mount-Elie-de-Beaumont*, in the central points of our *Southern-Alps*. It is in the **vast snow fields** of its South-Eastern slopes that the great **Tasman-Glacier** takes its origin which runs along the Eastern-side of the whole high chain as far South as *Mount-Cook*, receiving from both sides *tributaries* to swell that **tremendous trunk Glacier**. To give you an idea of the extent of country drained by that river, which takes its rise from this **Glacier**, and which forms *lake-Pukaki*. I may state that the rivers coming along the *West-Coats* from the same chains are situated on a coast-line of thirty-six miles, namely, from the *Weste-Coats, Waitaki*, North, to the *Karogarua* south.

The high mountain in the centre of this views is not *Mount-Cook* but *Mount-Haidinger*, whils only the sharp point to the right above it belongs to that highes mountain of New-Zealand. I will still draw your attention to the **tremendous Glaciers** which reach the *West-Coats plains* between the low-wooded hills. It is there where the principal sources of the *Waiau* are situated. The low hills in front consist mostly of **morainic accumulations, thrown down the ancient glaciers,** *when they retreated from the coast to take their present snaller dimensions*, although here and there smaller hillocks, consisting of granites and metamorphic rocks, show their **Ice worn forms** above them...

...After a beautiful calm night we found the whole contry covered by hear-frost, the minimum thermometer being 29°,20 or nearly 3° Fahr. (— 1°,77 C.) below the freezing point[1], but a claudless sunny day fallowed and I never got tired of admiring the wonderfull landscape bevor me, the solitude of which appeared less severe by observing numerous horses feading peacefully amony the high grass in the foreground, a strange sight at the *West-Coats*, where the uniform forests vegetation is totally unfit to preserve the life of that useful animal...

...The next morning the *14th* of June, we contined on foot with heavy loads, so as to be prepared for a spell of bad weather, which might possibly overtake us when near the headwaters of the *Waiau*. *Lake-Okartia* is bounded on its Southern side also by a headland formed by a **lateral-moraine**, without doubt belonging to the *Waiau-system*, and exhibiting by its rough anticlinal arrangement, that it formed the **Northern lateral-moraine** of that large **pleistocene Glacier**. This *accumulation* first only 40 feet high (12 mètr.), rises the more we advance towards the south, to at least 250 feet (76 mètr.) indicating more than anything else the *enormous denudation* which must have taken place before the **present glaciers** would from the channels they now occupy. And if we consider that the *accumulations* come mostly all from the highest portion of the central chain, the *lower portion having been generally ground dawn by the* **Ice**, or become removed by the rivers issuing from below the **huge Glaciers**, *the philosopher is filled with admiration and wonder, when the greath truth once more is revealed to him, to obtain great results, uses gigantic but simple means, of which we have scarcely, any true conceptions*[2].

...The view from the mouth of the *Waiau river* is most magnificent, as the valley beeing straight and nearly two miles broad allows us to gaze ot the *Southern-Alps*, from

[1] D. A. Le thermomètre minima, boule isolée, doit *toujours être exposé à l'ombre permanente et abrité du rayonnement nocturne*. Fort souvent, à toutes les altitudes, par suite du rayonnement nocturne qui a lieu par zénith découvert et calme, le sol, la végétation, les neiges ou glaces se couvrent de givre : le thermomètre minima étant de plusieurs degrés au-dessus de zéro (+ 0° C.).

[2] D. A. *Philosophes*. Chercheurs de vérités dans les œuvres du grand architecte de l'univers. Observateurs persévérants, et surtout indépendants, pour transmettre les réponses aux demandes qu'ils ont faites à la nature.....

...*Wo Menschen schweigen müssen Steine, Schnee und Gletscher reden*....

foot to summit, having in the foreground the **enormous ice-masses** of the **Francis Joseph glacier** appearing between the rich forest vegetation...

...Next morning the same fine weather favoured us, and after four miles we arrived at the foot of the *Southern-Alps*, which rose here from the plains in all their majestic splendour. Here the main river turned towards outh, and an important branch joins it from the South-East, coming also from **a large Glacier**, which I called after **Professor Agassiz**, the illustrious naturalist.

...Turning a rocky point, we had at once the white unsullied face of the **ice** before us, *broken up in a thousand turrets, needles and other fantastic forms*. The **terminal face of the glacier** being still hidden by a grove of pines, ratas, beeches, and arborescent ferns in the foreground, which gave to the whole picture a still stranger appearance.

About three-quarters of a mile from the **glacier** we camped, and, after a hasty meal, started for its examination. The same vegetation still continued, and it was in vain that I looked for any alpine, or even sub-alpine plants. From both sides numerous water-courses come down, mostly forming nice falls over large blocks of roches. Before we reached the **Glacier**, the valley expanded again, the left side having hitherto been formed by an **ancien moraine**, more than a hundert feet (50 mèt.) high, the river flowing in two channels, with a wooded island, from which *huge blocks* rose between; but, owing to the very low slate of the river, the Southern channel was nearly dry, and only received, on that side, the contents of numerous small water-falls from the outrunning spurs of the main chain. Before we reached the **Glacier** we had to cross a **moraine**, *mostly consisting of smal detritus*, denoting, by its mineralogical character, that it came from the very summit of the **snowy giants** before us. My whole party had never seen a **Glacier**, and some of the Maoris had never seen **ice**; thus, the nearer we came, the greater was their curiosity, and whilst I stopped a few hundred yards from the *terminal face* to take some bearings, the whole range, owing to the clear sky being well visible, they all ran on, and I saw them soon ascend the **ice**, which, with the exception of a few smal pieces of *debris in the centre*, was perfectly spotless, and presented a most magnificent sight.

Having finished my work, I followed them, and stood soon under the **glacier cave** at the southern extremity, forming an *azure roof* of indescribable beauty, and which one of my Europeen companious could only compare to the magnificent scenery of some London Christmas pantomine. The **Glacier** not only fills the valley, on the sides of which are formed perpendicular walls of magnificent mica-schist, but even from the **ice**, *large hillocks* rise, consisting of the same rock on which better than anywhere I had ever observed, the planning and furrowing action of the **ice** can easely be studied. And no one will afterwards feel surprised at the facility with which that *wonderful and powerful plough of nature will furrow deep valleys and model* **roches moutonnées.**

On both sides of that **Glacier**, for a good distance, the mountains are covered with a luxurious vegetation, amongst which beautiful rata trees, and in one locality fuchia bushes, now without leaves covering a large extent of the mountain side, were most conspicuous. It was in vain that even here close to the **Glacier**, where the large **ice masses** must, in some degree, refrigerate the surrounding atmosphere, I looked for characteristic alpine-plants. There were neather spear grasses nor celmesias, those gigantic New-Zealand daisies, which are such an ornement to our higher vegetation, nor even any of the sub-alpine bushes and shrubs. You may easily imagine how extremely striking is the constrast between the **stupendous ice-masses**, inclosed by that tremendous mountain chain and the arborescent ferns, pines and other luxuriat vegetation which are in general only found in more genial parts of the coast.

I shall not give you, here, a description of those mountains, particulary as I have done so, I fear, too often already, but add some observations on the remarkable occurrence of a **Glacier** in such a low position, and on the causes to which we my attribue it.

From the first explorer who ever set his foot on the *West-Coats* of this province, to the discovery of the *gold fields*, the difference of *rainfall* has always been a topic of great interest. It is obvious that the quantity of rain folling will seem still larger when you are camped in the forest; so that generally, bevore it is thoroughly dried after a rainfall, a new shower brings forth the usual state of things, so that the explorer is generally wetted trough as soon as he begins to move. Unfortunately, we have not sufficient data to go upon to determine with accuracy, the differences, in inches, of the rainfall between the two coasts, although the valuable observations of Dr Hector in 1863, for seven months from the first of June to end of December, show that there fell, in the South-Western part of this island 87 inches ($2^m,21$) whilst in *Dunedin* it was only 23 1/4 inches ($0^m,59$) which proves that the quantity of rain was more than three times and a-half as great at the *West-Coats* as the *East-Coats*.

Concerning the difference between *Christchurch* and *Hokitika*, we have only reliable data since the *29th* of April of this year, when Mr **John Rochfort** set up a rain-gauge at our Western metropolis. From the *29th* of April to the 3ed of July, 67 days, 36 1/4 inches ($0^m,93$) of rain fell in *Hokitika*, whils in the corresponding period it was only 7 1/2 inches ($0^m,19$) in *Christchurch*; consequently about the fifth part. During the whole year 1864, the rainfall in *Christchurch* amounted, according to Mr [illegible] observations to 22,093 inches ($0^m,56$). Corresponding to the latitude of *Christchurch* and *Hokitika*, the annual rainfall ought to be about 25 inches ($0^m,63$). Taking those 67 days as an average, it would be nearly 200 inches ($5^m,08$) per annum in *Hokitika*, or nine times as much as in *Christchurch*.

As I observed already in former publications we have to seek the cause of that enormous difference in the position of the *West-Coats*, so well exposed to the equatrial currents, which bring with them a greater amount of rain every where, where the same conditions exist and of which I shall give you only a few instances.

North-West-Coats of Amerika.	80	inches	($2^m,03$)
Bergen in Norway.	83	—	($2^m,11$)
Coimbra in Portugal.	110	—	($2^m,60$)
Westmoreland in England.	134	—	($3^m,40$)

That there is also such a similar of *South Amerika* we know from Darwin's classical works on that region. Like our own *West-Coast* heavy rainfall at the West-Coast, the former is covered with a dense and uniform forest vegetation, which, of course, again favours the condensation of the clouds, and, consequently, the fall of rain; but these dense forests are generally not the cause of the rainfall, as popularly has been assumed, but just the reverse. Thus it is obvious as the **persistant snow-line**, owing to the equable and humide climate, is at our *West-Coast* very low, probably about 6500 feet (1981 mètr.) near *Mount-Cook*, and as the **fall of snow and condensation of moisture** must still be greater in those higher region, where the equatorial currents come in contact with the cold surfaces of the Alps, that all necessary conditions exist not only for the **fonction of large glaciers, but also for their descent to much lower regions than at the East-Coast**.

Standing at the *Sea-Coast* I very often observed that the mountains bounding the *West-Coats* were covered with nimbus, or rain clouds, whilst we enjoyed fine weather near the sea. At the same time, very often smaller freshes in the rivers coulds be observed, when not a drop of rain had fallen ner the sea-bach, *all confirming the still larger amount of moisture falling in the higher regions*. The difference between the Eastern and Western side of the central chain is well exhibed by the **great Tasman-Glacier**, which, is of much larger dimensions than the **Francis-Joseph-Glacier**, yet descends only to 2774 feet ($855^m,5$) above the sea-level, whilst the latter reaches more than 2000 feet (610 mètr.) lower, namely, to 705 feet (214m,8) above the sea. It is true that particular circonstances — as for instance, a larger *cauldron-like bassin, sheltered from the suns rays by mount de la Beche and its outrunning spurs, in which these enormous* **snow masses can accumulate**, *is very favourable for allowing the* **glaciers** *to descend to such a low position above the sea leavel, where arborescent ferns, pins, and other lower-land trees are growing*. But if we compare its position with other in *South-Amerika*, we shall find that, from ranges which are not so elevated as our *Southern-Alps*, even in latitudes corresponding with the Northern end of Stewart's Island, **enormous Glaciers** *descend in latitude* 46° 50, *according to* **Darwin**, to the level of the sea, their *terminal face* been ultimately washed away, and carried along as **huge icebergs**. Thus the condition for the lowering of the **snow-line** and of the *excess of moisture* must still be greater in that part of *America* than in *New-Zealand*, where the neighbourhood of *Australia* and *Tasmania* will certainly exercise some moderating influence, which in *Terra del Fuego* does not exist. From observation made in those and other regions, it is clear that the lowering of the **snow-line** [1] does not depend on the mean temperature of the year, but on the low temperature of the Summer.

The mean summer temperature of *Christchurch* from observation made in 1864 is 61 1/4 Fahr. (16°,22 C) enjoying generaly as we do, a clear and cloudless sky; but it is evident that at the *West-Coats* it is much less owing the over-cast state of the atmosphere and the frequent rainfalls, and this will account for such a lowering of the **snow-line** on the Western-side of our Alps. But I think that there the mean temperature of the year will nevertheless. not be lower than here in *Christchurch*, where it was 53 3/4 Fahr. (12°,06) during last year, with an average temperature of 61° Fahr. (16°,11 C.) for the summer and 44° 1/4 Fahr. (6°,25 C.) for the Winter at the *West-Coats* compensating without doubt, for the lower sommer temperature.

The position of the **Francis-Joseph-Glacier** is about 43 deg. 35 min., corresponding in the Northern hemisphere, with that of *Montpellier*, — *Pau*, — *Marseille* in France, and *Leghorn* in Italy, where already the orange and lemon tree, the vine and the fig tree, are, covered with juicy fruits, and where palm trees raise their graceful crow into the balmy air.

Even in the *European-Alps*, which lie some degrees further North, the average altitude of the **terminal face of the large glaciers** is about 4000 feet (1220 mètr.) whilst we have to go twenty degrees more to the North, till we find, **in Norway Glaciers** descend to the same low position as the **Glacier** under consideration, and to about 67° North, according to **Leopold von Buch**, before the *terminal* **faces** *reaches the sea*, consequently more than 20° more towards the Pole than in the Southern-hemisphere, in *Terra del Fuego*.

Thinking that these climatological observations would interest you, I have been induced to make them, and may I add that, according to the meteorological tables at my disposal, no climat in *England* ressemble ours in *Christchurch* more closely than that of *Torquay*. There is a difference of a fraction more than one degree Fahr. between the latter place and *Christchurch* namely 53 1/4 Fahr. (11°,8 C.) here, and 52°,1 (11°,2 C.) there, which is occasioned by our spring being 2 1/2° (1°,40 C.) and our autumn 1° (0°55 C.) warmer than in that english town, so celebrated for its splendid climate, whilst our winter and summer are equal within a quarter of a degree, namely 61 1/4° and 44 1/4 (16°,25 et 6°,80 C.). These observations are based upon only one year, since our meteorological station has been at work.

After another magnificent night, during which the splendid constellations of the Southern-hemisphere shone brilliantly from the starry vault we returned next morning towards the coast, still favoured by the same glorious weather, camping at the mouth

[1] *Snow-line*. Altitude de la neige persistante.

of the *Waiau*, below the nearly vertical cliffs covered with ferns and flowering plants, where the *large blocks* allow vegetation to spring unp.

As we approached, next day, the mouth of the *Okarita*, we met several people with bags, on their way to collect shellfish amongst the rocks. They were dressed very scantily, and had, mostly, neither shoes nor head-coverings, and I heard from them that two days before, when intending to run into the *Okarita*, with a lifeboat, with which they had started, eleven weeks ago, from *Riverton*, in *Southland*, they had been wrecked; and whilst two of their party had been drowned, five had been saved by the exertions of the diggers, wo happened to seo the bort.

They probably would all have perished, as they were unable, when washed on shore by the waves, to rise and reach dry ground before the succeding waves would have taken them back again, had not those brave and courageous men rushed into the surf to their assistance. Their boat, which had been saved, brought us to the other side. During our absence, another party of diggers had made a large canse, to explore the *Okarito-lake*; so that future travellers will find ample means, to cross this for a mokihi most dangerous channel. Since we left, several parties of miners had returned, and some arrived the next day; so that there were more than sixty people camped round numerous fires, and gaietly and sonys were heard every in this usually solitary spot...

Haast (Julius Dr).

HAAST (Julius, Dr).

Report on the geological exploration of the West-Coats. — In-4, 16 pages. Christchurch. 1865.

Lake Summer, April 6*th* 1865.

Governement Camp, Hokitika 22*nd* April 1865.

Lake Summer	1802 feet alt.	(549m,25)
Lake Taylor	2022 —	(616m,30)
Lake Catherine	1809 —	(551m,40)

Mouth of Teramakan. May 4*th* 1865.

Hokitika, May 10 1865.

Christchurch July, 24 1865.

...Bellowing the subsequent charges of the physical geology in pleistocene times, I have again to refer you to my Report on the formation of the *Canterbury-plains*, in which I have treated at lenght on the causes which have led to the *accumulation of* **enormous masses of snow** on the newly risen plateau-li.e mountains ranges, and of the **formation of huge Glaciers** *from them, by which they were greatly denuded, and their debris brought down to the lower regions.* An examination of the *West-Coats goldfields* has confirmed entirely these facts and the deductions drown from them, and as the accurence of **Glacier accumulations** points out at once the boundary of the richer *pliocene gold-drift*, I shall offer a few words to show how, by the advancing **pleistocene glaciers**, this gold-drift in many instances has been destroged.

...Before proceding to investigate the causes of this destruction, let us consider what was the result of the **glaciation of this Island during the pleistocene period. The snow-field augmenting, enormous Glaciers were formed**, which avancing into the lower regions, displaced the source of the principal rivers bringing them near the sea; at the same time the quantity of water increasing in proportion, not only *destrayed in its course the older alluvial stata*, but *the Glaciers themselves* encraching upon the ground covered by the *pliocene marine strata* and the great **gold-drift**, scooped out their beds among them. It is, howewer, evident that the changes did not occur without more or less important oscillations, that the glaciers advanced **or retreaded** that the torrents issuing from them in some instances covered the *older alluvial beds with their shingle masses*, in others destruged or re-asserted them; but every observation proves the fact **that the action of the Glaciers** and of the rivers issuing from them was to scoop out deeper channels fon them, and to destrag thus the older beds in their way.

Now as the highest portion of the central chain is situated near *Mount-Cook*, we cannot feel surprised, that during the **glaciation of New-Zealand the huge pleistocene-Glaciers** were in that neighbourhood not onlys of much larger size than more towards the North, where the *Southern-Alps* lose much in altitude, but their mucleus near *Mount-Cook* lying closer to the sea, that the **Glaciers descending from them**, even were they not of larger dimensions, must have approached much nearer to the *Pacific-Ocean* than more towards the North.

Actual observation has shown that this hypothesis is correct. Thus, whilst at the Northern boundary of the province near *Lake-Brunner*, the **moraine accumulation** are situeted 15 miles from the sea, they approach it as we advance towards Sud, so that in the *Arahura* they are seven, in the Hokitika five miles, and in some localites even nearer to the coast. More towards South, between the *Mikonna* and *Waitaha-Rivers*, they reach the sea level, forming bold headlands in the nearly vertical cliffs, of which magnificent sections are offered to the geologist for the study of these **stupendous moraine accumulations**. From here as far south as I travelled along the coast, and as far I could see from the mouth of the *Waiau*, these **ancient moraines**, with occasional pleistocene riverbeds, cover uniformly the whole country to the very base of the central chain, and in only few instances small hills consisting of granitic or metamorphic rocks strech their **glacialized rounded summits** *above the ice-born beds*. I may, therefore, confidently state that the older *gold-drift* in this provinces streches only from the Western-base of the *Hohonu-ranges*, between the *Rivers-Grey* and *Teramakan*, accross the *Arahura*, *Totara*, and *Mikonui* to the cast, forming a triangle, of which the *Gray* and *Arnold-Rivers* form the base. This piece of country contains about 300 square miles of ground, of wich a great part will offer remunerative work of the goldminer.

East and South of this line the never beds belonging to the *pleistocene* or **Glacier-period** are reached, which, by the nature of their material, the gold contained in them not having been concentrated like that of the older drift, offer generally no more payable ground....

Haast (Dr Julius).

HAAST (Julius Dr).

Report of the geological formation of the Timaru district in reference to obtain supply of water. — In-4, 13 p. et une grande planche contenant sept coupes géologiques. — Christchurch, printed at the „Press" office, Cashel Street. 1865.

Conclusions :

1. I the middle tertiary epoch, extensive strate of calcereous or argillaceous beds were deposited in this locality on a deep sea bottom having on almost uniform slope towards the East.

2. Some of these beds by their lithological character are impermeable to water, being at the same time interstratified with permeable strata.

3. Submarine eruption of dolerite took place which, spreading over the sea bottom, covered the first-yamed tertiary strata, protecting them at the same time from denudation.

4. Between the eruptions subsequent tertiary beds were also deposited, which, by repreated eruptions of dolerite, were also preserved.

5. Some of these younger beds present us with the same caracteristics as described nº 2.

6. The dolorite sheet on the summit of *Mount-Horrible*, which can be followed from there to the sea, was the last deposited on the sea bottom.

7. This sheet, by flowing towards East, where it terminates, becomes gradually smaller and thinner.

8. Since the deposition of this latter sheet, only minor changes took place, of which

several old river channels non covered by silt, and as shewn by the wells in Timaru, are witness.

9. That occurence at the same time proves the oscillation of the ground, but the upward notion was predominant.

10. Finally, noro signs of any disturbance, since the deposition and rise above the sea of the different levels alluded to, have been observed; so that by boring or sinking they will be found in their natural position.

In consideration of all these propositions, which seem to me in favor of obtaining an ample supply of water, I beg to recommend to the Provincial-Governement, should no engineering difficulty, of which I am not aware, be in the way, to have water sunk for, either by artesian wells or otherwise, on the highest locality of *Timaru*, so that the water obtained could be brought, by gravitation over the whole town.

Haast (J., Dr).

HALL (C. F.).

ABSTRACT OF A PAPER ON SOME ARTIC DISCOVERIES and the remains of Frobisher's expedition. (Dans les *Proceeding of the American Statistical Society*. — New-York, session de 1862-1863.)

HALL (Francis).

LIFE WITH THE ESQUIMAUX. — 2 vol. in-8. London, 1864.

HANN (J.).

UEBER DEN URSPRUNG DES FÖHN.

Mittheilungen aus **Justus Perthes**' Geographischer Anstalt über wichtige neue Erforschungen aus dem Gesammtgebiete der Geographie, von Dr **A. Petermann**, 1867. VI, p. 25 et suiv. — Und *Œsterreichische Zeitschrift für Meteorologie*.

. .Auch Grönland hat seinen *Föhn* und **Rink**, hat uns die Natur des warmen Grönländischen Windes eindruckvoll geschildert[1]. Die warme Luftströmung kommt hier von Osten oder Süd-Osten, weht gerade über das hohe, eisbedeckte Innenland her und fällt direckte in die Fijorde ein. Ihr Herannahen verkündet der niedrigste Barometerstand und gleichzeitig ist der Himmel schwach überzogen, besonders von bläulichen, langen ovalen Wolken, die ausserordentlich hoch ziehen und nie die Berggiphel erreichen, wie das Gewölk im Gefolg der andern Winde. Inzwischen ist Meer und Luft noch ganz ruhig. Die Atmosphäre wird in Winter wie im Sommer durch plötzliche Temperatur-Erhöhung sehr drückend und zeigt eine seltene Durchsichtigkeit. Dann tritt der Sturm auf einmal ein, aber erst auf den grösseren Berghöhen; man sieht den Schnee über das Hochland hinwirbeln und auf dem Fijordeis unter den steilen Abhängen kann man den Sturm oben sausen und brausen hören, während es unten ganz windstill ist. Er weht unbeständig in Stössen, meist bringt er viel Regen, besonders wenn er von kurzer Dauer ist; weht er aber mehrere Tage hindurch mit voller Stärke, so pflegt er die Luft aufzuklären und ist dann ausserordentlich trocken. Ohne dass ein Tropfen rinnendes Wasser zum Vorschein kämme, sieht man den Schnee dünner werden und verschwinden Er erdöht die Temperatur im Winter oft um 20° R. (25° C.), durchschnittlich im Herbst und Frühling etwa um 9° R. (13,2° C.) im Winter von 10 bis 15° R. (12,5° C. à 18°,8 C.) über die betreffende Mitteltemperatur. Am 3 Januar 1851 sah **Rink**, in Nord-Grönland bei tiefem Barometerstand das Thermometer bis zum Gefrierpunkt steigen (0°) während es noch ganz windstill war, aber am Abend brach der Sturm orkanartig herein. Am 4, zeigte das Thermometer + 6° R. (+ 7°,5 C.), fast aller Schnee war vom Lande verschwunden, aber vom Winde aufgetrocknet, so dass sich nirgendwo rinnendes Wasser zeigte. Zu *Julianehaab* in Süd-Grönland brachte der S.-O. zu Weinachten 1853 das Ther-

[1] *Physikalisch-geographische Beschreibung von Nord- und Süd-Grönland*, von **Rink**. Aus dem dänischen von **Etzel** *Zeitschrift für allgemeine Erdkunde*, 2 Bd., 1854 und N. F., 3 Bd., 1857.

mometer bis auf fast +8° R. (10° C.) und in ein Paar Tagen war das Land fast ganz von Schnee entblösst. — Dieser warmer Wind ist in den mittleren Theilen Grönlands seltener als in den Südlichen und Nördlichen: ihm folgt gewöhnlich Süd und Süd-West mit Schnee, Regen und tiefhängenden Wolken, in Norden wird die Luft gewöhnlich klar.

Grönland hat somit eine dem Föhn der Alpen gänz analoge warme und anscheinend trockene Luftströmung, die den Schnee schnell aufzehrt, — und doch sieht man hier keine Möglichkeit, an ein erwärmtes Festland (man beachte auch im Winter) als dessen Ursprungsstätte zu denken. Es ist mehr als wahrscheinlich, dass der Grönländische S.-O., nichts anders ist als der ober Passat unser S.-W., der in den nördlichen Polar-Gegenden als S.-O. abgelenkt erscheint[1].

Wer erkennt nich in Rink's einfacher, naturtreuer Schilderung der Himmelsansicht vor dem Eintreten des warmen Süd-Ost die Erscheinungen wieder, die auch bein uns die Drehung des Windes durch Ost nach Süd-Ost verkünden? Vielleicht möchten auch Manche geneigt sein, den warmen Süd-Ost Grönlands direckt von dem durch die Zweige des Golfsstroms erwärmten Atlantischen Meeresbecken östlich von Grönland herzuleiten; aber was man auch darüber denken möge, die Thatsache, dass wir hier eine warme, wenigstens scheinbar trockene Luftrömung antreffen, ohne ein erwärmtes Festland in der Nähe zu haben, bleibt aufrecht.

Wir sehen daher keine Nothwendigkeit, den Ursprung des Föhn deshalb in der Sahara suchen zu müssen, weil er warm und trocken erscheint[2].

Auch als der herabkommende obere Passat kann er diese Eigenschaften zeigen. Selbst seine relative Trockenheit scheint uns unschwer zu erklären. Die Aquatorialluft besitzt in der Luftverdünten Höhe keineswegs schon die hohe Temperatur, die sie später an der Erdoberfläche zeigt, erst beim Herabsteigen in die Tiefe, wo sie unter einen höheren Druck kommt, tritt nach bekannten physikalischen Gesetzen durch Volumverkleinerung eine Erwärmung ein. Denken wir uns ein Luftquantum des Æquatorialstromes aus grosser Höhe schnell unter den hohen Luftdruck auf der Erdoberfläche gebracht und dann entsprechend zusammengepresst, so müsste es, auch wenn es bei der frühern Temperatur in der Höhe mit Feuchtigkeit gesättigt gewesen wäre, nun durch die bedeutende Temperatur-Erhöhung relatif sehr trocken erscheinen[3]. Dürften wir uns nun vorstellen, dass über den Alpen wie über dem Grönländischen Hochland die warmen Luftwellen schnell niedersinken, so können sie zwar Anfangs im Kontakt mit den tiefern Luftschichten einen Niederschlag erzeugen, aber da nach deren Verdrängung stets neue Luftmassen nachstürzen, werden diese ungewöhnlich hohe Temperatur mit grosser relativer Trockenheit vereinigen. Anders wird es sich verhalten, wenn der Æquatorialstrom wie gewöhnlich in steter Berührung mit den kühleren tieferen Gegenströmung niedersinkt oder sie seitwärts drängt. Uebrigens muss der feuchte S.-W. auch beim Uebersteigen der Alpen an deren Südabhängen einen grossen Theil seines Wasserdampfes durch Niederschläge verlieren. Es ist daher recht wohl möglich, dass der S.-W. als Föhn bald lokal sehr trocken, bald wieder feucht erscheint. Die Schilderungen der dem Föhn vorangehenden Erscheinungen stimmen vollständig mit jenen überein die wir vor dem Eintritt des S.-W. beobachten. — Das Barometer fällt, am südlichen oder westlichen Himmel zeigt sich leichtes Schleirgewölke und Abends of Wetterleuchten, die Luft erhält den höchsten Grad von Durchsichtigkeit (also keine trockene Trübung wie sie Wüstenwinde charakterisirt).

[1] So auch zu *Reykiavig* auf Island, zu *Nischne-Kolymsk*, u. s. w. Siehe auch Mühry, *Klimatographische Uebersicht der Erde*, S. 671.

[2] *Das Alter der Sahara.* Reisebriefe aus Afrika, von E. Desor; *Allgemeine Ztg.* Beilage 1865, n° 9 und 10.

[3] Wird ein trockener Luftstrom geswungen z. B. zur Gipfelhöhe der Berner Alpen (11 bis 12000 F.) aufzusteigen, so kühlt er dabei im 25° R. (31° C.), ab, sinkt er drüben wieder ins frühere Niveau hinab, so wird eine gleiche grosse Erwärmung eintreten. Bei einem feuchten Luftstrome würde die Abkülung nur 16° R. (20 C.) betragen, und seine Wärme am jenseitigen Fuss des Gebirgs den entsprechend höher sein.

Salzfässer schwitzen stark vor dem Eintreten des Föhn sagt Räder und erklärt ihn doch für einen Wüstenwind [1]. Ausführliche Schilderungen des Æquatorialstroms, der als der heftigste Föhnsturm seit dem berühmten vom 18 Juli 1841, am 6 und 7 Januar 1863 über das Alpenland hereinbrach, hat Dove zusammengestellt [2]

Wir meinen daher den Föhn für den obern Passat halten zu dürfen, der über dem Gebirge herabkommend lokale Eigenthümlichkeiten annimmt, und schon auch dann keinen Grund, diese Ansicht aufzugeben, wenn die hygromatischen Beobachtungen der Schweizer seine relative Trockenheit erweisen würden.

Aber räumen wir selbst den Geologen ein, dass der Föhn aus der Sahara stammt, lassen wir dieselbe unter das Meer sinken und einen feuchten Luftstrom von dort die Schweiz überwehen, so würde dies gewiss nicht ein solches sinken und einen feuchten Luftstrome der mittleren Jahrestemperatur hervorrufen, wie es die ausserordentliche Vergletscherung erfordern würde, welche die Schweizer Geologen zur Erklärung der erratischen Phänomene ihres Landes benöthigen. Bei reicheren Niederschlägen und kühleren Sommer würden zwar die Gletscherungen weit tiefer in die Schweizer Thäler herabsteigen, damit aber nie verlangt wird, z. B. der Rhone-Gletscher das Flachland mehr als 1000 Fuss unter Eis begrabend gegen die Höhen des Jura anschwellen können, wird eine Erniederegung der Jahrestemperatur benöthigt, welche kein Ausbleiben des Föhn und kein feuchter Luftstrom allein zu erklären im Stande sind. Feuchte Luftströme sind im Gegentheil treffliche Vermittler des Wärmetransports, sie führen im ausdehsammen Wasserdunst eine Fülle latenter Wärme mit sich, welche sie bei Abkühlung und Niederschlag flüssigen Wassers wieder abgeben und so in höhern Breiten den Wärmeüberschuss südlicher Zonen zur Milderung der Temperatur übertragen worauf ja bekanntlich der grosse klimatische Vorzug der Westküsten der Continente beruht.

Hann J.

HARRIS (J.).

COLLECTION OF VOYAGES AND TRAVELS. — In-4. London, 1705.

HARTWIG (G.).

DER HOHE NORDEN IN NATUR- UND MENSCHENLEBEN DARGESTELLT. — Wiesbaden, 1858.

HAYES.

THE OPEN POLAR SEA. Narrative of a voyage of discoveries towards the North Pole. — New-York. 1867. Résumé dans *Mittheilungen* de **Petermann**, p. 180. Gletscherfahrt, p. 192.

HEUGLIN (Th. von).

DIE TINNE'SCHE EXPEDITION IM WESTLICHEN NIEL-QUELLENGEBIET, 1863-1864. — 1 carte. Justus Perthes, libraire à Gotha.

HOOKER (J. D.).

AN ACCOUNT OF THE PLANTS COLLECTED BY Dr **Walker** IN GROENLAND AND ARTIC AMERICA. (Dans le *Journal of the Linnean Society*, vol. V, n° 18).

HUBER (William), major du génie de la Confédération Suisse.

LES GLACIERS. — 1 vol. in-16. 266 pages, 19 planches. Paris, 1867. — Chalamel aîné libaire-éditeur.

[1] *Der Föhnwind*, von **G. Räder**. Jahrb. der Wetter Gesellsch. Hanau, 1864.
[2] *Das Gesetz der Stürme*, 3. Aufl. 1866, S. 250.

TABLE DES MATIÈRES.

CHAPITRE PREMIER.

PHÉNOMÈNES GÉNÉRAUX.

CHAPITRE II.

LES NÉVÉS.

CHAPITRE III.

LES GLACIERS.

CHAPITRE IV.

DU MOUVEMENT DES GLACIERS.

CHAPITRE V.

LES CREVASSES.

CHAPITRE VI.

LA STRUCTURE VEINÉE.

CHAPITRE VII.

LES BANDES OU RUBANS.

CHAPITRE VIII.

LES MORAINES.

[1] Carte du massif du mont Blanc (dépôt de la guerre), levée par le capitaine **Mieulet**.
[2] D. A. Moutonnées, **polies** ou striées.

CHAPITRE IX.

DE DIVERS PHÉNOMÈNES SUPERFICIELS.

TABLE ALPHABÉTIQUE

DES

MATIÈRES ET DES CITATIONS

(Les astérisques indiquent les citations.)

* D. A. Total de cette publication, 13 vol. in-8, 1 atlas grand in-folio, 80 planches. Paris, Savy.

Vents chauds.

Le *Foehn* vient du Sud. Né dans le sables du Sahara, il traverse la Méditerranée et se précipite sur les contre-forts des Alpes avec une violence quelquefois extrême. Son arrivée est annoncée par une baisse subite du baromètre et produit une prostration complète des forces. Des nuages échevelés, formés par la condensation des vapeurs aux approches des glaciers, volent au-dessus des plus hautes montagnes sans en effleurer les cimes. Bientôt la neige, balayée des sommets par son souffle puissant, s'étend vers le Nord en longues traînées blanches, qui se détachent sur un ciel plus bleu que de coutume. Chaque crête semble ornée d'une aigrette de dentelle légère. Quelques instants encore, et les couches inférieures de l'atmosphère, entraînées par le courant, font gémir les forêts et soulèvent en épais nuages la poussière des routes. Les lacs prennent une teinte verte et s'agitent avec fureur, comme si quelque démon était venu s'abattre dans leurs eaux, ordinairement si bleues et si tranquilles. *Le Foehn est descendu*, comme on le dit vulgairement. Il mugit des notes lugubres dans les maisons dont les habitants éteignent tous les feux [1]; il soulève les tuiles et les ardoises, abat les cheminées et déracine des sapins séculaires; il emporte et fait voltiger comme des feuilles d'automne les toits des petits chalets, dévaste les récoltes, saccage les vergers, renverse des chariots et, comme un génie malfaisant, il détruit tout sur son passage.

Quand il souffle avec une semblable violence, le *Foehn* prend les proportions d'un fléau; ajoutons toutefois, rarement et seulement aux environs des équinoxes il atteint le paroxysme de sa fureur. Le plus souvent il aborde les Alpes en bienfaiteur. Dès le mois d'avril il attaque l'hiver, qui depuis huit mois régnait sans partage, et le force à gagner les hauteurs. Souvent aussi ce qu'il a conquis en huit jours, il le perd en une seule nuit de tourmente; l'hiver redescend et reprend l'avantage. Cependant, à force d'assauts réitérés et persévérants, le printemps est vainqueur et l'hiver se retranche sur ses sommets inexpugnables d'où il ne redescendra qu'en septembre pour prendre sa revanche. Le *Foehn*, avec l'auxiliaire des pluies chaudes, réglemente alors sa nouvelle conquête. Il secoue les masses de neiges sous lesquelles pliaient les pins et les arbres, il développe partout les bourgeons et les pousses qu'il transforme en une fraîche végétation, il s'avance, avec sa couronne de verdure, jusqu'à la limite des forêts.

[1] Dans le canton d'Uri, dès que le *Foehn* souffle avec violence un règlement de police sévèrement observé contraint à éteindre tous les feux et défend de fumer dans les rues.

* D. A. Voyez, dans ce volume de nos matériaux pour l'étude des glaciers, le mémoire de M. Muhry. Fœhnwind.

Au delà il livre encore de rudes combats à l'hiver qui ne lui cède que quelques semaines d'été. Les bois se peuplent de chanteurs, les fleurs déploient au soleil leurs brillantes corolles, les insectes bourdonnent dans les rayons que tamise le feuillage, les ruisseaux, jusque-là desséchés, coulent en mêlant leur murmure au concert général; tout renaît à la vie, tandis qu'au loin le tonnerre des *avalanches* annonce à cette nature en fête chaque succès de son libérateur. Le *Foehn* est tellement la condition [illegible] de l'été, que les montagnards, témoins chaque année de ces luttes, ont composé ce dicton: « Le bon Dieu et le soleil doré ne peuvent rien contre la neige si le *Foehn* ne leur vient « en aide. »

Avalanches.

...Ces immenses torrents de neige, qui grondent avec les éclats du tonnerre et dont la puissance est aussi grandiose qu'invincible, sont un des phénomènes les plus grandioses et les plus saisissants des Alpes. Rien ne peut arrêter les avalanches dans leur course furieuse; mais dans certains couloirs leur chute est assez périodique et leur marche assez régulière pour que l'œil exercé du montagnard puisse préciser fort souvent le jour et l'heure du danger.

(L'orientation), l'inclinaison des pentes, la température, le vent (l'état du sol, l'état de la neige ou du névé), la quantité de neige sont autant de circonstances qui déterminent les avalanches. Elles sont rares, aux endroits les plus escarpés, où la neige ne peut pas s'accumuler; elles sont au contraire fréquentes et périodiques sur les pentes et dans les couloirs inclinés de 30° à 35°.

Lorsque le soleil ou la pluie ont attaqué un champ de neige incliné, l'eau produite par la fusion s'infiltre à travers de la masse, par les nombreux interstices qui séparent les granules ou les flocons. Elle réchauffe le sol, fait fondre la couche inférieure, lubrifie la surface, et un moment arrive où tout le champ de neige, sollicité par les deux forces de la gravité et du frottement qui s'équilibrent exactement, se précipite dans le fond de la vallée.

Trop souvent le voyageur qui s'aventure imprudemment, roule dans l'abîme, avec l'avalanche détachée sous ses pieds par son propre poids. Les catastrophes survenues à la caravane du docteur **Hammel**, en 1820, et celle plus récente encore de Mr Ark-**wrigt** au mont Blanc (et un grand nombre d'autres), en sont de funèbres exemples. Quelquefois un coup de feu (de carabine d'un chasseur de chamois), en ébranlant la colonne d'air, détermine la chute de toute la masse. Souvent il faut moins encore: le passage d'un chamois[1], le piétinement ou le coup d'aile d'un oiseau, un cri, une simple parole suffisent, — terrible effets de bien petites causes! — pour rompre l'équilibre et précipiter dans les plaines des milliers de tonnes de neige, qui ravagent tout sur leur passage, écrasent des chalets, ensevelissant vivants dans leur linceul glacé des centaines d'habitants.

Les *avalanches* affectent deux formes principales, savoir : celle des **avalanches compactes** (en allemand *Grundlawinen*), et celle des **avalanches poudreuses** (*Staublawinen*). Toutes les autres formes qu'elles peuvent présenter, et qui varient de nom à l'infini selon les localités, rentrent dans l'une ou l'autre de ces catégories.

Avalanches compactes (*Grundlawinen*). La couche de neige, séparée du sol (ou de la surface du glacier qui la supporte) par la fonte due à l'eau d'infiltration (augmentation de poids) se met en mouvement sur le terrain lubréfié. Elle pousse devant elle les couches inférieures. La masse augmente, les champs de neige roulent les uns sur les autres entraînant dans leur chute ceux des pentes voisines, labourant le sol, renversant les forêts, détachant des rochers énormes et se précipitant dans la vallée avec un fracas épouvantable Lorsque l'*avalanche* n'est pas considérable, ou lorsqu'elle n'a pas encore

[1] Les chamois s'aventurent rarement sur les pentes dangereuses; ces prudents animaux semblent comprendre le danger. Cependant leurs squelettes trouvés au printemps, lorsque fond la neige de l'avalanche, prouve que parfois leur instinct est en défaut.

acquis une grande vitesse, une forêt quelque peu touffue peut en arrêter la marche et la retenir. Les rhododendrons, les myrtilles, ou simplement le foin oublié par la faucille du montagnard, suffisent souvent pour la fixer. La neige retenue par les mille branchages entrelacés de ces plantes peut ne pas se détacher et fondre lentement sur place.

C'est à l'efficacité des forêts, comme préservatrices du fléau, qu'il faut attribuer la singulière légende d'*Andermatt*, village de la vallée d'Ursern, au pied du Saint-Gothard. On prétendait jadis qu'il coulait du sang de chaque arbre abattu dans le petit bois de sapin qui domine et protége l'endroit. L'origine de cette superstition serait que, dans les temps reculés, les lois de cette vallée punissaient de mort l'imprudent qui par la coupe d'un arbre attirait mille dangers sur le village. Le peine de mort était sévère pour un simple délit forestier; aussi est-elle depuis longtemps abolie (et remplacée par de très-fortes amendes et la prison), mais la légende a suffi pour sauver Andermatt d'un déboisement plein de périls.

Pour prévenir les *avalanches compactes*, les gens du pays emploient plusieurs moyens; mais, dans leur incurie, ils négligent le plus efficace : le *reboisement*. Ils se contentent de fixer la neige au sol, en plaçant des pieux, dont la présence joue le rôle des forêts détruites.

C'est ce qu'ils appellent *clouer l'avalanche*, et toute personne valide de la commune prend part à cette opération. On peut tailler aussi, dans la pente de départ, plusieurs étages de gradins horizontaux sur lesquels la neige repose d'aplomb et qui servent en été de sentier au bétail conduit en pâture dans les hautes prairies. Quand le manque de bois ou la nature du sol empêche de fixer l'avalanche, on cherche à la diriger par des murs, à la sortie de son couloir. Enfin, comme palliatif, on protége souvent les maisons par d'épais éperons en pierre sèche, qui séparent le courant à la manière de l'avant-bec d'une pile de pont. L'église d'Oberwald[1], dernier village du haut Valais et les maisons de refuge du *Saint-Gothard*, du côté du Tessin, sont protégées de la sorte. Lorsque la pierre fait défaut, on se contente d'un éperon en *neige arrosée d'eau;* le massif de glace compacte ainsi formé présente une résistance suffisante pour ramener la sécurité aussi longtemps qu'existe le danger[*].

Les débris des *avalanches* ne présentent pas, dans les vallées, une surface unie, comme le serait par exemple, un éboulement de boue, de sable (ou de menus débris de roche), mais un chaos inextricable de blocs colossaux qui affectent mille formes variées et atteignent quelquefois 10 à 12 mètres de hauteur. Leur couleur jaune sale est due aux nombreux débris organiques et minéraux entraînés par le courant dont la vitesse dépend de l'inclinaison du sol et de l'état (moléculaire) et hygrométrique de la neige. J'en ai vu se précipiter des hauteurs avec la rapidité de la flèche, tandis que d'autres semblaient visqueuses et avançaient si lentement qu'elles laissaient au paysan menacé le temps de sauver son avoir. En 1860, une avalanche déboucha dans le Valais, entre les villages de Münster et de Gœschenen. Sa marche était presque insensible; aussi la population était-elle accourue tout entière pour retirer de sa partie antérieure les troncs d'arbres, arrachés de la forêt, qu'elle poussait devant elle.

Les *avalanches compactes* sont pour la plupart innoffensives. Elles ne suivent que certains couloirs déterminés et descendent chaque année, presqu'à la même époque Celles qui surprennent les villages sont de rares exceptions. Quiconque est familiarisé avec la montagne sait que sur les pentes exposées au levant elles se détachent avant midi, entre midi et deux heures sur les pentes exposées au sud, entre trois et six heures sur celles qui regardent le couchant, et jusqu'à nuit close sur les versants tournés vers le nord. Il est important de tenir compte de ces observations lorsqu'on médite une excursion quelque peu périlleuse.

[1] Au mois de janvier 1867, une terrible avalanche s'est écroulée sur cette église; l'éperon l'a protégée, mais le courant lancé de chaque côté du modeste édifice, a brisé tous les vitraux et a pénétré en masse compacte dans l'intérieur.

[*] D. A. A l'hôtel du Grimsel le mur au sud a 3 mètres d'épaisseur à sa base, pour retenir l'avalanche qui tombe des hauteurs toutes les années.

Avalanches poudreuses (*Staublawinen*). Elles peuvent se produire partout, à tout moment et sans signes précurseurs. Elles se forment en hiver et au printemps, lorsqu'une neige granulée sans consistance, est tombée sur un sol gelé ou sur la croûte glacée d'une première couche (ou sur la surface de verglas d'un glacier). Le moindre ébranlement suffit aussi pour les provoquer ; mais au lieu de glisser, les légers granules s'enlèvent dans les airs en un nuage immense de poussière. L'air refoulé se précipite sur les pentes voisines et détache de nouvelles avalanches qui viennent grossir la première. La montagne semble vomir des vapeurs ; on ne voit qu'un tourbillon de poudre qui brille au soleil et qu'accompagne un roulement semblable à celui du tonnerre. L'*avalanche* pénètre avec fureur dans les forêts qu'elle rencontre ; les arbres craquent et se brisent, le vent siffle dans les branches de ceux qui résistent, les rocs se détachent et se culbutent, l'écho de tout ce fracas est répercuté en sourds mugissements, de sommets en sommets, et l'*avalanche* bondit en sauts gigantesques jusqu'au fond des vallées où, quelques minutes plus tard, son cadavre brisé gît en membres épars.

La trombe d'air qui l'accompagne produit des effets terribles : les arbres déracinés sont lancés au loin. Sur le versant opposé de l'étroite vallée, des forêts entières jonchent une immense étendue de terrain. L'ouragan est irrésistible, mais son action est circonscrite dans certaines limites au delà desquelles pas une feuille ne bouge sur les arbres[1].

Les *avalanches*, on le voit, sont un puissant moyen de déchargement des montagnes. La liste des plus célèbres *avalanches* et le nombre des victimes (et des dégâts) qu'elles ont faites seraient longs à établir ; pas un village des hautes vallées qui n'en ait inscrit plusieurs dans ses annales ; pas un sentier de la montagne où quelques croix ne rappellent un malheur.

Les débris accumulés atteignent parfois la hauteur des maisons, et les branches supérieures des arbres. La neige est si compacte qu'elle forme, même à une faible épaisseur, des ponts solides sur les torrents, ou sur les routes des obstacles dans lesquels l'homme est obligé de creuser des tunnels nécessaires à la libre circulation. Que de fois n'avons-nous pas franchi le Rhône, au-dessous de son glacier, sur le pont formé par l'avalanche de la Mayenwand et qui n'avait que 60 centimètres d'épaisseur.

Lorsqu'au printemps dernier, la guerre entre l'Autriche et l'Italie fit à la Suisse un devoir de se préparer à défendre une neutralité qui veut être respectée, le petit corps d'observation du colonel **Salis**, placé sur la frontière, dut maintes fois traverser avec son artillerie de montagne des ponts naturels ainsi jetés sur les torrents, ou défiler sous les *tunnels de neige* de Zernetz ou de Poschiavo.

Cette neige se durcit et se comprime à tel point que lorsque, surpris par une avalanche, un malheureux se trouve retenu par l'un de ses membres, il lui serait bien difficile de se dégager ; s'il est enfoui à quelques décimètres seulement de profondeur, il peut entendre très-distinctement toutes les paroles de ceux qui le cherchent, tandis que ses cris les plus désespérés ne parviennent pas à sortir de son tombeau glacé, pour diriger le travail de ses sauveurs.

Avant de terminer ce qui a trait aux *avalanches*, il importe de rectifier une idée complétement fausse, avancée par quelques auteurs qui, certainement, n'ont vu le phénomène que dans leur imagination ; ils décrivent l'*avalanche* sous l'aspect de boules colossales coulant sur les pentes. Rien de pareil n'existe, et une telle boule serait brisée au premier choc, après quelques mètres seulement de parcours[2].

Glaciers.

...Une locution aussi fausse que l'idée sur laquelle elle est basée, semble faire croire que les glaciers *avancent*, qu'ils restent *stationnaires* ou qu'ils *reculent*. Il n'en est rien.

[1] **Tschudi.** *Le Monde des Alpes*, t. II, p. 41.

[2] D. A. Aux avalanches parfaitement décrites par M. **Hüber**, il faut ajouter une troisième espèce d'avalanche : *Avalanches de glace* (gletscher Lawinen). Ce sont des chutes de glaces de glaciers qui tombent.

Un glacier avance toujours (dans toutes les saisons), mais si un été froid succède à quelque rigoureux hiver (hiver de fortes chutes de neige qui se maintiennent longtemps sur le glacier à sa pente terminale), ou si la surface du glacier est couverte de moraine d'une certaine épaisseur, les deux couvertures protégent contre l'ablation, les causes de destruction seront insuffisantes pour compenser celle de formation, et le glacier *avance*. Si les agents contraires s'équilibrent, le glacier restera *stationnaire*. Enfin pendant un été chaud après un hiver tiède (hiver de faibles chutes de neige), les forces destructives (l'ablation) étant plus puissantes que les forces génératrices, la tête du glacier (la pente terminale) se fondra plus ou moins rapidement, et celui-ci semblera *reculer*.

...L'altitude du pied des glaciers (pente terminale) dépend naturellement de leur masse, et de leur orientation : dans l'*Himalaya* (30° latitude nord) d'immenses glaciers descendent à 3,000 mètres; celui de *Baltoro*, dans la vallée de Brabaldo, mesure, d'après le capitaine **Montgomerie**, 58 kilomètres de longueur sur 2 à 4 de largeur; celui de *Biafo* n'a pas moins de 103 kilomètres de développement; celui de *Moztagh*, d'après **Godwin Austen**, 58 kilomètres, comme celui de *Baltoro*. Le pic le plus élevé de la chaîne, le *Karakorum*, s'élève à 8,460 mètres, c'est-à-dire à 3,650 mètres plus haut que le *mont Blanc*. Dans le *Caucase*, les glaciers descendent moins bas qu'en *Suisse;* l'altitude moyenne de 8 glaciers, d'après MM. **Kholenati** et **Ruprecht**, est de 2,185 mètres à leur base. *Plus on approche du nord et plus cette hauteur diminue*. En *Norwége*, le glacier de *Lodal* (61° latitude) s'arrête à 580 mètres, et celui de *Nygaard*, à 340 mètres. Au 70°, il s'arrête encore avant de toucher la mer. En *Islande* (64°) et à l'île de *Jan-Mayen* (70°), ils atteignent l'Océan glacial. Au *Spitzbergen* (77° à 81°), les glaciers s'avancent dans la mer: celui du *Cap Sud* et un autre au Nord de *Horn-Sound*, atteignent près de la côte une largeur de 20 kilomètres, il en est de même au *Grönland* où ils forment de formidables escarpements d'une hauteur totale de 350 à 450 mètres. Ils présentent sur ces points, comme le *glacier de Humboldt dans le détroit de Schmidt*, un front de 511 kilomètres. Au *Kamtschaka*, et dans la *Nouvelle-Zemble* (75°), il existe aussi des glaciers, mais, par une anomalie singulière, toute la côte de *Sibérie* baignée par la mer Glaciale en est dépourvue.

Dans l'*hémisphère austral*, les terres polaires sont aussi couvertes de glaciers : la *Terre de Feu* en possède le long du *détroit de Magellan*, d'après les travaux de M. **Julius Haast**[1], qui descendent jusqu'à 1210 mètres. Sur le *versant est*, le plus grand glacier, celui de *Tasman*, descend jusqu'à 845 mètres, tandis que sur le versant ouest, le glacier beaucoup plus petit de *François-Joseph* arrive à 215 mètr. Ce dernier est par 43° 35 latitude sud, c'est-à-dire la latitude, correspondant dans l'hémisphère nord à celle de Montpellier, de Pau et de Marseille. Il faudrait aller à 20° plus au nord, en Norwége, par 67° pour trouver des glaciers descendant aussi bas *. Dans les *Alpes*, le *glacier d'Aletsch* s'arrête à 1328 mètr., celui des *Bois* à 1125 mètr., celui du *Rhône* à 1700 mètr. et le *glacier inférieur du Grindelwald* à 1050 mètres.

En général, les glaciers les plus puissants sont les plus encaissés, les mieux abrités par les montagnes voisines, ou ceux qui se rattachent aux grands massifs glacés.

Crevasses. *Rimayes* (Bergschrund).

Les crevasses désignées sous le nom de *rimayes* opposent un sérieux obstacle à l'ascension des pics élevés. Leurs dimensions les rendent souvent infranchissables, mais leur gouffre béant n'est pas le seul danger qu'elles présentent, car lorsque le voyageur est parvenu sur l'autre bord, la corniche de neige, restée adhérente au rocher, n'offre à ses pieds qu'un léger et fragile appui. Que d'existences ont englouti ces rimayes! De quels drames et de quels dévouements elles ont été les témoins muets! Que de cris de désespoir elles ont étouffés entre leurs parois glacées **!

[1] **Julius Haast**. Rapport sur la formation des glaciers de Canterbury. (Nouvelle-Zeelande). 1864.

* D. A. Voyez dans la liste, auteur **Haast** (J.).

** D. A. Outre les rimayes, il y a les *crevasses ordinaires* des glaciers.

La nécessité de la vie, l'amour de l'art ou de la science expliquent suffisamment l'audace de certains hommes à braver les dangers sans nombre de ces régions inhospitalières. La témérité du chasseur de chamois se justifie par les entraînements d'une mâle passion; mais on peut se demander à quel sentiment obéit le simple touriste qui, laissant derrière lui la sécurité et le bien-être, s'expose gratuitement aux conséquences fort souvent mortelles du moindre faux pas, ou d'un instant de vertige. Poursuit-il la vaine satisfaction de pouvoir se dire, et surtout dire aux autres : « *J'ai escaladé ces sommets abrupts... Le premier j'ai foulé aux pieds ces fiers géants qui n'ont de relation qu'avec le ciel et la tempête...?* »

...Nous inclinons à le croire pour beaucoup d'entre eux. D'autres aussi, peut-être recherchent dans les émotions du danger, une excitation morale que refusent à leur flegmatique nature les événements ordinaires de l'existence; ils cotoyent la mort afin de mieux goûter la vie. Mais la plupart obéissent à ce sentiment providentiel qui nous pousse vers l'inconnu pour en sonder les mystères; à cette irrésistible attraction pour les phénomènes de la nature, où la puissance divine se révèle sous la *forme* la plus imposante. Ces masses dont l'aspect grandiose affirme à l'homme son exiguïté en même temps que sa faiblesse matérielle, ne lui disent-elles pas aussi combien est forte la volonté intelligente que Dieu a mise en lui pour le faire triompher des résistances de la nature!

Eau des glaciers.

L'eau qui s'échappe des glaciers a un goût différent de l'eau de pluie ou de neige qui provient de la fusion de la glace ordinaire ; elle est fade, malsaine et présente les inconvénients d'augmenter la soif, d'empêcher la marche et d'occasioner des douleurs d'entrailles. La cause de cette insalubrité est que l'eau provenant de la glace des glaciers est peu riche en oxygène et en acide carbonique. Une des conditions de salubrité de l'eau est qu'elle soit *aérée*, comme on le dit en style non scientifique. La grande affinité de la glace glaciaire pour l'oxygène doit tenir justement à ce que cette glace n'est pas oxygénée.

Les montagnards qui connaissent ces effets évitent avec grand soin de boire de cette *eau sauvage* (*Wildwasser*), tandis qu'ils professent un véritable culte pour les eaux claires. Cette vénération pour les sources est si grande, que les immenses glaciers, têtes de nos grands fleuves, n'en sont pas à leurs yeux les véritables origines : ils baptisent, par exemple, de nom de *source du Rhône* un petit ruisselet qui sort de terre à la température de 12°, derrière les dépendances de l'hôtel de Gletsch, et qui joint son filet d'eau limpide mais régulier, été comme hiver, aux centaines de mètres cubes d'eau sauvage et jaune qui s'échappe de la voûte du glacier.

L'affinité de l'eau glaciaire pour l'acide carbonique est telle qu'au dire de Tschudi (et avant lui par **de Saussure**), lorsque les montagnards n'en peuvent pas boire, ils la soumettent à un traitement qui la rend très-vite excellente à tous les usages :

« Les bergers qui passent l'été dans les verts pâturages situés au milieu des mers de « glace de Zäsenberg et du Bänisegg, portent au haut de grands rochers des morceaux « de glace qu'ils laissent fondre au soleil. L'eau qu'ils recueillent au bas est excellente à « boire. Les chasseurs de chamois répandent aussi sur les rochers de la glace de glacier « et se désaltèrent de l'eau qui en découle. Si peu potable en effet que soit l'eau du glacier au moment où elle se produit, il suffit qu'elle aie coulé un instant sur la pierre « pour se charger d'acide carbonique et prendre une saveur excellente. Hugi a également fait l'expérience qu'en la fouettant dans un vase, elle absorbe tout de suite une « quantité suffisante d'acide carbonique. »

Glacières naturelles.

M. le professeur **Thury** nous apprend que la température moyenne du sol est de $+ 0,6$ jusqu'au $+ 5,3$. Dans les diverses glacières naturelles qu'il a visitées, la glace s'y forme cependant en quantité considérable au printemps et en automne (et en hiver), et les causes de ce phénomène sont de deux natures.

1° Dans certaines glacières, qui n'ont avec l'extérieur qu'une seule communication ou plusieurs de même altitude, l'air en hiver, ou pendant la nuit, s'il est plus froid que celui du fond, *tombe par l'ouverture en vertu de sa plus grande pesanteur* (densité), déplace et expulse l'air plus chaud et congèle l'eau de la caverne. En été ou pendant le jour au contraire, l'air de la glacière étant plus froid et plus lourd que celui de l'atmosphère ne pourra pas en être chassé par celui-ci. Le rayonnement des voûtes et la chaleur propre du sol ne fondront qu'une petite quantité de glace, parce que celle-ci absorbe beaucoup de calorique pour passer à l'état liquide. M. **Thury** nomme ces glacières **statiques**.

2° Il appelle au contraire **glacières dynamiques**, celles qui sont en relation avec l'extérieur, par plusieurs cheminées ou galeries d'altitude différente. La colonne d'air de la cheminée étant, en été, plus lourde que la colonne extérieure correspondante, descendra dans la cavité pour s'échapper en courant froid par l'orifice inférieur. En hiver au contraire, cet air étant plus chaud, s'élèvera dans la cheminée et y appellera l'air froid extérieur par l'entrée la plus basse.

Ne peut-on supposer quelque chose d'analogue sous les glaciers, dont les crevasses (les puits), les galeries d'écoulement, les fissures peuvent, ce semble, constituer des glacières *statiques* ou *dynamiques* en grand nombre, par le moyen desquelles la chaleur terrestre serait rapidement extraite si elle parvenait en quantité appréciable jusqu'au lit du glacier? Nous croyons qu'il y a de grands enseignements à tirer des *glacières naturelles* pour les conditions de formation de la glace et pour la glaciologie en général, et nous devons regretter que, jusqu'à ce jour, elles n'aient été envisagées que comme des curiosités naturelles.

Nous regrettons surtout que M. **Thury**, qui a spécialement dirigé son attention sur ce point, n'en ait pas tiré quelques conclusions, et qu'il n'ait pas fait certains rapprochements qui, sous son autorité scientifique incontestée, auraient jeté quelque jour sur des problèmes renfermant encore tant d'inconnues.

Conclusions.

Nous avons étudié dans ce travail les phénomènes intérieurs et superficiels des glacières actuelles[1]. Tout observateur peut aisément contrôler la vérité des faits que nous avons avancés, pourvu toutefois qu'il sache appliquer judicieusement, aux règles générales que nous avons émises, les modifications qu'elles peuvent subir sous l'influence de certaines conditions locales. L'individualité de chaque glacier ne dépend pas de lois spéciales, mais d'un concours de lois qui peuvent réagir les unes les autres au point de changer entièrement les apparences. Il faut donc apporter, dans l'étude des glaciers, la plus minutieuse attention aux phénomènes extérieurs, et à des conditions locales qui bien que insignifiantes au premier abord, n'en contiennent pas moins, peut-être, la cause principale par laquelle **un glacier peut naître, se maintenir et disparaître**.

L'étude raisonnée des glaciers actuels, la question des périodes[2] qu'a traversées notre planètre, et pendant lesquelles les glaces ont pris une immense extension.

Les moraines colossales que les glaciers anciens ont transportées et déposées au loin[3], sont, pour la géologie, des débris aussi éloquents que pour l'histoire naturelle les gigantesques ossements de races disparues. La science peut reconstituer les formes de ces glaciers comme celle des animaux, et jeter un faisceau de lumière dans l'obscure et mystérieuse histoire de notre globe.

William Hüber.

D. A. Comme complément des citations de paragraphes de la publication de M. **W Hüber**, voyez dans la liste d'auteurs à la lettre M. **Moussy**, *Neiges, névés et glaciers dans les Andes.*

[1] D. A. Voyez table des matières.
[2] D. A. L'auteur dit *périodes de froid*, j'ai supprimé le mot de froid...
[3] D. A. Les moraines et les blocs erratiques.

K

KEILHAU.

Reise i Œstog Vest Finmarken samt til Beeren Eiland og Spitzbergen. — In-8. Christiania. 1831.

KAUFMAN (P. J.).

Géologie du Pilate. — Voy. auteurs : *Géologie suisse.*

KIRSCHLEGER (F.), professeur à Strasbourg.

Annales de l'association philomatique Vogéso-Rhénane faisant suite à la flore d'Alsace. — Nouvelle série. 7e livr., in-16, 48 pages. Strasbourg. 1867. — Paris, Em. Baillière, libraire, rue Hautefeuille, 79.

KNEELAND (Samuel), A. M., M. D., Fellow of the American Academie of Arts and Sciences).

Annual of scientific Discovery for 1866 and 1867, Exhibiting the most important discoveries in Natural philosophie, Geology, Meteorologie, etc., etc. — London, Trübner et C., 60, Paternoster-Row. 1867.

KORISTKA.

Die hohe Tatra in den Central-Karpathen. — 1 carte de terrain, 4 vues en chromolithographie et 1 cliché. Justus Perthes, libraire à Gotha.

Die deutsche Expedition in Ost-Afrika, 1861-1862. — 4 cartes, 1 vue et panorama en lithochromie. Justus Perthes, libraire à Gotha.

L

LAMONT (James).

Season with the sea-horses, or sporting adventures in the northern seas. — In-8, London. 1861.

LANOYE (F. de).

La mer polaire. — In-12. Paris. 1865.

LANOYE (F. de) et **HERVÉ.**

Voyages dans les glaces du pôle arctique. — In-18. Paris. 1859.

LE HON (H.).

Temps antédiluviens et préhistoriques. — L'homme fossile en Europe, son industrie, ses mœurs, ses œuvres d'art. — Grande période glaciaire. — Age du mammouth. — L'homme des cavernes. — Age du renne. — Déluges. — Ages de la pierre, du bronze et du fer. — Côtés lacustres. — Darwinisme. — 1 vol. in-8. 80 gravures. Paris, Reinwald, 1867.

LEJEAN (G.).

Ethnographie der Europæischen Türkei — Deutsch und französischer Text. 1 carte. Justus Perthes, libraire à Gotha.

LINSCHOTTEN.

VOYAGE OF DE SCHIPVAERT VON NOORDEN, OMLANGES NORWEGN, DE NOORT-CAP, LAPLAND, VINNLAND, RUSSLAND DE WITTE-ZEE, etc. door de strate van Nassau tot Worby de rivier Oby, anno 1594 en 1595. — In-fol. Francfort. 1601.

LŒWENIG.

REISE NACH SPITZBERGEN. — In-12. Leipzig. 1810.

LUTKE (Fedor.).

QUATRIÈME VOYAGE DANS L'OCÉAN GLACIAL SIBÉRIEN exécuté par ordre de l'empereur Alexandre Ier de 1821 à 1824. — Gr. in-4. 1828. Saint-Pétersbourg. Publication en russe.

M

MALTE-BRUN (V. A.).

COUP-D'ŒIL D'ENSEMBLE SUR LES EXPÉDITIONS ARCTIQUES ENTREPRISES A LA RECHERCHE DE **Franklin**, et sur les découvertes auxquelles elles ont donné lieu. — In-8. Paris. 1856.

MARCHANT (Louis).

ÉTUDES SUR L'AGE DE LA PIERRE. Notice sur une parure en coquillages, trouvée à Dijon. 2e édition, 4 p 2 pl. Dijon, impr. Babutst.

MARMIER (Xavier).

LETTRES SUR LE NORD. — 2 vol. in-12. Paris. 1840.

MARCOLINI (Francesco).

DEI COMMENTARII DEL VIAGGIA IN PERSIA, etc., e dello scoprim ento dell' isole Frislanda, Eslanda, Engruenlanda, Estolicanda e Icaria, fatto sotto il polo artico, da due fratelli **Zeni** — In-12. Venise. 1558.

MARTENS (Fréderic),

JOURNAL D'UN VOYAGE AU SPITZBERGEN, dans le *Recueil de Voyages au Nord*. — In-18. T. II. Amsterdam. 1715.

MARTINS (Charles).

DU SPITZBERG AU SAHARA; étapes d'un naturaliste au Spitzberg, en Laponie, en Écosse, en Suisse, en France, en Italie, en Orient et en Algérie. — In-8. Paris 1865.

MARTINS (Ch.). Professeur à Montpellier.

CLIMAT ET VÉGÉTATION DES ILES BORROMÉES, SUR LE LAC MAJEUR, comparés au climat et à la végétation des environs de Bayonne et de Saint-Jean-de-Luz. — In-8, 14 p. Montpellier. 1867.

MIDDENDORF (M. de).

SIBIRISCHE REISE. — 2 vol. 1856. Saint-Pétersbourg.

MŒRSCH (Casimir), directeur du Musée zoologique du Polytechnikum fédéral suisse.

GÉOLOGIE DU JURA, DU CANTON D'ARGOVIE ET DU NORD DU CANTON DE ZURICH. — Voyez auteurs : *Géologie suisse.*

MOUSSY (Martin de), docteur. [illegible]

NEIGES, NÉVÉS ET GLACIERS DANS LES ANDES. Extrait de la publication de [illegible] **Hüber**, ayant pour titre *les Glaciers*[1]. — Paris, 1867, p. 38 à [illegible]

.. M. le docteur **Martin de Moussy** a bien voulu nous communiquer [illegible] a lui-même recueillies sur ce terrain si peu connu; nous nous empressons de les publier en entier.

...Je n'ai point vu de champ de neiges sous l'équateur, puisque [illegible] je n'ai parcouru que du 33° au 23° degré de latitude. — J'ai trouvé qu'à partir [illegible] en allant au nord, la neige s'évaporait plus qu'elle ne se fondait. [illegible] glaciers proprement dits dans cette zone; mais dans certaines anfractuosités [illegible] s'amasse et devient glace, ainsi qu'on peut le voir par les morceaux que [illegible] apportent à Mendoza, à Tucuman, à Salta, où je les ai vus moi-même.

Les *nevados* de toute cette zone, ou pics élevés au-dessus de 4,800 mètres, conservent leur neige toute l'année; mais sous le tropique, quelques pics isolés hauts de [illegible] la perdent tout à fait, comme le pic de Zenta où le passage est à 4,850 mètr. [illegible] franchi dans la neige fraîchement tombée au mois de septembre, et les gens du pays m'ont assuré qu'il en était dépouillé au cœur de l'été.

Les plateaux des Andes sont prodigieusement secs, surtout vers l'ouest; l'évaporation y est donc fort active, je crois que la vraie cause du névé qui s'y trouve en certains droits est, selon toute apparence, la non-pénétration de l'eau dans la masse. — [illegible] en est autrement dans les anfractuosités des sommets; là il se forme de la [illegible] glace. J'ai constaté que, vers l'ouest, le ciel est extrêmement pur, et que la Cordillère reçoit peu de neige, si ce n'est à l'entrée de l'hiver, c'est-à-dire en juin. Ces glaciers sont très-petits, très-localisés; à partir du 33° degré vers le sud, il y a, comme le [illegible] **lippe**, de véritables glaciers, quoique beaucoup moins grands qu'en Suisse [illegible] dans des anfractuosités. J'ai vu d'Aconcagua (6,994 mètr.), le Tupungato (6,710 mètr.) et d'autres pics, en février 1857, conservant leur neige. Le Tupungato est un [illegible] parfait; le quart supérieur de la hauteur était tout blanc. L'Aconcagua [illegible] rochers noirs dont les arêtes sont dépouillées, mais il a de longues traînées de [illegible] tous sens; c'est aussi ce que j'ai vu aux Nevados voisins (par 33° en moyenne), [illegible] Potro, au Bonete, par 28°; au Negro et au Castillo par 24°40' près de Salta.

Près Tucuman (27° S.) l'Aconquija (4860 m.) a toujours un peu de neige, mais il [illegible] le côté oriental des Andes et participe au climat de la région pampéenne, qui reçoit assez souvent de la pluie, tandis que, dans les vallées intérieures des Andes, il ne pleut que l'été jusqu'à 4000 mètres de hauteur. A cette altitude même, c'est souvent de la grêle [illegible] de la neige, ou de courtes pluies d'orage.

Les débordements des rivières qui viennent des Andes sont dus aux pluies qui tombent dans les vallées intérieures à 3,000 mètr., et non à la fonte des neiges qui sont toujours en petite quantité. Sauf le Tupungato (33° S., 6710 mètr.), je n'ai vu aucun sommet aussi glacé que notre mont Blanc. Les neiges y sont assez peu épaisses pour qu'on puisse voir toujours, même près du sommet, des parties dépouillées. Cela tient à la forme de la montagne et au vent. Le voyageur passe souvent, à des hauteurs de 4,000 mètr., près de nevadas qu'il peut parfaitement examiner.

A partir du 36° degré, il pleut sur les deux versants des Andes, et il y a des glaciers des deux côtés. Alors la végétation de ces montagnes commence à être belle, tandis qu'en remontant vers le nord elle est chétive faute d'eau. A 2,000 mètr. par 33°, il y a des arbres, on en trouve encore à 2,500 mètr. sous le tropique, mais ils sont petits. A 1,500 mètr. d'altitude la végétation est européenne, à 800 mètr. elle est encore tropicale.

Les glaciers, ou plutôt les apparences de glaciers, les amas de neiges sont plus nombreux, plus persistants du côté oriental que du côté occidental.

[1] D. A. Voyez à la lettre **H. Hüber** (Williams).

D'ailleurs la limite des neiges persistantes est très-variable. A latitude égale, elle dépend de l'orientation de la montagne, de la forme de la vallée, du vent dominant, de la largeur du plateau, etc. Il ne faut pas oublier que par 20° de latitude le plateau des Andes a 8° de longitude en largeur, c'est-à-dire 150 lieues marines une altitude moyenne de 3,800 mètres; le lac de Titicaca est à 3,920 mètres.

Les différences du chiffre de limite des neiges persistantes que notent les auteurs, et dont on s'étonne, tiennent à ce qu'on n'a pas analysé assez complétement la topographie des localités, et la météorologie du plateau ou de l'arête des Andes. Cette limite varie pour chaque nevado et on ne peut fixer une règle générale.

A partir du 37° degré vers le sud, les Andes forment une véritable Suisse américaine : les lacs, les ruisseaux, les rivières abondent. Le climat est pluvieux, la végétation très-riche, la chaleur peu élevée l'été, et l'hiver très-doux. Le pays des Araucans est dans cette condition ; les colonies allemandes placées près du golfe de Reloniavi (41° S.) ont trouvé là le climat de l'Allemagne du Sud, moins ses fortes gelées.

Le grand plateau des Andes, dit plateau bolivien, commence au 30° degré de latitude sud dans la province Argentine de San-Juan, au-dessus du bourg de Sachal ; il va en s'élargissant jusqu'au 20° degré de latitude formant un triangle allongé dont l'extrémité est en bas vers le sud. Dès le 20° degré, le dos du principal massif andin a 15 lieues de large, et une altitude variant de 3,800 à 4,200 mètres ; le passage est dangereux à cause du vent, du froid et de l'absence de ressources. La route n'est pas difficile ; c'est une plaine haute, pierreuse, ondulée, sans un atome de végétation, sauf la *Uareta* (Bolax), umbellifère à racine résineuse donnant un excellent feu et qui croît dans les roches où elle semble un lichen tapissant le sol. Cette plante précieuse pour le voyageur croît lentement.

MOUSTON (Dr).

RECHERCHES ANTHROPOLOGIQUES SUR LE PAYS DE MONTBELLIARD. — 1 vol. in-8 p. 456. Montbelliard, H. Barbier, libraire, 1866.

Le mot *Recherches anthropologiques*, dans le titre de ce beau livre, doit être pris dans le sens le plus vaste : « l'homme dans ses rapports avec la nature à toutes les époques de l'existence humaine sur la terre. » Histoire géologique et archéologique de l'homme et des peuples, etc.

...Homme fossile, antérieur à l'*époque glaciaire* ou contemporain de celle-ci.

...L'homme des habitations lacustres, etc.

MUHRY (A.).

ÜBER DIE GESTALT DES ÆQUATORIAL- ODER ANTIPOLAR-LUFSTROMES. Einige Worte zur Verständigung über das geographische Windsystem, zumal in Bezug auf das « Drehungs Gesetz. » Mittheilungen aus Justus Perthe's geographischer Anstalt, 1866, p. 339-342. 2 fig. xyl.

MULLER (Albert), Dr à Bâle.

GÉOLOGIE DU CANTON DE BALE ET CONTRÉES LIMITROPHES. — Voyez auteurs : *Géologie de la Suisse.*

MONTÉMONT (Albert).

BIBLIOTHÈQUE UNIVERSELLE DES VOYAGES. — Paris.

MORTILLET (G.).

PROMENADES PRÉHISTORIQUES A L'EXPOSITION UNIVERSELLE 1867. — 1 vol. in-8. Paris*

...Description de la partie du musée de l'histoire du travail qui concerne l'état et l'industrie de nos premiers ancêtres, les contemporains des *grands animaux fossiles*, dont la

* D. A. Extrait de la *Revue scientifique de la France et de l'étranger*, p. 701-705, n° 44. Paris. 1866-1867. Germer-Baillière.

science contemporaine est parvenue à prouver l'existence et cherche en ce moment à retrouver les mœurs, le mode d'existence et les premiers rudiments de la civilisation. De nombreuses figures représentent les objets les plus curieux qui figurent dans ces collections de l'exposition universelle, les plus instructives qu'on soit encore parvenu à réunir en un même endroit. Le passage suivant, que nous empruntons à cet intéressant ouvrage, expose les plus récentes découvertes de *l'anthropologie préhistorique* sur un sujet qu'on ne s'attendrait guère à rencontrer à des époques où la géologie tient la place de l'histoire.

...Les matières employées par les artistes de l'époque du *renne* sont parfois des plaques de pierres plus au moins schisteuses; parfois aussi l'ivoire provenant des défenses de *mammouth* ou diverses portions d'os; mais la plus ordinaire, la plus habituelle, est le *bois de renne*. Plus de la moitié des pièces sont gravées sur bois de renne.

...Dans leurs gravures et sculptures primitives, on remarque un sentiment si vrai des formes et des mouvements, qu'il est presque toujours possible de déterminer l'animal représenté et de se rendre compte de l'intention de l'artiste. Il y a beaucoup de naïveté, c'est l'enfance de l'art, mais c'est incontestablement de l'art, de l'art bien réel...

Mammouth. — Grande plaque d'ivoire provenant de la Madelaine (Dordogne), sur laquelle est gravée au trait l'esquisse d'un *éléphant* : son front bombé, son tout petit œil, sa longue trompe sont très-visibles. Ce qu'il y a de plus intéressant, c'est que son *cou est tout couvert de longs poils* formant une ample crinière, ce qui prouve que ce n'est point le dessin d'un éléphant actuel, mais bien celui d'un *mammouth*, éléphant à longs poils...

Mammouth entier sculpté sur une palme de bois de renne. Cette pièce provient des abris sous roche de Bruniquel (Tarn-et-Garonne).

Renne. — Curieuse ébauche de poignard de bois de renne... Plaque de roche schisteuse sur laquelle est gravée au trait un combat amoureux de rennes.

Tigre des cavernes. — Sur un fragment de bâton de commandement, est très-nettement gravé un *tigre*.

Homme. — Fragment de bâton de commandement sur lequel est gravé une petite forme humaine, maigre et au corps allongé, placée entre deux *têtes de chevaux* et suivie d'un *serpent* ou *poisson anguilliforme*.

Petite *statue d'ivoire* de Laugerie-Basse, que son possesseur M. de **Vibraye**, a désignée sous le nom d'idole impudique. C'est un corps de femme maigre et allongé, dont les parties sexuelles sont très-prononcées et le derrière fort proéminent.

Fragment de pointe de lance, de la Madelaine, sur lequel sont gravées en demi-relief à la suite les unes des autres, des formes de mains ne montrant que quatre doigts; mais M. **Lartet** a fait remarquer que certaines populations sauvages représentent encore ainsi la main, ne dessinant jamais le pouce.

Singe (?) — Petite plaque osseuse, de Bruniquel, sur laquelle est gravée une tête d'animal qui ressemble beaucoup à une tête de singe; mais on n'a jamais trouvé d'ossements de cet animal.

Grand ours. — Cailloux schisteux portant sur une face plane le dessin au trait d'un *grand ours de cavernes*. Ce dessin, découvert dans la grotte de Massat (Ariége) par M. **Carrigou**, ne se voit plus que très-difficilement.

Cerf. — Bois de cerf de la Madelaine sur lequel est gravé un cerf ordinaire.

Aurochs. — Tête sculptée sur bois de renne extrémité inférieure d'un bâton de commandement... D'autres têtes gravées sur bois de renne, ou sur os montrent de beaux types de taureaux qui doivent se rapporter à l'aurochs.

Chevaux. — Sur un bâton de commandement de bois de renne, de la Madelaine, on voit de chaque côté trois chevaux en demi-relief parfaitement caractérisé... Un instrument assez singulier, de bois de renne, de Laugerie-Basse, armé à l'une des extrémités d'un harpon avec barbe en crochet, montre tout près de ce crochet une belle *tête de cheval* sculptée. Ses oreilles sont très-soignées, mais un peu longues. Si l'on rapproche ce fait de celui signalé à propos d'une gravure de tête placée dans la troisième travée, qui a des oreilles ressemblant à celles de l'âne, on sera porté à croire qu'à cette époque vivait une race de chevaux à longues oreilles.

Bouquetins. — Des bouquetins de la Madelaine et de Laugerie-Basse et de Massat (Ariége). Le mieux exécuté est celui de Laugerie-Basse sur une large palme de bois de renne.

Oiseaux. — Un à long cou, de Laugerie-Basse, ressemble beaucoup à un *cygne*. Sur un fragment de pointe de lance, de la Madelaine, on voit, à la suite les uns des autres, une série d'oiseaux, probablement des *oies*.

Poissons. — Un fragment de bois de renne, de la Madelaine, contient trois ou quatre, avec leurs écailles bien marquées, exagérées même, tandis qu'on en voit un presque sous forme de squelette finement tracé sur un fragment de mâchoire inférieure de renne, de Laugerie-Basse. Un autre, provenant de la Vache (Ariége) finement gravé sur un fragment d'os.

Reptiles. — Des reptiles divers plus ou moins reconnaissables. Pourtant un têtard est très-nettement tracé sur une portion de bout de lance provenant de la Madelaine.

Fleurs. — Le règne végétal est infiniment moins bien représenté que le règne animal. — Deux grandes fleurs, dont une à neuf pétales, étalées sur un fragment de lance de la Madelaine, et une en forme de tulipe à l'extrémité d'une tige onduleuse, gravée aussi sur bout de lance de Laugerie-Basse.

Conclusions. — La contemporanéité de l'homme et des dernières espèces animales éteintes, la contemporanéité de l'homme et du renne indigène en France est largement, solidement, irrévocablement prouvée par la découverte de produits de l'industrie humaine abondamment mélangés avec les débris de ces animaux éteints ou émigrés, dans des couches quaternaires intactes et au milieu des dépôts de cavernes qui n'ont jamais été remaniées.

L'art de l'époque du renne fournit une démonstration encore plus péremptoire. L'homme a parfaitement représenté non-seulement le *renne*, animal émigré, mais encore le *grand ours*, le *tigre des cavernes*, le *mammouth*, animaux éteints, et cela habituellement sur les dépouilles du renne et du mammouth eux-mêmes. L'*homme était donc bien incontestablement le contemporain de ces animaux*, dont il utilisait diverses parties et qu'il figurait si exactement. Il ne peut y avoir de démonstration plus convaincante !...

G. Mortillet.

MORTILLET (Gabriel de), Matériaux pour l'histoire primtive de l'homme.
PROMENADES PRÉHISTORIQUES A L'EXPOSITION UNIVERSELLE DE PARIS, 1867. — 1 vol. in-8, 187 pages de texte et clichés nombreux. Paris 1867. C. Reinwald, libraire-éditeur, 15, rue des Saint-Pères.

Conclusions.

C'est la première fois que les *temps préhistoriques* se manifestent d'une manière solennelle et générale. Eh bien, cette première manifestation a été pour eux un triomphe complet !

Impossible, après avoir visité les galeries de l'histoire du travail du Wurtemberg, de la Hongrie, de la Suisse, de l'Espagne, du Danemark, de la Suède, de la Russie, de l'Italie, de Rome même, de l'Angleterre et surtout de la France, de mettre en doute la grande loi du *progrès de l'humanité*.

On voit l'industrie débuter par des *instruments de pierre*, simplement taillés en éclats si primitifs, si rudimentaires, qu'ils sont de beaucoup inférieurs à tout ce que nous trouvons de nos jours chez les peuples sauvages les plus arriérés.

Peu à peu la taille de pierre s'améliore, l'outillage devient plus varié ; on retrouve de nombreux *instruments en os et en bois de cerf*.

Puis vient l'habitude de polir la pierre, qui marque un progrès tel qu'il sert à caractériser une des grandes divisions des temps préhistoriques : *l'ère de la pierre polie*.

Ce n'est que plus tard qu'apparaît le métal, le *bronze* d'abord seul, ensuite le *fer*.

Pierre taillée à éclats, pierre polie, bronze, fer, sont autant de grandes étapes qu'a traversées l'humanité toute entière, pour arriver à notre civilisation.

Non-seulement on peut, à l'Exposition, suivre pas à pas cette marche progressive de l'humanité, mais encore on est à même de reconnaître ce qu'il a fallu de temps pour réaliser ces progrès. — La chronologie enseignée dans toutes nos écoles est terriblement distancée. C'est à peine si elle peut renfermer les temps historiques. En effet, dans le temple d'Edfou, élevé par le gouvernement égyptien au milieu du parc de l'Exposition, on voit la statue de **Chephren**, véritable chef-d'œuvre artistique que les égyptologues les plus savants font remonter à six mille ans. Elle serait donc contemporaine du premier homme de notre enseignement scolaire !... Combien pourtant ont dû s'écouler d'années, ou plutôt de siècles, pour que l'homme de la pierre simplement taillée à éclats arrive à donner ainsi le plus beau brillant poli, mais la vie et le sentiment au rocher le plus dur ?

Il a fallu un temps énorme. En effet, **Chephren** était contemporain d'une faune tout à fait semblable à la faune actuelle, tandis que l'homme de la pierre taillée a été entouré d'animaux d'espèces complétement éteintes. C'est donc bien l'*homme fossile* ayant vécu avec les *animaux fossiles*.

En France, en Angleterre, en Espagne, à Rome, les instruments de pierre de la première période se sont trouvés associés avec des ossements du *rhinocéros* à narines cloisonnées, du *grand hippopotame*, de diverses *hyènes*, du *grand ours* des cavernes, du *megaceros* d'Irlande, de *tigres* ou *lions fossiles*, de divers *éléphants*, parmi lesquels on remarque surtout le *mammouth* ou *éléphant poilu*. Or, ces instruments étaient parfaitement en place, au milieu d'assises intactes, nullement remaniées ; ils étaient donc bien contemporains et aussi fossiles les uns que les autres. Sous ce rapport, les vitrines qui garnissent la partie gauche de la première salle de l'histoire du travail français ne peuvent laisser aucun doute.

A cette première époque de l'enfance de l'humanité, caractérisée par une faune contenant de nombreuses espèces éteintes, a succédé une seconde époque pendant laquelle vivaient, chez nous et dans les plaines, en abondance, des espèces qui ont émigré et se rencontrent maintenant seulement vers le nord ou les sommets neigeux des montagnes. Tels sont le *renne*, le *glouton*, le *renard lagopède*, le *bœuf musqué*, la *chouette harfang*, le *chamois*, le *bouquetin*, la *marmotte*, le *tétras*, etc. Déjà il y a progrès : l'homme commence à être artiste. Il figure des animaux, et là nous retrouvons la représentation non-seulement d'animaux émigrés, mais encore de quelques-uns de ceux qui étaient en voie de s'éteindre. — L'homme de cette époque reculée a parfaitement représenté, avec le *renne* et le *bouquetin*, animaux émigrés, le *grand ours*, le *tigre* des cavernes, le *mammouth*, animaux éteints, et cela habituellement sur les dépouilles du *renne* et du *mammouth* eux-mêmes. — L'homme était bien incontestablement le contemporain de ces animaux dont il utilisait diversement les dépouilles, et qu'il figurait si exactement. Il ne peut pas y avoir de démonstration plus convaincante !... L'homme remonte donc jusqu'aux derniers temps géologiques, ce qui nous mène bien loin de **Chephren**, qui vivait il y a six mille ans, et de la chronologie classique !...

L'étude comparée des antiquités préhistoriques et des objets provenant de peuples sauvages permet de constater une autre loi, qui est comme un complément de celle du progrès : c'est la loi du développement similaire de l'humanité. Nous trouvons la plus grande analogie, la plus grande similitude entre la civilisation élémentaire des sauvages et la civilisation primitive des temps préhistoriques. On peut dire que partout, dans le temps comme dans l'histoire, l'homme a suivi la même évolution d'ensemble dans son développement industriel et moral.

Ainsi :

Loi de progrès de l'humanité ;
Loi de développement similaire ;
Haute antiquité de l'homme,

Sont trois faits qui ressortent d'une manière claire, nette, précise, irréfutable de l'étude que nous venons de faire sur l'Exposition.

N

NORDENSJOLD (A. E.).

SKETCH OF THE GEOLOGY OF SPITZBERGEN. Translated from the Transactions of the Royal Swedisch Academy of Sciences. — In-8, 55 p., 2 cartes. Norstedt. Stockholm. 1867.

O

OMBONI (Giovanni), professeur d'histoire naturelle, etc.

I GHIACCAJ ANTICHI E IL TERRENO ERRATICO DI LOMBARDIA *.

In-8, 70 pages, 3 planches.

1. Carte des glaciers des Alpes Lombardes à l'époque quaternaire.
2. *a* Masse (bloc) erratique des Alpes de Privolta sur le mont Prims à 700 métr. au-dessus du lac de Como.
   b Masse erratique de Frascaloro près Varèse.
   c La grande moraine sur le mont de Gavirate, vue depuis le lac de Varèse.
   d La grande moraine sur le mont de Gavirate, vue depuis Arona sur le lac Majeur.
   e Moraine d'un glacier complet, et formé par 3 glaciers simples.
3. Carte de la distribution régulière des roches alpines dans le terrain erratique de la Lombardie occidentale déposé par les glaciers de l'époque quaternaire.

Introduction. — Phénomène des glaciers actuels. — Limites des bassins des anciens glaciers en Lombardie. — Bassin du Tessin (Ticino). — Saint-Gothard et vallée Leventina. — Bassin du lac Majeur (lago Maggiore) de Locarno à Palanza et Laveno. — Monte Rosa et glaciers de Macugnana. — Vallée Macugnana et vallée Anzasca. — Simplon et val de Vedro. — Vallée Formazza et vallée Antigorio. — Vallée de la Toce de Domodossola au lac Majeur. — Ancien glacier de la vallée de la Toce. — Bassin du lac d'Orta. — Partie méridionale du lac Majeur. — Val Cuvia, val Gana et environs de Varèse. — Bassin de l'Adda. — Bassin de Formio. — Vallée Furva ou de Caterino. — De Bormio à la Stelvio. — De Bormio à Tirano. — Vallée de Puschiavo (canton des Grisons). — De Ti-

* *Les glaciers anciens et le terrain erratique de la Lombardie.* Mémoire lu le 28 avril 1861 à la réunion de la Société italienne des sciences naturelles à Milan. — Extrait du vol. III des Actes de ladite société. — Ce mémoire est imprimé en langue italienne.

rano à Sondrio. — Vallée Malenco. — De Sondrio à Colico. — Vallée du Masino. — Anciens glaciers de la Valteline. — Lac de Como, Vallasina et lac de Lugano. — Anciens glaciers du bassin du lac de Como. — Brianza. — Autour de Lecco. — Bassin de Como. — Triangle Erba, Como et Montorfano. — Triangle Como, Fino et Cantù. — De Como à Malnata près Varèse. — Contrée de Varèse. — L'alluvion ancien et les bassins des lacs de la Lombardie. — Du climat de l'époque glaciaire. — Conclusions.

P

PHILIPPI (Dr R. A.), in Santiago.

DIE GLETSCHER DER ANDES[1].

In der physikalischen Schilderung von Hoch-Asien (*Geographische Mittheilungen* 1865, S. 369), sagt Herr Prof. **Robert v. Schlagintweit**: « *in den Anden kennt man bisher gar keine Gletscher.* » Diess ist ein Irrthum, der wohl eine Berichtigung in den « Geogr. Mitth. verdient. Aus der Expedition von **Fitzroy** ist die Existenz von Gletschern im südlichsten Theil der Anden hinreichend bekannt. Herr Dr **Fonck** hat im Jahr 1857 in dem Bericht über seine Expedition nach den *See Lamtuhapi* den enormen *Gletscher* erwähnt, der vom Tronador herabsteigt. » Der Fluss entspringt von einem *immensen Gletscher*, etc. (*El rio sale de una masa immensa de hielo* (tr. *glacier*), *que bajando del rio viene a cerrar el fondo del valle al S.*). — Anal. de la Univ. de Chile 1857, p. 4).

Im Jahr 1862 habe ich in meines Bericht über meinen Besuch des neuen Vulkans von Chillan die *Gletscher* desselben besprochen und bereits im Jahre 1860 hat Herr **Pissis** in seiner *Topografia i geologia de Colchagua* von den Gletschern dieser Provinz kurz gehandelt. In den Andes der Provinz Colchagua erscheinen auch die ersten Gletscher. Dieselben sind immer an den Quellen der Flüsse gelegen, und besonders auf den südlichen Abhängen der Andes-Kette. Sie bestehen aus durchsichtigem, in eine Menge kleiner prismatischer Fragmente getheiltem Eis, welches sie sehr von dem Firnschnee unterscheidet, der nur aus leicht verkittetem Schnee oder Hagel (?) besteht. Sie reichen weit tiefer hinab als die Grenze des ewigen Schnee's (*neiges persistentes*) und der merkwürdigste von allen, der, welcher den Rio de los Cipreses bildet, fängt in der Höhe von 1,785 Meter an (*pente terminale à* 1,785 mètr.), während die Linie des ewigen Schnee's auf 2,500 Meter für die Provinz wenige Zeilen vorher bestimmt ist. (*Es tambien en los Andes de Colchagua donde aparence los primeros bancos de hielo* (*glaciers*). *Estos bancos se hallau siempre situados en los racimientos de los rios, tienen particularmente en las vertientes sur de los Andes. Son formados de hielo transparante, dividio en una infinidad de pequeños fragmentos prismaticos, lo que los diferencia de los nevados, compuesto solo de nieve o do granzo lijerimente conglutinados; occupan una altitud mui inferior al limite de las nieves eternas, i el mas notable de todos, el que forma el rio de Cipreses, principia à* 1785 *metros.*)

Warum sowohl Herr Dr **Fonck** wie Herr **Pissis** den spanischen Ausdruck für Gletscher, welcher *ventisquero* ist, vermieden haben, kann ich nicht sagen; er findet sich wenigstens in **Franceson's** Handwörterbuch: beide Herrn setzen den französischen Ausdruck *glacier* zur Erläuterung in den spanischen Text.

Die früheste Angabe von der Existenz eines Gletschers in den Anden, und zwar in noch höherer Breite, ist übrigens von **Darwin** gemacht, freilich ist sie nicht so sicher,

[1] Extrait de *Mittheilungen* aus Justus Perthes, von Dr A. **Petermann**, [illegible], IX, p. [illegible]

ass man sie nicht hätte in Zweifel ziehen können, so lange man der Andes-Kette die letscher absprechen zu müssen. **Darwin** sagt in seinen *Journal of researches into atural history and geology*, new edition, 1852, p. 324. Ein blauer Fleck in der Mitte des wigen Schnees des Tupemgato ist ohne zweifel ein **Gletscher**.

PAGLIA.

SULLE COLLINE DI TERRENO ERRATICO AL' ESTREMITA MERIDIONALE DEL LAGO DI GARDE. — Atti della Soc. ital. di scienze nat., vol. II, 1859-1860.

SHEPHERD (C. W.).

THE NORTH-WEST PENINSULE OF ICELAND; being the journal of a tour in the spring and summer of 1862. — In-8, 173 p., 1 carte. Longmans. London, 1867.

VILLA.

OSSERVAZIONI GEOGNOSTICHE FATTE IN ALCUNI COLLI DEL BERGAMASCO ET DEL BRESCIANO. (*Giornale dell' Ingegnere Architetto*, anno V)

ZOLLIKOFER.

GÉOLOGIE DES ENVIRONS DE SESTO CALENDE. (*Bull. de la Soc. vaudoise des sciences naturelles*. 1844.)

ZOLLIKOFER.

SUR L'ANCIEN GLACIER ET LE TERRAIN ERRATIQUE DE L'ADDA. (*Bull. de la Soc. vaudoise des sciences naturelles*. 1853).

MATÉRIAUX

POUR

L'ÉTUDE DES GLACIERS

Septième liste supplémentaire, par ordre alphabétique, des auteurs qui ont traité des hautes régions des Alpes et des glaciers, et de quelques questions qui s'y rattachent, avec indication des recueils où se trouvent ces travaux (1864 à 1866).

B

BARDIN (L. I.), ancien professeur aux écoles d'artillerie et à l'école polytechnique.
LA TOPOGRAPHIE ENSEIGNÉE PAR DES PLANS-RELIEFS ET DES DESSINS [1].

Exposition universelle de 1867 (2e groupe, XIIIe classe).
L'exposition complète a lieu dans la salle Vauban, attenant à la galerie des plans-reliefs des places-fortes, aux Invalides, à Paris.

I. Plans-reliefs des montagnes françaises.
II. Plans-reliefs géologiques.
III. Fragments topographiques.
IV. Plans-reliefs physiques et plans-reliefs mathématiques.

I. Plans-reliefs des montagnes françaises.

1. *Hautes-Vosges.* — Région des ballons (Ballon de Guebwiller, 1425 mèt. alt.).
2. *Auvergne.* — Chaîne des Puys, ou Monts-Dôme (Puy de Dôme, 1465 mèt. alt.).
3. *Jura.* — Chaîne du Reculet et du Colombi de Gex (le Reculet, 1720 mèt. alt.).
4. *Alpes dauphinoises.* — Massif de la Chartreuse (Chamachaude, 2087 mèt. alt.).
5. *Hautes-Pyrénées.* — Région des Cirques (Pic de Marboré, 3253 mèt. alt.).
6. *Hautes-Alpes.* — Chaîne du mont Blanc (mont Blanc, 4810 mèt. alt.).

[1] D. A. Extrait d'une brochure in-4 de 26 pages, publiée par l'auteur. Paris, 1867.

Les inégalités terrestres classées suivant l'ordre de leurs altitudes.

a. **Monticules**[1] — 0 à 100 mèt. alt. — Dunes de Gascogne.
b. **Collines basses** — 100 à 500 mèt. — Collines de la Rade d'Hyères, — dernières pentes de la chaîne des Maures.
c. **Collines hautes** — 500 à 1000 mèt. — Collines de Saint-Dié des Vosges.
d. **Montagnes basses** — 1000 à 2000 mèt. — Hautes Vosges. — Chaîne des Puys d'Auvergne. — Jura.
e. **Montagnes moyennes** — 2000 à 3000 mèt. — Alpes dauphinoises. — Massif de la Chartreuse.
f. **Montagnes hautes** — 3000 à 5000 mèt. — Hautes Pyrénées. — Hautes Alpes, — Massif du mont Blanc.
g. **Montagnes très-hautes** — au-dessus de 5000 mèt. Il n'y en a pas en Europe.

Le caractère essentiel de ces *plans-reliefs* est d'être *naturels*, c'est-à-dire d'être exécutés d'après une seule et même échelle pour les distances horizontales et les hauteurs ; bien différents en cela des images à relief rehaussé qui donnent l'idée de montagnes contrefaites, monstrueuses, géologiquement parlant, et qu'il est impossible de comparer entre elles. Cette altération du rapport de la base à la hauteur fausse complétement l'idée qu'on doit avoir du relief des montagnes. Si ce principe était admis, on serait empêché de faire un parallèle des montagnes, à la façon du parallèle des édifices de **Durand**. Les montagnes ne sont pas seulement remarquables par leur masse, laquelle se manifeste surtout dans la hauteur ; elles ont en outre un caractère, une physionomie qu'elles doivent à leur constitution minérale, à leur mode de formation et à leur âge géologique. C'est cette physionomie que, pour l'instruction de tous, je me suis efforcé de conserver, de faire ressortir dans mes plans-reliefs.

« En présence de ces images vraies, où les rapports des hauteurs sont conservés, où « les pentes du sol sont naturelles, l'observateur le plus novice ne confondrait plus entre « eux des phénomènes orographiques qui n'ont de commun que leur nom générique. « L'aspect chaotique des Alpes, l'arête étroite et en baïonnette des Pyrénées, les formes « ballonnées des Vosges, les combes jurassiques, les pustules volcaniques de l'Au- « vergne, etc., le frapperaient immédiatement, lui communiqueraient des impressions « ineffaçables et lui donneraient la connaissance de faits qu'il eût saisis difficilement sans « le secours des images. »

...Ce sont les minutes de la carte de France de l'état-major qui ont servi de base à l'exécution des *maquettes* (plans-reliefs à gradins), desquelles on passe par un simple remplissage de gradins aux plans-reliefs topographiques ou à surface continue. Je ne saurais proclamer trop haut combien je suis redevable au dépôt de la guerre, et particulièrement à M. le général **Blondel**, directeur. Rien, sans ce puissant secours, ne m'eût été possible. Je serais donc autorisé en quelque sorte à mettre en tête de ma collection : Plans-reliefs des montagnes françaises du dépôt de la guerre.

Mais une de ces maquettes à gradins remplis n'est pas encore la nature. Elle peut renfermer des erreurs de construction qui constate et corrige sa mise au point d'après les données numériques de la carte-minute. D'un autre côté, il lui manque tous les détails pittoresques qui donnent à la région représentée ses traits distinctifs. Pour la chaîne du mont Blanc, par exemple, ce sont les *neiges*, les *glaciers*, les *moraines*, les *blocs*

[1] Groupe de monticules, qui comprend tous les accidents de terrain, dont les appellations sont nombreuses et vagues. Éminence. — Mamelon. — Gibbosité. — Butte. — Proéminence. — Tertre. — Pli de terrain, etc.

erratiques, les rochers de diverses natures en masses, en aiguilles, en escarpements, en éboulements, etc., qui caractérisent ces montagnes à glaciers. Or, ces détails, considérés seulement comme des obstacles, par l'officier d'état-major, ne sont donnés sur sa minute qu'approximativement, dans leur emplacement et leurs dimensions générales, par des signes qui parlent plus à l'esprit qu'aux yeux. Ils sont donc insuffisants, même ceux du capitaine **Mieulet**. C'est qu'il y a loin du signe autant conventionnel qu'imitatif par lequel le dessinateur topographe les exprime sur le papier, bien loin, dis-je, d'une image plate à la réalisation de la troisième dimension du relief du sol par la sculpture. Ce travail d'art exige une reconnaissance spéciale, faite au crayon ou avec un appareil photographique à la main, afin de recueillir des vues et des croquis en nombre tel que cette dernière *retouche* devienne un véritable travail de photo-sculpture.

Un long séjour à Chamonix était nécessaire pour prétendre à faire autrement et mieux que ce qui existait. Nous y avons passé deux mois et demi. Ainsi s'accomplissent les œuvres sérieuses! Le temps des montagnes de fantaisie est passé. Il ne s'agit pas de produire un mont Blanc en relief, mais le mont Blanc.

Format. — Les plans-reliefs de cette série ne sont pas seulement exécutés d'après une même échelle de réduction, afin d'être comparables entre eux; ils sont en outre des multiples simples d'une même unité superficielle, qui a 32 kilomètres dans le sens est-ouest, et 20 kilomètres dans le sens nord-sud: 640 kilomètres ou 40 lieues métriques carrées.

Hauteur des gradins. — Elle varie avec l'ordre de grandeur en altitude des montagnes, l'échelle de réduction restant la même. Pour les collines et les montagnes basses, la hauteur est de 10 mètres et c'est avec du papier d'un quart de millimètre (0,250 millimètres) d'épaisseur que les plans-reliefs à gradins ont été exécutés. — Pour les montagnes moyennes et hautes, elle est de 40 mètres, et c'est avec du carton d'un millimètre d'épaisseur (1,00 millimètre) (épaisseur limite au point de vue de la main-d'œuvre) que les plans-reliefs ont été exécutés.

Lignes de niveau. — Toute ligne tracée sur la surface de la mer ou sur une sphère concentrique à cette première sphère est une *ligne de niveau*. Il en est de même de la courbe de rencontre d'une des sphères concentriques avec la surface d'un continent ou d'une île. Cette rencontre, ligne de niveau ou d'*égale altitude* et qui est à double courbure, appartient à la physique terrestre. En topographie, et particulièrement dans les plans-reliefs des montagnes françaises, les étendues représentées sont si petites et leur courbure par conséquent si faible, qu'on peut les considérer sans erreur appréciable comme des surfaces planes; de sorte que les courbes de niveau tracées sur elles deviennent planes ou à une seule courbure. C'est ainsi qu'elles apparaissent sur nos plans-reliefs à gradins et sur les plans-reliefs topographiques à surface dessinée. Des courbes de niveau sont dites *équidistantes*, comme cela a lieu sur ces mêmes plans-reliefs, lorsqu'elles appartiennent à des plans de niveau équidistants. Dans le cas général, des sphères concentriques et équidistantes remplacent les plans.

Aujourd'hui, il ne paraît pas une carte topographique vraiment digne de ce nom qui ne porte un plus ou moins grand nombre de cotes d'altitude appartenant au relief du sol, ou un système de courbes de niveau équidistantes et cotées en altitudes. D'où l'on est naturellement conduit à dire qu'il y a nécessité d'introduire la lecture des cartes topographiques dans l'enseignement public.

Dans mon exposition, chaque système de montagne figure à trois états différents:

Plan-relief stéréotomique — dont les gradins représentent le premier travail effectué d'après une carte à relief du sol figuré par les courbes de niveau équidistantes, procédé qui n'est pas le seul qu'on puisse employer.

Plan-relief topographique — dérivé du précédent par le simple remplissage des gradins, que suivent une mise au point d'après la carte et une retouche d'après des photographies et des croquis pris sur le terrain. C'est alors sur cette surface ainsi retouchée qu'on dessine, comme sur le papier, tous les détails topographiques de la carte.

Plan-relief géologique — n'est pas autre chose qu'un plan-relief topographique dont la surface et les profils latéraux ont reçu des teintes de couleurs correspondant à une classification des terrains de la région représentée. Il importe d'ajouter qu'à côté de chaque plan-relief se trouve une collection de roches étiquetées et repérées, qui permet de passer facilement de l'image en relief du sol à sa composition minérale, et réciproquement.

II. Plans-reliefs géologiques exposés[1].

Rade d'Hyères : ce plan-relief a été fait, topographie et géologie, en collaboration avec **M. N. de Mercy**, secrétaire de la Société géologique de Paris.

Mont Jura : **M. Émile Benoît**, qui s'occupe de la carte géologique du département de l'Ain, a sculpté sur un exemplaire de plan-relief topographique les couches minérales dans leurs affleurements, leurs pentes, leurs contournements, etc.; puis il a étendu sur cette sculpture géologique les teintes conventionnelles de sa classification des terrains de la région jurassique. Ce résultat, le seul que je connaisse en ce genre, est très-satisfaisant.

Pays d'Auvergne (monts Dôme) : **M. Édouard Vimont**, conservateur de la bibliothèque de Clermont-Ferrand, m'a donné un très-utile concours dans la reconnaissance du relief du sol pour la retouche du plan-relief topographique et son coloriage d'après la carte géologique du département du Puy-de-Dôme, par **Henri Lecoq**. — C'est **M. Édouard Collomb**, auteur de la carte géologique du bassin de Paris, qui a bien voulu m'aider à extraire de l'œuvre de **M. Lecoq** la petite carte géologique de la chaîne des Puys qui se trouve dans mon exposition.

Hautes Vosges : la difficulté de coordonner les renseignements fournis par plusieurs cartes très-estimées, mais différant par la classification des terrains et les teintes conventionnelles, m'a empêché d'entreprendre le coloriage géologique du grand plan-relief des Hautes Vosges. **M. Édouard Collomb** a su tirer de ces documents une charmante carte géologique de cette région, au trois-cent-vingt-millième (1 : 320,000). Particulièrement destinée aux topographes, cette carte n'indique que les grandes masses minérales qui sont en rapport avec les principaux caractères orographiques du sol vosgien. **M. Jacquot**, ingénieur en chef des mines, a l'obligeance, en ce moment même, de la compléter dans l'angle nord-ouest occupé par les départements de la Meurthe et de la Moselle. **M. Henri Hogard** (d'Epinal) m'a gratifié de plusieurs bonnes études de roches vosgiennes.

Massif de la Chartreuse : **M.** le professeur **Lory**, de la Faculté des sciences de Grenoble, très-versé dans la géologie des Alpes françaises, s'est chargé de la partie géologique du plan-relief des Alpes dauphinoises.

Massif du mont Blanc : Un jeune géologue, **M. Ernest Favre**, avant de partir pour l'Espagne, où il accompagne **M. de Verneuil**, a bien voulu extraire de la carte géologique de **M.** le professeur **Alphonse Favre**[2], son père, la partie relative à la chaîne du mont Blanc et la reporter sur le plan-relief de cette carte. Bien que quelques-uns des résultats publiés par le savant professeur soient contestés par plusieurs géologues éminents, j'ai cru devoir donner place à ce plan-relief géologique dans le groupe du mont Blanc.

[1] Exposés aux Invalides, à Paris, dans la salle Vauban, attenant à la galerie des plans-reliefs des places fortes.

[2] Carte des parties de la Savoie, du Piémont et de la Suisse, voisines du mont Blanc, par **Alphonse Favre**, professeur de géologie à l'Académie de Genève.

III. Fragments topographiques.

Jardin des plantes, partie accidentée, $\frac{1}{100}$.
Ruines du château de Montlhéry, $\frac{1}{1000}$.
Ile Tino, petite île entièrement rocheuse, située à l'entrée du golfe de la Spezzia, $\frac{1}{1000}$.
Parc des Buttes Chaumont, $\frac{1}{1000}$.
Cap des Meudes, massif rocheux de l'île de Porquerolles (rade d'Hyères), $\frac{1}{5000}$.
Environs de Metz (N.-O.), $\frac{1}{5000}$.
Col du mont Cenis, $\frac{1}{10000}$.

Cartes. — Dessins. — Photographies.

Parmi les dessins exposés, il importe de distinguer d'une manière toute particulière, les belles vues panoramiques de M. **Adams Reilly**, l'un des membres les plus actifs de l'Alpen-Club de Londres ; vues sans lesquelles la sculpture de la chaîne du mont Blanc aurait été imparfaite. J'ai aussi à remercier M. le capitaine d'état-major **Mouby**, dont les nombreux croquis nous ont été très-utiles. Cet officier, envoyé par M. le maréchal ministre de la guerre, pour revoir quelques parties douteuses de la carte du massif du mont Blanc, s'est associé à nos travaux avec un entier dévouement.

M. **Calmelet**, habile dessinateur du dépôt de la guerre, et paysagiste de talent, s'est chargé d'appeler le paysage au secours de la topographie du mont Blanc. — M. **Calmelet** a produit à l'aquarelle un panorama de la chaîne du mont Blanc, qui, placé près du plan-relief de cette chaîne, concourra pour une grande part au succès que nous ambitionnons tous. C'est la station de *Planpraz* (2064 mèt. alt.) qu'il a choisie pour point de vue de son panorama, d'où il a pu embrasser la chaîne entière du col de Balme au col de Vèze...

Cartes photographiques. — Après avoir fait des plans-reliefs avec des cartes, j'ai été naturellement conduit, par une sorte de synthèse, à faire avec des plans-reliefs des *cartes photographiques* d'un effet inimitable; cela est surtout vrai pour les *plans-reliefs à gradins*, véritable trompe-l'œil, qui ont de plus le mérite de montrer, à première vue et au lecteur le moins préparé, le rôle important des courbes de niveau dans le figuré du relief du sol...

Je dois à M. le lieutenant-colonel **Borson**, chef de section au dépôt de la guerre, la *carte géodésique* de la chaîne du mont Blanc, avec un précis sur les opérations géodésiques exécutées dans cette région. Dessinés par M. **Sainte-Mesme**, elle est exposée à côté des plans-reliefs de la chaîne du mont Blanc.

Les cartes géographiques des Hautes Vosges, — Puys d'Auvergne, — Mont Jura, — Hautes Pyrénées ont été construites par M. **Sainte-Mesme** avec les minutes de la carte de France de l'état-major.

Quant aux *cartes gravées* au quarante-millième, résultat du grandissement par la photographie de la carte de France au quatre-vingt-millième, je les dois presque toutes à l'obligeance de M. le capitaine **de Milly**, chargé de l'atelier photographique au dépôt de la guerre.

Sculpture des plans-reliefs. — M. **Colas**, sculpteur ornementiste, intelligent, adroit, persistant, s'est appliqué à rendre sur le plâtre modelé d'après la topographie du dépôt de la guerre tous les détails pittoresques empruntés aux cartes, aux photographies et au dessin, en s'aidant de plus des souvenirs et des impressions de ses propres reconnaissances, car il est allé partout, excepté au sommet du colosse.

IV. Plans-reliefs physiques. — Plans-reliefs mathématiques.

Surfaces représentant la température moyenne d'un lieu pour les vingt-quatre heures du jour et les douze mois de l'année, etc.

Ces plans-reliefs n'ont pas été exécutés.

BARETTI (Martino).

I GHIACCIAI ANTICHI E MODERNI. — In-4, 87 p. Turin, 1866.

BERGHAUS und **VOGEL** (C.)[1].

DIE GEOLOGISCHE AUFNAHME DER SCHWEIZ.

Die geologische Aufnahme der Schweiz, die, was Grossartigkeit ihrer Anlage, Gediegenheit und Gründlichkeit ihrer Ausführung und rühriges Fortgang anlangt, ihres Gleichen in der Welt sucht, hat in den letzten Monaten drei wichtige Quartbände zur Publikation gebracht : Lieferung 3, 4, 5. Diese bisherigen 5 ersten Lieferungen sind folgende :

1. Lief. Geologische Beschreibung des Cantons Basel und der angrenzenden Gebiete, von Prof. **Alb. Müller**, mit 1 geognotischen Übersichtskarte in 4 Bl. und 2 Profil-Tafeln. 1863. Preis 12 fr.

2. Lief. Geologische Beschreibung der nord-östlichen Gebirge von Graubünden (Grisons), von Prof. **Theobald** mit 2 Karten und 18 Profil-Tabeln. 1864. Preis 45 fr.

3. Lief. Geologische Beschreibung der süd-östlichen Gebirge von Graubünden, von Prof. **Theobald**, mit 1 Karte und 8 Profil-Tabeln. 1867. Preis 30 fr.

4. Lief. Geologische Beschreibung des Aargauer Jura's, ven **Casimir Moesch**, mit 1 Karte und 10 Tafeln, enthaltend geologische Durchschnitte, Gebirgsansichten und Petrefakten. 1867. Preis 20 fr.

5. Lief. Monographie des Pilatus von **F. J. Kaufmann**. Mit einer geologischen Spetalkarte im Maastabe von 1 : 25,000, 9 geologische Durchschnitten und 14 meist geologisch kolorirten Ansichten, welche zusammen eine ausserordentlich belehrende Darstellung der Geologie, Orographie und Topographie dieses berühmten Berges bieten, nicht wenig erhöht durch die treffliche Einrichtung, dass eben so wohl die Farben in Karte, Durchschnitten und Ansichten, als auch die Maastäbe für Karte, die Längen und Höhen der Profile alle gleich sind.

BRAVAIS, lieutenant de vaisseau, membre de l'Institut.

ASTRONOMIE, HYDROGRAPHIE ET PHYSIQUE DES VOYAGES en Islande, Scandinavie, Laponie, au Spitzberg et au Feroë. — 8 vol. gr. in-8, atlas de 31 pl. gr. in-folio. 170 fr.

BRAVAIS.

MÉTÉOROLOGIE. — 3 vol. gr. in-8, atlas de 6 pl. in-folio, 55 fr.

BRAVAIS.

AURORES BORÉALES. — 1 vol. gr. in-8, atlas 12 pl. gr. in-folio, 42 fr.

BREISACK.

DESCRIZIONE GEOLOGICA DELLA PROVINCIA DI MILANO. — Milano, R. Stamperia, 1822.

[1] Extrait de *Mittheilungen* aus Justus Perthe's geographische Anstalt, von Dr **A. Petermann**. — Gotha, IX, 1867, p. 336, etc.

C

COLLEGNO.

Elementi di geologica pratica e teoretica. — Torino, 1847.

CURIONI.

Stato geologico della Lombardia, nelle notizie naturali e civili sulla Lombardia, raccolte da **Carlo Cattaneo**. — Milano, 1844.

CURIONI.

Nota di alcune osservazioni fatte sulla distribuzione dei massi erratici, in occasione delle innondazione della provincia di Brescia nell' agosto 1850. (Giornale del Instituto lombardo di scienze, lettere ed arti. Nuova serie, t. II. — Adunanza del 23 gennajo 1851).

D

DESOR (E.), professeur.

Les palafittes ou constructions lacustres du lac de Neuchatel (Suisse). — In-8, 95 gravures sur bois, intercalées dans le texte. Paris, Reinwald.

DUPERREY, capitaine de frégate, membre de l'Institut.

Observations hydrographiques et physiques recueillies pendant son voyage autour du monde sur la corvette *la Coquille*. — 3 vol. in-4. atlas in-fol. 250 fr.

E

EBRAY (Th.).

Considérations à introduire dans l'étude du diluvium. — Bull. Soc. géol. de France. T. XXIV, 1866 à 1867, p. 618 à 621.

...« Rien n'est plus dangereux, en géologie comme ailleurs, que l'application exagérée d'une idée ou d'une théorie. Souvent le désir d'étendre un système favori aveugle les auteurs sur l'action de toutes les autres causes dont il s'agit de démêler les effets, en attribuant équitablement chaque effet à sa cause, problème très-délicat qui nécessite de la part de l'observateur autant de calme que d'*indépendance*.

G

GARRIGOU (F., D^{r}).

Traces de diverses époques glaciaires dans la vallée de Tarascon (Ariège). — Bulletin de la Société géologique de France. 2me série, t. XXIV (15 avril au 17 juin), 1866 à 1867, p. 577.

L'auteur admet deux époques glaciaires.

GASTALDI et MORTILLET.

THÉORIE DE L'AFFOUILLEMENT GLACIAIRE. — Brochure in-8, 29 pages. 1 carte spéciale.

Sulla escavazione (affouillement) dei Bacini lacustri compresi negli anfiteatri morenici.

Lettera del socio **Gastaldi** al socio **Mortillet.**

(Seduta del 26 luglio 1863.)
Torino, 7 luglio 1863.

Dal vol. V degli Atti della Società italiana di Scienze naturali, p. 1 à 8.

Sommaire du texte français p. 9 à 29.

1. Coupes du quaternaire (94 clichés). — 2. **Desor** : Théorie des lacs. — 3. Théorie des affaissements. — 4. Affouillement des glaciers actuels. — 5. **Pirona** : Glaciaire du Frioule. — 6. **Omboni** : Théorie de l'époque glaciaire. — 7. **Lombardini** : Origine des terrains quaternaires. — 8. **Ramsay** : Origine glaciaire des lacs. — 9. **Ball** : Contre l'affouillement glaciaire. — 10. **Lyell** : Résumé des questions. — 11. **Lory** : Affouillement dans la vallée de l'Isère. — 12. Conclusions.

...**E. Desor** s'est occupé d'une façon toute particulière de l'étude des lacs des Alpes. En 1860 il a publié, dans la *Revue suisse : Physionomie des lacs suisses:* et l'année suivante : *Quelques considérations sur la classification des lacs à propos des bassins du revers méridional des Alpes*[1].

Desor divise les lacs en : *Lacs orographiques, — Lacs d'érosion, — Lacs morainiques.*

...L'objection principale qu'il formule contre *la théorie du creusement des lacs, c'est qu'elle a le tort de ne pas être en harmonie avec les phénomènes actuels.* « En effet, dit-il, il n'est point dans la nature des glaciers de labourer le sol sur lequel ils marchent. Au contraire, tous ceux qui ont pénétré sous les glaciers, ont pu s'assurer qu'à moins d'être très-encaissés, ils glissent sur la surface, sans même entamer sensiblement les amas de gravier qui remplissent le fond de la vallée. »

Lyell. Les conclusions de ce savant observateur sont d'accord avec les théories des auteurs cités, qui concluent à l'affouillement des lacs par les glaciers.

1° La glace, dit-il, a produit une triple action dans la production des lacs.

1° Elle a creusé directement des bassins peu profonds là où le roc est de dureté inégale.

2° La glace a agi indirectement sur d'anciennes cavités occasionnées par l'action de soulèvements ou d'affaissements ;

3° La glace est également une cause indirecte des lacs par l'*accumulation des hautes digues morainiques* qui donnent naissance à des étangs et même à des nappes d'eau de plusieurs milles de surface.

Donc le peu de lacs de l'époque post-pliocène qui existent dans les contrées tropicales et généralement au sud de 40° et 50° de latitude, peut être expliqué par l'absence, dans ces régions, de l'action glaciaire.

Ramsay a communiqué à la Société géologique de Londres (*The Glacial Origine of certain lakes. Quarterly Journal of the Geological Soc.* Août 1862) dont il était le président, un très-remarquable travail sur l'origine glaciaire de *certains lacs.* Les conclusions sont :

1° Tous les lacs alpins se trouvent dans la région glaciaire ce qui ne peut être accidentel.

2° La théorie d'un affaissement spécial pour chaque lac est insoutenable. Les grands lacs n'offrent pas plus de preuves de cet affaissement, que les étangs creusés dans le roc, qui se trouvent par centaines dans tous les pays de glaciers présents ou passés.

Ramsay, dans sa note sur les anciens glaciers du Nord du pays de Galles (Angle-

[1] Dans les Atti della Soc. Elvetica sc. nat. reunita à Lugano. 11, 12 13 Set. 1860, p. 123.

terre) (*The old Glaciers of North Wales*) a prouvé la relation de ces étangs avec des glaciers diminués ou disparus. Dans les Alpes on peut passer graduellement des plus petits étangs des montagnes aux plus grands lacs des vallées et des plaines.

3° Aucun lac alpin ne se trouve dans une ligne de faille ouverte. Si d'anciennes lignes de fractures existent dans la même direction, elles sont refermées. Leur présence a bien pu déterminer le sens de l'écoulement, mais la vallée et le bassin du lac n'en sont pas moins le produit d'érosion et de dénudation.

4° Aucun lac ne se trouve dans un simple bassin synclinal; formé par le soulèvement du miocène.

5° Les lacs ne sont pas le produit d'érosions aqueuses; ni l'eau courante, ni l'eau stagnante, n'est capable de creuser de vastes bassins, profonds et à bords plus ou moins escarpés.

6° *Il ne reste donc plus que l'action de la glace*, qui, d'après le vaste développement des glaciers, doit avoir exercé une puissante action de dénudation. La glace, corps solide, comprimant lourdement et puissamment les roches avec lesquelles elle était en contact direct et sur lesquelles elle pesait, a pu creuser de profondes excavations. Cette action a dû varier suivant la dureté inégale des roches sous-jacentes, et le plus ou moins de puissance de la glace d'un point à un autre.

7° Les glaciers ont suivi la direction des vallées et se sont répandus dans la plaine à leur débouché. Ces vallées et portions de plaine, par suite du poids et de la puissance comprimante de la glace en mouvement ont été graduellement modifiées dans leurs formes. Parmi ces modifications, le creusement du bassin des lacs a été une des principales. En effet tous ces lacs, sauf ceux de Neuchâtel, Bienne et Morat, se trouvent dans le courant direct des anciens glaciers.

8° Enfin, ce qui complète l'évidence : les dimensions des lacs sont en rapport avec la puissance des glaciers qui recouvrent le pays. Ce résultat général n'est modifié que par la nature des roches encaissantes et la forme du sol qui maintenait les glaciers.

L'auteur résume parfaitement la question, seulement je crois, comme vous, mon cher **Gastaldi**, qu'il exagère un peu trop la puissance érosive ou affouillante des glaciers..

Conclusions de Gastaldi et Mortillet. — Comme on le voit l'étude des détails *conduit forcément à l'adoption de l'affouillement glaciaire.* **Piron** dans le Frioule, vous dans le Piémont, **Lory** dans le département de l'Isère, vous arrivez tous à la même conclusion. Conclusion qui, ainsi que l'a montré le grand généralisateur **Lyell**, s'adapte si bien à l'ensemble général des faits.

D. A. Octobre 1867. — « Les glaciers en activité dans les Alpes ne confirment nul-« lement ces conclusions. Ils disent : Nous sommes bien plus pacifiques. — Nous mou-« tonnons, usons, polissons, strions, rayons partiellement les roches qui nous encaissent « même à notre base, mais nous n'affouillons le sol que partiellement, et jamais à de « grandes profondeurs. Non-seulement nous n'affouillons pas, mais généralement nous « respectons les moraines profondes en passant dessus comme le ferait un rouleau com-« presseur. — Aux altitudes dans les Alpes au-desus de 2,600 mèt. en moyenne, nous « sommes adhérents au sol, gelés fortement dans toutes les saisons, et nous n'y exerçons « aucune action.

« Ajoutons encore, pour éclairer la question de l'affouillement par les glaciers, que je « suis parfaitement d'accord avec la manière de voir de l'ami **Desor** :

« *Lacs orographiques*, — *Lacs morainiques*, — *Lacs d'érosion*. (Ces dernières acciden-« tellement et de peu de profondeur)... La théorie du creusement des lacs par les glaciers « a tort et elle n'est pas en harmonie avec les phénomènes actuels...

...Disons encore. Sur les cols 2478 mèt. à 2008 mèt. Saint-Bernard 2478 mèt., — Julier 2204 mèt., — Saint-Gothard 2093 mèt. — Bernhardin 2070 mèt., — Simplon 2008 mèt., nous trouvons des lacs profonds et d'une assez grande étendue. Et ces cols sont dominés par des glaciers de peu d'étendue... **Vosges** (Haut-Rhin). Le lac du Ballon d'Alsace, à une altitude de 200 mèt. au-dessus du point culminant, a une grande profondeur. C'est un lac orographique dont le niveau de l'eau est rehaussé par une moraine. Le glacier qui autrefois le dominait n'était pas très-puissant.

D. A. **Lyell** est cité comme auteur confirmant la théorie des affouillements. — En relisant les conclusions attentivement, nous voyons que cet auteur ne confirme nullement, l'affouillement des glaciers, seul agent qui a formé les lacs. Il est d'accord avec **Desor** et **D. A.** ; *Lacs topographiques*, — *Lacs morainiques*, — *Lac d'érosion*.

...Citons un adage d'**Ebray** : « Rien n'est plus dangereux, en géologie comme « ailleurs, que l'application exagérée d'une idée ou d'une théorie. Souvent le désir d'é« tendre un système favori aveugle les auteurs sur l'action de toutes les autres causes « dont il s'agit de démêler les effets, en attribuant équitablement chaque effet à sa cause, « problème très-délicat qui nécessite de la part de l'observateur autant de calme que « *d'indépednance.* »

GERVAIS (Paul), professeur à la Faculté des sciences à Paris.

ANIMAUX VERTÉBRÉS dont on trouve les ossements enfouis dans le sol, et sur leur comparaison avec les espèces existantes.

La description spéciale des mammifères, tant vivants que fossiles, est précédée de recherches sur l'ancienneté de l'homme et sur la *période quaternaire.* Ce sujet, dont on s'occupe avec tant d'ardeur depuis quelques années, est traité sous toutes les faces, et les chapitres qui lui sont consacrés renferment de nombreuses observations inédites.

L'ouvrage sera publié en 15 livraisons, renfermant chacune 3 feuilles de texte et 4 planches lithographiées même format. Prix de chaque livraison 5 fr. En vente, les cinq premières livraisons, les autres paraîtront dans le courant de l'année 1867. Arthur Bertrand, éditeur, rue Hautefeuille, 21, à Paris.

GERVAIS (Paul).

RECHERCHES SUR L'ANCIENNETÉ DE L'HOMME ET LA PÉRIODE QUATERNAIRE. — 1 vol. in-4°, figures dans le texte et 10 planches lithographiées, 28 fr.

GERVAIS (Paul).

ZOOLOGIE ET PALÉONTOLOGIE FRANÇAISES. — Nouvelles recherches sur les animaux vertébrés dont on trouve les ossements enfouis dans le sol de la France, et sur leur comparaison avec les espèces propres aux autres régions du globe. 2e édition. 100 fr.

Le texte 1 fort vol. in-4, 600 p. grand raisin, avec figures intercalées, se vend séparément 65 fr. — L'atlas seul, 84 planches lithographiées et table explicative, 45 fr.

Les 4 planches nouvelles, n° 81 et 84, et la table explicative de l'atlas entier, 5 fr.

GRAD (Charles), à **Turkheim**, (Haut-Rhin).

DISTRIBUTION DES GLACIERS A LA SURFACE DU GLOBE[1]. — in-8, 20 pages avec une carte.

Introduction.

Partout, sous tous les climats, nous trouvons les traces d'anciens glaciers, et nous avons reconnu que la majeure partie de la surface de notre terre avait pour longtemps un épais manteau de glace. L'histoire de cet âge de glace est encore imparfaitement connue. Mais aujourd'hui aucune branche de la géologie n'excite un intérêt pareil à celui provoqué par les études glaciaires. La géologie ne remonte pas à cent ans. L'étude des glaciers, plus récente encore, est devenue en peu de temps l'objet de travaux nombreux et considérables de la part des physiciens les plus illustres. De tels travaux cependant, premiers développements d'une science en voie de se fonder, échappent par leur nature spéciale à la portée de la foule. Il a fallu pour les populariser l'intervention d'un homme qui, familier avec l'observation des phénomènes glaciaires, réunit en faisceau les expé-

[1] Mémoire inséré dans les *Annales de voyages* — Septembre 1867.

riences auxquelles ils ont été soumis, résumât et condensât les discussions souvent ardentes qu'elles ont fait naître. M. **Hüber** s'est acquis ce mérite. Major du génie de la confédération suisse, appelé souvent dans les hautes régions des Alpes par des exigences de service, M. **William Hüber**, après avoir lui-même observé les glaciers en activité pendant ses longs séjours au milieu des neiges persistantes, a tracé un tableau parfait de leur âpre nature. Il a exposé les lois qui président à la formation des grandes glaces alpines, discutant les différentes théories qui ont essayé d'expliquer leur mouvement, signalant les points obscurs, donnant en un mot les résultats de tous les travaux entrepris sur les glaciers[1]. Son ouvrage très-lucide montre surtout qu'il n'est pas indispensable d'être un érudit pour interroger les neiges. Chaque touriste peut avec un peu d'énergie et d'attention apporter un précieux tribut à la science par des observations faciles.

Je me suis proposé dans cet article de jeter un coup d'œil sur la distribution géographique des glaciers et sur la limite des neiges persistantes dans les diverses régions du globe. Avant de l'entreprendre je mentionnerai encore les *Études sur les glaciers et les formations erratiques de la Suisse*[2], de M. **Henri Hogard**, et les *Matériaux pour servir à l'étude* des glaciers de **Dolfus-Ausset**. La première de ces publications, accompagnée d'un bel atlas, donne les résultats des observations faites par M. **Hogard** et ses amis pendant les congrès glaciaires du pavillon de l'Aar, de 1846 à 1858, et entre dans de longs développements sur les moraines et les formations erratiques des Alpes. Quant au grand recueil de M. **Dolfus-Ausset**, il ne compte pas moins de douze forts volumes, et s'adresse plus spécialement aux savants qui voudront faire une étude approfondie des formations glaciaires. Un effet de ces livres c'est d'inspirer au lecteur le désir de voir lui-même les phénomènes qu'ils décrivent. La puissante nature des Alpes vous attire. On veut toucher ses glaciers éblouissants; on veut fouler le sol de ses montagnes gigantesques. Et quand on a regardé ces pics l'ivresse augmente. Saisi par l'attraction des hautes cimes, on veut s'élever encore malgré tous les obstacles, on veut monter toujours. Sentiment que le poëte américain **Longfellow** a traduit par un chant sublime: *Excelsior*. Un jeune homme s'avance dans une vallée des Alpes. « Où vas-tu? lui demande-t-on. Il répond : *Excelsior*, plus haut. Un vieillard avertit cet audacieux de ne pas tenter le passage, parce que la tempête va s'abattre sur sa tête. Il répond : *Excelsior*. « Oh! arrête-toi, lui répète une jeune fille en larmes: viens reposer sur mon sein ta tête fatiguée. » Le jeune homme répond encore : *Excelsior*. Il marche, il monte audessus des abîmes disant toujours: *Excelsior*. Et lorsque au crépuscule gris et glaçant il s'affaisse près du faîte, épuisé, mais sur le dernier sommet, une voix sereine tombe du ciel et redit dans le lointain : *Excelsior*. Toujours plus haut.

I. *Limite des neiges persistantes.*

Limite des neiges persistantes.

La neige ne se maintient nulle part indéfiniment à l'état où elle est tombée, mais à une certaine hauteur la fonte et l'évaporation ne suffisent plus pour la faire disparaître: c'est la limite des neiges éternelles, ou plutôt persistantes. Cette limite, vue de loin, apparaît comme une ligne droite parfaitement tranchée séparant dans les montagnes deux régions distinctes. Dans la zone inférieure, règnent la vie et le mouvement, le sol change de parure à chaque saison et des organismes de toutes espèces s'y épanouissent. Plus haut vous voyez le contraste d'un hiver continu, d'uniformes champs de neige recouvrent la terre. La nature transie par un froid implacable, porte l'appareil de la mort, immobile au sein d'un silence interrompu seulement à de longs intervalles par les déchirements de l'atmosphère. La limite qui sépare ainsi deux mondes différents, varie

[1] *Les glaciers* par **William Huber**. 1 vol. in-12 avec 19 planches. — Paris, Challamel, éditeur.
[2] Un vol. gr. in-8° avec atlas.— Paris, Savy.

selon la latitude et le climat. Elle n'est plus aussi tranchée qu'elle semblait de loin quand on s'élève dans les montagnes. En la touchant de près, on voit la neige descendre bien plus bas dans les vallées et les pâturages, ou se retirer plus haut selon l'exposition et les influences locales.

Sous l'action continue des rayons solaires, des vents chauds, de la pluie, les amas de neige reculent vers les hauteurs depuis le printemps jusqu'au commencement de l'automne. Leur limite inférieure diffère d'une année à l'autre en raison de leur abondance et de la température de l'été; mais les observations faites pour la déterminer sont rares même dans les Alpes. On a plutôt cherché à l'estimer approximativement, que de la déduire d'une série de mesures directes. Pour avoir un terme de comparaison identique pour la hauteur où s'arrête cette limite, il faut l'observer sur les glaciers où elle peut être reconnue sans peine. Le naturaliste **Hugi**, de Soleure, a pris le premier des mesures exactes pour la fixer dans les Alpes[1], par une limite qu'il appelle la ligne des névés. Or les *névés*[2] constituent des amas de neige ancienne transformée en une substance grenue par la chaleur et les agents atmosphériques; ils ne passent pas, comme le pensait **Agassiz**, insensiblement à l'état de glace homogène[3], mais ils forment à la surface des glaciers des couches distinctes de la masse inférieure plus ou moins compacte. *Chacune de ces couches représente les neiges d'une année qui ont échappé à la fusion, et viennent successivement affleurer sa surface.* Il y a entre elles et le glacier une séparation complète et discordante; mais le point où on les rencontre, à la surface de la glace compacte, ne saurait être considéré comme la limite réelle des neiges persistantes, parce que le glacier entraînant les neiges dans sa marche, ils se trouvent bien plus bas. La limite exacte sur un point donné correspond au bord inférieur de la dernière couche en amont, tel qu'il a été circonscrit par la fonte pendant la saison chaude. Les contours de la dernière couche annuelle sont faciles à suivre. Tout ce qui se trouve au-dessus appartient à la zone des neiges persistantes, vastes champs à pentes uniformes et continues, formés de neige poudreuse plus ou moins fine, façonnée par la fonte superficielle et le tassement qui lui donnent un aspect cannelé, résultant du déplacement continuel de ses particules suivant la plus grande pente.

Ainsi délimitées les *neiges persistantes* enveloppent les parties supérieures de certaines montagnes d'une nappe continue qui ne disparaît en aucune saison. Çà et là surgissent des masses de rochers découpées en pyramides aiguës à parois verticales, en pics et en crêtes dentelées qui laissent voir des parois à nu dont les sombres teintes se détachent nettement, sur les champs de neige et en font ressortir la blancheur éblouissante. Il y a dans cette région très-peu de crevasses, mais lorsqu'on en rencontre de profondes, on distingue nettement sur leurs tranches les bandes de stratification de leurs assises séparant les masses tombées chaque année. Ajoutons que la neige exposée aux influences atmosphériques du printemps et de l'été sans recevoir durant cette période de nouvelles chutes, est à peu près semblable au névé.

La limite des *neiges persistantes* ne correspond pas avec l'isotherme de 0°, qui représente la suite des points où la température moyenne de l'air atteint 0°. La température moyenne de cette limite est sensiblement plus basse. Dans les Alpes, selon les observations de **Herrmann** et **Adolphe de Schlagintweit**[4], la limite inférieure

[1] **Hugi**. *Natur historische Alpenreisen*. Solothurm, 1830.

[2] D. A. *Névés*. On a donné le nom de névé à la neige qui, par suite de la chaleur et de l'état hygrométrique de l'air, s'est transformée en grains (neige grenue). — A une certaine altitude ce changement ne se fait plus (ou très-partiellement). La neige se tasse et prend l'aspect de sucre blanc. On peut la couper en cubes.

[3] **Agassiz**. *Comptes rendus de l'Académie des sciences*. — Paris, 1845, t. XVI, p. 752.

D. A. Les neiges qui couvrent les glaciers à toutes les altitudes ne subissent pas la transformation en glace pour s'ajouter à leur surface. Très-exceptionnellement et partiellement le cas peut se produire. — A une altitude de 2,600 mètres dans les Alpes-Suisses le sol est gelé (à — 0°) dans toutes les saisons au-dessous de la neige qui le couvre, et l'embryon glaciaire se forme sur le sol.

[4] *Untersuchungen über die physikalisch Geographie der Alpen*. Leipzig, 1850, p. 345.

des neiges et l'isotherme de 0° se confondent au mois de janvier vers le pied de la chaîne. A partir de ce mois jusqu'en juillet, l'isotherme de 0° s'élève et redescend de nouveau à partir du mois d'août, plus rapidement que le bord inférieur des neiges. En d'autres termes, les neiges se trouvent pendant la première période à une température atmosphérique plus élevée que la moyenne mensuelle de 0°, et à une température plus basse pendant la seconde période. *La limite absolue des neiges persistantes.* en été, et l'isotherme annuel de 4° centigrades, se confondent là sur la même ligne. Ceci s'entend de la limite inférieure ; car la zone des neiges persistantes a aussi un limite supérieure, située il est vrai au-dessus des points que l'homme peut atteindre sur notre globe[1]. Sans préciser la position de cette limite supérieure, de nombreuses observations indiquent son existence. Ce qui autorise une telle conjecture, c'est que la neige tombe en plus faible quantité à mesure que le sol s'élève au delà d'une certaine limite. Dans les Alpes suisses, la plus grande abondance a été observée entre 2,200 et 2,600 mètres[2]; (et il n'en tombe que bien peu au delà de 3,200 mètres. Il n'y a plus dans les très-hautes régions ni glaciers ni avalanches pour débarrasser le sol : le soleil, l'évaporation, les tourmentes, suffisent pour maintenir l'équilibre entre la quantité de neige tombée et celle qui doit disparaître[3].)

Dans une même chaîne de montagnes, la limite des neiges persistantes peut varier sur les deux versants suivant l'abondance des neiges ou leur température et ne coïncide pas partout avec le même isotherme. **Webb** et **Moorcroft** trouvèrent ainsi que sur l'Himalaya, en Asie, la limite inférieure des neiges persistantes monte plus haut au versant septentrional, vers le Tibet, que sur les pentes du sud, vers l'Inde. Cette assertion tout d'abord trouva de nombreux contradicteurs en Europe, parce qu'elle sembla en opposition avec les observations faites jusqu'alors. Toutefois, **Humboldt** s'efforça d'en établir la justesse, attribuant « la grande hauteur de la limite des neiges persistantes sur le versant nord de l'Himalaya, au rayonnement des hautes terres qui l'avoisinent, à la siccité et à la transparence de l'atmosphère, et à la petite quantité de neige qui se forme dans l'air froid et sec. » La dernière influence paraît prépondérante, car, comme M. **Robert de Schlagintweit** le fait observer avec raison, la limite des neiges se confond, sur le versant indien, avec des isothermes sensiblement plus chauds que ceux du versant tibétain. De même, l'altitude extraordinaire où la zone des neiges commence dans les *montagnes de Karakoroum*, situées en moyenne a trois degrés plus au nord, provient de ses faibles chutes de neige.

La plus grande hauteur où l'on puisse s'élever sans rencontrer les neiges persistantes, se trouve suivant les mesures de M. **de Schlagintweit**, à 5,800 mètres, sur le versant méridional de la *chaîne de Karakoroum*[4], et à 5,600 mètres sur la pente opposée vers les *plateaux du Turkistan*. La même limite atteint 5,200 sur le versant nord, et 4,860 mètres sur le versant sud de l'*Himalaya*; 4,740 mètres sur le versant méridional, et 4,530 mètres sur le versant septentrional des *monts Kouënlouën ;* enfin, 3,350 à 3,500 mètres dans les *monts Célestes*, ou *Thian-Tchan*, dans l'Asie centrale[5]. Sur la chaîne de *Kouënlouën*, la limite des neiges descend rapidement à cause de l'augmentation considérable des chutes de neige dans le nord du *Tibet*, et elle ne dépasse pas 2,150 mètres dans l'*Altaï*[6]. Si de l'Asie nous passons en Europe, nous trouvons la zone des neiges persistantes entre 3,200 et 3,300 mètres dans le *Caucase*, à 2,900 dans les *Apennins*. Dans

Chaîne de Karakoroum.
Himalaya.
Asie centrale.
Tibet.
Altaï.
Caucase.
Apennins.

[1] D. A. La limite des *neiges persistantes* est variable suivant les années et les saisons.
[2] **Tschudi**. *Le monde des Alpes*, traduction Bourrit, t. III, p. 60.
[3] D. A. Les citations imprimées en petits caractères ne sont nullement confirmées. Au col du Saint-Théodule, 3,333 mèt. alt., la hauteur de neige fraîche de l'an qui couvrait le glacier au printemps avait une hauteur de 2m,90. Cette neige était fortement tassée et avant les premières chutes persistantes le glacier était découvert.
[4] *Zeitschrift für allgemeine Erdkunde*. Berlin, 1862, t. XII, p. 58.
[5] P. **P. Semenof**. *The Celestian Mountains*. Journal of the Geographical Society of London, 1865, vol. XXXV, p. 213.
[6] **William Huber**. *Les glaciers*, p. 11. Paris, Challamel, éditeur.

Alpes. Styrie. Tyrol. Pyrénées. Suède. Islande. Spitzbergen. Afrique. Amérique. Andes. Amérique. Montagnes Rocheuses.

les *Alpes* **A. et H. de Schlagintweit** font osciller son bord inférieur entre 2,730 et 2,600 entre 2,800 dans les *Alpes centrales*, et le fixent à 3,000 mètres environ pour le bord méridional des groupes de mont Blanc et du monte Rosa[1]. J'ai été frappé en passant pour la première fois du Valais au Piémont, par le col de Saint-Théodule, du contraste des deux versants de ce dernier massif presque entièrement dépouillé, tandis qu'au nord les neiges descendaient beaucoup plus bas. Dans les Alpes de *Styrie* et du *Tyrol*, l'altitude des neiges persistantes se trouve à 2,600 mètres environ. Sur le versant septentrional des *Pyrénées*, la moyenne peut être établie entre 2,700 et 2,800 mètres; tandis que sur le versant méridional, les neiges disparaissent presque complétement chaque année. En *Suède*, elles descendent à 1,500 mètres[2]: à 970 en *Islande*; à 700 au *cap Nord*; à 300 aux Iles *Spitzbergen*[3]. Sous l'équateur enfin, le baron **Van der Decken** et **M. Kersten**, ont fixé la limite des neiges persistantes à 5,200 sur le massif du *Kilimandjaro*, en Afrique[4]. Enfin, en Amérique, de nombreux sommets des *Cordillères* du Mexique, de la *Nouvelle-Grenade*, de *Quito* et du *Pérou*, sont toujours couverts de neige au-dessus de 4,500 et 4,800 mètres d'altitude. Parmi les groupes des *Andes* septentrionales qui s'élèvent dans la zone des neiges persistantes, **Humboldt** distingue les montagnes de la province de *Los-Pastos* par 0° 50′ de latitude nord; le *volcan de Popoyan*, par 2° 46′; la *Sierra-Merida*, par 7° 58′; la *Sierra de Santa-Marta*, par 10° 35′, et dans les *Andes*, au sud de l'Equateur, après le gigantesque massif de *Quito*, les montagnes de la province de *Quamachuco*, par 7° 50′ de latitude méridionale; celles de *Parco* et de *Huanuco*, par 20° 10′; de *Couzco*, par 13° 50′; de *Corco*, par 18° 45′ et les plus hauts sommets du *Chili*[5]. Dans les *Montagnes Rocheuses* de l'Amérique du Nord, la neige disparaît jusqu'à 3,800 mètres au-dessus du niveau de la mer[6].

Asie. Spitzbergen.

En résumé, l'élévation de la zone des neiges persistantes s'accroît vers l'équateur, et elle diminue vers les pôles; mais cette loi de développement subit quelques modifications par suite d'influences locales. La plus grande altitude où l'on puisse s'élever sans la rencontrer se trouve en *Asie*, à 5,800 mètres sur les pentes sud du *Karakorou*. Elle touche le niveau de la mer sur quelques points seulement; elle s'élève beaucoup au-dessus aux *Spitzbergen*; et quant aux latitudes plus éloignées des *terres polaires*, **M. Gustave Lambert** a récemment démontré que l'intensité de la chaleur augmente sur notre globe des cercles polaires aux deux pôles arctique et antarctique[7].

II. *Distribution géographique des glaciers.*

Distribution géographique des glaciers.

Les glaciers descendent bien plus bas que la limite des neiges persistantes. Ils transportent au fond des vallées les neiges accumulées dans les hautes régions et régularisent leur écoulement par des transformations graduelles. Dépendants d'un concours d'influences météorologiques et du relief de leur bassin, ces fleuves solides sont d'autant plus puissants que la neige s'amasse en plus grande quantité dans les cirques supérieurs[8].

[1] *Untersuchungen über die physikalische Geographie der Alpen*, p. 315. D'autres auteurs donnent des chiffres un peu différents. Ainsi **de Saussure** fixait la limite des neiges dans les Alpes à 2,535 mètres pour les massifs, et à 2,730 sur les cimes; **Pfyffer**, à 2,540; **Gruner**, à 2,925; **Humboldt** et **Hogard**, à 2,700; **Rendu**, à 2,900; **Agassiz**, à 2,550; L. **de Buch**, à 2,760. Voyez *Die Gletscher de Jetzzeit*, par **Albert Mousson**, p. 17; Zurich, 1851.

[2] **Forbes**. *Norway and its glaciers*. Edimbourg, 1853.

[3] **Ch. Grad**. *Esquisse physique des Iles Spitzbergen et de la zone arctique*, p. 17. Paris, Challamel, éditeur.

[4] *Geographische Mittheilungen* de **Petermann**, 1864, p. 165.

[5] **Humboldt**. *Annales de Chimie*, XIV, p. 33.

[6] **Mahlmann** cité par **Humboldt**. *Central Asien*, t. II, p. 207.

[7] Lois de l'insolation. *Comptes rendus de l'Académie des sciences*, 1867, t. LXIV, p. 136.

[8] D. A. Ces accumulations de neige dans les cirques par suite des vents protégent les glaciers contre l'ablation.

Ils s'étendent entre les lignes isothermes de — 8° et + 5° centigrades. L'altitude du pied enfin varie avec leur masse, leur orientation et la latitude.

Aux pôles.

Aux approches des *deux pôles*, les glaciers arrivent jusqu'au niveau de la mer, et ce sont les flots de l'océan qui arrêtent seuls leur marche envahissante; la chaleur solaire ne les repousse pas, elle ne les refoule pas, elle suffit à peine à les [illegible] dé-lopper par la fusion lente et partielle des neiges. Mais si l'on s'éloigne de ces froides régions pour se rapprocher de *l'équateur*, les actions perturbatrices s'accumulent et acquièrent une telle force que les fleuves de glace résistent à peine en se maintenant sur les dernières hauteurs. Voyez l'*Amérique*. Il y a dans ses parties équatoriales de puissants massifs baignés par l'atmosphère humide qui s'élève des mers environnantes, mais d'une part les montagnes sont trop hautes pour que les vents chargés d'humidité parviennent sur leurs crêtes, et, d'un autre côté, les neiges ne persistent pas toujours dans les intervalles compris entre les principaux sommets. Peu de neige, un climat constant, de faibles oscillations de température ne favorisent pas le développement de la glace. Les glaciers de l'*Amérique tropicale* ne dépassent guère la limite des névés sauf peut-être dans la *Sierra de Santa-Marta*. **Acosta** signale dans cette chaîne par 11° de latitude nord un glacier qui descend à une altitude de 4,500 mètres et dont les crevasses, les blocs erratiques, les moraines indiquent un mouvement sensible[1]. Au sud, selon **M. Tschudi**, les neiges des *Cordillères* ne commencent leurs transformations que vers le quinzième parallèle, au Nevado de Sorato, près du lac de Titicaca. Les plateaux des *Andes* sont prodigieusement secs et l'évaporation y est très-active. Il tombe peu de neige sur le versant occidental de ces montagnes, si ce n'est à l'entrée de l'hiver, en juin. Pour trouver des glaciers un peu considérables, il faut descendre, comme dit **Philipps**, jusqu'à 33° de latitude sud, encore sont-ils moins grands qu'en Suisse. Un autre voyageur, **M. Martin de Moussy**, a vu l'*Aconcagua* qui s'élève à 6,[illegible] mètres et le *Rupungato* à 6,710 mètres par 33° de latitude couverts de neige en février 1857[2]. La neige descendait sur le *Tupungato* jusqu'à 5,000 mètres d'altitude, l'*Aconcagua* présentait de tous côtés de longues traînées de glace ainsi que les *Nevados* voisins. Les glaciers sont plus grands, descendent plus bas du côté de la mer que sur le versant opposé. Quant aux débordements des rivières venant des *Andes*, ils sont dus aux pluies qui tombent dans les vallées inférieures à 3,000 et non à la fonte des neiges.

Amérique tropicale.

Cordillères.

Plateaux des Andes.

Andes.

Afrique.

Asie.

Himalaya.

Tibet.

Montagnes du Cachemire.

Haute Asie.

Les montagnes neigeuses de *Kénia* et de *Kilimandjaro*, situées en Afrique à quelques degrés de l'équateur, renferment probablement quelques petits glaciers encore inexplorés. En *Asie*, dans les vallées de l'*Himalaya*, le plus puissant relief de la terre, entre 28° et 35° de latitude, de grands glaciers descendent jusque vers 3,000 mètres d'altitude. Cependant ces glaciers n'ont été explorés que récemment. **Vigne** en reconnut d'abord l'existence dans le *Tibet* en 1842 et en 1845 le **colonel Strachey** les observa dans l'*Himalaya*[3]. Auparavant, notre compatriote **Victor Jacquemont** avait bien signalé de petits glaciers dans les montagnes du *Cachemire*, mais il les attribuait à des formations accidentelles, aux débris de grandes avalanches tombées dans les gorges situées au-dessous de la zone des neiges persistantes. Il est probable que ces formations ont plus d'importance et que dans le *Cachemire* même il y a autre chose que de simples « lits de neige congelés[4]. » Toutefois les montagnes de la *haute Asie* nous sont trop peu connues pour que nous hasardions un dénombrement de leurs glaciers. Dans les parties de l'*Himalaya*, de *Koumaon* et de *Gourhval* explorées par **Strachey**, les neiges persistantes forment un bande de 56 kilomètres d'étendue d'où descendent de nombreux glaciers. Deux de ces glaciers, voisins du *mont Nanda-Newi* dont le sommet s'élève à 7,[illegible]

[1] *Bulletin de la Société géologique de France*, 1852, IX, p. 396.

[2] **William Hüber**. *Les Glaciers*, p. 38.

[3] **Richard Strachey**. *Journal of the Asiatic Society of Bengal*. Nouvelle série, 18[illegible], t. VII, p. 794.

[4] *Voyage dans l'Inde*. Paris, 1845. 4 volumes.

mètres, ont été l'objet d'observations suivies. L'un, celui de *Couphinié*, descend à 3,450; l'autre s'arrête à 3,650 mètres au-dessus du niveau de la mer, le premier à 1,100 et le second à 900 mètres de la limite inférieure des neiges, qui s'arrête là à 4,550 mètres. Tous deux sont dirigés au sud. Le *glacier du Couphinié* est formé de deux affluents venus de l'est et du nord-ouest qui, après leur jonction dans une vallée rocheuse, s'écoulent suivant une pente de 7 degrés et demi. Leurs moraines latérales et médianes deviennent si puissantes qu'elles finissent par recouvrir la glace d'une nappe continue de débris comme celle que nous avons observée sur le *glacier de Zmutt* en Suisse. La structure de la glace présente des pentes alternativement blanches et bleues. Enfin **Strachey** a trouvé pour son mouvement moyen en mai observé sur cinq points 302 et 225 millimètres par jour avec une température moyenne de 0,1 et 3,5 degrés centigrades, le mouvement étant d'autant plus rapide que l'air était plus chaud. Ce glacier n'a qu'une étendue médiocre : les plus importantes se trouvent dans le *Karakoroum*. M. **Robert de Schlagintweit** cite notamment le groupe intéressant situé près du *col de Sasser* où passe la grande route commerciale de Leh à Yarkand[1]. Ailleurs dans le district de *Balti*, les *glaciers de Chorkonda* et de *Pourkousti* se distinguent par leurs déchirements, leurs chutes, leurs profondes crevasses, tandis que non loin de là celui de *Baltoro*, dans la vallée de *Brahaldo*, atteint, d'après le capitaine **Montgomerie**, une longueur de 58 kilomètres sur 2 à 4 de largeur. Le *glacier de Moostagh* a également 58 kilomètres[2], et celui de *Biafo* qui communique avec un autre formé sur le versant opposé, constitue un fleuve de glace coulant en ligne droite sur un développement de 105 kilomètres. Tous ces glaciers s'étendaient autrefois bien plus loin; ils descendent jusqu'à 3,000 et celui de *Bepho en Tibet*, même à 2,950 mètres. Sur le versant tibétain on cultive des céréales à une altitude égale à celle du mont Blanc.

Glacier de Z[...] en Suiss[e]

Il n'est pas question de glacier sur les plateaux de la *Boukharie* et de la *Mongolie*; l'atmosphère de ces steppes arides, élevées, acquiert une extrême sécheresse; le peu de neige qui y tombe est bien vite absorbé par les vents chauds de l'été. La limite des neiges s'élève trop. Dans l'*Altaï*, nous ne trouvons que de petits glaciers. De même le *Caucase*, où **Dubois de Montpéreux** signale de belles glacières, ne porte pas de grands glaciers, quoique plusieurs de ces sommets, l'*Elbourz* situé à 5,636 et le *Kasbeck* situé à 5,037 mètres au-dessus du niveau de la mer, dépassent de 2,000 mètres la limite des neiges persistantes. Plusieurs de ces glaciers secondaires descendent du sommet du *Kasbeck*; ceux de *Tschohari*, de *Zminda* sont couverts de débris et s'arrêtent au pied de grandes moraines terminales. Le *glacier de Desdarouki* s'écoule au nord-ouest dans une profonde gorge d'où il se précipite par moment jusqu'au *Terek*. **Kolenati** y a observé des crevasses de 19 mètres de profondeur[3], et ce même savant donne pour l'altitude moyenne de huit glaciers 2,185 mètres à leur base. Dans l'*Asie Mineure*, l'*Ararat* et quelques cimes voisines atteignent 5,115 et 4,025 mètres, la limite des neiges s'y arrête à 4,300 et à 3,260 mètres nettement tranchés, mais nous n'y connaissons point de glaciers. **Parrot** cite à peine sur les flancs de l'*Ararat* « des traînées neigeuses » venant à 5,800 mètres[4]. La neige tombe en quantité minime dans ces montagnes, elles ne présentent point de grands cirques qui favorisent son accumulation; la fonte aussi y est trop considérable pour permettre à la glace de se former en masses considérables[5].

Altaï. Caucase. [A]sie Mineu[re]

Les *Pyrénées* non plus ne présentent pas dans leur relief de vastes cirques comparables à ceux où s'alimentent les grands *glaciers des Alpes* suisses. Malgré la hauteur parfois considérable de ce massif, malgré les deux mers qui baignent sa base, la zone des neiges

Pyrénées.

[1] **Petermann's** *Geographische Mittheilungen*, 1865, p. 369 et suivantes.
[2] **Godwin-Austen.** On the glaciers of the Mustakh Range. *Journal of the geographical Society of London*, 1865. Vol. XXXIV, p. 19. Avec une carte.
[3] *Voyage autour du Caucase*, t. II, p. 380. Paris, 1839.
[4] *Bulletin de l'Académie des sciences de Saint-Pétersbourg*, 1841, t. II, p. 260, et 1845, t. IV, p. 168.
[5] **Parrot.** *Reise zum Ararat*, p. 187.

persistantes n'y est pas bien tranchée[1]. Sur le versant méridional disparaît presque complètement, et sur le versant du nord, du côté de la France, on n'aperçoit, quand on la regarde de loin, que des nappes partielles souvent interrompues par les [illegible] des montagnes. Il n'y a des glaciers de quelque étendue que dans les [illegible] entre les *sources de la Garonne* et le val d'*Ossau*, dans des bassins [illegible], généralement dirigés au nord. Encore la glace ne forme pas une masse puissante qui descend dans les vallées, elle revêt les versants des montagnes le long des crêtes comme une succession de nappes peu étendues en longueur, mais très-larges. De nombreuses fentes transversales coupent ces nappes provenant du mouvement inégal de la glace. Les crevasses longitudinales dirigées dans le sens de l'axe sont rares et prennent l'apparence de quelques sillons neigeux. Tous ces glaciers d'ordre secondaire ne dépassent guère la zone des neiges ; jamais ils ne descendent dans les vallées habitées. Celui de *Maladetta*, le plus puissant de la chaîne, atteint une largeur de 11 kilomètres et s'abaisse à 2,286 mètres d'altitude, soit à 487 mètres au-dessus du *val d'Essere* en Espagne.

laladetta.

E-pagne. ra-Nevada.

En *Espagne*, plusieurs chaînes portent leurs cimes dans la zone des neiges persistantes. Mais ici encore il tombe trop peu de neige, la chaleur de l'été est trop intense, les bassins d'alimentation trop faibles pour former des glaciers. La *Sierra-Nevada*[2] elle-même qui s'élève à 3,470 mètres au *Cerro de Mulhacen*, n'en possède pas. C'est à peine si l'on cite un glacier dans la *Sierra de Gredos*, dont le sommet principal mesure 3,000 mètres.

uvergne. évennes. Vosges. Jura. Alpes.

Les montagnes d'*Auvergne*, les *Cévennes*, les *Vosges*, le *Jura*, aucune chaîne exclusivement française ne conserve ses neiges pendant toute une année. Mais à la suite de ces différents systèmes paraissent les *Alpes*. Qui n'a pas vu les *glaciers des Alpes!* Les hommes d'étude ou de loisir y viennent en foule. L'infini les attire. Il n'est point de naturaliste qui ne soit allé y fléchir le genou et jeter au ciel un cri d'adoration dans leur austère solitude, sur les dernières cimes, au sein des luttes grandioses des éléments. Aucune région du globe n'a été l'objet d'études aussi patientes que les Alpes, depuis **Altmann** et **Scheuchtzer**, jusqu'à **Agassiz** et **Dollfus-Ausset**[3]. C'est là que l'étude des glaciers est née, qu'elle s'est développée jusqu'aux derniers détails. Le nombre de ces masses glacées entre le massif du *mont Blanc* et le *Tyrol*, est trop considérable pour que je me hasarde d'en faire l'énumération. Parmi les plus considérables, le *glacier d'Aletsch* mesure une surface de 110 millions de mètres carrés, sur une longueur de 21 kilomètres et une masse d'environ 30 milliards de mètres cubes[4]. (M. **Desor** a évalué à 2 milliards 400 millions de mètres cubes le volume du glacier de l'Aar, avec une surface de 9,000,000 mètres carrés[5] et 8 kilomètres de longueur.) Pour donner une idée de la quantité des glaciers alpins, disons que le Rhin reçoit les eaux de 370 glaciers, et que la masse de glace du massif du mont Blanc, calculée d'après la carte de M. **Mieulet**, jointe à cet article[6], fournit une somme de 14 milliards 120 millions de mètres cubes, équivalent au débit de la Seine pendant neuf ans. Le pied du *glacier d'Aletsch* se trouve à 1,[illegible]; le *glacier du Rhône* à 1,730 ; de l'*Aar*, à 1860 ; de *Viesch*, à 1,348 ; de la *Brenva*, [illegible] ; de *Grindelwald*, 1,050 mètres d'altitude[7].

ont Blanc. Tyrol. er d'Aletsch. ont Blanc. Glaciers 'Aletsch, u Rhône, e l'Aar, Viesch, la Brenva, rindelwald.

Nous avons vu qu'en *Scandinavie* la limite des neiges persistantes descend du sud au nord de 1,550 à 700 mètres du côté de la Norvége, tandis qu'elle monte à 100 ou 150 mètres plus haut vers l'intérieur de la *Suède*, contrairement à ce que devrait provoquer la diminution de la température de l'air sur ce versant. Cette anomalie s'explique par l'abondance des neiges, par la permanence des brouillards causés par l'humidité de

ndinavie. Suède.

[1] **De Charpentier**. *Essai sur la constitution géognostique des Pyrénées*, p. 51, Paris, 1823.
[2] D. A. Dans la Sierra-Nevada il tombe de grandes quantités de neige.
[3] D. A. Citation très-incomplète.
[4] **Edouard Collomb**. Envahissements séculaires des glaciers des Alpes. Archives des *Sciences naturelles de Genève*. Janvier 1849, p. 30.
[5] **Agassiz**. *Système glaciaire*, p. 58. Paris, 1847.
[6] **William Hüber**. *Les glaciers*, p. 166.
[7] **Mousson**. *Die Gletscher der Jetztzeit*, p. 28.

l'air au bord de la mer [1]. Sous la même influence d'immenses champs de neige se sont accumulés sur les hauteurs du littoral, en dehors des *monts Kioellen*, où ils acquièrent bien moins d'étendue. Tels sont les *fonds de Folge* et de *Justedal* par 60 et 61° de latitude, qui se rattachent aux *glaciers de Sulitelma*, entre 67 et 68° de latitude et le grand *Yökulfield* sur les côtés de Finmark [2]. Ces champs de neige uniforme couvrent toutes les inégalités du sol sur une profondeur inconnue; ils ont une surface légèrement bombée et alimentent les glaciers qui descendent vers la mer. Les plus puissants sortent du groupe de *Justedal*, où le glacier de *Lodal* s'abaisse à 577, et celui de *Nyard* à 340 mètres au-dessus du niveau de la mer [3]. Dans le massif de *Sulitelma*, il y a des glaciers moins importants, mais plus nombreux, appelés *Yegna* par les Lapons, et dont **Wahlenberg** a observé le mouvement et les crevasses [4].

Laponie.

Nulle part les glaciers d'une même chaîne de montagne ne descendent à l'altitude égale à des hauteurs aussi différentes comme à la *Nouvelle-Zélande*. M. de **Hochstette** a vu, sur le versant occidental de cette île, des glaciers s'arrêter à 200 mètres seulement au-dessus de l'Océan, au milieu d'une riche végétation de fougères arborescentes [5]. Sur l'autre versant, au contraire, par 43 et 44° de latitude australe, ils ne s'abaissent pas au-dessous de 770 mètres. Parmi ceux-là, M. **Julius Haast** a trouvé que le pied des *glaciers de Havelock*, s'arrête à 1,180; celui du glacier de Forbes, à 1,155; du glacier de Clyde, à 1,131; du *glacier de Lawrence*, à 1,220; du *glacier d'Ashourton* à 1,450 mètres d'altitude dans le bassin du fleuve Ragitata. Dans le bassin du lac Tekapo, le *glacier de Godley* s'arrête à 1,080; celui de *Classen*, à 1,060; celui de *Séparation*, à 1,320; celui de *Maccauley*, à 1,315; celui de *Huxley*, à 1,675, et celui de *Faraday*, à 1,420 mètres. Dans le bassin du lac Pakaki, le pied du *glacier de Tasman* descend à 835; celui de *Murchison*, à 1,065; celui de *Müller*, à 860 et celui de *Hooker*, à 770 mètres. Enfin les glaciers de *Richardson*, de *Selwin*, de *Hourglass*, arrivent à 1,270, 1,295, et 1,145 mètres dans le bassin du lac Olou. Autrefois ces masses de glace atteignaient la mer comme l'indiquent des traces nombreuses. Les lacs de Pakaki, d'Ohou, sont presque entièrement entourés de moraines. On trouve dans leurs vallées supérieures de nombreuses terrasses qui attestent le passage d'anciens glaciers, et se distinguent nettement par leurs matériaux et leur surface inclinée, des terrasses horizontales qui marquent l'ancien rivage de la mer [6].

Nouvelle-Zéla

L'Islande, les îles *Spitzbergen*, portent de nombreux glaciers qui descendent jusqu'à la mer, et la mer limite presque seule les glaciers des régions plus rapprochées des pôles, tant au sud qu'au nord. En *Islande*, la zone des neiges persistantes s'arrête encore à une hauteur considérable de 1,300 mètres et occupe d'après les calculs de **Sartorius de Wallershausen** une aire de 54 kilomètres carrés [7]. Cette masse de neige centrale alimente les glaciers qui descendent dans les gorges et les vallées. Les plus grands sont : Le *Klofa-Yökul* et le *Vatna-Yökull*, au sud-est. le *Langé-Yökull* et le *Hof-Yökull*, sur le plateau intérieur de l'île. Aux Spitzbergen, la limite des neiges persistantes ne correspond pas au niveau de la mer, comme M. **Charles Martins** l'a affirmé d'après une observation inexacte; elle reste au-dessus de 300 mètres, même au nord de l'île principale par 80° de latitude. Les glaciers descendent des plateaux intérieurs au fond des golfes qui découpent le littoral par de profondes gouttières semblables à des fleurs, aux eaux figées, rigides. Il s'en trouve un près du cap Sud, et un autre sur les bords de

Islande
Spitzberg

[1] **Leopold de Buch.** *Ueber die Grenzen des ewigen Schnee's im Norden*. Dans les *Annalen der Physik* de Gilbert, 1812; t. XL, p. 17, et t. XLI, p. V.

[2] *Yokult*, glacier, en norvégien.

[3] **Forbes.** *Norway and its glaciers*. Edimbourg, 1863.

[4] *Bericht über Beobachtungen zur Bestimmung der Höhe und Temperatur der Lapplandischen Alpen*. Gastingun, 1812. — **Mousson** *Die Gletscher*, p. 203.

[5] **F. de Hochstette.** *Eise der Oestreichischen Fregate* Novara. Partie géologique, t. I, p. 257 1862.

[6] *Geographische Mittheilungen* de **Petermann**, 1863, p. 217.

[7] *Edinburgh new Philosophical Journal*, avril et octobre 1848, p. 129 et 281.

Kamtschatka. Nouvelle-Zemble. Sibérie. Grœnland. Terre-de-Feu. Glaciers de Victoria.

Horn-Sound, qui atteignent 20 kilomètres de largeur. Il y a aussi des glaciers au *Kamtschatka*, à la *Nouvelle-Zemble*; mais la *Sibérie* en est dépourvue quoiqu'elle touche l'océan Glacial. Ailleurs, au *Groënland*, les glaciers forment au bord de la mer des escarpements formidables d'une hauteur verticale de 350 à 400 mètres. Presque tout le *Groënland* est revêtu d'un épais manteau de glace sur une superficie de 500,000 kilomètres carrés environ[1]; et le *glacier de Humboldt* y atteint, dans le détroit de Smith, un développement de 110 kilomètres. Il en est de même dans l'hémisphère austral, sur la *Terre-de-Feu*, le long du détroit de Magellan, sur les rivages d'Adélie, de Sabrina. Ce sont enfin les grands *glaciers de Victoria* qui arrêtèrent les vaisseaux de **Ross** dans leur marche vers le pôle sud, vers 80 degrés de latitude [2].

Charles Grad.

GREPPIN (Dr J.-B.).

Essai géologique sur le Jura Suisse. — In-4, 160 p. Coupes coloriées. Prix 6 fr. 1867. Porentruy, typographie Victor Michel.

H

HAAST (Julius),

Description géologique de la province de Canterbury, Nouvelle-Zélande. — *Bullet. de la Soc. géol. de France* 2me, série, t. XXIV, p. 458. 1867.

...Relativement à ce que l'on appelle la *formation glaciaire*, je pense qu'il y a lieu de distinguer deux sortes de dépôts suivant leur région. Les uns, que j'appellerais *formation glaciale*, sont marins, et les glaces flottantes ont dû jouer un rôle important dans leur accumulation ; les autres constitueraient la *formation glaciaire*, et résulteraient de l'action des *glaciers terrestres*. Tous les dépôts de la Nouvelle-Zélande que j'ai eu occasion d'observer et qui appartiennent à cette période sont dus à cette dernière cause et sont de simples accumulations morainiques. Il n'y a aucun doute que la question de l'âge relatif de la période glaciaire dans les deux hémisphères est une des plus importantes et des plus intéressantes de la géologie physique.

HAUER (Franz Ritter von).

Geologische Übersichts-Karte der Œsterreichischen Monarchie, nach den Aufnahmen der k. k. geologischen Reichs-Anstalt, bearbeitet von **Frantz** (Ritter von Hauer). 12 Bl 1 : 576,000. 40 fl.

Davon als erste Lieferung publicirt 1867, Blatt V, Westliche Alpenländer. 5 fl. Wien, Beck. (Mit einer vorläufigen Begleitschrift, in-8, 20 p.)

HEER (Oswald), professeur à Zuric.

Vortrag über die Polar-Länder. — In-8. Schulthess. Zuric, 1867.

HELMS (E.).

Grönland und die Grönländer. Eine Skizze aus der Eiswelt. — In-8. Fritsch. Leipzig, 1867.

[1] **Rink**. *Gronland Geographisk Statistik Beskrevet*. 1857. — *Annales des Voyages* de décembre 1865.

[2] D. A. Autrefois on cherchait les localités où se trouvaient des glaciers, aujourd'hui on ne trouve pas dans la force du terme de contrées préservées par l'ancienne extension des glaciers.

J

JAHRBUCH DES ŒSTERREICHISCHEN ALPEN-VEREINS. (*Publication annuelle de l'Alpine-Club autrichien*). — T. III, in-8, 440 pages. Illustrations nombreuses. Vienne, 1867. Charles Gerold et fils.

I. Abhandlungen (Mémoires).

I. Einige Aussichtspunkte in den Alpen. **Karl von Sonklar**, k. k. Oberst.
II. Aus den Obersteirischen Alpen. **Wilhelm Schleicher.**

1. Grosse Buchstein.
2. Grosse Pyrgas. 7048[1] W. F.
3. Luganer 6952.
4. Hoch-Zinödl.
5. Hochthor.
6. Grosse Bösenstein
7. Triebenstein, 5711.
8. Grosse Griesstein.
9. Pölsen, der Dreistecken und der gefrone See.
10. Sunk.
11. Zeiritz-Kampl. 7603.

III. Gang über die Dössner-Scharte. **F. Franzisci**, Curaten zu St-Veit in Kärnten.
IV. Wanderungen durch das praealpine Salzburger Hügelland. Dr **Wallmann**.
V. Von Kaprun nach Stubach. **C. von Sonklar**, k. k. Oberst.
VI. Olperer im Tuxer Hauptkamme. Dr **Anton von Ruthner**.
VII. Beiträge zur Orographie und Hydrographie des Pusterthales. **Jos. Trinker**, k. k. Bergrath.
VIII. Eine Wanderung am Südabhang unserer Alpen, namentlich über das Eisjoch. **Libor Bahr**, Professor.
IX. Zugspitze im Bayerischen Oberlande. **Ruthner** (Anton. Dr).
X. Eiszeit der Alpen. **Hellwald**[2] (Friedrich von).
XI. Der Mensch und seine Werke in den österreichischen Alpen. Sechs Vorträge, gehalten im Vereinsjahr 1865-66. **Ficker** (Adolf, Dr von), k. k. Regierungsrath und Director der administrativen Statistick.
3. Cartes :

a. Volksdichtigkeit in den österreicher Alpenländer.
b. Nationalitäten in den österreichischen Alpenländern.
c. Verhältniss der Schulbesuchenden Kindern in den österreichischen Alpenländer.

[1] D. A. W. F. Wiener Fuss. 1 Pied de Vienne = 0m,3161.

[2] D. A. *Période glaciaire des Alpes*, mémoire scientifique important. Auteurs cités : **Martins** (Charles). — **Desor** (E.). — **Fraas**, *Vor der Sündfluth*, 1866, p. 434-435. — **Vogt** (Carl). — **Forbes** (James). — **Tyndall** (John). — **Hochstetter**, Erscheinungen der sogenannten Eiszeit. *Œsterr. Wochenschrift*, B. I, p. 405. 1863. — **Scoresby Ludwig**, Meeresströmungen. 1865. — **Otto Ule**, Eiszeit der Alpen und die Sahara, in « *Natur* » 1866; n° 36, p. 284. — **Klœder**. *Handbuch der Erdkunde*, I, p. 128. — **Heer** (Dr), *Ueber die Polarländer*. Zurich, 1867. — **Franckland**, *On the glacial epoch*. Reader. 6 Febr. 1864.

XII. Schiller und die Alpen. **Egger** (Alois von).

...Am Mythensteine, einem ragenden Felsen am Vierwaldstätter-See, ist jetzt weithin die Inschrift zu lesen : « *Dem Sänger Tell's,* **Friedrich Schiller**, *die Urkantone,* 1860. » Nicht die Urkantone allein schulden ihm Dank, alle Freunde der Alpenwelt, wenn sie auch nicht in Kantonen wohnen, bewahren den Namen des Dichters treu in der Brust, des Mannes, der die Alpen nie geschaut und sie doch so gross und treu in Sinn und Gemüth aufgenommen.

II. Notizen.

a. Ersteigung der Schneebigen Nock. **Rainer** (Erzherzog von Œsterreich), 10,672 W. F. (3,373 mèt.).
b. Steier und seineUmgebung. **Mayr** (Georg).
c. Ersteigung der Hochschwab. **Walterskirchen** (Robert), Baron von.
d. Die Raducha in den Sultzbacher Alpen. **Wetzler** (Paul).
e. Streifzug durch Nord-Tirol. **Khuen** (D^r^).
f. Übergang über das Ramoljoch. **Pühringer** (Carl).
g. Ersteigung des Madatschberges. **Payer** (Julius), Oberl.
f. Besteigung des Monte Zebru. 11,823 W. F. (3,737 mèt.). **Payer** (Julius), Oberl.
g. Das Alpenglühen. **Ransonnet** (Freiherr von), Bergrath.
h. Seehöhen vom Schneeberge und der Rasalp. **Fritsch** (Karl)[1].
g. Windischgarten. **Klein** (Wilh. Ferd.).
h. Mühlstürzhörner.
i. Panorama vom Fuscherthörl. **A. v. R.**
k. Album der deutschen Alpen. Herausgegeben von dem Landschaftsmaler **Conrad Grefe**, in Verbindung mit der art. Anstalt von **Reiffenstein**, et **Rösch**. Wien, 1861.
l. Über die Alpenrosen. **Reichardt** (H. D^r^), custosadi am k. k. bot. Hof-Cabinet u. Privatd. an der Wiener Universität.
m. Alpen oder Alm, Gletscher oder Ferner. **Sonklar** (Carl von), k. k. Oberst.
n. Die Vereinshutten in Kaprun und auf dem Wiener Schneeberge. **A. v. R.**
o. Führerwesen.

Verzeichniss der Beilagen (Cartes et illustrations).

1. *Die Blaue Gumpen*. Page 1re. Peint par **Adolf Obermüller**. Chromolithographié par **Conrad Grefe**. Lithographie de **Reiffenstein** et **Rösch**.
2. *Der Gossgraben*. Page 60. Peint par **Thomas Ender**. Chromolithographié par **Conrad Grefe**. Lithographie de **Reiffenstein** et **Rösch**.
3. *Die Wasserfall-Alpe* im Kaprunerthal. N° 80. Peint par **Thomas Enden**. Chromolithographié par **Conrad Grefe**. Lithographié par **Reiffenstein** et **Rösch**.
4. *Der Similaun*. Dessiné par Prof. **Ignaz Dorn**. Lithographié par **C. G.** Imprimé par **R.** et **R.**
5. *a*. Karte über die Volksdichtigkeit in den österreichischen Alpen, p. 320.
   b. Nationalitaten-Karte in den österreichischen Alpen, p. 320.
   c. Karte über das Verhältniss der Schulbesuchenden zu den Schulpflichtigen Kindern in den öster. Alpen, p. 320.
6. *Der Madasberg*. Dessiné par Prof. **Ignaz Dorn**.

[1] Tableaux météorologiques à diverses stations.

7. *Die Mühlstüzhörner*. Dessiné par Prof. **I. D.** Impression par **Reiffenstein** et **Rösch**.
8. *Panorama de Windischgarten*. Dessiné par **Richard Zeller**.
9. *Panorama du Fuschertörl*. Dessiné par **Friedrich Slache**.

III. Bibliographie über Alpine-Literatur (1864-1867)[1].

Alpenpässe und ihre Hütten. **P. v. S.** Ausland, 1867.

Alphen (von). Door Zwitserland, Savoye, en het Norden von Italie langs de Middelandische Zee en door Provence. Leiden, 1764. In-8.

Alphen (D. F. van). In de grof van Han en door het Noord-Ooosten van Zwitserland (Bodensee). — Via Mala. — Bad Pfäfers, en Glarus. Nieuwe reiseverhalten en indrukken Leiden, van dem Heuvell en van Santen, 1868. VIII u. 232 S.

Andeer (J.). Eine Ersteigung dez Piz Cotschen. *Neue Bündtner Zeitung*. Jahrg. 1864, n° 250-251.

Andeer (P. S.). Der Fernunt-Pass. Jahresb. der naturf. Ges. Graub. Neu Folge Jahrgang X (1865) S. 112-118.

Argentier (Auguste). Courmayeur et Pré-Saint-Didier (Val d'Aoste) leurs bains, leurs eaux et leurs environs. Aoste. Damien Lybotz, 1864. In-8.

Ball (John). The central Alps including the Berness Oberland and all Switzerland, excepting the neigh bourghood of the Monte-Rosa and Great-St-Bernard. London, 1864. Nouvelle édition.

Ball (John). The Western Alps. London, 1865. In-8.

Barth (L.) et **Pfaundler** (L.). Die Stubaier Gebirgsgruppe hypsometrisch und orographisch bearbeitet. Innsbruck, Wagner, 1865. In-8. 144 p.

Berlepsch (H. A.). Schweizerkunde. Braunschweig, 1864. In-8.

Berlepsch (H. A.). Die Alpen. Leipzig, Costenobe, 1866. In-12. 3me éd., 286 p.

Berlepsch (H. A.). Die Alpen. Jahrb. der Lit. Heidelberg, 1866.

Berthoud (Eugène). Sur la montagne. Neuchâtel, Delachaux, 1866. 2 vol. in-12.

Berthoud (Eugène). Alpes et Jura. Vol. 2. Courses lointaines. Recens. bibl. univ. et Rev. Suisse, 1865. III, 155-158.

Bonney (T. G.). Outline sketches in the high Alps of Dauphiné. London. Longmans, 1865. In-4, texte et illustrations.

Bourguignat (J. R.). Malacologie de la grande Chartreuse. Paris, 1864. In-8.

Bouvier (L.). La chaîne des Aravis. Annecy, 1866. 84 p., in-8.

Brace (C. L.), A foot-trip in the Tyrol. In: « Hours at home. » New-York. Janv. 1867.

Browne (G. F.). Ice caves in France and Switzerland, a narratiwe of subterraneous explorations. London, 1865. In-8.

Brügger (Ch. G.). Lukmanier und Gothardt; eine klimatologische Parallele. Jahresb. der naturf. Ges. Graub. Neue Folge Bd. X, 1865, p. 1-19.

Brügger (Ch. G.). Zur Flora der Silvetta, ein pflanzengeographischer Beitrag. Jahresb. der naturf. Ges. Graub. Neue Folge Jahrgang XI, 1866, p. 201-214.

Bulletino trimestrale del Club alpino di Torino. Torino. G. Cassone et C., 1865-1866.

Coaz. Eine Ersteigung des P. Stäz (*Stäzerhorn*). Chur, 1865.

Croiset (J. E. C.). Near de retische Algen (In Tyrol en Salzburg). Schetsen indrukken. Rotterdam. Nijgh, 1866, 344 blz.

Echo (L') des Alpes. Genève, 1865-1866.

[1] D. A. De cette bibliographie j'extrais les titres de mémoires dont je n'ai pas connaissance et dont les auteurs ne figurent pas dans les volumes de mes *Matériaux*.

Egli (J.-J.). Die Höhlen des Ebenalpstocks im Canton Appenzell. Inner, Rhoden, St-Gallen, 1865.

Excursion der Section Rhätia und die Sulzflüh im Rhätikongebirge. Chur, L. Hitz, in-8, 156 p.

Favre (E.). Sur l'origine des lacs alpins et des vallées. In-8, 1865.

Favre et **d'Espine**. *Observations géol. et paléontol. sur quelques parties des Alpes de la Savoie et du canton de Schwytz*, avec 1 planche. Genève, 1865. In-8.

Fraas (Oskar). *Vor der Sündfluth! Geschichte der Urwelt.* Stuttgart, Hoffmann, 1866. In-8, 512 pages.

Frühauf (C.). *Errinnerung an den Ortler* in Tirol. Abendstunden, 1865. III, 27-34.

Fürstenwäther (Joach., Freiherr von). *Ein Ausflug in die Turracher Alpen im Jahre* 1864. Mittheil. der naturw. Ver. für Steierm. Heft III. 1865, 128-141.

George (H. B.). *The Oberland and its glaciers explored and illustrated with ice, axe and camera.* London. Bennett, 1866. In-4.

Gilbert (J.) and **Churchill** (G. C.). *The dolomite montains. Excursions through Tyrol, Carenthia, Carniola and Friuli* in 1861, 1862, 1863. London, Longmans. 1864. Traduit en allemand par **G. A. Zwanziger**. Klagenfurth, Kleinmayr, 1865. Recens. Carinthia, 1865, p. 442-448.

Giornale delle Alpi, degli Apennini, et dei Vulcani, redatt. **G. F. Cimino**. Torino, Cavour, 1864.

Götsch (G.). *Das Leben der Gletscher oder Andeutungen über die naturwissenschaftliche Ausbeute des Œtzthaler Gebirgstockes.* Innsbruck. 1864, In-8.

Goumain-Cornille. *La Savoie, le mont Cenis et l'Italie septentrionale*, avec une note sur l'histoire naturelle de ces contrées. Paris, 1864.

Graf (Ferdinand). *Der Hochlantsch.* Carinthia, Jahrg., 1866. 480-485.

Guide special pratical for the Bernese Oberland. By an Englishman abroad. London, Simpkin, 1864. in-12, 50 p.

Heer (Oswald). *Die Urwelt der Schweiz.* Zürich, 1865. Gr. in-8. Recens. Heidelberg Jahrb. der Lit. 1865, I, 13-16.

Herbst Ausflug (Ein) in die Tiroler Alpen, von **A. P.** *Ausland*, 1817, n° 11 et 12. p. 255, 257, 269, 271.

Hermanitz (Thomas). *Die Drau und ihr Flussgebiet.* Carinthia. Jahrg. 1865, p. 520-526.

Hinterhuber (R.). *Der Untersberg.* Abendstunden, 1865, IV, 75-82.

How we spent the summer : or a voyage en Zigzag in Schwitzerland and Tyrol, with tome some members of the Alpine-Club. With about 300 illust. London, Longmans, 1865. 4 obl.

Hüber (W.), *Considérations générales sur les Alpes centrales.* Bull. de la Soc. de géogr. de Paris. Février et mars 1866, p. 105-144. — **Petermann** Geogr. Mitth. 1866, p. 397.

Hüber. *Le massif du mont Blanc.* Bull. de la Soc. de géogr. de Paris, octobre 1866, p. 318-351.

Jäger (Gustav von) *Der Donatiberg* bei Rohitsch in Unter-Steiermark. Wien, M. Auer, 1867. In-8. 105 p.

Jahrbuch *des Schweizer Alpen-Club.* Bern. Dolp, 1864 à 1866. In-8, 3 vol.

Joanne (Ad.). *Guide illustré du voyageur en Suisse et à Chamonix.* Paris, Hachette, 1866. In-18. 522 p.

Joanne (Ad.). *La Suisse.* Paris. Hachette, 1866. In-32, p. 407.

Journal. *The Alpine.* London 1854-1867. In-8, Bd I, II. Heft. I.

Kärnthen in den Mittheilungen des œsterr. Alpenvereins, von **H. W.** Carinthia. Jahrg. 1864, p. 457-459.

Kenngott (Adolf). *Die Minerale der Schweiz.* Leipzig, 1866. In-8. Recens. Heidelb. Jahrbuch. Lit. 1866. II. 799-800.

Kerner (A.). *Die Cultur der Alpenpflanzen*. Innsbruck, Wagner, 1864. Recens. Österr. Wochenschr., vol. III, 1864, p. 591-597.

Kerner (A.). *Botanische Streifzüge durch Nord-Tyrol*. Österr. Wochensch. vol. III. 1864, p. 779, 782, 820, 825; vol. XI, 1865, p. 294-301. — Recens Petermann's Geogr. Mittheil., 1865, p. 395.

Kerner (A.). *Die höchstgelegenen Quellen unserer Alpen*. Österr. Wochenschr., vol. V, 1865, p. 193-198.

Kerner (A.). *Studien über die oberen Grenzen der Holzpflanzen in den österreichischen Alpen*. Österr. Rev., 1866, vol. III, p. 187-200.

Kolmaier (Paul). *Der Tauernwald und seine Hauptstrassen in Ober-Kärnten*. Carinthia, Jahrg., 1864, p. 141-142.

Kolmaier (P.). *Betrachtungen über unsere Alpenwirthschaft*. Carinthia, Jahrg., 1864, p. 501-502.

Lalamble (H. de). *Voyage à Lucerne et dans la Suisse orientale*. Aurillac, Picut, 1866. In-12, 368 p.

Laube (G. C.). *Fauna der Schichten von St-Cassian*. Ein Beitrag zur Paläontologie der alpinen Trias. Wien, 1865. In-4, 2 vol.

Law (W. J.). *The Alps of Hanibal*. London, Macmillan, 1866. 2 vol.

Lechner (E.). *Das Thal Bergell in Graubünden*. Leipzig, 1865. In-16.

Lechner (E.). *Piz Languard und die Bernina-Gruppe*. 2e édition, 1 panorama, 3 vues et 1 planche. Leipzig, 1865. In-8.

Lorentz (P. G.). *Excursionen um den Ortles- und Adamello-Stock*. Petermann Geogr. Mittheil. 1865, p. 1 à 6, 56 à 70.

Martins (Charles). D. A. Citations de nombreux mémoires glaciaires, qui se trouvent dans nos volumes. Voyez, auteurs de mes matériaux pour l'étude des glaciers.

Molendo (Ludwig). *Moosstudien aus den Algäuer Alpen*. Leipzig, Engelmann, 1865, 164 p.

Molendo (L.). *Bryologische Reisebilder aus den Alpen*. Flora. Jahrgang 1866.

Muehry (A.). *Das Klima der Alpen unterhalb der Schneeligne*, dargestellt nach den ersten Befunden des grossen meteorologischen Beobachtungssystems in der Schweiz, im Winter und im Sommer 1863-1864. Göttingen, 1865. In-8.

Müller (Albrecht). *Ueber die krystallinischen Gesteine der Umgebungen des Maderaner-Etzli und des Felli Thales*. Verhandlungen der naturf. Ges. in Basel, Vol. IV, cah. 2, 1866, p. 355-397. Cah. 3, 1866, p. 550-589.

Night-ascent of the Jungfrau : from Saintine. Amer. Monthly. May 1865,

Noë (Heinrich). *In den Voralpen*. München, 1865. Globus, vol. VII, p 316.

Noë (H). *Baierisches Seebuch*. Naturansichten und Lebensbilder von den baierischen Hochlandseen. München. J. Lindauer, 1865. In-8.

Osenbrüggen. *Wanderskizzen aus der Schweiz*. Schaffhausen. Hurter, 1867. In-8.

Payer (Julius). *Die Adamello-Presanalla-Alpen*. Gotha, 1865. In-4.

Payer (J.). *Ortler-Alpen* (Sulden-Gebiet und Monte Cevedale). Gotha, Perthes. 1867. In-4. 1 carte et 1 vue —Ergzgschft. n° 18 zu Petermann's Geogr. Mitth. : 1. Topographie. 2. Gletscher. 3. Suldenthal. 4. Geol. geognost. Verhältnisse. 5. Touristische Expedition. — Ersteigung des Ortler, 12,356 W F. (3947 mèt.), etc.

Payer (J.). *Besteigung des Agnerkopfes*. Über Land und Meer, vol. XXII, 1867, n° 18, p. 283.

Payot (V.). *Erpétologie, malacologie et paléontologie des environs du mont Blanc*. Lyon, 1864. In-8.

Pechmann (E.). *Notizen zur Höhen- und Profilkarte, von Tirol und Voralberg* nebst dem Verzeichnisse der trigonom. bestimmten Höhen. Mitthl. der k. k. geogr. Gesellsch. Jahrgang VIII, 1864, p. 228-247.

Pichler (Adolf). *Allerlei Geschichten aus Tirol*. Jena, 1867.

Pitschner (W.). *Der Mont-Blanc* Genf, 1864.

Planta (P. C.). *Büdner Alpenstrassen*, historisch dargestellt. St-Gallen, 1866. In-8, 35 p.

Prettner (Johann). *Die Bora und der Tauernwind*. Eine meteorologische Studie. Carinthia, Jahrg., 1865, p. 454-462.

Prinzinger A.). *Die Höhen-Namen in der Umgegend van Salzburg und Reichenthal*. Salzburg, Taube, 1867. In-8, 34 p.

Prinzinger (A.). *Die Tauern*. Vortrag. Salzburg, Taube, 1867. In-8, 34 p.

Rambert (Eugène). *Deux jours de chasse dans les Alpes Vaudoises*. Bibl. univ. et revue Suisse, 1866, vol. I, n° 5-50.

Rambert (E.). *La Dent de Midi*. Bibl. univ. et Revue suisse, 1866, vol. II, p. 161, 187, 321, 357, 481, 512.

Rambert (Eugène). *Les Alpes suisses*. Vol. 1. Les plaisirs des grimpeurs. — Linthal et les Crarides. — Les cerises du vallon de Gueuroz. — Les plantes alpines et leur origine. — L'accident du Cervin (Matterhorn).

Vol. II. Les Alpes et la liberté. — Deux jours de chasse dans les Alpes vaudoises.— La Dent du Midi. — Le chevrier de Praz-le-Fort. Recens. Bibl. univ. et rev. suisse, 1866. I, 151-158. III, 463-465.

Renevier (E.). *Notices géologiques et paléontologiquas sur les Alpes vaudoises*. Lausanne, 1864-1866, 4 part. 1 Infralias et zone à Avicula, avec 3 pl., 1864. 2. Massif de l'Oldenhorn, avec 5 pl., 1865. 3-4. Environs de Cheville, avec 5 pl., 1866.

Ruthner (Anton von). *Skizzen aus der Zillerthaler Gebirgsgruppe*. Mitth. der k. k., geogr. Gesellsch. Jahrgang VIII. 1864, p. 113-180

Ruthner (A. von). *Die grösseren Expeditionen in den österreichischen Alpen* aus dem Jahr 1864. Petermann's Geogr. Mittheil. Jahrgang 1865, p. 206-215.

Sauter (A. E.). *Beiträge zur Pilzflora des Pinzgaues*. Mittheil. der Gesellsch. für Salzb. Landesk. Jahrg. VI, 1866, p. 41-54.

Schaubach (Adolph). *Die deutschen Alpen*. 2me édit. Jena. Fromann, 1865-1866 In-8, vol. 2, 3. — Vol. 2. Nord-Tirol, Voralberg, Ober-Baiern. 1866. Vol. 3. Salzburg. Ober-Steigermark, Ober-Österreichische Gebirge und das Salzkammergut.

Schobinger (A). *Taschenbuch fur reisende Botaniker im Kantou Luzern, Rigi Pilatus und Umgegend*. Luzern, 1866. In-12.

Schöpf (J. G.). *Tirolische Idioticon* herausgegeben von J. Hofer. Innsbruck, 1866. In-8.

Simony (Friedr.). *Die Seen der Alpen*. Österr. Revue, 1864, I, 186-197.

Sonklar (Carl von). *Von den Alpen*. Österr. Revue, 1863-1864, III, 177-136; IV, 196-210.

Sonklar (C.). *Das Eisgebiet der hohen Tauern*. Mitth. der k. k. geogr. Gesell., Jahrgang VIII, 1864, p. 12-30.

Sonklar (C. v.). *Gebirgsgruppe der hohen Tauern*, mit besonderer Berichtigung auf Orographie, Gletscherkunde, Geologie, Meteorologie nach eigenen Untersuchungen dargestellt. Wien, Beck, 1866. 425 p.

Theobald (G.). Das Bundner Oberland. Chur, 1864. In-8, 5 vues et 1 carte.

Theobald (G.). *Bormio und seine Bader*. Chur, 1865. In-8.

Theobald (G.). *Geologische Beschreibung der nordöstlichen Gebirge Graubündtens*. Bern, 1865. In-4.

Theobald (G.). *Das Bernia Gebirge*. Geologische Skizzen. Jahresb. der naturf. Gesellsch. Graubundens. Neue Folge-Jahrg., X (1865), p. 44-111.

Theobald (G.). *Geologische Beschreibung der Sundfluth*. Jahr. der naturf. Ges. Neu Folge-Jahrg , X (1865), p. 157-172.

Theobald (G.). *Das Albigna-Disgrazia-Gebirge zwischen Maira und Adda*. Jahresb der naturf. Gesell. Graubundens. Neue Folge-Jahrg., XI (1866). p. 1-46.

Tshudi (Ivan). *Schweizerfuhrer. Reisetaschenbuch*. Siebente Auflage. St-Gallen Scheitlin und Zollikofer, 1868. In-8, 489 p. Cartes et illustrations.

Ule (Otto). *Die Eiszeit der Alpen und die Sahara*. In Natur, 1866, p. 273-283.

Ullepitsch (Joseph). *Das Canalthal*. Jahrg. 1864, p. 397-409.

Vogt (Carl). *Alpen-Geologie*. *Köln. Zeitung*, 26 März 1865. Petermann, Geogr. Mitth., 1865, p. 161-165.

Waagen (W.). *Der Jura in Franken, Schwaben und der Schweiz*, verglichen nach seinen paläontologischen Horizonten. München, 1864, 238 p.

Weilenmann (J. J.). *Streifferéien in den Walliser Alpen*. Carinthia. Jahrg. 1864, p. 301, 312, 370, 380.

Woldrich (Joh. Nep.). *Die Grenzen der Mittel und Extreme des Luftdruckes, der Temperatur, und der Niederschläge im Salzburgischen Alpenlande, während einer bestimmten Beobachtungsperiode*. Mitth. der k. k. geogr. Gesellschaft zu Wien, vol. IX, p. 42-52. 1865.

Woldrich (Joh. Nep). *Versuch zu einer Klimathographie des Salzburgischen Alpenlandes*. Leipzig und Heidelberg, C. F. Winter, 1867, in-8, 149 p.

Zimmerreise (Eine) von **J. N.**, *Wanderer*, 7 März 1867, n° 65, *Morgenblatt*.
Bespricht vorzüglich die neueste Leistungen von **Jul. Payer**.

Cartes et panoramas.

Adams-Relly (A.). *Map of the chain of Mont-Blanc*. Echelle 1 : 80,000. London, 1865. In-fol.

Baczko (H.). *Uebersichtskarte des Central-Europäischen Alpensystems*. Glogau, 1864 Gr. in-fol. Texte.

Gsell (Franz). *Panorama des Stäzer-Horns*, 4 pl. Chur, 1865.

Hoffmann (C.). *Panorama des Maderaner Thals*. Basel, 1865.

Kutter (W. R.) und **Leuzinger** (R.). *Karte des Kantons Bern*. 1 : 200,000.

Meyer (J. G.). *Atlas der Alpenländer*. Gotha, 1864. In-fol., 9 planches.

Mieulet (capit.). *Carte du massif du Mont-Blanc*. 1 : 40,000. Paris, Dumaine, 1865.

Pernhart (Marcus). *Panorama des grossen Gr.-Glockners*, herausgegeben von Öster. Alpenverein. Wien, Reiffenstein und Rösch, 1866. 5 feuilles, gr. in-fol.

Steinhauser (Anton). *Karte des Herzogthums Salzburg und des österr. Salzkammergutes*, nebst Theilen der angrenzenden Länder. Wien, Artaria u. Comp. 1867. 4 feuilles in-fol.

Studer (B.) et **Escher v. der Linth**. *Carte géologique de la Suisse*. Échelle 1 : 480,000. 1865.

Ziegler (J. M.). *Hypsometrische Karte der Schweiz*. 4 feuilles, chromolithographie. 1 : 380.000. Texte 2 vol. Winterthur, S. Wurster.

L

LANG (Fr.) et **RUTIMEYER** (E.).

Die Fossilen Schildkröten (*Tortues fossiles*) von Solothurn (Suisse). — *Bullet. de la Soc. géol. de France*, t. XXIV, 1866 à 1867, p. 394. — Brochure in-4°, 47 p., 2 pl.

LE HON (H.).

L'Homme fossile en Europe. Son industrie, ses mœurs, ses œuvres d'art. — In-8, 80 gravures sur bois. 1867, Paris, librairie de Reinwald.

LE HON (H.).

Darwinisme, ou Théorie de l'apparition et de la révolution des espèces animales et

VÉGÉTALES. Traduit de l'italien du professeur **Omboni**, avec prolégomènes de Le **Hon**. — In-8. Paris, Reinwald.

LORY (Ch.).

CARTE GÉOLOGIQUE DU DÉPARTEMENT DE LA SAVOIE et sur quelques faits nouveaux de la géologie de cette partie. — *Bullet. de la Soc. géol. de France*, t. XXIV, 1866 à 1867, p. 596 à 601.

M

MARCOU (J.)

GEOLOGICAL MAP OF THE WORLD, construite par **Ziegler**. 1 : 1300000. — 8 feuilles grand in-folio. 15 fr. Wurster et Comp., à Winterthur.

MORTILLET (G.).

NOTE GÉOLOGIQUE SUR PALAZZOLO ET LE LAC D'ISEO EN LOMBARDIE. — (*Bull. de la Soc. géol. de France*, 25 mai 1850).

MUHRY (A.).

ZUR OROGRAPHISCHEN METEOROLOGIE.

(Nach den in den Tabellen des Schweizer meteorologischen Beobachtungs Systemes enthaltenen Thatsachen).

Broch. in-8, 16 pages 1867.

I. Ueber den Föhnwind (Vent chaud *).

...Dass der echte Föhnwind ein trockener (warmer) sei, sagen die besten Autoritäten übereinstimmend aus, wie schon früher **Muncke**, in neuester Zeit **Desor**, **Mousson**. **Wild** keinem Ælper aus dem Glarner oder Saint-Gallen-Lande kommt es in den Sinne einen Wind *Föhn* zu nennen der nicht trocken ist. — Damit steht scheinbar in Widerspruch, dass dabei doch in der Höhe starke Bewölkung vorkommt; ja dies wird sogar mit *Föhngewölk* ebenfalls als charakterisch bezeichnet, und Regenfall ist nicht selten dabei, weshalb er auch im geraden Gegensatz von Andern *feucht* genannt wird. Z. B. sogar in **E. E. Schmit's** Lehrbuch der Meteorologie 1860, S. 641. Dagegen besteht Übereinstimmung in der Anerkennung von dessen *gewöhnlicher Wärme*.

...Ein *Fohnwind* entsteht bei und in einem herschenden *Anti-Polarsturm* (oder Anti-Passat) auch nur bei stürmischen Wehen dieses S.-W. oder W.-S.-W. Luftstromes; das Gebiet liegt also an der Lehseite eines der beiden fundementalen Luftströme, und zwar des rückkehrenden wärmeren und dampfreicheren; es liegt im Windschatten des allgemeinen S. W. Stroms, oder *Föhn* ist sehr wahrscheinlich, obgleich mit manchen Besonderheiten. Zunächst nur eine localisirte Ænderung dieses allgemeinen Windes, mit Retroversion, wie diese entsteht an der Lehseite mancher Gebirgsketten, wenn sie überweht werden von einem hohen darüberziehenden Winde; indem hier, ähnlich einem Wasserfall, ein Windfall gebildet wird, welcher dann mehr oder weniger in den rückwärts liegenden Raum (*Windschatten* genannt) zurückgezogen wird; zu den Erfordernissen, dass ein *Föhn* zu stande komme, gehört wahrscheinlich eine besondere Configuration des Gebirges, ausserdem aber eine gewisse stürmische Stärke und eine gewisse günstige Richtung des S.-W. Stroms selbst... *Ausserdem ist eine übereinstimmende als charakterisch angegebene gewisse Erhöhung der Temperatur unverkennbar*, und zunächst zu erklären durch das rasche Herabsinken und eine Condensation der Luft im Windfall selbst...

* D. A. Vent chaud S.-E. ou S.-O., caractéristique qui souffle chaud et fait fondre la neige. — Souvent il est hygrométriquement parlant sec, à son apparition, et fort souvent il ne l'est plus au bout de peu de temps (?). Pour éclairer la question il faudrait des observations psychométriques de 5 minutes en 5 minutes. Programme à résoudre.

UEBERSICHT DER VERTHEILUNG DER METEORE WAHREND DES FŒHN'S.

1863. DECEMBER 2 A 3 [1].

TIONS	ALTITUDE.	MONAT.	TAG.	STUNDE.	TEMP.	FEUCHTIGK.	HIMMEL.	WIND.	1863. TEMPERATUR C.
	Mèt.				Degrés.				
	475	Déc.	2	1 n.				S.-SW.-S.O.	Furchtbarer Sturm mit schewren Regen.
	•	•	3	7 m.	—2,0	90	6	N.	Furchtbarer Sturm aus N.
	•	•	•	1 n.	10,8	30	9	•	
	517	Déc.	2	7 m.	•	•	•	•	12 à 3 N. Föhn. Regen 4 à 6.
	•	•	3	7 m.	—0,3	99	6	•	
	•	•	•	1 n.	9,3	39	8	•	5 1/2 à 6 1/2 N. N.W. sturm.
	434	Déc.	3	3 n.	11,7	28	10	•	5 Föhnsturm S.N.-N.O.-S.W. Regen.

…eorologie eines Fœhns am 2 und 3 december 1863. — Ausserhalb Nœrdlich, vom Fœhn-Gebiete.

…berg. . .	1150	Déc.	2 à 3	•	2 8	66	10	N.W.-S.W.
…ont. . .	1152	•	•	•	0,5	97	10	S.O.
. . . . . .	574	•	•	•	3,9	75	10	S.O.-S.W.
. . . . . .	281	•	•	•	7,3	64	10	O.-S W.
. . . . . .	389	•	•	•	4,8	83	10	W.-S.W.
. . . . . .	480	•	•	•	1,2	68	10	N.W.-S.W.
…rthur. .	441	•	•	•	5,6	74	?	S.W.
. . . . . .	645	•	•	•	2,8	84	?	S.W.
…ttel.. . .	•	•	•	•	•	67,4	•	•

Innerhalb des Fœhn-Gebiet's.

									ABWEICHUNGEN DER SATURATIONS-UMSTÄNDEN VOM MONATSMITTEL DER STATIONEN. — FEUCHTIGKEIT.
…leon. . .	910	Déc.	2 à 3	•	2,5	55	8	N.O.-S.W.	— 46
…llen.. .	684	•	•	•	4,8	55	?	S.W.	— 45
…h.	926	•	•	•	4.0	34	8	S.-S.W.	— 15
…m. . . .	474	•	•	•	5,7	27	9	S.-S.W.	— 50
…s.. . . .	501	•	•	•	5,0	27	?	S.O.	— 36
…s.. . . .	517	•	•	•	4.2	39	10	N W.-S W.	— 40
. . . . . .	472	•	•	•	2,8	30	9	S.W.-S.O.	— 47
…llins. . .	545	•	•	•	4,6	32	?	S.O.	— 41
. . . . . .	665	•	•	•	5,1	42	8	S.O.-S.W.	— 28
…alden.. .	1215	•	•	•	—0,2	40	?	S.O.	— 35
…s. . . .	1207	•	•	•	0,8	34	7	S.-N.W.	— 44
…erg.. . .	1024	•	•	•	2,8	35	5 à 8	W.-S.O.	— 40
…l.	454	•	•	•	7,2	26	10	S.O.-S.W.	— 45
. . . . . .	821	•	•	•	2,1	33	?	S.	— 45
…nath. . .	1448	•	•	•	—2,5	?	?	S.-W.	•
…ttel.. . .	•	•	•	•	•	34,9	•	•	Mittel. . – 40,2
									Max. . . — 50
									Min. . . — 26
									Differ. . — 24

Ausserhalb. Südlich vom Fœhn-Gebiet.

. . . . . .	408	•	•	•	6,7	61	9	S.W.
…ny. . . .	498	•	•	•	3,4	68	10	S.O.
…n. . . .	2008	•	•	•	—3,1	46	8	S.W.
. . . . . .	7222	•	•	•	0,8	77	10	S.O.-W.
. . . . . .	275	•	•	•	1,6	71	10	N.
. . . . . .	•	•	•	•	0,9	71	?	N.
…ttel . . .	•	•	•	•	•	66,2	•	•

…A. Monat (*mois*). — Tag (*jour.*) — Feuchtigkeit (*humidité relative*). — Himmel (*ciel.*) — Wind (*vent.*)
…Nord. — S. = Sud. — W. = Ouest. — O. = Est.

METEOROLOGIE EINES FŒHN'S AM 27 UND 28 FEBRUAR 1866.

AUSSERHALB NŒRDLICH VOM FŒHN-GEBIETE *.

STATIONS.	ALTITUDE.	TEMP.	FEUCHT.GK.	HIMMEL.	WIND.	
	Mèt.	Degrés.				
Chaumont.. . .	1152	1,9	53	7	S.W.-O.	4. Schnee.
Bern.	574	8,7	74	7	S.W.	28. 8 bis 9. Schnee.
Basel.	281	6,7	44	6	S.W.	28. Regen.
Aarau..	389	5,8	52	8	W.	28. Regen vor 1 Uhr Windstoss.
Zurich.	480	6,7	51	8	W.	28. Wind veränderlich und Regen 1mm,3.
Winterthur.. .	841	5,1	67	6	W.	28. 11 uhr. Sturm. Regen. Schnee.
Lohn.	645	7,6	56	5	S.W.	3. Sturm. Regen und Schnee.
Mittel. . . .	»	»	538	67	»	
Innerhalb des Fœhn-Gebiet's.						
Einsiedlen. . .	910	5,5	39	5	S.W.	2. Schnee, 15 c. 27. 1 Uhr Feucht. 47. 9 Uhr 39.
St-Gallen.. . .	?	3,5	40	6	S.	28. Regen.
Trogen.. . . .	926	5,8	32	7	W. 2.	27. Sturm in den Höhen. 28. Regen.
Alstäten. . . .	474	8,8	30	5	S.	
Sargans.. . . .	501	6,4	27	1	S.O.	28. Regen 1 Uhr W. 3. 9 Uhr O. 2.
Schwyz.. . . .	547	8,0	26	7	S.	28. Regen 9 Uhr Morgens 34 Feuchtigkeit.
Glarus.	472	8,5	40	8	S.S.O. 2.	28. Regen. 9 Uhr 40 m. Sturm. Abends Föhn.
Marschlins. . .	545	7,2	38	5	S.	Regen. 7 Uhr mor. S. 3. Feuchtigkeit 35.
Mittel. . . .	»	»	34	55	»	
Chur.	605	6,2	40	7	S.W.2.	Nachts S.W. Sturm. Höhen angeschneit.
Churwalden.. .	1215	2,1	42	10	S.W.-S.O.	
Closters. . . .	1207	2,6	29	5	»	Veränderlich. 28. 7 Uhr M. S. 3.
Engelberg. . .	1024	4,6	25	1	S.O. 4.	27. Föhn Wind ungewöhnlich heftig bis 28 mittag. Feuchtigkeit.
Alstorf.	454	9,3	48	7	S.O. 3.	Regen. 28. 7 Uhr 49. Feucht. S.O.4. 7 Uhr. 25 (S.O. 4). 1 Uhr 78 Feuchtigkeit.
Auen.	821	4,6	52	6	S.W. 2.	Schnee.
Andermatt. . .	1448	—0,5	?	10	S.W. 2.	Regen 20mm,0.
Mittel. . . .	»	»	54,8	54		
Ausserhalb. Südlich vom Fœhn-Gebiete.						
Genf.	408	6,8	61	8	S.S.W. 3.	28. 7. Morgens. Blitz und Donner. Regen.
Martigny. . . .	498	7,6	52	4	S.O. 4.	Regen.
Simplon.. . . .	2000	— 4,8	93	10	S.W. 3.	Schnee.
Faido..	722	1,2	85	10	O.	27. Schnee. Schnee vom 7 Uhr. Ab. bis 28 Mittag. nachher Regen. 27.
Lugano.	275	2,6	85	10	S.N.W.	28. Schnee. Abends nebel.
Brusio.	?	2,6	95	10	?	28. Regen. 8 Abends. Schnee.
Ilanz.	704	3,8	91	10	W.	28. Regen.
Mittel. . . .	»	»	77,4	8,9	»	
Théodule. . . .	3333	»	»	»	»	
27 février.. .	»	13,87	1,00	10	S.W.	1,61. Schnee 3 Stunden. Nebel 24 Stunden.
28 — . . .	»	— 12,47	98,2	10	S.W.	2,44. Schnee 18 Stunden. Nebel 7 Stunden.

* D. A. J'ai ajouté la station Théodule. Aux autres stations, j'ai transcris la force du vent, et les annotations extraites des Cahiers météorologiques suisses. A toutes les stations, le 28, il a plu ou neigé. Le vent a été généralement S.-O. (S.W.) et souvent très-fort. L'humidité relative a été généralement variable dans la journée.

Glarus 11. Föhngewölk in Süden. **27**. ums uhr um 1 Uhr. Feuchtigkeit 44. 9 Uhr 42 bei stürmischem S.-S.-W. **28**. 40 pour 100 bei stürmischen S.-S.-W., um 9 Uhr trat heulend N. ins Thal, 9 Uhr 40 Sturm, Abends wieder Föhn.

Auen 27. 7 Uhr 83. 1 Uhr 32. Föhn seint 9 Uhr.

Engelberg. **28**. Vorige Nacht, anhaltend ungewöhnlich heftiger Föhnsturm bis zum Mittag. 7 Uhr 25. 1 Uhr 78.

Altdorf 28. Föhn im höchsten Grad. 7 Uhr 40 bei S.-W. 8 Uhr Regen. — In der westlichen Schweiz kamen Gewitter vor.

Diesmal hat der Föhn eine grössere Ansdehnung gehabt, er kam vor auch in **Brienz** 586 m. alt. — **Zug** 429 m. — **Stanz** 456 m. — Lohn 645 m. mit Saturationsständen bis 33, 31, 32, 36, während unverkennbar wieder hervortritt, dass in weitern Umfang der Schweiz, zwar die übrigen Eigenschaften eines sehr stürmischen S.-W. Passats nicht fehlten, jedoch keine Erniederung der Saturation vorkam; diese gehört nur dem Föhngebiete an, und entsteht in diesem, si ist eine neue, von der Theorie noch unberührte Thatsache, desshalb der Erklärung nach völlig entbehrend. Um diese Erscheinung noch deutlicher und entschiedener fürerst nur in ihrer Existenz zu erweisen, mögen auch von diesem Falle augegeben werden :

Abweichungen vom Mittagmittel des Saturationsstandes im Föhn-Gebiet.

Einsiedlen — 42. — **Saint-Gallen** — 35. **Trogen** — 48. **Allstäten** — 45. **Sargans** — 47. **Schwyz** — 50. **Glarus** — 47. **Marschlins** — 38. **Chur** — 37. **Churwald** — 37. **Closters** — 41. **Engelberg** — 51. **Altdorf** — 57. **Auen** — 48.

Dagegen ist die Temperatur-Erhöhung im Föhn-Gebiet nur wenig bedeutender (dies ist noch eine Frage) zu nennen, als im ganzen Gebiete der Schweiz an der Nordseite wohl beachtet an der Nordseite, also an der Lehseite des vom S.-W. Passat stürmisch überwehten Gebirgszuges; denn es ist sehr bemerkenswerth, dass, wenigstens damals an der Südseite, an der italienischen Seite, diese Erhöhung der Temperatur nicht getheilt wurde, sondern im Gegentheil, in beiden Fällen des Föhn. dort eben eine Abweichung unter dem Monatsmittel bestand. Dies ist werth, in einem Schema gesondert vorgelegt zu werden.

ABWEICHUNG DER TEMPERATUR VOM MONATSMITTEL IN BEIDEN FŒHNE DER ALPEN — 1. ORTE AN DER NORDSEITE. *q*. IM FŒHNGEBIETE SELBST. 1865. DECEMBER 2. — 1866. FEBRUAR 28.						D. A. 28 FEBRUAR 1866 *. TEMPERATUR.				ABWEICHUNG VOM MITTEL DES TAGS		
STATIONNEN.	ALTITUDE.	JAHR.	MONATS.	TAG.	ABWEICHUNG.	7, 1, 9, Mittel.	7	1	9	7	1	1
	m											
Einsiedlen.	910	1865	Dec.	2	+2,4	5,5	8,2	4,5	5,8	+3,7	—1,0	—1.
—		1866	Feb.	28	+5,8							
Mittel.	....	....	....	....	+3,1							
St-Gallen.	684	»	»	»	+2,0	5,5	10,00	6,8	5,9	+6,5	+3,3	+2
—		»	»	»	+4,0							
Mittel.	....	....	....	....	+3,0							
Trogen.	926	»	»	»	+3,7	5,8	8,0	3,5	5,9	+2,2	—2,3	+4
—		»	»	»	+2,9							
Mittel.	....	....	....	....	+3,3							
Alstäten.	474	»	»	»	+4,5	8,8	12,2	7,3	6,9	+3,4	—1,5	—1
—		»	»	»	+4,1							
Mittel.	....	....	....	....	+4,3							
Sargans.	501	»	»	»	+3,9	6,4	8,4	4,4	6,4	+2,0	—2,0	[illegible]
—		»	»	»	+1,8							
Mittel.	....	....	....	....	+2,8							
Schwyz.	542	»	»	»	+2,9	8,0	10,4	6,9	6,7	+2,4	—1,1	—1,
—		»	»	»	+4,0							
Mittel.	....	....	....	....	+3,4							
Glarus.	472	»	»	»	+2,2	8,5	12,7	5,4	7,4	+4,2	—3,1	—1,
—		»	»	»	+5,0							
Mittel.	....	....	....	....	+3,6							
Marschlins.	545	»	»	»	+4,9	7,2	5,6	9,7	6,5	—1,6	+2,5	—2,
—		»	»	»	+3,0							
Mittel.	....	....	....	....	+3,9							
Chur.	605	»	»	»	+5,5	6,2	4,7	8,5	5,4	—1,3	+2,3	+0,
..		»	»	»	+2,1							
Mittel.	....	....	....	....	+2,8							
Churwalden.	1213	»	»	»	+3,1	2,4	—0,8	6,4	0,7	—2,9	+4,3	—1,4
—		»	»	»	+1,0							
Mittel.	....	....	....	....	+2,0							
Closters.	1207	»	»	»	+2,2	2,6	2,1	5,0	0,7	—0,5	+2,4	—1,4
—		»	»	»	+2,5							
Mittel	....	....	....	....	+2,3							
Engelberg.	1024	»	»	»	+1,7	4,6	8,0	3,7	2,1	+3,4	—0,9	—2,5
—		»	»	»	+3,4							
Mittel	....	....	....	....	+2,5							
Altdorf.	454	»	»	»	+3,2	9,3	10,9	8,0	9,0	+1,6	—1,3	—0,3
—		»	»	»	+3,9							
Mittel.	....	....	....	....	+1,5							
Auen.	821	»	»	»	+1,8	4,6	7,9	2,4	3,5	+3,3	—2,2	—1,1
—		»	»	»	+2,1							
Mittel.	....	....	....	....	+1,9							
Andermatt.	1448	»	»	»	+3,3	—0,3	—1,6	1,2	—0,5	—1,3	+1,5	—0,2
—		»	»	»	+0,1							
Mittel.	....	....	....	....	+1,7							

* D. A. L'auteur, M. Muhry, a établi dans son tableau la différence des températures moyennes (par 7, 1, 9) avec les moyennes mensuelles. En copiant ces tableaux et en vérifiant les chiffres d'après ceux publiés par la Société météorologique suisse, j'ai été étonné de trouver la température de 7 h. matin fort souvent plus élevée qu'à 7 h. soir. Sur 15 stations, la température à 7 h. matin a été plus élevée à 10 stations, à 9 soir, 4 fois. J'ai ajouté à ce tableau les températures 7, 1, 9, les moyennes du 28 février 1866 et la différence avec la moyenne de cette journée.

Abweichung der Temperatur vom Monatsmittel in beiden Fœhn der Alpen. — b. Nœrdlich und Süd-westlich vom Fœhne-Gebiete. 1863. December 2. — 1866. Februar 21.				D. A. 28 Februar 1860. Temperatur.				Abweichung vom Mittel des Tags.		
STATIONENN.	Monats.	Tags.	Abweichung.	7, 1, 9, Mittel.	7	1	9	7	1	9
Chaumont.	Dec.	2	+0,8							
—	Feb.	28	+1,1	1,9	2,0	2,9	0,8	+0,1	+1,0	−1,1
Mittel. .	....	....	+0,9							
Beatenberg.	»	»	+2,5							
—	»	»	+1,1	3,3	5,3	3,2	1,4	+2,0	−1,1	−1,9
Mittel.	....	....	+1,9							
Bern.	»	»	+3,7							
—	»	»	+1,2	4,9	0,2	8,7	5,8	−4,7	+3,8	+0,9
Mittel.	....	....	+2,4							
Basel.	»	»	+4,3							
—	»	»	+0,6	6,7	2,6	10,6	6,9	−4,1	+3,9	+0,2
Mittel.	....	....	+2,4							
Aarau.	»	»	+3,3							
—	»	»	+1,1	5,3	1,2	8,8	5,9	−4,1	+3,8	+0,6
Mittel.	....	....	+2,2							
Zürich.	»	»	+3,6							
—	»	»	+2,1	6,7	5,0	8,0	7,1	−1,7	+1,3	+0,7
Mittel.	....	....	+2,8							
Winterthur	»	»	+3,1							
—	»	»	+1,2	5,1	−0,4	8,4	7,3	−5,5	+3,3	+2,1
Mittel.	....	....	+2,1							
Lohn.	»	»	+2,0							
—	»	»	+2,6	6,3	2,8	8,2	7,3	−3,4	+1,9	+1,0
Mittel.	....	....	+2,3							
Genf.	»	»	+5,1							
—	»	»	+1,0	6,8	1,1	12,4	5,4	−5,7	+5,6	−1,4
Mittel.	....	....	+3,0							
Montreux.	»	»	+2,3							
—	»	»	+1,4	7,3	5,2	8,3	7,4	−2,1	+1,0	+0,1
Mittel.	....	....	+1,8							
Grächen.	»	»	0,0							
—	»	»	+0,8	−0,1	−2,2	3,0	−0,3	−2,1	+2,9	−0,4
Mittel.	....	....	+0,4							
Rochigen.		»	+3,2							
—	»	»	+1,4	0,7	−0,8	5,0	2,1	−1,5	+4,3	+1,4
Mittel. . .	....	....	+2,3							
Saint-Gothard.	»	»	+0,8							
—	»	»	+1,2	−4,2	−6,5	−1,0	−8,1	−2,3	−3,1	−3,9
Mittel.	....	....	+0,2							
Sion.	»	»	+1,0							
—	»	»	+1,9	1,1	0,6	2,9	−0,2	−0,5	+1,8	−1,3
Mittel.	....	....	+1,4							
D. A. Martigny. . . .	»	»	+3,7							
—	»	»	+3,0	7,6	8,2	9,0	5,6	+0,6	+1,4	−2,0
Mittel:	....	....	+3,5							
D. A. Théodule. . . .	»	»	»							
—	»	»	−2,3	−12,3	−11,4	−11,6	−14,4	+1,1	+1,9	−1,9

ABWEICHUNG DER TEMPERATUR VOM MONATSMITTEL IN BEIDEN FŒHNE DER ALPEN. — 2. ORTE AN DER ITALIÄNISCHEN SUDSEITE DER ALPEN. 1865. DECEMBER 2. — 1866. FEBRUAR 28.						D. A 28 FEBRUAR 1866. TEMPERATUR.				ABWEICHUNG VOM MITTEL DES TAGS.		
STATIONNEN.	ALTITUDE.	JAHR.	MONATS.	TAGS.	ABWEICHUNG.	7, 1, 9, Mittel.	7	1	9	7	1	9
Simplon.	2008	1865	Dec	2	−0,6							
—		1866	Feb.	28	−0,9	−6,3	−7,5	−2,8	−8,6	−1,3	+3,5	−2
Mittel.	....	....	....	....	−0,7							
Mendrisio.	355	»	»	»	−2,7							
—		»	»	»	−1,5	0,8	−2,1	4,2	0,3	−2,9	+3,4	−4
Mittel.	....	....	....	....	−2,1							
Lugano.	275	»	»	»	−3,2							
—		»	»	»	−3,0	0,6	−3,9	7,3	−1,6	−4,5	+7,9	−1
Mittel.	....	....	....	....	−3,1							
Bellinzona.	229	»	»	»	−1,2							
—		»	»	»	−3,8	0,8	−3,0	4,0	1,4	−3,8	+3,2	+
Mittel.	....	....	....	....	−3,5							
Faido..	722	»	»	»	−2,4							
—		»	»	»	−3,1	1,4	0,6	3,4	1,4	−0,8	+2,0	0
Mittel, ...	....	....	....	....	−3,7							
Costasegna.	700	»	»	»	−2,1							
—		»	»	»	−2,1	2,1	1,0	3,1	2,2	−1,0	+1,0	+
Mittel.	....	....	....	....	−2,1							
Bruscio..	777	»	»	»	−3,1							
—		»	»	»	−1,6	?	?	?	?	?	?	?
Mittel.	....	....	....	....	−2,3							

Aus obigen Zahlen ersieht sich, dass die Erhöhung der Temperatur an der italienischen Südseite fehlte (sie war dort sogar nicht nur relatif, sondern auch absolut geringer, als an der Nordseite), dass die Erhöhung, an der Nordseite überall vorkommend doch etwas beträchtlicher im eigentlichen Föhn-Gebiete erscheint, und ferner dass diese Erhöhung beträchtlicher zu werden scheint an den tief gelegenen Orten, als den höher gelegenen.

Im December 1865 herrschte ein Anti-Polarstrom bis zum 9ten, wo ein ruhiger Passatwechsel erfolgte. **Glarus** 4. *Gewaltiger Föhn*, Saturation 36 p. 100. (Monatsmittel 91 p. 0/0). Temperatur bis 15°,9 gestiegen (am Morgen nur 5°,2). Barometer 17mm,2 unter das Monatsmittel. Ein geographischer Überblick lehrt dass es sich ähnlich so verhielt an den andern bezeichneten Orten des Föhngebiet. Z. B. Auen.—Einsiedlen.— Altdorf.—Engelberg.— Marschlins; nicht aber an den Orten ausserhalb dieses Gebiets.Z. B. Genf. — Bern. —Montreux.—Aarau, — Lohn, und namentlich wiederum nicht an der italienischen Seite. Lugano. — Bellinzona. — Mendrisio, etc. Ja diesmal ergibt sich aus der Vergleichung entschiedener, dass allein im Föhngebiete nicht nur die Saturation (*Humidité relative*) eigenthümlich tief sank, sondern auch die Temperatur um mehr Grad höher stieg. Z. B. An jenen genannten 6 Orten im Föhngebiet stieg damals die Temperatur bis 15°,9, 15°,3. 11°,5, 15°8, 11°,0, 14°,6; dagegen an den 5 andern ausserhalb befindlichen Orten nur bis 5°,3, 5°,4, 1°,8, 2°,8, 5°,8 und an den 3 Orten der italienischen Seite 10°,0, 9°,2, 8°,6 also hier nicht so hoch wie an der Nord-Seite. Die Saturationsstände aber zeigten folgende noch weit grössere Contraste: in der ersten Reihe im Föhn-Gebiete 36, 40, 44, 74, 28 48 proc. dagegen der in der zweiten Reihe 91, 90, 98, 99, 89: und in der dritten Reihe 94, 93, 96. Die Bewölkung jedoch war überall stark, auch wird Regen, Schnee und selbst Blitzen gemeldet, der Wind war heftig.....

Es bleibt noch übrig, auch im *Sommer vorkommende Föhn-Winde aufzusuchen* wo sie seltener sein oder ganz fehlen sollen, wie überhaupt die Stürme mit Ausnahme der localen Gewitter-Stürme. Fälle von Föhn finden wir angegeben im Juni zwei, a 1 bis 3, und am 29 mit einem allgemeinen Gewitter.

Glarus 1. Juni. Föhn tritt 11 Uhr Vormittags ins Thal. Saturation fällt bis 32 perc. (Monatsmittel war 73 p. 100), das Barometer aber fiel nur wenig 4mm,8 (unter das Monatsmittel) ein Beweis für gewisse local Beschränkungen des Sturms, die Temperatur wurde kaum erhöht (um Mittag nur 1°,5 über das Monatsmittel). Wind starker S.

3. Juni., Föhn seit 10 Uhr Vormittags. Saturation um 1 Uhr gefallen bis 28 p. 100. Wind starker S. Barometer nur wenige Millimeters unter dem Monatsmittel und die Temperatur war überall hoch hier 29°,9; dass die Saturation sehr erniederigt wurde, ist also psychrometrisch erwiesen, wie auch unzweifelhaft anerkannt ist, dass Laub und gemähtes Gras rasch getrocknet werden.

III. Ueber das Verweilen einer wärmeren Luftschichte in den obern Regionen der Alpen.

Es ist in den Alpen anerkannt, dass zu Zeiten im Winter an den höher gelegenen Orten des Gebirges eine mildere Luft sich befindet als im Unterlande. Es war daher zu erwarten, dass in den Tabellen des grossen meteorologischen Beobachtungs-System's der Schweiz Beispiele und Nachweise dieser Erscheinung enthalten sein würden. Im 3. Jahrgang 1865-1866 ist ein Fall in so grossartiger Weise vorgekommen, wie er bisher weder bekannt noch überhaupt zu erwarten gewesen ist...

Unstreitig aber muss von Nutzen erscheinen, ein so wichtiges Phänomen durch eine Benennung zu bezeichnen, vielleicht ist « *Hypsopleothermie* » oder kürzer « *Hypsothermie* » eine geeignete; dabei ist « *thermisch* » verstanden im Sinne der Temperatur über dem Frierpunkte.

Der Fall, von welchem hier die Rede ist, hat sich ereignet im December 1865, anhaltend vom 21 bis zum 30. Also bis neun Tage, jedoch mit abnehmender Dauer an den höchsten Orten bis 3 Tage. Während dieser Zeit schwamm gleichsam eine wärmere Luftschichte über einer untern kälterneren; damit sollt aber nicht gesagt sein, dass beide sich berührten und nicht ein Zwischenraum bestand. Im Voraus lässt sich erwarten, dass die beiden entgegengesetzten Passate die Träger dieser Unterschiede waren, indem unten ein sehr kalter Polarstrom herrschte, oben aber ein relativ sehr warmer Antipolar. Die Zwischengrenze zwischen beiden Höhenschichten befand sich etwa in 2,500 (830 mèt.), jedoch als Fläche gedacht muss man sie nicht als gleichmässig eben sich denken, sondern mit ungleichen Erhöhungen und auch fluctuirend, im Allgemeinen höher in den östlichen Theilen der Schweizer-Alpen. Der Unterschied der Temperatur war sehr beträchtlich, wirklich constatirend, denn während die Orte der untern Region in einer Luft mit einer Kälte von mehreren Graden unter dem Frierpunkt sich befinden, waren die beiden obern Regionen von 2500′ (830 mèt.) bis 7600′ (2530 mèt.) umflossen von einer Luft mit einer Wärme von mehreren Graden über den Frierpunkt, freilich einzelne ausgenommen, unten wie oben, und diese Wärme war nicht etwa in senkrechter Vertheilung nach oben hin sich mindernd[1].

[1] Auf dem Sanct-Gotthardt (2093 mèt. alt.) war die mittlere Temperatur der ersten 9 Tage des Dec. gewesen — 4°,6 C.; sie erreichte dann aber hier im Mittel von 4 Tagen (22 bis 25) 1°,6, als Maxima sogar 8°,1, aber später, die andern Monate hindurch, Jänner und Februar, war sie im Mittel nur — 9°,1 — 5°,4 einmal als Maximum 4°,0 erreichend. Gleichzeitig verhielt sich die Tem-

Zu der Vorstellung der damaligen Meteoration gehört noch : die untere Region war erfüllt mit Nebel, also auch bewölkt und hoch saturirt, die oberen Regionen dagegen erfahren völlig klaren Sonnenschein, waren völlig ohne Bewölkung und von geringer Saturation, **oben schmolz der Schnee**, während er unten lagerte, und die Bewegung der Luft war schwach oben wie unten.

Wenn man etwa wahrscheinlich findet, dass vorher ein wärmerer Antipolar geherrscht habe, dass dann ein kalter Polar von der Seite kommend, pendulirend, in diesen eingefallen sei, und sich nur untergeschoben habe, wie es nicht selten vorkommt, so erweist sich diese Erwartung für diesen Fall irrig. Gerade umgekehrt hat es sich verhalten. Seit dem 9 Dec. hatte überall ein sehr kalter Polarstrom geherrscht, durchgängig bis oben hin, mit allen seinen Eigenschaften, auch schwer, trocken und heiter; und nun erschien (am 21), in der Höhe allein, eine wärmere Luftschichte und blieb in Ruhe bestehen, obwohl mit einigen Schwankungen, 9 Tage, bis am 30, auch unten der Passatwechsel, und zwar mit etwas stärkerem Winde, sich vollzog, mit Wolkenbildung, Regen oder Schnee, an einigen Orten auch mit Gewitter und mit Glatteis, aber indem erst mehrere Tage später auch das Barometer sank.

Es kommt nun darauf an, den Bestand der Thatsachen möglichst übersichtlich vorzulegen; dazu scheint am geeignesten, von einem Tage, den 23 Dec., von sämtlichen 80 Beobachtungs-Orten in hypsometrischer Ordnung die mittlere Temperatur und auch das Max. und das Min. anzugeben; ausserdem mag hinzugefügt werden die Abweichung des Barometerstandes vom Monatsmittel, das schon an sich ein anomal hohes war (in Genf um + 4mm,7) den Saturationsstand (in Procenten) die Bewölkung (0-10) und die Windrichtung (obschon diese in der Schweiz immer sehr localisirt ist). — Daraus wird sich unverkennbar und deutlich die damalige Vertheilung in verticaler Richtung und mit ihrer fluctuirenden Zwischengrenze etwa bei 2590′ (830 mèt.) Höhe ersehen lassen.

D. A. Pour compléter ce tableau, j'extrais des publications météorologiques, Genève et Saint-Bernard par M. **Plantamour** :

Saint-Bernard 1846. 20 au 25 février, la neige a fondu de 0m,40 (tassée et fondue **D. A.**). 22 midi. Thermomètre exposé au soleil sur un rocher marquait + 26°,9. A l'ombre — 2°,8.

Mai, La neige a baissé par tassement et fonte pendant le mois de 1m,218. — Juin, de 2m,738. — Novembre, une *gentiana verna* en fleur, dans une très-petite étendue de gazon dont le vent avait enlevé la neige.

1847. Janvier 8. Thermomètre exposé au soleil à 1 h. 5 s. 20°,0 ombre — 9°,0, 15 au soleil, 21°,2 à l'ombre — 5°,0.

Mars 5. Midi 1/2, Thermomètre au soleil 24°,5, ombre 7°,8. 17 soleil : 29°,5 ombre — 2°,7.

1853. Décembre 1. h. 5 s. La température a baissé de 9° dans l'espace de 10 minutes, au moment où le brouillard, poussé par le vent du N.-E. est arrivé sur le col.

1854. Avril. Le temps ayant été presque constamment beau jusqu'au 22, les environs de l'hospice étaient déjà en partie débarrassés de neige, comme ils le sont ordinairement au milieu de juin.

1859. Février 18. Entre 6 et 7 h. matin, l'arrivée du brouillard a fait baisser le thermomètre de 10° en quelques minutes.

1862. Juin 13. Par une exception dont on trouverait sans doute peu d'exemples, la glace qui couvrait le lac a entièrement disparu. 17, les voyageurs ont pu arriver à l'hospice du

peratur am 23 auf dem Saint-Gotthardt zu derjenigen des Tieflandes im Süden und im Norden in folgender Weise:

	MITTEL.	MAX.	MIN.
Saint-Gotthardt (2093 mèt. alt.	4°,6	8°,1	4°,0
Bellinzona (229 mèt.).	1°.3	5°,2	— 3°,4
Chur (603 mèt.).	— 8°,4	— 7°,3	— 9°,5
Saint-Gotthardt und Churdiff.	+ 13°,0	+ 15°,4	+ 13°.5

côté du Valais, par le sentier ordinaire, sans passer sur la neige à la Combe. — La végétation hâtive du commencement de juin est un autre fait remarquable qui signale la présente année. Mais depuis le 17, par un revirement de temps subit et prolongé, le froid a gelé les fleurs et l'aspect des montagnes est changé.

D. A. Différence des températures Saint-Bernard et Genève.

(SAINT-BERNARD PLUS ÉLEVÉ QUE GENÈVE (2,070 MÈTRES.)

HIVERS.							MOYENNES DE
ANNÉES.	MOIS.	DATES.	8 h. MATIN.	MIDI.	4 h. SOIR.	8 h. SOIR.	JOUR.
			°	°	°	°	°
1850	Décembre. . . .	11	+4,0	+6,9	+0,2	+0,4	+3,10
»	»	12	+1,4	+1,8	—0,1	—0,2	+0,77
»	»	13	+2,2	+1,8	+3,4	+3,6	+2,70
1851	Janvier.	2	+5,0	+3,9	+0,6	+2,2	+2,70
1852	Décembre. . . .	5	+3,7	—2,5	—0,9	+1,8	—0,22
»	»	6	+3,3	+3,5	+1,2	+0,4	+1,25
»	»	7	+2,3	+1,2	—2,1	—0,4	+0,02
1854	Février.	1	+5,5	+1,8	+2,0	+0,2	+1,89
1854	Décembre. . . .	16	+4,1	+2,1	+2,8	+2,5	+2,70
1856	Décembre. . . .	15	+0,8	+2,1	+1,6	+1,4	+1,54
»	»	17	+4,8	+3,8	+5,4	+1,6	+3,47
1858	Janvier.	1	+3,2	+2,0	+0,4	+0,9	+1,48
1859	Janvier.	12	+6,6	+3,0	—2,4	—0,1	+1,28
	Total. . . .	. . . .	+44,9	+31,4	+10,1	+14,0	+22,68
	Moyennes. . . .	. . . .	+3,4	+2,4	+0,7	+1,0	+1,74
	Maxima.	. . . .	+6,6	+6,9	+5,4	+3,6	+3,47
	Minima.	. . . .	+0,8	+1,2	+0,6	+0,2	+0,77
	Différence. .	. . . .	5,8	5,7	2,8	3,4	2,70

Continuation par Mühry.

Niemand wird verkennen, dass hier ein grossartiges und denkwürdiges Beispiel von « *Hypsothermie* » vorliegt. Eine genügende Erklärung des Ursprunges der Wärme in der obern Schicht ist bis jetzt noch nicht möglich. Denn es genügt nicht zu sagen : es war der rückkehrende Passat; der Anti-Passat hatte schon früher geweht und hat auch später geweht, aber immer oben mit mehreren Graden unter 0°.

N

NOUEL (Directeur du Musée d'histoire naturelle d'Orléans).

RHINOCÉROS FOSSILE. Découvert au mois d'août 1865, dans les sables miocènes de l'Orléanais, à Nouvelle-aux-Bois (Loiret). Tête de Rhinocéros remarquable par son état de conservation. Espèce nouvelle, *Rhinocéros aurachiannensis*. — *Bull. de la Soc. géolog. de France*. t. XXIV, 2me série, p. 396, 1867.

P

POUZI (G.).

Il periodo glaciale e l'anticmita dell' uomo. Ultimo brano e istoria naturale. — In-4°, 26 p. Rome, 1865.

R

ROBERT (Eugène).

Géologie, minéralogie et métallurgie. — 1 vol. in-8, 30 planches in-fol.

Cet ouvrage fait partie des voyages en Scandinavie, Laponie et publié par ordre du gouvernement. Il contient toutes les observations géologiques faites en Danemark, Suède, Norwége et Russie; une description géologique du Spitzberg; *des observations sur les glaciers et les glaces flottantes de cette île*, ainsi que les traces de la mer, etc.

S

STUDER (Bernard) et **ESCHER** (de la Linth).

Carte géologique de la Suisse. — 2me édition, revue et corrigée d'après les publications récentes et les communications des auteurs, et de MM. **V. Frisch, Gilleron, Jaccard, Kaufmann, Mösch, Müller, Stoppani, Théobald**, par **Isidor Bachmann**. Échelle 1 : 380,000. Établissement Top. Wurster, Randegger et C., à Winterthur.

Cette carte est accompagnée d'un index par **J. M. Ziegler**, renfermant le nom des villes, villages, bourgs, etc... Brochure long in-8, 131 pages. — Winterthur, 4e éd

Écroulement des montagnes (*Bergfälle*).

Tauredum (Saint-Gingolph) (Mont Grammont). Canton de Valais, 563.
Pizo Magno (près Biasca). Canton du Tessin, 1502.
Plurs (Piuro) (Conto Mont). Lambardi, 1618.
Alpes Cheville et Leytron (Diablerets). Canton de Vaud, 1714-1749.
Goldau (Rossberg). Canton de Schwyz.
Felsberg (Calanda). Canton des Grisons, 1842.

V

VOGT (Carl), Professeur.

Leçons sur l'homme, sa place dans la création et dans l'histoire de la terre. — In-8, 128 gravures sur bois. 1867.

W

WHITNEY (J. W.), chef du Geological Survey de la Californie.

EXTRAIT D'UNE LETTRE A **M. E. Desor**. — *Bull. de la Soc. géol. de France*, t. XXIV, 1866 à 1867, p. 624 à 625.

...Nous comprenons en Amérique sous le nom de *drift* du Nord (*northern drift*) des amas informes de matériaux détritiques et de blocs d'origine étrangère ayant été transportés et distribués par quelque cause générale indépendante, dans une grande mesure, de la configuration actuelle de la surface et des cours des rivières. Les recherches de nos géologues ont montré que la surface du Canada, de la Nouvelle-Angleterre et des États situés au nord de l'Ohio et au nord du 39e parallèle jusqu'au Mississipi et même un peu au delà, est couverte de matériaux détritiques qui ont été transportés du nord au sud, souvent à de grandes distances et en masse considérable.

L'auteur dit: Les glaciers de la Californie étaient limités aux parties les plus hautes de la chaîne de montagnes, et bien que les moraines qui sont restées sur le sol comme témoins de leur ancienne extension soient souvent très-apparentes, elles n'en sont pas moins des amas insignifiants, comparées aux masses détritiques qui ont été transportées. Il n'y a, rien en Californie qui indique une époque glaciaire générale, pendant laquelle la contrée aurait été ensevelie sous une calotte servant de véhicule à des débris venant de contrées éloignées, comme cela se voit dans toute l'étendue de la Nouvelle-Angleterre.

La même absence de drift provenant du nord a été constatée dans la Sierra-Nevada et dans l'Orégon, autant que ces pays ont pu être explorés par les membres de notre *survey*. Les amas détritiques y sont accumulés à la base des montagnes, et leurs éléments, quels qu'ils soient, blocs, galets, graviers, proviennent des flancs des montagnes les plus voisines dont ils paraissent avoir été détachés par l'effet de l'érosion atmosphérique et aqueuse.

D. A. Ces matériaux qui se trouvent à peu de distance des montagnes locales ont été déposés par les glaciers de la localité à une certaine époque, où les glaciers laissaient des roches à découvert dans les hauteurs, dont une partie tombaient sur le glacier qui les déposait. Lorsque ces glaciers couvraient toutes les montagnes, il ne tombait pas de roches sur leur surface et ils ne pouvaient en transporter au loin.

Z

ZIEGLER (J. M.).

Geographischer Atlas, über alle Theile der Erde, bearbeitet nach der Ritter'schen Lehre und dem Andenken Dr **Carl Ritter** gewidmet. — 27 feuilles avec notices. 2e édit. relié, 25 fr.

Karte der Insel Madeira. — En lithochromie, et 1 feuille, vues et profils. 6 fr.

Wandkarte der Schweiz, 1 : 200000. — 8 feuilles en chromolithographie, 1 feuille collée sur toile et vernie. 18 fr. 50.

Dritte Karte der Schweiz avec notices. 1 : 380000. — 10 fr., collée sur toile, 12 fr.

Hypsometrische Karte der Schweiz avec texte et registre, 1 : 380000. — 4 feuilles, lithochromie. 20 fr.

Geologische Uebersichtskarte der Schweiz.— Réduction de la carte géologique 1 : 700000. Paraîtra en 1867.

Sammlung absoluter Höhen der Schweiz und der angrenzenden Gegenden der Nachbarländer. 6 fr.

Toutes les publications de **Ziegler** se trouvent chez I. Wurster et Comp., à Winterthur.

ZIMMERMANN (W. F. Cl.).

ORIGINE DE L'HOMME, SON DÉVELOPPEMENT DE L'ÉTAT SAUVAGE A L'ÉTAT DE CIVILISATION. — Gr. in-8, 7me édition, nombreuses gravures sur bois. 1867.

ZURCHER et MARGOLLÉ.

LES ASCENSIONS CÉLÈBRES AUX PLUS HAUTES MONTAGNES DU GLOBE. — Fragments de voyages recueillis et mis en ordre In-16, 382 p., 37 gravures sur bois. Paris, Hachette et C., boulevard Saint-Germain, 77. 1867.

I. Les Alpes.

Ascension au Mont-Blanc (**de Saussure** 1787).
Ascension au Mont-Blanc (**Ch. Martins**).
Glacier de Rosenlaui (**J. A. Dargaud**).
Ascension au Finster-Aarhorn (**J. Tyndall**).
Avalanche du pic de Horterasch (**J. Tyndall**).
Ascension à la Jungfrau (**E. Desor**).
Ascension au Galenstock (**E. Desor**).
Catastrophe du mont Cervin (Matterhorn) (**Ed. Wymper**).

II. Pyrénées. — Cap Nord. — Pic de Ténériffe

Pic du Midi (**B. de Mirbel**).
Ascension à la Brèche-de-Roland (**B. de Mirbel**).
Ascension au Mont-Perdu (**Ramond**).
Ascensions au cap Nord (**Ch. Martins**, **E. Enault**).
Pic de Ténériffe (**Berthelot**).

III. Andes.

Passage des Cordillères du Pérou (**A. de Humboldt**).
Excursion de la cime de la Silla (**A. de Humboldt**).
Ascension au Chimborazo (**Boussingault**).
Découverte d'un ancien volcan (**H. de Saussure**).

IV. Himalaya. — Archipel Indien. — Taurus et Liban. — Hautes cimes.

Sources du Gange (**A. Hudson**).
Ascension au Gumnung (**Talang**).
Ascension au Peter-Botte.
Taurus cilicien (**Élisé Reclus**).
Mont Liban (**Volney**, **Malte-Brun**).
Vie animale dans les zones alpestres.

V. Pèlerinage. — Traditions et légendes

Ascension au Brocken.
Parnasse (**Yemeniz**, **J.-J. Ampère**).
Pic Adam.

Ascension à l'Ebrouz (**Ch. Bélanger**).
Ascension à l'Ararat (**Perrot, Ch. Delanger**).
Sinaï (**Bido et G. Hachette, Malte-Brun**).
Mont Athos (**Dominique Papely**).

Table des gravures (clichés).

MATÉRIAUX

POUR

L'ÉTUDE DES GLACIERS

Huitième liste supplémentaire, par ordre alphabétique, des auteurs qui ont traité des hautes régions des Alpes et des glaciers, et de quelques questions qui s'y rattachent, avec indication des recueils où se trouvent ces travaux (1864 à 1867).

B

BRUNNER et **WATTENWYL** (de).

STOCKHORNMASSE (Alpes bernoises). — *Mém. de la Soc. helv. des sciences nat.*, t. XV. 14 planches.

C

CREPPIN (J.-B., Dr), membre de la Société jurassienne d'émulation, de la Société helvétique des sciences naturelles, etc.

ESSAI GÉOLOGIQUE SUR LE JURA SUISSE. — Grand in-4 de plus de 160 pages, 6 fr. Adresser franco les commandes à l'auteur : à Bâle, Kaufhausgasse, 7.

Prospectus 1867. — Ce travail comprend la description complète des terrains connus qui forment le Jura, avec des indications précises sur ceux qui sont à découvrir ou qui manquent.

Quatre époques y sont successivement passées en revue avec la mise en relief de leur physionomie particulière : *Aspect orographique*, — *Caractères minéralogiques*, — *Utilité technique*. — *Flore et faune*. — Quatre coupes coloriées, sorties des ateliers de **M. J. Wurster**, à Winterthur, facilitent l'intelligence du texte...

CREPPIN (J. B).

COMPLÉMENT AUX TERRAINS MODERNES DU JURA BERNOIS. — *Mém. de la Société helvét. des sciences nat.*, t. XV. 1857. Planches.

CHRIST (H.).

Über die Verbreitung der Pflanzen der Alpine Region der europäischen Alpenkette. — T. XXII. 1867. Planches.

D

DENZLER (H.).

Untere Schneegrenze während des Jahres. — *Mém. de la Société helv. des sciences nat.* t. XIV. Planches.

DENKSCHRIFTEN DER ALLGEMEINEN SCHWEIZERISCHEN GESELLSCHAFT FÜR DIE GESAMMTEN NATURWISSENSCHAFTEN.

Mémoires de la Société helvétique des sciences naturelles. — Grand in-4, 200 à 300 pages de texte en allemand ou en français. — Planches nombreuses.

En commission : Georg (H.), à Genève et à Bâle. Publication annuelle (à l'exception de quelques années), de 1837, t. I, à 1867, t. XXII.

T. I. 1837. 9 planches.

Schinz (H. R). — Fauna helvetica.

Charpentier (J.). — Fauna helvetica.

Studer (B.). — Gebirgsmasse Davos.

T. II. 1838. 9 planches.

Mérian (P.), — **Treschel** (F.). — **Meyer** (O.). — Meteorologische Beobachtungen in Basel, Bern und St-Gallen.

Gressly (A.). — **Observations géologiques sur le Jura soleurois.**

T. III. 1839. 27 planches.

Escher (von der Linth). — Contactverhältnisse zwischen Feldspathgestein und Kalk.

Escher (von der Linth) und **Studer** (B.). — **Geologie von Mittelbünden.**

Agassiz (L.). — Échinodermes fossiles de la Suisse. 1re partie Spatangoides.

Moritzi (A.). — Gefässpflanzen Graubündens.

T. IV. 1840. 22 planches.

Heer (O.). — Käfer der Schweiz. 1 Theil. 2 Lieferung.

Agassiz (L.). — Échinodermes fossiles de la Suisse. 2me partie : Cidarides.

Vogt (C.). — Zur Neurologie der Reptilien.

Gressly (A.). — **Jura soleurois**, 2me partie.

T. V. 1841. 17 planches.

De Candolle (A.-P.). et **Alph.** — Monstruosités végétales.

Nägeli (C.). — Cirsien der Schweiz.

Gressly (A.). — **Jura soleurois**, 3me et dernière partie.

Heer (O.). — Käfer der Schweiz.

T. VI. 1842. 20 planches.

Nicolet (H.). — **Podurelles.**

Martins (Ch.). — Hypsométrie des Alpes pennines.

Lusser (F.). — **Nachträgliche Bemerkungen zum geognostischen Durchschnitt vom Gotthardt bis Art.**

T. VII. 1845. 21 planches.

Vogt (C.). — Zur Naturgeschichte der schweizerischen Crustaceen.

Agassiz. — Iconographie des coquilles terrestres, etc.

Studer (B.). — Hauteurs barométriques dans le Piémont, en Valais, en Savoie.

T. VIII. 1847. 17 planches.

Heer (O.). — Insektenfauna der Tertiärgebilde von Öningen und Radoboj in Croatien.

T. IX. 1847. 13 planches.
T. X. 1849. 13 planches.
Amsler (J.). — Vertheilung des Magnetismus.
Hofmeister (H.). — Witterungsverhältnisse von Lenzburg.
Brunner (C., Sohn). — Cohesion der Flüssigkeiten.
T. XI. 1850. 22 planches.
Rütimeyer (L.). — Über die schweizerischen nummiliten Terrains, etc.
T. XII. 1852. 17 planches.
Amsler (J.). — Wärmeleitung in festen Körpern.
Brunner (C.). — Environs du lac de Lugano.
Quiquerez (A.) — Terrain sidérolithique du Jura bernois.
Meyer-Dür (R.). — Fauna helvetica. Schmetterlinge.
T. XIII. 1853. 36 planches.
Escher (von der Linth). — **Gebirgsarten im Vorarlberg.**
T. XIV. 1855. 20 planches.
Zschokke (Th.). — **Ueberschwemmungen von 1852.**
Pestalozzi (H.). — Höheänderungen des Zürichsee's.
Renevier (E.). Perte du Rhône.
Denzler (H.). — Untere Schneegrenze während des Jahres. **(Limite inférieure des neiges dans l'année.)**
Greppin (J. B.). — **Terrains modernes du Jura bernois.**
T. XV. 1857. 30 planches.
Brunner et **Wattenwyl** (C. de). — Stockhornmasse. **Massif du Stockhorn** (Alpes bernoises).
Heer (O.). — Fossile Pflanzen von Saint-Jorge in Madeira.
Greppin (J.-B.). — **Complément aux terrains modernes du Jura bernois.**
Mösch (C.). — Flötzgebirge im Aargau.
T. XVI. 1858. 23 planches.
Gaudin (Ch.-Th.) et **Strozzi** (C.). — Premier mémoire sur quelques gisements de feuilles fossiles de la Toscane.
T. XVII. 1860. 53 planches et cartes.
Ooster (W.-A.). — Céphalopodes fossiles des Alpes suisses, avec la description des espèces les plus remarquables.
Zschokke. — Gebirgsschichten im Tunnel zu Aarau.
Gaudin (Ch.) et **Strozzi** (C.). — Contribution à la flore fossile italienne. 2e et 3e mémoire.
Théobald (G.). — Unter-Engadin. Geognotische Skizze.
Kaufmann (F.). — Mittel- und Ost-Schweizerische subalpine Molasse.
T. XVIII. 1861. 62 planches.
Thurmann (Jul.). — Lethaea Bruntrutana ou Études paléontologiques, etc. Œuvre posthume, terminé par **A. Etallon**. 1re partie.
Venetz (père, ingén.). — **Extension des anciens glaciers.** Œuvre posthume, redigé en 1857.
Ooster (W.-A.). — Céphalopodes fossiles des Alpes Suisses. 4e et 5e parties.
T. XIX. 1862. 47 planches.
Rütimeyer (L.). — Fauna der Pfahlbauten in der Schweiz.
Thurmann (J.) et **Etallon** (A.). — Lethaea Bruntrutana. 2e partie.
Schläfli (A.). — Zur Climatologie des Thales von Janina.
T. XX. 1864. 33 planches.
Thurmann (J.) et **Etallon** (A.). — Lethaea Bruntrutana. 3e et dernière partie.
Gaudin (Ch.) et **Strozzi** (C.). — Contributions à la flore fossile italienne. 6e mémoire.

T. XXI. 1865. 10 planches.

Heusser (J. Ch.) und **Claraz** (G.). — Beiträge zur geognostischen und physikalischen Kenntniss der Provinz Buenos-Ayres. 1 Abtheilung.

Description physique et géognostique de la province Argentine de Buenos-Ayres. 2e partie.

Heer (O.). — Fossile Pflanzen von Vancouver und Britisch-Columben...

T. XXII. 1867. 20 planches.

Lang (Fr.) und **Rütimeyer** (L.). — Die fossilen Schildkröten von Solothurn. **(Les tortues fossiles de Soleure)** (Suisse).

Christ (H.). — Über die Verbreitung der Pflanzen der Alpine Region der europäischen Alpenkette. **Propagation des plantes de la région alpine européenne.**

E

ESCHER (de la Linth A.).

Gebirgsarten im Voralberg. — *Mém. de la Société helv. des sciences nat.*, t. XIII. 1855. Planches.

ESCHER (de la Linth A.) et **STUDER** (B.).

Geologie von Mittelbündten. — *Mém. de la Société helv. des sciences nat.*, t. III. 1839 Planches.

G

GRESSLY (A.).

Observations sur le Jura soleurois. — *Mém. de la Société helv. des sciences nat.*, t. II 1838. Planches. — *Idem.* 2me partie, t. IV. 1840. Planches. — *Idem.*, 3me et dernière partie, t. V. 1841. Planches.

L

LOMBARDINI (Élie), ingénieur.

Traces de la période glaciaire dans l'Afrique centrale. — Deuxième appendice à l'essai sur l'hydrologie du Nil. Lu à la séance du 29 mars 1866 de l'*Institut des sciences de Milan.* Brochure in-4, 12 pages.

...D'après les explorations de **Barth**, et particulièrement d'après celle de **Vogel**, il résulte, comme nous l'avons vu, qu'au sud et à l'ouest du *Tsad* se déploie une plaine immense, qui jusqu'à une distance considérable ne s'élève que de 40 mètres au-dessus des eaux du lac; et que le marais *Tuburi*, au midi de cette plage, à cette élévation, dans la saison des pluies, offre une communication entre le bassin *Tsad* et celui du *Niger*.

Le sol de la plaine est en général argileux, devenant sablonneux près des bords des fleuves temporaires affluents des *Komadugus*, qui se déchargent dans le *Tsad*. Près de *Kukawa*, à la profondeur de 2 mètres seulement, on rencontre une couche calcaire formée de coquilles d'eau douce, en partie brisées. Une couche semblable se trouve aussi près du *Tuburi*, mais à la profondeur de 7 mètres On a donc motif d'admettre avec **Barth** et **Vogel**, que dans les *temps antéhistoriques* cette plage immense était le fond même du lac, en sorte qu'alors il aurait eu une étendue peut-être triple de son étendue actuelle[1]. Cela ne pouvait être qu'une conséquence d'afflux plus forts, associés à une évaporation moindre, et ainsi d'une moindre température moyenne de cette région[2]. Une telle hypothèse se trouverait appuyée par l'existence de vallées profondément encaissées dans la plaine, où coulait jadis des fleuves tributaires, aujourd'hui éteints, parmi lesquels on remarque, comme nous l'avons dit, le *Bar-el-Chasal*, qui aboutit à l'angle S.-E. du lac. Cette vallée, jusqu'à présent inexplorée, n'est connue que par des informations, lesquelles en déterminent la direction du S. au N. sur une longueur de 450 kilomètres, et donnent l'indication de tous les villages qu'on y rencontre, le dernier desquels est *Tangur*, où finit la vallée en formant dans le *Tebu* un bassin très-vaste[3].

Ces faits offriraient une preuve **qu'il y a eu une période glaciaire**, c'est-à-dire, d'une température moyenne plus basse, même pour cette région...

Le niveau des lacs équatoriaux aurait dû s'élever aussi, mais dans une moindre mesure, attendu qu'ils sont fournis d'émissaires, qui, d'abord plus élevés, se seraient dans la suite abaissés par l'érosion des eaux. Beaucoup d'affluents qui aujourd'hui sont à sec, avec le même nom de *Wadi*, ou dont le cours se perd dans le désert, se seraient versés alors avec des eaux abondantes dans le *Nil*, même dans la *Nubie* et dans l'Égypte[4].

Une des vallées visitées par **Barth**, en 1851, au N. du lac, dans le territoire de *Kanem*, appelé *Gesgi*, était de la largeur de 450 mètres, et encaissé entre les bords rocheux de grès[5]. Si le creusement du fleuve préexistant s'était opéré dès l'origine dans la roche, il faudrait attribuer une durée immense à la **période glaciaire**. Mais il pourrait se faire que cela fût arrivé tandis que le sable était encore incohérent, et que celui-ci se soit dans la suite changé en un conglomérat rocheux par l'infiltration ou l'endurcissement d'une gangue...

Si dans la grande dépression de l'Afrique centrale nous avons trouvé la **trace de la période glaciaire**, il est vraisemblable qu'on doive en découvrir d'autres dans la contrée alpestre de l'Abyssinie, et dans son appendice méridional près du *Kenia* et du *Kilimandgiaro*, dans les régions tropicales et équatoriales, où peut-être **existeraient les restes d'anciens glaciers**.

M. **Élisée Reclus**, qui a vu des digues de cailloux en forme de *moraines* aux pieds de plusieurs vallées de la *Sierra Nevada*, de *Santa Marta*, dans la Nouvelle-Grenade, vient d'annoncer à la Société géographique de Paris, que l'illustre **Agassiz** se trouvait dans le Brésil, où il aurait également observé des **restes d'anciens glaciers** dans les montagnes près de *Rio-Janeiro*, et par conséquent dans une région tropicale[6].

Il paraît donc que la période glaciaire est un phénomène qui se serait étendu à toute la surface du globe[*].

[1] **Barth**. *Travels*, vol. II, p. 141. — **Vogel**, lettre dans les *Mittheilungen* de 1857, p. 132.

[2] En supposant un abaissement de 8 à 10° de la température moyenne, l'évaporation de l'Océan viendrait à diminuer, mais les vapeurs soulevées ne monteraient plus qu'à des hauteurs moindres, en sorte que les pluies tropicales provenant de leur concours sur le continent, pourraient tomber encore d'une quantité peu au-dessous de l'actuelle.

[3] Voir les cartes précitées. Il pourrait se faire que la cavité de cette vallée se prolongeât dès l'origine au N. dans le *Tebu*, mais que la trace s'en soit effacée par suite du comblement par les sables du désert

[4] Les principaux de ces *Wadi* sont : dans la haute Nubie, le *Wadi Makatlem*, qui aboutit à la gauche du *Nil* en amont de *Dongola* (18° lat.), dont les affluents occidentaux se voient traversés par le chemin des caravanes, qui dans les dépressions trouvent des puits d'eaux et des fourrages; dans la basse Nubie, le *Wadi Allake*, qui s'unit à la droite du Nil, près de l'ancienne *Metakompso* (23° lat.), et en Égypte le *Bar-bella-ma* oriental (fleuve sans eau), et l'occidental, les extrémités desquels sont effacées dans les deux déserts qui bordent la vallée du Nil. (Voir les feuilles 2 et 4 de la carte de **Petermann**, précitée pour l'Afrique cenntrale.)

[5] **Barth**, *Travels*, vol. III, p. 95.

[6] *Bulletin de la Société géographique*, t. XI, 1866, p. 222.

[*] D. A.— Parfaitement d'accord avec M. **Lombardini** ; je dirai plus : *Cherchez et vous trouverez partout, sur le globe que nous habitons des matériaux transportés par les anciens glaciers.*

LUSSER (F.).

Nachträgliche Bemerkungen zum geognostischen Durchschnitt vom Gotthardt. — *Mém. de la Soc. helv. des sciences nat.*, t. XIV. 1842. Planches.

M

MOESCH (Casimir).

Geologische Beschreibung des Aargauer-Jura und der nördlichen Gebiete des Kantons Zürich.

Beiträge zur geologischen Karte der Schweiz. Herausgegeben von der geologischen Commission. der Schweiser Naturforschenden Gesellschaft auf Kosten der Eidgenossenschaft. Vierte Lieferung 1 vol. gr. in-4, 320 pages. — Pétrifications (Fossiles), 7 planches. Profils et coupes géologiques en chromolithographie, 3 planches. — Berne. En commission chez J. Dalp. 1867.

Literatur [1].

1702. **Scheuchzer** (Joh. Jakob). — Specimen lithographiae Helvetica.

1706 à 1708. **Scheuchzer** (Joh. Jakob). — Beschreibung des Schweizerlandes. *Zürich.*

1716 à 1718. **Scheuchzer** (Joh. Jakob). — Helvetiae Stoicheiographia et hydrographia; Meteorologia. 3 vol. (Naturgeschichte, vol. 4 à 6.)

1810. **Ebel** (J. G. Med. D[r]). — Anleitung die Schweiz zu bereisen 3. *Zürich.*

1818. **Hess** (Dav.). — Die Badenfahrt. *Zürich.*

1819. **Escher** (v. der Linth C.). — Über die Felsblöcke und deren Verbreitung. (*Leonard's Taschenbuch.*)

1820 **Escher** (v. der Linth C.). — Über die Juraketten. (*Vers. der schweizer Naturf. Gesellschaft zu Genf.*)

1820. **Merian** (Peter, Prof.). — Über den Basler-Jura. (*Ver. der Schweizer Naturf. Gesellschaft zu Genf.*

1821. **Escher** (v. der Linth C.). — Über die Bohrungen auf Salz, von **Glenk** (Hofrath).

1821. **Rengger** (A.). — Über Juramergel.

1821. **Merian** (Peter, Prof.). — Über den Boden zwischen Schwarzwald und Jura. (*Naturwissensch Anzeiger.*)

1821 à 1831. **Merian** (Peter, Prof.). — Beträge zur Geognosie. *Basel.*

1822. **Escher** (v. der Linth C.). — Geognostische Angaben über das Juragebirge. *Leonhard's Taschenbuch.*)

1824. **Rengger** (A.). — Beiträge zur Geognosie. *Stuttgart und Tübingen.*

1824. **Gimbernal** (Don Carlos de). — Pièces relatives à l'enseignement des bains gazeux aux thermes de Baden en Suisse.

1825. **Gimbernal** (Don Carlos de). — Über die Schwefelabsätze u. thierische Materie in den Quellen zu Baden; Dampfbäder; Glaubersalz im Gyps zu Müllingen. (*Verh. der Schweizer Naturf. Gesellschaft*, 1825.)

1826. **Studer** (B., Prof.). — Monographie der Molasse. *Bern.*

1826 à 1833. **Goldfuss** — Petrefacta Musei Universitatis Bonnensis. *Düsseldorf.*

1829. **Rengger** (A.). — Umfang der Juraformation. (1 vol. der *Alten Denkschriften der Schw. naturf. Gesellschaft. Zürich.*)

1829. **Merian** (Peter, Prof.). — Durchschnitt durch den Jura. (1 vol. der *Alten*

[1] D. A. Liste des auteurs de 1702 à 1867.

Denkschriften der Schw. nat. Gesellschaft. Zürich.)

1832. **Walker.** — Karte des Kantons Solothurn. Maastab 1 : 60,000.

1837. **Löwig** (C., Prof.). — Die Mineralquellen von Baden. *Zürich.*

1838 à 1841. **Gressly** (A.). — Observations géologiques sur le Jura soleurois. (*Denkschriften der Schw. naturf. Ges.*, vol. II, IV et V.)

1839. **Agassiz** (L.). — Echinodermes fossiles de la Suisse. (*Denkschrift der Schw. naturf. Ges.*, vol. III et IV.)

1840. **Agassiz** (L.). — Études critiques sur les mollusques fossiles. *Neuchâtel.*

1840. **Im-Thurn** (E.). — Der Kanton Schaffhausen, historisch, geographisch, statistisch geschildert. *Saint-Gallen und Bern.*

1840. **Mousson** (A., Prof.). — Geologische Skizze der Umgebungen von Baden. *Zürich.*

1843 à 1866. **Wild** (Prof.), — Topographische Karte des Kantons Zürich.

1844. **Escher** (von der Linth C.). — Geognostische Schilderung des Kantons Zürich. (In *G. Meyers Gemälde des Kantons Zürich.*)

1844. **Bronner** (X.). — Gemälde des Kantons Aargau. *Aarau.*

1844. **Minnich** (Joh. A. Dr) — Die Heilquellen von Baden in medizin. naturhist. u. geschicht. Beziehung. *Zürich.*

1844 à 1845. **Michaelis.** — Topographische Karte des Kantons Aargau. 1 : 50,000.

1847. **Laffon** (C.). — Naturwissenschaftliche Skizze des Kantons Schaffhausen. (*Ver. der Schweizer naturf. Gesellschaft zu Schaffhausen.*)

1847. **Robert** (A. Dr Med.). — Notice sur l'eau minérale de Wildegg. *Strasbourg.*

1847. **Escher** (v. der Linth C.). — Bemerkungen über das Molassegebilde der östlichen Schweiz. (*Mith. der naturf. Gesellschaft in Zürich.*)

1848. **Mousson** (A., Prof.). — Über die Wasserverhältnisse der Thermen von Baden. (*Mitth. der naturf. Gesellschaft in Zürich.*)

1850. **Schmidlin** (J. B. Pfr.). — Über die Umgebungen von Gansingen bei Lauffenburg. (*Vers. der Schw. naturf. Ges. zu Aarau.*)

1851. **Quenstedt** (A. Prof.). — Das Flötzgebirge Würtembergs. *Tübingen.*

1851. **Siegfried** (J.). — Der Jura, seine Gesteine, Bergketten, Thäler und Gewässer, Klima und Vegetation. *Zürich.*

1852. **Merian** (Peter, Prof.). — Über die geognos. Bez. der warmen Quellen zu Baden im Aargau. (*Verh. der naturf. Ges. zu Basel.*)

1852. **Heer** (O.) und **Escher** (v. der Linth C.). — Zwei geologische Vorträge. *Zürich.*

1852. **Amsler** (J.-J., Méd. Dr). — Das Bad Schinznach. *Lenzburg.*

1853. **Vogt** (Karl, Prof.). — Lehrbuch der Geologie und Petrefactenkunde. *Braunschweig.*

1853. **Studer** (B.) und **Escher** (v. der Linth). — Geologische Karte der Schweiz. *Winterthur.*

1853. **Studer** (B., Prof.). — Geologie der Schweiz. *Zürich.*

— **Zschokke** (Th. Dr). — Profile vom aargauischen Jura. (Programm der Kantonschule.) *Aarau.*

1854. **Meyer** (J. Dr). — Physik der Schweiz. *Leipzig.*

1854. **Merklein** (Prof.). — Über drei verschiedene Gebirgslagerungen bei Schaffhausen. (*Ver. der Schw. nat. Ges. zu Saint-Gallen.*)

1856. **Desor** (E., Prof.). — L'orographie du Jura. *Neuchâtel.*

1856. **Desor** (E., Prof.). — Les tunnels du Jura, *Neuchâtel.*

1856. **Merian** (Peter, Prof.). — Darstellung der geologischen Verhältnisse des Rheinthales. (*Eröffnungsrede bei der Versammlung der Schw. nat. Ges. zu Basel.*)

1856. **Moesch** (C.). — Vorlage der geolog. colorirten Karte des Aargaus. (*Ver. der Schw. nat. Ges. zu Basel.*)

1856 à 1858. **Oppel** (A. Dr). — Die Juraformation. *Stuttgart.*

1857. **Moesch** (C.). — Flötzgebirge im Aargau. (*Denksch. der Schw. nat. Ges.*, v. XV.)

1858. **Quenstedt** (A. Prof.). — Der Jura. *Tübingen.*

1858. **Desor** (E. Prof.). — Synopsis des Échinides fossiles. *Paris et Wiesbade.*

1858. **Hemmann** (A., Badeartz). — Studien über das Bad Schinznach und Wildegg. *Zürich.*

1858. **Zschokke** (Th. Méd. D^r). — Das Laurenzenbad bei Aarau. *Aarau.*

1858. **Müller** (Alb. D^r). — Über einige anormale Lagerungsverhältnisse im Basler Jura. (*Verh. der nat. Ges. in Basel.*)

1859. **Schill** (J. D^r). — Die Tertiär- und Quartärbildungen am nördl, Bodensee und im Höhgau. (*Würtemb. naturw. Jahreshefte.*)

1860. **Zschokke** (Th. Med. D^r). — Die Gebirgsschichten welche vom Tunnel zu Aarau durchschnitten wurden. (*Denkschr. der Schw. nat. Ges.*, vol. XVII.)

1860. **Kaufmann** (F., Prof.). — Über die mittel. und Ostchw. Alpine Molasse *Denkschr.*, vol. XVII.)

1861. **Leonhard** (G., Prof). — Geognostische Skizze des Grossherzogthum Baden. *Stuttgart.*

1861. **Rütimeyer** (Prof.). — Beiträge zur miocänen Fauna der Schweiz. (*Verh. der nat. Ges. in Basel.*)

1861. **Cartier** (R., Pfr.). — Der obere Jura zu Oberbuchsichten. *Verh. der nat. Ges. in Basel.*

1861. **Müller** (Alb., D^r).— Geognostische Skizzen des Kantons Basel. *Basel.*

1861 à 1863. **Etallon** et **Thurmann**. — Lethea Bruntrutana. *Denkschr.*, vol. XVIII, XIX, XX.

1862. **Rütimeyer** (L., Prof.). — Eocäne Säugethiere aus dem Gebiete des Schw. Jura. *Denkschr.*, vol. XIX.

1862. **Oppel** (A. D^r). — Palæontologische Mittheilungen und Fortsetzung. *Stuttgart.*

1862. **Mousson** (A. Prof.). — Übersicht der Geologie des Kantons Zürich. (*Neujahrsstück der nat. Ges. in Zürich.*)

1862. **Moesch** (C.). — Vorläufiger Bericht über die im Sommer 1862 ausgeführten Untersuchungen im Jura der Kantone Solothurn und Bern. (*Ver. der Schw. naturf. Ges. zu Luzern.*)

1863. **Merian** (Peter, Prof). — Über die Stellung in der Schichtenfolge der Juraformation. (*Würtemberg. naturw. Jahreshefte.*)

1863. **Bürgi** (J., D^r). — Die Soolbäder zu Rheinfelden. *Basel.*

1863. **Schloenbach** (U., D^r).— Die Schichtenfolge des untern und mittleren Lias in Nord-Deutschland.

1863. **Lang** (J., Prof.). — Solothurn und seine Umgebungen. *Solothurn.*

1863. **Moesch** (C.). — Über die Weissenstein Kette. (*Vers. der Schw. nat. Ges. zu Samaden.*)

1864. **Stutz** (U.). — Über die Längern. (*Neujahrsstück der Zürcher naturf. Ges.*)

1864. **Moesch** (C.). — Diceratien, Astartien und Pterocerien im Aargau. (*Ver. der Schw. naturf. Ges. zu Zürich.*)

1864. **Waagen** (W.). — Der Jura in Franken, Schwaben und der Schweiz. *München.*

1864. **Sandberger** (F. Prof.). — Zur Erläuterung der geol. Karte der Umgebung von Karlsruhe. (*Verh. des nat. Ver. zu Karlsruhe.*)

1864. **Alberti** (F. D^r). — Überblick über die Trias. *Stuttgart.*

1864. **Mayer** (K.). — Tableau synchronistique des terrains jurassiques. *Zürich.*

1864. **Oppel** (A., Prof.). — Über die Lager von Seesternen im Lias u. Keuper. (*Würtemb. naturw. Jahreshefte.*)

1865. **Mayer** (K.). — Tableau synchronistique des terrains tertiaires de l'Europe. *Zürich.*

1865. **Kübler** und **Zwingli**. — Microscop. Bilder aus der Urwelt der Schweiz. (*II. Neujahrsblatt der Bürgerbibliothek in Winterthur.*)

1865. **Lang** (J., Prof.). — Die Steinbrüche von Solothurn. *Solothurn.*

1865. **Waagen** (W., D^r.). — Versuch einer allgemeinen Classification der Schichten des obern Jura. *München.*

1865. **Sandberger** (F.). — Beobachtungen im mittleren Jura des badischen Oberlandes. (*Würzb. naturw. Zeitschrift*, vol. V.)
1865. **Heer** (O., Prof.). — Die Urwelt der Schweiz. *Zürich*.
Fritsch (K. von Dr). — Notizen über geolog. Verhältnisse im Hehgau. (*Mitth. der Schw. naturf. Ges. in Zürich*.)
1865. **Schlumberger** (M.). — Analyse du second volume des communications paléontologiques de M. **Oppel**. *Caen*.
1866. **Schibler** (J., Prof.). — Chemische Analyse eines eisenhaltigen Wassers von Döttingen. (*Programm der Aargauischen Kantonschule. Aarau*.)
1866. **Benecke** (Dr). — Geognostisch-paläontologische Beiträge. *München*.
1866. **Müller** (Alb., Prof.). — Über die Wiesenbergkette im Basler Jura. (*Verh. der naturf. Ges in Basel*.)
1867 **Moesch** (C.). — Geologische Beschreibung der Umgebungen von Brugg. (*Neujahrstück der naturf. Ges. in Zürich*.) In Commission bei H. R. Sauerländer in Aarau.

Inhalt und Uebersichtstafel.

Grund Gebirge. — Gneiss. Granit. Porphyr.
Triasformation. — Sandstein. Muschelkalk. Lettenkohle. Keuper.
Juraformation.
Bohnerzbildung.
Molassbildung.
Quartärbildung.

Quartärbildung (Gletscherzeit).

Gerölle, Schutt- und Bohnerzablagerungen bedecken grösstentheils das geschichtete Gebirge.

Wenn wir gewohnt waren, in letzterem die Neigungswinkel zu messen und je nach den daraus gewonnenen Überzeugungen den Verlauf der Schichten gegen das Erdinnere zu construiren, oder daraus auf das Alter der Gebirgshebungen zu schliessen, so bekannten wir uns selbstverständlich für die Annahme horizontaler Ablagerungen aus den Meeren.

Bei den quartären Geröll- und Schuttablagerungen würden wir vergebliche ein Resultat auf diesem Wege zu suchen, *weil die Ablagerungsprodukte durch die Gletscher und Flüsse entstanden sind*, dieselbe somit entweder gar keine oder doch nur undeutliche Schichtungen zeigen.

Dieser Mangel an stratification, und das nur seltene Vorkommen von Thierresten erschwert das Studium über die Verhältnisse der Diluvialbildung so sehr, dass aus dieser uns näher liegenden Epoche viel weniger wissen als aus der Jura- und Tertiärzeit.

Die Eismassen und Flüsse, welche mithalfen das Material zu formen und hin oder her zu schleppen, lagerten ihre Produkte nach ähnlichen Gesetzen ab, wie die heutigen Gletscher und Flüsse. Man kann sich daraus ein ungefähres Bild verschaffen über den Neigungswinkel der Flussbette und die Menge des Wassers, so wie über die Grenzen und die Mächtigkeit der alten Gletscher; aber aus dieser Art von Anhäufungen sind sichere Schlüsse über das wahre Alter der Ablagerungen nicht zu erheben.

Es gehört daher zu den schwierigsten Aufgaben der Geologie, den Schleier über die Epoche zu lüften, welche dem Zeitalter des Menschen unmittelbar vorangieng, eben weil die Ablagerungen und die Anschwemmungen zu wenig Zusammenhang une Charakter haben, um das Gleichzeitige leicht erkennen zu lassen.

Wir können daher für jetzt nur in allgemeinen Zügen, innert elastischen Grenzen, unsere Quartärbildungen zeichnen.

A. Uetliberg-Conglomerate.

Auf einem Theile unseres **Kartengebietes** tritt eine *Geröllmasse* auf, welche in ihrem Ansehen grosse Aehnlichkeit mit den Nagelfluhbildungen der Tertiärzeit hat. Herr Prof. **Escher von der Linth** ist geneigt, ihre Entstehung von der ersten *Gletscherzeit* abzuleiten. Er nimmt an, dass die Gletscher damals Thäler und Höhen bedeckten, und die Gerölle der alten Nagelfluh mit fortschleppten und dass die aus den Gletschern sich ergiessenden Flüsse in ihren Betten aufnahmen, so weit ihre Kraft ausreichte.

Wir können die Ablagerungsweise etwa mit dem Entstehen der jetzigen Flussterassen vergleichen.

Die Gerölle haben in der That sowohl in der Art ihrer Ablagerung als in der Weise ihrer Applattung die vollste Übereinstimmung mit den conglomeraten Flussgeschieben.

In ihrer Zusammensetzung weichen sie in sofern von der bunten Nagelfluh ab, dass sie näher den Alpen, viele Sernfgeröll enthalten, dagegen näher am Jura zahlreiche jurassische Kalkgerölle einschliessen.

Ganz wie die Flussanschwemmungen enthält des Ütliberg-Conglomerat mehr oder minder mächtige Sandstreifen und Bänke, welche eine Art Schichtung andeuten, wie die Flüsse eben zu bilden im Stande sind.

In den Nagelfluhartigen Conglomerate, auf dem Gebensdorfer-Horn, bemerkt man eine Sandschichte, welche beinahe 3 Meter dick ist, da wo sie die grösste Mächtigkeit hat; auf geringe Erstreckung keilt sie wieder vollständig aus.

Die dortige Höhle[1], welche von den Umwohnern für ein Produckt menschlichen Fleisses angesehen wird, ist nichts anderes als die alte Lagerstätte einer ehemaligen Sandschichte, welche letztere durch Tagwasser weggeführt wurde. Solche Sandlagen fehlen nirgends.

Der Sand ist grusartig, scharfekig, nie in gerundeten Körnern wie die Molasse; er stimmt also auch damit ganz mit dem Sande der Flüsse überein. Wollte man daran zweifeln, dass dies Conglomerat der Diluvialzeit (*Gletscherzeit*) angehöre, so bietet der genannte Gebensdorfberg für die Frage eine sehr lehrreiche Stelle südlich von der Höhle: man sieht nähmlich dort die Molasseschichten mit circa 20° Nordfall anstehen, während auf den aufgerichteten Schichtenköpfen des Sandsteins das Ütliberg-Conglomerat wagrecht auflagert.

Man hat diese verkittete, oft mehr als 60 Meter mächtige Geröll-Ablagerung auch löcherige Nagelfluh genannt; da man aber gewöhnt ist, unter der Bezeichnung Nagelfluh die Gerölle der Molasse zu verstehen, so möchte der Namen « *Uetliberg-Conglomerat* » künftig vorzuziehen sein. « *Löcherig* » wurde die Bildung genannt, weil sie oft Lücken und Höhlungen enthält.

Nicht überall sind diese Conglomerate so rein und zu fester Masse verkittet wie auf dem Ütliberg, *Heitersberg*, *Bruggenberg*, *Gebensdorfer-Horn*, in den Bergen zwischedem *Wehn-* und *Rheinthale* und auf dem *Rheinsberg*, *Irchel* und *Kohlfirst*.

Man findet sie auch als wahrer Gletscherschütt voll ungerollter Blöcke, mit Lehm und Sand zu losen Hügeln angeschüttet, am Nordhange des *Böttenberges* bei *Böttstein* und in dem Dreieck zwischen *Böttstein*, *Leuggern* und *Leibstatt*, ferner auch auf dem *Hochplateau* bei *Regensburg*.

Sogar über die *Jurahöhen* hinüber, in das Thal von *Wölflisswyl*, ist der **Gletscher** gedrungen und hat sein Material in ähnlicher Form wie bei *Leuggern* abgelagert.

In dieser Zeit mögen auch die gewaltigen *Glimmerschieferblöcke* in der *Sisseren*, zunächst ob *Frick*, und der *Kreidelblock* auf der *Staffeleggthöhe* über dem Jura geführt worden sein.

[1] Bekannt durch **Carl Birsch-Pfeiffer's**, *Hexe von Gebensdorf*.

Eine auffallende *Moräne*, grössentheils aus Hauptrogensteintrümmern der Gisulafluhspitze bestehend, liegt auf dem Sattel des Hochthales zwischen dem *Scheukenberg* und dem *Elmhard*.

Ein anderer *Wall alpiner Blöcke* auf der Nordseite der Lägern und die *granitische Fündlinge* auf der Höhe des «*Grund*» (735 Meter) bei *Schinznach* scheinen annähernd den höchsten *Gletscherstand* in den Jurathälern des Aargau's zu bezeichnen; sie liegen noch bedeutend höher als die Blöcke am Südabhange der Lägern[1].

Auf dem *Uetliberger-Conglomerate*, welches wir zum Theil als Ablagerungsprodukt von Gletscherflüssen bezeichnen, liegen an verschiedenen Orten *mächtige Blöcke* alpiner Gesteine. So findet man auf dem *Bruggerberg*, gegen *Rein*, *gewaltige Blöcke* des gneisartigen Gotthardgranit aufgelagert; sie gehören der gleichen Periode an.

Herr Prof. **Escher** (von der Linth) hat zuerst auf den Zusammenhängenden *Blockwall* aufmerksam gemacht, welcher, von der Trotte bei *Würenlos* ausgehend, sich quer durch das Thal bis an die Limmat zieht. Ein zweiter *Blockwall* setzt von *Würenlos* über die Limmat hinüber gegen *Spreitenbach* hin; ein dritter beginnt in der Nähe des *Klosters Fahr* und verliert sich in der Richtung des *Limmatthales* gegen *Würenlos*. Nebst diesen hat Herr **Escher** die hufeisenförmigen *Moränen* bei *Bremgarten* im Reussthal aufgezeichnet. Ein mächtiger *Blockwall* setzt zwischen *Zetzwyl* und *Leimbach* durch das *Wynathal*.

Bekannt sind auch die riesigen *Gotthardgranite* zwischen *Wohlen* und *Bremgarten*, und diejenigen zwischen *Mallingen* und *Birmensdorf* in Reussthal.

In diesem Frühjahr (1867) wurde im Walde von *Mellingen* ein *Granitblock* zu Treppenstufen und Trottoir-Einfassungen für die Stadt Zürich verarbeitet, welcher über 26,000 Kubikfuss mass (1000 mètr. cubes). Ein kleinerer unweit davon (*im Schönet*) mass 11,000 Kubikfuss (400 mètr. cubes). Am linken Reussufer, gegenüber von der genannten Stelle, ist eine mehr als 50 Fuss (17 mètr.) hohe Moräne durch den Fluss abgeschnitten; sie bildet die Fortsetzungslinie der genannten *Blöcke*.

Von da über *Braunegg* und weiter gegen *Othmarsingen* bemerkt man eine ganze Kette von *vereinzelten Blöcken* und *Schüttenhäufungen*, welche den Rand eines Gletschers bezeichnen.

Ein *Block* von 100 Kubikfuss (4 mètr. cubes) liegt am Abhang des *Schmiedberges* bei *Böttstein*, circa 120 Fuss (40 mètr.) über dem Aarspiegel.

Ein anderer ragt, oberhalb der *Betznau*, bei niederem Wasserstande aus den Fluthen der Aar.

Es wäre überhaupt schwierig in den Feldern und auf den Bergen zwischen *Jura* und *Rhein*, so weit unsere Karte reicht, grössere Flächen zu finden, wo nicht mehr oder weniger starke Spuren der ehemaligen Gletscherablagerungen zu treffen wären[2].

Die vereinzelten Blöcke deuten den Rückzug (*Diminution*) der Gletscher an; die Walle bezeichnen eine Stillstandsepoche der Eismassen.

Wie die Eismassen auf die entstehenden Felsen wirken, hat Herr Prof. **Escher** in einem interessanten Vortrage im Winter 1852 erklärt.

Man findet geritzte und geschliffene Steine sehr zahlreich; schwerlich aber wird man irgendwo ausserhalb dem Alpengebiete so schöne *Schliff-Flächen* treffen, wie sie der Muschelsandsteinrücken bei *Seew* unweit von *Bulach* aufweist. Der Fels zeigt den feinsten

[1] Les blocs et matériaux erratiques cités par l'auteur de ce mémoire, prouvent sans aucun doute, que, à une certaine époque les glaciers les ont déposés : mais il ne faut pas conclure que cette époque est celle où les glaciers avaient atteint leur plus grande hauteur...

Voyez dans nos matériaux les diverses citations et preuves d'une extension extraordinaire.

[2] D. A. — L'auteur dit : Il n'y a aucun doute que, dans les plaines de grandes étendues, qui s'étendent au delà des limites de notre carte, on trouvera des preuves de l'ancienne extension des glaciers. — Parfaitement d'accord, et certes, pour les observateurs glaciéristes, il est, en 1867, aussi difficile de trouver une localité en Europe (pour ne pas dire sur le globe, cela viendra plus tard) où on ne trouve pas de matériaux erratiques transportés par les glaciers monstres.

Gletscherschliff; man verfolgt die stärkeren Ritze bis zu dem Punkte, wo das im Eise befestigte Sandkorn verschliffen war. Darüber liegt auch noch die aus den Alpen geschleppte Schuttmosse als mächtiger Wall.

Auf der rechten Rheinseite begegnet man ebenfalls häufig alpinen *Fündlingen;* so trifft man in der Gegend von *Hallau* Quarzite des Lias aus den Alpen. Im Bette der *Steina* bei *Thiengen* findet man grüne *Verrucano-Blöcke* bis zu 2 Kubikfuss Grösse. Im *Hehgau* hat Herr Prof. **Escher** einen *alpinen Block* vor den Thoren de *Festung Hohentwild* aufgefunden.

Die *Gletscher*, welche jene Blöcke ablagerten, trugen auch Basalt, Basalttuff und Phonolithe aus dem *Hehgau* bis in die Nähe von *Schaffhausen*. Ein stark abgewitterter Basalt in der Nähe von *Herblingen* misst 7′ Länge, 5′ Breite und 3 1/2′ Höhe.

Schon früher hat Herr **Escher** in den Kiesgruben von *Feuerthalen* zahlreiche über aust grosse und wenig gerundete *Hohenwieler-Phonolithe* aufgefunden.

Es liessen sich noch Bogenlange Listen über das Vorkommen von *Fündlingen* im Gebiete unserer Karte aufführen; da aber noch eine besonde *Blockkarte* erscheinen soll, so kann eine nähere Aufzählung und Analyse bis dorthin verschoben werden.

Loess.

Loess wird ein braunlich gelber und grauer Schlammsand genannt, welcher im Rheinthale zwischen *Basel* und *Mainz* bis zu 50 Meter mächtig abgelagert ist...

Er enthält Zähne und Knochen von Elephanten nnd andern Säugethieren.

Man hält den *Loess* für den durch Vorrücken der *Gletscher* entstandenen *Schleifsand* (D. A. *Boue de glacier*), welche durch die trüben Gewässer der Gletscher in die Thäler geführt und dort abgelagert wurde. Die bekannten « *Loessmännchen* » vielgestaltete lockere *Kalkconcretionen*, finden sich zahlreich im *Loess*...

Lehm[1].

...Auch der *Lehm* enthält zuweilen Thierreste der Diluvialzeit, vorzüglich *Rhinoceros*, *Elephas*, und *Cervus*, etc. etc.

Flussterrassen.

...In einer Periode, in welcher die *Gletscher* zurück traten, waren die Thäler auf eine gewisse Höhe von denjenigen Geröllmaterial ausgefüllt, welches wir in den Terrassen neben den Flussbetten anstehen sehen.

Diese Höhe verhielt sich zu der Schnelligkeit des über sie fliessenden Wassers in einem gewissen Verhältnisse. Da die beiden Terrassen längst eines Flussthales stets dasselbe Niveau einnehmen, ob nun das Thal nur wenige Minuten oder eine Meile breit war, so folgt daraus, dass die Gewässer der höchsten Terrasse immer das ganze Thal einnehmen.

In unsern Flussthälern, namentlich im *Rhein-* und *Aarthal*, lassen sich *drei Terrassen* nachweisen. Es muss daher dasselbe Phenomen, welches die höchste Terrasse erzielte, sich noch zwei Mal wiederholt haben.

Die drei Terrassen lassen sich sowohl in den Flussthälern der *Aar*, *Reuss* und *Limmat* als im Stromthale des *Rheins* unterscheiden. (Diese Übereinstimmung ist nicht ohne Werth für die Annahme einer dreimaligen Continentalhebung.)[2].

[1] D. A. — *Loess*, *Lehm* et *boue de glacier*, sont synonymes. — Voyez diverses citations d'auteurs et les paragraphes Boues de glacier dans nos *Matériaux pour l'étude des glaciers*.

[2] D. A. — La conclusion par soulèvement du sol, pour expliquer les trois terrasses, placée entre parenthèses. — ? —

Alluvium.

Kalktuff-Ablagerungen (*Skalaltiten, Stalagmiten*).
Tuff (*Kalktuff*).
Morasterz oder Raseneisenerz.
Seekreide.

Mineralquellen.

...Fragen wir, aus welcher Tiefe das Wasser von *Baaden* (Argau) komme, so haben wir in den Erfahrungen, dass die Erdwärme mit je 31,9 Meter Tiefe um 1° zunehme, ein Verhältniss, nach welchem eine Antwort mit annähernder Gewissheit ertheilt werden kann. Nehmen wir 47° C. für Thermen an und ziehen die mittlere Bodenwärme davon ab, so muss das Wasser von Baaden aus einer Tiefe von circa 1170 Meter aufsteigen.

...Die Thermen von *Schinznach* (Aargau) sehr schwefelreich mit einer Temperatur zwischen 28°,5 C. und 34°,8 schwenkenden Temperatur. Erster im Monat August, zweiter im Monat November.

Langerungsverhältnisse auf der Grenze zwischen dem Tafelland und den Gebirgsketten.

Casimir Moesch.

MÉMOIRES DE LA SOCIÉTÉ HELVÉTIQUE DES SCIENCES NATURELLES.

Grand in-4, 200 à 300 pages de texte en français ou en allemand. Planches nombreuses. En commission **Georg** (H.) à Genève et à Bâle. Publication annuelle (à l'exception de quelques-unes) de 1837, t. I, à 1867, t. XXII.

Voyez les détails de cette publication dans la lettre **M**, auteurs... *Mittheilungen der allegemeinen schweizerischen Gesellschaft für die gesammten Naturwissenschaften.*

VENETZ (Père, ing.).

Extension des anciens glaciers. — Rédigée en 1857. *Mém. de la Soc. helv. de sciences nat.*, t. XVIII, 1861. Planches.

ZSCHOKKE (Th.).

Ueberschwemmungen von 1852. — *Mém. de la Soc. helv. des sciences nat.*, t. XIV. 1855. Planches.

ZURCHER et **MARGOLLÉ**.

Les glaciers. — 1 vol. in-16, 323 pages, illustré de 45 gravures sur bois par **Louis Sabatier**. Paris, Hachette et C. 1868. Prix 2 fr. (Sous le titre générique *Bibliothèque des merveilles*, publié sous la direction d'**Édouard Charton**.)

TABLE DES MATIÈRES.

I. — La glace.

Congélation de l'eau. — Force expansive de la glace. — Fleurs de la glace. — Glaciers naturels. — Glace atmosphérique. — Regel et moulage de la glace. — Glace glaciaire. — Stratification et structure veinée de la glace. — Séracs. — Glace de fond. — Glace de surface. — Palais et huttes de glace. — Commerce de la glace aux États-Unis.

Illustrations. — *La Recherche* au milieu des glaces. — Fleurs de la glace. — Fleurs de la neige. — Huttes de neiges. — Appareil réfrigérant.

Auteurs et observateurs cités.

Thompson (physicien), — **Tyndall**, — **Abbé Moigno**, — **Héricart de Thury**, — **Pictet**, — **Colladon**, — **Ramond**, — **Coxe**, — **De Saussure**, — **Arago**, — **Braun**, — **Knight**, — **Hugi**, — **Breton** (Philippe), — **Fournet**, — **De Rozières**, — **Carré**, — **Tudor** (Frédéric), — **Broca** (P.), — **Bertin** (Polarisation de la glace de glaciers.)

II. — Les glaciers.

Loi de circulation. — Progression des glaciers. — Moraines. — Roches moutonnées. — Hôtel des Neuchâtelois. — (Analogie des glaciers et des fleuves.) — Utilité des glaciers. — Avance et retrait des glaciers. — Ablation. — Crevasses. — Tables et moulins. — Bandes paraboliques. — Distribution géographique des glaciers. — Glaciers de la planète Mars.

Illustrations.

Hôtel des Neuchâtelois sur la moraine médiane du glacier de l'Aar. — Pavillon du glacier de l'Aar. — Cascade du glacier de Corbassière (*Chamonix*). — Glacier de Svinafells. — Jokul (*Islande*). — Aiguilles de glace. — Table des glaciers. — Glaciers de la planète Mars.

Auteurs et observateurs cités.

Rendu (évêque), — **Charpentier** (de), — **Agassiz** (Louis), — **Desor** (Édouard), — **Vogt** (Karl), — **Forbes** (James), — **Bravais**, — **Martins** (Charles), — **Dollfus-Ausset**, — **Hopkins**, — **Tyndall**, — **Collomb** (Éd.), — **Ball** (John), — **Schlagintweit**, etc., — **Saussure** (de), — **Hugi**, — **Nicolet**, — **Robert** (E.), — **Coaz** (naturaliste), — **Darwin**.

III. — Période glaciaire.

Destruction des hautes cimes. — Blocs erratiques. — Anciens glaciers. — Glacier de l'Arve. — Formation du relief des Alpes. — Glacier arctique. — Climat de la période glaciaire. — Influence des vents et courants. — Influence de la chaleur solaire.

Illustrations.

Roches moutonnées et blocs erratiques. — Sion. — Mont-Blanc vu du Jura. — Lit d'un ancien glacier. — Bloc erratique, pays de Galles.

Auteurs cités.

Charpentier (de), — **Playfair** (John), — **Venetz** (ingénieur). — **Martins** (Charles), — **Guyot** (Arnold), — **Tyndall**, — **Durocher**, — **Beaumont** (Élie de), — **Buch** (Léopold de), — **Humboldt** (de), — **Saussure** (de), — **Hopkins** (W.), — **Prévost** (Constant), — **Foucou** (Félix).

IV. — Glaciers des Alpes.

Marche sur les glaciers. — Glaciers du Mont-Blanc et du monte Rosa. — Glacier de Schwärze. — Musique des glaciers. — Glaciers de Grindelwald. — Cirque du Finster-Aar. — Mer de glace de Grindelwald. — Schreckhorn et Finster-Aarhorn. — Glacier du Finster-Aar. — Glaces des hautes régions. — Expédition d'hiver à la Mer de Glace du Mont-Blanc. — Ouragan sur le glacier. — Fleurs de neige. — Source de l'Aveyron.

Illustrations.

Mont-Blanc. — Glaciers du monte Rosa. — Glacier de Schwärze 1 et 2. — Glaciers de Grindelwald. — Schreckhorn. — Mer de Glace. — Ouragan sur la Mer de Glace. — Source de l'Aveyron. — Caverne de glace.

Auteurs cités.

Dollfus-Ausset, — **Saussure** (de), — **Zumstein**, **Vincent** et **Molinatti**, **Ball** (John), — **Briguet** (A.), — **Agassiz** (Louis), — **Desor** (Édouard), — **Pour-**

tales, — **Coulon**, — **Martins** (Charles), — **Escher** (de la Linth), — **Girard**, — **Tyndall** (John), — **Emerson**.

V. — Avalanches.

Avalanches de la Jungfrau. — Avalanches de fond (*Grund-Lawinen*). — Avalanches de glace, — Avalanches de vent, — Débacle des neiges sur les volcans. — Glace sous la lave.

Illustrations.

La Jungfrau. — Avalanches de fond. — Avalanche de glace. — Hospice du Saint-Bernard.

Auteurs cités.

Venetz, — **Gemellaro**.

VI. — Glaces flottantes.

Production de la glace et formation des crevasses à la surface des lacs. — Bruits sous la glace. — Curieux phénomènes. — Hivers rigoureux. — Résistance de la glace. — Les patineurs. — Les débâcles. — Débâcle sur le Mississipi — Iles de glace. — Glaciers de la Terre-de-Feu. — Dépôts erratiques. — Formation et aspect des glaces flottantes. — Banquises. — Ciel d'eau.

Illustrations.

Crevasses sur les lacs. — Blocs erratiques du Saint-Laurent. — Bancs de glace. — Ile de glace (hémisphère Sud). — Glaces flottantes.

Auteurs cités.

Deicbé (Prof.), — **Audubon** (Natur.), — **Bazin** (Eugène), — **Lyell**, — **Martins** (Charles), — **Buch** (Léopold de), — **Darwin**, — **Dumont d'Urville**, — **Jacquinot** (capit. de vaisseau), — **Grange** (J.), — **Tyndall** (John), — **Beaumont** (Élie de), — **Verneuil** (de), — **Durocher**, — **Scoresby**.

VII. — Glaces des régions polaires.

La banquise australe. — Séjour dans les banquises. — Terre Adélie et Victoria. — Glaciers polaires. — Passage N.-O. — Glaces de la baie de Baffin. — La mer ouverte. — Transport des glaces par les courants. — Expédition au Pôle Nord.

Illustrations.

Entrée dans la banquise. — Intérieur de la banquise (Pôle Sud). — Sortie de la banquise. — Débarquement de **Dumont d'Urville** sur la terre Adélie. — Montagne de glace (Pôle Nord).

Auteurs cités.

Cook (navigateur), — **Dumont d'Urville**, — **Weddel**. — **Jacquinot**, — **Grange**, — **Maury**, — **Martins** (Charles), — **Baffin**, — **Fortherby**, — **Philipps**, — **Ross** (John), — **Parry**, — **Mac-Clure**, — **Bellot**, — **Reynaud** (Jean) — **Franklin**, — **Kane**, — **Morton**, — **Penny**, — **Kellet**, — **Mac-Clintock**, — **Petermann**, — **Barentz**, — **Hudson**, — **Vlamingh** (William de), — **Scoresby**. — **Franklin** (Jane, veuve de l'illustre amiral), — **Schilling**. — **Lambert** (Gustave), — **Wrangel**, — **Anjou** (de).

Conclusions.

Échange de températures. — Lois générales. — Les mammouths. — Glacier fossile. — Variation de climat.

Illustrations.

Le mammouth. — Glacier fossile.

Auteurs cités.

Buist (Dr), — **Maury** (F., direct. de l'Observ. de Washington), — **Pallas**, — **Isbrant-d'Ives**, — **Middendorf** (de), — **Schmidt** (F.), — **Seemann** (natural.), — **Martins** (Charles), — **Baer** (Prof. à Saint-Pétersbourg), **Reynaud** (*Climats*, dans *Terre et ciel*, 3me édit.), — **Dumont d'Urville**, — **Adhémar** (J.), — **Abbadie** (de), — **Tschudi**, naturaliste, a écrit :

« Ce qui attire l'homme vers les hautes régions, c'est le sentiment de la puissance spi-
« rituelle qui brille en lui, et qui maintient son énergie devant les obstacles parfois ter-
« ribles que la nature lui suscite ; c'est la satisfaction de triompher, par l'effort persé-
« vérant d'une volonté intelligente, de l'âpre opposition de la matière ; c'est l'ardent
« amour de l'éternelle science, le saint désir de découvrir les lois mystérieuses qui pré-
« sident à la vie universelle. C'est peut-être aussi la noble ambition du seigneur de la terre
« qui par un acte libre et hardi veut graver en sa conscience, sur la dernière cime con-
« quise et devant l'immensité du monde qu'il contemple, le sceau de la parenté avec
« l'infini. » **(Tschudi.)**

MATÉRIAUX

POUR

L'ÉTUDE DES GLACIERS

LISTE SUPPLÉMENTAIRE

15 JANVIER 1868

BLAKE (William P.).

Visite aux glaciers d'Alaska dans l'Amérique russe. — **Observations faites en 1863, par les officiers de la corvette russe *Rynda*, sous le commandement de l'amiral Popoff.**

En s'approchant de la côte N.-O. de l'Amérique, du côté O., la chaîne de montagne intérieure paraît élevée et d'un caractère alpin. Les faîtes sont aigus et dentelés et présentent çà et là des sommets en forme d'aiguille, dont la silhouette contraste rudement avec les pentes douces du cône tronqué de l'*Edgecombe*, magnifique volcan éteint qui marque l'entrée de la rade de Sitka.

Les pics rocheux de l'intérieur dominent de vastes champs de neige qui donnent naissance à de nombreux glaciers; tandis que l'*Edgecombe* et les sommités qui bordent la côte sont, en grande partie, couverts d'une forêt épaisse de pins et de sapins. On ne rencontre pas de glaciers sur la côte à *Sitka*, ou plus au sud, car, sous l'influence des courants chauds de l'océan Pacifique, le climat y est comparativement tempéré, tandis qu'à une faible distance, dans l'intérieur du continent, les hivers y montrent pour ainsi dire une rigueur arctique.

Le cours d'eau principal qui avoisine *Sitka* est le *Stickeen*, qui prend sa source dans les *montagnes Bleues*, à l'opposé des eaux supérieures du *Mackenzie*, et il coule en général dans la direction S.-O, parallèlement à la côte, jusqu'à ce qu'il franchisse les montagnes à l'est et un peu au nord de *Sitka*. Pendant la fonte des neiges la rivière grossit considérablement et devient navigable, non sans difficulté pour les petits bateaux à vapeur, sur un parcours d'environ 125 milles au-dessus de son embouchure. La vallée est, en général, étroite et le sol d'alluvion qui la borde ne présente pas beaucoup de largeur.

En remontant cette rivière, les glaciers s'offrent successivement à la vue; ils sont tous sur la rive droite et descendent sur la pente intérieure de la chaîne de montagnes. **Il existe quatre grands glaciers** et plusieurs autres de moindre importance, qui se montrent dans un parcours de 60 à 70 milles, à partir de l'embouchure.

Le premier glacier qui se présente remplit une gorge rocheuse à pente rapide, à 2 milles de la rivière, et qui ressemble à une énorme cascade. Les montagnes ont subi de sa part des érosions puissantes, car il est dominé par des blocs pierreux fraîchement détachés qui sont évidemment l'œuvre du glacier.

Le second glacier est beaucoup plus étendu et son inclinaison est moindre. Il s'étale largement dans la vallée, au sortir d'une ouverture entre de hautes montagnes, à partir d'un point qui n'est pas visible. Il se termine, au niveau de la rivière, par un banc de glace de 1 mille 1/2 à 2 milles de long, et haut de 50 mètres environ. Deux ou un plus grand nombre de *moraines* le protègent contre l'action directe de la rivière. Ce qui, à première vue, ressemblait à une chaîne de collines ordinaires longeant la rivière, se trouva, après une visite à terre, être une ancienne moraine en forme de croissant et couverte d'une forêt. Elle s'étend sur toute la longueur du glacier. L'extrait suivant de mes notes contient la description de l'extrémité de ce glacier.

« Nous reconnûmes que le rivage était composé de *gros blocs anguleux* de granit mêlés à des fragments plus petits et à du sable. C'est là une moraine extérieure et plus ancienne, qui se trouve séparée d'une deuxième par une ceinture de terre marécageuse couverte d'aunes et de gazon et parsemée de flaques d'eau. Au milieu de ce terrain bas, nous mîmes à découvert des débris granitiques détachés appartenant à la moraine intérieure, qui est dépourvue de végétation et offre l'apparence d'une formation récente. Ces collines ont 7 à 10 mètres d'élévation, et forment une ligne continue et parallèle à celle de la moraine ancienne. De leur sommet nous apercevions en plein le banc de glace formant l'extrémité du glacier, s'élevant devant nous comme une muraille mais séparé de la moraine par une seconde ceinture de marais et d'étangs. Là cependant il n'existait ni plantes ni arbres. C'était une région offrant l'aspect d'une désolation sans pareille. Des *blocs de granit énormes* s'y voyaient entassés confusément, entourés de monceaux de sable ou de cônes de sable, ou perchés sur de frêles colonnes de glace en table qui semblaient devoir s'effondrer au moindre attouchement. On pouvait voir la saillie de gros blocs de glace autour des étangs; mais leur surface était en grande partie cachée par une couche de boue de gravier et de débris pierreux. Il était évident cependant que tout cela reposait sur un fond de glace, car çà et là il existait des portions soulevées, en apparence, en grandes masses montrant leurs crevasses remplies de boue et d'eau. Après avoir traversé cette région effrayante et dangereuse, nous atteignîmes le bord plus solide et en apparence plus compact de la glace au bas de la banquise et n'eûmes plus qu'à gravir à travers la neige et la glace compacte pour atteindre le sommet du glacier. D'en bas il nous avait paru tout à fait possible d'exécuter cette ascension en suivant la partie la moins fracturée de la pente, mais cela devint difficile et finalement impossible. Nous rencontrâmes successivement des fissures invisibles à une faible distance, qui étaient si larges, qu'il nous fallut retourner sur nos pas. A mesure que nous montions, les crevasses devenaient plus nombreuses, mais elles étaient, en général, remplies de neige ferme que nous franchîmes sans défiance. La surface devint bientôt abrupte et formée de blocs irréguliers brisés, étagés en forme d'escalier à arêtes arrondies et si vastes qu'il nous devint impossible de les franchir, faute d'échelles ou d'outils pour y creuser des entailles à poser le pied. Ici nous nous retournâmes et pûmes jouir de la vue de cette grande étendue de glace parsemée de blocs et de bancs de glace gigantesques et tout disloqués. Le soleil communiquait aux crevasses une magnifique teinte d'outre-mer, passant au bleu de mer intense dans les parties étroites et profondes. Dans une direction la glace présentait une apparence remarquable d'une rangée de cônes ou de pyramides à bords recourbés. Dans la direction opposée et au même niveau, les contours étaient tout à fait différents, montrant simplement une succession de terrasses ou de gradins inclinés en dedans vers le glacier et sillonnés par des crevasses longitudinales et parallèles... »

Il est évident que ce glacier se déploie de haut en bas, en formant de vastes gradins ou bancs sur la majeure partie de son front. Ces gradins s'élèvent de 7 à 10 mètres les uns au-dessus des autres et représentent une pente en forme d'escalier, tandis que ses nombreuses fissures à angle droit rompent la surface en blocs rectangulaires, qui, du côté exposé aux rayons solaires, sont bientôt réduits à l'état de pyramides ou cônes. C'est ce qui explique la différence de forme aperçue suivant des directions différentes.

On est tout naturellement porté à regarder l'action liquéfiante des eaux de la rivière comme étant la cause de la pente abrupte de l'extrémité du glacier. Cependant il peut y avoir eu une rupture subite des fondations du roc en ce point, de façon à produire une cascade de glace.

Un ou plusieurs ruisseaux coulent sous le glacier et joignent la rivière à des places différentes. Le jaillissement et le grondement qui en résultaient ne laissaient pas que d'être terrifiants au sein de quelques crevasses.

A en juger par la quantité de blocs pierreux qui gisent, isolés, au pied du glacier, sa surface supérieure doit en être parsemée; mais on n'a pu vérifier cette conjecture par l'observation. Le temps n'a pas permis de faire un examen plus prolongé. Il n'y aurait pas grande difficulté à aborder la surface du glacier par le côté, et peut-être en partant de quelque autre point situé sur le développement de son front. Il fut impossible de décider notre guide indien à nous accompagner, parce que, d'après une tradition, un de leurs chefs aurait péri sur ce glacier.

L'ancienne moraine terminale de ce glacier indique un adoucissement de climat. Il est aussi intéressant de remarquer l'effet produit sur la rivière par cette accumulation de matériaux. Ils ont agi comme un môle vis-à-vis des eaux, les repoussant à quelque distance dans la vallée.

Sous ce rapport, les notes suivantes sur la rencontre de grandes masses de glace, sans aucun doute des glaciers dans les parties les plus septentrionales de l'Amérique russe, présentent un intérêt spécial.

D'après sir **Édouard Belcher**, les rivages de la baie de glaces au pied du mont *Saint-Élie*, par 60° de latitude, **sont bordés de glaciers**. Cette baie tout entière et la vallée située au-dessus furent reconnues composées (en apparence) de glace neigeuse ayant une épaisseur de 10 mètres au niveau de l'eau, et probablement ayant pour base un support vaseux profond. Au *cap Suckling*, sous la même latitude, à l'ouest de la baie de glaces, le même voyageur a observé une vaste nappe de glace glissant vers la mer, dont la surface présentait un aspect très-singulier, formant une masse de pyramides quadrangulaires tronquées. Il ne put se rendre compte de ce qu'il voyait, ni de la cause qui avait pu produire ces formes spéciales. En imaginant qu'on est placé sur une éminence de 150 à 200 mètres, dominant une ville composée de maisons pyramidales d'un blanc de neige, avec des toits plats couleur de fumée, couvrant plusieurs milles carrés et montrant une suite de sillons superposés les uns aux autres en forme de gradins, on pourrait se faire une idée de ce splendide effet de la nature.

Dans le détroit du *Prince-William*, il existe sur la mer de **masses gigantesques de glace** se terminant en pointes escarpées et **Vancouver** rapporte avoir entendu le bruit terrible produit par la chute de vastes masses de glace.

Sur les rivages d'une des branches du *passage de Stephens* (au nord-ouest de *Sitka*), une masse compacte de glace s'étendait à quelque distance à l'époque de la visite de **Vancouver**, et d'immenses masses de glace descendues des vallées déchirées, attenant aux montagnes d'alentour, plongeaient perpendiculairement dans la mer, de sorte que les embarcations ne pouvaient prendre terre. Ces observations s'appliquent également et d'une façon générale aux montagnes de la côte qui fait face à l'*Ile de l'Amirauté*. Deux larges baies s'ouvrant au nord et à l'ouest de *Point Converdeen*, sont terminées par des **montagnes de glace solide**, s'élevant perpendiculairement à partir du niveau de l'eau.

De ces observations variées nous pouvons conclure que la région montagneuse des possessions russes et anglaises de l'Amérique septentrionale, en allant de la latitude 55° à la mer polaire, est **parsemée de glaciers** déchirant les montagnes à leur descente et poussant leurs monceaux de débris pierreux soit dans l'Océan, soit dans les rivières de l'intérieur. (*Trad. de l'Amér. Journ.* — G.)

PALLISER (Capitaine de navire).

EXPÉDITION AU KATSCHEWAN (Amérique britannique). — Orientation et altitudes des cols et pics. *American Journal* de **Sillimann**. (D. A. Extrait de *Mittheilungen aus* **Justhus Perthe's** *Geographischer Anstalt*, von Dr **A. Petermann**, 1867, XII, p. 458.)

COLS ET PICS ENTRE LATITUDE N. 49°10' A 53°12' DE LONGITUDE O. DE GRENWICH 114°55' A 118°10'.

COLS ET PICS.	LONGITUDE.	LATITUDE.	ALTITUDE.
	Degrés.	Degrés.	Mètres.
Sud Kootanie col (passage).	49°10'	114°55'	1838
British Kootanie col (*id.*).	49°20'	114°58'	1920
Kananaskis col (*id.*).	50°40'	115°25'	1735
Vermillon col (*id.*).	51°12'	116°10'	1495
Kicking-Horse col (*id.*)	51°24'	117°25'	1588
Bow-River col (*id.*).	51°40'	117°00'	1934
Pipe-Stone-River col (*id.*).	51°40'	116°30'	2191
Howes col (*id.*).	51°45'	117°20'	1149
Otter-see (lac et source du Columbia).	50°07'	116°05'	942
Kootanie (poste commercial.).	48°56'	115°00'	701
Mont Murchison.	51°47'	117°00'	4115
Mont Forbes.	51°45'	117°36'	4084

...Le mémoire fait de nombreuses citations de glaciers dans le massif de cette chaîne de montagnes située en 51° et 53° long. et 116° à 119° lat. Ces glaciers ont une grande étendue dans les monts Lyell et Murchisson, et quelques-uns descendent dans la vallée jusqu'à (4320 pieds anglais) 1316 mètres.

Les Indiens désignent le mont Murchisson comme la montagne la plus élevée de la chaîne. **Palisser** dit : J'ai mesuré les deux pointes les plus élevées du mont Murchisson; elles ont (15,789 et 14,431 pieds anglais d'alt.), 4814 et 4398 mètr. alt.

SCHLAGINTWEIT-SAKUNLINSKY (H. von)[1].

TEMPÉRATURES DE L'EAU DES LACS DES ALPES A DE GRANDES PROFONDEURS. D'après les observations du lac de Starnberg et de Chiem.

(Sitzungsberichte der Königl. Baierischen Academie der Wissenschaften zu München. 1867, Heft II, p. 305-316.)

La température des couches d'eau les plus profondes dans ces lacs correspond au maximum de densité de l'eau + 4°, et elle doit être à peu près invariable. Dans les lacs profonds, la température de l'eau jusqu'à une certaine profondeur varie suivant les saisons et est influencée par celle de l'air ambiant. Dans les lacs qui ont moins de profondeur et dont l'alimentation et l'écoulement sont forts, la densité des différentes couches ne s'observe plus, et dans la profondeur la température de l'eau n'est plus au maximum de densité.

SIMONY (Fr.).

PHYSIOGNOMISCHER ATLAS DER ÖSTERREICHISCHEN ALPEN.

6 Blätter. Alpenvorland — Todte Gebirge. — Venedigergruppe. — Obervinischgau. — Vedretta Marmolata. — Gletscherregion. — Text.

[1] D. A. Dans le siècle passé, **De Saussure** a signalé les mêmes températures maxima de la densité de l'eau + 4° C. dans la profondeur des lacs suisses.

PAYER (Julius).

ADAMELLO-PRESANELLA-ALPEN. — Carte, vue en chromolithographie et 6 profils.

ORTLER-ALPEN (SULDEN-GEBIET) UND MONTE CEVEDALE. — Carte et vue en chromolithographie.

TSCHUDI (Johann Jakob).

REISEN DURCH SÜD-AMERIKA. — Premier et troisième volume. Illustrations nombreuses.

VOGT (Carl).

VON SPITZBERGEN ZUR SAHARA. — Traduction du mémoire de **Charles Martins** (Prof.). 2 vol. 1867.

EISZEIT (Époque glaciaire) [1].

Im Urgeschichtlichen Congress zu Paris kam jüngst auch die Eiszeit zur Diskussion und **Karl Vogt** berichtet darüber in der *Kölnischen Zeitung* folgendes : « Ein Herr **Benoit** brachte Merkwürdiges aus einer Grotte von Beaulmes, bei Lons-le-Saunier im Jura, einer Höhle, die nach den Bestimmungen von **Lartet** früher angefüllt wurde als irgend eine andere bekannte Höhle und in welcher sich eine Menge von Thierarten findet, welche bis jetzt zum grossen Theil nur in Schichten gefunden wurden, die dem neuern Tertiär-Gebilde, dem sogenannten Pliocenen, angehören. Und das gab denn Gelegenheit zu einer der interessantesten Diskussion, welche in dem Congress gepflogen wurden. — Es giebt keine scharfe Grenze, erklärte **Lartet**, zwischen tertiären und diluvialen Gebilden. — Dieselben grossen Säugethiere leben vor, während und nach der *Eiszeit*. Die Ausdehnung der *Gletscher*, die nicht zu leugnen ist, hat in der Fauna und Flora keine wesentlichen Veränderungen gebracht. Herden von mehreren Arten von *Elephanten*, *Nashörnern*, *Flusspferden* durchzogen unsere Gegenden die Bergthiere wie *Gemsen*, *Steinböcke*, *Murmelthiere*, lebten in den Ebenen ; die nordischen Vielfrasse, *Rennthiere*, *Lemminge*, neben den *Hyänen*, *Tigern*, und selbst den Affen der südlichen Gegenden. Ist das Klima kälter geworden ? Das Meer war es jedenfalls, denn in dem Crag von Norwich dem typischen jüngeren Tertiär-Gebilde, findet man schon nordische Muscheln. — Die Erkältung des Meers muste also früher begonnen haben, denn später steigen die Polarmuscheln bis zum südlichen Sowheden hinab und der Narwal und das *Walross* schwimmen an den Küsten des Perigord. — Wie das Alles zusammenreimen? **Desor** und **Vogt**, die sich so viel mit *Gletschern* und *Eiszeit* abgegeben haben, sollten uns darüber Etwas sagen.

Desor packt denn auch gleich den Stier bei den Hörnern, d. h. die Frage bei den Alpen, und von geologischen Standpunkt aus. Solche *Eiszeiten*, die wie mit einem Leichentuch Alles decken, wie man sie früher träumte, kennen wir nicht mehr, wir kennen auch nicht mehr jene plötzlichen Hebungen und Kataklysmen, bei welchen die Erde platzte wie eine Bombe, die innen angesteckt wurde—wir kennen nur langsame Umwandlungen. Aber selbst diese müssen in ihren Wirkungen oft bedeutend sein, und eine solche Wirkung werden wir wohl dem Emporsteigen der Alpen und des Jura, das gleichzeitig erfolgte, zuschreiben. Dies mag einen geologischen Abschnitt gebildet haben, nicht aber die *Eiszeit*, die Ausdehnung der *Gletscher*, die mit von diesem Emporsteigen abhängig gewesen sein mag. Und dieses Emporsteigen geschah jedenfalls vor dem Absatze des Pliocen, der auf beiden Seiten der Alpen abgesetzt wurde. So mag denn auch das Erscheinen des Menschen auf der Europäischen Erde mit diesem Absatze zusammenhängen, wenn er nicht noch älter ist, und mag der wilde Mensch sich Theilweise zurückgezogen haben oder vorgerückt sein, je nachdem während der langen Periode, von der wir sprechen, die Schwankungen der Temperatur und der *Gletscher* und *Treibeis-Grenzen* vor- oder rückwärts gingen.

[1] D. A. Extrait de : *Mittheilungen* aus **Justus Perthe's** geographischer Anstalt von Dr A. **Petermann**. 1867, XII, p. 461 et suite.

« Der Berichterstatter suchte die Schwierigkeiten, welche die Frage bietet durch Hinweisung auf das Ausnahms-Klima, in welchem das westliche Europa sich befindet, zu lösen. In einen insularen, feuchten Klima mit Schneereichen, aber verhältnissmässig milden Wintern und feucht-warmen Sommern, wie in *Neu-Seeland steigen die Gletscher bis an die Zone der tropischen Flora hinab*. In Neu-Seeland, wo baumartigo Farne wachsen und *Elephanten* und *Nashörncr* leben könnten, gehen die *Gletscher* an der Kette des *Mount-Cook* eben so weit nieder zum Meere als in der Nähe des Nordkaps von Norwegen bis zu 500 Fuss. — Wenn also Europa zur *Eiszeit* ein insulares Klima hatte, so konnten dort *Treibeis* und *Gletscher* mit *Narvals* und *Steinböcken* neben *Elephanten* und *Nashörnern* existiren. Nun haben wir aber bestimmte Beweise anderer Vertheilung der Meere. Die Russischen und Nord-Deutschen Ebenen bildeten ein Meer, das mit dem Eismeere durch das Weisse-Meer zusammenhing; die Sahara war Meer, der Atlas eine Insel zwischen den ausgedehnteren Mittelmeer und dem Inner-Afrikanischen-Meere, Dänemark, eine mit Skandinavien zusammenhängende Halbinsel, wie England eine Fortsetzung der Bretägnischen Insel. Der Golfstrom, der unsere Meere und Küsten jetzt heizt, existierte wahrscheinlich nicht. — Also insulares Klima und kälteres Meer und dadurch Übermaass feuchter Niederschläge, üppige Vegetation und Existenz-Möglichkeit jener Mischung nordischer und tropischer Formen in Fauna und Flora. Jetzt ist durch den Golfstrom unser Meer und unsere Küste geheizt; das Klima mehr continental geworden, der Sommer heisser, der Winter kälter, beide trockener, und dadurch die Scheidung bedingt worden, indem die Kälte liebenden Thiere und Pflanzen sich nach dem Norden und dem Hochgebirgen, die tropischen Formen nach dem Süden zurückgezogen haben. »

ALPINE JOURNAL.

Mountain adventure and scientific observation. — Vol. III, in-8, 1867. 222 p. Cartes et illustrations. — London, Longmans.

MURRAY.

Knapsack Guide for travellers in Tyrol and the Eastern Alps. — In-8, 674 p. et cartes, London, Murray, 1867.

TYROL.

The Knapsack Guide for travellers in Eastern-Alps. — In-12. 675 p. avec cartes. Londres, 1867.

STEUDEL (Albert de Ravenbourg).

Notice sur le phénomène erratique au nord du lac de Constance et catalogue des soixante-cinq blocs erratiques les plus intéressants de la Souabe supérieure. — *Archives des Sciences physiques et naturelles de Genève*, n° 115. 25 juillet 1867; p. 209 à 224 et carte d'une partie du Wurtemberg, 1 : 200,000.

HUEBER (W.).

Les Glaciers. — 1 vol. in-8. Paris, 1863. Compte rendu et analyse de cette publication dans *Archives des sciences naturelles de Genève*. T. XXXI, n° 120, décembre 1867, p. 355 à 359.

PLANTAMOUR (E., professeur à Genève).

Résumé météorologique de l'année 1866 pour Genève et le Grand Saint-Bernard. — *Archives des sciences naturelles de Genève*, t. XXX, n° 117. Sept. 1867. p. 45 à 92.

FAVRE (Ernest).

Remarques sur la seconde édition de la carte géologique de la Suisse, de **Studer** et **Escher de la Linth**. — Carte géologique de la Suisse, 2me édition. 1867. Échelle 1 : 380,000. *Archives des sciences naturelles de Genève*, t. XXX, n° 119. 1867.

STUDER (B.) et **ESCHER DE LA LINTH.**

CARTE GÉOLOGIQUE DE LA SUISSE. 2me édition. 1 : 380,000. 1867.

HEER (Oswald, professeur).

FLORE MIOCÈNE DES RÉGIONS POLAIRES. — *Archives des sciences physiques et naturelles de Genève*, t. XXX, n° 119, p. 218 à 231.

CANDOLLE (Alph. de).

LOIS DE LA NOMENCLATURE BOTANIQUE adoptée par le Congrès international de botanique, tenu à Paris en août 1867, suivies d'une deuxième édition de l'introduction et du commentaire qui accompagnaient la rédaction préparatoire. — Paris, J.-B. Baillière et fils. Traduction anglaise et allemande paraîtront en 1868.

GASTON DE SAPORTA (comte).

TEMPÉRATURE DES TEMPS GÉOLOGIQUES D'APRÈS LES INDICES TIRÉS DE L'OBSERVATION DES PLANTES FOSSILES. — *Archives des sciences physiques et naturelles de Genève*, t. XXVIII, n° 110, p. 89 à 142.

...A une certaine époque l'Islande et le Groënland possédaient, non-seulement des *Pins* et *Bouleaux*, des *Peupliers*, des *Saules*, des *Chênes* et des *Erables*, mais encore des *Sequioa* et des *Salisburia*, *Ormes*, des *Charmes*, des *Figuiers*, des *Magnolia*, des *Tulipiers* et des *Vignes*, dont les analogues ne se retrouvent maintenant que 12 degrés au moins plus bas vers le sud : ces essences exigeaient pour fructifier et se propager une température moyenne que M. Heer n'évalue pas à moins de 9°,5 C. Au delà du cercle polaire, au Spitzberg, vers 75° lat. N., la végétation tertiaire, selon le même auteur, comprennait encore des *Noisetiers*, des *Charmes*, des *Platanes*, *et cette végétation se prolongeait peut-être jusqu'au pôle même*.

Telle était l'Europe dans l'âge miocène; à la fin de cette période seulement, par l'effet de phénomènes que nous ignorons, ou peut-être par l'action de plusieurs causes combinées, la température tendit à s'abaisser : cet abaissement une fois prononcé ne s'arrêta plus jusqu'aux *temps glacaires* où, dépassant la mesure actuelle, le froid chassa de notre sol la plus grande partie des végétaux qui en faisaient autrefois l'ornement, et qui sans cette circonstance y seraient demeurés au moins en partie et y subsisteraient encore, le climat que nous avons par suite d'un nouveau changement, s'étant plus tard adouci.

AGASSIZ (L., professeur).

PHÉNOMÈNE GLACIAIRE DANS LE MAINE. — *Atlantic Monthly*. Février et mars, 1867. Traduction en français. *Archives des sciences naturelles de Genève*, t. XXVIII, n° 112. Avril 1867, p. 319 à 352.

...Je peux dire, sans aller trop loin, que le phénomène glaciaire s'étend sur toute la superficie de l'État du Maine.

...D'après nos propres observations je puis dire, que l'État du Maine, dans presque toute son étendue, c'est-à-dire sur 4 degrés de longitude et entre 44° et 45° de latitude porte à sa surface tous les signes caractéristiques d'une action glaciaire.

...Les grandes surfaces de rocs *polis* et striés de beaucoup de localités rappellent les célèbres Helle-Platten (surfaces luisantes) de la vallée de Hasli près de la Handeck (canton de Berne).

MALMGREN (A. J., Dr).

ANNULA POLYCHAETA SPITSBERGLAE, GROENLANDAE, ISLANDAE ET SCANDINAVAE HACTENUS COGNITA CUM XIV TABULIS. — 1 vol. in-8. Helsingforsiae. 1867.

CROLL (James).

SUR LA CAUSE QUI FAIT QUE LA DIFFÉRENCE REMARQUÉE ENTRE LES INDICATIONS D'UN THERMOMÈTRE EXPOSÉ AUX RAYONS DIRECTS DU SOLEIL, ET CELLES D'UN THERMOMÈTRE DONT LA BOULE

EST ABRITÉE, TEND A DIMINUER A MESURE QU'ON S'ÉLÈVE DANS L'ATMOSPHÈRE. — *Philosophical Magazine*. Mars, 1867. *Archives des sciences physiques et naturelles de Genève*, T. XXVIII, n° 112. Avril 1867, p. 355 à 357.

D. A. L'auteur dit : La différence en question, qui a été constatée à plusieurs reprises par **M. Glaisher**, dans ses ascensions en ballon, s'explique par les considérations, basées sur les découvertes récentes de **M. Tyndall**.

C'est en ballon, à diverses hauteurs que **Glaisher** a constaté le fait, sans indiquer de chiffres. Je ne doute nullement que le fait existe. Cependant je dois ajouter que le ballon est continuellement en mouvement. En haute région des Alpes, au Pavillon, de l'Aar à 2400 mètr. alt., et au Théodule, à 3333 mètr. alt., pendant mes séjours en station, en août, par des journées calmes, les rayons solaires étaient (toutes choses égales d'ailleurs) infiniment plus chauds que dans les plaines. Mais par suite du vent, et des mêmes circonstances de température du thermomètre à l'ombre, la boule exposée au soleil s'élevait de 2° à 3° au maximum, tandis que par calme la différence était de 10° et plus. De nombreuses observations prouvant que les rayons solaires en très-hautes régions sont très-ardents, sont consignées dans les tableaux météorologiques et glaciaires de la station du Théodule, 3333 mètr. alt., faits dans toutes les saisons d'une année complète.

FAVRE (A.), professeur à Genève.

RECHERCHES GÉOLOGIQUES DANS LA PARTIE DE LA SAVOIE, PIÉMONT ET DE LA SUISSE VOISINE DU MONT BLANC. — 3 vol. in-8, atlas de 32 planches. Paris, V. Masson et fils. 1867. Compte rendu de cette publication par **M. Studer** (B.). dans *Archives des sciences phys. et nat. de Genève*. T. XXXI, n° 122. Février 1868, p. 123 à 142.

Travaux et recherches de géologues cités dans l'ouvrage :

De Saussure. **Pictet** (J. L.). **Jallabert**, 1760. **Brochant**, 1808. **Backwell**, 1823. **Élie de Beaumont**, 1841 et 1862. **Necker**, 1841. **Chamousset**. **Vallet Pillet**. **Renda**, évêque. **Mortillet** (de G.), 1858. **Pictet**. **Loriol**. **Favre**. **Gueymard**. **Gras**. **De la Rive**. **Desor**. **Merian** (P.). **Heer**. **Leroy**. **Dolomieu**. **De Bach** (L.). **Rogers**.

BLAKE (William P.).

LES GLACIERS DE L'ALASKA (Amérique Russe). — Les observations ont été faites en 1863. *Sillimann Journal*. 1867. — *Archives des sciences physiques et naturelles de Genève*. T. XXXI, n° 122. Février 1865, p. 143 à 148.

...En approchant de la côte N.-O. de l'Amérique, la chaîne de montagnes de l'intérieur présente un caractère alpin et élevé. Les pics rocheux s'élèvent au-dessus de vastes *champs de neiges*, qui donnent naissance à une *foule de glaciers*, tandis qu'Edgecombe et les montagnes de la côte sont en grande partie couvertes d'une forêt épaisse de sapins et de pins. On ne trouve pas de *glaciers* sur la côte de Sitka, ni plus au sud, parce que sous l'influence des courants chauds du Pacifique, le climat est comparativement doux, tandis qu'à une petite distance à l'intérieur les hivers ressemblent presque à ceux des régions arctiques.

Le principal courant d'eau dans le voisinage de Sitka est le Stickeen... En remontant cette rivière on voit apparaître des *glaciers* les uns après les autres ; tous sont situés sur la rive droite du fleuve, et descendent des pentes extérieures des montagnes. Quatre grands *glaciers* et plusieurs petits sont visibles à la distance de soixante ou soixante-dix milles de l'embouchure. Le premier que l'on observe remplit une gorge rocheuse très-rapide, à environ deux milles de la rivière, et ressemble à une énorme cascade. Il agit énergiquement sur la montagne en la rongeant, car il est dominé par des parois de roches fraîchement usées et ravinées évidemment par l'action du glacier. Le second glacier est beaucoup plus grand et moins incliné. Il descend majestueusement jusque dans la vallée par une ouverture entre les hautes montagnes, et son lieu d'origine n'est pas visible. Il se termine au niveau de la rivière en une masse irrégulière de glace, d'un mille à deux milles de long, et de cent cinquante pieds de haut. **Deux *moraines terminales*** au plus le protégent contre l'action directe du fleuve. Ce qui au premier coup d'œil paraît être une rangée de collines ordinaires le long de la rivière, est en réalité, une ***moraine terminale*** ancienne, ayant la forme d'un croissant, et couverte d'une forêt. Elle s'étend devant tout le front du glacier...

...***Existence de grands corps de glace des glaciers, sans aucun doute, dans les parties les plus septentrionales de l'Amérique russe.***

D'après sir **Edward Belcher** (*Voyage du* Sulphure, I, 78-80) les rives de la baie de Glace au pied du mont Saint-Élie, latitude 60°, sont bordées de ***glaciers***. On a trouvé que l'ensemble de cette baie et la vallée située au-dessus sont composés (en apparence) de neige glacée, formant sur la mer une paroi d'environ 30 pieds de hauteur, et reposant probablement sur un banc de boue plus bas. Au cap Suckling, sous la même latitude et à l'ouest de la baie de Glace, le même voyageur a observé une vaste ***masse de glace*** s'inclinant vers la mer, dont la surface présentait l'aspect singulier d'une masse de pyramides tronquées à quatre faces. Il ne pouvait s'expliquer ce phénomène et ajoutait: Qu'est-ce qui peut produire ces formes spéciales?

De grandes masses de glace se terminant en falaises sur la mer sont fréquentes dans le Sund du Prince William. **Vancouver** (*les Voyages de Vancouver*, III, 185, 1798) entendit la chute de grands blocs de glace.

Une masse de glace compacte s'étendait à quelque distance sur les bords d'un bras du Stephens-Passage (au N.-O. de Sitka) lors de la visite de **Vancouver**, et d'immenses corps de glace sortant des vallées escarpées des montagnes d'alentour arrivaient perpendiculairement jusqu'à la mer, en sorte que les bateaux ne pouvaient aborder. On a fait, en général, des observations pareilles sur les montagnes de la côte opposée à l'île de l'Amirauté. Deux grandes baies, ouvertes au N. et à O. du cap Couverdeen, sont terminées par des ***montagnes de glace solide*** (glaciers), s'élevant perpendiculairement au bord de l'eau.

De ces différentes observations, nous pouvons conclure que la région montagneuse de l'Amérique russe et anglaise depuis la latitude 55° jusqu'à la mer Polaire, est couverte de *glaciers*, usant et rongeant les montagnes à mesure qu'ils descendent, et charriant des accumulations de débris rocheux, soit dans l'Océan, soit dans les rivières intérieures.

FOURNET (Prof à Lyon), correspondant de l'Institut.

PAYS ÉLECTRIQUES ET APERÇU SUR LEUR RÔLE MÉTÉOROLOGIQUE. — (Extrait de la *Revue des cours scientifiques de la France et de l'étranger*, 5° année, n° 4. 28 décembre 1867).

I. — Régions lointaines.

1. *Considérations préliminaires.* — Il ne peut pas être indifférent pour la science de savoir s'il existe ou non des pays plus électriques que d'autres; car, indépendamment de l'étrangeté du fait, il n'est nullement impossible que, même à de très-grandes distances, des réactions météorologiques résultent de ces inégales distributions de fluide.

A cet égard, les persévérantes études de **de Saussure**, combinées avec celles de divers physiciens, ont fait connaître assez exactement ce qui arrive chez nous en temps ordinaire. D'autre part aussi, quelques voyageurs ont signalé certains effets fort curieux qui se manifestent normalement dans des contrées éloignées. Enfin, amené à agrandir la sphère de nos connaissances, par suite de mes recherches sur le rôle orageux du sud-ouest et du sud-est, j'ai dû me familiariser avec l'idée qu'ils pourraient bien nous apporter l'électricité puisée daus les régions situées de l'autre côté de l'Atlantique ou ailleurs, et dès lors il ne me restait plus qu'à examiner s'il existe réellement ici des causes de nature à confirmer ces présomptions, quitte à les généraliser ensuite.

2. *Phénomènes mexicains.* — En consultant d'abord l'important travail sur l'hydrologie du Mexique, dont on est redevable à M. H. **de Saussure**, petit-fils du grand

explorateur des Alpes, on voit qu'à la fin de l'hiver, la sécheresse devient excessive sur les plateaux élevés du pays, où l'évaporation est immense. Les vapeurs n'y troublent plus la pureté du ciel, et la production des étincelles au contact des objets s'y manifeste par moments avec une remarquable intensité.

3. Cette tension se soutient même en pleine saison des pluies, car en août 1856, M. H. de Saussure, faisant avec M. Peyrot l'ascension au Nevado de Toluca, malgré les avis réitérés des habitants du pays, ils ne tardèrent pas à être enveloppés par un brouillard glacial, symptôme menaçant de l'orage qui se préparait. Bientôt un vent violent, un grésil, puis des éclairs, des coups de tonnerre, roulant presque sans interruption et avec un fracas épouvantable, les obligèrent à descendre, poursuivis par la crainte des décharges. Plus bas, l'orage parut se calmer un instant, et nos voyageurs furent enveloppés par un brouillard ou nuage gris, accompagné de grésil, dans lequel on vit les cheveux des guides indiens s'agiter comme pour se soulever; bientôt aussi survint un bruit sourd, indéfinissable, d'abord faible, quoique général, mais de plus fort en plus fort, très-distinct et même inquiétant. C'était une crépitation universelle, du genre de celle qu'auraient faite les petites pierrailles de la montagne si elles s'étaient entrechoquées. Enfin, à cette rumeur d'une durée de cinq à six minutes succédèrent de nouveaux tonnerres et des pluies qui se soutinrent jusqu'à la limite supérieure des forêts, où l'orage fut plus supportable, parce que, d'une part, la distance du foyer électrique était devenue plus grande, et que, d'un autre côté, les décharges partielles se trouvaient multipliées et favorisées par la végétation.

Déjà, antérieurement, M. Craveri, physicien de Mexico, avait assisté à de pareils spectacles, et en particulier, le 19 mai 1845, le phénomène était amené subitement par un nuage venant de l'ouest. Les sensations électriques qu'éprouvèrent ses guides et lui à toutes les extrémités, aux doigts, au nez, aux oreilles, furent aussitôt suivies d'un bruit sourd, et pourtant le tonnerre ne grondait pas encore; les longs cheveux des Indiens se tenaient roides et hérissés, en donnant à la tête de ces hommes une grosseur énorme, de façon que la vue de cet effet aggrava leur terreur superstitieuse. Enfin, le bruit devint fort intense, paraissant général dans la montagne et toujours semblable au claquement que produiraient des cailloux alternativement attirés et repoussés par l'électricité; mais il était très-probablement dû au petillement des myriades d'étincelles jaillissant d'un sol rocailleux. Ici intervient encore une fois le grésil.

D'ailleurs, le même observateur avait éprouvé, le 15 septembre 1855, près du sommet du Popocatepelt, un autre orage, qui différait des précédents en ce que, se trouvant alors sur des champs de neige, le bruit de la crépitation des pierres ne se produisit pas.

4. En définitive, ces phénomènes mexicains, qui nous reportent à quelques effets plus minimes des Alpes, ont été observés en mai, août et septembre, c'est-à-dire dans notre période la plus orageuse de l'Europe, et l'on comprendra sans doute que cette coïncidence n'était pas à négliger. On remarquera également que celui du 19 mai 1845 fut amené par un vent occidental à peu près comme chez nous, de sorte que ces accords sont un premier acheminement vers la solution du problème qui nous occupe. Sans doute, ils sont encore imparfaitement étudiés; mais la perfection ne s'obtient pas du premier coup, et, en ce genre, c'est déjà avoir acquis un point essentiel quand on est parvenu à indiquer le sens dans lequel les observations doivent être dirigées.

5. *Phénomènes des États-Unis.* — Des phénomènes d'un autre genre ont été observés à Chihuahua, dans la confédération mexicaine; mais davantage au nord, New-York a fourni au professeur Loomis un ensemble de faits non moins curieux au sujet de la présence d'une excessive quantité d'électricité dans l'atmosphère.

En hiver, les cheveux sont fréquemment électrisés, et spécialement lorsqu'ils ont été peignés avec un peigne fin. Souvent ils se lèvent droits, et plus on les travaille pour rendre la chevelure unie, plus ils refusent de se tenir en place. Ils se dirigent alors vers les doigts qu'on tend devant eux, et, pour remédier à cet inconvénient, il suffit de les mouiller.

Dans cette même saison, toutes les parties de vêtements de laine, les pantalons surtout, attirent les duvets, les poussières qui flottent dans l'air; ces particules se fixent principalement vers les pieds, et la brosse ne fait que les rendre plus adhérentes. Une éponge humide est, encore une fois, le seul remède à appliquer en pareil cas.

Pendant la nuit, les tapis épais des salons chauffés font entendre de petits craquements; ils brillent lorsqu'on se promène dessus, et si l'on passe deux ou trois fois avec rapidité, ce jet peut atteindre quelques centimètres de longueur, de façon à faire sentir une piqûre cuisante. Un objet de métal, comme, par exemple, le bouton d'une porte, envoie une étincelle à la main qui en approche, et parfois celle-ci effraye les enfants.

Certaines visites deviennent assez désagréables par les commotions que l'on éprouve en se présentant la main; une dame qui veut donner un baiser à son amie en est saluée par une étincelle qui s'élance de ses lèvres. Les gamins s'amusent souvent à faire le tour des chambres de façon à se les envoyer les uns aux autres. On peut même quelquefois allumer un bec de gaz avec son doigt après s'être promené sur le tapis isolant.

Au surplus, la plupart de ces phénomènes sont si familiers à New-York, qu'ils n'excitent plus aucune surprise; mais déjà ils avaient fixé l'attention de **Volney** à la fin du siècle dernier.

Alors ce célèbre voyageur faisait remarquer que la quantité de fluide électrique constitue une différence essentielle entre l'air du continent américain et celui de l'Europe. « D'ailleurs, dit-il, les orages en fournissent des preuves effrayantes par la violence des coups de tonnerre et par l'intensité prodigieuse des éclairs. » A Philadelphie, le ciel semble en feu par leur succession continue; leurs zigzags et leurs flèches sont d'une largeur et d'une étendue dont il n'avait pas d'idée, et les battements du fluide sont si forts, qu'ils semblaient, à son oreille et à son visage, être le vent léger que produit le vol d'un oiseau de nuit. Leurs effets ne se bornent pas à la démonstration ni au bruit; les accidents qu'ils occasionnent sont fréquents et graves. Pendant l'été de 1797, depuis le début de juin jusqu'à la fin d'août, il compta, dans les papiers publics, dix-sept personnes tuées par la foudre, et M. **Bache**, à qui il fit part de sa remarque, lui dit avoir compté quatre-vingts accidents graves.

6. *Phénomènes du sud de l'Amérique et de l'Afrique.* — D'après M. **Boussingault**, dans l'Amérique du Sud (province de Grenade), il tonne tous les jours à Popayan : en mai, il compta lui-même plus de vingt journées orageuses. D'ailleurs, le fait est si bien connu dans le pays que personne ne conteste aux Popayanais le droit de se vanter d'avoir le plus puissant tonnerre de la république. Aux alentours, la Loma de Pitago a la même triste célébrité : un botaniste suédois, M. **Planchmann**, qui s'était obstiné, malgré les avis des habitants, à s'y aventurer pendant que le ciel était couvert de nuages, y fut tué. On n'habite pas volontiers à *el Sitio de Tumba bareto*, à cause de la fréquence des traits foudroyants. Là encore, près de la mine d'or de *Véga de Supia*, un nègre, qui servait de guide à notre voyageur, fut jeté à terre par un de leurs coups.

Mais plus loin, vers le sud, au bas Pérou, les gens qui n'ont pas voyagé ne se font aucune idée du tonnerre. Ils ne connaissent pas davantage les éclairs, et, selon toute apparence, ces circonstances ne sont pas étrangères à l'atmosphère de Lima.

Celle-ci n'est jamais couverte de véritables nuages, que remplacent les brumes connues sous le nom de *garrua*, dont j'ai parlé dans la partie de mon travail qui concerne les zones sans pluie et les déserts.

7. L'extrême aridité de tous les plateaux des Andes provoque des effets du même genre, et, selon M. **Philippi**, on voit fréquemment, dans le désert d'Atacama, au Chili, les cheveux des hommes se hérisser, ou bien des lumières jaillir du sol.

D'après le docteur **Livingstone**, au printemps, époque de la grande sécheresse, les déserts de l'Afrique méridionale sont souvent traversés par un vent du nord chaud et tellement électrique, que les plumes d'autruche se chargent d'elles-mêmes, au point de produire de vives commotions; la seule friction du vêtement fait jaillir des gerbes lumineuses. Et, comme le fait observer **Volney** à l'égard de l'Amérique, on ne peut pas dire que la chaleur de la saison ou du tropique soit une cause nécessaire de cette abondance de fluide, puisqu'il n'y est jamais si manifeste que par le froid vent du nord-ouest, et que, d'après les observations des savants russes **Gmelin**, **Pallas**, **Müller** et **Georgi**, il n'est pas moins excessif dans l'air glacial et sec de la Sibérie.

8. *Phénomènes de l'Inde.* — Enfin, dans une partie de l'Inde anglaise, l'établissement des lignes télégraphiques éprouve de singuliers obstacles par suite des perturbations électriques de son atmosphère. Elles sont d'une telle intensité, que les instruments semblent pris de délire et fonctionnent à tort et à travers. D'ailleurs les orages, dont l'effroyable violence jette le désordre dans les lignes, arrache les poteaux et va jusqu'à briser les fils conducteurs, comblent la mesure.

Après cela, ajoute le narrateur, soyez donc surpris si les télégrammes indiens sont parfois aussi indéchiffrables qu'une brique assyrienne chargée de caractères cunéiformes de la troisième espèce.

Du reste, ces phénomènes ne se font pas seulement remarquer sur les parties basses de l'Inde. On retrouve de pareilles intensités au centre des Ghattes occidentaux, dans les montagnes du Coorg, qui occupent un espace d'environ 96 kilomètres de longueur du nord au sud, et de 56 kilomètres de largeur. Leurs formes accidentées ainsi que leurs altitudes de 1000 à 1800 mètres, en font des massifs d'un aspect grandiose, et pendant la mousson estivale du sud-ouest les orages y sont souvent d'une rare magnificence. On les entend de loin comme le son d'une immense canonnade dont les décharges s'exécutent au milieu de l'imposant appareil d'un amoncellement d'énormes nuages continuellement illuminés par les éclairs.

9. Il ne serait pas impossible de multiplier les citations de ce genre, mais celles-ci suffisent pour faire comprendre qu'à l'est, au sud aussi bien qu'à l'ouest, les foyers électriques ne manquent pas pour les besoins de la météorologie, et dès lors il m'est permi de croire que leur qualité doit nous être apportée par les vents, tout comme les températures, ainsi que les vapeurs des espaces qu'ils ont parcourus.

D'autre part, il est tout naturel d'admettre leur liaison avec le grand phénomène des aurores boréales, tel que l'explique M. **de la Rive**, en partant du fait général de l'accumulation, dans l'atmosphère polaire, de l'électricité positive dont l'air des régions équinoxiales se trouve constamment chargé par les particules de la vapeur aqueuse qui s'y élève des mers.

Transportée vers le pôle par les alizés, elle réagit sur l'électricité négative de la partie solide du globe. Elle la condense en même temps qu'elle est aussi condensée par elle. De là des décharges plus ou moins fréquentes entre les deux fluides, lesquelles, s'effectuant à travers l'atmosphère, produisent enfin les apparitions de ces aurores, qui sont toujours accompagnées de courants électriques circulant dans le sol, où ils manifestent leur présence, soit par leur action sur les aiguilles de la boussole, soit par leur transmission dans les fils télégraphiques.

II. — Régions électriques des Alpes et du Jura.

10. Dans la précédente note sur les pays électriques, j'ai spécialement porté mes investigations du côté des régions lointaines. Il reste donc actuellement à concentrer le champ de ces recherches en faisant remarquer qu'il existe, dans les montagnes du bassin du Rhône et dans leurs annexes, quelques espaces qui se distinguent par des dégagements électriques d'une intensité parfois très-remarquable, tandis que jusqu'à présent le silence le plus absolu règne pour d'autres, malgré l'apparente identité des surfaces. Je désire donc que les détails dans lesquels je vais entrer excitent l'attention des observateurs, de façon à produire enfin l'établissement de quelque loi météorologique.

Laissant à cet égard de côté les détails déjà mentionnés par **Arago**, je fais immédiatement ressortir ce qui concerne le groupe alpin et jurassien, quitte à revenir plus tard sur les parties occidentales de nos contrées.

11. *Illumination des rochers du Mont-Blanc.* — Dans la nuit du 11 août 1854, M. **Blackwell** stationnant sur les Grands-Mulets (altitude, 3455 mètres), le guide F. **Ir. Couttet** sortit de la cabane vers onze heures du soir, et vit les crêtes de ces montagnes tout en féu. Il parla aussitôt dę son observation à ses compagnons; tous voulurent s'assurer du fait, et effectivement ils virent qu'en vertu d'un effet d'électricité produit par la tempête, chacune des saillies rocheuses des alentours semblait illuminée. Leurs vêtements étaient littéralement couverts d'étincelles, et lorsqu'ils exhaussaient les bras, les doigts devenaient phosphorescents.

A cette même heure, nous avions à Lyon une forte pluie, avec le tonnerre par le sud-ouest, et l'ensemble de la journée avait été très-orageux.

D'après les renseignements dont je suis redevable à l'obligeance de M. **V. Payot**, naturaliste connu de tout le monde, le guide Ir. Couttet (de Chamouny), lors de son ascension au Mont-Blanc du 25 août 1841, avec M. **Chenal**, fut surpris aux Grands-Mulets par un orage qui leur fit courir un danger réel à cause des éclairs et des tonnerres qui les enveloppaient sans relâche. Toutes les pierres autour d'eux avaient leurs étincelles électriques, et pourtant la cime du Mont-Blanc, aussi bien que le ciel, était d'une sérénité parfaite.

12. *Électricité sur le Brévent.* — En 1767, pendant un temps très-orageux, **de Saussure**, **Jalabert** et **Pictet** se trouvaient sur le Brévent (altitude, 2520 mètres). Là ils n'avaient qu'à élever la main et à étendre un doigt pour sentir une sorte de picotement à son extrémité. Cette remarque, d'abord faite par **Pictet**, fut bientôt suivie d'une autre, en ce sens que la sensation devint plus vive; elle était même accompagnée d'une espèce de sifflement. A son tour, **Jalabert**, dont le chapeau était garni d'un galon d'or, entendit autour de sa tête un bourdonnement effrayant. On tirait des étincelles du bouton de ce même chapeau, aussi bien que de la virole de sa canne.

Enfin, l'orage grondant avec violence dans le nuage qui planait sur leurs têtes, il fallut descendre du sommet jusqu'à 20 ou 24 mètres plus bas, où l'on ne ressentit plus les influences de cette électricité.

13. *Électricité des neiges étalées sur le sol de la Jungfrau.* — La neige couchée à terre n'est pas opposée à ces manifestations: c'est du moins un fait qui ressort des détails suivants : Le 10 juillet 1863, M. **Watson**, accompagné de plusieurs autres touristes et de guides, visitait le col de la Jungfrau. La matinée avait été très-belle; mais, en approchant du col, ils apercevaient de gros nuages qui s'y amoncelaient, et, au moment de l'atteindre, la caravane fut assaillie par un fort coup de vent accompagné de grêle. Au bout de quelques minutes, la retraite dut s'effectuer, et, pendant la descente, la neige continuait de tomber en telle quantité, que la petite troupe, se trompant de direction, chemina pendant quelque temps au hasard.

A peine eut-on reconnu cette erreur, qu'un formidable coup de tonnerre retentit, et, bientôt après, M. **Watson** entendit une espèce de sifflement qui partait de son bâton: ce bruit ressemblait à celui que fait une bouilloire dont l'eau en ébullution chasse vivement la vapeur au dehors. On fit une halte, et l'on remarqua que les cannes, ainsi que les haches dont chacun était muni, émettaient un son pareil. Ces mêmes objets, enfoncés dans la neige par l'une de leurs extrémités, n'en continuèrent pas moins à produire ce singulier sifflement. Alors un des guides ôta son chapeau en s'écriant que sa tête brûlait. En effet, ses cheveux étaient hérissés comme ceux d'une personne qu'on électrise sous l'influence d'une puissante machine, et chacun éprouva des picotements, une sensation de chaleur au visage, aussi bien que sur d'autres parties du corps. Les cheveux de M. **Watson** se tenaient droits et roides; le voile qui garnissait le chapeau d'un autre voyageur se dressa verticalement, et l'on entendait le sifflement électrique au bout des doigts agités dans l'air.

La neige elle-même imitait un bruit analogue à celui qui se serait produit par la chute d'une vive ondée de grêle. Cependant aucune apparition de lumière ne se manifesta; mais certainement il n'en eût pas été ainsi durant la nuit. D'autres coups de tonnerre arrêtaient subitement tous ces phénomènes, qui pourtant recommençaient avant même que le grondement de la foudre se fît entendre dans les échos des montagnes. D'ailleurs tous éprouvèrent un choc électrique plus ou moins violent sur divers points : le bras droit de M. **Watson** en fut paralysé pendant quelques minutes, jusqu'à ce que l'un des guides l'eût poussé violemment avec la main ; mais une douleur se fit encore sentir à l'épaule durant plusieurs heures. Enfin, à midi et demi, les nuages s'éloignèrent, et ces effets finirent par disparaître après avoir duré vingt-cinq minutes environ.

A Lyon, une forte brise nord neutralisait complétement les manifestations orageuses.

14. *Électricité du Piz-Surley.* — Un peu plus à l'est, on arrive aux Grisons, qui touchent à l'Italie. Ici je dois laisser parler M. **H. de Saussure**, dont j'ai déjà mentionné les observations faites au Mexique, et qui vient de me transmettre la note suivante :

« Le 22 juin 1865, partant de Saint-Moritz (Grisons), je fis l'ascension au Piz-Surley, montagne granitique dont le sommet plus ou moins conique s'élève à l'altitude de 2300 mètres. Pendant les journées précédentes, le nord avait régné avec persistance ; il devint variable le 22, et le ciel se chargea de nuages errants. Vers midi, ces vapeurs augmentèrent, se réunirent au-dessus des cimes les plus élancées, en se tenant d'ailleurs assez élevées pour ne pas voiler la plus grande partie des sommités de l'Engadine, sur lesquelles tombèrent bientôt des averses locales. Leur aspect de vapeurs poussiéreuses, avec une demi-transparence, nous fit supposer qu'il ne s'agissait que de giboulées de neige ou de grésil.

« En effet, vers une heure du soir, nous fûmes assaillis par un grésil fin, clair-semé, en même temps que des giboulées analogues enveloppaient la plupart des aiguilles rocheuses, telles que le *Piz-Ot*, *Piz-Julier*, *Piz-Languard*, et les cimes neigeuses de la *Bernina ;* tandis qu'une forte averse de pluie fondait sur la vallée de Saint-Moritz.

« Le froid augmentait, et à une heure trente minutes du soir, arrivés au sommet du *Piz-Surley*, la chute du grésil devenant plus abondante, nous nous disposâmes à prendre notre repas près d'une pyramide de pierres sèches qui en couronne la cime. Appuyant alors ma canne contre cette construction, j'éprouvai dans le dos, à l'épaule gauche, une douleur fort vive comme celle que produirait une épingle enfoncée lentement dans les chairs, et en y portant la main, sans rien trouver, une piqûre analogue se fit sentir dans l'épaule droite. Supposant alors que mon pardessus de toile contenait des épingles, je le jetai ; mais, loin de me trouver soulagé, les douleurs augmentèrent, envahissant tout le dos d'une épaule à l'autre ; et elles étaient accompagnées de chatouillements, d'élancements douloureux, comme ceux qu'aurait pu produire une guêpe ou tout autre insecte se promenant dans mes vêtements, où il me criblait de piqûres.

« Otant à la hâte mon second paletot, je n'y découvris rien qui fût de nature à blesser les chairs, tandis que la douleur prenait le caractère d'une brûlure. Sans y réfléchir davantage, je me figurai que ma chemise de laine avait pris feu, et j'allais me déshabiller complétement, lorsque notre attention fut attirée par un bruit qui rappelait les stridulations des bourdons. C'étaient nos bâtons qui chantaient avec force en produisant un bruissement analogue à celui d'une bouilloire dont l'eau est sur le point d'entrer en ébullition ; tout cela peut avoir duré environ quatre minutes.

« Dès ce moment je compris que mes sensations douloureuses provenaient d'un écoulement électrique très-intense, qui s'effectuait par le sommet de la montagne. Quelques expériences improvisées sur nos bâtons ne laissèrent apercevoir aucune étincelle, aucune clarté appréciable de jour, mais ils vibraient dans la main de façon à faire entendre un son intense. Qu'on les tînt verticalement, la pointe soit en haut, soit en bas, ou bien horizontalement, les vibrations restaient identiques, mais le sol demeurait inerte. Alors le ciel était devenu gris dans toute son étendue, quoique inégalement chargé de nuages.

« Quelques instants après, je sentis mes cheveux et ma barbe se dresser en produisant sur moi une sensation analogue à celle qui résulte d'un rasoir passé à sec sur des poils roides. Un jeune homme qui m'accompagnait s'écria qu'il sentait se dresser tous les poils de sa moustache naissante, et que du sommet de ses oreilles il partait des courants très-forts. D'autre part, en élevant la main, je vis des courants non moins prononcés s'échapper de mes doigts. Bref, une forte électricité s'écoulait des bâtons, habits, cheveux, barbe et de toutes les parties saillantes de nos corps.

« Un coup de tonnerre lointain vers l'ouest nous avertit qu'il était temps de quitter la cime, et nous descendîmes rapidement jusqu'à une centaine de mètres. Nos bâtons vibrèrent de moins en moins, à mesure que nous avancions, et nous nous arrêtâmes lorsque leur son fut devenu assez faible pour ne plus être perçu qu'en les approchant de l'oreille. La douleur au dos avait cédé dès les premiers pas de la descente, mais j'en conservais encore une impression vague. Dix minutes après le premier, un second roulement de tonnerre se fit entendre encore à l'ouest, dans un grand éloignement, et ce furent les seuls. Aucun éclair ne brilla, et, une demi-heure après notre départ de la cime, le grésil avait cessé, les nuages se rompaient. Enfin, à deux heures trente minutes du soir, nous atteignîmes de nouveau le point culminant du Piz de Surley pour y trouver le soleil. Mais, le même jour, il régnait un violent orage sur les Alpes bernoises, où une dame anglaise fut foudroyée.

« Au surplus, nous jugeâmes que notre phénomène devait s'être étendu sur toutes les hautes cimes rocheuses de la chaîne des Grisons, même jusqu'à l'horizon, où divers pics rocailleux étaient, comme celui que nous occupions, enveloppés par des tourbillons de grésil, tandis que les grandes sommités neigeuses de la *Bernina* semblaient en être exemptes, malgré les nuages déchirés qui les couronnaient.

« Le phénomène électrique qui vient d'être décrit, et que l'on pourrait appeler le chant des bâtons ou le bourdonnement des roches, n'est pas rare dans les hautes montagnes, sans pourtant y être très-fréquent. Parmi les guides que j'ai interrogés à ce sujet, les uns ne l'avaient jamais observé, les autres ne l'ont entendu qu'une ou deux fois dans leur vie. Toutefois il convient de faire observer qu'il se présentent précisément dans les journées où le ciel menaçant éloigne les voyageurs des cimes culminantes. Quoi qu'il en soit, comme il n'a encore été que rarement enregistré d'une manière positive par la science, j'ai cru devoir insister sur ces détails.

« Déjà, au *Nevado de Toluca*, j'avais assisté à des scènes du même genre, mais beaucoup plus intenses, à cause de sa position sous les tropiques et de son altitude de 4548 mètres

« Cependant le rapprochement des diverses observations permet de distinguer entre elles plusieurs points communs.

« Ainsi : 1° L'écoulement de l'électricité par les roches culminantes se produit sous un ciel orageux chargé de nuages bas, enveloppant les cimes ou passant à une très-petite distance au-dessus d'elles, mais sans qu'il y ait de décharges électriques à proximité du lieu où se manifeste l'écoulement continu.

« 2° Dans tous les cas observés, le sommet de la montagne était enveloppé par une giboulée de grésil, ce qui pourrait faire supposer que l'écoulement continu de l'électricité du sol vers les nuages n'est pas étranger à sa formation. Ainsi, pendant l'observation du 22 juin 1865 en particulier, toutes les aiguilles rocheuses se trouvaient dans les mêmes conditions météorologiques, tandis que les vallées situées entre les pics recevaient de fortes ondées de pluie. Cependant il faut aussi faire ici la part de la température plus élevée de ces bas-fonds, où le grésil, allant se fondre, tourne à l'état de pluie. Il y a longtemps que M. **de Charpentier** a fait ressortir la portée du fait, et, grésil ou neige, les résultats doivent être les mêmes. »

14. *Électricité des prairies près de Courtavon*. — En vertu de la loi du parallélisme des axes montagneux si catégoriquement détaillée par M. **Élie de Beaumont**, les principales inflexions des Alpes sont représentées dans le Jura, et, chose curieuse, les épanchements électriques, si prononcés dans l'angle du Mont-Blanc, se reproduisent dans l'angle correspondant du Jura compris entre Porentruy et Neufchâtel, comme le démontrent les observations suivantes, bien qu'elles aient été faites sur des surfaces d'une nature fort différente des précédentes.

Prenons donc d'abord les espaces herbeux qui se couvrent d'éclairs rasants, d'où la dénomination d'éclairs de prairies.

Un fait de ce genre a été très-bien observé dans les environs de Porentruy, au pied du Jura et près de Courtavon. Là se trouve, à 100 mètres au-dessus d'une vallée, l'antique château de Morimont, dont la restauration a été confiée à M. l'ingénieur des mines **Quiquerez** (de Délémont), savant bien connu par ses beaux travaux miniers et archéologiques. Etant occupé à diriger les ouvriers, le 25 août 1865, il fut surpris par deux orages successifs, entre neuf beures et midi. A trois heures du soir, il en survint un troisième avec des nuages excessivement bas. Alors l'électricité se manifestait d'une façon effrayante sur toute l'étendue des prés du voisinage; les étincelles se succédaient coup sur coup, sous la forme de rapides traînées lumineuses, courant sur les gazons au lieu d'être en l'air. Le bruit général était tel, que les crépitations particulières ne se distinguaient en aucune façon. D'ailleurs il ne pleuvait pas; mais on se trouvait presque dans le nuage, et tout avait été mouillé par les averses de la matinée.

A trois ou quatre heures, à l'est du *Morimont* et sur le prolongement du même chaînon du Jura, se trouve le *Maria-Stein*. Ici également, mais un peu plus tard, des éclairs qui couraient sur les prés et sur les champs, comme si le terrain était embrasé, épouvantèrent la population. M. **Quiquerez** n'est donc pas le seul qui ait observé le phénomène, et j'ajoute que les orages s'étendirent jusqu'à Lyon.

15. *Électricité des lacs près de Neuchâtel.* — Des diffusions du même ordre se manifestent sur les lacs, et déjà **Arago** a mentionné le fait pour un étang de Parthenay Vendée), dans sa *Notice sur le tonnerre*, p. 371.

La Société d'histoire suisse en vit un exemple, le 2 août 1850, en naviguant sur le lac de Morat, à huit ou neuf heures du soir. Alors le tonnerre se faisait entendre à Montbéliard, Châlon et Bourg.

Pareillement, sur le lac de Bienne, des bateliers de Nidau ont cru un moment traverser une nappe de feu. Malheureusement, je ne trouve pas aujourd'hui la date de l'événement, de sorte qu'il faut me borner à le mentionner comme s'étant produit à une époque très-récente.

Aperçus conjecturaux. — On vient de voir qu'à l'égard de ces dégagements de l'électricité terrestre, se reproduit l'indifférence déjà signalée dans une autre note au sujet des coups de foudre. Ceux-ci tombent du ciel de toutes façons, sur des surfaces minérales, aqueuses ou boisées; de même le fluide émane d'emplacements de la nature la plus variée, rocheux, herbeux, lacustres et neigeux.

Mais pourquoi cette prédilection pour les points d'entre-croisement des dislocations alpines ou jurassiennes? Et d'ailleurs je note en passant que les vastes massifs de la Jungfrau, ainsi que ceux de la Bernina, sont eux-mêmes des bombements provenant d'effets complexes.

Avant de m'aventurer dans cette voie, en quelque sorte géologique, qui semblait s'ouvrir devant moi, j'ai voulu savoir si d'autres nœuds, non moins singuliers, ne seraient pas assujettis à des relations pareilles. La magnifique *aiguille du mont Viso* se présentait d'une façon assez nette pour m'engager à consulter un bon observateur, curé des environs, et dont il sera question dans une autre occasion. Sa réponse a été que les illuminatious ou phénomènes du genre de ceux dont je lui parlais étaient parfaitement inconnus dans son district. Ainsi donc sachons encore attendre.

J. Fournet.

AGASSIZ (Louis, prof.).

A Journey in Brazil. — 1 vol. Illustrations.

AGASSIZ (Louis, prof.).

An essay of classification. — 1 vol.

GAUTIER (Professeur),

RÉSULTAT DE LA TROISIÈME ANNÉE DES OBSERVATIONS MÉTÉOROLOGIQUES SUISSES SOUS LE RAPPORT DE L'EAU DE PLUIE ET DE NEIGE. — Communiqué à la *Société de physique et d'histoire naturelle de Genève*, le 4 juillet 1867.

Extrait des *Archives de Genève*, n° 115. 25 juillet 1867.

Cette notice fait suite à celles qui ont paru dans les numéros d'octobre 1865 et d'avril 1867 des *Archives*.

Tableau des températures moyennes de l'année compris entre décembre 1865 et novembre 1866, de ses quatre saisons, de ses extrêmes annuelles de température, et des quantités annuelles d'eau de pluie et de neige, résultant de trois observations (7, 1, 9 h) en diverses stations suisses. Ces stations rangées dans l'ordre de leur hauteur au-dessus du niveau de la mer.

ET EXTRÊMES.

STATIONS.	ALTITUDE.	ANNÉE.	HIVER.	PRINTEMPS.	ÉTÉ.	AUTOMNE.	ANNÉES. MAX.	ANNÉES. MIN.	DIFFÉRENCE.
	Mètres.	Degrés	Degrés.	Degrés.	Degrés.	Degrés.	Degrés.	Degrés.	Degrés.
(Tessin).	229	11,9	3,6	11,2	20,8	12,0	31,3	— 3,4	34,7
(Idem).	275	11,8	3,8	11,0	20,6	12,0	34,3	— 4,2	38,5
. . . . .	278	9,7	2,9	9,2	17,9	8,9	29,7	— 9,1	38,8
(Argovie).	355	9,0	1,6	8,4	17,2	8,9	32,4	— 10,6	43,0
...drisio (Tessin).	355	12,0	3,9	10,6	21,3	12,5	32,1	— 3,6	35,7
...nigsfelden (Argovie).	371	9,5	2,0	9,0	17,8	9,5	30,1	— 6,3	36,4
(Vaud).	380	10,1	3,0	9,1	17,6	10,6	28,8	— 6,4	35,2
...ntreux (Vernet (Vaud).	385	10,8	3,9	9,6	18,4	11,5	28,9	— 4,7	33,6
(Argovie).	389	9,0?	1,8	8,6	17,2	8,4?	29,6	— 7,6	37,2
Soleure).	393	9,6	2,1	9,0	17,8	9,7	29,9	— 6,1	36,0
...ouse.	398	9,2?	1,5	8,6	17,4?	9,2	31,1	— 10,1	41,1
...nève (Observatoire).	408	10,3	3,3	9,1	18,0	10,8	30,3	— 6,4	36,7
...uenfeld (Thurgovie).	422	9,0	1,3	8,4	17,4	9,0	28,5	— 8,8	37,3
...utslingen (Idem).	424	9,2	1,9	8,3	17,2	9,5?	28,1	— 6,5	34,6
(Idem).	429	9,9	1,9	8,9	18,3	10,4	31,0	— 7,0	38,0
...entruy (Berne).	430	9,2?	2,6	9,7	17,0	9,5?	30,4	— 10,8	41,2
(Vaud).	437	10,0	2,4	9,5	17,8	10,5	32,5	— 9,6	42,1
...hhausen (Lucerne).	440	9,2	1,3	8,4	17,6	9,5	32,9	— 9,6	42,5
...re.	441	9,0	1,9	8,3	16,3	9,6	32,8	— 6,0	38,8
...erthur (Zurich).	441	9,0	1,2	8,0	17,5	9,1	32,3	— 11,2	43,5
...orf (Uri).	454	10,0	2,8	9,6	17,6	10,1	30,0	— 8,8	38,8
(Underwald).	456	8,4	0,5	7,9	16,6	8,5	28,7	— 11,0	39,7
...is.	473	9,5	0,9	8,6	16,5	9,0	30,0	— 10,7	40,7
...tätten (Saint-Gall).	478	9,5	1,3	9,0	17,5	10,0	29.7	— 12,5	42,2
...ich (Observatoire).	480	9.4	1,9	8,5	17,7	9,6	28,6	— 8,5	37,1
...ri (Argovie).	483	9,0	1,4	8,2	17,2	9,1	29,3	— 7,3	36,6
...ufchâtel (Observatoire).	488	9,7	2,0	8,7	17,8	10,0	32,6	— 8,4	41.0
...rtigny (Valais).	498	10,0	1,3	10,1	18,5	10,1	31,1	— 8,5	39,6
...ans.	501	9,7	2,0	9,5	17,2	10,0	31,0	— 13,0	44,0
...n (Valais).	536	10,8	2,6	10,7	19,1	11,0	31,2	— 8,2	39,4
...schlins (Grisons).	545	9,1	1,5	9,0	16,6	9,0	30,1	— 15,5	45,6
...wyz.	547	9,0	1,7	8,2	16,8	9,3	28 0	— 7,2	35,2
...rlachen (Berne).	567	9,0	0,9	8,6	17,3	9,0	29,9	— 8,4	37,3
...ne (Observatoire).	574	8,6	1,2	7,7	16,8	8,7	30.6	— 10,7	41,3
...zberg (Argovie).	577	8,3	0,9	7,5	16,3	8,4	29,0	— 7,4	36.4
...z (Berne).	586	9,0	1,3	8,6	16,9	9,1	29,3	— 8,5	37.8
...chenau (Grisons).	597	8,9	1,1	8,6	16,7	9,0	30,2	— 10,7	40.9
(Idem).	605	9,6	1,8	9,2	17,5	9,7	30,1	— 11,5	41,6

TEMPÉRATURES CENTIGRADES. — MOYENNES ET EXTRÊMES.

STATIONS.	ALTITUDE.	ANNÉE.	HIVER.	PRINTEMPS.	ÉTÉ.	AUTOMNE.	ANNÉES. MAX.	ANNÉES. MIN.	DIFFÉRENCE.	EAU DE PLUIE OU NEIGE.
	Mètres.	Degrés.	Degrés.	Degrés.	Degrés.	Degrés.	Degrés.	Degrés.	Degrés.	Millim.
. . . .	641	8,4?	1,0	7,4	16,7	8,6?	28,5	—13,0	41,5	1120
ffhouse).	645	8,1	0,3	7,5	16,3	8,5	29,6	—11,7	41,3	910
. . . .	679	8,3	1,0	7,4	16,1	8,6	27,3	—10,1	37,4	1286
is).	688	8,9	0,3	9,0	17,8	8,6	31,0	—10,6	41,6	690
(Grisons).	700	10,0	3,2	8,7	18,0	10,0	27,4	— 5,9	33,3	1338
em).	706	8,9	1,0	8,7	17,0	8,8	31,0	— 9,7	40,7	757
in).	722	9,7	2,6	8,7	18,2	9,6	29,8	— 5,5	34,3	?
sons).	777	9,9	3,5	8,4	17,5	9,9	29,0	— 4,5	33,5	635?
Berne).	793	7,8	1,0	6,6	15,5	8,1	27,1	— 7,9	35,0	1426
ribourg).	825	7,6	0,4	6,3	15,5	8,1	27,4	—11,1	38,5	1924
Zurich).	874	7,3	1,0	5,9	14,7	7,7	29,5	— 8,8	38.3	954
ppenzell).	885	7,9	1,5	6,5	15,4	8,1	25,2	—10,0	35,2	1498?
(Schwytz).	910	6,7	—0,8	6,1	14,4	6,9	24,9	—13,6	38,5	1652
Fonds (Neufchâtel).	980	6,5	0,2	4,9	14,2	6,7	27,5	—12,7	40,2	1775
Martel.	1023	?	?	4,6	13,6	6,3	30,5	?	?	1590?
(Unterwalden).	1024	6,0	—0,8	4,9	13,6	6,5	25,5	—13,2	38,7	1741
tz (Vaud).	1092	6,6	0,8	4,9	13,4	7,2	25,9	— 9,0	34,9	1696
g (Berne).	1150	6,8	1.0	5,2	13,8	7,3	26,3	— 9,7	36,0	1060
(Neufchâtel).	1152	5,0	0,2	4,1	13.6	6,6	25,7	—10,1	35,8	1063
Grisons).	1207	5,8	—0,7	4,6	13,0	6,3	26,2	—12,0	38,2	1096
n (Grisons).	1213	6,5	0.7	4,9	13,4	6,8	25,0	—10,8	35,8	1094
em).	1245	6,1	—2,0	5,4	14,6	6,3	29,6	—13.6	43,2	573
(Valais).	1339	4,7	—2,7	3,0	13,2	5,1	26,6	—15,0	41,6	933
fels (Grisons).	1379	5,6	—0,2	3,8	12,6	6,2	25,9	—11,2	37.1	1164
(Uri).	1448	3,8	—3,2	3,0	11,1	4,1	22,7	—16,5	39,2	1314
illage (Grisons).	1471	3,9?	—3,8	2,6	12,0?	4,5	25.5	—18,5	44.0	1320
lem).	1476	4,2	—4,2	3,0	12,8	5,2	26,2	—20,1	46,3	594
(Valais).	1632	4.8	—1,0	2,9	12,4	5,0	24,0	—12,2	36,1	5?4
ons).	1715	2,1	—6,5	0,7	11,0	3,1	24,6	—24,8	49,4	783
m).	1780	3,6	—2,5	1,4	11,1	4,4	23,7	—16,3	40,0	1096
n (Schwytz)	1784	2,7	1,8	0,1	8,9	3,6	19,0	—11,6	30,6	2226?
(Grisons).	1810	2.2	—5,1	0,5	10,4	2,8	21,5	—19,3	40,8	933
-Roesa (Idem).	1873	2,6	—3,4	0,2	10,8	2,9	20,6	—21.0	41,6	?
ospice (Valais).	2008	1,7	—3,9	—0,5	9,0	2,1	19,4	—15,0	34,4	905
(Grisons).	2070	1,1	—4,0	—1,2	8,1	1,4	18,9	—14,1	33,0	?
ard, hospice (Tessin). . . .	2070	—0,3	—5,1	—3,0	6,5	0,5	20,4	—18,1	38,5	?
sons).	2204	0,3	—3,6	—1,7	7,7	0,9	20,0	—17,0	31,0	?
ard, couvent (Valais). . . .	2478	—1,0	—5,8	—3,4	5,5	—0,1	16,8	—18,0	34,8	1264

COMPLÉMENT PAR DOLLFUS-AUSSET

DIFFÉRENCE D'ALTITUDE DE 500 MÈTRES DE DEUX STATIONS DANS LE TESSIN.

. . . .	229	11,9	3,6	11,2	**20,8**	**12,0**	31,3	**—3,4**	**34,7**	2100
. . . .	722	9,7	2,6	8,7	**18,2**	**9,6**	**29,8**	**—5,5**	**35,3**	?
rence.	+ 493	—2,2	—1,0	—2,5	**—2,6**	**—2,4**	**—1,5**	**—2,1**	**+0,6**	

DIFFÉRENCE D'ALTITUDE DE 500 MÈTRES DE DEUX STATIONS DANS LES GRISONS.

. . . .	700	10,0	3,2	8,7	18,0	10,0	27,4	— 5,9	33,3	1338
. . . .	1207	5,8	—0,7	4,6	13,0	6,3	26,2	—12,0	28,2	1096
rence.	+ 493	—4,2	—3,9	—4,1	—5,0	—3,7	—1,2	— 6,1	—5,1	—242

STATIONS.	ALTITUDE.	ANNÉE.	HIVER.	PRINTEMPS.	ÉTÉ.	AUTOMNE.	ANNÉES. MAX.	ANNÉES. MIN.	DIFFÉRENCE.
DIFFÉRENCE D'ALTITUDE DE 1,000 MÈTRES (EN CHIFFRES RONDS), DE BELLINZONA A CLOSTERS.									
Bellinzona	229	11,9	3,6	11,2	20,8	12,0	31,3	— 3,4	34,7
Closters	1207	5,8	—0,7	4,6	13,0	6,3	26,2	—12,0	38,2
Différence	+1022	—6,1	—4,3	—6,6	—7,8	—5,7	—5,1	— 8,6	+4,5
DIFFÉRENCE D'ALTITUDE DE 500 MÈTRES, DE CLOSTERS A BEVERS (GRISONS).									
Closters	1207	5,8	—0,7	4,6	13,0	6,3	26,2	—12,0	38,0
Bevers	1715	2,1	—6,5	0,7	11,0	3,1	24,6	—24,8	49,4
Différence	— 508	—3,7	—5,8	—3,9	—2,0	—3,2	— 1,6	—12,8	+11,4
DIFFÉRENCE D'ALTITUDE DE 500 MÈTRES, SIMPLON AU SAINT-BERNARD (VALAIS).									
Simplon	2008	1,7	—3,9	—0,5	9,0	2,1	19,4	—15,0	34,4
Saint-Bernard	2478	—1,0	—5,8	—3,4	5,5	—0,1	16,8	—18,0	34,8
Différence	+ 470	—2,7	—1,9	—2,9	—3,5	- 2,2	—2,6	— 3,0	+ 0,4
DIFFÉRENCE D'ALTITUDE DE 1,000 MÈTRES, CLOSTERS ET SAINT-BERNARD.									
Closters	1207	5,8	—0,7	4,6	13,0	6,3	26,2	—12,0	38,2
Saint-Bernard	2478	—1,0	—5,8	—3,4	— 5,5	—0,1	16,8	—18,0	34,8
Différence	+1275	—6,8	—5,1	—8,0	—18,5	—6,1	—9,4	— 6,0	—3,4

La différence de ces deux stations est de 1275 mèt., soit 273 mèt. de plus que 1000 mèt., soit 27 pour 100. — Pour établir les températures à 1000 mèt., on a retranché des chiffres de Closters 27 pour 100.

STATIONS.	ALTITUDE.	ANNÉE.	HIVER.	PRINTEMPS.	ÉTÉ.	AUTOMNE.	ANNÉES. MAX.	ANNÉES. MIN.	DIFFÉRENCE.
Closters — 27 p. 100	1478	4,3	—0,5	3,4	9,5	4,6	26,2	—12,0	38,2
Saint-Bernard	2478	--1,0	—5,8	—3,4	— 5,5	—0,1	16,8	—18,0	34,8
Différence rectifiée	+1000	5,3	—6,3	—6,8	--15,0	—4,7	—9,4	— 6,0	— 3,4
DIFFÉRENCE DE BELLINZONA AVEC DIVERSES STATIONS PAR ÉLÉVATION SUCCESSIVE DE 500 MÈTRES (APPROXIM									
Faido	+ 495	— 2,2	- 1,0	— 2,5	— 2,6	— 2,4	— 1,5	— 2,1	0,6
Closters	+1022	— 6,1	— 4,3	— 6,6	— 7,8	— 5,7	— 5,1	— 8,6	3,5
Bevers	+1486	— 9,8	—10,1	—10,5	— 9,8	— 8,9	— 6,7	—21,4	14,7
Julier	+1975	—11,6	— 9,2	—12,9	— 13,1	—11,1	—11,3	—13,6	2,5
STATIONS EXTRÊMES : BELLINZONA ET SAINT-BERNARD (2,249 MÈTRES DE DIFFÉRENCE).									
Bellinzona	229	11,9	3,6	11,2	20,8	12,0	31,3	— 3,4	34,7
Saint-Bernard	2478	— 1,0	— 5,8	— 3,4	5,5	— 0,1	16,8	—18,0	34,8
Différence	2249	—12,9	— 9,4	—14,6	—15,3	—12,1	—14,5	—14,6	+ 0,1

[1] Complement par **Dollfus-Ausset**, p. 554 et 555.

TEMPÉRATURES CENTIGRADES. — MOYENNES ET EXTRÊMES.

STATIONS.	ALTITUDE.	ANNÉE.	HIVER.	PRINTEMPS.	ÉTÉ.	AUTOMNE.	ANNÉES. MAX.	ANNÉES. MIN.	DIFFÉRENCE.	EAU DE PLUIE OU NEIGE.
HAUTEUR A LAQUELLE IL FAUT S'ÉLEVER POUR LA DIFFÉRENCE DE 1 DEGRÉ CENTIGR. DE TEMPÉRATURE DE BELLINZONA A FAIDO, CLOSTERS, BEVERS, JULIER.										
	Mètres.	Mètres.	Mètres.	Mètres.	Mètres.	Mètres.	Mètres.	Mètres.	Mètres.	
....	493	224	493	197	190	205	493	190	303	»
...rs.	1022	167	238	185	131	179	238	131	107	»
...s.	1486	152	147	141	152	167	167	141	26	»
...	1975	170	213	153	151	178	213	151	62	»
...Bernard.	2478	191	239	154	146	189	239	146	93	»
HAUTEUR POUR 1 DEGRÉ DE STATION A STATION.										
...ona à Faido.	229 à 722	224	493	197	190	206	493	190	303	»
...agna à Closters.	700 à 1207	117	127	109	90	133	133	90	34	»
...rs à Bevers.	1207 à 1715	138	88	130	254	159	254	88	166	»
... au Julier.	1715 à 2204	270	?	262	211	221	262	211	51	»
...s au Saint-Bernard.	2008 à 2478	174	247	162	134	214	247	134	113	»
...ona au Saint-Bernard.	229 à 2478	175	239	154	147	189	239	147	92	»
... les Stations : Moyennes génér.	»	180	252	168	164	185	252	164	88	»
...s.	»	270	493	262	254	221	493	221	272	»
...s.	»	117	88	109	99	133	133	99	34	»
...ifférence.	»	153	405	153	155	88	405	88	258	»

...utomne correspond généralement à la moyenne de l'année. Le printemps et l'été sont au-dessous de ...oyenne de l'année. L'hiver est considérablement au-dessus de la moyenne de l'année. DOLLFUS-AUSSET.

FAVRE (Alphonse), professeur de géologie à l'Académie de Genève.

RECHERCHES GÉOLOGIQUES DANS LES PARTIES DE LA SAVOIE, DU PIÉMONT ET DE LA SUISSE VOISINES DU MONT-BLANC. — 3 vol. in-8. 1867. Victor Masson et fils. Paris. — Atlas de 32 planches. **Tome Ier** (464 pages).

I. La plaine. — Époque moderne des eaux.
II. Terrain quaternaire.
III. Alluvions des terrasses.
IV. Terrain glaciaire.
V. Alluvions anciennes.
VI. Terrain erratique de la vallée du Rhône.
VII. — — de la vallée de l'Arve.
VIII. — — de la vallée de l'Isère.
IX. — — du val d'Aoste.
X. Des causes et des effets de l'ancienne extension des glaciers.

Introduction. — Théorie des courants

Les diluvianistes. — **De Saussure**, les cavernes. — **L. de Buch.** — **C. Escher** — **J. A. de Luc**. — **Élie de Beaumont.** — **Hall**. Opposition. — **André de Gy**, Conybeare.
Les glaciéristes. — **Perraudin**. — **De Charpentier.** Histoire de l'idée de l'ancienne extension des glaciers. — **Venetz**. Variation dans les glaciers. — **Agassiz**.
Théorie des glaces flottantes.
Deux ordres de théories. — Preuves de l'extension des glaciers. — Certaines moraines. — Animaux. — Changement de climat. — Ses explications. — **Agassiz**. — **De Charpentier**. — **Kaemtz**. — **Lecoq**. — **De la Rive**. — **Milne Home**. — **Frankland**. — **Escher de la Linth**. — Résumé.
Deux époques glaciaires. — Effets des glaciers. — Persistance des lacs. — Théorie de sir **Ch. Lyell**. — Théorie de **Tyndall**. — Théorie de **Ramsay**. — Théorie de l'affouillement. — Divers auteurs. — Réfutations.
Origine des lacs. — Classification et liaison avec les montagnes. — Lac d'Annecy. — Lac de Genève. — La forme du lac n'est pas en rapport avec la forme de l'ancien glacier. — Alluvion ancienne. — Le terrain glaciaire recouvre l'alluvion ancienne. — La glace a pu descendre au fond des lacs. — Courbe du lac et courbe des montagnes. — Renversement à la lisière des Alpes. — Résumé.

XI. Molasse de la plaine des environs de Genève.
XII. Mont-Salève.

...Terrain quaternaire. — Blocs erratiques. — Au delà des Usses, limite de trois glaciers. — Blocs perchés. — Erosions. — Glaciers du Salève. — Tuf. — Cavernes.

XIII. Description de fossiles.
XIV. Les Bornes.
XV. Les Voirons.
XVI. Môle et Pointe d'Orchex.

TOME II (437 PAGES),

XVII. Massif du Chablais.
XVIII. Massif du Vergy et de la Tournette.
XIX. Massif des Fiz.
XX. Les Avoudruz et la Dent du Midi.

XXI. Massif du Brevent et des Aiguilles rouges.
XXII. Massif du Mont-Blanc.

TOME III (587 PAGES).

XXIII. Suite du massif du Mont-Blanc.
XXIV. Massif du Mégève et de Hauteluce.
XXV. Massif du Grand-Mont.
XXVI. Mont Jovet et la Maurienne.
XXVII. Deux Saint-Bernard.
XXVIII. Généralité et terrain granitique.
XXIX. Schistes cristallins et serpentine.
XXX. Terrain carbonifère.
XXXI. Terrain triasique.
XXXII. Terrain infra-liasique. — Terrain liasique. — Terrain jurassique.
XXXIII. Terrain crétacé.
XXXIV. Tertiaire.
XXXV. Terrain quaternaire. — Alluvion ancienne. — Alluvion des terrasses. — Alluvion actuelle. — Faits relatifs aux variations de l'extension des glaciers. — Mesures prises au glacier des Bossons et à la Mer de Glace.
XXXVI. Résumé.
Appendices...

GASTALDI (B.).

ALCUNI DATI SULLE PUNTE ALPINE SITUATE FRA LA LEVANNA ED IL ROCCIAMELONE. — Brochure in-8, 49 p., 4 planches. Turin, G. Cassone et C., 1868. Extrait du *Bulletin trimestriel du Club alpin italien*, vol. II, n° 10 et 11.

MARCOU (Jules).

DISTRIBUTION GÉOGRAPHIQUE DE L'OR ET DE L'ARGENT AUX ÉTATS-UNIS ET DANS LE CANADA — Extrait du *Bulletin de la Société de géographie* (novembre 1867). — Texte et 1 carte.

MARTINS (Ch.) et **COLLOMB** (Ed.).

ANCIEN GLACIER DE LA VALLÉE D'ARGELES (HAUTES-PYRÉNÉES). — Extrait des *Comptes rendus des séances de l'Académie des sciences*, t. XLVI. Séance du 20 janvier 1868.

MUNGE (H.).

LA SUISSE[1]. — Collection de vues pittoresques avec texte historique, — topographique. Grand in-8. Paris, **C. Scriba jeune**. — Darmstadt. **C. C. Lange**. — London, **M. Ch. Panzer**. — New-York, **Fr. Langé**.

Publication par cahiers numérotés, et mis en volumes.

T. Ier. — Les Cantons primitifs et les parties S.-E. de la Suisse, n° 1 à n° 20. 344 pages.
T. II. — La Suisse septentrionale, n° 21 à n° 40. 303 pages.
T. III. — La Suisse occidentale, n° 41 à n° 55, paru jusqu'en mars 1868.

Illustrations nombreuses, dont extrait des planches qui ont rapport aux glaciers.

T. Ier. — Vallée du Grindelwald, n° 1.
Wellhorn et Wetterhorn, n° 3.
Vallée de Lauterbrunnen, n° 4.
Wengern-Scheideck, n° 6.
Glacier de Rosenlaui, n° 16.

[1] *Suisse (la)*, collection de vues pittoresques et texte. — 3 vol. *Voy.* lettre R, **Runge**.

T. II. — Glacier supérieur du Grindelwald, n° 24.
Glacier d'Argentière.
Wetterhorn. — Schreckhörner. — Wengern-Alp, n° 26.
Chamonix et Mont-Blanc, n° 27.
Rigi et Panorama des Alpes, n° 30.
Vallée de Chamonix, n° 31.
Glacier d'Aletsch, n° 32.
Glacier du Rhône, n° 32.
Hospice du Saint-Gotthard, n° 33.
Grimsel-Hospice, n° 36.
Glacier de Viesch, n° 37.
Blümlisalp. Lac et glaciers, n° 37.
Handeck. Glacier et cascade, 38.

T. III. — Col de Balme et Mont-Blanc, n° 42.
Hospice du Grand Saint-Bernard, n° 49.
Glacier de Morteratsch (Grisons), n° 49.
Glacier de Roseg (Grisons), 50.
Felsenthal près Samaden (Grisons), 54.
Montanvert. Aiguille du Dru. — Mer de Glace, n° 55.
...N° 55, dernier numéro, mars 1868.

BILLY (E. de), inspecteur général au corps des mines

Glaciers de Gorner et de Findelen près Zermatt (Valais). — Changement de volume en sens inverse. *Annales des mines*, t. XI. 1867.

...Août 1867. — *Le glacier de Findelen*, dépourvu de moraines dorsales dans sa région antérieure, se montre complétement à découvert, et continue de s'amoindrir sans même laisser de moraines frontales permettant d'évaluer le retrait. Une grande moraine latérale bordant la rive gauche du glacier témoigne d'une ablation considérable.

Le glacier de Gorner, malgré les puissantes moraines qu'il charrie sur son dos, a diminué en largeur et en épaisseur, et, dans le sens de la longueur, j'ai mesuré 49 mètres de la moraine frontale extrême au pied actuel du glacier.

Il subit donc aujourd'hui la loi commune, il est entré dans sa période d'amoindrissement.

DARWIN (Charles, M. A., R. S., etc.).

Variation des animaux et des plantes sous l'action de la domesticité. — Traduit de l'anglais par **J. J. Moulinié**. Préface de **Karl Vogt**. In-8, t. Ier. 43 gravures sur bois, 444 pages. 1868. **C. Reinwald**. Paris.

FONVIELLE (W. de).

Ascension de l'aréostat l'Entreprenant. — 22 mars 1868[1].

Partie pittoresque.

Mon ami M. **Giffard** ayant consenti à me confier la conduite de son bel aérostat, sans me mettre sous la tutelle d'un mentor aérien, j'ai pu accomplir ma promesse : je suis donc devenu, comme je l'avais annoncé, mon propre aéronaute pour la série d'ascensions scientifiques que j'ai l'intention d'exécuter. Je suis parti une seconde fois de l'usine à gaz de la Villette, où j'ai trouvé le même concours empressé et intelligent que lors de ma première tentative. Qu'il me soit permis de remercier de nouveau les employés de la Compagnie parisienne de la peine qu'ils ont prise pour le succès de ma nouvelle ascension, et en particulier M. **Curle**, le régisseur.

[1] Extrait du journal *la Liberté*, numéros du 24, 25, 30 mars 1868. — Scientifique plus tard.

Mon équipage se composait de deux jeunes gens, les deux frères **Chavoutier**, qui, suivant mon programme, n'étaient jamais monté en ballon, mais à qui j'étais parvenu sans peine à inspirer le désir de me suivre. Leur père, employé supérieur dans une maison de banque, et leur mère avaient donné leur consentement et assistaient à l'expérience.

L'aîné des frères **Chavoutier**, âgé de vingt-six ans, est architecte. C'est lui qui a construit avec beaucoup de goût les aménagements intérieurs de la salle des conférences du boulevard des Capucines. Ce jeune homme est d'une très-grande agilité, ainsi que son frère, âgé de dix-huit ans, qui a débuté d'une façon très-brillante en allant dénouer la jarretière du ballon, autrement dit le cordon de l'appendice, à l'aide d'une échelle branlante de plus de six mètres de longueur. Dorénavant cette manœuvre sera évitée dans les ascensions que je dirigerai. Il suffira de remplacer la corde plate qui termine l'appendice par une échelle de sauvetage très-légère, qui permettra de répéter la manœuvre inverse pendant que le ballon est en marche. Alors on pourra envoyer un gabier dans les filets pour fermer l'orifice et diminuer la perte de gaz, si on l'a trouve trop grande en un moment donné. Les aéronautes de profession, trop souvent pressés de s'abattre dès que le public les a perdus de vue, n'ont pas besoin de cette précaution, rigoureusement indispensable quand on veut guider les ballons d'une façon scientifique et sérieuse.

La seconde ascension de l'*Entreprenant* a eu lieu dimanche, 22 mars, à trois heures un quart du soir, en présence d'une foule de curieux excessivement sympathiques pour le développement d'un art extraordinairement populaire, malgré l'indifférence systématique du gouvernement impérial et de l'Académie des sciences. L'opération a réussi d'une façon très-heureuse. Je ne crois pas qu'aucune des nombreuses personnes qui y assistaient ait eu à regretter l'absence d'un aéronaute plus expérimenté que je ne l'étais encore. Il faut me hâter d'ajouter cependant que les difficultés du *départ* ont été exagérées à dessein par les pilotes aériens, beaucoup plus désireux souvent de chauffer à blanc l'intérêt public et de faire recette que d'étudier ce qui se passe de l'autre côté des nues. Mon but étant beaucoup plus sérieux, je ne devais point donner le spectacle de cette fantaisie aéronautique connue sons le nom d'équilibrage, et je m'en suis dispensé.

Il n'y avait presque pas de vent au départ, et les personnes qui étaient restées à l'usine à gaz ont pu nous accompagner de leurs regards et de leurs vœux pendant plus de vingt minutes dans une direction à peu près parallèle à celle du chemin de fer du Nord. Je n'ai pas laissé à mes deux compagnons le loisir d'admirer longtemps le paysage charmant qu'ils ne connaissaient pas encore, et dont la majesté leur aurait enlevé toute trace d'appréhension s'ils en avaient conçu. J'ai eu la barbarie de les faire travailler sans relâche à refaire les épissures, à changer le mode d'amarrage du *guide-rope*, que j'ai trouvé trop long et que nous avons séparé en deux bouts, l'un de 50 mètres et l'autre de 90. Tandis que ces manœuvres s'accomplissaient avec une très-grande dextérité, j'inscrivais les observations que je lisais sur un *anéroïde* **Richard** et sur une série de thermomètres construits par M. **Baudin**.

Pendant ce temps avaient lieu à l'usine de la Villette des observations simultanées organisées par M. **Dollfus-Ausset**[1]. Nous publierons ultérieurement dans la *Revue des cours scientifiques* les résultats de la comparaison de ces deux séries d'observations. Les calculs de réduction seront faits par M. **Édouard Colomb**, trésorier de la Société de géologie; et nous sommes certain d'en tirer plusieurs résultats d'un assez grand intérêt scientifique. Mais nous ne pouvons nous empêcher de décrire immédiatement un phéno-

[1] **Dollfus-Ausset.** — 5 h. matin jusqu'à 2 h. soir, j'ai fait les observations météorologiques horaires à la station où s'est élevé le ballon. De 2 h à 6 h. soir, observations de 10 en 10 min.

M. de **Fonvielle** pendant son ascension a fait les mêmes observations de 10 min. en 10 min. — *A l'Observatoire de Paris les jours de fêtes et dimanches sont religieusement et dogmatiquement observés. Mais la météorologie est délaissée, et aucune observation n'est faite. Historique !!! Positif!*

tions à 700 mètres environ au-dessus de la forêt d'Ermenon-
reux coups de feu. On y faisait, comme nous l'avons appris plus
er. Un sac de lest sacrifié à propos et presque entier nous a
us de 2,000 mètres en moins de 7 minutes.

ons franchi le rideau très-dense, mais peu épais, de nuages
puis le matin la vue du soleil à nos concitoyens. C'est de cet
nome a le droit de dire ce que Mahomet a dit de la montagne,
toutes les fois qu'il ne vient pas nous chercher. Une fois tirés
et qu'on aurait pû être tenté de couper au couteau, nous avons
ue à celui que l'immortel Arban a dû apercevoir lorsqu'il a
ssus des glaciers. Le paysage était analogue à celui du Gor-
eithorn, quand un épais manteau de neige vient de recouvrir
imuler la roche en place, ce support inébranlable du glacier.
de vapeurs neigeuses que nous voyons briller à nos pieds était
ne cette neige reposait sur un solide fondement de granit ou
asse transportée d'un bloc flottait en même temps que nous
C'est peut-être sur les pôles de la terre que ces beaux nuages
ieu de singer, comme les hauts sommets des Alpes, des ché-
forteresses démantelées, cette pittoresque surface nous mon-
esques boursouflures, d'effrayants champignons. La teinte que
fermes, si tenaces, si extraordinairement éblouissants, s'offrait
couleur étrangère. C'est là que nous retournons pour faire
, afin de montrer aux hommes qui restent cloués à terre de
gion. Le ciel était d'un bleu d'azur tendre, plus beau qu'un
n'offrait pas la moindre trace de filaments blanchâtres, et
n cirrhus situé à une hauteur plus grande et nous invitant

it à descendre du côté du couchant, m'a paru plus petit qu'à
n appréciable. La chaleur qu'il rayonnait était très-sensible,
arrivés à 2,400 mètres il faisait rapidement monter à 13° le
e à boule blanche qu'on lui présentait : à l'ombre le thermo-
sous de zéro : c'est donc une différence de 16° due exclusive-
us avons constatée.

nomène très-étrange auquel nous avons assisté nous ne sau-
caractère spécifique de la couche supérieure des nuages. Ils
l'air extérieur offrait une sorte de résistance mécanique à
raire, la face inférieure, celle qui regardait la terre, offrait
x bords dentelés. C'est dans un de ces vallons que l'Entrepre-
a disparu vers 4 heures 46 minutes, moment où nous avons
qu'à la fin de notre ascension.

point à se gonfler sous l'action des rayons solaires, agissant à
-transparente. Nous apercevons flottant au-dessus de nos têtes
faitement visible, mais assez peu abondante pour qu'il soit im-
moindre inquiétude sur le sort de l'appendice par lequel elle
e l'expression maintenant consacrée depuis que nous l'avons
l'Entreprenant « fume sa pipe, » comme le Géant l'avait fait
n naufrage de Villers-Saint-Georges.

ainement interrogé les savants qui restent à terre sur la cause
. Les uns nous ont parlé d'ammoniaque; les autres n'ont rien
a répondu d'une façon satisfaisante. Voici qu'au moment où
solution de la question nous arrive, solution tellement simple

qu'à moins d'être par trop bachelier ou docteur, chacun de nos lecteurs sera obligé de la comprendre.

Quoique transparent au départ, le gaz qui remplit le ballon a toujours été chargé d'une quantité notable d'humidité; car un peu avant de parvenir jusqu'à la surface inférieure des nuages nous avons vu l'intérieur de notre ballon se remplir de vapeurs condensées par l'action du froid. Le décroissement progressif de la température avait mis un nuage dans le globe que nous avons au-dessus de nos têtes. Mais aussitôt que l'Entreprenant a franchi gaillardement le couvercle blanchâtre de nuages qui cache le soleil aux habitants de la terre, il s'est nettoyé au dedans et au dehors : non-seulement les toiles ont perdu l'eau qui les surchargeait, mais le gaz intérieur a repris toute sa limpidité première. Chaque fois que l'aîné des **Chavoutier** ouvre la soupape on peut suivre le jeu des clapets qui s'écartent de leur siége. Deux petits croissants lumineux permettent de jugerde la grandeur de l'ouverture; on devine le moment où les ressorts en caoutchouc qui sont passés en dehors sur la traverse dormante vont ramener les deux valves avec une certaine violence; alors on entendra un bruit sec caractéristique, espèce de petite détonation très-curieuse.

Mais en se réchauffant le gaz se dilate, et il sort progressivement par l'appendice, car le débit de la soupape, maniée avec précaution, n'est point suffisant pour faire équilibre à l'accroissement de volume produit par l'action des rayons solaires. Je suis sûr que l'on trouverait une différence de plus de dix degrés centigrades avec l'air ambiant si l'on plongeait dans l'intérieur du ballon un thermomètre électrique comme on en fabrique de si sensibles, mais comme nous, prolétaire de l'atmosphère, nous n'en avions point, et nous n'en aurons peut-être jamais dans notre nacelle démocratique.

Ce gaz chaud qui sort par petits filets dans un air dont la température est inférieure à celle de la glace fondante éprouve un effet de refroidissement subit. La vapeur d'eau, qui était dissimulée tant qu'elle restait renfermée dans l'intérieur du ballon, se précipite immédiatement sous forme de brouillard. Nous avons donc au-dessus de nos têtes une fabrique de nuages microscopiques, et qui ne tardent point à se disperser dans l'atmosphère ; mais ils peuvent nous servir avant de s'évanouir. En effet, la direction de ce petit panache permet de suivre la route de l'aérostat mieux que ne l'aurait fait certainement la plus docile banderolle.

Ainsi donc, ce qui n'a point encore été remarqué jusqu'ici, le gaz humide, s'il se refroidit en sortant de l'appendice, peut tracer le sillage du ballon dans les airs. Si l'on pouvait parvenir à voir ce qui se passe au-dessus, de l'autre côté de la sphère de toile vernissée, chaque fois que l'on fait jouer la soupape on constaterait très-souvent un effet analogue, utile en maintes circonstances.

Sur la surface ondulée du couvercle blanchâtre de la terre nous voyons très-distinctement l'ombre du ballon qui se projette avec élégance. Elle nous suit assez obliquement, à cause de la grande distance zénithale que le soleil a déjà atteinte, car il est plus de cinq heures. Notre nacelle se détache en noir sur ce fond éblouissant, ainsi que nos trois têtes et nos deux guide-ropes. Avec un appareil convenable nous pourrions nous photographier nous-mêmes.

Cet effet n'a rien que de très-facile à expliquer. Le premier savant à brevet venu vous dira, sans trop d'équations transcendantes ou irrésolubles, qu'il provient de ce que le ballon ne laisse point passer la lumière derrière lui. Une portion notable de cette lumière, dont l'absence fait tache sur la surface neigeuse des nuages, a été absorbée par l'aérostat. Nous pourrions dire que c'est elle qui a allumé la pipe de l'Entreprenant. En effet, c'est elle qui a produit la dilatation du gaz humide, et par suite qui a été la cause de l'apparition de la fumée blanchâtre! Mais, outre cette portion de lumière changée en chaleur, il y en a une autre qui n'a point passé non plus à travers le ballon, dont la double enveloppe remplie de gaz est opaque, mais qui n'est point perdue pour les nuages. Celle-là a été réfléchie très-régulièrement, comme elle l'aurait été par un miroir métallique, parce que M. **Giffard** a fait merveilleusement les choses : il a dépensé plus de cent francs à faire donner au ballon une couche neuve de vernis, deux ou trois jours avant le départ. Ce faisceau réfléchi se retrouve donc repoussé sur le couvercle de la terre; mais il a pris dans ce trajet une forme des plus bizarres. Je décris de mon mieux ce que nous voyons, laissant à de plus habiles que moi le soin de chercher l'explication, au moins jusqu'à ce que je monte de nouveau au-dessus des nuages. Peut-être la découvrirai-je sans y penser une fois que j'aurai de nouveau le plaisir de faire l'école buissonnière dans un pays où **M. Le Verrier** ne viendra pas m'envoyer les huissiers de son observatoire.

Au centre de cette projection étrange se voit très-distinctement un point noir très-apparent, en teinte fondue, et d'un diamètre égal au quart de celui de la lune. Autour de ce disque nous voyons un cercle offrant toutes les couleurs de l'arc-en-ciel, et dont le diamètre est environ seize fois plus grand. Autour de ce premier cercle coloré en règne un second dont le diamètre est à peu près double du précédent, et qui porte également la livrée de la décomposition spéculaire.

J'ai dessiné le phénomène quant à ses dimensions, mais j'avouerai à ma honte que je ne me suis point inquiété de l'ordre des couleurs. Je ne me rappelle point en ce moment si c'était le bleu ou le rouge qui se trouvait en dehors, tant sur le cercle intérieur que sur l'extérieur.

Une circonstance atténuante que j'invoquerai, c'est que nous avons entendu au moment où je traçais ce croquis un vigoureux coup de trompette traversant je ne sais comment le couvercle blanchâtre et nuageux de la terre. C'étaient sans doute les chasseurs du bois d'Ermenonville qui venaient de tuer leur sanglier, et qui sonnaient leur joyeuse fanfare. Il est environ 5 heures 15.

Si jamais ces chasseurs me lisent, je les prie, non point de m'envoyer un morceau de la hure, mais seulement de me dire l'heure que marquait leurs montres. Si le moment exact où ce signal de triomphe a pu nous atteindre était marqué sur un thermomètre enregistreur comme il y en a tant qui dorment inutiles dans les cabinets de physique de la terre, nous aurions une mesure, peut-être une mesure exacte de la vitesse du son en hauteur; mais ceux qui possèdent de pareils instruments n'aiment généralement pas à les prêter aux aéronautes, et encore moins à les accompagner dans les airs.

Il devient évident que le ballon s'alourdit; nous allons bientôt nous plonger dans les nuages, pour ne plus revoir le soleil qu'à la manière du commun des martyrs, y compris les rois, les papes et les empereurs. Je dis au jeune **Chavoutier** de se presser de dévorer un morceau de saucisson qu'il savoure avec un appétit éthéré, et je donne le signal du branle-bas de combat, car c'est bientôt à la terre que nous allons avoir affaire.

J'avais promis à mon ami **M. Giffard** d'opérer la descente une heure environ après le coucher du soleil, et, de plus, je m'étais engagé à prendre avec moi, sous mes ordres, un compagnon qui eût été au moins une fois en ballon. Cette dernière partie du programme m'embarrassait beaucoup, quoiqu'elle fût fort raisonnable; aussi m'y conformai-je, je dois l'avouer en toute humilité, d'une façon dont on serait plus content à Rome qu'à Paris. J'agis à peu près comme le fait trop souvent un grand ministre devenu nécessaire lorsqu'il se voit obligé de payer une échéance de liberté. Je fis aller préalablement le jeune **Chavoutier** en ballon, je dois me hâter de le dire, mais d'une façon à laquelle, en bonne conscience, **M. Giffard** n'avait point songé : je donnai ordre à mon futur gabier de se glisser par l'appendice dans l'intérieur de l'aérostat pendant qu'on le gonflait d'air atmosphérique ordinaire. Il avait été *en* ballon; il avait pu voir par transparence les innombrables trous, actif net résultant du voyage de la forêt de Ferrière, où **Jules Godard** m'avait servi de pilote aérien.

Comme je ne suis point habitué aux restrictions mentales, surtout quand j'ai quitté la terre, je voulais agir avec une entière bonne foi, au moins au-dessus des nuages. J'avais donc fait donner le nombre de coups de soupape que je croyais nécessaire pour quitter religieusement à l'heure dite le spectacle ravissant qu'offrent les hautes régions. Sans ce scrupule de conscience venant m'assaillir à 2,400 mètres au-dessus du plus prochain confessionnal, nous aurions flotté plus longtemps encore, et la nuit aurait pu nous trouver en haute région. Mais il faut bien faire les choses ; et quand, par malheur, on ne peut être honnête homme qu'à moitié, il faut l'être au moins tout à fait.

Le moindre aéronaute, pour peu qu'il conserve son sang-froid, tempère avec une facilité réellement merveilleuse l'ardeur du plus vigoureux aérostat naviguant en plein soleil.

Les accidents dont on a raconté tant de fois les dramatiques péripéties proviennent d'un défaut de vigilance, d'une hésitation trop longue, d'une surprise impardonnable quand l'émotion ne fait point oublier les premières notions de physique. En effet, la tension du gaz qui remplit la capacité intérieure de l'aérostat se manifeste par la rotondité respectable que prend la surface de toile ou de taffetas : on dirait que le ballon est orgueilleux du spectacle qu'il montre à ses passagers. Il se gonfle comme un journaliste officieux qui reçoit sa première croix du pape ou son premier nicham, — tout fait brochette sur les poitrines altérées.

Rien n'est plus facile que d'empêcher votre cheval aérien de prendre le mors aux dents et de vous entraîner dans ces hauteurs glacées où Zambeccari trouva son passage de la Bérésina, en attendant le jour où il devait retomber à la surface de la terre affreusement carbonisé. On n'a qu'à lever la tête pour voir si l'orifice est suffisamment dégagé, si par l'ouverture béante l'excès de gaz peut sortir librement.

S'il est permis de m'exprimer de la sorte, je dirai que la manœuvre de la soupape d'un aérostat en l'air est aussi facile que celle qui peut sauver les aéronautes couronnés quand le navire de l'État, c'est-à-dire leur ballon impérial ou royal, navigue au milieu des nuages de la politique trouble, plane au-dessus du volcan des révolutions.

Si, comme le divin Auguste, d'impérissable mémoire, ils savent multiplier les petits coups de soupape, ils arriveront progressivement à arrêter l'élan du peuple le plus impétueux du monde. En effet, ne sait-on pas que les aspirations sublimes des citoyens de la ville éternelle n'ont point tardé elles-mêmes à être paralysées? Mais, si l'on nous autorise à continuer notre métaphore, nous devons ajouter que les personnes qui se trouvent dans la nacelle gouvernementale n'ont pas besoin de baromètre pour s'apercevoir que le gaz officiel a perdu tout ressort. On aurait beau jeter tout son bagage monarchique par-dessus bord, on ne remonterait point. C'est pour ne plus revenir que la force ascensionnelle, l'enthousiasme patriotique, a disparu. La vapeur froide de la nuée malfaisante, que l'on pouvait garder longtemps à ses pieds, se précipite sur les toiles. Les mailles du filet se gorgent d'humidité, l'hydrogène se contracte. La descente — j'allais dire la décadence ; pourquoi pas? — s'accélère. Elle se change en chute, couronnant tristement une dernière, une funèbre ascension !

Comme je connaissais par cœur tous ces principes élémentaires de politique ballonnière, j'avais fait larguer l'ancre et arrimer tous les objets qu'il était possible de lancer dans l'espace. Ils étaient disposés par rang de valeur et de fragilité, afin de les jeter les uns après les autres dans un ordre déterminé. J'avais réglé un ordre de préséance dans le sacrifice de notre bagage, si un trop vif mouvement du baromètre venait à nous alarmer. Le baromètre, cette boussole sur laquelle l'aéronaute doit tenir constamment les yeux fixés, représente pour lui ce qu'est une presse sérieusement libre et indépendante pour un chef d'État ; au lieu de peser stupidement sur le ressort, il doit conformer sa conduite à ses moindres vibrations.

Nous ne tardons pas à nous trouver perdus dans des brouillards épais, qui passent comme un éclair d'obscurité ; alors nous commençons à apercevoir au-dessous de nous la terre, dont l'Entreprenant s'approche en tourbillonnant. L'aiguille s'infléchit avec une vitesse accélérée, qui indique que la chute a pris une certaine intensité. Je fais signe à l'aîné des **Chavoutier**, que je voulais former à la manœuvre, et il jette le lest à grosses poignées d'une main assurée.

Au-dessous de nous se trouve une vaste plaine qui paraît hospitalière. Je l'explore avec la lunette ; elle n'offre aucun de ces écueils qui se nomment maisons, chaumières, églises, châteaux, et que, dans sa descente, l'aéronaute déteste également.

Un instant je peux croire que nous allons l'atteindre, cette bonne et franche terre profondément labourée, et que nous descendrons de notre train de plaisir aérien comme l'on sort de voiture; mais il est bientôt facile de voir qu'un vent assez vif, fort impertinent, nous jette du côté de la forêt voisine. Si je veux éviter les arbres je dois faire jouer la soupape sans perdre une seconde. Je dois accélérer le mouvement de descente autant que le permet le diamètre de l'orifice en laissant couler le gaz à gueule bée. Mais alors nous arriverons à terre avec une force d'impulsion qui ne m'est pas connue. Dédaignée par les algébristes qui ne la comprennent point, l'aéronautique n'a point encore de formule qui permette de calculer la force vive du choc que je provoquerai.

Nous avons deux *guide-ropes* de forte dimension : une bonne ancre bien solide avec une belle corde pesante; nous serons délestés d'un poids considérable avant que notre nacelle vienne frapper la surface de la terre.

Cependant j'ai promis d'être prudent, de faire une ascension à la papa. J'hésite et je change de plan. Je fais signe à l'aîné des **Chavoutier** de continuer à jeter le lest qui lui reste et les objets dans l'ordre où ils sont disposés. Après avoir épuisé le sable, il passe aux bouteilles. Je veux essayer de franchir la forêt; si je suis obligé de m'arrêter en route le mal sera nul pour nous, petit pour le matériel, si nous sommes assez adroits; mais si je franchis l'écueil branchu je serai dispensé des manœuvres nécessaires, une fois que nous aurons pris terre, pour éviter de mettre le ballon en lambeaux... Mais il est trop tard pour raisonner; l'ancre a mordu. Nous flottons à vingt ou trente mètres du sol, — une misère!... Nous sommes à terre, car nous avons pris racine sur la tête d'un chêne ou d'un bouleau.

Déjà ces pauvres branches sèches, mortes, attendant leurs bourgeons, donnent le vertige de l'enthousiasme! Que doit-ce donc être quand tout cela est vivifié par la sève généreuse qu'appelle le soleil du printemps, quand des millions de feuilles tendres font comme un tapis de verdure fantastique? J'espère bien revoir encore plus d'une fois le dessus des futaies comme seuls les aéronautes et les oiseaux peuvent l'apercevoir. En dix minutes, tant la manœuvre d'un ballon est facile, nous sommes descendus sans une égratignure d'une hauteur presque égale à deux kilomètres et demi.......

MARTINS (Charles, professeur à Montpellier).

MÉTÉOROLOGIE. HIVER 1868 AU JARDIN DES PLANTES A MONTPELLIER, — *Comptes rendus de l'Académie des sciences*, t. LXVI, n° 12, p. 585 à 589.

Depuis dix-sept ans des observations météorologiques suivies se font au Jardin des plantes à Montpellier. L'hiver 1868 étant un des plus rigoureux qu'il ait traversés dans ce temps, j'ai cru intéressant de le comparer aux seize hivers qui l'ont précédé.

Dans les nuits calmes et sereines, qui sont aussi les plus froides. il y a toujours accroissement de la température avec la hauteur, dans la région inférieure de l'atmosphère[1].

A Montpellier, cet accroissement est en moyenne de 5°,26 pour une différence de 49m,4 ou de 0°,11 par mètre. — D'autres expériences m'ont prouvé que de deux thermomètres à minima identiques et semblables placés à la même hauteur au-dessus du sol, l'un dans la partie basse du Jardin des plantes, l'autre au square du chemin de fer, situé au sud de la colline du Peyrou, le second, dans les nuits froides, se tenait à 4°,8 au-dessus du premier.— Aussi, dans l'état actuel de la climatologie, les nombres qui expriment la température d'une ville doivent-ils être toujours acceptés avec une certaine réserve et considérés comme approximatifs, car ils ne traduisent que les températures de l'air qui entoure immédiatement les instruments observés. Les chiffres que je vais donner indiquent les limites extrêmes de froid observées au Jardin des plantes, et ils ont l'avantage de représenter les froids extrêmes constatés dans le voisinage immédiat de la ville de Montpellier.

On sait que l'hiver météorologique se compose des mois de décembre, janvier, février

[1] D. A. Par suite du rayonnement nocturne.

je ne parlerai donc que de ces trois mois. Cependant le froid fut précoce : le mois de novembre comptait déjà 15 jours de gelée, son *minimum* moyen fut de 1°,05 et le thermomètre descendit une nuit à — 9°,1. Ceci dit, il ne sera plus question dans la suite de cet extrait que des trois mois d'hiver météorologique. — La température moyenne de cette saison, conclue des dix-sept années d'observation, est de 5°,53 centigrades; celle de l'hiver dernier a été de 4°,37. Deux hivers seulement 1854 (4°,20) et 1864 (4°,23), ont eu une moyenne inférieure à la dernière. La moyenne générale des minima de chaque jour au minimum moyen, véritable expression du froid pendant les dix-sept années, est de 0°,44. Dans le dernier hiver ce minimum est descendu à — 1°,89. Si j'étudie les autres hivers, je n'en trouve pas un seul dont le minimum soit aussi bas : en effet, ceux de 1854 et de 1864 ne sont que de — 0°,95 et — 0°81. Ces nombres prouvent que, quoique la moyenne hivernale de 1868 soit supérieure à celles de 1854 et 1864, le froid a été plus continu et généralement plus intense que dans les deux hivers précités. La considération des nuits de gelée achèvera la démonstration. Le nombre moyen de ces nuits, calculé sur dix-sept ans, est, au Jardin des plantes, de 44; or en 1868 il a été de 58 et plus grand que dans aucun des hivers précédents. Ceux de 1852, 1854 et 1864 n'en ont eu, les deux premiers, que 53, le troisième 55.

Le plus grand froid ou minimum absolu indiqué par le thermomètre de Six a été de — 11°,9 dans la nuit du 5 au 6 janvier 1868. J'ai enregistré des températures plus basses. Le thermomètre est descendu à — 12°,0 le 15 février 1854, à — 16°,0 le 5 janvier 1855, à — 11°,8 le 5 janvier 1864. Ainsi depuis dix-sept ans il y a eu trois hivers dans lesquels le minimum absolu a été plus bas qu'en 1868.

Étudions maintenant la chaleur relative de l'hiver qui vient de s'écouler :

Le *maximum moyen* déduit de la température de dix-sept années (1851 à 1868) est de 10°,62. Le *maximum moyen* de 1868 ayant été de 10°,64, nous affirmons que les chaleurs de cet hiver n'ont pas été moindres qu'elles ne le sont 1860, 1864 et 1865. Ce sont ces chaleurs qui ont relevé la moyenne de l'hiver dernier et compensé jusqu'à un certain point la continuité et l'intensité du froid.

Si nous calculons la différence moyenne entre le minimum de la nuit et le maximum du jour, ou l'amplitude de l'oscillation diurne, nous trouvons qu'elle est en général pendant l'hiver de 10°,18. Dans celui de 1868 cette amplitude s'est élevée à 13°,31 et en février à 16°,2. Les nuits froides étaient donc suivies de journées relativement très-chaudes.

Les températures les plus élevées ou les *maxima absolus* observés à l'ombre ont été de 17°,5 le 14 décembre ; 16°,0 le 16 janvier, et 19°,5 le 5 et 26 février.

Si l'hiver de 1868 n'est point unique sous le point de vue de la température, il l'est sous celui de la sécheresse. La quantité de pluie qui tombe moyennement en hiver à Montpellier est de 210 millimètres. Le dernier hiver il en est tombé 33 seulement, même en tenant compte de l'eau produite par fusion de la neige. Les deux hivers les plus secs après celui-ci ont été 1852. et 1859. Dans le premier il est tombé 63mm d'eau, dans le second 113. Malheureusement encore l'hiver si sec que nous venons de traverser a été précédé d'un automne, d'un été et d'un printemps qui l'étaient également ; car dans les trois saisons la terre n'a reçu que 327 millimètres d'eau, quantité insignifiante pour alimenter les sources et les petits cours d'eau des environs.

Une seule et même cause générale explique tous les phénomènes météorologiques que nous venons d'analyser, c'est la persistance des vents de nord-ouest (mistral) et de nord qui ont soufflé pendant soixante-deux jours sur quatre-vingt-onze. Ceux qui se rattachaient aux courants généraux conservaient encore, en arrivant sur les bords de la Méditerranée, la température des régions septentrionales de l'Europe où régnait un froid intense. Les autres brises locales et intermittentes nées sur les plateaux couverts de neige des Cévennes, des montagnes de la Lozère et de l'Aveyron, descendaient vers le rivage de la mer en refoulant l'air plus chaud de la plaine. Le ciel d'une admirable sérénité, favorisait pendant la nuit le rayonnement nocturne; la terre refroidissait ensuite de proche en proche les couches d'air en contact avec elle. Mais dès que le soleil se levait dans un ciel sans nuages, le sol se réchauffait peu à peu, et la température de l'air s'élevait à son tour. De là, ces différences entre les températures du jour et celles de la nuit ; de là l'amplitude extraordinaire de la variation diurne ; de là, ces nuits froides, suivies de journées chaudes, contrastes caractéristiques, de tous les climats de la région méditerranéenne.

Les vents pluvieux sont à Montpellier, surtout le S.-E., le S , puis l'E. et le N. E. La persistance des vents du N.-O. explique donc l'absence de pluie, et souvent nous avons vu les nuages qui s'élevaient de la mèr chassés ou dissipés par leur souffle puissant. De là encore la sécheresse exceptionnelle de cet hiver. Au début de la saison froide, elle a été un bienfait. La végétation, déjà ralentie par les gelées de novembre, s'est arrêtée complétement. En effet, la sécheresse de l'air et le froid continu ne favorisaient pas le gonflement des bourgeons et les racines ne trouvaient pas dans le sol desséché les éléments liquides de la sève printanière. Aussi les figuiers, les oliviers, les lauriers, les mûriers et la vigne n'ont-ils point ou très-peu souffert, malgré la continuité et l'intensité du froid Certaines plantes, gorgées de sucs, telles que : *Agave americana*, — *A. filifera*, — *Opuntia inermis*, — *Cereus peruvianus*, qui supportent très-bien les hivers ordinaires de Montpellier, ont été frappées dans leurs parties aériennes ; mais les grands exemplaires de palmiers : *Sabal Adansoni*, — *Jubæa spectabilis*, — *Chamærops humilis*, — *Ch. excelsa*. — *Dabylorion gracile* n'ont été atteints que dans celles de leurs feuilles qui étaient les plus rapprochées du sol. Il en eût été autrement si la terre avait été humide, ou si les gelées étaient survenues brusquement. Les causes de mort des végétaux en hiver sont plus complexes qu'on ne le croit généralement, et désormais on devra renoncer à mettre à côté de chaque arbre le degré thermométrique qu'il ne peut supporter sans périr. L'époque de l'année, l'humidité du sol ou de l'air, le mode d'invasion, la continuité ou l'intermittence du froid peuvent faire varier ces nombres de plusieurs unités.

Le tableau suivant résume les divers éléments météorologiques de l'hiver dont nous venons d'esquisser les traits principaux.

HIVER DE 1868 AU JARDIN DES PLANTES DE MONTPELLIER, COMPARÉ AUX SEIZE HIVERS QUI L'ONT PRÉCÉDÉ[1].

	DÉCEMBRE.		JANVIER.		FÉVRIER.		HIVER.	
	1867	1854 à 1867	1868	1852 à 1868	1868	1852 à 1868	1868	1852 à 1868
	Degrés.	Degrés.	Degrés.	Degrés.	Degrés.	Degrés.	Degrés.	Degrés.
Températures moyennes..	3,60	5,35	2,85	5,06	6,67	6,17	4,37	5,53
Moyennes des minima. . .	— 1,97	0,52	— 2,69	0,17	— 1,08	0,62	— 1,89	0,44
Minima absolus.	—10,9	—10,9	—11,9	—16,0	— 6,0	—11,0	—11,9	—16,0
Moyennes des maxima.. .	8,17	10,19	8,40	9,94	14,36	11,73	10,64	10,62
Maxima absolus.	17,5	17,5	16,0	18,0	19,5	19,5	19,5	19,5
Oscillat. diurne moyenne.	11,09	9,67	12,63	9,77	16,2	11,11	13,31	10,18
Nombre de jours de gelée.	22	15	18	15	18	14	58	44
Quantité de pluie.	6mm	57mm	27mm	72mm	0mm	87mm	33mm	210mm

D. A. DIFFÉRENCE 1868 AVEC 1852 A 1868.

Températures moyennes..	— 1,75	»	— 2,21	»	+ 0,50	»	— 1,15	»
Moyennes des minima. . .	— 2,40	»	— 2,86	»	— 1,64	»	— 2,33	»
Minima absolus.	0	»	+ 4,1	»	+ 5,0	»	+ 4,1	»
Moyennes des maxima. . .	— 1,20	»	— 1,54	»	+ 2,63	»	+ 0,02	»
Maxima absolus.	0	»	— 2,0	»	0	»	0	»
Oscillat. diurne moyenne.	+ 1,42	»	+ 2,86	»	+ 5,1	»	+ 3,13	»
Nombre de jours de gelées.	+7	»	+3	»	+4	»	14	»
Quantité de pluie..	—51mm	»	—45mm	»	—87mm	»	177mm	»

[1] D. A. J'ai ajouté à ce tableau la différence 1868 avec 1852 à 1868.

MATÉRIAUX

POUR

L'ÉTUDE DES GLACIERS

DERNIÈRE LISTE SUPPLÉMENTAIRE

11 AVRIL 1868

ÉLISÉE RECLUS.

La Terre. Description des phénomènes de la vie du globe.—1 vol. gr. in-8, 827 pag., 230 figures intercalées dans le texte et 24 cartes tirées en couleur. Paris, 1868. — Hachette et C., libr. éd.; prix broché 15 fr.

Table des matières.

PREMIÈRE PARTIE

LA PLANÈTE.

DEUXIÈME PARTIE

LES TERRES.

CHAP. III. — LES PLATEAUX ET LES MONTAGNES.

I. Différence des plateaux et des plaines. — Importance capitale des plateaux dans l'économie du globe. — Distribution des hautes terres à la surface des continents.

II. Les grands plateaux de l'Asie centrale et la porte de l'Hindu-Kuch. — Plateaux de l'Europe; leur disposition symétrique. — Plateaux des deux Amériques.— Analogie du bassin fermé de la Bolivie et du pays d'Utah.— Plateaux de l'Afrique.

III. Montagnes isolées. — Montagnes en massifs. — Chaînes et systèmes de montagnes. — Beauté des cimes. — Monts sacrés. — Joies des gravisseurs.

IV. Formes diverses des montagnes. — Pauvreté des langues policées pour dépeindre l'aspect des monts.— Richesse de l'espagnol et des patois des Alpes et des Pyrénées. — Brics, brecs, pelves, tucs, trucs, truques, tusses, tausses, pics, piques, aiguilles, barres, dents, cornes, caires, têtes, taillantes, tours, pênes, bougns, dômes, soums, culms, turrons, serres, mottes, puys, etc.

V. Inégalités et dépressions du relief des montagnes. — Origine des vallées, des gorges et autres dépressions. — Vallées longitudinales. — Vallées transversales. — Vallées sinueuses à versants parallèles. — Vallées à défilés et à plans en étage. — *Cluses* et *canons*. — Disposition générale des vallées. — Cirques. — *Oules* des Pyrénées.

VI. Échancrures des arêtes de montagnes. — Diversité de forme de cols. — Rapport entre les altitudes des sommets et celles des passages. — *Loi des débouchés.* — Pente réelle et pente idéale des montagnes. — Volume des massifs.

VII. Hypothèses sur l'ordonnance générale des chaînes de montagnes. — Théorie de M. Élie de Beaumont sur les soulèvements parallèles. — Chaîne des Pyrénées prise comme type de cordillère ou chaîne longitudinale. — Anomalies diverses de la chaîne. — La barrière ethnologique des Pyrénées.

VIII. Montagnes de l'Europe centrale. — Contraste offert par les Alpes et le Jura. — Le Jura type de système montagneux à chaînons parallèles. — Chaos apparent des Alpes. — Massif central du Saint-Gothard. — Massif du Mont-Rose et du Mont-Blanc. — Les Alpes considérées comme frontière entre les peuples.

IX. Les chaînes de montagnes de l'Asie centrale. — Le Kouenlun, le Karakorum, l'Himalaya. — Les Andes de l'Amérique du Sud, type de chaînes à bifurcations.

X. Refroidissement graduel de l'air sur les pentes des montagnes. — Difficulté des ascensions. — Limites en hauteur des habitations. — Le mal de montagne.

XI. Abaissement graduel des montagnes pendant le cours des siècles. — Écroulements et chaos. — La chute du Felsberg. — Action lente des météores.

TROISIÈME PARTIE.

LA CIRCULATION DES EAUX.

CHAPITRE I. — LES NEIGES ET LES GLACIERS.

I. Chute des neiges sur les montagnes. — Limite inférieure des neiges. — Zone des neiges persistantes.

II. Influence du soleil et des météores sur les neiges. — Avalanches. — Bois protecteurs. — Travaux de défense contre les chutes de neige.

III. Transformation graduelle des neiges en glace *.— Névés ou réservoirs de glaciers. — Phénomène du regel. — Structure rubanée des glaces. — Cristaux de glace. — Glaciers de premier ordre et de deuxième ordre.

IV. Mouvement des glaces. — Expériences et théories. — Bombement de la partie

* D. A. Les neiges qui couvrent les glaciers, à toutes les altitudes, ne se convertissent pas en glace, pour s'ajouter à leur surface.

centrale du glacier. — Méandres successifs. — Frottement des glaces contre le fond et les parois du lit. — Jauge du glacier. — Pente du lit.

v. Crevasses marginales, transversales, longitudinales. — Séracs. — Moulins. — Ponts de neige. — Filons de glace nouvelle. — Torrents superficiels des glaciers. — Gouilles. — Lacs et débâcles. — Canaux de décharge.

vi. Débris tombés à la surface du glacier. — Trous méridiens. — Tables de glaciers. — Moraines latérales, médianes, frontales *. — Rubans de boue. — Mesure de la vitesse des glaciers. — Ablation. — Eaux sous-glaciaires **. — Arches terminales. — Contraste des glaces et de la végétation environnante.

vii. Progrès et recul des glaciers. — Aspect du lit abandonné par les glaces : roches moutonnées ***, sillons parallèles.

viii. Distribution des glaciers à la surface du globe.

ix. Époque glaciaire. — Anciens glaciers de l'Europe. — Dispersion des blocs autour de la Scandinavie et dans l'Amérique du Nord. — Anciens glaciers des régions tropicales.

Chap. II. — Les sources.

i. Rôle secondaire des glaciers dans la circulation des eaux. — Les eaux sauvages. — Absorption des eaux de neige et de pluie par les terres, les tourbes et les roches. — Les sources et les nymphes.

ii. Variations du débit des sources. — Estavelles. — Régularisation du débit pour les sources profondes. — Fontaines intermittentes.

iii. Sources remontantes. — Puits artésiens. — Température des eaux jaillissantes.

iv. Les sources froides et les sources thermales.

v. Sources minérales. — Fontaines incrustantes. — Veines métallifères. — Sources salées.

vi. Rivières souterraines. — La fontaine de Vaucluse, la Touvre. — Affluents sous-marins. — Les *rios* du Yucatan. — Les *mud-lumps* du Mississipi.

vii. Régime des rivières souterraines. — Cloisons de rochers. — Stalactites. — Habitants des grottes. — *Mammouth's cave*. — Grotte de la Carniole et de l'Istrie.

Chap. III. — Les rivières.

i. Dénominations diverses des eaux courantes. — Détermination de la branche principale parmi les affluents d'un cours d'eau. — Bassins fluviaux et lignes de faîte. — Bifurcation de certains fleuves.

ii. Systèmes hydrographiques dans les diverses parties du monde.

iii. Fleuve des Amazones. — Diversité des cours d'eau, unité des lois qui les régissent. — Régularisation de la pente. — Cours supérieur, cours moyen et cours inférieur des rivières.

iv. Torrents des montagnes. — Inégalités de leur lit et de leurs eaux. — Torrents temporaires. — Comblement des lacs. — Érosions, gorges et talus. — Torrents des Alpes françaises.

v. Érosion des digues lacustres. — Cataractes et rapides.

vi. Formation des îles. — Réciprocité des anses. — Méandres et coupures. — Déplacement du cours des affluents.

vii. Crues régulières. — Embarras d'arbres. — Débâcles des fleuves du Nord. — Inondations.

viii. Moyens de prévenir les inondations. — Réservoirs naturels et artificiels. — Irrigations. — Levées et crevasses.

* D. A. Profondes.
** Eaux sur la surface du glacier.
*** Roches polies, striées.

QUATRIÈME PARTIE.

LES FORCES SOUTERRAINES.

CARTES ET FIGURES INSÉRÉES DANS LE TEXTE.

177. Volcan de Jorullo.
178. Série des cratères d'Havaii.
179. Champs Phlégréens.
180. L'isthme d'Auckland et ses volcans.
181. Cône de Tuf; d'après F. de Hochstetter.
182. Cône de tuf et cratère de scories; d'après F. de Hochstetter.
183. Plan et coupe du volcan de Rangitoto; d'après F. de Hochstetter.
184. Le Mont Vésuve.
185. Profil du Vésuve du sud au nord.
186. Profil de l'Etna de l'ouest à l'est.
187. Profil de l'Orizaba.
188. L'Orizaba.
189. Volcans de Java.
190. Écoulement de laves vitreuses sur le Mauna-Loa; d'après Dana.
191. Les cratères de Kilauea; d'après Dana.
192. Coupe à travers les cratères de Kilauea.
193. Glacier de Chillan.
194. Cône de cendres régulier.
195. Cône de cendres modifié par le vent.
196. Le cône de l'Etna et le val del Bove.
197. Éruption du Coseguina.
198. Éruption du Timboro.
199. Cratère de Sete Cidades.
200. Cratère du Demavend.
201. Région volcanique de la Nouvelle-Zélande.
202. Coupe à travers les bassins en terrasses de Tetarata.
203. Volcano.
204. Ile de Saint-Paul.
205. Volcan de Taal.
206. Santorin.
207. Groupe des Kaïmeni.
208. Ile Julia.
209. Coulée du Puy de Pariou.
210. Aire d'ébranlement de l'explosion de Mayence.
211. Carte du tremblement de terre du 14 septembre 1866.
212. Propagation des vagues terrestres.
213. Aire d'ébranlement du tremblement de terre de Viége en 1855.
214. Le Runn et l'Ullah-Bund.
215. Répartition mensuelle de 656 tremblements de terre en France.
216. Répartition mensuelle de 1,230 tremblements de terre en Suisse.
217. Répartition mensuelle de 98 tremblements de terre dans le Valais moyen.
218. Répartition mensuelle de 98 tremblements de terre près du Säntis méridional.
219. Répartition mensuelle de 3,240 tremblements de terre en Europe.
220. Suisse : Répartition de 435 tremblements de terre de 2 en 2 heures.
221. Soulèvement du fond du golfe de Bothnie.
222. Banquette d'Altenfjord.
223 Le Biesbosch.
224. Littoral de la Frise.
225. Côtes de Puerto San-Jorge.
226. Côtes de Coquimbo.
227. Vallée du Rio Santa-Cruz.
228. Atoll de Keeling, d'après Darwin.
229. Atoll d'Ébon.

Planches hors texte.

TABLE ALPHABÉTIQUE

DES AUTEURS

VOLUME PREMIER. — TROISIÈME PARTIE.

A

B

C

D

E

F

G

H

I

J

K

L

M

N

O

P

Q

R

S

T

U

V

W

Y-Z

D. A. 11 avril 1865. Anniversaire de mon jour de naissance de l'année 1797.

PARIS. — IMP. SIMON RAÇON ET COMP., RUE D'ERFURTH, 1.

Lightning Source UK Ltd.
Milton Keynes UK
UKHW020027160219
337399UK00010B/594/P